Fernerkundung der Erde

Peter Kronberg

Fernerkundung der Erde

Grundlagen und Methoden des Remote Sensing in der Geologie

246 Abbildungen

Ferdinand Enke Verlag Stuttgart 1985

Prof. Dr. Peter Kronberg
Professorenstelle für Photogeologie und Fernerkundung
Geologisches Institut der Technischen Universität Clausthal
Leibnizstraße 10
D-3392 Clausthal-Zellerfeld

CIP-Kurztitelaufnahme der Deutschen Bibliothek

Kronberg, Peter:
Fernerkundung der Erde: Grundlagen u. Methoden
d. remote sensing in d. Geologie / Peter Kronberg. –
Stuttgart: Enke, 1985.
ISBN 3-432-94601-5

Druck: Karl Grammlich, D-7401 Pliezhausen

Vorwort

Die Fernerkundung der Erde hat sich Anfang der 70er Jahre sehr schnell zu einem eigenen, multidisziplinären Forschungs- und Anwendungsgebiet entwickelt. Die heute unter Aufgabenstellungen der Geologie, der Lagerstättenprospektion, der Hydrologie, der Geographie, der Forst- und Landwirtschaft, der Ozeanographie, der Raumplanung und zunehmend auch bei ökologischen Fragestellungen eingesetzten Fernerkundungsverfahren gründen auf den Erfahrungen der klassischen Fernerkundungsmethode, der Aufnahme und der thematischen Auswertung von Luftbildern. Jedoch sind die derzeit verfügbaren Aufnahme- und Auswerteverfahren nur zum geringen Teil Weiterentwicklungen photographischer Methoden wie die Multispektralphotographie und verschiedene Verfahren der photographischen Bildaufbereitung. Neu und von zunehmender Bedeutung ist der Einsatz von Scanner- und Radar-Systemen, deren technische Auslegung den Anforderungen der verschiedenen Nutzergruppen von Fernerkundungsdaten weitgehend angepaßt wurde. Die gleichzeitigen Aufnahmen eines Geländes in mehreren Spektralbereichen und in Wellenlängenbereichen jenseits des sichtbaren Spektrums, die Aufnahmen vom Space Shuttle (Columbia) und von Erderkundungs-Satelliten (Landsat) zeigen die Erdoberfläche in neuartigen Bildern. Diese bieten Beobachtungs- und Interpretationsmöglichkeiten in neuen Dimensionen. Wiederholte Aufnahmen gleicher Geländebereiche ermöglichen neue Einblicke in jahreszeitliche Abläufe und dynamische Prozesse. Die Möglichkeit der schnellen synchronen Aufnahme einer Vielzahl von Spektraldaten und der Speicherung großer Mengen von Aufnahmedaten auf Magnetband erfordert den Einsatz der elektronischen Datenverarbeitung. Diese wiederum eröffnet dem Nutzer neue Methoden der Aufbereitung und Verarbeitung digitalisierter Bilddaten, die Optimierung von Bilddaten unter speziellen lokalen oder regionalen Aspekten der thematischen Auswertung.

Um die Bilddaten der verschiedenen Fernerkundungsverfahren verstehen und sachgerecht auswerten zu können, muß der Interpret und Nutzer von Fernerkundungsdaten mindestens Grundkenntnisse der Aufnahmetechniken, der Aufnahmeparameter und vor allem auch des wellenlängenabhängigen Spektralverhaltens (Reflexion, Absorption, Streuung, Transmission) der ihn interessierenden Geländeobjekte haben, deren Erscheinungsformen in den verschiedenen Landschaften der Erde kennen. Dabei sind die Wechselbeziehungen zwischen geologischem Unterbau, Bodenentwicklung, Bewuchs, Morphologie und Landnutzung, die natürlichen jahreszeitlichen Veränderungen im Landschaftbild und an der Erdoberfläche stattfindende dynamische Prozesse zu berücksichtigen. Schließlich dürfen verschiedene natürliche Störeffekte nicht außer acht gelassen werden, die die Spektralsignale interessierender Geländeobjekte beeinflussen, teils auch maskieren können.

Die Grundlagen, Anwendungsmöglichkeiten und Probleme der thematischen Fernerkundung in der Geologie und in den anderen oben genannten Disziplinen sind in den letzten Jahren in einer Vielzahl von Publikationen und speziellen Symposien weltweit behandelt worden. Im hier vorliegenden Buch wird versucht, die Grundlagen und Methoden der geologischen Fernerkundung auf der Basis der heutigen Kenntnis relativ kurz unter Berücksichtigung aller wesentlichen Aspekte darzustellen, die Möglichkeiten und auch Grenzen der geologischen Fernerkundung aufzuzeigen.

Einer Übersicht über die physikalischen Grundlagen der Fernerkundung folgen Abschnitte über das Spektralverhalten natürlicher Materialien (Gesteine, Böden, Vegetation, Wässer) und über die heute verfügbaren Aufnahmeverfahren. Ein weiterer Abschnitt stellt die wichtigsten Verfahren der Bildverarbeitung vor. Im letzten Abschnitt werden Informationsgehalt, Auswertung und Nutzungsmöglichkeiten von Fernerkundungs-Bilddaten für die Geologie anhand von Bild- und Auswertebeispielen demonstriert und diskutiert. Schließlich werden Hinweise auf Beschaffungsmöglichkeiten von Fernerkundungsdaten sowie Literaturhinweise gegeben.

Die sachgerechte Erstellung des Textes und der Abbildungen wäre nicht möglich gewesen ohne den Rat und die Kritik von Fachkollegen, vor allem auch von Kollegen aus benachbarten Disziplinen. Für kritische Diskussionen und für die Durchsicht einzelner Abschnitte des Textes und der Abbildungen möchte ich folgenden Kollegen herzlich danken: Prof. LABUSCH, Technische Universität Clausthal (Abschnitt „Physikalische Grundlagen der Fernerkundung“), Dr. DOERFFER und Dr. FISCHER, GKSS-Geesthacht (Abschnitt „Spektralverhalten von Wasser“), Prof. KENNEWEG, Universität Göttingen (Abschnitt „Spektralverhalten der Vegetation“), Dr. LAMP, Universität Kiel, und Dr. QUIEL, Universität Karlsruhe (Abschnitt „Spektralverhalten von Böden"), Prof. MÜHLENFELD, Technische Universität Clausthal, und Dr. LOHMANN, Technische Universität Hannover (Abschnitt „Fernseh- und Scannerverfahren"), Dr. SIEBER, DVFLR, Oberpfaffenhofen (Abschnitt „Radarverfahren"), Prof. LIST, Freie Universität Berlin (Abschnitt „Bildauswertung und Bildverarbeitung").

Die Veröffentlichung der Bildbeispiele wurde durch das Entgegenkommen zahlreicher in- und ausländischer Institutionen möglich, denen ich an dieser Stelle ebenfalls danken möchte. Die Herkunft der einzelnen Abbildungen ist jeweils in der Bildunterschrift aufgeführt. Besonders danken möchte ich schließlich den technischen Zeichnern des Geologischen Instituts der TUC, Herrn BÖHM und Herrn RIESEN, sowie Herrn ROSE, dem Photographen des Instituts, für ihre Hilfe bei der Erstellung der Zeichnungen und Abbildungen. Sehr dankbar bin ich dem Lektorat des Ferdinand Enke Verlags für sein Verständnis und Entgegenkommen bei der Gestaltung von Text und Abbildungen.

Inhalt

1	**Einleitung und Übersicht**	1
2	**Physikalische Grundlagen und ihre Bedeutung für die Fernerkundung**	4
2.1	Elektromagnetische Strahlung, elektromagnetisches Spektrum, Strahlungsquellen	4
2.2	Wechselwirkungen zwischen elektromagnetischer Strahlung und Partikeln der Atmosphäre Absorption, Transmission, Streuung	6
2.3	Wechselwirkungen zwischen elektromagnetischer Strahlung und Materie an der Erdoberfläche Reflexion, Absorption, Transmission, Emission, Emissionsvermögen, Einfluß materialbezogener und materialunabhängiger Parameter	9
3	**Zum Spektralverhalten natürlicher Materialien**	19
3.1	Allgemeines	19
3.2	Gesteine	19
3.2.1	Zum Reflexions- und Absorptionsverhalten von Gesteinen	19
3.2.2	Zum Emissionverhalten von Gesteinen	30
3.3	Böden	35
3.3.1	Zum Reflexions- und Absorptionsverhalten von Böden	35
3.3.2	Zum Emissionsverhalten von Böden	42
3.4	Zum Spektralverhalten der Vegetation	48
3.4.1	Allgemeines	48
3.4.2	Die Reflexions-, Absorptions- und Transmissionseigenschaften von Blättern	49
3.4.3	Der Einfluß äußerer Faktoren auf das Spektralverhalten von Pflanzen	52
3.4.4	Zum Spektralverhalten von Buschflächen und Kronendächern von Wäldern	56
3.4.5	Zum Temperatur- und Emissionsverhalten von Pflanzen und Vegetationseinheiten	59
3.5	Zum Spektralverhalten von Wasser in Seen, Flüssen und Küstengewässern	61
3.5.1	Allgemeines	61
3.5.2	Zum Einfluß der in der Atmosphäre stattfindenden optischen Prozesse und des Sonnenstandes auf das Spektralsignal von Wasserkörpern	61
3.5.3	Zum Einfluß der an der Grenzfläche Wasser/Luft stattfindenden optischen Prozesse auf das Spektralsignal von Wasserkörpern	64
3.5.4	Im Wasser stattfindende Streu- und Absorptionsprozesse	65
3.5.5	Für die Erkundung von schwebstofführenden Gewässern geeignete Spektralbereiche	66
3.5.6	Signaltiefe	66
3.5.7	Zur Abhängigkeit des Spektralsignals von der Konzentration der im Wasser befindlichen Substanzen	68
3.5.8	Zum Spektralverhalten von Gewässern im Infrarot-Spektrum	72
4	**Aufnahmeverfahren und Aufnahmeplattformen der Fernerkundung**	75
4.1	Photographische Verfahren Multispektralphotographie, Skylab: S 190 A und B, Spacelab: Metric Camera	75
4.2	Fernseh-Verfahren	91
4.3	Scanner-Verfahren	94
4.3.1	Allgemeines	94
4.3.2	Thermal-Scanner und Multispektral-Scanner Aufbau, Arbeitsweise, Aufnahme-Parameter optisch-mechanischer Scanner	95
4.3.3	Zur räumlichen Auflösung von Scanner-Aufnahmen	100
4.3.4	Zur Bildgeometrie von Scanner-Aufnahmen Flugzeug-Scanner, Landsat-Multispektral-Scanner	101
4.3.5	Zur spektralen Auflösung und spektralen Empfindlichkeit von Scannersystemen	103
4.3.6	Zur radiometrischen Kalibrierung von Scannerdaten	107
4.3.7	Zur Aufzeichnung und Weiterverarbeitung spektraler Scannerdaten	108

4.4 Erderkundungssatelliten vom Typ Landsat . . 109
4.4.1 Allgemeines 109
4.4.2 Umlaufbahn, Datenaufnahme und Flächendeckung der Landsat-Aufnahmesysteme . . 109
4.4.3 Der Multispektral-Scanner (MSS) der Landsat-Satelliten
Aufnahmeprinzip, Datenübertragung, Datenregistrierung 111
4.4.3.1 Bildmaßstab, Lagegenauigkeit, räumliche Auflösung, spektrale Auflösung und radiometrische Genauigkeit von Landsat-MSS-Aufnahmen 113
4.4.3.2 Die Kennzeichnung von Landsat-MSS-Aufnahmen und deren Beschaffung 118
4.4.4 Landsat 4
Bahncharakteristika, Überdeckung, Aufnahmesysteme 127
4.5 Pushbroom-Scanner (MOMS, SPOT)
Aufnahmeprinzip und Aufnahmeparameter optoelektronischer Scanner 137
4.6 Heat Capacity Mapping Mission (HCMM) . . 144
4.7 Radar-Verfahren 145
4.7.1 Allgemeines 145
4.7.2 Radar-Meßparameter 147
4.7.2.1 Allgemeines 147
4.7.2.2 Typische Wellenlängen von Radarsystemen . 147
4.7.2.3 Polarisation 147
4.7.2.4 Beobachtungswinkel 148
4.7.2.5 Wechselwirkungen zwischen Radarwellen und natürlichen Oberflächen 150
4.7.2.5.1 Allgemeines 150
4.7.2.5.2 Zur statistischen Natur des Radarsignals . . 150
4.7.2.5.3 Diffuse und spiegelnde Reflexion 151
4.7.2.5.4 Streuung an rauhen Oberflächen 152
4.7.2.5.5 Dielektrische Eigenschaften der Zielobjekte . 153
4.7.2.5.6 Volumenstreuung 154
4.7.2.5.7 Eindringvermögen 155
4.7.3 Abbildendes Radarsystem mit realer Apertur 156
4.7.3.1 Aufbau, Aufnahmevorgang, Bildentstehung, Bildmaßstab 156
4.7.3.2 Räumliche Auflösung von SLAR-Systemen mit realer Apertur 158
4.7.4 Abbildendes Radarsystem mit synthetischer Apertur (SAR) 159
4.7.4.1 Aufbau, Aufnahmevorgang, Bildentstehung . 159
4.7.4.2 Räumliche Auflösung von SAR-Systemen . . 160
4.7.5 Geometrische Abbildungsfehler von Radarbildern 161
4.7.5.1 Layover 163
4.7.5.2 Foreshortening 164
4.7.5.3 Radarschatten 164
4.7.5.4 Geometrische Verzerrungen 164
4.7.6 Radarmosaiks 165
4.7.7 Stereo-Radar
Aufnahme, Auswertung 166
4.7.8 Kriterien der geologischen Interpretation von Radarbildern 168
4.7.8.1 Allgemeines 168
4.7.8.2 Grautöne im Radarbild 168
4.7.8.3 Textur im Radarbild 169
4.7.8.4 Form von Objekten im Radarbild 169

5 Bildauswertung und Bildverarbeitung 170
5.1 Allgemeines 170
5.2 Photographische Verfahren 171
5.2.1 Allgemeines 171
5.2.2 Kontrastverbesserungen 171
5.2.3 Farbauszüge 171
5.2.4 Maskieren, Kantenverstärkung, Pseudorelief . . 171
5.2.5 Farbüberlagerungen 174
5.2.6 Äquidensiten-Verfahren (Agfacontour-Verfahren) 174
5.3 Elektronische Bildverarbeitung 178
5.3.1 Allgemeines 178
5.2.3 Digital-Analog- und Analog-Digital-Umwandlung 182
5.3.3 Geometrische und radiometrische Korrekturen von Bilddaten 182
5.3.4 Kontrastverstärkung 183
5.3.5 Farbauszüge 184
5.3.6 Dichtetrennungen (Äquidensiten-Erstellung) . . 184
5.3.7 Kantenverstärkung 184
5.3.8 Farbdarstellungen und Bildüberlagerungen . . 184
5.3.9 Pseudoplastische Darstellungen 185
5.3.10 Filterungen 185
5.3.11 Ratio-Darstellungen 185
5.3.12 Hauptachsentransformation 186
5.3.13 Thematische Klassifizierung von Bilddaten . . 187
5.4 Statistische Auswertung und Darstellung von Photolineations-Kartierungen 193
5.4.1 Allgemeines 193

5.4.2 Bestimmung der Richtungsverteilung von Photolineationen und deren Darstellung in Histogrammen oder Kluftrosen 194
5.4.3 Bestimmung und Darstellung von Lineationsschnittpunkten 197
5.4.4 Darstellungen der regionalen Verteilung von Photolineationen ausgesuchter Richtungen . . 201
5.4.5 Regionale Kluftrosen-Darstellungen in einem Gauß-Krüger-Koordinatensystem 203
5.4.6 Bemerkungen zur Interpretation richtungsstatistischer Auswertungen 204

6 Fernerkundungsaufnahmen – Informationsgehalt, Auswertung, Einsatzmöglichkeiten . . 209
6.1 Allgemeines 209
6.2 Skylab-Aufnahmen
Geologischer Bildinhalt, Auswertebeispiele . . 209
6.3 Landsat-Aufnahmen (MSS)
Geologischer Bildinhalt, Auswertebeispiele . . 220
6.3.1 Allgemeines 220
6.3.2 Strukturkartierungen in Landsat-Aufnahmen 268
6.3.3 Zur Arbeit mit Landsat-Aufnahmen und Landsat-Mosaiks bei geologischen Kartierprojekten 316
6.3.4 Zum Einsatz von Landsat-Aufnahmen bei sedimentologischen, hydrologischen und ökologischen Untersuchungen in Binnen- und Küstengewässern 317
6.4 Thermal-Scanner-Aufnahmen
Geologischer Bildinhalt, Auswertebeispiele . . 323
6.5 Radar-Aufnahmen
Geologischer Bildinhalt, Auswertebeispiele . . 349

7 Literatur 379
7.1 Lehrbücher, Handbücher, Symposienbände, Bildbände 379
7.2 Zeitschriften 380
7.3 Literatur-Referenzen 380

8 Sachverzeichnis 391

Erklärung einiger häufig benutzter Abkürzungen

CCT	Computer Compatible Tape
DN	Digital Number
EDC	EROS Data Center
ERTS	Earth Resources Technology Satellite
EROS	Earth Resources Observational Satellite
HCMM	Heat Capacity Mapping Mission
HDDT	High Density Digital Tape
IFOV	Instantaneous Field of View
MOMS	Modular Optoelectronic Multispectral Scanner
MSS	Multispectral Scanner
RBV	Return Beam Vidicon
SAR	Synthetic Aperture Radar
SLAR	Side Looking Airborne Radar
SPOT	System Probatoire d'Observation de la Terre
TM	Thematic Mapper

1 Einleitung und Übersicht

Fernerkundung, die deutsche Übersetzung des amerikanischen Begriffes Remote Sensing, bedeutet in einer allgemeinen Definition: Erfassen oder Aufnehmen von Objekten aus der Entfernung, ohne direkten Kontakt des Aufnahmesystems, des sog. Sensors, mit dem zu erkundenden Objekt.

In der zivilen Praxis umfaßt der Begriff Fernerkundung photographische und nichtphotographische Aufnahmeverfahren, die von Flugzeugen und Satelliten aus zur Erderkundung, zu thematischen Kartierungen und Bestandsaufnahmen der Erdoberfläche sowie von Raumsonden aus zur Erforschung der Planetenoberflächen und der Oberflächen ihrer Monde eingesetzt werden können.

Zu den photographischen Verfahren zählen die klassischen Methoden der Luftbildaufnahme und -auswertung mit den neuen multispektralen Aufnahmetechniken sowie normale und multispektrale Fernseh-Aufnahmeverfahren. Zu den nichtphotographischen Verfahren gehören vor allem die optisch-mechanischen Scanner, die gerade eingeführten Pushbroom-Scanner und das Seitensichtradar.

Die im militärischen Bereich entwickelten und seit Ende der sechziger Jahre auch für zivile Zwecke einsetzbaren Scanner- und Radarverfahren brachten der Erderkundung neue Möglichkeiten, weil sie Aufnahmen in bisher ungenutzten Wellenlängenbereichen des elektromagnetischen Spektrums erlauben und Abbildungen der Erdoberfläche liefern, die lokale und regionale Geländebereiche in neuer Sicht zeigen.

Im Gegensatz zur Luftbildphotographie, die auf den Wellenlängenbereich des sichtbaren Lichts und des nahen Infrarot beschränkt ist, können die in der Fernerkundung eingesetzten optisch-mechanischen Scanner die von den Geländeobjekten ausgehende Strahlung über einen weiten Wellenlängenbereich erfassen, vom kurzwelligen Ultraviolett bis zum langwelligen sog. Thermalinfrarot. Dabei können Scanner in der Version des Multispektralscanners denselben Geländebereich, die gleichen Geländeobjekte gleichzeitig in mehreren, eng begrenzten (wählbaren) Teilspektren (Kanälen, engl. bands) aufnehmen. Ein weiterer Vorteil des Scanner-Verfahrens gegenüber der Luftbildphotographie liegt darin, daß die Aufnahmedaten sowohl in analoger als auch in digitaler Form aufgezeichnet und ausgewertet werden können. Durch die Aufnahmetechnik und durch neue Möglichkeiten der Datenverarbeitung und -auswertung wird erreicht, daß interessierende Geländeobjekte, z.B. Gesteins-, Boden- oder Vegetationseinheiten unterschiedlichen oder bestimmten Typs wie auch tektonische Strukturen in Scanner-Aufnahmen oft differenzierter, kontrastreicher und damit besser kartierbar, manchmal auch leichter identifizierbar wiedergegeben werden als in konventionellen panchromatischen Schwarzweiß- oder Farbluftbildern.

Neue Aufnahme- und Erkundungsmöglichkeiten bietet auch der Einsatz des im Mikrowellenbereich arbeitenden Seitensichtradars. Bei diesem werden von einer Antenne an Bord des Flugzeugs Hochfrequenzimpulse auf das Gelände seitlich des Flugweges gesendet. Die von den beleuchteten Geländeobjekten zurückgestreute Strahlung wird registriert und in Bilddaten, in das Radarbild umgesetzt. Das Radarverfahren arbeitet also mit eigener „Beleuchtung“. Sein Einsatz ist unabhängig von der Tageszeit, auch weitgehend unabhängig von den Wetterbedingungen, weil Radarstrahlen von einer bestimmten Wellenlänge an Wolken, Regen und Nebel zu durchdringen vermögen. Daher erlaubt das Radarverfahren Geländeaufnahmen auch in solchen Gebieten, in denen verbreitete oder ständige Wolkenbedeckung Luftbild- und auch Scannerbefliegungen unmöglich machen. Radarbefliegungen liefern reliefbetonte Darstellungen des erfaßten Geländebereichs, in denen tektonische Strukturen, morphologische und texturelle Unterschiede von Geländeeinheiten, Unterschiede der Bodenfeuchtigkeit und auch das Entwässerungsnetz einer Landschaft kontrastreich dargestellt werden.

Die schon bald erkannten vielseitigen Einsatzmöglichkeiten der neuen Aufnahmeverfahren, vor allem von Multispektral-Scannern, in Bereichen der Geologie, der Geographie, der Raumplanung, der Forst- und Landwirtschaft, in der Ozeanographie und im Umweltschutz trugen wesentlich zur Entstehung eines eigenständigen multidisziplinären Arbeits- und Forschungsbereichs „Fernerkundung“ Ende der sechziger Jahre bei. Fernerkundung wurde in dieser Zeit auch deshalb so aktuell, weil bemannte Satellitenmissionen um die Erde und zum Mond Wirklichkeit wurden. Neue Missionen waren in der Planung. Die Auswertung von Erdaufnahmen der Mercury-, Gemini- und Apollo-Missionen machte die Bedeutung von synoptischen, weite Flächen deckenden und räumlich hoch auflösenden Satellitenaufnahmen für viele Bereiche der Erderkundung deutlich. Der

Nutzen von Satelliten als Aufnahmeplattformen für die Erderkundung war nachgewiesen. Für unbemannte, langlebige Erderkundungssatelliten kam jedoch der Einsatz photographischer Aufnahmeverfahren wegen Problemen bei der Datengewinnung und Datenübertragung nicht in Frage. Für solche Missionen wurden Sensoren gebraucht, die ihre Aufnahmedaten in elektronischer Form registrieren und eine elektronische Übertragung der Aufnahmedaten vom Satelliten zur Empfangsstation auf der Erde zulassen. Multispektral-Scanner erfüllen diese Anforderungen. Ihr Einsatz in den amerikanischen Landsat-Erderkundungssatelliten hat weltweit einen neuen Abschnitt der thematischen Kartierung der Erdoberfläche eingeleitet. Durch wiederholte Aufnahmen gleicher Geländebereiche wurden aktuelle Bestandsaufnahmen der verschiedensten Art weltweit möglich gemacht. Darüber hinaus ermöglichen multitemporale Satellitenaufnahmen die Erfassung und Beobachtung veränderlicher Prozesse an der Erdoberfläche.

Multispektral-Scanner und Seitensichtradar sind seit einiger Zeit im kommerziellen Einsatz. Die Aufnahmen dieser Sensoren liefern den Erdwissenschaftlern der verschiedensten Arbeitsrichtungen einerseits neuartige Arbeitsunterlagen für Routinearbeiten der Praxis und der Forschung, andererseits machen sie manche gezielte thematische Kartierung, Bestandsaufnahme oder Analyse lokaler und regionaler Geländebereiche erst möglich. Die neuen Fernerkundungsverfahren stellen daher einen methodischen Fortschritt, eine wesentliche Ergänzung der Erderkundung mit Luftbildern dar. Sie sind jedoch kein Ersatz für die bewährten Luftbildverfahren. Die Aufnahme und Auswertung panchromatischer Luftbilder war und ist auch weiterhin das Standardverfahren für die Erstellung topographischer Karten der verschiedensten Maßstäbe. Auch werden panchromatische Schwarzweiß-Luftbilder wohl in absehbarer Zukunft die Standardinformation und Arbeitsunterlage für die Erstellung photogeologischer Karten mittlerer und größerer Maßstäbe bleiben. Ein Grund ist der relativ geringe technische Aufwand und der niedrige Preis für Luftbildbefliegungen. Ein anderer ist die Möglichkeit der stereoskopischen Auswertung von Luftbildern und deren hohe räumliche Auflösung. Das Stereomodell liefert unverzichtbare Daten für die Erstellung topographischer Karten und für den Photogeologen wesentliche Informationen und Kriterien für die Kartierung lithofazieller Einheiten und tektonischer Strukturen. Stereoüberdeckung ist bei Scanner-Befliegungen derzeit noch nicht üblich, technisch aber realisierbar. Radarbefliegungen können dagegen schon heute so durchgeführt werden, daß eine Stereoauswertung von Radarbildstreifen möglich ist.

Die Einsatzmöglichkeiten der neuen Fernerkundungsmethoden in der Geologie und in den anderen Erdwissenschaften werden derzeit noch getestet. Doch werden die Fernerkundungsverfahren schon in naher Zukunft aus dem experimentellen Stadium in einen operationellen Status übergehen. Die gegenwärtige Lage in der Fernerkundung ist etwa durch folgende Situation gekennzeichnet: Auf der einen Seite sind technisch ausgereifte Aufnahmesysteme verfügbar, die in Flugzeugen und Satelliten eingesetzt werden können. Neue Sensortypen sind in der Entwicklung oder im Test. Auf der anderen Seite sind jedoch die materialspezifischen Spektraleigenschaften der zu erkundenden Objekte, vor allem deren Reflexions-, Absorptions- und Emissionsspektren sowie der Einfluß der sehr variablen Umweltbedingungen auf die Spektralsignale der zu erkundenden Objekte, noch nicht im nötigen Umfang bekannt bzw. nicht hinreichend untersucht. Ein Fernerkundungssystem wird bei speziellen Frage- oder Aufgabenstellungen jedoch nur dann besonders erfolgreich eingesetzt werden können, wenn folgende Voraussetzungen erfüllt sind. Auf der Objektseite sollten die materialspezifischen Spektraleigenschaften bekannt sein, die für das zu erkundende Objekt charakteristisch sind, durch die es sich von seiner Umgebung bzw. von benachbarten Objekten anderen Typs unterscheidet (spektrale Merkmalsunterschiede von Objekten). Auf der technischen Seite sollte der Sensor in seiner spektralen (Wellenlängen-)Auflösung, in seiner radiometrischen (Intensitäts-)Auflösung und in seinem räumlichen Auflösungsvermögen so ausgelegt sein, daß er auf materialspezifische Spektralsignale der zu erkundenden Objekte (= vom Objekt ausgehende Strahlung bestimmter Intensität in bestimmten Wellenlängen bzw. Wellenlängenintervallen) anspricht und diese qualitativ oder quantitativ registriert. Spricht der Sensor durch seine technische Auslegung optimal auf die spezifischen Spektralsignale der zu erkundenden Geländeobjekte an, so werden diese in den Fernerkundungsaufnahmen, in den einzelnen Spektralauszügen oder in Bildüberlagerungen kontrastreich und damit gut kartierbar wiedergegeben. Kontrastreiche Darstellungen interessierender Bildinhalte können allerdings in vielen Fällen auch über speziell entwickelte Verfahren und Programme der analogen oder der digitalen Datenaufbereitung und Datenverarbeitung erreicht werden. Letzteres ist möglich, wenn die Fernerkundungsdaten von vornherein in digitaler Form registriert werden oder wenn analoge Bilddaten digitalisiert worden sind. Der Einsatz digitaler Auswerteverfahren wird dann besonders erfolgreich sein, wenn für den zu bearbeitenden Geländebereich multispektrale und auch multitemporale Spektral- bzw. Bilddaten vorliegen. Für thematische Kartierungen bedeutsam sind Versuche zur automatisierten Klassifizierung von Gesteins-, Boden- und Vegetationstypen. Digitale Systeme und Verfahren zur Aufbereitung, Verarbeitung und Auswertung spektraler Fernerkundungsdaten sind daher ein wichtiger Bereich gegenwärtiger Arbeits- und Forschungsaktivitäten innerhalb der Fernerkundung, neben der System- und Aufnahmetechnik, den Untersuchungen über das Spektralverhalten natürlicher und künstlicher Materialien an der Erdoberfläche und den Erprobungen der Einsatzmöglichkeiten der einzelnen Fernerkundungsverfahren unter speziellen Aufgabestellungen der Erderkundung.

Der Bearbeiter und Nutzer von Fernerkundungsdaten sollte gewisse Kenntnisse der physikalischen Grundlagen der Fernerkundung sowie der physikalischen und technischen Besonderheiten der einzelnen Fernerkundungsverfahren haben. Auch sollte der Nutzer von Fernerkundungsdaten und der potentielle Auftraggeber von Befliegungen mit Fernerkundungssystemen Grundkenntnisse der Anwendungsmöglichkeiten und auch der Grenzen der einzelnen Verfahren haben. Die nachfolgenden Abschnitte sollen einige Grundinformationen zur Fernerkundung vermitteln und die Einsatzmöglichkeiten und Grenzen der wichtigsten Verfahren aufzeigen, soweit das heute schon möglich ist.

2 Physikalische Grundlagen und ihre Bedeutung für die Fernerkundung

2.1 Elektromagnetische Strahlung, elektromagnetisches Spektrum, Strahlungsquellen

Elektromagnetische Strahlung läßt sich als räumliche Ausbreitung von Energie in Form von Wellen oder als geradliniger Strom von Lichtteilchen (Photonen) auffassen. Entsprechend kann elektromagnetische Strahlung durch wellenspezifische Parameter wie Ausbreitungsgeschwindigkeit, Wellenlänge und Frequenz definiert werden oder als Korpuscular-Strahlung, im Bereich des Lichts z.B. als Strom von Lichtquanten oder Photonen. Dieser Dualismus von Welle und Teilchen läßt sich am Beispiel des Lichts verdeutlichen. Beweis für den Wellencharakter sind die Interferenzphänomene (Interferenzfarben an dünnen Schichten, z.B. Seifenblasen, Ölschicht). Der Teilchencharakter von Licht zeigt sich in der Wechselwirkung des Lichts mit lichtelektrischen Photodetektoren. Das in diesen enstehende elektrische Signal ist proportional zur Zahl der auftreffenden Photonen.

Der Grundcharakter aller elektromagnetischer Wellen ist gleich. Sie breiten sich im Vakuum mit Lichtgeschwindigkeit aus und unterscheiden sich allein durch ihre Wellenlänge oder Frequenz und durch ihre Energie. Entsprechend sind die elektromagnetischen Wellen im elektromagnetischen Spektrum nach ihrer Wellenlänge λ (fm-km) und nach ihrer Frequenz ν (Hz) geordnet. Die Wellenlänge ist durch die Entfernung zweier identischer Stellen im Wellenzug definiert, z.B.

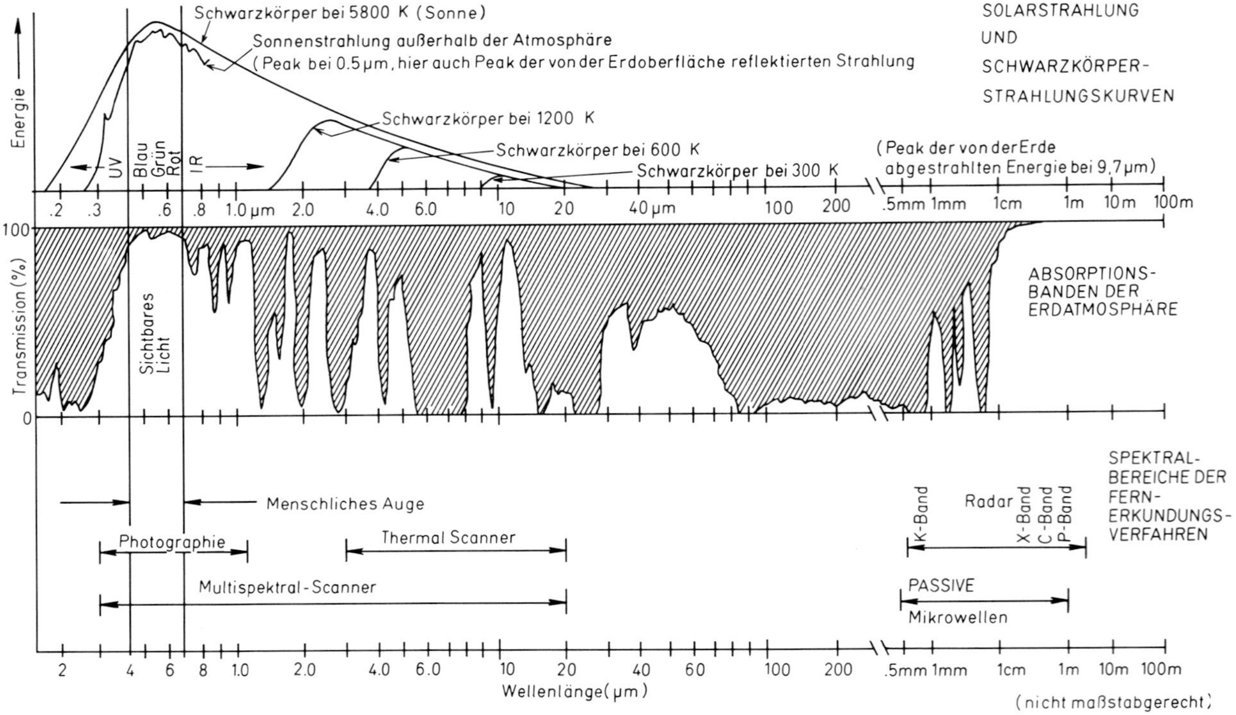

Abb. 1 Das elektromagnetische Energiespektrum, die Durchlässigkeit der Erdatmosphäre und die in der Fernerkundung genutzten Spektralbereiche (nach SHERZ & STEVENS 1970).

zwischen zwei Maxima oder zwei Minima der Schwingung. Die Frequenz ist durch die reziproke Anzahl der vollen Schwingungen pro Sekunde bestimmt.

Das Gesamtspektrum elektromagnetischer Wellen umfaßt Wellenlängen von Femtometer bis Zehnerkilometer. Die Wellenstrahlung, die in der Natur ein kontinuierliches Band bildet, wird im elektromagnetischen Spektrum in mehrere Gruppen oder Spektralbereiche aufgeteilt, deren Grenzen jedoch fließend sind. Für die Fernerkundung werden derzeit folgende Spektralbereiche genutzt: Ultraviolett (0,27 bis 0,4 μm), sichtbares Licht (0,4 bis 0,78 μm), nahes oder photographisches Infrarot (0,7 bis 0,9 μm), reflektiertes Infrarot, auch mittleres Infrarot genannt (0,7 bis 3 μm), thermales Infrarot (3,5 bis 5 μm und 8 bis 14 μm) und Mikrowellen (der genutzte Mikrowellenbereich reicht von etwa 0,3 cm bis etwa 10 cm) (vgl. Abb. 1).

Für Datenaufnahmen in den Wellenlängenbereichen des sichtbaren Lichts und des nahen oder photographischen Infrarot (0,4 bis 0,9 μm) können photographische Verfahren, TV-Verfahren und optisch-mechanische Scanner eingesetzt werden. Hier liegt der Hauptanwendungsbereich der Fernerkundung. Zunehmende Bedeutung hat die Datenaufnahme mit optisch-mechanischen Scannern in den Spektren des mittleren Infrarot und des Thermalinfrarot gewonnen. Ein optisch-mechanischer Scanner ist ein Radiometer, das die Amplitude der elektromagnetischen Strahlung kleiner oder größerer Boden- oder Geländeelemente mißt. Beim Aufnahmevorgang erfaßt das Instrument nacheinander benachbarte Bodenelemente und tastet so einen Streifen des aufzunehmenden Geländes ab.

Photographische Verfahren, TV- und Scanner-Verfahren werden zu den passiven Verfahren der Fernerkundung gezählt. Sie erfassen die natürliche, von den Geländeobjekten reflektierte oder emittierte elektromagnetische Strahlung. Die im Bereich der Mikrowellen arbeitenden Radarverfahren gehören dagegen zu den aktiven Erkundungsverfahren, weil sie mit einer künstlichen Strahlungsquelle, mit künstlicher Beleuchtung, arbeiten.

Hauptquelle der in der Natur auftretenden elektromagnetischen Strahlung ist die Sonne. Bei einer Temperatur von etwa 6000 K strahlt sie große Energiemengen in einem kontinuierlichen Spektrum vom Ultraviolett bis zum fernen Infrarot aus (siehe Abb. 2). Das Strahlungsmaximum der Sonnenstrahlung liegt bei 0,47 μm. Zum ultravioletten Teil des Spektrums nimmt die Strahlungsenergie schnell ab. Im Infrarot-Bereich ist die Energieabnahme des Sonnenspektrums durch eine flache Kurve gekennzeichnet. Die von der Sonne durch die Atmosphäre auf die Erdoberfläche gelangende Strahlung wird dort von den Geländeobjekten in bestimmten Wellenlängenbereichen teils reflektiert, teils absorbiert. Für die Fernerkundung entscheidend ist, daß unterschiedliche Materialien bzw. gleiche Materialien unterschiedlichen Zustands (trocken, feucht) die einfallende Lichtstrahlung in unterschiedlicher Weise reflektieren bzw. absorbieren.

Die von den Geländematerialien im Laufe des Tages aufgenommene Strahlungsenergie wird in Wärme umgesetzt. Gesteine, Böden und Oberflächenwasser erwärmen sich und emittieren sekundäre Wärmestrahlung in Wellenlängenbereichen des sogenannten Thermal-Infrarot. Dabei variieren Spektren und Intensität der emittierten Strahlung, auch Temperaturstrahlung genannt, mit der Temperatur der strahlenden Materie. Für die Fernerkundung entscheidend ist, daß sich unterschiedliche Materialien im Laufe des Tages unterschiedlich erwärmen und daher ein unterschiedliches Emissionsverhalten haben. Die durchschnittliche Oberflächentemperatur der Erde beträgt 290 K (17°C). Entsprechend liegt das Strahlungsmaximum der von der Erdoberfläche emittierten Energie bei 9,7 μm. Wie die Abb. 3 zeigt, ist die Strahlungskurve der Erdoberfläche flach und breit. Das Spektrum der von der Erdoberfläche emittierten Strahlung reicht etwa von 3,0 μm bis 15 μm. Im Temperaturbereich zwischen 275 und 325 K, der für die Fernerkundung von Interesse ist, variiert die Lage des Maximums nur unwesentlich. Die von der Erdoberfläche im Thermal-Infrarot emittierte Strahlung weist eine wesentlich niedrigere Leistung auf als die von der Sonne kommende und von der Erdoberfläche reflektierte Strahlung. Jedoch reicht die von den Geländeobjekten im Bereich zwischen 3,0 und 15 μm emittierte Leistung zur Geländeaufnahme und Objekterkundung mit Thermal-Scannern von Flugzeugen und Satelliten aus. Die Detektoren dieser Scanner erfassen die von den Geländeobjekten ausgehende Temperaturstrahlung in jenen zwei Teilspektren des Thermal-Infrarot, für dessen Strahlung die Atmosphäre durchlässig ist (3,5 bis 5 μm und 8 bis 14 μm) (vgl. Abb. 1). Die vom Thermal-Scanner registrierten Strahlungsdaten werden in Bilddaten, in sog. Thermal- oder Wärmebilder, umgesetzt. In diesen wird das unterschiedliche Temperaturverhalten der Geländeobjekte durch Grautonabstufungen wiedergegeben. Da der Temperaturgang und damit das Strahlungsverhalten von Gesteinen, Böden und Vegetationseinheiten am Tage stark durch Umweltfaktoren beeinflußt wird, werden Thermal-Scanner-Befliegungen in der Regel nachts (vor Sonnenaufgang) durchgeführt. Dann

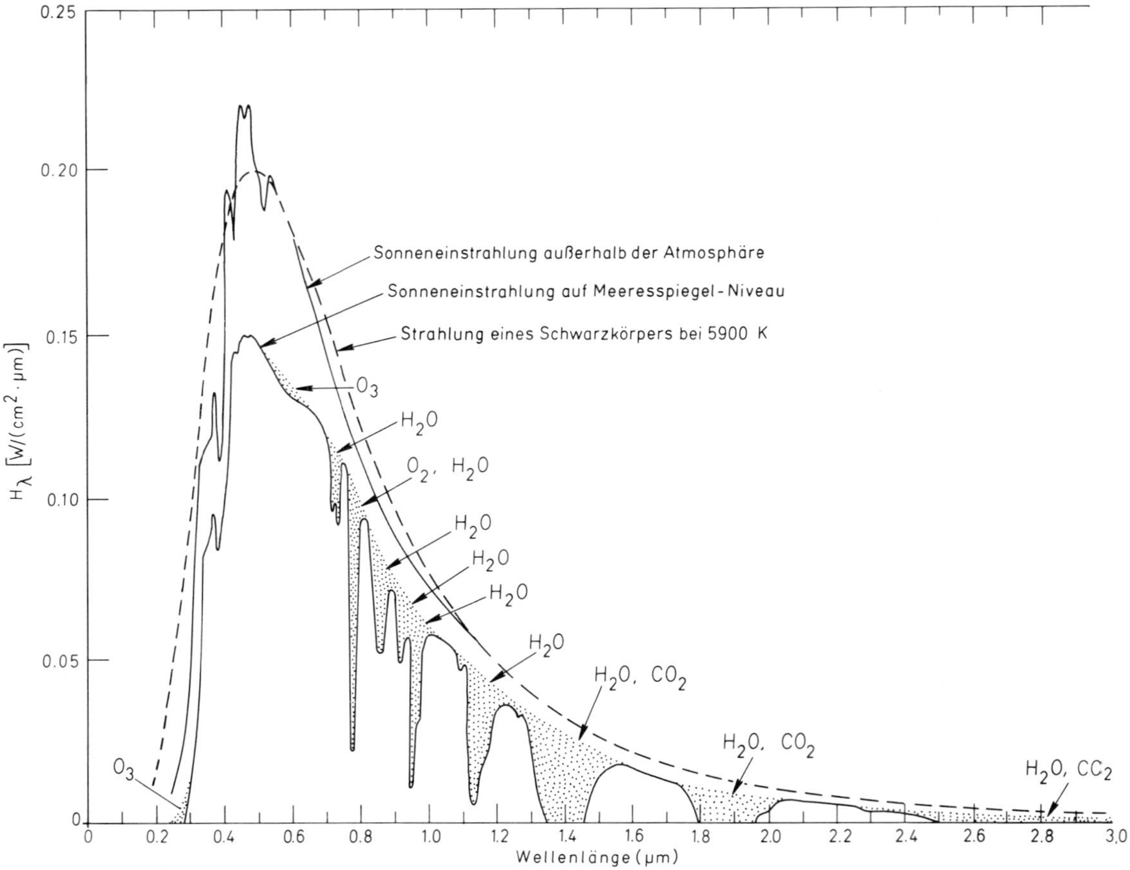

Abb. 2 Das Energiespektrum der Sonne und die Absorptionsbanden der Erdatmosphäre (punktiert). Bei den Absorptionsbanden sind die absorbierenden Gase angegeben (nach FRASER [ed.] 1975).

sind die Temperaturkontraste unterschiedlicher Materialien am ausgeprägtesten und störende Umwelteinflüsse gering.

2.2 Wechselwirkungen zwischen elektromagnetischer Strahlung und Partikeln der Atmosphäre

Absorption, Transmission, Streuung

„Die Atmosphäre besteht aus einem Gasgemisch, in das feste und flüssige Partikel in Form feinverteilten Aerosols oder als kompaktere Wolken mit allen Zwischenstadien eingelagert sind“ (BOLLE 1972).

Beim Durchgang durch die Atmosphäre wird die von der Sonne kommende elektromagnetische Strahlung durch Partikel der Atmosphäre beeinflußt. Es kommt zu Absorptionsvorgängen und Streuprozessen, welche die Intensität der Strahlung abschwächen und den Spektralcharakter der Strahlung verändern. Dies wird deutlich, wenn man die Spektralkurve der Sonnenstrahlung vor dem Erreichen der Atmosphäre und nach deren Durchqueren vergleicht (siehe Abb. 2). Neben einer allgemeinen Intensitätsminderung der Strahlung zeigt die untere Kurve eine starke Energieabnahme in engeren und breiteren Teilbereichen des Spektrums. Hier in den sogenannten Absorptionsbanden wird Strahlung bestimmter

Wellenlänge durch atmosphärische Gase wie Ozon, Wasserdampf, Kohlendioxid und Sauerstoff absorbiert. Die Absorption elektromagnetischer Strahlung in der Atmosphäre ist also wellenabhängig.

Strahlung mit Wellenlängen unter 0,27 μm wird völlig durch Ozon absorbiert. Der kurzwellige Anteil des Spektrums kann daher für die Fernerkundung nicht genutzt werden. Für Strahlung im längerwelligen Anteil des Ultraviolett, für das sichtbare Licht und für Strahlung im nahen Infrarot ist die Atmosphäre weitgehend durchlässig. Soweit sie nicht von Streuprozessen betroffen wird, kann Strahlung dieser Teilbereiche des Spektrums von der Sonne auf die Erdoberfläche und von dort als reflektierte Strahlung durch die Atmosphäre zum Sensor an Bord des Flugzeugs oder Satelliten gelangen. Im Bereich des mittleren Infrarot gibt es zwischen den in den Abb. 1 und 2 gezeigten Absorptionsbanden einige nutzbare Teilspektren, für deren Strahlung die Atmosphäre durchlässig ist.

Für Strahlung im Thermal-Infrarot oberhalb etwa 3 μm ist die Atmosphäre nur in wenigen Fenstern transparent (siehe Abb. 1). Für die Geländeaufnahme und Objekterkundung werden die schmalen Fenster zwischen 3,5 μm und 5 μm sowie das breite Fenster von 8 bis 14 μm genutzt. In diesen Bereichen kann die von den Geländeobjekten emittierte Wärmestrahlung vom Thermal-Scanner registriert werden. Die übrigen Bereiche des langwelligen Infrarot scheiden für die Fernerkundung aus, weil ihre Strahlung durch Wasserdampf, Kohlendioxid, Ozon und Methan absorbiert wird.

Mit zunehmender Wellenlänge wird die Wechselwirkung zwischen den elektromagnetischen Wellen und der Atmosphäre geringer. Für Strahlung des Mikrowellenbereichs ist die Atmosphäre über weite Bereiche transparent (vgl. Abb. 1). Hierauf basieren die Einsatzmöglichkeiten der langwelligen Radarverfahren im cm- und dm-Bereich.

Wie die Absorption ist auch die Streuung elektromagnetischer Strahlung in der Atmosphäre wellenlängenabhängig. Die Streuung erfolgt durch Reflexion auftreffender Strahlung an kleineren und größeren Partikeln der Atmosphäre, an Gasmolekülen und Aerosolen (Staub, Dunst, Wassertropfen). Art und Intensität der Streuung werden durch das Verhältnis zwischen der Wellenlänge der auftreffenden Strahlung und der Größe der streuenden Partikel bestimmt. So streuen die Gasmoleküle kurzwellige Strahlung (Raleigh-Streuung). Aerosole, deren Radien etwa der Wellenlänge der auftreffenden Lichtstrahlung entsprechen oder größer sind, streuen langwellige Lichtstrahlung (Mie-Streuung). Die Streuung in der Atmosphäre schwächt die direkte Sonnenstrahlung und erzeugt diffuse Himmelsstrahlung.

Generell wird Strahlung kürzerer Wellenlängen stärker gestreut als längerwellige Strahlung. Eine besonders starke Streuung erfolgt daher im ultravioletten und blauen Anteil des Sonnenlichtes. Sie bedingt die blaue Farbe des Himmels. Der in der Atmosphäre gestreute Blauanteil des Sonnenlichts wird als Himmelslicht (Skylight) oder Himmelsstrahlung bezeichnet. Die direkte Sonnenstrahlung und die diffuse Himmelsstrahlung liefern zusammen die natürliche Beleuchtung der Erdoberfläche. Schattenbereiche werden allein von der diffusen Himmelsstrahlung ausgeleuchtet. Dem hohen Blauanteil des Himmelslichtes entsprechend erscheinen sie in der Natur oder im Farbfilm in blauer Farbtönung. Dieser Effekt ist besonders im verschneiten Gelände deutlich.

Wie die Absorption nimmt auch die Intensität der Streuung des Sonnenlichtes mit der Länge des Weges durch die Atmosphäre zu. Mit dem Sonnenstand, vor allem mit der Sonnenhöhe ändert sich daher die Beleuchtung der Erdoberfläche. Es ändert sich die spektrale Zusammensetzung und die Intensität der Strahlung, die auf die Erdoberfläche trifft und von den Geländeobjekten absorbiert oder reflektiert werden kann. Generell wird für die Erderkundung ein hoher Sonnenstand (etwa 60 bis 80°) bevorzugt. Er bringt die günstigste Beleuchtung. Farb- und Helligkeitsunterschiede von Geländeobjekten werden betont, Relief- und Schattenanteile treten zurück. In manchen Fällen kann jedoch gerade niedrige Sonnenhöhe die besseren Aufnahmebedingungen liefern. So werden die morphologischen und strukturellen Grundzüge und Details einer Landschaft, die wichtige Kriterien für die tektonische Kartierung von Fernerkundungsaufnahmen liefern, in Aufnahmen akzentuiert dargestellt, die bei niedrigem Sonnenstand aufgenommen wurden. Die günstigsten Aufnahmebedingungen variieren daher mit der jeweiligen Aufgabenstellung eines Fernerkundungsprojektes.

Zum nahen Infrarot hin nimmt die Intensität der Streuung des Sonnenlichts ab. Sie spielt daher für Aufnahmen bei normaler klarer Atmosphäre keine Rolle. Auch leichter Dunst beeinflußt elektromagnetische Strahlung des nahen Infrarot-Spektrums kaum, weil die Radien der Dunstpartikel im allgemeinen unter 1 μm liegen. Nebel und Wolken streuen dagegen Infrarotstrahlung, wenn die Radien ihrer Wassertröpfchen Dimensionen um 4 μm erreichen.

Neben den genannten wellenlängenabhängigen Prozessen der Streuung findet in Dunst, Nebel oder Wolken auch wellenlängenunabhängige Streuung statt, wenn Partikel auftreten, deren Radien etwa 10mal so groß wie die Wellenlänge der auftreffenden Strahlung sind. Partikel dieser Größenordnung streuen Strahlung aller Wellenlängen in gleicher Weise. Deshalb erscheinen Wolken weiß, obgleich ihre Wassertropfen farblos sind (SABINS 1978).

Die beschriebenen Absorptionsvorgänge und Streuungsprozesse in der Atmosphäre sind für die Fernerkundung von großer Bedeutung. Sie bestimmen einerseits, in welcher spektralen Zusammensetzung und mit welcher Intensität natürliche Sonnenstrahlung oder künstlich erzeugte Strahlung durch die Atmosphäre auf die Erdoberfläche gelangen kann. Andererseits beeinflussen sie den spektralen Charakter und die Intensität der von den Geländeobjekten reflektierten oder emittierten Strahlung auf deren Weg zum Sensor an Bord des Flugzeugs oder Satelliten. Die wellenlängenabhängigen Wechselbeziehungen zwischen elektromagnetischer Strahlung und Partikeln der Atmosphäre sind daher bei der Aufnahme von Spektraldaten und bei der Auswertung von Fernerkundungsdaten zu berücksichtigen. Dies soll durch einige Beispiele begründet werden.

Die Streuung auftreffender Sonnenstrahlen an Gasmolekülen und Aerosolen führt zu diffuser Strahlung verschiedener Wellenlängen im Luftraum zwischen Erdoberfläche und Sensor. Bei der Aufnahme der Spektraldaten erfaßt und registriert der Sensor an Bord des Flugzeugs oder Satelliten neben der Strahlung, die von den Geländeobjekten reflektiert wird, auch diffuse Strahlung aus dem Luftraum zwischen Geländeobjekt und Sensor. Die aus der Streustrahlung resultierenden Spektralsignale können die Spektralsignale der Geländeobjekte störend überlagern. Die Folge ist eine Verminderung des Kontrastes und der räumlichen Auflösung des Bildes, das der Sensor liefert. Diesen Problemen kann man begegnen, indem man z.B. beim Einsatz photographischer Sensoren die störende Streustrahlung ausfiltert oder aber die Geländeaufnahme von vornherein in einem Spektralbereich durchführt, in dem der Einfluß der Streustrahlung möglichst gering ist. So schaltet man beim Bildflug mit panchromatischem Schwarzweiß-Film den störenden Einfluß starker Streuung im Ultraviolett und im Blaubereich des Spektrums aus, indem man dem Objektiv der Luftbildkammer ein Gelb- oder Orangefilter vorsetzt. Dieses absorbiert die störende kurzwellige Strahlung und läßt nur Strahlung mit Wellenlängen oberhalb 0,5 μm passieren (0,5 bis 0,9 μm bzw. 0,53 bis 0,9 μm). Bei Befliegungen mit echtem Farbfilm verwendet man Dunstfilter, um die überstrahlende Wirkung des Himmelslichts zu reduzieren. Das Dunstfilter absorbiert die Ultraviolett-Strahlung und Teile des blauen Lichts.

Der Einfluß wellenlängenabhängiger Streuung auf die Bildqualität von Fernerkundungsaufnahmen wird deutlich, wenn man die vier Spektralbilder einer Landsat-Szene nebeneinander legt (vgl. Abb. 81). Auf den ersten Blick fallen Unterschiede im Kontrast, in der Bildschärfe und in der Detailerkennbarkeit auf. Der größte Unterschied in der Bildqualität – und damit auch im Informationsgehalt und in der Auswertbarkeit – besteht zwischen den Aufnahmen der Kanäle 4 und 7 des Landsat-Multispektralscanners. Die Aufnahme des Viererkanals, der Strahlung im Grün (0,5 bis 0,6 μm) erfaßt, wird im allgemeinen den geringsten Kontrast, die geringste Detailerkennbarkeit in der Wiedergabe unterschiedlicher Objekte und Geländeeinheiten und die geringste „Bildschärfe" aufweisen. Das erfaßte Gelände erscheint in Aufnahmen des Viererkanals nicht selten verschleiert. Offensichtlich ist die Streuung im Grün noch so stark, daß diffuse Streustrahlung die von den Geländeobjekten reflektierte Strahlung gleicher Wellenlänge überstrahlen kann. Die von den Geländeobjekten kommenden Spektralsignale im Grün werden hierbei durch Signale der Streustrahlung gleicher Wellenlänge überlagert. Die Aufnahme des Kanals 7, der Strahlung aus dem langwelligen Teil des nahen Infrarot (0,8 bis 1,1 μm) registriert, zeigt dagegen den aufgenommenen Geländebereich in klarer Darstellung, mit gutem Kontrast und guter Detailerkennbarkeit. Aufnahmen des Kanals 7 wirken immer „schärfer" als Aufnahmen der Kanäle 4 und 5. Der störende Einfluß der Streustrahlung unterhalb 0,8 μm wird hier durch die Aufnahme des Geländes in einem Teilspektrum des nahen Infrarot ausgeschaltet. Das Bild aus dem Kanal 7 wirkt scharf, weil Infrarot-Strahlung in der normalen Atmosphäre nicht oder nur unbedeutend gestreut wird und die von Geländeobjekten reflektierte Infrarotstrahlung daher relativ unbeeinflußt vom Geländeobjekt zum Sensor gelangen kann.

Selbst in leicht dunstigen Gebieten kann Infrarot-Strahlung die Atmosphäre relativ unbehelligt passieren, während Lichtstrahlung kürzerer Wellenlängen durch die Dunstpartikel stark gestreut wird. Um eine optimale Bildqualität zu erreichen, werden Bildflüge über dunstigen Gebieten daher bevorzugt mit Infrarot-Schwarzweiß-Film und Dunkelrot-Filter durchgeführt. Der SW-Infrarot-Film ist besonders für den Bereich zwischen etwa 0,75 μm und 0,9 μm sensibilisiert. Das Rotfilter absorbiert alle störende Strahlung unter 0,7 μm. Der Infrarot-Film registriert daher nur die von den Geländeobjekten im nahen Infrarot mit Wellenlängen von etwa 0,7 bis 0,9 μm reflektierte Strahlung. Durch diese spektralselektive Aufnahmetechnik wird erreicht, daß Infrarot-Luftbilder einen besseren Kontrast und eine bessere Detailerkennbarkeit aufweisen als Luftbilder, die unter gleichen atmosphärischen Bedingungen (Dunst) mit Panfilm und Gelbfilter aufgenommen wurden.

In Gebieten mit häufiger oder ständiger Wolkenbedeckung ist Fernerkundung problematisch. Wolken sind undurchsichtig. Die Wassertröpfchen der Wolken absorbieren und streuen elektromagnetische Strahlung mit Wellenlängen unter ca. 3 mm. Für die Fernerkundung können daher in solchen Gebieten nur Verfahren eingesetzt werden, die mit Mikrowellen arbeiten. Hierzu gehört das Seitensichtradar-Verfahren. Die Antenne der derzeit eingesetzten Radarsysteme sendet monochromatische Strahlung mit Wellenlängen zwischen 0,86 cm und etwa 100 cm aus. Strahlung mit Wellenlängen $\lambda > 2$ cm gelangt unbeeinflußt durch Wolken, Nebel und auch Regen auf die Erdoberfläche. Die von den Geländeobjekten zurückgestreuten Radarsignale werden von der Antenne des Radarsystems aufgefangen und im Radarsystem in Bilddaten des beleuchteten Geländebereiches umgesetzt. Die langwelligen Radarsignale werden auf ihrem Weg durch die Atmosphäre nicht gestreut oder verändert.

Diese Beispiele aus den wichtigsten Aufnahmespektren der erdbezogenen Fernerkundung sollten zeigen, wie sehr wellenlängenabhängige Absorption und Streuung elektromagnetischer Strahlung in der Atmosphäre die äußeren Bedingungen für die Aufnahme von Spektraldaten der Erdoberfläche aus Flugzeugen und Satelligen beeinflussen können. Bei der Planung von Fernerkundungsprojekten sind daher die Wechselwirkungen zwischen elektromagnetischer Strahlung und Partikeln der Atmosphäre ebenso zu berücksichtigen wie das Reflexions-, Absorptions- und Emissionsverhalten der gesuchten oder zu kartierenden Geländeobjekte. Für die Qualität der Fernerkundungsdaten sind die atmosphärischen Verhältnisse, die Sonnenhöhe und der Sonnenazimut zur Zeit der Befliegung genauso entscheidend wie die technischen Eigenschaften des verwendeten Sensors (spektrale Auflösung, radiometrische Auflösung, räumliche Auflösung). Ist eine quantitative Auswertung der aufgenommenen Spektraldaten beabsichtigt, so müssen neben geometrischen Korrekturen der Bilddaten auch radiometrische Korrekturen der vom Sensor registrierten Spektralsignale vorgenommen werden. Diese radiometrischen Korrekturen basieren einerseits auf theoretischen Modellrechnungen, andererseits auf aktuellen Spektralmessungen zur Zeit der Überfliegung. Für die Korrektur wichtige Parameter sind Daten über den Wasserdampfgehalt, die Partikelkonzentration und ihre Größenverteilung, Temperaturprofile, evtl. auch Daten über Windgeschwindigkeit und Windrichtung (BOLLE 1975). Aktuelle Daten werden über meteorologische Satelliten, bei speziellen Projekten durch begleitende Bodenmessungen im Untersuchungsgebiet ermittelt.

2.3 Wechselwirkungen zwischen elektromagnetischer Strahlung und Materie an der Erdoberfläche

Reflexion, Absorption, Transmission, Emission, Emissionsvermögen, Einfluß materialbezogener und materialunabhängiger Parameter

Trifft von der Sonne oder aus einer künstlichen Strahlungsquelle kommende elektromagnetische Strahlung in parallelen Strahlenbündeln auf Materie an der Erdoberfläche, so können folgende Wechselwirkungen zwischen der Materie und der Strahlung stattfinden. Ein Teil der auffallenden Strahlung wird von der Material- bzw. Objektoberfläche reflektiert, je nach Oberflächenbeschaffenheit gerichtet oder diffus. Ein Teil der Strahlung dringt in die Materie ein und wird dort an Grenzflächen innerhalb der Materie gebrochen und reflektiert (Reflexion). Ein mehr oder minder großer Anteil der auftreffenden Strahlungsenergie wird durch Wechselwirkung mit beweglichen Ladungsträgern in der Materie von dieser absorbiert (Absorption). Die hieraus resultierende Erwärmung der Materie führt zur Ausstrahlung sekundärer Wärmestrahlung (Emission). Schließlich kann Materie für Strahlung bestimmter Wellenlängen durchlässig sein (Transmission). Nach dem Gesetz der Erhaltung der Energie ist die Summe der von einem Objekt absorbierten, reflektierten, gestreuten und durchgelassenen Strahlung gleich der Menge der auftreffenden Strahlungsenergie

$$\phi_{abs} + \phi_{refl} + \phi_{scatt} + \phi_{trans} = \phi_i$$

In Anlehnung an KASTEN & RASCHKE (1972) sollen nachfolgend Reflexion, Streuung, Absorption, Transmission und Emission in kurzer Form beschrieben und definiert werden. Eine ausführlichere Beschreibung und Definition der für Strahlungsmessungen und -rechnungen wichtigen Größen und Gesetzmäßigkeiten wird von den genannten Autoren in der zitierten Publikation und an anderer Stelle gegeben.

Nach KASTEN & RASCHKE (1972) ist **Reflexion** definiert als die „Zurückwerfung von elektromagnetischer Strahlung an einer Fläche, ohne Änderung der Frequenz der monochromatischen Strahlungsanteile. Man unterscheidet zwischen gerichteter und diffuser Reflexion (engl. specular bzw. diffuse reflectance). Gerichtete Reflexion ist Reflexion ohne Streuung, gemäß den Gesetzen der optischen Spiegelung (= spiegelnde Reflexion)“. Bei der vollkommen diffusen Reflexion ist die Strahlungsflußdichte M (Strahlungsflußdichte der von einem Flächenelement ausgehenden Strahlung) der reflektierten Strahlung in allen Richtungen gleich. Diese gleichförmig diffuse Reflexion entspricht der Definition eines Lambert-Reflektors (= eines vollkommenen mattweißen Körpers, dessen Reflexionsgrad $\rho = 1$ ist). Treten spiegelnde und diffuse Reflexion gleichzeitig auf, so spricht man von gemischter Reflexion.

Der Reflexionsgrad ρ (engl. reflectance) beschreibt quantitiv das Verhältnis zwischen reflektiertem (r) und einfallendem (i) Strahlungsfluß:

$$\rho = \frac{\phi_r}{\phi_i}$$

Bei gemischter Reflexion kann ρ additiv in den Grad der spiegelnden (gerichteten) Reflexion ρ_r und den Grad der diffusen Reflexion ρ_d aufgespalten werden:

$$\rho = \rho_r + \rho_d$$

Ein Lambert-Reflektor (mit dem Index L benannt) kann als Referenz für Messungen des Reflexionsgrades einer beliebigen Materialoberfläche benutzt werden:

$$\rho_L = \frac{\phi_r}{\phi_{r,L}}$$

wobei ϕ_r die Strahlungsflußdichte der von einem Flächenelement in den Halbraum ausgehenden Strahlung, $\phi_{r,L}$ die Strahlungsflußdichte der von einer vollkommenen mattweißen Fläche in den Halbraum ausgehenden Strahlung darstellt.

Mit Zinkweiß oder Magnesiumoxid gespritzte Metall- oder Kunststoffoberflächen reflektieren einfallendes Licht diffus (dem Lambertschen Gesetz folgend) und erscheinen nahezu gleich hell, aus welcher Richtung man sie auch betrachtet. Die meisten natürlichen Oberflächen reflektieren nicht vollständig diffus. Die von ihnen reflektierte Strahlung hat nach KÖHLER (1982) in der Regel einen mehr oder minder großen gerichteten Anteil. Dabei sind einfallender Strahlungsfluß (i) und reflektierter Strahlungsfluß (r) abhängig vom Kosinus des Einfallswinkels der Beleuchtung. Unter natürlichen Beleuchtungsverhältnissen ist hier der Sonnenstand entscheidend. Neben der Sonnenhöhe hat auch der Sonnenazimut entscheidenden Einfluß auf das Reflexionsverhalten natürlicher Oberflächen. Nach Untersuchungen von KÖHLER (1982) hat der Sonnenstand nicht nur Einfluß auf die Strahlungsflußdichte der von einer natürlichen Oberfläche ausgehenden Strahlung, sondern auch auf deren spektrales Reflexionsverhalten.

In der Meteorologie wird für den Reflexionsgrad ausgedehnter, ebener horizontaler Oberflächen, die durch natürliche Strahlung bestrahlt werden, der Begriff Albedo A benutzt. Er beschreibt das Verhältnis von reflektierter zu auftreffender Strahlung. Die Definition der Albedo ist gleich derjenigen des Reflexionsgrades.

„**Streuung** (engl. scattering) ist die Schwächung gerichteter Strahlung infolge Ablenkung aus der Einfallsrichtung, ohne daß Strahlung absorbiert, d.h. in andere Energieformen umgewandelt wird“ (KASTEN & RASCHKE 1972).

„Unter dem **Absorptionsgrad** α (engl. absorptance) eines Körpers wird das Verhältnis von absorbiertem (a) zu einfallendem (i) Strahlungsfluß verstanden:

$$\alpha = \frac{\phi_a}{\phi_i} \text{“} \qquad \text{(KASTEN \& RASCHKE 1972).}$$

„Die Schwächung der einfallenden Strahlung durch Absorption oder Streuung wird unter dem Oberbegriff Extinktion (engl. extinction) zusammengefaßt“ (KASTEN & RASCHKE 1972).

„Analog zur Reflexion unterscheidet man zwischen gerichteter, gestreuter und gemischter **Transmission**.“

„Der Transmissionsgrad τ (engl. transmittance) beschreibt das Verhältnis zwischen transmittiertem (t) und einfallendem (i) Strahlungsfluß:

$$\tau = \frac{\phi_t}{\phi_i}$$

Bei gemischter Transmission läßt sich τ in einen gerichteten und einen diffusen Anteil zerlegen:

$$\tau = \tau_r + \tau_d$$

Unter dem Reintransmissionsgrad (engl. internal transmittance) versteht man das Verhältnis des die Austrittsfläche einer Schicht verlassenden Strahlungsflusses zu dem in die Eintrittsfläche eintretenden; τ_{it} bedeutet also den Transmissionsgrad der Schicht ohne die Reflexionsverluste an den Grenzflächen" (KASTEN & RASCHKE 1972). Der Reintransmissionsgrad für eine bestimmte Schichtdicke (z.B. 1 cm) wird als Transmissivität $\tau_{it,0}$ (engl. transmissivity) bezeichnet.

„Analog zur Reflexion an einer Fläche (= Grenzfläche zwischen zwei optisch verschiedenen Medien) können auch Begriffe zur Beschreibung der Transmission durch diese Grenzflächen angegeben werden. Sie sind z.B. notwendig für genaue Betrachtungen des Strahlungstransportes in beide Richtungen durch die Meeresoberfläche. Der Grad der gerichteten Transmission (engl. directional transmittance) wird definiert durch das Verhältnis der als Parallelstrahlung transmittierten Strahlungsdichte zur Bestrahlungsstärke. Die transmittierte Strahlung ist nur bei einer ebenen Fläche wieder parallel. „Rauhe" Oberflächen, z.B. die Meeresoberfläche, bewirken dagegen eine Winkelverteilung der Strahlungsdichte" (KASTEN & RASCHKE 1972).

Emission: Durch Absorption einfallender Strahlungsenergie kommt es zur Erwärmung von Materie. Der erwärmte Körper strahlt Wärme ab: Wärmestrahlung (engl. thermal radiation). „Ein schwarzer Strahler oder schwarzer Körper (engl. black body) ist ein Wärmestrahler, der alle auffallende Strahlung unabhängig von ihrer Wellenlänge, Richtung und Polarisation absorbiert. Seine spektrale spezifische Ausstrahlung (in den Halbraum) hat für alle Wellenlängen den für einen Wärmestrahler maximal möglichen Wert. Er ist durch das Plancksche Strahlungsgesetz beschrieben" (KASTEN & RASCHKE 1972).

„Das Stefan-Boltzmann-Gesetz folgt aus dem Planckschen Strahlungsgesetz durch Integration über alle Wellenlängen. Es gibt die spezifische Ausstrahlung eines schwarzen Körpers als Funktion der Temperatur an:

$$M(T) = \sigma T^4 \qquad \text{mit } \sigma = 5{,}6 \cdot 10^{-8}\ \text{W/m}^2\ \text{K}^4$$

Wie die Abb. 3 zeigt, verschiebt sich das Strahlungsmaximum mit steigender Temperatur zur Seite der kürzeren Wellenlängen (Wiensches Verschiebungsgesetz).

„Der halbräumliche Emissionsgrad ϵ (engl. emissivity) eines Wärmestrahlers ist definiert als das Verhältnis seiner spezifischen Ausstrahlung (M_ϵ) zu der eines schwarzen Körpers ($M_{\epsilon=1}$):

$$\epsilon = \frac{M_\epsilon}{M_{\epsilon=1}} \text{"} \qquad \text{(KASTEN \& RASCHKE 1972).}$$

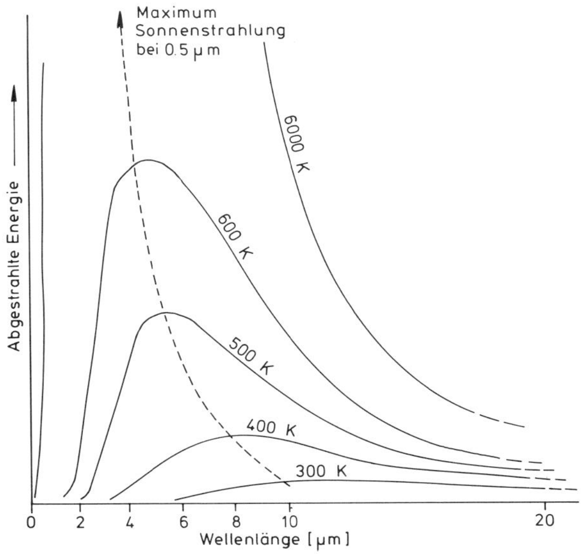

Abb. 3 Spektrale Energieflußdichte der solaten und der terrestrischen Strahlung (nach COLWELL et al. 1963).

Verglichen mit anderen Körpern gibt ein Schwarzkörper bei jeder Temperatur und für jede Wellenlänge das Maximum an Temperaturstrahlung ab. Gesteine, Böden, Pflanzen und Gewässer wirken wie alle anderen natürlichen und künstlichen Materialien näherungsweise als Graukörper. Sie absorbieren nur Teile der einfallenden Strahlung und entsprechend weniger Energie als ein schwarzer Körper gleicher Temperatur. Für den Emissionsgrad spielen die sichtbaren Farben keine Rolle, da das Maximum der Temperaturstrahlung im Infrarotbereich liegt.

Für die Fernerkundung, für die Nutzungsmöglichkeiten elektromagnetischer Strahlung zur Objektsuche und Geländeaufnahme ist entscheidend, daß die Art und die Intensität der Wechselwirkungen zwischen Strahlung und Materie an der Erdoberfläche wellenlängen- und materialabhängig sind. Das Spektrum der einfallenden Strahlung und die atomare und molekulare Struktur der beteiligten Materie bestimmen, in welchen Wellenlängenbereichen einfallende Strahlung reflektiert, gestreut, absorbiert oder durchgelassen wird, in welchen Wellenlängen sekundäre Wärmestrahlung emittiert wird.

Die für die geologische Fernerkundung interessanten Materialien, Gesteine, Böden, Pflanzen und Oberflächenwässer haben daher wie andere Materialien ein materialbezogenes Spektralverhalten. Die meisten dieser Materialien haben im

Bereich des sichtbaren Lichts, im Infrarot und im Mikrowellenbereich ein jeweils charakteristisches Spektrum der Reflexion, Absorption, Emission und Transmission elektromagnetischer Strahlung. Von den im Aufnahmebereich eines Sensors befindlichen Geländeobjekten gehen daher unterschiedliche Spektralsignale aus, die vom Sensor an Bord eines Flugzeugs oder Satelliten erfaßt, anschließend in analoge oder digitale Bilddaten umgesetzt und vom Geologen zur Erkundung und Kartierung bestimmter Materialien und Geländezustände genutzt werden können. Das Spektralsignal eines Materials oder eines Geländeobjektes ist durch die spektrale Verteilung und die Intensität der von ihm reflektierten und emittierten Strahlung gekennzeichnet. Als spektrale Signatur eines Objekts bezeichnet man dessen spektrale Intensitätswerte, wie sie mit einem bestimmten Aufnahmesystem erfaßt bzw. gemessen worden sind. Die Spektralsignaturen sind also Erkennungsmerkmale der aufgenommenen Geländeobjekte. Sie liefern die Grundlage für die digitale Auswertung von Fernerkundungsdaten, für die Unterscheidung und für die Klassifizierung von Geländeobjekten.

Bei der Objektsuche und thematischen Bestandsaufnahme mit Methoden der Fernerkundung kommt es darauf an, die von der Geländeoberfläche kommende Strahlung in jenen Spektralbereichen oder Wellenlängenintervallen zu erfassen, in denen die interessierenden Materialien oder Objekte optimal, d.h. mit stärkstem Kontrast zur Umgebung reflektieren, absorbieren und/oder emittieren. Die Aufnahmesituation ist ideal, wenn die spektrale Auflösung, die radiometrische Auflösung und die räumliche Auflösung des eingesetzten Sensors auf die Spektralcharakteristika und Dimensionen der interessierenden Materialien oder Objekte abgestimmt sind. Jedoch ist bei der Auswertung aufgenommener Spektraldaten zu berücksichtigen, daß die vom Sensor registrierte Strahlung neben den Spektralsignalen, die von den Geländeobjekten kommen, auch Strahlungsanteile enthält, die aus Streustrahlung aus der Umgebung der Objekte und aus der Atmosphäre stammen (vgl. Abschn. 2.2). Diese Streustrahlung, die vor allem in den kurzwelligen Anteilen des Spektrums auftritt, kann die Spektralsignale der interessierenden Objekte beeinflussen und überlagern. Auch hat eine Reihe anderer, sehr variabler Umweltfaktoren Einfluß auf die Spektralsignatur von Geländeobjekten. Diese Problematik wird später noch diskutiert werden. Zunächst sollen noch einige Gesetzmäßigkeiten der Wechselwirkungen zwischen einfallender elektromagnetischer Strahlung und Materie an der Erdoberfläche und ihre Bedeutung für die Aufnahme von Spektraldaten erläutert werden.

Alle Materialien der Erdoberfläche reflektieren direkte Sonnenstrahlung, die auf ihre Oberfläche fällt. Der Reflexionsvorgang wird, wie schon erwähnt, durch den atomaren und molekularen Aufbau des jeweiligen Materials, wesentlich aber auch durch die Beschaffenheit der Oberfläche, durch deren Rauhigkeit und Strukturierung und durch die Orientierung der Materialoberflächen zur Sonne bestimmt.

Fällt Sonnenstrahlung auf eine ebene Fläche, so ist die Reflexion spiegelnd, wenn deren Unebenheiten kleiner sind als die Wellenlänge der auftreffenden Strahlung. Mit zunehmender Rauhigkeit der Oberfläche tritt diffuse Reflexion auf. In diesem, in der Natur häufigsten Fall, verläßt die reflektierte Strahlung die Materialoberfläche in vielen Richtungen, bezogen auf die Richtung des einfallenden Strahls.

Beim Übergang der Lichtstrahlung vom optisch dünneren Medium Luft in optisch dichtere Medien wie Wasser, Gestein, Böden oder Pflanzen wird stets nur ein Teil der auffallenden Strahlung reflektiert. Der Rest wird von der Materie gebrochen und absorbiert. Ein Material, das nur Strahlung bestimmter Wellenlängen reflektiert und den Rest der einfallenden Strahlung absorbiert, erscheint farbig.

Für die geologische Fernerkundung sind im Spektrum des Lichts und im nahen Infrarot vor allem jene engeren oder breiteren Wellenlängenintervalle von Bedeutung, in denen die interessierenden Gesteins-, Boden-, Vegetationseinheiten und Oberflächenwässer, auch tektonische Strukturen, einfallende Strahlung besonders stark reflektieren oder absorbieren. Um das Spektralverhalten der für thematische Kartierungen der Erdoberfläche wichtigen Materialien und Geländezustände quantitativ zu erfassen und die für die Fernerkundung besonders geeigneten Spektralbereiche zu ermitteln, wurden vor allem in den sechziger und siebziger Jahren umfangreiche Labor- und Feldmessungen unternommen. Die Labormessungen lieferten einige wichtige Grunddaten. Die Übertragbarkeit der Labordaten auf natürliche Aufnahmeverhältnisse erwies sich jedoch als problematisch. Bei den Feldversuchen wurde in Testgebieten mit Spektrometern das Spektralverhalten natürlicher (und künstlicher) Oberflächen in Teilspektren des sichtbaren Lichts und des nahen Infrarot ermittelt. Untersucht wurde die materialabhängige Reflexion und Absorption und der Einfluß der Oberflächenbeschaffenheit und der Umweltbedingungen auf das Reflexions- und Absorptionsverhalten natürlicher Oberflächen. Diese Experimente wurden ergänzt durch Radiometermessungen im Bereich des thermalen Infrarot. Hierbei war zu klären, welche materialabhängigen und welche materialunabhängigen Parameter die sekundäre Wärmestrahlung natürlicher und künstlicher Materialien beeinflussen. Gleichzeitig mit den Geländemessungen wurden bei manchen dieser Untersuchungen Flugzeug- und später auch Satelliten-Überflüge mit Multispektral-Kameras und Multispektral-Scannern durchgeführt, um eine Korrelation zwischen den an der Erdoberfläche gemessenen und den vom Sensor an Bord des Flugzeugs oder Satelliten registrierten Spektralsignaturen bestimmter Materialien zu ermöglichen. Durch Vergleiche zwischen Geländedaten und Sensordaten aus verschiedenen Beobachtungsebenen sollte auch der Einfluß der Atmosphäre auf die von den Geländeobjekten kommenden Spektralsignale geklärt werden.

Nach den Ergebnissen der Untersuchungen in repräsentativen Testgebieten beeinflußt eine relativ große Zahl variabler Parameter das Reflexions- und Absorptionsverhalten natürlicher Oberflächen. Es sind materialbezogene und materialunabhängige, umweltbezogene Parameter. Unter den materialbezogenen Parametern sind für das Reflexions- und Absorptionsverhalten von Gesteinen und Böden vor allen von Bedeutung: die Oberflächenbeschaffenheit, die Farbe, die Porosität und der Feuchtigkeitsgehalt.

Für die Oberflächenbeschaffenheit sind die Art der Oberflächenrauhigkeit, die Dimensionen und Formen der Unebenheiten und die Strukturierung oder Textur der jeweiligen Materialoberfläche ausschlaggebend. Auch das Verhältnis der Wellenlänge der auffallenden Strahlung zur Dimension der Unebenheiten hat Einfluß auf die spektrale Zusammensetzung und Intensität der reflektierten und der absorbierten Strahlung. Die Oberflächenbeschaffenheit wird oft durch die Art, die Korngröße und die gegenseitige Zuordnung der Mineralbestandteile von Gesteinen, durch den jeweiligen Verwitterungsgrad und durch Vorhandensein oder Fehlen von Klüften beeinflußt. So reflektieren die Oberflächen unverwitterter dichter, ungeklüfteter Gesteine die auffallende Strahlung stärker als angewitterte, klüftige und lockere Gesteine gleicher Farbe. Diese können größere Teile der auffallenden Strahlung über Poren, Spalten und Risse absorbieren und die aufgenommene Strahlungsenergie in Wärme umsetzen.

Die durch die Mineralzusammensetzung bestimmte Farbe von Gesteinen und Böden bzw. ihrer Oberflächen bestimmt die spektrale Zusammensetzung und Intensität der reflektierten und absorbierten Strahlung. Helle Gesteine und Böden reflektieren stärker als dunkle. Feuchtigkeit verändert das Reflexionsvermögen von Gesteinen und Böden. Vermutlich nimmt der Anteil diffus reflektierter Lichtstrahlung mit zunehmender Feuchtigkeit ab. Dadurch gelangt weniger reflektiertes Licht auf den Sensor. Feuchte Böden und Gesteine erscheinen daher im panchromatischen Luftbild meist dunkler als trockene Gesteine und Böden gleichen Typs. Einfallende Strahlung mit Wellenlängen des nahen Infrarot wird von feuchten Böden und Gesteinen weitgehend absorbiert.

Unter den materialunabhängigen Parametern, die Einfluß auf das Reflexions- und Absorptionsverhalten und damit auf die Spektralsignale von Gesteins- und Bodenoberflächen haben, ist die Orientierung einer Gesteins- oder Bodenoberfläche zur Sonne und die topographische Position der betreffenden Gesteins- oder Bodenoberfläche im Gelände von besonderer Bedeutung. Die Lage eines Gesteinsaufschlusses oder einer Bodeneinheit im Gelände entscheidet darüber, ob eine Materialoberfläche in einem zur Sonne exponierten Bereich oder im Halbschattenbereich liegt. Die Orientierung einer Gesteins- oder Bodenoberfläche zur Sonne bestimmt, unter welchem Winkel und über welche Zeitdauer direkte Sonnenstrahlung auf die Materialoberfläche fällt. Damit entscheidet von der Objektseite her die jeweilige Lage und Orientierung einer Oberfläche über die Menge und die spektrale Zusammensetzung der auffallenden natürlichen Strahlung, die überhaupt für Reflexions- und Absorptionsvorgänge zur Verfügung steht. Als umweltbedingter Parameter kommt hier auch der Einfluß der Atmosphäre auf die Bestrahlung natürlicher Oberflächen in den Spektralbereichen des sichtbaren Lichts und des nahen Infrarot ins Spiel. Wie schon erwähnt, empfangen zur Sonne exponierte Bereiche direkt auffallende Sonnenstrahlung und diffuse Himmelsstrahlung. Halbschattenbereiche werden dagegen nur von diffusem Himmelslicht bestrahlt. Hieraus ergeben sich Unterschiede in der spektralen Zusammensetzung bzw. in der Spektralintensität der einfallenden Strahlung in exponierten und in Halbschattenbereichen, die nach BOLLE (1971) zur Verfälschung von Signaturen, besonders von Signaturen mit schwach ausgeprägter Wellenlängenabhängigkeit, führen können. Diese Gegebenheiten sind vor allem bei quantitativen Auswertungen spektraler Fernerkundungsdaten und bei Klassifizierungen von Geländeeinheiten nach Spektralsignaturen zu berücksichtigen. Von Bedeutung für die Intensität der vom Sensor registrierbaren Strahlung sind schließlich auch die Ausrichtung der reflektierenden Gesteins- oder Bodenoberfläche zur Aufnahmeplattform und die Weglänge des Spektralsignals vom Objekt zum Sensor.

Für die Fernerkundung im Thermal-Infrarot ist entscheidend, daß sich Materialien, die größere Mengen der einfallenden Sonnenenergie absorbieren, stärker erwärmen als Materialien, die einfallende Sonnenstrahlung weitgehend re-

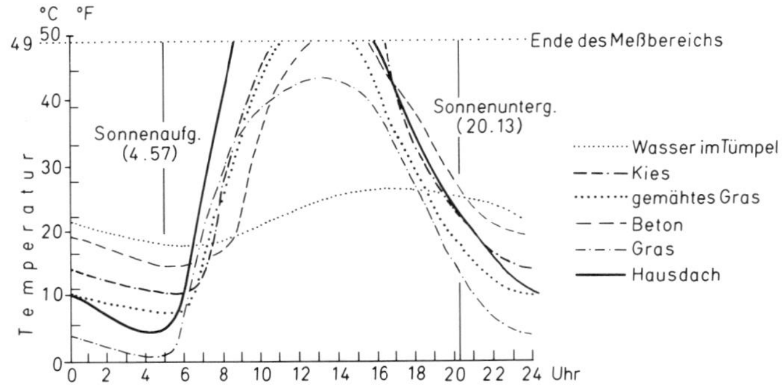

Abb. 4 Oberflächentemperaturen unterschiedlicher Materialien im Tagesverlauf (nach LOWE 1969).

flektieren. Von Bedeutung ist auch, daß sich die verschiedenen Materialien in Abhängigkeit von ihren jeweiligen Materialeigenschaften im Tagesverlauf schneller oder langsamer erwärmen und die tagsüber gespeicherte Wärme im Laufe der Nacht schneller oder langsamer wieder abgeben. Gesteine, Böden und Vegetationseinheiten unterschiedlichen Typs haben daher wie auch Gewässer zu bestimmten Tages- und Nachzeiten unterschiedliche Oberflächentemperaturen. Da alle Materialien mit einer Temperatur über dem absoluten Nullpunkt elektromagnetische Strahlung im Thermal-Infrarot emittieren und die spektrale Verteilung und die Intensität der emittierten Strahlung von der Oberflächentemperatur und vom Emissionsvermögen der jeweiligen Materie abhängen, haben Gesteine, Böden, Vegetationseinheiten und Gewässer zu bestimmten Tages- und Nachtzeiten ein unterschiedliches Strahlungsverhalten (vgl. Abb. 4). Der Temperaturkontrast unterschiedlicher Materialtypen und Materialzustände äußert sich daher in Unterschieden ihrer Wärme- bzw. Temperaturstrahlung im Thermal-Infrarot.

Wieviel Sonnenergie im Tagesverlauf von einer Gesteins- oder Bodenoberfläche absorbiert werden kann und wann bzw. über welchen Zeitraum die aufgenommene Energie im Laufe des Tages und der Nacht als Temperaturstrahlung wieder abgegeben wird, wird im wesentlichen durch folgende materialbezogene Parameter bestimmt: Oberflächenbeschaffenheit, Farbe, Mineralbestand, Dichte, Porosität, Permeabilität, Feuchtigkeitsgehalt. Aus der jeweiligen Wertigkeit dieser Variablen ergeben sich die für das Temperaturverhalten eines Gesteins- oder Bodentyps entscheidenden physikalischen Materialeigenschaften: die Albedo (das Verhältnis von reflektierter zu auffallender Strahlung), die Wärmeleitfähigkeit (als Maß für die Wärmemenge, die ein Körper pro Zeiteinheit bei gegebenem ΔT [Gradient von T] weiterleiten kann), die Wärmekapazität (als Maß für die Fähigkeit von Gesteinen und Böden, Wärme zu speichern). Die Temperaturleitfähigkeit und die thermische Trägheit (als Maß für die Zeit, in der ein Material auf Temperaturschwankungen reagiert) leiten sich aus den oben genannten thermischen Eigenschaften ab.

Aus der jeweiligen Kombination der Wertigkeiten dieser Variablen resultiert das Emissionsvermögen bzw. der Emissionskoeffizient $\epsilon(\lambda)$ von Gesteinen und Böden, als ein Maß für deren Fähigkeit, Energie zu absorbieren und zu emittieren. Einen Überblick über die thermischen Eigenschaften und das Emissionsvermögen einiger häufiger Materialien geben die Tabellen 1a und 1b in Abschn. 3.2.2.

Wieviel Strahlungsenergie eine Materialoberfläche aus der auffallenden Sonnenstrahlung und aus diffuser Himmelstrahlung erhält, wird vor allem durch die folgenden umweltbezogenen Parameter der Datenaufnahme bestimmt: topographische Position im Gelände, Orientierung der Materialoberfläche zur Sonne, Tages- und Jahreszeit, Vorhandensein oder Fehlen von Bewuchs, Feuchtigkeit.

Unter den materialbezogenen Parametern ist für das Emissionsverhalten eines Gesteins- oder Bodenkörpers zunächst dessen Oberflächenbeschaffenheit oder Oberflächenrauhigkeit entscheidend. Grobstrukturiertes, rauhes, klüftiges, rissiges oder poröses Gesteinsmaterial hat stets eine größere Oberfläche als ein dichtes, feinstrukturiertes und ungeklüftetes Gesteinsmaterial mit einer halbwegs ebenen Oberfläche. Durch erhöhte Porosität und Oberflächenrauheit wird der effektive Absorptionskoeffizient größer. Nach Sonnenuntergang bewirkt die große Oberfläche des rauhen Gesteins allerdings ein schnelleres Abstrahlen der Wärmereserven. Gesteine mit rauher Oberfläche können sich daher im Laufe der Nacht auch stärker abkühlen als Gesteine mit ebener Oberfläche.

Der jeweilige Mineralbestand eines Gesteins oder Bodens bestimmt dessen Farbe und Helligkeit. Helle Gesteine reflektieren, dunkle Gesteine absorbieren in der Regel einen großen Teil der einfallenden Strahlung.

Wie stark und wie schnell sich die Oberfläche eines Gesteins- oder Bodenkörpers erwärmt, ob und in welcher Zeit die Erwärmung der Oberfläche auch an tiefere Gesteins- oder Bodenbereiche weitergegeben wird, hängt entscheidend von der Temperaturleitfähigkeit eines Gesteins ab. Sie bestimmt die Tiefe, bis zu der Temperaturschwankungen eindringen. Die Größe der Temperaturschwankungen ist dagegen von der thermischen Trägheit des Boden- oder Gesteinsmaterials abhängig. Bei hoher Temperaturleitfähigkeit wird ein großer Teil der absorbierten Strahlungsenergie bzw. Wärme relativ bald auch an tiefere oder innere Bereiche des Gesteins- oder Bodenkörpers weitergeleitet. Die Wärme wird dort gespeichert und nach Sonnenuntergang langsam abgestrahlt. Bei geringer Temperaturleitfähigkeit eines Gesteins oder Bodens wird sich die Gesteins- oder Bodenoberfläche tagsüber stark erwärmen. An die inneren Bereiche wird jedoch nur eine geringe Wärmemenge zögernd weitergegeben. Das beschreibt GÜNTHER (1972) am Beispiel von Granit und Basalt. Basalt absorbiert einen großen Anteil der einfallenden Sonnenenergie, leitet aber nur wenig davon ins Gesteinsinnere. Granit, der wegen seiner Farbe einfallende Strahlung stärker reflektiert, absorbiert im Tagesverlauf im Vergleich weniger Strahlungsenergie als Basalt, leitet die Erwärmung jedoch wegen seiner höheren Wärmeleitfähigkeit auch an innere Gesteinsbereiche weiter. Daraus folgt, daß Basaltoberflächen sich am Tage stark erwärmen und nachts schnell abkühlen. Granite dagegen erwärmen sich tagsüber im Vergleich zum Basalt weniger stark. Sie haben eine geringere Oberflächentemperatur als diese, speichern aber die aufgenommene Wärme auch in inneren Bereichen und geben ihre Wärme langsamer ab. Granite sind daher im Verlauf der Nacht meist wärmer als benachbarte Basalte des gleichen Aufnahmegebietes (GÜNTHER 1972).

Die Porosität bzw. das Porenvolumen eines Gesteins beeinflußt dessen Temperaturverhalten aus mehreren Gründen. Porosität vergrößert die reaktionsfähige Oberfläche eines Gesteins und damit seine Fähigkeit zur Absorption einfallender Strahlungsenergie und zur Abgabe gespeicherter Wärme nach Sonnenuntergang. Luftgefüllte Poren wirken als Wärmeisolatoren. Sie setzen die Wärmeleitfähigkeit des Gesteins herab. Wassergefüllte Poren erhöhen die thermische Trägheit eines Gesteins und setzen dessen Wärmeleitfähigkeit herab. Wasser hat vor allem eine sehr hohe spezifische Wärme C und einen nahe 1 liegenden Emissionskoeffizienten. Das Temperaturverhalten sehr feuchter Gesteine und Böden ist im Tagesverlauf ausgeglichener als das von trockenen Gesteinen oder Böden gleichen Typs. Hoher Wassergehalt von Gesteinen bewirkt tagsüber starke Absorption, nachts starke thermale Abstrahlung.

Unter den Umwelt-Parametern hat die topographische Position einer Gesteins- oder Bodenoberfläche im Gelände des Aufnahmebereichs wesentlichen Einfluß auf die Art der Reflexions- und Absorptionsvorgänge, die an ihr stattfinden, und damit auf ihren täglichen Temperaturgang. Zunächst ist entscheidend, ob sich eine Gesteins- oder Bodenoberfläche in einem zur Sonne exponierten oder in einem Halbschattenbereich befindet. Im exponierten Bereich wird die Materialoberfläche durch die direkte Sonnenstrahlung und diffuses Himmelslicht bestrahlt. Im Halbschattenbereich empfängt sie nur diffuse Himmelsstrahlung. Mit der spektralen Verteilung und der Intensität der einfallenden Strahlung variieren die Reflexions- und Absorptionsvorgänge, ändert sich die Menge der von einer Gesteins- oder Bodenoberfläche absorbierten Strahlungsenergie. Daher sind der tägliche Temperaturgang und das Strahlungsverhalten des gleichen Gesteins- oder Bodentyps im exponierten Bereich einerseits und im Halbschattenbereich andererseits unterschiedlich. Die morphologische Gliederung und die Reliefhöhe des umgebenden Geländes, die Sonnenhöhe und der Sonnenazimut entscheiden darüber, wie lange eine Gesteins- oder Bodenoberfläche direkte Sonnenstrahlung empfängt, wann sie in den Schattenbereich gerät. Die jeweilige Orientierung einer Gesteins- oder Bodenoberfläche zur Sonne (Neigungswinkel und Himmelsrichtung) entscheidet, unter welchem Winkel und über welche Zeitdauer sie direkte Sonnenstrahlung empfängt, wieviel Strahlungsenergie überhaupt absorbiert werden kann. Treten z.B. gleiche Gesteinstypen in zur Sonne exponierten und in Halbschattenbereichen, in ebenen und in hügeligen Bereichen, an Nord- und an Südhängen des Aufnahmebereichs auf, so erhalten sie wegen ihrer unterschiedlichen Lage eine unterschiedliche Bestrahlung. Daraus folgt ein unterschiedliches Temperaturverhalten. Dieses bewirkt, daß gleiche Gesteins- und Bodentypen in mehr oder minder dicht benachbarten Geländebereichen zur gleichen Tages- oder Nachtzeit durchaus unterschiedliche Emissionswerte aufweisen können. Wegen des relativ großen Einflusses der Umwelt-Parameter auf das Temperatur- und Emissionsverhalten von Gesteins- und Bodeneinheiten werden daher zu deren Identifizierung bei der Auswertung von Thermalscanner-Aufnahmen neben den Emissionsdaten auch die übrigen photogeologischen Kriterien herangezogen.

Zu den Umwelt-Parametern, die das Temperaturverhalten und den täglichen Temperaturgang von Gesteins- und Bodenoberflächen beeinflussen, gehört auch der Bewuchs eines Geländebereiches. Art, Höhe, Dichte und Verteilung der Pflanzen oder Pflanzeneinheiten auf Gesteins- und Bodenflächen entscheiden, wieviel Strahlungsenergie am Tage auf eine Gesteins- oder Bodenoberfläche gelangen kann, wieviel

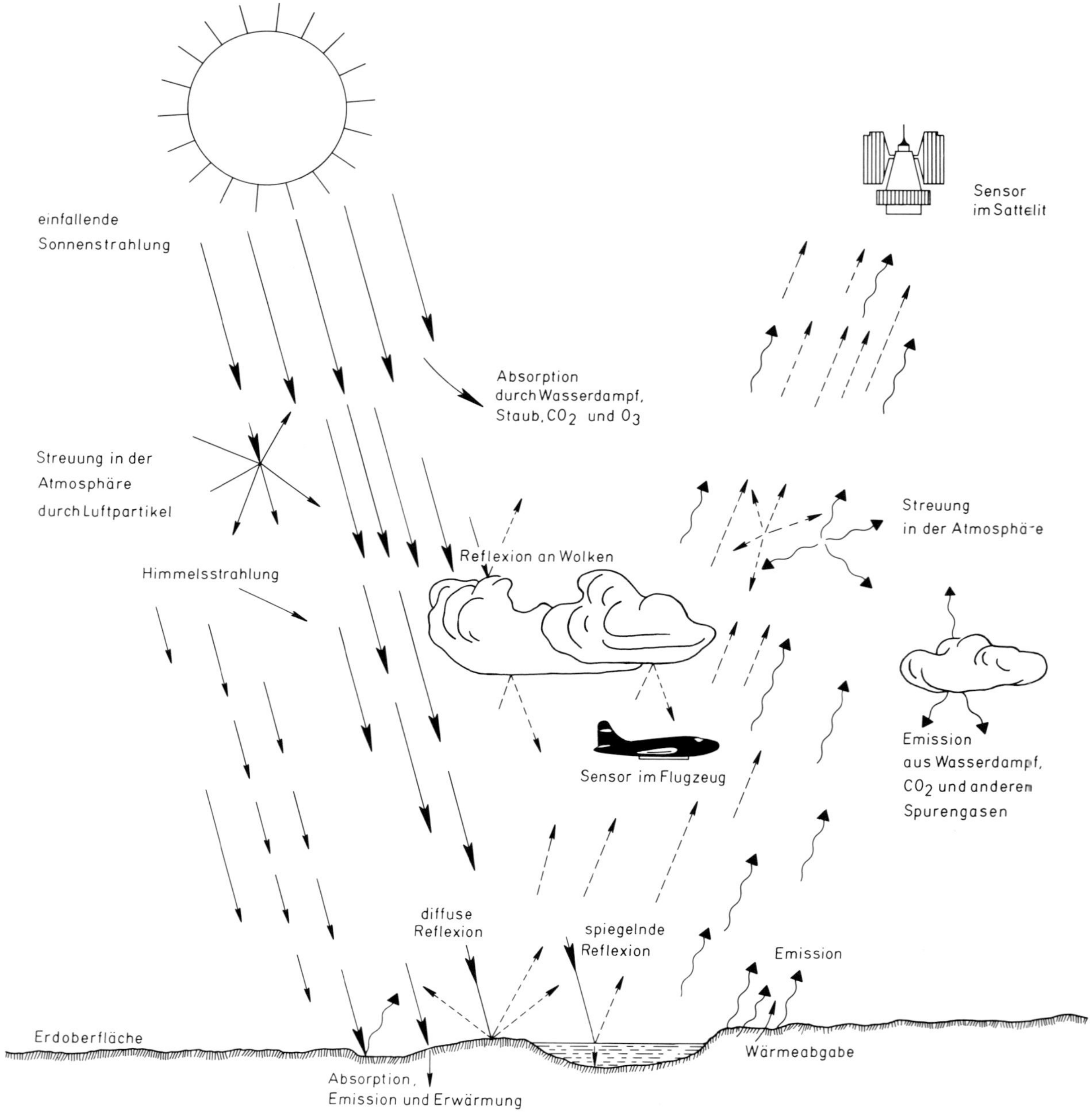

Abb. 5a Schematische Darstellung der Reflexions-, Streuungs- und Absorptionsprozesse in der Erdatmosphäre und an der Erdoberfläche.

Abb. 5b Schematische Darstellung des Strahlungsflusses zur Erdoberfläche und von der Erdoberfläche am Tag (links) und in der Nacht (rechts) (nach FAGERLUND et al. 1970).

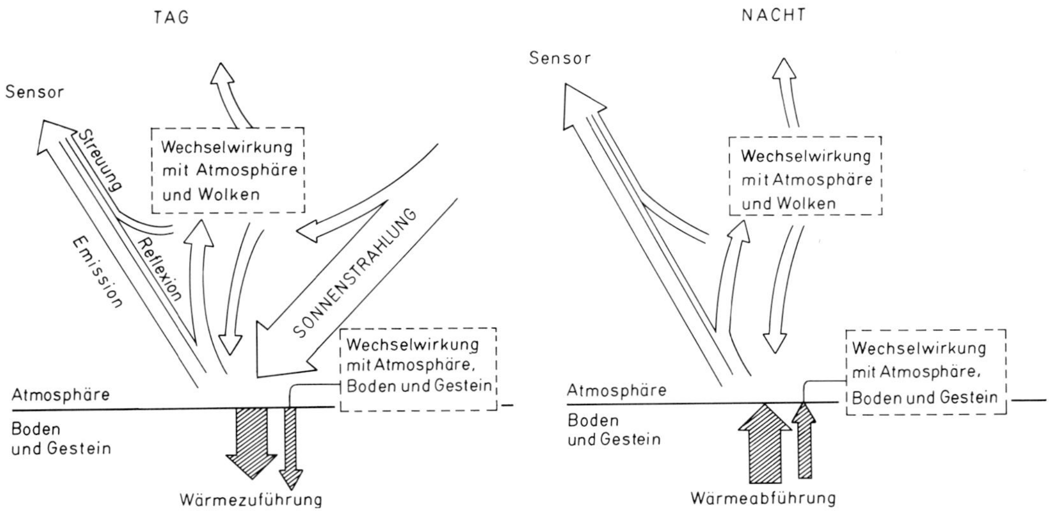

und wie schnell Energie im Laufe der Nacht abgestrahlt werden kann. Nur das Temperatur- und Strahlungsverhalten vegetationsfreier Gesteins- und Bodenflächen ist weitgehend materalbezogen. Das Spektralverhalten und auch das Emissionsverhalten spärlich oder fleckenhaft bewachsener Gesteins- oder Bodenflächen wird dagegen durch die Reflexions- und Absorptionseigenschaften der auftretenden Vegetationseinheiten und des jeweiligen Untergrundes mitbestimmt. Mit zunehmender Bewuchsdichte gewinnt das Temperaturverhalten der Vegetationseinheiten an Einfluß auf die Temperaturstrahlung. Vegetationsgruppen und -flächen haben meist ihr eigenes Mikroklima. Ihre thermalen Spektralsignale überlagern oder maskieren die der Gesteins- und Bodenflächen des Untergrundes.

Sehr starken Einfluß auf das Temperaturverhalten von Gesteins-, Boden-, Vegetationseinheiten und Gewässern und auf deren Spektralsignale im Thermal-Infrarot können schließlich die meteorologischen Bedingungen des Untersuchungsgebietes haben. Entscheidend sind nicht nur die meteorologischen Gegebenheiten zur Zeit einer Thermalscanner-Befliegung. Von Bedeutung sind auch die meteorologischen Bedingungen oder Ereignisse an den Tagen vor der Befliegung. Von diesen hängt es ab, ob eine Thermalscanner-Befliegung an einem bestimmten Tage zu einer bestimmten Zeit überhaupt sinnvoll ist. Zu beachten sind vor allem die störenden Einflüsse. Geht zum Beispiel starker Wind über das aufzunehmende Gelände oder hat es am Tage oder an den Tagen vor der Befliegung stärker geregnet, so können der Wind oder die allgemeine Feuchtigkeit die ohnehin nicht extremen Temperaturkontraste unterschiedlicher Gesteins- und Bodenoberflächen nivellieren, die objektbezogenen Signale der Temperaturstrahlung verwischen. Der normale Wärmeaustausch durch Konvektions- und Verdunstungsvorgänge wird durch den Wind gestört. Auch gibt es zwischen den vom Wind überstrichenen und den im Windschatten von Vegetationsgruppen oder Geländeunebenheiten liegenden Geländebereichen Temperaturkontraste, deren Effekte die materialbezogene Temperaturstrahlung von Gesteins- und Bodenoberflächen überlagern können. Schwierigkeiten bei der Auswertung von Thermalscanner-Aufnahmen können schließlich auch die Effekte mikroklimatologischer Gegebenheiten oder Abläufe bereiten, die durch das Relief, durch die morphologische Gliederung einer Landschaft bedingt sind bzw. ausgelöst werden. So kann die Temperaturstrahlung von Kaltluftströmen in Tälern oder an Talhängen, von Bodennebeln und Kaltluftansammlungen in Tälern oder Geländedepressionen die materialbezogenen Temperatursignale von Gesteinen und Böden in solchen Bereichen abschwächen oder maskieren. Verdunstendes Wasser verringert die Oberflächentemperatur von Boden- oder Gesteinsflächen. Taubildung maskiert Temperaturunterschiede benachbarter unterschiedlicher Materialien oder schwächt deren thermale Spektralsignale ab. Das Mikroklima von Vegetationsgruppen und sein störender Einfluß sind bereits erwähnt worden. Die klimatischen Gegebenheiten und die Auswirkungen der meteorologischen Bedingungen und Ereignisse auf die Temperaturstrahlung von Geländeobjekten sind bei der Planung der Befliegungszeit, bei der Befliegung und auch bei der Auswertung von Thermalscanner-Aufnahmen auf jeden Fall zu berücksichtigen.

„Die Prozesse und Parameter, die zur Oberflächentemperatur der Erde beitragen, werden durch die Wärmehaushaltsgleichung

$$R_n + LE + H + G = 0$$

ausgedrückt.

R_n kennzeichnet die Strahlungsbilanz, d.h. die von der Sonne und aus der Atmosphäre auf die Erdoberfläche gelangende Strahlung minus der von der Erde reflektierten und emittierten Strahlung; LE gibt den Strom latenter Wärme an, die für die Evapotranspiration von Pflanzen oder die Verdunstung von Böden verbraucht oder durch Taubildung gewonnen wird. H beschreibt den Wärmeaustausch zwischen der Erdoberfläche und der Luft über der Erdoberfläche; G kennzeichnet den in den Boden gerichteten oder vom Boden zur Oberfläche gerichteten Wärmestrom. Während des Tages ist die Strahlungsbilanz R_n die bedeutendste Komponente der Gleichung, die Energiequelle aller anderen Prozesse. Ein Großteil der Wärme wird für die Evapotranspiration und die Erwärmung der Luft verbraucht. Nur ein kleiner Teil (etwa 10–30%) erwärmt den Boden. Während der Nacht ist der Energiefluß generell kleiner. In dieser Zeit ist der aufwärts gerichtete Wärmestrom als Quelle der Temperaturstrahlung natürlicher Objekte am bedeutendsten für die Fernerkundung“ (QUIEL 1975).

Eine schematische Darstellung der für die Erderkundung entscheidenden Reflexions- und Absorptionsprozesse an der Erdoberfläche sowie der Wechselwirkungen zwischen elektromagnetischer Strahlung und der Atmosphäre gibt die Abb. 5a. Abb. 5b gibt eine schematische Darstellung des Strahlungsflusses zur Erdoberfläche und von der Erdoberfläche am Tag und in der Nacht.

3 Zum Spektralverhalten natürlicher Materialien

3.1 Allgemeines

Das Reflexions-, Absorptions- und Emissionsverhalten natürlicher Oberflächen ist material- und wellenlängenabhängig. Man sollte daher erwarten, daß das von einer Gesteins-, Boden- oder Vegetationsoberfläche ausgehende Spektralsignal materialspezifisch ist. Wie in den vorhergehenden Abschnitten dargestellt, wird jedoch das Spektralverhalten von Gesteinen und Böden, auch das von Vegetationseinheiten durch eine Reihe variabler Umwelt-Parameter beeinflußt. Da sich die Art und die jeweilige Kombination wirksamer Umwelt-Parameter von einer Region zur anderen, von einem Aufnahmedatum zum anderen ändern können, wird auch das Spektralverhalten eines bestimmten Gesteins- oder Bodentyps mit den jeweiligen Umweltbedingungen in gewissen Grenzen variieren. Das von einer Gesteins-, Boden- oder Vegetationsoberfläche ausgehende Spektralsignal sollte daher eher als material-, zustands-, standort- und zeitbezogen betrachtet werden denn als materialspezifisch. Auch kann das Spektralsignal auf seinem Weg zum Sensor an Bord des Flugzeugs oder Satelliten durch Streustrahlung aus der Umgebung und durch Wechselwirkungen mit der Atmosphäre verändert oder überlagert werden. Das vom Sensor erfaßte Spektralsignal einer Gesteins-, Boden- oder Vegetationseinheit, auch das einer Wasserfläche, ist daher immer auf die jeweiligen Geländegegebenheiten des Aufnahmebereichs und auf die Aufnahmebedingungen zur Zeit des Überflugs zu beziehen. Hinzu kommt, daß die spektrale Signatur eines Geländeobjekts bzw. einer Geländeeinheit bestimmten Typs mit den technischen Parametern des bei der Befliegung eingesetzten Sensors variiert, vor allem mit dessen spektraler Auflösung, radiometrischer Auflösung und räumlicher Auflösung. Es ist daher kaum möglich, allgemein gültige Angaben über materialspezifische Spektralsignaturen einzelner Gesteins-, Boden- oder Vegetationstypen zu machen. Es lassen sich aber aus den bisherigen Ergebnissen und Erfahrungen der Forschung und Praxis einige Prinzipien und Grundwerte für das Spektralverhalten von Gesteinen, Böden, Vegetation und von Gewässern ableiten. Diese sollen am Beispiel einiger grundlegender Untersuchungen in den folgenden Abschnitten dargestellt und in ihrer Bedeutung für die Fernerkundung diskutiert werden.

3.2 Gesteine

3.2.1 Zum Reflexions- und Absorptionsverhalten von Gesteinen

Zu den ersten Arbeiten, die sich mit dem Spektralverhalten von Gesteinsoberflächen befaßten und auf die Bedeutung der selektiven Erfassung von Spektraldaten für die geologische Bildauswertung hinwiesen, gehört eine Publikation von RAY & FISCHER (1960). Ausgehend von der Erfahrung, daß die faziellen Unterschiede der lithologischen Einheiten eines Geländebereichs durch die Grautonabstufungen des normalen panchromatischen Luftbildes nicht immer kontrastreich und differenziert genug wiedergegeben werden, suchten sie nach Aufnahme- und Auswertetechniken, die das unterschiedliche Reflexions- und Absorptionsverhalten der verschiedenen Gesteinstypen besser nutzen und so eine kontrastverbesserte Wiedergabe bestimmter Gesteinseinheiten im schwarz-weißen Luftbild ermöglichen sollten. Nötig waren hierfür zunächst bessere Kenntnisse des spektralen Reflexionsverhaltens bestimmter Gesteinstypen. RAY & FISCHER suchten nach Spektralbereichen bzw. Wellenlängenintervallen, in denen das Reflexionsverhalten interessierender Gesteinsarten besonders unterschiedlich ist. Sie untersuchten mit einem Colorimeter das Reflexionsverhalten von angewitterten und frischen Siltstein-, Kalk- und Sandsteinproben aus New Mexico. Sie ermittelten, wie sich das Reflexionsverhalten der einzelnen Gesteinsoberflächen mit der Wellenlänge ändert und erstellten aus den Meßdaten spektrale Reflexionskurven. Deren Verlauf gibt an, wieviel Prozent der auffallenden Lichtstrahlung von einer Gesteinsoberfläche in den einzelnen Wellenlängenbereichen oder -intervallen reflektiert werden (Abb. 6 und 7).

Abb. 6 zeigt, daß das Reflexionsvermögen der untersuchten Gesteine generell mit der Wellenlänge zunimmt. Dabei bestimmt die jeweilige spektrale Verteilung der Reflexionsintensität das Niveau und den Verlauf der einzelnen Spektralkurven. Der unterschiedliche Verlauf der Spektralkurven der 4 Gesteinstypen zeigt, daß das Reflexions-/Absorptionsverhalten von Gesteinen materialbezogen ist.

Vergleicht man den Verlauf der einzelnen Reflexionskurven, so erkennt man einerseits Teilbereiche, in denen die Kurven dicht beieinander liegen oder sich kreuzen, Teil-

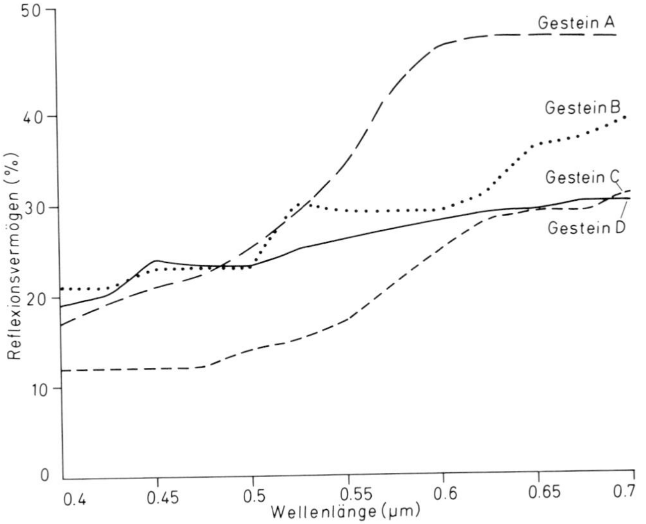

Abb. 6 Das spektrale Reflexionsvermögen von 4 unterschiedlichen Gesteinen: hellbrauner Sandstein (A), grauer Kalk (B), roter Siltstein (C), grauer Sandstein (D) (nach RAY & FISCHER 1960).

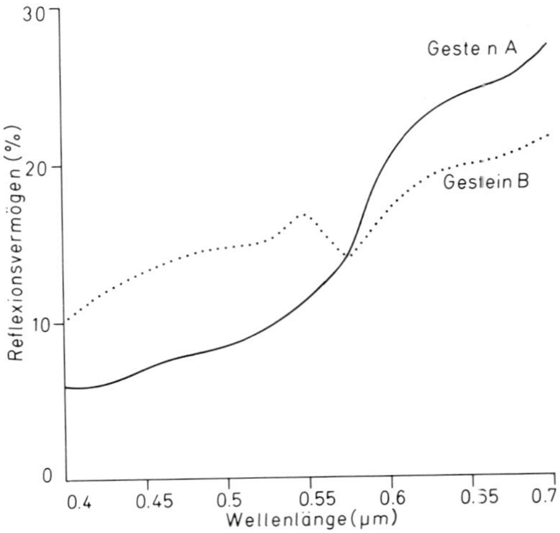

Abb. 7 Das spektrale Reflexionsvermögen von 2 unterschiedlichen Gesteinen: roter Siltstein (A) und angewitterter grauer Kalk (B) (nach RAY & FISCHER 1960).

bereiche oder besser Teilspektren also, in denen das Reflexionsverhalten der betreffenden (unterschiedlichen) Gesteine offensichtlich ähnlich ist, und andererseits Teilspektren, in denen die Reflexionskurven unterschiedlicher Gesteine mit deutlichem Abstand zueinander verlaufen. In diesen Teilspektren reflektieren die betreffenden Gesteine auffallende Lichtstrahlung unterschiedlich stark. Diese Situation wird in der Abb. 7 verdeutlicht. Sie zeigt die Spektralkurven eines roten Siltsteins (A) und eines angewitterten grauen Kalkes (B). In den Teilspektren 0,45–0,5 μm sowie 0,65–0,7 μm ist der Unterschied im Reflexionsverhalten der beiden Gesteinsarten besonders ausgeprägt. Im Teilspektrum 0,45 bis 0,5 μm (Blau) reflektiert der Kalk (A) auffallende Lichtstrahlung deutlich stärker als der rote Siltstein (B). Im Teilspektrum 0,65–0,7 μm reflektiert dagegen der rote Siltstein (A) deutlich stärker als der graue Kalk (B). Im Teilspektrum um 0,575 μm ist das Reflexionsverhalten der beiden unterschiedlichen Gesteine gleich. Hier schneiden sich die Spektralkurven. Das Beispiel macht deutlich, daß a) Unterschiede im Reflexionsverhalten zweier Gesteinstypen in bestimmten Teilspektren oder Wellenlängenintervallen ausgeprägter sind als in anderen, b) sich das Reflexionsverhalten zweier Gesteinstypen innerhalb des sichtbaren Spektrums umkehren kann und c) das Spektralverhalten unterschiedlicher Gesteine in bestimmten Wellenlängenbereichen ähnlich oder gleich sein kann. Auch die Abb. 6 zeigt, daß die Unterschiede im Reflexionsverhalten zweier oder mehrerer Gesteinsarten innerhalb des sichtbaren Spektrums mehr oder weniger variieren können. So liegen die Reflexionskurven des hellbraunen Sandsteins (A), des grauen Kalkes (B) und des grauen Sandsteins (D) im kurzwelligen Bereich nahe beieinander. Unterschiedlich gefärbte Gesteine mit unterschiedlichem Mineralbestand und unterschiedlicher Korngröße haben hier ein ähnliches Reflexionsverhalten. Andererseits reflektieren alle 3 Gesteinsarten auffallende Lichtstrahlung im blauen Teilspektrum deutlich stärker als der rote Siltstein (C). Im langwelligen Rot (bei 0,65–0,7 μm) reflektiert der hellbraune Sandstein (A) dagegen deutlich stärker als der graue Kalk (B) der rote Siltstein (C) und der graue Sandstein (D), die in diesem Teilspektrum ein ähnliches Reflexionsverhalten aufweisen.

RAY & FISCHER leiteten aus der Analyse der von ihnen ermittelten Reflexionsdaten ab, daß Aufschlüsse der verschiedenen Gesteinstypen ihres Testgebietes in einem schwarzweißen Luftbild, das mit panchromatischem Film und Gelbfilter aufgenommen würde, nur mit wenig differenzierten

Grautönungen wiedergegeben werden könnten, weil der panchromatische SW-Film mit vorgesetztem Gelbfilter die vom Gelände reflektierte Strahlung in einem relativ breiten Spektrum des sichtbaren Lichts, im Wellenlängenintervall zwischen 0,5 und 0,7 μm erfaßt, in einem Spektralbereich, über den sich das Reflexionsverhalten der Gesteinstypen A und B der Abb. 7 in etwa ausgleicht. Auch für die 4 Gesteinstypen, deren Spektralkurven in der Abb. 6 gezeigt sind, wären im panchromatischen Luftbild nur unzureichende Grautonabstufungen, d.h. geringe Grauton-Kontraste zu erwarten. Würde dagegen ein Gelände mit Aufschlüssen der beiden Gesteinstypen A und B der Abb. 7 mit einer speziellen Filter/Film-Kombination aufgenommen, bei der nur Strahlung eines engen Wellenlängenintervalls, z.B. des Blau-Spektrums (0,4–0,5 μm) oder des Rot-Spektrums (0,6–0,7 μm), auf den Film gelangt, so würden sich die Aufschlüsse des roten Siltsteins (A) und des grauen Kalkes (B) in einer solchen Spektralaufnahme mit deutlichen Grautonkontrast gegeneinander absetzen. In der Aufnahme des Blau-Spektrums würden die Aufschlüsse des grauen Kalkes mit hellem, die des roten Siltsteins mit dunklem Grauton abgebildet. In einer Spektralaufnahme des Rot-Spektrums wäre diese Grautönung umgekehrt, bei etwa gleichem Grautonkontrast.

Würde ein Geländebereich mit Aufschlüssen der 4 Gesteinsarten der Abb. 6 im Blau-Spektrum aufgenommen, würden sich die Aufschlüsse des Gesteins C mit dunklem Grauton gegen die stärker reflektierenden und daher im Luftbild heller getönten Aufschlüsse der übrigen Gesteinsarten (A, B und D) absetzen. In einer Spektralaufnahme, bei der durch entsprechende Filter/Film-Kombination nur die im Rot reflektierte Strahlung erfaßt wird, würden sich die Aufschlüsse der Gesteinseinheit A mit sehr hellem Grauton gegen die jeweils dunkler getönten Aufschlüsse der Gesteine B und C/D absetzen. Aufgrund dieser Erkenntnisse erreichten RAY & FISCHER durch entsprechende Filter/Film-Kombinationen eine kontrastreiche Darstellung unterschiedlicher Gesteinstypen in der photographischen Aufnahme. Ihre Untersuchungen zeigten erstmals, wie wichtig es ist, die Aufnahmetechnik, den Spektralbereich, in dem ein Gelände aufgenommen wird, auf das jeweilige Spektralverhalten der dort auftretenden bzw. der dort gesuchten Materialien abzustimmen. In der Untersuchungsmethodik und in der Nutzung der Ergebnisse von RAY & FISCHER lag ein wichtiger Ansatz für die einige Jahre später entwickelten multispektralen Aufnahme und Auswertetechniken der Fernerkundung.

Für den Grautonkontrast zwischen benachbarten Oberflächen unterschiedlicher lithofazieller Einheiten im Luftbild bzw. in Spektralaufnahmen ist entscheidend, wie stark die unterschiedlichen Gesteinsoberflächen im jeweiligen Aufnahmespektrum reflektieren (vgl. Abschn. 4.1 und Abb. 53). Kontrastreiche Abbildungen interessierender Gesteinsoberflächen sind am ehesten in Spektralaufnahmen jener Wellenlängenbereiche zu erwarten, in denen der interessierende Gesteinstyp stärker reflektiert oder absorbiert als benachbarte Gesteinsaufschlüsse.

Für die Auswahl geeigneter Spektralkanäle für Erkundungsbefliegungen und Bestandsaufnahmen sollte daher das Reflexions-/Absorptionsverhalten interessierender Materialien in den einzelnen Wellenlängenbereichen des Spektrums in den Grundzügen bekannt sein.

In Erkenntnis dieser Sachlage wurde in den 60er und 70er Jahren das Reflexionsverhalten der wichtigsten Minerale und Gesteine im Labor, im Gelände, von Flugzeugen und von Satelliten aus untersucht. Die Untersuchungen beschränkten sich zunächst auf den sichtbaren und den nahen Infrarot-Bereich des Spektrums. Später wurde auch das Reflexionsverhalten von Mineralen und Gesteinen im mittleren Infrarot und deren Emissionsverhalten im Thermal-Infrarot in die Untersuchungen einbezogen.

HUNT & SALISBURY (1970) und HUNT et al. (1971, 1973, 1974) untersuchten in umfangreichen Labormessungen das Reflexionsverhalten der wichtigsten Minerale und Gesteine im sichtbaren und im nahen Infrarot. Die Ergebnisse dieser Untersuchungen lieferten wesentliche Ansätze für alle folgenden Spektraluntersuchungen an Gesteinen. Doch wurde schon bald erkannt, daß sich die an zerkleinerten, homogenen Proben, teils auch an geschliffenen Gesteinsoberflächen ermittelten Reflexionswerte nicht ohne weiteres auf die Gegebenheiten im offenen Gelände übertragen lassen. Dort wird das Reflexionsverhalten natürlicher Oberflächen durch eine Reihe variabler Parameter beeinflußt, die teils materialbezogen, teils umweltbedingt sind (vgl. Abschn. 2.3). Ferner zeigten Vergleiche zwischen den Daten von Labor- und Feldmessungen, daß sich die Reflexionswerte gleicher Gesteinstypen auch mit der Größe des Blickfeldes des Spektrometers oder des Radiometers ändern, das für die Spektralmessungen eingesetzt wurde. Wird bei Labormessungen nur eine Fläche von einigen Quadratmillimetern erfaßt, so variiert die vom Feldspektrometer oder vom Radiometer erfaßte Fläche je nach Aufnahmetechnik zwischen einigen Quadratzentimetern und einigen Quadratmetern. Die vom Multispektralscanner der Landsat-Satelliten erfaßte kleinste Geländefläche umfaßt dagegen ca. 6000 Quadratmeter. Die Oberflächen der im Labor gemessenen Proben sind homogen. Je größer die Geländefläche ist, die vom Spektrometer, Radiometer oder vom Scanner an Bord des Flugzeuges oder Satelliten erfaßt wird, um so eher wird sie heterogen sein. Es kann sich im erfaßten Bereich die Struktur der Gesteinsoberfläche ändern. Auch sind Variationen im Mineralbestand möglich. So hat sich gezeigt, daß wechselnde Anteile von Fe-Mineralen das Reflexionsverhalten von Gesteinsoberflächen verändern können. Ferner variieren Art und Verteilung des Bewuchses und der Bodenbildung. Reflexionswerte von Gesteinsoberflächen, die mit unterschiedlichen Meß- und Aufnahmesystemen (unter verschiedenen Aufnahmebedingungen) in verschiedenen Gebieten und zu unterschiedlichen Zeiten aufgenommen wurden, lassen sich daher kaum direkt miteinander vergleichen. Trotzdem zeigen die bisher vorliegenden Spektraldaten, daß die relativen Unterschiede im Reflexions-, Absorptions- und Emissionsverhalten der wichtigsten Gesteinstypen für die Geländeerkundung und für thematische Kartierungen genutzt werden können. Auch ist es in einzelnen Fällen möglich, bestimmte Gesteinsarten oder bestimmte Veränderungen im Mineralbestand von Gesteinen anhand spezifischer Spektralmerkmale aufzuspüren und im Fernerkundungsbild abzugrenzen. Das unterschiedliche Reflexionsverhalten der verschiedenen Materialien in den einzelnen Wellenlängenbereichen des sichtbaren und des nahen Infrarot-Spektrums kann auch für Methoden der digitalen Datenverarbeitung und zur Bildverbesserung genutzt werden, über die später noch zu berichten sein wird. Hier sollen zunächst die Ergebnisse einiger grundlegender Untersuchungen des Spektralverhaltens von Mineralen und Gesteinen vorgestellt werden.

WATSON (1972) untersuchte vier Gesteinstypen eines Teilgebietes aus Oklahoma im Labor und im Gelände. Er bezog in seine Untersuchungen frisch gebrochene Proben von Quarzsandstein und Granit, angewitterte Proben von Kalk, Granit und Dolomit sowie flechtenbewachsene Granitproben ein. Es wurden jeweils mehrere Proben eines Gesteinstyps untersucht. Die Abb. 8a zeigt die im Labor gemessenen spektralen Reflexionswerte der Gesteine (% vom Reflexionsvermögen einer weißen Referenzfläche).

Das Reflexionsvermögen steigt für alle Proben mit der Wellenlänge an. Keine der Kurven zeigt wellenlängenabhängige Besonderheiten. Nur die Kurven des frischen und des verwitterten Granits zeigen jeweils eine deutliche Zunahme der Reflexion im Wellenlängenintervall zwischen 0,525 μm und 0,65 μm. WATSON führt den Anstieg auf die Färbung der Feldspäte des Granits durch oxidierten Hämatit zurück. In der Kurve des mit grünen Flechten bewachsenen Granits tritt der Effekt nicht auf, weil er von der Reflexion der Flechten maskiert wird. Über den größten Teil des sichtbaren Spektrums reflektiert die frische Granitoberfläche stärker als die Oberfläche der angewitterten und der flechtenbewachsenen Granitproben. Interessant ist der Einfluß der Verwitterung und des Flechtenbewuchses auf das Reflexionsverhalten der Granitoberfläche. Die verwitterungsbedingte Oberflächenbeschaffenheit des Granits vermindert die Reflexion in allen Wellenlängen. Der grüne Flechtenüberzug verstärkt die Reflexion im sichtbaren Spektrum wegen der starken Streuwirkung der Flechten (HAPKE & VAN HORN 1963). Im langwelligen Rot-Spektrum reflektieren die flechtenbedeckten angewitterten Granitproben noch sehr viel stärker als die freien Oberflächen verwitterten Granits.

Wie die Abb. 8a zeigt, reflektiert die Oberfläche des angewitterten Kalkes über den gesamten Bereich des sichtbaren Spektrums einen größeren Anteil auffallender Strahlung als die des angewitterten Dolomits. Der frisch gebrochene Quarzsandstein reflektiert wegen seiner reinen und einheitlichen Oberfläche einfallende Strahlung sehr viel stärker als die anderen Gesteinstypen.

Feldmessungen des Reflexionsverhaltens der gleichen Gesteinsarten bestätigten die Zunahme der Reflexion mit zunehmender Wellenlänge für alle Gesteine. Allerdings lagen die Reflexionswerte aller gemessenen Oberflächen generell niedriger als die im Labor ermittelten Werte. Im Bereich um 0,6 μm kehrt sich das Reflexionsverhalten zwischen verwitterten und flechtenbewachsenen Granitoberflächen um. Der verwitterte Granit zeigt im Gelände in den langen Wellenbereichen eine stärkere Reflexion. Die Zunahme der Reflexion des verwitterten Granits in den Teilspektren zwischen 0,52 μm und 0,65 μm, die in den Labormessungen festgestellt wurde, fand sich in den im Feld gemessenen Reflexionswerten bestätigt. Ebenfalls bestätigten die Geländemessungen, daß angewitterter Kalk einfallende Strahlung über den gesamten Bereich des sichtbaren Spektrums stärker reflektiert als verwitterter Dolomit. Nach den Feldmessungen treten die größten Unterschiede des Reflexionsverhaltens von Kalk- und Dolomitoberflächen in den kürzeren Wellenlängen auf. Im Wellenlängenbereich $> 0,75$ μm steigt das Reflexionsvermögen beider Gesteinstypen nach den Feldmessungen schnell an. Die stärkere Reflexion des Kalkes wurde bis in den Wellenlängenbereich von 1,55 μm beobachtet.

Abb. 8a Das spektrale Reflexionsvermögen verschiedener Gesteine mit frischer und verwitterter Oberfläche. (Nachgedruckt mit Erlaubnis des Herausgebers aus: „Spectral reflectance and photometric properties of selected rocks" by R. WATSON, Remote Sensing of Environment, Vol. 2, 1972, pp. 95–100, Copyright© by Elsevier Science Publishing Co.)

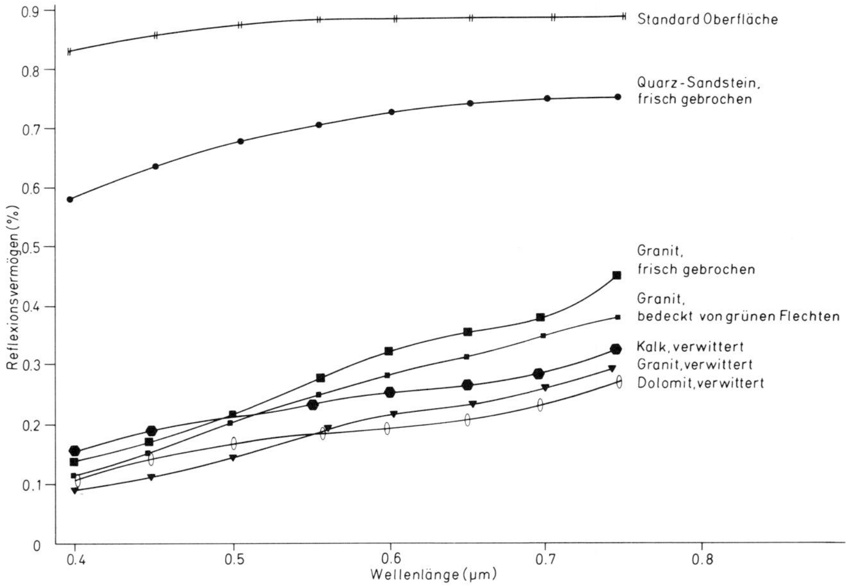

WATSON (1972) betont, daß Vergleiche von Reflexionswerten im Labor und aus dem Gelände nur mit Vorsicht vorgenommen werden können. Zu berücksichtigen sei hierbei vor allem, daß die vom Spektrometer im Labor und im Gelände erfaßte Gesteinsoberfläche unterschiedlich groß ist. Schon dadurch können stärkere Unterschiede der gemessenen spektralen Reflexionswerte auftreten. Hinzu kommt, daß der Bestrahlungswinkel im Labor gleich bleibt bzw. kontrolliert verändert wird, im Gelände jedoch der Einfallswinkel der Sonnenstrahlung und der Sonnenazimut im Laufe des Tages und des Jahres variieren und zu wechselnden Beleuchtungsbedingungen führen. Die unterschiedlichen natürlichen Beleuchtungsbedingungen haben Änderungen der spektralen Reflexionsintensitäten gleichartiger Materialoberflächen im Tages- und Jahresverlauf zur Folge. Daher sind auch spektrale Reflexionswerte von zu verschiedenen Zeiten im Gelände durchgeführter Spektralmessungen oder aus Testbefliegungen unterschiedlichen Datums nicht bzw. nur bedingt miteinander vergleichbar. Vergleiche sind allerdings möglich, wenn die Meßdaten

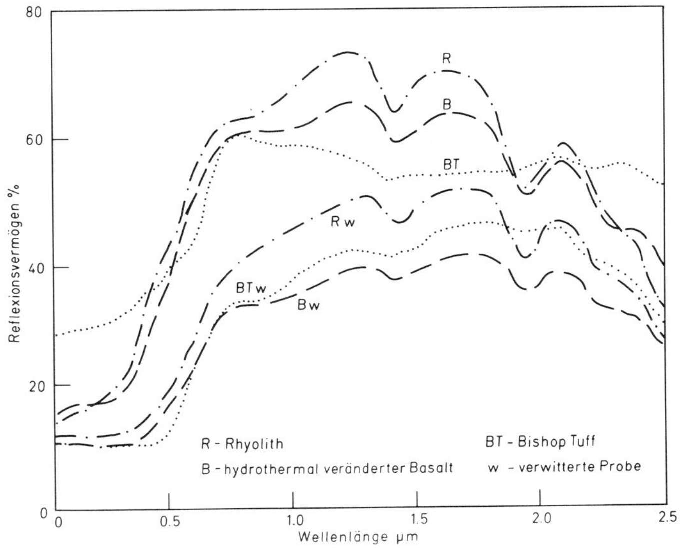

Abb. 8b Das spektrale Reflexionsvermögen frischer und verwitterter Gesteinsoberflächen am Beispiel von Rhyolith (R), Basalt (B) und Tuff (BT). (Nachgedruckt mit Erlaubnis des Herausgebers aus: „The multiband approach to geological mapping from orbiting satellites: is it redundant or vital?" by R.J. LYON, Remote Sensing of Environment, 1, 1970, pp. 237–244, Copyright© 1970 by Elsevier Science Publishing Co.)

auf ein Standardspektrum bezogen werden und radiometrische Korrekturen für die Beleuchtungsbedingungen (Sonnenazimut und Sonnenhöhe, Atmosphäre) angebracht werden. Messungen der richtungsabhängigen Reflexion von natürlichen Gesteinsoberflächen wurden von KÖHLER (1982) durchgeführt. Besonderes Augenmerk wurde auf die Richtungsverteilung der reflektierten Strahlung unter verschiedenen geometrischen Bedingungen gerichtet. Die meisten Messungen erfolgten im Labor unter simulierten Geländebedingungen an Karbonatgesteinsoberflächen. Die Meßergebnisse zeigten, daß der Reflexionsgrad von den geometrischen Bedingungen abhängt, unter denen die Messung erfolgte. Sonnenstand, Hangneigung und Detektorposition sind als zusätzliche Parameter zu berücksichtigen. Bei der Klassifizierung und Identifizierung von Gesteinen nach spektralen Fernerkundungsdaten muß daher das Geländerelief und die Beleuchtungssituation mitberücksichtigt werden.

Unterschiede im Reflexionsverhalten frischer und verwitterter Gesteinsoberflächen wurden auch von LYON (1970) festgestellt (s. Abb. 8b). Der Vergleich der Reflexionskurven macht deutlich, daß Verwitterung den Reflexionsgrad aller drei untersuchten Gesteinsarten mindert, ohne allerdings die spektralen Merkmale der einzelnen Gesteinsarten zu verändern.

SIEGAL & GOETZ (1977) versuchten wohl als erste, quantitative Informationen über den Einfluß natürlichen Bewuchses auf das Reflexionsverhalten von Gesteins- und Bodenoberflächen zu ermitteln. Sie untersuchten im Feld mit einem Spektrometer, das Spektralmessungen im Bereich von 0,45 μm bis 2,4 μm, also über den Bereich sichtbaren Lichts hinaus bis ins mittlere (reflektive) Infrarot erlaubte, wie sich die spektralen Reflexionswerte von mehreren Gesteinstypen in Abhängigkeit vom Typ und von der Dichte des Bewuchses ändern. Die Messungen erfolgten aus etwa 1,30 m Höhe. Das Blickfeld des Spektrometers betrug 200 cm^2. Die untersuchten Gesteinsoberflächen waren Andesit, Basalt, Rhyolith, Lava (rot-orange), Quarz, Latit, Kalk, roter Schieferton, limonitisierte und argilitisierte Gesteinsbruchstücke und Böden, verkieselter Kalk und limonithaltiger Dolomitmarmor. Die Oberflächen der einzelnen Gesteinstypen waren mit variierender Dichte durch grünes Gras, Manzanita-Busch (Bärentraube), Piniennuß oder trockenem Salbei (Dry Sage) bewachsen. Die Meßdaten wurden jeweils auf ein Standardspektrum bezogen, um Vergleiche von Spektren zu ermöglichen, die zu verschiedenen Zeiten, bei unterschiedlichem Sonnenstand und unterschiedlichen meteorologischen Bedingungen gemessen wurden.

Zunächst wurde die spektrale Reflexion von grünem Gras, Manzanita-Busch und trockenem Salbei ermittelt, um Grunddaten über den Anteil der Vegetation am Reflexionsspektrum bewachsener Gesteinsoberflächen zu bekommen (s. Abb. 9). Typisch ist der steile Anstieg der Reflexion bei 0,7 μm für lebende Vegetation. Die Kurve für trockenen Salbei zeigt schwache Reflexion toter oder trockener Vegetation über das gesamte Spektrum. Die beiden Lücken in den Reflexionskurven kennzeichnen Wasserabsorptionsbanden bei 1,45 und 1,9 μm.

Der Einfluß wechselnder Dichte des Bewuchses auf die spektralen Reflexionswerte von Andesit, Kalk und limonit- und argilithaltigen Verwitterungsböden zeigen die Abb. 10a–c. Den Reflexionswerten unbewachsener Gesteinsoberflächen gegenübergestellt sind die Reflexionswerte vegetationsbestandener Gesteinsflächen, wobei der Prozentanteil des Bewuchses im Meßfeld variiert. Wie zu erwarten, ist der Effekt des Bewuchses auf das Reflexionsspektrum ausgeprägter für Gesteine mit geringer Albedo. Schon bei 10% Grasbewuchs werden die Spektralmerkmale von Andesit und Kalk vom Spektralsignal des Grasbewuchses maskiert (vgl. Abb. 10a). Schon bei so geringem Bewuchs wäre die Identifikation beider Gesteinstypen nach ihren spektralen Reflexionswerten schwierig. Bei 30%igem Grasanteil der gemessenen Fläche ist das Spektrum von Andesit und Kalk völlig durch das Spektralverhalten des Bewuchses bestimmt. Bemerkenswert ist allerdings, daß der für Kalk charakteristische Ab-

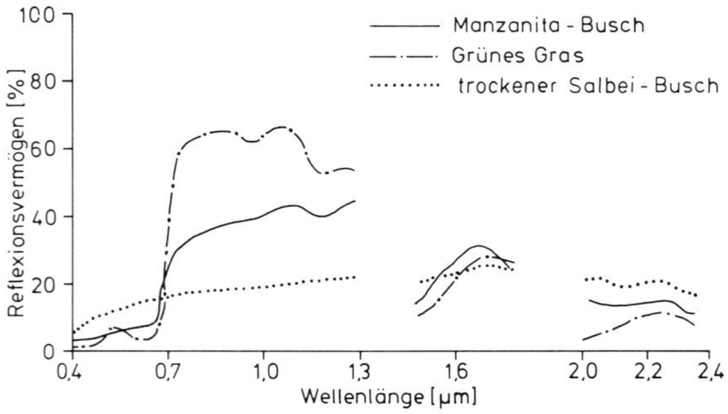

Abb. 9 Das spektrale Reflexionsvermögen von frischer und trockener Vegetation am Beispiel von Manzanita-Busch, grünem Gras und trockenem Salbei-Busch (nach Spektrometermessungen von SIEGAL & GOETZ 1977).

fall der Reflexionskurve bei 2,3 μm noch deutlich ist. Das Reflexionsspektrum des limonit- und argilitführenden Verwitterungsbodens wird durch den Grasbewuchs dagegen weniger beeinflußt. Auch bei 30%iger Grasbedeckung ist bei 0,85 μm noch das Fe^{3+}-bedingte starke und breite Absorptionsband (HUNT et al. 1971) zu erkennen, auch wenn es deutlich abgeschwächt ist. Ein zweites Absorptionsband bei 2,2 μm, das auf OH-Gruppen von Tonmineralen zurückgeht, ist noch deutlich zu erkennen. Bei 60%iger Grasbedeckung beherrscht das Grassignal das spektrale Reflexionsspektrum des grasbewachsenen Bodens im Sichtbaren. Nur bei 2,2 μm ist noch schwach das OH^--Absorptionsband angedeutet. In allen drei Beispielen wird der Verlauf der Reflexionskurven vor allem im kurzen Wellenlängenbereich stark beeinflußt, weil hier (ab 0,68 μm) das Reflexionsvermögen lebender Vegetation sehr stark ansteigt.

SIEGAL & GOETZ weisen in ihrer Publikation auf den Einfluß der Vegetation auf die Spektralkurven hydrothermal veränderter Gesteine hin. Tonminerale verschiedenen Typs verursachen in der Spektralkurve hydrothermal veränderter Nebengesteine ein charakteristisches starkes Absorptionsband bei 2,2 μm, das durch OH^--Anionengruppen bedingt ist. Da die Position des Bandes mit dem Typ der reflektierenden Tonminerale zwischen 2,15 und 2,25 μm variiert, kann die genaue Position des Reflexionsminimums zur Identifizierung der jeweils vorhandenen Tonminerale benutzt werden (HUNT et al. 1971). Tritt starker Bewuchs auf, so überwiegt der von der Vegetation reflektierte Strahlungsanteil, und es kommt zu einer Verschiebung des Reflexionsminimums in Richtung auf 2,1 μm hin. Der Spektraleffekt der Tonminerale kann so durch das Vegetationsspektrum verfälscht bzw. maskiert werden.

Den Effekt des Bewuchses mit Manzanita-Busch auf die Spektralkurven von Andesit, Kalk und limonit- und argilithaltigen Böden zeigt die Abb. 10b. Der Verlauf der spektralen Reflexionskurven ähnelt denen der Abb. 10a. Allerdings ist die Reflexionsintensität des Manzanita-Busches geringer als die von grünem Gras. Ab 30- bzw. 50%igem Bewuchs durch Manzanita-Busch ist jeweils das Reflexionsspektrum des Andesits, des Kalkes und des limonit-argilithaltigen Bodens vom Vegetationsspektrum beherrscht.

Interessant ist, daß tote oder trockene Vegetation nur einen geringen maskierenden Effekt auf das Reflexionsspektrum des jeweiligen Untergrundes hat. Das wird beim Vergleich der Abb. 10a, b und c deutlich. Selbst bei einer 60%igen Bedeckung des limonit- und argilitführenden Bodens bleiben die spektralen Merkmale der Reflexionskurven des Bodens erhalten. Allerdings verringert sich mit zunehmender Bewuchsdichte die Albedo des Kalkes und des Limonit-Argilit-Bodens. Immerhin ist beim Kalk auch bei 80%iger Deckung mit trockenem Salbei noch der charakteristische Abfall der Reflexion bei 2,2 μm zu sehen. Mit zunehmendem Bewuchs wird das Reflexionsminimum bei 2,2 μm abgeschwächt.

Im Wellenlängenbereich von 0,68 bis 1,3 μm ist der Effekt der Vegetationsspektren auf das Spektralsignal von Gesteins- und Bodeneinheiten am ausgeprägtesten. In diesem Wellenlängenbereich steigt die Reflexion frischer Vegetation schnell an. Hier reflektiert lebende Vegetation auffallendes Sonnenlicht am stärksten. Tote oder trockene Vegetation ändert dagegen den Charakter des Reflexionsspektrums von Gesteins- und Bodenoberflächen wenig. Trockener oder toter Pflanzenbestand vermindert nur die Albedo.

Weil die grüne Vegetation im Spektralbereich über 1,4 μm nur noch relativ schwach reflektiert, sind nach SIEGAL & GOETZ aus den Spektraldaten der langwelligen Spektren des mittleren Infrarot mehr gesteinsbezogene Informationen zu erwarten als aus dem kurzwelligen Anteil des Spektrums. Vor allem im Teilspektrum zwischen 2,0 und 2,5 μm sollen Reflexionsdaten die Identifizierung von Gesteinen und Mineralen erlauben. GOETZ hatte mit einem Spektrometer neuen Typs als erster die Reflexionsmessungen über den Bereich des nahen Infrarot bis ins mittlere (reflektive) Infrarot ausgedehnt und auf die Bedeutung dieses Spektralbereichs für die gezielte lithofazielle Geländeerkundung hingewiesen.

Außer in den extrem ariden Zonen sind Gesteins- und Bodenflächen fast immer mehr oder minder von Vegetation besetzt. Art und Dichte der Vegetation variieren von einem Geländebereich zum anderen. Entsprechend ändert sich die räumliche Ausdehnung freier Gesteins- und Bodenflächen im Gelände. Inwieweit das vom Sensor erfaßte Spektralsignal einer Geländefläche durch die Spektralcharakteristika der Vegetation oder durch diejenigen von Gesteins- und Bodenoberflächen des betreffenden Gebietes bestimmt werden, hängt jeweils von der Dichte des Bewuchses und von der Verteilung des Bewuchses im Aufnahmebereich ab. Entscheidend ist hier auch die Bodenauflösung des eingesetzten Sensors. In vielen Fällen wird in der vom Blickfeld des Sensors erfaßten Geländefläche Bewuchs dieser oder jener Art und Dichte auftreten. Liegt das Auflösungselement des eingesetzten Sensors z.B. im Dezimeter- oder Meterbereich, so

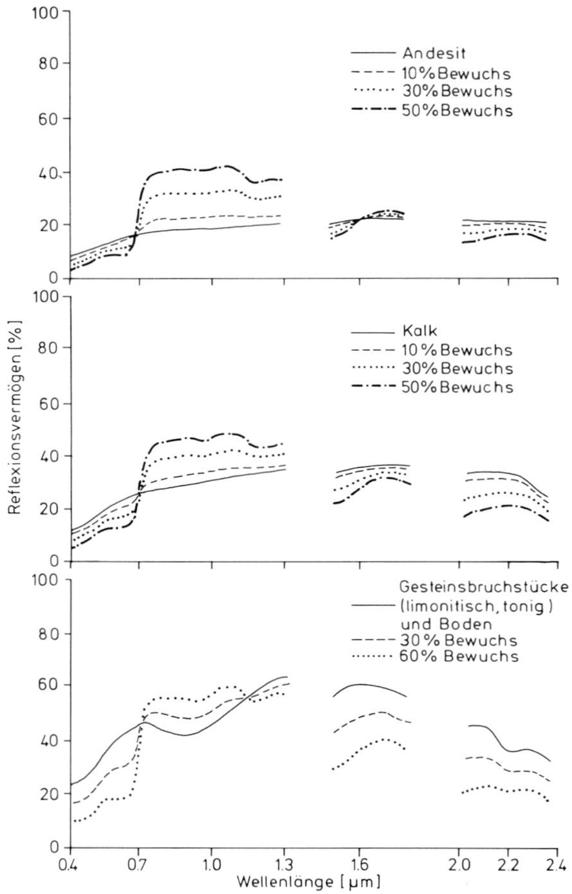

Abb. 10a

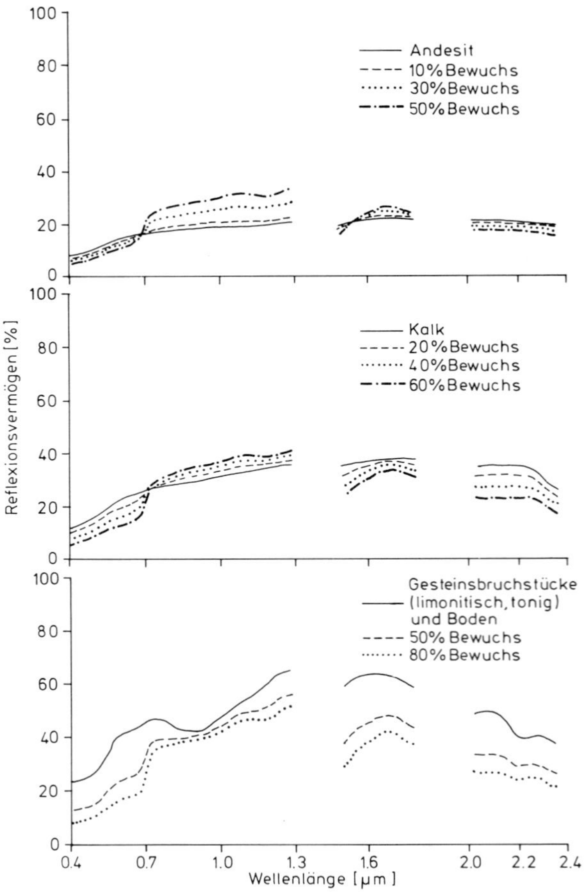

Abb. 10b

werden zwischen den vegetationsbestandenen Flächen die Spektralsignale freier Gesteins- und Bodenflächen registriert werden können. Ist dagegen der kleinste vom Sensor erfaßte Geländebereich so groß wie ein Pixel einer Landsat-Scanner-Aufnahme (6000 m^2), so werden in den meisten Fällen die von der Vegetation reflektierten Anteile elektromagnetischer Strahlung zusammen mit den von freien Gesteins- und Bodenoberflächen reflektierten Strahlungsanteilen die Spektralsignatur des betreffenden Pixels prägen. Die Spektralsignatur des Pixels wird daher sehr häufig ein Mischsignal sein.

Neben dem spektralen Reflexionsverhalten von Gesteinen ist in letzter Zeit zunehmend auch die Absorption einfallender Strahlungsenergie durch bestimmte Minerale und deren Bedeutung für die Fernerkundung untersucht worden. ROWAN et al. (1974), GOETZ (1975), GOETZ & ROWAN (1981), ROWAN & KAHLE (1982), PODWYSOCKI et al. (1983) und ABRAMS et al. haben gezeigt, daß Fe-haltige Minerale und Al-OH- und Mg-OH-führende Schichtsilikate (Tonminerale und Glimmer) in bestimmten Teilspektren des Lichts und vor allem des reflektiven mittleren Infrarot ein-

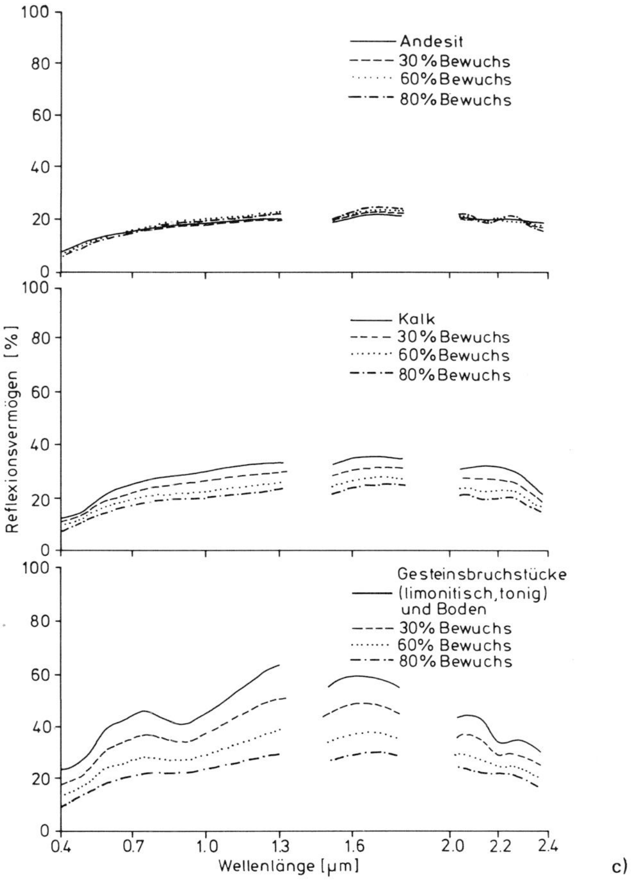

Abb. 10a–c Der Einfluß wechselnder Art und Dichte des Bewuchses auf das spektrale Reflexionsvermögen von Andesit, Kalk und limonitischem, tonigem Verwitterungsboden. a) Grasbewuchs, b) Manzanita-Busch-Bewuchs, c) trockener Salbei-Busch-Bewuchs (nach Spektrometermessungen von SIEGAL & GOETZ 1977).

fallende Strahlung stark absorbieren und ausgeprägte Reflexionsminima bzw. Absorptionsbanden in charakteristischen Teilspektren verursachen, die zur Identifizierung von Mineralen und Gesteinen genutzt werden können. So bewirken Fe^{2+} und Fe^{3+} starke Absorptionsbänder bei 1,0 μm und bei 0,92 μm sowie mehrere dicht beieinander liegende Absorptionsbänder im Bereich zwischen 0,40 und 0,55 μm (HUNT & SALISBURY 1970). Das Reflexionsspektrum von Gesteinen kann somit weitgehend durch das Spektralverhalten der in ihnen enthaltenen Fe-Minerale bestimmt werden. So geht z.B. die rote Farbe mancher Gesteine und Böden auf das gemeinsame Auftreten von Hämatit und Goethit zurück (vgl. auch die Reflexionskurve des roten Siltsteins in Abb. 7).

Absorptionsbänder treten vor allem in den Spektren von Fe-Mg- und von wasserhaltigen Mineralen auf. Der Einfluß dieser Minerale auf das Spektralverhalten von Gesteinen wird jedoch reduziert, wenn sie in polymineralen Gesteinen zusammen mit Fe- und wasserfreien Mineralen wie Quarz und Feldspat auftreten. Immerhin wird der Verlauf der Reflexionskurven von Gesteinen durch die oben zitierten Absorptionsbänder beeinflußt. So zeigen ROWAN et al. (1974), daß sich das Reflexionsverhalten mafischer und ultramafischer Gesteine über das Spektrum von 0,4 bis 1,1 μm nur wenig ändert. Im Gegensatz dazu nimmt das Reflexionsvermögen der felsischen Gesteine kontinuierlich mit der Wellenlänge zu, allerdings mit geringeren Raten im Bereich 0,7 bis 1,1 μm (s. Abb. 11). Nach ROSS et al. (1969) sollen die spektralen Reflexionskurven intermediärer Gesteine zwischen denen der felsischen und mafischen verlaufen.

GOETZ et al. (1975) hatten in einer Studie ermittelt, daß Spektralaufnahmen in Wellenlängenintervallen zwischen 1,2 und 1,3 μm sowie in Teilspektren um 1,6 und 2,2 μm, also im reflektierten mittleren Infrarot, am besten geeignet seien, in Vererzungsgebieten (Porphyry Coppers) unveränderte magmatische, vulkanische und sedimentäre Gesteine von hydrothermal veränderten Nebengesteinsbereichen zu trennen.

Laboruntersuchungen von GOETZ & ROWAN (1983) haben gezeigt, daß bestimmte Minerale, die in hydrothermal veränderten Gesteinsbereichen in der Nachbarschaft z.B. von Porphyry Copper-Lagerstätten häufig auftreten, besonders im Spektralbereich zwischen 2,1 und 2,4 μm Spektralmerkmale zeigen, die für die Fernerkundung genutzt werden können. Wie die Abb. 12 zeigt, sind es enge und breitere Absorptionsbänder, die für die untersuchten Minerale Kaolinit, Montmorillonit, Alunit und Calcit in jeweils charakteristischen Positionen des IR-Spektrums auftreten. GOETZ et al. (1982) gelang es, mit Hilfe eines 10-Kanal-Radiometers (Aufnahmespektrum 0,5–2,35 μm) zum ersten Mal Kaolinit und Karbonatgesteine aus dem Satelliten-Orbit aufzuspüren bzw. zu identifizieren (Space Shuttle Columbia). Neben Messungen in speziellen engen Teilspektren bieten nach GOETZ, ROCK & ROWAN (1983) vor allem Messungen in bestimmten Kombinationen von Teilspektren bzw. Kanälen

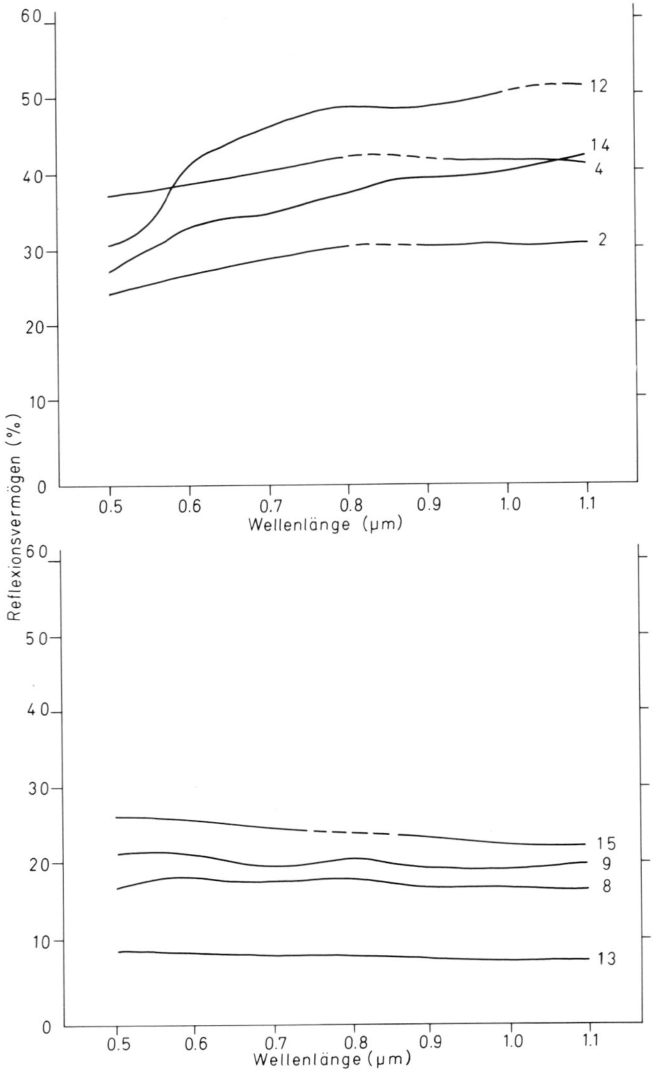

Abb. 11 Das spektrale Reflexionsvermögen mafischer und ultramafischer (unten) und felsischer Gesteine (oben). Rhyolith (12), Granit (14), Rhyolith (4), Granodiorit (2) zeigen mit der Wellenlänge zunehmendes Reflexionsvermögen. Serpentinit (15), Gabbro (9), Peridotit (8) und Basalt (13) zeigen dagegen mit der Wellenlänge abnehmendes Reflexionsvermögen (nach ROWAN et al. 1974).

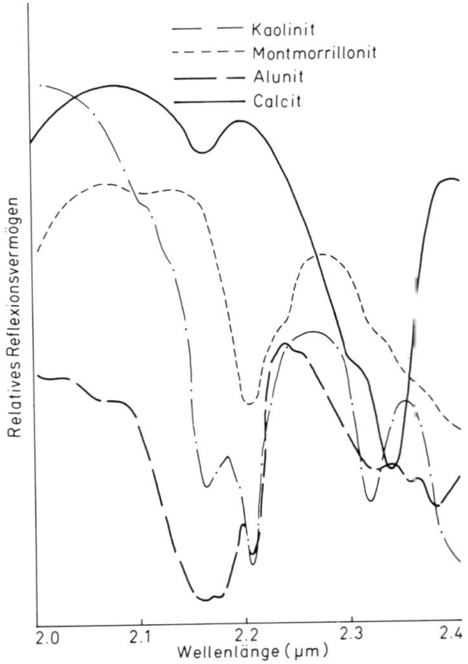

Abb. 12 Das spektrale Reflexionsvermögen einiger Minerale, die in Bereichen mit hydrothermaler Alteration (Nebengesteinsveränderungen) auftreten (nach Labor-Spektrometermessungen von GOETZ, ROCK & ROWAN 1983). Für die Mineralidentifizierung entscheidend ist die Position der spektralen Absorptionsbanden.

Möglichkeiten zum Nachweis interessierender Minerale. GOETZ, ROCK & ROWAN (1983) berichten über den erfolgreichen Einsatz der Kombination zweier Spektralkanäle bei Untersuchungen in Testgebieten: 1,6 µm und 2,2 µm. Der 1,6 µm-Kanal erwies sich als wichtig für das Aufspüren OH-haltiger Minerale, die in hydrothermal veränderten Lagerstättenbereichen typisch sind. Nach GOETZ & ROWAN ist es möglich, anhand von Meßdaten dieser beiden Teilspektren zwischen limonitischen, hydrothermal veränderten Gesteinen und den meist limonitischen magmatischen Gesteinen zu unterscheiden, in denen Limonit das Ergebnis der Oxidation von Fe-Mg-haltigen und opaken Mineralen ist. Auch können durch hydrothermale Prozesse stark gebleichte, nicht-limonitische Gesteine nachgewiesen werden, wenn sie OH-haltige Minerale enthalten.

Die Nutzung des reflektiven mittleren Infrarot-Spektrums wurde erst in den letzten Jahren mit der Entwicklung von Sensoren möglich, die Spektralmessungen in diesem Bereich erlauben. Der Thematic Mapper von Landsat 4 hatte als erster Multispektralscanner einen Kanal bei 2,2 µm, der speziell für die mineralfazielle bzw. lithofazielle Kartierung eingefügt wurde. Die Multispektralscanner der vorhergehenden Landsat-Satelliten konnten dagegen die von der Erdoberfläche reflektierte Strahlung nur im Bereich 0,5 bis 1,1 µm aufnehmen. ABRAMS et al. (1983) gelang es, über simulierte Thematic Mapper-Daten aus dem Bereich der Porphyry Copper-Lagerstätte Safford (Arizona) Zonen mit Quarz-Serizit, Chloritisierung und propylitischen Nebengesteinsveränderungen nachzuweisen. Mit Fernerkundungsdaten einer anderen Porphyry Copper-Lagerstätte (Marysvale/Utah) konnten PODWOSYCKI et al. (1983) Alunit, Kaolinit und Montmorillonit in hydrothermal veränderten Nebengesteinsbereichen nachweisen. Hier waren die veränderten Gesteine an Absorptionsmerkmalen zwischen 2,17 und 2,22 µm zu erkennen, die durch die Al-OH-Moleküle der genannten Minerale verursacht werden. In den Spektraldaten der nicht hydrothermal veränderten Gesteine des Untersuchungsgebietes fehlten dagegen entsprechende Absorptionserscheinungen oder sie waren nur schwach angedeutet.

Als besonders nützlich für die Darstellung und Auswertung multispektraler Daten aus den Bereichen des mittleren Infrarot hat sich bei der mineral- bzw. lithofaziellen Kartierung der Einsatz von computergestützten Verfahren erwiesen. Von Bedeutung sind hier sogenannte Ratiobilder. Sie werden über spezielle Schritte der Datenverarbeitung aus dem Quotienten der für eine Fläche gemessenen Strahlungsenergie zweier Spektralbereiche erstellt (vgl. Abschn. 5.3.11). GOETZ & ROWAN weisen auf die besondere Empfindlichkeit der 1,6/2,2 µm Ratio für die Erfassung OH-führender Minerale in Fernerkundungsaufnahmen hin (s. auch ASHLEY & ABRAMS 1980). GOETZ et al. (1982) nutzten die Daten von 5 Spektralkanälen (bzw. Teilspektren) des beim Space Shuttle Flug im November 1981 (Columbia) eingesetzten Radiometers zur Identifizierung von Kaolinit, Alunit, Calcit (Dolomit) und Montmorillonit. WHITNEY et al. (1983) haben gezeigt, daß für die Unterscheidung und Identifizierung von Kaolinit, Montmorillonit, Alunit, Calcit, Gips, Illit, Serpentin und Chlorit nur 3 Ratios erforderlich waren. Diese Beispiele sollten auf die Bedeutung der Spektralregion des reflektierten mittleren Infrarot für die lithofazielle Kartierung, für den Nachweis bestimmter Minerale in Fernerkundungsaufnahmen hinweisen. Weitere Daten, auch kritische Kommentare zu diesem derzeit noch nicht operationell genutzten Spektralbereich der Fernerkundung finden sich in den zitierten Arbeiten und in einer speziellen, dem Einsatz der Fernerkundung in der Erzprospektion gewidmeten Ausgabe von Economic Geology (Vol. 78, June-July 1983).

SIGRIST & SCHNETZLER (1980) geben für die geologische Fernerkundung im Sichtbaren, im nahen und im mittleren Infrarot die folgenden Wellenlängenintervalle als besonders geeignet an: 1,18 bis 1,30, 4,0 bis 4,75, 0,46 bis 0,50, 1,52 bis 1,73 und 2,10 bis 2,36 µm. Die Aussagen der Autoren basieren auf der Auswertung von Spektraldaten aus Testgebieten in Utah. Hier wurden Geländebereiche mit ausgedehnten Aufschlüssen der wichtigsten Typen sedimentärer und magmatischer Gesteine, auch mit Bereichen hydrothermal veränderter Nebengesteine mit einem Multispektralscanner beflogen. Die Feldgröße der untersuchten Gesteinsoberfläche lag bei 0,24 km^2. Ausgewertet wurden die Spektraldaten aus 15 Spektralkanälen zwischen 0,34 und 0,75 µm für jeden Gesteinstyp. Mit Hilfe der Diskriminanzanalyse wurden Spektralbereiche ermittelt, in deren Aufnahmen spezifische Gesteinseinheiten am häufigsten und mit optimalem Kontrast zu Gesteinseinheiten anderen Typs abgebildet wurden und abgegrenzt werden konnten. Die Reihenfolge der Teilspektren in der Aufzählung soll deren Nutzen für die Erkundung und Kartierung lithofazieller Einheiten wiedergeben. Der für die Untersuchungen eingesetzte Multispektralscanner hatte in den einzelnen Kanälen des sichtbaren Lichts eine spektrale Auflösung zwischen 0,04 und 0,06 µm, im nahen Infrarot 0,05 und 0,26 µm und im Thermal-Infrarot zwischen 0,25 und 0,36 µm. Interessant ist, daß nur einer der optimalen Spektralkanäle (0,46 bis 0,50 µm) in dem Spektralbereich liegt, der von den Multispektralscannern der ersten Landsat-Satelliten erfaßt wurde (0,4 bis 1,1 µm). Die anderen vier als optimal angesehenen Spektralkanäle liegen im langwelligen Bereich, dessen Bedeutung für die lithofazielle Kartierung auch in den Arbeiten von GOETZ, ROWAN, ABRAMS, PODWOSYCKI und anderen betont wird.

CONEL et al. (1978) untersuchten mit einem Spektrometer das Reflexionsverhalten von unveränderten und veränderten Gesteinen im Bereich von Uranlagerstätten. Sie ermittelten, welche Teilspektren für die Trennung lithofazieller Einheiten in Scanner-Aufnahmen am besten geeignet seien, und kamen zu folgender Reihenfolge: 1,25, 0,95, 2,20, 2,15, 2,05, 1,75, 2,45, 2,10, 1,60, 1,55 und 0,75 µm.

Auch diese Daten zeigen die Bedeutung von Spektralaufnahmen in bestimmten, relativ eng begrenzten Teilspektren des nahen, vor allem aber des mittleren (reflektiven) Infrarot (engl. auch short wave infrared genannt), in Spektralbereichen also, die bislang nur wenig für die Fernerkundung genutzt wurden.

3.2.2 Zum Emissionsverhalten von Gesteinen

Neben dem spektralen Reflexionsverhalten von Gesteins- und Bodenoberflächen im sichtbaren und im nahen Infrarot fand in den sechziger Jahren auch das Emissionsspektrum von Gesteinen das Interesse der Geologen, die sich mit der Fernerkundung beschäftigten.

LYON und seine Mitarbeiter (LYON et al. 1957, LYON 1965, LYON & PATTERSON 1966, 1969) stellten fest, daß enge Beziehungen zwischen dem Verlauf der spektralen Emissionskurven bestimmter Gesteine und ihrem Mineralbestand bestehen, daß sich Silikatgesteine und Nicht-Silikate nach ihren Emissionsspektren im Bereich zwischen 8 und 13 µm unterscheiden lassen und daß darüber hinaus auch Silikatgesteine unterschiedlichen Charakters nach ihren Emissionsspektren unterschieden werden können. Spektrale Erkennungsmerkmale sind die Positionen von Emissionsminima und der Verlauf der Emissionskurven.

Die Abb. 13 zeigt eine Zusammenstellung von Emissionskurven verschiedener Boden- und Gesteinstypen aus dem Bereich des Pisgah-Kraters in Kalifornien (LYON 1972). Ihre Emissionsspektren wurden entlang von vier Fluglinien mit einer Gesamtlänge von 28 km mit einem Spektrometer im Wellenlängenbereich zwischen 6,8 und 13,3 µm ermittelt. Gemessen wurde aus einer Flughöhe von 650 m mit einer Aufnahmerate von 6 Spektren pro Sekunde. Die räumliche Zuordnung der Meßdaten im Gelände erfolgte über einen Luftbildstreifen, der beim Überflug die gemessenen lithofaziellen Einheiten des Testgebietes erfaßte. Der vom Spektrometer bei der Vorwärtsbewegung des Flugzeuges erfaßte Geländebereich war jeweils 15 x 5 m groß. Die ermittelten spektralen Rohdaten wurden auf das Emissionsspektrum

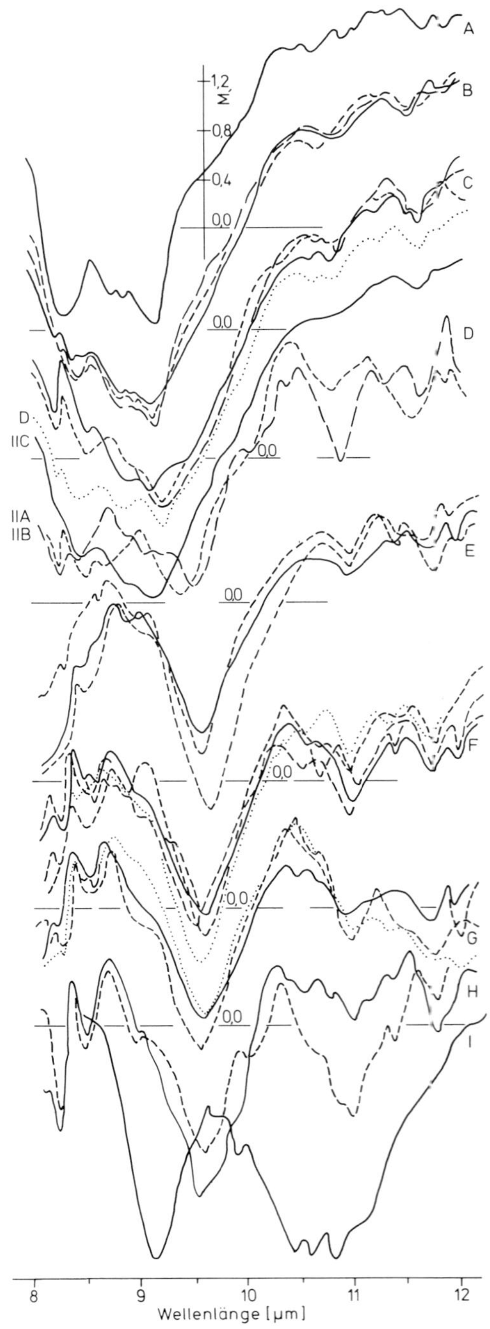

Abb. 13 Das spektrale Emissionsverhalten unterschiedlicher Gesteine und Böden im Bereich des Pisgah-Kraters in Kalifornien. Erläuterungen im Text. (Nachgedruckt mit Erlaubnis des Herausgebers aus: „Infrared spectral emittance in geological mapping – Airborne spectrometric data from Pisgah Crater, California" by R.J. LYON, Science, Vol. 175, pp. 983–986, March 1972, Copyright by AAAS.)

eines Sees bezogen. Wasserkörper verhalten sich im 8–14 μm-Bereich in ihrem Strahlungsverhalten fast wie ein schwarzer Körper (vgl. Abschn. 2.3). Sie liefern daher Referenzdaten. Die in der Abb. 13 gezeigten Werte sind also keine absoluten Emissionswerte. Untersucht wurden auch die Abweichungen der Emissionswerte der einzelnen Gesteinseinheiten von einem errechneten Mittelwert.

Die Abb. 13 zeigt die von LYON errechneten Mittelwerte der Emissionsspektren von jungem Alluvium (B), altem Alluvium (C), von Sand (D), von trockenen See-Sedimenten (Playa) (E) sowie von drei unterschiedlichen Flows von Olivin-Basalt (F), (G), (H). Zum Vergleich sind die Emissionskurven eines Granodiorits (A) und eines Gabbros (I) im oberen und unteren Teil der Abbildung eingefügt. Als spektrales Erkennungsmerkmal der einzelnen Gesteins- und Bodeneinheiten dient die jeweilige Position der starken Minima und der schwächeren Nebenminima innerhalb des Emissionsspektrums.

Die Spektralkurven der Einheiten des jungen (B) und des alten Alluviums (C) sind ähnlich. Sie zeigen ein einziges steiles Minimum im Wellenlängenbereich 9,1 bis 9,2 μm. Der genaue Vergleich zeigt jedoch, daß der Kurvenverlauf des jungen Alluviums gegenüber dem des älteren etwas in Richtung der kürzeren Wellenlänge verschoben ist und daß der Buckel bei 9,5 μm, der nach LYON einen höheren Quarzanteil der Einheit (B) anzeigt, in der Kurve der Einheit (C) fehlt.

Vergleichbar sind auch die Kurven der Olivin-Basalt-Flows (F–H). Sie zeigen alle ein einziges scharfes Minimum im Wellenlängenintervall 9,45 bis 9,55 μm. Die Basalt-Flows lassen sich nach dem Verlauf ihrer Emissionskurven noch weiter in zwei Untergruppen teilen. Die Einheiten (F) und (G) zeigen bei 10,97 μm ein schwaches Minimum, während die Einheit (H) dort ein ausgeprägtes Minimum besitzt. LYON weist auf eine weitere Unterscheidungsmöglichkeit nach dem Kurvenverlauf im Teilspektrum 11,5 bis 12,0 μm hin. Hier verläuft die Kurve des Basalttyps (F) flacher als die des Typs (G).

LYON hat den auf Flugzeugmessungen beruhenden Emissionskurven Standardkurven gegenübergestellt, die auf Emissionsmessungen an polierten Granodiorit- (A) und Gabbro-Oberflächen (I) basieren. Der Vergleich zeigt die Ähnlichkeit der Basaltkurven mit der Kurve, die das Emissionsspektrum des Gabbros charakterisiert.

Die Emissionswerte der Kurvengruppe (D) wurden über einem Gebiet aufgenommen, in dem windverblasener Sand fleckenhaft und mit unterschiedlicher Mächtigkeit über Basalt liegt. Es war zu erwarten, daß dort, wo der Sand in großer Mächtigkeit auftritt, das Sandspektrum gemessen wird (das hier weitgehend dem des jungen Alluviums (B) entsprechen würde). Bereiche, in denen die Sandbedekkung nur dünn und unvollständig ist, sollten sich dagegen durch das Basaltspektrum abzeichnen. Entsprechend zeigt die Emissionskurve des Bereiches mit Sandbedeckung (II C) Merkmale der Kurvengruppe (D). Die Kurve des Bereichs mit unvollständiger Sandbedeckung (II A) gleicht dagegen den Emissionskurven des Basaltspektrums. LYON konnte durch diese Gegenüberstellung schon früh demonstrieren, daß Unterschiede in der mineralogischen Zusammensetzung von Gesteinen mit Meß- oder Aufnahmesystemen im Flugzeug nachgewiesen werden können.

Die Emissionskurven der trockenen See-Sedimente erschienen zunächst problematisch, weil sie denen der Basaltgruppe (G) ähneln. Spektrale Geländemessungen bestätigten jedoch die Korrektheit der Flugzeugmessungen. Nähere Untersuchungen ergaben, daß tatsächlich die Emissionskurven der weißen feinkörnigen Tonminerale trockener See-Sedimente denen des Olivin-Basaltes gleichen. Die Emissionskurven der Abb. 13 zeigen, daß die spektrale Position minimaler Emission mit dem Mineralbestand der untersuchten Gesteine und Böden variiert. Entscheidend ist dabei nach LYON das jeweilige Verhältnis der felsischen zu den Fe-haltigen Mineralen eines Gesteins und der prozentuale SiO_2-Gehalt.

Das wird auch in der Abb. 14 deutlich, in der die Emissionskurven mehrerer grobkörniger, frisch gebrochener Granite aus Neu-England dargestellt sind (LYON & GREEN 1975). Die Farben der einzelnen Granite variieren zwischen dunkelgrau, bräunlich, rosa und bläulich. Die Farbunterschiede haben nach LYON & GREEN keinen Effekt auf das Emissionsspektrum. Aber die Unterschiede in der mineralogischen Zusammensetzung (im Modalcharakter) der quarzreichen Granite (D und E) und der feldspatreichen Typen (F) führen zu deutlichen Unterschieden in der Position der Emissionsminima. Die Positionen der Emissionsminima von Quarz sind zum Vergleich beigefügt (Q).

Abb. 15 zeigt die Emissionskurven von neun Proben kristalliner Gesteine, die von LYON & GREEN im Feld gemessen wurden. Die mineralogische Zusammensetzung der Gesteine variiert vom Basalt (A und B) über Quarz-Monzonit (E bis F) bis zum Granodiorit (I). Die Basalte – frei von Quarz und mit höherem Plagioklasgehalt – setzen sich mit

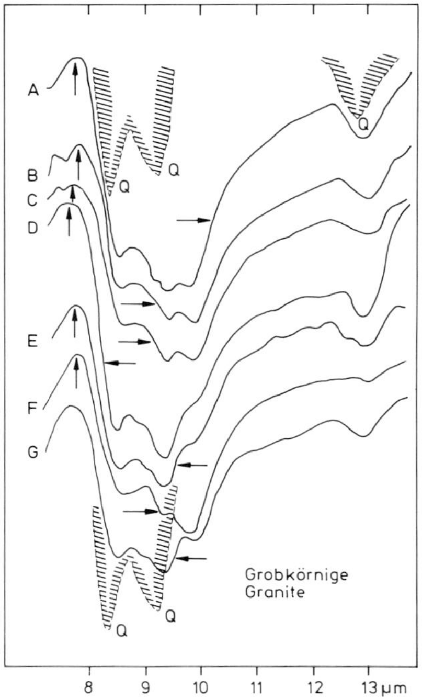

Abb. 14 Das spektrale Emissionsverhalten verschiedener frisch gebrochener Granite aus Neuengland. Q = Emissionsminima von Quarz zum Vergleich. Vertikale Pfeile zeigen an, wo ϵ (λ) = 1,0, horizontale Pfeile, wo ϵ (λ) = 0,9 ist (nach LYON & GREEN 1975).

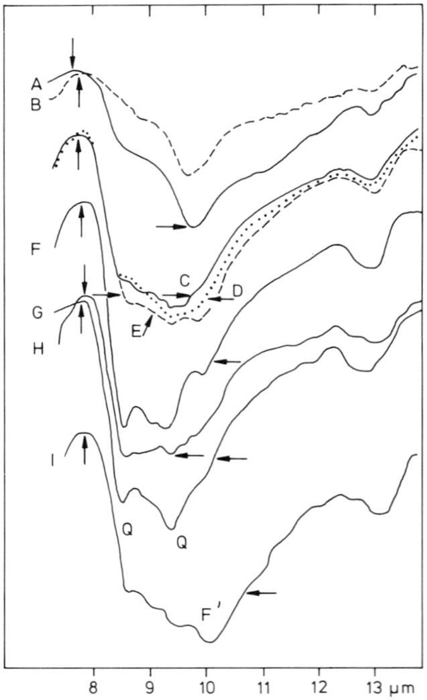

Abb. 15 Das spektrale Emissionsverhalten von Basalt (A und B), Quarzmonzonit (E–F) und Granodiorit (I). Bedeutung der Pfeile wie in Abb. 14 (nach LYON & GREEN 1975).

dem Verlauf ihrer Emissionskurven deutlich von denen der Quarzmonzonite und des Granodiorits ab. Die plagioklasreichen Quarzmonzonite (F, G und H) zeigen mehr Ähnlichkeiten der Emissionsminima als die Quarzmonzonite (C, D und E). Die Emissionskurven der sechs Quarzmonzonite sind untereinander ähnlich. Sie unterscheiden sich jedoch deutlich von der Emissionskurve des Granodiorits. Entscheidend für die Modifikation der einzelnen Emissionsspektren sind – wie schon erwähnt – die jeweiligen Anteile von Fe-Mg-Mineralen und von Feldspat. Dieser bedingt z.B. in den Kurven des Granodiorits das Emissionsminimum bei 10 μm.

Außer dem hier gezeigten Emissionsspektrum werden in der Publikation von LYON & GREEN (1975) noch Emissionskurven verschiedener Gesteinsproben aus dem Buschfeld-Komplex, auch aus dem Bereich einiger großer Porphyry Copper-Vorkommen dargestellt. Der Vergleich der Kurven zeigt, daß sich die spektrale Position der Emissionsminima mit zunehmendem SiO_2-Prozentanteil zu kürzeren Wellenlängen hin verschiebt und daß die Erfassung des Emissionsspektrums zur Bestimmung von Gesteinen genutzt werden kann. Hier sind neben den Positionen der Hauptminima auch die der Nebenminima von Bedeutung. Dies zeigen auch die von LYON & GREEN angeführten Tabellen der Minimapositionen der untersuchten Gesteine. Ganz eindeutig sind die Emissionsspektren mineralbezogen. Sie erlauben Rückschlüsse auf den chemischen bzw. auf den Modalcharakter der zugehörigen Gesteine. Allerdings handelt es sich bei den von LYON & GREEN angegebenen Werten der Emissionsspektren sozusagen um Ur- oder Ausgangswerte. Sie wurden im Gelände aus relativ geringer Entfernung an frischen Gesteinsoberflächen ermittelt. Die topographische Position, die jeweilige Beschaffenheit verwitterter Gesteinsoberflächen, die Art und die Dichte des Bewuchses, die technischen Bedingungen der Spektralaufnahmen vom Flugzeug aus und der Einfluß der Atmosphäre auf das Spektralsignal werden die Spektralsignaturen natürlicher Gesteinsoberflächen beeinflussen, wenn deren Eigenstrahlung vom Sensor an Bord eines Flugzeuges erfaßt wird. Das Spektralsignal der Gesteins- und Bodenoberflächen wird in der Natur ja durch eine Zahl von materialbezogenen und umweltbezogenen Parametern beeinflußt. Wenn jedoch, wie in ariden Gebieten, weite Bereiche vegetationslos sind oder wenn in anderen Klimazonen vom Scanner hinreichend große Bereiche freier Gesteinsoberflächen zwischen bewachsenen und bodenbedeckten Zonen erfaßt werden können, so werden die mineralbezogenen Emissionsminima unterschiedlicher lithofazieller Einheiten in die Aufnahmedaten der entsprechenden Spektralkanäle eingehen und für die Bildinterpretation genutzt werden können. Das beweisen die Ergebnisse einer Thermal-Scanner-Befliegung des Testgebietes Pisgah-Krater, deren Ergebnisse von VINCENT & THOMSON (1972) beschrieben werden. VINCENT erstellte aus den Strahlungsdaten bzw. aus den berechneten Quotienten der Strahlungsenergie beider Kanäle des eingesetzten Thermal-Scanners (8,2 bis 9,1 μm und 9,1 bis 12,1 μm) ein Ratiobild, in dem die Aufschlußbereiche von Gesteinseinheiten mit unterschiedlichem Mineralbestand durch Grautonabstufungen kontrastreich dargestellt werden konnten. Die Grautoneinheiten ließen sich jenen Gesteins- und Bodeneinheiten zuordnen, deren Emissionsspektren von LYON (1972) in der vorher beschriebenen Untersuchung bestimmt worden waren. LYON (1972) betont, daß für die Anwendung des Ratio-Verfahrens bei der Erkundung lithofazieller Einheiten im Thermal-Infrarot vor allem der Vergleich der Strahlungsdaten aus den Teilspektren 8 bis 9 μm mit denen aus dem Teilspektrum 9 bis 11 μm von Bedeutung ist. Nach LYON deutet ein niedriges 8 bis 9 μm/9 bis 11 μm-Verhältnis auf ein quarz- und feldspatreiches Gestein, auf quarz- oder feldspatführenden Boden. Ein hoher Wert für das Verhältnis 8 bis 9 μm/9 bis 11 μm zeigt quarzarmes Gestein oder quarzarme Bodeneinheiten an. Inwieweit diese Spektralbereiche auch für die lithofazielle Erkundung von Satelliten aus geeignet sind und wie die Atmosphäre die von Gesteinseinheiten und Böden emittierten Spektralsignale bei ihrem langen Weg von der Geländeoberfläche zum Sensor an Bord des Satelliten beeinflußt, wird derzeit noch untersucht.

KAHLE & ROWAN (1980) zeigten, daß sie eine Reihe von Silikatgesteinen (Quarzit, Quarzmonzonit, Monzonit, Quarzlatit und Latit) in einem mit Hilfe der digitalen Bildverarbeitung erstellten Bild eines Flugzeug-Mehrkanal-Thermal-Scanners unterscheiden und gegeneinander abgrenzen konnten. GOETZ, ROCK & ROWAN (1983) berichten über die Entwicklung eines 6-Kanal-Thermal-Scanners mit verbesserter spektraler Empfindlichkeit, der erfolgreich zur Kartierung unterschiedlicher Silikatgesteine im Tintic District (Utah) und in anderen Testgebieten eingesetzt wurde.

Entscheidend für den erfolgreichen Einsatz ist die Möglichkeit, die von den Gesteinen des überflogenen Gebietes im Thermal-Infrarot emittierte Strahlung gleichzeitig in mehreren (kritischen) Teilspektren aufzunehmen und die Meßdaten bestimmter Kanäle vergleichend mit Hilfe der digitalen Datenverarbeitung auszuwerten und in Form kontrastverstärkter Bilder (vgl. Abschn. 5) darzustellen.

Die quantitative Auswertung der Meßdaten spektral hochauflösender Thermal-Scanner wird für die lithofazielle Kartierung in Zukunft eine zunehmend wichtigere Rolle spielen. Gegenwärtig basiert die operationelle Fernerkundung noch auf der Erfassung der Wärmestrahlung von Gesteinen, Böden, Vegetationseinheiten und Gewässern, auf der Erfassung der unterschiedlichen Oberflächentemperaturen unterschiedlicher Materialien. Die unterschiedlichen thermischen Eigenschaften von Gesteinen (vgl. Tab. 1a) und das unterschiedliche Emissionsvermögen $\epsilon(\lambda)$ von Gesteinen (vgl. Tab. 1b) führen zur unterschiedlichen Erwärmung der betreffenden Gesteine im Verlauf des Tages und zu unterschiedlicher Abkühlung im Laufe der Nacht, zu materialbezogenen Unterschieden des täglichen Temperaturganges, zu Temperaturkontrasten, die zur Fernerkundung von Aufschlüssen unterschiedlicher Gesteine im Thermal-Infrarot genutzt werden können. In der Praxis dienen vor allem relative Unterschiede der Strahlungstemperaturen, ausgedrückt durch Grautonunterschiede unterschiedlicher Objekte im Thermal-Scanner-Bild, zusammen mit anderen photogeologischen Kriterien zur Unterscheidung und Abgrenzung unterschiedlicher Materialien. Da eine größere Zahl von Variablen und physikalischen Prozessen in sehr komplexer Weise Einfluß auf das Temperaturverhalten natürlicher Materialien hat (vgl. Abschn. 3.1), ist es in der Regel nicht möglich, aus Strahlungstemperatur-Messungen quantitative Aussagen über den petrographischen Charakter der im Thermal-Scanner-Bild unterscheidbaren und gegeneinander abgrenzbaren Gesteinskomplexe und Böden zu machen. Allerdings muß in diesem Zusammenhang betont werden, daß auch schon Informationen über relative Unterschiede im Temperaturverhalten natürlicher Materialien oft entscheidende Informationen für die geologische Praxis (Kar-

Tabelle 1a Thermische Eigenschaften verschiedener Gesteine und von Wasser bei 20°C (nach JANZA 1975)

Material	λ Wärmeleitfähigkeit $J\ cm^{-1}\ s^{-1}\ K^{-1}$	ρ Dichte $g\ cm^{-3}$	C Spezifische Wärme-kapazität $J\ g^{-1}\ K^{-1}$	α Temperaturleit-fähigkeit $cm^2 \cdot s^{-1}$	P Thermische Trägheit $J\ cm^{-2}\ s^{-1/2}\ K^{-1}$
1. Basalt	0,0209	2,8	0,83	0,009	0,221
2. Lehmboden (feucht)	0,0125	1,7	1,46	0,005	0,175
3. Dolomit	0,0501	2,6	0,75	0,026	0,313
4. Gabbro	0,0250	3,0	0,71	0,012	0,229
5. Granit	0,0313 0,0271	2,6	0,66	0,016	0,217
6. Schotter	0,0125	2,0	0,75	0,008	0,137
7. Kalkstein	0,0200	2,5	0,71	0,011	0,188
8. Marmor	0,0229	2,7	0,87	0,010	0,234
9. Obsidian	0,0125	2,4	0,71	0,007	0,146
10. Peridotit	0,0459	3,2	0,83	0,017	0,351
11. Bimsstein	0,0025	1,0	0,66	0,004	0,037
12. Quarzit	0,0501	2,7	0,71	0,026	0,309
13. Rhyolit	0,0229	2,5	0,66	0,014	0,196
14. Kies	0,0250	2,1	0,83	0,014	0,209
15. Sandboden	0,0058	1,8	1,00	0,003	0,100
16. Sandstein, Quarz	0,0501 0,0259	2,5	0,79	0,013	0,225
17. Serpentin	0,0263 0,0300	2,4	0,96	0,013	0,263
18. Tonstein	0,0175 0,0125	2,3	0,71	0,008	0,142
19. Tonschiefer	0,0209	2,8	0,71	0,011	0,204
20. Syenit	0,0321 0,0183	2,2	0,96	0,009	0,196
21. Tuff (welded)	0,0117	1,8	0,83	0,008	0,133
22. Wasser	0,0054	1,0	4,22	0,001	0,154

Tabelle 1b Emissionskoeffizienten einiger häufiger Materialien für den Bereich 8–14 μm (nach QUIEL 1973)

Material	Emissions-koeffizient ϵ
Quarz (Achat)	0,712
Feldspat	0,870
Granit	0,815
Granit, rauhe Seite	0,898
Obsidian	0,862
Obsidian, rauhe Seite wie gebrochenes Glas	0,837
Basalt	0,904
Basalt, rauhe Seite, glänzend	0,934
Dunit	0,856
Dunit, rauhe Seite	0,892
Quarz-Sandstein, polierte Seite	0,909
Quarz-Sandstein, rauhe Seite	0,935

Material	Emissions-koeffizient ϵ
Dolomit, polierte Seite	0,929
Dolomit, rauhe Seite	0,958
Dolomit-Kies, 0,5 cm große Steine	0,959
Sand, grobkörniger Quarz	0,914
Sand, nasser grobkörniger Quarz	0,936
Sand, feinkörniger Quarz	0,928
fester Gehweg, trocken	0,966
Asphalt-Straßendecke	0,956
Wasser, rein	0,993
Wasser plus dünner Film Erdöl	0,972
Eis	0,98
Vegetation	> 0,97

tierung, Erkundung, Untergrundbeurteilung etc.) liefern und Aussagen ermöglichen können, die aus Fernerkundungsdaten aus dem Bereich des sichtbaren Spektrums nicht zu gewinnen sind (vgl. Ausführungen und Auswertebeispiele in Abschn. 6.4).

Versuche, quantitative Strahlungsdaten aus Flugzeug- und Satellitenaufnahmen für die Untersuchung und Kartierung geologischer Materialien zu nutzen, beschreiben die Arbeiten von ROWAN, OFFIELD, CANNON, K. & R.D. WATSON (1970), POHN, OFFIELD & WATSON (1974) und WATSON (1975) sowie KAHLE, GILLESPIE & GOETZ (1976). Bei Kenntnis der Werte der thermischen Trägheit und der Albedo von zwei oder mehr zu kartierenden Gesteinsarten läßt sich aufgrund von Modellrechnungen die Tages- bzw. Nachtzeit ermitteln, zu der der Temperaturkontrast zwischen zwei oder mehr Gesteinsarten am größten ist. Generell ist festzustellen, daß Gesteine (oder andere natürliche Materialien) mit gleicher Albedo, aber unterschiedlicher thermischer Trägheit einen unterschiedlichen täglichen Temperaturgang aufweisen. Dabei zeigen die Gesteine mit der höheren thermischen Trägheit im Tagesverlauf geringere Temperaturschwankungen (eine geringere Temperaturamplitude) als Gesteine mit einer geringeren thermischen Trägheit. Der Temperaturunterschied solcher Materialien wird am Tage etwa 1 Stunde nach Mittag, in der Nacht kurz vor Sonnenaufgang am größten sein. Für Gesteine mit etwa gleichem Wert für die thermische Trägheit, aber unterschiedlicher Albedo, tritt der stärkste Temperaturkontrast am späten Vormittag, der geringste zur Zeit der Morgendämmerung auf (vgl. Abschn. 6.4).

Die Albedo-Werte von Gesteinen lassen sich (in vegetationsfreien oder -armen Gebieten ohne Bodenbedeckung) aus Spektralaufnahmen des sichtbaren Spektrums (0,4–0,7 μm) ableiten. Die thermische Trägheit eines Gesteins läßt sich aus der Amplitude seines täglichen Temperaturganges (ΔT) und aus seinen spektralen Reflexionsdaten im Sichtbaren ermitteln. ΔT-Daten von Gesteinen oder Gesteinseinheiten lassen sich aus der Korrelation der vom Thermal-Scanner erfaßten Strahlungsdaten mit Referenzdaten aus Eichstrahlern bestimmen, die beim Aufnahmevorgang vom Scanner mitregistriert wurden. Nach den Ergebnissen der oben zitierten Untersuchungen kann die thermische Trägheit von Gesteinen in manchen Fällen als Erkennungsmerkmal bestimmter Gesteinstypen und zur Unterscheidung unterschiedlicher Gesteine und Gesteinseinheiten genutzt werden (engl. thermal inetita mapping). Allerdings müssen hierbei die schon mehrfach erwähnten starken Störeffekte der Topographie (in Tagesaufnahmen) sowie der Einfluß einer Reihe anderer Parameter (u.a. geographische Position, Sonnenstand, meteorologische Bedingungen, Strahlung aus der Atmosphäre) berücksichtigt werden, um zu zuverlässigen Interpretationen von Fernerkundungsdaten im Thermalbereich zu kommen. Diskussionen dieser Problematik finden sich in den oben zitierten Arbeiten. Der störende Einfluß des Geländereliefs bei der quantitativen Auswertung von Strahlungstemperaturmessungen besteht u.a. darin, daß Gesteinsoberflächen, die tagsüber im Schatten bleiben (z.B. an Nordhängen), am Tag eine generell niedrigere Temperatur aufweisen werden als Oberflächen des gleichen Gesteinstyps, die zur Sonne exponiert sind. Die Gesteinsoberflächen der Nordhänge werden daher eine geringere Amplitude ihres täglichen Temperaturganges aufweisen als Gesteinsoberflächen gleichen Typs an Südhängen. Die geringere Temperaturamplitude täuscht so eine höhere thermische Trägheit der Gesteine in Nordhängen vor. Hier wird die Notwendigkeit von Reliefkorrekturen an Strahlungsdaten aus hügeligem oder bergigem Gelände deutlich.

3.3 Böden

3.3.1 Zum Reflexions- und Absorptionsverhalten von Böden

Nach OBUKHOV & ORLOV (1964) und CONDIT (1970) reflektieren Böden in den kurzwelligen Bereichen des sichtbaren Spektrums generell nur schwach. Mit zunehmender Wellenlänge der auftreffenden Strahlung nimmt der prozentuale Anteil reflektierter Strahlung bei den meisten Böden zu. Am ausgeprägtesten sind die Spektralcharakteristika von Böden in den Teilspektren des Rot, des nahen und des mittleren (reflektiven) Infrarot. In diesen Teilbereichen des Spektrums und im Bereich des Thermal-Infrarot lassen sich qualitative und quantitative Unterschiede von Spektraldaten am ehesten für die Erfassung und Abgrenzung von Bereichen unterschiedlicher Böden bzw. unterschiedlicher Bodeneigenschaften nutzen. Liegen multispektrale Scanner-Daten für diese Teilspektren vor, so kann für die Unterscheidung und Klassifizierung von Bodeneinheiten in Fernerkundungsaufnahmen und für deren kontrastreiche Darstellung in Bildform auch das Ratio-Verfahren eingesetzt werden (vgl. Abschn. 5.3.11).

Das spektrale Reflexions-, Absorptions- und Emissionsverhalten von Böden wird durch materialbezogene Parameter und durch materialunabhängige Parameter beeinflußt. Unter den materialbezogenen Parametern sind vor allem die folgenden von Bedeutung: der Mineralbestand, die Körnung bzw. Korngröße, der Gehalt an Fe-Verbindungen und an organischer Substanz, die Bodenfeuchte, die Struktur und die Rauhigkeit der Bodenoberfläche. Aus der Sicht der multitemporalen bzw. phänologischen Fernerkundung kann man (nach einem Vorschlag von LAMP) die materialbezogenen Parameter in relativ konstante und in variable aufgliedern und ihre Wechselwirkungen in folgender Weise darstellen (s. Schema):

- (rel.) konstante Parameter
  - Boden-„Matrix“
    - Mineralbestand (ohne Fe-Verbindungen)
    - Körnung
  - Oberflächen-„Pigmente“
    - Fe-Verbindungen
    - organische Substanz
- (rel.) variable Parameter (jahreszeitlich schwankend)
  - Bodenfeuchte
  - Struktur und Rauhigkeit der Bodenoberfläche

↑ Wechselwirkungen ↑ (zwischen den konstanten und den variablen Parametern)

Unter den materialbezogenen Parametern ist es zunächst der Mineralbestand, der die Spektralcharakteristika eines Bodens prägt. Die wellenlängenspezifischen Reflexions- und Absorptionseigenschaften der einzelnen Bodenminerale und Mineralaggregate in den Teilspektren des sichtbaren, des nahen und des mittleren Infrarot haben entscheidenden Einfluß auf das Spektralsignal eines Bodens. Beschreibungen des Reflexionsverhaltens von Mineralen (Quarz, Feldspäten, Karbonaten, Glimmern u.a.) finden sich bei HUNT, HUNT & SALISBURY.

Neben der Art der auftretenden Minerale haben vor allem der Tonanteil, das Ton/Sand-Verhältnis, der Gehalt an Fe-Oxid und Fe-Hydroxiden, die Art und Menge organischer Substanz wesentlichen Einfluß auf das Reflexions- und Absorptionsverhalten von Böden.

MYERS et al. (1975) zitieren Untersuchungsergebnisse von STOCKLEY et al. (1962), BOWER & HANKS (1965) und ORLOV (1965), die nachwiesen, daß auch die Korngröße der Bodenminerale bzw. der Bodenpartikel und deren räumliche Verteilung im Oberboden von Bedeutung für das Reflexions-/Absorptionsverhalten von Böden sind. Diese Parameter sind einerseits eng mit dem Mineralbestand verknüpft, andererseits haben sie Einfluß auf die Struktur und die Oberflächenbeschaffenheit des Oberbodens, auf Bodeneigenschaften also, die ihrerseits entscheidenden Einfluß auf die Art und Intensität der an der Bodenoberfläche stattfindenden Reflexions- und Absorptionsprozesse und damit auf das Verhältnis von reflektierter zu einfallender Strahlungsenergie haben (Albedo).

Nach den oben genannten Autoren verändert sich der Anteil reflektierter Strahlung mit der Korngröße, mit dem Durchmesser der Bodenpartikel. Die dichte Packung feinkörniger Bodenminerale bedingt relativ ebene Oberflächen, die stärker reflektieren als rauhe Oberflächen. Gröbere Minerale und Bodenpartikel mit unregelmäßiger Form schaffen dagegen relativ komplexe, rauhe Bodenoberflächen. An deren Unebenheiten, Poren und Zwischenräumen findet Mehrfachreflexion statt. Diese führt zu einer verstärkten Absorption auftreffender Strahlungsenergie und damit zu einer Verminderung des Anteils reflektierter Strahlung. Das gilt für die Oberflächen natürlicher Böden, besonders aber auch für die Böden in landwirtschaftlich genutzten Gebieten. Hier variiert die Struktur und die Oberflächenbeschaffenheit von Böden auch mit der Art der Nutzung und mit der Jahreszeit (STONET & HORVATH 1971). Erwähnt werden muß in diesem Zusammenhang noch, daß auch die

Oberfläche von tonigen oder lehmigen, also feinkörnigen Böden recht rauh werden kann, wenn diese Böden nach einer Zeit stärkerer Niederschläge austrocknen und Austrocknungsstrukturen bilden, die entscheidenden Einfluß auf die Reflexions- und Absorptionsvorgänge haben.

Zum Vergleich von Labordaten und Feldmessungen ist eine Mitteilung von MYERS et al. (1975) zu erwähnen, daß Reflexionsmessungen an ungestörten Böden im Gelände und Bodenproben gleichen Materials im Labor durchaus gegensätzliche Werte ergeben können. So liegen die Reflexionsintensitäten von Sanden im Gelände stets höher als die von Böden mit hohem Anteil der Ton- oder Silt-Fraktion. Das wird in Luftbildern deutlich, in denen Sande immer mit hellen Grautönen erscheinen, mit helleren Grautonabstufungen als Ton und silt-(schluff-)reiche Böden. Im Labor zeigen Sandproben dagegen im gesamten Spektralbereich von 0,45 bis 2,5 μm geringere Reflexionswerte als toniges Probenmaterial. Als Grund für dieses unterschiedliche Spektralverhalten der ungestörten Bodenoberflächen im Gelände und der im Labor präparierten Böden wird folgendes angenommen: Die geglättete Oberfläche der feinkörnigen Tonprobe reflektiert im Labor auffallende Strahlung stärker als die zwar geglättete, aber im Vergleich rauhere Oberfläche der Sandprobe. Im Gelände ist dagegen die Oberfläche von Sandböden im Vergleich zur Oberflächenstruktur ausgewaschener und anschließend ausgetrockneter Ton- und Lehmböden glatter, ebener. Daher reflektiert der Sand relativ stärker als die rauhen Oberflächen der Tonböden. Das Beispiel macht deutlich, daß die material- und die umweltbezogenen Parameter einen sehr unterschiedlichen Einfluß auf das Spektralverhalten von Böden bzw. von Bodenoberflächen haben können. Diese Tatsache und die Möglichkeit der gegenseitigen addierenden oder reduzierenden Beeinflussung der oben genannten Parameter muß bei der Auswertung von Fernerkundungsdaten immer berücksichtigt werden.

Starken Einfluß auf das Reflexions- und Absorptionsverhalten und damit auf die Farbe von Böden haben der jeweilige Gehalt und die Qualität (Art) der organischen Substanz und der Fe-Verbindungen. Freie Eisenoxide und Eisenhydroxide bewirken im kurzwelligen Bereich des sichtbaren Lichts eine Verminderung, in dessen langwelligem Bereich und im nahen Infrarot eine Zunahme des Reflexionsvermögens von Böden. Nach Beobachtungen von OBUKHOV & OROLOV (1964) ist besonders der Spektralbereich 0,5 bis 0,64 μm von Bedeutung für die Lokalisierung Fe- (vorwiegend Goethit-)haltiger Böden. STONER & BAUMGARDNER (1980) stellten dagegen an Bodenproben, welche dieselbe Farbkodierung (nach MUNSELL) im sichtbaren Bereich erhalten hatten, starke Unterschiede der Reflexion im nahen und insbesondere im mittleren Infrarot aufgrund von Fe-Verbindungen fest. Mit zunehmenden Gehalten an Eisenoxiden (insbesondere Hämatit) nahm die Reflexion ab, Scanner-Kanälen im mittleren Infrarot kann daher großer Wert zur Unterscheidung von (mehr oder weniger) Fe-haltigen Böden, insbesondere in tropischen, subtropischen und mediterranen Klimabereichen, zukommen (vgl. auch Abschn. 3.2.1 und 3.2.2).

Nach WITTJE (1979) erniedrigen zunehmende Gehalte an organischer Substanz, insbesondere zwischen 0 und etwa 8%, die Reflexionsintensität von Böden, vor allem in den Wellenlängenbereichen über 0,6 μm. Dabei können höhere Tongehalte die reflexionsmindernde Wirkung organischer Bestandteile abschwächen. Der Gehalt an organischer Substanz ist auch bestimmend für die Fähigkeit von Böden, Feuchtigkeit zu speichern. Die Bodenfeuchte wirkt sich ihrerseits auf das Reflexions- (und Emissions-)verhalten von Böden aus (vgl. Abschn. 3.3.2). Art und Anteil der organischen Substanz im Boden haben wesentlichen Einfluß auf dessen Struktur sowie auf dessen Ionenaustauschkapazität. Die Bestimmung der Anteile organischer Substanz in Böden ist daher von großer Bedeutung für die Abschätzung der Nutzungsmöglichkeiten von Böden. Da der organische Anteil von Böden deren Spektralverhalten in mehreren Spektralbereichen beeinflußt, versuchten BAUMGARDNER et al. (1970) und KRISTOF (1971), über computergestützte Auswertungen multispektraler Scannerdaten Bodenbereiche mit unterschiedlichen prozentualen Anteilen organischer Substanz zu erfassen und abzugrenzen. Im Testgebiet konnten 5 verschiedene Einheiten mit organischen Gehalten von 1,5 bis 7% getrennt und in ihrer räumlichen Verteilung dargestellt werden (vgl. auch CORDSEN 1980).

Starken Einfluß auf das Spektralverhalten von Böden im sichtbaren Spektrum und im nahen Infrarot hat die Bodenfeuchte bzw. der Wassergehalt von Böden. Mit steigendem Wassergehalt nimmt der Reflexionsgrad aller Böden unabhängig von der Wellenlänge ab (vgl. Abb. 16–21) (s. auch BOWERS & HANKS 1965). Im trockenen Boden sind die Hohlräume zwischen den Bodenpartikeln mit Luft gefüllt. Für die Reflexion an der Oberfläche trockener Böden gilt daher der Brechungsindex der Grenzfläche Luft/Partikel. Nimmt der Wassergehalt zu, so füllen sich die Hohlräume zwischen den Bodenpartikeln mit Wasser. Für das Reflexions-

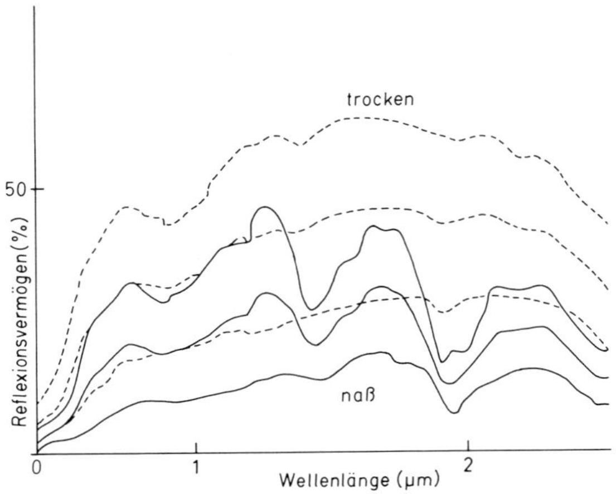

Abb. 16 Das spektrale Reflexionsvermögen eines trockenen und eines nassen Lehmbodens im sichtbaren Spektrum, im nahen und im mittleren Infrarot (nach LOWE 1969).

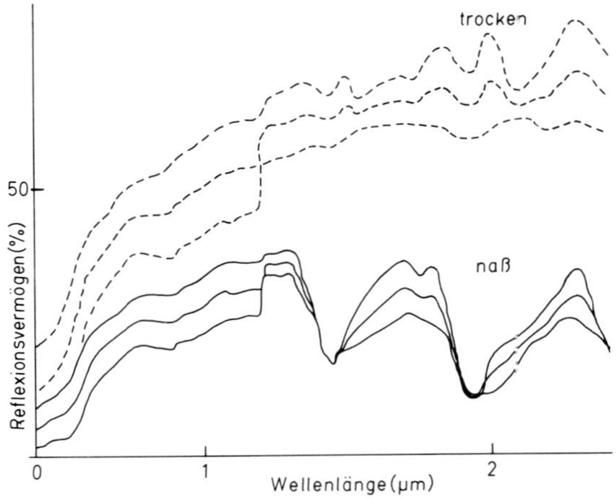

Abb. 17 Das spektrale Reflexionsvermögen eines trockenen und eines nassen Sandbodens (nach LOWE 1969).

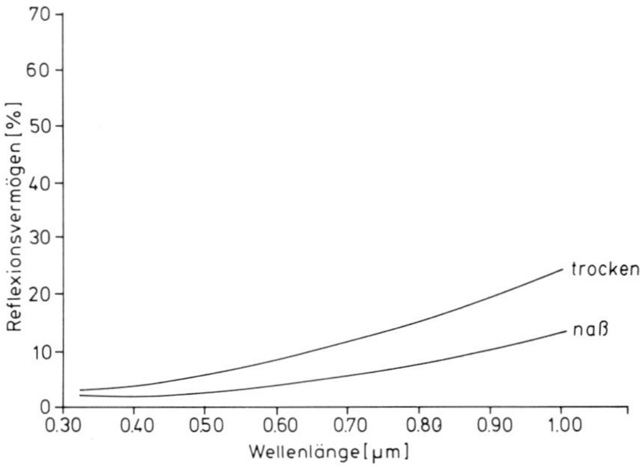

Abb. 18 Das spektrale Reflexionsvermögen eines Chernozem-Bodens im Bereich des sichtbaren Lichts und des nahen Infrarot (nach CONDIT 1970).

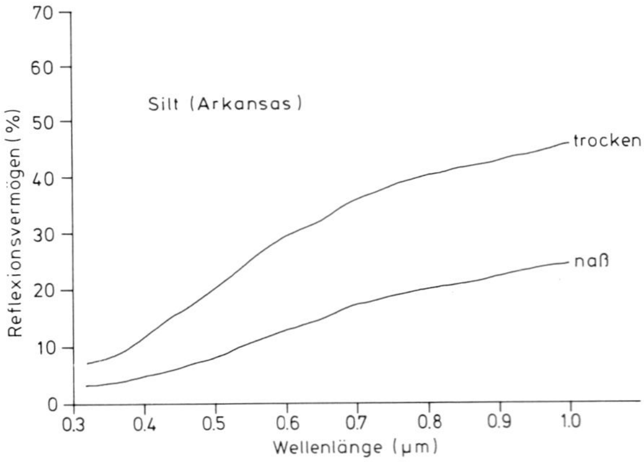

Abb. 19 Das spektrale Reflexionsvermögen eines Silt-Bodens im Bereich des sichtbaren Lichts und des nahen Infrarot (nach CONDIT 1970).

verhalten an der Oberfläche nasser Böden wird damit der Brechungsindex der Grenzfläche Wasser/Partikel wirksam. Da der Wert des Brechungsindex der Grenzfläche Wasser/Partikel niedriger ist als der Brechungsindex der Grenzfläche Luft/Partikel, wird der Anteil reflektierter Strahlung mit zunehmendem Wassergehalt des Bodens geringer (HIGHAM et al. 1975). Feuchte und nasse Böden haben daher in der Natur und in Fernerkundungsaufnahmen immer eine dunklere Tönung als trockene Böden gleichen Typs. Diese Beziehung zwischen dem Bodenwasser und dem Reflexionsverhalten von Böden wird von der Fernerkundung genutzt. Bereiche trockener und feuchter Böden können durch Unterschiede des Reflexionsgrades erkannt und abgegrenzt werden. Aus der Verteilung trockener und feuchter Böden

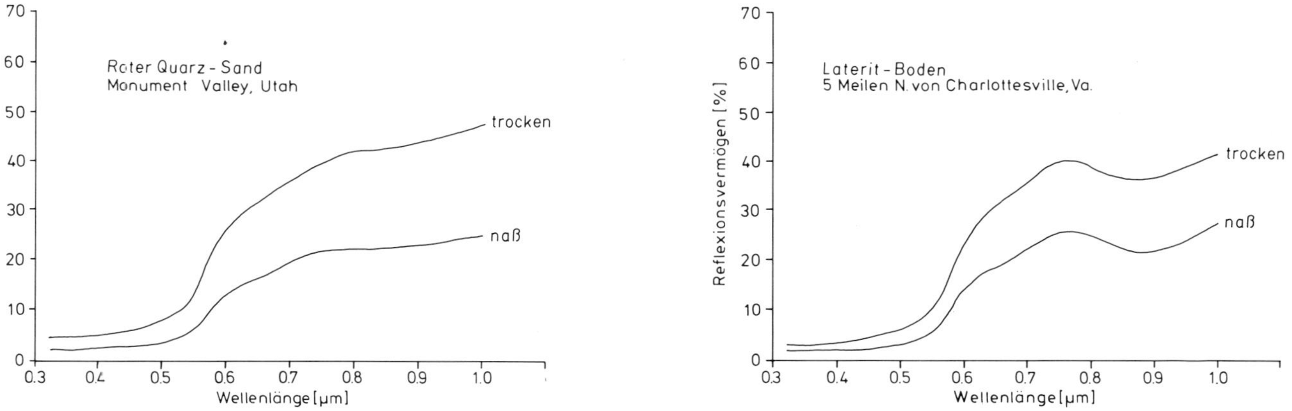

Abb. 20 Das spektrale Reflexionsvermögen eines roten Quarzsandes und eines Laterit-Bodens im Bereich des sichtbaren Lichts und des nahen Infrarot (nach CONDIT 1970).

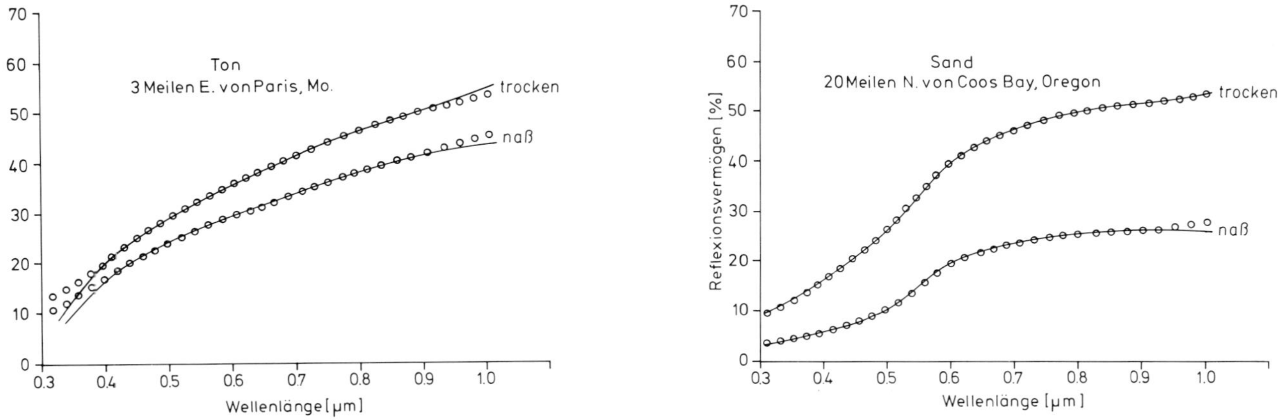

Abb. 21 Das spektrale Reflexionsvermögen eines tonigen Bodens und eines Sandbodens im Bereich des sichtbaren Lichts und des nahen Infrarot (nach CONDIT 1970).

im Gelände kann zusammen mit anderen Kriterien auf die Beschaffenheit des Unterbodens, auch des Untergrundes (Porosität, Permeabilität, Stabilität), auf die Nutzungsmöglichkeit, auf die Entwässerungs- und Grundwasserverhältnisse geschlossen werden.

Möglichkeiten zur Erfassung des Bodenwassers (im Labor) ergeben sich nach WITTJE (1979) aus der Reflexionsverminderung im Bereich der Wasserabsorptionsbänder bei 1,4 und bei 1,9 µm. In den Spektralkurven der nassen Böden sind die Wasserabsorptionsbänder ausgeprägt, in den Kurven der trockenen Bodenproben dagegen nur angedeutet (vgl. Abb. 16 und 17). Laboruntersuchungen dieses Autors ergaben allerdings auch, daß die durch Bodenwasser verursachte Minderung des Reflexionsgrades durch die Gehalte an organischer Substanz, an Tonpartikeln, an freiem Eisen und auch durch die Bodenstruktur modifiziert werden kann. Daraus leitet WITTJE ab, daß weniger der Wassergehalt als die Wasserbindung bzw. die Bodenfeuchte das spektrale Reflexionsverhalten von Böden beeinflussen. Absorptionsbänder für gebundenes wie auch ungebundenes Wasser bei 1,4 und 1,9 μm können für Laboruntersuchungen genutzt werden. Jedoch fallen beide Bänder mit starken atmosphärischen Wasser-Absorptionsbändern zusammen. Dadurch wird die Fernerkundung von feuchten Böden in diesen beiden Teilspektren problematisch (GOETZ, ROCK & ROWAN 1983).

Da Änderungen der Tönung einzelner Bodentypen in Fernerkundungsaufnahmen auch auf Struktur- (bzw. Gefüge-)unterschiede ihrer Oberflächen zurückgehen können, versuchten PIECH & WALKER (1974), mit Hilfe des Ratio-Verfahrens den Einfluß der Struktur einerseits und der Bodenfeuchte andererseits auf die Tönung von Bodenoberflächen in Fernerkundungsaufnahmen zu klären. Die Autoren konnten mit Hilfe des Ratio-Tests (Rot/Blau) bestimmte Tönungsunterschiede sehr dunkler und heller gefärbter Bodenbereiche jeweils auf Variationen der Bodenfeuchte oder der Struktur zurückführen. Sie fanden jedoch keine quantitativen Beziehungen zwischen den Ratio-Werten und der jeweiligen Bodenfeuchte bzw. Struktur. Das liegt wohl an der gegenseitigen Beeinflussung der von WITTJE genannten Bodenparameter und deren Effekt auf das Reflexionsverhalten von Bodenoberflächen.

Zu erwähnen ist noch, daß die Bodenfeuchte stark durch die meteorologischen Bedingungen, also durch materialunabhängige Parameter, beeinflußt wird (Sonneneinstrahlung, Wind, Niederschläge, Verdunstungsrate eines Bodens). Die Bodenfeuchte variiert in landwirtschaftlich genutzten Bereichen auch in Abhängigkeit von Kulturmaßnahmen (Pflügen, Eggen) und von den jeweiligen Drainagebedingungen, die in den Teilbereichen einer Landschaft recht unterschiedlich sein können. Diese materialunabhängigen Faktoren sind bei der Auswertung von Fernerkundungsdaten unbedingt zu berücksichtigen.

Zu den materialunabhängigen Parametern, die das Reflexions-/Absorptionsverhalten von Böden beeinflussen, zählen ferner: das Geländerelief, die topographische Position eines Bodens, die Höhe über NN, die Neigung der Bodenoberfläche und deren Orientierung zur Sonne sowie die Art und Dichte des Bewuchses und eventueller Auflagen. Diese Variablen bestimmen, wieviel Strahlungsenergie im Tagesverlauf oder zu einer bestimmten Tageszeit auf die Bodenoberfläche gelangen kann, wie groß der jeweilige Anteil direkter Sonnenstrahlung und der Anteil diffuser Himmelsstrahlung ist. Der Strahlungseinfall variiert in Richtung, Intensität und Verteilung mit der Tages- und Jahreszeit und damit variieren auch die Spektralsignale der Böden einer Landschaft. Schließlich haben die Orientierung der Bodenoberfläche zur Aufnahmeplattform, zum Sensor an Bord des Flugzeuges oder Satelliten, Streustrahlung aus der Umgebung und aus der Atmosphäre sowie Wechselwirkungen der reflektierten Strahlung mit der Atmosphäre Einfluß auf die Spektralsignatur einer Bodenoberfläche in Fernerkundungsaufnahmen.

CONDIT (1970) untersuchte mit photometrischen Methoden das Reflexionsverhalten von 285 Bodenproben aus verschiedenen Teilen der USA. Die Messungen wurden im Labor jeweils an trockenen und nassen Proben der Böden im Spektralbereich 0,32 bis 1,0 μm vorgenommen. Der Meßbereich hatte einen Durchmesser von ca. 3 cm. Die mathematisch-statistische Auswertung von 160 Reflexionskurven ergab, daß die Reflexionskurven der Proben nach ihrem Verlauf durch drei Grundtypen oder Typengruppen repräsentiert werden. Innerhalb der einzelnen Gruppen verlaufen die Kurven mehrerer Bodentypen mit ähnlicher Tendenz. Die Reflexionsintensität und das Niveau der Reflexionswerte können jedoch von einem Bodentyp zum anderen variieren.

Die Kurven der Abb. 18 (Chernozem-Typ) sind repräsentativ für CONDITs Typ I. Für Reflexionskurven dieses Typs ist charakteristisch, daß die Neigung der Kurven über die einzelnen Wellenlängenbereiche hinweg etwa gleich bleibt, wobei die Reflexionsintensität mit der Wellenlänge ansteigt. Beim Typ II steigt die Reflexionsintensität ziemlich schnell an, vor allem im Bereich zwischen 0,32 und 0,45 μm. Dann folgen in charakteristischen Teilspektren Abflachungen oder Versteilungen im Kurvenverlauf (vgl. Abb. 19). Den Typ III repräsentieren in der Abb. 20 die Reflexionskurven eines roten calcithaltigen Quarzsandes und eines Lateritbodens. Bei diesem Typ steigen die Kurven im Bereich vom Ultraviolett bis ca. 0,53 μm flach an. Dann kommt ein starker Anstieg bis etwa 0,58 μm. Hier folgt eine deutliche Abflachung der Kurve. Von etwa 0,62 μm bis 0,74 μm folgt ein mäßiger Anstieg und bei 0,74 μm ein erneuter Abfall der Reflexionsintensität. Anschließend steigt die Reflexionskurve mit der Wellenlänge wieder an. In manchen anderen Kurven dieses Typs verringert sich die Reflexionsintensität zwischen 0,76 μm und etwa 0,88 μm, um dann wieder anzusteigen. Vergleicht man die Kurven der Abb. 16, so ergibt sich in der Tendenz ein ähnlicher Kurvenverlauf von 0,32 μm bis 0,75 μm, vor allem für die trockenen Proben. Dann folgt der charakterisierende Abfall der Reflexion zwischen 0,76 μm und 0,88 μm und ein erneuter Anstieg im nahen Infrarot. Der Vergleich zeigt, wie wichtig Spektralaufnahmen auch in engen Teilspektren des nahen Infrarot und – wie schon erwähnt – auch im mittleren Infrarot sind. In Abb. 20 unterscheiden sich die Reflexionskurven des Quarzsandes und des Lateritbodens am stärksten. (Hier sei auch auf die charakteristischen Absorptionsspektren von Tonmineralen und Glimmern hingewiesen, die in Abschn. 3.2.2 beschrieben wurden.) Im ultravioletten und im sichtbaren Spektrum ist das Spektralverhalten beider Bodenarten dagegen etwa gleich. Die Differenz des Reflexionsverhaltens beider Böden ließe sich in Ratio-Bildern verstärken, wenn Daten aus mehreren Teilspektren vorliegen. Ein numerischer Wert für den Unterschied des Kurvenverlaufs der Typen I und II läßt sich errechnen, wenn man das Verhältnis (Ratio) der bei 0,76 μm und bei 0,50 μm gemessenen Reflexionsintensitäten der trockenen und der nassen Kurven beider Typen miteinander vergleicht. CONDIT hat aus 100 Reflexionskurven des Typs II den geringsten Ratiowert für die trockenen Kurven mit 1,2, den höchsten mit 2,8 ermittelt, der Mittelwert betrug 2,0. Aus 33 Kurven des Typs III ergab sich 2,9 als niedrigster, 7,3 als höchster und 4,6 als Mittelwert. Für die Unterscheidbarkeit der beiden Spektralkurven-Typen ist es wichtig, daß der niedrigste Wert der Typ III-Kurven höher ist als der höchste Ratiowert der Typ II-Kurven.

Für die Reflexionskurven der nassen Proben wurde als niedrigster Ratiowert des Typs II 1,2, als höchster 3,7, als Mittelwert 2,4 ermittelt. Der niedrigste Ratiowert der Typ III-Kurven lag bei 3,8, der höchste bei 8,2, der Durchschnitt bei 5,3.

Wieder ist der niedrigste Wert der Typ III-Kurven höher als der höchste Ratiowert der Typ II-Kurven. Obgleich diese auf Labormessungen beruhenden Werte nicht ohne weiteres auf die Aufnahme von Spektraldaten von Böden im Gelände, aus Flugzeugen oder Satelliten übertragen werden können, zeigen sie doch interessante Ansätze zur Auswertung multispektraler Scanner-Daten im Rahmen der bodenkundlichen Geländekartierung. Nach statistischen Auswertungen und Vergleichen von 200 Reflexionskurven glaubt CONDIT, daß die charakteristischen Spektraldaten einer Vielzahl von Bodentypen schon durch die Aufnahmen eines Geländebereichs in fünf Wellenlängenbereichen erfaßt und daß der Verlauf der Reflexionskurven aller Böden aus den Daten in diesen fünf Spektralbereichen vorausgesagt werden kann. Die kritischen Teilspektren liegen nach CONDIT bei 0,44, 0,54, 0,64, 0,74 und 0,86 μm (s. Abb. 22). Die Bedeutung des nahen und

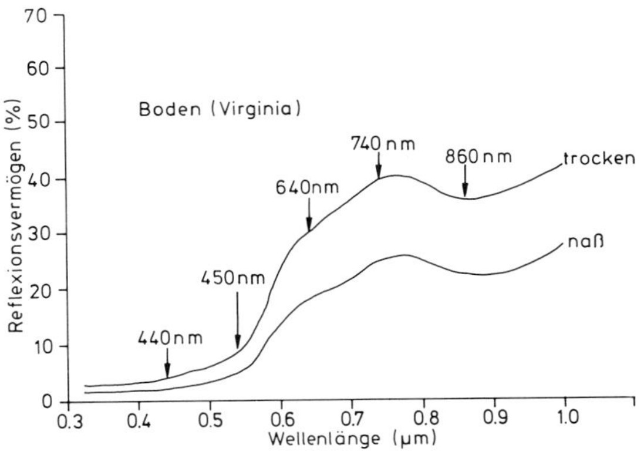

Abb. 22 Für bodenkundliche Kartierungen kritische Teilspektren (nach CONDIT 1970).

insbesondere auch des mittleren Infrarot-Bereiches für die Unterscheidung von Böden verdeutlichen auch die Abb. 16 und 17.

Im übrigen ist darauf hinzuweisen, daß der Wert von Ratio-Bildungen auf bivariate Fälle begrenzt ist und von manchen Statistikern auch bestritten wird. Aussagekräftiger sind multivariate Diskriminanzanalysen (s. SWAIN & DAVIS 1978).

Allerdings zeigen Untersuchungen von KRISTOF & ZACHARY (1974), daß es kaum möglich sein wird, Bodenklassifizierungen allein auf der Basis multispektraler Scannerdaten durchzuführen. Die Autoren untersuchten das Spektralverhalten mehrerer Bodentypen in vier Testgebieten Indianas. Sie nahmen die Testgebiete mit einem 12-Kanal-Scan-Spektrometer aus 1300 m Höhe auf und analysierten die Spektraldaten der einzelnen Bodenbereiche mit Hilfe von Computerverfahren (Mustererkennung, Cluster-Technik, Ratio-Verfahren). Sie versuchten zu klären, wie sich das Spektralverhalten der einzelnen Bodentypen in Abhängigkeit von deren Drainageeigenschaften, vom Anteil an organischer Substanz und von der Farbe ändert, ob sich Änderungen dieser Parameter über computergestützte Auswerteprogramme von Multispektraldaten kartieren lassen. Die Ergebnisse waren in Teilbereichen positiv. Es erwies sich allerdings als schwierig, die in einem Teilbereich ermittelten Spektralcharakteristika bestimmter Bodentypen als Grundlage oder Kriterium für die computergestützte Kartierung von Bereichen anderer, weiter entfernt liegender Gebiete einzusetzen. Als möglichen Grund für diese Schwierigkeiten sehen die Autoren Unterschiede im Sonnenstand bei der Aufnahme der einzelnen Testgebiete, Unterschiede in der Oberflächenrauhigkeit der gleichen Bodentypen in den verschiedenen Testgebieten, Unterschiede im Bodengefüge und in der Bodenfeuchte. Sie weisen darauf hin, daß jeder Bodentyp nach seiner Definition eine gewisse Variationsbreite seiner (oft durch aktuelle Kulturmaßnahmen des Menschen geprägten) Oberflächeneigenschaften aufweist. Daher sei von vornherein damit zu rechnen, daß auch das Spektralverhalten des gleichen Bodentyps von einem Geländebereich zum anderen schwankt. Ein großes Problem besteht nach KRISTOF & ZACHARY darin, daß die Spektraleigenschaften innerhalb des gleichen Bodentyps stärker variieren können als die Unterschiede im Spektralverhalten zweier verschiedener Bodentypen. Es wird daher meist möglich sein, Bereiche unterschiedlicher Bodeneigenschaften und Bodenzustände über die Auswertung multispektraler Fernerkundungsdaten zu lokalisieren, abzugrenzen und nach ihrem Spektralverhalten formal zu klassifizieren. Es wird dagegen in der Regel nicht möglich sein, die so abgegrenzten Bodeneinheiten allein nach ihrem Spektralverhalten inhaltlich als bestimmten Bodentyp zu identifizieren. Dazu müßten Spektraldaten mit Geländeerhebungsdaten (z.B. Bohrungen) in einer integrierten Boden-Nah- und Fernerkundung kombiniert werden.

3.3.2 Zum Emissionsverhalten von Böden

Die Eigenstrahlung (Emission) von Böden im Thermal-Infrarot wird durch deren Oberflächentemperatur bzw. durch die täglichen Schwankungen der Oberflächentemperatur im Verlaufe des Tages und der Nacht bestimmt. Dabei haben Böden mit unterschiedlichen thermischen Eigenschaften jeweils unterschiedliche Strahlungstemperaturen, die für die Fernerkundung genutzt werden können. Hier ist allerdings darauf hinzuweisen, daß die Strahlungstemperatur eines Bodens nicht immer seiner Oberflächentemperatur entspricht, da die meisten natürlichen Oberflächen einen Emissionskoeffizienten im thermalen Bereich von kleiner als eins besitzen. Um die thermometrische Temperatur der erfaßten Geländeobjekte zu ermitteln, müssen radiometrische Korrekturen angebracht werden.

Das Temperaturverhalten von Böden wird durch eine Reihe boden- bzw. materialbezogener und auch durch materialunabhängige Parameter beeinflußt. Zu den materialbezogenen Parametern gehören die Bodenfarbe, Art und Volumenanteile der Bodenminerale, die Korngröße der Bodenpartikel, der Gehalt an organischer Substanz, die Porosität bzw. das Porenvolumen und der Wassergehalt bzw. die Wasserspannung. In Abhängigkeit von diesen Bodenparametern variieren die Albedo (das Verhältnis von reflektierter zu absorbierter Strahlung), die spezifische Wärmekapazität C, die Wärmeleitfähigkeit λ, die Temperaturleitfähigkeit a und die thermische Trägheit P, jene physikalischen Eigenschaften also, welche den Wärmefluß im Boden, den Wärmeaustausch zwischen Boden und darüber befindlicher Luft, die Amplitude der täglichen Temperaturschwankungen und damit das Emissionsverhalten bzw. die Strahlungstemperaturen von Böden bestimmen, deren Unterschiede und Änderungen für die geologische Fernerkundung von Bedeutung sind und genutzt werden können.

Zu den materialunabhängigen Parametern, welche die Oberflächentemperaturen von Böden und deren Temperaturgang beeinflussen, gehören: die spektrale Verteilung und Intensität der einfallenden Sonnen- und Himmelsstrahlung, die topographische Position des betreffenden Bodens im Gelände (Relief, Höhe über NN), die Neigung der Bodenoberfläche, deren Orientierung zur Sonne, Art und Dichte des Bewuchses, die Drainageverhältnisse und vor allem die meteorologischen Faktoren, die ganz entscheidend den Temperaturverlauf und damit auch die Aussagemöglichkeiten von Emissionsdaten bestimmen (Niederschlagszeiten, Niederschlagsmenge, Wind, Trocken- und Regenperioden, Taubildung, Mikroklima). In Abhängigkeit von bodenbezogenen und bodenunabhängigen Parametern variiert im Tages- und Jahresverlauf schließlich das Ausmaß der Bodenverdunstung, deren Kühleffekt die Oberflächentemperatur von Böden erheblich beeinflußt.

QUIEL (1973 und 1975) hat sich unter Berücksichtigung der Ergebnisse eigener Untersuchungen und publizierter Daten früherer Bearbeiter des Problembereiches mit den thermischen Eigenschaften und dem Strahlungsverhalten von Böden beschäftigt. Die Abb. 23 bis 31 und die Erläuterungen dieser Abbildungen wurden aus den Publikationen von QUIEL nur wenig geändert übernommen.

Von besonderer Bedeutung für das Temperaturverhalten von Böden ist u.a. der Bodenwärmestrom. Dessen Größe wird von den in Abschn. 2.3 schon erwähnten Komponenten der Wärmehaushaltsgleichung und durch die thermischen Eigenschaften des Bodens bestimmt, die nachfolgend diskutiert werden sollen. In der Tabelle 2 sind die entscheidenden thermischen Eigenschaften der wichtigsten Bodenbestandteile dargestellt (gültig für 20°C und 1 bar Druck).

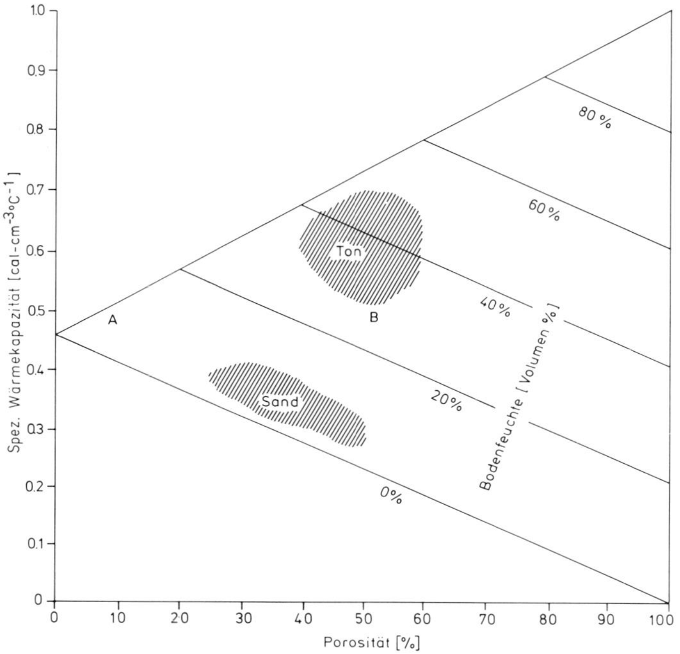

Abb. 23 Die spezifische Wärmekapazität von Böden und Gesteinen unterschiedlicher Porosität und Bodenfeuchte (nach QUIEL 1973). Ordinate: bei Umrechnung von cal in J Skalenwerte x 4,1847.

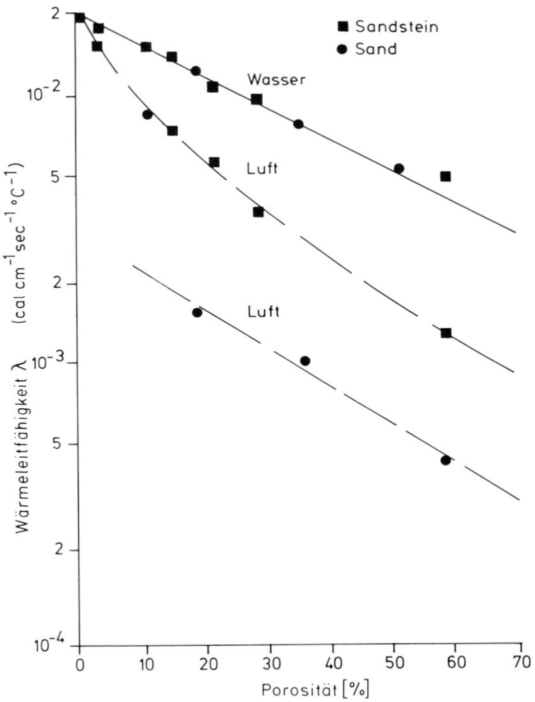

Abb. 24 Die Wärmeleitfähigkeit als Funktion der Porosität, des Verfestigungsgrades und der Porenfüllung (nach QUIEL 1973). Ordinate: bei Umrechnung von cal in J Skalenwerte x 4,1847.

Wie die Tabelle 2 zeigt, haben die Hauptkomponenten von Böden (Quarz, Tonminerale, organische Substanz, Wasser und Luft) unterschiedliche thermische Eigenschaften. Da die thermischen Eigenschaften eines Bodens aus den thermischen Eigenschaften seiner einzelnen Komponenten resultieren, spielt die Art der Verknüpfung und der jeweilige prozentuale Anteil der Bodenkomponenten für das Temperaturverhalten eines Bodens eine wichtige Rolle. Dabei können die physikalischen Effekte von Nebenkomponenten und die anderer physikalischer Parameter des Bodens den Einfluß der Hauptkomponente auf die thermischen Eigenschaften eines Bodens mehr oder weniger stark modifizieren.

Die spezifische Wärmekapazität C ergibt sich additiv aus den Volumenanteilen und den spezifischen Wärmekapazitäten der einzelnen Bodenbestandteile. Abb. 23 zeigt die entsprechenden Beziehungen zwischen spezifischer Wärmekapazität, Gesamtporenvolumen und Wassergehalt für Boden- und Gesteinsproben ohne organische Anteile.
Häufig auftretende Bereiche der Bodenfeuchtigkeit und des Porenvolumens sind für Sand- und Tonböden durch Schraffur gekennzeichnet. Die Abbildung macht deutlich, daß die spezifische Wärmekapazität bei luftgefüllten Poren mit zunehmendem Porenvolumen sinkt, bei wassergefüllten Poren jedoch steigt. Man erkennt, daß eine bestimmte spezifische Wärmekapazität, z.B. 0,5 cal/cm^3 °C (= 2,09 J cm^{-3} K^{-1}), verschiedenen Bodentypen zugeordnet ist (z.B. wassergesättigtem Sandstein mit 8% Porosität bei Punkt A oder einem Ton mit 50% Porenvolumen und 27% Wasseranteil bei Punkt B).

Die Wärmeleitfähigkeit λ eines Bodens wird weitgehend vom Mineralbestand, von der Korngrößenverteilung, auch von der Kornform, vom Volumenanteil der einzelnen

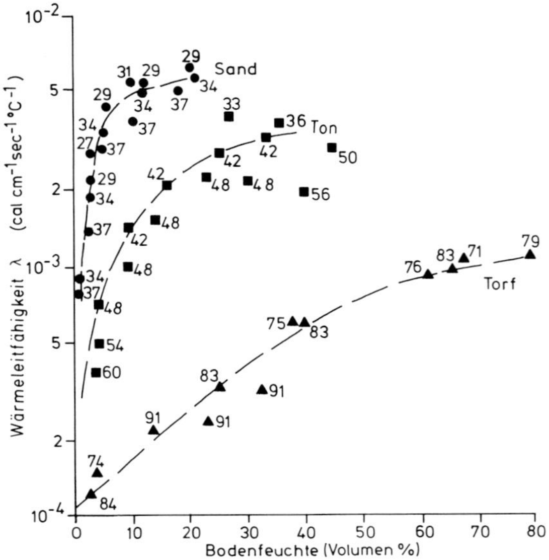

Abb. 25 Die Wärmeleitfähigkeit von Sand und Torf als Funktion der Bodenfeuchte. Die Zahlen geben die Gesamt-Porosität an (nach QUIEL 1973). Ordinate: bei Umrechnung von cal in J Skalenwerte x 4,1847.

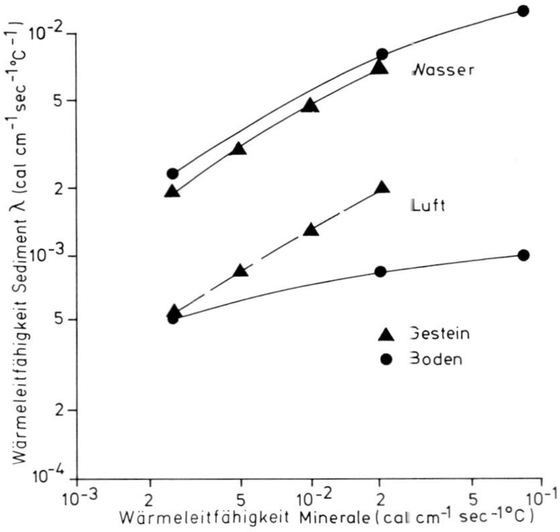

Abb. 26 Beziehungen zwischen der Wärmeleitfähigkeit von Mineralen und der Wärmeleitfähigkeit von Gesteinen und Böden, welche diese Minerale enthalten (nach QUIEL 1973). Ordinate: bei Umrechnung von cal in J Skalenwerte x 4,1847.

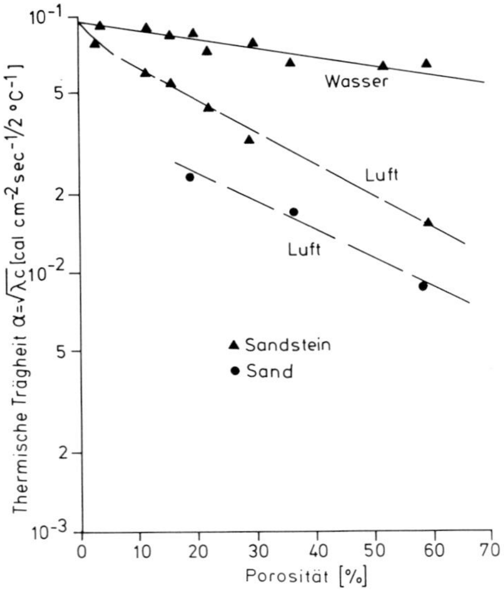

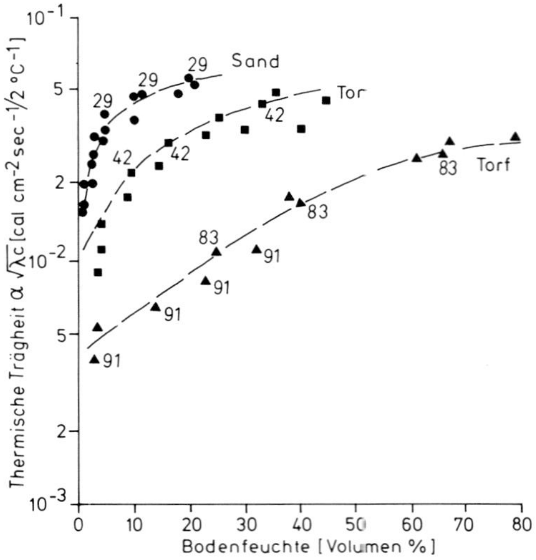

Abb. 28 Die thermische Trägheit von Sand, Ton und Torf als Funktion der Bodenfeuchte. Die Zahlen geben die jeweilige Gesamt-Porosität an (nach QUIEL 1973). Ordinate: bei Umrechnung von cal in J Skalenwerte x 4,1847.

Abb. 27 Die thermische Trägheit von Sand und Sandstein als Funktion der Porosität, der Porenfüllung und des Verfestigungsgrades (nach QUIEL 1973). Ordinate: bei Umrechnung von cal in J Skalenwerte x 4,1847.

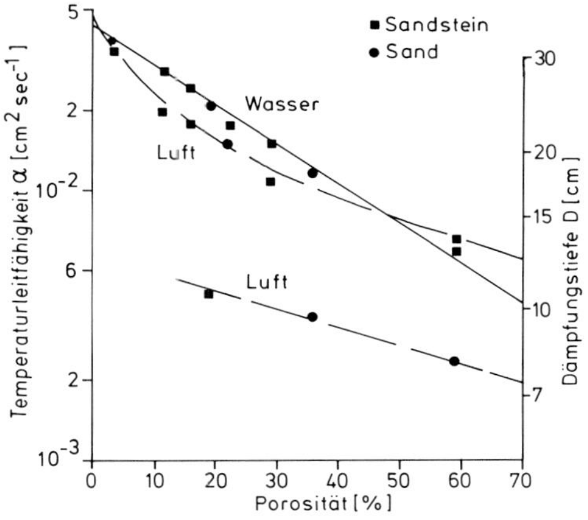

Abb. 29 Beziehungen zwischen Temperaturleitfähigkeit, Porosität und Dämpfungstiefe für einen Tagesgang am Beispiel von Sandstein und Sand (nach QUIEL 1973).

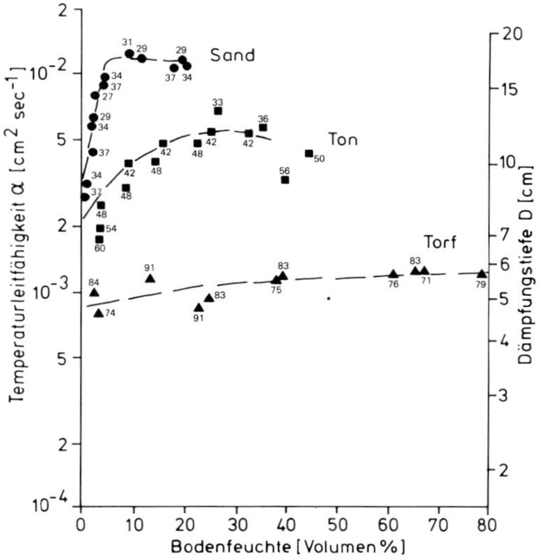

Abb. 30 Beziehungen zwischen Temperaturleitfähigkeit, Bodenfeuchte und Dämpfungstiefe für Sand, Ton und Torf im Tagesgang. Die Zahlen geben die jeweilige Gesamt-Porosität an (nach QUIEL 1973).

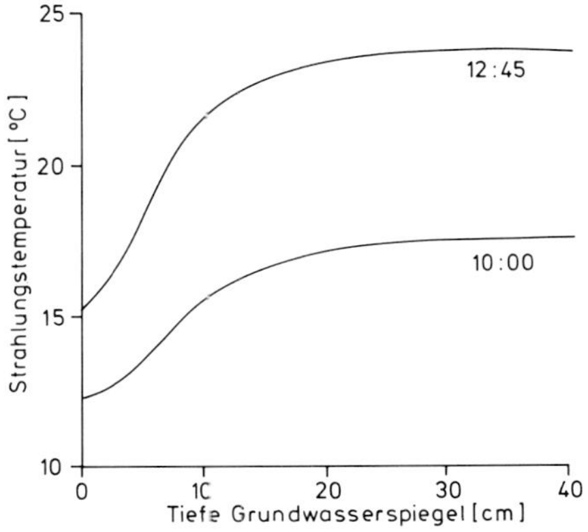

Abb. 31 Strahlungstemperatur und Tiefe des Grundwasserspiegels für Schotter bei klarem Himmel am Vormittag und am Mittag (nach QUIEL 1973).

Tabelle 2 Thermische Eigenschaften der wichtigsten Bodenbestandteile (nach QUIEL 1973)

Material	Spezifische Wärmekapazität C $J\ cm^{-3}\ K^{-1}$	Wärmeleitfähigkeit λ $J\ cm^{-1}\ s^{-1}\ K^{-1}$	Temperaturleitfähigkeit a $10^{-3}\ cm^2\ s^{-1}$
Quarz	1,92	83	43
Bodenminerale (Mittelwert)	1,92	29	15
Organisches Material (Mittelwert)	1,92	2,50	1,0
Wasser	4,18	5,93	1,42
Luft	0,0012	0,259	0,21
Eis (0° C)	1,88	21	11,5

Bodenkomponenten, vom Verfestigungsgrad, vom Bodengefüge, von der Porosität und vom Feuchtigkeitsgrad bestimmt. Die Abb. 24 zeigt die Änderungen der Wärmeleitfähigkeit für Sand und Sandstein mit wassergefüllten Poren (obere Kurve), für trockenen Sandstein (mittlere Kurve) und für trockenen Sand (untere Kurve). Die Wärmeleitfähigkeit nimmt für alle drei Materialien mit steigendem Porenvolumen ab. Die Kurven des wassergesättigten Sandsteins und Sandes unterscheiden sich kaum, die für den trockenen Sandstein und trockenen Sand dagegen sehr.

Wie die Abb. 25 zeigt, ändert sich die Wärmeleitfähigkeit der drei untersuchten Materialien in Abhängigkeit von der Bodenfeuchte nicht linear. Schon im Bereich geringer Bodenfeuchte steigen die Werte der Wärmeleitfähigkeit sehr schnell an, im Bereich hoher Bodenfeuchte dagegen nur noch langsam. Eine enge Beziehung zwischen Wassergehalt und Wärmeleitfähigkeit besteht allerdings jeweils nur für einen einheitlichen Bodentyp mit gleichbleibender Porosität (vgl. den Verlauf der Kurve für Ton mit gleichbleibendem Porenvolumen von 42%). Für die Wärmeleitfähigkeit von Torf ist wegen des sehr hohen Porenanteils vor allem der Poreninhalt entscheidend. Zur generell geringeren Wärmeleitfähigkeit von Torf trägt die Wärmeleitfähigkeit organischer Substanz bei, deren Wert etwa zwischen dem für Wasser und Luft liegt.

Abb. 26 zeigt, daß die Wärmeleitfähigkeit eines Sediments mit 36–38% Porosität nur wenig ansteigt, wenn sich die Wärmeleitfähigkeit seiner Minerale erhöht (WOODSIDE & MESSMER 1961). Der Einfluß der Bodenminerale (bzw. ihrer thermischen Eigenschaften) auf die Wärmeleitfähigkeit eines Bodens ist im Vergleich zum Einfluß von Porosität und Wassergehalt gering.

Die Amplitude der täglichen Temperaturschwankungen von Böden wird durch deren thermische Trägheit (engl. thermal inertia) bestimmt. Wie für die anderen thermischen Eigenschaften von Böden spielt auch für das Ausmaß der täglichen Temperaturschwankungen eines Bodens dessen Porenvolumen, der Poreninhalt und der Wassergehalt eine entscheidende Rolle. Abb. 27 zeigt, daß die thermische Trägheit mit zunehmender Porosität des Bodenmaterials abnimmt. Die Änderung der thermischen Trägheit ist dabei für wassergesättigten Sand und Sandstein gering. Für Sandstein und Sand mit luftgefüllten Poren ist die Abnahme der thermischen Trägheit bei zunehmender Porosität deutlich stärker. Generell wird bei abnehmender thermischer Trägheit die Amplitude der täglichen Temperaturschwankungen des Bodens größer. Hier sei darauf hingewiesen, daß sich die thermische Trägheit eines Bodens als Wurzel aus dem Produkt von spezifischer Wärmekapazität und Wärmeleitfähigkeit berechnen läßt.

Abb. 28 macht deutlich, daß die thermische Trägheit direkt mit dem Wassergehalt des Bodenmaterials zunimmt. Aus den in den Abb. 27 und 28 erkennbaren Beziehungen leitet QUIEL (1975) folgende Aussagen ab: Nur für wassergesättigte Gesteine und Böden oder Gesteine mit einer geringen Porosität können aus den Thermaldaten Aussagen über den Mineralbestand gemacht werden. In allen anderen Fällen ist der Einfluß von Porosität und Wassergehalt für das Temperatur- bzw. Strahlungsverhalten eines Bodens entscheidend. Innerhalb eines Bodentyps ist der Anstieg der thermischen Trägheit mit zunehmender Bodenfeuchte vor allem bei geringer Bodenfeuchte ausgeprägt, mit dem Ergebnis stärkerer Temperaturvariationen an der Oberfläche trockener Böden. Torf kann eine geringere thermische Trägheit aufweisen als Ton und Sand. Unter bestimmten Bedingungen kann daher Torf während des Tages höhere Oberflächentemperaturen haben als die anderen beiden Materialien. Die Feststellung, daß kalt gleich feucht und warm gleich trocken ist, gilt daher nicht in jedem Fall.

Nach QUIEL ist das Verhältnis der Temperaturamplitude unterschiedlicher Böden kleiner als das Verhältnis der Werte ihrer thermischen Trägheit. Eine höhere Oberflächentemperatur bedingt einen stärkeren Wärmeaustausch zwischen dem Boden und der Luft und eine stärkere Emission im Thermal-Infrarot, zugleich auch einen geringeren Wärmefluß in den Boden am Tag. Entscheidend für diese Beziehungen sind auch die Oberflächenbeschaffenheit eines Bodens und die jeweiligen meteorologischen Bedingungen.

Nach WIJK & DERKSEN (1963) hängt die Oberflächentemperatur von Böden nicht allein von den thermischen Eigenschaften der oberen Bodenschicht ab. Bis zu einem gewissen Grad spielt auch das Thermalverhalten der unter dem Oberboden befindlichen Bodenschichten bzw. Gesteine eine Rolle. Der Einfluß der Unterbodenschichten ist allerdings vernachlässigbar, wenn die Mächtigkeit der oberen Bodenschicht mehr als 3mal so groß wie deren Dämpfungstiefe ist. Der Einfluß der Unterbodenschichten gewinnt erst an Bedeutung, wenn der Oberboden nicht dicker als die Dämpfungstiefe ist.

Die Dämpfungstiefe $D = \sqrt{2K/\omega}$ wird durch die Temperaturleitfähigkeit des Bodens $K = \lambda/C$ und die Periode ω bestimmt. Abb. 29 und 30 zeigen die Temperaturleitfähigkeit und die Dämpfungstiefe für eine Temperaturschwingung mit einer Periode von 24 Stunden. Nach QUIEL ist die Dämpfungstiefe in den meisten Fällen kleiner als 15–20 cm. Werte von mehr als 30 cm werden nur in verfestigten Gesteinen mit geringer Porosität erreicht.

Abb. 29 zeigt die Abnahme der Temperaturleitfähigkeit mit zunehmender Porosität für Sand und Sandstein, mit Luft oder Wasser als Poreninhalt. Wie in der Abb. 24 sind die Werte für lockeren Sand und Sandstein bei wassergefüllten Poren in der Abb. 29 fast gleich. Auch zeigt der trockene Sandstein eine kaum geringere Temperaturleitfähigkeit, die bei hoher Porosität sogar die des wassergesättigten Sandsteins übersteigen kann. Die Werte für trockenen, lockeren Sand liegen deutlich niedriger.

Abb. 30 zeigt die Abhängigkeit der Temperaturleitfähigkeit von der Bodenfeuchte. Für den Sand steigt die Temperaturleitfähigkeit mit zunehmendem Wassergehalt zunächst steil an, um von einem Wassergehalt von etwa 10% an etwa gleich zu bleiben, sogar etwas abzusinken. Zunehmende Bodenfeuchtigkeit steigert die Temperaturleitfähigkeit also nur noch wenig, während die Werte der spezifischen Wärmekapazität des Bodens weiter linear ansteigen. Beim Ton ändert sich die Temperaturleitfähigkeit bei zunehmendem Wassergehalt weniger stark. Die Temperaturleitfähigkeit des Torfes, deren Werte deutlich unter denen von Sand und Ton liegen, wird bei Zunahme des Wassergehaltes nur wenig erhöht. Generell ist hier auf die Bedeutung der Porengrößenverteilung und der Kontinuität der Poren für die Temperaturleitfähigkeit des Bodens hinzuweisen, da sie den „leitenden Querschnitt" der Wasserfilme beeinflussen. Bei sehr geringen Wassergehalten tritt Wasser in den Zwickeln zwischen einzelnen Sandkörnern auf und führt hier zu einer drastischen Verbesserung der Wärmeleitfähigkeit und damit zu einer besseren Weitergabe der Temperatur, während die Zunahme der spezifischen Wärme praktisch zu vernachlässigen ist.

QUIELs Daten zur Dämpfungstiefe sind von Bedeutung für hydrogeologische Untersuchungen, für den Versuch, aus den Oberflächentemperaturen von Böden auf die Tiefenlage des Grundwasserstandes zu schließen. QUIEL zeigt an einem Beispiel, wie die Strahlungstemperaturen von Schottern in Abhängigkeit vom Niveau des Grundwasserstandes variieren. Die Bodenmessungen wurden an einem klaren Tag ohne Wind um 10 Uhr und um 12.45 Uhr mit einem Infrarot-Radiometer durchgeführt (vgl. Abb. 31). Die Strahlungstemperatur des trockenen Schotters (bei einem Grundwasserstand von 20 cm unter der Oberfläche) war höher als die des nassen Schotters (Grundwasserstand 0 cm). Der Unterschied der Strahlungstemperaturen resultiert aus dem Unterschied der thermischen Trägheit, die beim trockenen Schotter niedriger liegt. Aus demselben Grund nimmt die Oberflächentemperatur des trockenen Schotters im Zeitraum zwischen zwei Messungen 2mal so stark zu wie die des nassen Schotters, nämlich um 6°C gegenüber 3°C. Die stärkere Verdunstung des nassen Schotters bedingt eine zusätzliche Herabsetzung des Ausmaßes der Temperaturschwankungen. Nach QUIEL ist der Einfluß des Grundwassers auf die Oberflächentemperatur des Schotters vernachlässigbar, wenn der Grundwasserstand mehr als 20 cm unter der Oberfläche liegt, bedingt durch die geringe Dämpfungstiefe des trockenen Schotters, die nur sehr schwache Temperaturvariationen des Untergrundes erlaubt.

Zitiert seien noch einige Ausführungen von MYERS (ed., 1975), der im Manual of Remote Sensing auf die Bedeutung folgender Faktoren für die Aufnahme und für die bodenkundliche Auswertung von Thermal-Scanner-Daten hinweist. Der Wärmetransfer im Bodenprofil, die Zufuhr und die Abgabe von Wärme sind komplexe Vorgänge, weil die Wärmeleitfähigkeit und die Temperaturleitfähigkeit von Böden – wie oben beschrieben – weitgehend durch deren jeweiligen Wassergehalt bestimmt wird. Dieser aber kann in der Zeit und mit der Tiefe variieren. Hinzu kommt, daß im Sommer die Temperaturverteilung im Boden vor allem durch die thermischen Eigenschaften des Oberbodens bestimmt wird, der ein schlechter oder ein guter Wärmeleiter sein kann. Im Frühjahr sind tonige Böden generell kühler als sandige Böden. Im Herbst sind sie wärmer, weil tonige und sandige Böden unterschiedliche Temperaturträgheiten besitzen. Hier ergeben sich im Prinzip gleiche Tendenzen wie beim Tagesgang.

MYERS weist auf folgende Faktoren hin, die bei der Wahl der Befliegungszeit (mit einem Thermal-Scanner) zu berücksichtigen sind. Am Tage folgen die Temperaturänderungen des Bodens und der Wärmeaustausch zwischen Boden und Luft den Änderungen der Sonneneinstrahlung. Um Sonnenaufgang und um Sonnenuntergang ist der Wärmeaustausch etwa ausgeglichen. Nach Sonnenuntergang ist der Wärmefluß im Boden aufwärts gerichtet (s. Abb. 5b). Der Wärmefluß variiert in Abhängigkeit von den Bodeneigenschaften, vor allem in Abhängigkeit von der jeweiligen Wärmespeicherkapazität und von der Wärmeleitfähigkeit. Für feuchte Böden (mit höherer thermischer Trägheit, vgl. Abb. 28) ist die Amplitude der täglichen Temperaturschwankungen geringer als die von trockenen Böden.

Im jährlichen Gang des Wärmeaustausches im Boden tritt die stärkste Wärmeaufnahme im Frühling und im frühen Sommer auf, die stärkste Wärmeabgabe im späten Herbst. Nach MYERS ist daher der späte Herbst oder der frühe Winter am ehesten für Thermal-Scanner-Befliegungen geeignet, wenn es um die Erfassung von Bereichen unterschiedlicher Bodeneigenschaften geht, um die qualitative Erfassung fester Bodenkomponenten, weil um diese Zeit mehr oder weniger gleiche Bodenfeuchte über weite Bereiche herrscht. Sollen dagegen in einem Gelände, in dem ein einheitlicher Bodentyp über weite Bereiche auftritt, Informationen über den Wasserhaushalt des Gebietes und dessen Drainagebedingungen gewonnen werden, sollten Thermal-Scanner-Befliegungen einige Zeit nach stärkeren Niederschlägen durchgeführt werden. Die unterschiedliche Austrocknung besser und schlechter drainierter Teilbereiche, die sich oft mit der Erwärmung im Frühjahr einstellt, führt dann zu Unterschieden der Oberflächentemperaturen besser und schlechter entwässerter Böden bzw. zu Unterschieden der Strahlungstemperaturen, die vom Thermal-Scanner erfaßt und zur Abgrenzung besser und schlechter drainierter Bereiche in der Scanner-Aufnahme genutzt werden können.

Die vorhergehenden Ausführungen sollten einerseits auf den komplexen Einfluß von Mineralbestand, Partikelgröße, Porenvolumen, Verfestigung und Wassergehalt auf das Temperatur- und Emissionsverhalten von Böden aufmerksam machen und andererseits auf die täglichen und jahreszeitlichen Variationen der Oberflächentemperaturen von Böden hinweisen, die durch wechselnde Umweltbedingungen ausgelöst werden. Weil die Temperaturen und damit das Emissionsverhalten von Böden im Umfang und in der Zeit so stark variieren können, ist nicht zu erwarten, daß eine qualitative Beurteilung der Bodenverhältnisse eines Aufnahmebereiches allein durch die Auswertung der Daten einer Thermal-Scanner-Befliegung möglich ist. Es ist leicht, im Thermal-Scanner-Bild Teilbereiche mit unterschiedlichen Strahlungstemperaturen zu erkennen und abzugrenzen. Qualitative und in manchen Fällen auch quantitative Aussagen über den Gehalt an festen Bodenkomponenten, über Unterschiede der Bodenfeuchte und der Drainagebedingungen können in günstigen Fällen durch die vergleichende Auswertung von multitemporalen Scanner-Daten gewonnen werden, von Daten, die zu verschiedenen Tages- und Jahreszeiten, periodisch oder in Abhängigkeit von bestimmten Umweltbedingungen aufgenommen wurden. Hier ist besonders der quantitative Vergleich der täglichen und jahreszeitlichen Temperaturschwankungen von Böden von Bedeutung. Die täglichen und jahreszeitlichen Temperaturschwankungen liefern Daten zur Bestimmung der thermischen Trägheit von Böden, die ihrerseits stark materialabhängig ist. Die thermische Trägheit wird daher als Indikator für bestimmte Bodeneigenschaften genutzt. Ihre Daten erlauben Rückschlüsse auf die Bodenbeschaffenheit. Für den Vergleich multitemporaler Scanner-Daten, die ja meist auf Magnetband vorliegen, werden Methoden der digitalen Datenaufbereitung und -auswertung eingesetzt. Hierbei sollten, soweit vorhanden, außer den Daten im Thermal-Infrarot auch multispektrale Daten aus den Bereichen des sichtbaren Lichts, des nahen und – wo möglich – vor allem auch des mittleren (reflektiven) Infrarot in die vergleichende Auswertung einbezogen werden. Die Korrelation von Oberflächentemperaturen bzw. der Strahlungsdaten und Spektraldaten aus anderen Spektralbereichen (möglichst gleichen Aufnahmedatums) kann die Identifizierung bestimmter Bodenfaktoren erleichtern und die Auswertung zuverlässiger machen. Bereiche unterschiedlicher Bodeneigenschaften bzw. Bereiche gleicher Bodeneigenschaften können über computergestützte Auswerteprogramme ermittelt, abgegrenzt und in ihrer räumlichen Verbreitung ausgedruckt werden. Gang und Ergebnisse solcher Untersuchungen werden u.a. in folgenden Arbeiten beschrieben: KRISTOF (1971), KRISTOF & ZACHARY (1971), STONER & HORVATH (1971), MATHEWS (1971), WEST (1972), WESTIN (1973), BAUMGARDNER et al. (1973), WONG & THORNBURN (1977), NITHAK (1980), AXELSSON (1980), PATOUREAUX (1979), MEIER (1981), STONER & BAUMGARDNER (1980), MONTGOMERY, BAUMGARDNER & WEISMILLER (1976), VINOGRADOV (1982).

3.4 Zum Spektralverhalten der Vegetation

3.4.1 Allgemeines

Weite Bereiche der Erdoberfläche sind von Vegetation bedeckt. Ein großer Teil der gegenwärtigen und der künftigen geologischen Kartier- und Erkundungsarbeiten muß daher in vegetationsbestandenen Gebieten durchgeführt werden. Oft ist in solchen Gebieten die geologische Kartierung ohne die Bestandsaufnahme und Analyse der regionalen und lokalen Vegetationsverhältnisse nicht möglich. Unter geologischen Aspekten sind räumliche Änderungen im Typ, in der Verteilung und in der Dichte, auch in der Höhe des Bewuchses von Bedeutung, weil vor allem in nicht kultivierten Gebieten erfahrungsgemäß enge Beziehungen zwischen Bewuchs, Bodenprofil und Geologie des Untergrundes existieren. Die Vegetation kann in diesem Fall indirekte Hinweise auf lithofazielle und strukturelle Gegebenheiten des Untergrundes liefern. Von Bedeutung für geologische Fragestellungen ist zunehmend aber auch die Lokalisierung von Teilbereichen einer Landschaft geworden, in denen Pflanzen unter Streß stehen, z.B. durch einen erhöhten oder abgesenkten Grundwasserspiegel, durch anormale Salz- oder Metallionenkonzentrationen (Umweltprobleme) oder durch anormale physikochemische Verhältnisse im Bodenprofil, wie sie z.B. in der Umgebung oberflächennaher, oxidierender Sulfiderz-Vorkommen oder über anderen Erzlagerstätten auftreten können.

Unterschiede im Bewuchs zeichnen sich in konventionellen Luftbildern und in den Spektralbildern multispektraler Aufnahmesysteme durch Änderungen der Tönung und der Textur von Vegetationseinheiten ab. Bei der geologischen Auswertung von panchromatischen Schwarz-Weiß- und Farb-Luftbildern, auch von Farb-Infrarot-Aufnahmen, wird fast nur mit relativen Tönungs- und Texturunterschieden benachbarter Vegetationsflächen- oder -einheiten gearbeitet. Mit der Einführung multispektraler Aufnahmeverfahren, die gleichzeitig Aufnahmen desselben Geländebereichs in mehreren Wellenlängenintervallen erlauben, ist es möglich geworden, das wellenlängenabhängige Reflexions-, Absorptions- und Transmissionsverhalten von Pflanzen, vor allem von Pflanzengemeinschaften, von Grasflächen, Buschgruppen und Wäldern differenzierter zu erfassen als im panchromatischen Luftbild oder selbst im Farb-Infrarot-Luftbild. Man versucht gegenwärtig, mit Hilfe digitaler Verfahren der Aufbereitung und Verarbeitung spektraler und multispektraler Bilddaten Unterschiede des Spektralverhaltens von Vegetationseinheiten in Bildform kontrastreicher darzustellen. Hier sind vor allem solche Verfahren von Interesse, die Korrelationen und Kombinationen der Spektraldaten aus zwei oder mehreren Spektralkanälen ermöglichen.

Um diese neuen Aufnahme und Auswertemöglichkeiten nutzen zu können, um die für die Aufnahme vegetationsbestandener Gebiete geeigneten Spektralkanäle auswählen und über die vom Sensor registrierten spektralen Intensitäten (Spektralsignale) auf die Arten und Mischungen des Bewuchses und/oder auf Anomalien der Wachstumsbedingungen schließen zu können, muß der Nutzer von Fernerkundungsdaten allerdings Grundkenntnisse der physikalischen und physiologischen Ursachen des Spektralverhaltens von Pflanzen und Pflanzengemeinschaften haben. Er muß vor allem auch die Umweltfaktoren kennen, die auf die Interaktionen zwischen einfallender Solarstrahlung und Pflanzen und damit auf das Spektralsignal von Pflanzen und Pflanzengemeinschaften Einfluß nehmen können. Das Spektralverhalten der Vegetation wurde in den letzten Jahren unter Aspekten der Fernerkundung von mehreren Arbeitsgruppen im Labor und im Gelände untersucht. Die folgenden Ausführungen basieren, soweit nicht anders zitiert, auf den publizierten Daten von KNIPLING (1970), COLWELL (1974), GATES et al. (1975), MYERS (1975), HIGHAM et al. (1975), GAUSMANN (1977), RAINS & CANNEY (1980), KADRO & HILDEBRANDT (1980), KADRO (1981).

3.4.2 Die Reflexions-, Absorptions- und Transmissionseigenschaften von Blättern

Das Spektralverhalten einer Pflanze wird zunächst entscheidend durch die Reflexions-, Absorptions- und Transmissionseigenschaften ihrer Blätter bestimmt. Die Blattoberfläche ist fast transparent für Strahlung in den Wellenlängen des sichtbaren Lichts und des nahen Infrarot. Nur ein vernachlässigbarer Anteil der auftreffenden Sonnenstrahlung wird an der Blattoberfläche reflektiert. Die einfallende Strahlung gelangt durch die Cuticula und Epidermis in das Innere des Blattes (vgl. Abb. 32). Hier im Zellgewebe des Mesophylls, vor allem an den Grenzflächen der Zellen des Palisadenparenchyms und an den Grenzflächen zwischen luftgefüllten Hohlräumen und Zellen des Schwammparenchyms finden jene Wechselwirkungen zwischen einfallender Sonnenstrahlung und Blatt statt, die für die Reflexions- und Absorptionseigenschaften von Blättern einer bestimmten Pflanzenart ausschlaggebend sind. Das chloroplastenreiche (farbstofftragende) Palisadenparenchym besteht aus einer oder mehreren Lagen senkrecht zur Oberfläche angeordneter Zellen. Es ist das eigentliche Assimilationsgewebe des Blattes. Daran schließt sich das Schwammparenchym an, das durch unregelmäßige, chloroplastenärmere Zellen mit großen luftgefüllten Hohlräumen (Interzellulare) gekennzeichnet ist. Die Blattunterseite wird wieder von einer Epidermis begrenzt, in die meist zahlreiche Spaltöffnungen eingestreut sind, die mit den Interzellularen des Mesophylls in Verbindung stehen. Durch Bewegungen dieser Spaltöffnungen wird die Wasserdampfabgabe und die Aufnahme und Abgabe von Kohlendioxid und Sauerstoff geregelt (BROCKHAUS ABC Biologie, Leipzig 1967). Bei den Blättern mancher Pflanzen finden sich Spaltöffnungen auch an der Oberseite des Blattes. Im übrigen unterscheiden sich die Blätter der verschiedenen Pflanzenarten durch ihre Größe, Form, durch die Beschaffenheit ihrer Oberfläche und durch die Struktur des Mesophylls.

Die Reflexion, Absorption und Transmission einfallender Strahlung ist wellenlängenabhängig. Bestimmte Prozentanteile der einfallenden Strahlung werden vom Blatt jeweils absorbiert, reflektiert oder durchgelassen.

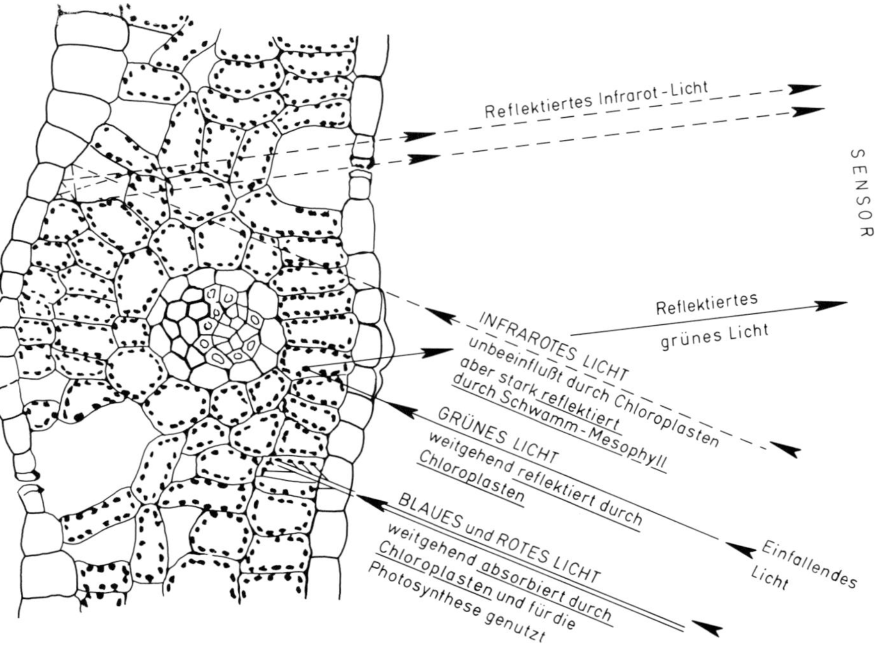

Abb. 32 Das Reflexions-, Absorptions- und Transmissionsverhalten eines vitalen Blattes für einfallende Strahlung im Bereich des sichtbaren Lichts und des nahen Infrarot (nach COLWELL 1963).

Das typische Spektralverhalten eines gesunden grünen Blattes im Spektralbereich von 0,4 bis 2,6 μm zeigt die Abb. 33. Im Wellenlängenbereich von 0,4 bis 0,7 μm wird einfallende Lichtstrahlung weitgehend durch die im Mesophyll enthaltenen Pigmente absorbiert (vgl. Abb. 32). Die Absorption von Sonnenstrahlung bei 0,45 μm bringt die für die Photosynthese erforderliche Energie. Beteiligt und entscheidend ist hier vor allem der Chlorophyllanteil im Pigment des Mesophylls. Chlorophyll stellt in höheren Pflanzen neben Karotinoiden und Xanthophyll den Großteil der Blattpigmente (bis 65%). Chlorophyll ist vor allem im oberen Teil des Mesophylls in der Palisadenschicht konzentriert. Das darunter befindliche Schwammparenchym hat einen geringeren Chlorophyllgehalt. Chlorophyll absorbiert einfallende Strahlung vor allem im Blau- und im Rotspektrum (0,4–0,48 μm bzw. 0,6–0,7 μm). Grünes Licht dagegen wird reflektiert. Aus diesen optischen Interaktionen resultiert die grüne Farbe frischer gesunder Blätter und ein kleines Maximum der Reflexionskurve bei 0,55 μm (vgl. Abb. 32 und 33).

Im Wellenlängenbereich von 0,7 bis 1,3 μm wird der Großteil auftreffender Strahlung vom Blatt reflektiert. In dieser Spektralregion reflektiert Vegetation am stärksten, nach HILDEBRANDT (1976) je nach Pflanzenart zwischen 30 und 70% der eingestrahlten Energie. Hier, im Spektralbereich des steilen Anstiegs der Reflexionskurve, verlieren die Pigmentsysteme der Pflanzen ihre Fähigkeit, Photonen zu absorbieren. Die Blattoberfläche und das Chlorophyll im Blattgewebe sind für Infrarotstrahlung transparent. Ausschlaggebend für das Reflexionsvermögen eines Blattes im nahen Infrarot ist seine interne Gewebestruktur bzw. seine Zellorganisation. Wichtig ist die Zahl, die Größe und die Form der Zellen im Blattgewebe, denn diese Parameter bestimmen die Zahl bzw. die Gesamtfläche der für Reflexions- und Streuungsprozesse im Mesophyll zur Verfügung stehen-

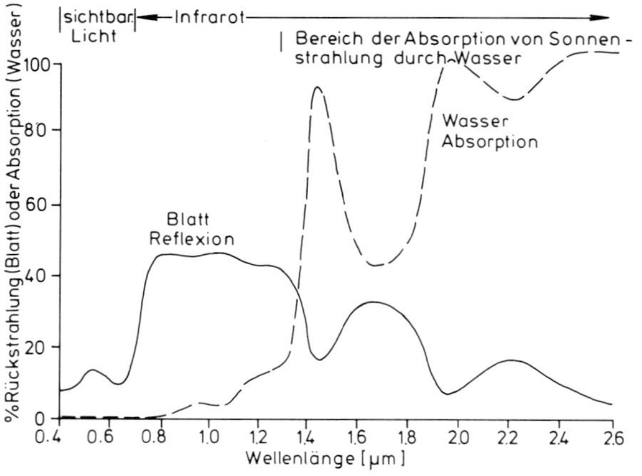

Abb. 33 Das spektrale Reflexionsvermögen eines gesunden grünen Blattes und das spektrale Absorptionsvermögen von Wasser (nach HIGHAM et al. 1975).

den Grenzflächen. Beim Eintritt in das Mesophyll und beim Passieren des Blattgewebes werden Infrarotstrahlen mit Wellenlängen von 0,7 bis 1,3 μm an den Zellwänden des Mesophylls reflektiert und gestreut. Diese Prozesse sind durch Änderungen des Brechungsindex an Membranen, Zellwänden und am Protoplasma verursacht. Schon das Palisadenparenchym stellt insgesamt eine große Fläche von Zellwänden, an denen interne Reflexion stattfinden kann, an denen Streustrahlung wiederholt reflektiert und gebrochen werden kann. Das gilt verstärkt für das Schwammparenchym des Blattinneren, wo Unterschiede im Brechungsindex der luftgefüllten Hohlräume (1,0) und der wasserhaltigen Zellwände aus Zellulose (1,4) auftreten. KNIPLING (1970) betont, daß die Zahl bzw. die Gesamtfläche der Luft/Zellwand-Grenzflächen der ausschlaggebende Parameter für das Reflexionsvermögen eines Blattes im nahen Infrarot ist und nicht das Volumen luftgefüllter Hohlräume im Blattgewebe. Daher hat die Palisadenschicht des Mesophylls auf die interne Streuung der Infrarot-Strahlung genauso viel Einfluß wie das Schwammparenchym. Die Orientierung der luftgefüllten Hohlräume spiele dabei keine entscheidende Rolle, weil die eindringende Strahlung nach dem Passieren von Cuticula, Epidermis und Palisadenzellen schon diffusen Charakter hat. Die vielfach wiederholte Reflexion und Streuung im Blattinneren verursacht die starke Reflexion der Sonnenstrahlung im nahen Infrarot.

Im langwelligen Infrarotspektrum von 1,3 bis 2,5 μm fällt die Reflexionskurve des gesunden grünen Blattes wieder ab (s. Abb. 33). In dieser Spektralregion wird einfallende Sonnenstrahlung durch das im Blattgewebe enthaltene Wasser absorbiert, mit zwei Absorptionsmaxima bei 1,45 μm und bei 1,96 μm. Vergleichende Untersuchungen des Spektralverhaltens von Blättern und Wasser haben ergeben, daß die Absorptionsspektren gesunder grüner Blätter sich nicht von dem reinen Wassers unterscheiden. Die Spektralkurve eines Blattes verläuft in diesem Wellenlängenbereich wie die einer gleich dicken Wasserschicht (HIGHAM et al. 1975) (vgl. auch Abb. 41). Die Beziehungen zwischen dem Wassergehalt und dem spektralen Reflexionsvermögen von Blättern sind in der Abb. 34 am Beispiel von Maisblättern demonstriert (nach HOFFER & JOHANNSEN 1969). Es zeigt sich, daß einfallende Strahlung bei geringerem Wassergehalt der Blätter (vor allem im Bereich des reflektiven Infrarot) stärker reflektiert wird.

Das oben dargestellte spektrale Grundverhalten gilt für das einzelne Blatt, für die Blätter verschiedener Arten und für das Spektralverhalten eines Pflanzendaches. Jedoch weisen

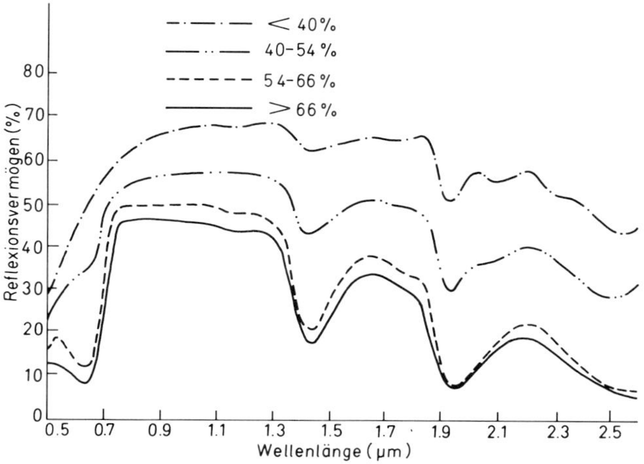

Abb. 34 Das spektrale Reflexionsvermögen von Blättern unterschiedlichen Wassergehaltes von Maisblättern (nach HOFFER & JOHANNSEN 1969).

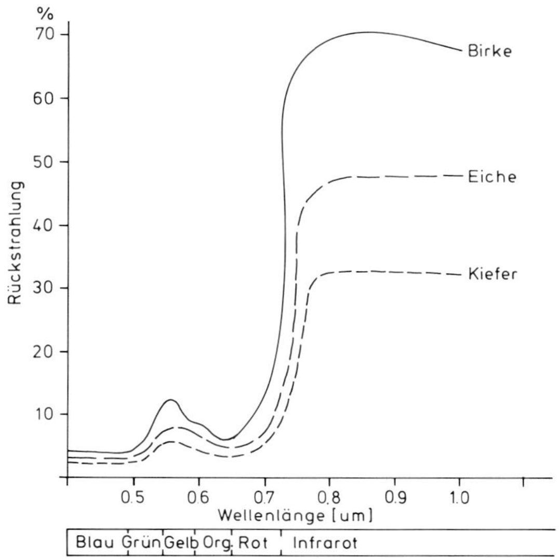

Abb. 35 Das spektrale Reflexionsvermögen von Kiefer, Eiche und Birke (nach BACKSTRÖM & WELANDER, aus SCHNEIDER 1974).

und das ist für die Aufnahme und Auswertung spektraler Fernerkundungsdaten entscheidend – die Reflexionskurven der einzelnen Vegetationstypen und unterschiedlicher Vegetationseinheiten jeweils Besonderheiten in der Position der Peaks und im Anteil reflektierter Strahlung in bestimmten Wellenlängenintervallen des Spektrums auf (vgl. Abb. 35). Diese Besonderheiten des spektralen Reflexionsverhaltens erlauben die Unterscheidung verschiedener Pflanzenarten in Fernerkundungsaufnahmen, zusammen mit anderen Kriterien (z.B. Texturunterschieden) in günstigen Fällen auch die Identifizierung bestimmter Pflanzenarten. Hier muß allerdings erwähnt werden, daß die übliche forstwirtschaftliche Kartierung in der Regel in hochauflösenden, großmaßstäblichen Luftbildern (bevorzugt im Farb-Infrarot aufgenommen) erfolgt. Kriterien der Auswertung sind hierbei u.a. die Kronenausbildung, die Wuchshöhe.

3.4.3 Der Einfluß äußerer Faktoren auf das Spektralverhalten von Pflanzen

Entwicklung und physiologischer Zustand einer Pflanze oder einer Pflanzengemeinschaft werden durch eine Reihe äußerer Faktoren beeinflußt. Die wichtigsten sind: der Bodentyp, die Ausbildung des Bodenprofils, das Nährstoffangebot des Bodens, das Wasserangebot des Bodens bzw. die Bodenfeuchte, die Geländemorphologie und der topographische Standort, die Sonneneinstrahlung, klimatische Bedingungen und jahreszeitlich bedingte Veränderungen der Umweltbedingungen. Bodentyp und Bodenprofil, Nährstoff- und Wasserangebot und auch die Geländemorphologie werden durch den lithologischen Aufbau und durch die tektonische Struktur des Untergrundes maßgeblich bestimmt.

Auf Änderungen der Umweltbedingungen reagiert die Pflanze mit Änderungen des Pigmentgehaltes, der Mesophyllstruktur sowie mit Änderungen des Wassergehaltes und der Oberflächeneigenschaften der Blätter. Solche Reaktionen der Pflanze, die nach dem oben Gesagten immer auch Auswirkungen auf die Reflexions- und Absorptionseigenschaften von Blättern haben, sind besonders offenkundig, wenn extreme Umweltbedingungen eine Pflanze oder Pflanzengemeinschaft unter Streß setzen, z.B. bei erhöhtem oder abgesenktem Grundwasserspiegel, bei extremer Trockenheit, bei einer Versalzung des Bodens, bei sehr hohen Konzentrationen von Metallionen im Boden oder bei anderen Schadstoffbelastungen des Bodens oder des Grundwassers. Das gegenwärtig zu beobachtende Waldsterben dokumentiert diese Zusammenhänge. In diesem Zusammenhang ist die Beobachtung interessant, daß das Ausmaß der Chlorose (Gelbverfärbung) auf Silikat- und Kalkböden unterschiedlich ist (mündliche Mitteilung Prof. KENNEWEG).

Solange die Pflanze gesund ist, wird dem Schwammparenchym genügend Wasser zugeführt, um die Feuchtigkeit zu ersetzen, die durch die Transpiration verlorengeht. Der schwammige Aufbau des Mesophylls bleibt erhalten. Sobald aber die Pflanze durch Schädigung im Wurzelbereich die Fähigkeit verliert, ihrem Bedarf entsprechend Wasser zu absorbieren oder durch Schädigung oder Erkrankung des vaskularen Gewebes von Stamm, Zweigen oder Blättern die Fähigkeit verliert, das aufgenommene Wasser weiterzuleiten, kollabiert das Schwammesophyll. Die Folge ist ein sehr schneller Abfall des Reflexionsvermögens des Blattes im nahen Infrarot (s. Abb. 36), der durch Infrarot-Luftbilder oder durch Spektralaufnahmen im nahen Infrarot erfaßt und dokumentiert werden kann. Gerade erkrankte oder durch spezielle Umweltgegebenheiten unter Streß geratene Pflanzen und Pflanzengemeinschaften setzen sich in der Infrarotaufnahme bzw. in Spektralaufnahmen der Region 0,7 bis 1,3 μm mit dunkleren Grau- oder Farbtönen gegenüber gesunden Pflanzen der gleichen Art ab. Auf panchromatischen Luftbildern, die gleichzeitig aufgenommen wurden, ist dagegen keine oder kaum eine Tondifferenz zwischen erkrankten und gesunden Pflanzen zu erkennen, ganz gleich welcher Filter bei der Aufnahme verwendet wurde (COLWELL 1963). Nach KNIPLING soll sich physiologischer Streß in Pflanzen jedoch auch durch Änderungen ihres Re-

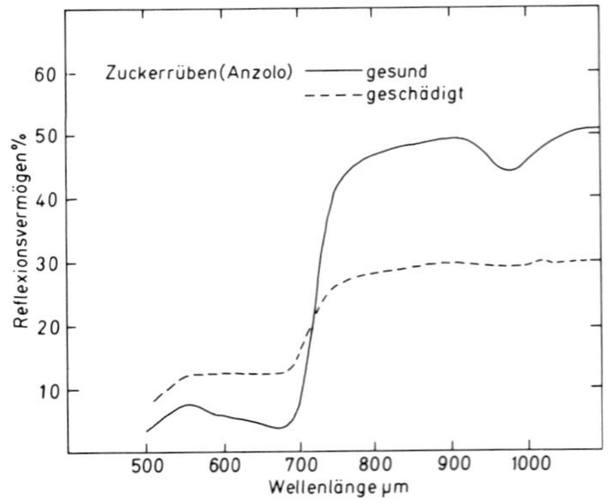

Abb. 36 Das spektrale Reflexionsvermögen gesunder und geschädigter Zuckerrüben-Blätter (nach KADRO 1981).

flexionsverhaltens im Sichtbaren anzeigen, weil Chlorophyll empfindlich auf Stoffwechseländerungen reagiert und Chlorophyll unter Streß entartet. Als Folge wird vom Blatt weniger Lichtstrahlung im Blau- und Rotspektrum absorbiert. Der Prozentanteil der vom Blatt reflektierten Strahlung steigt (vgl. Abb. 36). In Spektralaufnahmen im Blau und Rot erscheinen geschädigte Pflanzen daher mit helleren Grautönen als gesunde Pflanzen der gleichen Art.

Diese Beziehungen zwischen dem physiologischen Zustand einer Pflanze oder Pflanzengemeinschaft und ihrem Spektralverhalten im sichtbaren und im nahen Infrarot sind für die Fernerkundung von Bedeutung, weil diese zunehmend auch bei der Suche nach anomalen Vegetationsspektren eingesetzt werden, die in vielen Fällen als Indikatoren für lokale oder regionale Erkrankungen oder Belastungen der Vegetation zu interpretieren sind.

Abb. 37 zeigt das Spektralverhalten von Bäumen auf unbelasteten Böden und auf Böden mit erhöhten Schwermetallkonzentrationen. In beiden Beispielen reflektieren die unter Streß befindlichen Bäume im sichtbaren Spektrum stärker als die gesunden Bäume, vermutlich infolge Abbau des Chlorophyll-Anteils (s. auch Abb. 40). LABOVITZ et al. (1983) haben bei Vegetations-Messungen in mineralisierten Bereichen (Pb-, Zn-, Cu-Sulfide) ähnliches festgestellt. Sie fanden, daß die Reflexionswerte der Blätter von Eichen (Weißeiche) auf Böden mit erhöhten Schwermetallkonzentrationen im Vergleich zu den Reflexionswerten von Eichen über Background-Böden in den Spektren 0,63–0,69 μm und 1,55–1,75 μm erhöht waren. Als Ursachen werden Abbau von Chlorophyll (= verstärkte Reflexion im Rot) und Änderungen im Wassergehalt der Blätter (= verstärkte Reflexion im nahen Infrarot) genannt (vgl. Abb. 36). Im Spektralbereich 0,76–0,90 μm wurden keine Unterschiede im Reflexionsverhalten gesunder und geschädigter Blätter festgestellt. Die Autoren leiten aus dieser Beobachtung ab, daß die für die Reflexion im nahen Infrarot verantwortlichen Zellstrukturen der Blätter nicht streßgeschädigt sind oder daß eventuell auftretende Zellschäden über Messungen im relativ breiten Spektrum des Meßbereichs nicht erfaßbar sind. Interessant ist auch die Beobachtung von LABOVITZ et al., daß die Konzentrationen

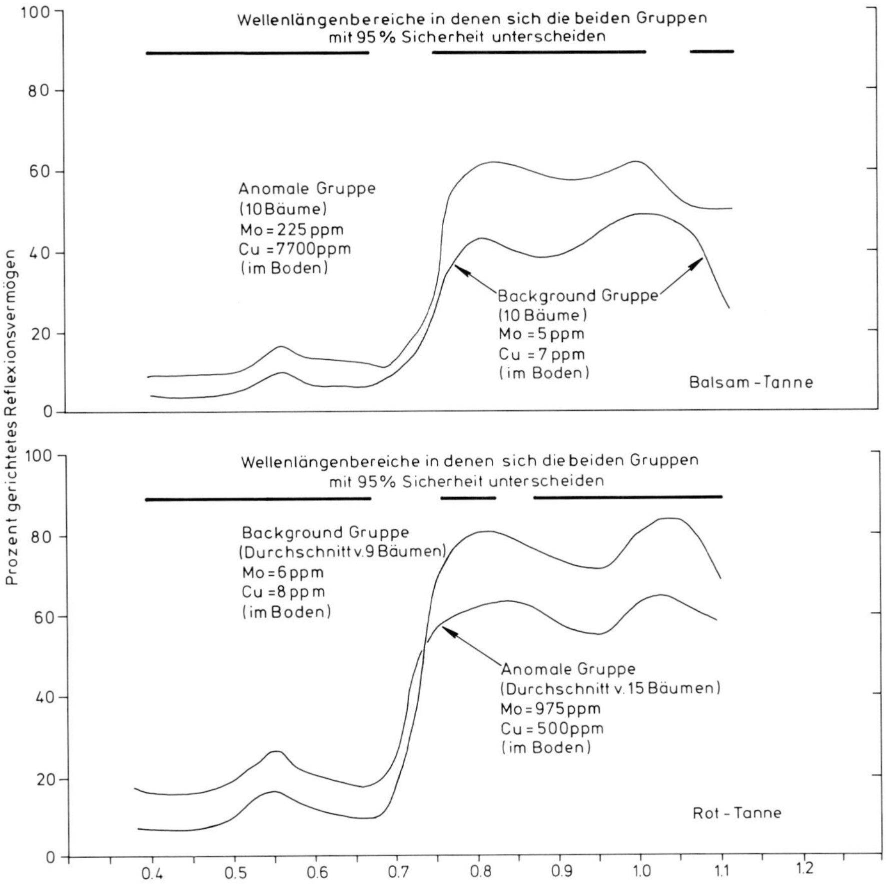

Abb. 37 Unterschied des spektralen Reflexionsvermögens von Rottanne und Balsamkiefer auf Böden mit normalen und mit erhöhten Metallgehalten. Die dicken Striche markieren die Teilspektren, welche für die Fernerkundung (bzw. Prospektion) von Bedeutung sind. (Nachgedruckt mit Erlaubnis des Herausgebers aus: „Remote Sensing in Geology" by SIEGAL & GILLESPIE (eds.), Copyright© 1980 by John Wiley & Sons, Inc.)

von Zn und Mn in den Eichenblättern etwa denen derselben Metalle im Boden entsprachen, die Pb- und Cu-Anteile der Blätter jedoch nicht der Konzentration dieser Metalle im Boden proportional waren. WICKLAND (1982) stellte hierzu fest, daß nicht alle Pflanzenpopulationen über Schwermetall-angereicherten Böden in Lagerstättenbereichen höhere Metallkonzentrationen im Blattgewebe aufweisen. WICKLAND beobachtete, daß die Aufnahme und die Menge aufgenommener Schwermetalle mit der Pflanzenart variiert (selektive Aufnahme von Metallionen). Dabei sollen die Nadeln und Zweige immergrüner Pflanzen generell etwas geringere Metallkonzentrationen enthalten als Blätter und Zweige von Laubbäumen. Unter Aspekten der Fernerkundung ist die Feststellung von LABOVITZ et al. (1983) hervorzuheben, daß die Unterschiede bzw. Veränderungen im Spektralverhalten der Blätter direkt bezogen werden können auf die relativen Anteile von Schwermetallen im Boden, jedoch nicht auf die Metallgehalte der Blätter. Nach GOETZ, ROCK & ROWAN (1983) deuten diese Beobachtungen dahingehend, daß die Metallkonzentrationen im Boden Auswirkungen auf das Blatt-Chlorophyll und den Wassergehalt der Blätter haben können, ohne daß es zu merklichen Konzentrationen der Metallionen in den Blättern selbst kommt. Daraus leiten die Autoren ab, daß Änderungen der spektralen Reflexion von Blättern des Pflanzendaches für die Erzprospektion in bewaldeten Gebieten zuverlässigere Hinweise auf anormale Metallkonzentrationen im Boden liefern können als die geochemische Bodenprospektion. In diesem Zusammenhang ist noch die Feststellung von LABOVITZ et al. hervorzuheben, daß die charakteristischen Unterschiede im spektralen Reflexionsverhalten von Pflanzen über normalen und über mineralisierten Böden kurz vor dem Sichtbarwerden von Alterungserscheinungen der Blätter (Blattfärbung) besonders ausgeprägt sind. DARCH & BARBER (1983) haben festgestellt, daß erhöhte Konzentrationen an Cu, Zn und Mo bei manchen Pflanzenarten zur Zeit jungen Blattwuchses und zur Zeit der Blüte auftreten, während anomale Konzentrationen von Ni, Pb, Cr, Co, Fe, Al, B und Mn in Blättern anderer Pflanzenarten ihren höchsten Wert erst kurz vor der Blattfärbung im Herbst erreichen. Nach GOETZ & ROWAN weisen diese Beobachtungen darauf hin, daß die Aufnahme von Metallen innerhalb der Wachstumsperiode von Pflanzenarten variiert und in bestimmten Zeiten die Aufnahme von Eisen und anderen Nährstoffen aus dem Boden beeinträchtigt. Nach DARCH & BARBER (1983) sind Schwermetall-bedingte geobotanische Anomalien auch in den spektral relativ grob auflösenden Aufnahmen des Landsat-Multispektral-Scanners, und zwar in Frühjahrsaufnahmen (April/Mai) zu lokalisieren. Spektral feiner auflösende Multispektral-Scanner, die im sichtbaren und im reflektiven mittleren Infrarot aufnehmen (wie z.B. der Thematic Mapper von Landsat 4 und 5) bieten bessere Voraussetzungen für die Lokalisierung unter Streß befindlicher Vegetationseinheiten, weil sie die oben beschriebenen, durch Pigmentveränderungen (Chlorophyll) und durch Änderungen des Wassergehaltes von Blättern bedingten Änderungen der spektralen Reflexion erfassen können. Der Thematic Mapper liefert entsprechende Daten im Band 3 (0,63–0,69 μm) und Band 5 (0,155–1,75 μm). Es ist allerdings zur Zeit noch nicht bekannt, durch welche physikalischen oder chemischen Mechanismen Metallkomplexe mit dem normalen Pflanzenwachstum interferieren. Es steht jedoch fest, daß sie chlorotische Blätter (mit geringem Chlorophyll-Gehalt) unter- oder überentwickeltes Pflanzenwachstum und andere Anzeichen schlechten Gesundheitszustandes bedingen.

Unter Streß befindliche oder erkrankte Pflanzen haben oft weniger Blätter und kleinere Blätter als gesunde Pflanzen der gleichen Art. Dadurch verringert sich die Zahl der reflektierenden Blattoberfläche und die Belaubungsdichte. Hinzu kommt, daß mit vermindertem Pflanzenwuchs und verminderter Blattzahl der Flächenanteil der vom Sensor erfaßten Schattenbereiche und nicht-belaubter Oberflächen (Stämme, Zweige, Bodenbereiche) zunimmt, von Oberflächen also, die alle im nahen Infrarot ein sehr viel geringeres Reflexionsvermögen haben als Blätter. Die Energie, die von solchen Oberflächen reflektiert wird, unterscheidet sich qualitativ und quantitativ von der von gesunder und kräftiger Vegetation reflektierten Strahlung, obgleich die Reflexionswerte der einzelnen Blätter gar nicht so unterschiedlich zu sein brauchen (THOMAS et al. 1967, KNIPLING 1970, s. besonders COLLINS et al. 1983).

Das Spektralverhalten der Blätter vieler Pflanzenarten ändert sich im Laufe der Vegetationsperiode (s. Abb. 38a und b und 39). Für die Einsatzmöglichkeiten der Fernerkundung bei der Vegetationskartierung ist von Bedeutung, daß die Unterschiede des spektralen Reflexionsverhaltens bestimmter Pflanzen in einigen Zeitabschnitten des Jahres ausgeprägter sind als in anderen. Diese Zeitabschnitte sind für Befliegungen besser geeignet als andere, in denen die Reflexionswerte unterschiedlicher Baumarten näher beieinander liegen.

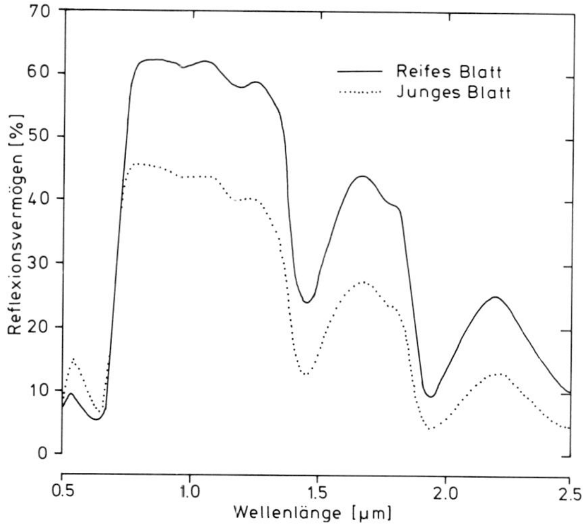

Abb. 38a Unterschied im spektralen Reflexionsvermögen eines jungen und eines reifen Blattes (nach MYERS [ed.] 1975).

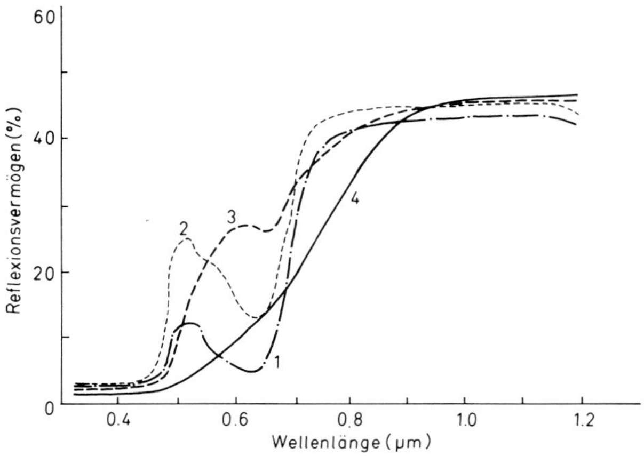

Abb. 38b Änderungen des spektralen Reflexionsvermögens eines Blattes in der Vegetationsperiode. 1) Vitales Blatt, 2) und 3) frühes und mittleres Stadium des Blatt-Alterns (rosa bzw. gelbe Blattfarbe), 4) totes, trockenes (braunes) Blatt (nach KNIPLING 1969).

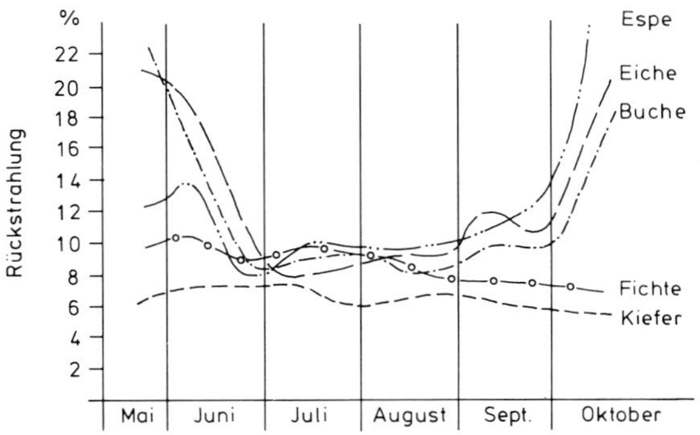

Abb. 39 Änderungen des Reflexionsverhaltens verschiedener Baumarten im Laufe der Vegetationsperiode. Zu beachten ist, daß Nadelhölzer einfallende Sonnenstrahlung insgesamt weniger stark und mit geringeren Schwankungen reflektieren (nach BACKSTRÖM & WELANDER, aus SCHNEIDER 1974).

Generell sind die Änderungen des Reflexionsverhaltens von Laubbäumen innerhalb der Vegetationsperiode viel ausgeprägter als die der Nadelbäume (vgl. Abb. 39). Letztere absorbieren sowohl im sichtbaren als auch im nahen Infrarot auffallende Strahlung stärker als alle anderen Pflanzen. Im Sichtbaren liegt die Absorption bei 95%, im Infrarot bei 65%. Im Verlauf des Alterungsprozesses von Blättern kommt es dagegen zu Veränderungen der Pigmentierung, zu einem Abbau des Wassergehaltes und im fortgeschrittenen Alter zum Zerfall des Mesophylls. Durch einen Abbau des Chlorophyllpigments wird vor allem die Absorption auffallender Strahlung im Rot und die Reflexion im Grün reduziert. Im Blau erfolgt weiterhin Absorption durch andere Blattpigmente. Aus diesen Prozessen ergeben sich die gelben und roten Farben vieler Blattarten im Herbst. Durch den Wasserverlust der Blätter beim Alterungsprozeß, durch den Zerfall der Zellwände des Mesophylls wird die Fähigkeit der Blätter vermindert, Strahlung aus dem nahen Infrarot zu reflektieren.

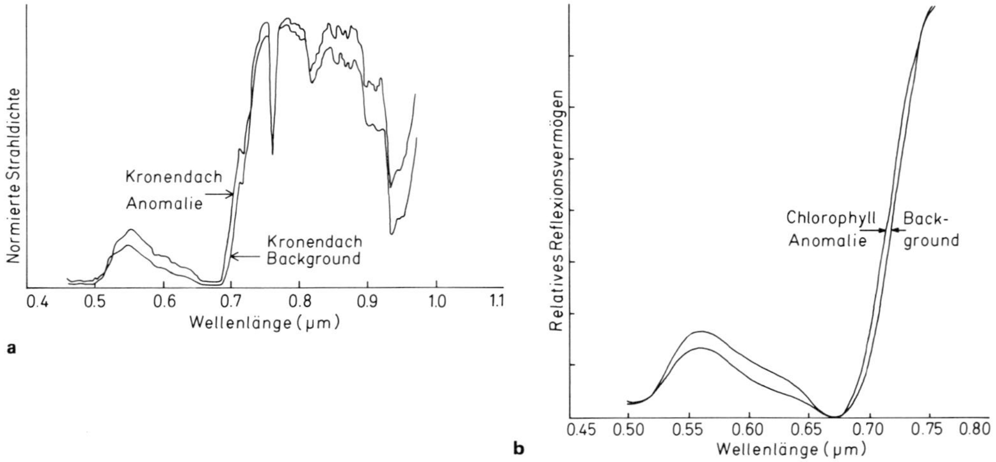

Abb. 40a und b Spektrales Reflexionsverhalten von Vegetation auf Böden mit normalem und mit erhöhtem Cu-Gehalt. Man beachte die Verschiebung der Infrarot-Absorptionskante (Blue Shift) (nach COLLINS et al. 1983).

3.4.4 Zum Spektralverhalten von Buschflächen und Kronendächern von Wäldern

Die vorherigen Ausführungen basierten im wesentlichen auf den Ergebnissen von Untersuchungen des Spektralverhaltens einzelner Blätter oder Blattserien im Labor und im Gelände. Solche Untersuchungen waren notwendig, um die physikalischen und physiologischen Ursachen des Reflexions-, Absorptions- und Transmissionsverhaltens von Pflanzen zu klären und die Bedeutung von Teilprozessen der Interaktion zwischen einfallender Sonnenstrahlung und Blatt herauszufinden. Die Untersuchungen wurden mit Spektrometern am einzelnen Blatt, also an relativ kleinen Oberflächen vorgenommen. Generell gleichen die Spektraleigenschaften einer Buschgruppe oder eines Waldes dem Spektralverhalten der Blätter der Spezies, aus der die Buschgruppe oder der Wald besteht. Trotzdem läßt sich die Spektralkurve eines Blattes der betreffenden Spezies nicht auf das Spektralverhalten des Pflanzendaches der Buschgruppe oder der Waldfläche übertragen, die aus einer großen Zahl von Individuen der gleichen Art zusammengesetzt ist. Es gibt da quantitative und qualitative Unterschiede. Prozentual gesehen ist die vom Sensor an Bord des Flugzeuges oder Satelliten erfaßte Reflexionsstrahlung eines Pflanzendaches wesentlich geringer als die eines Blattes jener Art, die die betreffende Buschgruppe oder Waldfläche aufbaut. Die veränderte Beobachtungs- oder Aufnahmeposition, die zufällige Orientierung der Blätter innerhalb des Pflanzendaches und wechselnde Anteile von Hintergrundstrahlung (z.B. vom Boden) tragen zur Abschwächung des Anteils reflektierter Strahlung im Vergleich zu den im Labor oder im Gelände unter kontrollierten Bedingungen gemessenen Reflektivität einzelner Blätter bei (KNIPLING 1970 und STEINER & GUTERMANN 1966). Nach den letztgenannten Autoren können von einem kontinuierlichen Kronendach breitblättriger Laubarten im sichtbaren und im nahen Infrarot 3,5% bzw. 35% der auftreffenden Strahlung reflektiert werden, während die entsprechenden Werte für das einzelne Blatt der Laubart 10% und 50% erreichen können.

Andererseits wird in vielen Fällen von den obersten Blättern des Pflanzendaches ein großer Teil der einfallenden Strahlung mit Wellenlängen des nahen Infrarot durchgelassen und erst von den darunter befindlichen Blättern reflektiert. Die so reflektierte Strahlung gelangt durch die oberste Blattschicht wieder nach außen und verstärkt so das Reflexionsvermögen des Pflanzendaches im nahen Infrarot gegenüber dem Reflexionsvermögen des einzelnen Blattes jener Art, aus der das Pflanzendach besteht. Entscheidend für diesen Prozeß ist die relativ hohe Durchlässigkeit von Blättern für Strahlung im Infrarot (vgl. Abb. 41). ALLEN & RICHARDSON (1968) konnten durch theoretische Modellrechnungen nachweisen, daß die spektrale Reflexion und Durchlässigkeit eines Pflanzendaches als Funktion der Gesamt-Blattoberfläche, eines Absorptions-Koeffizienten, eines Streuungskoeffizienten und der Reflektivität des Hintergrundes zu betrachten sind. Dabei beziehen sich diese

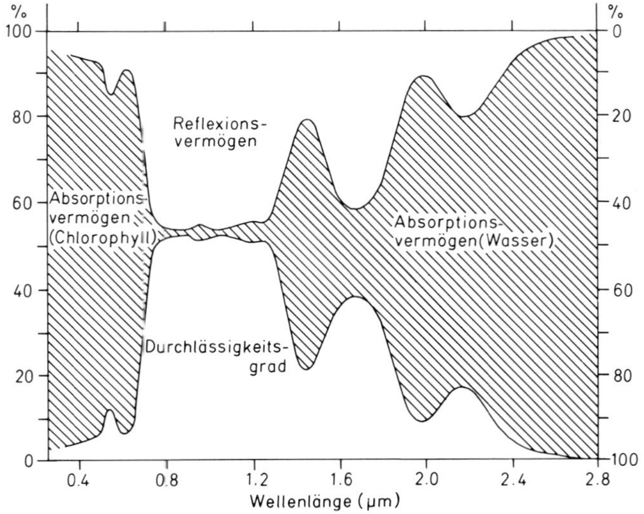

Abb. 41 Das spektrale Reflexions- und Transmissionsverhalten vitaler Blätter und das Absorptionsverhalten von Chlorophyll und Wasser (nach HIGHAM et al. 1975).

Koeffizienten auf die Geometrie des Pflanzendaches und auf die optischen Eigenschaften der Blätter. Die Verstärkung der Reflexion des Pflanzendaches im nahen Infrarot durch wiederholte Reflexion und Streuung in mehreren oder vielen Blattlagen vermehrt die ohnehin schon starken Unterschiede der Reflexion einfallender Strahlung im sichtbaren und im nahen Infrarot. Diese Unterschiede können nach RAINES & CANNEY (1980) auch genutzt werden, um Änderungen der Vegetationsdichte, in günstigen Fällen auch der Pflanzenarten, in Landsat-Aufnahmen zu erfassen. Die Autoren geben an, daß sich das Verhältnis der Reflexionsintensitäten von Vegetationseinheiten zwischen den Kanälen 5 und 6 des MSS in Abhängigkeit von der Vegetationsdichte ändert. Nimmt die Bewuchsdichte zu, wird es zu einer Abnahme der Reflektivität im Kanal 5 (0,6–0,7 μm) infolge verstärkter Absorption durch Chlorophyll und zu einer Steigerung der Reflexion des Pflanzendaches im Kanal 6 (0,7–0,8 μm) wegen der schon erwähnten starken Streuung der einfallenden Strahlung in diesem Wellenlängenbereich kommen.

Das Problem der qualitativen und vor allem der quantitativen Auswertung der Spektraldaten von Vegetationseinheiten besteht darin, daß die Interaktionen zwischen der einfallenden Sonnenstrahlung und dem Buschwerk bzw. dem Wald sehr komplex sind. Nach COLWELL (1974) haben folgende Faktoren Einfluß auf die spektralen Reflexionseigenschaften von Pflanzen bzw. Kronendächern: das Reflexionsvermögen und die Durchlässigkeit der einzelnen Blätter des Pflanzendaches, die Größenordnung der gesamten für Interaktionen zur Verfügung stehenden Blattoberflächen, die Orientierung der Blätter an der Oberfläche des Pflanzendaches und in den tieferen Stockwerken der Bäume und Büsche, die Reflexions- und Transmissionseigenschaften der verschiedenen Teile des Astwerkes und der Stämme, das Reflexionsverhalten des Hinter- oder Untergrundes (niederer Pflanzenwuchs, Bodentyp, Bodenbeschaffenheit, Bodenfeuchte, Gesteine, Laub, Gras), der Sonnenstand (Höhe und Azimut, mit der Tages- und Jahreszeit variierend) sowie Aufnahmerichtung und Aufnahmehöhe. All diese Faktoren können von einem Gebiet zum anderen, aber auch innerhalb einer Aufnahme variieren. Störend für Klassifikationsversuche sind hier vor allem auch unterschiedliche Schattenmuster, die in gleichartigen Beständen innerhalb einer Aufnahme oder von einer Aufnahme zur anderen auftreten. Zieht man noch die oben erwähnten jahreszeitlichen Veränderungen des Reflexionsverhaltens innerhalb der Vegetationsperiode in Betracht, so wird verständlich, daß es sehr schwierig ist, das spektrale Reflexionsverhalten eines bestimmten Vegetationstyps vorauszusagen oder einen Katalog der spektralen Signaturen bestimmter Pflanzenarten zu erstellen. Selbst für die gleiche Pflanzenart können die Entwicklungsraten und der physiologische Zustand in Abhängigkeit von regionalen Unterschieden im Klima und in der Breite variieren, da Unterschiede in der Einstrahlung und in der Tageslänge eine unterschiedliche Entwicklung der Pflanze zur Folge haben (SAVIGAER et al. 1975). Hinzu kommen die schon erwähnten lokalen Einflüsse des Standortes, der Orientierung zur Sonne und der Vergesellschaftung mit anderen Pflanzenarten.

Nicht zu vernachlässigen ist auch der spektrale Effekt des Schattenanteils innerhalb des Pflanzendaches und am Untergrund. Hier kann nach COLWELL (1974) sogar die relative Dunkelheit des Schattens eine Rolle spielen. Tritt z.B. der gleiche Schattenanteil in einem Nadelwald und in einem Laubwald auf, so wird der Schatteneffekt auf die Reflexion des Nadelwaldes im nahen Infrarot größer sein als im Laubwald, weil der Schatten im Nadelwald aufgrund der geringen Durchlässigkeit der Nadeln für Strahlung im nahen Infrarot viel dunkler ist als der Schatten im Laubwald (REIFSNYDER & LULL 1965). Auch wird die relative

Dunkelheit des Schattens in den Aufnahmen der verschiedenen Spektralkanäle im sichtbaren und im nahen Infrarot unterschiedlich sein.

Wegen der relativ großen Zahl der an den Interaktionen zwischen Sonnenstrahlung und Vegetation beteiligten Faktoren und der Variationsmöglichkeiten der Interaktionen in Raum und Zeit werden bei der Unterscheidung und Abgrenzung von Vegetationseinheiten in Fernerkundungsaufnahmen oft nur die relativen Unterschiede der spektralen Reflexionswerte bzw. der Grautönung genutzt. Die Identifizierung der in den kartierten Vegetationseinheiten auftretenden Busch- oder Baumarten ist im allgemeinen nur in räumlich hochauflösenden Luftbildern und Scanner-Aufnahmen über die Kriterien Grauton und Textur möglich, wenn die spektrale Auflösung des Aufnahmesystems im sichtbaren und im nahen Infrarot der Aufgabenstellung entspricht und Referenzdaten aus Geländebegehungen repräsentativer Teilbereiche zur Verfügung stehen. SAVIGEAR et al. (1975) haben in der Tabelle 3 für Vegetationskartierungen geeignete Wellenlängenintervalle und Kombinationen von Spektralkanälen zusammengestellt.

Ganz neue Möglichkeiten der Fernerkundung in bewaldeten Zonen der Erde zeigen die oben schon erwähnten Arbeiten von COLLINS et al. (1983) und CHANG & COLLINS (1983) auf. COLLINS entwickelte ein hochauflösendes 500-Kanal-Spektroradiometer, das die Messung reflektierter Strahlung in sehr engen Teilspektren ermöglicht, das auch sehr kleine Änderungen des Reflexionsspektrums eines Pflanzendaches im sichtbaren sowie im nahen und mittleren Infrarot-Spektrum erfaßt. Das bisher nur im Flugzeug eingesetzte Radiometer erfaßt die vom Pflanzendach reflek-

Tabelle 3 Für den Einsatz in Land- und Forstwirtschaft geeignete MSS-Spektral-Kanäle (aus SAVIGEAR et al. 1975)

Zur Unterscheidung von Anbau-Arten			
COLWELL & SHAY	EARING & GRINSBERG	FU et al.	HOFFER et al.
0,32–0,38 µm	0,48–0,50 µm	0,40–0,44 µm	0,50–0,52 µm
0,40–0,70 µm	0,50–0,52 µm	0,66–0,72 µm	0,55–0,58 µm
0,70–0,90 µm	0,62–0,66 µm	0,72–0,80 µm	0,66–0,72 µm
0,71–0,79 µm	0,66–0,72 µm		0,80–1,0 µm
0,85–0,89 µm	0,72–0,82 µm		1,0 –1,4 µm
1,5 –1,7 µm	0,80–1,00 µm		1,5 –1,8 µm
Zur Abschätzung der Vegetationsbedeckung	Zur genauen Bestimmung des Erkrankungsgrades (Southern Corn Leaf Blight), BAUER et al.		
VINIGRADOV	August	September 1000 m	September 2000 m
0,51–0,57 µm	0,44–0,46 µm	0,55–0,58 µm	0,58–0,62 µm
0,59–0,68 µm	0,58–0,62 µm	1,00–1,4 µm	0,66–0,72 µm
0,72–0,90 µm	1,0 –1,4 µm	1,5 –1,8 µm	1,0 –1,4 µm
	1,5 –1,8 µm	8,0–14,0 µm	1,5 –1,8 µm
Zur Abschätzung des Humus-Anteils in Böden		Zur Unterscheidung natürlicher Pflanzengemeinschaften	
BAUMGARDNER et al.		DRISCOLL	
0,55–0,58 µm		0,478–0,508 µm	
0,62–0,66 µm		0,492–0,536 µm	
0,66–0,72 µm		0,514–0,558 µm	
0,80–1,0 µm		0,566–0,638 µm	
		0,604–0,700 µm	
		0,725–0,920 µm	

tierte Strahlung aus der Nadirposition entlang der Fluglinie. Die in großer Menge anfallenden Aufnahmedaten werden über speziell entwickelte Programme der elektronischen Datenverarbeitung (frequency domain analysis) ausgewertet. Der Erfolg der neuen biogeophysikalischen Meßmethodik ergibt sich einerseits aus der Fähigkeit des Spektroradiometers, die spektrale Position der Absorptionskante von Chlorophyll α in der Reflexionskurve eines Pflanzendaches, genauer gesagt, die die Verschiebung der Chlorophyll-Absorptionskante im Reflexionsspektrum unter Streß befindlicher Pflanzenpopulationen sehr genau zu bestimmen und andererseits aus der Möglichkeit, mit Hilfe der computergestützten Datenanalyse die beträchtlichen natürlichen Background-Variationen der spektralen Reflexion natürlicher Waldgebiete herauszufiltern (u.a. auf die Topographie und Morphologie zurückgehende geringfügige Änderungen der spektralen Reflexionswerte). Die von COLLINS eingesetzte Technik nutzt die Beobachtung, daß die spektrale Position der Absorptionskante von Chlorophyll α sich in den Reflexionskurven reifender Pflanzendächer um bis zu 0,2 μm zum längeren Wellenlängenbereich hin verschiebt. Der physikochemische Mechanismus dieser Verschiebung der Chlorophyll-Absorptionskante ist wahrscheinlich irgendeine Form der natürlichen Aggregation von Chlorophyll α mit verschiedenen Pigmenten und Proteinen in den Zellen lebender Pflanzen. Die aggregierten Formen von Chlorophyll α stellen die Pigmente, welche die Langwellen-Photonen absorbieren, die die spektrale Position der Chlorophyll-Absorptionskante bestimmen (CHANG & COLLINS 1983). Nach COLLINS et al. (1983) sind die „Langwellen-Pigmente", deren spektrale Reflexionseigenschaften über die Position der Absorptionskante im nahen Infrarot (IR) gemessen werden können, die kritischen Komponenten im photosynthetischen Prozeß. Jede Störung der physikochemischen Eigenschaften der Pflanze, die Einfluß auf die „Langwellen-Pigmente" haben, wird daher auch einen negativen Effekt auf das Pflanzenwachstum und auf den Gesundheitszustand der Pflanze haben. Bei Annahme dieser Voraussetzung sollte das Fehlen von „Langwellen-Pigmenten" ungesunde oder gestreßte Pflanzenzustände signalisieren, ausgedrückt durch einen Wechsel der Position der IR-Absorptionskante im Chlorophyll-Spektrum. Eine andere wichtige Voraussetzung ist die Beobachtung, daß die Position der IR-Absorptionskante in der Reflexionskurve gesunder Pflanzen, auch in denen von Pflanzen verschiedenen Typs, ziemlich eng fixiert ist (vgl. CHANG & COLLINS 1983 und die dort zitierte Literatur). Speziesunterschiede beeinflussen die Position der Chlorophyll-IR-Absorptionskante nicht so stark wie Streß, der z.B. durch erhöhte Schwermetall-Konzentrationen im Boden hervorgerufen wird. Die bisherigen Untersuchungsergebnisse zeigen, daß die Position der IR-Absorptionskante im Chlorophyll-Spektrum ein zuverlässiger Indikator für Pflanzenstreß ist. Der kritische Bereich liegt zwischen 0,70 μm und 0,76 μm. Es ist das einzige Teilspektrum, in dem Änderungen im Blatt-Chlorophyll über die Wellenlänge gemessen werden können. Die Datenanalyse zielt eher auf die Erfassung von Änderungen in der Wellenlängenposition von Absorptionsbändern als auf die Erfassung der in bestimmten Teilspektren reflektierten Strahlungsenergie.

Abb. 40a und b zeigen die Position der IR-Absorptionskante in Bereichen mit normalen Metallgehalten und in Bereichen erhöhter Metallkonzentration im Boden. Deutlich ist die Verschiebung der Reflexionskurve bzw. der Absorptionskante des Chlorophylls nach links (von COLLINS blue shift genannt). Die von COLLINS und Mitarbeitern entwickelte Methode zur Fernerkundung unter Streß befindlicher Teilbereiche von Waldgebieten stellt einen bedeutenden Fortschritt, vielleicht einen Durchbruch für die Lagerstättenprospektion in den bewaldeten Zonen der Erde dar.

3.4.5 Zum Temperatur- und Emissionsverhalten von Pflanzen und Vegetationseinheiten

Pflanzen absorbieren große Mengen einfallender Sonnenstrahlung vor allem im sichtbaren Spektrum (vgl. Abb. 35) und strahlen einen Großteil der aufgenommenen Energie in den Wellenlängen des Thermal-Infrarot wieder ab. Dieser Prozeß dient dem Ausgleich des Energiehaushaltes der Pflanze und ihrer Anpassung an die wechselnden Umweltbedingungen während des Tag-Nacht-Zyklus und im Verlauf des Jahres. Auch für Strahlung mit Wellenlängen größer als 2 μm besitzen Blätter ein hohes Absorptionsvermögen (s. Abb. 41). Allerdings gelangt wegen der spektralen Zusammensetzung des einfallenden Sonnenlichtes in diesem Teil des Spektrums nur relativ wenig Energie auf die Erdoberfläche.

Für die Fernerkundung ist das hohe Emissionsvermögen von Blättern im Thermal-Infrarot interessant. Seine Werte liegen nach SAVIGEAR et al. (1975) zwischen $\epsilon = 0{,}95$ und 0,89. Das hohe Emissionsvermögen ermöglicht den Blättern eine effektive Energieabstrahlung in Wellenlängen größer als 2 μm, die bei der Fernerkundung mit dem Thermal-Scanner als Temperaturstrahlung in den Wellenlängenbereichen 3 bis

5,5 µm und 8 bis 14 µm erfaßt und in Bilddaten festgestellt werden kann (vgl. Abb. 214 und 220b). Die vom Sensor erfaßten Emissionswerte sind abhängig von der Blatt-Temperatur. Vegetationseinheiten unterschiedlicher Strahlungstemperatur setzen sich in Thermal-Scanner-Aufnahmen durch Grautonunterschiede gegeneinander ab. Die Strahlungstemperaturen können in absolute Temperaturen umgesetzt werden, wenn das Emissionsvermögen der erfaßten Pflanzen bekannt ist und Temperatur-Eichdaten bei der Befliegung mit aufgenommen wurden.

Zum Temperaturverhalten von Pflanzen stellen RAINES & CANNEY (1980) nach eigenen Untersuchungen und Auswertungen der Ergebnisse anderer Autoren fest: Die Blatt-Temperaturen von Pflanzen und damit deren Emissionsverhalten ändern sich im Tag-Nacht-Zyklus in Abhängigkeit von der Sonneneinstrahlung, der Lufttemperatur, der relativen Luftfeuchtigkeit, von Luftbewegungen bzw. von der Windgeschwindigkeit, vom Wasserangebot des Bodens, vom Nährstoff- bzw. Mineralangebot des Bodens und von der Verdunstungskapazität der Pflanze. Für den Energiehaushalt der Pflanze und für die Anpassung ihrer Temperatur spielt die Transpiration, die Abgabe von Wasserdampf an die Umgebung, eine wichtige Rolle. Die Pflanze benutzt die Transpiration, um die Blatt-Temperatur auf die Umweltbedingungen einzustellen. Nach RAINES & CANNEY wird die Verdunstungsart der Blätter durch pflanzenbezogene und durch Umweltparameter gesteuert. Unter den pflanzenbezogenen Parametern sind das Verhältnis zwischen Wurzelwerk und Trieblänge (root/shoot ratio), die Gesamtoberfläche der Blätter und die Blattstruktur entscheidend. Diese Pflanzenparameter werden durch das Nährstoff- und das Wasserangebot des Bodens kontrolliert, durch Parameter also, die ihrerseits von den geologischen Gegebenheiten des Untergrundes abhängen.

Unter den Umweltparametern spielt zunächst die Sonneneinstrahlung eine Rolle, da sie das Öffnen und Schließen der vielen Spaltöffnungen der Blätter im Tagesverlauf bewirkt, durch die Wasserdampf an die Umgebung abgegeben werden kann. Von den mit Wasser durchtränkten Zellwänden der Epidermis wird zwangsläufig durch Diffusion solange Wasserdampf an die umgebende Luft abgegeben, bis der Dampfdruck ausgeglichen ist. Die Verdunstung ist in starkem Maße von der Luftfeuchtigkeit, von der Lufttemperatur und von der Luftbewegung abhängig. Die relative Luftfeuchtigkeit kontrolliert die Größenordnung des Dampfdruckgradienten zwischen den inneren und äußeren Drucken. Je höher der Gradient ist (geringe Luftfeuchtigkeit), um so größer ist die Verdunstungsrate. Die Temperatur beeinflußt die Verdunstungsraten wegen ihres Einflusses auf die Bewegungen der Spaltöffnungen und auf den Dampfdruckgradienten. Steigende Temperaturen führen zum Ansteigen der Verdunstungsrate. Luftbewegungen regen die Verdunstungsrate an, weil der Wind den Wasserdampf in der unmittelbaren Umgebung des Blattes zerstreut. Als Konsequenz steigt der Dampfdruckgradient zwischen Pflanze und Luft. Für den Feuchtigkeitsgehalt der Pflanze und ihre Fähigkeit zur Verdunstung ist schließlich entscheidend, wieviel Wasser den Wurzeln im Boden angeboten wird. Die bei der Verdunstung abgegebene Wassermenge muß von den Wurzeln nachgeliefert werden. Hier kommen wiederum die geologischen bzw. die hydrologischen Untergrundbedingungen ins Spiel. Eine Funktion der Transpiration liegt in der Kühlwirkung, die eine Überhitzung der Pflanzenorgane bei Sonneneinstrahlung verhindert, eine andere im Stofftransport mit Hilfe der Transpirationsströme. Gibt es Probleme bei der Wasseraufnahme oder beim Wassertransport innerhalb der Pflanze, so kommt es zu Schädigungen der Pflanzenorgane, die die oben genannten Änderungen im Spektralverhalten zur Folge haben.

Die obigen Darstellungen sollten zeigen, wie vielseitig die Gegebenheiten des Untergrundes, vor allem aber die Umweltparameter das Temperaturverhalten von Pflanzen beeinflussen. Sie sollten deutlich machen, daß die Strahlungstemperatur einer bestimmten Pflanzenart nicht allein auf deren physiologische Eigenschaften zurückgeht, sondern in Abhängigkeit von den Umweltbedingungen stark variieren kann. In der Strahlungstemperatur einer Grasfläche, einer Buschgruppe oder eines Waldes sind die Effekte aller pflanzen- und umweltbezogenen Faktoren integriert. Aufnahmen im Thermal-Infrarot eignen sich daher nur in Ausnahmefällen zur Identifizierung einzelner Pflanzenarten (nur wenn Referenzdaten aus dem Aufnahmegebiet zur Verfügung stehen). Jedoch liefern relative Unterschiede der Strahlungstemperaturen von Vegetationseinheiten brauchbare Kriterien für die Unterscheidung und Abgrenzung unterschiedlich zusammengesetzter Vegetationseinheiten, zur Ermittlung von Bereichen unterschiedlicher Bewuchsdichte und zur Abgrenzung bewachsener und unbewachsener Flächen, vor allem, wenn die Spektraldaten aus dem thermalen Infrarot mit gleichzeitig über dem Untersuchungsgebiet aufgenommenen Spektraldaten aus dem sichtbaren und dem nahen Infrarot korreliert werden.

3.5 Zum Spektralverhalten von Wasser in Seen, Flüssen und Küstengewässern

3.5.1 Allgemeines

Für Studien rezenter Erosions-, Transport- und Sedimentationsprozesse in Seen, Flüssen und Küstengewässern, zunehmend auch im Rahmen ökologischer Untersuchungen, ist die Erfassung von Schwebstoffen in Oberflächenwässern von großer Bedeutung. Von Interesse sind hier z.B. die Zufuhr und die räumliche Verteilung von Schwebstoffen in Mündungsgebieten von Flüssen, die räumliche (horizontale und vertikale) Schwebstoffverteilung und der Schwebstofftransport in Küstenbereichen sowie Strömungen und periodisch auftretende Strömungsverhältnisse, die Einfluß auf Sedimenttransport und Sedimentabsatz haben. Neben der Erfassung von Wasserkörpern unterschiedlicher Schwebstoffkonzentrationen interessiert in bestimmten Fällen auch die Bestimmung der Schwebstoffart und der Konzentration von Schwebstoffen (mg/l). In klaren Flachwasserbereichen geht es auch um die Erfassung der Topographie und der Materialbeschaffenheit des Meeresbodens.

Schon früh war erkannt worden, daß sich Schwebstoff-führende Wässer in panchromatischen Schwarzweiß-Luftbildern mit hellen Grautönen gegen die dunkler getönten Bereiche klaren Wassers absetzen und in Luftbildern von klaren Flachwassergebieten Unterschiede der Wassertiefe und der Beschaffenheit des See- oder Meeresbodens durch Grautonänderungen wiedergegeben werden. Vor allem in Farbluftbildern setzen sich Klarwasserbereiche und Schwebstoff-führende Wasserkörper, Bereiche unterschiedlicher Schwebstoffkonzentration sowie wechselnder Wassertiefe, in Gebieten flacheren Wassers auch Unterschiede der Bodenbeschaffenheit durch Unterschiede der Farbe und der Farbtönung voneinander ab (vgl. Abb. 42 und 43).

Farbunterschiede und Farbtönungen von Gewässern und Wasserkörpern sind das Ergebnis der im Wasser stattfindenden Streu- und Absorptionsprozesse der solaren Strahlung. Diese werden durch das Wasser, in getrübten Wässern beherrschend durch die in Suspension befindlichen oder gelösten organischen und anorganischen Substanzen verursacht.

Jeder Wasserkörper besitzt aufgrund seines Gehaltes an streuenden und absorbierenden Substanzen ein ihm eigenes Strahlungsfeld. Kennt man aus Experimenten im Labor oder aus Schiffsmessungen an repräsentativen Proben und Positionen des Aufnahmegebietes (zur Zeit der Überfliegung ermittelt) die Beziehungen zwischen den organischen und anorganischen Schwebstoffen und ihren optischen Parametern, so kann man (bei Berücksichtigung störender Größen) unter bestimmten Voraussetzungen aus dem vom Sensor gemessenen Strahlungsfeld auf die Arten im Wasser befindlicher Substanzen und deren Konzentration schließen (DOERFFER 1979). Hier liegt der Ansatz für die Anwendung photographischer und optoelektronischer Sensoren bei der Fernerkundung von Gewässern. Dabei ist wegen des Absorptionsspektrums von Wasser nur der Bereich des sichtbaren Lichts (0,4–0,75 μm) nutzbar (vgl. Abb. 41).

Die optischen Prozesse, die zur Entstehung der Spektralsignaturen von Wasseroberflächen und von Wasserkörpern beitragen, sind sehr komplex (vgl. Abb. 44). Die optischen Prozesse (spiegelnde und diffuse Reflexion, Streuung und Absorption) spielen sich in mehreren Schichten ab: in der Atmosphäre, an der Wasseroberfläche, im Wasser, bei entsprechender Wassertiefe auch noch am See-, Fluß- oder Meeresboden. Dabei muß der Anteil der Strahlung, der im Wasser oder vom Meeresboden gestreut wird, auf dem Weg zum Sensor durch das Wasser zur Wasseroberfläche und von dort durch die Atmosphäre zum Sensor an Bord des Flugzeuges oder Satelliten. Das aus dem Wasser, vom Meeresboden oder von der Wasseroberfläche kommende Spektralsignal unterliegt dabei erneut der Streuung und Absorption im Wasser und in der Atmosphäre. Dies bedeutet, daß die für die Fernerkundung bedeutsamen Spektralsignale überlagert und auch abgeschwächt werden. Die zum erfaßten Spektralsignal beitragenden Prozesse der Reflexion von Gewässerböden, der Reflexion von gerichteter Sonnenstrahlung und diffuser Himmelsstrahlung an der Wasseroberfläche und der Streuung an Aerosolen in der Atmosphäre müssen vor allem bei der quantitativen Auswertung von optischen Spektraldaten berücksichtigt werden.

3.5.2 Zum Einfluß der in der Atmosphäre stattfindenden optischen Prozesse und des Sonnenstandes auf das Spektralsignal von Wasserkörpern

Das Spektrum der auf die Wasseroberfläche gelangenden direkten Sonnenstrahlung wird durch die bereits in Abschn. 2.2 beschriebenen Wechselwirkungen zwischen einfallender Sonnenstrahlung und Atmosphäre beeinflußt. Entscheidend ist hier die Größe der Aerosolteilchen. Sie können mit Art und Konzentration der Aerosole stark schwanken. Die Zusammensetzung und Verteilung von Aerosolen über weiten Ozeangebieten unterscheiden sich

Abb. 43 Grautonunterschiede zeigen Unterschiede der Wassertiefe und der Oberflächenstrukturen küstennaher Sedimentkörper an. Die Sedimentverteilung deutet auf küstenparallele Strömungen mit Sedimenttransport (Aufnahme I.G.N.).

erheblich von den Aerosoltypen über den Kontinenten. Das maritime Aerosol setzt sich im allgemeinen aus zwei Komponenten zusammen: aus Wassertröpfchen und aus den Salzpartikeln, die durch das Verdunsten von Wassertröpfchen in die Atmosphäre gelangen und den kontinentalen Aerosolen, die zusätzlich aus Staubpartikeln bestehen, die durch die atmosphärische Zirkulation vom Land über den Ozean transportiert werden. Letztere sind den ländlichen Aerosolen ähnlich, mit der Ausnahme, daß die größeren Partikel durch Sedimentationsprozesse weitestgehend fehlen. In küstennahen Gebieten können die meist uneinheitlich auftretenden ländlichen und städtischen Aerosol-Größenverteilungen die Möglichkeiten zur quantitativen Auswertung von Fernerkundungsdaten einschränken (FISCHER 1983).

Entscheidenden Einfluß auf die Einstrahlung haben die meteorologischen Bedingungen zur Zeit der Befliegung. Günstige Bedingungen sind dann gegeben, wenn der Himmel wolkenfrei ist und kein oder nur wenig Dunst vorhanden ist. Dann ist die Durchlässigkeit der Atmosphäre für die Strahlung am größten. Mit zunehmendem Dunst nimmt die Zahl

Abb. 42 Grautonunterschiede markieren Bereiche unterschiedlicher Wassertiefe, Bereiche klaren und Schwebstoff-führenden Wassers (Aufnahme WILD, Heerbrugg, CH).

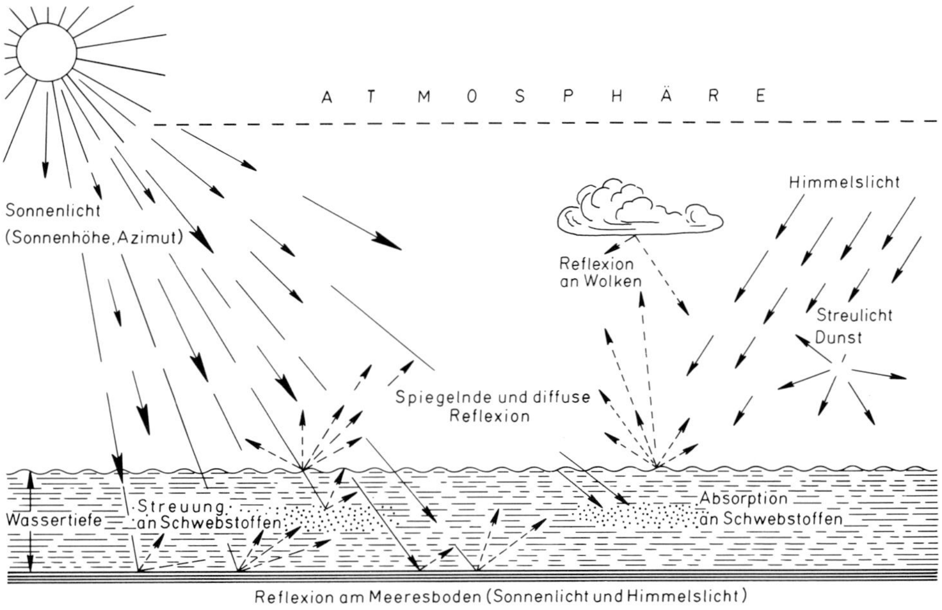

Abb. 44 Schematische Darstellung der über dem Wasser, an der Grenzfläche Wasser/Luft und im Wasser stattfindenden Reflexions-, Streuungs- und Absorptionsprozesse.

der Streuungsprozesse zu, vor allem für die kurzwelligen Anteile des Lichts. Die Streustrahlung in der Atmosphäre überlagert und maskiert die vom Wasser ausgehenden Spektralsignale. Störend ist, daß die Streustrahlung vor allem im Blau-Grün-Spektrum auftritt, in jenem Spektralbereich also, der für die Erkundung der Farbe und Tiefe und des Planktongehaltes von Gewässern, der Art und der Konzentration der in Lösung oder in Suspension vorliegenden Substanzen am wichtigsten ist. Korrekturverfahren lassen sich dann anwenden, wenn die Aufnahmen der spektralen Strahldichten von Gewässern in ausgesuchten, eng begrenzten Wellenlängenintervallen erfolgen, wobei der eingesetzte Sensor neben der erforderlichen spektralen Auflösung eine hohe radiometrische Auflösung in den betreffenden Spektralbereichen aufweisen sollte.

Die auf die Wasseroberfläche gelangende Strahlungsenergie variiert auch mit dem Sonnenstand. Sonnenstand und Dunst bestimmen zusammen mit dem Neigungsspektrum der Oberflächenwellen und der vertikalen Konzentrationsverteilung streuender Partikel im Wasserkörper die geometrische Verteilung der in den Wasserkörper eindringenden Strahlung. Diese hat einen wesentlichen Einfluß auf die Streu- und Absorptionsprozesse im Wasser und das daraus resultierende Spektralsignal (DOERFFER 1978). Ein steiler Einfallswinkel des Sonnenlichts begünstigt dessen Eindringen in Gewässer. Einfluß auf das Spektralsignal haben auch die Höhe der Meßplattform und der Meß- (Aufnahme-) winkel. Der Anteil der Streustrahlung der Atmosphäre am Spektralsignal nimmt mit der Aufnahmehöhe zu. Für exakte Berechnungen der spektralen Reflexionswerte von Wasserkörpern sind daher Korrekturverfahren einzusetzen. Grundlagen und Methoden der Atmosphärenkorrektur werden z.B. von QUENZEL & KAESTNER (1978), GORDON (1978), FISCHER (1983) und STURM (1981 in Oceanography from Space) diskutiert.

Bei Flugzeugbefliegungen mit Multispektral-Scannern werden die Randbereiche des Aufnahmestreifens unter einem flacheren Meßwinkel erfaßt als die zentralen Aufnahmebereiche. Hier können durch den Scanwinkel bedingte unterschiedliche Weglängen durch die Atmosphäre zu Fehlern längs der Scanstreifen führen. Hier wird sich, vor allem bei der quantitativen Auswertung von Meßdaten, auch die winkelabhängige Fresnelsche Reflexion an der Grenzfläche Wasser/Luft störend bemerkbar machen, weil der Wert der an der Grenzfläche reflektierten Strahlung sehr stark vom Meßwinkel bestimmt wird. Bei Multispektral-Scanner-Aufnahmen von Satelliten aus kann dieser Effekt wegen des kleinen Scanwinkels vernachlässigt werden. Das gilt nur für die Landsat-Satelliten und nicht für tropische Regionen mit hohen Sonnenständen.

3.5.3 Zum Einfluß der an der Grenzfläche Wasser/Luft stattfindenden optischen Prozesse auf das Spektralsignal von Wasserkörpern

Aufgrund der unterschiedlichen Brechungsindizes von Wasser und Luft wird ein Teil der auf die Wasseroberfläche einfallenden Strahlung gemäß dem Fresnelschen Gesetz an der Grenzfläche Wasser/Luft reflektiert (JERLOV 1968) und gebrochen (vgl. Abb. 44). Die Intensität der Reflexion an der Wasseroberfläche hängt vom Zenitwinkel der Sonne, vom Anteil der Himmelsstrahlung und vom Neigungsspektrum der Oberflächenwellen ab, das im wesentlichen durch den Windstreß bestimmt wird. Für Sonnenstrahlung ist bei einem Zenitwinkel $< 40^\circ$ eine Reflexion von 2,5% anzusetzen. Mit zunehmendem Winkel steigt sie bis auf 100% bei 90° bei glatter See. Das je nach Position zur Sonne verschieden stark polarisierte Himmelslicht wird unterschiedlich reflektiert. Durch die verschiedene Neigung der Oberflächenwellen kann die Sonnenstrahlung in einem bestimmten Raumwinkel mehrmals reflektiert werden. Hierdurch entsteht auf dem Wasser ein Glitzerfeld, das bei Messungen unbedingt vermieden werden muß (DOERFFER 1978). Lokale, über den Aufnahmebereich unregelmäßig verteilte Glitzerfelder treten jedoch in den Multispektral-Scanner-Aufnahmen der Landsat-Satelliten nur bei sehr hohen Sonnenständen (z.B. in den Tropen) auf. Die durch die oben erwähnten Oberflächeneffekte bedingten hellen Grauwerte im MSS-Bild von Gewässern können aus dem Wasser kommende Spektralsignale vortäuschen.

3.5.4 Im Wasser stattfindende Streu- und Absorptionsprozesse

Die im Wasser stattfindenden Prozesse der Absorption und Streuung einfallender Lichtstrahlung werden durch die optischen Parameter des Wassers und der in ihm in Lösung oder Suspension befindlichen organischen und anorganischen Substanzen (vor allem Gelbstoffe, Schwebstoffe, Phytoplankton) bestimmt. Beschreibungen der beteiligten Prozesse finden sich u.a. bei JERLOV (1968), DOERFFER (1979) und FISCHER (1983). Wasser, Lösungen und Partikel haben jeweils spezifische Absorptions- und Streuungskoeffizienten. Absorptions- und Streuprozesse im Wasser haben die Tendenz, die einfallende gerichtete und diffuse Strahlung abzuschwächen. Die Abschwächung der einfallenden Strahlung, ausgedrückt durch den Attenuationskoeffizienten, kann aus der Summe der Absorptions- und Streukoeffizienten bestimmt werden (MAUL & GORDON 1975).

In reinem Wasser tritt Streuung und Absorption nur an Molekülen oder Ionen auf. Wie die Abb. 45 (DOERFFER 1978) zeigt, hat die Absorption reinen Wassers (a) ihr Minimum bei ca. 470 nm. Im Wellenlängenbereich oberhalb 600 nm nimmt sie sehr stark zu. Die Streuung (b) nimmt

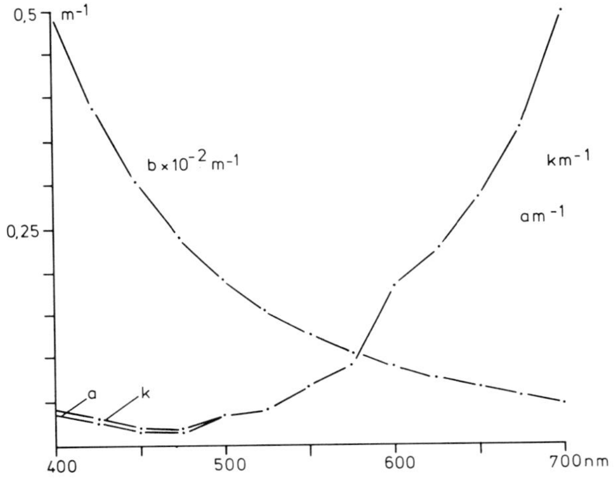

Abb. 45 Absorption (a), Streuung (b) und Attenuation (k) des reinen Wassers als Funktion der Wellenlänge (nach DOERFFER 1979).

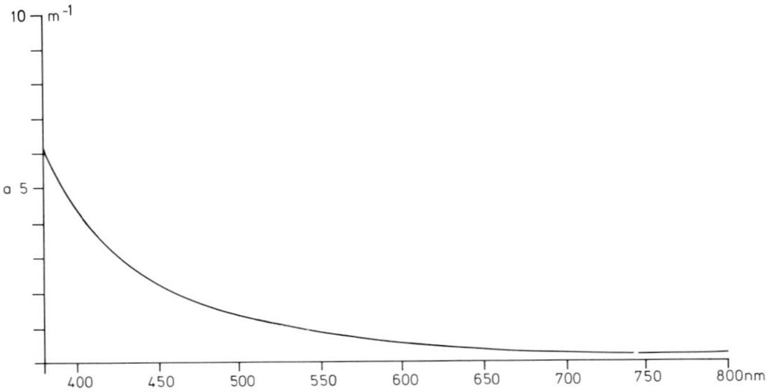

Abb. 46 Absorption des Gelbstoffes als Funktion der Wellenlänge (nach DOERFFER 1979).

mit zunehmender Wellenlänge rasch ab. Die Attenuation (k) unterscheidet sich im Bereich der längeren Wellenlängen aufgrund der geringeren Streuung nur wenig von der Absorption.

Die blaue Farbe tiefer Klarwasserbereiche ist durch die erhöhte Streuung der kurzwelligen Lichtstrahlung an Wassermolekülen bedingt. Sobald Wasser organische oder anorganische Substanzen enthält, treten zusätzliche optische Prozesse auf. Durchlässigkeit und Farbe des Wassers ändern sich.

Die Substanzen, die das vom Wasser aufwärts gerichtete Strahlungsfeld beeinflussen, kann man nach DOERFFER (1979) in 3 Gruppen aufteilen:

Gelbstoffe: Hierzu gehören alle gelösten organischen Substanzen, die im ultravioletten und blauen Spektralbereich stark absorbieren und damit dem Wasser eine gelbbraune Farbe geben.

Schwebstoffe: Unter diesem Begriff werden die partikularen Substanzen im Wasser zusammengefaßt. Sie sind optisch durch ihre starke Streuung gekennzeichnet, die nur schwach wellenlängenabhängig ist. Zu dieser Substanzgruppe gehören Tonminerale, Quarzpartikel sowie ganze oder zerriebene Teile abgestorbener Organismen und das Plankton. Das Phytoplankton stellt eine Sondergruppe der Schwebstoffe dar. Es ist ausgezeichnet durch die (für die Photosynthese erforderlichen) Pigmente, von denen das Chlorophyll wegen seiner starken Absorptionsbanden im blauen und roten Spektralbereich optisch besonders bedeutsam ist. „Das Nutzsignal wird bestimmt durch den Reflexionsgrad des reinen Wassers und dieser 3 Substanzen. Es wird modifiziert durch die Konzentration, die vertikale Konzentrationsverteilung und durch die Streu- und Absorptionskoeffizienten der Substanzen" (Zitat aus DOERFFER 1979).

Die im Wasser befindlichen Gelbstoffe sind lediglich durch ihre spektrale Absorption gekennzeichnet. Ihre Streuung ist im Vergleich zur Streuung des reinen Wassers unbedeutend. Abb. 46 zeigt die Absorption des Gelbstoffs als Funktion der Wellenlänge. Deutlich ist die exponentielle Abnahme der Absorption mit zunehmender Wellenlänge. Das Chlorophyll α des Phytoplanktons absorbiert einfallende Lichtstrahlung vor allem im blauen und roten Spektralbereich (bei 440 nm und bei 675 nm) (vgl. Abb. 41). Das Absorptionsminimum liegt im sichtbaren Spektralbereich um 530 nm. Absorption des Chlorophylls im Blau-Bereich und Streuung des Phytoplanktons tragen zur Grünfärbung des Wassers bei. Zusätzlich findet Streuung des auftreffenden Lichts an den Schalen des Planktons statt. Dieser Prozeß trägt zur verstärkten Reflexion planktonreicher Gewässer im Gelb-Grün bei.

Mit zunehmender Trübung durch in Suspension befindliche anorganische Partikel verändert sich die Wasserfarbe zum langwelligen Spektrum hin ins Gelb-Orange-Rot (576 bis 609 nm). Hier liegt auch das Attenuationsminimum von Schwebstoff-getrübten See-, Fluß- und Küstengewässern. Die Absorption durch anorganische Substanzen weist nur geringe Abhängigkeit von der Wellenlänge auf. Die Absorption spielt für das Signal Schwebstoff-führender Gewässer nur eine untergeordnete Rolle. Für Partikel $> 2\ \mu m$ wird im Bereich von 400–700 nm im allgemeinen eine spektral unabhängige Streuung angenommen (JERLOV 1968). Die Streuungsprozesse an in Suspension befindlichen Partikeln (Plankton, Sedimente, Aerosole) weisen die Merkmale der Mie-Streuung auf. Die Streuung ist abhängig von der Größenverteilung und vom Brechungsindex der Partikel. Moleküle streuen entsprechend der Raleigh-Streufunktion. Eine schematische Darstellung der Effekte der oben beschriebenen Prozesse gibt LEPLEY (1968) (s. Abb. 47).

3.5.5 Für die Erkundung von Schwebstoff-führenden Gewässern geeignete Spektralbereiche

Der Bereich des Rot-Spektrums (0,6–0,7 μm) ist für Bestandsaufnahmen der Schwebstoffverteilung in Seen, Flüssen und Küstengewässern am besten geeignet. In diesem Teil des Spektrums ist die Änderung der rückgestreuten Strahlung von schwebstoffreichen Wasserkörpern stärker als in den kurzwelligen Anteilen des Spektrums. In Spektralaufnahmen des roten Spektralbereiches setzen sich Bereiche unterschiedlicher Schwebstoff-Gehalte, Fronten und Gradienten von Wasserkörpern unterschiedlichen Schwebstoff-Gehaltes (Art, Größe und Konzentration der Partikel) besonders kontrastreich ab. Das gilt für Aufnahmen photographischer und optoelektronischer Sensoren. So haben sich Aufnahmen des MSS-Kanals 5 der Landsat-Satelliten 1–3 (0,6–0,7 μm) als besonders geeignet für die Erfassung und Beurteilung der Schwebstoff-Verteilung in Gewässern erwiesen (vgl. Abb. 206–208).

3.5.6 Signaltiefe

Für die qualitative, vor allem aber für die quantitative Auswertung der Fernmeßdaten von Gewässern sollte bekannt sein, aus welcher Tiefe, aus welchem Wasservolumen die beim Überflug vom Sensor erfaßten Spektralsignale stammen. Der vom Sensor erfaßte Meßwert stellt ein Integral über eine bestimmte Tiefenerstreckung im Wasser dar. Die Tiefe, aus der ein bestimmter Anteil der an der Wasseroberfläche gemessenen Reflexion stammt, wird als Signaltiefe $z_x(\lambda)$ [m] bezeichnet. Die Tiefenerstreckung ist direkt abhängig von der Konzentration der Schwebstoffe (mg/l) und ihrer Vertikalverteilung (s. Abb. 50). Da die Rück-

Abb. 47 Schematische Darstellung der Beziehungen zwischen Attenuationskoeffizient (Abschwächung engl. attenuation), Transmission und Wasserfarbe (nach LEPLEY 1968). Der punktierte Bereich zeigt die Variationsbreite natürlicher Daten. Die Buchstaben bezeichnen die Datenquellen, die von LEPLEY ausgewertet wurden (Naval Oceanographic Office, JERLOV, MOORE, KINNEY, CLARK).

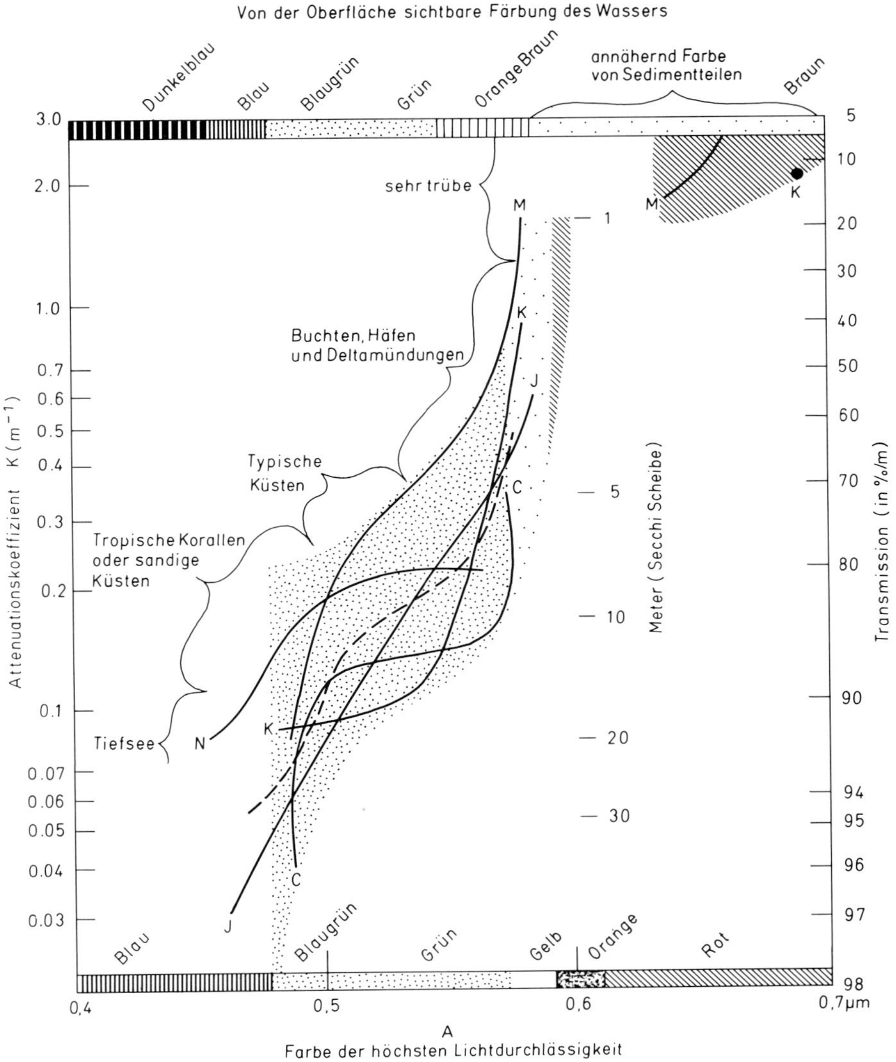

strahlung tiefer liegender Wasserschichten durch die Attenuation der darüber liegenden Wassersäule abgeschwächt wird, nimmt ihr Anteil am Signal mit der Wassertiefe ab. Die Signaltiefe wird maximal durch die Attenuation des reinen Wassers oder durch den Gewässerboden begrenzt (DOERFFER 1979). GORDON & MCCLUNEY (1975) haben in Modelluntersuchungen festgestellt, daß die Signaltiefe weitgehend unabhängig vom Einstrahlungswinkel und vom Meßwinkel ist. DOERFFER (1979) hat den Einfluß unterschiedlicher Schwebstoff- und Gelbstoff-Konzentrationen auf die Signaltiefe z_{90} im Elbe-Ästuar untersucht. Von den drei Spektralbereichen dringt der rote innerhalb der im Elbe-Ästuar auftretenden Konzentrationsgrenzen am tiefsten in das Wasser. Lediglich für geringere Konzentrationen beider Substanzen dominiert der grüne Spektralbereich. Dabei haben die Untersuchungen gezeigt, daß die Signaltiefe z_{90} (λ = 650 nm) zwischen 10 cm bei Brunsbüttel und 1 m beim Feuerschiff „Elbe 1“ schwanken kann.

Gelbstoffe absorbieren kurzwellige Lichtstrahlung. Dadurch wird die Eindringtiefe des Lichts im Blauspektrum herabgesetzt. So sind nach MAUL & GORDON (1975) in Gebieten mit hoher Gelbstoff-Konzentration (typisch für küstennahe Bereiche) die Meßdaten des MSS-Kanals 4 (0,5–0,6 μm) der Landsat-Satelliten stark durch die Absorption des Lichts durch Gelbstoffe beeinflußt. Abschätzungen des Schwebstoff-Gehaltes in Aufnahmen dieses Bereiches sind daher nicht unproblematisch. Im Rot-Spektrum, das für Untersuchungen der Schwebstoff-Verteilung in Gewässern besonders wichtig ist, tritt durch Gelbstoffe keine Beeinflussung der Signaltiefe und damit des Spektralsignals ein (entsprechend der zum Rot hin abnehmenden Absorption). Mit zunehmender Schwebstoff-Konzentration nimmt der Anteil des Gelbstoffes an der Attenuation und damit am Signal ab. Bei geringem Schwebstoff-Gehalt darf allerdings die Absorption einer hohen Gelbstoff-Konzentration auch im roten Spektralbereich nicht vernachlässigt werden.

WHITLOCK et al. (1978) haben die Abhängigkeit der Eindringtiefe im Grün-Spektrum von der Schwebstoff-Führung untersucht. Sie stellten fest, daß die Eindringtiefe der Lichtstrahlung nicht nur von der Schwebstoffkonzentration, sondern auch von der Art und Korngröße der in Suspension befindlichen Schwebstoffe abhängt. Feldmessungen zeigten, daß in bestimmten Regionen die Eindringtiefe ziemlich weit variieren kann, selbst wenn die Schwebstoff-Konzentrationen im Wasser gleich bleiben. Dabei haben vergleichende Auswertungen von Landsat-Aufnahmen (MSS-Kanal 5) und Referenzdaten von Bootsmessungen gezeigt, daß die Signale der in Aufnahmen des Rot-Spektrums erfaßten Schwebstoff-Führung bzw. Trübung von Seen, Flüssen und Küstengewässern meist nur aus dem obersten Meter der Wassersäule stammen.

Für die Klarwassergebiete des offenen Ozeans geben MAUL & GORDON (1975) dagegen für den Spektralbereich 0,5–0,6 μm (Landsat MSS-Kanal 4) Eindringtiefen von 15–18 m, für den Spektralbereich 0,6–0,7 μm (Landsat MSS-Kanal 5) nur 3 m an.

Angaben über die Transparenz von Gewässern und über die Eindringtiefe der Lichtstrahlung in einigen typischen Gewässern vermittelt die Abb. 47, die von LEPLEY (1968) nach eigenen Untersuchungen und nach Studien anderer Autoren zusammengestellt wurde. Sie zeigt, daß tiefblaues klares Meerwasser eine Lichtdurchlässigkeit von mehr als 90% pro Meter besitzt. Stark getrübte Wässer haben dagegen nur noch eine Lichtdurchlässigkeit von etwa 10 bis 20% pro Meter. Sie sind bis maximal 2 m transparent (nach Messungen mit der Secchi-Scheibe). Für leicht bis mäßig getrübte Gewässer an Küsten, Deltamündungen und in Buchten schwanken die Werte der Lichtdurchlässigkeit zwischen 70 und 20% pro Meter. Die Transparenz des Wassers (Secchi-Scheiben-Tiefe) kann hier 5 bis 2 m betragen. Abb. 47, die auch den Variationsbereich der bisher vorliegenden Meßdaten zeigt, gibt gewissermaßen Eckdaten, mit denen bei der Fernerkundung von Seen, Flüssen und Küstengewässern zu rechnen ist.

3.5.7 Zur Abhängigkeit des Spektralsignals von den Konzentrationen der im Wasser befindlichen Substanzen

Manche Fragestellungen der geologischen Praxis lassen sich schon aus der visuellen Auswertung von Fernerkundungsaufnahmen beantworten, z.B. die Erfassung schwebstofffreier und schwebstoffhaltiger Wasserkörper in Gewässern, die Zufuhr von Schwebstoffen in Küstenbereichen, die Erfassung von Strömungs- und Transportvorgängen in Gewässern (über die Erfassung von Schwebstoff-Verteilungen im Gewässer). Wie schon erwähnt und in den Abb. 42 und 43 verdeutlicht, setzen sich schwebstofffreie und schwebstoffführende Wasserkörper (Strukturen, Fronten und Gradienten) in Fernerkundungsaufnahmen durch Farb- bzw. Grautonunterschiede ab. Wasserkörper unterschiedlicher Schwebstoff-Gehalte können auf einer dem Bild aufgelegten Folie

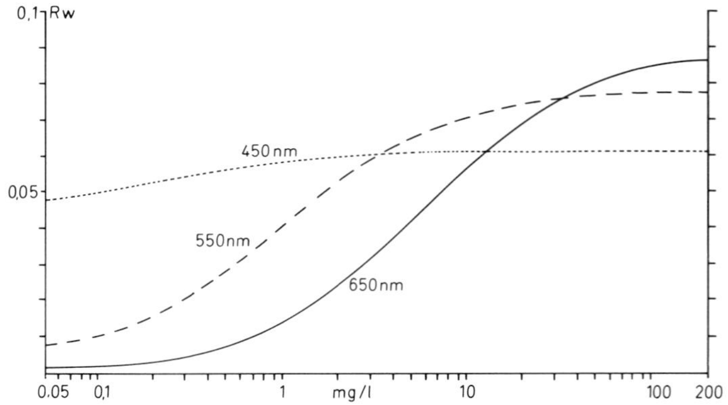

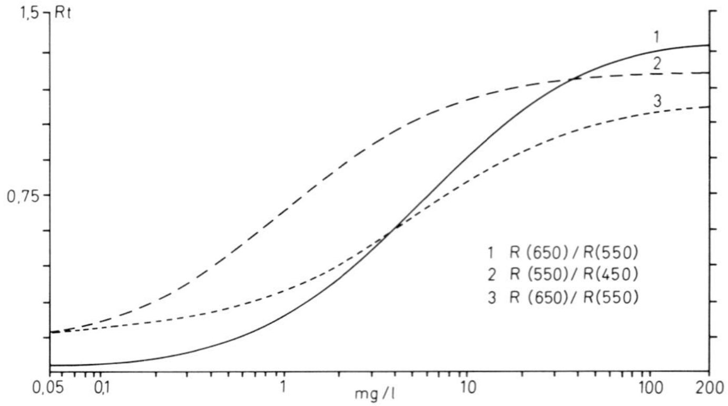

Abb. 48 Berechnete Reflexion R_W und berechnetes Spektralverhältnis Rt für Schwebstoff, suspendiert in reinem Wasser (nach DOERFFER 1979)

oder mit Hilfe von Äquidensiten-Verfahren erfaßt, abgegrenzt und dargestellt werden (vgl. Abschn. 5.3.6, 6.2 und 6.3.3). Für bestimmte Fragestellungen ist es jedoch wünschenswert, die Art und Konzentration (mg/l) der im Wasser befindlichen, gelösten oder in Suspension befindlichen Substanzen zu ermitteln.

Beim Einsatz eines Multispektral-Scanners als Meßgerät können (nach DOERFFER 1978) Informationen über Art und Konzentrationen einer Substanz aus dem Spektrum des vom Wasserkörper rückgestreuten Strahlungsfeldes gewonnen werden, zu dessen Beschreibung in der Regel die Parameter Reflexionsgrad $R(\lambda)$ und Spektralverhältnis $Rt = (\lambda_1/\lambda_2) = R(\lambda_1)/R(\lambda_2)$ dienen (Abb. 48). Die qualitative Unterscheidung verschiedener Substanzen und deren Konzentrationsbestimmung setzt allerdings die Kenntnis der quantitativen Zusammenhänge zwischen dem gemessenen Signal und den zu bestimmenden Konzentrationsgrößen voraus. Wichtig sind hier vor allem die Zusammenhänge zwischen Streu- und Absorptionskoeffizienten und der im Wasser befindlichen Substanz. Bekannt sein muß auch der vornehmlich aus der Streustrahlung der Atmosphäre stammende Signalanteil (DOERFFER 1978). Untersuchungen von MAUL & GORDON (1975), SCHERZ (ed., 1977), MCCLUNY (1976), WHITLOCK et al. (1978), DOERFFER (1978, 1979) und FISCHER (1983) haben sich mit den optischen Prozessen und Parametern beschäftigt, die für die Fernerkundung von Substanzen in oberflächennahen Wässern eine Rolle spielen. Auf diese Arbeiten und auf andere, in der ozeanographischen Literatur veröffentlichten Arbeiten sei hier hingewiesen. Eine zusammenfassende Darstellung der Grundlagen und Probleme der Fernerkundung von Substanzen in oberflächennahen Gewässern hat DOERFFER (1978) gegeben. In einer 1979 erschienenen Publikation berichtet DOERFFER über Ergebnisse der Fernerkundung von Substanzen im Elbe-Ästuar.

FISCHER (1983) hat die Problematik der Messung von Schwebstoffen in Ozean-Gewässern anhand von Modellrechnungen untersucht und diskutiert.

Aus den Konzentrationen der Substanzgruppen Gelbstoffe, Schwebstoffe und Phytoplankton resultiert die spektrale Attenuation. Sie bestimmt die Tiefe, aus der ein bestimmter Anteil der an der Oberfläche gemessenen rückgestreuten Strahlung stammt.

In seiner Publikation hat DOERFFER (1979) einige grundsätzliche Erkenntnisse aus numerischen Experimenten mitgeteilt, die nachfolgend zitiert werden sollen. Sie gelten streng nur für die in Abschn. 5.3 der Publikation von DOERFFER dargestellten Bedingungen: vertikale Homogenität, diffuse Einstrahlung, Korrektur der Fehler durch die Grenzschicht und der Atmosphäre.

„1.) Ist nur eine optische einheitliche Substanz im Wasser enthalten, so läßt sich ihre Gegenwart und Konzentration (mit Hilfe empirisch ermittelter Algorithmen oder Inversionen einfacher Strahlungsübertragungsgleichungen) aus dem rückgestreuten Strahlungsfeld unter Verwendung einfacher Parameter bestimmen: aus dem Reflexionsgrad eines Spektralbereiches oder aus dem Verhältnis der Reflexion zweier Spektralbereiche.

2.) Nur im niedrigen Konzentrationsbereich ruft eine Konzentrationsänderung eine entsprechend große Signaländerung hervor. Bei hohen Konzentrationen wird die prozentuale Signaländerung zunehmend geringer. Um absolute Meßwerte abzuleiten, müssen daher die Parameter des Strahlungsfeldes sehr exakt ermittelt werden. Da die notwendige Genauigkeit in der Regel nicht erreicht wird, sollten aus dem Meßsignal nur Konzentrationsbereiche und -größenordnungen abgeleitet werden.

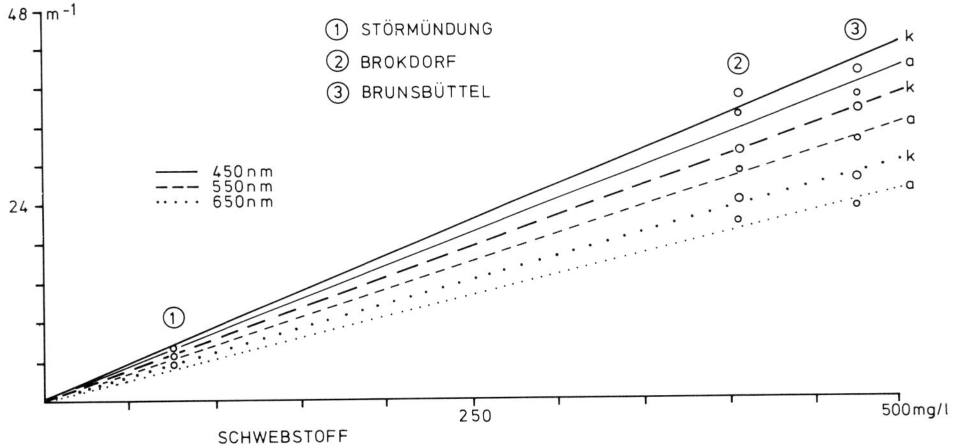

Abb. 49 Absorption (a) und Attenuation (k) in Abhängigkeit von der Schwebstoffkonzentration. Die dargestellten Punkte sind Mittelwerte von Verdünnungsreihen. Die Proben wurden an 3 Uferstellen der Elbe entnommen. Messungen in der Spiegelkuvette (nach DOERFFER 1979).

3.) In Gegenwart mehrerer absorbierender und streuender Substanzgruppen ist die eindeutige Zuordnung eines Parameters zu der Gegenwart und Konzentration nur dann möglich, wenn sich die Konzentrationsschwankungen der anderen Substanzen in geringen Grenzen halten. Von den Substanzen des Elbe-Ästuars ließ sich diese einfache Zurodnung einzig für den Schwebstoff durchführen. In seiner Konzentrationsabschätzung kann der Parameter R (λ = 650 nm) als unabhängig von den Schwankungen der Gelbstoff- und Planktonkonzentrationen gelten, der Parameter Rt (650/550 nm) nur bei einem hohen Konzentrationsverhältnis Schwebstoff zu Gelbstoff.

4.) Die ausschließlich qualitative Erkennung einer Substanzgruppe aus einem Gemisch ohne Berücksichtigung der Konzentration ist in der Regel nicht möglich, denn Gegenwart und Konzentration der drei untersuchten Substanzgruppen (Gelbstoff, Schwebstoff, Phytoplankton) bestimmen immer zusammen das rückgestreute Strahlungsfeld. Für die Bestimmung mehrerer Substanzen ist daher eine Spektralanalyse unumgänglich.

5.) Die spektrale Signaltiefe und die Eindringtiefe der Strahlung lassen sich berechnen, wenn die Konzentrationen und Koeffizienten aller absorbierenden und streuenden Substanzen bekannt sind. Sie gelten dann unter der Annahme vertikaler Homogenität, wenn nicht ein geschichteter Ozean in die Rechnung eingeführt wird. Ihre Ableitung aus dem rückgestreuten Strahlungsfeld hat die exakte Konzentrationsbestimmung zur Voraussetzung" (DOERFFER 1979).

Die Aussagesicherheit über die Art der auftretenden Substanzen und ihre Konzentration wird beeinträchtigt, wenn die Substanzen in der Wassersäule nicht homogen verteilt sind, der Meeresboden innerhalb einer optischen Tiefe liegt, in der er durch seine Reflexion zum Signal beitragen kann, innerhalb des Aufnahmegebietes die optischen Koeffizienten der Substanzen pro Konzentrationseinheit schwanken. Aus den Ergebnissen seiner Untersuchungen im Elbe-Ästuar folgert DOERFFER (1978): „Die Fernerkundung von Substanzen der oberflächennahen Wasserschicht ist ohne die genaue Kenntnis von Arten und Konzentrationsbereichen der Substanzen, ihrer Verteilung in der Wassersäule und ihrer optischen Koeffizienten nicht möglich."

DOERFFER (1979) hat auch die Eignung von Landsat-Aufnahmen für die Fernerkundung von Schwebstoffen am Beispiel einer Aufnahme aus der Deutschen Bucht untersucht. Ausgewertet wurden Aufnahmen der Kanäle 5 und 4 (0,5–0,6 µm bzw. 0,6–0,7 µm) des Multispektral-Scanners von Landsat 2.

Über die Art der Schwebstoffe in der Deutschen Bucht lagen keine Informationen vor, da zur Zeit der Überfliegung keine in situ-Messungen vom Schiff aus durchgeführt wurden. Ein Hinweis, daß die Grauwerte bzw. Grauwertunterschiede der Landsat-Aufnahmen tatsächlich Schwebstoff-Felder repräsentieren, ergibt sich aus der niedrigen Reflexion, die die Ostsee in der untersuchten Aufnahme entsprechend ihrem weitaus geringeren Schwebstoffgehalt zeigt. Nach den Erfahrungen von vielen in situ-Messungen sollte der Schwebstoff im Bereich des Elbe-Ästuars vorwiegend aus anorganischem

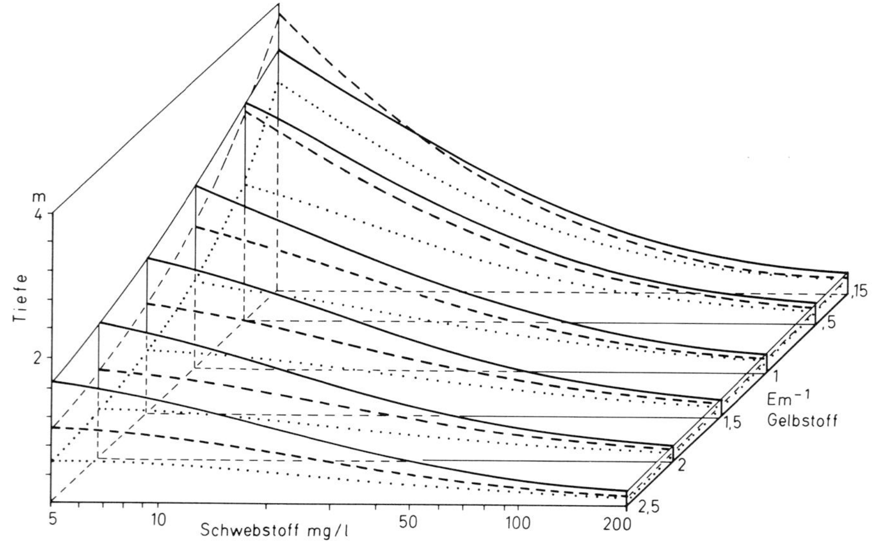

Abb. 50 Berechnete Signaltiefe Z_{99} in Abhängigkeit von der Schwebstoff- und Gelbstoffkonzentration. Die Abbildung zeigt die Tiefe, aus der 99% der an der Wasseroberfläche gemessenen Rückstreuung stammt. Das Wasser enthält eine Phytoplanktonkonzentration, die 50 µg/l Chlorophyll entspricht (Skeletonema). — 650 nm, – – – 550 nm, • • • 450 nm (nach DOERFFER 1979).

Material bestehen. Die quantitative Interpretation basierte auf den auf Magnetband aufgezeichneten digitalen Meßwerten (Helligkeitswerte) der einzelnen Bildpunkte (Pixel). Die Bildverarbeitung erfolgte am Dibias-System der DFVLR, Oberpfaffenhofen. Über verschiedene Verarbeitungsschritte wurden ermittelt: die Reflexion in den Teilspektren von MSS 4 und MSS 5 und das Spektralverhältnis MSS 4/MSS 5. Alle drei Parameter gaben die relative Schwebstoffverteilung in gleicher Weise wieder. In der Darstellung der Spektralverhältnisse und der Reflexion in MSS 5 sind stärkere Trübungszonen deutlicher wiedergegeben. MSS 4 gibt dagegen die Abstufung im niedrigeren Konzentrationsbereich mit feiner Auflösung wieder. Die Berechnung der Schwebstoffkonzentration aus den Reflexionsdaten von MSS 5 erfolgte unter Annahme konstanter mittlerer Gelbstoff- und Phytoplankton-Konzentrationen und der Berücksichtigung der atmosphärischen Bedingungen zur Zeit des Überfluges. Die für die Äquidensitenstufen errechneten Konzentrationsbereiche stimmten gut mit den aus früheren Befliegungen und in situ-Messungen ermittelten Konzentrationen des Schwebstoffs überein.

SYDOR (1976) untersuchte am Beispiel des Lake Superior, inwieweit die Grautönungen des Seewassers in Landsat-Aufnahmen mit Änderungen der Schadstoff- und Sedimentkonzentration im südwestlichen Seebereich korrespondieren. Er verglich bei Bootsmessungen an repräsentativen Punkten ermittelte Daten der Sedimentkonzentration mit den Grautonabstufungen korrespondierender Wasserkörper im Satellitenbild. Ein Ergebnis seiner Untersuchungen ist die Abb. 51, die von grundsätzlicher Bedeutung für die Problematik der quantitativen Auswertung der Spektraldaten von Gewässern sein dürfte. Sie zeigt zunächst, wie sich die Reflexionseigenschaften zweier sedimentführender Wassertypen in Abhängigkeit von der Wellenlänge ändern. Beide Wassertypen, das industriell verschmutzte Hafenwasser und das Seewasser, das aus Erosionsprozessen an der Südküste stammende rote Tonpartikel führt, reflektieren im Blau-Grün stärker als im Rot und im nahen Infrarot. Darüber hinaus zeigt die Abb. 51, daß gleich starke Konzentrationen (mg/l) von Suspensionen unterschiedlicher Stoffe in den Spektralaufnahmen der Kanäle 4, 5 und 6 des Landsat-MSS jeweils fast identische Spektralsignaturen haben können. Das zeigt der Verlauf der beiden Kurven für Sedimentkonzentrationen von 3,2 mg/l. Die Unterschiede im Spektralverhalten der beiden unterschiedlichen Suspensionen sind zu gering, um aus den Scannerdaten die Materialunterschiede der Partikel ermitteln zu können. Entsprechendes gilt für den Vergleich der Spektraldaten der Suspension höherer Konzentration. Etwa im Überlappungsbereich der Kanäle 5 und 6 (um 0,6 μm) überschneiden sich die beiden Kurven. Hier sind die spektralen Reflexionseigenschaften der beiden unterschiedlichen Suspensionen gleicher Konzentration gleich. Im Kanal 4 liegen die Reflexionswerte der beiden 3,2 mg/l-Suspensionen und der 12 mg/l-Konzentration des verschmutzten Hafenwassers so dicht beieinander, daß keine Unterscheidungen des Typs

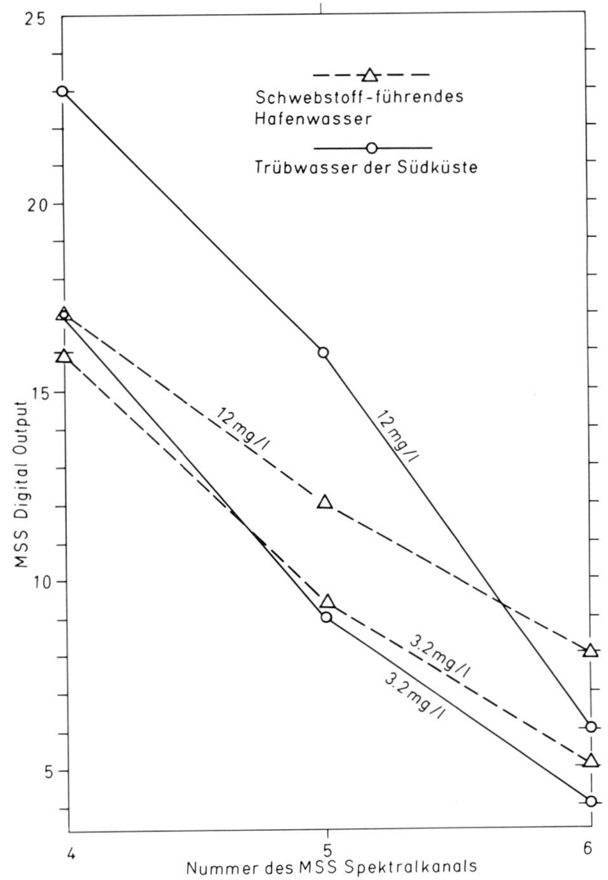

Abb. 51 Das spektrale Reflexionsverhalten von Gewässern des Lake Superior bei unterschiedlicher Schwebstoffart und unterschiedlichen Schwebstoffkonzentrationen. Nach Landsat MSS-Daten (nach SYDOR 1976).

und der Konzentration der erfaßten Wasserkörper möglich sind. Gegen diese Werte setzt sich die Spektralsignatur des höher konzentrierten sedimentführenden Küstenwassers dagegen im Kanal 4 deutlich ab. Im Kanal 6 setzen sich die Reflexionswerte der vier Suspensionstypen klarer, wenn auch mit geringen Unterschieden der Strahlungsintensität voneinander ab. Die Daten dieser schematisierten Darstellung zeigen, wie problematisch und irreführend die Korrelation spektraler Fernerkundungsdaten mit sedimentführenden Wasserkörpern sein kann. Auch SCHERZ & VAN DOMELEN (1975) weisen auf die Problematik der Beziehungen zwischen der Farbe des Wassers bzw. dem Trübungsgrad und der Menge des in Suspension befindlichen Materials hin. So könnten z.B. einige wenige Partikel eines dunklen Materials wesentlich weniger auffallende Energie zurückstrahlen als eine große Zahl sehr feiner weißer Partikel gleichen Gesamtgewichts (mg/l). Andererseits zeigen die Autoren auch, daß in Seen auftretende Trübstoffe und Sedimente durchaus materialbezogene spezifische Spektraleigenschaften haben, die zu ihrer Identifizierung in Fernerkundungsdaten genutzt werden können.

Die bisherigen Erfahrungen zeigen, daß die Ableitung qualitativer und quantitativer Informationen über Substanzen im Wasser und deren Konzentration aus Multispektral-Scanner-Daten möglich ist. Dabei müssen die von der Grenzfläche Wasser/Luft, vom Meeresboden und aus der Atmosphäre stammenden Strahlungsanteile am vom Sensor erfaßten Spektralsignal berücksichtigt werden. Die Erfahrungen zeigen auch, daß an die Genauigkeit der Rückstreuung hohe Ansprüche gestellt werden müssen, wie auch hohe Anforderungen an Verfahren zur Vermeidung und Korrektur der beiden Rauschquellen Fresnelsche Reflexion an der Grenzschicht Wasser/Luft und Streustrahlung der Atmosphäre (DOERFFER 1978). Die Anforderungen, die sich aus den genannten Problembereichen an den Einsatz von Multispektral-Scannern ergeben, sind nach DOERFFER (Zitat):

„a) Zur Auswahl der Auswerteverfahren muß das Untersuchungsgebiet hinsichtlich folgender Parameter untersucht werden:
– Art der streuenden und absorbierenden Substanzen und Zusammenfassung in optisch einheitliche Gruppen
– Variation ihrer optischen Koeffizienten pro Konzentrationseinheit
– die im Untersuchungsgebiet auftretende Konzentrationsspanne
– die vorherrschende Vertikalverteilung bis zu einer optischen Tiefe $kz = 2{,}3$ (k = Attenuationskoeffizient für die Bestrahlung, z = Tiefe in m).

b) Während der Befliegung müssen zur Korrektur der Rauschgrößen registriert werden:
– Sonnenstand
– Bewölkung (Einfluß auf Einstrahlungsgeometrie; an der Grenzfläche reflektierte Wolkenstrahlung)
– Aerosolverteilung (Modifikation der atmosphärischen Streustrahlung)
– Wind (Modifikation des Neigungsspektrums der Oberflächenwellen und damit ebenfalls der Einstrahlungsgeometrie unter Wasser).

c) Beim Einsatz eines Multispektral-Scanners ist Wert darauf zu legen, daß der Reflexionsgrad $R(\lambda)$ so exakt wie möglich bestimmt wird; für die Meßstrategie sind daher die folgenden Punkte zu beachten:
– Vermeidung von Meßwinkeln, bei denen die reflektierte direkte Sonnenstrahlung erfaßt wird
– Vermeidung großer Beobachtungswinkel, bei denen der Anteil reflektierter diffuser Strahlung groß ist und der Weg durch die Atmosphäre lang wird
– Vermeidung unklarer Einstrahlungsverhältnisse (entweder Flug bei wolkenlosem Himmel oder bei vollständig bedecktem Himmel)
– Vermeidung eines hohen Streuanteils durch Wahl einer niedrigen Flughöhe
– bei Hochbefliegung ist eine genaue Bestimmung des Streulichtanteils am Signal erforderlich."

3.5.8 Zum Spektralverhalten von Gewässern im Infrarot-Spektrum

Zu den langwelligen Anteilen des Lichtspektrums hin nimmt die Absorption einfallender Sonnenstrahlung durch Wasser relativ schnell zu (s. Abb. 52). Die Eindringtiefe der Sonnenstrahlung nimmt mit zunehmender Wellenlänge ab. Schon im nahen Infrarot wird einfallende Sonnenstrahlung von klarem See-, Fluß- oder Meerwasser fast völlig absorbiert, so daß Oberflächenwässer in schwarzweißen Infrarot-Luftbildern schwarz wiedergegeben sind. Schwarzweiß-Infrarot-Film, mit Rotfilter aufgenommen, um die Strahlung kürzerer Wellenlängen auszufiltern, registriert Strahlung im Bereich von 0,7–0,9 μm. Besonders in Spektralaufnahmen, die in eng begrenzten Wellenlängenintervallen des eigentlichen nahen Infrarot mit multispektralen Scannern aufgenommen werden, z.B. in Aufnahmen der Kanäle 6 (0,7 bis 0,8 μm)

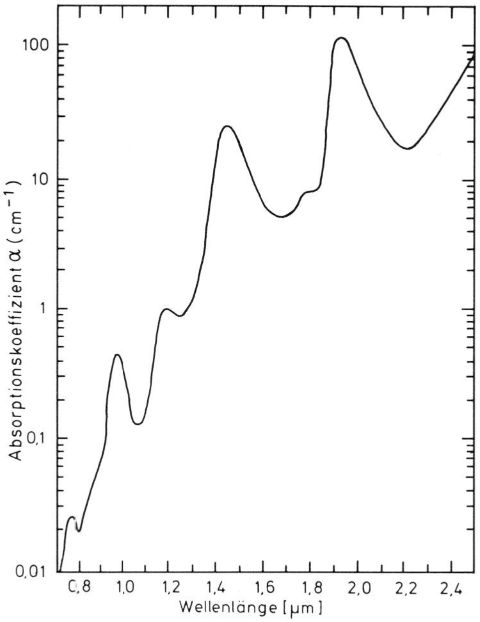

Abb. 52 Das spektrale Absorptionsverhalten von reinem Wasser im Infrarot-Spektrum. (Nachgedruckt mit Erlaubnis des Herausgebers aus: „Optical Oceanography" by N.G. JERLOV, Copyright© 1968 by Elsevier Science Publishing Co.)

und 7 (0,8 bis 1,1 μm) des MSS der Landsat-Satelliten 1–3 setzen sich klare und nur schwach getrübte See-, Fluß- und Küstengewässer mit schwarzer Farbe scharf gegen die angrenzenden Landflächen ab. Dieser Effekt wird in der Fernerkundung für kleinräumige und großräumige Kartierungen der Land/Wasser-Grenze an Seen, Flüssen und Küsten auch für aktuelle Bestandsaufnahmen von Überschwemmungsgebieten genutzt.

Von stark Schwebstoff-führenden Gewässern kann die einfallende Sonnenstrahlung in den Wellenlängen des nahen Infrarot noch reflektiert werden. Allerdings ist die Eindringtiefe für Strahlung dieser Wellenlänge schon so stark reduziert, daß die Spektralsignale stark sedimentführender Wässer, z.B. in Aufnahmen der Kanäle 6 und 7 der Landsat-Satelliten, wohl nur aus den oberesten 5 cm der Wassersäule stammen dürften.

Im Thermal-Infrarot (8–14 μm) verhält sich Wasser ähnlich wie ein schwarzer Körper, der alle einfallende Strahlung absorbiert und dessen ausgesandte Strahlung von der Temperatur des strahlenden Körpers abhängt. Hier im Thermal-Infrarot ist die Emissivität von Wasser am stärksten. Reflektierte Solarstrahlung bzw. Himmelsstrahlung ist nur bis zu Wellenlängen von etwa 3,5 μm in gewissem Umfang beteiligt. Scanner-Aufnahmen oder Radiometermessungen aus Flugzeugen und Satelliten erfassen im 8–14 μm-Spektrum nur noch die vom Wasser emittierte Strahlung, deren Intensität mit der Temperatur des Wasser variiert.

Diese Beziehung zwischen der ausgesandten Strahlung und der Wassertemperatur wird für die Fernerkundung der Temperaturverteilung in Seen, Flüssen, Küstengewässern und Ozeanen genutzt. Dabei wird das See- oder Meerwasser als Graukörper angesehen, dessen spektrale Emissivität bekannt ist, so daß die Meßwerte der spektralen Strahlung in einem bestimmten Wellenlängenintervall nach Korrekturen in Daten der Oberflächentemperatur der erfaßten Gewässerbereiche umgesetzt werden können. Sind solche quantitative Auswertungen der Thermal-Scanner-Daten von Gewässern vorgesehen, werden während der Datenaufnahme Referenzdaten aus Eichstrahlern mitregistriert. Auch können zur Eichung der Scannerdaten während der Befliegung Radiometermessungen vom Flugzeug oder vom Boot aus durchgeführt werden.

Bei der Auswertung der vom Thermal-Scanner oder vom Radiometer erfaßten Emissionsdaten ist zu berücksichtigen, daß diese Daten nur aus der obersten Schicht des erfaßten Gewässers stammen, denn die Eindringtiefe für Strahlung mit einer Wellenlänge von 8–14 μm liegt bei etwa 2 μm. Gemessen wird daher praktisch die Temperatur der Wasseroberfläche. Diese oberste dünne Wasserschicht im Grenzbereich Wasser/Luft unterliegt jedoch dem Einfluß der jeweiligen meteorologischen Bedingungen. Sie hat daher nicht die gleiche Temperatur wie die unterliegende Wasserschicht. Der Temperaturunterschied zur unterliegenden Schicht – deren thermometrische Temperatur bei Bootsmessungen erfaßt wird – kann 1–2 K betragen, liegt im allgemeinen aber bei 0,5–1,0 K. Diese Temperaturdifferenz ist das Ergebnis des komplexen Energieaustausches, der zwischen der obersten Wasserschicht und der überlagernden Atmosphäre stattfindet. Dabei erfolgt der Wärmeaustausch durch Strahlung und durch Konvektion. Auch durch Verdunstung bedingte Abkühlung der obersten Wasserschicht ist beteiligt. Die entscheidende Variable ist nach SAVIGEAR et al. (1975) die Temperaturdifferenz zwischen Wasser und Luft. Durch Strömungen und Turbulenzen kann die Temperaturschichschichtung der obersten Wasserschicht gestört sein. Hierauf beruht unter anderem die Möglichkeit zur Erfassung von Bewegungs- und Mischungsvorgängen von Wasserkörpern in Thermal-Scanner-Aufnahmen. Die Kartiermöglichkeiten hängen unter anderem von der Temperaturauflösung des eingesetzten Scanners ab. Bei flächigen Kartierungen mit Thermal- oder Multispektral-Scannern sind Temperaturunterschiede von 0,1 K noch registrierbar. Die absolute Meßgenauigkeit von Radiometern beträgt zur Zeit bestenfalls 0,5 K.

Das vom Wasser emittierte Spektralsignal wird auch im Thermal-Infrarot-Spektrum durch Interaktionen mit der Atmosphäre abgeschwächt und durch Emission der Atmosphäre beeinflußt. Dies gilt besonders, wenn Aufnahmen oder Messungen im Thermal-Infrarot von Satelliten aus durchgeführt werden. Hier spielt besonders der Wasserdampfgehalt der Atmosphäre eine große Rolle. Durch die simultane Messung der IR-Emission in 2 benachbarten Kanälen im 10–13 μm-Fenster (z.B. durch Satellit NOAA 7 AVHRR) kann die Atmosphärenkorrektur entscheidend verbessert werden.

4 Aufnahmeverfahren und Aufnahmeplattformen der Fernerkundung

4.1 Photographische Verfahren

Multispektralphotographie, Skylab: S 190 A und B, Spacelab: Metric Camera

Die in den vorhergehenden Abschnitten dargestellten Daten haben gezeigt, daß das Spektralverhalten von Gesteinen, Böden, Pflanzen und Gewässern wellenlängenabhängig ist, daß bestimmte Materialien auffallende Lichtstrahlung in speziellen, oft typischen Teilspektren besonders stark reflektieren oder absorbieren und daß die Unterschiede im Reflexions-/Absorptionsverhalten verschiedener Materialien oder des gleichen Materials bei unterschiedlichem Zustand (z.B. trocken, feucht) in bestimmten Teilspektren besonders ausgeprägt sind. In diesen Teilspektren liefern die verschiedenen Materialien daher Spektralsignale, die von der Fernerkundung zur Material-Unterscheidung, -Abgrenzung und in günstigen Fällen auch zur Materialerkennung genutzt werden können. Entscheidend ist hierfür allerdings, daß das zu kartierende oder zu beurteilende Gelände in jenen Teilspektren aufgenommen wird, in denen interessierende Gesteins-, Boden-, Vegetationsarten und Gewässer maximale Unterschiede ihres Reflexions-/Absorptionsverhaltens aufweisen.

Der bei Standard-Bildbefliegungen eingesetzte panchromatische Luftbildfilm (Schwarzweiß mit vorgesetztem Gelb- oder Orange-Filter) erfaßt die von den Geländeobjekten reflektierte Lichtstrahlung in einem relativ breiten Spektrum (ca. 0,5–0,9 μm). Durch Vorsatz anderer farbiger Lichtfilter erreicht man, daß Lichtstrahlung eines enger begrenzten Wellenlängenintervalls auf den Film gelangt. Dadurch kann der Grautonkontrast zwischen unterschiedlichen Geländeeinheiten oder -objekten und damit deren Unterscheidbarkeit im Bild verstärkt werden. Welches Wellenlängenintervall für kontrastreiche Darstellungen bestimmter Geländeobjekte oder Geländezustände besonders geeignet ist, wird vom spektralen Reflexionsverhalten der Materialien abhängen, die im Aufnahmegebiet nebeneinander auftreten und im Bild herausgestellt, von anderen unterschieden und gegen andere Materialien abgegrenzt werden sollen. Diese Problematik soll in der Abb. 53 verdeutlicht werden. Sie zeigt Multispektral-Aufnahmen von 6 Gesteinshandstücken unterschiedlichen Typs. Um beim Kopierprozeß eine einheitliche Belichtung der Einzelbilder zu erreichen, wurden ein Graukeil und eine Graukarte mitphotographiert. Die unterhalb des Graukeils liegende Repro-Farbkarte soll der Verdeutlichung des jeweils erfaßten Spektralbereiches dienen.

Abb. 53a zeigt, wie die einzelnen Gesteinsarten wiedergegeben werden, wenn sie mit panchromatischem Schwarzweißfilm ohne Filter aufgenommen werden. Von erkennbaren Texturunterschieden der Gesteine abgesehen, ist z.B. eine Unterscheidung zwischen Grauwacke (dunkelgrau) und Biotitporphyrit (rotbraun) bzw. zwischen Granitporphyr (rötlich-fleischfarben) und Propylit (mittelgrün, matt) kaum möglich, da sie gleiche oder sehr ähnliche Grautöne zeigen. Der Grauwert des Pantellerit (olivgrün, matt) entspricht fast demjenigen von Granitporphyr und Propylit. Lediglich der Quarzporphyr (hell-auberginenfarben) setzt sich mit hellerem Grauton gegen die übrigen Gesteinsarten ab. Trotz recht unterschiedlicher Eigenfarbe der Handstücke liegen also die Grauwerte von 5 verschiedenen Gesteinsarten recht nahe beieinander. Durch Vorsatz eines Blau-, Grün-, Rot- oder Gelbfilters und durch Verwendung von Schwarzweiß-Infrarotfilm mit vorgesetztem Rotfilter ändern sich die relativen Grautonunterschiede der 6 Gesteinsarten. Kontraststeigerungen werden möglich. Dabei werden Objekte, deren Eigenfarbe der Filterfarbe ähnlich ist, heller wiedergegeben. Die Komplementärfarbe wird stark unterdrückt. So setzen sich Granitporphyr und Propylit in den Bildern 53d und f besser gegeneinander ab als in den übrigen Bildern. Das gleiche gilt für Grauwacke und Biotitporphyrit. Der Grautonkontrast von Granitporphyr und Quarzporphyr ist in Abb. 53b am ausgeprägtesten. Pantellerit und Biotitporphyrit, deren Grauwerte im Bild 53f fast identisch sind, lassen sich in den Bildern 53c und e klar trennen.

Das Beispiel macht deutlich, daß Aufnahmen in ausgesuchten, enger begrenzten Spektralbereichen bessere Kontraste, mehr Informationen, eher auch materialbezogene Spektraldaten liefern als Aufnahmen mit panchromatischem Film ohne Filter. Um die spektralen Besonderheiten von Geländeobjekten besser erfassen und für die Bildinterpretation nutzen zu können, wurden daher multispektrale photographische Aufnahmeverfahren entwickelt. Hierbei wird zum Beispiel das gleiche Gelände gleichzeitig mit 4 Kameras aufgenommen. Jede Kamera hat eine spezielle

Abb. 53 Die Wiedergabe von unterschiedlichen Gesteinen in photographischen Aufnahmen, die mit wechselnden Filter/Film-Kombinationen aufgenommen wurden. a) Panfilm ohne Filter, b) Panfilm mit Blaufilter, c) Panfilm mit Grünfilter, d) Panfilm mit Rotfilter, e) Panfilm mit Gelbfilter, f) Infrarotfilm mit Rotfilter (nach GÜNTHER 1972).

Filter/Film-Kombination und zeichnet daher die vom Gelände kommende Strahlung jeweils nur in einem bestimmten, eng begrenzten Spektralbereich auf. Oft wird die Filter/Film-Kombination so gewählt, daß die vom Gelände reflektierte Strahlung im Blau, Grün, Rot und Infrarot auf SW-Film erfaßt wird. In diesem Fall stehen für die vergleichende Luftbildinterpretation also vier unterschiedliche Spektralaufnahmen des gleichen Gebietes zur Verfügung. Auch sind Kombinationen von Schwarzweiß-, Farb- und Farb-Infrarotfilm möglich.

Bei einer anderen Aufnahmeart wird das gleiche Gelände von einer Kamera mit 4 Objektiven aufgenommen, denen unterschiedliche Farbfilter vorgesetzt sind (Abb. 54). Für den Spektralbereich 440–925 nm stehen hier 40 Filter zur Auswahl. Sie ermöglichen Spektralaufnahmen in teils sehr eng begrenzten Teilspektren. Die 4 Spektralbilder des gleichen Aufnahmebereiches werden auf einem Film aufgenommen.

Abb. 54 Multispektralkamera Modell 10 (Prospekt Spectral Data).

Abb. 55 zeigt die in den sowjetischen SOJUS-Raumschiffen zur Erderkundung eingesetzte Multispektralkamera MKF-6 von VEB Carl Zeiss, Jena (s. auch Jenaer Rundsch., 6, 1977). Sie ist für die gleichzeitige Aufnahme von 6 Spektralbildern (6 Kassetten) ausgelegt. Das Bildformat liegt bei 55 x 81 mm. Vor den 6 Objektiven sind schmalbandige Farbfilter aus dem Bereich 480–840 nm montiert. Die Filter sind so ausgewählt, daß sich ihre Durchlaßbereiche nicht überdecken. Abb. 56 zeigt die spektrale Empfindlichkeit der in der MKF-6 eingesetzten Farb- und Farb-Infrarot-Filme sowie die Durchlässigkeit von 6 eingesetzten Farbfiltern.

Für die Betrachtung und Auswertung von multispektralen Bildsätzen stehen verschiedene Typen von Farbmischprojek-

Abb. 55 Multispektralkamera MKF-6 zur Aufnahme in 6 Spektralbereichen (Werkphoto Jenoptik Jena GmbH).

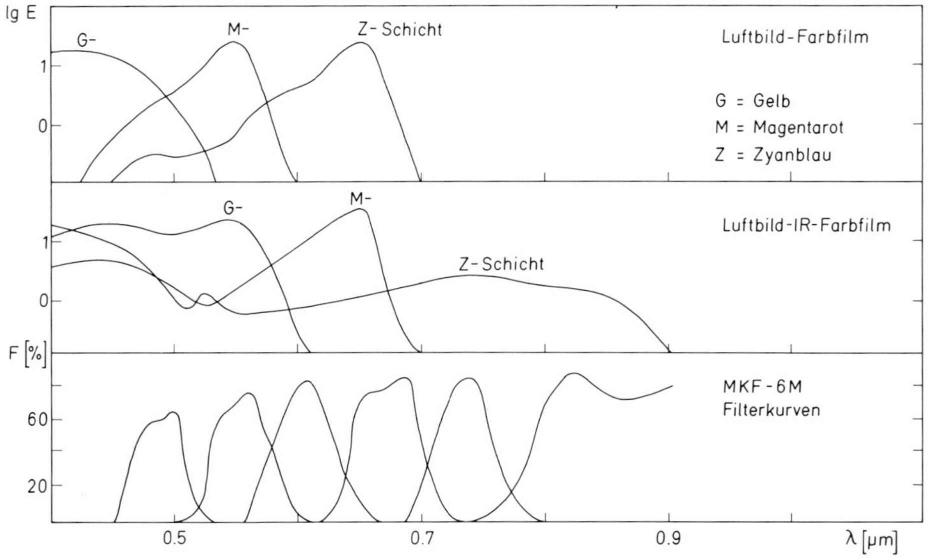

Abb. 56 Spektrale Empfindlichkeit der in der MKF-6 eingesetzten Farb- und Farb-Infrarotfilme und die Filterdurchlässigkeit der MKF-6 Farbfilter (nach BORMANN 1980).

toren zur Verfügung. Dabei können z.B. 3 schwarzweiße Spektralaufnahmen in Form von Diapositiven über entsprechende Farbfilter-Kombinationen additiv in Farbbilder, Farb-Infrarot- oder Falschfarbenbilder umgesetzt werden. Abb. 57 zeigt den für die visuelle Auswertung von Schwarzweiß-Aufnahmen der 6-Kanal-Multispektralkamera MKF-6 entwickelten Multispektralprojektor MSP 4. In ihm können bis zu 4 Spektralaufnahmen der MKF-6-Kamera mit hohem geometrischen Auflösungsvermögen und geringen Überdekkungsfehlern additiv zu einem Farbmischbild vereinigt werden, bei dem geringe relative Schwärzungsunterschiede des Aufnahmematerials in möglichst große Farbabstufungen des Mischbildes umgewandelt werden (nach Jenaer Rdsch., 6, 1977). Die manipulierbare Kontrastwirkung in der Darstellung des Bildinhaltes kann ein sehr nützliches Hilfsmittel für die thematische Bildauswertung (Kartierung) sein.

Abb. 58 zeigt ein Beispiel einer Multispektralaufnahme vom Flugzeug aus. Bei einem Versuchsflug der Hansa-Luftbild GmbH (Münster) wurden hier jeweils 3 Bilder des gleichen Bereiches mit einer ZEISS Kamera (MUK 8/2480 mm Brennweite) auf Infrarot-Luftbildfilm aufgenommen, mit Gelborange-Filter (550–620 nm), Dunkelrot-Filter (610 bis 720 nm) und Infrarot-Filter (700–920 nm). Der Bildmaßstab beträgt 1:7000. Vergleicht man die Wiedergabe bestimmter Geländeobjekte (Felder, Bewuchs, Gewässer) in den drei Spektralaufnahmen einer Reihe, so erkennt man, wie sich die Grauwerte gleicher Objekte und der Kontrast in der Wiedergabe unterschiedlicher Geländeobjekte bzw. von Materialien unterschiedlicher Beschaffenheit von einem Spektralbild zum anderen ändert, mit einer generellen Kontrastverstärkung zum Infrarotbild (rechte Bildreihe). Ausgeprägt sind die Hell-/Dunkel-Graukontraste von Wasser und Land, zwischen Flächen unterschiedlichen Bewuchses und von trockenen und nassen Böden.

Von bemannten Satelliten aus wurde die Multispektral-Photographie für die Erderkundung zum ersten Mal bei der APOLLO 9-Mission eingesetzt. In einem Fenster des Raumschiffes waren 4 Hasselblad 500 EL-Kameras (Standard ZEISS-Objektiv, f/2,8 80 mm Planar) montiert, die von den Astronauten per Hand ausgelöst wurden. Vier Film/Filter-Kombinationen wurden eingesetzt: Panatomic-X-Film mit Filter 25 A (Rot) und Filter 58 (Grün), Ektachrome-Infrarotfilm mit Filter 15 und Infrarot-Aerographic-Film mit einem Filter 89 B. Aufgabe des Experimentes SO 65 war es, die Eignung multispektraler photographischer Aufnahmen für die Erderkundung von Satelliten aus unter Aspekten der Geologie und einiger anderer Disziplinen zu testen. Es wurden Aufnahmen von repräsentativen Geländebereichen in verschiedenen Teilen der Welt gemacht, die vor der Mission ausgewählt wurden.

Abb. 59a–d zeigt einen Teilbereich der südlichen Appalachen in den 4 Spektralaufnahmen des SO 65-Experimentes. Die Wiedergabe des erfaßten Geländes und der Kontrast bestimmter Geländeobjekte variiert mit der jeweiligen Film/Filter-Kombination: a) Grün (0,47–0,61 μm), b) Rot (0,59–0,72 μm), c) nahes Infrarot (0,68–0,89 μm) und d) Falschfarbe (nahes Infrarot).

Die drei in den Jahren 1973 und 1974 von der NASA durchgeführten SKYLAB-Flüge galten der Erprobung von Sensoren zur Erderkundung. Im Vordergrund des Interesses

Abb. 57 Multispektralprojektor MSP 4C zur Wiedergabe von Farbmischbildern (Werkphoto Jenoptik Jena GmbH).

standen im Rahmen des EREP-Projektes (Earth Resources Experiment Package) Untersuchungen der Nutzungsmöglichkeiten multispektraler Aufnahmen hochauflösender Kamerasysteme für thematische Kartierungen und Bestandsaufnahmen. Eingesetzt wurde ein multispektrales Aufnahmesystem, bestehend aus 6 Kameras mit identischer Optik (Brennweite 15,2 cm, variable Blende f/2,8–f/16), aber jeweils unterschiedlicher Filter/Film-Kombination (Teilprojekt S 190 A) und eine einlinsige Kamera (Brennweite 45,7 cm, Blende f/4), Earth Terrain Camera genannt, die mit einer Einrichtung zum Bewegungsausgleich zur Kompensation der Vorwärtsbewegung des Raumschiffes bei der Aufnahme ausgerüstet war (Teilprojekt S 190 B). Für Vergleichsuntersuchungen nahm im Teilprojekt S 192 ein 13-Kanal-Multispektral-Scanner die Testgebiete simultan mit den photographischen Systemen auf. Zusätzlich lieferten Mikrowellen-Radiometer, Scatterometer und Altimeter Daten für Korrekturen und Korrelationen der übrigen Sensordaten (S 193 und S 194).

Einen Überblick über die Spektralbereiche und die Ausrüstung der in den verschiedenen Experimenten eingesetzten Sensoren gibt die Abb. 60. Die Flächendeckung der Skylab-Kameras im Vergleich zur Flächendeckung eines Standard-Luftbildes zeigt Abb. 61.

Die Bahnebene der Skylab-Flüge war um 50° gegen den Äquator geneigt. Die Flughöhe lag bei 435 km. Die Umlaufzeit betrug 93 Minuten. Alle 5 Tage flog Skylab auf der gleichen Spur. Bei den Skylab-Flügen 2, 3 und 4 wurden mehr als 35 000 photographische Aufnahmen von Testgebieten in den USA, in Südamerika, Afrika und Australien sowie in einigen südlichen Bereichen Europas und Asiens aufgenommen. An der Auswertung der Skylab-Daten waren in 164 Experimenten 148 Einzelpersonen und Arbeitsgruppen beteiligt, aus den USA und aus 19 anderen Ländern. Von den 164 Skylab-Experimenten befaßten sich mehr als ein Drittel mit geologischen und hydrologischen Fragestellungen. Die übrigen behandelten Nutzungsmöglichkeiten von Skylab-Daten für die Kartographie, die Raumplanung, für die Land- und Forstwirtschaft, die Ozeanographie und die Meteorologie. Im Rahmen einiger Experimente wurden auch Probleme der Datenverarbeitung untersucht, vor allem die Klassifizierungsmöglichkeiten multispektraler photographischer Daten. Die Ergebnisse der Skylab-Experimente sind beschrieben im „Skylab EREP Investigations Summary" (1978), das käuflich zu erwerben ist vom: Superintendent of Documents, US Government Printing Office, Washington D.C. 20402, USA (Stock No. 033-000-00741-8). Die Lage der von den photographischen und nicht-photographischen Sensoren erfaßten Bereiche der Erde und auch technische Daten der Sensorensysteme sind beschrieben im „NASA-Skylab-Earth Resources Data Catalog" (1974), ebenfalls unter der oben genannten Anschrift erhältlich (Stock No. 3300-00586).

Das multispektrale Kamera-System ermöglichte 6 simultane Aufnahmen desselben Geländebereiches in folgenden Spektralbereichen: 0,5–0,6 μm (Station 6), 0,6–0,7 μm (Station 5), 0,7–0,8 μm (Station 1), 0,8–0,9 μm (Station 2),

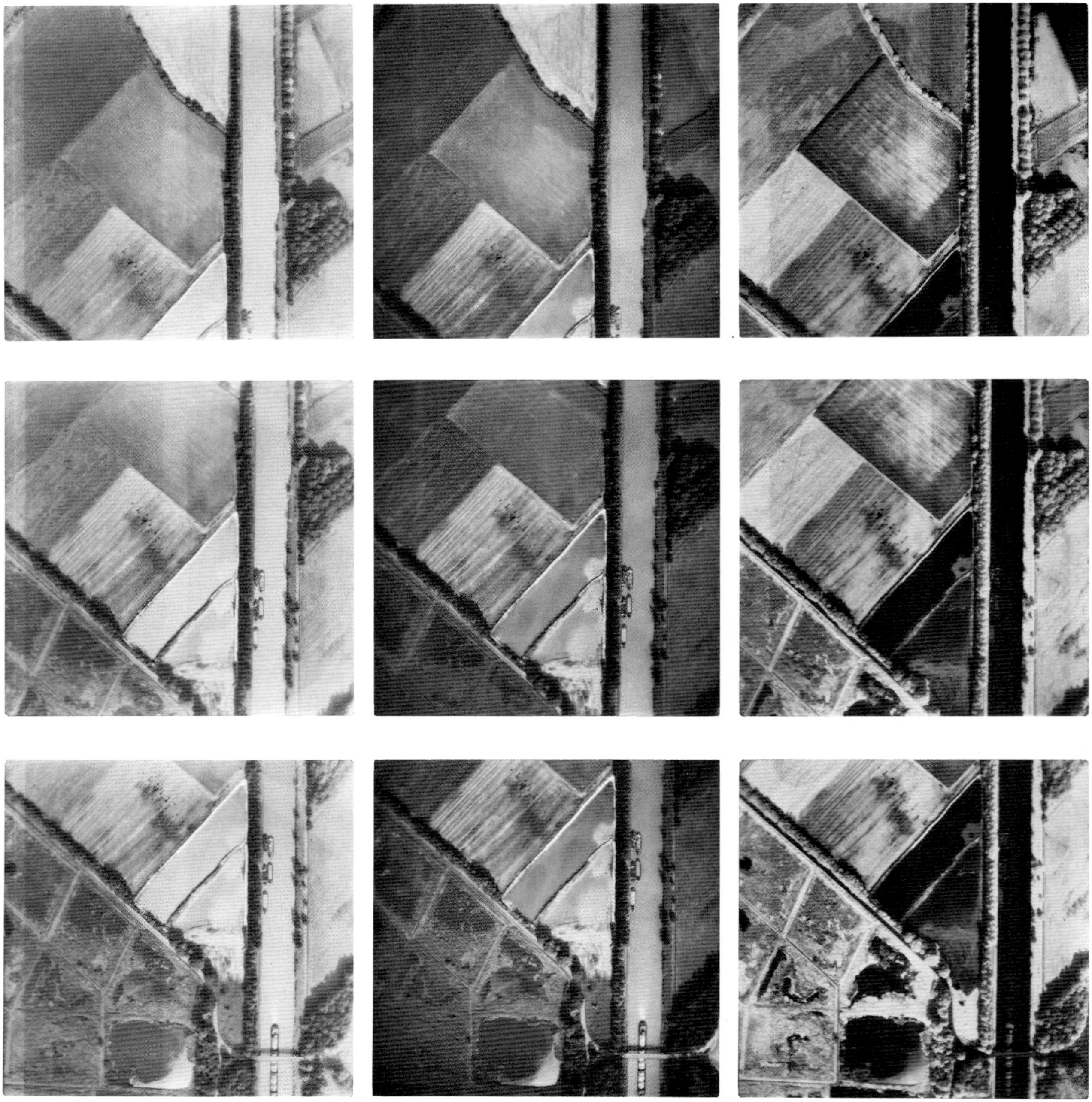

Abb. 58 Beispiel einer Multispektralaufnahme. Multispektralkamera MUK 8/24, Aufnahme: Hansa-Luftbild, Münster. Film: Kodak Infrared, Filter: gelborange (550–620 nm), dunkelrot (610–720 nm), infrarot (700–920 nm). Bildmaßstab ca. 1:7000 (Freig. Reg. Präs. Münster 3892/72).

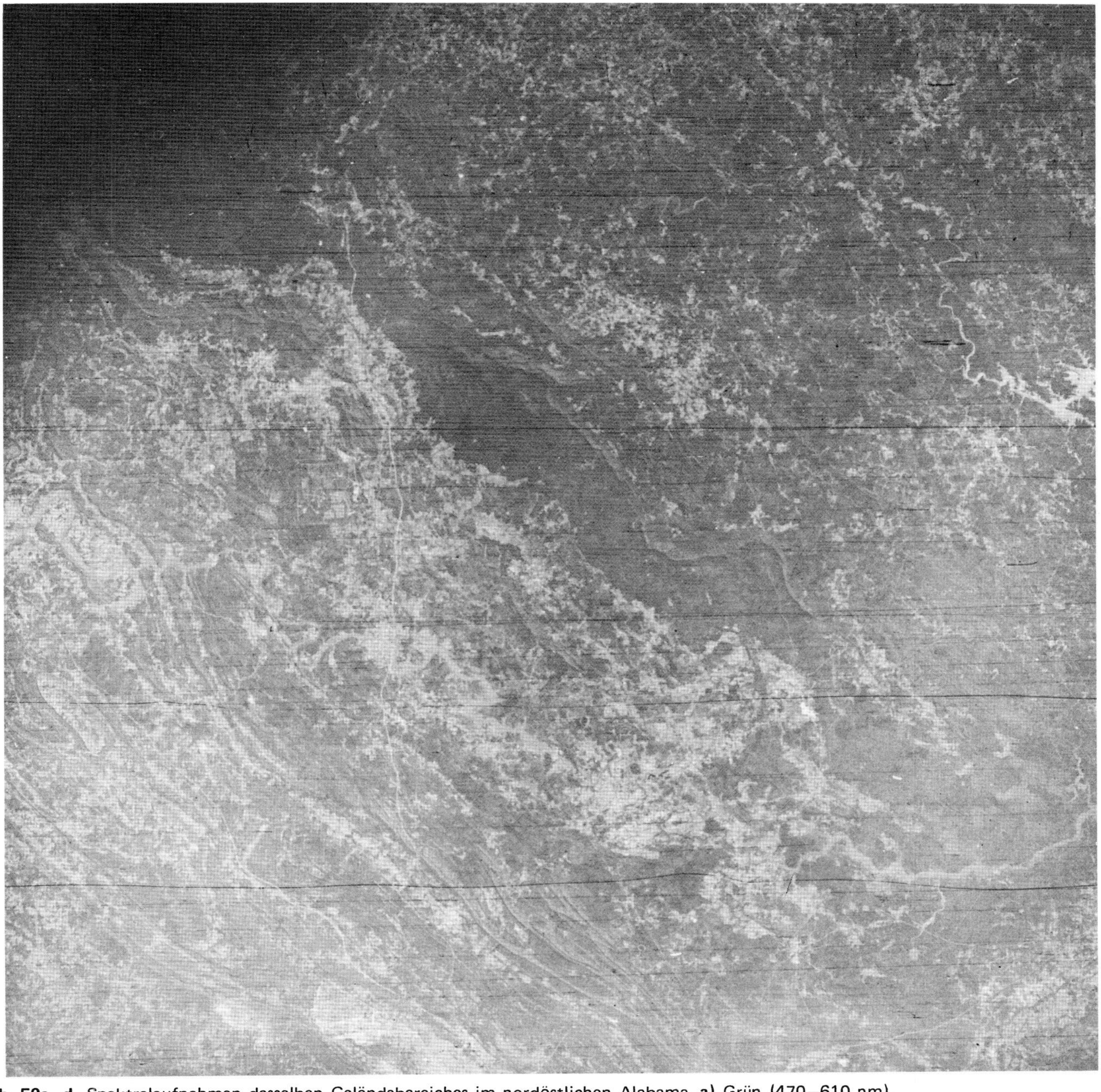

Abb. 59a–d Spektralaufnahmen desselben Geländebereiches im nordöstlichen Alabama. **a)** Grün (470–610 nm).

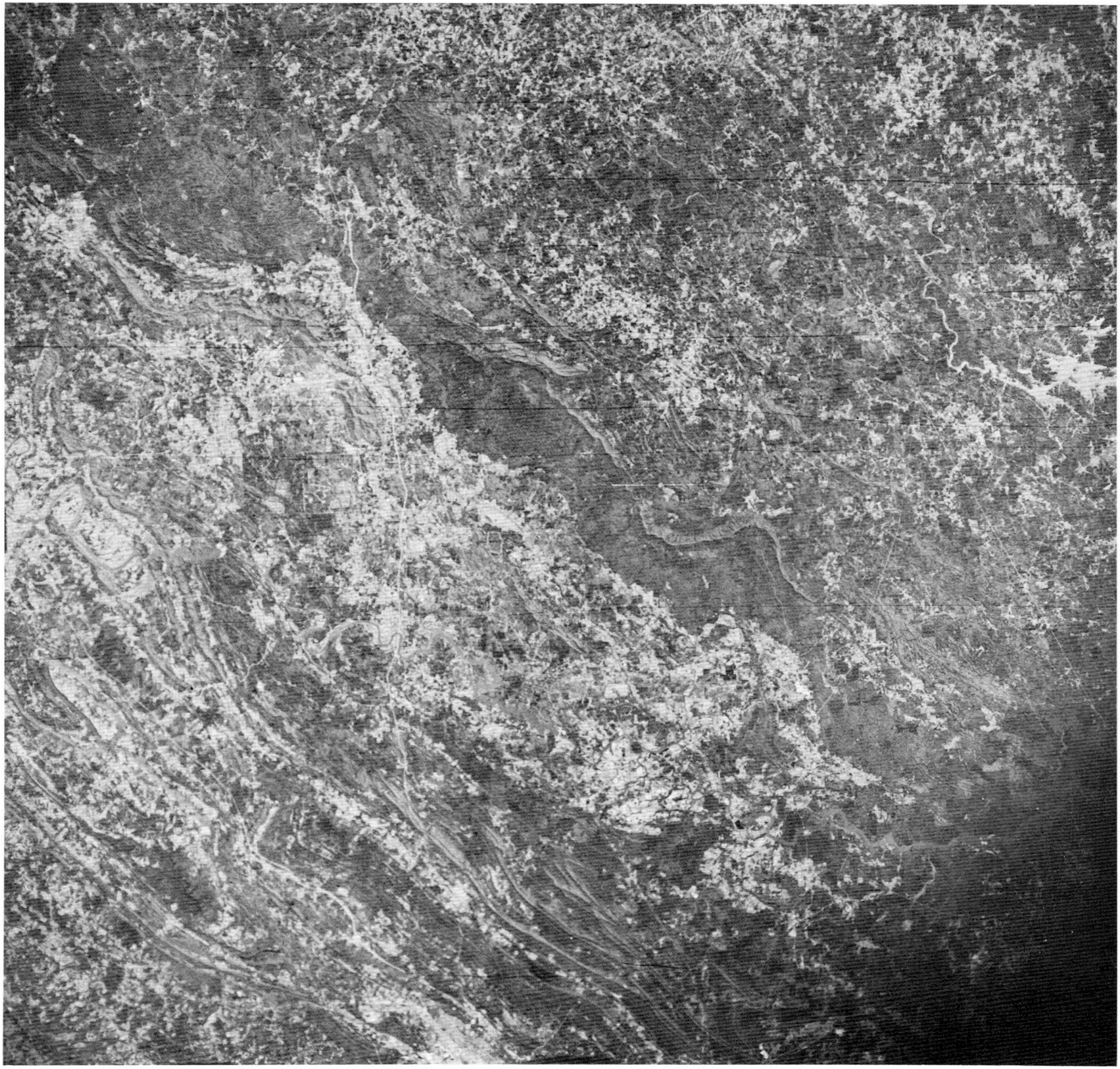

Abb. 59b Rot (590–720 nm) auf Panatomic X-Film.

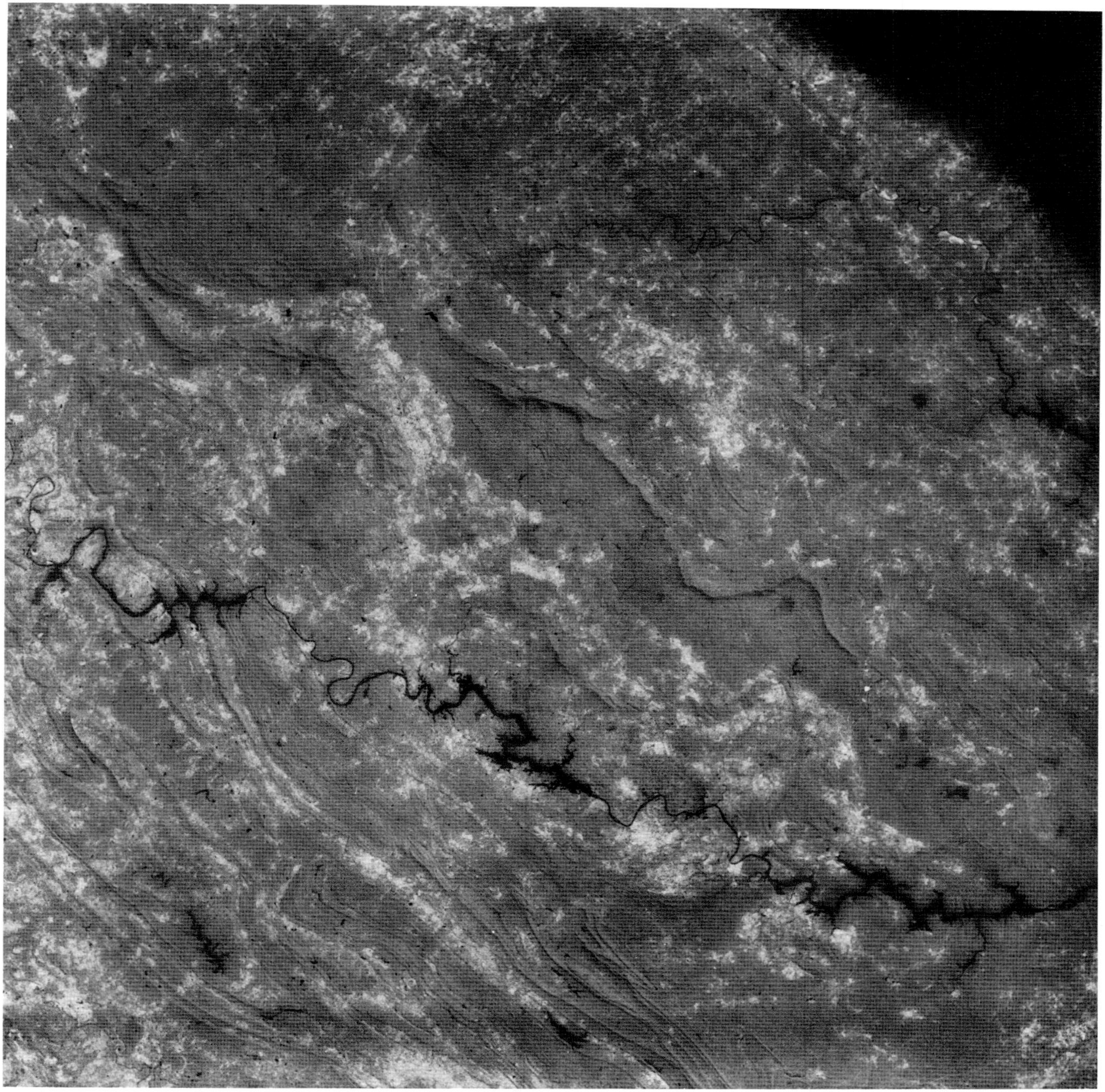

Abb. 59c Nahes Infrarot (680–890 nm) auf Ektachrome SW-IR-Film.

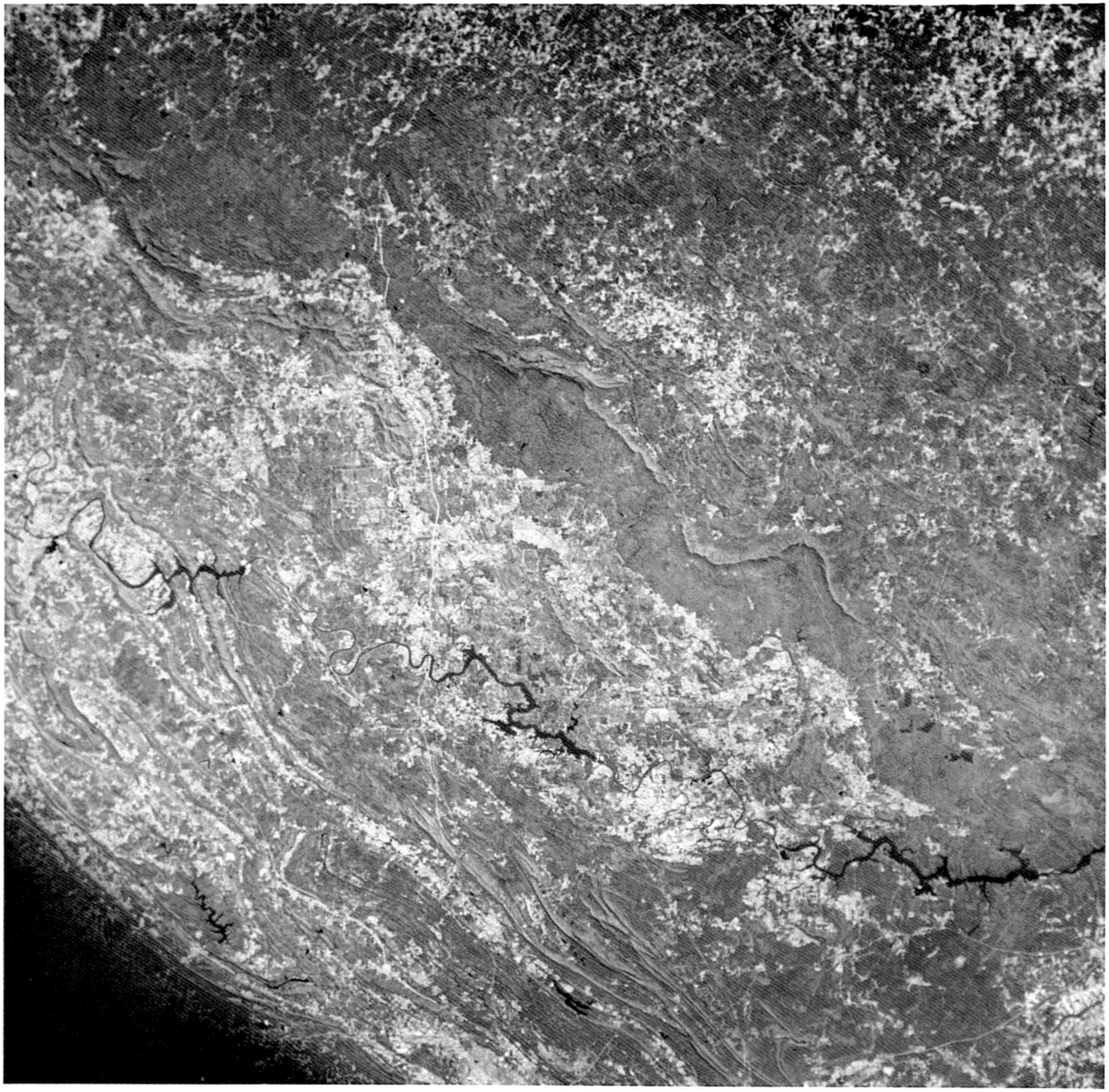

Abb. 59d Im Original Falschfarbenaufnahme (nahes Infrarot). a–d Bildmaßstab ca. 1:1 300 000 (NASA 9-26-3790 B, C, D).

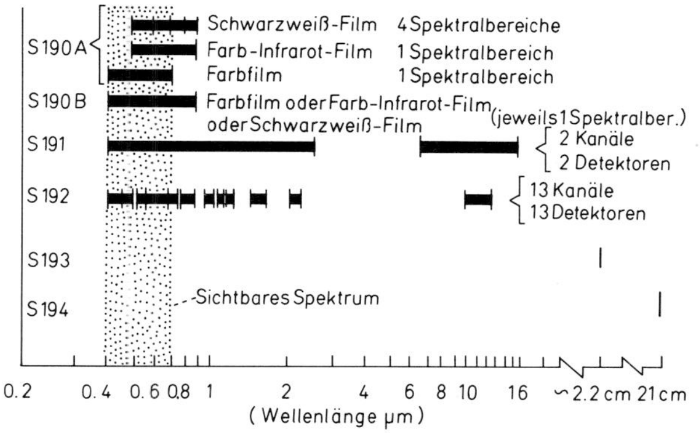

Abb. 60 Die im Rahmen des Earth Resources Experiment Package (EREP) bei Skylab-Missionen eingesetzten Sensoren und ihre Aufnahmespektren (nach NASA-Publikation).

0,4–0,7 μm (Station 4, Farbe), 0,5–0,88 μm (Station 3, Falschfarbe). Der von den einzelnen Kameras beim Aufnahmevorgang erfaßte Geländebereich umfaßt eine Fläche von 163 · 163 km. Der Originalmaßstab der im 2,2 · 2,2-inch- (= 5,58 · 5,58 cm) Format als Schwarzweiß-Negativ oder -Diapositiv bzw. als Farbdiapositiv erhältlichen S 190 A-Aufnahmen liegt bei 1:2 850 000 (s. Abb. 62). Vergrößerungen sind im 6,4 · 6,4-inch- (= 16,28 · 16,28 cm) Format (Maßstab 1:1 000 000) als Schwarzweiß-Negativ, -Diapositiv oder -Papierabzug bzw. als Farbdiapositiv oder Farbbild (Papier), im 12,8 · 12,8-inch- (= 32,51 · 32,51 cm) Format (Maßstab 1:500 000) als Schwarzweiß-Diapositiv oder -Papierbild bzw. als Farbbild erhältlich. Die räumliche Auflösung der Spektralaufnahmen ist eine Funktion der jeweiligen Filter/Film-Kombination. Aufnahmen der Stationen 1, 2 und 3 (auf Schwarzweiß- und Farb-Infrarot-Film) haben eine räumliche Auflösung von 73–79 m. Für Aufnahmen der Stationen 4 und 6 (auf hochauflösendem Farb- bzw. Schwarzweiß-Film) liegt die Auflösung bei 40–46 m und für Aufnahmen der Station 5 (auf hochauflösendem Schwarzweiß-Film) bei 30–38 m. Bei großer Flächendeckung haben die S 190 A-Aufnahmen also eine gute bis sehr gute räumliche Auflösung.

Die Earth Terrain Camera (S 190 B) konnte eine Geländefläche von 109 · 109 km in 4 Versionen aufnehmen: im Bereich 0,4–0,7 μm ohne Filter auf hochauflösendem Farbfilm (Bodenauflösung ca. 21 m), im Bereich 0,5–0,7 μm mit Minus-Blau-Filter auf hochauflösendem Schwarzweiß-Film

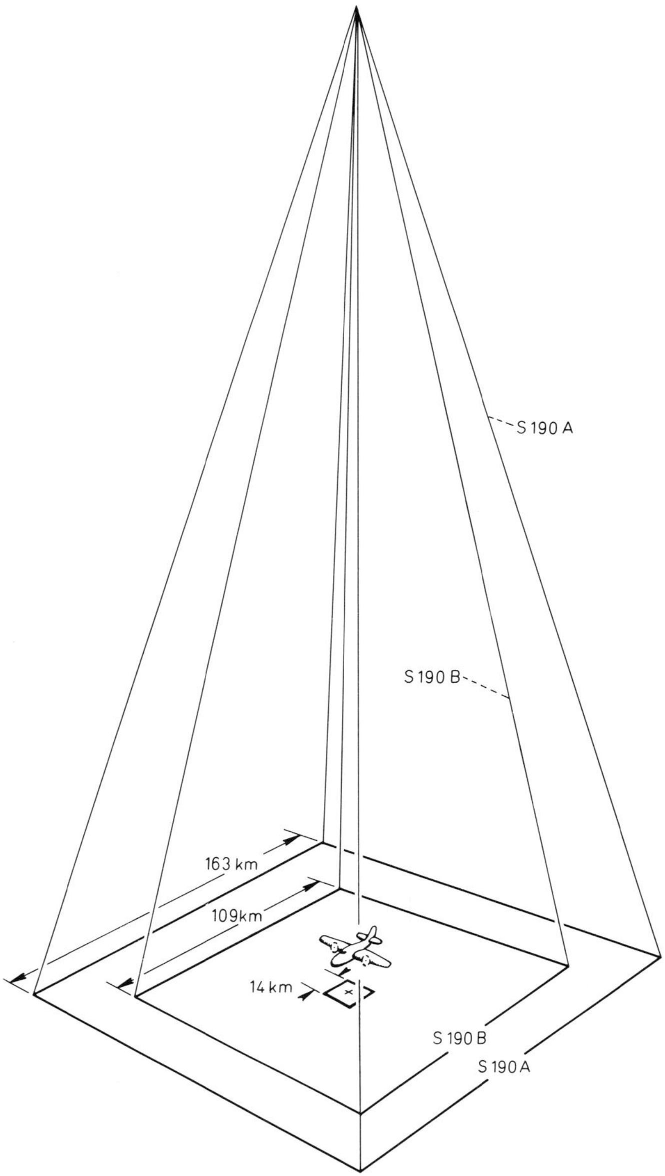

Abb. 61 Flächendeckung der photographischen Sensoren, die beim Skylab-Experiment S 190 A und S 190 B eingesetzt wurden. Die ungefähre Flächendeckung eines Standard-Luftbildes zum Vergleich (nach NASA-Publikation).

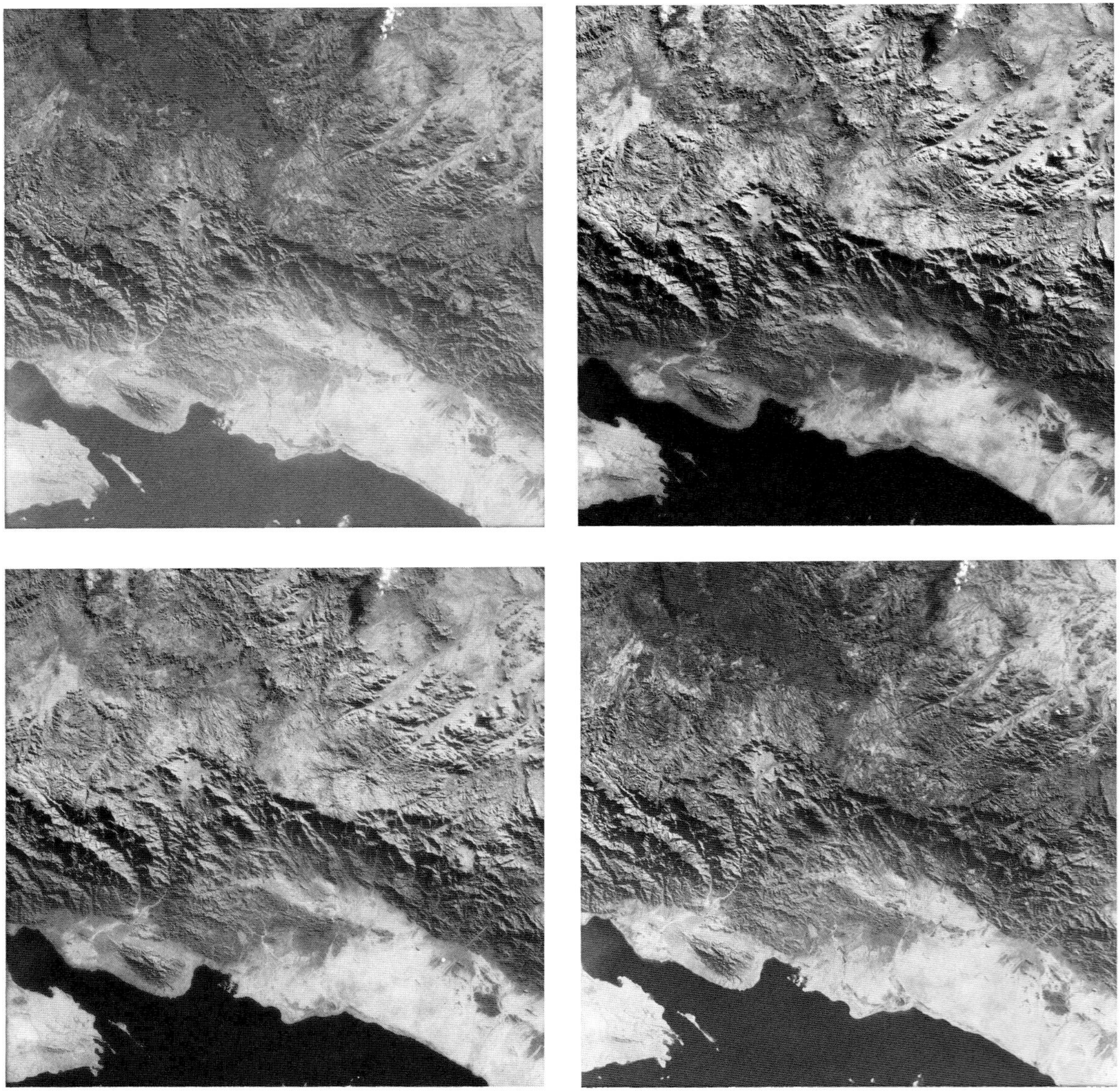

a b c d

Abb. 62a–d 4 Spektralaufnahmen des multispektralen Kamerasystems von Skylab (S 190 A): a) 0,5–0,6 μm, b) 0,6–0,7 μm, c) 0,7–0,8 μm, d) 0,8–0,9 μm. Originalformat, Flächendeckung 163 x 163 km, Bildmaßstab 1:2 850 000 (NASA).

(Bodenauflösung ca. 17 m), im Bereich 0,5–0,88 μm mit Wratten No. 12 auf Farbinfrarot-Film (Bodenauflösung ca. 30 m) oder auf hochauflösendem Farbinfrarot-Film (Bodenauflösung ca. 23 m). Die Kopien der Originalaufnahmen sind im 4,5 · 4,5-inch- (= 11,43 · 11,43 cm) Format als Schwarzweiß-Negativ oder -Diapositiv bzw. als Farbdiapositiv erhältlich. Ihr Maßstab liegt bei 1:950 000. Als Vergrößerung sind S 190 B-Aufnahmen in Form von Schwarzweiß- und Farbbildern erhältlich im Format 8,6 · 8,6 inch (= 21,84 · 21,84 cm) (1:500 000) (s. Abb. 138), 17,10 · 17,10 inch (= 43,43 · 43,43 cm) (1:250 000) und 34,2 · 34,2 inch (1:125 000). Aufnahmen der S 190 A- und S 190 B-Kameras sind über das NOAA-EROS Data Center, Sioux Falls, S.D., zu beziehen. Der Index für Skylab-EREP-Photos im „Skylab Earth Resources Data Catalog" nennt die Nummer der Skylab-Mission, die Filmrollen-Nr. und die Bild-Nr. Bei Bildbestellungen ist das gewünschte Bildformat anzugeben, ferner, ob Negativ, Diapositiv oder Papierbild gewünscht wird. Falls kein Index vorhanden ist, kann das EROS Data Center auf Anfrage mitteilen, welche Skylab-Aufnahmen für ein durch seine Lagekoordinaten bestimmtes Gebiet erhältlich sind (Geographic Search for Aircraft Data Inquiry Form anfordern) (s. Abb. 63a und b).

Im Rahmen des Fluges der Raumfähre „Columbia" mit dem in Europa entwickelten Spacelab an Bord (STS-9-Mission) wurde im Oktober 1983 zum ersten Mal ein neuer photographischer Sensor, die in Deutschland nach einem Vorschlag von Prof. KONECNY (TU Hannover) entwickelte Metric Camera zur Erderkundung eingesetzt. Sie ist eine Modifikation der zur Luftbildbefliegung eingesetzten Reihenmeßkammer ZEISS RMK 30/23. Die kalibrierte photogrammetrische Kamera hat eine Brennweite von 30,5 cm und ein Bildformat von 23 · 23 cm. Bei einer Bahnhöhe von 250 km überdecken die MC-Aufnahmen einen Geländebereich von 190 · 190 km bei einer räumlichen Auflösung von 21 · 21 m (Pixelgröße 8 · 8 m). Auswechselbare Filmmagazine erlauben den Einsatz unterschiedlicher Filmarten während einer Mission (Schwarzweiß, Farbe, Falschfarbe). Die MC-Bilder können mit einer Überdeckung von 60 bis 80% in der Flugrichtung aufgenommen werden. Stereoskopische Auswertungen sind daher möglich. Die MC-Bilder erlauben topographische und thematische Kartierungen in Maßstäben bis zu 1:50 000. Der Schwerpunkt der Zielsetzung der ersten Mission lag auf der Prüfung der kartographischen Erfassungsmöglichkeiten der Satellitenaufnahmen im Großfilmformat. Durch Aerotriangulation kann mit einer Lagegenauigkeit von ± 5 bis 10 m gerechnet werden. Die Aufnahmen können mit herkömmlichem photogrammetrischen Gerät zu Strichkarten und Orthophotokarten verarbeitet werden. Der geplante spätere Einsatz von Reihenmeßkammern aus dem Weltraum soll einen wesentlichen Beitrag zur verbesserten kartographischen Erfassung der Erde liefern.

Der Einsatz der Metric Camera im Oktober 1983 war die erste Phase des sogenannten ATLAS-Programms, das von der Deutschen Versuchsanstalt für Luft- und Raumfahrt (DFVLR) betreut wird. In einer späteren Phase wird bei Space Shuttle-Flügen eine Weiterentwicklung der Metric Camera eingesetzt werden. Sie wird eine Brennweite von 60 cm und eine Einrichtung zum Bewegungsausgleich haben (motion compensation). In einer dritten Stufe des Programms ist der Einsatz einer weiter verbesserten Version der Metric Camera in Erderkundungssatelliten vorgesehen. Eine nähere Beschreibung der Kamera und der Zielsetzungen gibt eine Broschüre des BMFT und der DFVLR (1983) mit Text von M. SCHROEDER und G. KONECNY.

Nach dem ersten Einsatz der Metric Camera wurde von der ESA ein Bildkatalog herausgegeben. Anfragen nach verfügbaren Bilddaten sind zu richten an:

EARTHNET Program Office User Services
ESRIN
Via Gallileo Gallilei
I–00044 Frascati/Italy

Abb. 64 zeigt einen Ausschnitt einer Metric Camera-Aufnahme aus dem mittleren Oman (Bildzentrum ca. N 22,4°, E 057,6°). Auch die Schwarzweiß-Wiedergabe der Farbaufnahme läßt die hohe räumliche Auflösung (ca. 20 m) und die differenzierte Wiedergabe der geologischen Geländeverhältnisse bzw. der lithofaziellen Einheiten erkennen. Die Gebirgseinheit in der linken oberen Ecke wird von verfalteten jurassischen Sedimentfolgen aufgebaut, die dunklen Bereiche am oberen Bildrand von Peridotiten und Gabbros einer kretazischen Ophiolitserie. Etwa parallel zum Gebirgsrand streichen steilstehende Wechselfolgen aus Chert, Kalk- und Tonsteinen. Der größere Bereich des Bildes wird von quartären Schottern eingenommen, dem Abtragungsschutt des nahen Gebirges. Gut erkennbar im Bild sind die Transportprozesse und die Verteilung der einzelnen Schotterkörper. Als Inselberge erheben sich aus der Gebirgsfußfläche einzelne Antiklinalen kretazischer Kalke und Dolomite.

Die Aufnahme ist Teil einer Bildfolge aus 4 Metric Camera-Aufnahmen mit 60%-Überdeckung. Die stereosko-

GEOGRAPHIC SEARCH FOR AIRCRAFT DATA
INQUIRY FORM

RETURN COMPLETED FORM TO: U.S. Geological Survey EROS Data Center • User Services Section Sioux Falls, SD 57198 • Comm: 605/594-6151 FTS: 784-7151 • TWX: 910-668-0310

DATE ____________

NAME ____________ (FIRST) (INITIAL) (LAST) COMPANY ____________

ADDRESS ____________ CITY/STATE ____________ ZIP ______

PHONE (HOME) ________ (BUSINESS) ________ EROS ACCOUNT NO. ________ REF. NO. ______

POINT SEARCH LAT. LONG. Imagery with any coverage over the selected point will be included.	POINT NO. 1	POINT NO. 2	POINT NO. 3
	LAT. ____ ° ____ ' N LONG. ____ ° ____ ' W	LAT. ____ ° ____ ' N LONG. ____ ° ____ ' W	LAT. ____ ° ____ ' N LONG. ____ ° ____ ' W
AREA RECTANGLE LAT. LAT. LONG. LONG. Imagery with any coverage within the selected area will be included.	AREA NO. 1 LAT. ____ ° ____ ' N TO LAT. ____ ° ____ ' N LONG. ____ ° ____ ' W TO LONG. ____ ° ____ ' W	AREA NO. 2 LAT. ____ ° ____ ' N TO LAT. ____ ° ____ ' N LONG. ____ ° ____ ' W TO LONG. ____ ° ____ ' W	AREA NO. 3 LAT. ____ ° ____ ' N TO LAT. ____ ° ____ ' N LONG. ____ ° ____ ' W TO LONG. ____ ° ____ ' W

If any of the above geographic references cannot be provided, please specify areas of interest by GEOGRAPHIC NAME AND LOCATION (include a map if possible).

PREFERRED SCALE

☐ LARGE (5,000-25,000) ☐ MEDIUM (25,000-60,000) ☐ SMALL (60,000-GREATER)

PREFERRED FORMAT

☐ BLACK & WHITE ☐ COLOR ☐ COLOR INFRARED

MINIMUM QUALITY RATING ACCEPTABLE

☐ (VERY POOR) ☐ (POOR) ☐ (FAIR) ☐ (GOOD)

PREFERRED TIME OF YEAR

JAN-MAR ☐ ☐ ALL COVERAGE
APR-JUNE ☐ ☐ LATEST COVERAGE
JULY-SEPT ☐ ☐ SPECIFIC DATES ______
OCT-DEC ☐

MAXIMUM CLOUD COVER ACCEPTABLE

☐ 10% ☐ 30% ☐ 50% ☐ 70% ☐ 90%

NOTE:
Classification of percent of cloud cover is subjective and is relative to the amount of clouds appearing on the imagery and not on their location.

Abb. 63a Formular zur Ermittlung verfügbarer Skylab-Aufnahmen.

Abb. 63b Bestellformular für Skylab-Aufnahmen.

ORDER FORM

MANNED SPACECRAFT PHOTOGRAPHY

U.S. DEPARTMENT OF THE INTERIOR
GEOLOGICAL SURVEY

RETURN COMPLETED FORM TO:
U.S. Geological Survey
EROS Data Center
Sioux Falls, S.D. 57198
FTS: 784-7151
Comm: 605/594-6151
TWX: 910-668-0310

NAME MR/MS ______ (FIRST) (INITIAL) (LAST)

DATE ______

COMPANY ______ (IF BUSINESS ASSOCIATED)

COMPUTER ACCOUNT NO. ______ ______ (IF KNOWN)

ADDRESS ______

PHONE (Bus.) ______

CITY ______ STATE ______ ZIP ______

PHONE (Home) ______

SHIP TO ______

YOUR REF. NO. ______ (P O GOV'T ACCT OR OTHER)

______

PLEASE TYPE OR PRINT PLAINLY

PHOTO IDENTIFICATION NO.	PRODUCT CODE	QTY.	UNIT PRICE	TOTAL PRICE

PAYMENT MADE BY:
CHECK, MONEY ORDER ☐
PURCHASE ORDER ☐
GOVERNMENT ACCT ☐
*Refer to item "Q" on reverse side

UNIT PRICES SUBJECT TO CHANGE

TOTAL ABOVE	A	
TOTAL FROM PREVIOUS SHEETS	B	
TOTAL COST	C	

STANDARD PRODUCTS

SKYLAB S190B-BLACK AND WHITE

IMAGE SIZE	SCALE	PRODUCT MATERIAL	PRODUCT CODE	UNIT PRICE
11.4cm (4.5 in)	1:950,000	FILM POSITIVE	12	$ 8.00
11.4cm (4.5 in)	1:950,000	FILM NEGATIVE	02	$10.00

SKYLAB S190A-BLACK AND WHITE

IMAGE SIZE	SCALE	PRODUCT MATERIAL	PRODUCT CODE	UNIT PRICE
55.8mm (2.2 in)	1:2 850,000	FILM POSITIVE	11	$ 8.00
55.8mm (2.2 in)	1:2 850,000	FILM NEGATIVE	01	$10.00

APOLLO/GEMINI-BLACK AND WHITE

IMAGE SIZE	PRODUCT MATERIAL	PRODUCT CODE	UNIT PRICE
55.8mm (2.2 in)	FILM POSITIVE	11	$ 8.00
55.8mm (2.2 in)	FILM NEGATIVE	01	$10.00

SKYLAB S190B-COLOR/INFRARED

IMAGE SIZE	SCALE	PRODUCT MATERIAL	PRODUCT CODE	UNIT PRICE
11.4cm (4.5 in)	1:950,000	FILM POSITIVE	52	$25.00

SKYLAB S190A COLOR/INFRARED

IMAGE SIZE	SCALE	PRODUCT MATERIAL	PRODUCT CODE	UNIT PRICE
55.8mm (2.2 in)	1:2 850,000	FILM POSITIVE	51	$25.00

APOLLO/GEMINI-COLOR

IMAGE SIZE	PRODUCT MATERIAL	PRODUCT CODE	UNIT PRICE
55.8mm (2.2 in)	FILM POSITIVE	51	$25.00

For additional information or assistance please contact one of the following offices of the National Cartographic Information Center (NCIC).

U.S. Geological Survey
National Cartographic Information Center
507 National Center
Reston, VA 22092
FTS: 928-6045
Comm: 703/860-6045

U.S. Geological Survey
Eastern Mapping Center
National Cartographic Information Center
536 National Center
Reston, VA 22092
FTS: 928-6336
Comm: 703/860-6336

U.S. Geological Survey
Mid-Continent Mapping Center
National Cartographic Information Center
1400 Independence Road
Rolla, MO 65401
FTS: 277-0851
Comm: 314/341-0851

U.S. Geological Survey
Rocky Mountain Mapping Center
National Cartographic Information Center
Stop 504, Denver Federal Center
Denver, CO 80225
FTS: 234-2326
Comm: 303/234-2326

U.S. Geological Survey
Western Mapping Center
National Cartographic Information Center
345 Middlefield Road
Menlo Park, CA 94025
FTS: 467-2426
Comm: 415/323-8111

U.S. Geological Survey
National Cartographic Information Center
National Space Technology Laboratories
NSTL Station, MS 39529
FTS: 494-3541
Comm: 601/688-3544

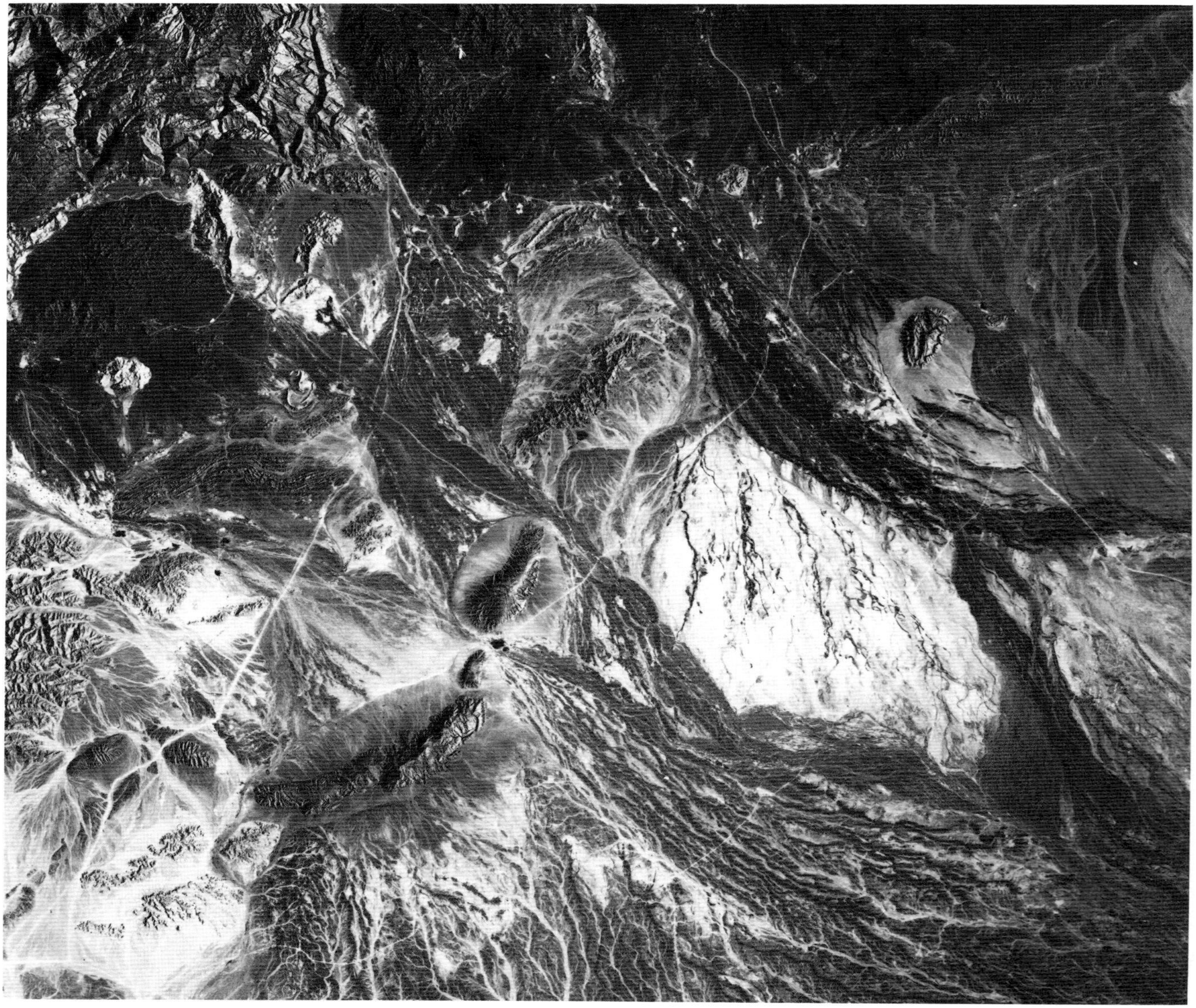

Abb. 64 Ausschnitt einer Metric Camera-Aufnahme aus dem mittleren Oman. Räumliche Auflösung ca. 20 m. Ophiolite, steilstehende und verfaltete Sedimentfolgen, Schotterkörper verschiedenen Typs und Pediments setzen sich gut kartierbar im Bild ab. Bildmaßstab ca. 1:800 000 (Originalbild in Farbinfrarot ESA/Earthnet 01-518-13).

pische Auswertung dieser Bilder erlaubt eine sehr genaue photogeologische Kartierung. Die Originalbilder können ohne Informationsverlust auf 1:100 000 vergrößert werden und bilden so eine sehr genaue Kartier- und Orientierungsunterlage für regionalgeologische Untersuchungen.

4.2 Fernseh-Verfahren

Fernseh-Verfahren arbeiten im gleichen Wellenlängenbereich des Elektromagnetischen Spektrums wie die Luftbild-Photographie (0,4 bis 0,9 μm) und nach den gleichen geometrischen Gesetzmäßigkeiten (Zentralperspektive). Bei den in der Fernerkundung am häufigsten eingesetzten Videcon-Kameras fokussiert das Objekt ein Bild des aufgenommenen Geländebereiches auf eine strahlungsempfindliche Fläche. Dort wird das Bild als Ladungsmuster gespeichert und dann durch einen abtastenden Elektronenstrahl ausgelesen. Dabei wird das Fernsehbild in einzelne kleine Bildelemente sog. Bildpunkte zerlegt. Die Helligkeitswerte dieser Bildpunkte werden in entsprechende Spannungswerte umgesetzt. Diese werden digitalisiert und vom Satelliten zur Bodenstation gesendet. Dort werden die aufgenommenen digitalisierten Videosignale wieder in entsprechende Bildpunkte umgewandelt und zum Bild des aufgenommenen Geländes zusammengesetzt. Zur Reproduktion wird das Fernsehbild auf einen photographischen Film übertragen. Das Auslesen und Zusammensetzen der Fernsehbilder erfolgt zeilenweise. Deshalb haben Fernsehaufnahmen einen oft erkennbaren zeilenförmigen Aufbau.

Fernseh-Aufnahmeverfahren haben gegenüber den Luftbildverfahren manche Vorteile. Das Videosignal liegt in Form von Spannungswerten bzw. Spannungsänderungen vor. Es kann elektronisch weiterverarbeitet werden. Es kann zur Zeit der Aufnahme oder nach Speicherung auf Magnetband und Abruf über weite Entfernungen zur Erde gesendet werden. Diese Eigenschaften sind vor allem für den Einsatz unbemannter Satelliten günstig, bei der Erderkundung und bei der Erkundung der Planetenoberflächen. Fernsehverfahren wurden daher seit den 60er Jahren in verschiedenen Modifikationen erfolgreich zur Erkundung der Oberfläche des Mondes, des Mars und der Jupitermonde eingesetzt (Ranger-, Mariner-, Viking- und Surveyor-Sonden der NASA). Der Einsatz von Fernsehkameras ist für die weltweite Wetterbeobachtung durch meteorologische Satelliten (TIROS-ESSA, NIMBUS, NOOA und METEOSAT) inzwischen in der operationellen Phase. Für den operationellen Einsatz der erdumkreisenden und der geostationären meteorologischen Satelliten ist entscheidend, daß mit diesen Aufnahmesystemen ein Bild aufgenommen, abgerufen, ausgelöscht und durch ein neues ersetzt werden kann.

Die leichte Digitalisierung der elektrischen Signale des Fernsehsystems (Analog/Digitalumwandlung) ist von Vorteil für die rechnergestützte Aufbereitung und Auswertung von Fernsehaufnahmen und für die Datenspeicherung. Dieser Aspekt ist vor allem von Bedeutung, wenn große Datenmengen anfallen. Ein gewisser Nachteil gegenüber den Luftbildverfahren ist die geringere räumliche Auflösung von Fernsehaufnahmen. Sie liegt bei den Wettersatelliten je nach Aufnahmesystem und Aufnahmehöhe zwischen einigen 100 m und Kilometern. Diese Auflösung reicht für die globale Wetterbeobachtung aus. Für die Erderkundung sind dagegen Fernsehsysteme mit höherer Auflösung erwünscht.

Die Erderkundungssatelliten Landsat 1 und 2 hatten neben einem Multispektral-Scanner (MSS) ein multispektrales Fernsehaufnahmesystem aus drei Return Beam Videcon Kameras (RBV) an Bord (s. Abb. 65a). Jede dieser Kameras erfaßte aus der Bahnhöhe von 917 km einen Geländebereich von 185 x 185 km. Die drei RBV-Kameras wurden simultan ausgelöst und nahmen denselben Geländebereich in drei verschiedenen Spektralbereichen auf, im Blau-Grün (0,48 bis 0,58 μm), im Gelb-Rot (0,58 bis 0,68 μm) und im Rot-Infrarot (0,69 bis 0,83 μm) (s. Abb. 65b). Die Einzelbilder der drei RBV-Kameras können zu einer Farb-Infrarotaufnahme der aufgenommenen Szene überlagert werden. Die von den RBV-Kameras aufgenommene Fläche (s. Abb. 66) ist identisch mit dem vom Multispektral-Scanner an Bord der Landsat-Satelliten 1 und 2 gleichzeitig aufgenommenen Geländebereich (vgl. Abschn. 4.3.3).

Die räumliche Auflösung der RBV-Aufnahmen, die Größe des kleinsten Bildelements (Pixel), liegt bei 80 m. Die relative topographische Lagegenauigkeit von Bildpunkten in der einzelnen RBV-Aufnahme liegt bei ± 55 m. Die auf elektronischen Verzerrungen der RBV-Aufnahmen zurückgehenden Fehler betragen ± 58 m. Damit entspricht die geometrische Genauigkeit der RBV-Aufnahmen von Landsat 1 und 2 den Genauigkeitsanforderungen topographischer Karten im Maßstab 1:500 000. Mit nur 3 bis 4 Bodenkontrollpunkten kann (nach WONG 1975) eine RBV-Aufnahme auf geographische Referenzdaten ausgerichtet werden. Die Identifizierungsmöglichkeiten von Geländeobjekten in den RBV-Aufnahmen hängen von der Objektgröße, vom Kontrast innerhalb der betreffenden Szene, von der Orientierung des

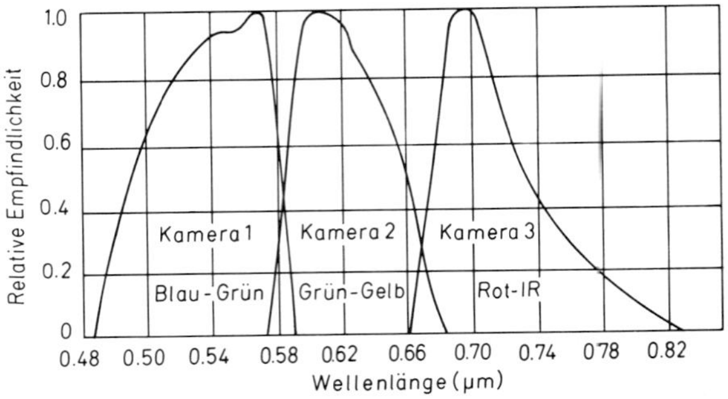

Abb. 65b Aufnahmespektren der 3 RBV-Kameras von Landsat 1 und 2 (nach NASA Landsat Data Users Handbook).

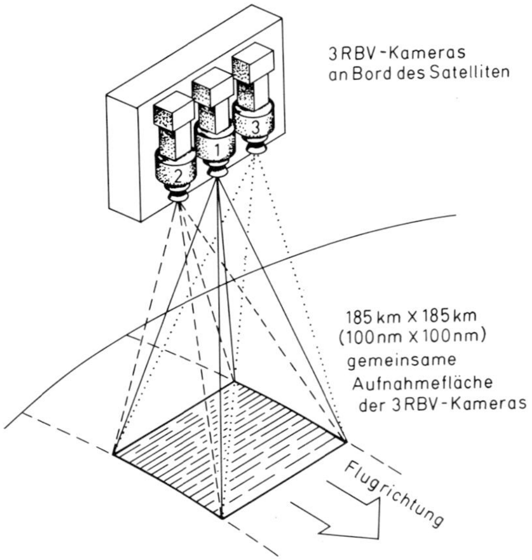

Abb. 65a Aufnahmeprinzip des multispektralen RBV-Systems der Landsat-Satelliten 1 und 2 (nach NASA Landsat Data Users Handbook).

Geländeobjektes zu den Bildzeilen und von der spektralen Empfindlichkeit der einzelnen RBV-Kameras ab (WONG 1975).

Die vom Detektor des Aufnahmesystems empfangenen Bildpunktsignale werden an Bord des Satelliten digitalisiert und in Echtzeit zur Erde gesendet, wenn der Satellit im Empfangsbereich einer Bodenstation ist. Falls der Satellit zur Zeit der Datenaufnahme außerhalb des Empfangsbereichs einer Bodenstation ist, werden die digitalisierten Bilddaten zunächst auf einem der beiden Magnetbandrecorder gespeichert und bei späterem Überfliegen einer Empfangsstation abgerufen. Dort werden die Daten auf Magnetband genommen und von diesem später auf ein Filmnegativ überspielt, aus dem Schwarzweiß-Kopien der betreffenden Szene erstellt werden können. Die drei Spektralaufnahmen einer Landsat-RBV-Szene können als radiometrisch und geometrisch korrigierte 70 mm-Negative oder als Film- oder Papierpositive im Maßstab 1:500 000 vom EROS-Data-Center in Sioux Falls, S.D., bezogen werden. Aufgrund technischer Schwierigkeiten wurden allerdings nur etwa 1500 RBV-Szenen der Landsat-Satelliten 1 und 2 bis 1980 registriert. Dagegen haben die Multispektral-Scanner dieser beiden Satelliten im gleichen Zeitraum mit ca. 400 000 Szenen nahezu die gesamte Landoberfläche der Erde, in Teilbereichen sogar mehrfach, überdeckt.

Landsat 3, der im März 1978 gestartet wurde, war mit einem anderen Return-Beam-Videcon-System ausgerüstet. Es bestand aus zwei identischen RBV-Kameras, die jeweils im Spektralbereich von 0,50 bis 0,75 µm operierten. Die beiden Kameras waren so angeordnet, daß sie zwei benachbarte Geländebereiche in einer Größe von je 98 x 98 km aufnahmen, mit einer seitlichen Überdeckung der beiden Aufnahmebereiche von 14 km. Die von den beiden Kameras simultan aufgenommene Geländefläche ist damit 183 x 98 km groß (s. Abb. 67). In der Flugrichtung aufeinanderfolgende RBV-Bilder bzw. Bildpaare haben eine Überdekkung von ca. 17 km. Zwei aufeinanderfolgende Paare von RBV-Aufnahmen, die eine MSS-Szene decken, werden mit der Nummer der korrespondierenden MSS-Szene als Subszenen A, B, C und D registriert (vgl. Abb. 67). Die räumliche Auflösung (Pixelauflösung) der RBV-Aufnahmen von Landsat 3 ist mit 30 m mehr als doppelt so hoch wie die der RBV-Aufnahmen von Landsat 1 und 2 und der Aufnahmen des Multispektral-Scanners von Landsat 3 (IFOV 79 x 79 m, Pixelgröße 79 x 57 m). Die vier RBV-Teilszenen einer MSS-Szene sind jeweils als Negativ oder Positiv im Maßstab 1:500 000 oder als Vergrößerungen in den Maßstäben 1:250 000 und 1:125 000 vom EROS-Data-Center, Sioux Falls, S.D., erhältlich. Dabei handelt es sich

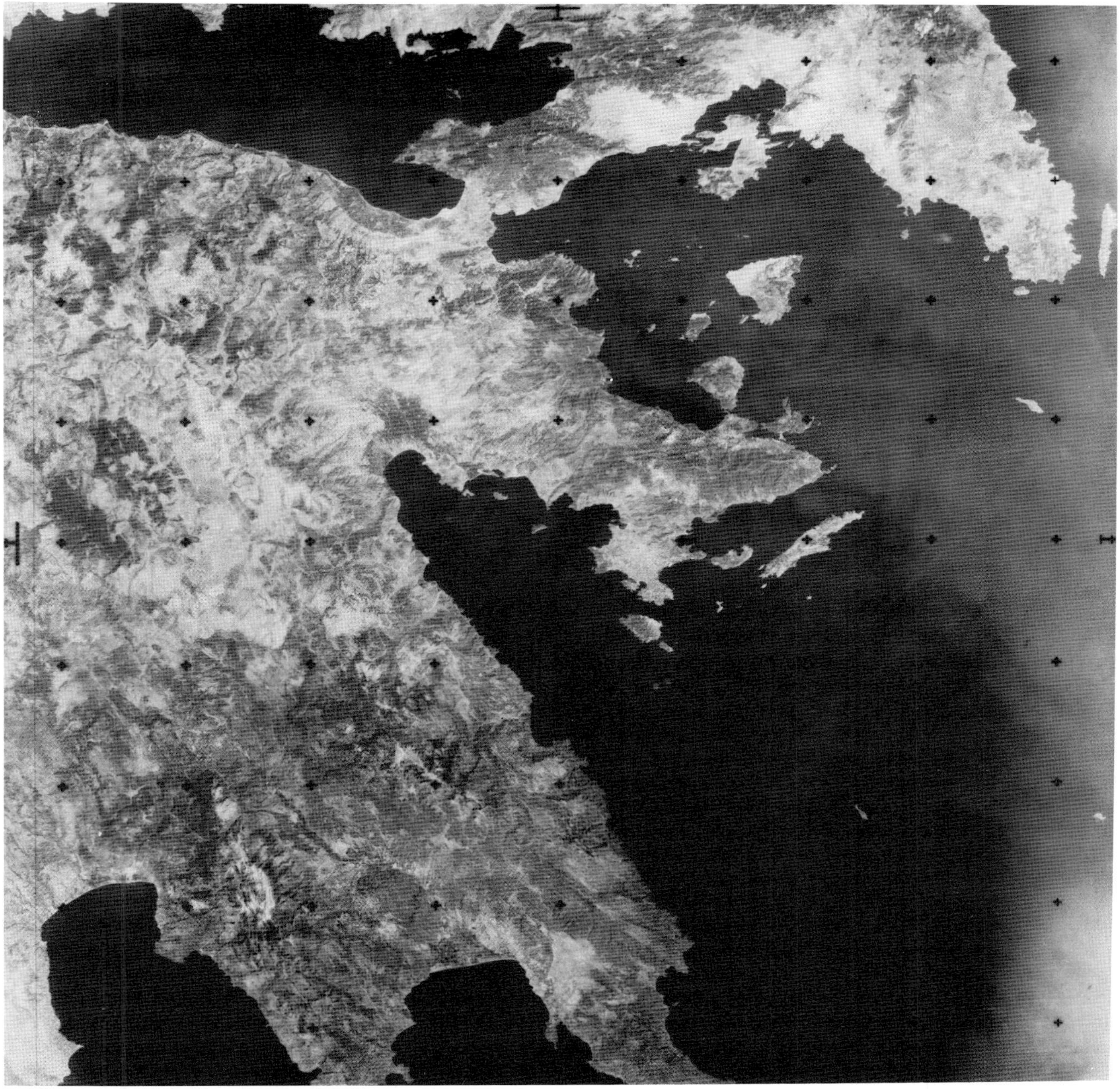

Abb. 66 RBV-Aufnahme der östlichen Peloponnes-Halbinsel (NASA Landsat 1). Bildmaßstab ca. 1:1 000 000 (NASA E-1010-08375).

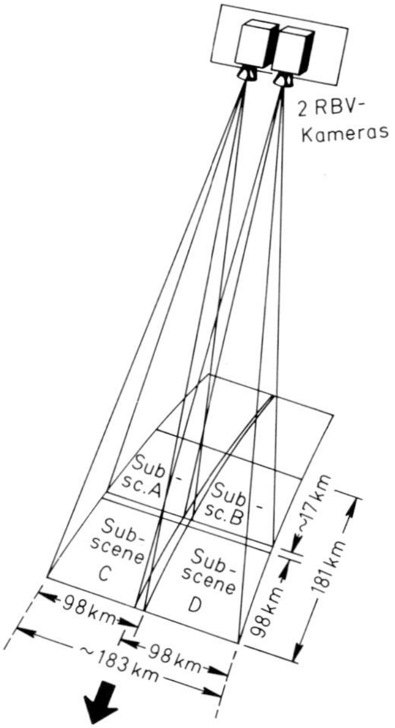

Abb. 67 Aufnahmeprinzip des in Landsat 3 eingesetzten RBV-Systems (nach NASA Landsat Data Users Handbook).

um geometrisch und radiometrisch korrigierte Filmprodukte. Die relativ hohe Auflösung der RBV-Aufnahmen von Landsat 3 hat zur Folge, daß auch Vergrößerungen bis zu 1:100 000 noch gut interpretierbar sind, während bei Vergrößerungen der korrespondierenden MSS-Szenen schon im Maßstab 1:250 000 die einzelnen Bildelemente (Pixel) als kleine, die Interpretation störende Quadrate zu sehen sind. Ein gewisser Nachteil des RBV-Systems von Landsat 3 ist, daß die Geländeaufnahmen nur in einem breiten Spektralbereich erfolgten. Deshalb können die Vorteile multispektraler Aufnahme- und Auswerteverfahren bei der Auswertung der RBV-Aufnahmen von Landsat 3 nicht eingesetzt und genutzt werden. Auch lassen sich keine simulierten Farb-Infrarot-Aufnahmen aus den Aufnahmen der beiden RBV-Kameras herstellen.

Angesichts der nur unvollkommenen Überdeckung durch RBV-Aufnahmen der Landsat-Satelliten 1 und 2 hat die NASA 1980 mit der systematischen Aufnahme der Landgebiete der Erde durch das RBV-System von Landsat 3 begonnen. Beabsichtigt war zunächst eine einmalige Überdeckung. Archiviert wurden nur Aufnahmen guter Qualität mit weniger als 30% Wolkenbedeckung. Aufnahmen im Bereich der nördlichen Hemisphäre erfolgten in der Zeit von April bis Oktober, zu Zeiten hohen bzw. höchsten Sonnenstandes. Entsprechend wurden Bereiche der südlichen Hemisphäre zwischen November und März aufgenommen. Die aufgenommenen RBV-Szenen werden in digitalisierter Form im EROS-Data-Center (Sioux Falls, S.D.) gespeichert und bei Bedarf in photographische Produkte umgesetzt. Aufnahmeprogramm und Archivierung der RBV-Szenen sollten nach der Planung 1983 abgeschlossen sein. Informationen über vorhandene RBV-Szenen gibt das EROS-Data-Center.

4.3 Scanner-Verfahren

4.3.1 Allgemeines

Die in zunehmendem Umfang für die Erderkundung eingesetzten Scanner-Verfahren haben gegenüber der Luftbild-Photographie einige wesentliche Vorteile. Während das Aufnahmespektrum der photographischen Verfahren auf den Bereich zwischen 0,4 und 0,9 μm beschränkt ist, erlaubt die Scanner-Technik Aufnahmen im Spektralbereich zwischen Ultraviolett und Thermal-Infrarot (0,3–14 μm). Die von Geländeobjekten reflektierte und/oder emittierte elektromagnetische Strahlung wird im Scanner über ein optisches System erfaßt und auf Detektoren fokussiert. Diese wandeln die auftreffende Strahlung in ein elektrisches Signal um, das auf Magnetband aufgezeichnet wird (analog oder digital). Durch diese Art der Datenregistrierung sind Spektralscanner-Daten reproduzierbar. Auf photographischen Film aufgezeichnete Spektraldaten sind dagegen in der Regel nicht reproduzierbar. In der Version eines Multispektral-Scanners (MSS) kann derselbe Geländebereich gleichzeitig in mehreren Teilspektren (in mehreren Wellenlängenintervallen wählbarer Bandbreite) aufgenommen werden. Die in den verschiedenen Spektralbereichen (Spektralkanälen, engl. bands) simultan aufgenommenen Bildstreifen sind deckungsgleich, weil die spektrale Zerlegung der vom Gelände kommenden Strahlung erst nach dem Passieren der Aufnahmeoptik erfolgt. Bei der Multispektralphotographie gibt es dagegen nicht selten Probleme mit der Bilddeckung bzw. bei der Korrelation von Spektraldaten, wenn ein Geländebereich beim Bildflug mit mehreren Kameras oder durch mehrere Objektive einer Multispektralkamera aufgenommen wurde. Das gilt übrigens auch für simultane Multispektralaufnahmen mit zwei oder drei typgleichen Fernsehkameras.

Für die Einsatzmöglichkeiten von Scanner-Systemen in Erderkundungssatelliten ist entscheidend, daß die elektronisch registrierten Spektraldaten zur Zeit der Aufnahme (real time) per Funk zur Erde gesendet werden können, wenn sich der Satellit im Empfangsbereich einer Datenstation befindet oder bis zum späteren Abruf auf Magnetband aufgezeichnet werden können, wenn der Satellit mit Zeit der Datenaufnahme außerhalb des Empfangsbereiches ist. Die Möglichkeit zur Magnetbandaufzeichnung ist auch eine wichtige Voraussetzung für die Handhabung der in großen Mengen anfallenden Aufnahmedaten. Die Magnetbandaufzeichnung der Spektraldaten eröffnet außerdem neue, vielseitige Möglichkeiten der Aufbereitung und Verarbeitung, der Darstellung und Auswertung multispektraler und multitemporaler Bilddaten mit Hilfe der elektronischen Datenverarbeitung. Die verschiedenen verfügbaren EDV-Programme haben vor allem das Ziel, im Rahmen eines Projektes oder einer Fragestellung besonders interessante Geländeobjekte oder Geländezustände kontrastreich in Bildform darzustellen. Daneben sollen Geländeobjekte oder Geländeeinheiten mit gleichen Spektraleigenschaften erfaßt, gegen ihre Umgebung abgegrenzt und in ihrer räumlichen bzw. flächenhaften Verbreitung dargestellt werden – in Computerausdrucken oder Bilddarstellungen verschiedener Art (vgl. Abschn. 5).

4.3.2 Thermal-Scanner und Multispektral-Scanner

Aufbau, Arbeitsweise, Aufnahmeparameter optisch-mechanischer Scanner

Den Aufbau eines optisch-mechanischen Scanners verdeutlicht die Abb. 68 am Beispiel eines Thermal-Scanners. Dieses Aufnahmesystem erfaßt beim Überflug die von Geländeobjekten emittierte Infrarotstrahlung. Es liefert einen Bildstreifen des überflogenen Geländes, in dem die unterschiedlichen Strahlungstemperaturen von Geländeobjekten und Geländeeinheiten (bzw. die räumliche Strahlungsverteilung) in Grautonabstufungen wiedergegeben werden (vgl. Abb. 70, 214 und 216).

Der Scanner besteht aus drei Teilsystemen: einem optisch-mechanischen Scansystem, einer Detektoreinheit und einem Bildaufzeichnungssystem. Der um 45° geneigte, rotierende oder oszillierende Scanspiegel tastet das Gelände beim Überflug in einer Ebene senkrecht zur Flugrichtung ab (s. Abb. 69). Die Größe der vom Scanspiegel in einem Moment des Aufnahmevorganges erfaßten Bodenzelle (Auflösungselement, engl. Instantaneous Field of View, IFOV) wird durch die Winkelauflösung des Scanners und durch die Flughöhe bestimmt. Durch die Aufeinanderfolge der momentanen Blickfelder entsteht beim Scanvorgang der Scanstreifen. Durch

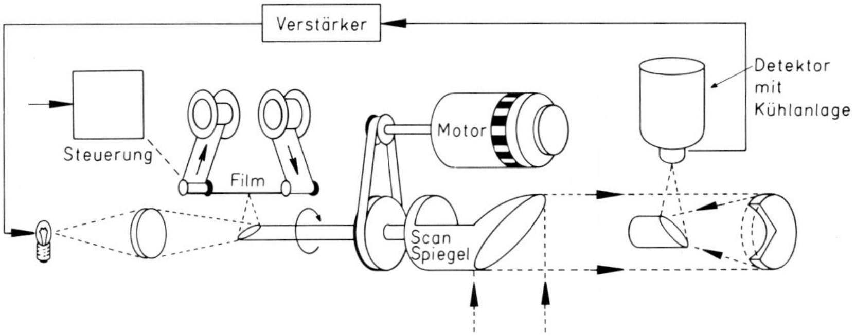

Abb. 68 Schematische Darstellung des Aufbaus eines Thermal-Scanners (nach GÜNTHER 1972).

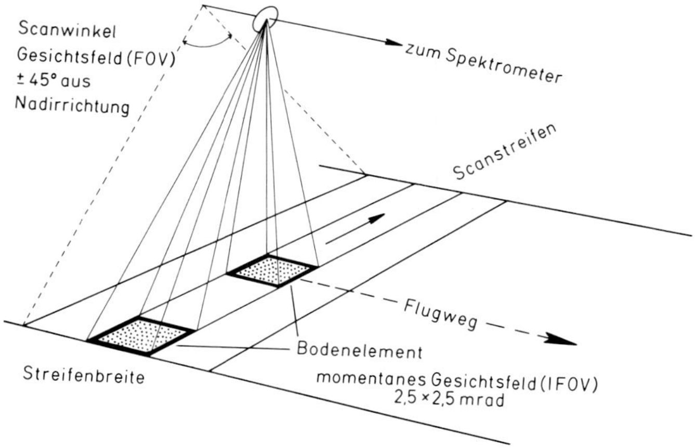

Abb. 69 Aufnahmeprinzip eines Thermal-Scanners (verändert nach GÜNTHER 1972).

die Vorwärtsbewegung der Aufnahmeplattform (Flugzeug oder Satellit) reiht sich Scanstreifen an Scanstreifen. So entsteht das Scannerbild, im Original meist ein 70 mm breiter Bildstreifen. Die Breite des aufgenommenen Geländestreifens wird durch den Scanwinkel und die Flughöhe bestimmt. Der Scanwinkel liegt üblicherweise bei 90° (± 45° aus der Nadirrichtung) oder 120° (± 60°).

Die vom Scanspiegel des Thermal-Scanners erfaßte Infrarot-Strahlung wird über eine Teleskopoptik auf einen Detektor fokussiert, der für langwellige Infrarotstrahlung empfindlich ist. Der Detektor wandelt die einfallende IR-Strahlung in ein elektrisches Analogsignal um, das der Intensität der einfallenden Strahlung proportional ist bzw. mit der Intensität der einfallenden Strahlung variiert. Um einen guten Wirkungsgrad der verfügbaren Infrarot-Detektoren zu erzielen, müssen diese durch Kühlung auf einer sehr niedrigen Arbeitstemperatur gehalten werden. Die vom Detektor kommenden (elektronisch verstärkten) Signale steuern eine Lichtquelle, deren Strahlung über einen mit dem Scanspiegel synchron laufenden Spiegel auf einen vorbeilaufenden Filmstreifen geworfen wird (vgl. Abb. 68). Der Vorwärtstrieb des Filmstreifens ist auf die Vorwärtsbewegung des Flugzeuges und dessen Flughöhe abgestimmt. So reiht sich auf dem Film Scanstreifen an Scanstreifen (vgl. Abb. 69). Im entstehenden Bildstreifen werden die Unterschiede im Strahlungsverhalten benachbarter Geländeobjekte durch Grautonstufen wiedergegeben (s. Abb. 70). Geländeobjekte oder -einheiten mit höherer Oberflächentemperatur werden im Thermal-Scannerbild mit hellen, Objekte und Einheiten mit niedrigerer Oberflächentemperatur mit dunkleren Grautönen abgebildet. Heute werden die vom Thermal-Scanner aufgenommenen Strah-

Abb. 70 Thermal-Scanner-Aufname eines Geländebereiches in England. Warme Objekte werden mit hellen, kühle mit dunkleren Grautönen abgebildet. Nachtaufnahme Mai 1971 (Hawker Siddeley Dynamics Ltd.).

lungsintensitäten meist während der Befliegung auf Magnetband aufgezeichnet. Aus den aufgezeichneten Daten werden später in einem Filmaufzeichnungsgerät schwarzweiße Filmstreifen des geflogenen Geländes erstellt – als Negativ oder als Positiv.

Multispektral-Scanner erfassen die elektromagnetische Strahlungsintensität desselben Bodenelementes gleichzeitig in mehreren Spektralbereichen (Wellenlängenintervallen). Abb. 71 zeigt den Aufbau eines Multispektral-Scanners, der die von Geländeobjekten im sichtbaren Spektrum und im nahen Infrarot reflektierte Strahlung in mehreren Teilspektren erfassen kann. Die vom Scanspiegel reflektierte Strahlung wird über eine Teleskopoptik auf eine in der Brennebene des Teleskops gelegene Sichtblende fokussiert, deren Öffnung die Größe des momentanen Gesichtsfeldes des Scanners bestimmt. Durch die Sichtblende gelangt die Strahlung über optische Faserbündel auf ein Prisma oder ein Gitter, das die einfallende Strahlung spektral in die Teilstrahlen jener Wellenlängenintervalle zerlegt, die bei der MSS-Befliegung erfaßt werden sollen. Die Dispersionseigenschaften des eingesetzten Prismas oder Gitters bestimmen die Zahl, die Position und die Bandbreite der Teilspektren, in denen gemessen wird. Die in den einzelnen Detektoren proportional zur einfallenden Strahlung erzeugten Signale werden über ein bestimmtes Zeitintervall integriert. Sie können digitalisiert auf Magnetband aufgezeichnet werden. Die zusammen mit Korrektur- und Eichdaten auf computerkompatiblen Bändern (CCTs) gespeicherten Primärdaten können über ein Filmaufzeichnungsgerät in schwarzweiße Bilddaten (je ein Bildstreifen pro Spektralkanal, vgl. Abb. 72a und b) umgesetzt und außerdem bei der Rechner-gestützten Datenverarbeitung zu radiometrischen und geometrischen Korrekturen der Aufnahmedaten, zur kontrastverstärkten Darstellung bestimmter Bildinhalte sowie zur Klassifizierung von Spektraldaten genutzt werden. Quantitative Spektralmessungen und Auswertungen von Spektraldaten sind möglich, wenn von den Detektoren des MSS neben der vom Gelände kommenden Strahlung auch Referenzstrahlung aus kalibrierten Eichstrahlern des Scannersystems aufgenommen wird. Hierbei nimmt der rotierende Scanspiegel zu Beginn und am Ende eines jeden Scanstreifens oder in anders geregelten Abständen Eichstrahlung mit auf.

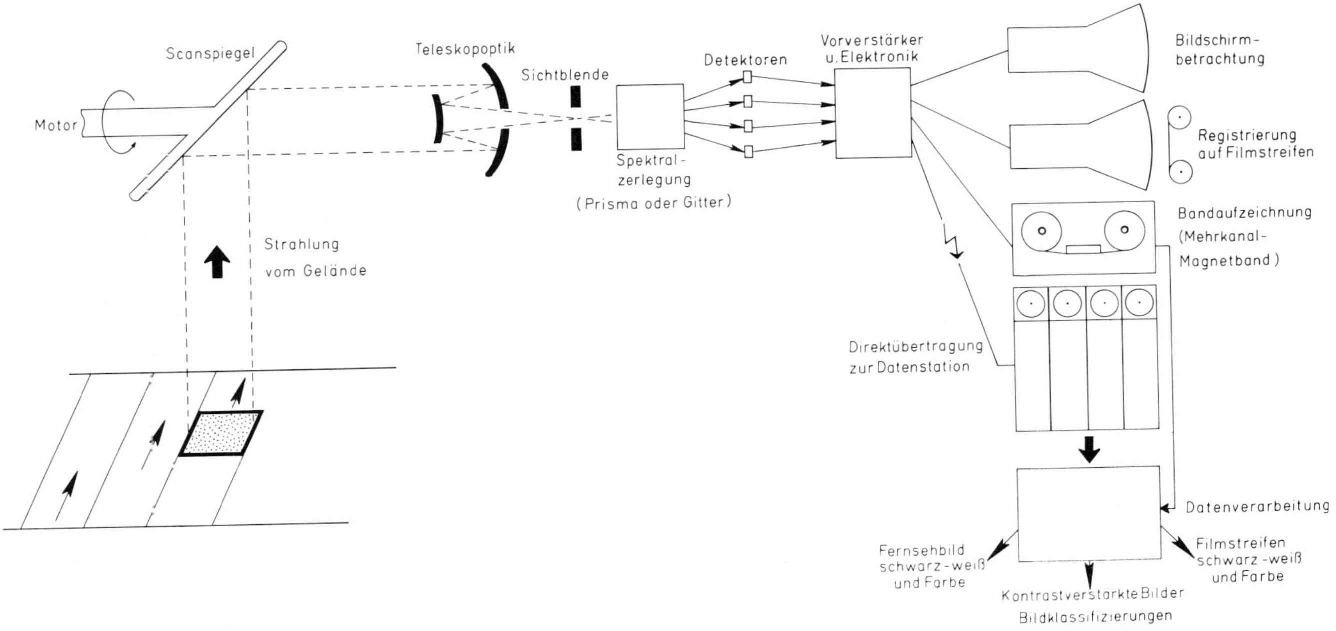

Abb. 71 Schematische Darstellung des Aufbaues und der Arbeitsweise eines Multispektral-Scanners (verändert nach GÜNTHER 1972).

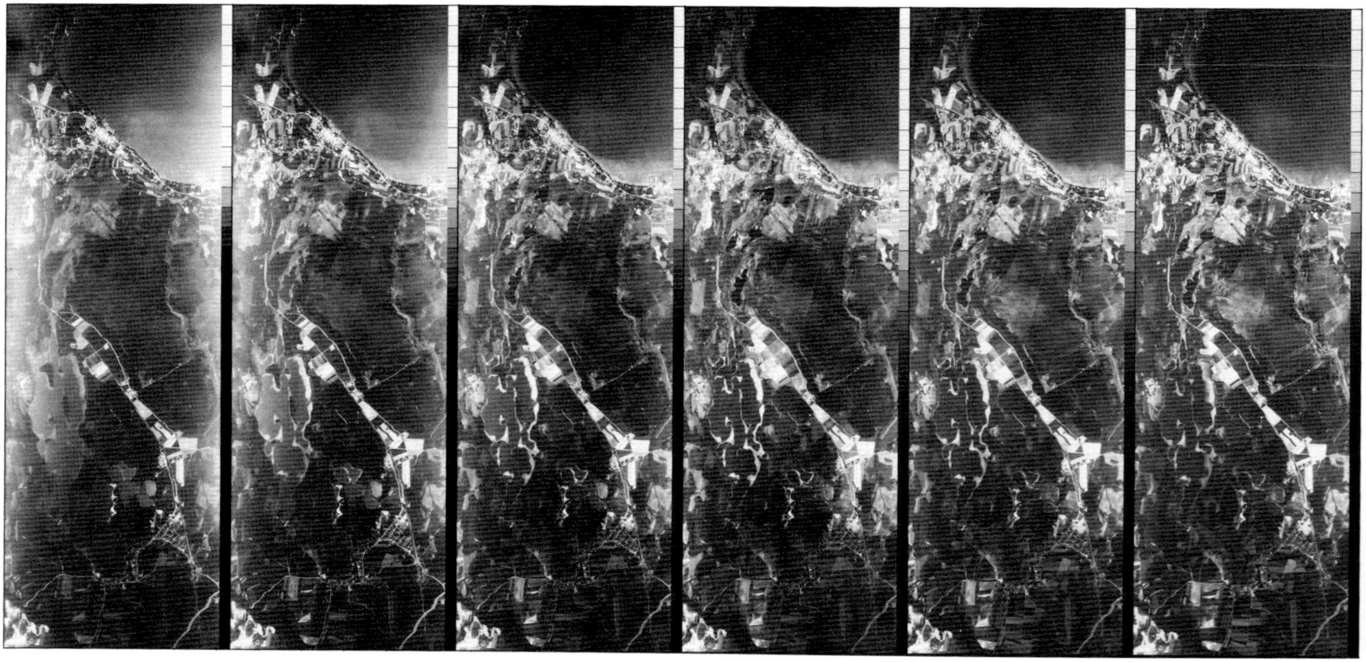

a

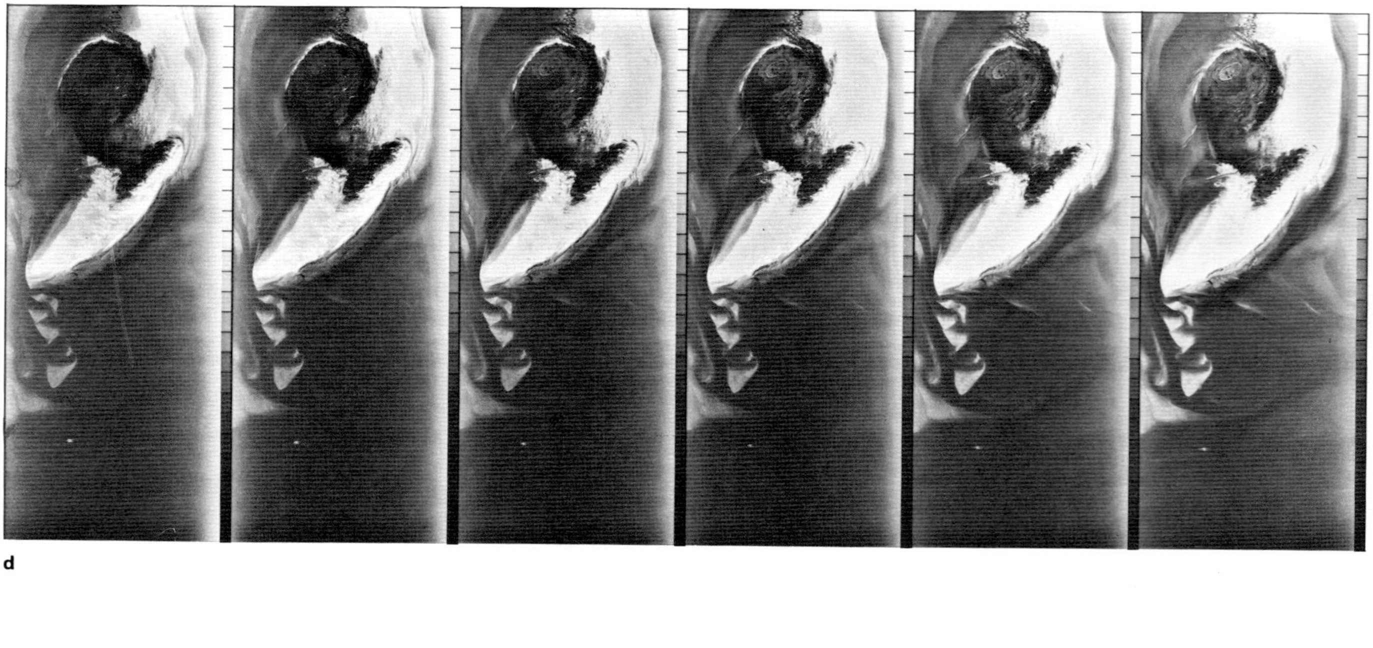

d

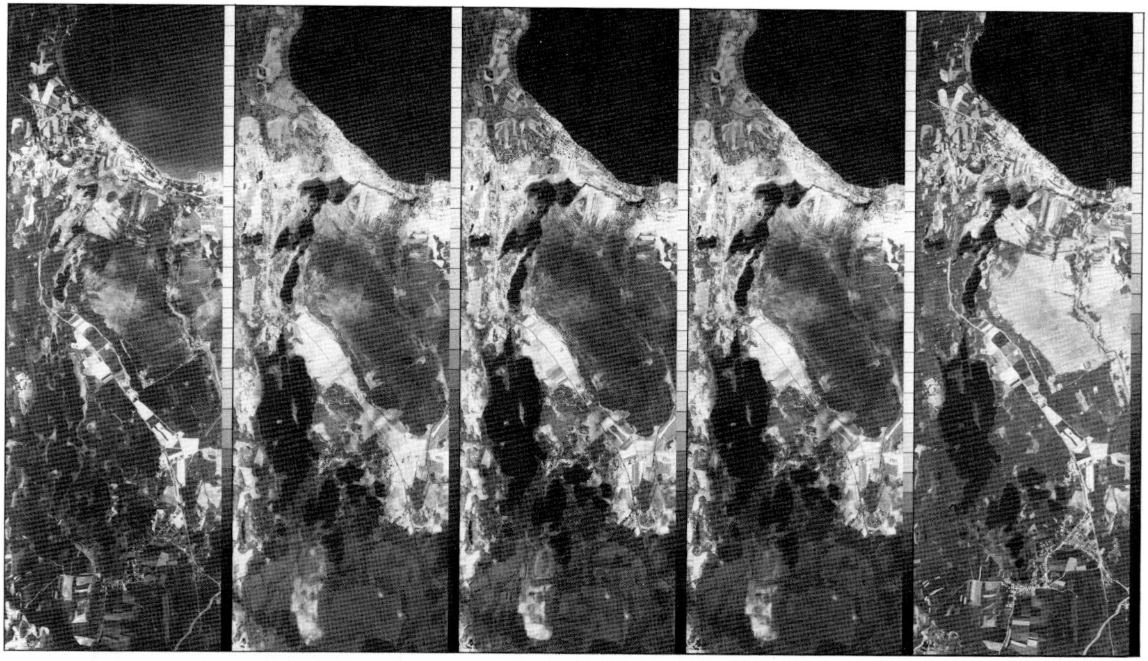

a

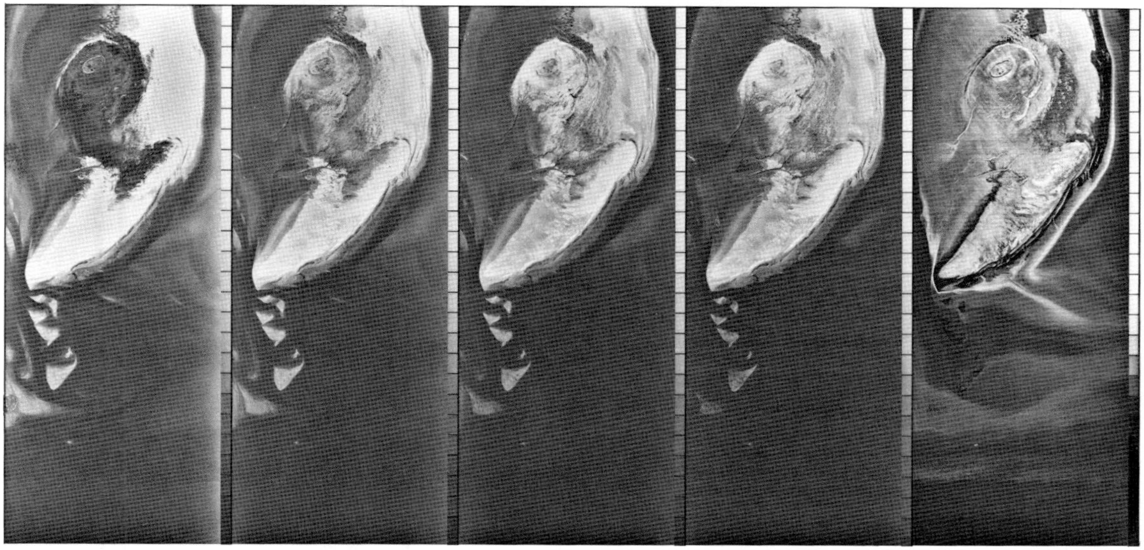

b

Abb. 72a und b Aufnahmestreifen eines 11-Kanal-Multispektral-Scanners. Oben: Geländebereich SW München; unten: Insel Scharhörn (Deutsche Bucht). Aufnahmespektren der einzelnen Spektralkanäle siehe Tabelle 4 (Aufnahme FMP, Freig. d. Reg. Obb. Nr. GS 300/7272 und GS 300/7307).

Sollen vom Multispektral-Scanner bei der Befliegung gleichzeitig Strahlungsintensitäten in Teilspektren der von den Geländeobjekten reflektierten Lichtstrahlung (etwa 0,3–3,0 μm) und der von den Geländeobjekten emittierten IR-Strahlung (etwa 3,5–14 μm) erfaßt werden, so muß die vom Gelände kommende Strahlung zunächst in ihre kurz- und langwelligen Anteile zerlegt werden, bevor die Strahlungsintensitäten der Teilspektren gemessen werden können. Die Trennung von sichtbarem Licht und langwelliger IR-Strahlung erreicht man über einen dichroitischen Spiegel (Strahlteiler), der einfallende IR-Strahlung ablenkt, Strahlung kürzerer Wellenlängen jedoch passieren läßt. Anschließend werden die jeweiligen Strahlungsanteile über Prismen, Gitter oder Filter in Teilspektren zerlegt, deren Strahlungsintensität wie schon beschrieben über Detektoren erfaßt bzw. gemessen wird. Ein Beispiel für den Aufbau eines Scanners, der von der Erdoberfläche reflektierte und emittierte Strahlung erfassen kann, zeigt die Abb. 73 in einer schematischen Darstellung.

Qualität und Auswertbarkeit von Scanner-Bildern werden durch eine Reihe von Parametern bestimmt, die teils systemabhängig, teils systemunabhängig sind. Zu den systemabhängigen Parametern gehören: die geometrische Auflösung, die Lagegenauigkeit, der Spektralbereich, in dem die vom Gelände kommende Strahlung vom Sensor erfaßt wird, die spektrale Auflösung, die spektrale Empfindlichkeit, mit der die vom Scanner erfaßte Strahlung in den einzelnen Spektralkanälen registriert wird und das durch Detektoreigenschaften (Noise Equivalent Power bzw. Detectivity) bestimmte Signal-/Rausch-Verhältnis. Entscheidend für die Auswertbarkeit bzw. Nutzung von Scanner-Daten ist ferner, wie die erfaßten spektralen Strahlungsintensitäten aufgezeichnet werden, auf Film oder auf Band, und ob kalibrierte Referenzstrahlung mit aufgenommen wurde. Wichtige systemunabhängige Parameter sind: die Aufnahmehöhe, die Position und die Fluglage der Aufnahmeplattform während der Datenaufnahme sowie der Zustand der atmosphärischen Zwischenschicht.

4.3.3 Zur räumlichen Auflösung von Scanner-Aufnahmen

Die räumliche Auflösung eines Scannerbildes wird vor allem durch zwei Aufnahmeparameter bestimmt: durch das geometrische Auflösungsvermögen des eingesetzten Scanner-Systems und durch die Höhe der Sensorplattform über Grund bei der Datenaufnahme.

Das geometrische Auflösungsvermögen eines Scanners wird entweder als Winkelauflösung in mrad oder aber in Abhängigkeit von der Flughöhe des Scanners als geometrische Auflösung im Niveau der Erdoberfläche in m angegeben. Eine Winkelauflösung von 1 mrad (1 mrad = 0,057°) bedeutet, daß die vom Scanner aus einer Flughöhe von 1000 m über Grund in

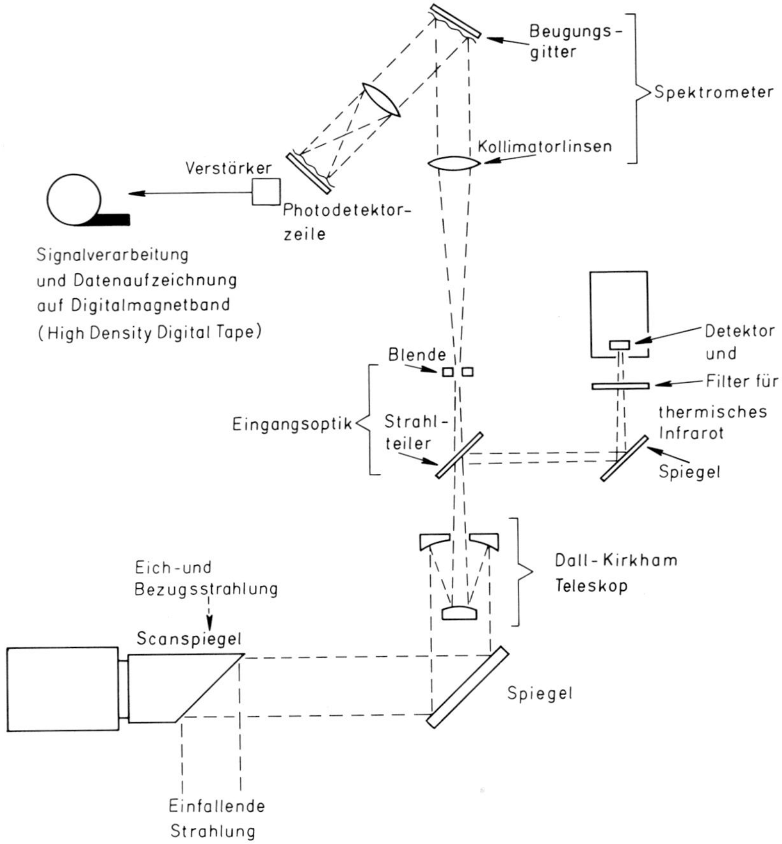

Abb. 73 Schematische Darstellung des Aufbaues eines Multispektral-Scanners für Aufnahmen im Bereich des sichtbaren Spektrums und im Thermal-Infrarot (nach DFVLR Publikation, Inst. f. Optoelektronik).

in einem Moment des Scan-Prozesses erfaßte Geländefläche (Flächen- oder Auflösungselement, engl. ground resolution cell bzw. IFOV = Instant Field of View) im Nadir eine Größe von 1 x 1 m hat (vgl. Abb. 69). Bei einer Flughöhe von 3000 m wäre das entsprechende Flächenelement 3 x 3 m groß. Das räumliche Auflösungsvermögen eines Scanner-Systems mit gegebener Winkelauflösung ist also eine Funktion der Flughöhe über Grund.

Die derzeit gebräuchlichen Flugzeug-Scanner haben eine Winkelauflösung von 1 bis 3 mrad. Aus der jeweiligen Aufnahmekonstellation von Winkelauflösung und Flughöhe läßt sich die resultierende Geländeauflösung bestimmen. In Erderkundungssatelliten eingesetzte Scanner haben wegen der großen Bahnhöhe eine geringere Winkelauflösung. Sie lag für die Multispektral-Scanner der Landsat-Satelliten 1 bis 3 im sichtbaren Bereich bei 0,05 mrad. Daraus ergab sich bei einer Bahnhöhe von 917 km ein räumliches Auflösungsvermögen von 79 x 79 m. Das ist die Größe der Geländefläche, die jeder der 24 Detektoren des Landsat-Multispektral-Scanners in einem Moment des Scan-Vorganges sah, deren reflektierte Strahlung in einem Moment des Scan-Vorganges vom einzelnen Detektor aufgenommen und in ein proportionales elektrisches Signal umgesetzt wurde.

Geländeobjekte müssen in der Regel etwas größer als das vom Scanner bzw. Detektor erfaßte räumliche Auflösungselement am Boden sein, wenn sie getrennt erfaßt und im Scanner-Bild erkannt werden sollen. Wie in Luftbildern können jedoch auch im Scanner-Bild Einzelobjekte abgebildet und erkannt werden, deren Dimensionen unter dem Wert der theoretischen geometrischen Auflösung eines Scanner-Bildes liegen. Das gilt z.B. für Straßen, Flüsse, nicht selten auch für lineare tektonische Strukturen wie lang aushaltende Kluftzonen und Störungen. Entscheidend ist jeweils der Helligkeitskontrast des betreffenden Objektes in bezug auf seine Umgebung und auf den radiometrischen Dynamikbereich des Scanners, vor allem aber auch die Form des Geländeobjektes und dessen geometrische Anordnung im Aufnahmebereich.

4.3.4 Zur Bildgeometrie von Scanner-Aufnahmen
Flugzeug-Scanner, Landsat-Multispektral-Scanner

Das Scanner-Bild weist eine Reihe von geometrischen Besonderheiten auf, die aus dem speziellen Aufnahmeprozeß der Scanner-Befliegung resultieren, aus dem streifenförmigen Abtasten des Geländes durch den rotierenden oder oszillierenden Scan-Spiegel senkrecht zur Flugrichtung und aus der Aufeinanderfolge von Scan-Streifen in der Flugrichtung. Scanner-Bilder haben quer zur Flugrichtung eine panoramische, in der Flugrichtung dagegen eine orthographische Bildgeometrie. Dabei wird die Geometrie eines Scanner-Bildes vor allem durch folgende Aufnahmeparameter bestimmt: durch die Winkelauflösung und den Scan-Winkel des eingesetzten Scanners, durch die Position und die äußere Orientierung der Sensorplattform zur Zeit der Datenaufnahme.

Bei einem relativ großen Scan-Winkel, wie er für Flugzeug-Scanner typisch ist (90° oder 120°), erfaßt der Scan-Spiegel den aufzunehmenden Geländestreifen unter verschiedenen Nadirwinkeln (± 45° oder ± 60°). Die Aufzeichnung der Daten innerhalb einer Zeile erfolgt in konstanten Zeitinkrementen, jedoch wächst von der Erde aus betrachtet die Abtastgeschwindigkeit und damit die Bildelementgröße am Boden mit zunehmender Entfernung vom Nadirpunkt. Dadurch erfaßt das momentane Blickfeld des Scanners, das durch seine Winkelauflösung festgelegt ist (IFOV), in den Randbereichen jedes Scan-Streifens eine größere bzw. seitenlängere Geländefläche als im zentralen Bereich eines jeden Scan-Streifens. Da der Scan-Spiegel mit einer konstanten Winkelgeschwindigkeit rotiert bzw. oszilliert, die Aufnahmedaten an Bord der Aufnahmeplattform aber mit einer konstanten linearen Zeitrate registriert werden, wird jedes Auflösungselement am Boden, ob kleiner im mittleren Bereich oder größer in den Randbereichen des Scan-Streifens, in der gleichen Zeiteinheit registriert. Daraus resultiert die im Scanner-Bild der Abb. 74 erkennbare randliche Stauchung, die in der Abb. 75 schematisch dargestellte typische geometrische Verzerrung von Scanner-Bildern. Diagonal zur Flugrichtung verlaufende lineare Geländeelemente werden S-förmig verzerrt. In der Flugrichtung und senkrecht dazu orientierte lineare Geländeelemente werden dagegen unverzerrt abgebildet.

Werden die Aufnahmedaten bei der Befliegung auf Magnetband aufgezeichnet, was heute in der Regel geschieht, können die erwähnten geometrischen Verzerrungen wie auch aus den Aufnahmebedingungen resultierende Maßstabsunterschiede innerhalb der einzelnen Scan-Streifen über Programme der digitalen Bildverarbeitung korrigiert werden. Die geometrisch korrigierten Aufnahmedaten werden danach über ein Filmaufzeichnungsgerät auf Negativ-Film überspielt. Daraus werden Scanner-Bildstreifen hergestellt, die in ihrer ganzen Breite auswertbar sind. Ist ein großer Geländebereich beflo-

Abb. 74 Geometrische Verzerrung eines Scanner-Bildes.

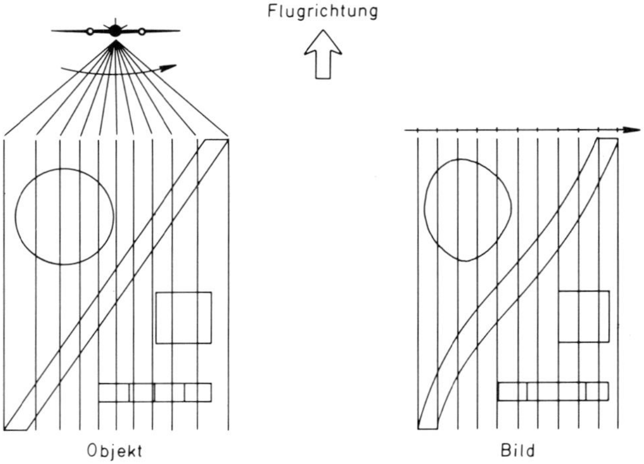

Abb. 75 Schematische Darstellung der geometrischen Verzerrungen eines Scanner-Bildes. (Aus: „Thermal infrared imagery and its application to structural mapping in California" by F.F. SABINS, G.S.A. Bull., Vol. 80, pp. 397–404, 1969).

gen worden und soll dieser Geländebereich synoptisch betrachtet und interpretiert werden, so können aus entzerrten Scanner-Bildstreifen Mosaiks montiert werden.

Die Multispektral-Scanner der Landsat-Satelliten 1 bis 3 nahmen die Erdoberfläche unter deutlich anderen Bedingungen auf als Flugzeug-Scanner. Wegen der großen Bahnhöhe von 917 km, der Winkelauflösung von 0,05 mrad und dem relativ kleinen Scan-Winkel von 11,6° sind die Effekte der oben erwähnten Kompression in den Randbereichen der einzelnen Scan-Streifen so gering, daß sie vernachlässigt werden können. Das momentane Blickfeld der einzelnen Detektoren des Landsat-Multispektral-Scanners (79 x 79 m) bleibt über den gesamten Scan-Streifen hinweg praktisch gleich groß. Form und Dimension der erfaßten Geländeobjekte sowie deren relative Position zueinander werden innerhalb der einzelnen Scan-Streifen und im sequenziell aufgenommenen Bildstreifen durch den Aufnahmeprozeß nicht verändert. Die einzelne Landsat-MSS-Aufnahme (Landsatszene) hat daher, so wie sie vom Datenzentrum als Standardprodukt geliefert wird, den Charakter einer Orthogonalprojektion. Sie entspricht in ihrer Lagegenauigkeit den Anforderungen an topographische Karten des Maßstabes 1:500 000. Ohne vorhergehende Entzerrung und mit wenig Aufwand können aus benachbarten Landsat-Aufnahmen bzw. Aufnahmestreifen Mosaiks auch für große Bereiche montiert werden. Werden an die Lagegenauigkeit einzelner Landsat-Szenen höhere Anforderungen gestellt, so kann die Geometrie einzelner Landsat-Aufnahmen mit Hilfe von Bodenpaßpunkten (mindestens 4 pro Szene) über Computerprogramme der Geometrie einer entsprechenden Kartenprojektion angepaßt werden. Mit Hilfe eines Netzes von Bildpunkten kann über Programme der digitalen Bildverarbeitung auch die Dekkungsgleichheit multitemporaler Aufnahmen des gleichen Geländestreifens erreicht werden.

Geometrische Verzerrungen von Landsat-Aufnahmen, die z.B. durch Variationen der Winkelgeschwindigkeit des Scan-Spiegels, durch Variationen der äußeren Orientierung der Aufnahmeplattform und durch den Effekt der Erdrotation während des 28 Sekunden dauernden Aufnahmevorganges für eine Landsat-Szene verursacht werden, werden über entsprechende Computerprogramme vom Datenzentrum korrigiert, bevor die Landsat-Bildprodukte zur Auslieferung kommen. Auch die **CCT**s (**C**omputer **C**ompatible **T**apes) der Datenzentren enthalten neuerdings entsprechende geometrische Korrekturen.

Bei Flugzeug-Scanner-Befliegungen können unkontrollierte Bewegungen des Flugzeugrumpfes zu erheblichen geometrischen Verzerrungen innerhalb einzelner Scan-Streifen und in aufeinanderfolgenden Scan-Streifen führen. Rollbewegungen führen zu wellenförmigen Verzerrungen in Scanner-Bildstreifen. Durch Seitenwind kann der Pilot gezwungen sein, die Längsachse des Flugzeuges bei der Datenaufnahme in einem Winkel zur Flugrichtung zu halten, um auf der vorgesehenen Aufnahmeroute zu bleiben. In einem solchen Fall kommt es zu geometrischen Verzerrungen über den gesamten Scanner-Bildstreifen hinweg. Um diesen Störeffekt zu vermeiden, werden Scanner daher, wie auch Luftbildkammern, nach Möglichkeit in einer Ringaufhängung montiert, die es ermöglicht, Verstellungen der Flugachse während der Befliegungen auszugleichen.

Geometrische Komplikationen können in Scanner-Bildern schließlich auch durch zeitweilige Änderungen der Flughöhe und der Fluggeschwindigkeit während der Datenaufnahme hervorgerufen werden. Um die Effekte solcher Störungen erkennen bzw. korrigieren zu können, ist es erforderlich, die Position und die äußere Orientierung der Aufnahmeplattform während der gesamten Befliegung zu überwachen bzw. zu registrieren. Auch muß die Funktion des Scanners während der Befliegung überwacht werden, um systembedingte Komplikationen korrigieren zu können. Bei den Flügen der Landsat-Satelliten werden die Bahndaten laufend kontrolliert, auch werden Daten über die äußere Orientierung der Satelliten registriert, um bei der Bilddarstellung notwendig werdende Korrekturen durchführen zu können. Schließlich werden laufend Scanner-interne Operationsdaten registriert, um Fehlfunktionen zu erkennen und gegebenenfalls korrigieren zu können.

4.3.5 Zur spektralen Auflösung und spektralen Empfindlichkeit von Scanner-Systemen

Die Möglichkeiten eines Scanners, spektrale Strahlungsintensitäten zu erfassen und zu messen, sind durch die jeweilige technische Auslegung des Scanner-Systems festgelegt. Dessen optisches System bestimmt, in wievielen und in welchen Teilspektren von Geländeobjekten reflektierte oder emittierte Strahlung erfaßt werden kann, und damit die spektrale Auflösung des Scanners. Die Art und Zahl der Detektoren entscheiden über die spektrale Empfindlichkeit und über den Dynamikbereich des Scanner-Systems (bzw. dessen radiometrische Auflösung). Quantitative Messungen sind möglich, wenn der Scanner interne kalibrierte Referenzdaten liefert, die beim Aufnahmevorgang miterfaßt und registriert werden.

Eine einfache Version eines Scanner-Systems ist der Thermal-Scanner, von dem sich die später entwickelten Multispektral-Scanner ableiten lassen. Im Thermal-Scanner wird die von den Geländeobjekten im erfaßten Bodenelement emittierte langwellige IR-Strahlungsenergie über die Teleskopoptik auf einen Detektor fokussiert, der für langwellige IR-Strahlung (8 bis 14 μm) empfindlich ist. Die unterschiedlichen Strahlungstemperaturen der vom Scan-Vorgang erfaßten Geländeobjekte werden im Thermal-Scannerbild in Grautonstufen wiedergegeben. Ein Thermal-Scanner des geschilderten Typs wird als 1-Kanal-Scanner bezeichnet, weil er die vom Gelände kommende Strahlung nur in einem Teilspektrum, in einem Wellenlängenintervall, in der Praxis Spektralkanal oder engl. band genannt, erfaßt bzw. mißt.

Die Temperaturauflösung des Thermal-Scanners, die kleinste noch erfaßbare Temperaturdifferenz, hängt vom Typ des eingesetzten Detektors ab. Die Temperaturauflösung moderner Scanner liegt in der Größenordnung von 0,1 K.

In der Version des 2-Kanal-Scanners registriert ein Thermal-Scanner die von den Geländeobjekten emittierte IR-Strahlung in zwei getrennten Wellenlängenbereichen. Kanal 1 erfaßt die einfallende Strahlung z.B. im Wellenlängenbereich 3 bis 5,5 μm, Kanal 2 die Intensität der Strahlung im Wellenlängenbereich 8 bis 14 μm. Hierfür ist es nötig, aus der einfallenden Gesamtstrahlung im optischen System des Scanners den Anteil langwelliger IR-Strahlung abzutrennen und in Strahlung der beiden Teilspektren zu zerlegen, bevor anschließend deren jeweilige Strahlungsintensität über zwei getrennte Detektoreneinheiten erfaßt werden kann.

In einer anderen Version eines 2-Kanal-Scanners kann über den einen Kanal z.B. die Strahlungsintensität aus einem Wellenlängenintervall des reflektierten Lichts (z.B. 0,7–0,9 μm, 1,0–2,5 μm oder 3,0–5,5 μm) und über den anderen Kanal die Intensität emittierter IR-Strahlung (im Bereich 8–14 μm) aufgenommen werden. Bei dieser Aufnahmetechnik muß die vom Scan-Spiegel aufgenommene Strahlung zunächst mit Hilfe eines Strahlteilers in ihre lang- und kurzwelligen Anteile zerlegt werden (vgl. Abb. 73).

Die routinemäßig eingesetzten Multispektral-Scanner haben in der Regel zwischen 4 und 12 Spektralkanäle. Die Strahlungsintensität der einzelnen Teilspektren wird über spezielle Detektoren bzw. Detektorenblöcke erfaßt, die auf Strahlung bestimmter Wellenlänge optimal ansprechen. Detektoren werden nach der Art der physikalischen Prozesse unterschieden, durch welche die Umwandlung von einfallender Strahlungsenergie in ein ausgehendes elektrisches Signal (Volt) erfolgt. Nähere Beschreibungen der Detektor-Typen, ihrer Arbeitsweise und ihrer Reaktion auf Strahlung bestimmter Wellenlängen (engl. spectral response) sind in der Fachliteratur beschrieben (z.B. im Manual of Remote Sensing).

Das bekannteste Beispiel eines Multispektral-Scanners ist der Multispektral-Scanner der Landsat-Satelliten 1 und 2 (s. Abb. 80). Er erfaßt das von der Erdoberfläche reflektierte Sonnenlicht in 4 Teilspektren (Kanal 4: 0,5 bis 0,6 μm, Kanal 5: 0,6 bis 0,7 μm, Kanal 6: 0,7 bis 0,8 μm, Kanal 7: 0,8 bis 1,1 μm). Der Multispektral-Scanner von Landsat 3 wurde mit einem zusätzlichen Kanal (8) ausgerüstet, der über zwei zusätzliche Detektoren auch die vom Gelände emittierte Strahlung im Wellenlängenintervall von 10,4 bis 12,6 μm erfaßt.

Der Bendix-Scanner M^2S, dessen technische Daten (spektrale Auflösung und spektrale Empfindlichkeit) die Tabelle 4 zeigt, ist ein typisches Beispiel für einen Flugzeug-Scanner. Er hat 8 Kanäle im sichtbaren Bereich, zwei Kanäle im nahen Infrarot und einen Kanal im Thermal-Infrarot. Tabelle 4 zeigt die Position der einzelnen Spektralkanäle im elektromagnetischen Spektrum, angegeben als mittlere Wellenlänge. Die Tabelle zeigt auch, daß die Bandbreite der einzelnen Spektralkanäle und deren spektrale Empfindlichkeit variieren. Die Multispektral-Aufnahmen der Abb. 72a und b wurden mit einem Bendix-M^2S-Scanner aufgenommen.

Tabelle 4 Spektralbereiche und spektrale Empfindlichkeit des Bendix-M^2S-Multispektral-Scanners (nach VÖLGER & GANS 1973)

Öffnungswinkel	100°
Roll-Kompensation	± 10°
Scan-Geschwindigkeit	10–100 scans
geometrische Auflösung	$2{,}5 \cdot 10^{-3}$ rad

Spektralbereiche:	Kanal	λ_m (μm)	$\Delta\lambda$ (μm)	+Empfindlichkeit
	1	0,410	0,06	2,0%
	2	0,465	0,05	0,5%
	3	0,515	0,05	0,3%
	4	0,560	0,04	0,3%
	5	0,600	0,04	0,3%
	6	0,640	0,04	0,3%
	7	0,680	0,04	0,4%
	8	0,720	0,04	0,5%
	9	0,815	0,09	0,5%
	10	1,015	0,09	1,0%
	11	11,0	6,0	0,25 K

λ_m = mittlere Wellenlänge
$\Delta\lambda$ = Bandbreite
+ = unter der Annahme eines Sonnenstandes von 45°

Für Testflüge zur Ermittlung der Spektraleigenschaften von Geländeobjekten benutzt die NASA u.a. einen 24-Kanal-Scanner. Der Spektralbereich, in dem Spektralintensitäten gemessen werden können, reicht bei diesem Aufnahmesystem vom UV (0,34 μm) bis zum Thermal-Infrarot (13 μm). Die geringste Bandbreite liegt bei 0,4 μm, die größte bei 1,0 μm. Die von den Geländeobjekten reflektierte Strahlung wird mit einer Genauigkeit von 0,05% bis 1,2% (bezogen auf maximale Strahlungsleistung), die von den Geländeobjekten emittierte Strahlung mit einer Genauigkeit von 0,26 K bis 0,72 K erfaßt.

Gerade die Befliegungen mit dem 24-Kanal-Scanner haben gezeigt, daß eine so große Zahl von Spektralkanälen keine echten Vorteile für die Erderkundung bringt, daß optimale Ergebnisse von Scanner-Befliegungen nicht von der größtmöglichen Zahl von Spektralkanälen abhängen. Einerseits sind die meisten Geländeobjekte in ihrem Reflexions- und Emissionsverhalten durch Spektralcharakteristika gekenn-

Tabelle 5 Übersicht der Nutzeranforderungen an Aufnahmesysteme zur Erderkundung mit Satelliten (nach BODECHTEL 1981)

Anwendungsgebiet	Bodenauflösung (m)	Wiederholungsrate (regional)	Aufnahmespektrum (Kanäle, Wellenlänge [μm])	Geometrische Genauigkeit	Gewünschter Maßstab
Geologie Lagerstättensuche	10–30	global	panchromatisch, 6–7 Kanäle 0,4–1,1; 1,55–1,67; 2,1–2,3; 10–12; SAR*	± 1 Pixel	1:50 000 1:100 000 1:250 000
Bodenuntersuchungen	30	2–4 x pro Jahr	4–7 Kanäle 0,4–1,1; 1,55–1,7; 10–12; SAR*		1:50 000 bis 1:200 000
Landwirtschaft Bestandsaufnahmen Ernteabschätzung	10–30	7–9 Tage 4 Jahreszeiten	panchromatisch, 4–7 Kanäle 0,4–1,1; 1,55–1,7; 10–12; SAR*	± 1 Pixel	1:100 000 bis 1:250 000 1:50 000 1:100 000
Forstwirtschaft Bestandsaufnahmen	10–30	4–10 x pro Jahr	panchromatisch, 4–7 Kanäle 0,4–1,1; 1,55–1,7; 10–12; SAR*	± 1 Pixel	1:100 000
Hydrologie	30–60	problemspezifisch	5 Kanäle 0,3–0,9; 10–12	± 1 Pixel	1:100 000 1:250 000
Landnutzung	30–100 20–30	4 x entsprechend Vegetationsperiode	panchromatisch, 4–7 Kanäle	± 1 Pixel	1:250 000 1:50 000
Stadtplanung Regionalplanung	10 10–30	1 x pro Jahr 2–4 x pro Jahr	0,4–1,1 10–12; SAR*		1:25 000 1:50 000
Ozeanographie Eisbeobachtung Küstennavigation	500–1000 10–100	2 x pro Tag	11 Kanäle 0,3–0,9; 10–12; SAR* + Altimeter, Scatterometer, Passives Mikrowellenradiometer	± 2 Pixel	1:500 000 bis 1:100 000

* SAR: Synthetic Aperture Radar (Abbildendes Radar mit synthetischer Apertur)

zeichnet, die sich auch bei Einsatz einer geringeren Zahl richtig ausgewählter Spektralkanäle fassen lassen. Andererseits steigt mit der Zahl der Kanäle die Datenmenge so an, daß die Kapazität zur Datenaufnahme, der Aufwand für die Aufbereitung, Darstellung und Interpretation dieser Datenmengen in einem ungünstigen Verhältnis zum Nutzen der Spektraldaten steht.

Eine der Grundfragen bei der technischen Auslegung und beim Einsatz von Multispektral-Scannern ist daher: Welche Bereiche des elektromagnetischen Spektrums sind für die spezielle Aufgabenstellung des Nutzers von Bedeutung? In welchen Teilspektren und mit welchen Bandbreiten soll aufgenommen werden? Die Tabelle 5 zeigt, daß die einzelnen Nutzergruppen recht unterschiedliche Anforderungen an künftige Erderkundungssatelliten haben, was die Zahl, die Position und die Bandbreite der Spektralkanäle angeht. Das gleiche gilt übrigens auch für die Anforderungen an die räumliche Auflösung von Multispektral-Scannern und die Wiederholungsrate von Aufnahmen. Die unterschiedlichen Anforderungen der Geologen, Geographen, Land- und Forstwirte, der Raumplaner und Ozeanographen ergeben sich aus den unterschiedlichen Reflexionsspektren und Dimensionen der sie jeweils interessierenden Geländeobjekte und Geländezustände. Auch bei den Anforderungen an die räumliche Auflösung von Scanner-Bildern ist übrigens zu beachten, daß die anfallende Datenmenge mit verbesserter räumlicher Auflösung schnell ansteigt. Tabelle 6 gibt eine Übersicht der zur Erderkundung eingesetzten und geplanten Aufnahmesysteme (Spektralbereich, Zahl der Spektralkanäle, räumliche Auflösung).

Über die Zahl, die Position und Bandbreite geeigneter Spektralkanäle kann der Nutzer von Fernerkundungsdaten allerdings, wie schon mehrfach erwähnt, nur dann optimal entscheiden, wenn er die wellenlängenabhängigen Spektral-

Tabelle 6 Übersicht der in Erderkundungs-Satelliten bisher eingesetzten und geplanten Aufnahmesysteme (nach BODECHTEL 1978 und 1981)

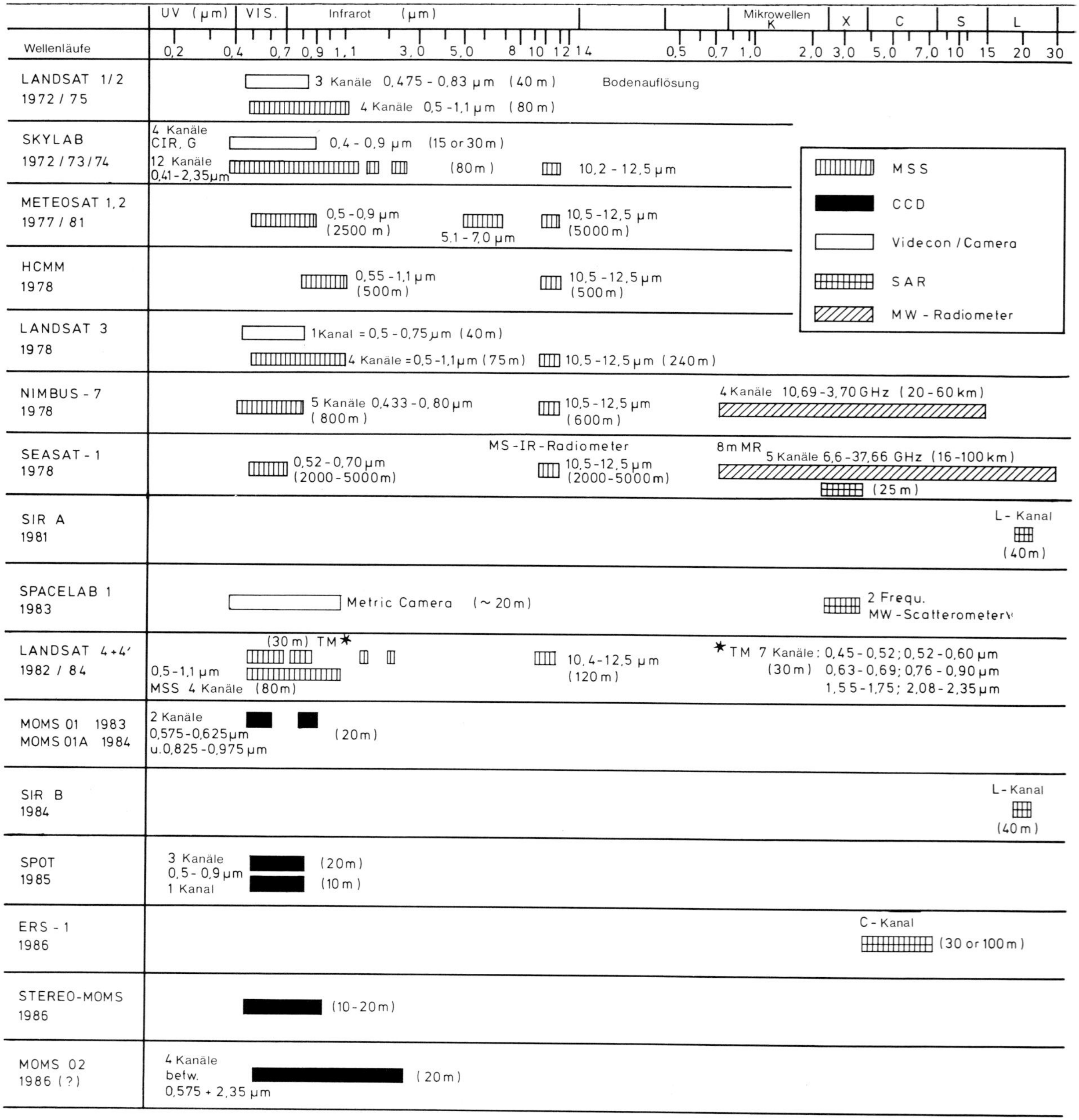

charakteristika der vom Multispektral-Scanner aufzunehmenden Geländeobjekte und -zustände kennt, wenn ihm sozusagen die Zielspektren der Scanner-Befliegungen bekannt sind.

Die Position, die Bandbreite und die Detektoren der Spektralkanäle eines Multispektral-Scanners entscheiden, wie differenziert und mit welchem Kontrast zur Umgebung die Strahlungsintensitäten objektbezogener bzw. objektspezifischer Teilspektren erfaßt und für die analoge oder digitale Auswertung genutzt werden können. Die Position geeigneter Spektralkanäle wird durch die Spektralcharakteristika der interessierenden Geländeobjekte bestimmt. Entscheidender noch ist der Kontrast im wellenlängenabhängigen Spektralverhalten der interessierenden Objekte einerseits und ihrer Umgebung andererseits. Wie z.B. in den Abb. 6 und 7 gezeigt wurde, ist der Kontrast im Reflexions- und Emissionsverhalten zweier oder mehrerer Geländeobjekte (z.B. verschiedener Gesteins- oder Bodentypen, Land/Wassergrenze) in ganz bestimmten Wellenlängenintervallen (oft enger Bandbreite) wesentlich ausgeprägter als in anderen Teilspektren. Welchen Einfluß die Bandbreite eines Spektralkanals auf die Erfassung und Aussagekraft von Strahlungsintensitäten hat, soll die Abb. 76 demonstrieren. Der obere Teil der Abbildung zeigt die spektrale Reflexionskurve eines typischen vitalen grünen Blattes, die durch bestimmte, stark ausgeprägte Absorptionsbänder und einen scharfen Übergang von der Absorption zur Reflexion bei etwa 0,7 μm gekennzeichnet ist. Die Position der bei einer Befliegung eingesetzten Spektralkanäle und vor allem deren Bandbreite werden darüber entscheiden, ob die typischen wellenlängenabhängigen Reflexionseigenschaften des Blattes bei der Datenaufnahme differenziert erfaßt und für die analoge oder digitale Datenauswertung nutzbar gemacht werden können oder ob etwa durch eine zu große Bandbreite die typischen Spektralmerkmale des Blattes unterdrückt bzw. maskiert werden. Die untere Darstellung zeigt die Ergebnisse der Datenaufnahme mit einer Bandbreite von 0,1 μm (gestrichelt) und mit einer Bandbreite von 0,2 μm (ausgezogen). Es ist offenkundig, daß die Datenaufnahme mit geringerer Bandbreite die typischen wellenlängenabhängigen Änderungen der Spektralkurve des Blattes wirklichkeitsgetreuer (materialspezifischer) wiedergibt als die Datenaufnahme mit der größeren Bandbreite. Da eine Datenaufnahme in sehr engen Bandbereichen über das gesamte Spektrum hinweg bei Scanner-Befliegungen nicht zu verwirklichen ist, kommt es darauf an, Spektralkanäle enger Bandbreiten in den wenigen kritischen Teilspektren einzusetzen, in denen objektspezifische Spektralmerkmale ausgeprägt sind oder der erwartete Kontrast des Spektralverhaltens unterschiedlicher benachbarter Objekte (Gesteine, Böden, Pflanzen, Gewässer) am größten ist.

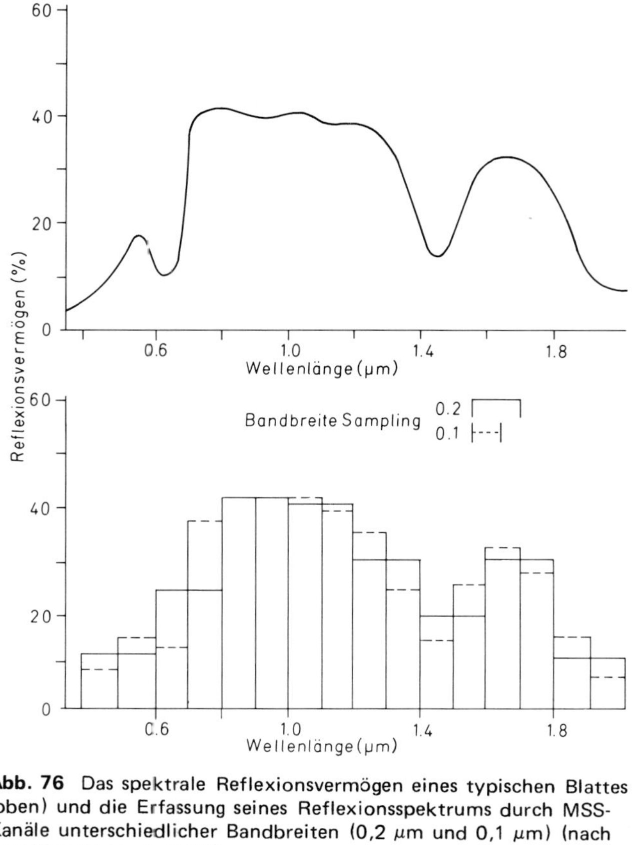

Abb. 76 Das spektrale Reflexionsvermögen eines typischen Blattes (oben) und die Erfassung seines Reflexionsspektrums durch MSS-Kanäle unterschiedlicher Bandbreiten (0,2 μm und 0,1 μm) (nach SAVIGEAR et al. 1975).

4.3.6 Zur radiometrischen Kalibrierung von Scanner-Daten

Die Grau- oder Farbtonstufen konventioneller Luftbilder sind sehr von dem für die Aufnahme verwendeten Filmmaterial und von den nachfolgenden Entwicklungs- und Kopierprozessen abhängig. Daher sind, wie schon erwähnt, die Grau- oder Farbtöne, mit denen Geländeobjekte in Schwarzweiß- oder Farbluftbildern wiedergegeben werden, in der Regel nicht reproduzierbar. Grau- und Farbtönungen von Schwarzweiß- oder Farbluftbildern liefern daher nur Informationen über die relativen Unterschiede im Spektralverhalten benachbarter Geländeobjekte. Luftbilder liefern keine quantitativen radiometrischen Daten über das spektrale Reflexionsverhalten der erfaßten Geländeobjekte, auch wenn sie in besonderen Fällen durch Verwendung von Graukeilen radiometrisch kalibriert und der Entwicklungsprozeß gleichförmig und reproduzierbar gemacht werden kann.

Die von den Detektoren eines Scanners bei der Befliegung erfaßten und in elektrische Analog-Signale umgesetzten Spektralintensitäten können dagegen radiometrisch kalibriert werden, wenn während jedes Scan-Vorganges Referenzquellen zur Kalibrierung des Signals abgetastet und deren Signale mitregistriert werden. Für den Bereich reflektierter Strahlung (0,4 bis 1,1 μm) kann als Referenzquelle wahlweise eine spektral-kalibrierte Lampe (z.B. eine Wolfram-Halogen-Lampe) oder das Himmelslicht benutzt werden, deren bzw. dessen Strahlung über Fiberoptik-Systeme in das Gesichtsfeld des Scan-Spiegels geleitet wird (s. Abb. 73). Bei Thermal-Scanner-Aufnahmen, bei denen die von den Geländeobjekten emittierte IR-Strahlung (8 bis 14 μm) erfaßt wird, werden Schwarzkörper mit bekannter Temperatur als Referenzquelle benutzt, beim Bendix-Flugzeug-Scanner z.B. zwei zwischen $-10°$ und $+40°$C temperaturkontrollierte Schwarzkörper. Radiometrische Kalibrierungen ermöglichen die quantitative und reproduzierbare Erfassung der Spektralintensitäten.

Referenzdaten kann auch ein IR-Radiometer liefern, das die von den Geländeobjekten emittierte IR-Strahlung während der Befliegung in einem Profil entlang der Fluglinie z.B. im Bereich 8 bis 13 μm oder 10,2 bis 12,2 μm aufnimmt. Radiometerdaten sind quantitativ und reproduzierbar, weil das Radiometer neben der vom Gelände kommenden IR-Strahlung auch die kalibrierte Strahlung eines internen Schwarzkörpers bestimmter Temperatur aufnimmt. Die Temperaturauflösung von IR-Radiometern liegt bei etwa 0,5 K. Die Winkelauflösung von IR-Radiometern ist im allgemeinen geringer als die der heute eingesetzten Scanner. Sie kann bis zu 7 mrad betragen (bei 1000 m Flughöhe 7 m).

Von Vorteil für die spätere Interpretation von Thermal-Scanner-Daten sind Geländebeobachtungen und -messungen im Aufnahmegebiet vor und während der Befliegung. Die meteorologischen Bedingungen, die Morphologie und die Oberflächenbeschaffenheit des Geländes (Bewuchs, Boden, Gestein, Bodenfeuchte) sind Parameter, die das Temperaturverhalten natürlicher Materialien stark beeinflussen. Diese Parameter sollten im Rahmen sog. ground-truth-Messungen zumindest in den besonders interessanten Teilbereichen des Aufnahmegebietes ermittelt werden, um Referenzdaten für die Beurteilung der Temperaturkontraste zu haben, mit denen Geländeobjekte bzw. Geländeeinheiten im Thermal-Scanner-Bild erscheinen. In den Abschn. 2.2.2, 3.3.2 und 3.5.8 werden die materialabhängigen Parameter und die Umweltparameter besprochen, die Einfluß auf das Temperaturverhalten natürlicher Materialien haben.

4.3.7 Zur Aufzeichnung und Weiterverarbeitung spektraler Scanner-Daten

Die von den Detektoren der einzelnen Spektralkanäle eines Multispektral-Scanners kommenden elektrischen Signale werden verstärkt und anschließend zusammen mit spektralen Referenzdaten und Funktionsdaten des Scanners auf Magnetband aufgezeichnet, analog oder digitalisiert. Dabei werden die in den einzelnen Spektralkanälen pro Bildelement erfaßten Strahlungsintensitäten getrennt aufgezeichnet. Im Falle des 11-Kanal-Scanners werden pro Bildelement 11 Signale (11 Spektralmerkmale) aufgezeichnet. Wegen des großen Dynamikbereichs der heutigen Scanner können Unterschiede der spektralen Strahlungsintensität differenziert in einer vielstufigen Intensitätsskala aufgezeichnet werden. So werden die spektralen Aufnahmedaten der Kanäle 4, 5 und 6 des Multispektral-Scanners der Landsat-Satelliten jeweils in einer 128stufigen Skala (7-bit-Kodierung), die des 11kanaligen Bendix-Flugzeug-Scanners jeweils in einer 256stufigen Skala (8-bit-Kodierung) auf Magnetband aufgezeichnet. Dabei hat die Helligkeit jedes Bildelementes (Pixels) einen Zahlenwert von 0 für schwarz bis zu einer höheren Zahl (128 bzw. 256) für weiß. Die Magnetbandaufzeichnung bietet gegenüber der Filmaufzeichnung wesentliche Vorteile. Wegen der geringen Dynamik des Films gehen bei direkten Filmaufzeichnungen radiometrische Daten verloren. Auch liefern die Grautöne des Films, wie schon erwähnt, nur Informationen über relative Unterschiede im Spektralverhalten benachbarter Objekte. Auch sind photographische spektrale Aufnahmedaten nicht reproduzierbar. Dagegen erlaubt die Datenspeicherung auf Magnetband je nach Aufnahmetechnik eine qualitative oder quantitative Datenerfassung, in jedem Fall aber reproduzierbare Aufnahmedaten. Es besteht bei der Magnetbandaufzeichnung ferner die Möglichkeit zu geometrischen und radiometrischen Korrekturen und zur Unterdrückung des Rauschens vor der Erstellung der Bilddaten und zur Anwendung einer Vielzahl von rechnergestützten Programmen der Datenverarbeitung und Datendarstellung, teils analog, teils digital (s. Abschn. 5).

4.4 Erderkundungssatelliten vom Typ Landsat

4.4.1 Allgemeines

Landsat-Satelliten (anfangs ERTS = **E**arth **R**esources **T**echnology **S**atellite genannt) dienen der Erderkundung. Im Juli 1972 wurde der erste von inzwischen fünf Landsat-Satelliten der USA gestartet, um Erfahrungen in der Aufnahme, vor allem aber in der Auswertung multispektraler und multitemporaler Satellitenaufnahmen unter Aspekten der Land- und Forstwirtschaft, der Raumplanung, der geologischen Kartierung und Lagerstättensuche und der Ozeanographie zu sammeln. Die Sensorenausstattung der ersten drei Landsat-Satelliten, ein multispektrales TV-System und ein Multispektral-Scanner (MSS), wurde also nicht für die Einsatzmöglichkeiten im Arbeitsbereich nur einer Disziplin konzipiert. Die Auswahl der Spektralkanäle und die Entscheidung über die räumliche Auflösung der Sensoren erfolgte vielmehr unter Berücksichtigung teils recht unterschiedlicher Interessen und Anforderungen der einzelnen Disziplinen oder Nutzergruppen. Sie war ein Kompromiß, der unter anderem auch unter Gesichtspunkten des Kosten/Nutzen-Verhältnisses geschlossen wurde. Der Erfolg hat der Konzeption Recht gegeben. Die Interpreten und Nutzer der multispektralen Landsat-Aufnahmen erkannten sehr schnell deren Nutzwert für regionale thematische Kartierungen und Bestandsaufnahmen (KRONBERG 1974).

Die Sensoren der Landsat-Satelliten 1 bis 3 hatten bis Ende 1983 mehr als 1,3 Millionen Szenen mit einer jeweiligen Flächendeckung von 185 x 185 km (in jeweils 4 bzw. 3 Spektralkanälen) aufgenommen. (Davon Landsat 2: 615 720 MSS-Szenen und 2916 RBV-Szenen, Landsat 3: 324 655 MSS-Szenen und 296 990 RBV-Szenen.) Fast alle Landgebiete der Erde sind von Aufnahmen des Landsat-MSS erfaßt, teils in mehrfacher, multitemporaler Überdeckung. Obgleich die ersten Landsat-Satelliten experimentellen Charakter hatten, sind ihre Aufnahmen, vor allem die des MSS, bereits zu einer Standardinformation, zu einer weltweit genutzten Arbeitsgrundlage für kleinmaßstäbliche Kartierungen, aktuelle Bestandsaufnahmen und für die Erfassung dynamischer Prozesse an der Erdoberfläche geworden. Dafür gibt es mehrere Gründe. Einmal stellen die synoptischen flächendeckenden, relativ lagegenauen und räumlich gut auflösenden Landsat-Aufnahmen eine aktuelle kleinmaßstäbliche Kartenunterlage dar, die vor allem in kartographisch weniger gut erfaßten Bereichen der Erde eine sehr wichtige Rolle für die Landesaufnahme, Landesplanung und Landnutzung sowie für die Suche nach natürlichen Ressourcen spielt. Zum anderen liefert die über Landsat-Aufnahmen möglich gewordene synoptische Betrachtung und Interpretation sehr großer Geländebereiche neuartige Informationen, die mit konventionellen Methoden nicht zu gewinnen waren. Die Erde wird mit Hilfe der Landsat-Aufnahmen gewissermaßen neu gesehen. Das gilt unter geologischen Gesichtspunkten vor allem für die Erfassung regionaler lithofazieller und vor allem auch struktureller Einheiten und ihrer genetischen Zusammenhänge. Landsat-Aufnahmen oder ein aus mehreren Aufnahmen erstelltes Landsat-Mosaik ermöglichen erstmals dem einzelnen Interpreten oder einer kleinen Arbeitsgruppe die geologische Bearbeitung von Gebieten, die mit konventionellen Methoden bislang nur von vielen, oft über Jahrzehnte hinweg arbeitenden Arbeitsgruppen kartiert werden konnten. Wichtig ist hierbei, daß nunmehr große Gebiete auf der Basis unseres heutigen Wissensstandes und nach gleichen Kriterien bearbeitet werden können. Früher ergaben sich bei der Erstellung kleinmaßstäblicher regionalgeologischer Karten auf der Basis der Korrelation von lokalen Beobachtungen und Arbeitsergebnissen verschiedener Bearbeiter oft Schwierigkeiten, weil diese mit unterschiedlicher Zielsetzung und unterschiedlichem Wissensstand und daher nicht selten nach unterschiedlichen Kriterien und mit unterschiedlicher Genauigkeit kartiert hatten. Ein weiterer Anlaß für die intensive Nutzung der Landsat-Daten ist schließlich der relativ günstige Preis, für den multispektrale und multitemporale Aufnahmen selbst großräumiger Gebiete weltweit zu haben sind.

4.4.2 Umlaufbahn, Datenaufnahme und Flächendeckung der Landsat-Aufnahmesysteme

Landsat-Satelliten umkreisen die Erde in einer Höhe von 917 km auf einer fast kreisförmigen Umlaufbahn. Sie ist um 99° gegen die Ebene des Äquators geneigt (s. Abb. 77). Diese nahezu polare Umlaufbahn ist sonnensynchron. Auf seinem Weg um die Erde kreuzt der Satellit den Äquator auf der Tagesseite 14mal etwa zur gleichen Ortszeit (ca. 9.30 Uhr). Die Umlaufzeit für einen Orbit beträgt 103 Minuten. Bei wiederholten Überflügen ist der Satellit zur gleichen Tageszeit über demselben Gebiet. Das hat einerseits den Vorteil, daß derselbe Geländebereich jeweils unter gleichen oder zumindest ähnlichen Beleuchtungsbedingungen aufgenommen wird, andererseits können bei der Auswertung multitemporaler Bilddaten desselben Geländebereiches auch die mit der Jahreszeit wechselnden Beleuchtungsbedingungen

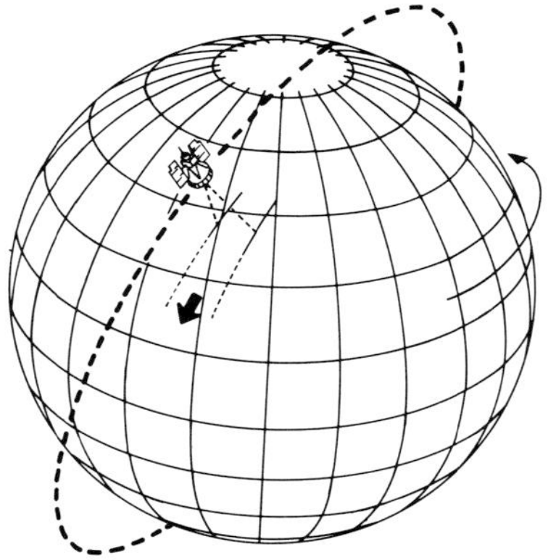

Abb. 77 Umlaufbahn der Landsat-Satelliten 1–5 (nach NASA Landsat Data Users Handbook).

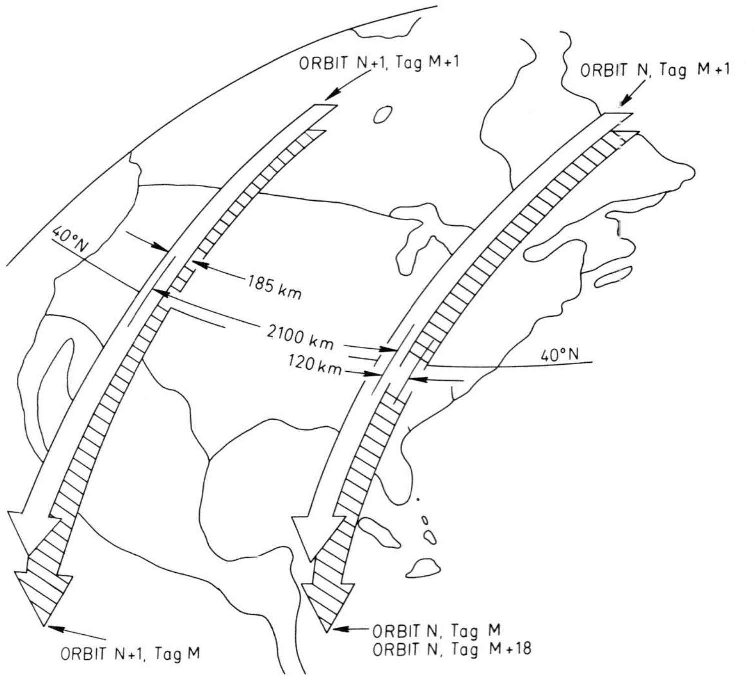

Abb. 78 Aufnahmestreifen der Landsat-Satelliten 1–3 (nach NASA Landsat Data Users Handbook).

(hoher Sonnenstand im Sommer, niedriger Sonnenstand im Winter) genutzt werden. Bei niedrigem Sonnenstand werden z.B. manche Einzelheiten des Geländereliefs betont, die für die geologische strukturelle Kartierung der Landsat-Aufnahmen von Bedeutung sein können.

Auf seiner von Nord nach Süd absteigenden Bahn nimmt der Multispektral-Scanner kontinuierlich oder in wählbaren Abschnitten einen 185 km breiten Streifen der Erdoberfläche auf (s. Abb. 78, Orbit N, Tag M). Von einer Umlaufbahn zur nächsten verschiebt sich der Aufnahmestreifen bzw. der Subsatellitenpunkt infolge der Erdrotation am Äquator um 2875 km auf 40°N um 2100 km nach Westen (s. Abb. 78, Orbit N + 1, Tag M). Am nächsten Tag, 14 Orbits später, ist der Satellit ungefähr wieder im Bereich der Ausgangsposition vom ersten Tag. Jedoch ist der 15. Orbit gegenüber dem 1. Orbit um 159 km nach Westen versetzt (vgl. Abb. 79, Orbit 15, 2. Tag). Am 18. Tag ist der Satellit nach 251 Umläufen wieder zur gleichen Zeit über dem 1. Aufnahmestreifen. Die Aufnahmestreifen des 1. und des 251. Orbits sind deckungsgleich. Ein neuer Aufnahmezyklus beginnt. In einem Zyklus von 18 Tagen werden also alle Bereiche der Erdoberfläche, außer den polaren Bereichen höher als 81°, von den Sensoren der Landsat-Satelliten erfaßt. Günstige Wetterbedingungen vorausgesetzt, konnte daher jeder beliebige Bereich der Erdoberfläche alle 18 Tage vom MSS eines Landsat-Satelliten aufgenommen werden. Durch eine Abstimmung der Umlaufbahnen mehrerer Satelliten kann die Wiederholungsrate erhöht werden. So waren die Umlaufbahnen von Landsat 1 und 2 um neun Tage gegeneinander versetzt. Dadurch war alle neun Tage ein Landsat-Satellit zur gleichen Zeit über demselben Ort. Die Umlaufbahnen von Landsat 2 und 3 waren ebenfalls um neun Tage verschoben, so daß eine potentielle Wiederholungsrate von 9 Tagen gegeben war. Höhere Wiederholungsraten sind vor allem für die Erfassung dynamischer Prozesse von Bedeutung.

Wie die Abb. 78 zeigt, überdecken sich benachbarte Aufnahmestreifen aufeinanderfolgender Tage. Am Äquator beträgt die seitliche Überdeckung 14%. Polwärts nimmt sie auf etwa 80% in polnahen Gebieten zu. Die Bereiche seit-

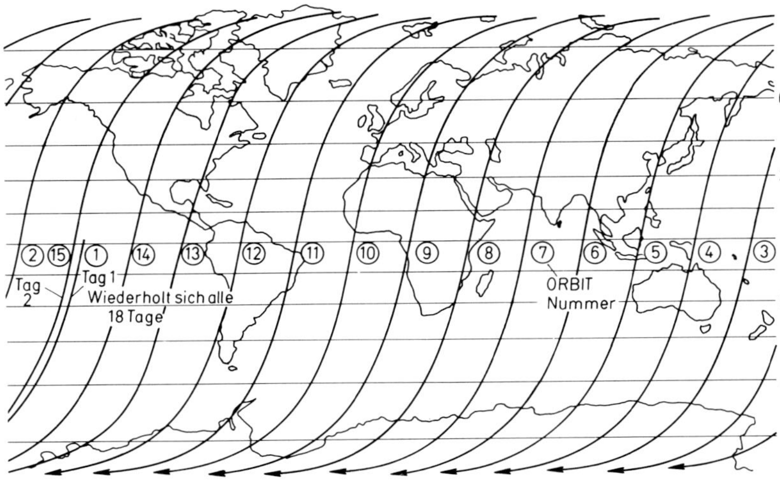

Abb. 79 Typische tägliche Bodenspur der Landsat-Satelliten 1–3 (nach NASA Landsat Data Users Handbook).

licher Überdeckung können stereoskopisch betrachtet werden. Der Stereo-Effekt ist allerdings nur in Gebieten mit starkem Geländerelief deutlich wahrnehmbar. Auch nimmt die Möglichkeit der stereoskopischen Betrachtung mit zunehmender Überdeckung in den höheren Breiten ab, weil der stereoskopische Beobachtungswinkel zu klein wird. In der Flugrichtung aufeinanderfolgende Landsat-Aufnahmen überdecken sich um jeweils 10% am oberen und unteren Bildrand. Innerhalb des 185 km breiten Aufnahmestreifens überdecken die Spektralaufnahmen des Multispektral-Scanners der Landsat-Satelliten 1–5 und der RBV-Kameras von Landsat 1 und 2 (auch Landsat-Szenen genannt) jeweils eine Fläche von 185 x 185 km.

4.4.3 Der Multispektral-Scanner (MSS) der Landsat-Satelliten 1–3

Aufnahmeprinzip, Datenübertragung, Datenregistrierung

Die Landsat-Satelliten 1 und 2 hatten identische Sensorsysteme an Bord: ein aus drei RBV-Kameras bestehendes multispektrales Fernsehsystem und einen Vier-Kanal-Multispektral-Scanner. Das RBV-System der Landsat-Satelliten 1 und 2 und das veränderte RBV-System von Landsat 3 wurden bereits in Abschn. 4.2 beschrieben. Auch der mit großem Erfolg eingesetzte MSS der Landsat-Satelliten wurde schon mehrfach erwähnt. Nachfolgend werden sein Aufbau und seine Arbeitsweise dargestellt (s. Abb. 80). Wie bei allen optisch-mechanischen Line-Scannern tastet ein Scanspiegel die Erdoberfläche während des Überfluges senkrecht zur Flugrichtung ab. Bei einem Scanwinkel von 11,56° erfaßt der Scanspiegel aus der Bahnhöhe von 917 km einen 185 km breiten Geländestreifen. Beim Scanvorgang wird die von der Erdoberfläche reflektierte Sonnenstrahlung auf 6 nebeneinander aufgereihte Detektoren fokussiert. Jeder dieser Detektoren hat bei der gegebenen Bahnhöhe ein momentanes Blickfeld (IFOV) von 79 x 79 m, das sich aus der Winkelauflösung des Scanners von 0,086 mrad ergibt. Bei jeder

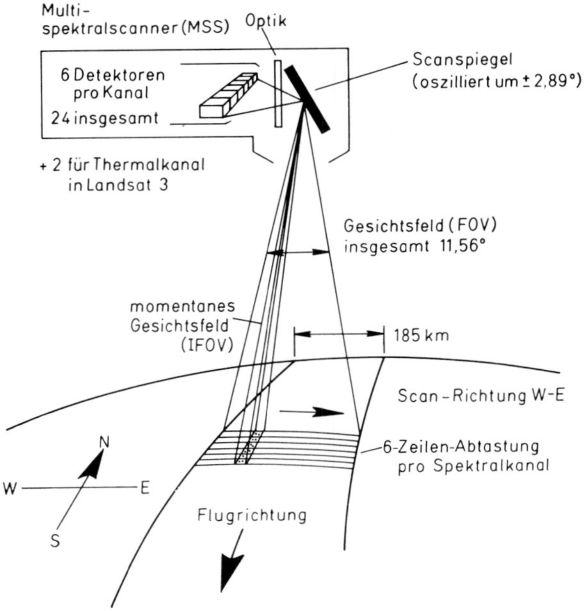

Abb. 80 Schematische Darstellung des Aufnahmeprinzips des Multispektral-Scanners der Landsat-Satelliten 1–3 (nach NASA Landsat Data Users Handbook).

Spiegeloszillation werden aus der Aufeinanderfolge der Blickfelder sechs parallele Scanstreifen von je 79 m Breite und 185 km Länge aufgebaut. Die Oszillationsgeschwindigkeit des Scanspiegels ist auf die Vorwärtsbewegung des Satelliten (auf ca. 6456 km/s) abgestimmt. Dadurch schließen die neu entstehenden sechs Scanstreifen jeweils lückenlos an die sechs vorhergehenden Scanstreifen an. So entsteht während des Überfluges der kontinuierliche Aufnahmestreifen des Multispektral-Scanners.

Die vom Scanspiegel aufgenommene elektromagnetische Strahlung wird auf dem Weg zu den Detektoren durch Filter geschickt. Diese lassen jeweils nur Strahlung begrenzter Wellenlängenintervalle in den folgenden vier Teilspektren passieren: 0,5 bis 0,6 μm Grün (Kanal 4), 0,6 bis 0,7 μm Rot (Kanal 5), 0,7 bis 0,8 μm nahes Infrarot (Kanal 6), 0,8 bis 1,1 μm nahes Infrarot (Kanal 7). Für jedes dieser Teilspektren steht eine Detektorenreihe zur Verfügung. Die elektrischen Signale werden anschließend zusammen mit Kontrolldaten über die Arbeitsweise der Sensoren und die äußere Orientierung des Satelliten zur Erde übermittelt. Ist der Satellit außerhalb des Empfangsbereiches einer Bodenstation, können die Aufnahmedaten an Bord des Satelliten in gewissem Umfang auf Magnetband gespeichert und später von einer Bodenstation abgerufen werden. Die Datenspeicherung an Bord hat sich allerdings als Schwachstelle der Landsat-Missionen erwiesen. Erstens ist die Speicherkapazität jedes der beiden an Bord befindlichen Recorder beschränkt. Sie liegt bei 30 Minuten oder 72 Szenen. Auch ist die Lebensdauer der Magnetbandrecorder beim derzeitigen Stand der Technik unter Weltraumbedingungen auf ca. 500 Stunden begrenzt. Zusätzlich zeigte sich die Funktion der Recorder als störanfällig, so daß die Speicherungsmöglichkeiten während der Flüge von Landsat 1 bis 3 zeitweise recht eingeschränkt waren.

Vom Satelliten zur Bodenstation übermittelte Aufnahmedaten werden zunächst auf Magnetband hoher Speicherkapazität (HDDT: **H**igh **D**ensity **D**igital **T**ape) aufgezeichnet und später nach geometrischen und radiometrischen Korrekturen als analoge Bilddaten auf photographischen Film oder in digitaler Form auf computerkompatible Magnetbänder (CCTs) überspielt.

Standardprodukt aus MSS-Daten ist ein schwarz-weißes, systemkorrigiertes Scannerbild, die sogenannte Landsat-Szene. Für jeden der vier Spektralbereiche, in denen der Landsat-MSS aufnimmt, wird ein Bild erstellt. Abb. 81 zeigt die vier Spektralbilder einer MSS-Landsat-Szene. Die unterschiedlichen Grautöne derselben Geländeobjekte oder Geländeeinheiten in den einzelnen Spektralbildern zeigen das unterschiedliche Reflexionsvermögen der betreffenden Geländeobjekte und Geländeeinheiten in den Aufnahmespektren der Kanäle 4 bis 7

Aus der Kombination der Spektraldaten aus drei Spektralkanälen des MSS, meist der Kanäle 4, 5 und 7, lassen sich sogenannte Colorcompositen herstellen (Farbüberlagerungen). Das sind Landsat-Szenen mit der Farbgebung des Farb-Infrarotfilms. In ihnen ist die Vegetation in roten Farben, Wasser in dunklem Blau bis Schwarz, dicht bewachsene Böden wie auch Städte sind in Blau wiedergegeben. Obgleich in den Colorcompositen nur dieselben Informationen enthalten sind, die auch in den drei Spektralbildern vorhanden sind, ergibt sich aus der Überlagerung der Bilddaten und aus der Farbgebung nicht selten eine deutlichere, kontrastreichere Wiedergabe bestimmter Bildinhalte. Deshalb bietet die Auswertung der Colorcompositen (auch Falschfarbenbilder genannt) nicht selten zusätzliche Informationen, die für Kartierungen und Bestandsaufnahmen von Bedeutung sind.

Die Aufnahmedaten der Landsat-Sensoren können in verschiedener Form von einem zentralen Datenzentrum in den USA oder von Datenzentren in einigen anderen Ländern bezogen werden. Die Landsat-Produkte gliedern sich in die photographischen Produkte (analoge Bilder, Positive, Negative, Papier, Transparent) und in computerkompatible Magnetbandaufzeichnungen (CCTs), die für die Verfahren der digitalen Verarbeitung und Auswertung von Landsat-Bilddaten verwendet werden, von denen Bilddaten der Landsat-Aufnahmen abgespielt werden können.

Die von den drei RBV-Kameras der Landsat-Satelliten 1 und 2 gelieferten drei Spektralaufnahmen überdecken ebenfalls einen Bereich von 185 x 185 km (s. Abb. 65). Wurde das Gelände beim Überflug von den drei RBV-Kameras und dem MSS des Satelliten synchron aufgenommen, so ist der von beiden Sensorsystemen erfaßte Geländebereich identisch. Für manche Gebiete der Erde, vor allem in den USA, gibt es eine solche doppelte, oft mehrfach wiederholte Überdeckung durch MSS- und RBV-Aufnahmen.

Für Landsat 3 wurde die Zahl der RBV-Kameras auf zwei reduziert. Sie lieferten Aufnahmen mit einer Flächendeckung von jeweils 98 x 98 km entlang von zwei sich seitlich überdeckenden Aufnahmestreifen. Abb. 82 zeigt das Aufnahmeprinzip der RBV-Kameras. 4 RBV-Aufnahmen überdecken den Bereich einer MSS-Szene.

4.4.3.1 *Bildmaßstab, Lagegenauigkeit, räumliche Auflösung, spektrale Auflösung und radiometrische Genauigkeit der Landsat-MSS-Aufnahmen*

Schwarzweiß-Kopien von MSS-Aufnahmen (Film-Negativ, Film-Positiv) werden vom EDC wie auch von anderen Datenzentren an den Nutzer im allgemeinen im Maßstab 1:1 000 000 geliefert. Vergrößerungen auf 1:500 000 und 1:250 000 (Papierkopien) sind möglich.

Reliefbedingte Bildpunktverschiebungen innerhalb der Landsat-Szenen sind so gering, daß die einzelnen MSS-Aufnahmen so, wie sie vom Datenzentrum geliefert oder als CCT-Abspielungen erstellt werden, für die geologische Kartierung direkt als Karten- oder Kartierunterlage verwendet werden können, außer in Bereichen mit extrem starkem Relief. Die relativen Lageungenauigkeiten innerhalb des auf Kunststoffpapier kopierten Landsat-Bildes sind oft geringer als die von Karten gleichen Maßstabes (deren Papier obendrein in Abhängigkeit von der Luftfeuchtigkeit und Raumtemperatur durchaus im Millimeterbereich arbeiten kann).

Die photographische Anpassung eines MSS-Bildes an existierende Karten (z.B. Lambertsche flächentreue Azimutalprojektion) der oben genannten Maßstäbe bereitet in der Regel keine Schwierigkeiten. Nach COLVOCORESSES (1976) liegt die Lagegenauigkeit bei der Einpassung des Einzelbildes eines Spektralkanals in das UTM-Netz der Karte bei 50 bis 100 m. Generell ist bei der Einpassung in die UTM-Projektion mit einer Fehlerquote von 150–350 m zu rechnen. Für die Colorcomposite einer Landsat-Szene gibt COLVOCORESSES einen möglichen Fehler in der Lagegenauigkeit von 150 m an. Werden Bildunterlagen höherer Genauigkeit gewünscht, so kann die einzelne MSS-Landsat-Szene auch mit Hilfe von mindestens 4 Bodenkontrollpunkten über Verfahren der digitalen Bildverarbeitung geometrisch korrigiert und in die Kartenvorlage eingepaßt werden. Für die Einpassung in die UTM-Projektion gibt COLVOCORESSES Lagefehler zwischen 125 und 150 m an.

Für thematische Auswertungen von MSS-Aufnahmen eignen sich Kopien im Maßstab von 1:1 000 000 bis 1:250 000. Bei guter Bildqualität lassen sich MSS-Aufnahmen auch bis auf 1:100 000 vergrößern. Dies mag im Einzelfall zur Korrelation mit existierenden Karten oder zur Orientierung im Gelände nützlich sein. Für die Kartierung interessierender Bildinhalte bringen derart starke Vergrößerungen wenig, weil in diesem Maßstab bereits die einzelnen Bildelemente (Pixel), aus denen das Scannerbild zusammengesetzt ist, als grobes Bildraster erscheinen und zusammen mit dem Muster der Scanlinien den in diesem Maßstab ohnehin schon diffusen Bildinhalt maskieren.

Die räumliche Auflösung der einzelnen Landsat-Szene wird durch das momentane Blickfeld der MSS-Detektoren von 79 x 79 m bestimmt. Die theoretische geometrische Bildelementauflösung der MSS-Aufnahmen am Boden liegt dementsprechend bei 80 m. Einfluß auf die Erkennbarkeit und Unterscheidbarkeit von Geländeobjekten in MSS-Aufnahmen haben allerdings auch die atmosphärischen Bedingungen zur Zeit der Aufnahme und der Bildkontrast. Dieser wird durch die Qualität des Originalnegativs, aber auch durch die späteren Entwicklungs- und Kopierprozesse bei der Erstellung von Bildkopien beeinflußt. Die Qualität der vom EDC gelieferten Schwarzweiß-Negative ist recht unterschiedlich. Bei der Erstellung von Bildkopien sollte auf eine differenzierte Grautonabstufung geachtet werden.

Im Einzelfall variiert die räumliche Auflösung, gemeint ist hier die Entdeckbarkeit von Geländeobjekten, auch mit der Form, Dimension und vor allem mit dem Kontrast des spektralen Reflexions-/Absorptionsverhaltens einzelner Objekte oder Objektgruppen zu dem ihrer Umgebung. Bei günstigen Kontrastverhältnissen sind auch Objekte zu erkennen, deren Abmessungen unter der theoretischen Auflösung von 80 m liegen (Straßen, Flußläufe, lineare Bruchstrukturen).

Im Hinblick auf die Breite seines Aufnahmespektrums und die Genauigkeit, mit der die von der Erdoberfläche reflektierte Sonnenstrahlung erfaßt wird, ist der MSS der Landsat-Satelliten einem fokussierten Radiometer vergleichbar. Das enge Blickfeld des MSS sorgt dafür, daß der gesamte Aufnahmebereich bei gegebener Bahnhöhe aus fast vertikaler Sicht aufgenommen wird. Dadurch wird einerseits der störende Einfluß der Atmosphäre möglichst klein gehalten, andererseits werden die Spektralsignale gleicher Objekte aus dem gesamten Bereich einer Landsat-Szene (34 000 km^2) unter annähernd gleichen Bedingungen erfaßt, eine Tatsache, die vor allem für die angestrebte rechnergestützte Klassifizierung spektraler Bilddaten von Bedeutung ist. Die Dekkungsgleichheit der vier Spektralbilder einer Landsat-Szene und die Erfassung der spektralen Strahlungsintensitäten über einen weiten Dynamikbereich eröffnen der Bildauswertung, vor allem aber der digitalen Datenverarbeitung (mit dem Ziel der Kontrastverbesserung der Bildwiedergabe, der kontrastverstärkten Darstellung besonders inter-

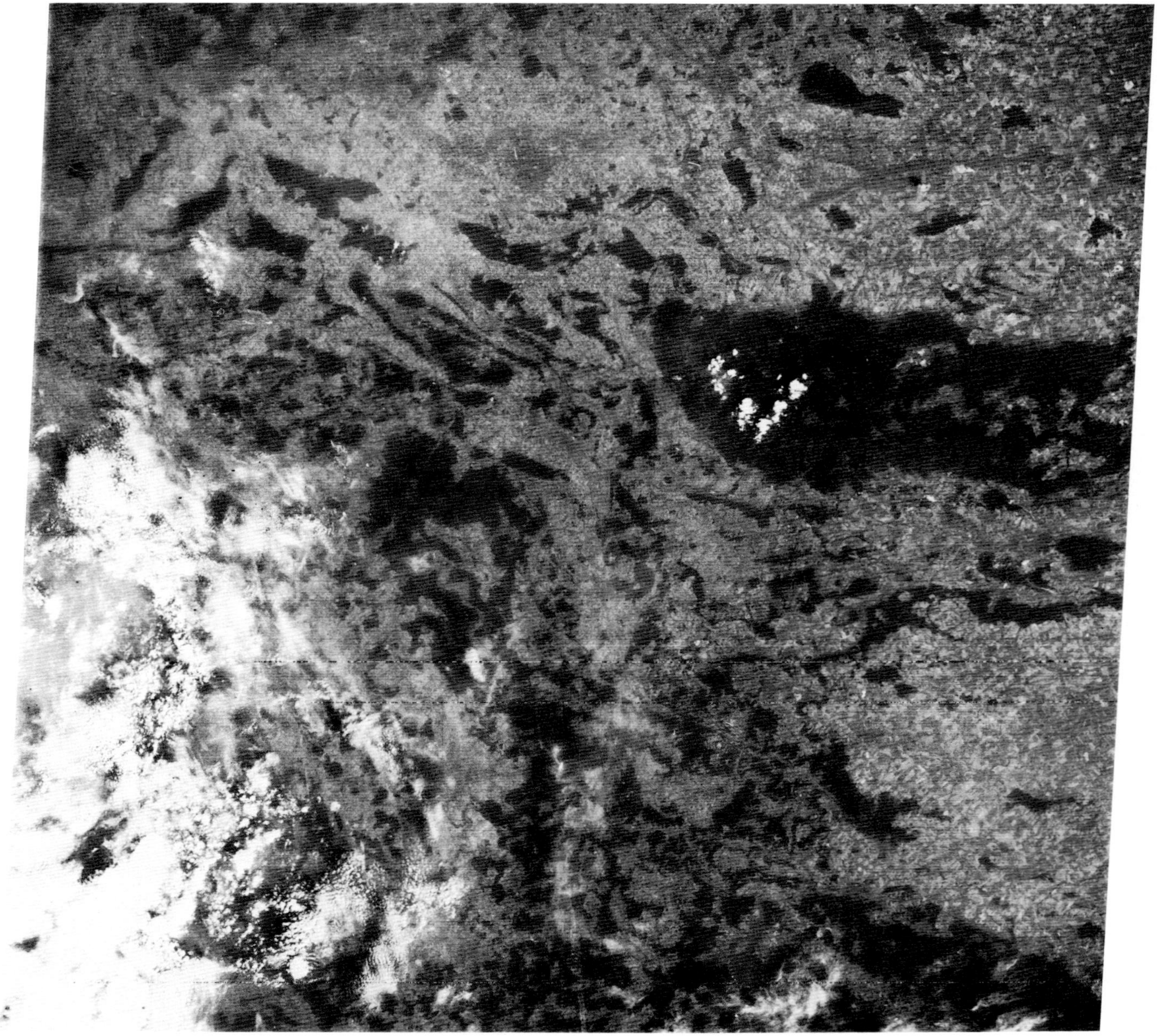

Abb. 81a–d Beispiel einer MSS-Landsat-Szene: 4 deckungsgleiche Spektralaufnahmen erfassen den gleichen Geländebereich (185 x 185 km), rechts oben der Harz. **a)** Kanal 4: Grün (0,5–0,6 μm).

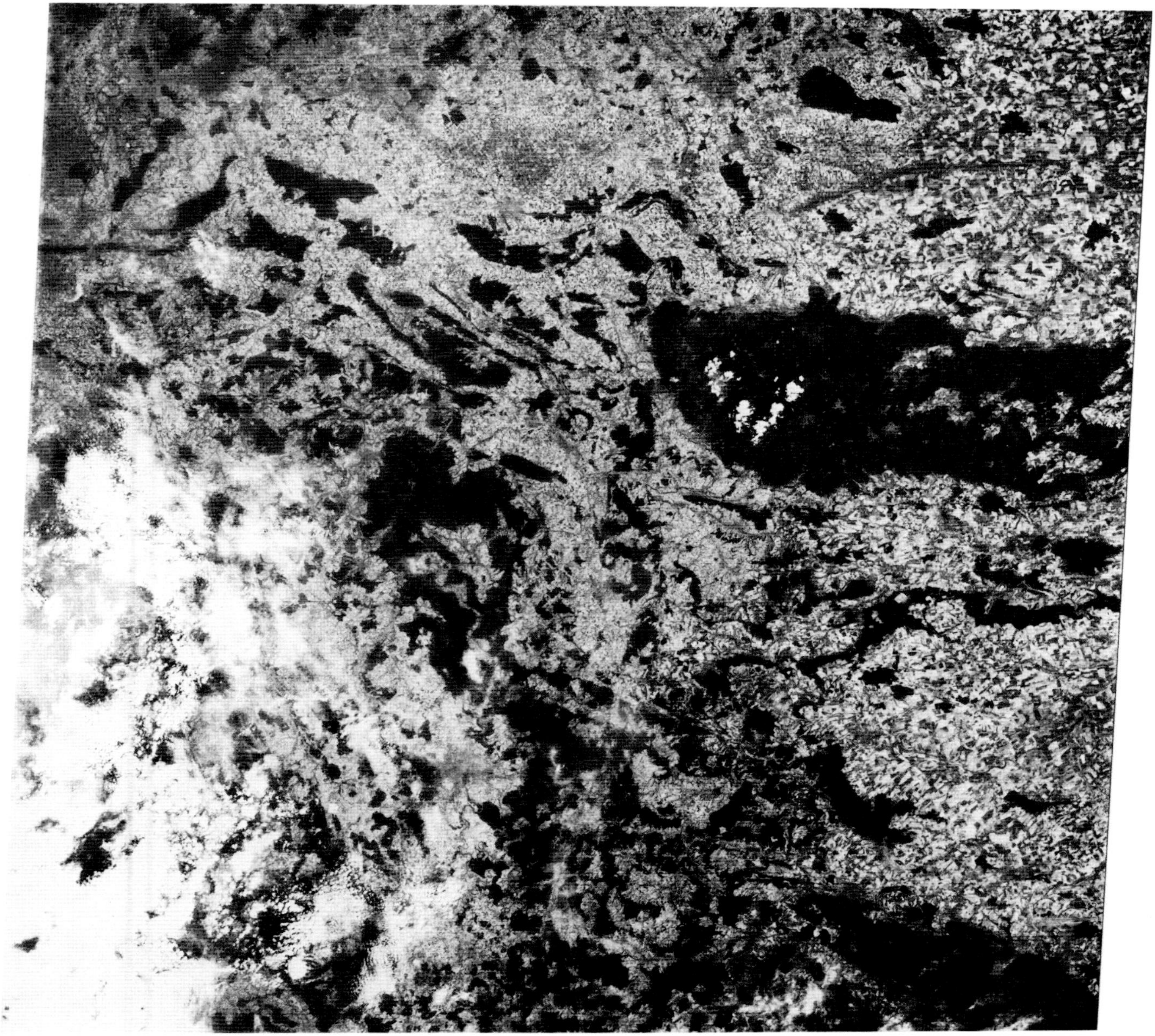

Abb. 81b Kanal 5: Rot (0,6–0,7 μm).

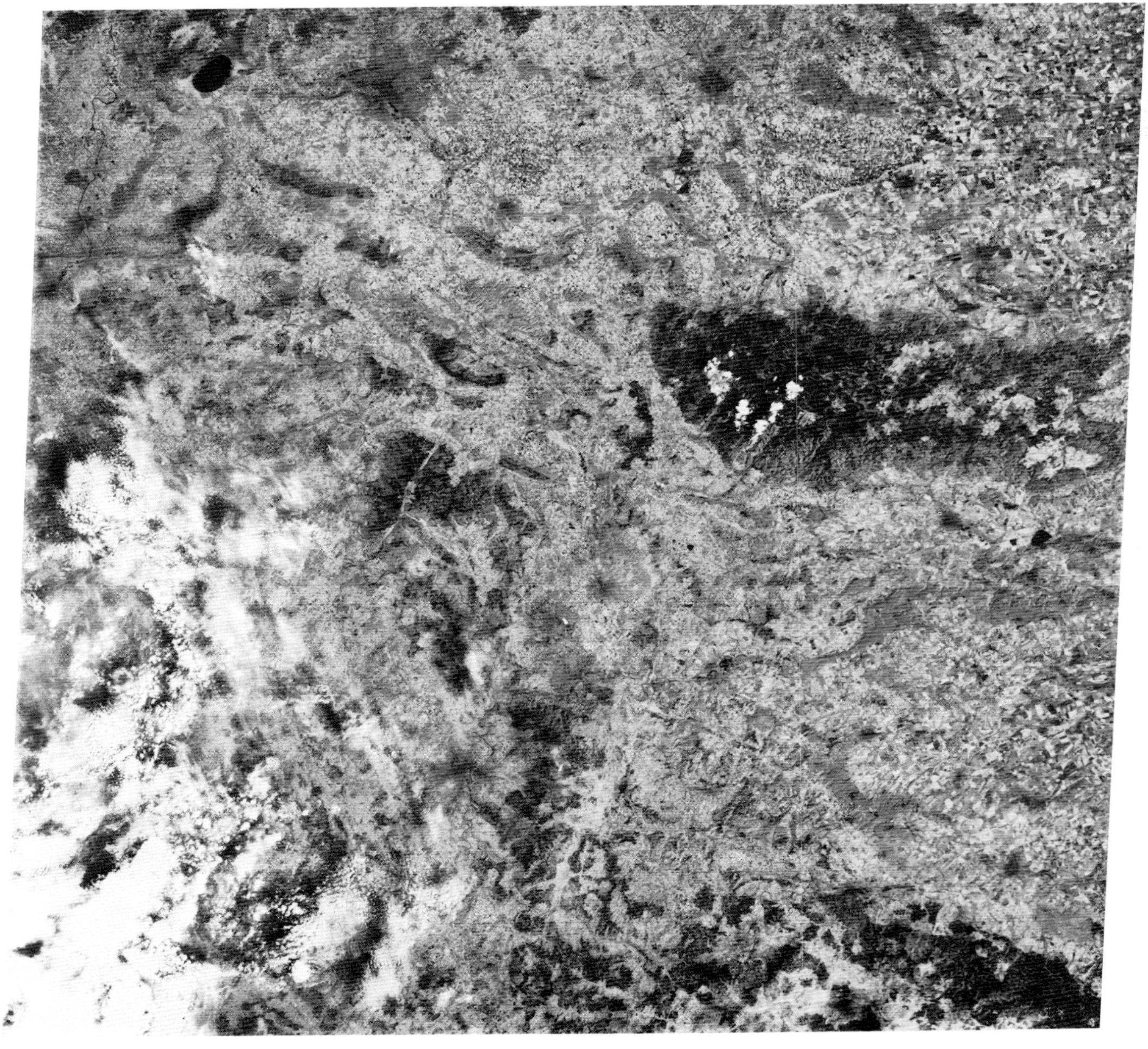

Abb. 81c Kanal 6: nahes Infrarot (0,7–0,8 μm).

Abb. 81d Kanal 7: nahes Infrarot (0,8–1,1 μm). a–d Bildmaßstab: ca. 1:1 000 000 (NASA E-1401-09475).

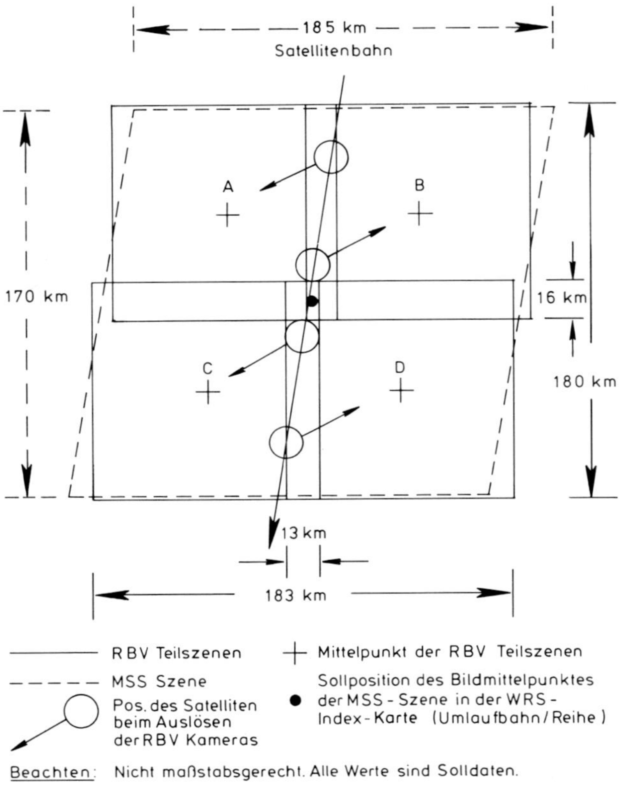

Abb. 82 Flächendeckung der MSS-Aufnahme und der RBV-Teilszenen von Landsat 3 (nach NASA Landsat Data Users Handbook).

essierender Bildinhalte, der Ausschaltung von Licht/Schatteneffekten, der Klassifizierung und der Identifizierung von Bilddaten) eine Vielzahl von Möglichkeiten. Das radiometrische Auflösungsvermögen des MSS ist hoch. Die erfaßten spektralen Strahlungsintensitäten werden in den Kanälen 4, 5 und 6 in 128, im Kanal 7 in 64 Intensitätsstufen aufgezeichnet. Dies geschieht, indem die Amplitude der von den Detektoren ausgehenden elektrischen Analogsignale von einem elektronischen Teilsystem des MSS in regelmäßigen Abständen ausgelesen, registriert, in Zahlenwerte umgesetzt und nach der Datenübermittlung von der Empfangsstation in digitaler Form auf Magnetband aufgezeichnet wird. Die Zeiteinheit, in der dieses sogenannte Sampling der Analogsignale erfolgt, entspricht am Boden in der Scanrichtung einem Abstand von 57 m. Durch diese Prozedur wird jeder Scanstreifen in 3240 Bildelemente (Pixel) mit einer Größe von 57 x 79 m aufgeteilt. Jedem Pixel ist die Zahl zugeordnet, die der Strahlungsintensität der zugehörigen Geländefläche von 57 x 79 m entspricht (vgl. Abb. 83b). Da derselbe Geländebereich gleichzeitig in vier Teilspektren aufgenommen wird, sind jedem Pixel vier Zahlenwerte zugeordnet. Jedes Pixel trägt 4 Spektralmerkmale.

Aus diesem Prinzip der Datenerfassung ergibt sich das sogenannte effektive momentane Blickfeld des Scanners (EIFOV). Sein Strahlungshelligkeitswert entspricht der über das effektive momentane Blickfeld integrierten Strahlung. Im Hinblick auf die räumliche Auflösung des Scannerbildes ist dabei zu beachten, daß man mindestens zwei Pixel braucht, um in den MSS-Daten ein Objekt als verschieden von seiner Umgebung erfassen zu können. Deshalb liegt die räumliche Auflösung von Landsat-MSS-Szenen in der Praxis zwischen 100 und 250 m. Jede MSS-Landsat-Szene besteht aus 2340 Zeilen mit je 3240 Pixel. Eine Landsat-Szene ist also aus 30 000 000 Einzelpunkten zusammengesetzt. Daraus ergibt sich für die Datenübertragung der Landsat-Satelliten zur Erde eine Datenrate von ungefähr 15 Mbit/s. Die Übertragung der Aufnahme- und Kontrolldaten erfolgt im S-Band (2200–2300 MHz).

4.4.3.2 Die Kennzeichnung von MSS-Landsat-Aufnahmen und deren Beschaffung

Jede Landsat-Szene trägt an den Bildrändern Eintragungen, welche die geographische Position der aufgenommenen Szene, das Aufnahmedatum und bestimmte Parameter der Datenaufnahme und Datenregistrierung dokumentieren (s. Abb. 84).

Auf den vier Bildseiten sind 30'-Koordinaten markiert. An den vier Bildecken sind Paßpunkte eingetragen, die für die Einpassung mehrerer Spektralbilder eines Geländebereiches (Bildüberlagerung) genutzt werden. Die Eintragungen am unteren Bildrand haben folgende Bedeutung:

1 = Aufnahmedatum (Tag, Monat, Jahr)
2 = Position des Bildzentrums (C) in Grad und Minuten
3 = Position des Nadirs (N) in Grad und Minuten
4 = Sensortyp und Spektralkanal
MSS = Multispektral-Scanner, Bezeichnung des Spektralkanals (4–7). Bei Aufnahmen mit dem TV-System: RBV = Return Beam Vidicon, Bezeichnung des Spektralkanals (1–3)

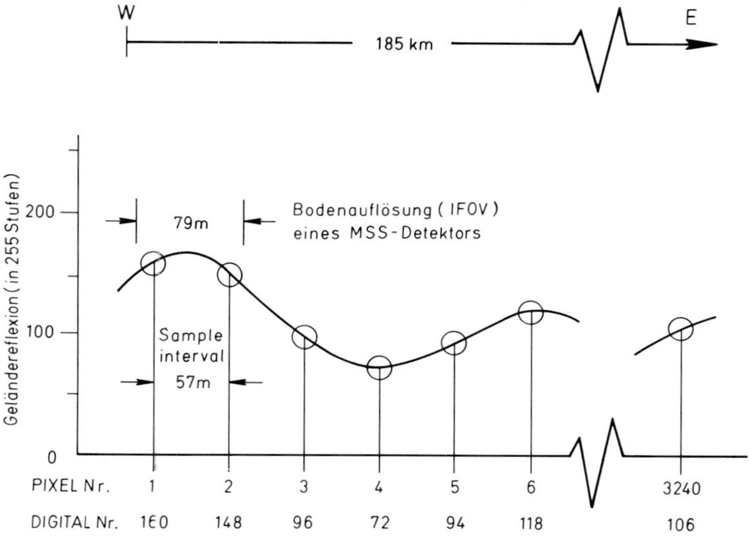

Abb. 83a Reflexionskurve des Geländes entlang einer Landsat-Scanlinie. Die 79 m-Bodenzelle eines jeden MSS-Detektors erzeugt eine Reflexionskurve, die über Abschnitte von 57 m ausgelesen wird, um die Digitalzahl (für den Helligkeitswert) eines jeden Pixels zu ermitteln. (Aus: „Remote Sensing-Principles and Interpretation" by F.F. SABINS, W.H. Freeman and Company, Copyright© 1978, alle Rechte vorbehalten.)

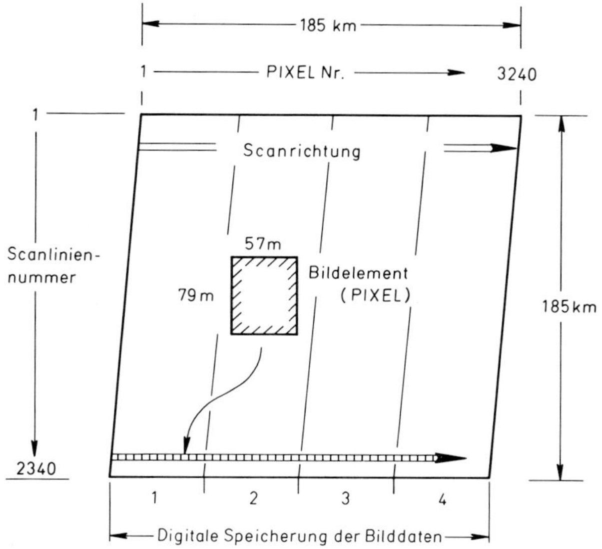

Abb. 83b Der Aufbau einer Landsat-MSS-Szene aus Pixeln und Scanlinien. (Aus: „Remote Sensing-Principles and Interpretation" by F.F. SABINS, W.H. Freeman and Company, Copyright© 1978, alle Rechte vorbehalten.)

D = Direkt übertragen
R = Zunächst an Bord des Satelliten auf Band gespeichert und dann gesendet

5 = Sonnenhöhenwinkel und Sonnenazimut in Grad von Nord über Ost gerechnet

6 = Flugneigung in Grad, Orbit-Nummer. Bezeichnung der Bodenstation (z.B. G = Goldstone, California, A = Alaska)

7 = 1 bedeutet: Es existiert ein komplettes Bild
N oder A: Das Bild wurde normal oder abnormal entwickelt
P oder D: Vorausbestimmter oder definitiver Bildmittelpunkt
1 oder 2: Die Bildsignale wurden linear oder komprimiert übertragen
H oder L: Hohe oder niedrige Signalverstärkung, nur für Kanal 4 und 5

8 = Projektverantwortliche Stelle (NASA) und Projekt (ERTS)

9 = Die Identifzierungsnummer des einzelnen MSS-Bildes. Sie setzt sich wie folgt zusammen:
E = verschlüsselte Bezeichnung
2199 = Tage nach dem Start
09372 = Uhrzeit der Aufnahme im GMT auf Zehnersekunden
09 = Stunde
37 = Minuten
2 = Sekunden
5 = Bandbezeichnung (1–3 RBV, 4–7 [8] MSS)
02 = Abspielungsnummer des Originalbandes (Wiederholungen bei nicht einwandfreier Abspielung).

Aufnahmedaten der Landsat-Satelliten können von den in der Tabelle 7 genannten Datenstationen bezogen werden. Die Abb. 85 zeigt die Lage und den Empfangsbereich der Anfang 1982 in Betrieb befindlichen Stationen, die Landsat-Daten aufzeichnen. Das EROS-Data-Center des US Geological Survey (seit 1982 NOAA, National Earth Satellite Service) in Sioux Falls verfügt über Aufnahmedaten aus

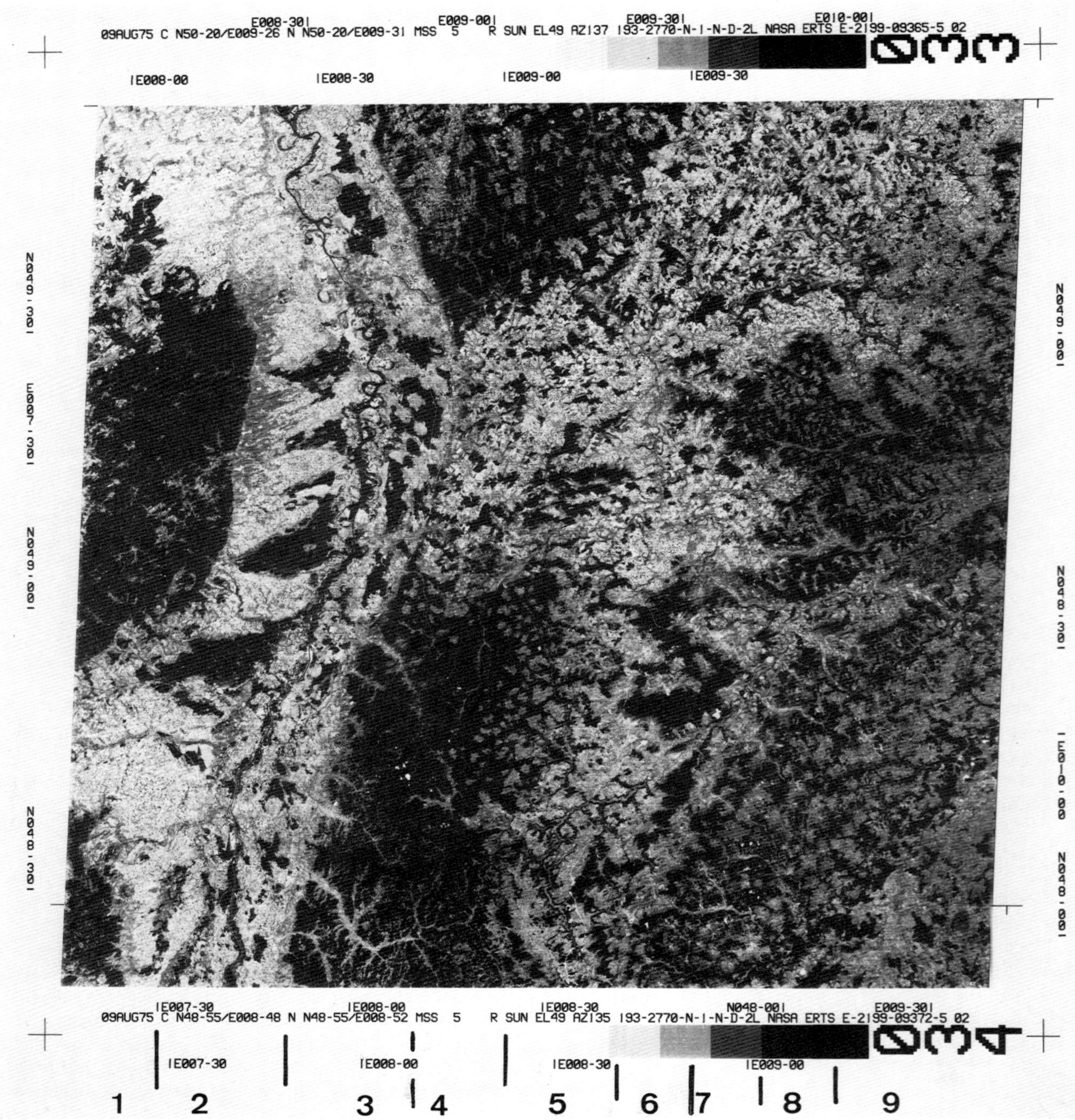
09AUG75 C N50-20/E009-26 N N50-20/E009-31 MSS 5 R SUN EL49 AZ137 193-2770-N-1-N-D-2L NASA ERTS E-2199-09365-5 02
09AUG75 C N48-55/E008-48 N N48-55/E008-52 MSS 5 R SUN EL49 AZ135 193-2770-N-1-N-D-2L NASA ERTS E-2199-09372-5 02
1
2
3
4
5
6
7
8
9

Tabelle 7 Anschriften von Datenzentren, über die Landsat-Daten bezogen werden können (Stand: Ende 1983) nach NOAA-Publikation

User Services Section
EROS Data Center
NOAA
Sioux Falls, South Dakota 57198

Instituto de Pesquisas Espacias (INPE)
Departamento de Producao de Imagens
ATUS-Banco de Imagens Terrestres
Rodovia Presidente Dutra, Km 210
Cachoeira Paulista-CEP 12.630
Sao Paulo, Brazil

Canadian Centre for Remote Sensing (CCRS)
User Assistance and Marketing Unit
717 Belfast Road
Ottawa, Ontario K1A OY7
Canada

European Space Agency (ESA)
Earthnet User Services
Via Galileo Galilei
000 44 Frascati, Italy

Remote Sensing Technology Center (RESTEC)
7-15-17 Roppongi, Minato-Ku
Tokyo 106, Japan

Director, National Remote Sensing Agency
No. 4 Sardar Patel Road
Hyderabad-500 003
Andhra Pradesh, India

Australian Landsat Station
14-16 Oatley Court
P.O. Box 28
Celconnen, A.C.T. 2616
Australia

Comision Nacional de Investigaciones
Espaciales (CNIE)
Centro de Procesamiento
Dorrego 4010
(1425) Buenos Aires, Argentina

Director, National Institute for
Telecommunications Research
ATTN: Satellite Remote Sensing
Centre
P.O. Box 3718
Johannesburg 2000
Republic of South Africa

Remote Sensing Division
National Research Council
Bangkok 9
Thailand

Academia Sinica
Landsat Ground Station
Beijing
Peoples Republic of China

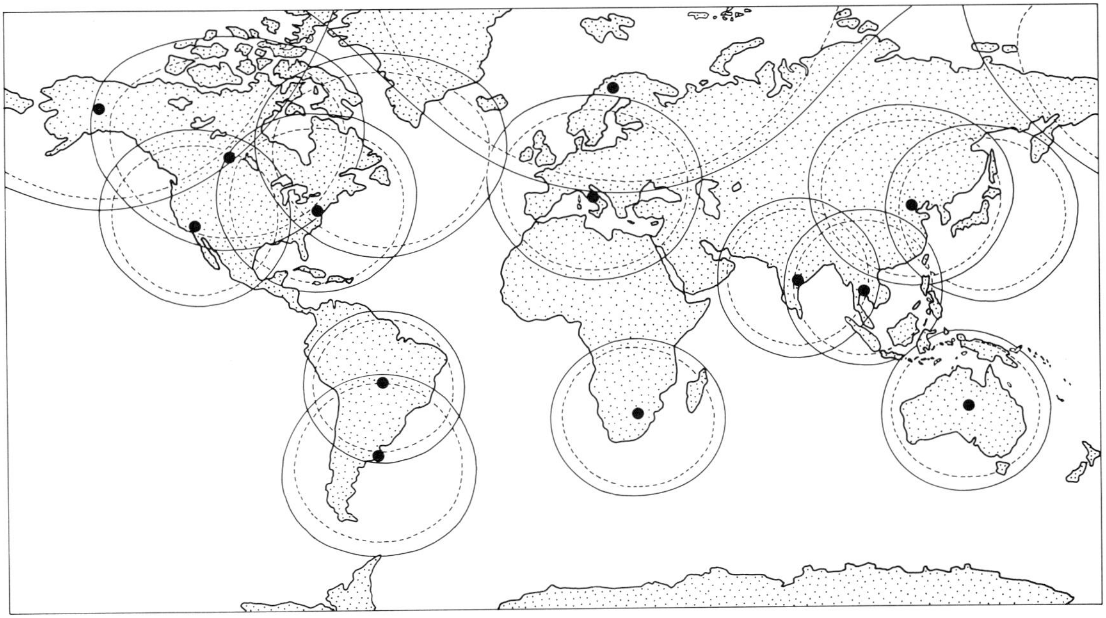

Abb. 85 Lage und Empfangsbereich der 1982 in Betrieb befindlichen Bodenstationen zur Aufzeichnung von Landsat-Daten (nach NOAA-Publikation).

Abb. 84 Auf den Bildrändern von Landsat-Szenen eingetragene Angaben zum Aufnahmedatum (1), zur geographischen Position (2 und 3), zum Sensor und Spektralkanal (4), zum Sonnenstand zur Zeit der Aufnahme (5) und zur Identifizierung der Landsat-Szene (9). Nähere Erläuterung im Text.

NOAA PRICES FOR LANDSAT PRODUCTS AND SERVICES
NATIONAL OCEANIC AND ATMOSPHERIC ADMINISTRATION
WASHINGTON, D.C. 20233
Effective through September 30, 1986

TYPE OF PRODUCT/SERVICE	RETURN BEAM VIDICON & MULTISPECTRAL SCANNER		THEMATIC MAPPER	
	Current	Effective February 1, 1985	Current	Effective February 1, 1985
Image Products				
10-in. film (b/w, pos)	30	35	50	75
10-in. film (b/w, neg)	35	40	60	80
10-in. paper (b/w)	30	35	50	75
20-in. paper (b/w)	58	65	95	140
40-in. paper (b/w)	95	105	150	200
10-in. film (color, pos)	74	80	140	190
10-in. paper (color)	45	50	115	170
20-in. paper (color)	90	110	200	235
40-in. paper (color)	175	195	275	290
Digital Products				
MSS CCT, full scene (1600 or 6250-bpi, 1 tape)	650	730	—	—
RBV CCT, single subscene (1600 or 6250-bpi, 1 tape)	650	730	—	—
RBV CCT, full scene (1600 or 6250-bpi, 4 tapes)	1300	1460	—	—
TM CCT, full scene (1600-bpi on 12 tapes, or 6250-bpi on 4 tapes)	—	—	3400	4400
TM CCT, quarter scene (1600-bpi on 3 tapes, or 6250-bpi on 1 tape)	—	—	925	1350
Services				
Color Composite generation*	195	220	305	325
Special Acquisitions				
Delivery of MSS/TM HDT via communications satellite — per scene	790	885	1200	1600
Delivery of standard MSS/TM imagery (not color composite) — per scene	880	985	1460	1995
Delivery of MSS/TM CCT or HDT — per scene	1000	1120	4000	5200
Surcharge for color composite* generation for customer ordering acquisition — per scene	150	170	250	275
Surcharge for specified maximum cloud cover — per scene	250	275	250	275

*Color sequence is blue, green, red.

Tabelle 8 Über das NOAA EROS Data Center, Sioux Falls, S.D. 57198, erhältliche Landsat-Datenprodukte und deren bis September 1986 gültige Preise

fast allen Bereichen der Erde. Es sind Echtzeit-Daten aus dem Empfangsbereich der amerikanischen Stationen und Aufnahmedaten aus den verschiedenen Teilen der Welt, die zunächst auf Band gespeichert und später beim Überflug von den US-Stationen abgerufen wurden. Die außeramerikanischen Stationen zeichnen dagegen fast ausschließlich Echtzeit-Daten aus dem jeweiligen Empfangsbereich ihrer Antenne auf. Für den europäischen und mediterranen Bereich gilt das für die von der europäischen Weltraumorganisation ESA in Fucino/Italien eingerichtete Station, die für den Empfang, die Vorverarbeitung, die Verteilung und Archivierung von Erderkundungssatelliten-Daten eingerichtet wurde. Die Archivierung und Verteilung von Landsat-Daten der Station Fucino und einer 1978 in Kiruna/Nordschweden in Betrieb genommenen Empfangsstation erfolgt in der ESA-eigenen Niederlassung Esrin in Frascati beim Rom. In der Bundesrepublik können Landsat-Daten über das NOPC bei der DFVLR Oberpfaffenhofen, 8031 Oberpfaffenhofen, Post Weßling, Telex 5274203, Tel. 08153/28650, bezogen werden (Preisliste auf Anfrage).

Die Tabelle 8 gibt eine Übersicht der vom EROS Data Center angebotenen Datenformate mit den bis September 1986 gültigen Preisen. Das Angebot an Landsat-Daten umfaßt photographische Reproduktionen der multispektralen Landsat-Szenen auf Film und Papier in verschiedenen Maßstäben (1:1 000 000, 1:500 000 und 1:250 000) und computerkompatible Magnetbänder (CCTs), geometrisch korrigiert oder unkorrigiert mit den digitalisierten Aufnahmedaten der vier Spektralaufnahmen einer Landsat-Szene. Colorcompositen (Falschfarbenbilder) gibt es nur für ausgesuchte Szenen. Wird vom

Nutzer eine Colorcomposite für eine bestimmte Landsat-Szene gewünscht, so wird sie gegen Aufpreis erstellt.

Bei Datenbestellungen muß die Identifizierungsnummer der jeweiligen Landsat-Szene (n) (s. Abb. 84) angegeben werden. Ferner ist anzugeben, für welche Spektralkanäle Bilddaten gewünscht werden. Es ist nicht immer nötig, Negative oder Positive von allen vier Kanälen des MSS zu bestellen. Für geologische Kartierungen und für die Erstellung von Landsat-Mosaiks genügen oft schon Bilder der Kanäle 5 und 7.

Die ersten Schritte vor der Bearbeitung von Landsat-Szenen sind die Auswahl von Aufnahmen bestmöglicher Qualität und die Bestellung der Bilddaten von einem Datenzentrum. Eine Übersicht der Landsat-Szenen, die bisher von den Sensoren der Landsat-Satelliten 1 bis 3 aufgenommen wurden, geben Kataloge, die vierteljährlich vom EROS-Data-Center aktualisiert und pro Jahr jeweils in einem Band zusammengefaßt werden. Es gibt Kataloge für den Bereich der USA (US Standard Catalogue) und für die übrigen Gebiete (Non-US Standard Catalogue), in speziellen Katalogen für Teilregionen.

Für die Beschreibung der geographischen Lage einer Landsat-Szene wird ein vom EROS-Data-Center entwickeltes Index-System benutzt, das Landsat Worldwide Reference System WRS. In ihm sind die errechneten Positionen der Bildzentren (die sogenannten nominal scene centers) aller möglichen MSS-Aufnahmen entlang der 251 Umlaufbahnen aufgetragen, mit denen die Erdoberfläche im 18-Tage-Zyklus erfaßt werden kann. Aus der Verteilung der Soll-Bildzentren über die Erdoberfläche ergibt sich ein Raster, das zur Indizierung der Lage bzw. Flächendeckung einer Landsat-Szene genutzt werden kann. Die geographische Position einer Landsat-Szene wird durch die jeweilige Nummer der N/S-verlaufenden Umlaufbahn (path) und durch die Nummer der E/W-verlaufenden Reihen (row) der Bildzentren angegeben. Es gibt solche Indexkarten (Nominal Scene Landsat Coverage Index Sheets) für folgende Bereiche bzw. unter folgender Bezeichnung: Eurasia (WPS-1), North America (WPS-2), South America (WPS-3), Africa (WPS-4), Oceania (WPS-5), Antarctica (WPS-6), Arctic Ocean (WPS-7). Abb. 87a zeigt einen Ausschnitt des Index Sheets Eurasia für den Bereich Mitteleuropas (Stand 1982). In der Originalkarte sind die Bildzentren mit Symbolen markiert, die Angaben über das Ausmaß der Wolkenbedekkung der einzelnen Landsat-Szenen machen. Für die geologische Kartierung und Bestandsaufnahme sollten nach Möglichkeit wolkenfreie Landsat-Szenen ausgewählt werden, wie auch für die Zusammenstellung von Landsat-Mosaiks. Wolkenbedeckungen von 10 bzw. 30% sind noch akzeptabel, besonders wenn für denselben Bereich multitemporale Bilddaten vorliegen. In einer neuen Ausgabe der Index-Karten von 1983 sind auch Angaben über die Überdeckung durch RBV-Aufnahmen an den einzelnen Bildzentren enthalten (s. auch S. 126).

Die Bildzentren der Landsat-Szenen, die von den Sensorsystemen der Landsat-Satelliten 1 bis 3 aufgenommen wurden, liegen jeweils in der Nähe der Soll-Positionen. Gibt man bei einer Bildbestellung die path-row-Nummer an, so wird das EROS-Data-Center die Kopien der MSS- oder RBV-Aufnahmen liefern, die für den gegebenen Bereich jeweils die beste Bildqualität haben.

Sollte der potentielle Nutzer von Landsat-Daten keinen Zugang zu Katalogen oder Index-Karten haben, kann er beim EDC ein Formular einreichen, in dem die Koordination der Eckpunkte des Geländebereiches angegeben sind, für den Landsat-Bildmaterial gewünscht wird (Abb. 88a). Über das Geographic Computer Research Program des EROS-Data-Centers wird er einen Computer-Printout erhalten, in dem die Aufnahmedaten aller Landsat-Szenen aufgelistet sind, die für den speziellen Geländebereich verfügbar sind. Neben Angaben über die geographische Lage und das Aufnahmedatum werden auch Angaben zur Bildqualität ausgedruckt. Im einzelnen enthält die Liste für jede Landsat-Szene die folgenden Daten unter folgenden Bezeichnungen:

Imagery Type	Die Nummer der Umlaufbahn und der Reihe, Bezeichnung des Landsat-Satelliten (1–3) und des Sensortyps (MSS, RBV)
Scene Id	Bildnummer und Eckpunkt-Koordinaten
Film Source	Typ und Größe des Originalbildes
Quality	Bildqualität, unterteilt in 2 = schlecht, 5 = mittel, 8 = gut Bei vier Zahlen beziehen sich die Angaben auf die MSS-Kanäle 4, 5, 6, 7. Bei fünf Zahlen bezieht sich die letzte auf Kanal 8 (nur für Landsat 3). Ein Stern kennzeichnet den Kanal, für den kein Bild existiert
Cloud	Wolkenbedeckter Flächenanteil der Szene in Stufen von 10%
Expo-Date	Monat, Tag und Jahr der Aufnahme

LANDSATS 1,2,3 STANDARD PRODUCTS ORDER FORM

RETURN COMPLETED FORM TO: NOAA/NESDIS Landsat Customer Services • EROS Data Center Sioux Falls, SD 57198 • Comm: 605/594-6151 FTS: 784-7151 • TWX: 910-668-0310

DATE: ______

NAME ______ (FIRST) (INITIAL) (LAST) COMPANY ______

ADDRESS ______ CITY/STATE ______ ZIP ______

PHONE (HOME) ______ (BUSINESS) ______ EROS ACCOUNT NO. ______ (IF KNOWN) REF. NO. ______ (P.O., GOV'T ACCT., OR OTHER)

SHIP TO: ______

STANDARD PRODUCTS TABLES

BLACK AND WHITE PRODUCTS

NOMINAL IMAGE SIZE	PRODUCT		PRICE
	MATERIAL	CODE	
18.5cm (7.3 in.)	Paper	23	$ 30.00
18.5cm (7.3 in.)	Film Positive	13	30.00
18.5cm (7.3 in.)	Film Negative	03	35.00
37.1cm (14.6 in.)	Paper	24	58.00
74.2cm (29.2 in.)	Paper	26	95.00

FALSE COLOR COMPOSITE PRODUCTS

NOMINAL IMAGE SIZE	PRODUCT		PRICE
	MATERIAL	CODE	
18.5cm (7.3 in.)	Paper	63	$ 45.00
18.5cm (7.3 in.)	Film Positive	53	74.00
37.1cm (14.6 in.)	Paper	64	90.00
74.2cm (29.2 in.)	Paper	66	175.00

COLOR COMPOSITE GENERATION*

NOMINAL IMAGE SIZE	PRODUCT		PRICE
	MATERIAL	CODE	
18.5cm (7.3 in.)	Printing Master	59	$195.00

* Each MSS Color Composite Printing Master (generated from bands 4, 5, and 7) is retained by EDC. Color Composite product costs must be added to the generation fee.

SCENE IDENTIFICATION	PRODUCT CODE	PHOTOGRAPHS ONLY: MSS BANDS 4	5	6	7	NO. OF EACH	CCT	QTY.	UNIT PRICE	TOTAL PRICE

PRICES SUBJECT TO CHANGE

TOTAL ABOVE A ______
TOTAL FROM PREVIOUS SHEETS B ______
TOTAL COST C ______

COMPUTER COMPATIBLE TAPES (CCT)

TRACKS	BPI	FORMAT	MSS All Bands (Band Sequential) PRODUCT CODE	PRICE	MSS All Bands (Band Interleaved) PRODUCT CODE	PRICE	RBV Single Subscenes PRODUCT CODE	PRICE	Set of Four RBV Subscenes PRODUCT CODE	PRICE
9	1600	TAPE SET	184-A	650.00	184-B	650.00	184-C	650.00	184-D	1300.00
9	6250	TAPE SET	185-A	650.00	185-B	650.00	185-C	650.00	185-D	1300.00

These tapes may be ordered either corrected or uncorrected (geometrically). Refer to reverse side.

PAYMENT MUST ACCOMPANY ORDER

- CHECK, MONEY ORDER ☐
- PURCHASE ORDER ☐
- GOV'T ACCOUNT ☐

Abb. 86a Bestellformular für Standard-MSS-Produkte von Landsat 1–3.

LANDSAT 4 STANDARD MSS PRODUCTS
ORDER FORM

RETURN COMPLETED FORM TO: NOAA/NESDIS Landsat Customer Services • EROS Data Center Sioux Falls, SD 57198 • Comm: 605/594-6151 FTS: 784-7151 • TWX: 910-668-0310

DATE ____________

NAME ____________ (FIRST) (INITIAL) (LAST) COMPANY ____________

ADDRESS ____________ CITY/STATE ____________ ZIP ________

PHONE (HOME) ____________ (BUSINESS) ____________ EROS ACCOUNT NO. ____________ (IF KNOWN) REF. NO. ____________ (P.O., GOV'T ACCT., OR OTHER)

SHIP TO: ____________

STANDARD PRODUCTS TABLES

BLACK AND WHITE PRODUCTS

NOMINAL IMAGE SIZE	PRODUCT MATERIAL	PRODUCT CODE	PRICE
18.5cm (7.3 in.)	Paper	23	$ 30.00
18.5cm (7.3 in.)	Film Positive	13	30.00
18.5cm (7.3 in.)	Film Negative	03	35.00
37.1cm (14.6 in.)	Paper	24	58.00
74.2cm (29.2 in.)	Paper	26	95.00

FALSE COLOR COMPOSITE PRODUCTS

NOMINAL IMAGE SIZE	PRODUCT MATERIAL	PRODUCT CODE	PRICE
18.5cm (7.3 in.)	Paper	63	$ 45.00
18.5cm (7.3 in.)	Film Positive	53	74.00
37.1cm (14.6 in.)	Paper	64	90.00
74.2cm (29.2 in.)	Paper	66	175.00

COLOR COMPOSITE GENERATION*

NOMINAL IMAGE SIZE	PRODUCT MATERIAL	PRODUCT CODE	PRICE
18.5cm (7.3 in.)	Printing Master	59	$195.00

*Each MSS Color Composite Printing Master (generated from bands 1, 2, and 4) is retained by EDC. Color Composite product costs must be added to the generation fee.

SCENE IDENTIFICATION	PRODUCT CODE	PHOTOGRAPHS ONLY: MSS BANDS 1	2	3	4	NO. OF EACH	CCT	QTY.	UNIT PRICE	TOTAL PRICE

PRICES SUBJECT TO CHANGE

TOTAL ABOVE — A

TOTAL FROM PREVIOUS SHEETS — B

TOTAL COST — C

These tapes may be ordered either corrected or uncorrected (geometrically).

COMPUTER COMPATIBLE TAPES (CCT)

TRACKS	BPI	FORMAT	MSS All Bands (Band Sequential) PRODUCT CODE	PRICE	MSS All Bands (Band Interleaved) PRODUCT CODE	PRICE
9	1600	TAPE SET	184-A	650.00	184-B	650.00
9	6250	TAPE SET	185-A	650.00	185-B	650.00

PAYMENT MUST ACCOMPANY ORDER

- CHECK, MONEY ORDER ☐
- PURCHASE ORDER ☐
- GOV'T ACCOUNT ☐

Abb. 86b Bestellformular für Standard-MSS-Produkte von Landsat 4 (und 5).

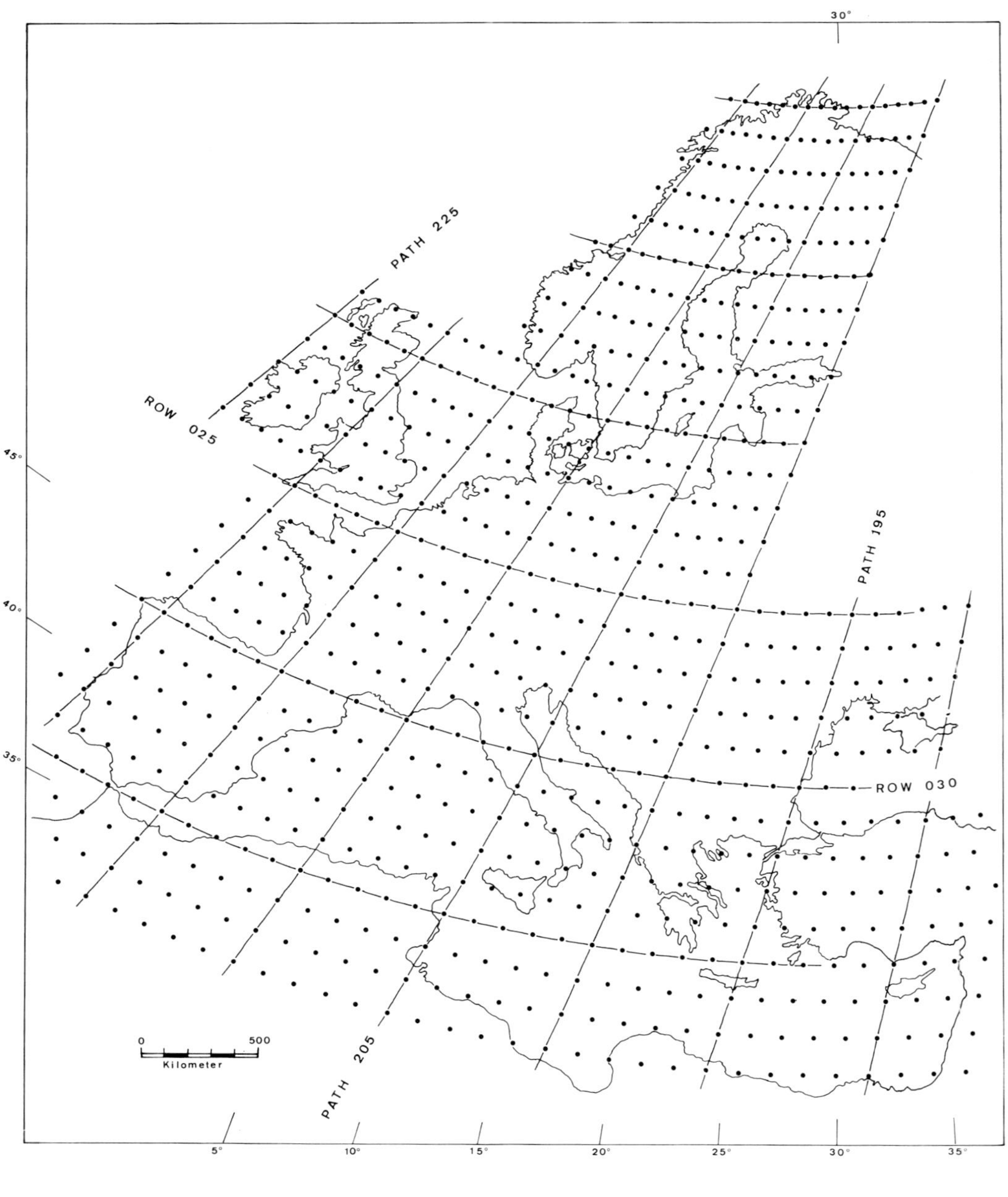

a

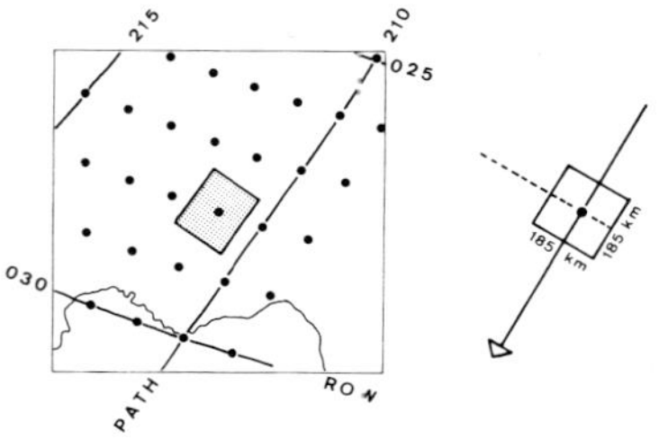

b

Abb. 87a und b Ausschnitt des Landsat Worldwide Reference Systems (WRS) für den Bereich Mitteleuropas. Die Punkte geben die Sollpositionen von Landsat-Szenen an (Landsat 1–3). Die Position einer Landsat-Szene ist jeweils durch die path-/row-Werte gekennzeichnet (NOAA 1983).

Scene Center Point	Position des geographischen Bildzentrums, Breite und Länge in Grad, Minuten und Sekunden
Scene Scale	Maßstab des Originalbildes
Microform	Verfügbare Mikrofilm- oder Microfiche-Kopien
Col	Angaben über die Verfügbarkeit von Colorcompositen 1–9 = Angaben über die Qualität vorhandener Colorcompositen P = eine Colorcomposite existiert nicht, kann aber erstellt werden N = eine Colorcomposite kann nicht erstellt werden
Gain	Beschreibt die Signalverstärkung x = normal H = hohe Signalverstärkung bei der Aufnahme von Kanal 4 und 5
CCT	Vorhandensein von computerkompatiblen Bändern im EDC Y = ja N = nein

Abb. 88b zeigt ein Beispiel eines Computer-Printouts mit den oben erläuterten Angaben.

Computer-Printouts und Angaben über die Landsat-Deckung eines Gebietes sind vor allem dann von Bedeutung, wenn man für einen Geländebereich Bilddaten aus verschiedenen Jahreszeiten, aus aufeinanderfolgenden Jahreszeiten und Jahren auswerten will, um z.B. veränderliche Phänomene oder Prozesse an der Erdoberfläche zu erfassen. Im übrigen sei darauf hingewiesen, daß für detaillierte Kartierungen eines Geländebereiches auch sonst nach Möglichkeit immer alle verfügbaren Landsat-Szenen ausreichender Qualität ausgewertet werden sollen, weil erfahrungsgemäß jede Aufnahme in der Wiedergabe der Geländeverhältnisse und damit in ihrem Informationsgehalt etwas anders ist als Aufnahmen anderer Aufnahmedaten. Die Gesamtinformation über ein Gebiet ergibt sich daher oft erst aus der Summe der Teilkartierungen und -analysen von multitemporalen Landsat-Szenen des zu untersuchenden oder zu beurteilenden Geländebereiches. Durch die gute Lagegenauigkeit der Landsat-Aufnahmen gibt es bei der Ein- oder Anpassung von Kartierungen mehrerer Landsat-Szenen in der Regel keine Schwierigkeiten. Im übrigen ist eine gegenseitige Anpassung von Landsat-Szenen verschiedener Aufnahmedaten wie auch die Anpassung von Landsat-Szenen und Radar-Satellitenaufnahmen (SAR) über geometrische und radiometrische Korrekturen der Ausgangsdaten über Programme der digitalen Datenverarbeitung möglich.

4.4.4 Landsat 4 und 5
Bahncharakteristika, Überdeckung, Aufnahmesysteme

Der im Sommer 1982 gestartete Landsat 4 war als erster operationeller Erderkundungssatellit der NASA konzipiert. Er gehört zur 2. Generation der Landsat-Satelliten. Er wurde mit 2 Scannersystemen ausgerüstet, mit einem Multispektral-Scanner des in den Landsat-Satelliten 1 bis 3 bereits geflogenen Typs (mit kleinen Änderungen) und einem weiterentwickelten Scanner, Thematic Mapper (TM) genannt. Im Vergleich zum Landsat-MSS hat der TM eine verbesserte spektrale und räumliche Auflösung und eine höhere radiometrische Empfindlichkeit. Wie der Landsat-MSS ist er ein optisch-mechanischer Multispektral-Scanner. Der Thematic Mapper nimmt denselben Geländebereich gleichzeitig in 7 Spektralkanälen auf. Nachfolgend sind die Wellenlängenintervalle der 7 Spektralkanäle und der Hauptnutzungsbereich von Aufnahmen der einzelnen Spektralkanäle aufgeführt (nach NASA Landsat Data Users Notes, July 23, 1982):

Spektralkanal 1 (0,45–0,52 μm)
Geeignet für Studien in Küstenbereichen, da Licht dieses Teilspektrums in Wasser eindringen kann. Der Spektralbereich soll auch die Unterscheidungsmöglichkeiten von unbewachsenem und bewachsenem Boden sowie von Laub- und Nadelbäumen begünstigen.

Spektralkanal 2 (0,52–0,60 μm)
Geeignet für Ermittlungen der Vitalität von Pflanzen (Grün-Peak bei 0,55 μm).

Spektralkanal 3 (0,63–0,69 μm)
In diesem Wellenlängenintervall liegt ein Chlorophyll-Absorptionsband, das zur Unterscheidung von Pflanzenarten genutzt werden kann.

Spektralkanal 4 (0,76–0,90 μm)
Günstig für die Ermittlung des Biomassen-Anteils und für die Abgrenzung von Wasser gegen Land.

Spektralkanal 5 (1,55–1,75 μm)
Aufnahmen dieses Kanals liefern Angaben über den Wassergehalt von Pflanzen und Böden. Der Spektralbereich ist auch günstig für die Unterscheidung von Wolken und Schnee. Außerdem ist er günstig für geologische Kartierungen und Bestandsaufnahmen, weil im Teilspektrum um 1,6 μm die

GEOGRAPHIC SEARCH FOR LANDSAT DATA
INQUIRY FORM

RETURN COMPLETED FORM TO: NOAA/NESDIS Landsat Customer Services · Mundt Federal Building Sioux Falls, SD 57198 · Comm: 605/594-6151 FTS: 784-7151 · TWX: 910-668-0310

DATE ______

NAME ______ (FIRST) ______ (INITIAL) ______ (LAST) ______ COMPANY ______

ADDRESS ______ CITY/STATE ______ ZIP ______

PHONE (HOME) ______ (BUSINESS) ______ EROS ACCOUNT NO. ______ REF. NO. ______

POINT SEARCH	POINT NO. 1	POINT NO. 2	POINT NO. 3
LAT. / LONG.	LAT. ___° ___' N or S	LAT. ___° ___' N or S	LAT. ___° ___' N or S
	LONG. ___° ___' E or W	LONG. ___° ___' E or W	LONG. ___° ___' E or W

WRS NOMINAL SCENE CENTERS (PATH/ROW) ARE DIFFERENT FOR LANDSATS 1-3 VERSUS LANDSAT 4.

PATH ___	PATH ___	PATH ___	PATH ___	PATH ___
ROW ___	ROW ___	ROW ___	ROW ___	ROW ___
PATH ___	PATH ___	PATH ___	PATH ___	PATH ___
ROW ___	ROW ___	ROW ___	ROW ___	ROW ___

Imagery with any coverage over the selected point will be included.

AREA RECTANGLE	AREA NO. 1	AREA NO. 2	AREA NO. 3
LAT. / LAT. / LONG. / LONG.	LAT. ___° ___' N or S to	LAT. ___° ___' N or S to	LAT. ___° ___' N or S to
	LAT. ___° ___' N or S	LAT. ___° ___' N or S	LAT. ___° ___' N or S
	LONG. ___° ___' E or W to	LONG. ___° ___' E or W to	LONG. ___° ___' E or W to
	LONG. ___° ___' E or W	LONG. ___° ___' E or W	LONG. ___° ___' E or W

Imagery with any coverage within the selected area will be included.

If any of the above geographic references cannot be provided, please specify areas of interest by GEOGRAPHIC NAME AND LOCATION (include a map if possible).

PREFERRED TYPE OF COVERAGE

	Black & White	False Color
☐ Landsats 1-3	☐	☐
☐ Landsat 4	☐	☐

☐ MSS ☐ RBV ☐ TM

PREFERRED TIME OF YEAR
Check maximum of three

- JAN-MAR ☐
- APR-JUNE ☐
- JULY-SEPT ☐
- OCT-DEC ☐
- ☐ ALL COVERAGE
- ☐ LATEST COVERAGE
- ☐ SPECIFIC DATES ______

MINIMUM QUALITY RATING ACCEPTABLE

☐ (VERY POOR) ☐ (POOR) ☐ (FAIR) ☐ (GOOD)

NOTE:
Classification of percent of cloud cover is subjective and is relative to the amount of clouds appearing on the imagery and not on their location.

MAXIMUM CLOUD COVER ACCEPTABLE

☐ 10% ☐ 30% ☐ 50% ☐ 70% ☐ 90%

Abb. 88a NOAA-Formular zur Ermittlung der Landsat-Bilddeckung für ein bestimmtes geographisches Gebiet.

```
                         EROS DATA CENTER                                    REPORT NO. DI029-1
                   SIOUX FALLS, SOUTH DAKOTA 57198                           DATE       07/06/78
 PHONE 605-594-6511 FEDERAL TELECOMMUNICATIONS SYSTEM PHONES USE 784-7151    TIME       01:58
                                                                             PAGE           5
                    CONTACT NUMBER 0004564002
                          JEH/GUENTHER

                         DATA TYPE LANDSAT
                                                                                                       BIP2
  IMAGERY-TYPES      SCENE  ID      FILM-SOURCE QUALITY CLOUD   EXPO-DATE  SCENE-CENTER-POINT     SCENE-SCALE  MICROFORM  COL CCT

PATH=199  ROW= 32  LANDSAT
 LANDSAT-1 (MSS)     8119208491500    B&W-02.1"    8888*    00%   01/31/73  N40D23M03S E021D14M25S  1:3,369,000  B1200140452  P   Y
 CORNER POINT COORDINATES=#1:N40D57M46S E022D34M36S,#2:N41D17M54S   E020D28M55S,#3:N39D47M29S E019D55M33S,#4:N39D27M54S E021D58M36S

 LANDSAT-1 (MSS)     8110208491500    B&W-02.1"    8888*    10%   11/02/72  N40D06M02S E021D06M14S  1:3,369,000  B1200061304  9   N
 CORNER POINT COORDINATES=#1:N40D41M24S E022D27M21S,#2:N41D01M19S   E020D20M25S,#3:N39D29M47S E019D46M29S,#4:N39D10M26S E021D50M45S

***********************************************************    DONE    ***********************************************************
```

Abb. 88b Beispiel eines Computerausdruckes mit Informationen über die für ein bestimmtes Gebiet erhältlichen Landsat-Szenen.

die meisten Gesteine nach GOETZ & ROWAN (1981) am stärksten reflektieren.
Spektralkanal 6 (10,40–12,50 μm)
Geeignet für die Lokalisierung von Streß in der Vegetation, für die Unterscheidung von Böden unterschiedlicher Feuchtigkeit und für Thermalkartierungen (flächenhafte Verteilung der Oberflächentemperaturen).
Spektralkanal 7 (2,08–2,35 μm)
Dieses Teilspektrum bietet besondere Möglichkeiten zur Unterscheidung und Identifizierung von Gesteinen unterschiedlichen Typs, weil im Teilspektrum von 2,0–2,5 μm die scharfen, für die Mineraldiagnose wichtigen spektralen Absorptionsbänder von Schichtsilikaten und Karbonaten liegen (vgl. Abschn. 3.2.1). Das Teilspektrum von Kanal 7 wurde speziell für geologische Kartierprojekte ausgewählt, während die übrigen Kanäle primär für Bestandsaufnahmen und Kartierungen der Vegetation gedacht sind.

Die radiometrische Empfindlichkeit des Thematic Mapper ist deutlich höher als die des Landsat-MSS, obgleich die Spektralkanäle des TM in enger begrenzten Wellenlängenintervallen aufnehmen als die Spektralkanäle des MSS und obgleich das Bodenauflösungselement, die Größe der in einem Moment des Aufnahmevorganges erfaßten Bodenzelle kleiner ist als die des MSS. Mit der spektralen Empfindlichkeit wurde der Dynamikbereich bzw. die Zahl der Helligkeitsstufen für die Aufzeichnung der spektralen Strahlungsintensitäten von 64 bzw. 128 auf 256 erhöht. Die verbesserte radiometrische Empfindlichkeit des TM-Systems erlaubt die Erfassung auch kleinerer Änderungen radiometrischer Größen in einem gegebenen Spektralkanal. Zugleich können Änderungen der Beziehungen zwischen den Spektraldaten der einzelnen Kanäle differenzierter erfaßt werden.

Abb. 89 zeigt das Aufnahmeprinzip des Thematic Mapper. Die Detektorenreihen der Kanäle 1–4 befinden sich in der Fokusebene des Aufnahmesystems. Für jeden Spektralkanal stehen 16 Detektoren zur Verfügung. Für die hochauflösenden Spektralkanäle 5 und 7 (nahes Infrarot) stehen ebenfalls 16 Detektoren zur Verfügung, für den Spektralkanal 6 (Thermal-Infrarot) 4 Detektoren. Somit werden bei jedem Schwenk des Scanspiegels Strahlungsintensitäten entlang 16 Scanlinien in den Kanälen 1–5 und 7 entlang 4 Scanlinien in Kanal 6 aufgezeichnet. Die Aufzeichnung erfolgt sowohl beim Vorwärtsschwenk (von W nach E) wie auch beim Rückwärtsschwenk des Scanspiegels (von E nach W). Eine interne Kalibrierung des Thematic Mapper ermöglicht die Kontrolle der Detektorenfunktion. Dadurch werden radiometrische Korrekturen bei der späteren Bilderstellung und bei der digitalen Bildverarbeitung möglich. Die digitalisierten Aufnahmedaten der Spektralkanäle (8-bit-Kodierung) werden mit einem Datenfluß von 84,9 Mb/s (Megabit pro

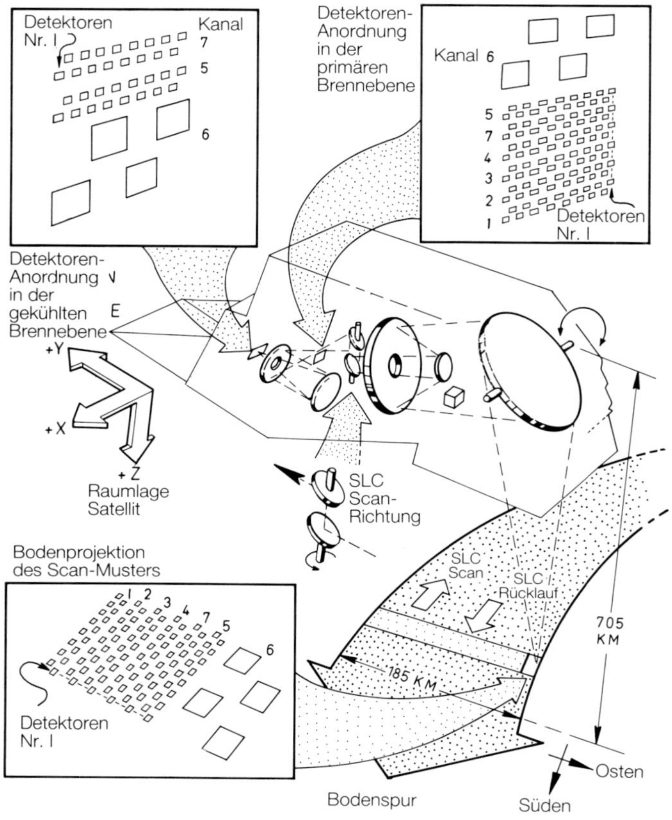

Abb. 89 Zum Aufnahmeprinzip des Thematic Mapper: Die Detektorenreihen liegen in der Brennebene I des optischen Systems (primary focal plane). Die Projektion der Detektorenreihen auf die Bodenspur ist (links unten) im Bild zu erkennen. In der Brennebene I befinden sich die je 16 (ungekühlten) Detektoren der Spektralkanäle 1–4 (SiO_2-Detektoren). Die (gekühlten) Detektorenreihen der Spektralkanäle 5–7 (links oben), ebenfalls jeweils 16 Detektoren pro Kanal, sind über einen Strahlteiler so angeordnet, daß sie ebenfalls in der Brennebene I zu liegen scheinen. Für den Kanal 5 und 7 werden InSb-Detektoren, für den Kanal 6 HgCdTe-Detektoren eingesetzt (nach Manual of Remote Sensing, 2nd ed.).

Sekunde) vom Satelliten zur Erde übertragen. Die Datenübertragung erfolgt im X-Band (8–11 GHz).

Eine eingehende Beschreibung des technischen Aufbaues, der Arbeitsweise und der Datenübertragung zur Erde sowie der Verarbeitungsschritte bei der Datenaufbereitung und Datenkorrektur gibt das Manual of Remote Sensing (2nd ed. 1983).

Die Spektralkanäle des Landsat 4-MSS wurden gegenüber denen der MSS von Landsat 1–3 nicht geändert, lediglich neu benannt. Die ehemaligen MSS-Kanäle 4–7 heißen nun Kanal 1–4. Die Bodenauflösung des Landsat 4-MSS beträgt übrigens trotz der etwas niedrigeren Umlaufbahn 82 x 82 m. Dies wurde durch entsprechende Korrekturen an der Optik des MSS erreicht.

Landsat 4 umkreist die Erde auf einer um 98,2° zum Äquator geneigten Umlaufbahn in 705 km Höhe (917 km bei Landsat 1–3). Die Umlaufzeit beträgt 99 Minuten. Auf seiner absteigenden Bahn kreuzt Landsat 4 den Äquator um 9.45 Uhr (local sun time). Das ist in etwa die Aufnahmezeit der Landsat-Satelliten 1–3. Ein Aufnahmezyklus von Landsat 4, innerhalb dessen die gesamte Erdoberfläche aufgenommen werden kann, liegt bei 16 Tagen.

Der niedrigere Orbit von Landsat 4, der u.a nötig wurde, um die angestrebte Bodenauflösung des Thematic Mapper von 30 m zu erreichen, führt zu Änderungen in der Aufnahmefolge und in der Überdeckung der Sensoren im Vergleich zu den Landsat-Satelliten 1–3 (s. Abb. 87 und 91). Bei Landsat 4 wird der jeweils nach Westen angrenzende Aufnahmestreifen erst nach 7 Tagen erreicht (vgl. Abb. 90). Nach Westen angrenzende Aufnahmestreifen werden also in 7tägigem Abstand aufgenommen. Die MSS von Landsat 1–3 nahmen den nach Westen angrenzenden Streifen jeweils 1 Tag später auf.

Das Aufnahmemuster von Landsat 4 ist dadurch gekennzeichnet, daß der Abstand zweier aufeinanderfolgender Umlaufbahnen am Äquator 2752 km beträgt (bei Verlagerung nach Westen). Der Bereich zwischen den beiden Umlaufbahnen bzw. den zugehörigen Aufnahmestreifen wird über einen Zeitraum von 16 Tagen aufgenommen, worauf sich das Aufnahmemuster wiederholt.

Die Breite der Aufnahmestreifen beider Sensoren (MSS und TM) beträgt 185 km. Die räumliche Auflösung des Thematic Mapper ist mit einer Pixelgröße von 30 x 30 m (Bodenauflösung) mehr als 2mal so hoch wie die des Landsat 4-MSS. Lediglich der TM-Kanal 6 (Thermal-Infrarot) hat eine geringere Bodenauflösung von 120 m.

Am Äquator überlappen sich benachbarte Aufnahmestreifen des Landsat 4 um 7,6%. Vom Äquator polwärts steigt die seitliche Überdeckung benachbarter Aufnahmestreifen wegen der fixierten Breite des Aufnahmestreifens, der beim Überflug erfaßt wird.

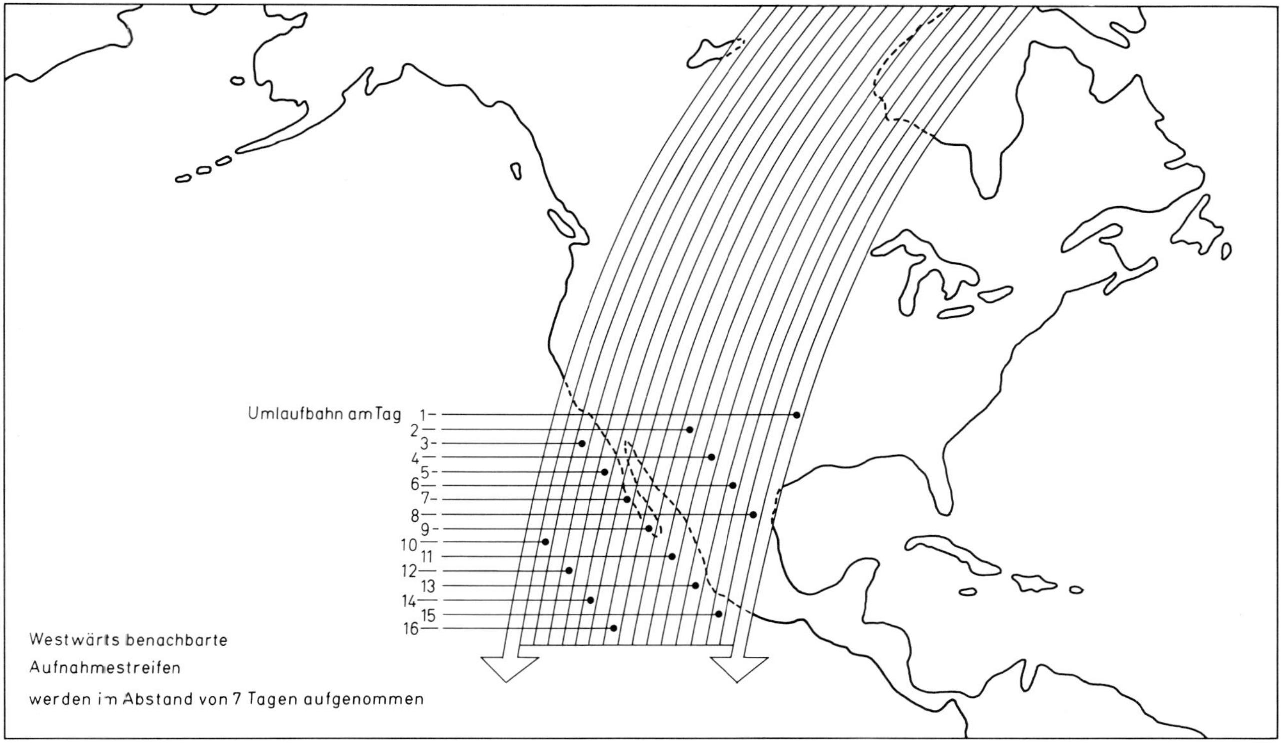

Abb. 90 Umlaufbahnen von Landsat 4 (nach Landsat Data Users Notes). Bitte beachten: Alle technischen Angaben für Landsat 4 gelten auch für den im Frühjahr 1984 gestarteten Landsat 5.

In 16 Tagen decken die Aufnahmestreifen von Landsat 4 die Erdoberfläche mit 233 Umläufen ab. Damit kann das auf dem 18 Tage-Zyklus von Landsat 1–3 (mit 251 Umlaufbahnen) beruhende Worldwide Reference System (WRS) (vgl. Abb. 87 und Abschn. 4.4.3.2) zur Lageindizierung von Landsat 4 TM- und MSS-Szenen nicht mehr genutzt werden. Das WRS-(path/row)System für Landsat 4-Szenen besteht aus 233 Umlaufbahnen (paths), von Ost nach West numeriert von 001 bis 233, wobei die Umlaufbahn 001 den Äquator bei 64,95° westlicher Länge kreuzt. Die Reihenzahlen bleiben gleich. Die Reihen (rows) liegen so, daß die Reihe 60 der absteigenden Bahn mit dem Äquator zusammenfällt.

Ende 1983 waren alle 26 Landsat 4-WRS-Indexkarten erschienen. Jedes Blatt besteht aus einer 1:10 000 000-Karte vom Typ der Aeronautical Charts, auf welche die Landsat 4 path/row-Informationen aufgedruckt sind. Die Rückseite jedes Blattes zeigt den path/row-Index des gleichen Gebietes für die Landsat-Szenen von Landsat 1–3. Abb. 91 zeigt einen Ausschnitt der TM-WRS-Indexkarte für Europa. Einige Nummern der WRS-Indexkarten für andere Bereiche: No. 2 Northamerica, No. 4 Europe and Asia, No. 5 Central and East Asia, No. 12 Arabian and Indian Peninsulas, No. 16 Southern Africa, No. 18 Central Southamerica.

Die Aufnahmedaten des Thematic Mapper werden ab 1985 für die Nutzer in Form verschiedener photographischer Produkte und digitalisiert auf Magnetband gespeichert verfügbar sein. Die Tabelle 8 gibt eine Übersicht über Formate und Preise der TM-Datenprodukte.

Abb. 92a zeigt in einer Thematic Mapper-Aufnahme das Death Valley (Kalifornien) mit seiner Umgebung. Im diagonal durch den Bildbereich verlaufenden Tal wie auch in benachbarten Tälern und Depressionen setzen sich mit starken Grautonunterschieden salinare Ablagerungen unter-

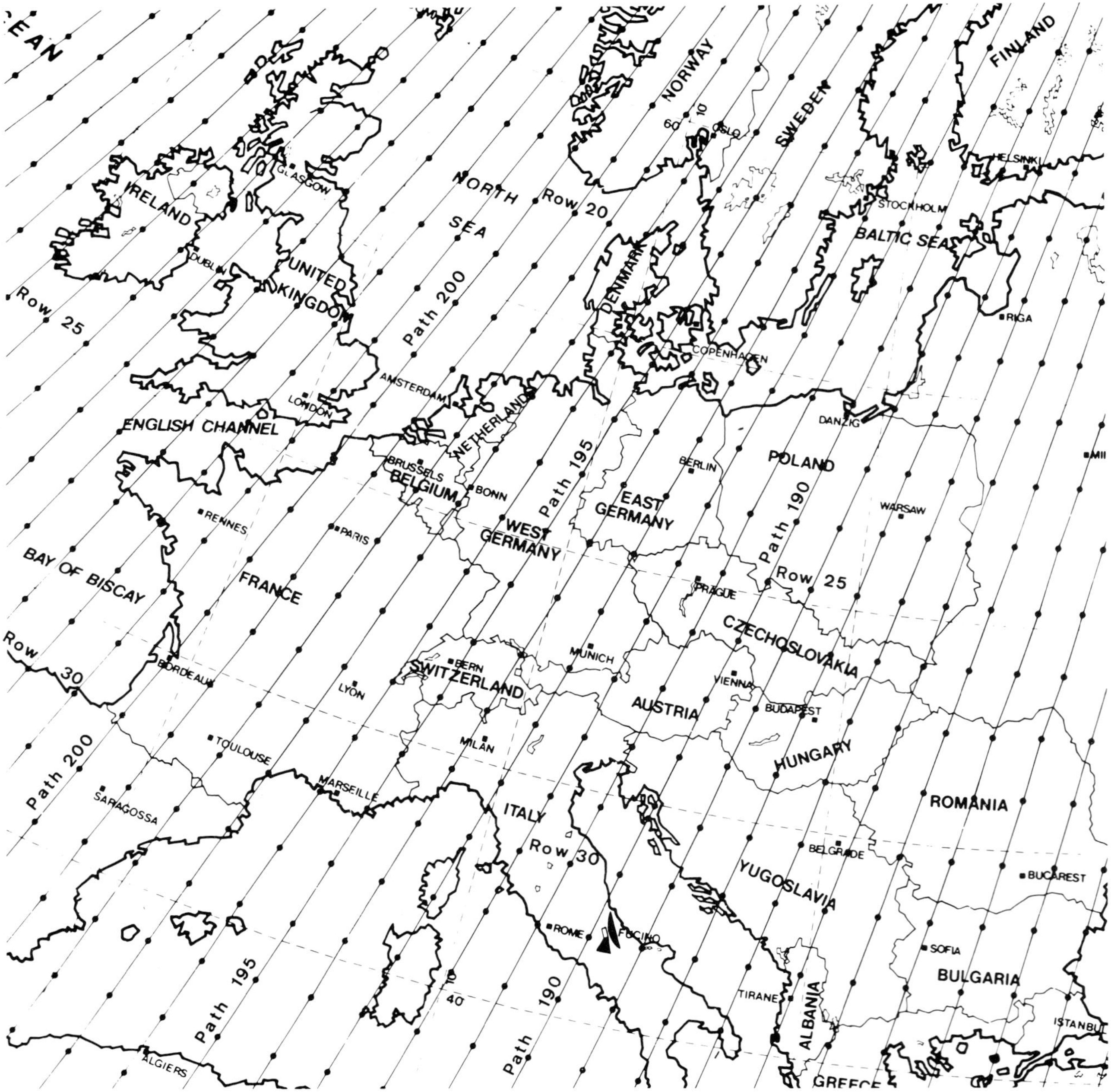

Abb. 91 Ausschnitt des Landsat 4 Coverage Index (MSS und TM) Sheet 4. Angegeben sind die Sollpositionen der Szenenmittelpunkte (Earthnet 1983).

Abb. 92a Thematic Mapper-Aufnahme des Death Valley (Kalifornien) und seiner Umgebung. Bildmaßstab ca. 1:1 000 000. Schwarzweiß-Wiedergabe einer „Echtfarbbild-Simulation", erstellt aus Bilddaten der TM-Kanäle 1, 2 und 3 von R. HAYDN (ZGF, München). Originaldaten NOAA. Erläuterung im Text.

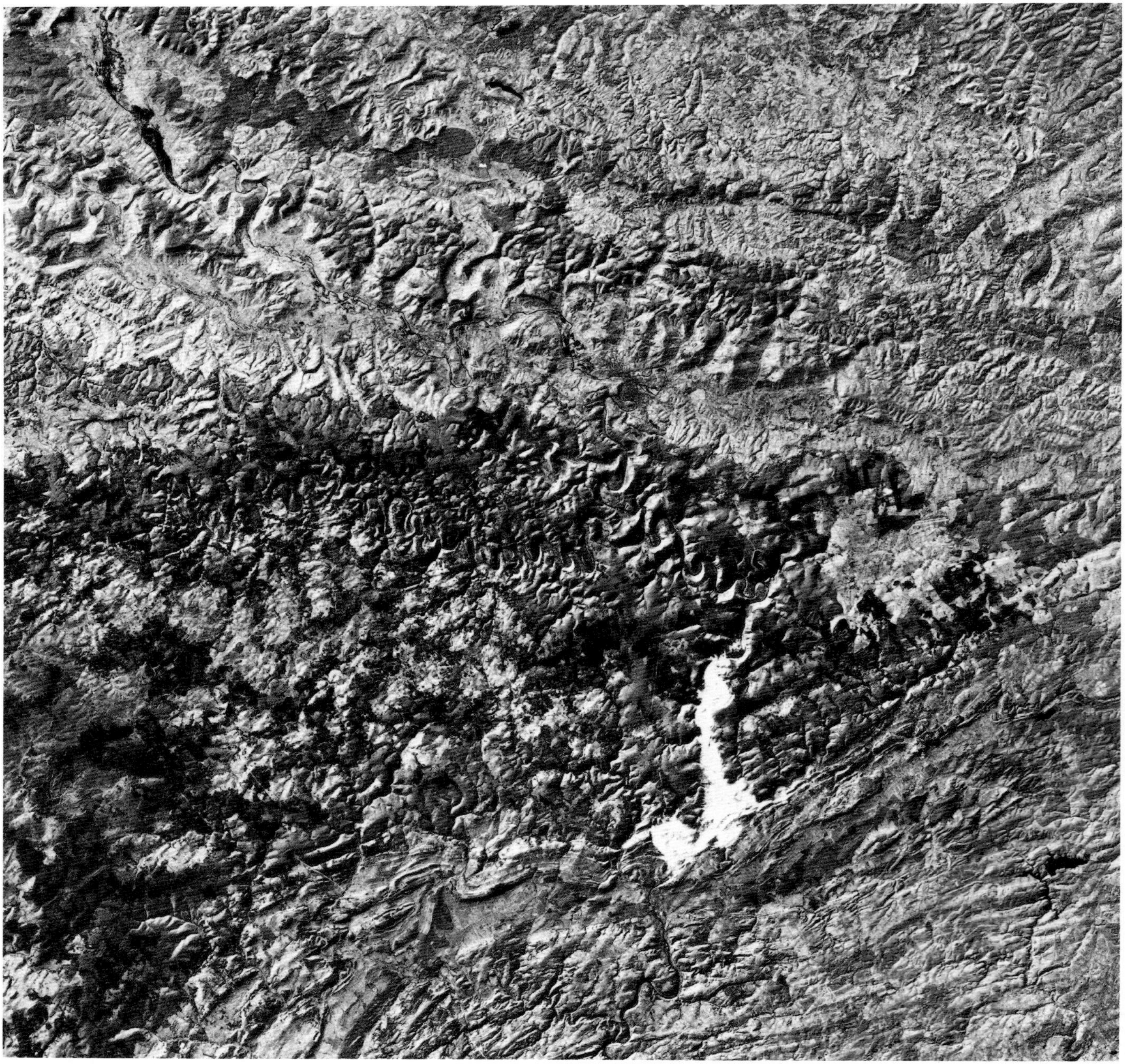

Abb. 92b Ausschnitt einer Thematic Mapper-Aufnahme aus dem Bereich der Ardennen. Aufnahmespektrum 1,55–1,75 µm (TM-Kanal 5). Bildmaßstab 1:500 000 (NASA/ESRIN TM 4 5,198 25,4, 23.1.83). Im oberen Bildbereich erkennbar die spezialgefalteten, mitteldevonischen Schichtfolgen des Dinant-Synklinoriums. Der mittlere, nach rechts (Westen) schmäler werdende, generell dunkler getönte Bereich gehört zum Ardennen-Synklinorium, das aus Schichten des Kambriums und des Unterdevons aufgebaut wird. Diesem lagern im Süden diskordant mesozoische Serien auf (Lias – Kreide), die bereits zum Randbereich des Pariser Beckens gehören. Weitere Erläuterungen im Text.

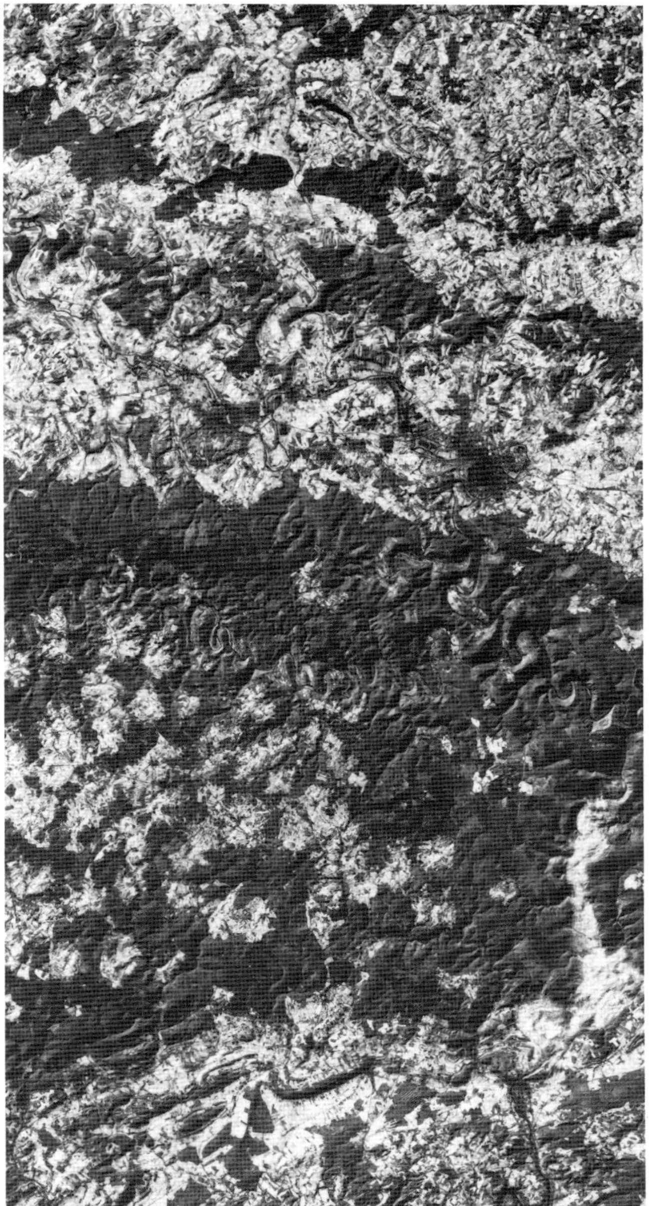

c

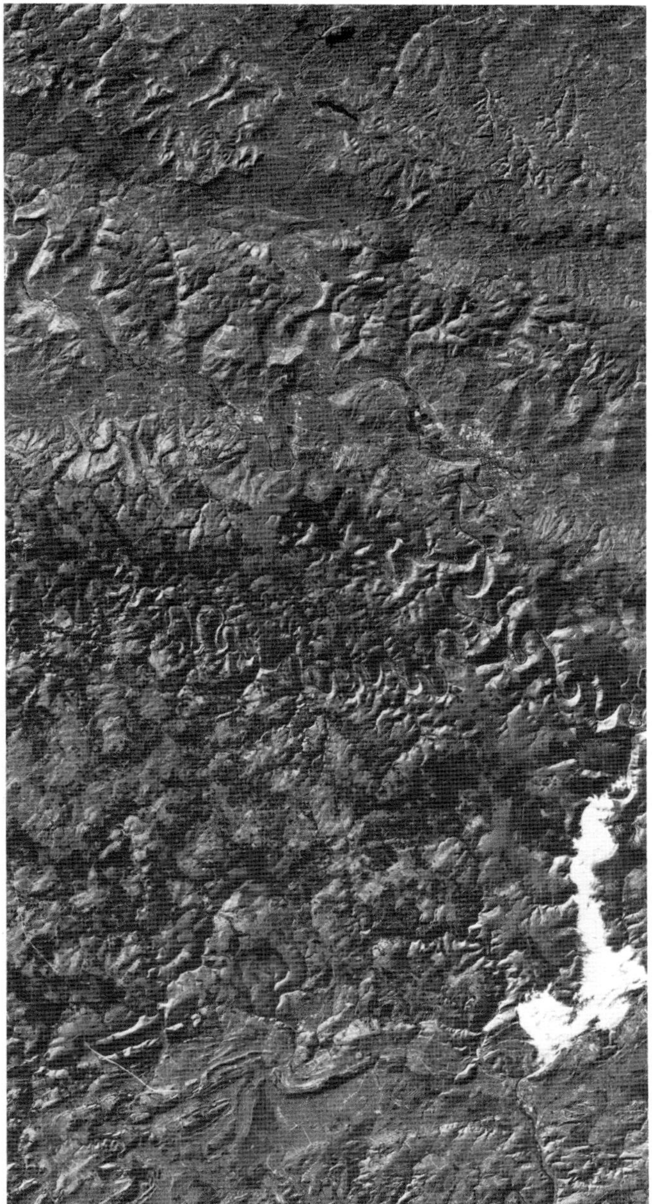

d

Abb. 92c und d Ausschnitt des in Abb. 92a gezeigten Bereichs der Ardennen. Aufnahmespektrum 0,76–0,90 µm = TM Kanal 4 (Abb. 92c) und 2,08–2,35 µm = TM Kanal 7 (Abb. 92d). Man beachte die unterschiedliche Wiedergabe gleicher Geländebereiche bzw. gleicher Geländeeinheiten und -objekte in den Bildern der 3 Spektralkanäle. Bildmaßstab 1:500 000.

schiedlichen Typs ab. In einigen Talbereichen sind Merkmale der Landnutzung zu erkennen. Wegen der hohen räumlichen Auflösung (IFOV 30 x 30 m) sind auch Feinheiten des Reliefs und des Talnetzes in den bergigen Bereichen zu erkennen. Mächtige Schuttfächer kennzeichnen den Übergangsbereich zwischen Gebirgen und Tälern. Unterscheiden lassen sich ältere, bereits zertalte, durch Verwitterungskrusten gekennzeichnete und teils tektonisch verstellte Schuttfächer und junge Schuttfächer mit unverfestigten Schottern und ohne Verwitterungskrusten. Grauton- und Reliefunterschiede markieren in den bergigen Bereichen das räumliche Auftreten unterschiedlicher Sedimentgesteine, Vulkanite und Granite (vgl. auch U.S.G.S. Prof. Paper 494 A). Im oberen (nördlichen) Bildbereich lassen sich einige größere steile Störungen (SE/NW-streichend) an linearen Geländemerkmalen erkennen. Auch im Gebirgszug westlich des Death Valley lassen sich Ausstrichslinien und Abbruchkanten steiler, talparalleler Störungen erkennen.

Abb. 92b zeigt eine Thematic Mapper-Aufnahme aus Westeuropa. Der generell in dunkleren Grautönen erscheinende, mittlere, sich nach Westen (rechts) verschmälernde Geländebereich gehört zum Ardennen-Antiklinorium, das vor allem aus kambrischen und unterdevonischen Schichtfolgen aufgebaut wird. Nach Norden schließen die spezialgefalteten mittel- und oberdevonischen Schichtfolgen der Südflanke des Dinant-Synklinoriums an. Nach Süden lagern dem Ardennen-Antiklinorium diskordant jurassische Sedimente auf, deren WNW/ESE-Streichen sich in zonaren Grauton- und Reliefunterschieden bemerkbar macht. Die hohe räumliche Auflösung und der Dynamikbereich der TM-Aufnahme ermöglichen eine sehr differenzierte Wiedergabe der erfaßten Landschaft. Wie unterschiedlich die Wiedergabe desselben Geländebereiches in den einzelnen Spektralaufnahmen des TM sein kann und wie unterschiedlich der Informationsgehalt der einzelnen TM-Spektralaufnahmen sein kann, soll am Vergleich der Abb. 92b–d gezeigt werden. Abb. 92b wurde im Spektralbereich 0,76–0,90 μm aufgenommen (TM Kanal 5), Abb. 92c im Teilspektrum 0,155–1,75 μm (TM Kanal 4) und Abb. 92d im Teilspektrum 2,08–2,35 μm (Kanal 7). Der Thematic Mapper von Landsat 4 und 5 ermöglichte zum ersten Mal Erdaufnahmen aus der Satellitenumlaufbahn in diesen beiden Teilspektren des mittleren Infrarot, die für die Kartierung unterschiedlicher Böden und lithologischer Einheiten aufgrund von Gelände und Flugzeugmessungen für besonders geeignet befunden wurden.

Abb. 92c (aufgenommen im nahen Infrarot) hat den Charakter eines kleinmaßstäblichen, räumlich hochauflösenden Luftbildes. Vor allem die Phänomene der Landnutzung und der Bewaldung werden sehr differenziert, lithofazielle Einheiten und tektonische Strukturen in den Teilbereichen des Bildausschnittes teils gut, teils weniger gut oder in nur generellen Zügen wiedergegeben. Im mittleren Infrarot nimmt die Reflexion der Vegetation schnell ab. In der Abb. 92d sind die maskierenden Effekte der Landnutzungsdetails (vor allem das Muster der Anbauflächen und bestimmter Waldflächen) auf die Geländedarstellung fast aufgehoben bzw. neutralisiert. Bei generell geringeren Grautonvariationen bestimmen Reliefformen und Entwässerungsnetz die Wiedergabe der erfaßten Landschaft in dieser TM-Spektralaufnahme. In den Spektralaufnahmen der TM-Kanäle 5 und 7 lassen sich die Grenzen unterschiedlicher Gesteinseinheiten sowie tektonische Strukturen des Aufnahmebereiches offenbar besser kartieren als in der Aufnahme von TM-Kanal 4. Das gleiche gilt auch für die Kartierung von Photolineationen, die die Ausstrichslinien steiler Bruchstrukturen (Störungen, Kluftzonen) markieren. So sind in den Bildausschnitten der Abb. 92b und d einige Störungen und bruchtektonische Richtungstrends besser wiedergegeben als in der Aufnahme in Abb. 92c, in der das Landnutzungsmuster die geologische Kartierbarkeit der TM-Aufnahme stark, fast störend beeinflußt.

Vergleicht man die Abb. 92b mit dem entsprechenden Ausschnitt der Geologischen Karte von Belgien 1:500 000 (Atlas de Belgique, Planche 8, Publ. durch Inst. Geographique Militaire), so wird deutlich, daß manche Grenzen lithologischer Einheiten und das räumliche Auftreten einiger tektonischer Strukturen in den TM-Spektralaufnahmen 1:500 000 differenzierter wiedergegeben werden als in der Geologischen Karte gleichen Maßstabes. Auch erlaubt der Vergleich TM-Aufnahmen/Geologische Karte einige Korrekturen und Ergänzungen der Geologischen Karte. Hier werden Nutzungsmöglichkeiten der räumlich hochauflösenden TM-Aufnahmen auch für die Erstellung und Überarbeitung kleinmaßstäblicher geowissenschaftlicher und anderer thematischer Karten deutlich, auch in thematisch bereits eingehender bearbeiteten Regionen.

Neben der eher konventionellen photogeologischen Auswertung photographischer Reproduktionen multispektraler TM-Aufnahmen bietet der Einsatz rechnergestützter Verfahren der digitalen Bildverarbeitung besondere Möglichkeiten zur Optimierung von TM-Bilddaten. TM-Daten waren bis zur Zeit der Drucklegung nur in sehr begrenztem Umfang verfügbar. Ausreichende Erfahrungen über den Nutzen von TM-Aufnahmen für thematische Kartierungen und Bestandsaufnahmen werden daher erst in einigen Jahren vorliegen. Aber schon die ersten Auswertungen und Abschätzungen zeigen, daß mit dem Einsatz des Thematic Mapper in den Landsat-Satelliten 4 und 5 ein neuer Abschnitt der thematischen Erdkartierung begonnen hat. Informationen über Kosten und Verfügbarkeit von Landsat 4 und 5 Thematic Mapper-Aufnahmen geben das schon mehrfach erwähnte EROS-Data-Center (Sioux Falls, S.D./USA) und für den europäischen Bereich: Earthnet User Services, Via Galileo Galilei C.P. 64, 00044 Frascati (Rome)/Italy. Earthnet hat inzwischen auch 4 eigene Landsat 4 Coverage Sheets herausgegeben, aus denen die Position und Bezeichnung einzelner TM/MSS-Szenen in bestimmten Gebieten zu ersehen ist (path/row-Position). Die Qualität bestimmter TM-Aufnahmen von Landsat 4 und 5 läßt sich über MSS-Quicklooks ermitteln, die von Earthnet gegen geringe Gebühren bezogen werden können. Thematic Mapper-Aufnahmen können als TM-Szenen im Maßstab 1:1 000 000 (full scene) oder als Teilszenen im Maßstab 1:500 000 (quarter scene) von den Datenzentren bezogen werden (Format der Film-Positive/Negative bzw. Papierkopien jeweils 24 x 24 cm, vgl. Tab. 8).

4.5 Pushbroom-Scanner (MOMS, SPOT)

Aufnahmeprinzip und Aufnahmeparameter optoelektronischer Scanner

Mit den Erderkundungssatelliten Landsat 1–3 sollten die Einsatzmöglichkeiten multispektraler Aufnahmesysteme (MSS und RBV) für thematische Kartierungen der Erdoberfläche, für aktuelle Bestandsaufnahmen, für die Erfassung dynamischer Prozesse an der Erdoberfläche getestet werden. Die Erfahrungen mit thematischen Auswertungen, vor allem der MSS-Szenen, waren überwiegend positiv. Allerdings kam von den verschiedenen Nutzergruppen schon bald der Wunsch nach zusätzlichen Spektralkanälen, deren Lage und Bandbreite besser auf spezielle Fragestellungen der Erderkundung ausgerichtet sind als die der Landsat-Sensoren. Auch wurde eine verbesserte räumliche Auflösung, von manchen Nutzern auch eine höhere Lagegenauigkeit gewünscht. Der Thematic Mapper (TM) von Landsat 4 brachte einen Teil der gewünschten Verbesserungen des Aufnahmesystems. Der TM nimmt in 7 Kanälen mit teils recht eng begrenzten Teilspektren auf. Das Aufnahmespektrum wurde bis in den Bereich des langwelligen Infrarot ausgedehnt. Die räumliche Auflösung wurde auf eine Bodenpixelgröße von 30 x 30 m verbessert (Landsat-MSS dagegen 57 x 79 m). Auch wurde die spektrale Empfindlichkeit und der Dynamikbereich des Sensors gesteigert (vgl. Abschn. 4.4.4).

Hohe räumliche Auflösung und Lagegenauigkeit sowie hohe spektrale Empfindlichkeit bei engen Bandbreiten der Spektralkanäle stellen an das komplexe Sensorsystem, vor allem an die Mechanik des Scanspiegels eines MSS, hohe Ansprüche. Unter den Aufnahmebedingungen der Erderkundungssatelliten gelten mechanisch bewegte Teile als Schwachstellen des Scannersystems, die bei dessen Einsatz in operationellen Erderkundungssatelliten mit einer Lebensdauer von 10 Jahren und mehr Probleme bereiten können. Um die Nachteile bewegter Teile im Aufnahmesystem zu umgehen und gleichzeitig zu höherer räumlicher Auflösung und Lagegenauigkeit, zu noch höherer spektraler Empfindlichkeit auch für Spektralkanäle enger Bandbreite zu kommen, wurde für die geplanten operationellen Erderkundungssatelliten ein neues multispektrales Aufnahmesystem entwickelt, das sogenannte Pushbroom-Verfahren, das auf der CCD-Technologie (Charged-Coupled-Devices) basiert.

Bei diesem Sensortyp sind die mehreren tausend CCD-Detektoren des multispektralen Aufnahmesystems in Reihen senkrecht zur Flugrichtung angeordnet (linear array detectors). Für jeden Spektralkanal gibt es eine Rezeptorzeile senkrecht zur Flugrichtung, die durch Schieberegister in CCD-Technik sequentiell ausgelesen wird. Das Gelände wird über ein optisches System auf die Detektoren projiziert (bzw. das Sichtfeld der Detektoren auf die Erdoberfläche). Die Detektorenreihen befinden sich in der Brennebene des optischen Systems (s. Abb. 93 und 94). Die Vorwärtsbewegung des Satelliten besorgt die eine (x-)Richtung des Scanvorganges. Das elektronische Sampling der Detektoren senkrecht zur Flugrichtung bringt die orthogonale (y-)Scankomponente zur Erzeugung eines Bildes des Aufnahmebereiches. Die einzelne Detektorenreihe wird mit einer Zeitrate abgefragt, die einen kontinuierlichen Scanstreifen entstehen läßt. Dabei werden die von den Detektoren ausgehenden Analogsignale während der Vorwärtsbewegung des Satelliten über einen Zeitraum integriert und aufgezeichnet, der der Seitenlänge des Auflösungselementes am Boden (IFOV) entspricht (z.B. 10 m). Da die Position eines jeden Detektors genau bekannt ist, wird eine hohe geometrische Lagegenauigkeit quer zur Flug-

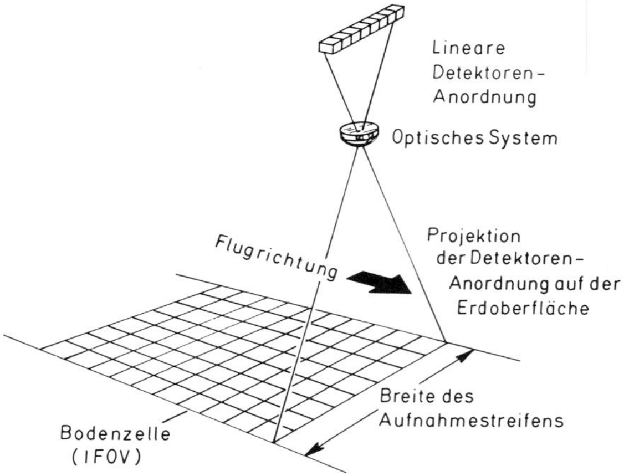

Abb. 93 Schematische Darstellung des Aufnahmeprinzips von Pushbroom-Scannern (nach Landsat Data Users Notes).

richtung erreicht. Durch die exakte gegenseite Zuordnung der Detektorenreihen wird auch eine sehr genaue multispektrale Registrierung der Bilddaten, eine zuverlässige Korrelation der Datenerfassung von einem Spektralbereich zum anderen möglich (DOYLE 1979).

Als erster Pushbroom-Scanner wurde der in Deutschland (MBB/ZGF) entwickelte Modular Optoelectronic Multispectral Scanner, MOMS genannt, unter Weltraumbedingungen beim Space Shuttle-Flug der STS-7-Mission im Juni 1983 getestet. Abb. 94a zeigt schematisch das Aufnahmeprinzip des MOMS. Die simultane Abbildung einer Aufnahmezeile erfolgt auf einem oder mehreren in einer Reihe angeordneten Arrays, die sich in der Fokusebene des optischen Systems befinden. Dabei nutzt MOMS zur Zeilenverlängerung je eine Doppeloptik pro Spektralbereich.

Der optoelektronische Scanner arbeitet ohne mechanisch bewegte Teile und – dank entbehrlicher Strahlungsteiler – mit maximaler Energie-(Licht)Ausbeute. In jedem einzelnen Detektor jedes CCDs werden elektrische Ladungen erzeugt, die proportional zur Helligkeit der vom Detektor erfaßten Bodenzelle variieren. Die Ladungspakete werden seriell ausgelesen, in Digitalwerte umgewandelt und auf ein Magnetband hoher Dichte (HDDT) aufgezeichnet. Im MOMS besteht eine Detektorzeile aus 4 x 1728 (6912) Bildelementen. Um ein lückenloses Bild erzeugen zu können, wird die Scanrate der Bahngeschwindigkeit des Shuttle angepaßt.

In seiner ersten Version (MOMS-01) nahm der Scanner die Erdoberfläche entlang ausgewählter Streifen in 2 Spektralkanälen auf: Kanal 1 0,6 ± 0,025 μm, Kanal 2 0,9 ± 0,075 μm. Bei einer Bahnhöhe von 250 km ist der aufgenommene Geländestreifen 140 km breit. Die Bodenauflösung der MOMS-Aufnahme beträgt 20 m, die radiometrische Auflösung 128 Graustufen.

Beim ersten Testflug im Juni 1983 wurden einige für die Erderkundung repräsentative Geländebereiche aufgenommen. Wegen der Bahnneigung von 28,5° lagen sie in einer Zone zwischen etwa 30° nördlicher und 30° südlicher Breite. Abb. 94b zeigt einen Ausschnitt der allerersten MOMS-Aufnahme, aufgenommen am 18. Juni 1983 auf Orbit 37 des Space Shuttle-Fluges STS-7. Sie erfaßt einen Ausschnitt der Küstenkordilleren an der Grenze Peru/Chile. Die Vorlage der Abbildung ist farbig. Die Farbstellung über die 2 Spektralkanäle des experimentellen MOMS-Systems erfolgte über eine komplexe Farbtransformation, die im besonderen weniger stark ausgeprägte spektrale Differenzierung zwischen den beiden MOMS-Kanälen sichtbar macht. In der Farbwiedergabe sind Vegetationsbereiche in Rot wiedergegeben. Die hohe räumliche Auflösung des MOMS-01-Instrumentes ermöglicht eine differenzierte Wiedergabe der Geländegegebenheiten im Aufnahmebereich. Abb. 94c zeigt einen Ausschnitt aus einer weiteren MOMS-Aufnahme der Andenregion.

Zu einem zweiten Einsatz kam ein MOMS-Gerät (MOMS-01 A) beim Space Shuttle-Flug STS-11 im Januar 1984. Das Gerät hatte die gleiche technische Auslegung wie MOMS-01. Grundlagen und Ergebnisse der ersten MOMS-Mission haben BODECHTEL et al. (1983) beschrieben.

Für 1986 ist der Einsatz eines Stereo-MOMS vorgesehen, der panchromatisch aufnehmen soll. Durch 2 geneigte Spektralmodule und ein Nadir-orientiertes Spektralmodul soll eine Höhenauflösung von 15 m bei einer Basisauflösung von 10 m erreicht werden.

Ebenfalls für 1986 ist der Einsatz einer erweiterten MOMS-Version vorgesehen. MOMS-02 wird in 4 Spektralkanälen aufnehmen: Kanal 1 0,6 ± 0,025 μm, Kanal 2 0,9 ± 0,075 μm, Kanal 3 1,6 ± 0,1 μm und Kanal 4 2,2 ± 0,1 μm. Wie schon mehrfach erwähnt, sind Spektralaufnahmen in den Teilspektren bei 1,6 μm und 2,2 μm für die Unterscheidung und Identifizierung von Gesteinen und Böden von besonderem Interesse. Ende der 80er Jahre soll das MOMS-Gerät zusätzlich Thermal-Infrarot-Module erhalten.

Das MOMS-System ist so konzipiert, daß eine Anpassung des modular aufgebauten Erderkundungssensors an unterschiedliche Nutzeranforderungen durch Austausch der Spektralmodule und des optischen Linsensystems möglich ist. Der modulare Aufbau der Sensoreinheit und seiner peripheren Systeme erlaubt ohne großen Aufwand eine Vielzahl von Kombinationen. Ohne Eingriff in das Gesamtkonzept lassen sich z.B. schmal- und breitbandige, hoch und gering auflösende Kanäle miteinander verknüpfen, wobei die Kanal-zu-Kanal-Pixel-Korrelation garantiert werden kann. Hierdurch ist MOMS vielseitig für spezielle thematische Kartierungen und aktuelle Bestandsaufnahmen in mittleren und kleineren Maßstäben (1:250 000 bis 1:50 000) einsetzbar. Sein Einsatz von Raumfähren aus wird als Ergänzung zur Datenaufnahme durch operationelle Erderkundungssatelliten angesehen. MOMS soll die Möglichkeiten erdwissenschaftlicher Kartierungen (Lithofazies, Tektonik, Lagerstättenprospektion, Vegetation, Böden) verbessern (nach MBB/ZGF-Informationsblatt und nach BODECHTEL et al. 1983).

Frankreich plant für 1985 den Start eines Pushbroom-Scanners im Rahmen der SPOT-Mission (SPOT = **S**ystem **P**robatoire d'**O**bservation de la **T**erre). Bei der ersten Mission wird SPOT zwei identische scannende, hochauflösende Aufnahmegeräte (HRV-Geräte, **H**igh **R**esolution **V**isible) sowie zwei Magnetband-Recorder und Instrumente zur Datenübermittlung an Bord haben. Abb. 95a zeigt eine Skizze des SPOT-Satelliten mit den beiden Aufnahmegeräten. Die Bahnhöhe des SPOT wird zwischen 815 und 829 km variieren. Die Neigung der Umlaufbahn zur Äquatorebene wird 98,7° und die Umlaufzeit 101 Minuten betragen. Der Äquator wird auf der absteigenden N/S-Bahn um etwa 10.30 Uhr (Ortszeit) gekreuzt.

Die HRV-Geräte können jeweils wahlweise (d.h. auf Befehl der Bodenstation) multispektral oder panchromatisch aufnehmen. In der panchromatischen Version wird die Erdoberfläche im Breitbandspektrum 0,51–0,73 μm aufgenommen. Die räumliche Auflösung des Scanners (die Pixelgröße bei Nadirausrichtung der Aufnahmegeräte) beträgt für panchromatische Aufnahmen 10 x 10 m. In der multispektralen Version nehmen die HRV-Geräte in drei Teilspektren auf: 0,50–0,59 μm, 0,61–0,68 μm und 0,79–0,89 μm. Aus den Aufnahmedaten der drei Spektralkanäle können Farbbilder erstellt werden. Die Bodenauflösung der multispektralen Aufnahmen wird 20 x 20 m betragen.

Wie die Abb. 95b zeigt, gelangt das von der erfaßten Geländefläche kommende Licht über einen ebenen Spiegel und die Teleskopoptik auf die Detektorenreihen, die sich

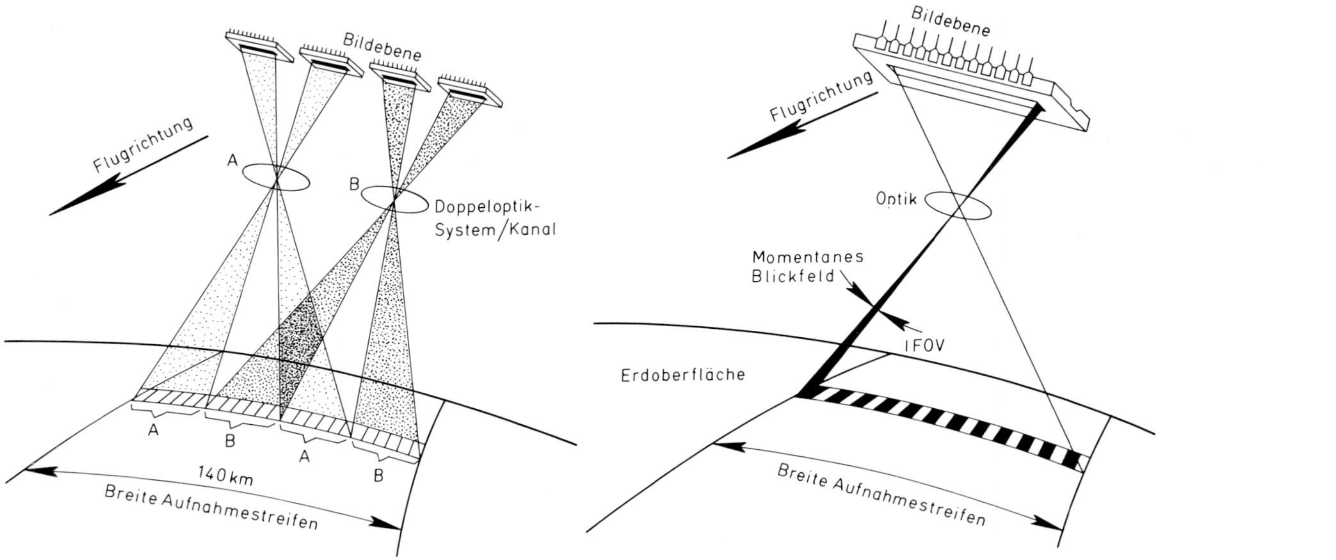

Abb. 94a Aufnahmeprinzip des MOMS (nach Prospekt MBB/ZGF, München).

Abb. 94b Ausschnitt einer der ersten MOMS-Aufnahmen aus der Raumfähre Columbia, aufgenommen am 20. Juni 1983 (STS-7-Mission). Der erfaßte Geländebereich liegt bei Arica/Chile am Rand der Anden. Die Bodenauflösung beträgt 20 x 20 m. Das Bild wurde von R. HAYDN mit der Bildverarbeitungsanlage der ZGF, München, erstellt. ↑ Scanlinien, → Flugrichtung. Diese Aufnahme ist noch nicht geometrisch und radiometrisch korrigiert. Bildmaßstab: ca. 1:1 000 000.

Abb. 94c Ausschnitt einer MOMS-Aufnahme aus dem Grenzbereich Bolivien/Chile (Bilderstellung R. HAYDN, ZGF, München). Bildmaßstab: ca. 1:1 000 000.

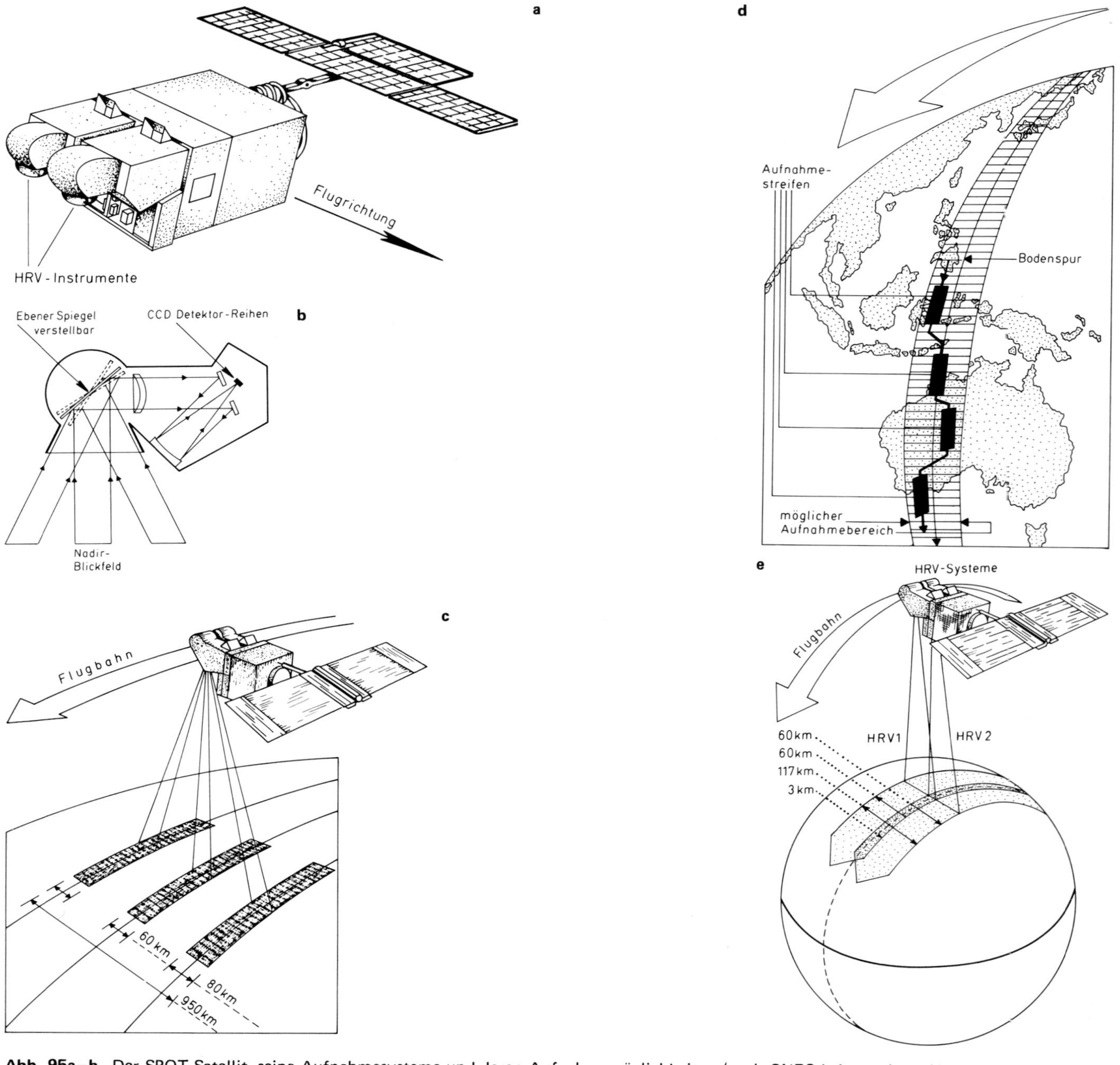

Abb. 95a–h Der SPOT-Satellit, seine Aufnahmesysteme und deren Aufnahmemöglichkeiten (nach CNES-Informationsblättern 1982 und 1983).

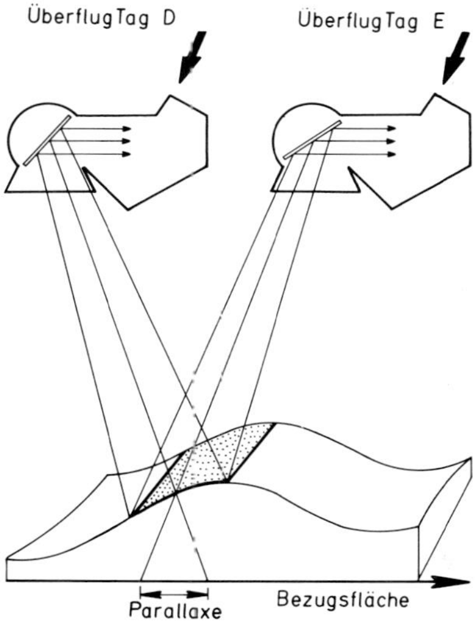

Abb. 95f

Abb. 95g Jeweils eine Aufnahmemöglichkeit an den Tagen:

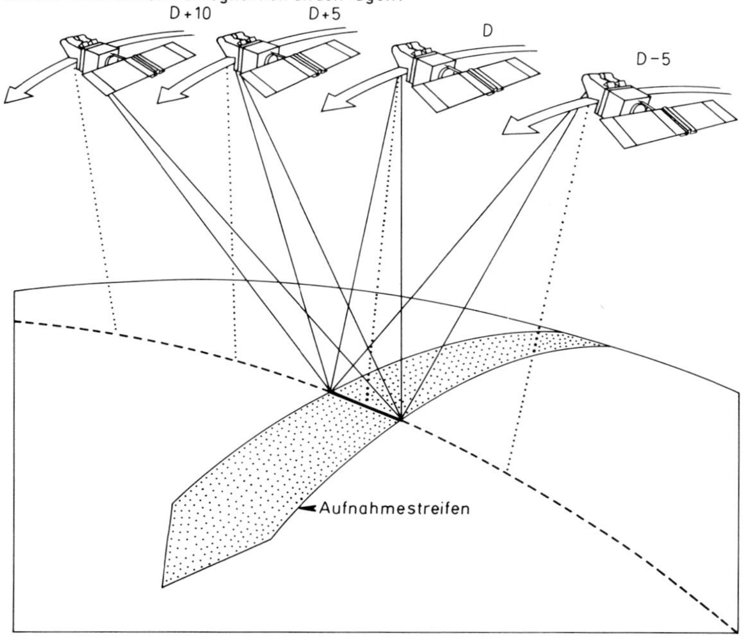

Abb. 95h

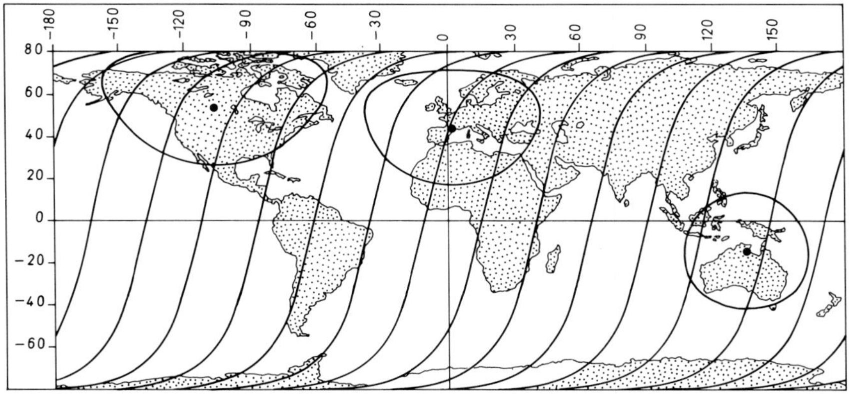

Tages-Bodenspur (absteigend) des SPOT Satelliten für eine 24-h-Periode

in der Brennebene des optischen Systems befinden. Die panchromatischen und multispektralen Module bestehen aus 6000 bzw. 3000 Detektoren pro Scanlinie. Über Befehle der Bodenstation bzw. über Computerprogramme kann die Stellung des Spiegels im einzelnen HRV-Gerät verändert werden, schrittweise aus der Nadirrichtung zur einen oder anderen Seite bis zu einem Winkel von 27° (senkrecht zur Umlaufbahn. Dadurch kann ein bis zu 475 km breiter Geländestreifen seitlich der Bodenspur des Satelliten von den HRV-Geräten erfaßt werden (vgl. Abb. 95c). Die Breite des von einem HRV-Gerät aufgenommenen Streifens variiert mit dem Aufnahmewinkel zwischen 60 km (Nadirausrichtung) und 80 km (bei maximaler Verstellung der Spiegelachse aus dem Nadir). Über einen an Bord des Satelliten befindlichen Computer kann der Aufnahmewinkel für jedes der beiden Aufnahmegeräte in der Aufnahmefolge verändert werden, wie auch die Aufnahmeart der einzelnen Geräte (panchromatisch oder multispektral) in der Aufnahmefolge geändert werden kann. Abb. 95d gibt eine Darstellung der verschiedenen Aufnahmemöglichkeiten entlang der Umlaufbahn.

Die beiden HRV-Geräte können für den Aufnahmevorgang auch so ausgerichtet werden, daß sie benachbarte Geländestreifen aufnehmen (s. Abb. 95e). Bei dieser Aufnahmekonfiguration beträgt die Gesamtbreite des aufgenommenen Geländestreifens 117 km (Nadir im Zentrum) bei einer seitlichen Überdeckung der Aufnahmestreifen von 3 km.

Wie die Abb. 95f zeigt, ermöglicht die variable Spiegelausrichtung der HRV-Geräte auch die stereoskopische Aufnahme einer gegebenen Geländeszene. Die stereoskopische Überdeckung des Geländebereiches wird dadurch erreicht, daß der interessierende Geländebereich aus 2 verschiedenen Umlaufbahnen mit unterschiedlichem Winkel aufgenommen wird. Schließlich läßt sich durch die variable Aufnahmeweise der HRV-Geräte auch die Aufnahmefrequenz, der zeitliche Abstand zwischen wiederholten Aufnahmen des gleichen Geländebereiches verkürzen. Entsprechend den Bahnparametern kann bei Nadirausrichtung der Aufnahmegeräte derselbe Geländebereich alle 26 Tage aufgenommen werden, weil der Satellit alle 26 Tage denselben Geländestreifen überfliegt. Innerhalb der 26 Tage-Periode kann ein interessierender Geländebereich bis zu 7mal im Äquatorbereich bzw. bis zu 11mal in Breiten um 45° aufgenommen werden. Die Abb. 95g zeigt wiederholte Aufnahmemöglichkeiten für einen Geländebereich in Abständen von 5 Tagen (aus verschiedenen Umlaufbahnen mit verändertem Aufnahmewinkel).

Die Aufnahmedaten der SPOT-Missionen werden als SPOT-Szenen erhältlich sein. Eine Szene überdeckt einen Geländebereich von 60 km in der Flugrichtung und 60 bis 80 km quer zur Flugrichtung, je nach Aufnahmeart. Jede Szene enthält Randmarkierungen mit den Lagekoordinaten. Vor Erstellung des Bildproduktes (Schwarzweiß oder Farbe) werden an den SPOT-Rohdaten verschiedene Korrekturen vorgenommen: radiometrische Korrekturen, welche die Kalibrierungsfaktoren der Detektoren, der optischen und der Telemetrie-Systeme berücksichtigen; geometrische Korrekturen, welche die Aufnahmeparameter berücksichtigen (Aufnahmerichtung, Aufnahmewinkel, Satellitenbewegung, Erdrotation, Erdkrümmung). Möglich sind auch Atmosphären-Korrekturen. Zur Bildverbesserung können die verschiedenen Verfahren der digitalen Bildverarbeitung eingesetzt werden (Grauwertstreckung, Bildüberlagerungen multitemporaler Aufnahmedaten etc.).

Informationen über die SPOT-Missionen und über die Bezugsmöglichkeiten von SPOT-Daten (Überdeckung, Datenformat, Preise) sind über das

Centre National d'Etudes Spatiales
Centre Spatial de Toulouse
18, Avenue Edouard-Belin
F-31055 Toulouse Cedex

einzuholen.

4.6 Heat Capacity Mapping Mission (HCMM)

Im Frühjahr 1978 wurde von der NASA ein HCMM-Satellit gestartet. Dieser experimentelle Satellit sollte den Nutzen von großflächigen Temperaturmessungen für die Geologie, Landwirtschaft, Ökologie, Hydrologie und Klimatologie untersuchen. Der Satellit umkreiste die Erde auf einer nahezu kreisförmigen Umlaufbahn in 620 km Höhe. Die Bahnneigung betrug 97,6°. Der Satellit trug ein Zweikanalradiometer, das Breitbandaufnahmen der Spektralstrahlung im sichtbaren Bereich (o,5 bis 1,1 µm) und im Thermal-Infrarot erlaubte (10,5 bis 12,5 µm). Der Sensor konnte also simultan von der Erdoberfläche reflektierte Strahlung und emittierte Thermalstrahlung erfassen bzw. messen.

Das Blickfeld des Radiometers wurde mechanisch über einen Scanwinkel von 60° rotiert. Dabei wurde ein Geländestreifen mit einer Breite von 720 km erfaßt. Die räumliche Auflösung der HCMM-Aufnahmen betrug (im Bereich des Nadirs) 600 m für den Thermalkanal und 500 m für den Kanal, der im Sichtbaren aufnahm. Die Aufnahmen der beiden Spektralkanäle haben eine gegenseitige Deckung mit einer Genauigkeit von 0,2 Auflösungselementen oder besser.

Die Orbit-Parameter erlaubten dem HCMM-Satelliten wiederholte Beobachtungen des täglichen Temperaturganges vor allem in den Bereichen der mittleren Breiten. Hier in den mittleren Breiten war der Satellit zu den Zeiten maximaler und minimaler Oberflächentemperaturen über ausgewählten Untersuchungsgebieten (ca. 13.30 Uhr und 2.30 Uhr Ortszeit). Diese Zeiten waren optimal für die Beobachtung zeitlicher und räumlicher Temperaturkontraste der verschiedenen Oberflächenmaterialien. Die HCMM-Thermal-IR-Daten können daher auf einer regionalen Basis für die Unterscheidung der Amplituden täglicher Temperaturschwankungen genutzt werden. Sie können auch benutzt werden, um die scheinbare Temperaturträgheit (apparent thermal inertia) der Oberflächenmaterialien und oberflächennaher Materialien zu ermitteln.

Während der 5monatigen HCMM-Mission wurden experimentelle Daten über weiten Bereichen Nordamerikas, Euro-

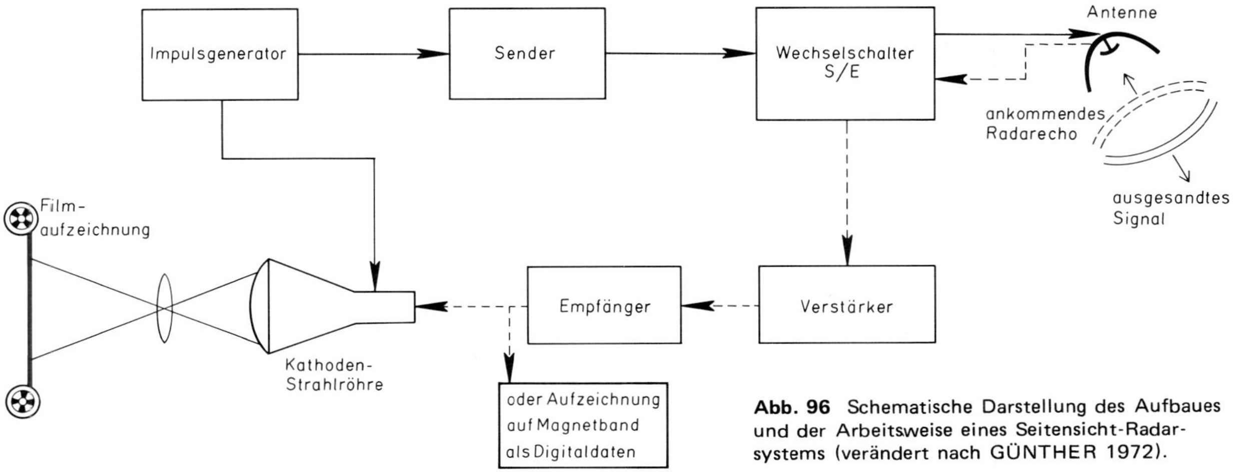

Abb. 96 Schematische Darstellung des Aufbaues und der Arbeitsweise eines Seitensicht-Radarsystems (verändert nach GÜNTHER 1972).

pas und Australiens aufgenommen. Untersucht wurde unter anderem, welche Möglichkeiten Daten der thermalen Trägheit für die Unterscheidung von Gesteins- und Bodentypen, für die Erfassung von Streß in Vegetationseinheiten, für die Erfassung von räumlichen und zeitlichen Änderungen der Bodenfeuchte und für die Voraussage des Wasserabflusses schneebedeckter Regionen bieten.

4.7 Radar-Verfahren

4.7.1 Allgemeines

Die frühen Entwicklungen und Einsätze von Radar-Verfahren bezogen sich auf die Erfassung (Lokalisierung) z.B. von Schiffen und Flugzeugen und auf Entfernungsmessungen (**R**adio **De**tection and **R**anging). Später wurden Radar-Verfahren im Rahmen der Ozeanographie zur Beobachtung von Meeresoberflächen (Sea State) und im Rahmen der Meteorologie zur Wetterbeobachtung eingesetzt. Für die Fernerkundung (zunächst bei militärischen Aufgabenstellungen) wurden Radar-Verfahren interessant, als von Flugzeugen aus einsetzbare, bilderzeugende Radar-Systeme entwickelt wurden.

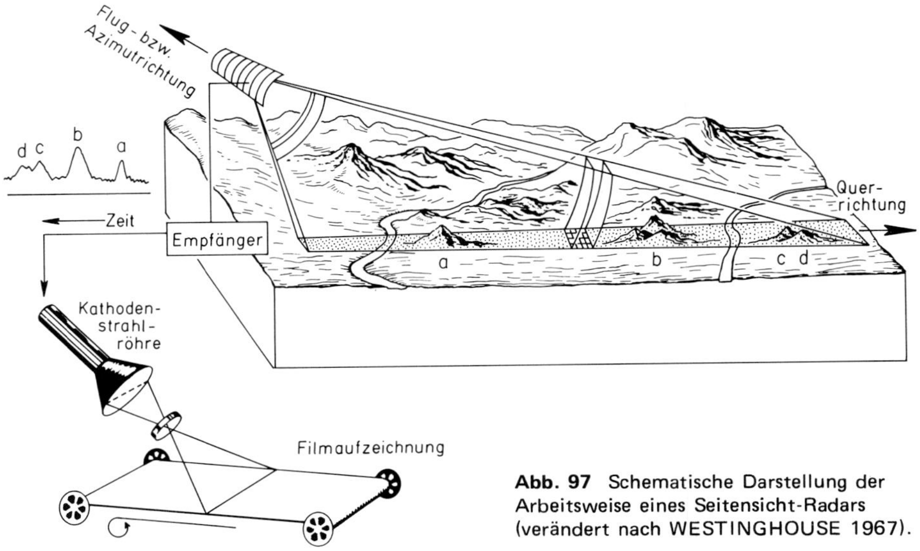

Abb. 97 Schematische Darstellung der Arbeitsweise eines Seitensicht-Radars (verändert nach WESTINGHOUSE 1967).

Von den bisher beschriebenen Luftbild- und Scanner-Verfahren unterscheiden sich die seit den siebziger Jahren in zunehmendem Umfang zur Geländeerkundung eingesetzten Radarverfahren sowohl in ihrer Aufnahmetechnik als auch in der Geometrie und im Informationsgehalt der von ihnen gelieferten Bilddaten. Die Sensoren der Luftbild- und der Scanner-Verfahren erfassen die von Geländeobjekten reflektierte Sonnenstrahlung und emittierte Eigenstrahlung passiv. Die zur Erderkundung eingesetzten Seitensichtradar-Verfahren (Side Looking Radar) sind dagegen aktive Aufnahmeverfahren. Sie beleuchten das aufzunehmende Gelände selbst. Während der Befliegung sendet eine an der Längsseite des Flugzeuges angebrachte Antenne Hochfrequenzimpulse in einem gerichteten, keulenförmigen Diagramm auf das Gelände seitlich des Flugweges. Die von beleuchteten Geländeobjekten oder Geländeflächen reflektierten Strahlungsanteile werden von der Antenne aufgenommen, in Videosignale umgesetzt und auf photographischen Film oder als Digitaldaten auf Magnetband aufgezeichnet (s. Abb. 96 und 97). Dabei bestimmt die Intensität der von den Geländeobjekten oder Geländeflächen kommenden Radarechos den Grauton und die Textur, mit dem diese im Radarbild wiedergegeben werden. Für die thematische Auswertung von Radaraufnahmen ist von Bedeutung, daß die Intensität und der Charakter des Radarechos mit der Oberflächenbeschaffenheit und dem Materialcharakter von Geländeobjekten (Böden, Pflanzen, Gesteine, Gewässer) variiert.

Dabei ist zu berücksichtigen, daß die Wechselwirkungseigenschaften der auftreffenden elektromagnetischen Wellen mit einem Geländeobjekt oder einer Geländeoberfläche auch durch die Wellenlänge, die Polarisation und den Einfallswinkel bestimmt werden. Soll also ein Radarbild thematisch ausgewertet werden, muß der Interpret den physikalischen Wechselwirkungsvorgang berücksichtigen (SIEBER 1982).

Zur Erderkundung werden zwei Arten von Radarsystemen eingesetzt, abbildende Radarsysteme mit realer Apertur (engl. real aperture, noncoherent **S**ide**l**ooking **A**irborne **R**adar, auch SLAR genannt) und abbildende Radarsysteme mit synthetischer Apertur (engl. **S**ynthetic **A**perture **R**adar, auch SAR genannt) (vgl. Abschn. 4.7.3 und 4.7.4). SAR-Systeme sind kohärente Sensoren. Die Radarsysteme mit realer Apertur sind von relativ einfachem Aufbau. Sie erfordern keine komplizierte Datenverarbeitung zur Bilderzeugung. Zur Erlangung einer guten räumlichen Bildauflösung sind sie in ihrer Reichweite allerdings begrenzt.

Die SAR-Systeme liefern dagegen auch über große Aufnahmebereiche hinweg eine hohe räumliche Auflösung, unabhängig von der Entfernung zwischen Antenne und Objekt. Datenerfassung und Datenverarbeitung sind aufwendiger. Der Einsatz von SAR-Systemen ist daher auch kostenaufwendiger.

Durch ihre Aufnahmetechnik sind die im Mikrowellenbereich arbeitenden Radarverfahren unabhängig von den natürlichen Beleuchtungsverhältnissen. Darüber hinaus sind die mit Wellenlängen größer als 2 cm arbeitenden Radarsysteme auch unabhängig vom Wetter. Wolken, Nebel und Regen, die Luftbild- und Scanner-Befliegungen unmöglich machen, sind für elektromagnetische Strahlung mit Wellenlängen größer als 2 cm transparent. Wolken, Regen und Turbulenzen in der Atmosphäre können jedoch sog. Phasenfehler verursachen. Dies kann sich insbesondere bei Radargeräten mit synthetischer Apertur in „unscharfen" Bildern (Defokussierung) auswirken. In der Unabhängigkeit vom Wetter liegt einer der wesentlichen Vorteile der Radarverfahren gegenüber den in kürzeren Wellenlängen operierenden Luftbild- und Scanner-Verfahren. Er ist für Geländeerkundungen und Geländekartierungen in jenen Bereichen der Erde entscheidend, die über weite Teile des Jahres hinweg oder ständig von starkem Dunst und von Wolken verdeckt sind. Das sind vor allem die tropischen Zonen mit ihren ausgedehnten Regenwaldgebieten, in denen regionale oder gar landesweite topographische Kartierungen sowie thematische Kartierungen und Bestandsaufnahmen bis zur Einführung der Radarverfahren nur unvollkommen und unter sehr schwierigen Bedingungen durchgeführt werden konnten. Da diese bislang nur unzureichend erforschten Gebiete für die Suche nach natürlichen Rohstoffen (Erdöl, Erdgas, Erz u.a.) zunehmend an Bedeutung gewinnen, liegen hier wohl die derzeit wichtigsten Einsatzmöglichkeiten für Radarbefliegungen. So wurden seit Beginn der siebziger Jahre umfangreiche Radarbefliegungen in Mittel- und Südamerika, im tropischen Gürtel Afrikas, in Indonesien, im Bereich der Philipinen und in Australien durchgeführt. Ein großer Teil dieser Befliegungen erfolgte im Rahmen von Reconnaissance-Projekten der Lagerstättensuche. Ergebnis der Befliegungen sind Radarbildstreifen, vor allem aber auch aus Bildstreifen montierte Radarmosaiks kleiner Maßstäbe. Lagekorrigierte Radarmosaiks stellen für viele der jetzt beflogenen Gebiete die ersten zusammenhängenden Kartenunterlagen hinreichender Genauigkeit dar. Sie haben sich als zuverlässige Arbeitsunterlage für die Kartierung und Analyse regionaler tektonischer Strukturen bewährt. Auch lassen sich in den gut auflösenden, reliefbetonten Radarstreifen und -mosaiks lithofazielle Einheiten unterschiedlichen Typs nach Unterschieden im Relief, im Grauton, in der Textur, im Bewuchs und in der Form erkennen und abgrenzen. Allerdings ist die Identifizierung (bzw. die lithofazielle Ansprache) der abgegrenzten Einheiten ohne Kenntnis des zu kartierenden Geländes bzw. ohne ergänzende Geländeuntersuchungen oft problematisch, weil das Radarecho, das heißt die Intensität und Art der von einem Objekt oder einer Materialoberfläche reflektierten Mikrowellenstrahlung – und damit deren Grautönung im Radarbild – zwar weitgehend materialabhängig ist, in beträchtlichem Umfang jedoch auch von den jeweiligen Aufnahmebedingungen einerseits und den lokalen Geländegegebenheiten (Oberflächenrauhigkeit, Bewuchs etc.) andererseits beeinflußt wird. Der Interpret von Radarbildern sollte daher neben dem Aufnahmeprinzip der Radarbefliegung und der Geometrie des Radarbildes auch die wichtigsten jener Parameter kennen, die Einfluß auf die Radarsignatur, also auf die spezielle (typische) Wiedergabe eines Geländeobjektes oder einer Geländeeinheit im Radarbild haben können.

4.7.2 Radar-Meßparameter

4.7.2.1 Allgemeines

Die Wechselwirkungen zwischen auftreffender Radar-Strahlung und Objekt- oder Geländeoberfläche werden von Seiten des Aufnahmesystems durch die Meßparameter Wellenlänge, Polarisation und Beobachtungsgeometrie, d.h. lokaler Einfallswinkel und Aspektwinkel, bestimmt. Die Erfahrungen aus allen bisherigen Experimenten deuten darauf hin, daß jeder themenbezogene Einsatz von Radar-Systemen zur Erderkundung eine Optimierung dieser Meßparameter in bezug auf die jeweilige Aufgabenstellung erfordert. Diese Feststellung ist zu berücksichtigen, wenn der Nutzer an der Planung von Radar-Befliegungen beteiligt ist. Zu berücksichtigen ist hierbei auch, daß der technologische Aufwand mit zunehmender Meßfrequenz, d.h. abnehmender Meßwellenlänge, beträchtlich wächst.

4.7.2.2 Typische Wellenlängen von Radarsystemen

Die gegenwärtig im zivilen Bereich eingesetzten Seitensichtradar-Systeme operieren im Mikrowellenbereich in Wellenlängen zwischen 0,8 cm und 30 cm. Für die Erderkundung wurden bislang vor allem Radarsysteme eingesetzt, die im Ka-, X- und L-Band arbeiten. Diese aus dem letzten Krieg stammenden Code-Bezeichnungen stehen für die folgenden Wellenlängenintervalle: 0,8 bis 1,1 cm (Ka-Band), 2,4 bis 3,8 cm (X-Band) und 15 bis 30 cm (L-Band).

Die Wellenlänge ist von Bedeutung für das Eindring- und Durchdringungsvermögen von Mikrowellenstrahlen. Die Fähigkeit von Mikrowellen, in Materie einzudringen oder Materie zu durchdringen, steigt mit der Wellenlänge der von der Richtantenne ausgestrahlten Signalenergie. So hat Strahlung im Ka-Band (λ = 0,8 cm) ein deutlich geringeres Eindringvermögen als Strahlung im L-Band (λ = 25 cm). Allerdings ist das Eindringvermögen von Radarstrahlung z.B. in Böden, Gesteinen, Vegetation und Gewässern auch von einer Reihe anderer Parameter abhängig, wie in den nachfolgenden Abschnitten dargestellt wird (u.a. Einfallswinkel, Oberflächenrauheit, Dielektrizitätskonstante). Als Richtwert für die Eindringtiefe wird im allgemeinen die halbe Wellenlänge genommen. Im L-Band würde sie somit bei 12 cm liegen.

4.7.2.3 Polarisation

Die Schwingungsrichtung der von der Richtantenne eines Radarsystems ausgesandten Impulse kann linear, d.h. horizontal (H) oder vertikal (V), orientiert sein. Man spricht von H- oder V-polarisierten Signalen. Beim Auftreffen auf die Geländeoberfläche werden die derart polarisierten Signale an Boden-, Gesteins-, Vegetations- und Wasseroberflächen reflektiert. Dabei wird ein Teil der rückgestreuten Signale die gleiche Polarisierung haben wie die von der Antenne ausgesandte Strahlung, und die Antenne des Radarsystems wird entsprechend gleich-polarisierte Signale im sogenannten HH- oder VV-Modus empfangen. Der Modus wird durch die Sende- und Empfangsantenne festgelegt.

Ein Anteil der auftreffenden Signale kann an der Erdoberfläche durch Vielfachreflexion oder Phasensprung an den beleuchteten Objekten depolarisiert werden. Die reflektierte Energie schwingt dann in verschiedenen Richtungen. Die stärkste Depolarisation von Radarsignalen wurde bisher in vegetationsbestandenen Geländebereichen beobachtet. Sie ist nach SABINS (1978) durch Vielfachreflexion der einfallenden Mikrowellenstrahlung an Blättern, Zweigen und Ästen hervorgerufen. Bisher wurde sie besonders bei der Interaktion relativ kurzwelliger Radarstrahlung im Ka-Band und im X-Band beobachtet. Um auch vom Gelände reflektierte depolarisierte Signale empfangen zu können, wird im Radarsystem neben der Empfangsantenne für gleich-polarisierte Strahlung eine zusätzliche Antenne für den Empfang sogenannter kreuzpolarisierter Strahlung eingesetzt. Messungen werden dabei im HV- oder VH-Modus durchgeführt. Im HV-Modus sendet die Richtantenne H-polarisierte Signale aus. Die Empfangsantenne erfaßt die V-polarisierten Radarechos. Die aus kreuzpolarisierter Signalregistrierung resultierenden (HV-) Radarbilder haben meist einen geringeren Dynamikbereich. Dagegen ist der Kontrast in kreuzpolarisierten Radardaten höher. Trotzdem bringt gerade der Vergleich von Radarbildern des HH-Modus mit Radarbildern des HV-Modus für die Interpretation eines Gebietes zusätzliche Informationen. Das gilt besonders für Radarbilder vegetationsbestandener Gebiete. In HV-Bildern werden Vegetationseinheiten unterschiedlichen Typs bisweilen differenzierter wiedergegeben als in HH-Bildern. Der Kontrast ist in kreuzpolarisierten Radardaten höher.

4.7.2.4 Beobachtungswinkel

Der Einfallswinkel der Radarstrahlung auf die Geländeoberfläche (bezogen auf die Senkrechte im Einfallspunkt, engl. incidence angle) hat entscheidenden Einfluß auf die Interaktionen zwischen Geländeoberfläche und auftreffender Signalenergie (s. Abb. 98). Ist die Geländeoberfläche in Richtung auf die Antenne geneigt, so kann ein großer Anteil der auftreffenden Energie in Richtung auf die Antenne reflektiert oder rückgestreut werden. Trifft die Strahlung senkrecht auf die Geländeoberfläche, werden maximale Werte der Reflexion erreicht. Entsprechend ihrer Neigung und Orientierung zur Antenne erscheinen daher dem Flugweg zugewandte Hänge im Radarbild generell mit hellen bis sehr hellen Grautönen. Ebene oder von der Antenne weggeneigte Geländebereiche reflektieren dagegen weniger stark in Richtung auf die Antenne. Sie werden im Radarbild generell mit mittleren oder dunkleren Grautönen wiedergegeben. So erscheinen z.B. Wasserflächen, deren Oberfläche in bezug auf die Wellenlänge von X- und L-Band-Radarsystemen glatt wirken, mit sehr dunklen Grautönen (s. Abb. 99). Der Antenne abgewandte Geländeflächen mit einem Neigungswinkel, der steiler als der Depressionswinkel der von der Antenne kommenden Mikrowellenstrahlung ist, empfangen überhaupt keine Energieimpulse. Sie können nicht reflektieren und erscheinen daher im Radarbild in schwarzer Tönung. Man spricht hier von Radarschatten. Die Größe des Schattenbereiches hängt einerseits von der Flughöhe und von der Objekthöhe ab, variiert andererseits aber bei gegebener Flughöhe auch in Abhängigkeit vom Depressionswinkel der Radarstrahlen und vom Abstand des beleuchteten Geländes zum Flugweg. Wie die Abb. 113a und b zeigen, nimmt die Schattenlänge aufgrund dieser Zusammenhänge vom Nah- zum Fernbereich eines Radarbildes zu.

Die morphologischen Grautonunterschiede des Radarbildes haben den Effekt einer reliefbetonten Darstellung des bei der Befliegung erfaßten Geländestreifens (s. Abb. 99). Dieses erleichtert die Geländeansprache und -interpretation. Sie be-

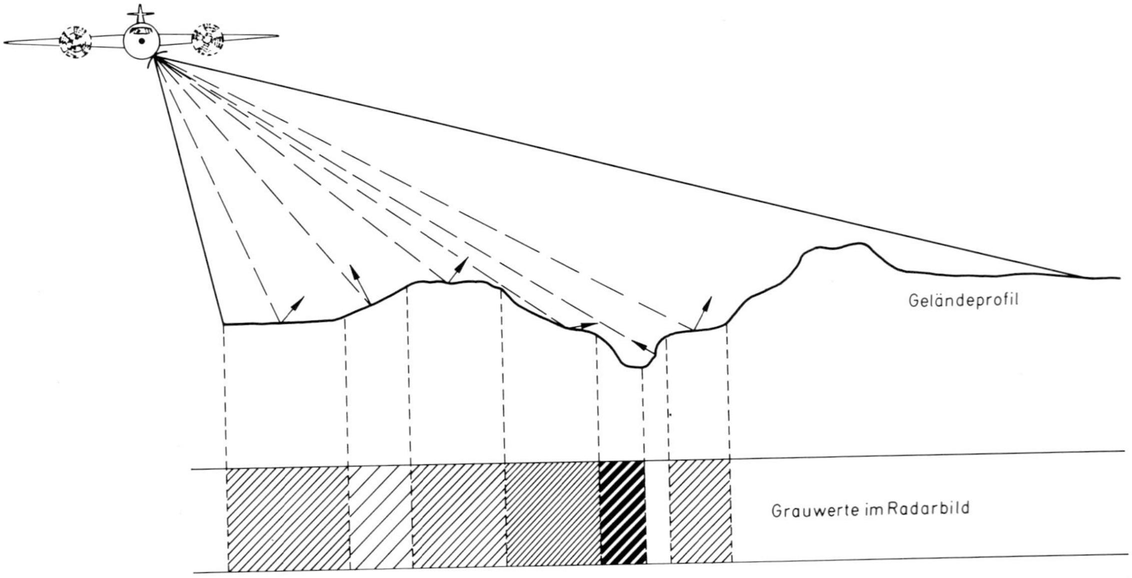

Abb. 98 Abhängigkeit der Grautonstufen eines Radarbildes von Hangneigung und Hangorientierung in bezug auf die Beleuchtung (nach GÜNTHER 1972).

Abb. 99 Die Wiedergabe unterschiedlicher Geländeeinheiten (Indonesien) im Radarbild. Radarschatten lassen auf die Beleuchtungsrichtung bei der Befliegung schließen.

günstigt die Kartierung von lithofaziellen Einheiten, die sich durch ihre morphologische Gliederung, durch besondere Reliefmerkmale und damit oft auch durch eine spezielle Textur von der Umgebung absetzen und somit kartieren lassen. Die reliefbetonte Darstellung des zu kartierenden Gebietes hat sich als vorteilhaft auch für die Erfassung steiler Bruchsysteme (Störungen, Kluftzonen, Kluftsysteme) erwiesen, wenn deren Ausstrichsspuren durch lineare oder kurvilineare Geländemerkmale nachgezeichnet werden (vgl. Abb. 226 und 229). Besonders bei flacher einfallender Radarstrahlung können selbst kleine lithologisch oder strukturell bedingte Reliefunterschiede des Geländes im Radarbild betont dargestellt werden, vor allem, wenn sie parallel zum Flugweg und damit senkrecht zum Richtstrahl orientiert sind. Parallel zum Flugweg verlaufende Reliefelemente werden im Radarbild betont. Parallel zur Abstrahlrichtung der Antenne orientierte tektonische und geomorphologische Strukturelemente einer Landschaft werden dagegen im Radarbild unterdrückt, da sie nur minimale Reflexion bzw. Rückstreuung aufweisen. Deshalb hat die Aufnahmerichtung entscheidenden Einfluß auf die Wiedergabe des bei der Befliegung erfaßten Geländes und auf den geologischen Informations- bzw. Datengehalt von Radarbildern und von aus Radarbildstreifen der gleichen Blickrichtung montierten Radarmosaiks. Um Strukturen und Nebenstrukturen einer bestimmten Richtung im Radarbild optimal erfassen zu können, sollte die Aufnahme- bzw. Blickrichtung der Radarbefliegung senkrecht zum generellen Streichen der zu erfassenden Strukturen orientiert sein. Durch diesen Aufnahmevorgang können nicht selten auch Strukturen erfaßt werden, die sich im Luftbild nicht abzeichnen. Für eine umfassende Bestandsaufnahme und Kartierung lithofazieller und struktureller Einheiten sind mindestens zwei – meist senkrecht zueinander orientierte – Radarbefliegungen erforderlich. Auch soll bei Wiederholungsbefliegungen darauf geachtet werden, daß Geländebereiche, die bei einer Befliegung im Fernbereich lagen, bei einer zweiten Befliegung im Nahbereich liegen und umgekehrt. Es sei hier erwähnt, daß die gleiche Landschaft in Radarbildern verschiedener Aufnahmrichtungen recht unterschiedlich wiedergegeben werden kann.

In der Möglichkeit, das zu kartierende Gelände aus beliebigen Richtungen zu beleuchten und aufzunehmen und die Radarbefliegung in bezug auf den Richtungstrend zu kartierender Strukturen und Einheiten optimal durchführen zu können, liegt ein weiterer Vorteil des Radarverfahrens gegenüber den in den Wellenlängen des sichtbaren Lichts arbeitenden Aufnahmeverfahren, die von den natürlichen Beleuchtungsverhältnissen abhängig sind.

4.7.2.5 Wechselwirkungen zwischen Radarwellen und natürlichen Oberflächen

4.7.2.5.1 Allgemeines

Die an natürlichen Oberflächen stattfindenden Reflexions- und Streuungsprozesse sowie das Eindringvermögen von Radarwellen werden auf der Objektseite vor allem durch die Oberflächenrauheit und die dielektrischen Eigenschaften der beleuchteten Materialien (Böden, Gesteine, Pflanzen, Wässer) bestimmt. Eine entscheidende Rolle spielt auch die jeweilige Orientierung einer Objekt- oder Geländeoberfläche in bezug auf die auftreffende Radarstrahlung (Einfallswinkel). Dabei werden die Wechselwirkungen (Reflexion, Beugung, Streuung, Oberflächenstreuung, Volumenstreuung) mit den auftreffenden Radarwellen für dieselbe Objekt- oder Geländeoberfläche mit der eingesetzten Meßwellenlänge variieren. Diese Zusammenhänge sind bei der Planung von Radarbefliegungen und bei der thematischen Auswertung von Radarbildern zu berücksichtigen.

4.7.2.5.2 Zur statistischen Natur des Radarsignals

Die physikalische Messung des abbildenden Radarsensors ist charakterisiert durch die Meßparameter Frequenz, Polarisation und Beobachtungswinkel. Bei vorgegebenem Satz dieser Meßparameter mißt das Radargerät die von den Geländeobjekten und -einheiten rückgestreute Leistung P_r. Durch einen Vergleich mit der gesendeten Leistung P_t können die Rückstreueigenschaften der beobachteten Objekte und Einheiten bestimmt werden. Diese Wechselwirkungseigenschaft wird im allgemeinen beschrieben durch den Streuungskoeffizienten σ. Der Zusammenhang zwischen der physikalischen Größe σ und dem Quotienten P_r/P_t ist durch die Radargleichung gegeben.

Für die charakteristische Größe σ und den Quotienten aus gesendeter und empfangener Leistung gilt der folgende Zusammenhang:

$$\sigma = \frac{P_r}{P_t} = \left(\frac{G_t}{4\pi \cdot R^2}\right)^{-1} \cdot \left(\frac{1}{4\pi \cdot R^2}\right)^{-1} \cdot A_r^{-1}$$

Dabei bedeutet der erste Faktor den Quotienten aus gesendeter P_t- und empfangener P_r-Leistung, der zweite Faktor den reziproken Wert der Energie, die am Objekt in der Entfernung R durch die Antenne mit dem Gewinn G_t auftrifft; der dritte Faktor ist die reziproke Ausbreitungsdämpfung auf dem Weg vom Objekt zur Antenne, der letzte Faktor ist die reziproke effektive Fläche der Empfangsantenne.

Das von einer beleuchteten Bodenzelle (vgl. Abb. 103) kommende Radarecho resultiert in der Regel aus der Rückstreuung mehrerer Streuzentren, die jeweils durch ihre Rückstreukoeffizienten σ_i charakterisiert sind. Aus den Rückstreukoeffizienten der im Bereich einer Bodenzelle befindlichen Streuzentren ergibt sich deren Gesamtrückstreuquerschnitt σ_T.

Der Gesamtrückstreuungsquerschnitt σ_T einer Auflösungszelle ist dann ein Meßwert aus einem statistischen Ensemble. Dabei ist zu berücksichtigen, daß auch natürliche Oberflächen eines Typs in ihrem Rückstreuverhalten variieren können. Obwohl z.B. ein geeggter Acker als eine Objekteinheit angesehen werden kann, wird innerhalb der vom Auflösungselement eines Radarsystems erfaßten Bodenzelle die Größe der Bodenpartikel und der Ackerkrume variieren. Auch können Änderungen der Bodenfeuchte auftreten. Daraus resultieren innerhalb des Feldes (bzw. innerhalb der vom Radarsystem erfaßten Bodenzelle) Streuzentren mit unterschiedlichen Streueigenschaften. Der geeggte Acker wird somit zum statistischen Streuer. Der Rückstreuquerschnitt σ_T einer Bodenzelle im Bereich des Ackers wird daher ein Meßwert aus einem statistischen Ensemble sein. Um einen für das Meßobjekt Acker charakteristischen Rückstreukoeffizienten σ_T zu ermitteln, müßte über ein Ensemble unabhängiger Meßwerte des Ackers gemittelt werden. Ähnliches gilt für Gesteinsoberflächen. Auch Oberflächen des gleichen Gesteinstyps können im Bereich eines Radar-Auflösungselementes sehr unterschiedliche Oberflächeneigenschaften haben (Verwitterungsformen, tektonische Strukturen).

Häufig werden die Gegebenheiten innerhalb einer Bodenzelle komplizierter sein. Ist z.B. der Bereich der Bodenzelle (des Auflösungselementes) von Vegetation unterschiedlicher Art und unterschiedlichen Höhenwuchses sowie wechselnder Bewuchsdichte bestanden – mit freien Boden- oder Gesteinsflächen zwischen den Vegetationsgruppen –, so wird das von einer derart aufgebauten Bodenzelle kommende Radarecho ein Mischsignal aus den Beiträgen der verschiedenen Rückstrahlzentren sein. Deren unterschiedliche Streuungseigenschaften werden zum Gesamtrückstrahlkoeffizienten σ_T der Bodenzelle führen.

Von Radarsystemen mit synthetischer Apertur gelieferte Radarbilder zeigen häufig uneinheitliche, kleinflächige Grautonverteilungen. Dieses Phänomen (engl. speckle) geht auf die Kohärenz des Radarsignals und auf die Interferenz unter den zahlreichen, innerhalb der Auflösungszelle unregelmäßig verteilten Streuzentren zurück. Die Phasen und Amplituden der vom Pixelbereich reflektierten Signale variieren von Puls zu Puls. Daraus resultiert ein integriertes Pixel-Echo (engl. pixel response). Sein Wert unterscheidet sich deutlich von dem eines angenommenen konstanten Echos eines im Pixel zentrierten Streuers. Mit jeder Azimutänderung des Beobachtungswinkels ändert sich die Pixel-interne Interferometrie und damit das integrierte Pixel-Echo. Die Speckle-Variation liegt in der Größenordnung von 20 dB. Diese beträchtliche Speckle-Variation kann nach TOMIYASU (1982) auf etwa 2 dB reduziert werden, wenn man die Werte über mehrere Beobachtungswinkel (engl. azimut looks) mittelt. Speckle kann die Interpretierbarkeit von Radarbildern (engl. target interpretability) behindern.

4.7.2.5.3 Diffuse und spiegelnde Reflexion

Das Verhältnis zwischen der Wellenlänge der einfallenden Strahlung und der Oberflächenrauheit entscheidet, ob die auftreffende Strahlung diffus oder spiegelnd reflektiert wird. Generell gilt: Hat die Oberflächenrauheit einer Boden-, Gesteins- oder Vegetationseinheit einen deutlich kleineren Wert als die Wellenlänge der auftreffenden Mikrowellenstrah-

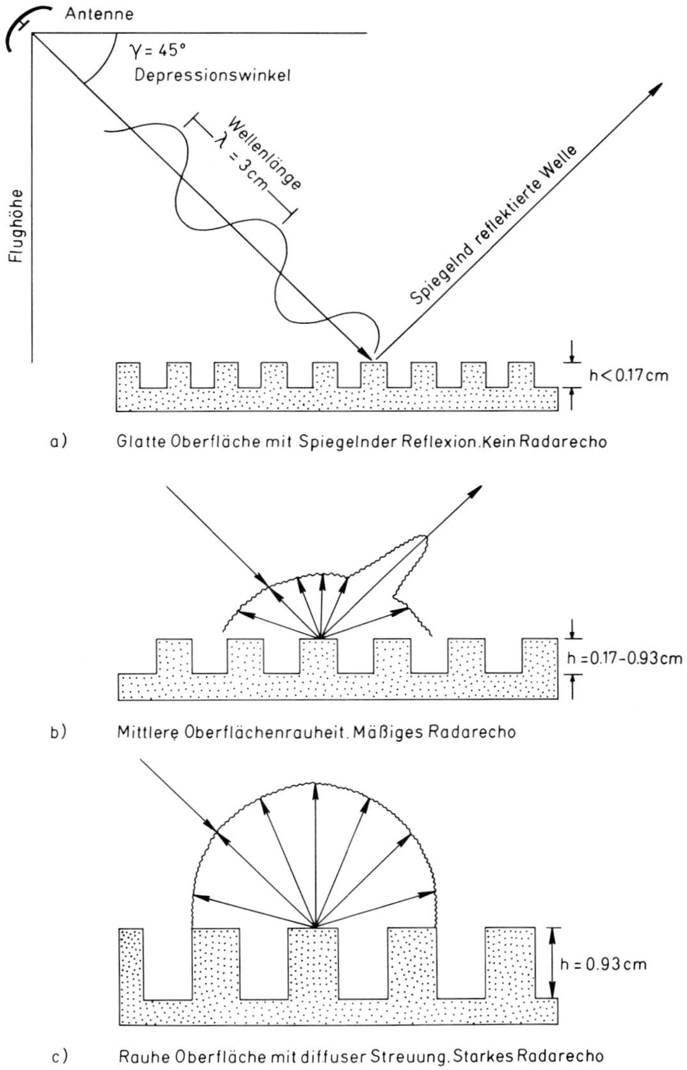

Abb. 101 Modelldarstellung der Reflexions- bzw. Streuprozesse an Oberflächen unterschiedlicher Rauheit, für X-Band-Radar (λ = 3 cm). (Aus: „Remote Sensing-Principles and Interpretation" by F.F. SABINS, W.H. Freeman and Company, Copyright© 1978, alle Rechte vorbehalten).

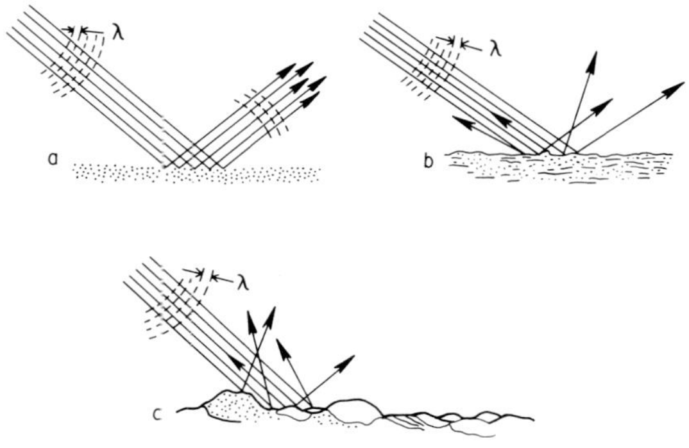

Abb. 100 Spiegelnde und diffuse Reflexion von Radarstrahlen an a) glatten Oberflächen, b) mäßig rauhen Oberflächen, c) sehr rauhen Oberflächen (jeweils in bezug auf die Wellenlänge der einfallenden Radarstrahlen) (nach REEVES 1968).

lung, so wird das einfallende Signal wie im Falle eines Spiegels bevorzugt in eine Richtung vom Sensor weg (in der Beobachtungsrichtung) reflektiert (Einfallswinkel = Ausfallswinkel). Die betreffende Oberfläche ist in diesem Fall glatt und wirkt als spiegelnder Reflektor. Ist der Wert der Oberflächenrauheit einer Materialoberfläche dagegen gleich groß oder größer als die Wellenlänge der Radarsignale, so wirkt diese Oberfläche als diffuser Reflektor (vgl. Abb. 100 und 101). Im Extremfall wird hierbei die einfallende Strahlung vom Auftreffpunkt gleichmäßig in alle Richtungen reflektiert. Häufig wird an natürlich rauhen Oberflächen ein gewisser Anteil der einfallenden Strahlung diffus, ein anderer spiegelnd reflektiert.

4.7.2.5.4 Streuung an rauhen Oberflächen

Die Oberflächenrauheit einer Materialoberfläche ist im wesentlichen durch deren Texturmerkmale bestimmt. Im Falle der Vegetation sind hier die Größe, Form, Orientierung und auch die räumliche Verteilung von Blättern, Zweigen und Ästen im Pflanzendach entscheidend, im Falle von Böden ist es die Größe, Verteilung und Orientierung der Bodenpartikel, im Fall von Gesteinen die Größe, Verteilung und Ausrichtung der Mineralbestandteile sowie tektonisch- oder verwitterungsbedingte Texturmerkmale des Mikroreliefs. Auf Wasserflächen kennzeichnen Wellenhöhe, Wellenabstand und die Orientierung der Wellenkämme sowie Schaumkronen die Oberflächenrauheit.

Für den Reflexionsprozeß entscheidend ist die durchschnittliche Oberflächenrauheit der Bodenzelle, die in einem Moment des Aufnahmevorgangs beleuchtet wird und die einfallende Mikrowellenstrahlung reflektiert. Die durchschnittliche Oberflächenrauheit einer Bodenzelle resultiert nach SABINS (1978) aus den vertikalen und horizontalen Dimensionen und aus der räumlichen Verteilung der Reliefmerkmale sowie aus der Geometrie der am Aufbau der Materialoberfläche beteiligten individuellen Komponenten (Blätter, Zweige, Boden- und Gesteinspartikel). SABINS stellt fest, daß die Oberflächenrauheit der meisten natürlichen Oberflächen wegen ihrer komplexen Geometrie mathematisch nur schwer zu erfassen ist. Als Näherungswert für das Maß der Oberflächenrauheit nennt er die durchschnittliche Reliefhöhe einer Oberfläche in der Größenordnung von cm. Danach lassen sich glatte und rauhe Oberflächen von Oberflächen mittlerer Rauheit unterscheiden. Hierbei ist allerdings zu beachten, daß eine solche Einstufung immer nur in bezug auf die Wellenlänge des bei einer Befliegung eingesetzten Radarsignals gültig ist. So können z.B. Oberflächen, die in bezug auf die Wellenlänge des Ka-Bandes (λ = 3 cm) als rauh einzustufen sind, in bezug auf die Wellenlänge des L-Bandes (λ = 25 cm) glatt sein. Die in Abhängigkeit von Wellenlänge und Oberflächenrauheit stattfindenden Reflexionsprozesse demonstriert schematisch die Abb. 101. Das Beispiel gilt für einen Einfallswinkel von 45° und eine Wellenlänge von λ = 3 cm.

Treffen unter kleinem oder mittlerem Depressionswinkel ausgestrahlte Radarsignale auf eine horizontale Fläche, die aufgrund ihrer Oberflächenrauheit in bezug auf die Wellenlänge der einfallenden Strahlung als spiegelnder Reflektor wirkt, so wird der größte Teil der Signalenergie von der Antenne weg reflektiert. Entsprechende Geländeflächen werden im Radarbild daher mit dunkelgrauer bis schwarzer Tönung wiedergegeben. Erst bei sehr hohem Depressionswinkel (geringe Abweichung vom Nadir) kann die Antenne des Radarsystems einen Großteil der von einer glatten Fläche reflektierten Strahlung empfangen (SABINS 1978, SCHMUGGE et al. 1980).

Die Abb. 102 demonstriert den Einfluß von Einfallswinkel und Oberflächenrauheit auf den Rückstreukoeffizienten σ feuchter Böden. BATLIVALA & ULABY (1977) untersuchten mit einem auf einem Lastwagen montierten Mikrowellensystem (1–18 GHz) mehrere Felder, deren Böden etwa gleichen Wassergehalt, jedoch unterschiedliche Oberflächenrauheit aufwiesen. Bei Einsatz der längsten Wellenlänge (L-Band, Abb. 102a) ist σ° für die Felder mit glatteren Oberflächen sehr empfindlich gegenüber nadirnahen Änderungen des Einfallswinkels, während im Falle des Feldes mit rauher Oberfläche σ° durch Änderungen des Einfallswinkels fast nicht beeinflußt wird. Bei einem Einfallswinkel von 5° sind die Effekte der Oberflächenrauheit auf σ° minimal. Nimmt die Wellenlänge der einfallenden Radarenergie ab (Abb. 102b und c), wirken alle Felder als rauhere Oberflächen, besonders die relativ glatten Oberflächen. Als Ergebnis dieser Situation verlagert sich der Schnittpunkt der Kurven aller 5 Felder zum großen Einfallswinkel hin. Im C-Band liegt der Schnittpunkt bei etwa 10°. Die hier gegebene Kombination von Einfallswinkel und Wellenlänge erwies sich als am empfindlichsten gegenüber Änderungen der Bodenfeuchte, unabhängig von der Oberflächenrauheit der Böden. Daraus leiteten BATLIVALA & ULABY folgende optimalen Parameter für die Fernerkundung feuchter Böden mit Mikrowellen ab: λ = 6–7 cm, Θ = 7–17° vom Nadir, HH-Polarisation (zitiert in SCHMUGGE 1980).

Abb. 102 Der Streuungskoeffizient feuchter Böden als Funktion von Oberflächenrauheit und Einfallswinkel. Der Streuungskoeffizient beschreibt die Streuung von Radarenergie an Geländeoberflächen in Richtung auf den Sensor (nach BATLIVALA & ULABY 1977).

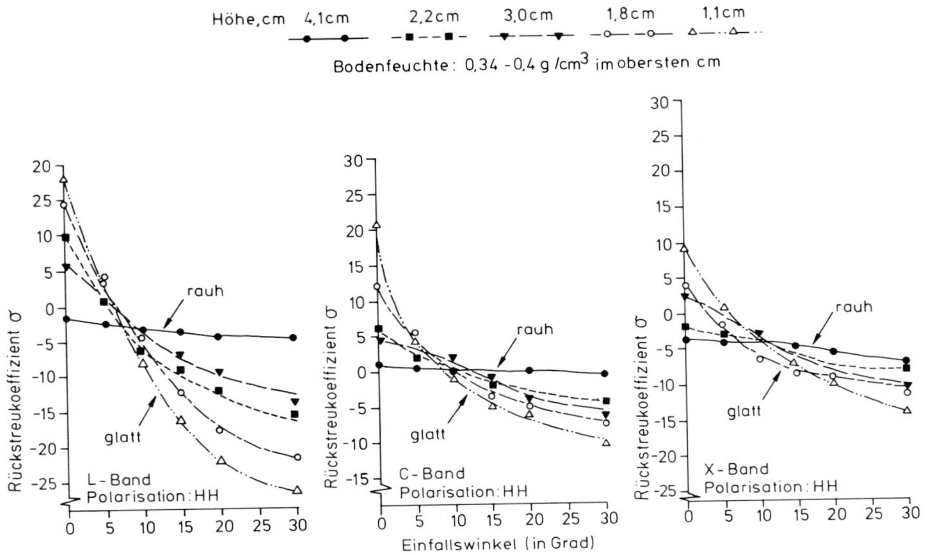

Bei der Bildinterpretation ist übrigens zu beachten, daß die Oberflächenrauheit unterschiedlicher Materialien in bezug auf die Wellenlänge der einfallenden Signalenergie gleiche Werte haben kann. Ein Beispiel dafür beschreiben PARRY et al. (1980) aus Kanada: Ein Fluß mäandriert zwischen Grasflächen eines flachen, weiten Talbodens. Die Oberfläche des Flußwassers und die Oberfläche der angrenzenden Grasflächen wirkten in bezug auf die Wellenlänge der einfallenden Signalenergie (λ = 25 cm) als glatte, spiegelnd reflektierende Oberflächen. Es gab in diesem Falle also keinen Kontrast im Reflexionsverhalten der beiden unterschiedlichen Materialien Flußwasser und Gras. Deshalb ließ sich der Fluß in den Radarbildern des L-Bandes nicht von den angrenzenden Grasflächen trennen. In bezug auf die Wellenlänge des X-Bandes (λ= 3 cm) bestand dagegen ein beträchtlicher Unterschied der Oberflächenrauheit von Wasser, Sand und Weidegras. Entsprechend unterschiedlich war die Intensität der von diesen Materialien in Richtung auf die Radarantenne rückgestreuten Signalechos (vor allem bei HH-Polarisierung). Hier wird deutlich, daß es wichtig ist, für eine Befliegung diejenige Wellenlänge zu wählen, die eine differenzierte Erfassung interessierender Materialien erlaubt. Dabei spielt auch die Polarisierung eine Rolle. Nach PARRY et al. (1980) resultiert das HH-Signal (gleichpolarisiert) vor allem aus den Reflexionsprozessen an Materialoberflächen, ist also im wesentlichen ein Produkt der Oberflächenrauheit (des Mikroreliefs der bestrahlten Materialoberflächen). Dagegen ist das HV-Signal (kreuzpolarisiert) vor allem Ausdruck der Depolarisation einfallender Signalenergie, einerseits verursacht durch Vielfachreflexion im Bereich von Materialoberflächen, andererseits durch Volumenstreuung an materialinternen (oberflächennahen) Diskontinuitäten.

Eine eingehendere Diskussion der quantitativen Beziehungen zwischen Radarsignalen und der Oberflächenrauheit natürlicher Oberflächen findet sich z.B. bei SCHABER, BERLIN & PITRONE (1975), SCHABER, BERLIN & BROWN (1976), SABINS (1978) und SCHMUGGE et al. (1980).

4.7.2.5.5 Dielektrische Eigenschaften der Zielobjekte

Neben der Oberflächenrauheit haben die dielektrischen Eigenschaften maßgeblichen Einfluß auf das Reflexionsverhalten von Böden, Gesteinen, Pflanzen und Gewässern, weil sie die Ausbreitungsart elektromagnetischer Wellen in diesen Materialien bestimmen. So ist das Reflexionsvermögen dieser Materialien eine Funktion ihrer komplexen Dielektrizitätskonstante. Materialien mit hoher Dielektrizitätskonstante reflektieren stärker als Materialien mit einer niedrigen Dielektrizitätskonstante. Bezogen auf Radarwellenlängen liegt die komplexe Dielektrizitätskonstante trockener Böden und Gesteine bei Werten zwischen etwa 3 und 8 (dimensionslos). Diese Spanne ist zu gering, um zu merklichen Unterschieden des Reflexionsverhaltens und damit zu merklichen (interpretierbaren) Grautonunterschieden von trockenen Böden und Gesteinen im Radarbild zu führen. Für Wasser liegt der Wert der Dielektrizitätskonstante dagegen bei etwa 80. Hieraus läßt sich leicht ableiten, welchen Einfluß der

Wassergehalt von Böden und Gesteinen auf deren Dielektrizitätskonstante und damit auf deren Reflexionsvermögen hat. Nach SABINS (1978) nimmt die komplexe Dielektrizitätskonstante von Böden und Gesteinen fast linear mit deren Feuchtigkeitsgehalt zu. Daraus ergeben sich unterschiedliche Reflexionseigenschaften trockener und feuchter Böden und die Möglichkeit, diese im Radarbild voneinander zu unterscheiden und gegeneinander abzugrenzen. Böden und Gesteine mit hohem Feuchtigkeitsgehalt wirken als gute Reflektoren. Sie werden daher im Radarbild mit hellen Grautönen wiedergegeben, während trockene Böden und Gesteine als schlechtere Reflektoren durch entsprechend dunklere Grautöne gekennzeichnet sind. So können Böden und Gesteine gleichen Typs bzw. gleicher Oberflächenrauhigkeit, aber unterschiedlichen Wassergehaltes auf dem Radarbild erkannt und gegeneinander abgegrenzt werden.

Es muß erwähnt werden, daß die dielektrischen Eigenschaften von Wasser wellenlängenabhängig sind und daß deshalb auch die dielektrischen Eigenschaften feuchter Böden eines Typs mit der Wellenlänge variieren. So lassen sich Böden gleichen Typs (hier: gleicher Oberflächenrauheit), aber unterschiedlichen Feuchtigkeitsgehaltes in L-Band-Radarbildern (λ = 25 cm) besser unterscheiden als in Radarbildern, die mit kurzen Wellenlängen (z.B. im Ka-Band, λ = 0,8 cm) aufgenommen wurden. Andererseits ist die komplexe Dielektrizitätskonstante sehr stark von der Bodenart abhängig. Die Unterschiede der dielektrischen Eigenschaften von Böden werden bei zunehmendem Wassergehalt besonders deutlich. Eingehende Diskussionen der Interaktionen zwischen Mikrowellenstrahlung und Böden unterschiedlicher Feuchtigkeitsgehalte finden sich u.a. bei LUNDIEN (1971), NEWTON (1976), WANG et al. (1978) und SCHMUGGE et al. (1980).

Nach Laboruntersuchungen von SCHMUGGE et al. (1980) steigt der Wert der Dielektrizitätskonstante mit dem Feuchtigkeitsgehalt eines Bodens bis zu einem gewissen Wert nur langsam an, dann jedoch schneller. Dieses bilineare Verhalten der Kurve für das Verhältnis Dielektrizitätskonstante/Bodenfeuchtigkeit führen SCHMUGGE et al. (1980) auf das unterschiedliche Auftreten von Wasser im Boden zurück. Wenn dem Boden nur eine geringe Menge Wasser beigegeben wird, so ist das Wasser eng an die Bodenpartikel gebunden. In dieser Situation sind die Wassermoleküle nicht frei genug, um sich aufreihen zu können. Die dielektrischen Eigenschaften des in dieser Form gebundenen Wassers ähneln denen von Eis. Wird die Wasserschicht um die Bodenpartikel jedoch mächtiger, so nimmt die Bindung des Wassers an die Bodenpartikel ab und die Wassermoleküle verhalten sich wie im flüssigen Wasser. Daraus resultiert nach SCHMUGGE et al. (1980) die relativ schnelle Änderung der dielektrischen Eigenschaften von Böden mit zunehmend höherem Wassergehalt. Der Übergang von einem Zustand in den anderen hängt von der Bodentextur und von der Partikelgrößenverteilung im Boden ab (WANG & SCHMUGGE 1979). Ein wichtiger Parameter ist in diesem Zusammenhang auch die Porosität bzw. das Porenvolumen von Böden und Gesteinen.

4.7.2.5.6 Volumenstreuung

Da die Wellenlängen der zur Erderkundung eingesetzten Radarsysteme nahe den Dimensionen von Blättern, Zweigen und Stämmen (teils auch Früchten) des natürlichen und des landwirtschaftlich genutzten Bewuchses liegen, kommt es zu intensiven Reflexions- und Streuungsprozessen innerhalb des Bewuchses bzw. innerhalb der Vegetationsdecke zu Vielfachreflexion und Volumenstreuung an oberflächennahen Diskontinuitäten. Dies kann zur Erhöhung des Rückstreuungskoeffizienten σ_T führen (s. Abschn. 4.7.2.5.3). Die Intensität der Volumenstreuung variiert mit der Polarisation der einfallenden Radarenergie, bedingt durch gehäuft auftretende Dimensionen oder Formen von Pflanzenteilen. Wie schon erwähnt, können die Reflexionsprozesse in Vegetationseinheiten zur Depolarisation der einfallenden Signalenergie führen. Da die Dimensionen von Stämmen und Zweigen größer sind als die von Blättern und Buschwerk, werden die Streuungsprozesse an Stämmen und Zweigen eher in bezug auf längere Wellenlängen, die an Blättern, Buschwerk und anderem niedrigen Bewuchs eher in bezug auf die kürzeren Wellenlängen auftreten. An der Volumenstreuung können bei niedrigem oder unregelmäßigem Bewuchs auch Boden- und Gesteinsoberflächen beteiligt sein.

Dringen Radarsignale in trockenen Boden ein, so kann es im Bereich der Eindringtiefe an Dielektrizitäts-Inhomogenitäten zur Mehrfachstreuung der eingedrungenen Mikrowellen, zur Volumenstreuung kommen. Diese kann Einfluß auf die Intensität (Amplitude) und Art (Polarisation) der von der Materie in Richtung auf die Antenne rückgestreuten Strahlung haben. So kann Vielfachstreuung innerhalb der oberen Bodenschicht u.a. zur Depolarisierung des Radarsignals beitragen (LEADER 1970).

4.7.2.5.7 Eindringvermögen

Die Eindringtiefe von Mikrowellen ist einerseits durch das Verhältnis zwischen der Wellenlänge einfallender Signalenergie und der Oberflächenrauheit der beleuchteten Materialoberfläche, andererseits auch vom Wert der komplexen Dielektrizitätskonstante der Materie abhängig. Die Oberflächenrauheit bestimmt Art und Intensität der an der Materialoberfläche stattfindenden Reflexionsprozesse (spiegelnd, diffus, Vielfachstreuung). Sie entscheiden zunächst darüber, ob und wieviel Signalenergie für das Eindringen in die bestrahlte Materie (Boden, Gestein, Vegetation, Wasser, Eis) überhaupt zur Verfügung steht. Wie tief und mit welchem Anteil der einfallenden Signalenergie Radarsignale dann in Materie an der Erdoberfläche eindringen können, hängt von der Wellenlänge der einfallenden Signalenergie und von der komplexen Dielektrizitätskonstante der bestrahlten Materie ab, vor allem von deren elektrischer Leitfähigkeit.

Generell steigt das Eindringvermögen von Mikrowellen mit der Wellenlänge. Signalenergie der kurzwelligen Radarsysteme (z.B. Ka- und X-Band) haben ein geringeres Eindringvermögen als Signalenergie der in längeren Wellenlängen operierenden Radarsysteme (L-Band oder P-Band mit $\lambda = 30-100$ cm).

Generell nimmt die Eindringtiefe von Mikrowellen mit dem Anstieg der Dielektrizitätskonstante der bestrahlten Materie ab. Deshalb können Radarsignale in trockene Böden tiefer eindringen als in feuchte. Auch deshalb ist das Reflexionsvermögen trockener Böden immer geringer als das von feuchten Böden.

Im allgemeinen gilt für das Eindringvermögen als Faustregel, daß die Tiefe gleich der halben Wellenlänge ist. Bei sehr trockenen Sandböden wurden im L-Band allerdings einige Meter angegeben (ELACHI 1982). Beispiele für das Eindringvermögen von Radarsignalen des L-Bandes ($\lambda = 23{,}5$ cm) geben die Abb. 239 und 242. Bei feuchten Böden kann die Eindringtiefe sogar geringer sein als die Faustregel angibt.

Mikrowellenstrahlung in der Wellenlänge (X-Band) der gegenwärtig kommerziell zur regionalen Erderkundung eingesetzten Radarsysteme hat generell nur ein relativ begrenztes Eindringvermögen in Böden und besonders auch Gesteine. Entsprechendes gilt auch für das Eindring- und Durchdringungsvermögen von Mikrowellenstrahlung in vegetationsbestandenen Geländebereichen, besonders in Bereichen, die von dichter Buschvegetation oder Wald bedeckt sind. Die Komponenten der am Aufbau von dichten Busch- oder Waldflächen beteiligten Büsche und Bäume (Blätter, Zweige, Äste, Stämme) haben überwiegend Dimensionen im cm- bis dm-Bereich. Das aus diesen Komponenten aufgebaute Pflanzen- oder Kronendach wirkt daher in bezug auf die Wellenlänge der einfallenden Signalenergie als rauhe Fläche. Einfallende Strahlung wird diffus reflektiert. Selbst wenn ein Teil der auffallenden Signalenergie durch Zwischenräume in die oberen Schichten des Pflanzen oder Kronendaches eindringen kann, wird sie dort in dem obersten Bereich des Pflanzendaches vielfach reflektiert, in alle Richtungen gestreut. Das gilt im allgemeinen auch für Signalenergie der im L-Band operierenden Radarsysteme. Hinzu kommt, daß der relativ hohe Feuchtigkeitsgehalt und die sich daraus ergebende hohe Leitfähigkeit von Pflanzen ein tieferes Eindringen der Radarstrahlen des Ka- und X-Bandes verhindert.

Wenn in Radarbildern von Bereichen mit dichtem Waldbestand trotzdem Einzelheiten des Entwässerungsnetzes, Unterschiede im lithofaziellen Aufbau und tektonische Strukturen des Untergrundes erkennbar und kartierbar wiedergegeben werden, so geht dies darauf zurück, daß in dem mit relativ flachem Beleuchtungswinkel aufgenommenen Radarbild die Morphologie des diffus durch Vielfachstreuung reflektierenden Kronendaches wiedergegeben wird. Für die geologische Auswertung entscheidend ist, daß die Morphologie des Kronendaches kleinere und größere topographische Unebenheiten des Untergrundes nachzeichnet, um die Wipfelhöhe des vorhandenen Baumbestandes in eine entsprechend höhere Ebene transferiert. Wegen des kleinen Maßstabes der Radarbildstreifen, vor allem aber, weil die Dimensionen der meisten Baumkronen unterhalb der Radarauflösung regionaler Befliegungen liegen (zwischen 10 x 10 m und 25 x 25 m), werden hierbei störende Detailechos der Vegetation in der Wiedergabe des Geländereliefs im Radarbild weitgehend unterdrückt. Die Grautonunterschiede des Kronendaches eines Waldgebietes wie auch die Größe und Verteilung von Radarschatten von Waldgebieten gehen daher weitgehend auf die unterschiedliche räumliche Gliederung der Teilbereiche des Kronendaches in bezug auf die Position der Radarantenne zurück. Die Grautonunterschiede des Radarbildes geben somit die Morphologie des Kronendaches wieder. Unterschiede in der räumlichen Verteilung von Baumgruppen und in der Verteilung verschiedener Baumarten geben Anlaß zu Texturunterschieden von Waldgebieten im Radarbild. Texturunterschiede des Kronendaches können aber auch durch besondere Strukturierungen des Geländekleinreliefs (des Waldbodens) bedingt sein, die geologische Ursachen haben und in der Morphologie des Kronendaches abgebildet werden.

4.7.3 Abbildendes Radarsystem mit realer Apertur

4.7.3.1 Aufbau, Aufnahmevorgang, Bildentstehung, Bildmaßstab

Aufbau und Arbeitsweise eines Seitensichtradars zeigen schematisch die Abb. 96, 97 und 103.

Im Radarsystem erzeugt ein Generator elektrische Impulse, die in einem Sender in hochfrequente Radarsignale umgesetzt und über eine Richtantenne während der Vorwärtsbewegung des Flugzeuges auf das Gelände seitlich des Flugweges abgestrahlt werden (ausgehendes Signal). Die von der Antenne in einem keulenförmigen Strahl ausgesandte Signalenergie ist durch ihre Wellenlänge, ihre Schwingungsrichtung (Polarisation) und durch die Impulsdauer charakterisiert (s. Abb. 103). Die Größe der in einem Moment der Befliegung beleuchteten Geländefläche (Bodenzelle, Grundauflösungselement) wird in der Abstrahlrichtung (Querrichtung) durch die Impulsdauer, in der Flugrichtung (Azimutrichtung) durch die Keulenbreite und damit durch die physikalische Länge L (Apertur) der Antenne bestimmt. In der Bodenzelle befindliche Materie reflektiert einfallende Radarstrahlung diffus oder spiegelnd und strahlt dabei einen mehr oder minder großen Anteil der einfallenden Energie in Richtung auf die Radarantenne zurück. Die von den Geländeobjekten kommenden Radarechos werden von der Antenne aufgefangen, in einem Empfänger verstärkt und in ein Videosignal umgewandelt (Abb. 96). Mit der Intensität der Videosignale wird z.B. die Helligkeit eines Leuchtpunktes auf dem Schirm einer Kathodenstrahlröhre moduliert. Analog zur Laufzeit des Radarsignals und seines Echos wird der Leuchtpunkt auf einer Linie auf der Kathodenstrahlröhre entlanggeführt. Zuerst treffen die Radarechos der Objekte ein, die der Antenne am nächsten liegen (wie Objekt a in Abb. 97), dann die Radarechos der jeweils weiter entfernten Objekte (wie b und c in Abb. 97). Aus dem räumlichen Nebeneinander der in einem Aufnahmestreifen befindlichen Geländeobjekte wird bei der Datenaufnahme also ein zeitliches Nacheinander ihrer Echosignale auf der Kathodenstrahlröhre. Der Weg des Leuchtpunktes auf dem Schirm der Kathodenstrahlröhre wird mit Hilfe einer Optik auf einen photographischen Film aufgezeichnet, der proportional zur Fluggeschwindigkeit an der Kathodenstrahlröhre vorbeibewegt wird. In der Filmaufzeichnung werden die Objekte entsprechend ihrer Lage im Gelände wieder nebeneinander abgebildet. Für quantitative Aufgaben der Auswertung von Radaraufnahmen werden heute im Gegensatz zu beleuchteten Filmen digitale Magnetbänder als Datenspeicher verwendet. Das reflektierte und im Empfänger verstärkte Signal wird digitalisiert und auf Magnetbändern abgespeichert. Das Magnetband wird mit einer Geschwindigkeit vorwärtstransportiert, die proportional zur Fluggeschwindigkeit ist.

Der gegenseitige Abstand der Geländeobjekte im Radarbild wird bei dieser Art der Datenregistrierung also durch den zeitlichen Abstand des Eintreffens ihrer Signale an der Antenne bestimmt. Dieser jedoch ist eine Funktion der jeweiligen radialen Entfernung zwischen Antenne und Geländeobjekt. Diese Antenne-Objekt-Entfernung wird als Schrägentfernung (engl. slant range) bezeichnet (Abb. 105). Ein

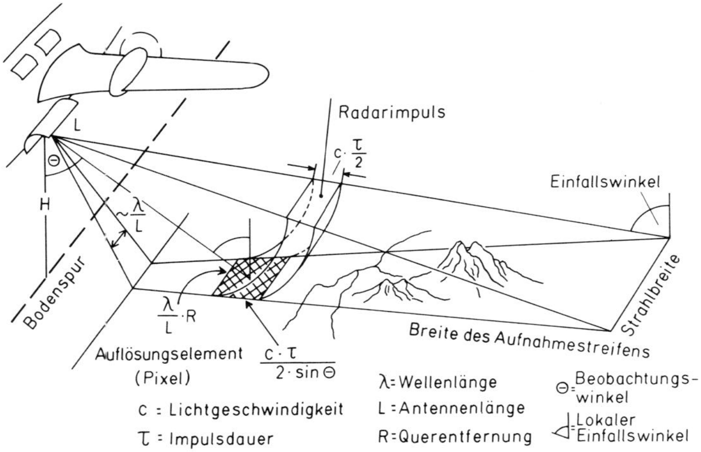

Abb. 103 Aufnahmeprinzip und Aufnahmeparameter eines Radarsystems mit realer Apertur (verändert nach MACDONALD 1969).

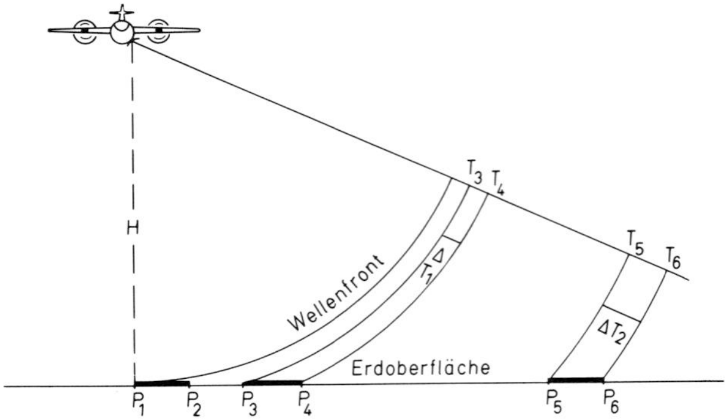

Abb. 104 Stauchung im Nahbereich von Radarbildern. Erläuterung im Text (nach GÜNTHER 1972).

Abb. 105 Schrägentfernungsbild und Bodenentfernungsbild. Erläuterung im Text (verändert nach BARR 1968).

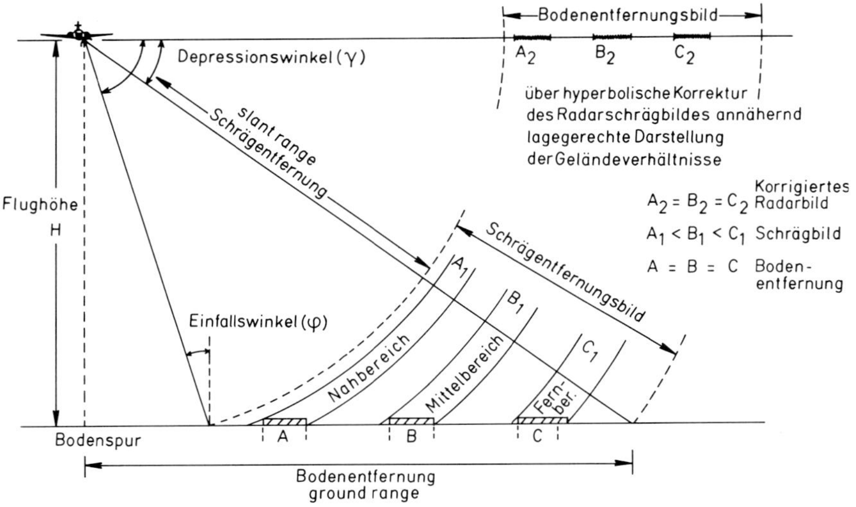

nach dem oben geschilderten Prinzip entstandener Radarbildstreifen ist eine sogenannte slant range-Darstellung. Dieser Typ des Radarbildes weist Bildverzeichnungen und Maßstabsunterschiede auf, die nachfolgend kurz beschrieben werden sollen.

Wie die Abb. 104 zeigt, benötigt die Wellenfront der von der Antenne ausgestrahlten Signalenergie zum Überstreichen der Strecke $\overline{P_3P_4}$ im Nahbereich des Aufnahmestreifens ein kürzeres Zeitintervall (ΔT_1) als für das Überstreichen der gleich langen Strecke $\overline{P_5P_6}$ im Fernbereich des Aufnahmestreifens (ΔT_2). Entsprechend verkürzt sich das Zeitintervall zwischen dem Eintreffen der Signale von P_3 und P_4 im Vergleich zum Zeitintervall zwischen den von P_5 und P_6 kommenden Signalen. Ergebnis: Auf dem Radarbild wird die Strecke $\overline{P_3P_4}$ im Nahbereich kürzer wiedergegeben als die gleich lange Strecke $\overline{P_5P_6}$ im Fernbereich. Daraus folgt, daß im Radarbildstreifen der slant range-Darstellung der Abbildungsmaßstab in der Querrichtung vom Nahbereich zum Fernbereich größer wird. Die der Antenne am nächsten gelegenen Geländebereiche werden in slant range-Bildern gestaucht wiedergegeben.

Eine andere Form des Radarbildes ist die sogenannte ground range-Darstellung (Bodenentfernungs-Darstellung) (vgl. Abb. 105). Bei der Aufzeichnung von ground range-Radarbildern werden die oben beschriebenen Laufzeitunterschiede durch Korrekturverfahren nach der Bildaufzeichnung kompensiert. Hierdurch wird eine Bildwiedergabe der Geländeverhältnisse im Aufnahmestreifen erreicht, die kartenähnlichen Charakter hat. Im Gegensatz zu den Abbildungsfehlern quer zur Flugrichtung werden die horizontalen Entfernungen zwischen Geländeobjekten (ground range) im Nah- und im Fernbereich der ground range-Darstellung in etwa maßstabsgerecht wiedergegeben. Das schließt allerdings nicht aus, daß auch in ground range-Radarbildern aufnahme- und reliefbedingte Bildverzeichnungen bzw. Lagefehler auftreten können, wie später noch dargestellt werden wird (z.B. radar layover und radar foreshortening).

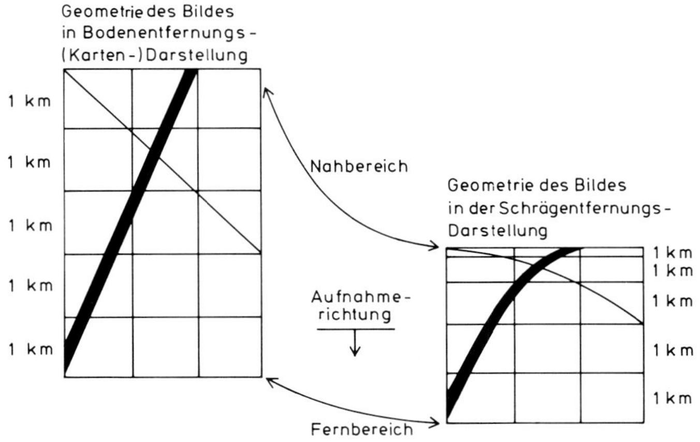

Abb. 106 Geometrie eines Radarbildes in Bodenentfernungs- (ground range) und Schrägentfernungs- (slant range) Darstellung. Erläuterung im Text (nach INNES 1968).

Weil die Geländeverhältnisse eines beflogenen Gebietes in Radarbildern mit ground range-Darstellung wirklichkeitsgetreuer wiedergegeben werden als in der slant range-Darstellung, ist eine bessere Vergleichbarkeit und Anpassung benachbarter Bildstreifen möglich. Deshalb werden ground range-Radarbilder für die Erstellung von Radarmosaiks und auch für die Stereobetrachtung sich überlappender Radarbildstreifen allgemein bevorzugt.

Der Bildmaßstab und die Breite des vom Radarbild erfaßten Geländestreifens wird durch die jeweiligen Aufnahme-

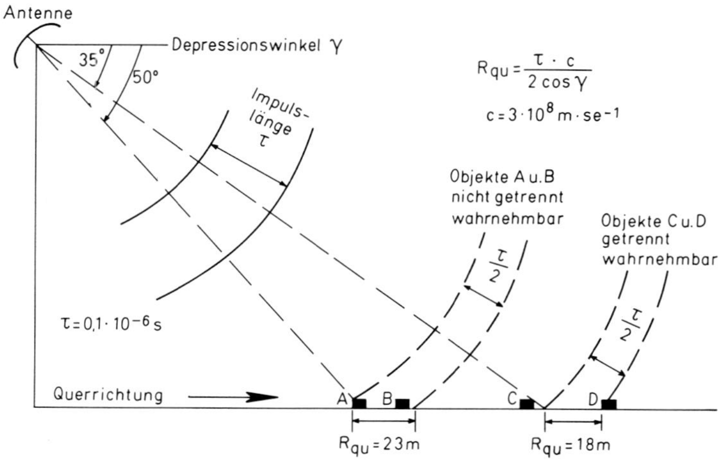

Abb. 107a Querauflösung des Radarbildes (R_{qu}) im Nah- und Fernbereich (nach BARR 1968).

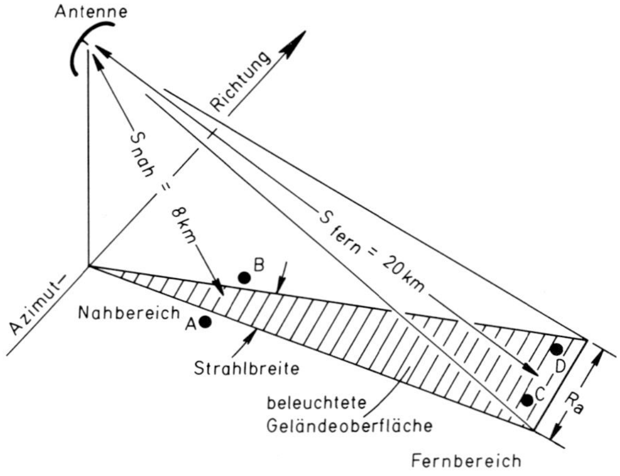

Abb. 107b Breite der Radarkeule und Auflösung in der Azimutrichtung (R_a) für ein Radar mit realer Apertur (nach BARR 1968).

bedingungen bei der Befliegung bestimmt. Entscheidend sind die Flughöhe und der Depressionswinkel im Nah- und im Fernbereich. Der Bildmaßstab der Originalbildstreifen eher kleinräumiger Befliegungen schwankt je nach Aufnahmegegebenheiten zwischen 1:100 000 und 1:180 000, bei Aufnahmestreifen von etwa 6 km bis 18 km Breite. Die Originalbildstreifen großräumiger Befliegungen haben meist einen Maßstab um 1:400 000, bei Aufnahmestreifen zwischen etwa 30 und 50 km Breite. Bei den Befliegungen können Geländestreifen in einer Länge von mehreren hundert Kilometern in der Flugrichtung kontinuierlich aufgenommen werden.

Für die Auswertung von optisch aufgezeichneten Radarbildern werden meist 3–4mal vergrößerte Kopien der Originalbilder verwendet. Auch für die Mosaikherstellung werden Vergrößerungen der Originalbilder verwendet. Im Falle des RADAM-Projektes in Brasilien wurden z.B. Radarmosaiks im Maßstab 1:250 000 für eine Fläche von etwa 8,5 Mill. km^2 erstellt.

4.7.3.2 *Räumliche Auflösung von SLAR-Systemen mit realer Apertur*

Das räumliche Auflösungsvermögen von SLAR-Systemen mit realer Apertur ist in der Aufnahmerichtung (Querrichtung) und in der Flugrichtung (Azimutrichtung) verschieden.

Wie die Abb. 103 zeigt, ist die Größe des in einem Moment des Aufnahmevorganges beleuchteten Geländebereiches in der Querrichtung (engl. range direction) durch die Impulsdauer der ausgesandten Mikrowellenstrahlung (τ) bestimmt, in der Flugrichtung durch die Strahlbreite der Richtantenne. Die theoretische Querauflösung im Radarblickfeld ist gleich der halben Impulsdauer mal Lichtgeschwindigkeit ($c \cdot \tau/2$), da der Impuls der Länge τ die Strecke Antenne-Objekt zweimal zurücklegen muß. Die Impulsdauer (τ) wird in Mikrosekunden gemessen. Sie wird durch Multiplikation mit der Lichtgeschwindigkeit der elektromagnetischen Strahlung (c) in Entfernung umgesetzt. Die sich hierbei ergebende Länge ist die Schrägauflösung quer zur Flugrichtung. Um die der Schrägauflösung entsprechende Bodenauflösung (ground range) zu ermitteln, wird der Wert der Schrägentfernung durch den Cosinus des Depressionswinkels γ der Antenne (Beleuchtungswinkel) bzw. durch den Sinus des Komplementärwinkels Θ (Beobachtungswinkel) dividiert. Der Depressionswinkel γ ist der Winkel zwischen der horizontalen Ebene im Niveau der Antenne und der Geraden, die Antenne und Objekt verbindet (vgl. Abb. 107a). Objekte, deren Entfernung voneinander gleich dem Wert der errechneten Auflösung oder kleiner ist, werden auf dem Bild nicht als individuelle Objekte aufgelöst. Sie werden als ein

Signal des Bodenauflösungselementes wiedergegeben. Ist der Abstand zweier Objekte jedoch größer als die Bodenauflösung, werden beide Objekte getrennt im Bild wiedergegeben.

Wie die Abb. 107a erkennen läßt, ist die der halben Impulsdauer entsprechende Bodenentfernung – und damit die Querauflösung (R_{qu}) – im Nahbereich größer als im Fernbereich. Sie nimmt proportional zur Entfernung zu.

In der Flug- oder Azimutrichtung wird die Breite des Bodenauflösungselementes durch die Breite des Radarstrahls bestimmt (s. Abb. 107b). Die Breite des Radarstrahls ist umgekehrt proportional zur Antennenlänge (reale Apertur). Längere Antennen bringen daher eine bessere Auflösung. Der Öffnungswinkel der abgestrahlten Energie ist direkt proportional zur Wellenlänge der abgestrahlten Energie. Daher ist die Azimutauflösung (R_a) höher für Strahlung kürzerer Wellenlängen. Wie die Abb. 107b zeigt, ist der fächerförmige Radarstrahl im Nahbereich schmaler als im Fernbereich. Daraus ergibt sich, daß die Azimutauflösung von SLAR-Systemen im Nahbereich feiner ist als im Fernbereich; sie ist also eine Funktion der Schrägentfernung. Zwei jeweils gleich weit voneinander entfernte Geländeobjekte (A und B bzw. C und D) sind im Nahbereich des Radarbildes getrennt wahrnehmbar, im Fernbereich dagegen nicht, weil sie hier innerhalb des Auflösungselementes liegen. Es ist interessant, daß sich die räumliche Auflösung in Flugrichtung bzw. quer dazu gegenläufig ändert.

Im Einzelfall wird die Größe eines Auflösungselementes am Boden durch die jeweiligen Rahmenbedingungen der Befliegung bestimmt: Flughöhe, Impulsdauer und Abstrahlwinkel sind die entscheidenden Parameter. Bei den heute üblichen Aufnahmebedingungen kommerzieller SLAR-Flüge variiert die Azimutauflösung zwischen 10 und 30 m im Nahbereich und etwa 20 bis 60 m im Fernbereich des Blickfeldes. Die Querauflösung liegt bei Werten zwischen etwa 10 m und 30 m.

4.7.4 Abbildendes Radarsystem mit synthetischer Apertur (SAR)

4.7.4.1 Aufbau, Aufnahmevorgang, Bildentstehung

Es wurde bereits erwähnt, daß die geometrische Auflösung von Radarsystemen mit realer Apertur durch Verwendung einer kurzen Wellenlänge oder durch eine Verlängerung der Richtantenne verbessert werden kann. Beide möglichen Lösungen des Wunsches nach höherer geometrischer Auflösung von Radaraufnahmen bringen jedoch neue Probleme auf. Mit der Verringerung der Wellenlänge wird auch die Stärke der ausgestrahlten Energie herabgesetzt.

Einer beträchtlichen Vergrößerung bzw. Verlängerung der Richtantenne (gegenwärtig bei 5 m) sind durch die Anbringungsmöglichkeiten am Flugzeug technische Grenzen gesetzt. Die genannten Probleme wurden durch die Entwicklung von SAR-Systemen gelöst.

Radarsysteme mit synthetischer Apertur (engl. **S**ynthetic **A**perture **R**adar, abgekürzt SAR) arbeiten mit einer relativ kurzen Antenne. Sie strahlt in regelmäßigen Abständen Energieimpulse in einem ziemlich breiten, keulenförmigen Richtstrahl auf das Gelände seitlich des Flugweges (s. Abb. 108). Bei der Vorwärtsbewegung der Sensorplattform gerät ein im Aufnahmestreifen befindliches Geländeobjekt in den Richtstrahl der SAR-Antenne (s. Abb. 108a). Während des Weiterfluges wird es von verschiedenen aufeinanderfolgenden Positionen innerhalb derselben Antennenkeule aus bestrahlt und die vom Geländeobjekt reflektierten Energieimpulse (Radarechos) werden vom sich vorwärts bewegenden Radarsensor an verschiedenen aufeinanderfolgenden Positionen empfangen. Infolge der scheinbaren Bewegung des Geländeobjektes durch den Radarrichtstrahl kommt es zu Verschiebungen der Frequenz und der Phasen zwischen den von der Antenne ausgesandten und den vom Objekt reflektierten Impulsen. Die auf dem Dopplereffekt beruhende Frequenzänderung zeigt das Dopplerdiagramm der Abb. 108a. Als Konsequenz der Vorwärtsbewegung des Flugzeuges steigt diese Dopplerfrequenz des vom Geländeobjekt reflektierten Signales von einem Minimum bei Eintritt in den Richtstrahl (bei A) auf ein Maximum in der Position B direkt gegenüber dem Flugzeug. Dann fällt die Frequenz wieder auf ein Minimum bei C ab, wenn das Objekt aus dem Richtstrahl gerät. Frequenz, Amplitude und Phasenlagen (engl. phase history) der vom Geländeobjekt reflektierten Signale werden für genau den Zeitraum elektronisch gespeichert, in dem das Geländeobjekt von der Antenne beleuchtet wird. Jeder Ort innerhalb des beleuchteten Fleckes hat eine andere Dopplerhistorie.

Die vom Empfänger des SAR-Systems aufgenommenen Radarechos werden zusammen mit diesen Frequenz- bzw. Phasendaten registriert. Die sich ergebenden Interferenzsignale eines jeden Echos werden entweder über eine Kathodenstrahlröhre holographisch auf einem Rohdaten-Film oder in digitaler Form auf Magnetband als Rohdaten gespeichert. Nach Beendigung der Befliegung werden die Daten am Boden durch eine Verknüpfung der Phasenhistorie und der

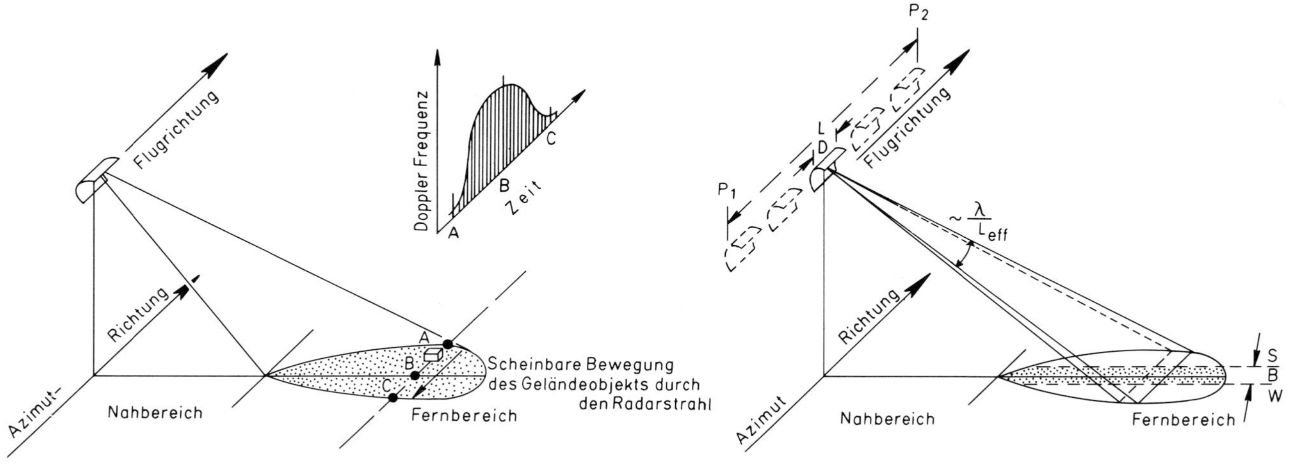

a) Doppler-Frequenzverschiebung, bedingt durch die relative Bewegung des Geländeobjekts durch den Radarstrahl

b) Auflösung des Radars mit Synthetischer Apertur

L = Synthetisch verlängerte Antenne (Leff)
D = Wirkliche Länge der eingesetzten Antenne

Abb. 108a und b Aufnahmeprinzip, Aufnahmeparameter und Bodenauflösung eines SAR-Systems (verändert nach CRAIB 1972).

Schrägentfernungsinformation benachbarter Impulse und Echos so aufbereitet, daß sie ein Radarbild ergeben. Die Breite des tatsächlich beleuchteten Flecks dient als wirksame Antennenlänge. Sie ist somit wesentlich größer als die physikalische Sende- und Empfangsantenne. Die Länge der auf diese Weise synthetisch erzeugten Antenne (L) entspricht der Länge der in der Abb. 108b von der Aufnahmeposition P_1 nach P_2 zurückgelegten Flugstrecke. Die Umsetzung der Aufnahmedaten in das SAR-Bild erfolgt mit Hilfe kohärenter optischer Prozessoren oder – falls die Aufnahmedaten während der Befliegung auf Magnetband aufgezeichnet wurden – über elektronische Rechenanlagen und Bildaufzeichengerät.

4.7.4.2 Räumliche Auflösung von SAR-Systemen

Die Nachverarbeitung der gespeicherten Signale, d.h. die Korrelation einer die Auflösung bestimmenden effektiven Apertur (L_{eff}), ist bei der beschriebenen Art der Echoregistrierung für weiter entfernte Geländeobjekte mit dem Abstand R vom Flugweg für eine längere Flugstrecke ($L_{eff} = R/L$) möglich als für dem Flugweg näher gelegener Objekte. Daraus ergibt sich eine azimutale Auflösung in der Größenordnung der halben physikalischen Antennenlänge, unabhängig von der Entfernung und auch von der verwendeten Wellenlänge (VOGEL 1972). Die synthetisch verlängerte Apertur der Richtantenne erreicht so den Auflösungseffekt eines sehr schmalen, in der Azimutrichtung gleich breit bleibenden Richtstrahls. Das zeigt schematisch der schmal gerasterte Streifen der Abb. 108b.

Bei sogenannten fokussierten SAR-Systemen, einer speziellen Version des SAR-Verfahrens, wird durch Phasenverschiebungskorrektur noch eine zusätzliche Verbesserung des azimutalen Auflösungsvermögens erreicht. Bei der Phasenverschiebungskorrektur wird durch Filterung der registrierten Phasendaten der von den Geländeobjekten kommenden Signale der Einfluß der sphärischen Krümmung der Wellenfront kompensiert. Die zuvor genannte theoretische Azimutauflösung fokussierter SAR-Systeme liegt in der Größenordnung der halben Antennenlänge, der halben Länge der realen Antenne. Sie gilt nur für solche fokussierten SAR-Systeme (MACDONALD 1980).

Die Tatsache, daß die Azimutauflösung von SAR-Systemen unabhängig von der Entfernung (R) und von der Wellenlänge (λ) ist, macht SAR-Systeme für die Erderkundung besonders interessant. Dadurch wird der Einsatz von hochauflösenden Radarsystemen auch in Erderkundungssatelliten möglich. Von Vorteil für die Bildauflösung ist hier der gleichbleibende Blickwinkel aus der Satellitenbahn in Kombination mit der großen Flughöhe und der Lage- bzw. Flugstabilität der Aufnahmeplattform. Flugzeuge erreichen diese hohen Anforderungen an die Bahn- und Lagestabilität der Aufnahmeplattform nicht. SAR-Satelliten können Beobachtungsdaten liefern, die eine wichtige Ergänzung zu den multispektralen Aufnahmedaten der Satelliten vom Landsat-Typ liefern, weil sie einerseits Aufnahmedaten in einem anderen Wellenlängenbereich des Spektrums liefern und andererseits Aufnahmen in jenen Gebieten ermöglichen, in denen Nebel und Wolken Aufnahmen der in kürzeren Wellenlängen arbeitenden Landsat-Sensoren (MSS, RBV, TM) zeitweise oder immer unmöglich machen.

Da die Azimutauflösung von SAR-Systemen auch unabhängig von der Wellenlänge ist, mit der ein System operiert, wird der Einsatz multifrequenter Radarsysteme in Flugzeugen und Satelliten möglich, von Radarsystemen, die gleichzeitig in mehreren Wellenlängen operieren. Aus der korrelierenden Interpretation multifrequenter Radarechos von Geländeobjekten oder Geländeeinheiten erhofft man sich bessere, auch zuverlässigere Ansprachen der Materialeigenschaften und des Materialzustandes reflektierender Geländeobjekte. Damit könnten sich auch die Möglichkeiten zur Identifizierung von Gesteins-, Boden- und Vegetationstypen in Radarbildern verbessern.

Die Querauflösung von SAR-Systemen ist wie die von SLAR-Systemen abhängig von der Impulsdauer des ausgehenden Signals.

Die Bodenauflösung, d.h. die Größe des Bodenauflösungselementes gegenwärtig eingesetzter ziviler Flugzeug-SAR-Systeme liegt in der Größenordnung bis 1,5 x 1,5 m^2. Die Bodenauflösung eines auch bei Testflügen in der Bundesrepublik eingesetzten kanadischen multifrequenten und fokussierten Radarsystems (SAR 580) lieferte z.B. Daten mit 5 x 5 m räumliche Auflösung. Die typische Flughöhe über Grund während der SAR-Messung betrug 6 km. Der Bildmaßstab liegt in diesem Fall bei 1:135 100 (PARRY et al. 1980) (vgl. Abb. 109).

In Erderkundungssatelliten wurde ein SAR-System zum ersten Mal im Rahmen der SEASAT-Mission erprobt. Das im L-Band arbeitende SAR-System von SEASAT A (1978) nahm aus einer Bahnhöhe von 795 km einen ca. 100 km breiten Geländestreifen mit einer Bodenauflösung von ca. 25 x 25 m auf. Der Beobachtungswinkel lag bei ca. 23°. Abb. 110 bringt einen Ausschnitt einer SEASAT-SAR-Aufnahme, die Köln und seine weitere Umgebung im Maßstab 1:250 000 zeigt.

Thematische Kartierungen und Bestandsaufnahmen eines Geländes werden erleichtert, wenn Spektralaufnahmen verschiedener Wellenlängenbereiche und auch Aufnahmen verschiedener Sensorsysteme zur Verfügung stehen. In diesem Zusammenhang ist zu erwähnen, daß sowohl die optische Bearbeitung holographisch registrierter analoger SAR-Daten als auch die numerische Bearbeitung digitaler SAR-Daten geometrische Korrekturen und Änderungen des Bildmaßstabes erlauben. Dies ermöglicht einerseits die Erstellung von lagekorrigierten Radarmosaiks. Andererseits sind aber auch Angleichungen und Überlagerungen z.B. von SAR-Daten und Aufnahmedaten multispektraler Scanner möglich. Dies wurde z.B. anhand von SAR-Daten von SEASAT A und Landsat-MSS-Szenen für ausgewählte Testgebiete erprobt (s. Manual of Remote Sensing, 2nd ed. 1983).

Im November 1981 wurde ein L-Band-SAR während der Mission des amerikanischen Space Shuttle eingesetzt. Mit diesem SIR-A (**S**huttle **I**maging **R**adar-A) wurden mehr als 7 Stunden lang Radardaten unseres Erdballs aufgezeichnet. Das Shuttle flog in 250 km Höhe. Der Beleuchtungswinkel betrug bei diesem Projekt 50°. Aufgenommen wurde ein 50 km breiter Geländestreifen. Die räumliche Auflösung der SIR-A-Bildstreifen liegt bei 40 x 40 m. Bild- und Auswertungsbeispiele zeigen z.B. die Abb. 236 bis 239.

4.7.5 Geometrische Abbildungsfehler von Radarbildern

Radaraufnahmen enthalten Abbildungsfehler und Verzerrungen, die einerseits durch die Geometrie der Bildaufnahme

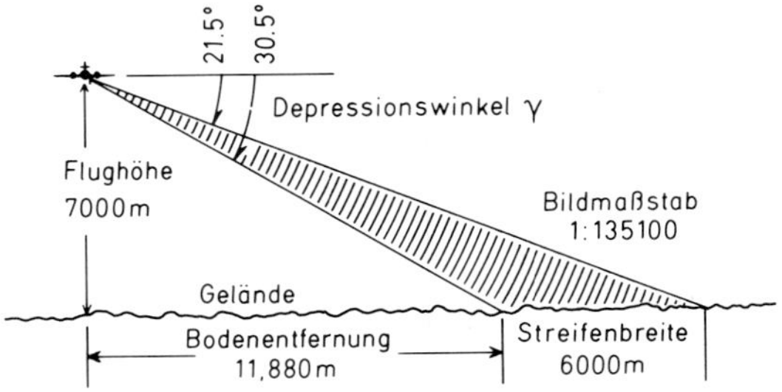

Abb. 109 Aufnahmeparameter einer SAR-Befliegung (nach PARRY et al. 1980).

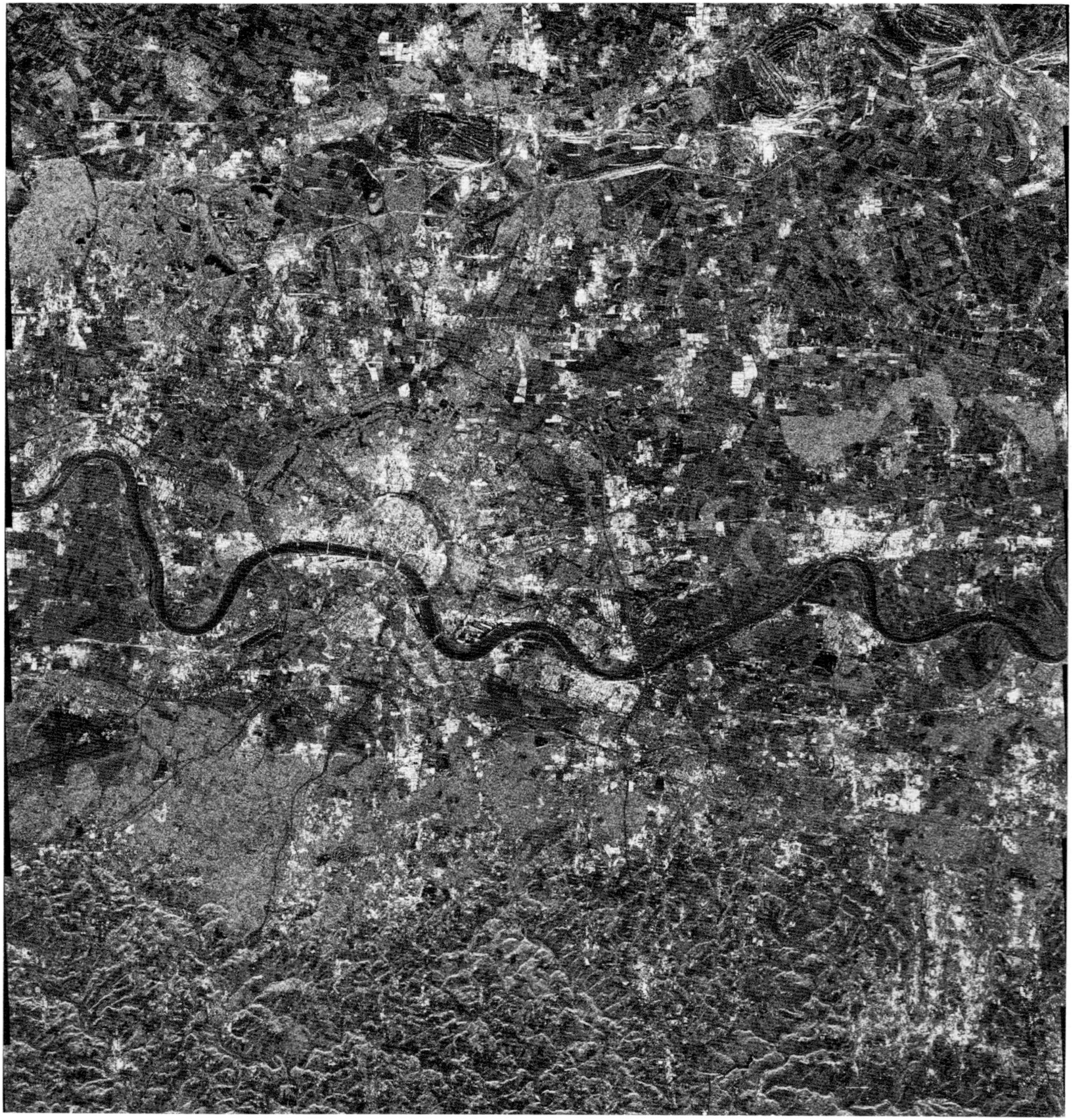

Abb. 110 SEASAT-SAR-Aufnahme des Kölner Raumes (NASA). Bildmaßstab: ca. 1:250 000.

und andererseits durch die Raumlage der Aufnahmeplattform (Flugzeug oder Satellit) bedingt sind.

Die durch die Radar-Geometrie bedingten Bildverzerrungen entstehen vor allem dadurch, daß das Radargerät die Laufzeiten der Radarpulse mißt. Die Bildentstehung beruht daher auf der Schrägentfernung, auf der Entfernung zwischen Radarantenne und Geländeobjekt. Den Effekt dieses Aufnahmevorganges zeigt die Abb. 105 durch den Vergleich von Bodenentfernung (ground range) und Schrägentfernung (slant range). Gleich lange Bodenstrecken werden im Schrägentfernungsbild unterschiedlich wiedergegeben (vgl. die Strecken A_1, B_1, C_1 und A_2, B_2, C_2). Für eine kartenmäßige Auswertung von Radaraufnahmen ist daher eine geometrische Korrektur, die Transformation der Schrägentfernungsinformation in die Objekthorizontale (ground range) notwendig.

Ferner treten in allen Radarbildern reliefbedingte Verzerrungen auf, die sich vor allem ungünstig auf die Auswertbarkeit von Radaraufnahmen bergiger Bereiche auswirken. Sie sind dadurch gekennzeichnet, daß vergleichbar lange Hangflächen (im Einfallen des Hanges gemessen) bei Änderung des Einfallswinkels (engl. incidence angle) im Radarbild mit unterschiedlicher Länge wiedergegeben werden. Die hierdurch entstehenden Abbildungsfehler führen zu den nachfolgend beschriebenen Effekten des Foreshortening, des Layover und des Radarschattens. Die geometrischen Verzerrungen sind stark abhängig vom Verhältnis der Hangneigung zum Depressionswinkel der Radarstrahlung. Die genannten Objekt- bzw. Topographie-abhängigen Effekte sind nur schwer zu korrigieren.

4.7.5.1 *Layover*

In bezug auf den Bildaufbau von Radarbildern und deren innere Geometrie muß noch der Effekt des sogenannten Radar-Layover erwähnt werden, der zu Bildverzeichnungen in Radarbildern führt, die Geländebereiche mittleren oder stärkeren Reliefs wiedergeben.

Wie bereits dargestellt, werden die Echosignale von Geländeobjekten vom Empfänger des Radargerätes in der Reihenfolge ihres Eintreffens aufgezeichnet (vgl. Abb. 97). Wie die Abb. 111 zeigt, kann in Geländebereichen mit höheren Bergen und steilen Hangflächen der Fall eintreten, daß die von der Antenne abgestrahlte Signalenergie wegen der Krümmung ihrer Wellenfront die Spitze eines Berges eher erreicht als dessen Basis. Entsprechend werden in diesem Fall die von der Bergspitze kommenden Signalechos von der Kathodenstrahlröhre und somit vom Film früher aufgezeichnet als die vom Fuß des Berges reflektierten Radarsignale. Dadurch entsteht im Bild der Eindruck einer Versteilung von Hangflächen, eines Überkippens hoher Berge oder Bergkämme in Richtung auf die Antenne. Er ist in der Abb. 99 am oberen Bildrand deutlich zu erkennen.

Der Layover-Effekt ist eine Funktion der Schrägentfernung, also der Entfernung zwischen Antenne und Geländeobjekt, des Beobachtungswinkels und der Hangneigung. Die durch Layover bedingte Bildverzeichnung ist im Nahbereich eines Aufnahmestreifens größer als im mittleren Bereich. Im Falle der Berge A–D in Abb. 111 ist die radiale Entfernung zwischen Antenne und Bergspitze kürzer als zwischen Antenne und Bergfuß. Hier tritt der Layover-Effekt

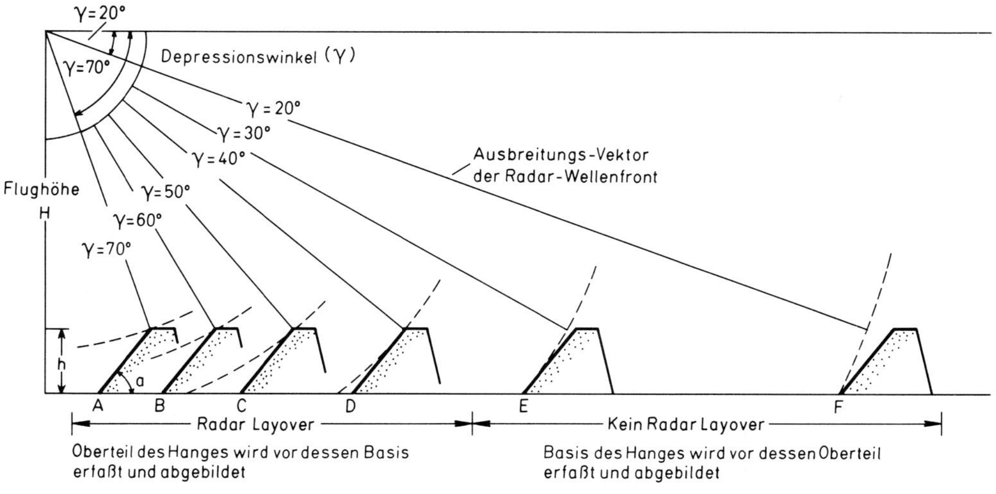

Abb. 111 Radar-Layover als Funktion des Depressionswinkels (nach Manual of Remote Sensing 1975).

auf. Im Falle der Situation der Berge E und F werden die Geländeverhältnisse dagegen im Radarbild normal wiedergegeben. Hier ist die radiale Entfernung zwischen Antenne und Bergfuß kürzer als die zwischen Antenne und Bergspitze. Das Radarecho des Bergfußes wird entsprechend vom Radarsystem eher empfangen bzw. eher auf Film aufgezeichnet als das der Bergspitze. Layover kann bei der Auswertung von Radarbildern gebirgiger Bereiche zu erheblichen Schwierigkeiten führen.

4.7.5.2 Foreshortening

Der Antenne zugeneigte Hänge werden im Radarbild im Vergleich zu von der Antenne weggeneigten Hängen komprimiert dargestellt. Abb. 112 läßt erkennen, daß das Zeitintervall a′b′, in dem die Echos des Hanges $\overline{ab}$ empfangen werden, wesentlich kleiner ist als das Zeitintervall b′c′, obgleich beide Hänge gleich lang sind. Dadurch erscheint der der Antenne zugeneigte Hang im Radarbild verkürzt.

4.7.5.3 Radarschatten

Wegen der geradlinigen Ausbreitung des Radarpulses gibt es im unebenen Gelände Bereiche, die von der Radarwelle nicht ereicht werden und daher auch keine Signalenergie rückstreuen können. Solche im Radarbild schwarz erscheinende Bereiche werden als Radarschatten bezeichnet. Schattenbereiche treten vor allem auf den von der Antenne abgewandten Bergbereichen auf. In Gebieten mit sehr starken Reliefunterschieden kann Radarschatten auch auf den der Antenne zugewandten Hangflächen auftreten. Die Abb. 113a und b machen deutlich, daß die Größe des Schattenbereiches vom Depressionswinkel, von der Flughöhe und von der Objekthöhe abhängt und vom Nah- zum Fernbereich des Bildstreifens größer wird.

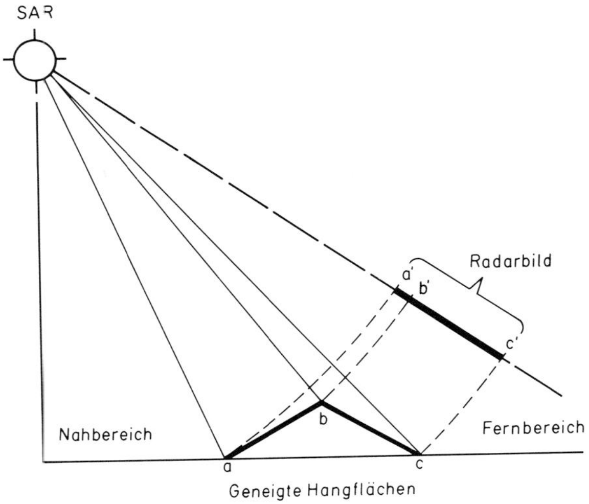

Abb. 112 Radar-Foreshortening des Hanges $\overline{ab}$, der im Radarbild verkürzt als $\overline{a'b'}$ abgebildet wird (nach FORD et al. 1980).

4.7.5.4 Geometrische Verzerrungen

Um eine optimale, gleichbleibende Bildqualität zu erhalten, sollen der geplante Flugweg, die geplante Flughöhe und die Fluggeschwindigkeit bei der Radarbefliegung möglichst genau eingehalten werden. Horizontale Abweichungen von der Sollposition führen nach DOWIDEIT (1977) zu Bildverzeichnungen, vertikale zu nicht-linearen Maßstabsfehlern. Drehbewegungen durch Heben und Senken der Flugzeugnase und Drehungen um die vertikale Achse des Flugzeuges bewirken, daß die Radarantenne aus ihrer Ideallage verschwenkt wird. Rotationen um die Flugzeuglängsachse haben Verschiebungen der Sendeenergieverteilung in der Fläche der Radarkeule zur Folge. Zum Ausgleich solcher (meist nicht vermeidbarer) Bewegungen, insbesondere bei Nutzung von Flugzeugen als Aufnahmeplattform, sind moderne SLAR-Systeme mit Servo-gesteuerten, schwenkbaren Antennen ausgestattet. Eine eingehende Darstellung der Problematik findet sich bei DOWIDEIT (1977).

Einige Auswirkungen von Kursabweichungen, zufälligen Bewegungen des Flugzeugkörpers, Änderungen der Fluggeschwindigkeit und Verstellungen der Flugzeuglängsachse auf die Bildqualität zeigt die Abb. 114.

Da geringe Kursabweichungen und zufällige, turbulenzbedingte Bewegungen des Flugzeuges in der Regel nicht ausgeschlossen werden können, enthalten SLAR-Bilder häufig mehr oder minder große Bildverzerrungen, Lagefehler und Maßstabsänderungen. Um die Störeinflüsse bei der Befliegung (Kursabweichungen) möglichst gering zu halten und gegebenenfalls korrigieren zu können, werden Befliegungen mit einem Trägheitsnavigationssystem durchgeführt. Auch wird Dopplernavigation und Radionavigation verwendet, um die Aufnahmeposition des Flugzeuges rekonstruieren und bei der geometrischen Korrektur von Bilddaten berücksichtigen zu können. DOWIDEIT (1977) hat in seiner Arbeit die befliegungsbedingten Störeinflüsse und Methoden der Korrektur von Radar-Bilddaten eingehend diskutiert.

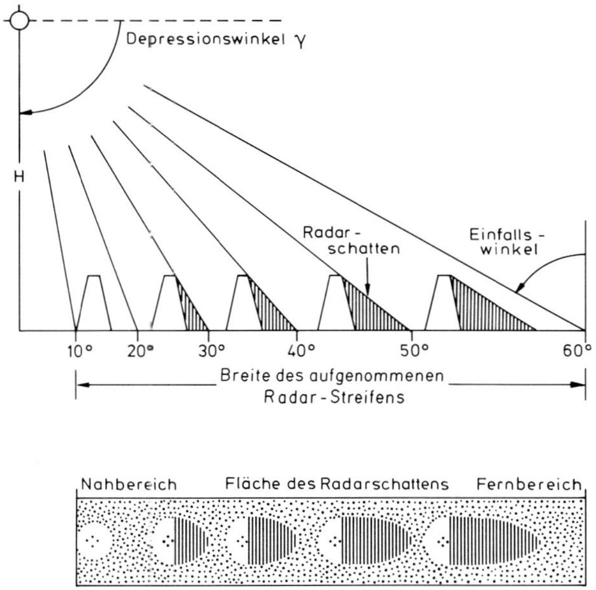

Abb. 113a Radarschatten im Nah- und Fernbereich eines Radarbildes (nach MACDONALD 1969).

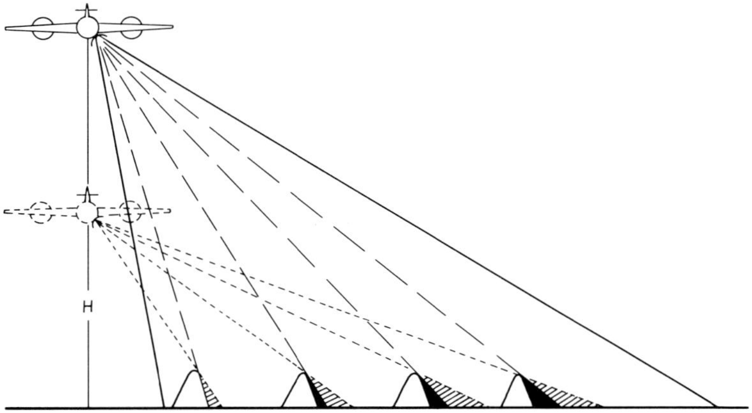

Abb. 113b Radarschatten als Funktion der Aufnahmehöhe bzw. des Depressionswinkels (nach GÜNTHER 1972).

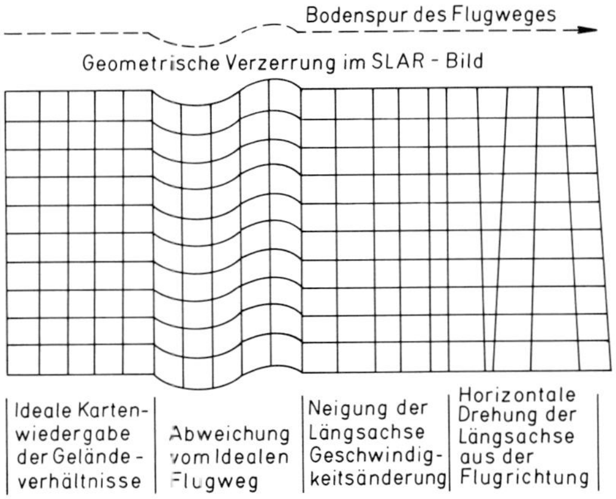

Abb. 114 Fluglage-bedingte geometrische Verzerrungen eines Radarbildes (nach Manual of Remote Sensing 1975).

4.7.6 Radarmosaiks

Radarmosaiks können aus benachbarten, sich überlappenden Radarbildstreifen montiert werden. Die innere Geometrie und die Lagegenauigkeit von Geländebereichen und Geländepunkten innerhalb eines Mosaiks hängt von der Qualität der zur Mosaikmontage verwendeten Bildstreifen und von dem bei der Mosaikerstellung verwendeten Verfahren ab. Bei der Mosaikherstellung werden die Nahbereiche der einzelnen Radarbildstreifen ausgelassen, weil in ihnen die größten Bildverzeichnungen auftreten. Bei der einfachsten Methode der Mosaikmontage werden die Mittel- und Fernbereiche benachbarter Bildstreifen so gut wie möglich einander angepaßt. Nach Möglichkeit (bei genügender gegenseitiger Überdeckung) sollten nur die Fernbereiche der einzelnen Bildstreifen verwendet werden, weil hier die Lagefehler am kleinsten sind und die Schattenlänge in benachbarten Bildstreifen etwa gleich ist.

Zur Orientierung bei der Anpassung kann das Flußnetz genutzt werden. Zur generellen Ausrichtung des zu erstellenden Mosaiks sollten auch Koordinatenpunkte kleinmaßstäblicher Karten verwendet werden, falls solche vorhanden sind. Für die Mosaikmontage ist eine ausreichende gegenseitige Überlappung benachbarter Bildstreifen erforderlich. Auch sollten alle Bildstreifen mit der gleichen Aufnahmerichtung geflogen sein, damit die Radarschatten benachbarter Bildstreifen gleiche Orientierung haben. Sind benachbarte Bildstreifen mit entgegengesetzter Beleuchtungsrichtung aufgenommen worden, kann es Probleme bei der Anpassung geben. Auch tritt hier leicht eine Umkehrung des Reliefeindrucks auf (topographische Inversion). Werden unkorrigierte Bilddaten verwendet, so sind für die Erstellung von Radarmosaiks gebirgiger Bereiche Aufnahmen in slant range-Darstellung zu bevorzugen, weil in Bildern der ground range-Darstellung die Effekte des Layover Probleme bei der geologischen Bildauswertung bringen können. In reliefarmen Gebieten (in denen Layover nicht oder kaum auftritt) sind Bildstreifen in ground range-Darstellung für die Mosaikmontage besser geeignet. Eine Diskussion der Bildqualitäten und der Mosaikerstellung aus geologischer Sicht geben LEWIS & MCDONALD (1970).

Zur Erstellung kontrollierter Radarmosaiks werden Lagekontrolldaten benötigt, die über das Shoran-Verfahren (Registrierung der Flugzeugposition bei der Befliegung) oder über ein Netz von Bodenkontrollpunkten ermittelt werden. Bei der Montage des Mosaiks werden die einzelnen Bildstreifen in ein Netz lagebekannter geodätischer Kontrollpunkte eingepaßt. Probleme und Methoden der Erstellung von kontrollierten Radarmosaiks werden von VAN ROESSEL & DE GODOY (1974) und LEBERL et al. (1976) beschrieben. LEBERL et al. haben die Zusammenhänge zwischen der Kartiergenauigkeit, der Dichte und der Verteilung von geodätischen Kontrollpunkten sowie einige Methoden der Mosaikerstellung untersucht. DOWIDEIT (1977) hat die Möglichkeiten der Blockausgleichung von SLAR-Bildstreifen untersucht und beschrieben. Nach LEBERL et al. weisen kontrollierte Radarmosaiks mittlere Lagefehler zwischen ± 150 m und ± 300 m auf, je nach Bildqualität und Verfahren der Mosaikerstellung. In unkontrollierten Radarmosaiks können Verzeichnungen und Lagefehler im Kilometerbereich auftreten.

Radarmosaiks sind eine wichtige und zuverlässige Unterlage für die Erstellung vorläufiger planimetrischer und thematischer Karten, vor allem in den Gebieten, die wegen häufiger oder ständiger Wolkenbedeckung Luftbildaufnahmen unmöglich und – z.B. in tropischen Regenwaldgebieten – auch Geländekartierungen schwierig machen. Daher wurden in mehreren Ländern Süd- und Mittelamerikas, Afrikas und Indonesiens in den siebziger Jahren teils landesweite Radarbefliegungen durchgeführt. Ergebnis dieser Befliegungen sind meist kontrollierte bzw. semicontrolled Radarmosaiks im Maßstab 1:250 000. Am bekanntesten ist das RADAM-Projekt Brasiliens, das mit Radarbefliegungen des Amazonasbeckens begann und inzwischen auf andere Landesteile ausgedehnt wurde, die außerhalb der Regenwaldzone liegen (VAN ROESSEL 1974). Radarbefliegungen ermöglichen die relativ schnelle und kostengünstige Erstellung von Radarmosaiks großer Gebiete, die in ihrer Lagegenauigkeit den Anforderungen an topographische Karten der Maßstäbe 1:50 000 bis 1:100 000 entsprechen. Radarmosaiks können also Karten mittlerer und kleiner Maßstäbe gleichgesetzt werden, haben aber oft einen höheren Informationsgehalt als diese.

4.7.7 Stereo-Radar
Aufnahme, Auswertung

Es liegen bislang wenig Berichte über thematische Stereoauswertungen von Radarbildern vor. Es scheint jedoch festzustehen, daß die Möglichkeit der Stereobetrachtung von SLAR- und SAR-Bildern die Interpretations- und Kartiermöglichkeiten verbessern und quantitative Messungen (relative Höhenunterschiede, Hangneigung) ermöglichen. So fand KOOPMANS (1973) bei einer vergleichenden Untersuchung von Radaraufnahmen tropischer Bereiche Kolumbiens, daß die Auswertung von Stereoaufnahmen vor allem in Gebieten mit flachem Relief die Genauigkeit der Kartenerstellung im Vergleich zur monoskopischen Auswertung qualitativ und quantitativ verbessert. Auch PARRY et al. (1980) berichten, daß bei der Kartierung des Entwässerungsnetzes bewachsener Randbereiche des kanadischen Schildes in Stereo-Radarbildern ein Informationsgewinn von etwa 19% gegenüber der monoskopischen Auswertung von Bildern desselben Bereichs festgestellt werden konnte.

Um den Reliefeindruck eines in zwei Radarbildern erfaßten Geländebereiches zu bekommen, bedarf es einer seitlichen Mindestüberdeckung der beiden Bilder. Auch müssen Bildqualität, Objektbeleuchtung, Ton und Textur der beiden Bilder vergleichbar sein, um den Reliefeindruck bei der Stereobetrachtung zu bekommen. Unter diesen Aspekten wird die Bildqualität des Stereopaares vor allem durch folgende Aufnahmeparameter bestimmt: Beleuchtungswinkel, Schnittwinkel der Aufnahmestrahlen, Geländetyp (LEBERL 1979).

Wie die Abb. 115a und b zeigen, kann die für die Stereoauswertung erforderliche Überdeckung von Radarbildern des gleichen Geländebereiches auf verschiedene Weise erzielt werden (vgl. LEBERL 1975, KOOPMANS 1975). Aufnahmen des Geländes aus gegenüberliegenden Positionen bereiten bei der Auswertung vor allem bergiger Bereiche Schwierigkeiten, weil

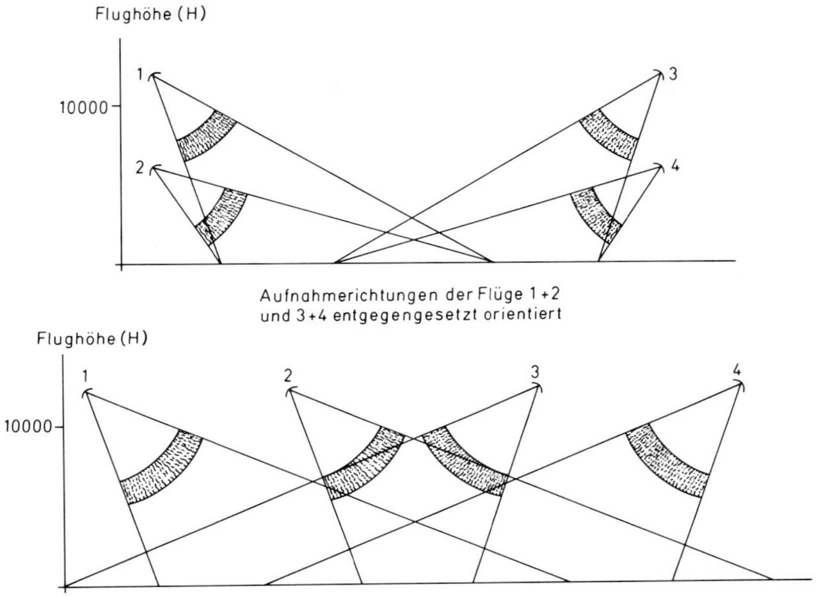

Abb. 115a Möglichkeiten der Stereo-Radarbefliegung (aus DOWIDEIT 1977, nach LEBERL).

das gleiche Gelände bei der Aufnahme aus gegenüberliegenden Richtungen beleuchtet wurde. Dadurch liegen Hangbereiche auf dem einen Bild im Schatten, im anderen im Licht. Diese unterschiedlichen Beleuchtungsverhältnisse machen dem Interpreten Schwierigkeiten bei dem Versuch, zum Reliefeindruck des betreffenden Geländes zu kommen. Für die Auswertung wesentlich günstiger ist es, wenn beide Radarbilder den Überdeckungsbereich mit gleicher Beobachtungs- bzw. Beleuchtungsrichtung zeigen, von zwei parallelen Flugstreifen aus aufgenommen oder aus verschiedenen Flughöhen. Dann ist die Schattenorientierung beider Aufnahmen gleich. Es gibt auch positiv verlaufende Versuche, für die Stereoauswertung geeignete Aufnahmen von senkrecht zueinander orientierten Fluglinien aus aufzunehmen.

Die meisten Erfahrungen liegen bisher wohl mit dem in der Abb. 115b (oben) schematisch gezeigten Aufnahmeprinzip vor, bei dem derselbe Geländebereich bei zwei aufeinanderfolgenden parallel zueinander verlaufenden Fluglinien mit gleicher Beleuchtungsrichtung aufgenommen wird. Die Aufnahmebedingungen werden hierbei so gewählt, daß eine 60%ige seitliche Überlappung der beiden benachbarten Bildstreifen erreicht wird. Für die lückenlose monoskopische Auswertung mehrerer benachbarter Bildstreifen ist im flachen Terrain dagegen nur eine seitliche Überlappung von 10 bis 20%, in Gebieten mit stärkeren Reliefunterschieden von etwa 30% notwendig, um Störeffekte der Flugnavigation und der Bildverzeichnung kompensieren zu können. Wegen der großen seitlichen Überlappung bei der Stereobefliegung vermindert sich der gegenseitige Abstand benachbarter Fluglinien. Nach LEBERL (1975) verdoppelt sich daher die Zahl der Flugkilome-

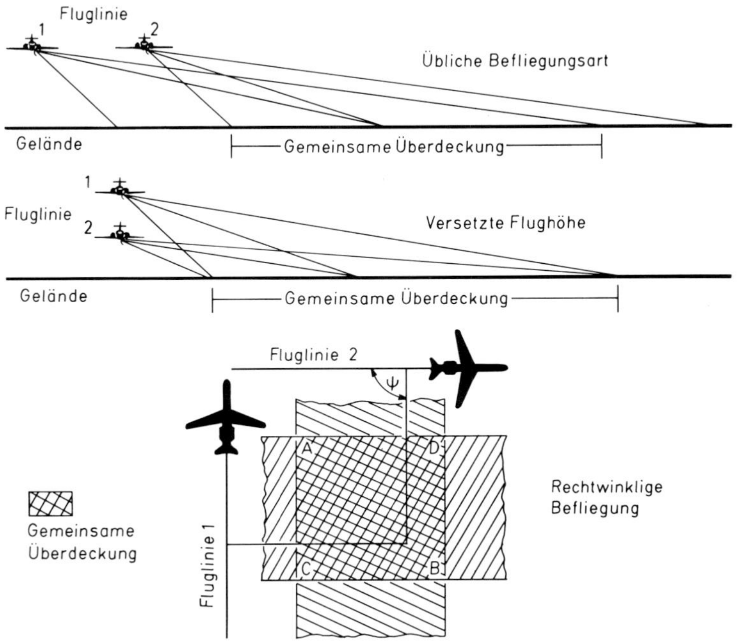

Abb. 115b Möglichkeiten der Stereo-Radarbefliegung (nach GRAHAM 1975).

ter ungefähr. Entsprechend steigen die Kosten. Kosten und Nutzen einer Stereobefliegung sind also gegeneinander abzuwägen.

4.7.8 Kriterien der geologischen Interpretation von Radarbildern

4.7.8.1 Allgemeines

Wichtige Kriterien der geologischen Kartierung und Interpretation von Radarbildern sind: Grauton, Textur, Relief, Entwässerungsnetz, Vegetation, Umriß und Form, topographische Position. All diese Kriterien dienen auch bei der geologischen Auswertung von Luftbildern als Unterscheidungsmerkmale für das Erkennen und Abgrenzen lithofazieller Einheiten unterschiedlichen Typs und bei der Kartierung tektonischer Strukturen. Der Geologe, der bereits Luftbilder ausgewertet hat, dürfte daher bei der Auswertung von Radarbildern keine prinzipiellen Schwierigkeiten haben. Er muß sich bei der Anwendung der genannten Kriterien nur bewußt sein, daß Aufnahmeprinzip und Aufnahmeparameter der Luftbildphotographie einerseits und der Seitensichtradarverfahren andererseits grundverschieden sind und daß deshalb dieselbe Landschaft im Radarbild anders wiedergegeben wird als im Luftbild. Vor allem Grauton- und Texturunterschiede des Radarbildes haben andere Ursachen als im Luftbild und damit auch eine andere Bedeutung für die Interpretation. Der Interpret sollte daher das Aufnahmeprinzip von Seitensichtradarbefliegungen ebenso kennen wie die aufnahme- und materialbezogenen Parameter, die Einfluß auf die Wiedergabe des bei der Befliegung erfaßten Geländes im Radarbild haben können (s. die vorhergehenden Abschnitte).

4.7.8.2 Grautöne im Radarbild

Die Intensität des Signalechos einer Geländeoberfläche bestimmt den Grauton, mit dem die betreffende Fläche im Radarbild wiedergegeben wird. Wie in den vorhergehenden Abschnitten beschrieben, haben Oberflächenrauheit, dielektrische Eigenschaften, Einfallswinkel der Radarstrahlung und Polarisation entscheidenden Einfluß auf das Radarecho einer Gelände- bzw. Materialoberfläche. Generell sind Signalechos gleichpolarisierter Signale (z.B. HH) am stärksten. Ihre Signalintensität und ihr Dynamikbereich bedingen generell eine größere Variationsbreite der Grautonabstufungen im Vergleich zum Signalpegel und Dynamikumfang depolarisierter Signale. Entsprechend ist die Grautönung kreuzpolarisierter Radarbilder generell etwas flauer, das Bild oft körniger als ein Bild aus gleichpolarisierten Signalen.

Eine Identifizierung von Böden und Gesteinen nach den Grautönen im Radarbild ist bisher nicht möglich, da der Grauton von Gesteins- und Bodeneinheiten vor allem von deren Mikrorelief und Feuchtigkeit bestimmt werden. Unterschiedliche Gesteine und Böden können daher im Radarbild mit gleichem Grauton wiedergegeben werden, wenn sie ähnliche Oberflächeneigenschaften haben. So können Aufschlüsse von Ultrabasiten und Graniten in Radarbildern von ariden Gebieten gleich helle Grautöne zeigen. Um den lithofaziellen Typ einer im Radarbild auskartierten Gesteinseinheit ansprechen zu können, bedarf es zusätzlicher Informationen. Hier sind – wie im Luftbild – vor allem das Relief, die Ausbildung des Entwässerungsnetzes, die Textur, das Vorhandensein oder Fehlen von Schichtung und auch die topographische Position der lithofaziellen Einheit im Gelände von Bedeutung. Durch seine Verwitterungsformen würde sich ein Granit auch im Radarbild erkennen und von einem Ultrabasitkomplex unterscheiden lassen. Letzterer wäre dagegen im Radarbild nicht so leicht zu identifizieren. Ein endgültiges Urteil wäre hier wie in den meisten Fällen erst nach vergleichenden Geländebeobachtungen möglich.

Unterschiede im Bewuchs einer Landschaft (Typ, Dichte, Verteilung, Höhe) zeichnen sich im Radarbild durch Unterschiede im Grauton und in der Textur ab. Vegetationseinheiten reflektieren vor allem kurzwellige Radarstrahlung (Ka- und X-Band), weil das Pflanzendach für Strahlung dieser Wellenlängen generell als rauhe Oberfläche fungiert und deshalb als diffuser Reflektor wirkt. Hierbei findet an der Oberfläche des Pflanzendaches und in den obersten Bereichen des Pflanzendaches Vielfachreflexion statt, die zur Depolarisation führt. Depolarisierte Signalechos werden im HV-Modus erfaßt. In HV-Radarbildern sind die Grautonabstufungen unterschiedlicher Vegetationseinheiten bisweilen differenzierter als in Bildern, die im HH-Modus aufgenommen wurden. HV-Bilder sind daher zur Untersuchung und Abgrenzung unterschiedlicher Vegetationseinheiten geeigneter. Sie bringen auch für die Erfassung der geologischen Untergrundbedingungen gelegentlich mehr Informationen.

4.7.8.3 Textur im Radarbild

In Radarbildern können Texturen (Feinstrukturen, Kleinmuster) verschiedener Art und unterschiedlicher Dimensionen auftreten. So können regelmäßig wiederkehrende Formen vor allem des Kleinreliefs, teils auch des Mittelreliefs, zusammen mit Regelmäßigkeiten in der Ausbildung des Tal- bzw. Entwässerungsnetzes dem Radarbild einer Landschaft ein Kleinmuster, eine Textur aufprägen. Reliefbezogene Texturunterschiede markieren häufig einen Wechsel im Gesteinsaufbau des Untergrundes und sind daher wichtige Unterscheidungs- auch Erkennungsmerkmale bei der lithofaziellen Kartierung. Strukturmuster einer Landschaft können im Radarbild auch durch die Regelmäßigkeit im räumlichen Auftreten von Bruchstrukturen (Ausrichtung, Abstand, gegenseitige Zuordnung mehrerer Systeme) bedingt sein. Auch können Verwitterung und Erosionseinschnitte steiler und seigerer Schichtfolgen das Relief einer Landschaft strukturieren. In vegetationsbestandenen Bereichen resultieren Unterschiede in der Textur sehr häufig aus Unterschieden im Bewuchs (Baum-, Busch-, Grasbewuchs, Typ, Abstand, Höhe, räumliche Verteilung von Bäumen und Büschen in einer Fläche). Zumindest im Gelände mit natürlichem Bewuchs variiert die Art des Bewuchses in Teilbereichen einer Landschaft meist mit Änderungen der Untergrundgegebenheiten (Boden, Gesteine, tektonische Strukturen, hydrologische Bedingungen). Die Abgrenzung texturmarkierter Vegetationseinheiten und die Analyse ihrer räumlichen Verteilung in der vom Radarbild erfaßten Landschaft sind daher ein wichtiges Hilfsmittel zur Ermittlung der geologischen Untergrundbedingungen.

Im Radarbild werden Feinstrukturen und Kleinmuster von Teilbereichen einer Landschaft durch die räumliche Grautonverteilung, vor allem durch die Häufigkeit und Intensität von Grautonänderungen innerhalb einer Fläche bestimmt. Dabei ist zu beachten, daß die Grautönung und die Häufigkeit von Grautonänderungen im Radarbild maßstabsabhängig sind. Sie werden im einzelnen Radarbild durch die Größe des jeweiligen Auflösungselementes, also durch die Fläche der in einem Moment der Befliegung beleuchteten Bodenzelle bestimmt. Mit den Aufnahmebedingungen und mit der Auflösung des eingesetzten Radarsystems variiert die Dimension der reflektierenden Bodenzelle und damit die Dimension derjenigen Geländeobjekte oder Materialoberflächen sowie der Konfiguration des Geländereliefs, die zum Radarecho der Bodenzelle beitragen. Je nach Auflösung und Maßstab kann das Grautonmuster im Radarbild, kann die Textur von Teilbereichen des erfaßten Geländes daher recht unterschiedliche Ursachen haben. Das ist bei der thematischen Kartierung von Radarbildern unbedingt zu beachten.

4.7.8.4 Form von Objekten im Radarbild

Bestimmte geologische Objekte lassen sich auch im Radarbild an ihrem Umriß und an ihrer Oberflächengestalt erkennen. Hierzu gehören alluviale Schuttfächer, Vulkane, Lavaströme, Gänge, Flußterrassen, Störungen, Kluftsysteme und Faltenstrukturen. Die reliefverstärkende Darstellung des Radarbildes gibt die genannten Landformen bei günstiger Aufnahmerichtung meist akzentuiert wieder.

5 Bildauswertung und Bildverarbeitung

5.1 Allgemeines

Die geologische Auswertung von Fernerkundungsaufnahmen ist auf das Erkennen, Abgrenzen, Identifizieren und Klassifizieren lithologischer Einheiten und tektonischer Strukturen ausgerichtet, auf die Abgrenzung von Locker- und Festgesteinen, von Bereichen unterschiedlicher Bodenbeschaffenheit und unterschiedlicher hydrologischer Verhältnisse. Klassische Datenträger der geologischen Fernerkundung sind Schwarzweiß- und Farbluftbilder. Variationen von Grau- oder Farbtönen, Textur- und Reliefunterschiede, Änderungen in der Art des Bewuchses und die Ausbildung des Entwässerungsnetzes dienen dem mit Luftbildern arbeitenden Geologen zusammen mit der räumlichen Verteilung und dem räumlichen Bezug der Geländeobjekte und -einheiten zueinander als Kriterien für das Erkennen, Abgrenzen, Identifizieren und Klassifizieren lithofazieller Einheiten und tektonischer Strukturen, für die Abschätzung geologischer Untergrundverhältnisse. Aus der Interpretation oft recht komplexer Bilddaten und ihrem Vergleich mit Erfahrungsdaten früherer Luftbildauswertungen und Geländebeobachtungen resultieren die Entscheidungskriterien des Photogeologen bei der Bildinterpretation.

Dabei hängt die Qualität der Luftbildkartierung einerseits von der Qualität der zu bearbeitenden Bildvorlagen ab, andererseits sehr stark auch von der Beobachtungs- und Denkfähigkeit, vor allem aber von der Erfahrung des jeweiligen Interpreten. Die Kompetenz des Interpreten ist deshalb so entscheidend, weil gleiche Gesteine und gleiche tektonische Strukturen des geologischen Unterbaues in verschiedenen Landschaftsbereichen, selbst innerhalb einer Region, durch recht unterschiedliche Oberflächenphänomene wiedergegeben werden können. Es gibt daher keinen weltweit anwendbaren Interpretationsschlüssel für die Kartierung bestimmter Gesteine und Bodentypen oder bestimmter tektonischer Strukturen in Fernerkundungsaufnahmen. Jede Landschaft hat ihre eigene Entwicklungsgeschichte, ihre eigenen ökologischen Besonderheiten, auch ihre variierenden Erscheinungsformen in den einzelnen Jahreszeiten, mit unterschiedlichen Oberflächeneigenschaften gleicher Geländeobjekte und -einheiten. Bei jedem neuen Projekt, für jedes neue Arbeitsgebiet muß sich der Interpret daher zunächst in die betreffende Landschaft einsehen und sich jene geologisch bedeutsamen lokalen und regionalen Oberflächenphänomene erarbeiten, die in der jeweiligen Bildvorlage erkennbar sind und als direkte oder indirekte Kriterien für die Unterscheidung, Abgrenzung und Klassifizierung, als Signaturen geologischer Objekte genutzt werden können. Das gilt für die konventionelle Luftbildkartierung und auch für die Auswertung von Aufnahmedaten der neuen Fernerkundungssysteme (RBV, MSS, Radar), denn die visuelle Interpretation steht in der Praxis bei der Auswertung von Luftbildern und anderen Fernerkundungsaufnahmen nach wie vor an erster Stelle.

In vielen Fällen muß der Interpret mit dem Bildmaterial arbeiten, das ihm gerade zur Verfügung steht. Die Interpretation wird jedoch erleichtert, auch zuverlässiger, wenn in den zu kartierenden Bildvorlagen jene Geländeobjekte und Geländegegebenheiten differenziert, kontrastreich und lagegenau wiedergegeben werden, die für den Interpreten im Rahmen der jeweiligen Aufgabenstellung von Bedeutung sind. Eine solche Optimierung des Interpretationsvorganges kann durch die zielobjektorientierte Auswahl der Aufnahmetechnik einerseits und der nachfolgenden Schritte der Bildverarbeitung andererseits erreicht werden. Neben der schon diskutierten Auswahl geeigneter Aufnahmesysteme und geeigneter Spektralkanäle geht es hier um die rationelle Nutzung geeigneter Bildverarbeitungsverfahren. Es gibt heute photographische, optische und elektronische Verfahren, die es ermöglichen, primäre Bilddaten in modifizierte Bilddarstellungen umzusetzen, um jene Bildinhalte kontrastreich und damit besser kartierbar darzustellen, auf die es bei der betreffenden Auswertung ankommt. Angesichts der großen Datenmengen, die bei multispektralen Befliegungen, vor allem auch beim fast schon operationellen Einsatz der Landsat-Satelliten anfallen, haben rechnergestützte Verfahren der Bildverarbeitung an Bedeutung gewonnen. Solche Verfahren erlauben geometrische und radiometrische Korrekturen der primären Bilddaten, kontrastreiche Darstellungen bestimmter Bildinhalte, die automatisierte Unterscheidung und Klassifizierung von Bilddaten, die Angleichung von Bilddaten verschiedener Aufnahmesysteme und die Überlagerung von Bildern verschiedener Aufnahmedaten. Ihre Anwendung wird möglich, wenn die Aufnahmedaten in digitaler Form auf Magnetband aufgezeichnet wurden, wie es beim Einsatz von Scanner- und

Radarverfahren heute üblich ist. Grundsätzlich können jedoch auch Luftbilder und alle anderen Bildvorlagen abgerastert, digitalisiert und elektronisch weiterverarbeitet werden. Der Einsatz von Verfahren der digitalen Datenverarbeitung wurde auch erforderlich, um dem Nutzer einen schnellen Zugriff zu Fernerkundungsdaten zu ermöglichen. Elektronische Rechner ermöglichen eine schnelle und gezielte Datenabfrage und die rasche Bearbeitung großer Datenmengen. Die Bildverarbeitung ist innerhalb der Fernerkundung zu einem eigenen Arbeits- und Forschungsbereich geworden. Hier kann nur kurz auf einige Methoden und Zielsetzungen der Bildverarbeitung und der Datenverarbeitung hingewiesen werden, die für die geologische Fernerkundung von Bedeutung sind. Eingehende Darstellungen der Grundlagen der Bildverarbeitung, der einzelnen Verfahren, ihrer Anwendungsmöglichkeiten und Grenzen finden sich in speziellen, teils im Text zitierten, teils im Literaturverzeichnis aufgeführten Publikationen. Eine umfassende Darstellung und Diskussion gibt das Manual of Remote Sensing (2nd ed. 1983). Ein Schema der analogen und digitalen Datenverarbeitung in der Fernerkundung gibt Abb. 120.

5.2 Photographische Verfahren

5.2.1 Allgemeines

Schon mit relativ einfachen photographischen Verfahren kann die Qualität von Bildvorlagen für die Interpretation verbessert, können interessierende Bildinhalte kontrastreicher dargestellt werden. Die im folgenden beschriebenen photographischen Verfahren sind billig. Sie können in jedem Photolabor durchgeführt werden. Diesem Vorteil steht als Nachteil gegenüber, daß photographische Produkte in der Regel nicht reproduzierbar sind und auch immer nur qualitativen Charakter haben. Auch tritt bei mehreren Umkopierungsvorgängen ein gewisser Informationsverlust auf.

5.2.2 Kontrastverbesserungen

Sollen Teilbereiche eines Bildes mit schwacher Grautonabstufung zur Umgebung kontrastreicher dargestellt werden, so ist dies auf folgendem Weg erreichbar: Die Bildvorlage wird auf hartes Negativmaterial umkopiert, hart entwickelt und gegebenenfalls auch auf hartes Papier umkopiert. Das Verfahren führt allerdings zu gewissen Informationsverlusten in den Bereichen hoher und niedriger Grautonwerte.

BEST & SMITH (1978) erreichten eine Steigerung der Kontraste von Landsat-Aufnahmen durch selektiven Einsatz von Film, Entwickler und Entwicklungszeit bei der Fertigung von Schwarzweiß- oder Farbkopien. Die Ergebnisse der photographischen Kontrastverstärkung entsprechen denen einer digitalen Grauwertspreizung, sind jedoch mit niedrigeren Kosten zu erreichen. Die Autoren betonen, daß die Verwendung kontrastverbesserter Kopien von Landsat-MSS-Spektralaufnahmen zur besseren Farbsättigung bei der späteren additiven Bildüberlagerung und bei der Erstellung von Diazo-Falschfarbenkompositen führen. Das Verfahren kann übrigens auch zum Kontrastausgleich benachbarter Landsat-Aufnahmen für die Mosaikerstellung genutzt werden. Auch SABINS (1978) berichtet über ein photographisches Verfahren zur Kontraststärkung kontrastarmer oder zu dichter Negative von Landsat-Szenen, wie sie nicht selten vom EROS-Data-Center und von anderen Datenzentren geliefert wurden.

5.2.3 Farbauszüge

Die Interpretationsmöglichkeiten von Farbbildern können in manchen Fällen durch Ausfiltern einzelner Farben erweitert werden, wenn dadurch eine kontrastreiche Wiedergabe bestimmter Bildinhalte erreicht werden kann. Nach der Farbtrennung können Kopien und Vergrößerungen der Farbauszüge auf Schwarzweiß-Film erstellt werden.

5.2.4 Maskieren, Kantenverstärkung, Pseudorelief

Diese Methode wendet man an, wenn sehr kontrastreiche Bildvorlagen in feiner abgestuften Grautönen, also weicher, wiedergegeben werden sollen. Es wird zunächst vom vorhandenen Negativ in Kontakt ein zart – als unterbelichtetes – Positiv gezogen. Dann werden Negativ und Positiv beim Kopiervorgang paßgenau überlagert. Vorher sehr helle Stellen des Negativs werden dadurch gedeckt, während dunkle Negativpartien unbeeinflußt bleiben. Der Gesamtkontrast des Bildes verringert sich dadurch.

Verschiebt man Negativ und Positiv beim Kopiervorgang etwas gegeneinander, entweder horizontal oder vertikal, so kommt es zur Bildung von hellen und dunklen Streifen in den Randbereichen starker Grautonübergänge. Das Bild erhält dadurch einen reliefartigen Charakter (Pseudorelief) (vgl. Abb. 116a und b). Verschiebt man Negativ und Positiv horizontal gegeneinander, so bilden sich die Relieflinien an vertikalen Grautongrenzen aus. Verschiebt man vertikal, so

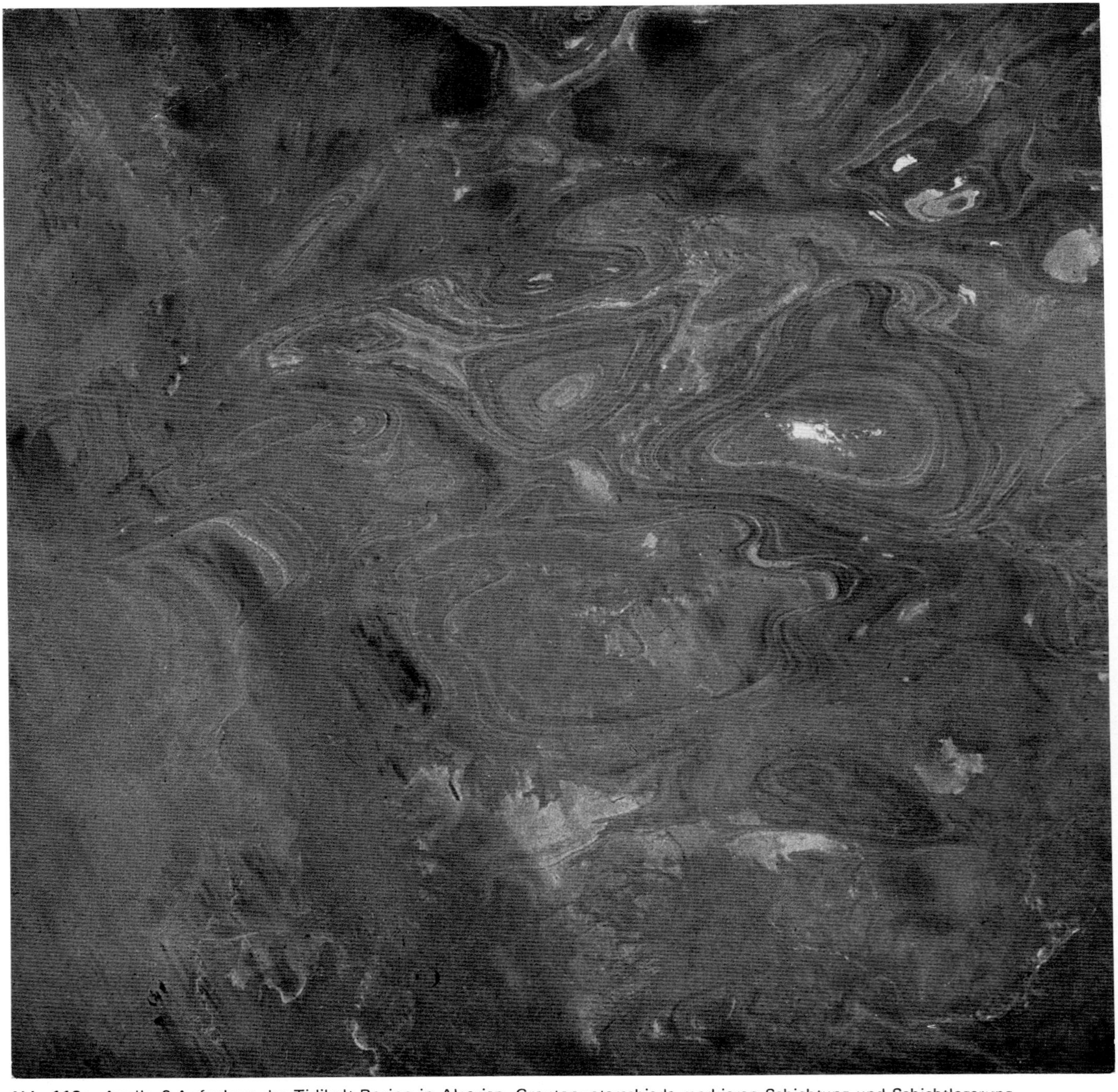

Abb. 116a Apollo 9-Aufnahme der Tidikelt-Region in Algerien. Grautonunterschiede markieren Schichtung und Schichtlagerung (AS 9-3390 NASA).

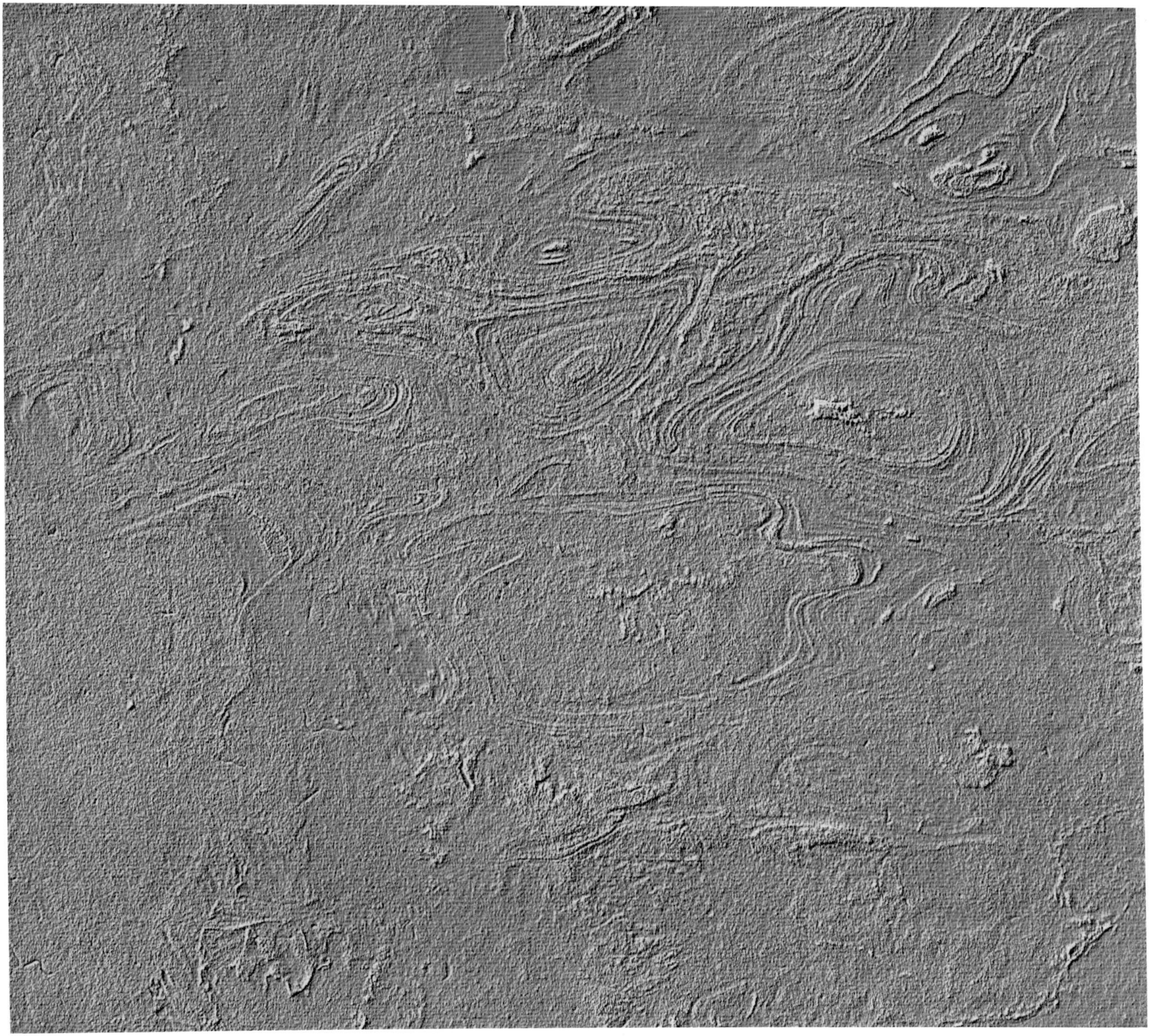

Abb. 116b Kontrastverstärkte Darstellung der Schichtung und des tektonischen Baues (Kantenverstärkung, Pseudorelief).

bilden sich Relieflinien an den horizontalen Grenzen. Diese Technik kann genutzt werden, um durch Verschieben des Positivs bestimmte Bildelemente zu betonen oder zu unterdrücken. Pseudoreliefdarstellungen eignen sich in erster Linie für strukturelle Analysen einer Landschaft (Kartierung tektonischer Bildelemente). Beschreibungen der Methoden finden sich bei WELLER (1970) sowie LAWTON & PALMER (1978).

5.2.5 Farbüberlagerungen

Überdeckt eine Multispektralaufnahme den Gesamtbereich des sichtbaren Lichts, repräsentieren also zum Beispiel drei Spektralbilder einer Multispektralaufnahme die Farben Blau, Grün und Rot, so kann man die drei Einzelbilder nacheinander unter Verwendung von Blau-, Grün- und Rotfiltern bzw. Gelb-, Magenta- und Cyanfiltern auf Negativfilm oder Diafilm kopieren. Durch diese additive Bildüberlagerung entsteht ein Farbbild des aufgenommenen Geländes in natürlicher Farbgebung. Schon hierdurch können die Auswertungsmöglichkeiten verbessert werden, weil die Geländegegebenheiten im Farbbild differenzierter, bisweilen auch kontrastreicher wiedergegeben und vom Auge aufgenommen werden können als im Schwarzweißbild.

Für die Bildauswertung interessant ist auch die Möglichkeit, beim Prozeß der Bildüberlagerung andere Farbfilter zu verwenden oder die Reihenfolge zu ändern. Dadurch kann man beliebige Farbwirkungen erzielen und so zu einer optimalen Farbtrennung kommen, die ihrerseits zur kontrastverstärkten Wiedergabe bestimmter Bildinhalte führen kann. Vorschläge für entsprechende photographische Verfahren zur Verbesserung der Auswertungsmöglichkeiten von Landsat-Aufnahmen finden sich bei KREITZER (1974) und bei JONES (1976).

Für die Auswertung von Multispektralaufnahmen (Luftbildern oder Landsat-Aufnahmen) sind spezielle Farbmischprojektoren entwickelt worden (s. Abb. 57 und 117a und b). Sie erlauben die paßgenaue Überlagerung von bis zu vier Spektralaufnahmen (meist im 70 mm-Format). Die schwarzweißen Diapositive der einzelnen Spektralbilder können mit wählbaren Filterkombinationen und variabler Beleuchtungsstärke überlagert und mit wählbarer Vergrößerung auf einen relativ großen Bildschirm projiziert werden. Auf additivem Weg werden bei diesem Überlagerungsprozeß die relativen Dichteunterschiede der schwarzweißen Spektralbilder in Farbdifferenzen umgesetzt. Die Bildwiedergabe ist in natürlichen Farben, in Farb-Infrarot und in anderen Falschfarben möglich. Optimale Kontraste interessierender Bildinhalte werden durch spielendes Variieren der Film-, Filter- und Beleuchtungskombination bei kontrollierender Beobachtung auf dem Bildschirm ermittelt. Im Bild von Farbmischprojektoren kann die Verbreitung bestimmter Gesteins- oder Bodentypen, können Unterschiede der Bodenfeuchte und des Bewuchses oft kontrastreicher dargestellt werden als in den einzelnen schwarzweißen Spektralbildern eines multispektralen Bildsatzes. Gelegentlich können im Mischbild auch tektonische Strukturen und tektonische Anomalien deutlich werden, die im schwarzweißen Spektralbild unauffällig sind.

5.2.6 Äquidensiten-Verfahren (Agfacontour-Verfahren)

Bei manchen Fragestellungen der geologischen Bildauswertung besteht der Wunsch, Bildbereiche gleicher Grautönung zu erkennen, abzugrenzen und in ihrer flächenhaften Verbreitung darzustellen. Auch ist der Interpret oft daran interessiert, die Grautonstufen eines bestimmten Grauwertbereiches differenzierter darzustellen als in den Primärdaten. Das gilt zum Beispiel für die Auswertung und Interpretation von Thermal-Scanner-Aufnahmen, in denen Grautonunterschiede ja Variationen der Strahlungs- oder Oberflächentemperatur von Gewässern, Böden oder Gesteinseinheiten wiedergeben. Das gilt bei der Kartierung von Luftbildern und Scanner-Aufnahmen auch für bestimmte Grauwertabstufungen (Dichtestufen) einzelner Spektralbilder, wenn durch diese das Auftreten spezieller Gesteine, Böden, Vegetationseinheiten oder Bereiche bestimmter Wassertiefe oder Sedimentführung von Gewässern dokumentiert werden.

Bereiche gleicher Dichte in einer photographischen Vorlage werden als Äquidensiten bezeichnet. Mit Hilfe des Agfacontour-Verfahrens können Äquidensiten einer photographischen Vorlage durch Kopieren auf Agfacontour-Film sichtbar gemacht werden. Kopiert man eine photographische Vorlage auf diesen Film, so tritt nur für eine ganz bestimmte Grautonstufe eine Klärung der Emulsion auf. Dichten, die höher und niedriger sind, bleiben schwarz. Die Lage der jeweiligen Dichtestufe (ob also ein dunkler oder heller Grauton auf dem Film abgebildet wird) läßt sich über die Belichtungszeit steuern (vgl. Abb. 118b und c). Die Breite der Äquidensite (ob ein sehr enger Grautonbereich oder ein breiter Bereich aufgenommen werden soll) wird durch Filter bestimmt. Durch Gelbfilterung kann die Breite verändert werden. Je höher die Filterung, um so enger wird die Äqui-

Abb. 117a Schematische Skizze eines Farbmischprojektors (nach SCHNEIDER 1974).

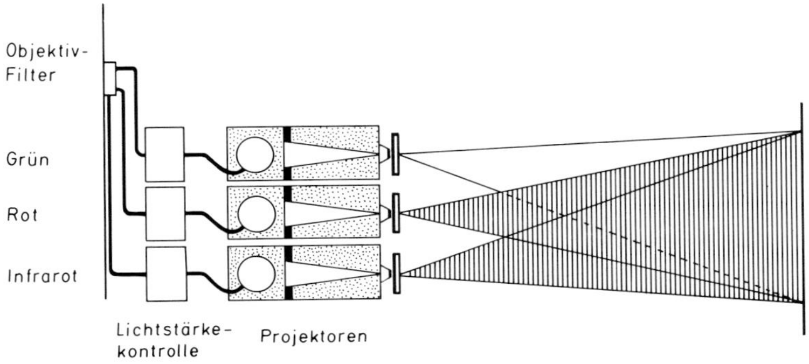

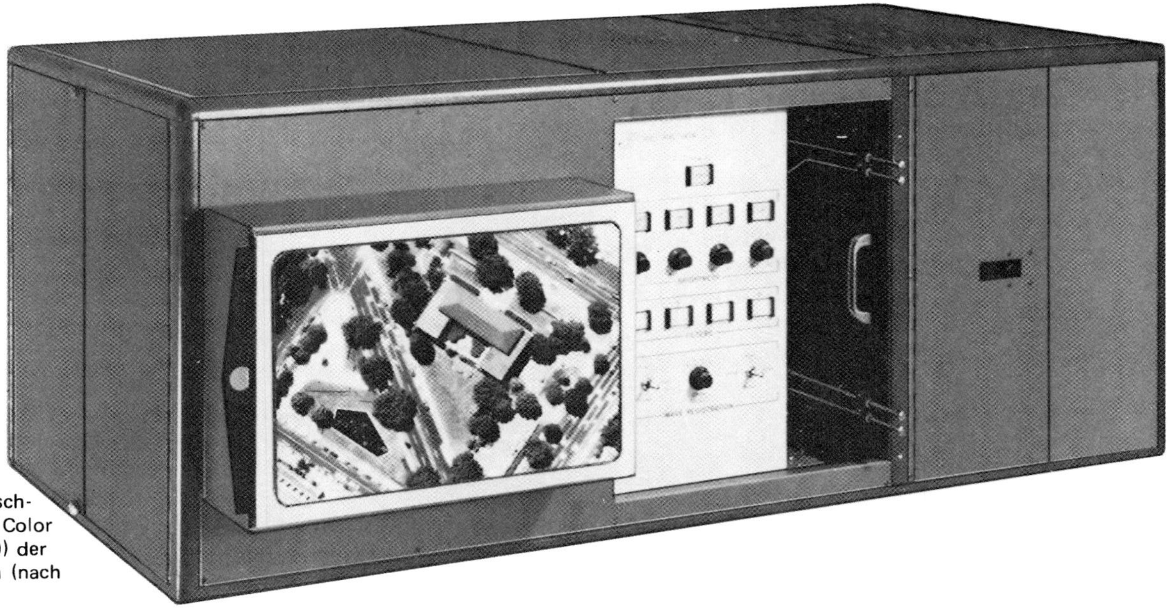

Abb. 117b Farbmischprojektor (Additive Color Viewer Series 60/70) der Firma Spectral Data (nach Firmenprospekt).

densite. Mit Purpur-Filter kann dagegen die Äquidensite erweitert werden.

Jede gezogene Kopie enthält die Information einer Dichte- oder Grautonstufe. Sie zeigt die Verbreitung dieser Grautonstufe im Bildbereich. Kopiert man die einzelnen Dichteauszüge unter Verwendung von Farbfiltern auf Farbpapier oder Farbfilm, so werden die einzelnen Grautonstufen in Farbtönungen übersetzt. Grautonstufen lassen sich auf diese Weise farbig kodieren.

Kopiert man eine Äquidensite erster Ordnung nochmals auf Agfacontour-Film, so erhält man Äquidensiten zweiter Ordnung. Hierbei entstehen nur noch feine Linien, also Konturen, die wie auf einer Strichzeichnung die früheren Grautonflächen umgrenzen (s. auch Abb. 119). Die Erstellung von Äquidensiten zweiter Ordnung ist zum Beispiel für die Auswertung von Thermal-Scanner-Aufnahmen von Interesse, weil Äquidensiten zweiter Ordnung (also Konturlinien) Flächen gleichen Grautons (= Bereiche gleicher Strahlungs-

Verarbeitungsschema für die praktische Anwendung

I. **Schwarzweiß-Äquidensitenbilder**

Von einer negativen oder positiven Vorlage werden je nach Wunsch die Äquidensiten 1. oder 2. Ordnung von einer oder mehreren Dichten hergestellt. Durch Umkopie auf normale Schwarzweiß-Materialien erhält man schwarze Flächen oder Linien auf weißem Untergrund.

II. **Farbige Äquidensitenbilder**

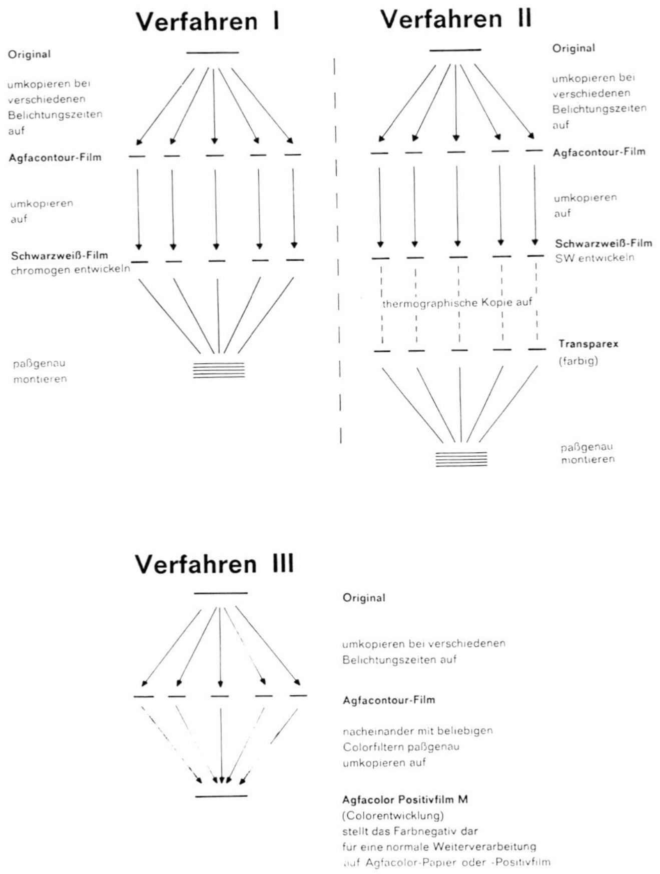

a

Abb. 118a–c Schematische Darstellung des photographischen Äquidensiten-Verfahrens (Agfacontour-Verfahren) (nach Prospekt der Firma Agfa-Gevaert).

Abb. 118b

Original

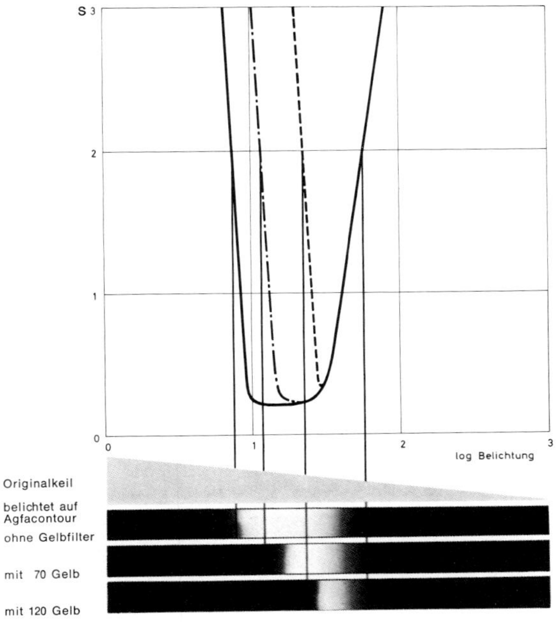

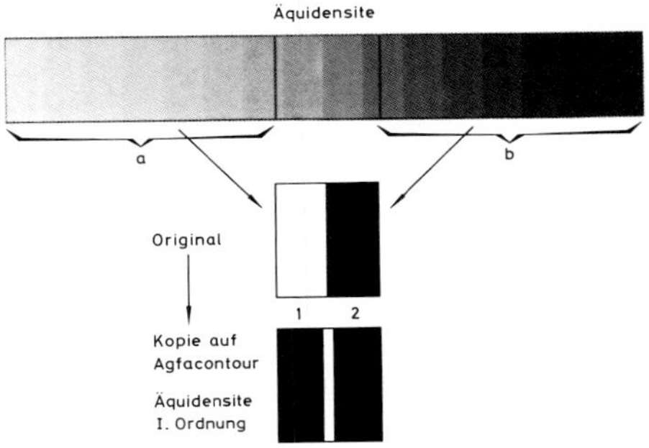

Äquidensitenlage

Original

Filterung 100 – –

Belichtung 1 s

100 – – 4 s

100 – – 16 s

100 – – 72 s

Äquidensitenbreite

ohne Gelbfilter – – –

80 – –

120 – –

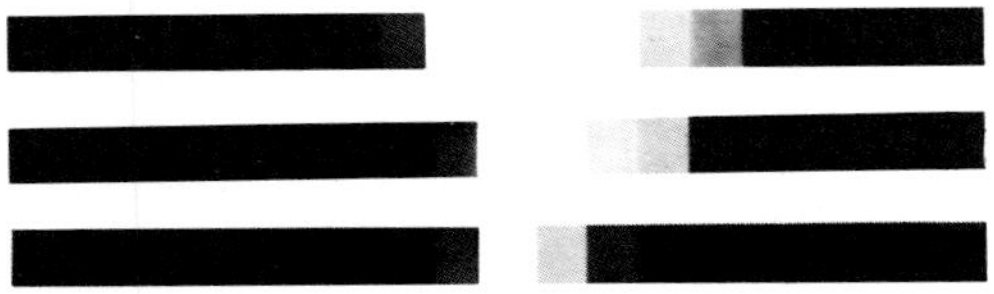

Original

Äquidensite I. Ordnung

Äquidensite II. Ordnung

Äquidensite III. Ordnung

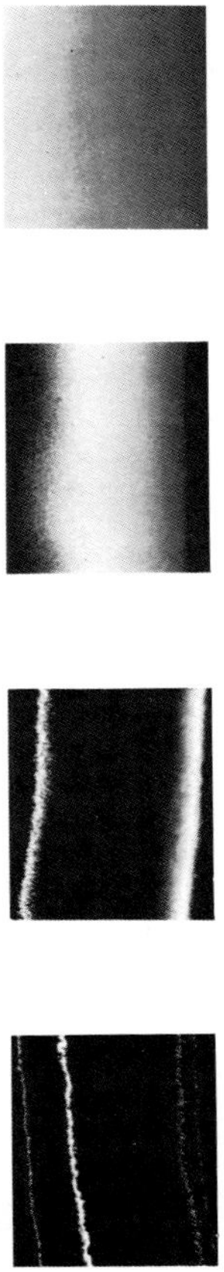

Äquidensiten erster, zweiter und dritter Ordnung

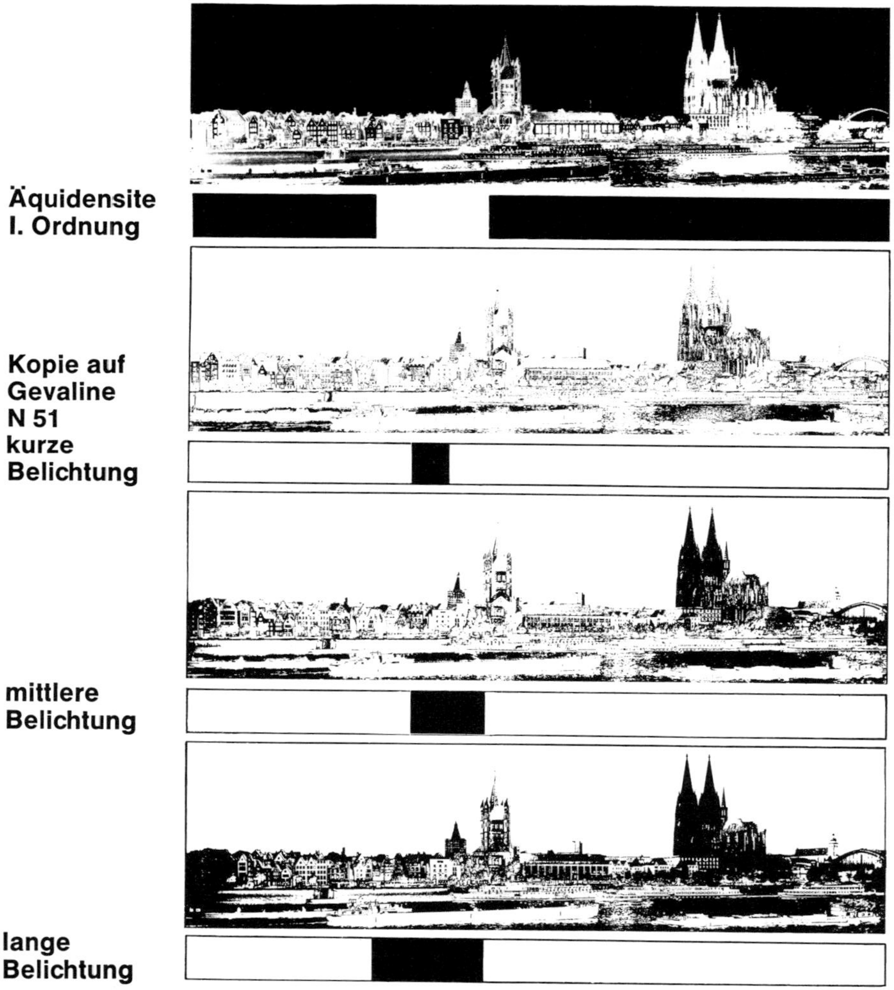

Abb. 118c

oder Oberflächentemperatur) umschließen und somit den Charakter von Isothermen haben. Eine ausführlichere Beschreibung des Agfacontour-Verfahrens gibt eine Broschüre der Firma Agfa-Gevaert. Erfahrungen mit dem Einsatz des Agfacontour-Verfahrens auch für die Texturanalyse beschreibt WIECZOREK (1972) am Beispiel geographischer Bildauswertungen. Den Einsatz der photographischen Dichtetrennung bei der Erfassung zeitlicher Veränderungen in der Vegetation beschreiben BROTHERS & FISH (1978). PÖHLMANN (in LIST et al. 1978) hat Äquidensiten 2. Ordnung erstmals in der Praxis für die Erstellung einer geologischen Karte eingesetzt. Für den Bereich mehrerer Landsat-Bilder des Tibesti-Gebirges wurde eine farbige Interpreationskarte im Maßstab 1:1 000 000, in der 17 lithologische Einheiten ausgegliedert sind, über ein Mosaik aus Landsat-Bildern gedruckt, deren topographische Strukturen durch photographisch gewonnene Äquidensiten 2. Ordnung verstärkt wurden. Lagegenauigkeit, thematische Zuordnungen sowie Les- und Nutzbarkeit der so erstellten Karten sind besser als bei üblichen Karten vergleichbaren Maßstabes. Das Verfahren wurde auch zur Erstellung von geologisch-topographischen Karten SW-Ägyptens erfolgreich eingesetzt (siehe LIST et al. 1982).

5.3 Elektronische Bildverarbeitung

5.3.1 Allgemeines

Für die rechnergestützte Bildverarbeitung müssen die zu bearbeitenden Bilddaten auf computerkompatiblen Magnetbändern (CCTs) verarbeitungsbereit vorliegen. Photographische Bildvorlagen können für die elektronische Bildverarbeitung abgerastert und in digitale Form umgesetzt und auf Magnetband aufgezeichnet werden. Die Möglichkeit der Bildverarbeitung wird im Einzelfall durch Art und Umfang der verfügbaren Geräteausstattung (hardware) und durch die zur Verfügung stehenden Programmpakete (software) bestimmt. Ein digitales Bildverarbeitungssystem besteht im wesentlichen aus 3 Teilsystemen: aus einer Bildeingabe-Einheit (Fernsehkamera, Filmleser, Magnetband) zum Einlesen der Bilddaten, einem Prozeßrechner und einer Bild-

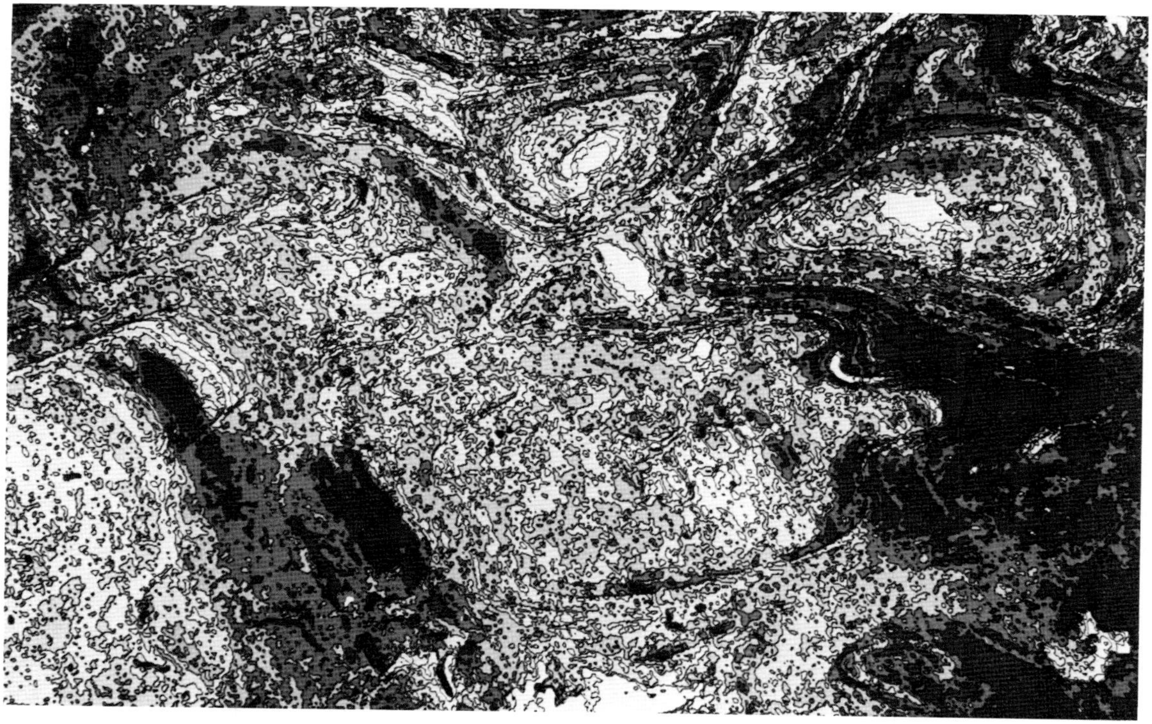

Abb. 119 Dichtetrennung nach dem Agfacontour-Verfahren; vgl. Abb. 116a und b. Bereiche gleicher Grautonstufen (wählbar) werden kontrastreicher dargestellt als im Originalbild (nach GÜNTHER 1972).

ausgabe-Einheit (Schwarzweiß- oder/und Farbmonitor, Printer-Plotter, Film-Plotter). Hinzu kommen Datenspeicher, auf denen die Bilddaten für die Rechenoperationen bereitgehalten werden (vgl. Abb. 121a).

Es gibt eine größere Zahl von rechnergestützten Bildverarbeitungssystemen und von anwendungsorienterter Software. Bildverarbeitungssysteme werden zum Beispiel von den Firmen Optronics, Spectral Data, I^2-S, ISI-Log Etronic u.a. hergestellt. Bekannte Software-Programme sind u.a. die von LARS (Purdue University), VICAR (Jet Propulsion Laboratory, Pasadena), DIBIAS (DFVLR, Oberpfaffenhofen).

In vielen Instituten, die mit der elektronischen Datenverarbeitung arbeiten, sind spezielle, amwendungsbezogene Software-Programme entwickelt worden. Diese Software ist meist systembezogen und nicht unbedingt auf andere Systeme übertragbar. Gewöhnlich haben Bildverarbeitungssysteme

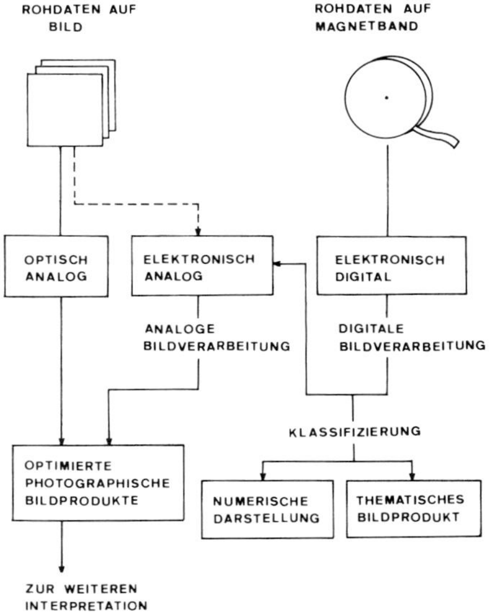

Abb. 120 Schema der analogen und digitalen Bildverarbeitung (verändert nach BODECHTEL & HAYDN 1976).

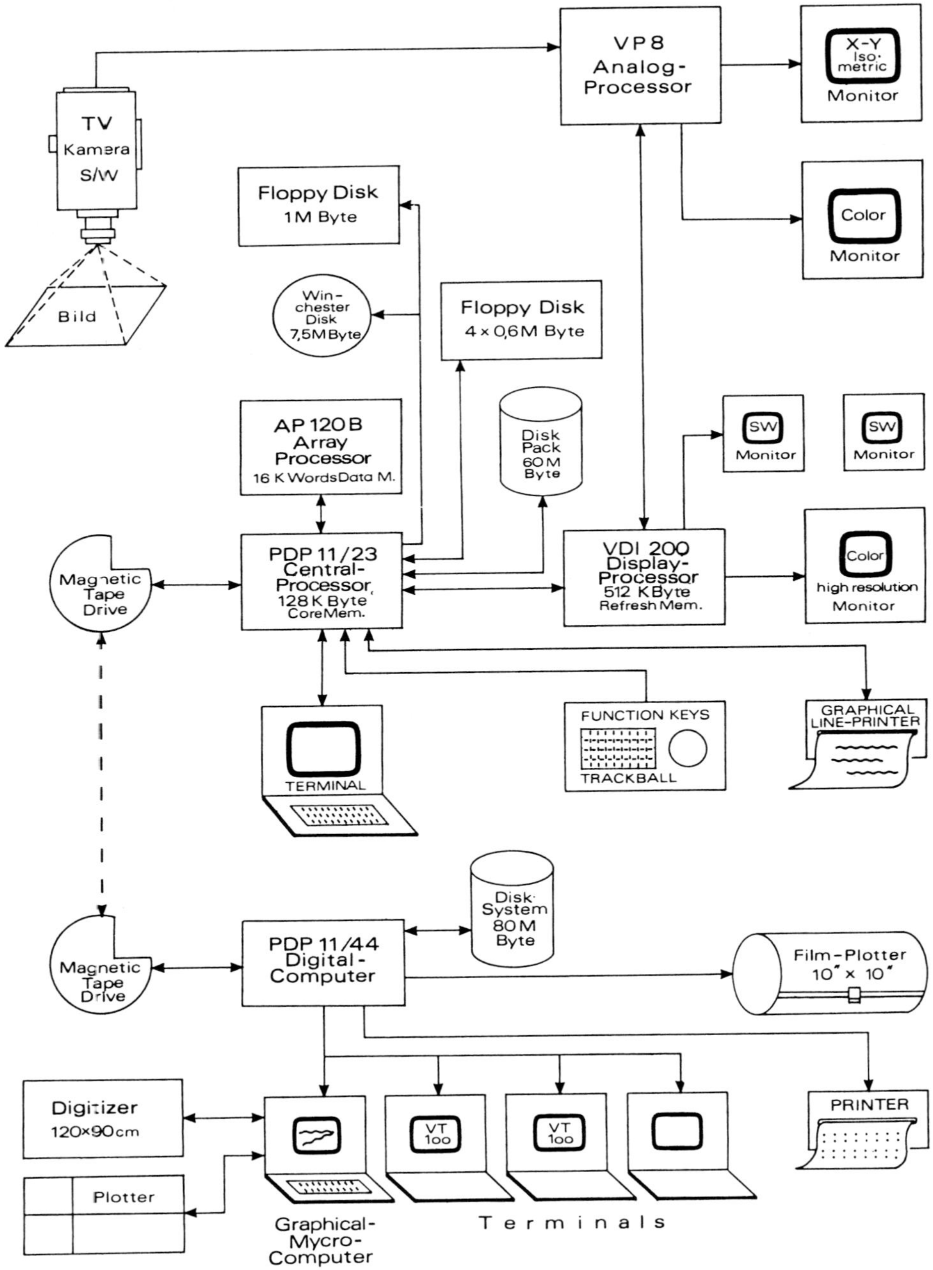

Abb. 121a Hardware-Konfiguration des Geowissenschaftlichen Multi-Bild-Auswerte- und Prozessor-Systems (GEOMAPS) der Arbeitsgruppe Fernerkundung, Institut für Angewandte Geologie, FU Berlin.

Möglichkeiten zur Anwendung analoger und digitaler Verfahren der Datenverarbeitung (hybride Systeme). Bevorzugt werden Bildverarbeitungsanlagen, die interaktive Arbeit am Bildschirm erlauben. Das sind Systeme, in denen die einzelnen Schritte der analogen und digitalen Datenverarbeitung nicht nach einem starren Schema ablaufen, in deren Arbeitsgang der Interpret vielmehr eingreifen kann, um den Verarbeitungsprozeß und das Datenprodukt in bezug auf die jeweilige Fragestellung der Interpretation zu optimieren. Diese Möglichkeit ist entscheidend für das Endprodukt der Bildverarbeitung und für den Nutzen vorverarbeiteter Bilddaten für die Interpretation. Allein der sachkundige, erfahrene Interpret kann entscheiden, worauf die Bildauswertung ausgerichtet sein soll und ob die schon durchgeführten Schritte zum angestrebten Ergebnis führen. Der Nutzer von Fernerkundungsdaten sollte die Aufbereitung und Verarbeitung seiner Bilddaten daher keinesfalls allein dem Techniker oder Operator überlassen. Dies ist durchaus realisierbar, weil das analog-elektronische Teilsystem hybrider Bildverarbeitungsanlagen auch dem in der Bildverarbeitung weniger erfahrenen Geologen nach kurzer Einführung die Möglichkeit bietet, Daten selbständig und weitgehend interaktiv auszuwerten.

Die Hardware-Konfiguration einer hybriden interaktiven Bildverarbeitungsanlage zeigt die Abb. 121a am Beispiel der derzeit von der Arbeitsgruppe „Fernerkundung" im Institut für Angewandte Geologie der FU Berlin genutzten Anlage. Das Bildverarbeitungssystem GEOMAPS (Geowissenschaftliches Multibild Auswerte- und Prozessor-System) besteht aus zwei Rechnersystemen. Das eine (als Multi Task-System bezeichnet) dient zur Bearbeitung und Ausgabe großer Szenen und zur Programmierung. Es besitzt ein Multi User-Betriebssystem (s. Abb. 121a unten). Ihm ist ein Film-Plotter zur Ausgabe von SW- und Farbfilmen angeschlossen. Das andere Teilsystem (mit der Bezeichnung Earthviews II-System) findet bei der graphisch interaktiven Bearbeitung von Bildausschnitten Verwendung. Seine Hardware-Konfiguration ist im oberen Teil der Abb. 121a dargestellt. Die für das GEOMAPS entwickelte Software ermöglicht die in der Abb. 121b dargestellten Schritte der Bildverarbeitung (Vorverarbeitung und Auswertung). Eine eingehende Beschreibung der Hardware und Software des Systems gibt SCHOELE (1984).

Die Vorverarbeitung spektraler Bilddaten (engl. preprocessing) mit dem Ziel der Bildverbesserung (kontrastverstärkte Darstellungen interessierender Bildinhalte, Bildüberlagerungen, Farbdarstellungen, Äquidensitendarstellungen, Filterung, Ratiobildung) soll den nachfolgenden Interpretationsprozeß optimieren. Hierfür werden analoge, für Kontrastverstärkung, Filterung und Ratiobildung zunehmend auch digitale Verfahren eingesetzt. Analoge und digitale Verfahren unterscheiden sich primär durch die Hardware. Die über Datenvorverarbeitung erstellten Bilddaten haben qualitativen Charakter. Die Verfahren der digitalen Datenverarbeitung bieten darüber hinaus die Möglichkeit zur quantitativen Bearbeitung multispektraler Ausgangsdaten. Sie werden einerseits zur geometrischen und radiometrischen Bildkorrektur eingesetzt, andererseits zur thematischen Klassifizierung aufgenommener Geländeobjekte anhand ihrer Spektral- oder Texturmerkmale (statistische Auswerteverfahren). Die digitalen Methoden der Datenverarbeitung haben den Vorteil, reproduzierbare quantitative Daten zu liefern und sehr flexibel in der Anpassung an die jeweilige Aufgabenstellung zu sein. Bei mehreren Auswerteschritten können digital berechnete Zwischenergebnisse zur Überprüfung und Abschätzung auf ihren Nutzen auf Film umgesetzt werden. Der Einsatz digitaler Verfahren der Datenverarbeitung ist u.a. auch stark auf die automatische Klassifizierung spektraler Bilddaten ausgerichtet. Hierbei werden die Bilddaten in digitaler Form in den Computer eingelesen. Nach Ablauf eines Klassifizierungsprogramms zeichnet der Plotter oder

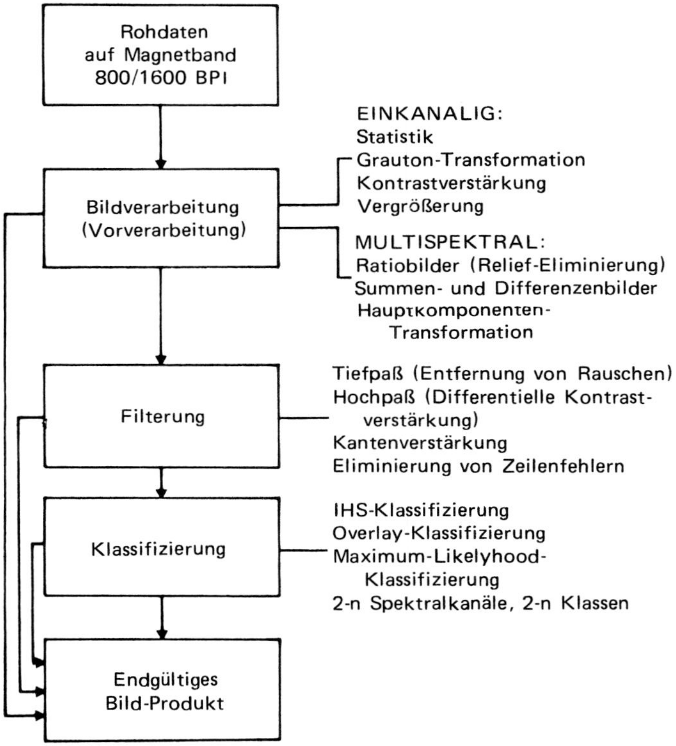

Abb. 121b Programme und Verarbeitungsschritte des Bildverarbeitungssystems GEOMAPS.

Printer die flächenhafte Verteilung von Bildbereichen ausgewählter Spektral- oder Texturmerkmale auf (vgl. Abschn. 5.3.13). Ergebnisse der digitalen Verarbeitungsprozesse spektraler Ausgangsdaten sind thematische Kartendarstellungen und statistische Diagramme oder numerische Angaben über die Spektralcharakteristika ausgesuchter Geländeobjekte oder -einheiten.

Informationen über die Grundlagen, Methoden, Zielsetzungen und auch Probleme der analogen und der digitalen Bildverarbeitung (vor allem unter geowissenschaftlichen Aspekten) finden sich im Literaturverzeichnis. Im folgenden Text sollen eher verschiedene Möglichkeiten des Einsatzes der elektronischen Verarbeitung von Bilddaten aufgezeigt als Grundlagen und Verfahren beschrieben werden. Abb. 120 gibt eine schematische Darstellung der Möglichkeiten der Bildverarbeitung.

5.3.2 Digital-Analog- und Analog-Digital-Umwandlung von Bilddaten

Die elektronische Bildverarbeitung basiert auf der Verwendung digitalisierter Bilddaten. Ihre Flexibilität erhält diese Form der modernen Bildverarbeitung durch die Kombination optischer und elektronischer Bildverarbeitungssysteme und durch die Möglichkeit zum kombinierten Einsatz analoger und digitaler Methoden der Datenaufbereitung, Datenverarbeitung und Datendarstellung. Solche Verfahren werden derzeit bevorzugt für die Auswertung von Landsat-Aufnahmen eingesetzt. Jedes Landsat-Bild besteht, wie schon erwähnt, aus einer Vielzahl einzelner Bildpunkte (Pixel), deren Raster das Bild aufbaut (Abb. 83). Die Lage jedes Bildpunktes ist durch seine x- und y-Koordinate im Bild festgelegt. Die Helligkeit jedes Bildpunktes ist durch eine Zahl (engl. DN = **D**igital **N**umber) ausgedrückt. Jeder Bildpunkt ist daher durch seine Lage im x-y-Koordinatensystem und durch seinen Helligkeitswert definiert, durch Zahlen, die für die verschiedenen Rechenoperationen genutzt werden können.

Bei der Umsetzung der Digitalwerte in ein Bild modulieren die Digitalzahlen der einzelnen Bildpunkte im Filmaufzeichengerät eine Lichtquelle, die über eine Schreiboptik zeilenweise (innerhalb der Zeile Bildpunkt für Bildpunkt) einen auf einer Trommel montierten und an der Lichtquelle vorbeigeführten Schwarzweiß-Film belichtet. Ist eine Zeile belichtet, verschiebt sich die Lichtquelle um die Breite einer Zeile, und der Abspielvorgang wiederholt sich. So entsteht zeilenweise (Bildpunkt für Bildpunkt) das Analogbild. Bei digitalen Plottern (z.B. Optronics, Hell) wird jedes Pixel als kleines Quadrat (im Normalfall) diskret dargestellt, mit einem diskreten Grauwert für jedes Pixel. Bei starker Vergrößerung haben solche Bilder auch eine Art Kreuzgitter-Struktur, im Gegensatz zur Linienstruktur von Analogplottern. Hier kann die Lichtquelle analog (über Linearverstärker) moduliert werden, so daß jede einzelne Zeile als Analogsignal ausgegeben wird (z.B. Linoscan-Plotter der DFVLR).

Soll eine photographische Bildvorlage (Landsat-Bild, Luftbild, Radarbild) digitalisiert werden, läuft der Prozeß umgekehrt. Die zu digitalisierende Bildvorlage wird als Film (Positiv oder Negativ) auf einer Trommel montiert. Mit einer beweglichen Lichtquelle wird der Film Zeile für Zeile auf seine Dichte abgetastet. Die von den abgetasteten Bildpunkten durchgelassene Lichtmenge wird von einem gegenüber der Lichtquelle montierten Detektor erfaßt und in ein analoges elektrisches Signal umgewandelt, dessen Spannungswert der Dichte des belichteten Bildpunktes entspricht und durch Zahlenwerte ausgedrückt werden kann. Die Bildvorlage wird so in ein Bildraster umgesetzt. Die einzelnen Bildpunkte sind im Rasterbild durch ihre x-y-Position im Koordinatensystem und durch ihren Helligkeitswert definiert.

5.3.3 Geometrische und radiometrische Korrekturen von Bilddaten

Mit Methoden der elektronischen Datenverarbeitung können Bildfehler korrigiert werden, die aus der Aufnahme und Übertragung von Bilddaten resultieren. Die geometrische Korrektur beseitigt systembedingte Bildverzerrungen (z.B. von Scanner-Bildern) sowie systemunabhängige Lage- und Maßstabsfehler, die sich aus Änderungen der Flughöhe, Geschwindigkeit oder der Raumlage der Aufnahmeplattform (Flugzeug, Satellit) ergeben. Im Falle der Landsat-Satelliten ist auch ein Ausgleich für die Erdrotation während des Aufnahmeprozesses erforderlich (Zeilenversatz).

Geometrische Korrekturen sind auch für die Überlagerung multitemporaler Aufnahmedaten erforderlich, wenn bildpunktweise Vergleiche multitemporaler Spektraldaten einer Landsat-Aufnahme (change detection) vorgesehen sind. Geometrische Korrekturen der Ausgangsdaten sind in der Regel auch notwendig, wenn Bilddaten unterschiedlicher Aufnahmesysteme einander angeglichen werden sollen (z.B. Kombinationen hochauflösender panchromatischer RBV-Bilddaten mit Spektralbildern des Landsat-MSS oder Landsat-Szenen mit Radarbildern). Schließlich werden geometrische Korrekturen mit Hilfe der elektronischen Bildverarbeitung erforderlich, wenn Bild- oder Magnetbanddaten einer Bildszene einer bestimmten Standardprojektion anzupassen sind.

Auch radiometrische Korrekturen beziehen sich einerseits auf systembedingte Beeinflussungen des Spektralsignals (z.B. Empfindlichkeits- und Niveauunterschiede der Detektoren, Scanlinieneffekte, Zeilenversatz) und andererseits auf systemunabhängige Störsignale. Bei Landsat-Aufnahmen sind vor allem Aufnahmedaten im Kanal 4 von Streuungsprozessen des Lichts in der Atmosphäre beeinflußt. Streulicht der Atmosphäre hellt auch die dunklen Bildbereiche von Aufnahmen des MSS-Kanals 4 auf. Aus dem Einfluß der atmosphärischen Streuung resultiert der diffuse kontrastarme Eindruck von Landsat-Szenen des MSS-Kanals 4. Eine Korrektur der Aufnahmedaten der Kanäle 4 und 5 wird möglich, wenn man die gesamte Kurve der Grauwertverteilung zum Schwarzen hin verschiebt. Dies wird erreicht, wenn man die gesamte Kurve der Grauwertverteilung zum Schwarzen hin verschiebt. Dies wird erreicht, wenn man den Dunstwert von der Grauwertzahl jedes einzelnen Bildelementes abzieht. Radiometrische Korrekturen der Primärdaten sind erforderlich, um eine radiometrische Vergleichbarkeit der Spektraldaten zu erreichen. Diese ist Voraussetzung für die Ermittlung der Intensitätsverhältnisse unterschiedlicher Spektralkanäle und für die Bildverarbeitung mit digitalen radiometrischen Klassifizierungsalgorithmen. Den Einfluß atmosphärischer Effekte auf Landsat-MSS-Daten und deren Korrekturmöglichkeiten haben u.a. TURNER & SPENCER (1972) und QUIEL (1975) untersucht.

5.3.4 Kontrastverstärkung

Um den Informationsgehalt von Bildern und damit deren Interpretierbarkeit zu verbessern, ist oft eine Kontrastverstärkung durch Grautondifferenzierung erwünscht. Hierfür werden bevorzugt Verfahren der digitalen Bildverarbeitung eingesetzt, weil sie genauer sind als die schon erwähnten photographischen Verfahren und einen größeren Spielraum für Grauwertmanipulationen bieten.

Die entsprechenden Verfahren werden vor allem zur Kontrastverstärkung von Multispektral-Scanner-Bildern angewendet. Multispektral-Scanner sind technisch so ausgelegt, daß die von den Geländeobjekten reflektierte Strahlungsenergie über einen weiten Dynamikbereich erfaßt werden kann (in 128 bzw. 64 Stufen). Dieser Dynamikbereich würde z.B. ausgenutzt, wenn im aufgenommenen Gelände neben anderen Materialien (Böden, Vegetation) sowohl Basalte oder Ultrabasite und Salz, Gips oder Schnee auftreten. Im Grauwert-Histogramm einer solchen Szene würden sich die Helligkeitswerte über die gesamte Grautonskala verteilen. In der Regel ist jedoch das spektrale Reflexionsverhalten der natürlichen Objekte einer Landschaft nicht so extrem. Entsprechend treten in den Grauwert-Histogrammen von Landsat-MSS-Spektralbildern Häufungen meist nur in mehr oder minder engen Teilbereichen der Grauwertskala auf. Das zeigen z.B. die Histogramme der Abb. 123. Ist mit Hilfe statistischer Verfahren der digitalen Datenverarbeitung die Grauwertverteilung im einzelnen Spektralbild bzw. in den 4 Spektralbildern einer Landsat-MSS-Szene ermittelt, lassen sich mit einfachen Rechenprogrammen Grauwertmanipulationen vornehmen. Z.B. lassen sich enge Grauwerthäufungen strecken, indem man etwa den dunkelsten Grautonwert = 0 und den höchsten im Bild auftretenden Grautonwert = 255 setzt. Aus den Daten der neuen Grautonverteilung läßt sich ein neues Bild erstellen, in dem auch feine Helligkeitsunterschiede noch differenziert wiedergegeben werden. Dieses Verfahren (engl. stretching) ist vor allem dann interessant, wenn im Rahmen einer bestimmten Fragestellung der thematischen Interpretation nur bestimmte Helligkeitsbereiche von Bilddaten von Bedeutung sind, deren feine Nuancen für den Interpretationsvorgang kontrastreicher wiedergegeben werden sollen.

Neben der linearen Streckung kann man über ein anderes Programm gleichmäßige Streckungen vornehmen, bei denen die Dichteverteilung gleichmäßig über den Dynamikbereich gelegt wird. Dies bewirkt, daß mittlere Grautöne stärker gestreckt werden als die extremen Grautöne, die ja meist seltener im Bild auftreten und auch unter geologischen Aspekten keine allzu große Aussagekraft haben. Sie repräsentieren meist Wolken, Schnee, Eis, Schatten und Gewässer.

Eine weitere Möglichkeit der Grauwertmanipulation bietet die Gaußsche Streckung. Hierbei werden speziell die extremen Grauwerte gestreckt, die mittleren dagegen zusammengedrängt. Welche der Methoden zur Kontrastverstärkung anzuwenden ist, um den Interpretationsvorgang optimal zu gestalten, muß von Fall zu Fall entschieden werden.

Zu erwähnen ist hier auch das Verfahren des „piecewise linear stretch", das gewöhnlich die besten Ergebnisse liefert. Hierbei werden einzelne Histogrammbereiche unterschiedlich manipuliert (gestreckt oder gestaucht).

Zu erwähnen ist, daß die genannten Grauwertmanipulationen zum Zweck der Kontrastverstärkung nicht nur an Originalbilddaten vorgenommen werden können, sondern auch an Bilddaten, die über Verfahren der Datenvorverarbeitung bereits modifiziert worden sind. Durch Grauwertmanipulationen anwendungsorientiert vorverarbeiteter Bilddaten (z.B. von Ratiobildern des Landsat-MSS) ergibt sich eine zusätzliche Möglichkeit zur aufgabenbezogenen Optimierung von Bildvorlagen für die nachfolgende visuelle Interpretation. Beispiele dafür diskutiert die Publikation von ROWAN et al. (1974), aus der die Abb. 129 stammt. Nähere Beschreibungen der Methodik finden sich u.a. bei KRITIKOS (1975), SABINS (1978) und bei BODECHTEL & HAYDN (1976), HAYDN (1977), POLCYN et al. (1978), KOLOUCH et al. (1981).

5.3.5 Farbauszüge

Aus farbigen Bildvorlagen (Luftbilder, Satellitenaufnahmen) können mit Hilfe eines Farb-Scanners Farbauszüge erstellt werden. Durch Farbfilter wird hierbei die Information einer Schicht des Farbfilms getrennt registriert. Der erhaltene Farbauszug gibt in seiner Grautondichte die Farbdichte bzw. Änderungen der Farbdichte der entsprechenden Schicht im Bildbereich wieder. Dabei ist die Farbdichte ein Maß für die Helligkeit in dem Spektralbereich, für den die betreffende Schicht sensibilisiert war (HELLWIG 1973).

Zur Erstellung des Farbauszuges wird die Bildvorlage Zeile für Zeile auf ihre Farbdichte abgetastet (in einem Farbkanal oder gleichzeitig in mehreren). Die Farbdichte wird von einem Detektor in ein elektrisches Signal umgewandelt, dessen Spannungswert der Farbdichte der Bildvorlage im abgetasteten Bereich entspricht. Das Ausgangssignal moduliert eine Glimmlampe oder LED, die synchron zur Abtastung der Farbbildvorlage über eine Schreiboptik einen Schwarzweiß-Film belichtet. Durch das sehr hohe Auflösungsvermögen des Farbscanners werden Farbauszüge sehr guter Qualität erstellt, die für die weitere Bildverarbeitung genutzt werden können (Kontrastverstärkung, Äquidensitendarstellung, Pseudorelief, Kantenverschiebung, Fourier-Transformation). Das von HELLWIG beschriebene Gerät (Hell-Chromagraph) erlaubt die gleichzeitige Abtastung von drei Farbkanälen. Der analoge Farbrechner des Chromagraphen ermöglicht die Verarbeitung der Signale in Echtzeit. In verschiedenen Kombinationen einsetzbare optische, elektronische und photographische Methoden der Bildverarbeitung erlauben die Ermittlung und Darstellung von Bildbereichen bestimmter Farbtönung bzw. gleicher Farbdichte oder Flächen bestimmter Texturen. Neben dem oben erwähnten Gerät gibt es auf dem Markt noch eine große Zahl anderer Geräte zur Erstellung von Farbauszügen und zur Digitalisierung der Bilddaten.

5.3.6 Dichtetrennungen (Äquidensiten-Erstellung)

Dichtetrennungen, die der Agfacontour-Film auf photographischem Wege durchführt, lassen sich auch mit Hilfe der elektronischen Datenverarbeitung vornehmen. Dies geschieht, indem alle Bildpunkte eines Spektralbildes oder eines vorher der Datenverarbeitung unterzogenen, schon modifizierten Bildes auf ihre Helligkeit untersucht und Bildbereiche gleicher Helligkeit oder gleicher Helligkeitsstufen auf Film aufgezeichnet werden. Äquidensiten können auf diese Weise für beliebige Helligkeiten oder Helligkeitsintervalle erstellt werden. Zur Interpretationserleichterung können die einzelnen Äquidensiten oder Überlagerungen mehrerer Äquidensiten farbig codiert werden. Das macht die flächenhafte Darstellung kontrastreicher und erleichtert das Verfolgen der einzelnen Dichtestufen im Bildbereich. Auf diese Weise werden zum Beispiel Grautonverteilungen in Thermal-Scanner-Bildern differenziert wiedergegeben, wobei ausgewählten Dichtestufen (= Temperaturbereichen) bestimmte Farben zugeordnet werden. Ähnlich kann mit Spektralaufnahmen verfahren werden, in denen sich Bereiche unterschiedlicher Wassertiefe oder wechselnder Sedimentführung durch Grautonunterschiede abzeichnen.

5.3.7 Kantenverstärkung

In sich geschlossene Grautonbereiche werden im kontrastverstärkten Bild von der Umgebung abgesetzt, indem sie durch eine helle oder dunkle Linie umschlossen werden. Kriterium ist ein Dichtesprung zwischen benachbarten Bildpunkten, der einen ausgewählten Schwellenwert übersteigt.

5.3.8 Farbdarstellungen und Bildüberlagerungen

Zu den häufig eingesetzten Verfahren der digitalen Bildverarbeitung gehören Farbdarstellungen. Grauauszügen der einzelnen Spektralkanäle werden hierbei wahlweise additiv (Blau + Grün + Rot) oder subtraktiv (Cyan + Gelb + Magenta) Farben zugeordnet. Auch lassen sich die drei möglichen additiven oder subtraktiven Farben austauschen und nach Wahl den verschiedenen Spektralbildern einer Multispektralaufnahme zuordnen. Dadurch wird es möglich, aus den multispektralen Ausgangsdaten eines Scanner-Bildes (zum Beispiel einer MSS-Landsat-Szene) Bilder verschiedener Farbkombinationen herzustellen. Zum Standard gehört die Simulation von Farbinfrarotaufnahmen, in denen die Vegetation mit roten Farben wiedergegeben ist (als Colorkomposite bezeichnet, aus den Spektraldaten der Kanäle 4, 5 und 7 erstellt). Es ist auch möglich, aus multispektralen Scanner-Daten Mischbilder natürlicher Farbgebung zu erzeugen (SABINS 1978, HAYDN in WESTERMANN 1981). Bei der Arbeit mit einem interaktiven Bildverarbeitungssystem kann der Interpret durch Variieren der Farbmischung bei gleichzeitiger Beobachtung des Mischbildes auf einem Bildschirm Farbcodierungen erreichen, die zu einer besonders kontrastreichen Darstellung jener Bildinformationen führen, die im Rahmen der jeweiligen Fragestellung von Interesse sind. Farbmischbilder haben den generellen Vorteil, Teilinformationen der einzelnen Spektralaufnahmen synoptisch darzustellen.

Schließlich ist zu erwähnen, daß Farbmischbilder nicht nur aus den primären Aufnahmedaten der einzelnen Spektralkanäle erstellt werden können. Bildüberlagerungen und Farbmischungen können auch auf vorverarbeitete, multispektrale Bilddaten angewendet werden (Ratiobilder, grauwertgespreizte Bilder, Bilder aus Hauptachsentransformationen), um eine kontrastreiche Wiedergabe spezieller lithologischer Einheiten, bestimmter struktureller Gegebenheiten und von Bereichen unterschiedlicher Bodenbeschaffenheit zu erreichen. Diese Methoden versprechen besonders für die Verarbeitung und Auswertung multispektraler Aufnahmedaten vegetationsfreier Gebiete Erfolg.

5.3.9 Pseudoplastische Darstellungen

Auch die bei den photographischen Verfahren erwähnten pseudoplastischen Bilddarstellungen lassen sich über Prozesse der elektronischen Bildverarbeitung und anschließende Umsetzung der errechneten Daten in Grauwerte erreichen. Dabei lassen sich scheinbare Beleuchtungseffekte aus verschiedenen Richtungen simulieren. Pseudoplastische Darstellungen sind vor allem für die Verdeutlichung linearer struktureller Merkmale einer Landschaft von Bedeutung. Sie können die Kartierung tektonischer Strukturen erleichtern.

5.3.10 Filterungen

Akzentuierte Bilddarstellungen von Geländeeinheiten und Geländemerkmalen, besonders von linearen Strukturen (Klüften und Störungszonen) einer Landschaft lassen sich über mathematische Prozesse der räumlichen Filterung erreichen, z.B. über die Filterung der räumlichen Grauwertänderungen innerhalb einer Landsat-Szene. Erfaßt und gefiltert werden hierbei Häufigkeit und Amplitude von Grauwertänderungen in einer ausgesuchten Richtung, z.B. entlang der Scanlinien einer Landsat-Szene oder in einer anderen Richtung. Die Richtung, in der die Filterung vorgenommen wird, bestimmt, welche Strukturrichtung im Bild betont wird. Senkrecht zur Filterrichtung orientierte Strukturen werden jeweils verstärkt wiedergegeben (parallel verlaufende unterdrückt). Für die akzentuierte Darstellung von Kluftscharen und Störungen (mit sehr häufigen und relativ engräumigen Grauwertänderungen) eignet sich besonders die sogenannte Hochpaßfilterung (engl. high pass filtering), die nur häufige, engräumige Grauwertänderungen erfaßt und weniger häufige, weiträumigere Grauwertänderungen herausfiltert.

Ein anderes für die Geologie wichtiges Filterverfahren zur Bildverbesserung ist die Fourier-Transformation. Zur Unterdrückung unerwünschten Bildrauschens kann das Programm „Medianfilter“ eingesetzt werden. Grundlagen und Anwendungsbeispiele von Filterverfahren werden u.a. von SABINS (1978), GILLESPIE (1980), KOLOUCH et al. (1981) und BURGER (1981) beschrieben. Dort finden sich auch weitere Literaturhinweise.

5.3.11 Ratio-Darstellungen

Die Bildqualität von Spektralaufnahmen und damit die Wiedergabe geologisch bedeutsamer Geländegegebenheiten (unterschiedliche Gesteinstypen und deren Verbreitung, Bereiche unterschiedlicher Böden und unterschiedlicher Bodenfeuchte, Unterschiede im Bewuchs) kann auch durch einfache arithmetische Operationen mit den Daten verschiedener Spektralkanäle wie Summieren, Dividieren oder Multiplizieren verbessert werden. Die schon erwähnte Methode der Überlagerung mehrerer Spektralbilder aus Multispektralaufnahmen entspräche einer Addition der Intensitätswerte bzw. der Grauwerte der Teilbilder. Ein anderes, ebenfalls mit viel Erfolg auch in der geologischen Fernerkundung eingesetztes Verfahren ist das Ratio-Verfahren. Ratiobilder von Landsat-Szenen werden erzeugt, indem die gemessenen Intensitäten zweier auswählbarer Spektralkanäle Pixel für Pixel durcheinander dividiert werden. Aus den Quotienten aller Pixel einer Landsat-Szene ergibt sich eine neue Abbildung, deren Grauwerte kein Maß der vom Gelände in einem bestimmten Wellenlängenintervall reflektierten Energie darstellen, sondern das Verhältnis der Helligkeiten zweier Kanäle.

In der Regel werden im Rahmen der digitalen Bildverarbeitung von Landsat-Daten Ratiobilder der Kanäle 4 und 5 erstellt. Ist ein Objekt im Kanal 4 (Grün) heller als im Kanal 5 (Rot), so ist in der Ratio $\frac{4}{5}$ der Zähler größer als der Nenner. Im Ratiobild wird das Objekt entsprechend mit hellem Grauton wiedergegeben. Ist umgekehrt ein Objekt im Kanal 5 heller als im Kanal 4, ist in der Ratio $\frac{4}{5}$ der Nenner größer. Entsprechend wird das Objekt im Ratiobild mit dunklem Grauton erscheinen. So stellen die extremen Hell- und Dunkeltöne eines schwarzweißen Ratiobildes das maximale Verhältnis der Intensitäten beider Spektralkanäle dar, deren Ratio ermittelt wurde.

Durch die Ratiobildung aus Daten der Kanäle 4 und 5 kann der Licht-/Schatteneffekt, können die starken, durch das Oberflächenrelief bedingten Helligkeitsschwankungen im Bild unterdrückt werden. Angenommen, eine lithologische Einheit (Gesteinsoberfläche) liegt teils im Schatten, teils im Sonnenlicht, so wird der im Schatten liegende Bereich der Gesteinseinheit in den zur Ratiobildung genutzten Aufnahmen der Kanäle 4 und 5 jeweils in dunkleren Grautönen wiedergegeben. In der Ratio-Darstellung dagegen zeigt er den gleichen Grauton wie der sonnenbeschienene Teil, da ja nur Helligkeitsverhältnisse der Kanäle 4 und 5 in das Bild eingehen (vgl. BURGER 1981 und 1982).

Wie unterschiedlich derselbe Geländebereich, dieselben Teileinheiten eines Geländebereiches in den Aufnahmen der einzelnen Spektralkanäle und in Ratiobildern wiedergegeben werden können, zeigt ein Vergleich der Abb. 164 bis 166. Große Unterschiede in der Bildwiedergabe der Geländegegebenheiten fallen beim Vergleich auf den ersten Blick auf. Bei näherem Hinsehen erkennt man, daß bestimmte Einzelheiten des Geländes jeweils nur in einer bestimmten Bilddarstellung (Kanal- oder Ratiobild) kontrastreich gegenüber ihrer Umgebung wiedergegeben werden. Daher ist bei der Vorbereitung auf die Auswertung multispektraler Scanner-Aufnahmen darauf zu achten, daß in bezug auf die jeweilige Fragestellung optimale Bildvorlagen erstellt werden. Das können Einzelbilder und/ oder Ratiobilder sein. Maximaler Informationsgewinn ist in der Regel nur durch die vergleichende Auswertung möglichst vieler verschiedenartiger Bilddarstellungen des zu kartierenden Geländes (unter Einbeziehung multitemporaler Aufnahmedaten) zu erzielen.

Ratiobilder werden oft auch von anderen Kombinationen, z.B. Kanal 4/7 für Vegetationserkennung, hergestellt. Man kann auch aus 3 Ratiobildern wieder Farbkompositenbilder erzeugen.

Erfahrungsgemäß begünstigen Ratiobilder die Differenzierung und kontrastreiche Darstellung unterschiedlicher lithofazieller Einheiten. Die Abgrenzung und Verfolgung petrographisch gleicher Einheiten ist im Ratiobild oft leichter als im einfachen Spektralbild, weil die Auswirkungen des Reliefs auf die Reflexion gemindert und Farbunterschiede von Gesteinen und Böden betont werden.

Neben Quotientenbildungen aus den Daten zweier Spektralkanäle sind auch andere, kompliziertere Manipulationen möglich. So kann man zum Beispiel die Grauwertdaten eines einzelnen Spektralkanals durch den Durchschnittsgrauwert aller anderen Bilder dividieren oder auch Rechnungen wie (Kanal 4 – Kanal 5)/(Kanal 4 + Kanal 5) u.a. durchführen. Bei diesen Formen der Datenverarbeitung handelt es sich allerdings eher um ein Probieren, ein Testen auf bessere Darstellungsmöglichkeiten spezieller interessierender Bildinhalte. Es ist hierbei nicht vorhersehbar, wie sich solche Rechnungen auf die Wiedergabe des Bildinhaltes auswirken. Man sollte daher mit einem interaktiven System schrittweise arbeiten und die digital berechneten Zwischenergebnisse jeweils auf dem Bildschirm oder auf Film darstellen, um zu überprüfen, ob die Datenmanipulationen zur gewünschten kontrastverstärkten Wiedergabe der interessierenden Geländeobjekte oder -einheiten führt.

Um den Informationsgehalt mehrerer Ratiobilder in einem Bild zu vereinen, kann man Ratiobilder überlagern. Farbüberlagerungen bringen einen zusätzlichen Informationsgewinn. Eine kontrastreiche Wiedergabe geologisch bedeutsamer Geländegegebenheiten ist auch zu erreichen, wenn an den Ratiobildern lineare oder Gaußsche Grauwertspreizungen vorgenommen werden, bevor sie überlagert werden (ROWAN et al. 1974, GOETZ et al. 1975, GILLESPIE 1980) (s. auch Abb. 129).

5.3.12 Hauptachsentransformation

Ein Verfahren, das zur Bildverbesserung eingesetzt werden kann, gleichzeitig aber auch der Datenreduktion dient, ist die Hauptachsentransformation (engl. principal component transformation). Das bei GILLESPIE (1980) und bei BURGER (1981) näher beschriebene Verfahren liefert modifizierte Bilddarstellungen der bearbeiteten Szene, mit neuen, mit den einzelnen Verarbeitungsschritten wechselnden Grautonwiedergaben bestimmter Geländeobjekte und -einheiten. Über die Hauptachsentransformation können manche interessierende Bildinhalte kontrastreicher wiedergegeben werden. Grautonänderungen und Änderungen im Kontrast bestimmter Bildinhalte gegenüber ihrer Umgebung werden beim Vergleich der Abb. 165a–c deutlich. Das Bild der ersten Hauptachsentransformation hat den größten Kontrast bei der Wiedergabe der Geländeverhältnisse. Hier ist der Faktor Gesteinshelligkeit entscheidend. Die Bilder der zweiten und dritten Hauptachsentransformation, in welche eher die Farbunterschiede der Geländeeinheiten eingehen, sind insgesamt flauer, jedoch zeichnen sich in ihnen bestimmte Geländeobjekte und -einheiten kontrastreicher ab als in den Originalbildern. Hierauf zielt die Hauptachsentransformation. Dabei können bisweilen lithologische Einheiten im Bild sichtbar gemacht werden, die in der Datenfülle der Originalbilder unauffällig bleiben (HAYDN 1977). Zur Verdeutlichung speziell interessierender Bildinhalte können die aus den Hauptachsentransformationen resultierenden Bilder weiteren Verfahren der digitalen Datenverarbeitung unterworfen werden, zum Beispiel der Hochpaßfilterung und der Umsetzung in Farbbilder. Auch kann in manchen Fällen die Clusteranalyse, die Trennung in spektrale Merkmalsklassen verbessert werden, wenn die Ausgangsdaten zunächst der Hauptachsentransformation und die daraus resultierenden Bilddaten anschließend der statistischen Merkmalsanalyse unterworfen werden.

5.3.13 Thematische Klassifizierung von Bilddaten

Der große Datenanfall multispektraler Aufnahmesysteme (vor allem des MSS der Landsat-Satelliten) und der Wunsch nach einer schnellen und themenbezogenen Nutzung aktueller Erderkundungsdaten hat schon früh multidisziplinäre Untersuchungen der Anwendungs- und Entwicklungsmöglichkeiten computergestützter Bildauswerteverfahren der Fernerkundung ausgelöst. Von besonderem Interesse für die Erderkundung sind Klassifizierungen von Vegetations- und Landnutzungseinheiten, von Bereichen gesunder und unter Streß befindlicher Vegetation, von Schwebstoffkonzentrationen in Gewässern, von Boden- und Gesteinseinheiten.

Für die thematische Klassifizierung von Bilddaten ist der Computer so programmiert, daß er jeden Bildpunkt eines Bildes (Pixel) auf dessen Spektraldaten überprüft und einer vorher festgelegten spektralen Merkmalsklasse zuordnet. Die Klassifizierungsergebnisse werden beim heutigen Stand der Technik fast immer als Bild ausgegeben. In der vom Computer ausgegebenen Darstellung ist die flächenhafte Verbreitung der Merkmalsklassen im untersuchten Bereich angegeben (s. Abb. 122h).

Thematische Klassifizierungen von MSS-Bilddaten der Landsat-Satelliten mit Hilfe spezieller Rechenprogramme (Algorithmen) der digitalen Bildverarbeitung sind möglich, weil die einzelne Landsat-Szene aus einem Raster gleich großer Bildpunkte (Pixel) aufgebaut wird (3240 Pixel pro Scanlinie, 2340 Scanlinien pro Szene). Jedes Pixel einer Landsat-Szene entspricht einer Bodenfläche von 57 x 79 m. Die für den Bereich dieser Bodenzelle vom MSS gemessen Strahlungswerte werden an Bord des Satelliten digitalisiert und später auf Magnetband aufgezeichnet. Die jedem Pixel zugehörige Digitalzahl (engl. DN) ist proportional der Energie, die vom Sensor zur Aufnahmezeit für den Bereich der betreffenden Bodenfläche gemessen wurde (vgl. Abschn. 4.4.3 und Abb. 83a und b). Da der Multispektral-Scanner der Landsat-Satelliten die von einer Bodenzelle reflektierte Strahlung gleichzeitig in 4 Spektralkanälen mißt, werden für jedes Pixel 4 Digitalzahlen (4 Spektralmerkmale) aufgezeichnet, die für thematische klassifizierungen von MSS-Bilddaten genutzt werden können.

Die thematische Klassifizierung multispektraler Bilddaten setzt allerdings voraus, daß die zu kartierenden Geländeobjekte oder -einheiten objekt- bzw. materialbezogene Spektralmerkmale aufweisen, an denen sie sich erkennen und gegenüber ihrer Umgebung, d.h. gegenüber anders beschaffenen oder nicht interessierenden Geländeobjekten unterscheiden und abgrenzen lassen. Für den Klassifizierungsprozeß sind daher zunächst mit Hilfe statistischer Verfahren der digitalen Bildverarbeitung die spektralen Helligkeits- bzw. Grautonwerte der zu klassifizierenden Geländeobjekte oder -einheiten in repräsentativen Test- oder Teilbereichen einer Landsat-Szene zu ermitteln, zu korrelieren und in spektralen Merkmalsklassen abzugrenzen (vgl. Abb. 123 bis 128). Dann wird über ein spezielles Rechenprogramm dem Computer die Aufgabe gestellt, alle Pixel eines ausgewählten Bildausschnittes oder einer ganzen Landsat-Szene auf ihre Zugehörigkeit zu einer der Merkmalsklassen zu überprüfen. Entscheidend für die Zuverlässigkeit der Klassifizierung ist der Schwellenwert für die Entscheidung zur Abgrenzung der einzelnen Merkmalsklassen, die Festlegung noch erlaubter Schwankungen der Spektralwerte innerhalb der einzelnen Klassen. Spektraldaten, die in den Grenz- oder Überlagerungsbereich zweier Merkmalsklassen fallen oder außerhalb der gewählten Merkmalsklassen liegen, werden beim Klassifizierungsprozeß als nicht klassifizierbar eingestuft.

Möglichkeiten und Grenzen der thematischen Klassifizierung werden u.a. von HAYDN (1977) und BURGER (1981 und 1982) beschrieben. Eine eingehende Darstellung und Diskussion des gesamten Bereiches Bildverarbeitung und Klassifizierung findet sich im Manual of Remote Sensing (2nd ed. 1983).

Zwei Arten der Klassenfestlegung sind möglich: die überwachte Klassifizierung (engl. supervized classification) und die nicht überwachte Klassifizierung (engl. unsupervized classification). Bei der überwachten Klassifizierung legt man im Bild Trainingsbereiche fest, die nach Typ und Beschaffenheit aus Feldbeobachtungen bekannt sind und definiert so die Klassen. Bei der nicht überwachten Klassifizierung werden die Klassen dagegen nach einem Clusterverfahren festgelegt. Hierzu wählt man nach einem Zufallsverfahren einige hundert Pixel mit ihren Merkmalswerten aus und untersucht dann diesen Datensatz auf natürliche Gruppierungen der Spektralwerte. Die Ermittlung von Merkmalsklassen kann im Originalbild (MSS), aber auch in durch Preprocessing für die Auswertung schon optimierten Bilddaten durchgeführt werden (z.B. nach der Grauwertstrekkung oder in Ratiobildern).

Zu den beiden Methoden der Klassenfestlegung schreibt BURGER (1981) nach Untersuchungen der Klassifizierbarkeit verschiedener Gesteinseinheiten: „Die für Anwendungsprobleme bevorzugte Methode der überwachten Klassifizierung liefert im Bildraum im allgemeinen keine Klasseneinteilung, d.h. bei der Zuordnung der einzelnen Bildpunkte zu den Klassen sind Mehrdeutigkeiten möglich. Die nicht überwachte Klassifizierung liefert zwar eine Klasseneinteilung im Bildraum, die Zuordnung der einzelnen Klassen zu bestimmten Objektklassen (Gesteinsarten etc.) ist (jedoch) von der Datenstruktur und den verwendeten Clusteralgorithmen bestimmt, so daß die Verbindung zu anwendungsorientierten Fragen im allgemeinen fehlt, oder anders ausgedrückt, die nicht überwachte Klassifizierung liefert oft Antworten auf Fragen, die vom Anwender nicht gestellt sind." BURGER hält Interaktionen zwischen beiden Methoden für wünschenswert, um einerseits durch passende Wahl der Trennungsgebiete möglichst anwendungsorientiert zu sein und andererseits Fehlklassifizierungen zu vermeiden, die von einer vorhandenen natürlichen Gruppierung der Daten im Merkmalsraum zu stark abweichen.

Die Zuverlässigkeit der thematischen Klassifizierung multispektraler Bilddaten über Programme der digitalen Bildverarbeitung hängt von der Auswahl und Abgrenzung materialspezifischer Merkmalsklassen ab. Bei dem Versuch automatischer Klassifizierungen von lithologischen Einheiten gibt es nicht selten Probleme. Es wurde schon mehrfach erwähnt, daß einerseits der gleiche Gesteinstyp im Gelände mit sehr unterschiedlichen Oberflächenphänomenen auftritt und von Gebiet zu Gebiet wechselnde Oberflächeneigenschaften haben kann. Petrographische Zusammensetzung, Lagerungsverhältnisse, auch Unterschiede in der Art und Intensität der Oberflächenverwitterung, Unregelmäßigkeiten im Relief, in der Boden- und Pflanzenbedeckung, in der Orientierung zum Sensor, auch jahreszeitlich bedingte Veränderungen der Vegetation und der Bodenfeuchte führen innerhalb kleiner Geländebereiche, mit Sicherheit aber innerhalb des Überdeckungsbereiches einer Landsat-Szene zu mehr oder minder starken Schwankungen des spektralen Reflexionsverhaltens lithologischer Einheiten.

Hier sind ferner die wechselnden topographischen Gegebenheiten gebirgiger Bereiche zu erwähnen, die zu sehr unterschiedlichen Beleuchtungsbedingungen (Licht-/Schattenverteilung) und in deren Folge zu reliefbedingten Variationen der Spektralsignale gleicher Gesteine im Aufnahmegebiet führen. Nach KÖHLER (1982) hängt der Reflexionsfaktor von Gesteinsoberflächen auch stark von den geometrischen Bedingungen der Meß- oder Aufnahmesituation ab. Sonnenstand und Hangneigung, Hangorientierung und die Position des Sensors zur Zeit der Aufnahme haben wesentlichen Einfluß auf die Spektralsignaturen von Gesteinseinheiten bzw. Gesteinsoberflächen gebirgiger Bereiche. Bei der Klassifizierung von Gesteinen in MSS-Szenen bzw. nach MSS-Daten muß daher auch das Geländerelief und die Beleuchtungssituation berücksichtigt werden. Läßt man die oben aufgeführten Tatsachen außer Betracht, kommt es zu Fehlklassifizierungen, zu Fehlinterpretationen, speziell im geologischen Anwendungsbereich.

Es besteht daher wenig Hoffnung auf die Erstellung automatischer Klassifizierungsalgorithmen, die übertragbar und unter verschiedenen Geländebedingungen anwendbar sind. Allenfalls sind Erfolge in ausgewählten Teilbereichen zu erwarten. Dabei hat eine automatische Erkennung und Abgrenzung lithologischer Einheiten auf der Basis spektraler Merkmalsklassen in vegetationsbestandenen Bereichen allgemein weniger Aussicht auf Erfolg als in vegetationsfreien Geländebereichen, in denen die zu kartierenden Gesteinseinheiten die Geländeoberfläche bilden. Allerdings gibt es auch hier Störeffekte, z.B. durch Krustenbildung, Salzausscheidungen, variierende Flugsandbedeckung, die zu Veränderungen des spektralen Reflexionsverhaltens gleicher Gesteinseinheiten führen können. BURGER (1981 und 1982) diskutiert diese Problematik am Beispiel von Klassifizierungsversuchen im Tibesti und in SW-Ägypten.

Wie SAVIGEAR et al. (1975) feststellen, liegt ein weiteres grundsätzliches Problem der automatischen Klassifizierung darin, daß Bilddaten bei der digitalen Verarbeitung und bei der automatischen Klassifizierung aus ihrer natürlichen Umgebung herausgelöst werden. Bei der klassischen visuellen Bildinterpretation dagegen sieht der Interpret das lokale Phänomen in der umgebenden Landschaft und gewinnt aus dieser Beziehung wesentliche Informationen. Der erfahrene Interpret erfaßt und interpretiert die vielfältigen Geländeerscheinungen und deren räumliche Beziehungen in der gegebenen Landschaft und nutzt letztere als komplexe Entscheidungskriterien für die Abgrenzung unterschiedlicher Gesteins-, Boden- und Struktureinheiten. Derart komplexe Prozesse der Beobachtung, Korrelation und kritischen Trennung von Bilddaten sind von der automatischen digitalen Datenverarbeitung nicht nachvollziehbar. Die visuelle Interpretation geschickt vorverarbeiteter multispektraler Bilddaten durch einen erfahrenen Interpreten bringt daher für geologische Projekte der Fernerkundung erfahrungsgemäß die zuverlässigsten Ergebnisse. Auch ist sie wesentlich billiger als die relativ kostenaufwendige Klassifizierung spektraler Bilddaten.

Einige typische Schritte und Ergebnisse der digitalen Bildverarbeitung (Statistik, Preprocessing, Klassifizierung) seien nachfolgend am Beispiel eines Ausschnittes einer MSS-Landsat-Szene aus dem Bereich von Kairo demonstriert. Der bearbeitete Bildausschnitt (Abb. 122) hat eine Größe von 512 x 512 Pixel. Die Bildverarbeitung wurde von R. SCHOELE mit dem Bildverarbeitungssystem GEOMAPS des Instituts für Angewandte Geologie (Fernerkundung) der FU Berlin durchgeführt und kommentiert.

Um die Wirkungen unterschiedlicher Schritte der Bildverarbeitung deutlich zu machen, werden zunächst einige, auf verschiedene Weise verarbeitete Bilder dargestellt. Anschließend zeigen Histogramme die Ergebnisse einiger typischer Schritte der statistischen Verarbeitung multispektraler Bilddaten.

Abb. 122a zeigt die Wiedergabe eines ausgewählten Geländebereiches in Bild von Kanal 5 (0,6–0,7 μm, Rot). Die Grauwerte wurden lediglich für den Druck bzw. für die Aufrasterung von 0 . . . 127 (Original) auf 24 . . . 200 linear gestreckt. Sonst wurde keine Änderung vorgenommen. Erkennbar ist der Stadtbereich von Kairo, der Nil, mit dunklen Grautönen absetzend die landwirtschaftlich genutzten bzw. natürlich bewachsenen Bereiche des Niltales, seitlich begrenzt von den fast weiß getönten angrenzenden Wüstenbereichen. Erkennbar sind übrigens auch die Scanstreifen (in den dunkler getönten Bildbereichen).

Vor Erstellung des Bildes der Abb. 122b (links unten) wurden die durch unterschiedliche Kalibrierung der sechs Detektoren verursachten Streifen durch Abgleichen der Grauwerthistogramme für jeden Detektor abgeschwächt. Hierdurch werden die Scanstreifen eliminiert („De-Stripe").

Zur Erstellung des Bildes der Abb. 122c (rechts oben) wurde das Grauwerthistogramm 2mal logarithmiert. Durch das Verschieben der Histogrammklassen und Zusammenfassung nach logarithmischer Funktion ergibt sich eine bessere Differenzierung der dunklen Grautonwerte (vgl. Abb. 122a). Bei diesem Verschiebungsprogramm wird das Histogramm im unteren Bereich gestreckt und im oberen Bereich gestaucht. (Für den umgekehrten Fall würde man eine exponentielle Funktion wählen.)

Abb. 122d zeigt die Wiedergabe des Geländes im Bild von MSS-Kanal 6 (0,7–0,8 μm, nahes Infrarot). Die Scanstreifen wurden eliminiert. Der Nil, Straßen, Ortschaften im Niltal, auch landwirtschaftlich genutzte Bereiche unterschiedlichen Zustandes werden differenzierter wiedergegeben als in den vorherigen Bildern.

Zur Erstellung des Bildes der Abb. 122e (links oben) wurde neben der Eliminierung der Scanstreifen und der Logarithmierung des Grauwerthistogramms eine Fourier-Transformation durchgeführt („Sharpen"). Durch einen digitalen Filter, der durch eine Fourier-Transformation realisiert wird, werden die hohen Frequenzen (d.h. Grauwertunterschiede bei kleiner Entfernung) angehoben, so daß der Grauwertsprung größer wird. Die Kanten erscheinen dadurch schärfer.

Zur Erstellung des Bildes der Abb. 122g (rechts oben) wurde über das Programm „Medianfilter" jedem Pixel als Grauwert der Median der 9 umgebenden Pixel zugeordnet. Die Wirkung ist der des „Sharpen" entgegengesetzt und entspricht einem Filter, der die hohen Frequenzen absenkt (vgl. Abb. 122c).

Abb. 122f (links unten) ist ein „Ratiobild Kanal 5/6". Zu dessen Erstellung sind Pixel für Pixel die Grauwerte von MSS-Kanal 5 und Kanal 6 durcheinander dividiert worden. Im Bild ist der Quotient 1 als mittlerer Grauwert abgebildet (128). Werte kleiner als 1 sind dunkler, Werte größer als 1 heller dargestellt.

Für die thematische Klassifizierung der Abb. 122h (rechts unten) wurde die Hyper-Box-Methode angewandt, bei der jede Klasse durch ein Grauwertintervall in jedem Kanal definiert wird. Im n-dimensionalen Merkmalsraum bilden die Klassen rechtwinklige Körper, die dem Verfahren den Namen

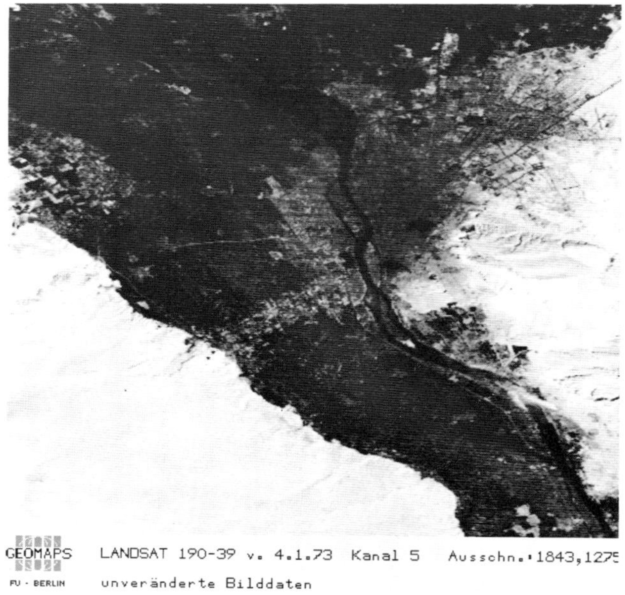

a

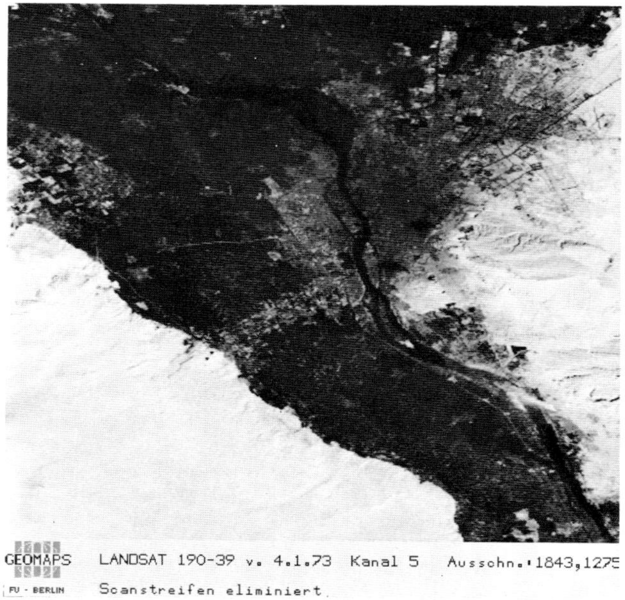

b

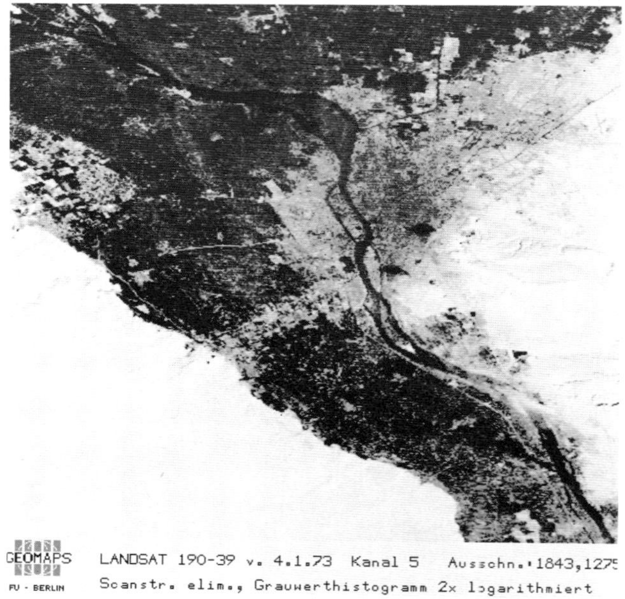

c

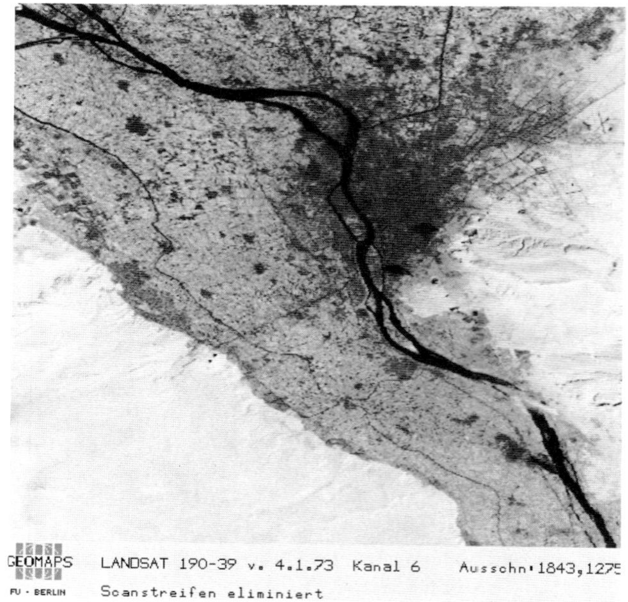

d

Abb. 122a–h Wiedergabe eines Geländebereiches um Kairo in Originalbildern und in Bildern, die aus verschiedenen Schritten bzw. Programmen der Bildverarbeitung resultieren. Die jeweilige Verarbeitung der Bilddaten ist unten im Bild angegeben. Weitere Erläuterungen im Text. Bildmaßstab: ca. 1:375 000 (Bildvorlagen erstellt von R. SCHOELE mit GEOMAPS, FU Berlin).

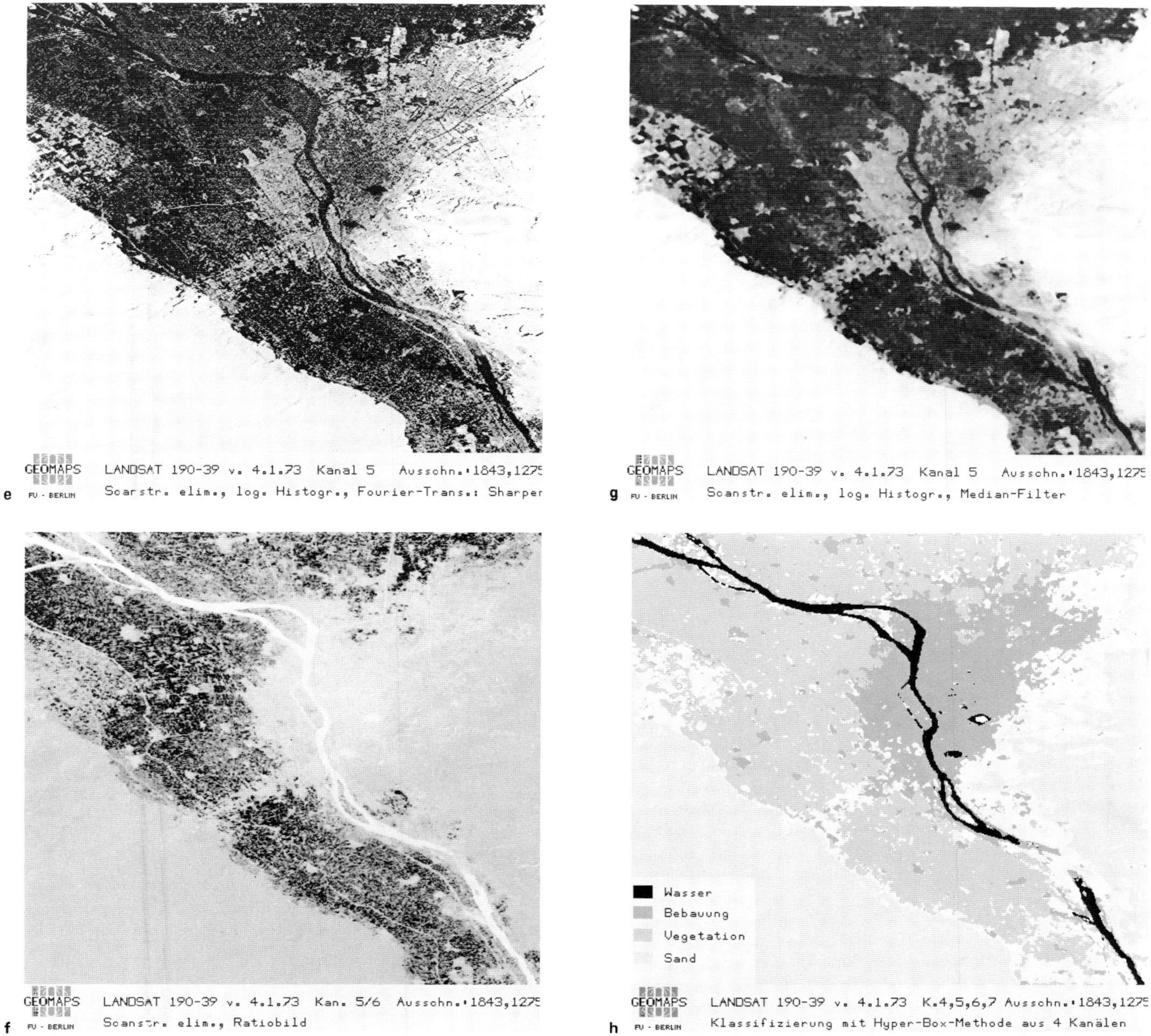
GEOMAPS
FU - BERLIN
LANDSAT 190-39 v. 4.1.73 Kanal 5 Ausschn.:1843,1275
Scarstr. elim., log. Histogr., Fourier-Trans.: Sharpen
e
GEOMAPS
FU - BERLIN
LANDSAT 190-39 v. 4.1.73 Kanal 5 Ausschn.:1843,1275
Scanstr. elim., log. Histogr., Median-Filter
g
GEOMAPS
FU - BERLIN
LANDSAT 190-39 v. 4.1.73 Kan. 5/6 Ausschn.:1843,1275
Scanstr. elim., Ratiobild
f
Wasser
Bebauung
Vegetation
Sand
GEOMAPS
FU - BERLIN
LANDSAT 190-39 v. 4.1.73 K.4,5,6,7 Ausschn.:1843,1275
Klassifizierung mit Hyper-Box-Methode aus 4 Kanälen
h

Abb. 122e–h

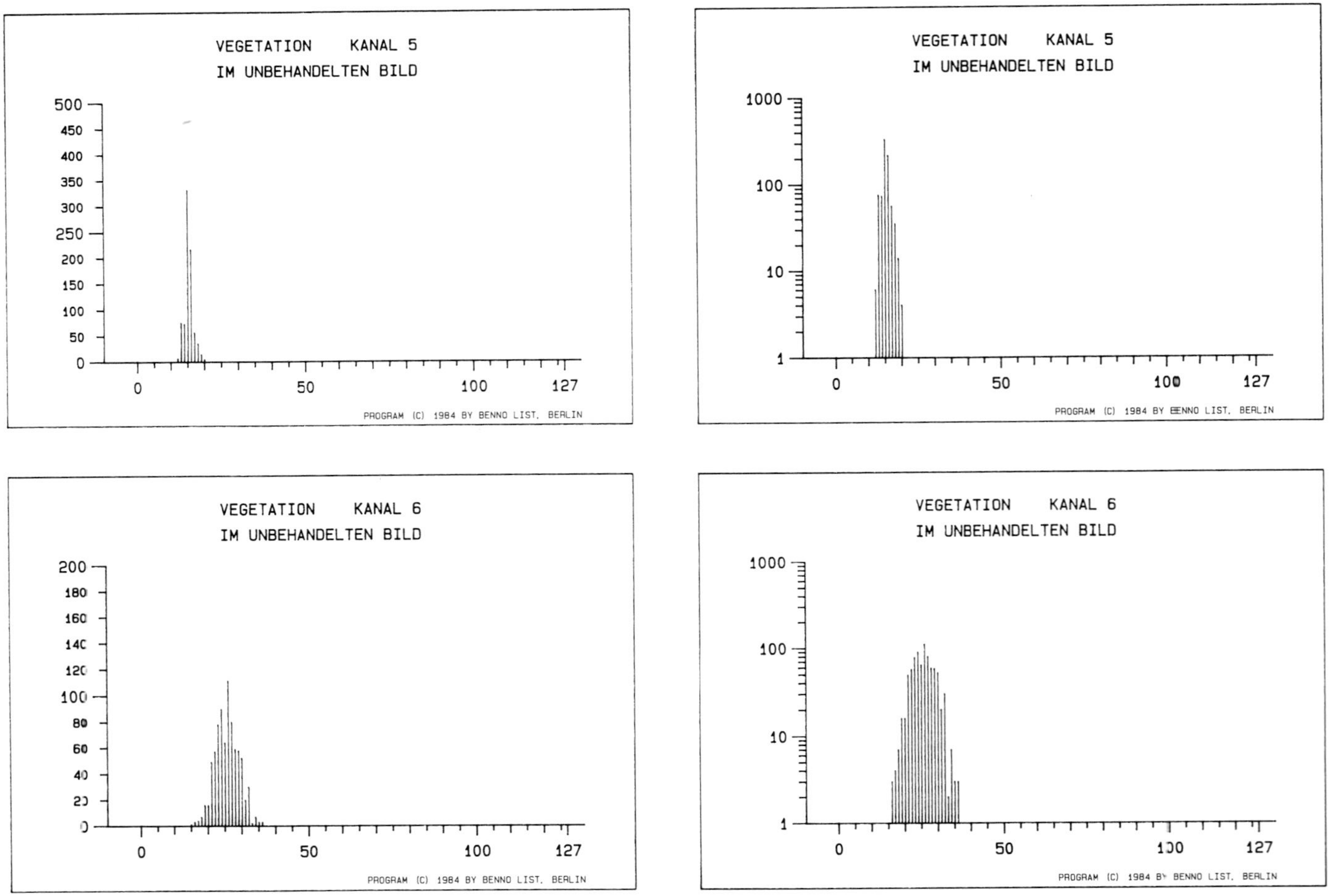

Abb. 123 Grauwerteverteilung der Vegetation in den unbehandelten Bilddaten (nur De-Stripe) der MSS-Spektralkanäle 5 und 6 im Bildausschnitt der Abb. 122 für das Intervall 0 . . . 127. Ordinate (Zahl der Pixel) einmal mit linearer, einmal mit logarithmischer Darstellung (GEOMAPS, FU Berlin).

gaben. Der Hauptvorteil dieses Verfahrens ist seine große Rechenzeiteffizienz.

Für die Klassifizierung der Geländeeinheiten Wasser, Bebauung, Vegetation und Sand wurden Daten der Bilder der 4 Spektralkanäle des Landsat-MSS verwendet, nachdem sie entstreift und mit dem Medianfilter behandelt wurden. Die Legende wurde nachträglich am Bildschirm erstellt.

Der Vergleich der unterschiedlichen Bildwiedergaben desselben Geländebereiches soll deutlich machen, daß Bilddaten über bestimmte Programme der digitalen Bildverarbeitung für die Interpretation bestimmter Bildinhalte optimiert werden können. Hier liegt auch gegenwärtig der Hauptanwendungsbereich der digitalen Bildverarbeitung. Ergebnisse von Bildverarbeitungsschritten im Hinblick auf geologische Zielobjekte zeigen die Abb. 164 bis 167.

Ergebnisse der statistischen Verarbeitung von Bilddaten vor Erstellung der verschiedenen Bilder der Abb. 122 zeigen die Histogramme der Abb. 123 bis 126. Sie beziehen sich auf die Statistik der Trainingsgebiete bzw. der im Bildausschnitt „Kairo und Umgebung" klassifizierten Gebiete. Jedes Histogramm ist einmal mit linearer und einmal mit logarithmischer Ordinate dargestellt. Die Abszisse zeigt die Zahl der Helligkeitsstufen bzw. den Dynamikbereich.

Die Histogramme der Abb. 123 zeigen die Häufigkeitsverteilung der Grauwerte der Vegetation im unbehandelten Bild der Kanäle 5 und 6 (nur „De-Stripe").

Die Histogramme der Abb. 124 und 125 zeigen die Grauwertverteilung der Vegetation und der Bebauung wie klassifiziert (mit „Medianfilter") in jeweils 4 Kanälen des Landsat-MSS. Man beachte die Unterschiede in der jeweiligen Grauwertverteilung in den einzelnen Histogrammen der 4 Spektralkanäle für die Klassen „Vegetation" und „Bebauung". Deutliche Verschiebungen sind auch in den Histogrammen der Klasse „Bebauung" zu erkennen.

Die Abb. 126 zeigt die Streuung (engl. scatter) der Grautonwerte für „Vegetation", „Bebauung", „Wasser" und „Sand" in Scattergrammen, jeweils für Kombinationen der MSS-Spektralkanäle 5 und 6 dargestellt. Der Vergleich der einzelnen Scattergramme macht deutlich, daß sich die spektralen Grautonwerte der Vegetation, der Bebauung und von Wasser in unterschiedlichen Teilbereichen häufen. Fläche, Umriß und Längsachse der Häufungsbereiche sind durch die natürlichen Schwankungen der Grauwerte innerhalb der einzelnen Klassen bedingt. Für die thematische Klassifizierung ist entscheidend, daß sich die Häufungsfelder (Cluster) der verschiedenen Materialien bzw. Geländeeinheiten klar gegeneinander absetzen. Das ist der Fall, wenn die Häufungsfelder der einzelnen Klassen im Scattergramm möglichst weit auseinander liegen. Im vorliegenden Beispiel trifft das auf die Klassen „Vegetation", „Bebauung" und „Sand" zu. Die Häufigkeitsfelder „Bebauung" und „Wasser" liegen dagegen schon so nahe beieinander, daß sich ihre Grenzen teils überschneiden. Hier kann es Probleme bei der Abgrenzung der beiden Klassen in Teilbereichen des Bildes geben.

Die Statistik der Grautonverteilung des gesamten Bildes (das halbe Bild wurde für die Statistik verwendet) ist in den Histogrammen der Abb. 127 und 128 dargestellt, jeweils mit 16 Klassen und mit 64 Klassen. Die oberen Histogramme der Abb. 127 und 128 resultieren aus der linearen Streckung der Grauwerte zwischen Minimum und Maximum (nach De-Stripe). Dabei wurden im Minimum alle Werte zusammengefaßt, deren Summe eine Häufigkeit von 1% nicht überschritt. Mit dem Maximum wurde ebenso verfahren. Die Histogramme unten in den Abb. 127 und 128 ergeben sich aus linearer Streckung der Grauwerte und zusätzlicher logarithmischer Grauwertstreckung.

Für die Bildinterpretation ist von Bedeutung, daß aus den durch die speziellen Schritte der Bildverarbeitung gewonnenen Daten mit veränderter Grauwertverteilung kontrastverbesserte Bilder erstellt werden können, Bilder in denen die interessierenden Geländeobjekte oder -einheiten besser erkannt und abgegrenzt werden können.

5.4 Statistische Auswertung und Darstellung von Photolineationskartierungen

5.4.1 Allgemeines

In Landsat-Aufnahmen läßt sich oft eine Vielzahl linearer (geradliniger und kurvilinearer) Strukturen beobachten und kartieren, die Ausstrichslinien steiler Bruchsysteme (Kluftzonen und Kluftsysteme, Störungszonen und -systeme) darstellen und für die geologische Bestandsaufnahme und Analyse einer Region unter wissenschaftlichen oder praktischen Aspekten von Bedeutung sind. Die große Zahl der bei regionalen Projekten aus der Kartierung mehrerer Landsat-Aufnahmen anfallenden Photolineationen und deren Dichte in Teilbereichen machen es dem Interpreten schwer, Lineationen bevorzugter Richtungen visuell herauszufiltern, Lineationssysteme verschiedener Streichrichtungen zu korrelieren, strukturelle Gesetzmäßigkeiten großräumiger und kleinräumiger Bereiche zu erkennen und in Beziehung zu bringen, die räumliche Verteilung unter den Kriterien der jeweiligen Fragestellung zu analysieren. Graphisch-manuelle Darstellungen und Auswertungen sind zeitaufwendig. Steht dagegen ein Digitalisierungsgerät (engl. digitizer) und eine Rechenanlage mit Plotter zur Verfügung, so ergeben sich für die Photolineationserfassung und -interpretation vielseitige und schnelle Verarbeitungs- und Darstellungsmöglichkeiten durch den Einsatz der elektronischen Datenverarbeitung.

Die Digitalisiereinheit kann vom Rechner getrennt oder Teil des Rechners sein (zum Beispiel Hewlett-Packard-Rechner mit Digitalisiertisch und Plotter bzw. Ein-/Ausgabe-Peripherie). Bezogen auf einen willkürlich gewählten oder einen auf Lagekoordinaten einer topographischen Karte bezogenen Nullpunkt werden jeweils Anfangs- und Endpunkt der zu digitalisierenden Photolineation in der Form x_1y_1, x_2y_2 abgegriffen und die Lagekoordinaten auf Lochstreifen gestanzt bzw. im Computer gespeichert. Einige Möglichkeiten

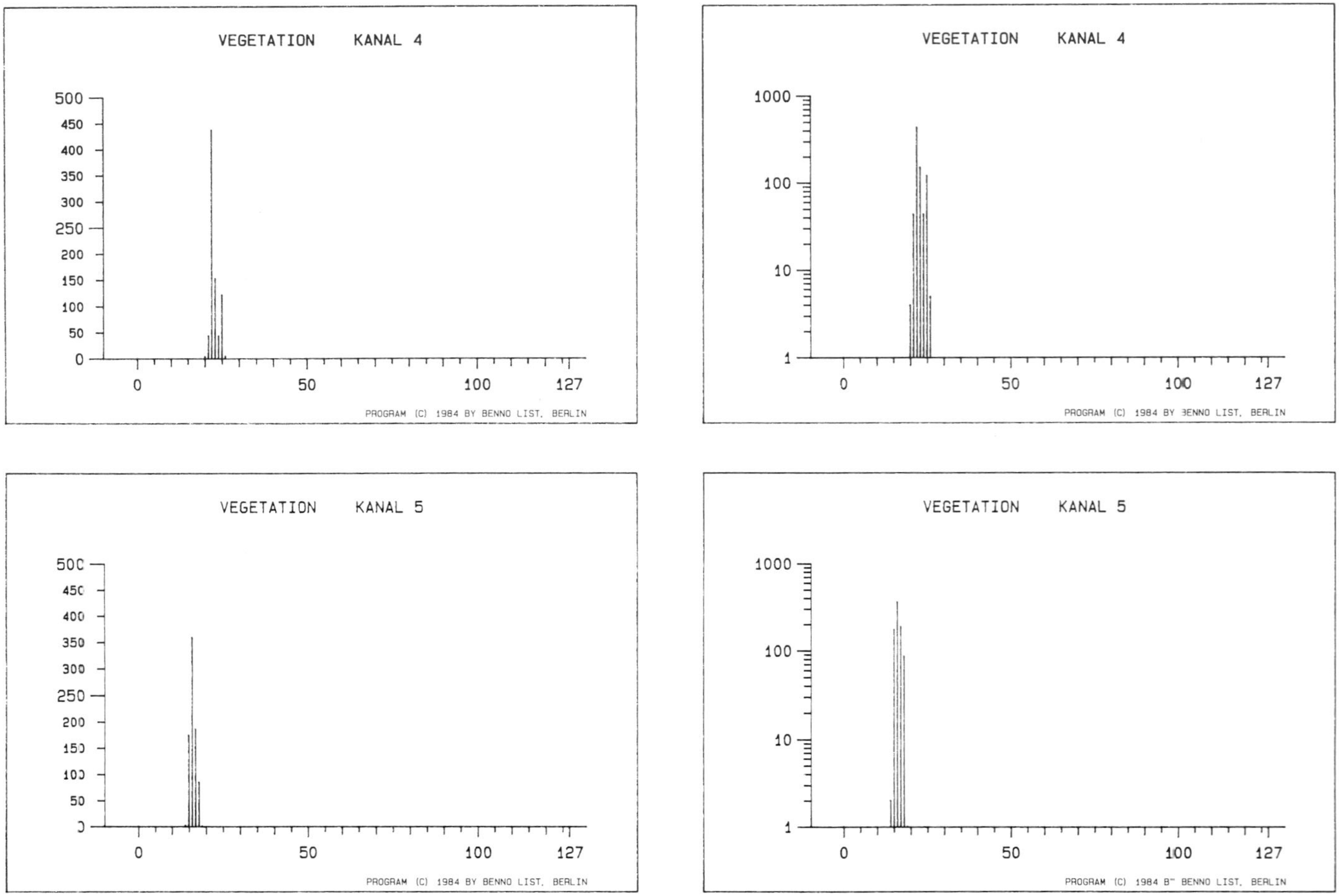

Abb. 124a und b Grauwerteverteilung der Klasse „Vegetation" (klassifiziert mit Medianfilter) in den Spektralbildern der 4 Landsat-MSS-Kanäle für das Intervall 0 . . . 127. Ordinate (Zahl der Pixel) einmal mit linearer, einmal mit logarithmischer Darstellung (GEOMAPS, FU Berlin).

der Auswertung und Darstellung von Photolineationsdaten werden in den Abschn. 5.4.2 bis 5.4.5 am Beispiel einer Lineationskartierung des Harzes beschrieben. Abb. 130 zeigt die in Landsat-Aufnahmen des Harzes kartierten Photolineationen. Verwendet wurden von TSOMBOS & SURBORG (1981) beschriebene Rechenprogramme.

5.4.2 Bestimmung der Richtungsverteilung von Photolineationen und deren Darstellung in Histogrammen oder Kluftrosen

Die Abb. 131 zeigt mit dem Programm RIVERLIN erstellte Histogramme kartierter Photolineationen des Harzbereiches (Landsat). Dargestellt ist die Lineationslänge pro Streich-

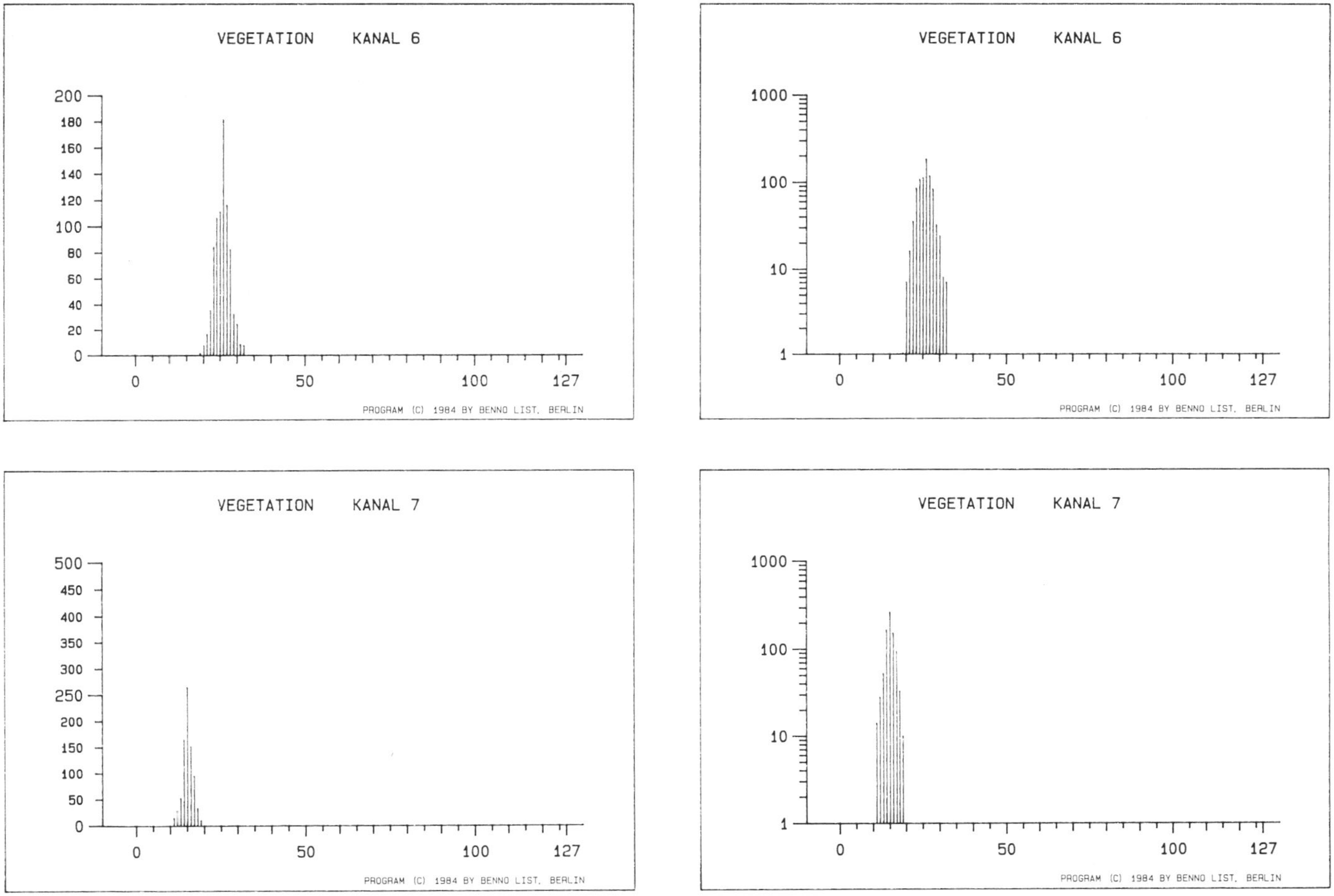

Abb. 124b

richtung in unterschiedlicher Gradeinteilung. Die Abbildung läßt erkennen, daß die Darstellungen in 10°- und 5°-Intervallen recht grob sind, eher Richtungstrends zeigen, die Trennung eng benachbarter Maxima jedoch nicht erlauben. Die 1°-Einteilung gibt die Richtungsverteilung dagegen sehr differenziert, für manche Fragestellungen vielleicht zu differenziert und unübersichtlich wieder. Auch erhebt sich bei der 1°-Darstellung die Frage nach der Richtungsgenauigkeit, mit der Photolineationen im Landsat-Bild kartiert und mit dem Digitizer digitalisiert werden können. Die guten geometrischen Eigenschaften von Landsat-Aufnahmen (vor allem in Bereichen mit flachem und mittlerem Relief) und das hohe Auflösungsvermögen des Digitizers machen 1°-Darstellungen und -analysen durchaus möglich, wenn die Kartierung und die Digitalisierung sorgfältig durchgeführt worden sind. Am besten bewährt hat sich die Bilddarstellung in 3°-Abständen. Sie ist differenziert und trägt eventuellen, bei der Kartierung und bei vergleichenden Kompaßmessungen im Gelände auftretenden Richtungsfehlern Rechnung. Beim Vergleich der Richtungsverteilungen

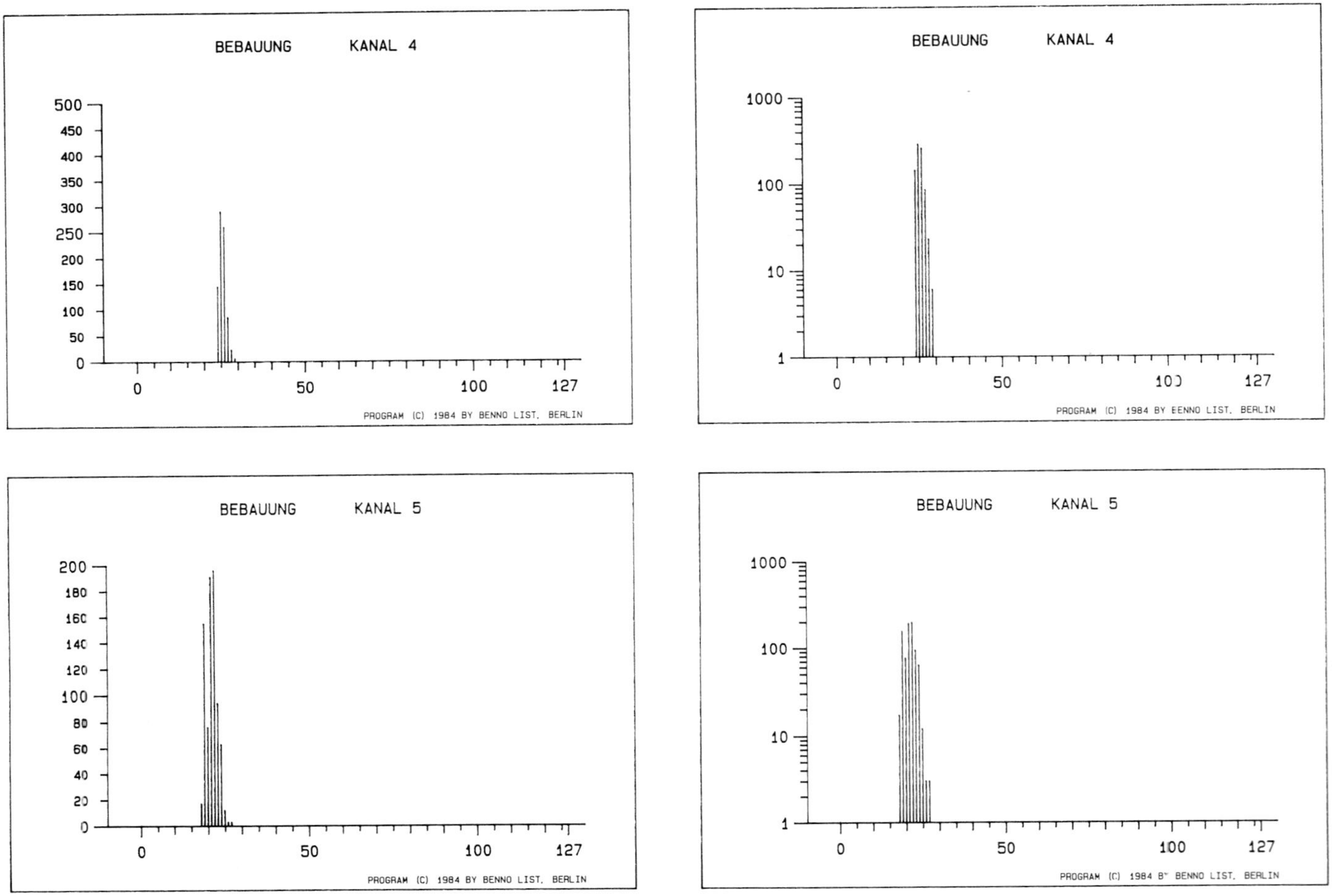

Abb. 125a und b Grauwerteverteilung der Klasse „Bebauung" (klassifiziert mit Medianfilter) in den Spektralbildern der 4 Landsat-MSS-Kanäle für das Intervall 0 . . . 127. Ordinate (Zahl der Pixel) einmal mit linearer, einmal mit logarithmischer Darstellung (GEOMAPS, FU Berlin).

der in Landsat-Aufnahmen kartierten Bruchstrukturen mit Literaturdaten ergeben sich übrigens oft Probleme, weil die in der Literatur angegebenen Daten in der Regel sehr pauschal sind (zum Beispiel „N/S-Strukturen" = von 170°–15° oder „NW/SE-Strukturen" = von 110°–160°), die Richtungsermittlung und Trennung der Streichrichtungen verschiedener Bruchsysteme in Landsat-Aufnahmen dagegen sehr genau durchgeführt werden kann. Vergleiche zwischen Landsat-Daten und Literaturdaten sind daher eher möglich, wenn die Strukturrichtungen vom Beobachter in dessen Publikation in Lagekugelprojektionen dargestellt worden sind. Diese bieten die Möglichkeit, sowohl die Maxima von Kluft- und Störungshäufungen mit guter Lagegenauigkeit zu bestimmen als auch die jeweiligen Schwankungen der Raumlage einzelner Systeme von Klüften und Störungen um eine Hauptrichtung zu ermitteln.

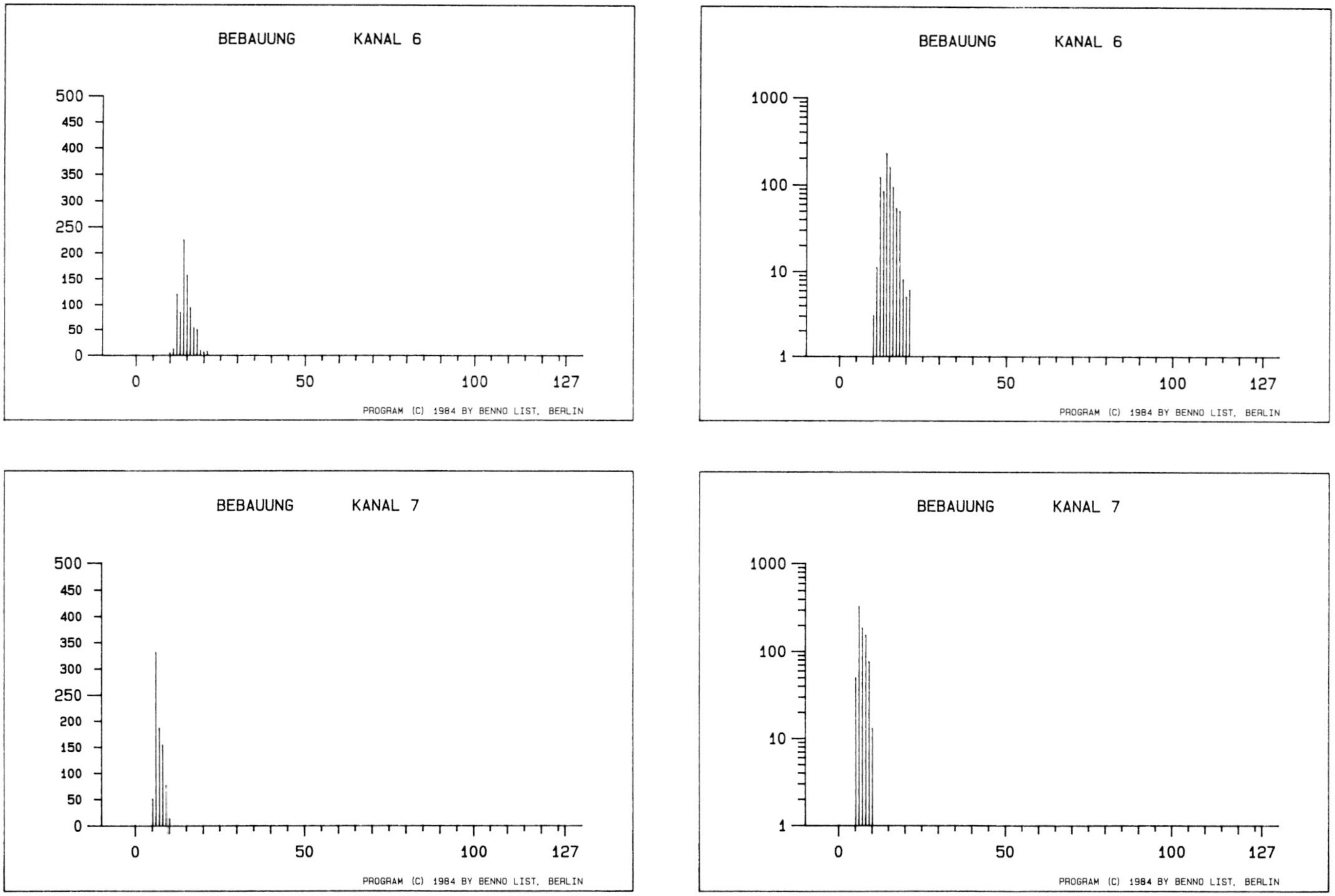

Abb. 125b

Das Programm kann so ausgelegt werden, daß die Möglichkeit besteht, auch in den Histogrammen der kartierten Photolineationen eine Streuung zu simulieren, deren Grad variabel ist. Dies wird durch Bildung des gleitenden Mittelwertes unterschiedlicher Ordnung erreicht. In der Abb. 131 ist der Einfluß dieser rechnerischen Glättung auf die Histogrammform in den beiden unteren Histogrammen zu erkennen. Die Histogrammdarstellung kann also je nach Akzent der Darstellung variiert werden.

5.4.3 Bestimmung und Darstellung von Lineationsschnittpunkten

Mit dem Programm SCHNIPULIN können reelle Schnittpunkte von Photolineationen graphisch (in der Karte) dargestellt werden. Untersuchungen der Schnittpunkthäufigkeit sind für die Ermittlung von Flächen oder Zonen verstärkter Bruchbildung im Rahmen der Erzprospektion, hydrologischer Untersuchungen sowie der Erdöl- und Erdgasprospektion sowie für ingenieurgeologische Projekte von

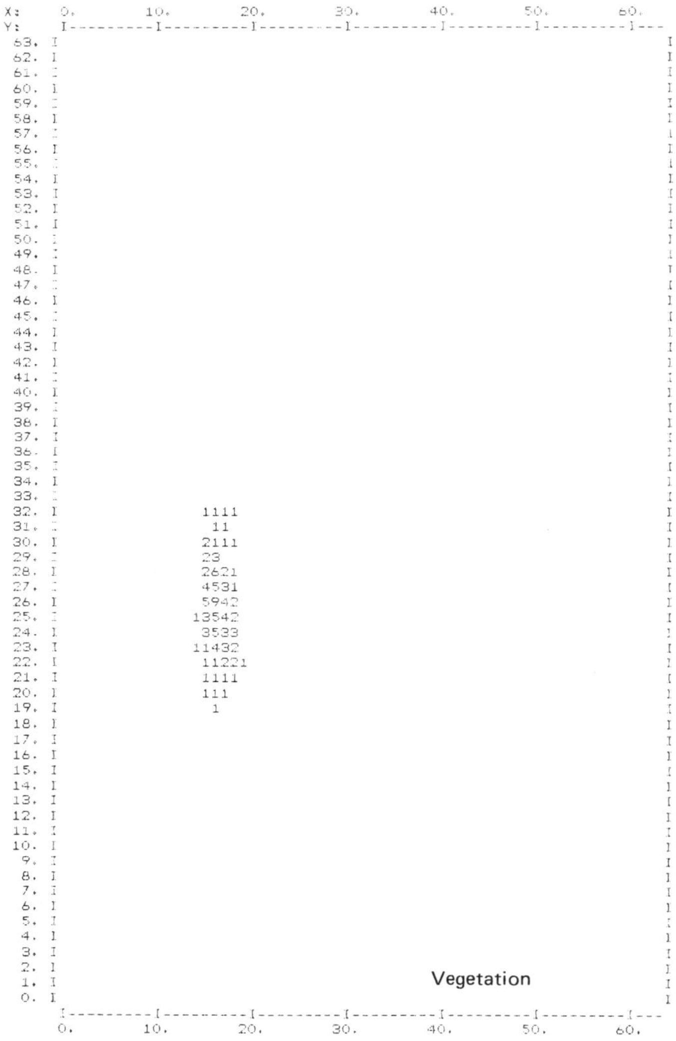

a

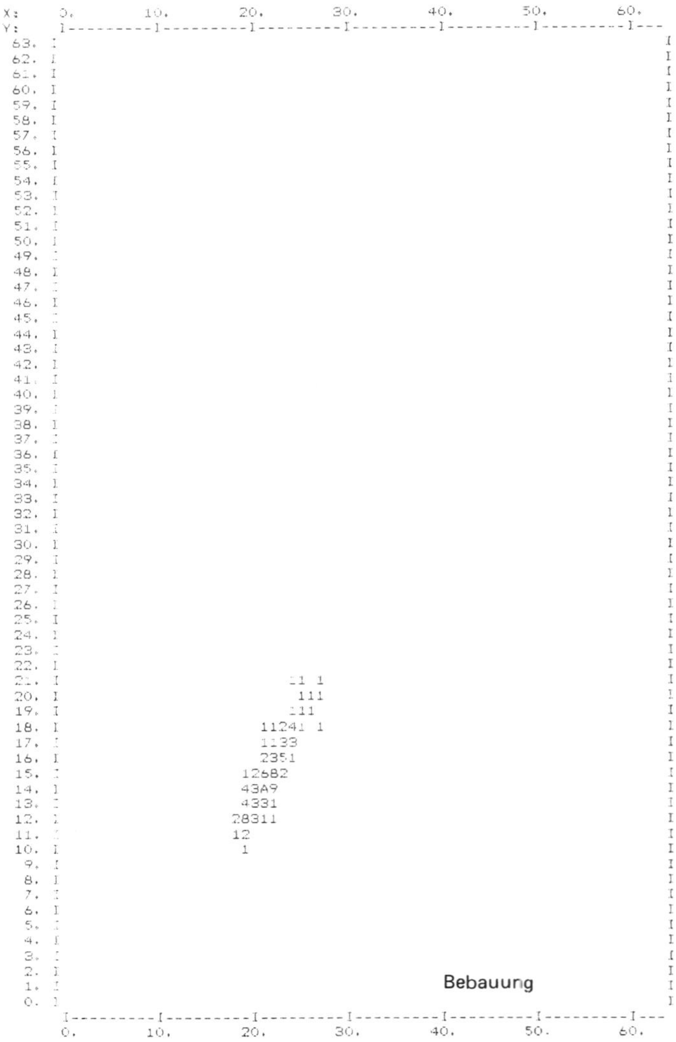

b

Abb. 126a–d Scattergramme von Reflexionswerten der Klassen Vegetation (a), Bebauung (b), Wasser (c) und Sand (d). Waagerecht: Kanal 5, senkrecht: Kanal 6. Dargestellt ist die Häufigkeitsverteilung bzw. der natürliche Streubereich der Grautonwerte der einzelnen Klassen (engl. scatter = streuen) im Bildbereich der Abb. 122. Weitere Erläuterungen im Text (GEOMAPS, FU Berlin).

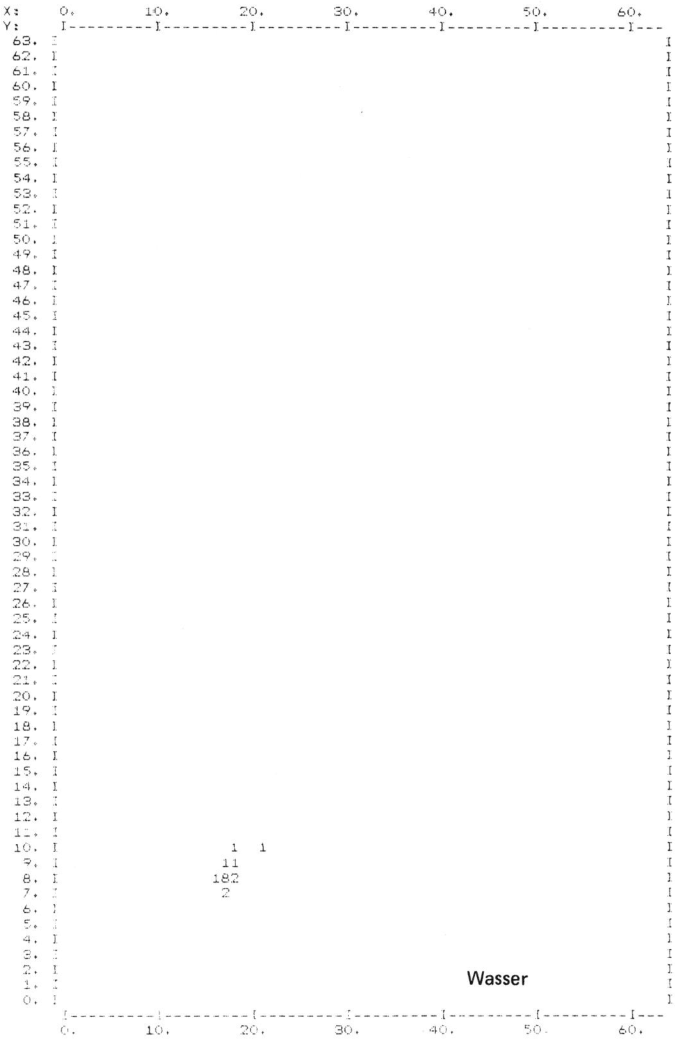

Abb. 126c

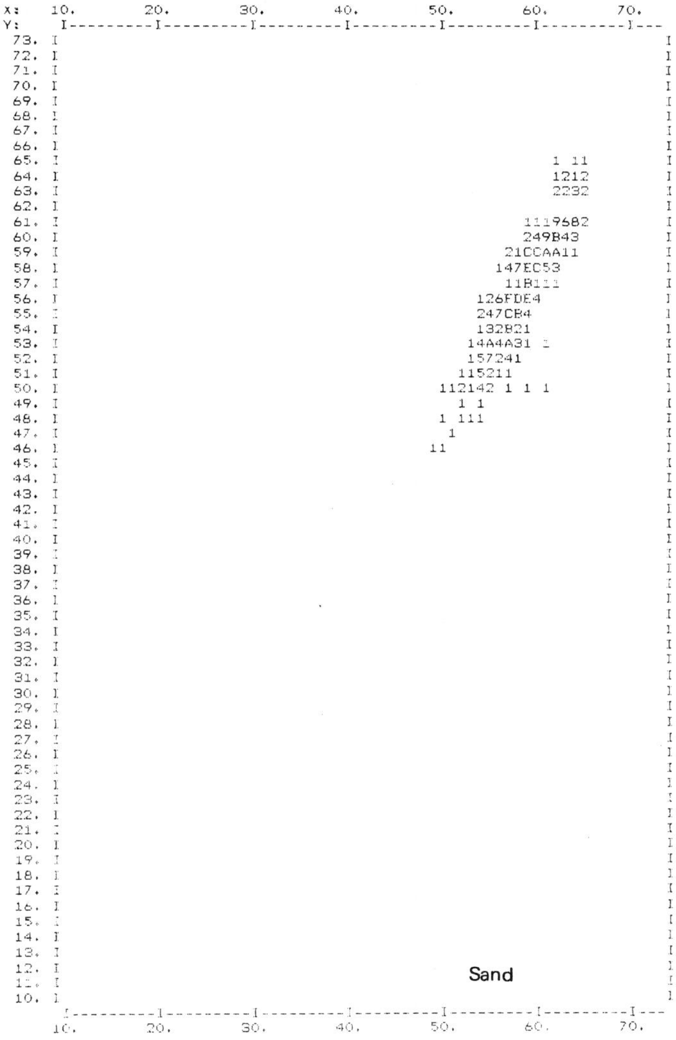

Abb. 126d

Bedeutung. Das Programm sucht aus einer beliebigen Menge digitalisierter Photolineationen diejenigen Lineationen heraus, die einen gemeinsamen Lagepunkt haben. Das ist der Punkt, in dem sie sich schneiden. Die räumliche Verteilung der Schnittpunkte wird in einer Karte dargestellt. In dieser lassen sich Bereiche von Schnittpunkthäufungen schnell erkennen. Neben der Ermittlung und Darstellung der reellen Schnittpunkte zweier Photolineationen bietet das Programm die Möglichkeit, imaginäre Schnittpunkte zu bestimmen. Diese entstehen dadurch, daß man jede Photolineation um einen bestimmten Faktor nach jeder Seite verlängert. Diesem Schritt liegt die Überlegung zugrunde,

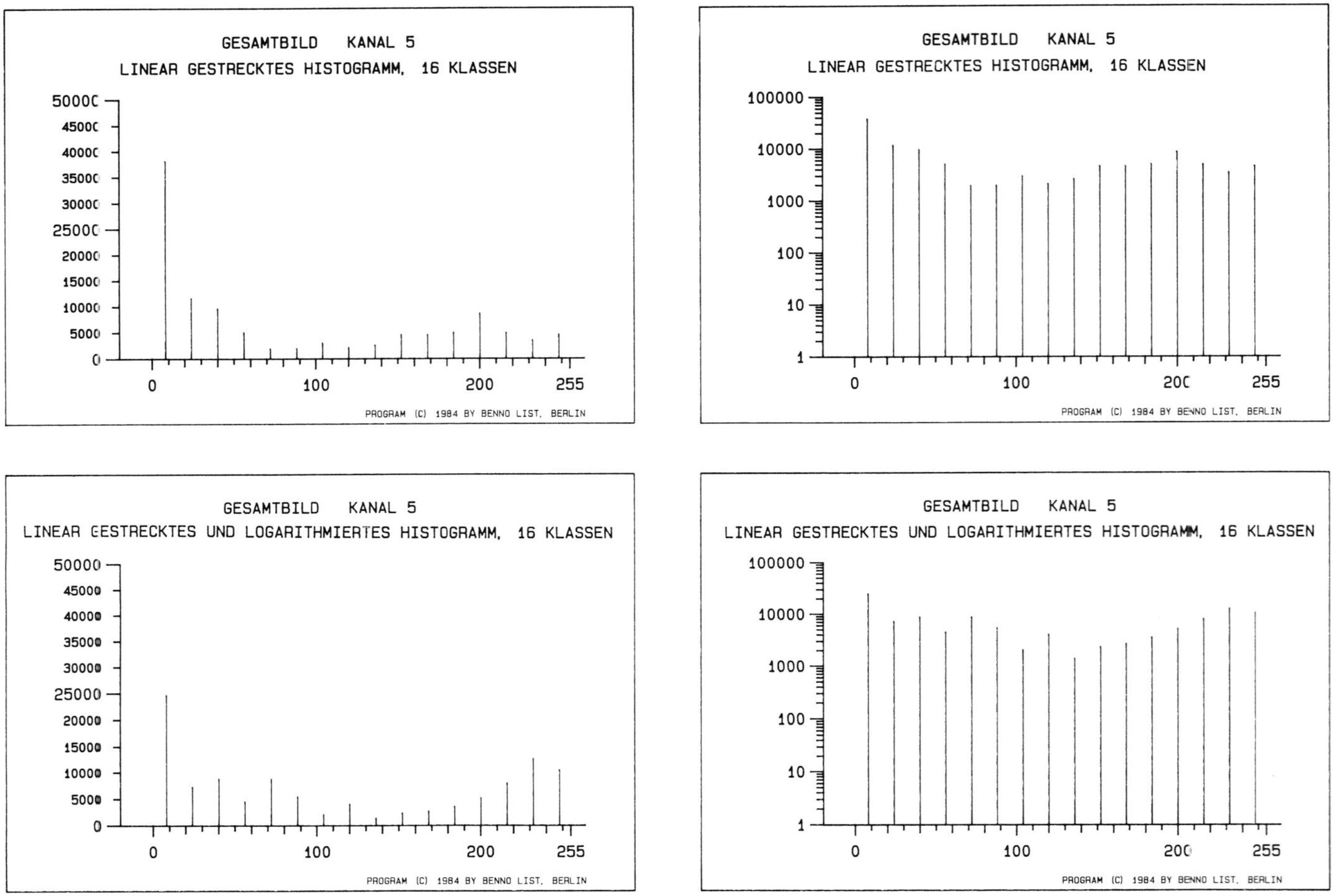

Abb. 127 Grauwertstatistik des gesamten Bildes mit 16 Klassen (MSS-Spektralkanal 5). Abszisse: Digitalwerte der Pixel. Ordinate: Zahl der Pixel. Oben: Bild nach De-Stripe und linearer Streckung der Grauwerte zwischen Minimum und Maximum. Dabei wurden alle Werte im Minimum zusammengefaßt, deren Summe eine Häufigkeit von 1% nicht überschritt. Mit dem Maximum wurde ebenso verfahren. Unten: Histogramme nach zusätzlicher logarithmischer Streckung (GEOMAPS, FU Berlin).

daß die im Landsat-Bild kartierten Photolineationen weitreichende Kluft- und Störungssysteme oder -zonen nachzeichnen, meist jedoch nicht kontinuierlich über deren volle Länge hinweg, sondern nur in voneinander mehr oder minder weit getrennten (kartierbaren) Teilabschnitten. Durch die Verlängerung oder Verbindung der einzelnen Photolineationen (Teilstrecken) läßt sich der potentielle Gesamtverlauf einer Bruchstruktur simulieren. Abb. 132 zeigt eine Karte der Schnittpunkthäufigkeit und der Schnittpunktverteilung für den Bereich des Harzes (Landsat). In ihr zeichnen sich einerseits Bereiche erhöhter Schnittpunkthäufigkeit ab, andererseits werden Trends und Zonen verstärkter Bruchbildung markiert.

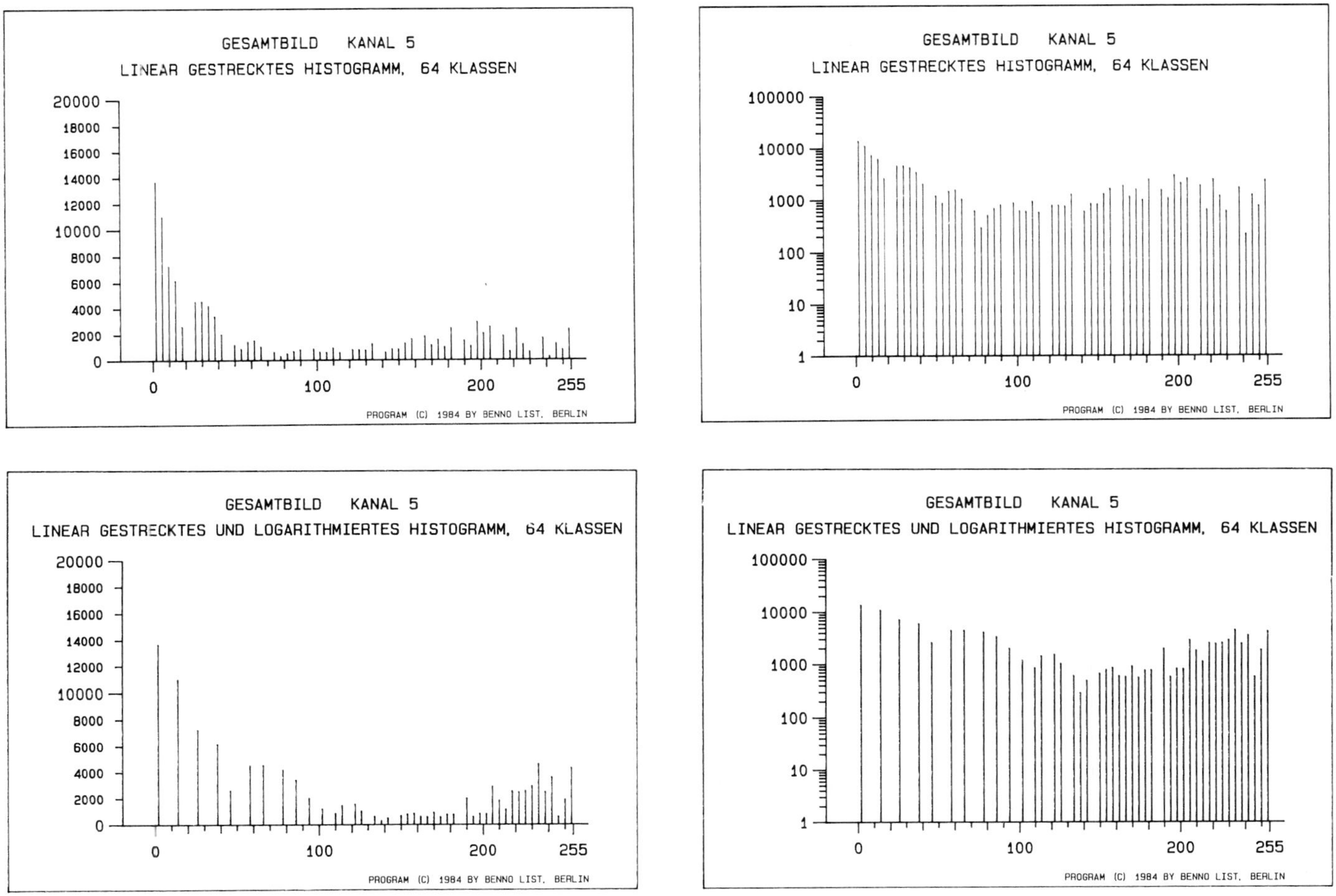

Abb. 128 Grauwertstatistik des gesamten Bildes (MSS-Spektralkanal 5) mit 64 Klassen. Oben: Bild nach De-Stripe und linearer Streckung der Grauwerte zwischen Minimum und Maximum. Unten: Histogramme nach zusätzlicher logarithmischer Graustreckung; vgl. Abb. 122 (GEOMAPS, FU Berlin).

5.4.4 Darstellung der regionalen Verteilung von Photolineationen ausgesuchter Richtungen

Mit dem Programm RIDARLIN lassen sich aus allen digitalisierten Photolineationen Photolineationen bestimmter Streichrichtungen auswählen und in ihrer räumlichen Verbreitung darstellen. Man bekommt dadurch die Möglichkeit, die räumliche Verteilung von Bruchstrukturen bestimmter bzw. ausgesuchter Streichrichtungen sowie eventuelle lokale, zonare oder regionale Häufungen zu erkennen. Mit Hilfe des Programms lassen sich wahlweise eine oder mehrere Richtungen darstellen. Auch ist die Ausrichtung bei der Streuungsbreite der Streichrichtung wählbar (zum Beispiel im 1°-Intervall, im 5°-Intervall, im 10°-Intervall). Die Analyse der räumlichen Verteilung einzelner Streichrichtungen zeigt erfahrungsgemäß in vielen Bereichen eine ziemlich gleichmäßige Verteilung der Bruchstrukturen bestimmter Richtungen. Dabei zeichnen sich nicht

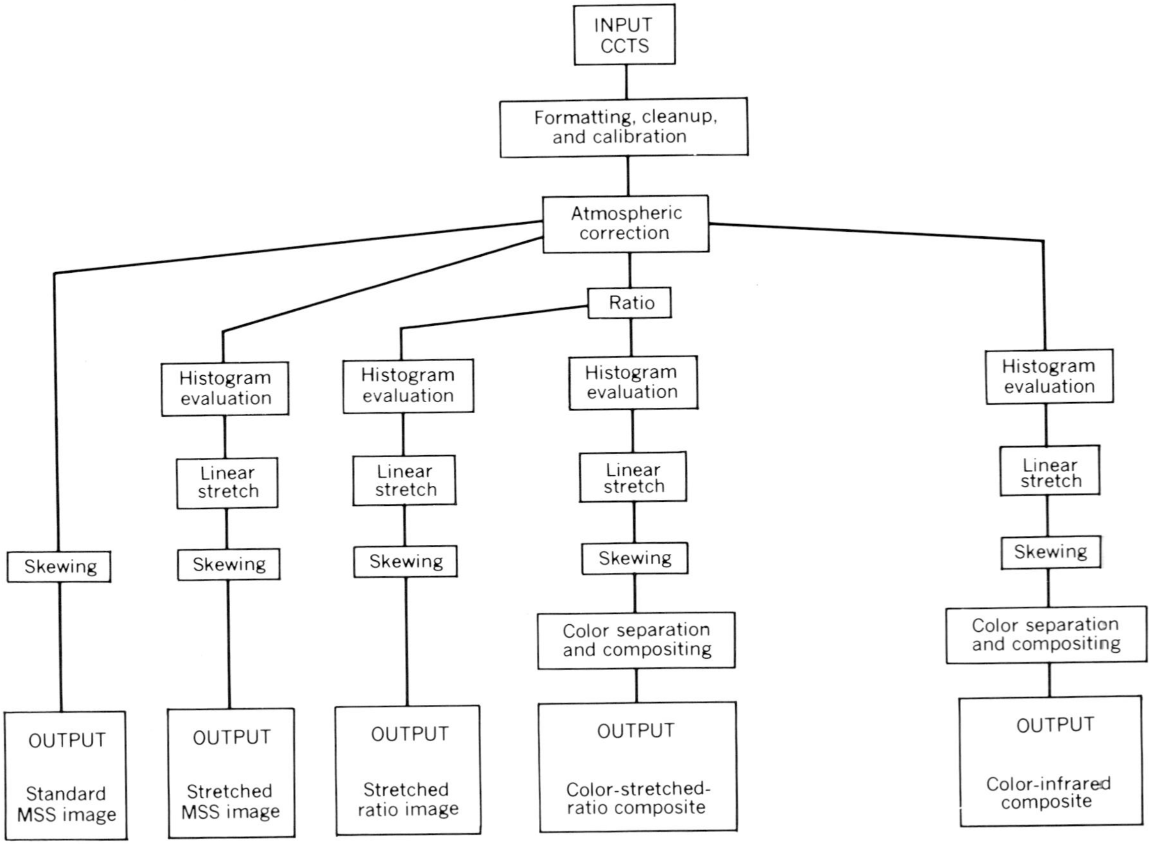

Abb. 129 Schritte der Bildverarbeitung von Landsat-MSS-Szenen und Typen der hierbei erstellten Bildprodukte (nach ROWAN et al. 1974).

selten Äquidistanzmuster und orthogonale Muster ab, die sich über das Programm wählbar ausdrucken lassen. Mit dem Programm lassen sich einfach und schnell sehr genaue und selektive Richtungs- und Verteilungsanalysen von Bruchstrukturen durchführen (vgl. Abb. 133). Entsprechende Darstellungen gibt BUCHROITHNER (1982) für den österreichischen Anteil der Alpen und des Alpenvorlandes.

Bei Arbeiten mit den genannten drei Programmen, vor allem bei der Analyse von Kartendarstellungen der räumlichen Verteilung von Photolineationen, ist jedoch immer zu berücksichtigen, daß die Geländeverhältnisse, vor allem wechselnde Geländeverhältnisse innerhalb einer Landsat-Szene oder von einer Landsat-Szene zur anderen, auch Unterschiede in der Kartierbarkeit von Photolineationen mit sich bringen und damit Einfluß auf die Zahl und Länge, auf die Dichte der kartierten Photolineationen eines gegebenen Bereiches haben können. Variationen der Länge, der Häufigkeit und der räumlichen Verteilung von Photolineationen können daher auch auf örtliche, für die Kartierbarkeit von Photolineationen ungünstige Bedingungen zurückzuführen sein. Daran ist bei der Analyse von Histogrammen und Kartendarstellungen zu denken, um geologische Fehl- oder Überinterpretationen zu vermeiden. Das gilt für vegetationsbestandene Bereiche genauso wie für vegetationslose Gebiete, in denen junge Ablagerungen wechselnder Aus-

Abb. 130 In Landsat-Aufnahmen des Harzes kartierte Photolineationen.

dehnung (z.B. in intramontanen Becken) örtliche Variationen der Photolineationslänge, -häufigkeit und -dichte verursachen können. Auch ist bei der Auswertung von Landsat-Daten zu berücksichtigen, daß durch die Aufnahmezeit SW/NE-gerichtete lineare Strukturen in den Landsat-Bildern etwas betonter wiedergegeben werden als Strukturen anderer Ausrichtung. Andererseits lassen sich in der Richtung der Scanlinien (um 100° E) streichende Lineationen schlechter kartieren als Lineationen anderer Richtungen. Um 100° streichende Lineationen sind daher in der Lineationskarte und im Histogramm in der Regel unterrepräsentiert.

5.4.5 Regionale Kluftrosen-Darstellungen in einem Gauß-Krüger-Koordinatensystem

Die Überdeckung weiter Bereiche der Erde durch Landsat-Aufnahmen erlaubt regionale und überregionale Kartierungen und Bestandsaufnahmen der steilen Bruchtektonik, die mit konventionellen Methoden, auch der Luftbild-Kartierung, bisher nicht zu realisieren waren. Programme der digitalen Datenverarbeitung ermöglichen mehrere Arten der Darstellung von Histogrammen und Richtungsrosen für beliebig große Bereiche auf der Basis regionaler und überregionaler Kartenunterlagen. Für die Darstellung wichtige Koor-

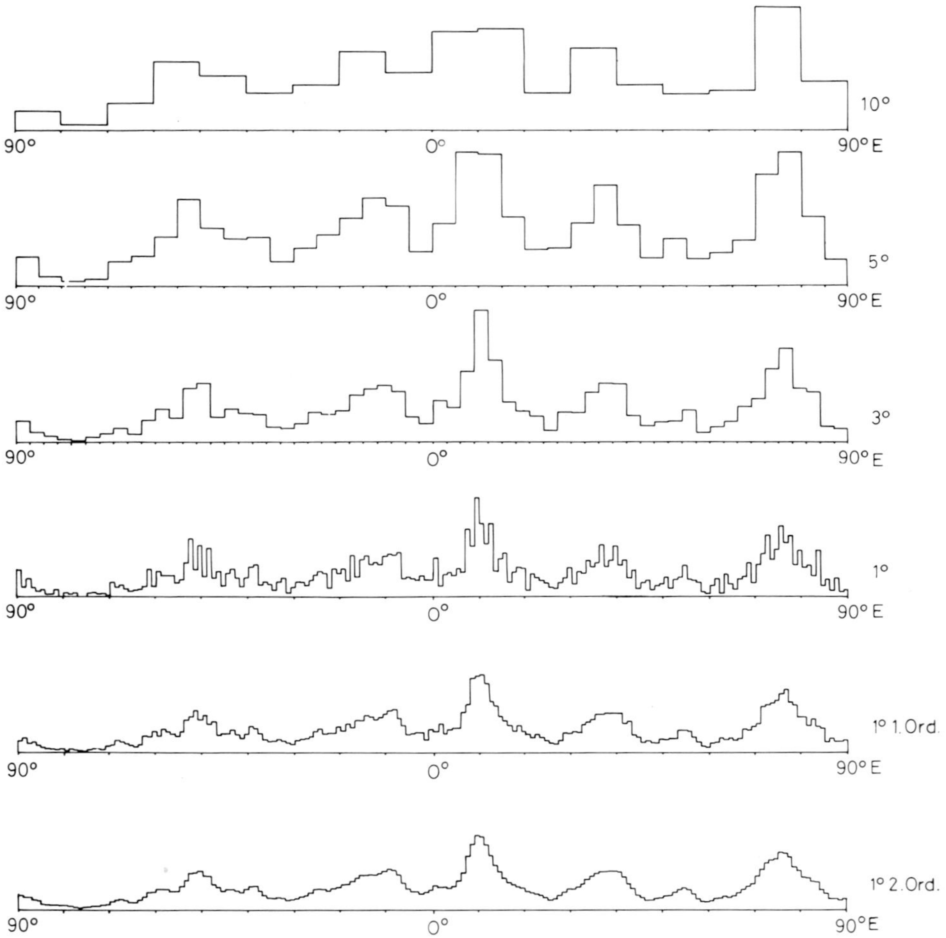

Abb. 131 Richtungsverteilung von Photolineationen, die in Landsat-Szenen des Harzes kartiert wurden. Erläuterung im Text.

dinaten und topographische Daten werden digitalisiert und nach Ablauf der Verarbeitungsschritte zusammen mit den Daten der richtungsstatistischen Lineationsauswertungen vom Plotter der Rechenanlage gezeichnet. Abb. 134 zeigt eine solche Darstellung für einen Teilbereich Griechenlands. Jedes Feld der Kartendarstellung (die im Original Gesamt-Griechenland, die Ägäis-Region und die West-Türkei überdeckt) entspricht der Fläche eines 1:50 000er Blattes der topographischen Karte. Die Richtungsrosen können in beliebigen Azimut-Intervallen gezeichnet werden. Für Griechenland wurde die Karte in 3°-, 5°- und 10°-Klassen erstellt (KRONBERG, TSOMBOS & SURBORG 1981).

5.4.6 Bemerkungen zur Interpretation richtungsstatistischer Auswertungen

Vergleichende richtungsstatistische Auswertungen von Daten aus Landsat-Photolineations-Kartierungen und Daten aus tektonischen Geländemessungen in korrespondierenden Be-

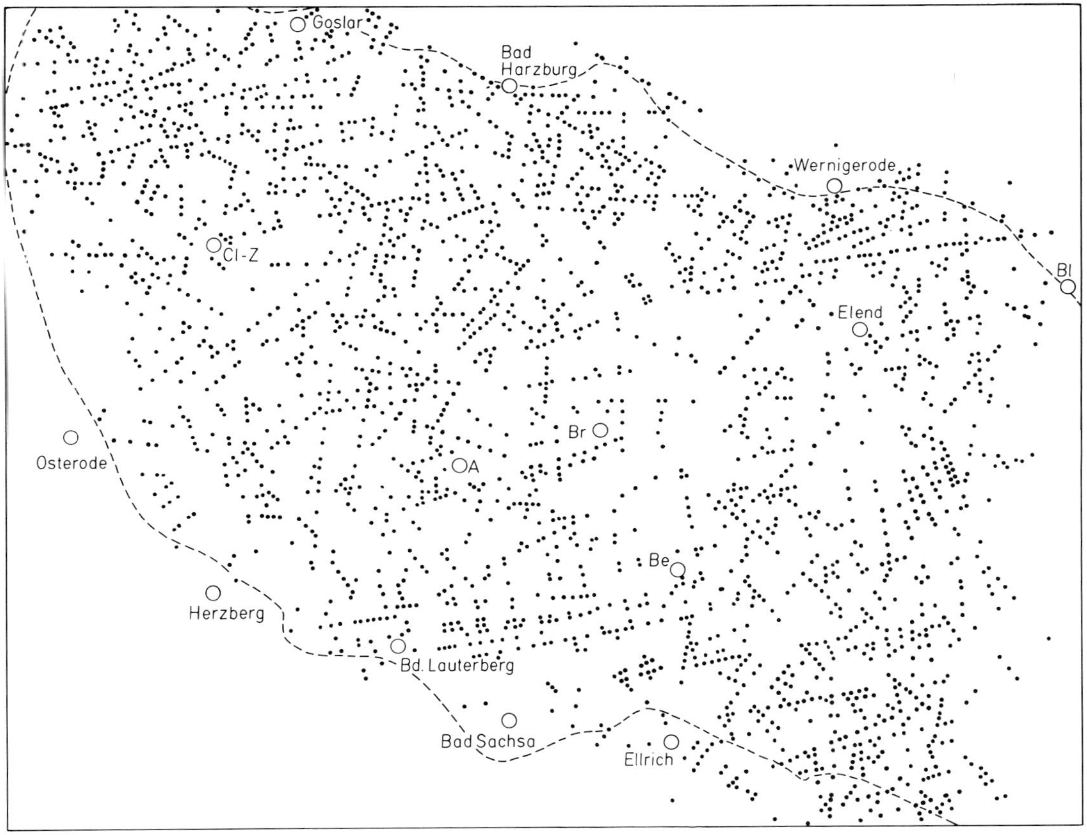

Abb. 132 Karte der Schnittpunkthäufigkeit von Photolineationen in Landsat-Aufnahmen des Harzes.

reichen verschiedener Regionen haben gezeigt, daß die in den Landsat-Aufnahmen kartierbaren Photolineationen die bruchtektonische Situation (d.h. die steile Bruchtektonik) des Kartiergebietes repräsentativ erfassen. In diesem Zusammenhang ist erwähnenswert, daß auch schon eine relativ kleine Zahl von Landsat-Photolineationen repräsentative Werte liefern kann. Das soll die Abb. 135 dokumentieren, in der die Richtungsverteilung von 73 in einer Landsat-Szene des Harzes kartierten Photolineationen der Richtungsverteilung von 4000 von FREBOLD (1938) im Bereich des Brocken-Plutons eingemessenen Klüften gegenübergestellt ist. Alle im Gelände beobachteten Kluftrichtungen kommen in der Richtungsrose der Photolineationen aus dem Bereich des Brocken-Plutons zum Ausdruck. Auch ist die Verteilung der Haupt- und Nebenmaxima beider Richtungsrosen sehr ähnlich. Die vergleichenden Untersuchungen ergaben auch, daß das Bruchmuster des Brocken-Plutons weitgehend identisch ist mit dem der umgebenden Einheiten (s. Abb. 136). Da die im engeren Brocken-Bereich auftretenden Richtungen steiler Bruchstrukturen auch für den Gesamtharz typisch sind und auch in dessen Umgebung auftreten, kann man annehmen, daß die Platznahme des Brocken-Plutons in einem vorgegebenen Bruchmuster (bzw. Spannungsfeld) erfolgte und sich das Kluftmuster des Brocken-Plutons unter dem Einfluß eines regionalen Bruchmusters der

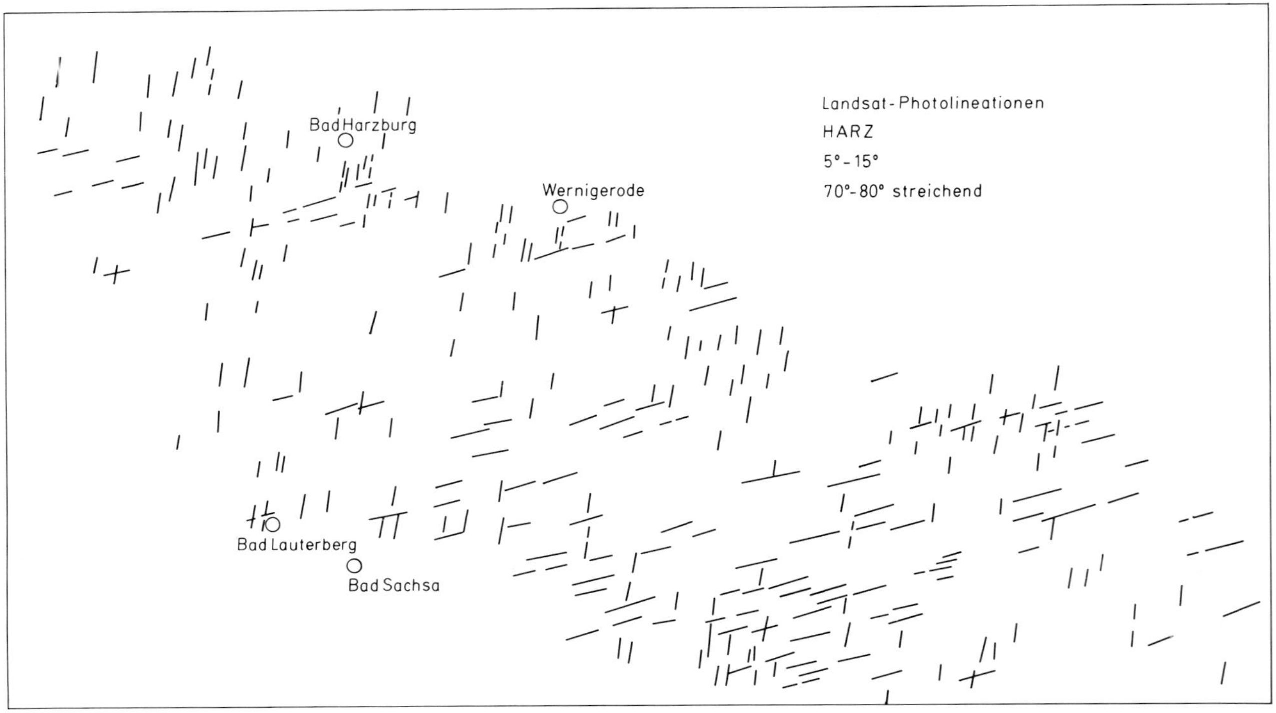

Abb. 133 Um 5–150° und um 70–800° streichende Photolineationen im Bereich des Harzes.

oberen Kruste entwickelte. Zu dem gleichen Ergebnis kam CHAFII (1980) durch kleintektonische Geländemessungen im engeren westlichen Brockenbereich und in dessen Umgebung.

Daß die in Landsat-Aufnahmen und in Landsat-Mosaiks kartierten Photolineationen repräsentative Informationen über das Bruchmuster der kartierten Region liefern, geht auch aus der Abb. 137 hervor. Hier sind die Richtungsverteilung der von GÜNTHER (1977) in Landsat-Aufnahmen und in einem Landsat-Mosaik der Bundesrepublik kartierten Groß-Photolineationen und die Richtungsverteilung aller in der Geologischen Karte der Bundesrepublik Deutschland 1:1 000 000 eingetragenen Störungen gegenübergestellt (Digitalisierung der Störungsdaten der Geologischen Karte durch ADLER 1976). Es ist eine weitgehende Übereinstimmung der Daten aus der Landsat-Kartierung und der auf tektonischen Geländebeobachtungen beruhenden Daten festzustellen.

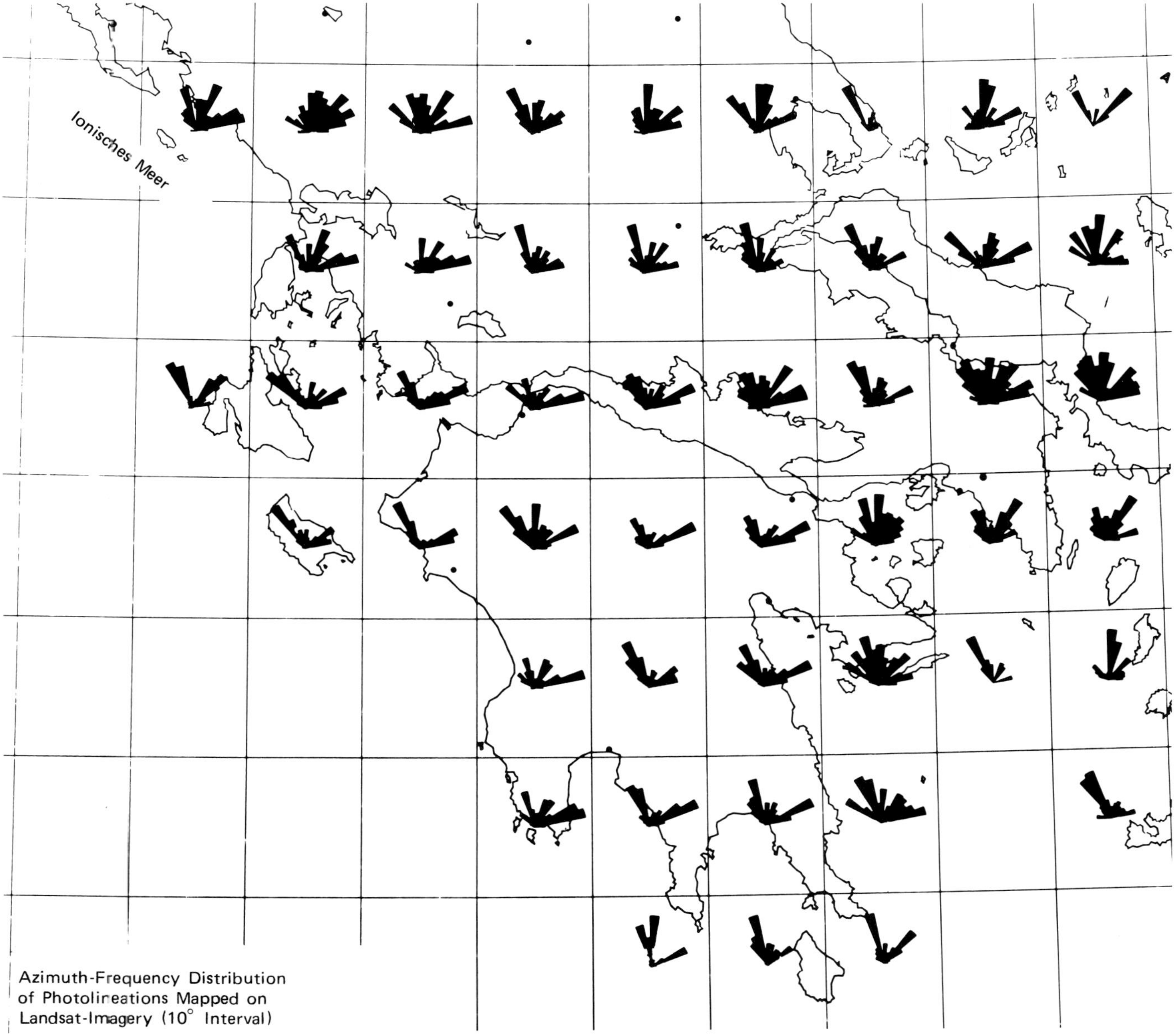

Abb. 134 Die Richtungsverteilung der in Landsat-Aufnahmen Mittel- und SW-Griechenlands kartierten Photolineationen in Kluftrosen-Darstellung, jeweils 1 Kluftrose für den Bereich eines topographischen Blattes 1:50 000, 10°-Teilung (nach KRONBERG, TSOMBOS & SURBORG 1981).

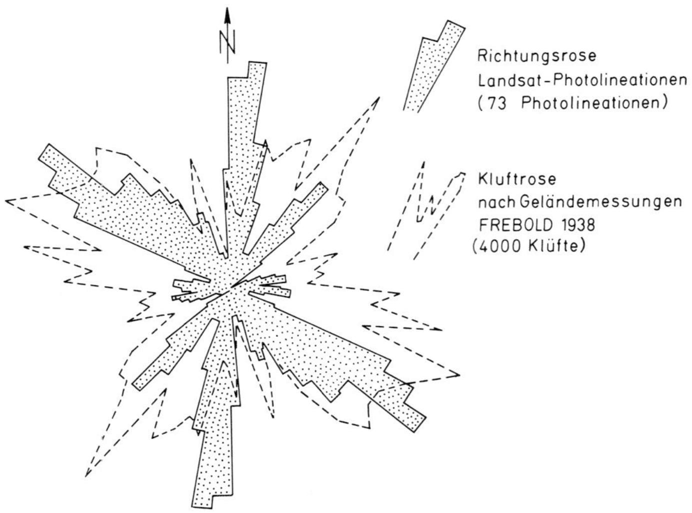

Abb. 135 Vergleich der Häufigkeitsverteilung steiler Bruchstrukturen im Bereich des Brocken-Plutons nach 73 in Landsat-Aufnahmen kartierten Photolineationen und nach 4000 von FREBOLD (1938) im Gelände gemessenen Klüften.

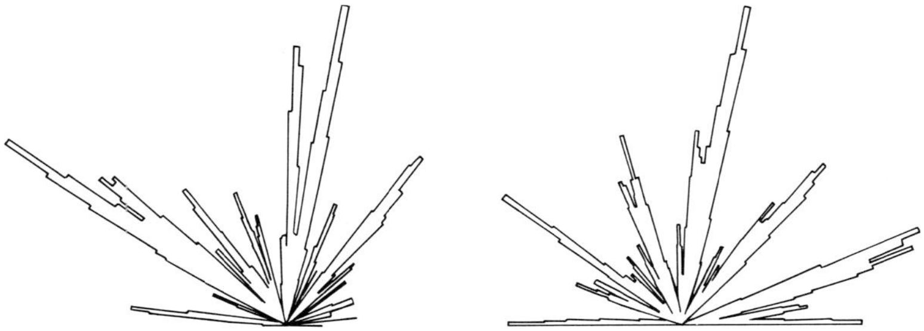

Abb. 136 Die Richtungsverteilung steiler Bruchstrukturen im Bereich des Brocken-Plutons und in seiner Umgebung, nach Photolineationskartierungen in Landsat-Aufnahmen.

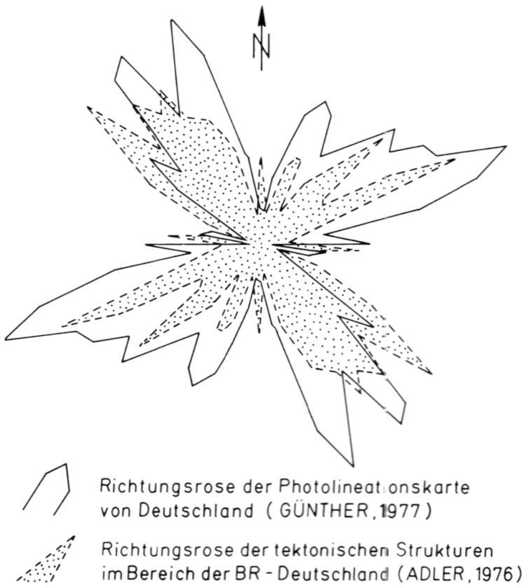

Abb. 137 Vergleich der Richtungsverteilung der von GÜNTHER & KRONBERG (1977) in Landsat-Aufnahmen und in einem Landsat-Mosaik der Bundesrepublik im Maßstab 1:1 000 000 kartierten großen Photolineationen und der Richtungsverteilung aller in der Geologischen Karte der Bundesrepublik 1:1 000 000 enthaltenen Störungen.

6 Fernerkundungsaufnahmen – Informationsgehalt, Auswertung, Einsatzmöglichkeiten

6.1 Allgemeines

In den Abschnitten 6.2–6.3.3 sollen Informationsgehalt und Nutzungsmöglichkeiten von Aufnahmen der einzelnen Fernerkundungsverfahren an repräsentativen Bildbeispielen demonstriert werden. Hierbei wird auf Einsatzmöglichkeiten der photographischen und nicht-photographischen Aufnahmeverfahren bei speziellen Aufgabe- bzw. Fragestellungen der geologischen Praxis und Forschung aufmerksam gemacht: bei der Kartierung lithologischer Einheiten und tektonischer Strukturen, bei der Suche nach Lagerstätten, bei hydrogeologischen Projekten, bei der Erkundung geothermaler Anomalien und bei der Erfassung aktuogeologischer Prozesse, auch im Rahmen ökologischer Untersuchungen. Hier interessiert, wie bestimmte geologische Geländegegebenheiten in Spektralbildern multispektraler Aufnahmeverfahren wiedergegeben werden, welche Geländeobjekte und -zustände sich in Spektralbildern bestimmter Kanäle bzw. Wellenlängenintervalle besonders kontrastreich absetzen, wie der Kontrast in der Wiedergabe bestimmter Geländeobjekte oder -zustände und damit deren Erkennbarkeit und Kartierbarkeit im einzelnen Spektralbild oder in kombinierten Bilddarstellungen über den Einsatz analoger und digitaler Methoden der Bildverarbeitung verbessert werden kann. Gezeigt wird auch die Wiedergabe von Geländeobjekten und -zuständen in Thermal-Infrarot- und in Radar-Aufnahmen, die in Wellenlängenintervallen jenseits des sichtbaren Spektrums aufgenommen worden sind und die erfaßte Landschaft in neuer, ungewohnter Weise abbilden. Schließlich wird auf die Vorteile von Satellitenaufnahmen hingewiesen, die dem Geologen durch die synoptischen, hochauflösenden Bilder sehr großer Geländebereiche neuartige Anschauungs-, Kartierungs- und Analysemöglichkeiten bieten. In den flächendeckenden, räumlich hochauflösenden Satellitenaufnahmen werden für den Betrachter Zusammenhänge und Unterschiede regionaler und lokaler geologischer Einheiten und Strukturen erkennbar, die in vergleichbarem Maßstab bislang nur in kleinmaßstäblichen Karten dargestellt und interpretiert werden konnten, in Karten, die in Maßstäben zwischen etwa 1:1 000 000 und 1:250 000 immer nur Vereinfachungen der Geländeverhältnisse, thematische Auszüge sein können. Das Satellitenbild gibt dagegen die Oberflächenmerkmale und Geländegegebenheiten des Aufnahmebereiches bei gleichem Maßstab mit sehr viel besserer räumlicher Auflösung naturgetreu wieder. Ein anderer Aspekt ist, daß kleinmaßstäbliche geologische Karten meist auf den Ergebnissen jahrelanger, teils jahrzehntelanger Geländearbeiten vieler Einzelpersonen und Arbeitsgruppen basieren, auf thematisch und qualitativ recht unterschiedlichen Teilkartierungen also, deren Ergebnisse bei der Kartenerstellung zusammengefaßt werden müssen. Satellitenaufnahmen bieten dagegen als Arbeitsunterlage auch dem einzelnen Geologen oder einer kleinen Arbeitsgruppe die Möglichkeiten zur thematischen Bearbeitung auch sehr großer Geländebereiche unter bestimmten Fragestellungen, auf der Basis unseres heutigen wissenschaftlichen Kenntnisstandes. Hinzu kommt als wesentlicher Vorteil, daß regionale Kartierungen und Analysen auf der Basis von Satellitenaufnahmen mit einem wesentlich geringeren Aufwand an Zeit und Kosten durchgeführt werden können als mit konventionellen Methoden.

Im Text werden einige themenbezogene Publikationen genannt. Im übrigen sei auf weitere im Literaturverzeichnis aufgeführte Publikationen hingewiesen. Die Zahl der Veröffentlichungen über die Verfahren des Remote Sensing und ihre thematischen Einsatzmöglichkeiten in Praxis und Wissenschaft ist groß. Sie ist in den letzten Jahren sprunghaft gestiegen. Aktuelle themenbezogene Literaturangaben finden sich auch in der 2. Ausgabe des Manual of Remote Sensing (1983), in den Zeitschriften „Photogrammetric Engineering and Remote Sensing", „Photogrammetria" und „Bildmessung und Luftbildwesen".

6.2 Skylab-Aufnahmen
Geologischer Bildinhalt, Auswertebeispiele

Die große Flächendeckung, die hohe räumliche Auflösung und die Lagegenauigkeit der S 190 A- und S 190 B-Aufnahmen erwiesen sich als sehr günstig für thematische Auswer-

Abb. 138 Aufnahme der Earth Terrain Camera (S 190B), Äthiopien. Vergrößerung auf Bildmaßstab 1:500 000. Originalbild in Falschfarbe (NASA, SL 3-RL-45-341).

tungen der Satellitenaufnahmen. Als besonderer Vorteil erwies sich die Möglichkeit der stereoskopischen Betrachtung zu kartierender Geländebereiche. Das gilt besonders für die Aufnahmen der Earth Terrain Camera in Farbe und Falschfarbe.

Die Abb. 138 zeigt in einer Ausschnittvergrößerung (ca. 1:500 000) den Übergangsbereich vom äthiopischen Hochland (SE Asmara) zum Roten Meer (Zula Bay, Norden rechts). Das Hochland wird im wesentlichen aus Gesteinen des kristallinen Basements aufgebaut. Wechselfolgen von Phylliten, Grünschiefern, Metagrauwacken und -konglomeraten sind typisch. Das Schichtstreichen von Wechselfolgen dieser Gesteine ist am linken Bildrand zu erkennen. Lokal treten im Basement Granite (Rundstruktur) auf. In der oberen Bildhälfte werden Reste einer alten Einebnungsfläche deutlich, die den Basementkomplex kappt. Im Hochlandbereich, verstärkt zum Roten Meer hin, treten basaltische Vulkanite und Gänge tertiären bis quartären Alters auf. Am Gebirgsrand sind Schuttfächer, Schotterebenen, Sandflächen und Dünen, auch alte Strandlinien zu erkennen.

Die konventionelle photogeologische Auswertung von Farb- und Falschfarben-Aufnahmen des Testgebietes in Äthiopien ermöglichte die Unterscheidung von 16 lithofaziellen Einheiten (Fest- und Lockergesteinen), die Kartierung regionaler und lokaler Bruchstrukturen und die Erstellung einer recht detaillierten Karte der Oberflächenentwässerung. Die Abb. 139 zeigt Ausschnitte der drei thematischen Karten für einen Teilstreifen des Testgebietes.

Neben der Nutzung hochauflösender photographischer Satellitenaufnahmen für die lithologische und tektonische Kartierung sei besonders auf die Bedeutung dieser Aufnahmen für regionale hydrogeologische Projekte hingewiesen. Die stereoskopische Betrachtung liefert sehr zuverlässige Informationen über die Lage von Wasserscheiden, über die Lage

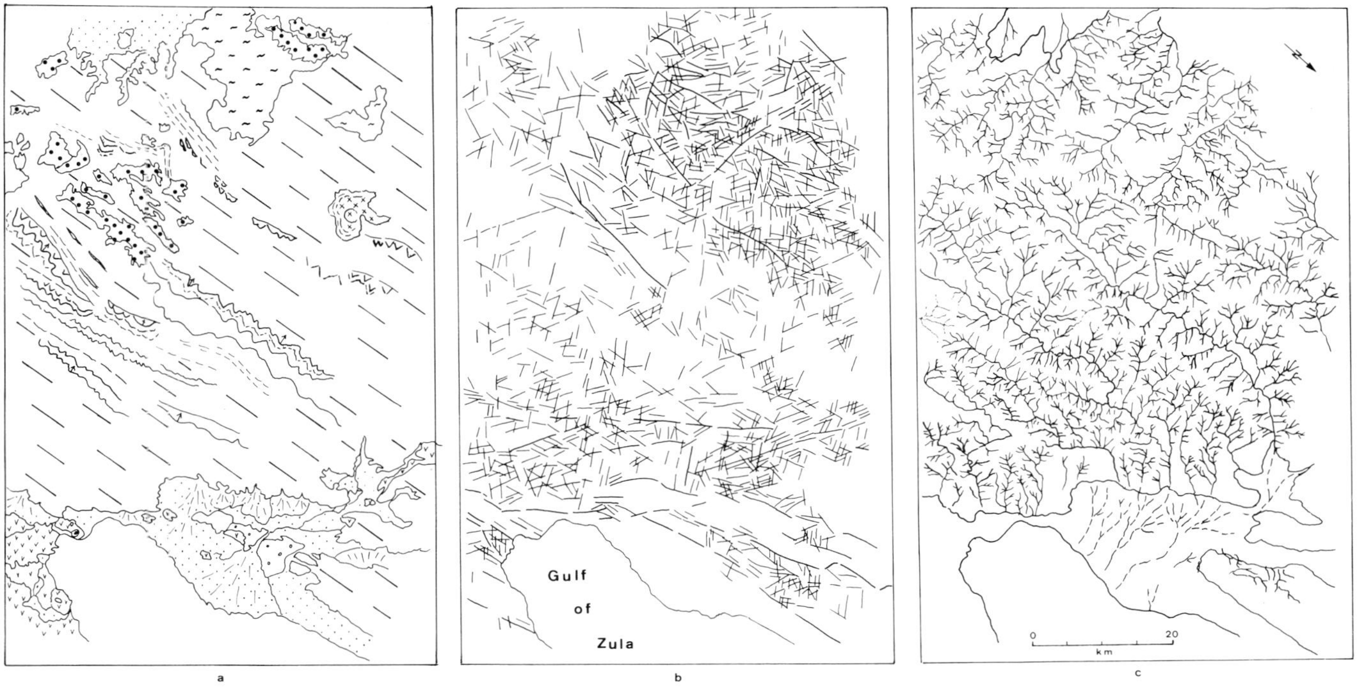

Abb. 139 Ausschnitte von 3 thematischen Karten des Bildbereiches von Abb. 138 (Äthiopisches Hochland). Die Karten basieren auf der Bildauswertung: a) lithofazielle Einheiten: diagonale Signaturen: kristalline Serien des präkambrischen Basements, Kreuzsignatur: Intrusion, Wellensignatur: basische Intrusiva (?), dick punktiert: jurassische Sedimente, Hakensignatur: tertiäre und quartäre Vulkanite, kleinpunktiert: Quartär, b) tektonische Strukturen, c) Entwässerungsnetz.

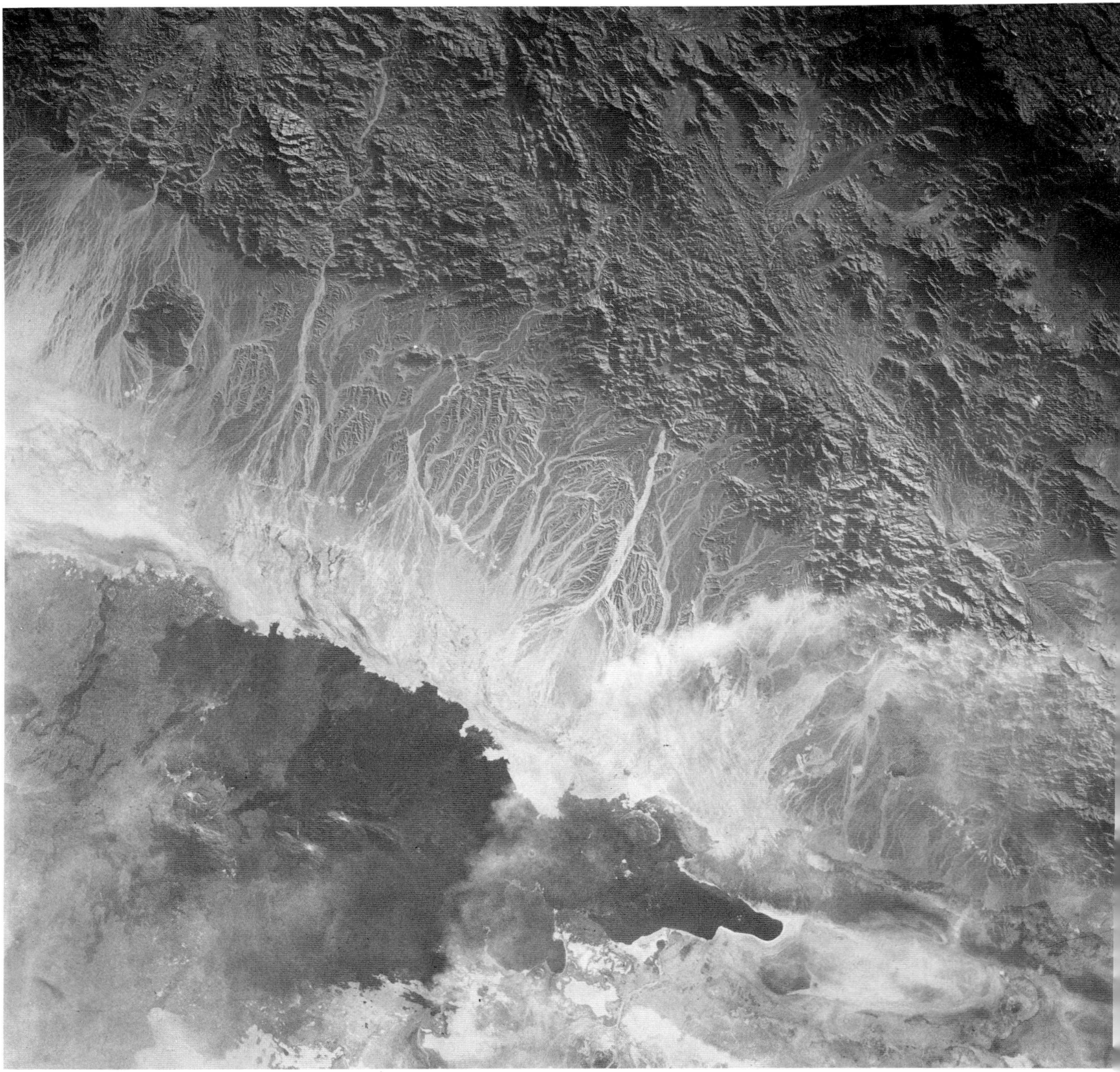

Abb. 140 Aufnahme der Earth Terrain Camera (S 190B), Äthiopien. Vergrößerung auf 1:500 000. Original in Falschfarbe (NASA SL 3-RL-37-367). Unten: Basalt-Vulkane entlang des zentralen Danakil-Grabens.

von Wasserscheiden, über die Lage und Größe von Einzugsgebieten. Von Bedeutung ist die Korrelation der Gewässernetzkarte mit den Daten der lithologischen und tektonischen Kartierungen des Projektgebietes.

Farbaufnahmen der Earth Terrain Camera eignen sich natürlich besonders gut für lithofazielle Kartierungen in ariden und semiariden Gebieten mit ihren günstigen Aufschlußverhältnissen. Abb. 141 zeigt den strukturellen Bau des San Raffael Swell-Gebietes (Utah), einer etwa 116 km langen Antiklinale. Schlüsselhorizonte lassen sich nach ihrer Grau- bzw. Farbtönung (im Original) und nach ihren topographischen Merkmalen erkennen und verfolgen.

In vegetationsbestandenen Gebieten mit mehr oder minder mächtigem Verwitterungsprofil können hochauflösende Falschfarbenaufnahmen der Earth Terrain Camera (Flächendeckung 109 x 109 km bei 23 m Bodenauflösung) für geologische Kartierungen von Nutzen sein, wenn Unterschiede im lithologischen Aufbau des Untergrundes durch Variationen in der Art und der Dichte des Bewuchses, durch Unterschiede der Landnutzung wiedergegeben werden. Das zeigt die Abb. 142. Sie enthält zwei aufeinanderfolgende Aufnahmen in Stereoüberdeckung. Leithorizonte bzw. Leitbänke setzen sich deutlich durch ihre Schichtkämme und durch Unterschiede im Bewuchs gegen die Umgebung ab. Sie ermöglichen die Kartierung der Faltenstrukturen dieses Teilbereiches des Appalachen-Orogens (nahe Altoona, Pennsylvania). Streichen und Abtauchen der Faltenachsen lassen sich kartieren, Achsenkulminationen und Achsendepressionen werden deutlich. Die Vergenz des Faltenbaues (zum linken Bildrand hin) ist deutlich.

Hier sei noch einmal darauf hingewiesen, daß in den flächendeckenden und hochauflösenden Skylab-Aufnahmen einerseits detaillierte Beobachtungen und Kartierungen des tektonischen Baues einer Landschaft möglich sind, andererseits aber auch Korrelationen tektonischer Strukturen (unter Berücksichtigung anderer Geländegegebenheiten) über größere Entfernungen, über mehr als 100 km durchgeführt werden können. Dadurch werden Bestandsaufnahmen und Analysen möglich, die zur Entwicklung regionaler und überregionaler tektonischer Modellvorstellungen führen können. Das haben Untersuchungen im Rahmen der Skylab-Experimente bewiesen, die mit ihren Ergebnissen im Band „Skylab EREP Investigations Summary" (NASA 1978) zitiert sind. In dieser Publikation werden auch die Nutzungsmöglichkeiten der multispektralen Skylab-Aufnahmen für die Erzprospektion aufgezeigt und diskutiert: Zusammenhänge zwischen dem räumlichen Auftreten von Photolineationen in S 190 A- und S 190 B-Aufnahmen und Erzgängen, Kartierung von Rundstrukturen und Alterationszonen als Indikatoren für Porphyry Copper-Vorkommen, Einsatz computergestützter Verfahren der Bildverarbeitung zur kontrastreichen Darstellung von Alterationszonen. Untersuchungen in einigen Testgebieten der USA, Mitteleuropas und Südamerikas haben gezeigt, daß hochauflösende, flächendeckende photographische Satellitenaufnahmen vom S 190 B-Typ auch im Rahmen der Erdölprospektion zur Kartierung lithologischer Einheiten und tektonischer Strukturen erfolgreich eingesetzt werden können. Hier ist von besonderem Interesse, daß sich in Skylab-Aufnahmen reliefarmer humider Gebiete über Grautonunterschiede und über Besonderheiten des Entwässerungsnetzes Untergrundstrukturen (Antiklinen, Domstrukturen) abzeichnen, die sich der Position bekannter Lagerstättenstrukturen zuordnen ließen oder zur Entdeckung einer neuen Lagerstätte führten. Auch konnte gezeigt werden, daß der Einsatz geophysikalischer Methoden auf der Basis vorhergehender Satellitenbild-Interpretationen rationeller gestaltet und dadurch Kosten gespart werden können. Schließlich können über die Satellitenbildauswertung auch wesentliche Aspekte eines Gebietes geklärt werden, für das eine Konzessionsnahme beabsichtigt ist.

Auf die Bedeutung indirekter Indikatoren unterschiedlicher Grundwasserverhältnisse weisen Untersuchungen von BANNERT et al. in der argentinischen Pampa hin (s. KRUCK 1976). Im Projektgebiet variiert der Grundwasserspiegel eines Grundwasserkörpers, der sich in quartären Löß-Sedimenten entwickelt hat, zwischen 0 und 20 m unter der Erdoberfläche. Der Salzgehalt des oberflächennahen Grundwassers ist relativ hoch, variiert aber von Ort zu Ort. Bei der Auswertung von Skylab-Farbinfrarot-Aufnahmen fiel auf, daß sich manche Geländebereiche mit hellen Blautönen gegen ihre Umgebung absetzten, die durch die Rottöne der Vegetation landwirtschaftlich genutzter Bereiche gekennzeichnet war (vgl. Abb. 143). Vergleiche mit Geländebeobachtungen ergaben, daß in den heller getönten Gebieten der Grundwasserspiegel nicht tiefer als 5–7 m lag, der Salzgehalt des Bodens und Grundwassers erhöht und der Bewuchs durch ein Überwiegen salzliebender Arten (Halophyten) gekennzeichnet war. In den Farbinfrarot-Aufnahmen zeichnen sich mit hellen Blautönen also die Bereiche ab, in denen wegen des relativ niedrigen Grundwasserspiegels verstärkt Evapotranspiration auftritt, die zu erheblichen Salzgehalten in Boden und Grundwasser und in der Folge zu ungünstigen Lebensbedingungen für be-

Abb. 141 Lithofazielle Einheiten und struktureller Bau im Bereich der San Raffael-Swell (Utah). Bildmaßstab: ca. 1:500 000. Originalbild auf Farbfilm (NASA SL 2-81-014).

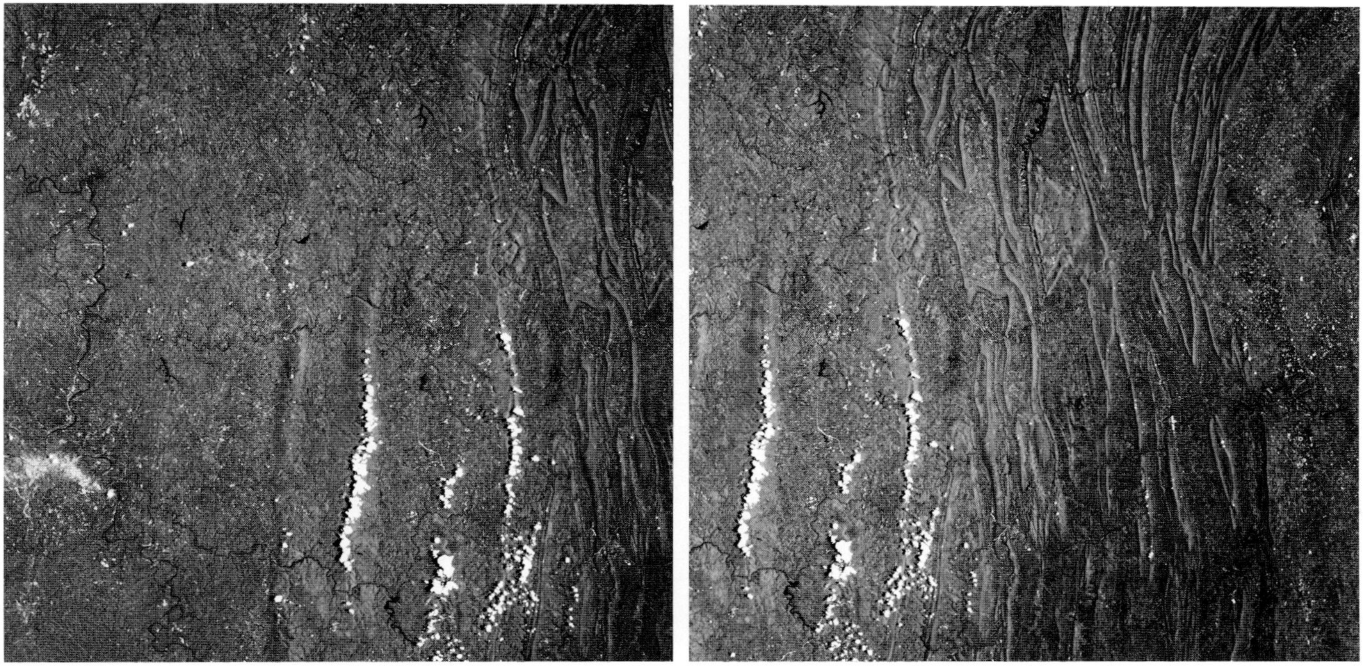

a b

Abb. 142a und b Lithofazielle Einheiten und tektonische Strukturen in Skylab-Aufnahmen der Appalachen (Pennsylvania). Bildmaßstab 1:2 850 000, Stereoüberdeckung, Originalbilder in Falschfarbe (NASA SL 3-21-191 und SL 3-21-192).

stimmte Pflanzenarten führen, auch zu einer Verringerung der Bewuchsdichte. Geländeuntersuchungen ergaben, daß die besten Wachstumsbedingungen in jenen Gebieten gegeben sind, in denen der Grundwasserspiegel unterhalb der Verdunstungszone liegt, im Untersuchungsgebiet bei etwa 10 m oder tiefer. Gebiete mit entsprechender Lage des Grundwasserspiegels zeichneten sich in den Skylab-Falschfarben-Aufnahmen durch die roten Töne dichten, chlorophyllreichen Bewuchses ab. BANNERT et al. konnten Korrelationen zwischen der Farbtönung der Geländeoberfläche in der Falschfarben-Aufnahme und der Tiefe des Grundwasserspiegels im Aufnahmebereich vornehmen und eine Karte mit Angaben über die vermutete Tiefe des Grundwasserspiegels im Projektgebiet erstellen (vgl. Abb. 144). Auch LEE & HUTCHINSON (1974) berichten über Variationen der Farbtönung und der Textur in Skylab-Aufnahmen, die durch Unterschiede im Bewuchs und in der Bodenbeschaffenheit bedingt sind, Oberflächenphänomene, die ebenfalls durch Unterschiede in der Tiefenlage des Grundwasserspiegels beeinflußt werden.

Für die hydrologische Situation im Projektgebiet von BANNERT et al. bedeutsam sind auch die sogenannten Bajos, langaushaltende, flache Geländedepressionen ohne Oberflächenabfluß, die sich im Satellitenbild als Streifen anderer Farb- oder Grautönung abzeichnen (s. Abb. 145). Sie sind etwa 100 bis 200 m breit und treten in ziemlich gleichmäßigen Abständen von ca. 2 km auf, möglicherweise durch Untergrundstrukturen bedingt. Nach kräftigen Regenfällen sammelt sich Wasser im Untergrund der Bajos. Es bauen sich für die Landwirtschaft nutzbare Süßwasserlinsen im sonst salzhaltigen Grundwasser auf. Anhand von geophysikalischen Untersuchungen und Pumpversuchen in einzelnen Bajos konnten BANNERT et al. Modellrechnungen über die Speicherungsmöglichkeiten von Bajos anstellen und in die

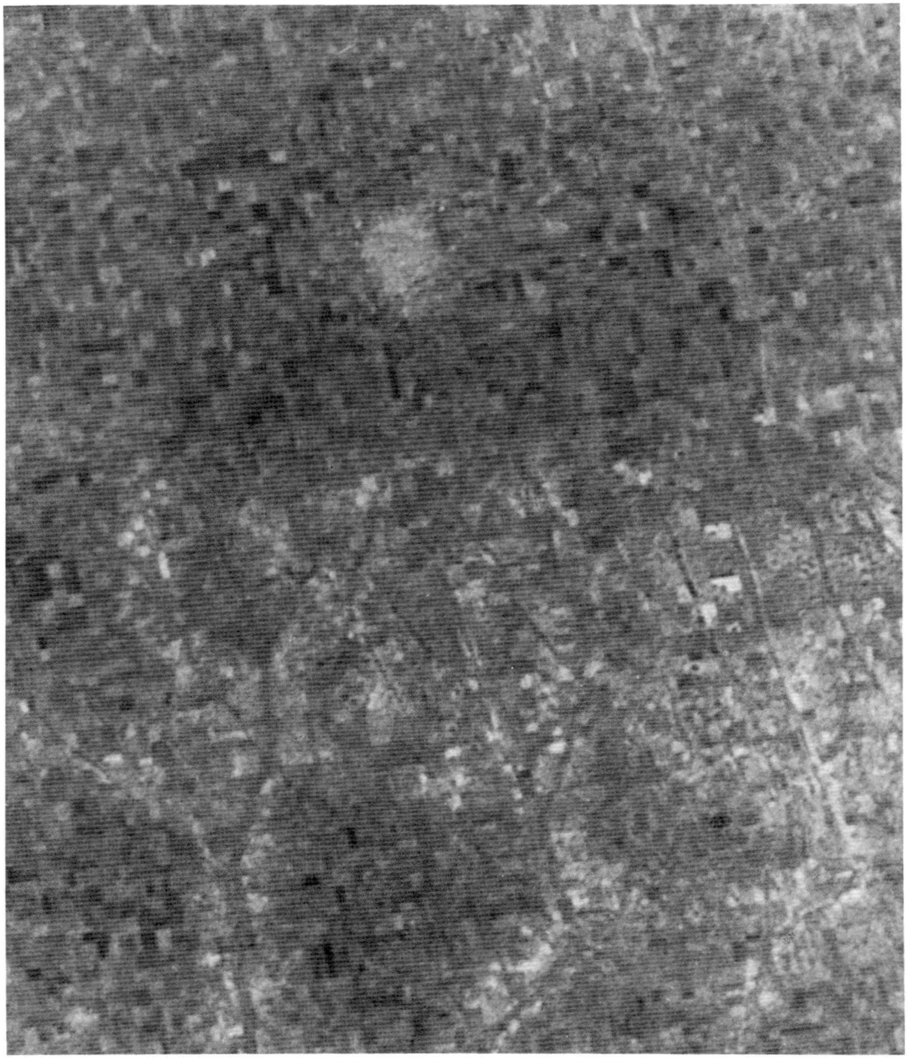
NASA SL 3-34-163

Abb. 143 Skylab-Aufnahme einer Landschaft in Argentinien. Landwirtschaftlich genutzte Bereiche. Unterschiede im Bewuchs und in der Bodenbeschaffenheit zeichnen sich durch Grautonunterschiede ab (im Original-Falschfarbenbild durch Farbänderungen) (NASA, SL 3-34-163).

hydrologische Beurteilung der Nutzungsmöglichkeiten und in Kosten/Nutzen-Analysen einbringen. Konventionelle Reconnaissance-Erkundungen der Tiefenlage des Grundwasserspiegels und des Salzgehaltes erfordern in der Pampa ca. 20 Bohrungen pro 100 km^2. Für detailliertere Untersuchungen der Wasserreserven sind etwa 80 Bohrungen für 100 km^2 erforderlich. Mit Hilfe der Daten, die aus der Auswertung von Skylab- (oder Landsat-)Aufnahmen gewonnen werden können, konnte die Zahl der Beobachtungspunkte für das Reconnaissance-Stadium der Erkundung auf die Hälfte und die Zahl der für Detailabschätzungen nötigen Bohrungen um 75% reduziert werden. Nach BANNERT et al. entsprach das z.Z. der Untersuchung einer Reduktion der Feldkosten von 600 \$ auf 300 \$ (Reconnaissance) bzw. von 2400 \$ auf 600 \$ pro 100 km^2 (Detailbearbeitung). Vergleichende Untersuchungen der Auswerteergebnisse von Skylab-Aufnahmen und Landsat-MSS-Szenen ergaben, daß die oben geschilderten Auswertungen, Korrelationen und Berechnungen auch auf der Basis von Landsat-Aufnahmen durchgeführt werden können. Die Abschätzungen der Wasserreserven der Bajos werden allerdings mit der besseren räumlichen Auflösung der Skylab-Aufnahmen zuverlässiger. Die Lokalisierung und Abgrenzung oberflächennaher Grundwasservorkommen kann nach BANNERT et al. durch eine geschickte Kombination von Satellitenbildauswertung und Geländeuntersuchungen repräsentativer Teilbereiche eines Projektgebietes genauer und wirtschaftlicher durchgeführt werden als auf der Basis herkömmlicher Methoden. Entscheidend für den Erfolg entsprechender Projekte ist die richtige Interpretation der Oberflächenphänomene im Bild (Grau- oder Farbtönung, Bewuchs, Textur, Entwässerungsnetz u.a.) und ihrer Beziehungen zu den geologischen und hydrologischen Gegeben-

Abb. 144 Tiefenlage des Grundwasserspiegels nach der Auswertung der Skylab-Aufnahme von Abb. 143 und nach Geländemessungen (nach KRUCK 1976).

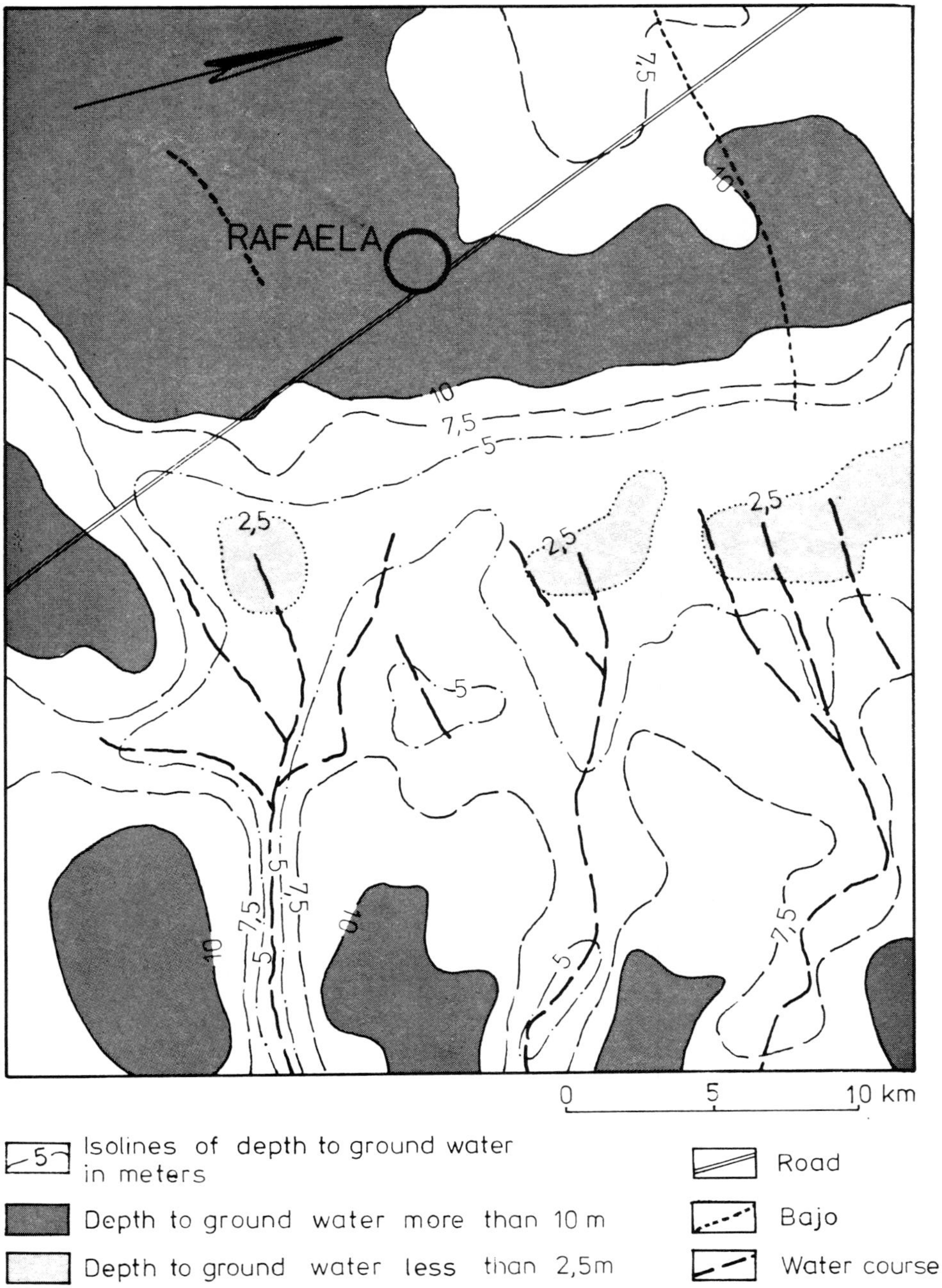

heiten des Untergrundes. Die Erfahrungen der Arbeitsgruppe BANNERT dürften durchaus auf klimatisch und hydrogeologisch vergleichbare Gebiete übertragbar sein.

Synoptische Aufnahmen großer Geländebereiche (190 x 190 km) bei sehr guter räumlicher Auflösung (21 x 21 m) liefert auch die Metric Camera (MC), die Ende 1983 bei der STS-9-Mission vom Space Shuttle aus zum ersten Mal eingesetzt wurde (vgl. Absch. 3.0). Skylab 190 A- und Metric Camera-Aufnahmen sollten überall dort in regionalgeologische Kartierungen und Bestandsaufnahmen einbezogen werden, wo sie verfügbar sind.

Interessant sind die Einsatzmöglichkeiten multispektraler Satellitenaufnahmen auch für Studien und Bestandsaufnahmen rezenter Transport-, Sedimentations- und Erosionsprozesse in Oberflächengewässern und Küstenbereichen (auch in Verbindung mit Umweltproblemen). Die Abb. 146 zeigt am Beispiel der Mobile Bay (Alabama), wie sich unterschiedliche Sedimentkonzentrationen des Wasser und Strömungsvorgänge in Aufnahmen der Earth Terrain Camera von Skylab 4 durch Tönungsunterschiede abzeichnen. Ausgangsbereich, Bewegung und Mischvorgänge größerer und kleinerer Schwebstoffkonzentrationen sind erkennbar. Bildvorlage ist ein Farbbild im Maßstab 1:500 000. Mit Hilfe von Äquidensiten-Verfahren und Farbkodierungen könnte man die Sedimentkörper bzw. die Teilbereiche unterschiedlicher Sedimentkonzentrationen noch weitaus stärker differenzieren

Abb. 145 Vergrößerung einer Earth Terrain Camera-Aufnahme mit „Bajos" (b) (nach KRUCK 1976).

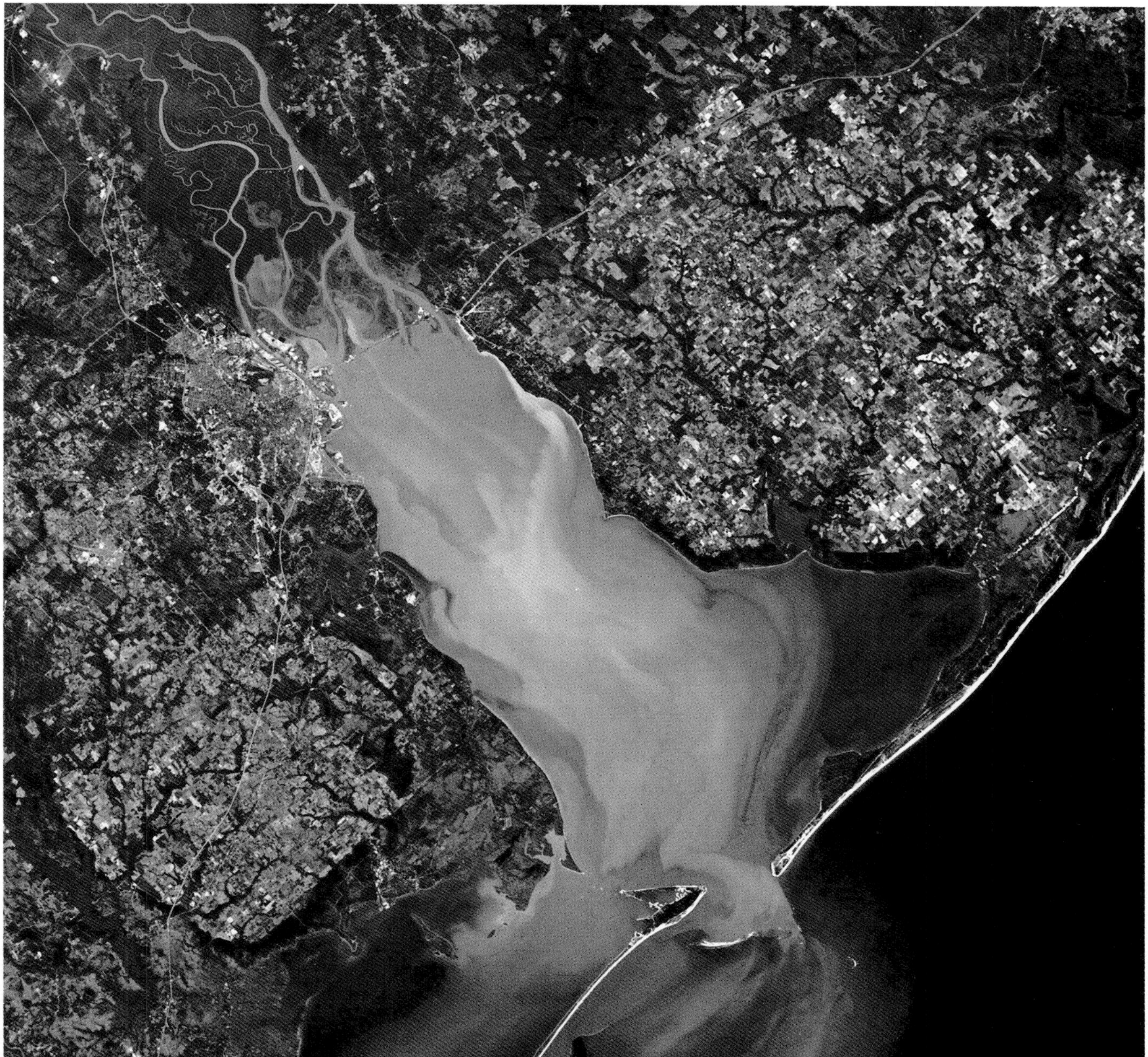

Abb. 146 Schwebstoff-Transport in Fluß- und Küstengewässern im Bereich der Mobile Bay (Alabama) in einer Earth Terrain Camera-Aufnahme. Bildmaßstab 1:500 000, Originalbild in Farbe (NASA SL 4-92-300).

Abb. 147b Karte der lithofaziellen Einheiten und tektonischen Strukturen für den Bereich der Abb. 147a (photogeologische Kartierung).

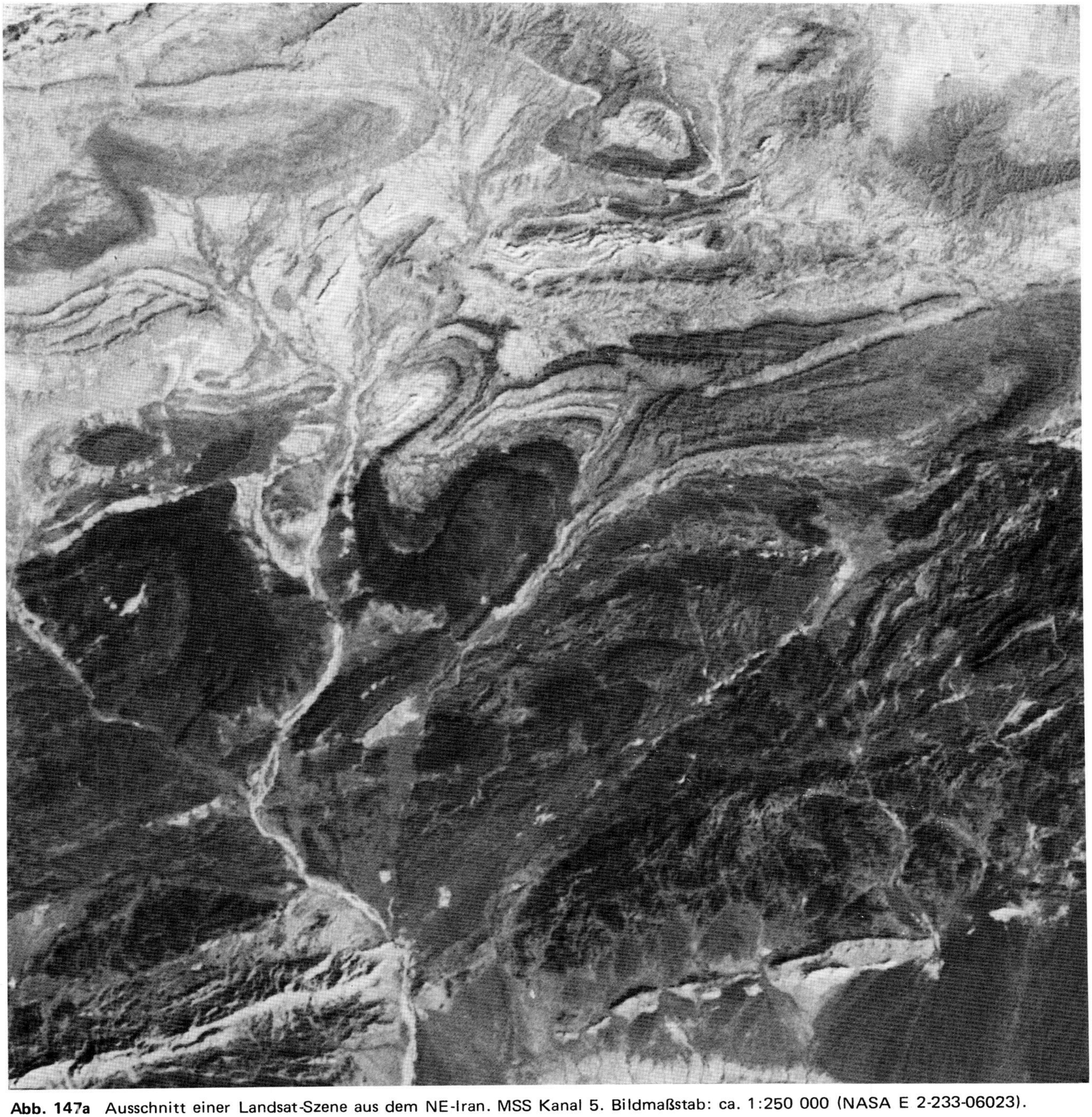

Abb. 147a Ausschnitt einer Landsat-Szene aus dem NE-Iran. MSS Kanal 5. Bildmaßstab: ca. 1:250 000 (NASA E 2-233-06023).

und getrennt darstellen (u.a. YAGER et al. 1973). Nicht unproblematisch ist allerdings die Korrelation von Farbtönung oder Dichtestufe und Sedimentkonzentration (mg/l) (vgl. Abschn. 3.5.7). Ergänzende Untersuchungen, Schiffsmessungen sind unbedingt erforderlich, um Kenntnisse über die Wassertiefe und die Durchlässigkeit des Wassers zur Zeit der Aufnahme zu haben, um die Effekte unterschiedlicher Sedimentkonzentrationen von denen variierender Tiefe des Meeresbodens trennen zu können. Auch sind die Störeffekte von Dunst oder Wolkenschleiern auf die Tönung von Oberflächengewässern zu berücksichtigen (PIECH et al. 1975). Algenwuchs an der Wasseroberfläche (der im Rahmen von Umweltuntersuchungen von Interesse ist) macht sich in Farbinfrarot-Aufnahmen durch rötliche Töne bemerkbar.

Studien der Sedimentverteilung und des Sedimenttransportes in einmaligen Aufnahmen von Oberflächenwässern, auch wenn es multispektrale Aufnahmen sind, sind allerdings nur von begrenztem Wert. Bessere Interpretationen und Bewertungen, vor allem auch solche dynamischer Prozesse, sind auf der Basis multitemporaler Multispektraldaten möglich, wie sie z.B. von den Landsat-Satelliten geliefert werden (leider in noch zu großen Abständen). Wiederholte Aufnahmen desselben Bereiches sind auch erforderlich, um mehr oder minder zufällige Vorgänge des Sedimenttransportes und des Sedimentabsatzes von solchen Vorgängen zu trennen, die sich in bestimmten Bereichen eines Gewässers oder eines Küstenbereiches gleichmäßig oder periodisch wiederholen, also immer im selben Bereich auftreten. Solche Prozesse sind vor allem für ingenieurgeologische und hydrologische Projekte, auch für ökologische Studien in Seen, Flüssen und Küstengewässern von Bedeutung (u.a. für die Wasserentnahme oder für die Einleitung von Schweb- oder Schadstoffen) (vgl. SCHERZ & VAN DOMELEN 1973). Für Studien von Sediment- oder Schwebstoffkonzentrationen und -transporten haben sich Spektralaufnahmen der Skylab-Kameras in den Wellenlängenbereichen 0,5–0,6 μm und 0,6–0,7 μm am besten bewährt.

6.3 Landsat-Aufnahmen (MSS)

Geologischer Bildinhalt, Auswertungsbeispiele

6.3.1 Allgemeines

Besonders viele geologische Informationen können Landsat-Aufnahmen arider und semiarider Geländebereiche liefern, in denen die auftretenden Fest- und Lockergesteine und die tektonischen Strukturen nicht durch Bewuchs maskiert oder verdeckt sind. Grautonunterschiede markieren hier in der schwarzweißen Landsat-Szene (der Standardunterlage für die photogeologische Kartierung) die Ausstrichzonen unterschiedlicher Gesteine. Dabei kann die Grautönung derselben petrofaziellen Einheit wie auch der Grautonkontrast zwischen benachbarten Gesteinseinheiten unterschiedlicher petrographischer Zusammensetzung und unterschiedlicher Farbe in den einzelnen Spektralaufnahmen der vier MSS-Kanäle mehr oder minder stark variieren. Die Erfahrung zeigt, daß Aufnahmen des MSS-Kanals 5 für die Kartierung von Gesteinen und Böden besonders geeignet sind, weil sie die für den Geologen interessanten Materialunterschiede meist besonders kontrastreich wiedergeben. Im Einzelfall können jedoch bestimmte Gesteine oder Gesteinsunterschiede in der Aufnahme eines der übrigen MSS-Kanäle wesentlich kontrastreicher und damit besser kartierbar wiedergegeben werden als in der gleichzeitig aufgenommenen Aufnahme von MSS-Kanal 5.

Neben dem Grauton dienen die Reliefunterschiede des Geländes, dessen morphologische Groß- und Kleingliederung als wichtigstes Kriterium für die Unterscheidung und Abgrenzung lithofazieller Einheiten. Unterschiede in der Dichte, Aufgliederung und Ausrichtung des Entwässerungsnetzes vermitteln wichtige Informationen über den geologischen Unterbau.

Abb. 147a zeigt im vergrößerten Bildausschnitt einer Landsat-Szene einen Geländebereich im NE-Iran (Kanal 5, ca. 1:250 000), Abb. 147b die auf einer dem Bild aufgelegten Folie kartierten Grenzen lithofazieller Einheiten und tektonischen Strukturen. Die obere Bildhälfte zeigt typische Erscheinungsformen sedimentärer Abfolgen. Grautonunterschiede und Unterschiede im Relief markieren die Ausstrichzonen einzelner Schichteinheiten. Es können Schichtpakete unterschiedlichen Typs und verschiedener Farbe unterschieden und gegeneinander abgegrenzt werden. Dagegen ist der spezielle Materialcharakter der unterschiedenen Einheiten ohne Geländebegehung nicht feststellbar. Am Aufbau der verfalteten Schichtfolge beteiligt sind in der oberen Bildhälfte: gipsführende Rotsedimente und Konglomerate (a), Evaporite und Mergel (b), Flysch-ähnliche Serien mit grünlichen Sandsteinen, Mergeln und Konglomeraten mit Tuffeinschaltungen (c) sowie mit Sandsteinen und Mergeln wechsellagernde Konglomerate (d). Mit sehr dunklen Grauton setzen sich im mittleren Bildbereich Andesite ab (e). Sie zeigen im Bildmaßstab eine relativ ebene Oberfläche. Mit

Abb. 148 Geländebereich der Abb. 147 in einer kontrastverbesserten Darstellung (Original: Falschfarben-Composite, erstellt von R. HAYDN, ZGF). Bildmaßstab: ca. 1:550 000.

keilförmiger Umgrenzung, starker Reliefgliederung, mehreren Schichtkämmen und mehrfachem streifig-linsigem Grautonwechsel setzt sich im rechten mittleren Bildbereich ein Colored-Melange-Komplex ab, aufgebaut aus in sich verfalteten und verschuppten Mergeln, Sandsteinen, Kalken, Radiolariten, Tuffen und Andesiten (f). Er grenzt nach rechts unten an einer Störung gegen einen Komplex aus metamorphen Schiefern und Graniten (g), der sich im vorliegenden Bild nicht weiter untergliedern läßt. Die helle reliefbildende Einheit (h) in der linken unteren Bildecke wird aus Kalken aufgebaut, der südlich anschließende Bereich (i) aus Wechselfolgen von Konglomeraten, Sandsteinen und Siltsteinen.

Abb. 148 zeigt denselben Geländebereich in der schwarzweißen Wiedergabe einer kontrastverbesserten Color-Composite. Hier zeichnen sich die einzelnen Teilkomplexe und ihre Grenzen schärfer ab als in der vergrößerten Kopie des SW-Standard-Produkts. Am unteren Bildrand ist in den jungen Sedimenten die Oberflächenspur der Great Kavir Fault erkennbar, einer noch heute seismisch aktiven, mehrere hundert Kilometer langen Störungszone.

Abb. 149a zeigt einen Ausschnitt des Air Plateau in Niger. In der photogeologischen Karte der Abb. 149b wird der rasterfreie Bereich vom präkambrischen Basement aufgebaut. Gestrichelte Linien zeigen die lokal beobachtbaren Streichrichtungen steil verfalteter Gneise. Photolineationen markieren die kartierbaren Ausstrichzonen von Störungen und Kluftzonen. Im Basement stecken mehrere Intrusivkörper granitischen Typs (Kalk-Alkali-Granite, nach BLACK & GIROD 1970).

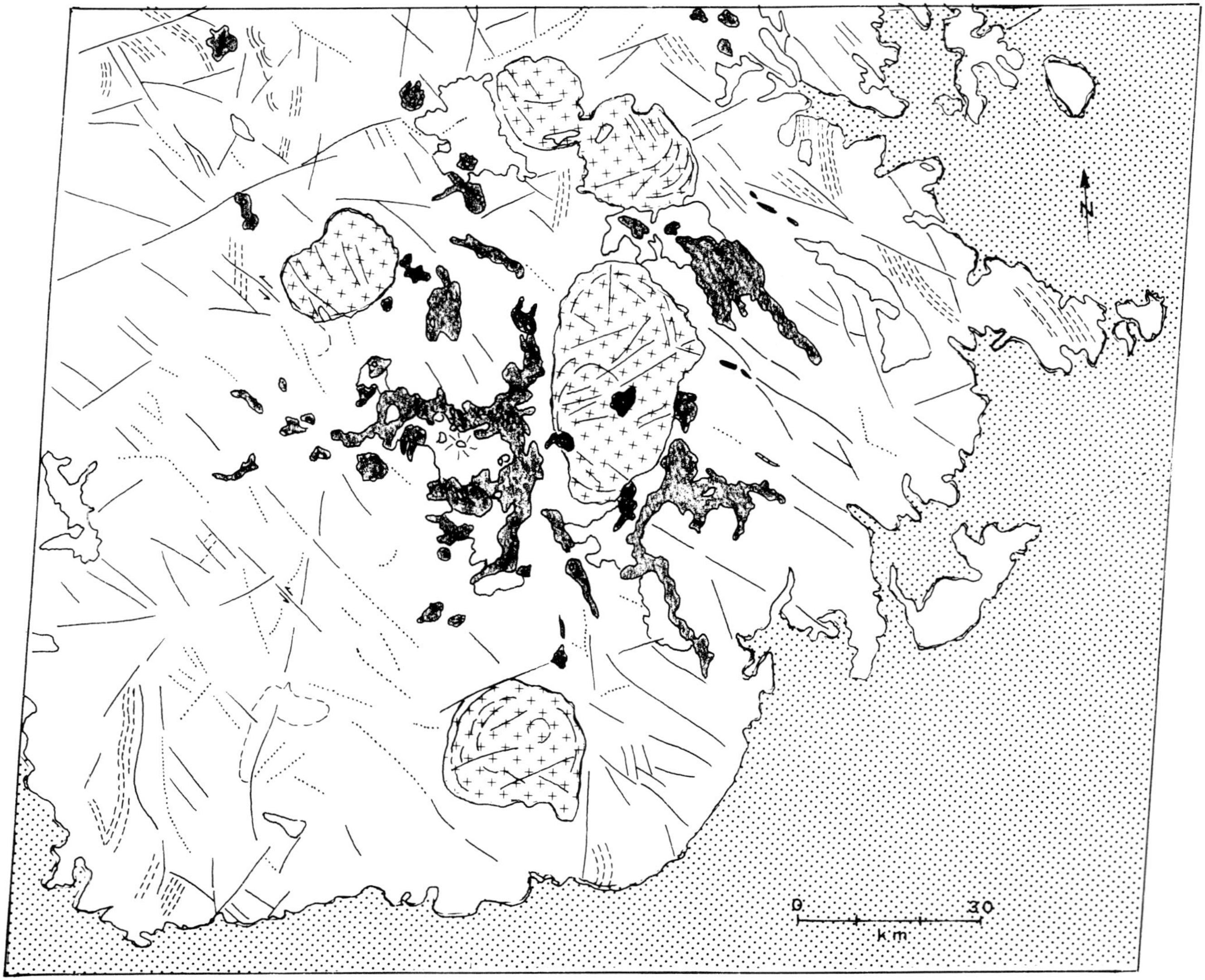

Abb. 149b Karte der lithofaziellen Einheiten und tektonischen Strukturen der Abb. 149a

Zinn- und Niobium-Vererzungen treten im Zusammenhang mit den Intrusionen auf. Mit charakteristischen Landformen und schwarzer Tönung setzen sich Förderzentren und Lavaflüsse von Olivinbasalten, mit mittlerer bis dunkler Grautönung Förderzentren und Absätze von Trachyten, Phonolithen und trachytischen Tuffen ab. Punktierte Linien zeigen die Ausstrichzonen vulkanischer Gänge.

Abb. 150a zeigt einen Teilbereich des Pilbara Blockes (Westaustralien), der aus präkambrischen und archaischen kristallinen Gesteinen aufgebaut wird. Jüngere Granitplutone

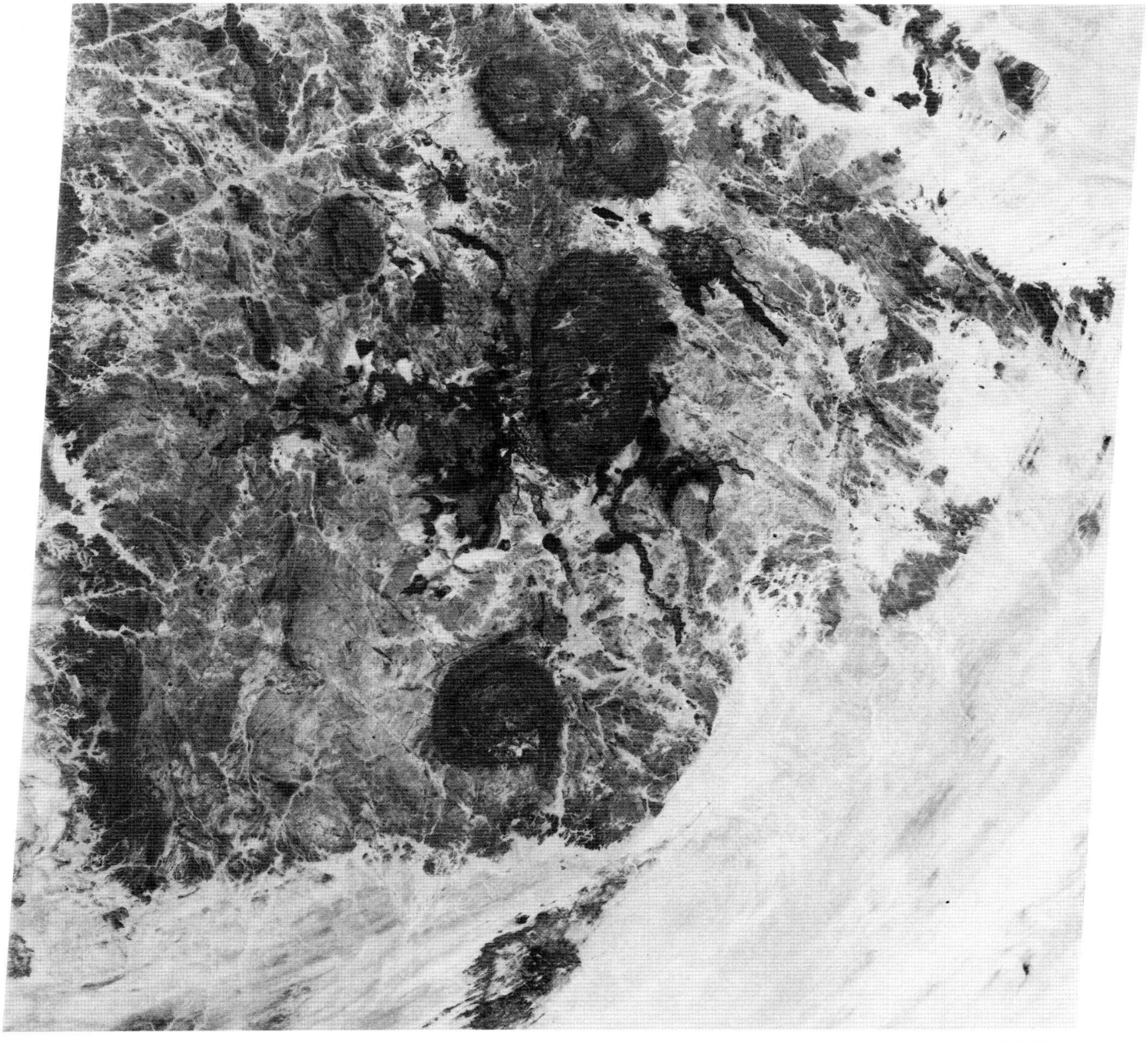

Abb. 149a Landsat-MSS-Aufnahme eines Teils des Air Plateau in Niger. Bildmaßstab: ca. 1:1 000 000 (NASA, E-1286-09191).

Abb. 150b Karte der lithofaziellen Einheiten und tektonischen Strukturen des Geländebereiches von Abb. 150a.

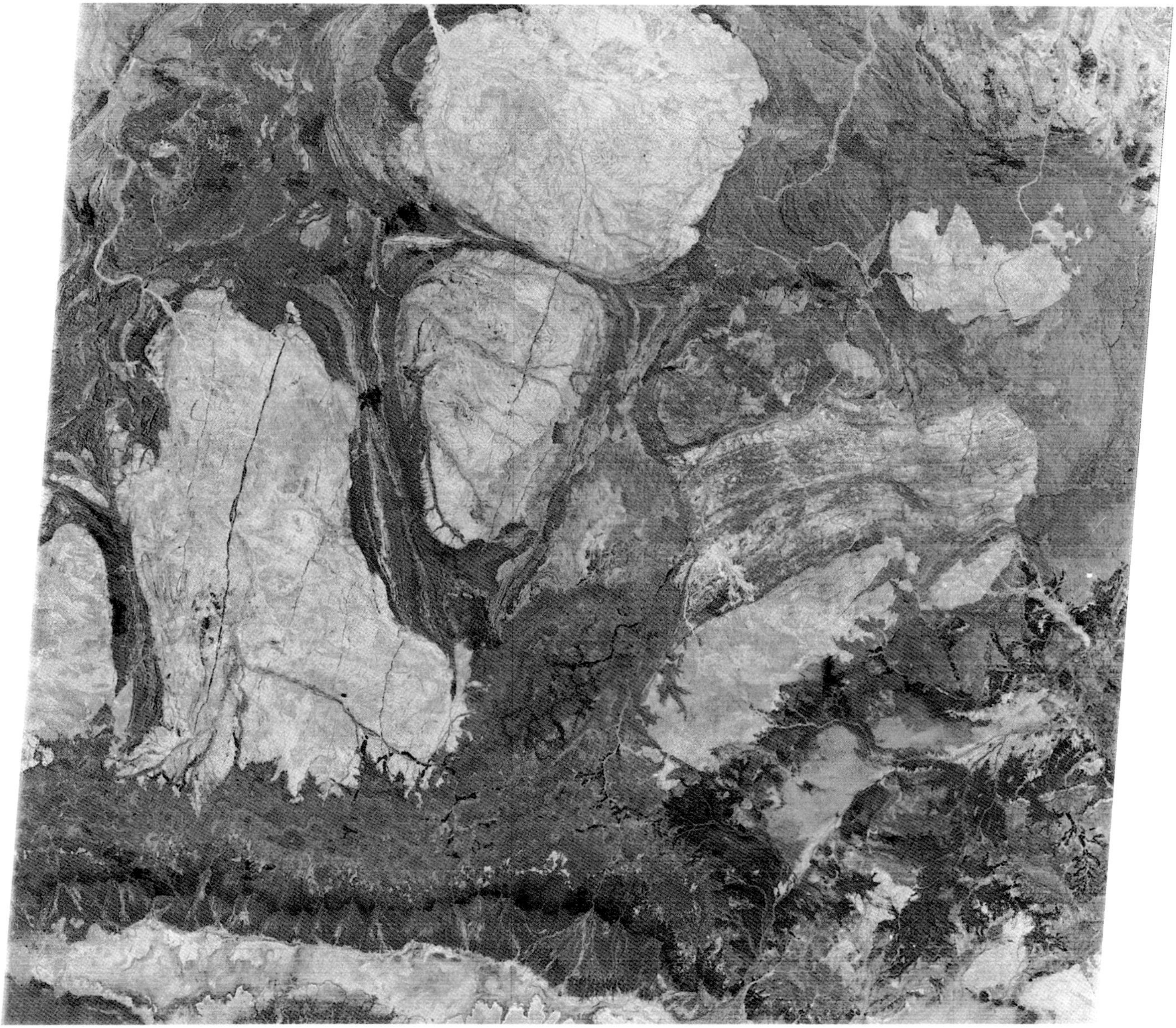

Abb. 150a Basementbereich mit Metamorphiten, granitischen Intrusiva und jüngeren Vulkaniten im Gebiet des Pilbara Blockes (Westaustralien). Bildmaßstab: ca. 1:1 000 000 (NASA, E-1148-01282).

stecken mit diskordantem Kontakt in den älteren hochmetamorphen und steil verfalteten Serien. In der linken Bildhälfte sind es um steile Achsen verfaltete Gesteinsserien eines archaischen Greenstone Belts (Metabasalte). Im rechten mittleren Bildbereich setzt eine Scholle aus steilstehenden archaischen Schiefergneisen, Quarziten und Itaberiten mit scharfer Begrenzung zur Umgebung ab. Lokal sind Austrittsstellen und Gänge (punktiert) basaltischer Laven (schwarz) zu erkennen. Zum unteren Bildbereich hin taucht das Kristallin unter eine Decke jüngerer, ungefalteter Sedimente unter (vgl. Abb. 150b).

Typische Landschaftsformen des kristallinen Basements im NW Kanadas zeigt die Abb. 152. Hier wird der Bereich östlich und südöstlich des Great Slave Lake von hochmetamorphen, verfalteten und von Störungen durchsetzten präkambrischen Gneisserien und granitischen Gesteinen des Kanadischen Schildes aufgebaut. Der Basement-Block wird am Great Slave Lake und zum Slave River hin von großen Störungen begrenzt. In der Umgebung des Flusses ist der ältere Untergrund teils durch junge Flußablagerungen überdeckt. Die dunkler getönten Flächen im rechten oberen Bildbereich gehen übrigens nicht auf Gesteinsunterschiede im Basement zurück. Sie zeigen vielmehr jene Bereiche an, in denen der Bewuchs durch Waldbrände in jüngerer Zeit vernichtet wurde. Waldbrände treten in den weiten Buschgebieten Kanadas häufig auf. Die Bereiche mit lebender, gesunder Vegetation (die hier den größten Teil des Basements dicht bedeckt) werden in diesem Bild (Kanal 7 = nahes Infrarot) mit hellen Grautönen wiedergegeben. Das Beispiel macht deutlich, daß Grautonunterschiede bei der geologischen Auswertung von Landsat-Aufnahmen bestimmter Bereiche mit Vorsicht zu interpretieren sind. Bei der Überprüfung von Problembereichen hilft oft der Vergleich der Wiedergabe desselben Geländes bzw. desselben Geländeobjektes in den Spektralaufnahmen der übrigen Kanäle (hier vor allem in Kanal 4 und 5).

Die Abb. 152 zeigt einen Geländebereich NW-Griechenlands, der von mehreren Teilzonen des Helleniden-Orogens aufgebaut wird (Kanal 5). Die diagonal durch den Bildbereich streichenden regionalen Einheiten setzen sich durch Unterschiede der Reliefentwicklung, durch Grautonunterschiede sowie durch Unterschiede der Oberflächenentwässerung gegeneinander ab. Anhand dieser Kriterien lassen sich die Grenzen der Teilzonen in der Landsat-Aufnahme relativ gut kartieren (s. Abb. 152b). Eine klar erkennbare Grenze verläuft etwa auf der Linie Trikkala (T.)—Kastoria (K.). Der nordöstlich dieser Linie gelegene Bereich wird in seinen gebirgigen Teilen von Metamorphiten und Graniten der Pelagonischen bzw. Subpelagonischen Zone des Helleniden-Orogens aufgebaut. Im Landsat-Bild erkennbar und kartierbar sind einige größere und kleinere Metamorphit-Komplexe, die sich mit sehr hellen Grautönen und eigenen Reliefformen gegen die umgebenden Gneise absetzen, die nicht weiter differenzierbar sind. Im Gebirge sind die intramontanen Becken von Kozani und Ptolemais erkennbar (mit quartären Ablagerungen, weit gepunktet). Die eingeschuppten Ophiolite des Vourinos-Komplexes (v-Signatur) setzen sich im Grauton und morphologisch gegen die angrenzenden Marmore ab. Gegenüber den umgebenden Gneisen sind sie jedoch nur schwer abgrenzbar. Mit relativ geringen Reliefunterschieden, fein aufgegliedertem Entwässerungsnetz und relativ einheitlichem mittlerem Grauton zeichnen sich die (ungefalteten) Molasse-Sedimente des Mesohellenischen Troges ab. Sie nehmen den Bereich zwischen der Linie Kastoria—Trikkala und dem NE-Hang des Pindos-Gebirges ein. Die nach SW anschließenden, in sich stark verfalteten und verschuppten Flyschserien der Olonos-Pindos-Zone (ohne Raster) lassen sich nicht differenzieren, insgesamt jedoch gegen die überschobenen Einheiten aus Kalken und Hornsteinen abgrenzen, welche die westlichen Bereiche aufbauen (enges Punktraster). Die ebenfalls eingeschuppten bzw. überschobenen Pindos-Ophiolite (v-Signatur) unterscheiden sich zwar von den umgebenden Einheiten durch eigene Reliefformen und unterschiedlichen Bewuchs, jedoch sind ihre Grenzen im vorliegenden Bild nur ungenau zu erfassen. Auch lassen sich die Flyscheinheiten der Gavrovo-Tripolitza-Zone im Pindos-Gebirge nicht von denen der Olonos-Pindos-Zone trennen, weil sie in etwa faziesgleich sind und die gleichen Geländeformen entwickeln. Dagegen setzen die Kalke der im SW angrenzenden Ionischen Zone durch hellen Grauton und eigene Reliefformen scharf gegen die umgebenden Flyschsedimente ab. Der Schuppen- und Faltenbau der Ionischen Zone wird durch das wiederholte unregelmäßige Auftreten größerer und kleinerer, meist NE einfallender Kalkeinheiten deutlich. Vielerorts läßt sich in der Landsat-Szene Schichtstreichen und Schichtfallen der Kalke und der mit ihnen verfalteten und verschuppten Sandstein- und Siltstein-Folgen erkennen.

Die Abb. 152 zeigt die Möglichkeiten, aber auch Grenzen der Kartierbarkeit von Landsat-Szenen des nördlichen mediterranen Raumes auf, in dem Gesteinseinheiten teils die Geländeoberfläche bilden, teils von Macchia- und Baumbewuchs (in den höheren Gebirgen) verdeckt sind. Für regionalgeologische Projekte bieten die synoptischen, flächendeckenden

Abb. 151 Typische Erscheinungsformen des kristallinen Basements in den NW Territories (Kanada). Bildmaßstab: ca. 1:1 000 000 (NASA, E-1436-18145).

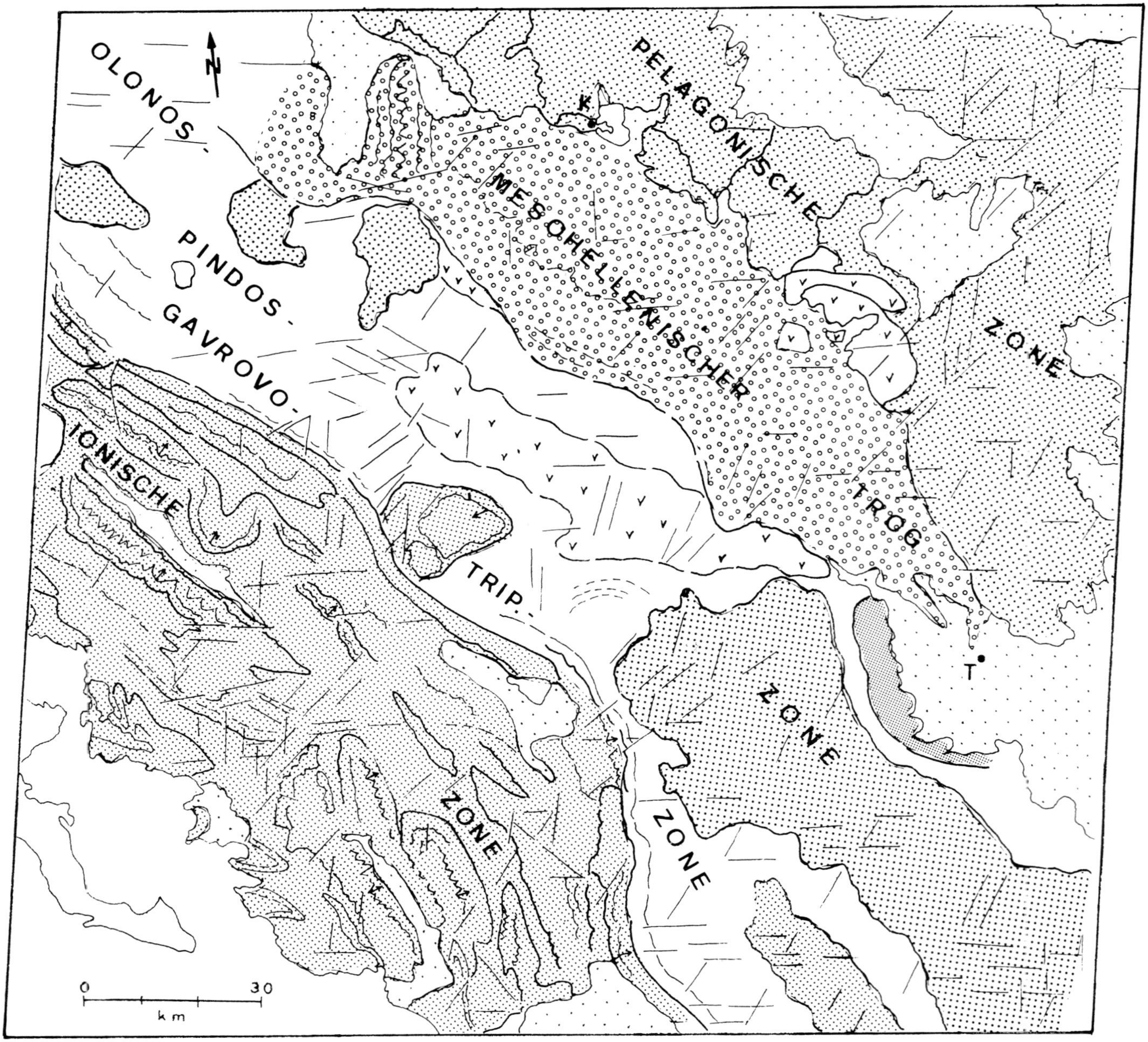

Abb. 152b In der Landsat-Aufnahme der Abb. 152a kartierbare regionalgeologische Einheiten und tektonische Strukturen (steile Bruchstrukturen).

Abb. 152a Regionalgeologische Einheiten der Helleniden NW-Griechenlands in einer Landsat-Aufnahme. Bildmaßstab: ca. 1:1 000 000 (NASA, E-1102-08491).

Landsat-Aufnahmen hier stets eine gute Informations- und Kartierunterlage, weil sie in der Regel die regionalen geologischen (Groß-)Einheiten und deren Grenzen kartierbar wiedergeben und zugleich Informationen über die geologische Situation in Teilbereichen regionaler Einheiten liefern. Landsat-Aufnahmen zeigen die regionalen Rahmenbedingungen lokaler geologischer Gegebenheiten. Wegen ihrer relativ guten räumlichen Auflösung vermitteln Landsat-Aufnahmen Informationen auch über lokale geologische Gegebenheiten, wenn lithofazieller und struktureller Aufbau in Oberflächenphänomenen des Geländes zum Ausdruck kommen (z.B. im Bereich der Ionischen Zone in Abb. 152). Regionale Zusammenhänge einerseits und Beziehungen zwischen lokalen geologischen Gegebenheiten und regionalem Rahmen andererseits werden deutlich, vor allem im Hinblick auf die Tektonik (Störungen, Störungszonen, Störungsmuster, Kluftsysteme). In den Landsat-Aufnahmen werden regionale Bruchmuster erkennbar, die in Luftbildern und im Gelände nicht im Zusammenhang, sondern nur in Teilsystemen, bisweilen gar nicht erfaßt werden können, deren Kenntnis aber auch für lokale Untersuchungen oder Fragestellungen von Bedeutung sein kann. So zeigt die photogeologische Kartierung der Abb. 152b deutlich, daß im Aufnahmebereich regionale Bruchmuster der Kruste auftreten, deren Teilsysteme alle erfaßten Teilzonen des Helleniden-Orogens durchsetzen und zweifelsohne auch Einfluß auf die lokale Bruchtektonik haben (z.B. die WNW/ESE und die SW/NE streichenden Bruchsysteme). Diese tektonischen Muster sind in keiner der bisher publizierten geologischen Karten enthalten, allerdings in lokalen Teilstrukturen mancher Karten angedeutet.

In Landsat-Aufnahmen von Geländebereichen der gemäßigt humiden Zonen, z.B. Mitteleuropas, ist die Unterscheidung und Abgrenzung lithofazieller Einheiten und die Kartierung des strukturellen Baus oft schwierig. Tiefreichende Verwitterung, Bodenbildung, intensive Landnutzung und Bewuchs (meist gepflanzt) können über weite Bereiche den geologischen Aufbau des Untergrundes maskieren. Andererseits bestehen in manchen Gebieten enge Beziehungen zwischen Relief, Vegetation und Landnutzung und den geologischen Gegebenheiten des Untergrundes. Dabei können sich diese in den Spektralaufnahmen der verschiedenen MSS-Kanäle recht unterschiedlich abzeichnen (vgl. Bildausschnitte der Abb. 153a und b). In der Aufnahme von Kanal 5 (Abb. 153a) zeichnen sich die Schichtkämme des Wiehen-Gebirges, des Teutoburger Waldes und der Egge am Ostrand der Münsterschen Bucht durch die sehr dunklen Grautöne ihres Waldbestandes ab. Die Grenze zwischen dem paläozoischen Rheinischen Schiefergebirge und der nördlich anschließenden Münsterschen Kreide-Bucht wird ebenfalls recht gut durch die etwa E/W verlaufende Waldgrenze des Gebirgsbereiches wiedergegeben. Die dem nach N abtauchenden variskischen Faltenbau transgressiv auflagernden Kreideschichten sind durch das Grautonmuster landwirtschaftlich genutzter Flächen gekennzeichnet wie auch das Verbreitungsgebiet tertiärer und quartärer Deckschichten. Im nördlichen Bereich des Schiefergebirges setzen sich der Warsteiner und der Briloner Sattel inmitten von Waldgebieten als mittelgrau getönte Flächen ab (vgl. Abb. 153c). Der Umriß der dem Ostsauerländer Hauptsattel nördlich vorgelagerten Nuttlarer Hauptmulde (um Arnsberg) zeichnet sich in der Abb. 153a durch die dunkle Tönung der dortigen Nadelwälder ab. Auch der Grenzbereich zwischen mittel- und oberdevonischen Schichten und Kulmschichten an der SE-Flanke des Ostsauerländer Hauptsattels läßt sich (z.B. SW von Korbach) durch Unterschiede im Bewuchs (dunkler bzw. mittlerer Grauton in Abb. 153a und b) erkennen. Im Bereich des Ostsauerländer Hauptsattels markieren linear bis streifig angeordnete Vegetationsunterschiede die Ausstrichzonen einer Wechselfolge aus Sandsteinen und tonigen Zwischenlagerungen. Die Sandsteine bilden Schichtkämme.

Daß die Spektralaufnahmen der einzelnen MSS-Kanäle unterschiedliche Informationen liefern können, zeigt der Vergleich der Abb. 153a und b. Im Bildausschnitt der Aufnahme des MSS-Kanals 5 verläuft etwa parallel zum Nordrand des Schiefergebirges eine hell getönte Zone, die nach Norden wieder an eine dunkler getönte Zone grenzt. Mit Annäherung an das Egge-Gebirge schwenkt die Grautongrenze nach N um. Die dunkler grau getönte Zone ist im Westen schmaler, nimmt im Ostteil der Bucht aber eine relativ große Fläche ein und läßt sich mit flächiger bis fleckenhafter Verteilung auch im Bereich südlich des Teutoburger Waldes erkennen. Der zentrale Bereich des östlichen Münsterschen Beckens zeigt im Vergleich zur Umgebung wieder ein insgesamt helleres Grautonmuster. Ein Blick auf die Geologische Karte zeigt, daß die Grautonzonen der östlichen Münsterschen Bucht in der Aufnahme des MSS-Kanals 5 den unterschiedlichen geologischen Aufbau des Untergrundes recht gut wiedergeben. Die helle Zone im Süden wird vom westlichen Bildrand bis zu einer Linie etwa nördlich des

Briloner Sattels von Löß unterlagert. Der nach N anschließende, dunkler getönte Bereich wird vorwiegend von Talsanden und Terrassenablagerungen, im NE und in der Zone südlich des Teutoburger Waldes von Grundmoränen aufgebaut. Der heller getönte zentrale Bereich des Kreidebekkens (um Beckum) wird vorwiegend von Mergelkalken der Oberkreide unterlagert. Diese die lithofaziellen Unterschiede des Untergrundes wiedergebenden Grautonunterschiede dürften vor allem auch auf Unterschiede der Bodenbeschaffenheit (in den weitgehend landwirtschaftlich genutzten Gebieten) zurückgehen. Aufnahmen des MSS 5 (0,6–0,7 µm) geben Unterschiede der Bodenbeschaffenheit, wie schon mehrfach erwähnt, besonders gut wieder. Mit Hilfe analoger und digitaler Bildverarbeitungsmethoden ließen sich diese Grautonunterschiede der Spektralaufnahmen von Kanal 5 und 7 und damit die Grenzen zwischen Flächen unterschiedlicher geologischer Untergrundverhältnisse für die Auswertung wesentlich kontrastreicher darstellen. Eine kontrastreichere Darstellung wäre auch durch Farbkodierung von Flächen bestimmter Grautonwerte zu erreichen (vgl. Abschn. 5).

Für geologische Kartierungen der Untergrundverhältnisse und der Bodenbeschaffenheit nützliche Informationen liefern Grautonunterschiede auch im Bereich nördlich des Wiehen-Gebirges. Hier setzen sich Grundmoränen, Talsande, Terrassenablagerungen, anmoorige Gebiete und Hochmoor-Torf-Bereiche (z.B. in der Umgebung vom Dümmer See) mit teils scharfen Grautonkontrasten gegeneinander ab (vgl. Geologische Karte Nordrhein-Westfalen 1:500 000).

Die Abb. 153, 154 und 155 sollen deutlich machen, daß Landsat-Szenen Mitteleuropas meist keine detaillierten lithofaziellen Kartierungen erlauben, größere lithofazielle Einheiten und deren struktureller Bau in den Landsat-Aufnahmen jedoch kartierbar zum Ausdruck kommen. So zeichnen sich in der Abb. 154a alle größeren regionalgeologischen Einheiten des vom Bildausschnitt erfaßten Gebietes durch Unterschiede im Grauton, vor allem durch Kontraste in der land- und forstwirtschaftlichen Nutzung, auch durch Reliefunterschiede in diesem Landsat-Bild ab. Die in der Aufnahme kartierbaren Grenzen einiger größerer Strukturen sind in der Abb. 154b dargestellt. Diese Abbildung macht auch deutlich, welche Informationen über die Bruchstrukturen und Bruchmuster der Region sich aus der photogeologischen Kartierung gewinnen lassen (mit dem Stereoskop und 2 Kanal 6-Kopien bei vergrößernder Betrachtung oder mit einer 4fach vergrößernden Großfeld-Lupe über einer Kanal 6-Aufnahme). Von Interesse sind hier einerseits Position und Ausrichtung der in lokalen Bereichen auftretenden (steilen) Bruchstrukturen, deren Charakter und Bedeutung (auch für spezielle Fragestellungen) durch Geländebegehungen zu klären wäre. Andererseits sind es die übergreifenden Strukturmuster, Richtungstrends und Zonen von Bruchstrukturen, die alle regionalgeologischen Teileinheiten durchsetzen (und daher andere Ursachen haben müssen als diese). Wie die Abb. 154b zeigt, lassen sich die kartierten Ausstrichlinien steiler Bruchsysteme einerseits bevorzugten Richtungen zuordnen (übergreifende Strukturrichtungen). Andererseits treten aber Bruchsysteme bestimmter Richtung oder Kombinationen bestimmter Richtungen nur in größeren oder kleineren Teilbereichen des Kartiergebietes auf. Hier deuten sich lokale Besonderheiten im bruchtektonischen Bau an, die für manche Fragestellungen der Praxis oder Forschung von Bedeutung sein können. So ließen sich beispielsweise – mit relativ enger paralleler Scharung um 80° streichende Bruchsysteme im gesamten Kartierbereich kartieren. Um 100° streichende Bruchstrukturen treten in geringerer Zahl auf und mit größerem Abstand zueinander, in einem breiten Streifen südlich des Wesergebirges sowie – in geringerer Zahl, aber mit regionalem Charakter – im Weserbergland und im Solling. Eggisch streichende Bruchstrukturen treten vor allem im westlichen Randstreifen des Kartiergebietes auf. Das Bruchsystem des Solling und des Bereiches zwischen Egge-Gebirge und Solling ist nach der Landsat-Kartierung sehr viel komplizierter als in der Geologischen Karte 1:1 000 000 dargestellt (vgl. Abb. 155).

Wie schon erwähnt, lassen sich Position und Ausrichtung der in einer Landsat-Aufnahme kartierten Bruchstrukturen mit einem Umzeichengerät oder auch mit Hilfe der Bildprojektion (Diapositiv) ohne größere Schwierigkeiten in topographische (oder geologische) Karten der Maßstäbe 1:250 000, 1:100 000 sowie 1:50 000 übertragen. Die Einpassung erfolgt über gut erkennbare Landmarken (z.B. Flüsse, Straßen, Waldgrenzen). In dem auf 1:100 000 vergrößerten Bildausschnitt der Abb. 156 sind Waldgrenzen, einzelne Felder, lokal auch Straßen und Eisenbahnlinien zu erkennen. Sie lassen sich für die Einpassung in eine topographische Karte, aber auch für die Orientierung bei Geländebegehungen nutzen.

Abb. 157a zeigt den Südteil des Oberrhein-Grabens, Teile von Schwarzwald und Vogesen, Tafeljura, Faltenjura sowie die Molasse und die Randzone der Berner Alpen. Der Vergleich mit der Geologischen Karte 1:1 000 000 zeigt, daß sich alle regionalgeologischen Einheiten, aber auch lithofaziell

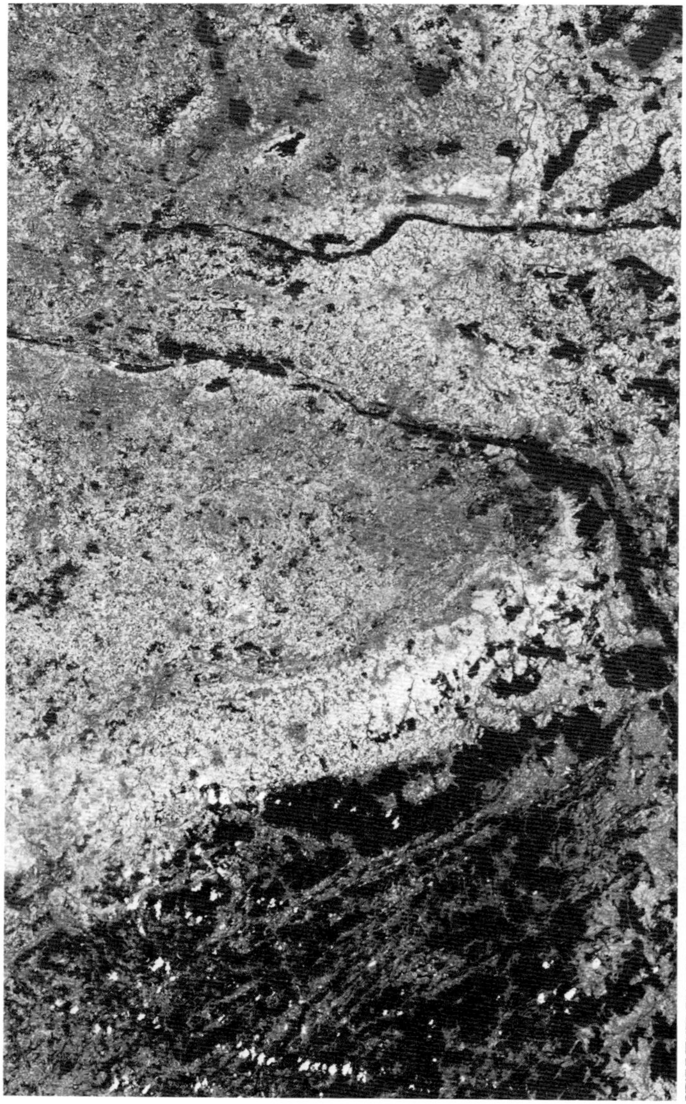

a

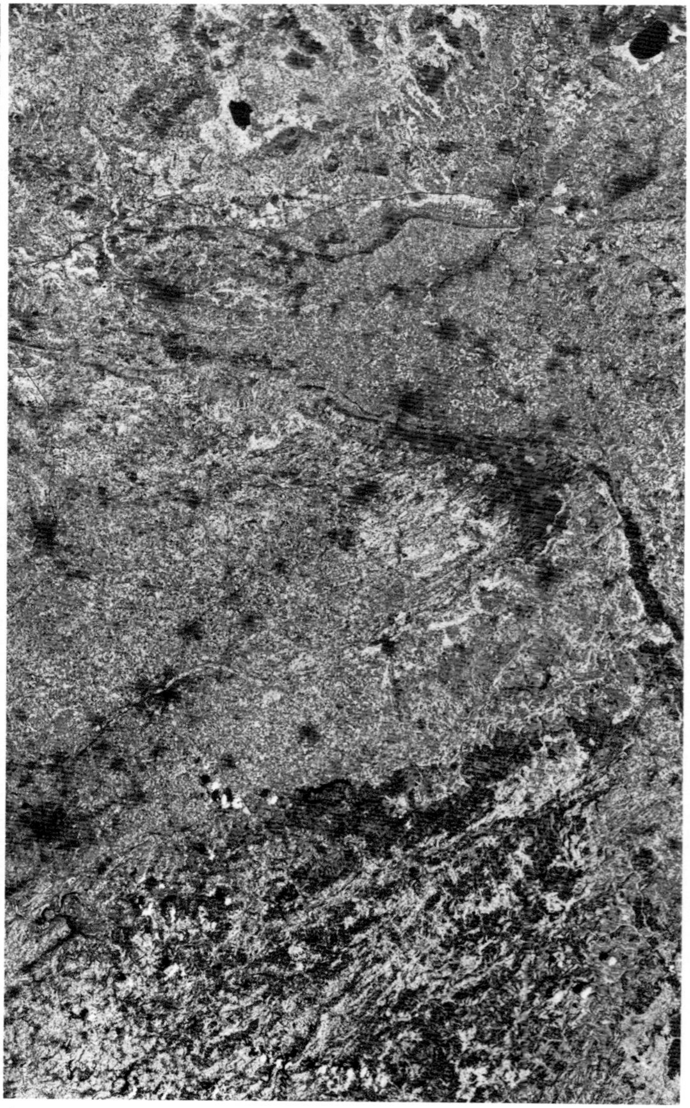

b

Abb. 153a—c Der Ausschnitt einer Landsat-Aufnahme zeigt einen Geländebereich zwischen Wiehengebirge und östlichem Rheinischen Schiefergebirge in Kanal 5 (a) und Kanal 7 (b). Maßstab: ca. 1:1 000 000 (NASA, E-2200-09421), c) Ausschnitt der Geologischen Karte der Bundesrepublik. Maßstab 1:1 000 000 (BGR, Hannover 1981).

Herford
Bielefeld
Paderborn
Beckum
Borken
Haltern
Lüdinghsn.
DORTMUND
Gelsenk.
Lippe
Alme
Büren
Soest
Möhnesee
Bünde
Eggegeb.
kro
kru
jm
jl
jd
ko
km
s,m
,t
,Lö
,H
pg
cw
dk
su
cd
m
Wd

Abb. 153c

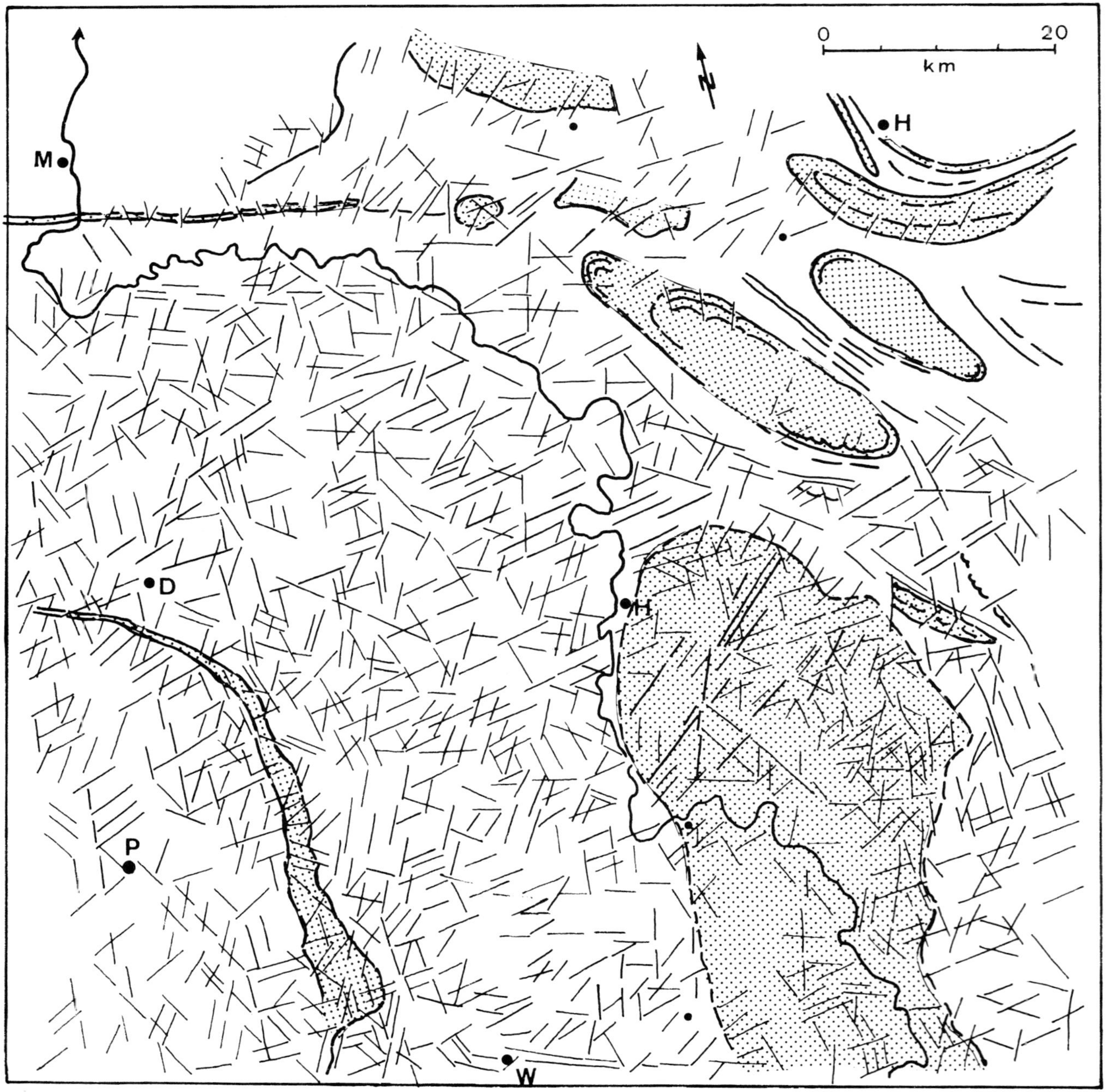

Abb. 154b Karte der regionalgeologischen Einheiten und der im Landsat-Bild kartierbaren steilen Bruchstrukturen. P = Paderborn, M = Minden, H = Hildesheim, W = Warburg.

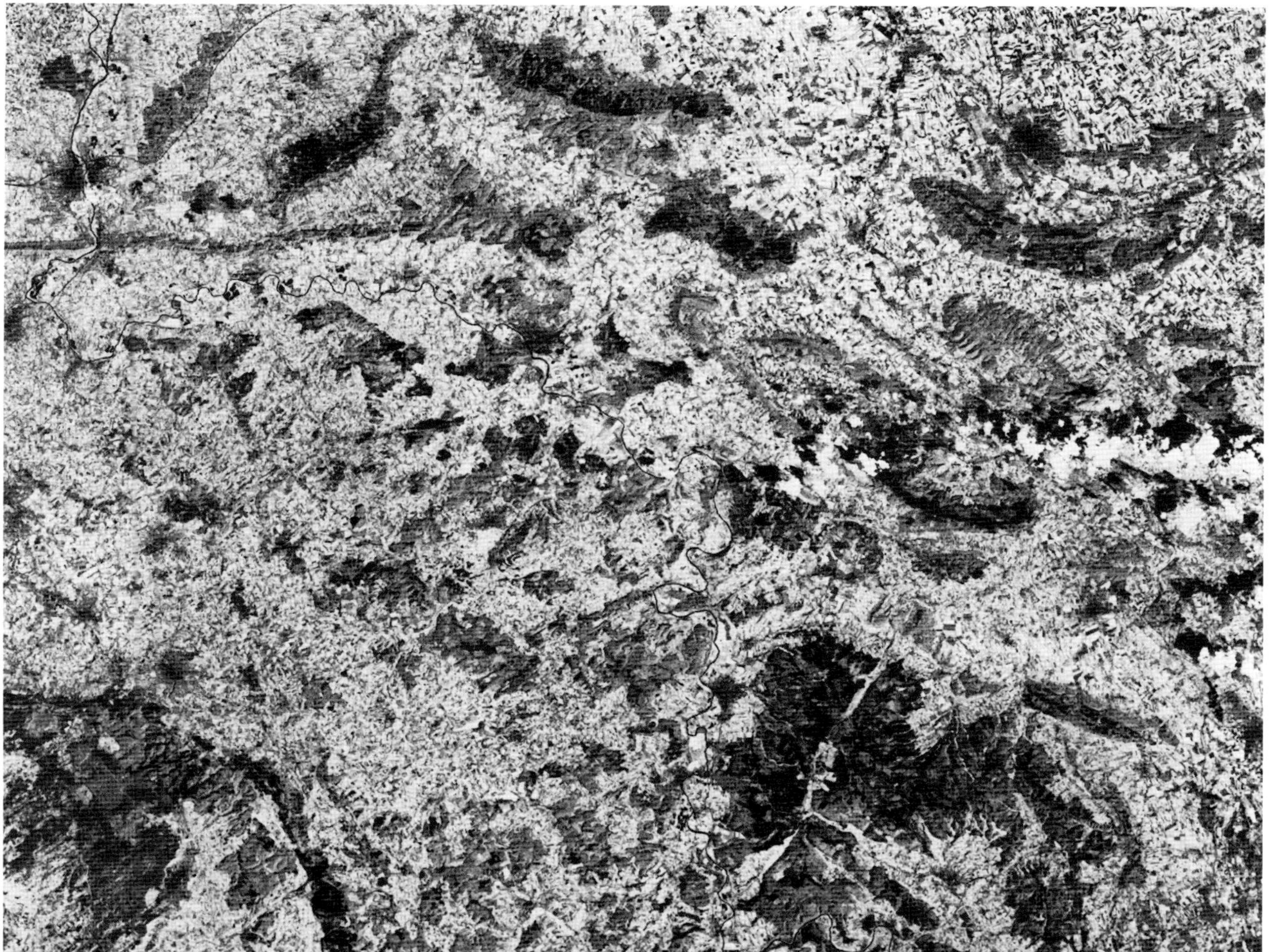

Abb. 154a Regionalgeologische Einheiten und Strukturen zwischen Egge (im SW) und Hildesheimer Wald (im NE) in einer Landsat-Aufnahme von Kanal 6. Bildmaßstab: ca. 1:500 000 (NASA, E-2200-09421).

Abb. 155 Ausschnitt aus der Geologischen Karte der Bundesrepublik Deutschland 1:1 000 000 (BGR, Hannover 1981) für den Bereich der Abb. 154, hier vergrößert auf ca. 1:500 000.

und strukturell unterschiedliche Teilbereiche innerhalb der Regionaleinheiten im Landsat-Bild (Kanal 7) durch Reliefunterschiede, durch Unterschiede des Entwässerungsnetzes und durch Grautonunterschiede kartierbar gegeneinander absetzen. So unterscheidet sich z.B. der aus Kristallin-Gesteinen aufgebaute Bereich der Vogesen in seiner Reliefgliederung von der ihn südlich und westlich umgebenden Sedimenthülle (Paläozoikum, gefaltet). Die Nordgrenze des dem Paläozoikum auflagernden Tafeljura ist durch wellen- oder lobenförmig verlaufende Grautonunterschiede und Unterschiede in der Landnutzung markiert (Schichtstufen). Die Rheinebene setzt sich markant gegen die angrenzenden Gebirgsschollen ab. Der Verlauf der Randstörungen ist am Ostrand der Vogesen und am SW-Abhang des Schwarzwaldes erkennbar. Die Faltenstrukturen des Faltenjura heben sich morphologisch deutlich gegen den vorgelagerten Tafeljura und die Molasse im Süden ab. In allen regionalgeologischen Einheiten lassen sich größere Störungen schon ohne Vergrößerung erkennen und verfolgen. Abb. 157b zeigt die Hauptfalten-Achsen, die Position der kartierbaren größeren Störungen sowie einige lokale und regionale Bruchsysteme, deren gegenseitige Zuordnung, Gesamtmuster und räumliches Auftreten den überregionalen Charakter mancher Bruchsysteme deutlich macht. Das gilt zum Beispiel für die 90–100° streichenden Bruchstrukturen, die vor allem in der Südhälfte des Bildes auftreten und unter Aspekten der Plattentektonik von manchen Autoren als Begleitstrukturen vermuteter Transform Faults des tieferen Untergrundes

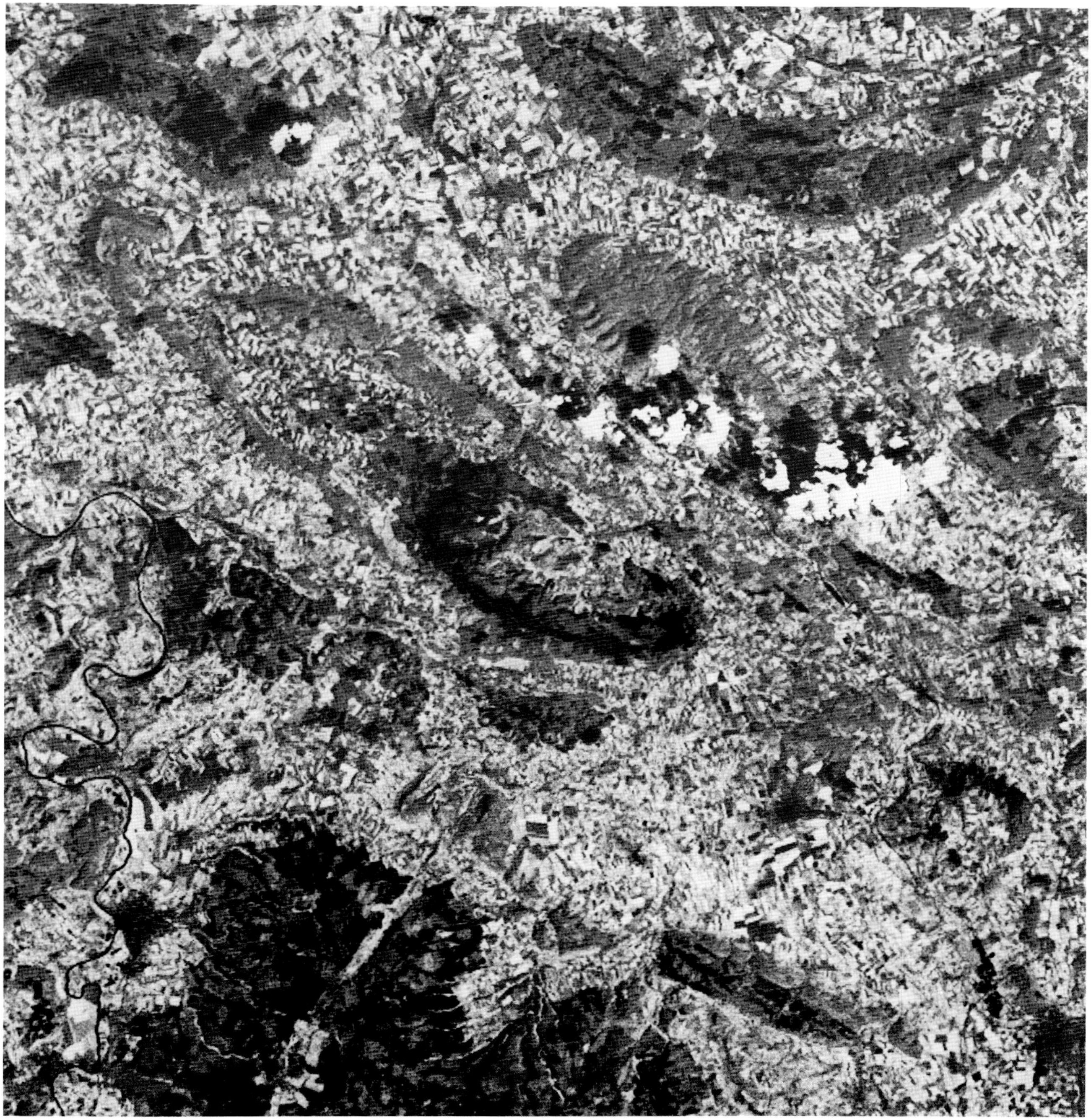

Abb. 156 Auf ca. 1:100 000 vergrößerter Ausschnitt der Abb. 154a.

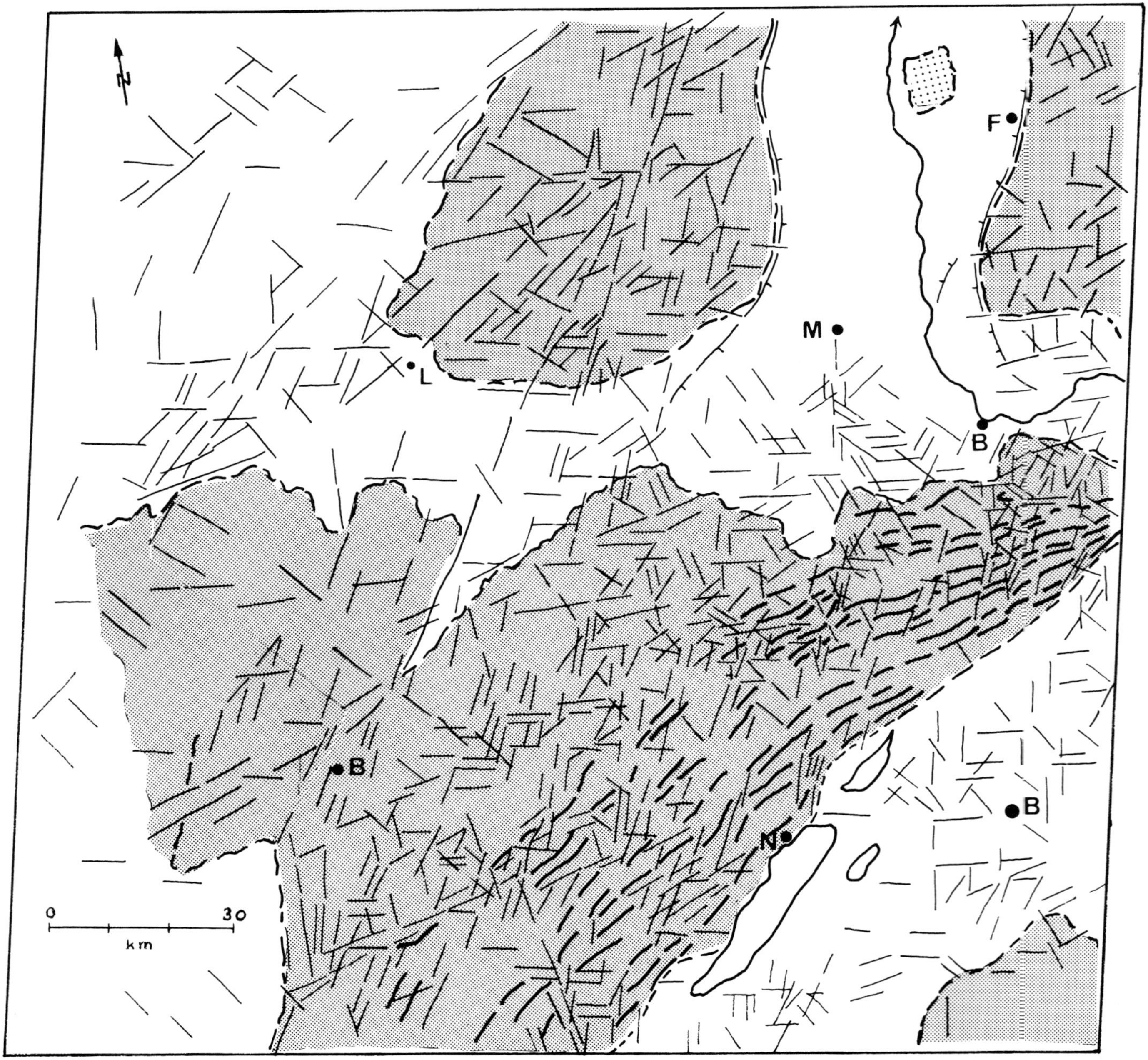

Abb. 157b Tektonische Strukturen (Faltenachsen und steile Bruchstrukturen), kartiert in einer Landsat-Aufnahme von Abb. 157a.

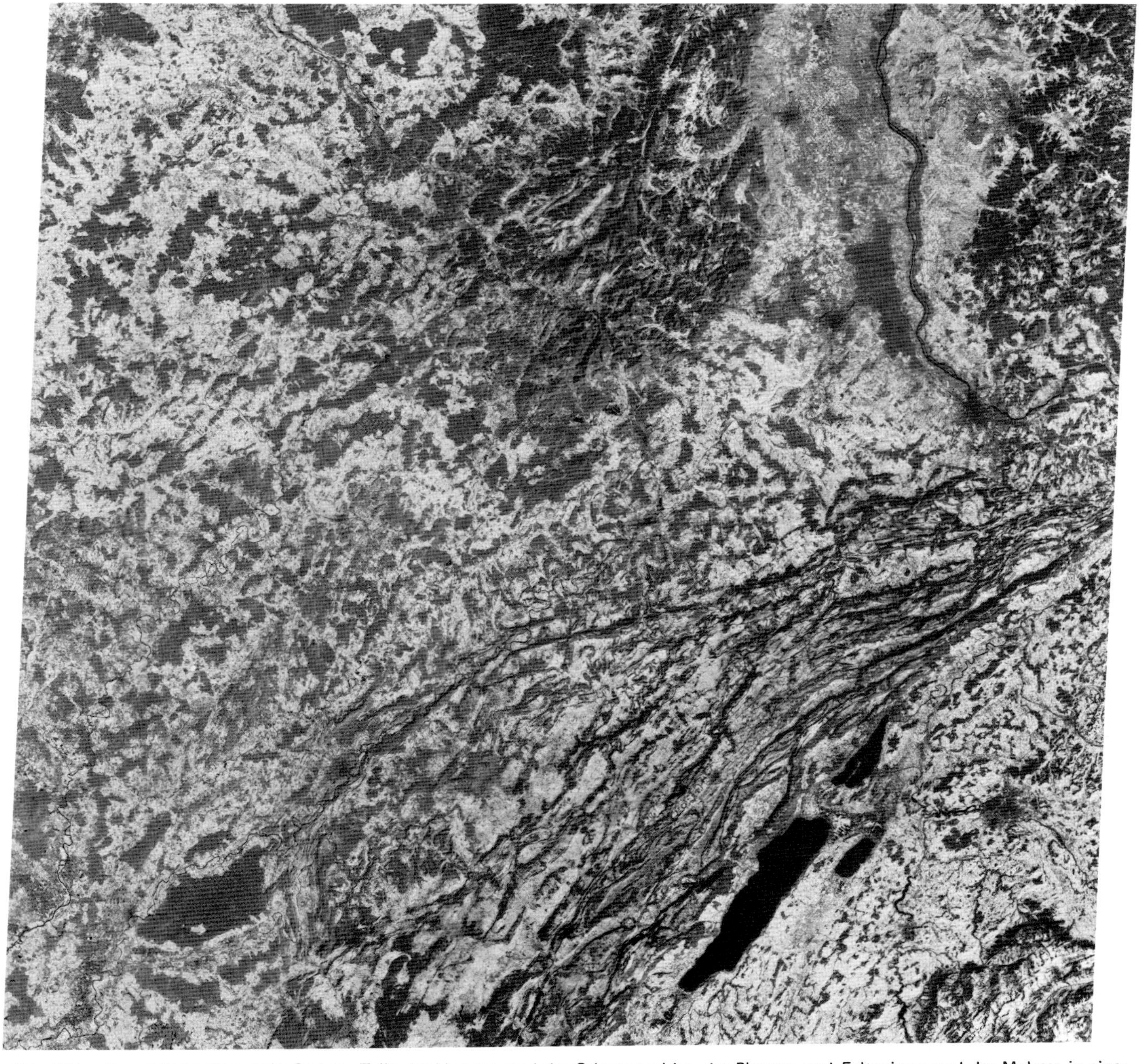

Abb. 157a Der südliche Oberrhein-Graben, Teile der Vogesen und des Schwarzwaldes, des Plateau- und Faltenjuras und der Molasse in einer Landsat-Aufnahme, Kanal 7. Bildmaßstab: ca. 1:1 000 000 (NASA, E-2452-09391).

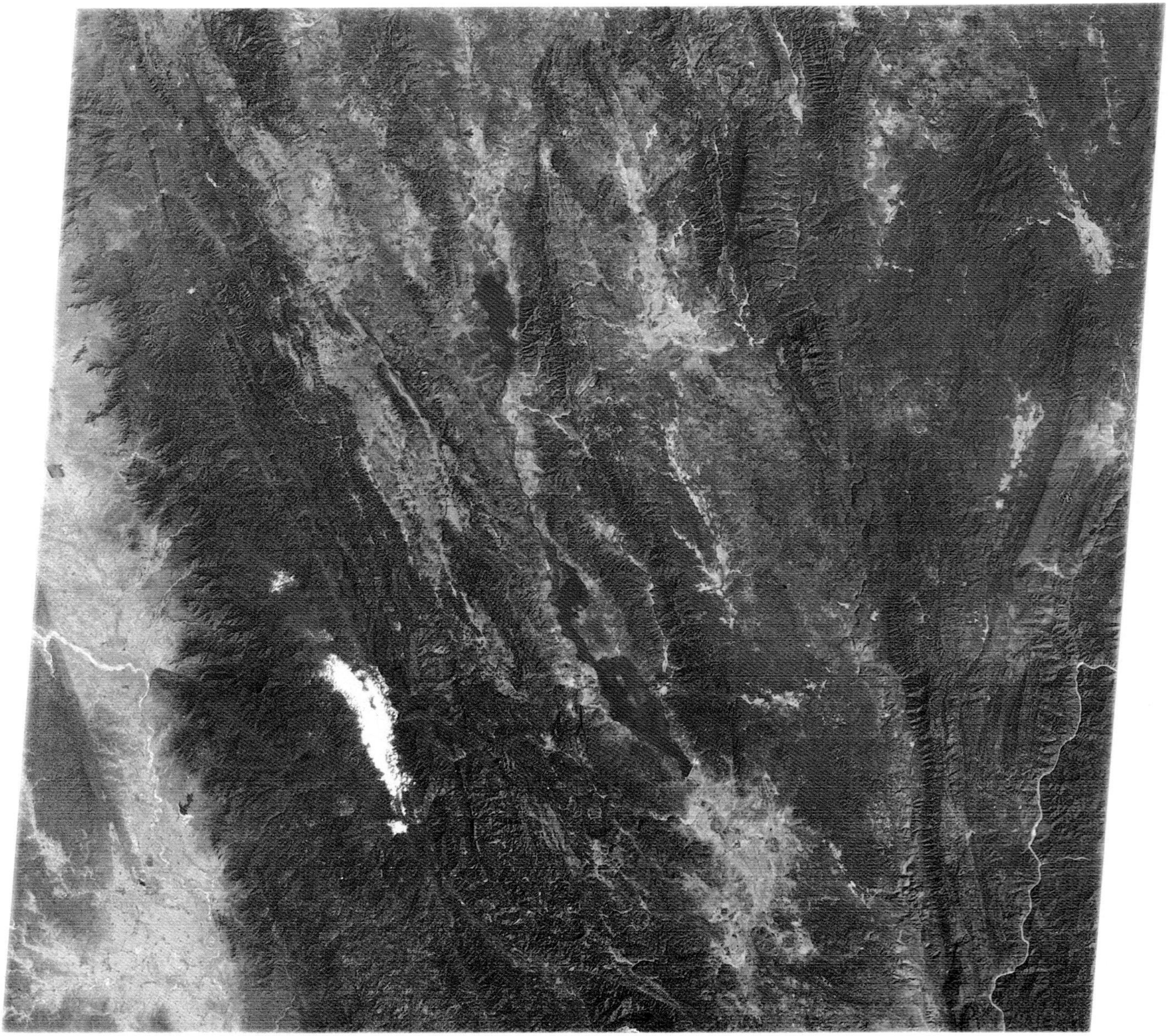

a

Abb. 158a und b Landsat-Aufnahmen aus Burma. Die lithofaziellen und strukturellen Gegebenheiten der Landschaft werden in der Spektralaufnahme von Kanal 4 (a) und Kanal 7 (b) unterschiedlich wiedergegeben. Bildmaßstab: ca. 1:1 000 000 (NASA, E-1531--3244).

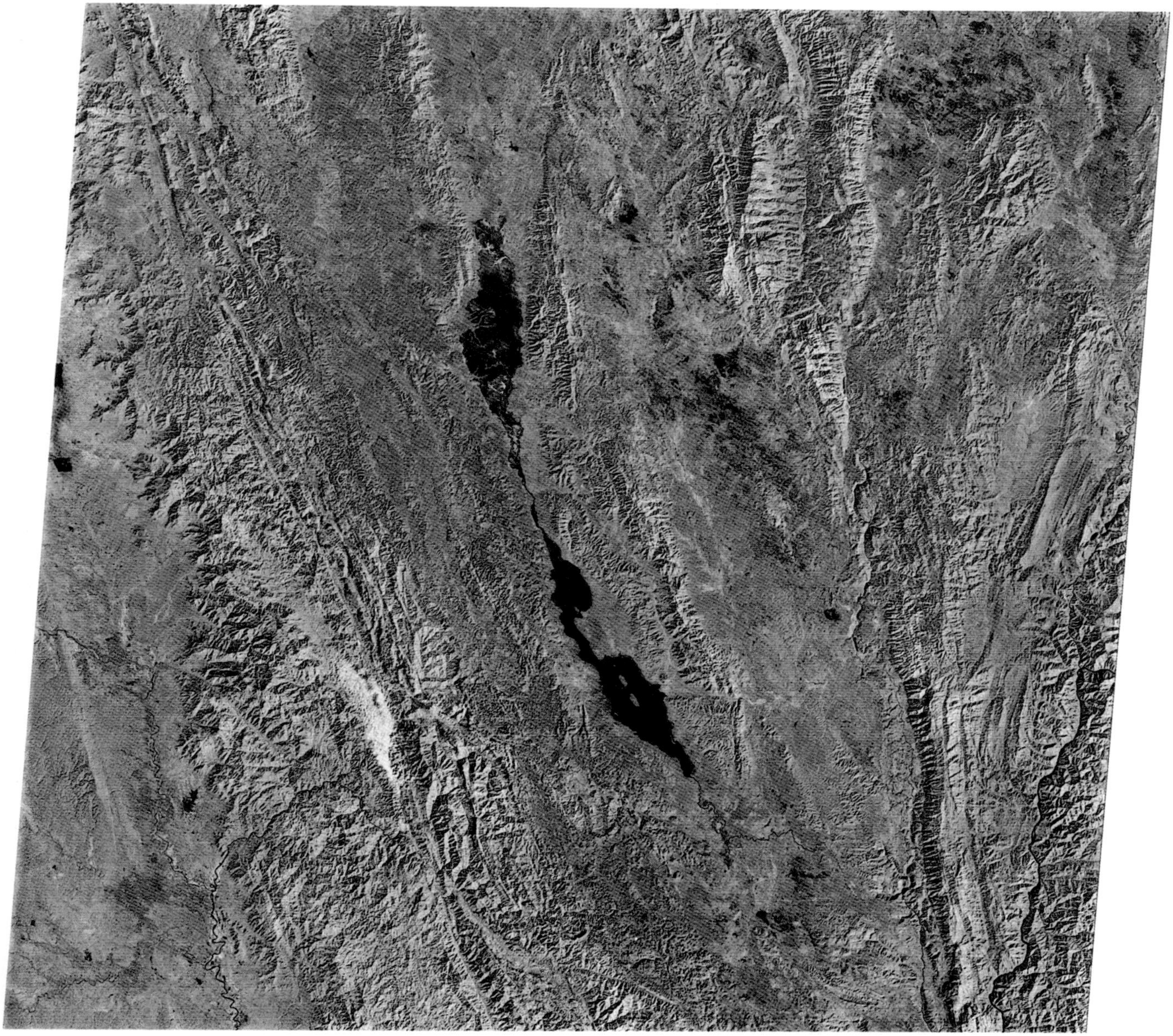

Abb. 158b

zwischen Oberrhein-Graben und Bresse-Graben interpretiert wurden. Interessante Beziehungen zwischen den um 10–15°, um 40° und um 50° streichenden Bruchstrukturen und der strukturellen Entwicklung des östlichen Faltenjura hat MEIER (1983) gefunden. Er stellte durch kleintektonische Aufnahmen im Gelände fest, daß Bruchsysteme dieser und anderer Richtungen bereits vor der Faltung der Juraschichten existierten und lokale bis zonare strukturelle Besonderheiten im Faltenbau des Jura verursachten. Auch sind Bruchstrukturen der 10–15°-Richtung, die bereits vor der Faltung existierten und Komplikationen im Faltenjura verursachten, nach der Faltung, nach den Beobachtungen von MEIER, erneut reaktiviert worden (vgl. auch LAUBSCHER 1980).

In Landsat-Aufnahmen tropischer Landschaften ist die photogeologische Kartierung wegen der tiefreichenden Verwitterung und des dichten, immergrünen Bewuchses oft erschwert. Ein zusätzliches Problem ist hier die häufige Wolkenbedeckung. Der von der Abb. 158a (Kanal 4) erfaßte Geländebereich Ost-Burmas ist weitgehend von einer natürlichen Pflanzendecke überzogen. Sie bedingt die dunkle Grautönung der gebirgigen und auch der ebeneren Bereiche, in denen Monsun-Wald und tropischer Regenwald (vor allem in den höher gelegenen Bereichen) vorherrschen. Lokal ist der Wald in Plateau- und Talbereichen gerodet. Hier tritt Savannen-Vegetation auf. Hier wie in den landwirtschaftlich genutzten Talebenen am Westrand treten in der Aufnahme von MSS-Kanal 4 mittlere und hellere Grautöne auf. Für die photogeologische Kartierung lithofaziell unterschiedlicher Einheiten fällt der Grauton hier als Kriterium aus, auch deshalb, weil der natürliche Bewuchs in diesen Landschaften auch über unterschiedlichen Gesteinseinheiten recht gleichförmig ist. Unterschiede im lithofaziellen Charakter und in der Schichtlagerung sowie tektonische Strukturen des geologischen Unterbaues äußern sich in der aufgenommenen Landschaft vor allem in Variationen der Reliefformen, auch in Unterschieden der Dichte und der Aufgliederung des Entwässerungsnetzes. In der Aufnahme von MSS-Kanal 4 (0,5–0,6 μm) können diese Kriterien der photogeologischen Auswertung jedoch nur schlecht eingesetzt werden, weil das recht einheitliche Reflexionsverhalten der Vegetation in diesem Wellenlängenintervall und starke Streuung kurzwelliger Lichtstrahlung in der Atmosphäre zu einer verminderten Bildqualität führen. Die hohe Luftfeuchtigkeit tropischer Gebiete führt zu verstärkter atmosphärischer Streuung einfallender Lichtstrahlung. Das Bild von Kanal 4 wirkt daher im Vergleich zur Aufnahme von MSS-Kanal 7 (Abb. 158b) diffus, weniger scharf, weniger differenziert. Die vom Kanal 7 erfaßte Infrarotstrahlung (im Wellenlängenintervall 0,8–1,1 μm) wird dagegen auf ihrem Weg durch die Atmosphäre auf die Geländeoberfläche und von dort zum Sensor weniger stark gestreut: das Bild wirkt schärfer, Einzelheiten des Geländes, vor allem dessen Reliefformen treten klarer hervor. Schattenbereiche akzentuieren in den sonst hellen Grautönen der vegetationsbestandenen Gebiete die Reliefformen und Unterschiede im Relief. So lassen sich die großen lithofaziellen Einheiten, ihr Schichtstreichen, ihre Lagerungsverhältnisse sowie Störungen und Haupt-Kluftsysteme in der Aufnahme des 7er-Kanals kartieren. Der Vergleich der Abb. 158a und b zeigt, daß die beiden Spektralaufnahmen unterschiedliche, sich teils ergänzende Informationen über die Geologie des Aufnahmebereichs liefern. Das gilt vor allem für die Tal- und Plateaubereiche, die in der Aufnahme von Kanal 4 in den Grautönen differenzierter wiedergegeben werden als in der Aufnahme von Kanal 7. Die für die lithofazielle und tektonische Kartierung maßgebenden Unterschiede der Reliefformen kommen dagegen in der Aufnahme von Kanal 7 unvergleichlich besser zum Ausdruck.

Der geologische Bau des Aufnahmebereiches ist durch eine größere Zahl in der allgemeinen Streichrichtung oder spitzwinklig dazu verlaufender Störungen recht kompliziert. Nicht metamorphe, in sich verfaltete und verschuppte Sedimentserien bauen mit generell steiler bis mittelsteiler Lagerung den größten Teil des Aufnahmebereiches auf. Schichtgrenzen und Schichtlagerung der einzelnen Einheiten setzen sich morphologisch meist recht gut ab. Östlich und nördlich der Seen werden flachhügelige Bereiche von verkarsteten Kalken unterlagert. Größere Teilbereiche der südwestlichen Gebirgskette werden von Metamorphiten und Graniten aufgebaut, die sich im Landsat-Bild allerdings nach Reliefformen ohne ergänzende Informationen aus Geländebegehungen nur schwer gegeneinander abgrenzen lassen. Auch in manchen Bereichen mit den paläozoischen Sedimenten verschuppte Gneisschollen lassen sich im Bild nicht abgrenzen. Überhaupt ist der petrographische Charakter der nach Reliefunterschieden kartierbaren lithofaziellen Einheiten, die Klassifizierung bzw. Identifizierung der Gesteinseinheiten ohne ergänzende Geländeinformationen nicht möglich. Jedoch erlaubt es die in einem solchen Gebiet vor der Geländebegehung durchgeführte photogeologische Kartierung, die anschließende Geländearbeiten auf repräsentative oder problematische Lokalitäten zu beschränken. Darin liegt ein großer Vorteil, da

Geländebegehungen in den dicht bewachsenen tropischen Landschaften erfahrungsgemäß schwierig sind. Geländebegehungen sind in so schwierigem Gelände auch deshalb von Bedeutung, weil bei der Arbeit und Fortbewegung im Gelände Zusammenhänge zwischen manchen Oberflächenphänomenen der Landschaft und bestimmten geologischen Gegebenheiten des Untergrundes erkannt werden, die für die Überarbeitung der ersten photogeologischen Kartierung genutzt werden können. Nach der Geländebegehung sieht der Bearbeiter in der Landsat-Aufnahme häufig feine Unterschiede des Landschaftsbildes, die ihm vorher (ohne Geländekenntnis) nicht auffielen. Das können Feinheiten des Reliefs, des Entwässerungsnetzes, auch des Bewuchses sein. Die in einem repräsentativen Testgebiet gemachten Erfahrungen lassen sich häufig (nicht immer) auf die photogeologische Kartierung angrenzender Landsat-Szenen übertragen.

Im Gegensatz zu den tropischen Zonen, in denen immergrüne Vegetation das Erscheinungsbild einer Landschaft und deren Wiedergabe in Landsat-Aufnahmen bestimmt, gibt es weite Bereiche der Erde, in denen sich das Erscheinungsbild einer Landschaft in Abhängigkeit von der Jahreszeit ändert – mehr oder weniger. Sonnenscheindauer und Niederschlagsmenge, die zusammen mit der Topographie den natürlichen Bewuchs kontrollieren und wesentlichen Einfluß auf Grundwasserstand und Bodenfeuchte haben, können in Abhängigkeit von der Jahreszeit stark variieren und zu sehr unterschiedlichem Reflexions-/Absorptions-Verhalten von Teilbereichen einer Landschaft führen. Vor allem in Gebieten mit ausgeprägter Trocken- und Regenzeit sollten daher für die geologische Kartierung von Landsat-Aufnahmen immer Aufnahmen aus verschiedenen Jahreszeiten herangezogen werden. Ein Beispiel für den unterschiedlichen Informationsgehalt von Spektralaufnahmen verschiedener Aufnahmedaten geben die Abb. 159a und b und 160a und b. Sie zeigen für zwei unterschiedliche Aufnahmedaten jeweils denselben Geländebereich in Aufnahmen der MSS-Kanäle 5 und 7. Der erfaßte Geländebereich ist Teil der Transvaal-Provinz Südafrikas. Geologisch zeigt er einen Teilbereich des südwestlichen Transvaal-Beckens. Steppenklima ist für die Region charakteristisch. Größere Gesteinsaufschlüsse sind selten. Weithin wird die Geländeoberfläche von Verwitterungsböden gebildet.

Das Aufnahmedatum der Abb. 159a und b (September 1972) fiel mit dem Ende der trockenen Süd-Wintersaison zusammen. Trockenes, khaki-farbenes Gras bedeckte weite Flächen. Laubpflanzen waren ohne Blätter. Das Aufnahmedatum der Abb. 160a und b (Ende Dezember 1972) fiel in die Mitte der Niederschlagszeit des Sommers. Grasbewachsene Flächen und Laubpflanzen zeigten frisches Grün (nach GROOTENBOER 1973, der auch eine genaue Beschreibung der geologischen Verhältnisse gibt).

Auffallend sind die markanten Grautonunterschiede der Sommeraufnahme, die nach GROOTENBOER eng an die Ausstrichzonen der verschiedenen lithofaziellen Einheiten des Aufnahmebereiches gebunden sind. Ausschlaggebend für die ausgeprägten Grautonunterschiede ist nach GROOTENBOER die hohe Bodenfeuchtigkeit, die das unterschiedliche Reflexions-/Absorptions-Verhalten der auftretenden lithofaziellen Einheiten gewissermaßen akzentuiert. Wichtig ist, daß markante Grautonunterschiede in den Spektralaufnahmen aller 4 MSS-Kanäle des Sommerdatums auftreten (im Gegensatz zur Winteraufnahme). Dabei zeigen die einzelnen Spektralaufnahmen der 4 Kanäle jeweils andere geologische Gegebenheiten besonders kontrastreich. Das wird bei der vergleichenden Betrachtung der Abb. 160a und b deutlich. Im Bild von Kanal 5 setzt sich die Ringstruktur eines Alkali-Granits (oberer Bildbereich) morphologisch, vor allem aber durch ihren dunkleren Grauton deutlicher gegen ihre Umgebung ab als in der Aufnahme von Kanal 7. Dagegen setzen sich die Ausstrichflächen von Ultrabasiten des Bushveld-Komplexes (layered sequence nach GROOTENBOER) in der Aufnahme von Kanal 7 kontrastreicher gegen den nördlich angrenzenden Bushveld-Granit (rechter oberer Bildbereich) und die südlich angrenzenden Quarzite und Tonschiefer ab als in der Aufnahme von Kanal 5. In dieser ist der Übergang zu den angrenzenden Einheiten, speziell der zum Bushveld-Granit, teils undeutlich, teils gar nicht zu erkennen.

Neben den verschiedenen Reflexions-/Absorptions-Eigenschaften der Gesteine und ihrer Verwitterungsböden dürfte zur unterschiedlichen Wiedergabe derselben Gesteinseinheiten in den Aufnahmen der Kanäle 5 und 7 der Bewuchs beigetragen haben. So ist der Alkali-Granit (Pilansberg-Komplex) weitgehend bewachsen. Daher zeigt er in der Aufnahme von Kanal 5 dunkle, in der von Kanal 7 helle Grautöne. Die Ausstrichflächen der Ultrabasit-Folgen und deren Verwitterungsböden dürften dagegen weitgehend frei von Bewuchs sein. Sie reflektieren auffallende Sonnenstrahlung im Rotbereich (Kanal 5 = 0,6–0,7 μm). Auftreffende Infrarotstrahlung (Kanal 7 = 0,8–1,1 μm) wird dagegen weitgehend absorbiert. Daher der dunkle Ton im Bild von Kanal 7. Von wirtschaftlichem Interesse ist, daß sich innerhalb der Ultrabasite am oberen Rand durch sehr dunklen Grauton eine Teileinheit

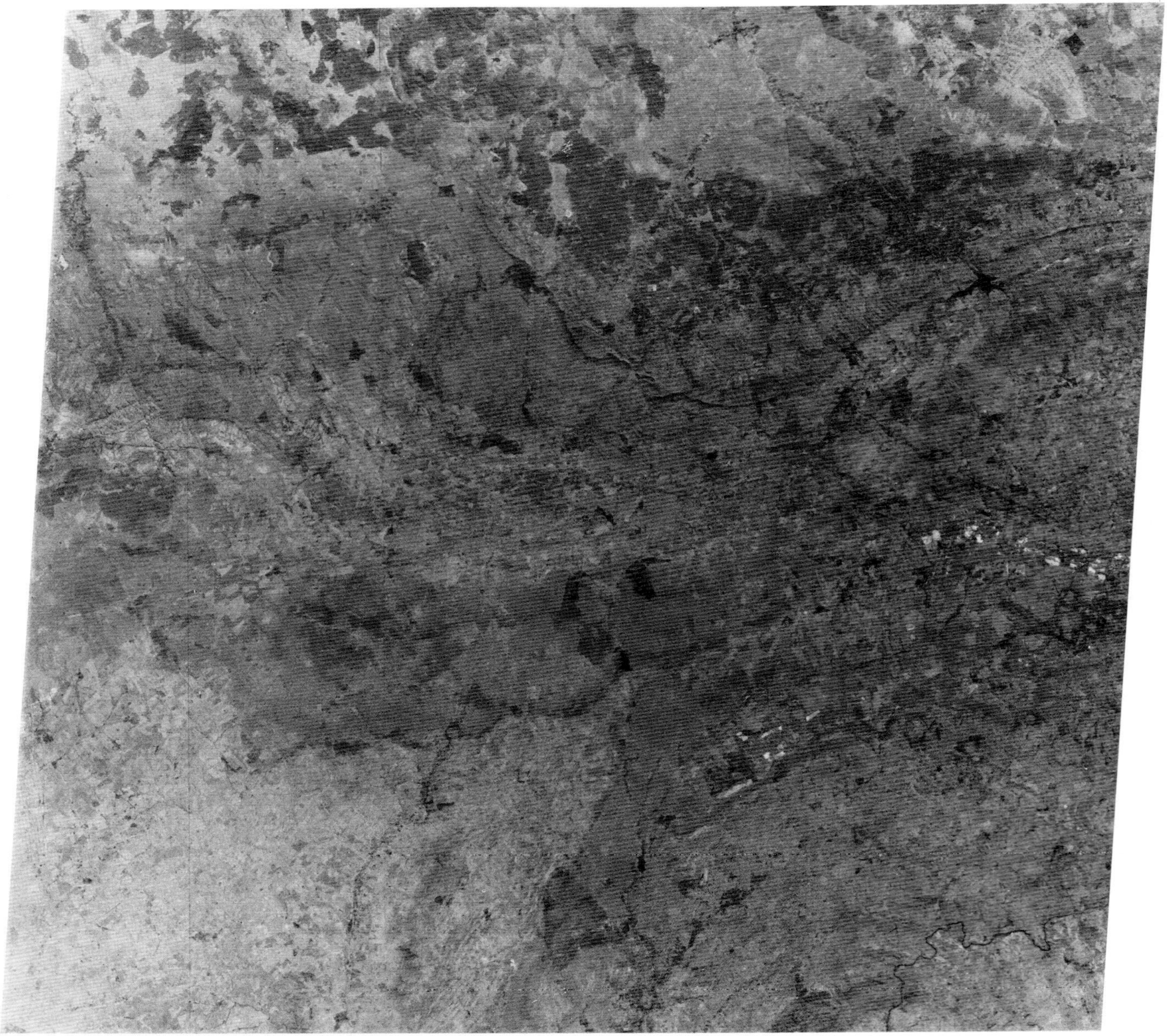

a

Abb. 159a und b Landsat-Aufnahme eines Bereiches der Transvaal-Provinz (Südafrika) am Ende der Wintersaison in Kanal 5 (a) und in Kanal 7 (b). Bildmaßstab: ca. 1:1 000 000 (NASA, E-1050-07355).

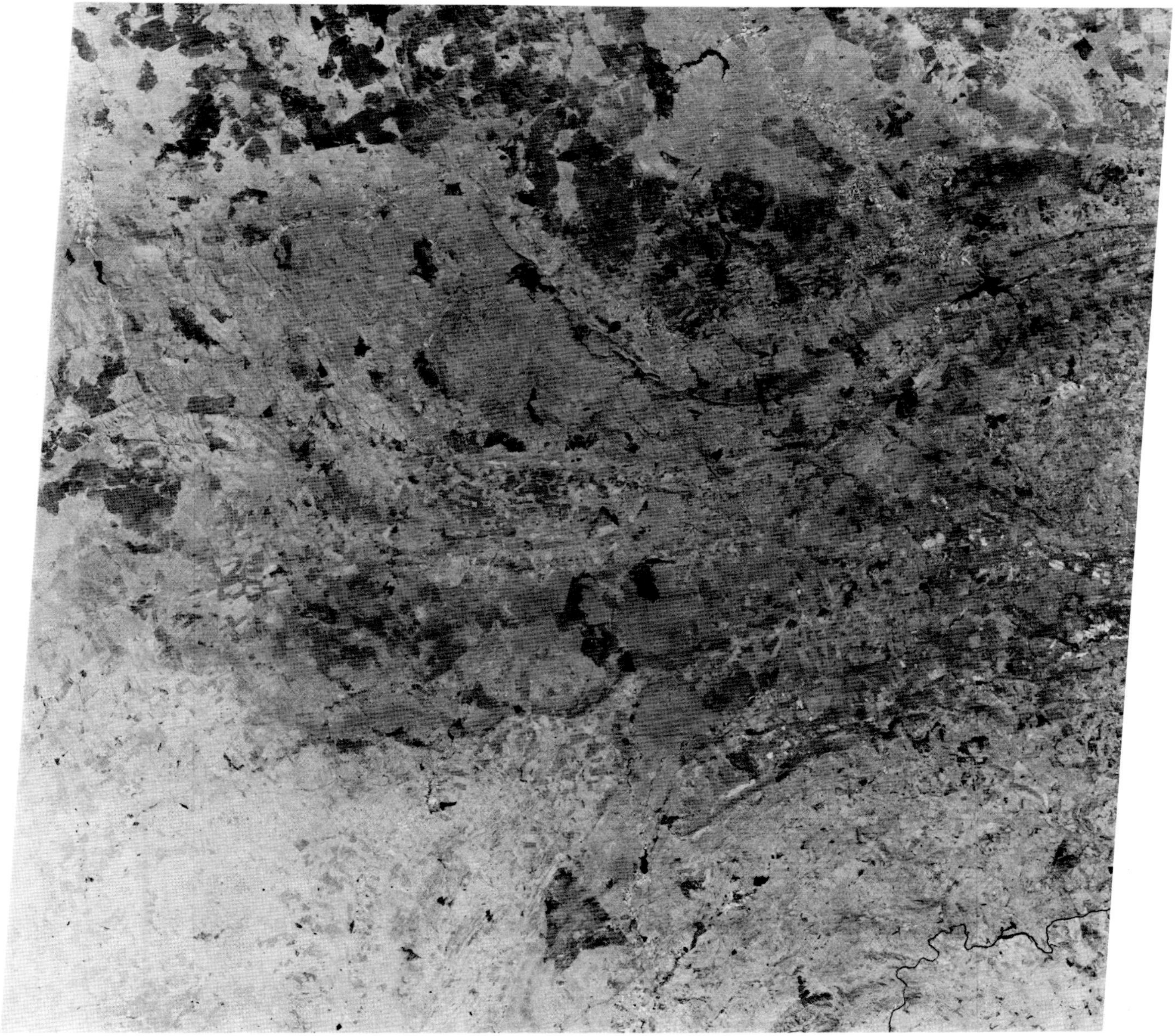

Abb. 159b

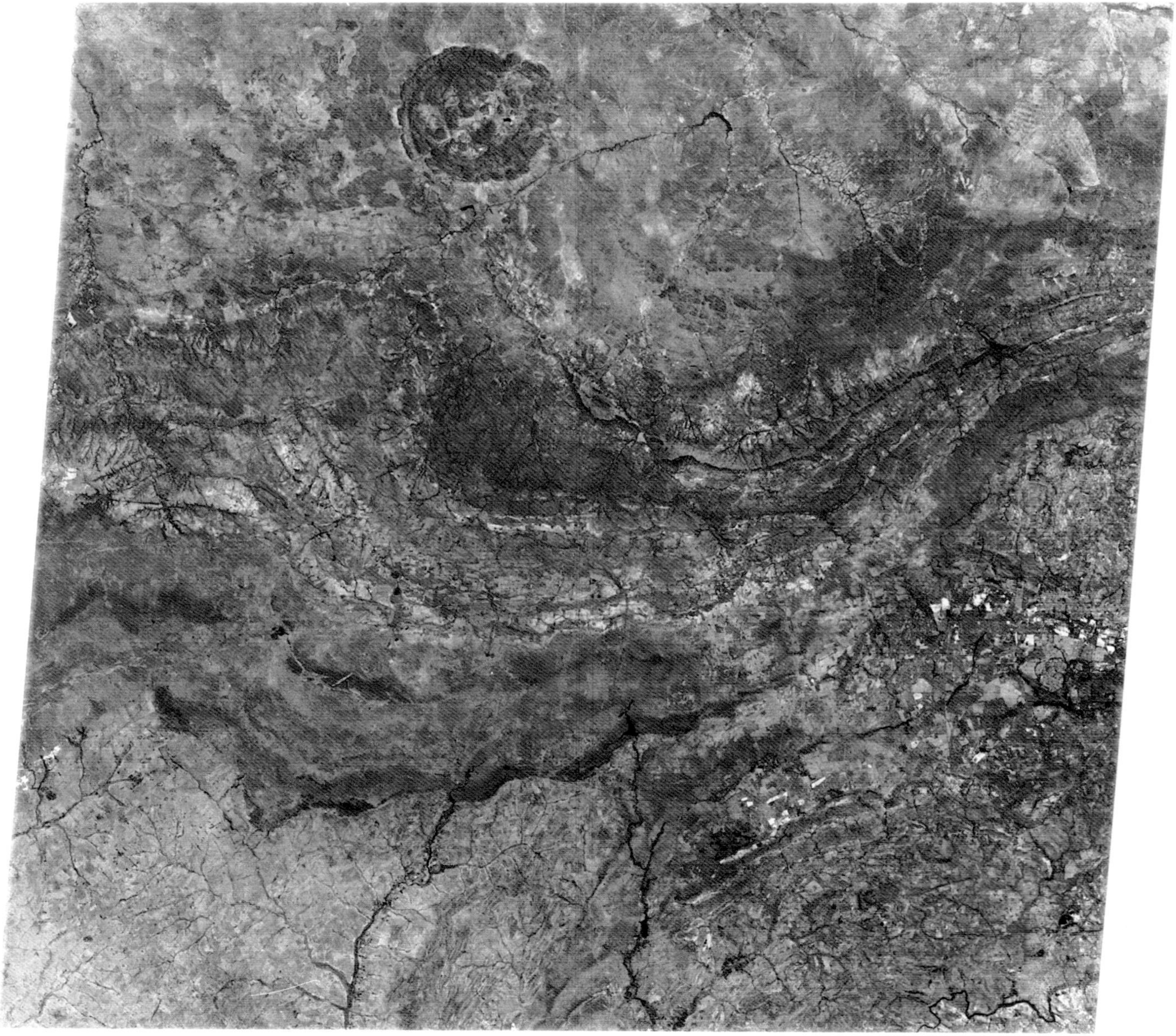

a

Abb. 160a–c Landsat-Aufnahme des Bereiches von Abb. 159 in der Mitte des Süd-Sommers in Kanal 5 (a) und in Kanal 7 (b), in den Dezember-Aufnahmen kartierbare lithofazielle Einheiten und tektonische Strukturen (c). Bildmaßstab: ca. 1:1 000 000 (NASA, E-1158-07363).

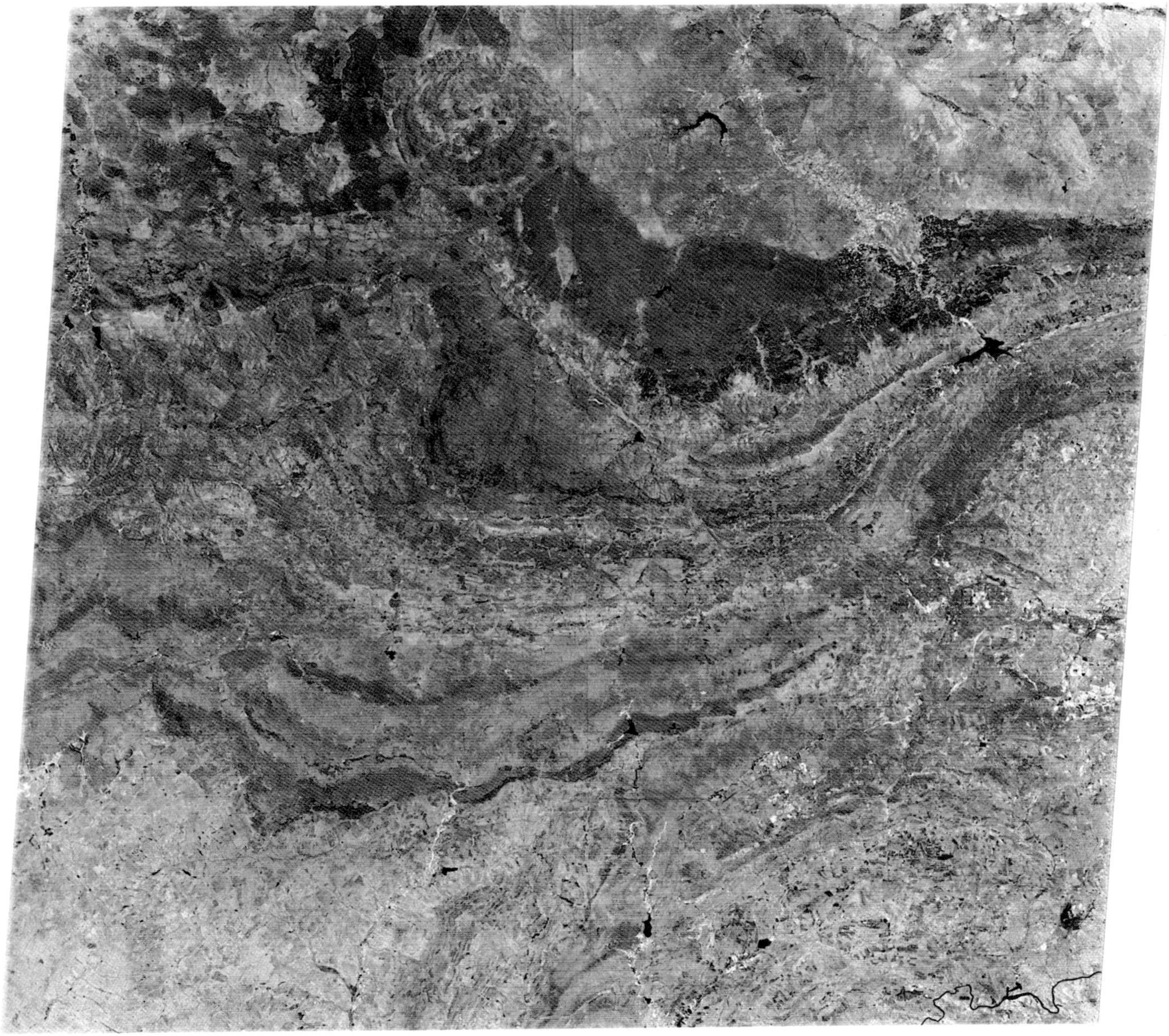

Abb. 160b

absetzt, die nach GROOTENBOER sehr magnetitreich ist. Überhaupt ist der Aufnahmebereich unter lagerstättenkundlichen und wirtschaftlichen Aspekten von großer Bedeutung, weil er die Gold- und Uran-Minen des zentralen und westlichen Rand, die Platin- und Chrom-Vorkommen des Bushveld-Komplexes, Diamantfelder und Pb-Zn-Lagerstätten enthält. Er ist seit 90 Jahren Gegenstand intensiver geologischer und lagerstättenkundlicher Untersuchung. Vor diesem Hintergrund ist erwähnenswert, daß nach Mitteilung von GROOTENBOER in den Multispektralaufnahmen vom Sommer 1972 lithofazielle Untereinheiten entdeckt wurden, die von der bisherigen Geländekartierung nicht bekannt waren, sich aber lithostratigraphisch mit weiter entfernten Aufschlüssen korrelieren lassen. Das gilt z.B. für die dunklen Bänder, die in der mittelgrau getönten Einheit unterhalb der Bildmitte zu beobachten sind. Nach Geländebegehungen sind es Wechselfolgen von hellen, Chert-führenden und dunkel gefärbten dolomitischen Kalken.

Der linke untere Bildbereich wird von granitischen Gesteinen des Ventersdoorp-Systems unterlagert. Aufschlüsse sind kaum vorhanden, aber intrusionsbezogene Rundstrukturen lassen sich in der Aufnahme von Kanal 5 kartieren.

Im Liegenden der Ultrabasit-Folge tritt mit einer markanten Schichtstufe als Leithorizont eine Quarzitfolge auf. Sie wird in den Aufnahmen von Kanal 5 und 7 ebenfalls mit unterschiedlichem Grauton, mit unterschiedlichem Kontrast zur Umgebung wiedergegeben. Im Kanal 7 sind die frei liegenden Schichtflächen der Quarzite dunkel. Im Liegenden der Schichtstufe tritt ein sehr helles Band auf. In der Aufnahme von Kanal 5 zeigen die Schichtflächen mittelgraue Tönung. Die Schichtstufe der Quarzite wird hier im Liegenden von einem dunklen Band begleitet. Diese Akzentuierung der Schichten und des Schichtstreichens geht auf dichten Bewuchs einer im Liegenden der Quarzite vorhandenen Tonschiefer-Folge zurück. Der Bewuchs bedingt das dunkle Grautonband, das bei oberflächlicher Betrachtung als Schatteneffekt interpretiert werden könnte.

Abb. 160c zeigt die in der Sommeraufnahme (ohne Geländekenntnisse) kartierbaren Grenzen lithofazieller Einheiten sowie die Lage kartierbarer Störungen, Störungszonen und Kluftzonen. Kartiert wurde in den Spektralaufnahmen von Kanal 5 und 7. Nicht berücksichtigt wurde der Informationsgehalt von Kanal 4, der nach GROOTENBOER zusätzliche Informationen, vor allem im Hinblick auf die Ausstrichzonen granitischer Gesteine liefern soll. Optimal würde das Kartierergebnis, wenn neben den einzelnen Spektralaufnahmen der 4 MSS-Kanäle auch eine aus der Überlagerung der Bildinformationen der Kanäle 4, 5 und 7 erstellte Color-Composite photogeologisch ausgewertet würde. Nicht selten werden in solchen Falschfarbenaufnahmen lithofazielle Grenzen, tektonische Strukturen oder Unterschiede der Bodenbeschaffenheit deutlich, die in der einzelnen schwarzweißen Standardaufnahme unauffällig bleiben.

Mit der Jahreszeit ändern sich Sonnenhöhe und Sonnenazimut und damit die Beleuchtungsbedingungen einer Landschaft zu der Tageszeit, zu der sie in 18tägigem oder engerem Abstand von Landsat-Satelliten überflogen wird und aufgenommen werden kann. Neben den oben genannten Variablen Bewuchs und Bodenfeuchte kommt somit bei der photogeologischen Interpretation von Landsat-Aufnahmen auch noch die Beleuchtung ins Spiel. Sie variiert im Jahresverlauf und führt zu unterschiedlichen Licht-/Schatten-Effekten in der aufgenommenen Landschaft. Im Sommer ist der Schattenwurf zur Aufnahmezeit relativ gering, im Winter wegen des niedrigen Sonnenstandes dagegen ausgeprägt. Entsprechend stellt sich dieselbe Landschaft in Landsat-Aufnahmen dieser Jahreszeiten eher flach oder reliefbetont dar. Das sollen die Abb. 161a und b verdeutlichen. Der aufgenommene Geländebereich ist identisch. Beide Bilder wurden vom MSS-Kanal 7 aufgenommen. Die Sommeraufnahme zeigt die Eifel, einen Teil des Hunsrück und auch das Moseltal mit weniger deutlichen Reliefformen. Beherrschend und Hauptkriterium für die photogeologische Kartierung sind hier die vegetationsbedingten Grautonunterschiede. In der Winteraufnahme kommen dagegen die Reliefformen der Landschaft betonter heraus. Das Entwässerungsnetz wird wesentlich differenzierter wiedergegeben als in der Sommeraufnahme. Durch lineare Taleinschnitte verschiedener Länge nachgezeichnete Bruchstrukturen und -systeme mehrerer Richtungen lassen sich in der Winteraufnahme besser kartieren. Auch kommen in mehreren Teilbereichen in der Winteraufnahme Schichtkämme reliefbetont heraus, deren Lage und Streichrichtung in der August-Aufnahme nicht oder nur über Vegetationsunterschiede wahrnehmbar sind (z.B. im Hunsrück links oben im Bild).

Mit niedrigem Sonnenstand aufgenommene Landsat-Szenen sind generell für die Kartierung tektonischer Strukturen von Vorteil, vor allem in flacheren Gebieten, in denen flacher Lichteinfall auch geringe Reliefunterschiede der Landschaft akzentuiert und für die Kartierung nutzbar macht. Das gilt auch für Landschaften mit einer dünnen Schneedecke. Die reliefbetonende Wirkung von verschneiter Landschaft

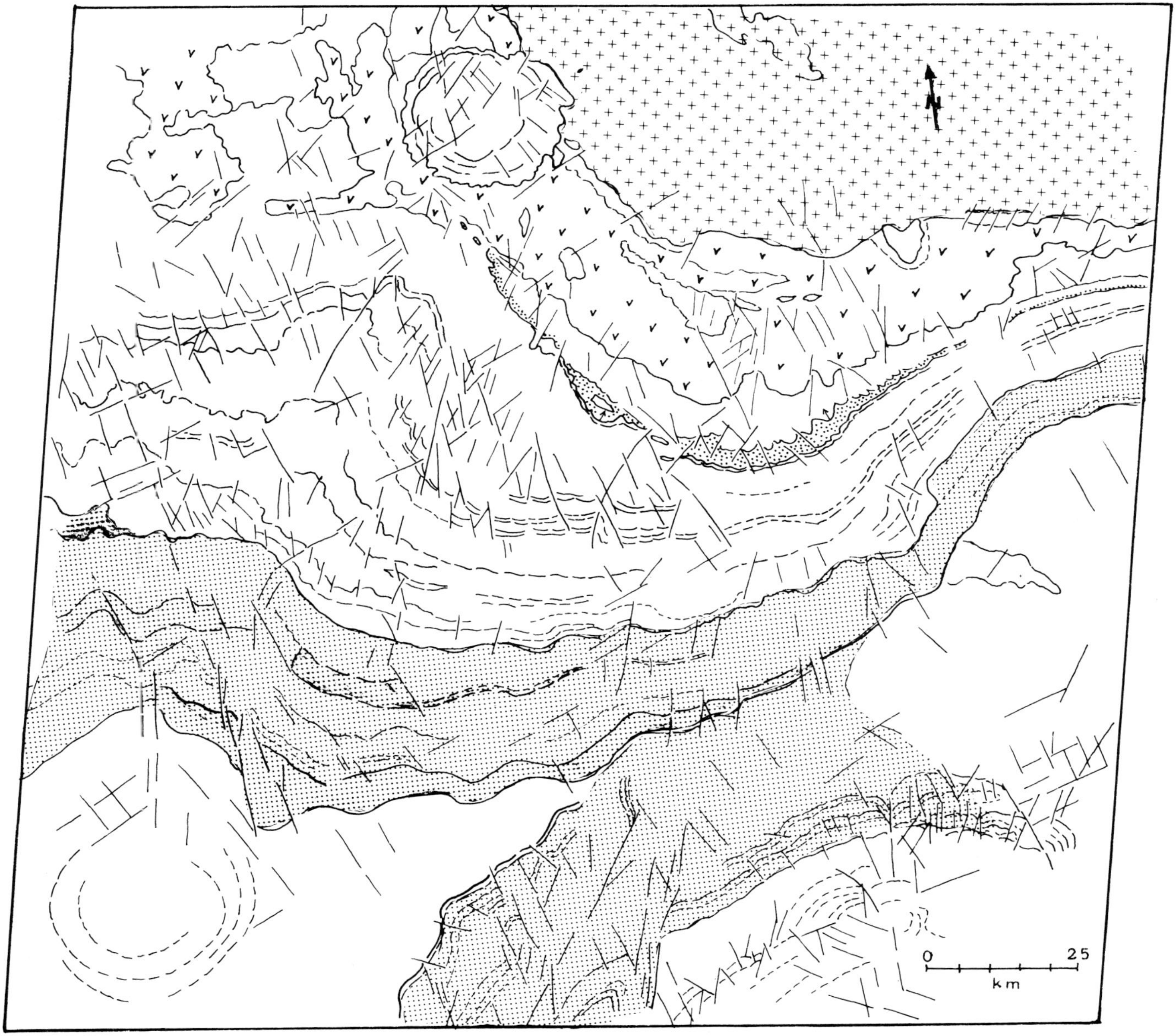

Abb. 160c

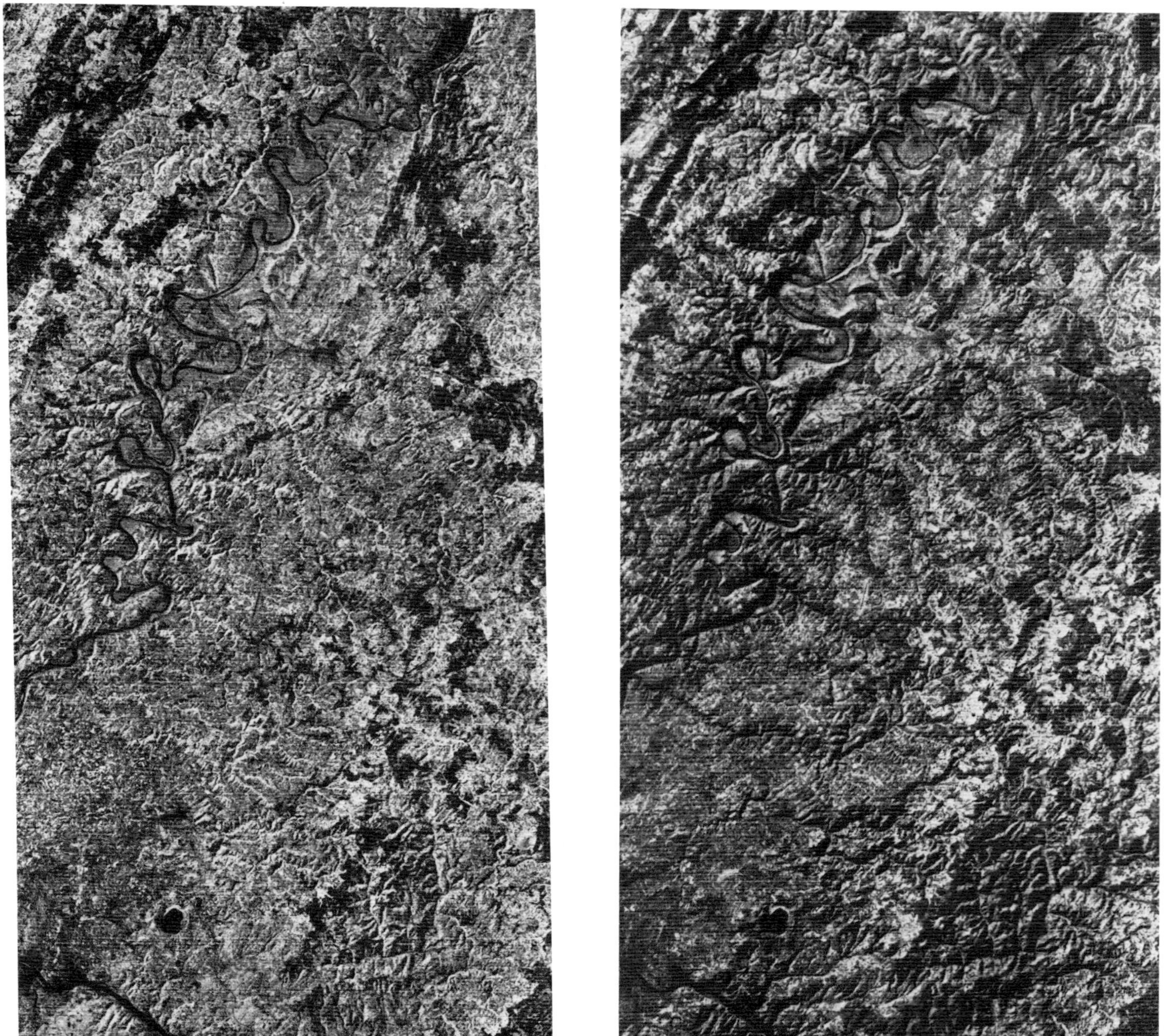

a

b

Abb. 161a und b Unterschiede in der Abbildung derselben Landschaft in einer Spätsommer- (a) und einer Winteraufnahme (b), jeweils in Kanal 7. Links oben im Bild der mäandrierende Lauf der Mosel. Unten im Bild der Laacher See. Bildmaßstab: ca. 1:1 000 000 (NASA, E-2219-09475 und E-1151-10010).

und flach einfallender Sonnenstrahlung durch intensive Licht-/Schattenwirkung verdeutlicht die Abb. 162a (Kanal 6), in deren Aufnahmebereich die Brooks Range (Alaska) liegt, über welche die Alaska-Pipeline verlegt wurde. Im nördlichen Vorland der Gebirgskette werden Feinheiten des Reliefs einer Landschaft deutlich, die von Moränenablagerungen und Schmelzwasserabsätzen aus der Zeit der pleistozänen Vereisung geprägt ist. In der linken oberen Bildecke sind an ihrem bodenförmigen Verlauf Endmoränenwälle zu erkennen. Im Gebirge lassen sich breite, von Gletschern ausgeräumte U-Täler und durch lineare Erosion entstandene V-Täler erkennen. Auffallend ist der geradlinige Verlauf vieler Täler unterschiedlicher Länge, vor allem in der oberen Bildhälfte. Hier zeichnen geradlinige und parallel zueinander verlaufende, auch winklig verspringende Täler die Ausstrichlinien steiler Bruchstrukturen des Untergrundes nach, die sich in parallelen Scharen bevorzugten Richtungen zuordnen lassen. Position und Verlauf einzelner Bruchstrukturen (Störungen und Kluftzonen) und die räumliche Verbreitung von Bruchsystemen bestimmter Richtungen werden in der Photolineationskarte wiedergegeben (Abb. 162b). Einzelne Bruchstrukturen, aber auch Bruchsysteme lassen sich aus dem Bereich des Gebirges in die pleistozänen glazialen Ablagerungen des Vorlandes hinaus verfolgen. Dort zeichnen sich offenbar durch lineare Taleinschnitte Bruchstrukturen des Untergrundes kartierbar ab.

Die unterschiedliche Wiedergabe derselben Landschaft im Sommer- und Winterbild, den unterschiedlichen Informationsgehalt von Sommer- und Winteraufnahme zeigt auch der Vergleich der Abb. 163a und b. In der Winteraufnahme (Kanal 7, Februar 1975) werden die unterschiedlichen Oberflächenformen zweier regionalgeologischer Einheiten akzentuiert wiedergegeben. Die Sommeraufnahme wirkt im Vergleich flach. Die Aufnahmen stammen aus dem Nordosten Kanadas. Sie zeigen den Kontakt zwischen archaischem Basement der Superior Province im SW (Alter ca. 2,4 Milliarden Jahre) und dem zur Churchill Privince gehörenden Labradortrog (ca. 1,7 Millarden Jahre). Im Bereich des archaischen Basements werden die Reliefformen der Landschaft durch den massigen Gesteinscharakter der hier vorherrschenden granitischen Gesteine bestimmt sowie durch zahlreiche steile Störungen, deren Ausstrichlinien sich im Landsat-Bild als lineare oder leicht kurvilineare Photolineationen abzeichnen und kartieren lassen. Lokal deuten Rundstrukturen Intrusionskörper an. Im nordöstlichen Bildbereich prägt dagegen der Faltenbau der Abfolgen des Labradortroges die Landschaftsformen. Dabei markieren die Ausstrichzonen verwitterungsbeständiger Schichten durch Schichtkämme und Schichtstufen den im einzelnen recht komplizierten strukturellen Bau. Einige größere Störungen sind zu erkennen (nach BARAGAR 1981 und DIMROTH et al. 1970 flache Überschiebungen im südwestlichen und steile Aufschiebungen im nordöstlichen Teil des Labradortroges, welche die gefalteten Abfolgen des Labradortroges in mehrere große Einheiten teilen). Die gefahltete Schichtfolge des Labradortroges besteht aus einer liegenden Einheit, die in einer etwa 20 km breiten, parallel zum diskordanten Basement-Kontakt verlaufenden Zone ausstreicht und aus nicht metamorphen Sedimenten besteht (Grauwacken, Tonschiefer, Quarzit, Dolomit, Eisenformation). Nach NE schließen sich zunehmend metamorphisierte Wechselfolgen aus basischen Laven (Gabbro-Sills, Pillow-Laven, massigen Basalten), Pyroklastiten und Sedimenten an (nach BARAGAR 1981). Das räumliche Auftreten von gefalteten Serien in der Abb. 163c, die an Abb. 163a nach NE anschließt und einen besseren Überblick über den zentralen Labradortrog und sein Hinterland bietet, kennzeichnet den eigentlichen Bereich des Labradortroges. Er wird nach NE durch eine im generellen Streichen (etwa durch die Bildmitte) verlaufenden steilen Störung gegen einen ziemlich breiten Komplex aus mächtigen Metagrauwacken und Quarz-Glimmerschiefern begrenzt. Dieser Block setzt sich mit seinem massigen Charakter und weniger differenzierteren Oberflächenformen deutlich gegen den Trog ab. Er unterscheidet sich in seinen Oberflächenformen auch von dem Geländebereich in der rechten oberen Bildecke, der von Graniten und Paragneisen aufgebaut wird. Zwischen den beiden Einheiten auftretende parallele, NE-SE-streichende, langaushaltende schmale Taleinschnitte dürften eine größere Störungszone nachzeichnen, die beide Komplexe trennt.

Die Vorlagen aller bisher gezeigten Bildbeispiele waren Standardprodukte, Schwarzweißkopien von Negativen der 2. oder 3. Generation. Wie schon in Abschn. 5 beschrieben, können Landsat-Aufnahmen im Hinblick auf die Darstellung und Kartierung bestimmter Geländegegebenheiten oder Geländeobjekte durch den Einsatz analoger oder digitaler Methoden der Bildverarbeitung für die Interpretation optimiert werden. Ziel solcher Operationen ist z.B. die kontrastreiche Wiedergabe bestimmter Gesteinstypen, die kontrastreiche Wiedergabe unterschiedlicher Gesteinstypen, die Betonung tektonischer Strukturen. Die Abb. 164a bis c zeigen denselben Geländebereich, einen Ausschnitt des präkambrischen Grundgebirges nahe der Ostküste des Roten Meeres (Saudiarabien).

Abb. 162b Als Photolineationen im Bereich der Abb. 162a kartierbare steile Bruchstrukturen.

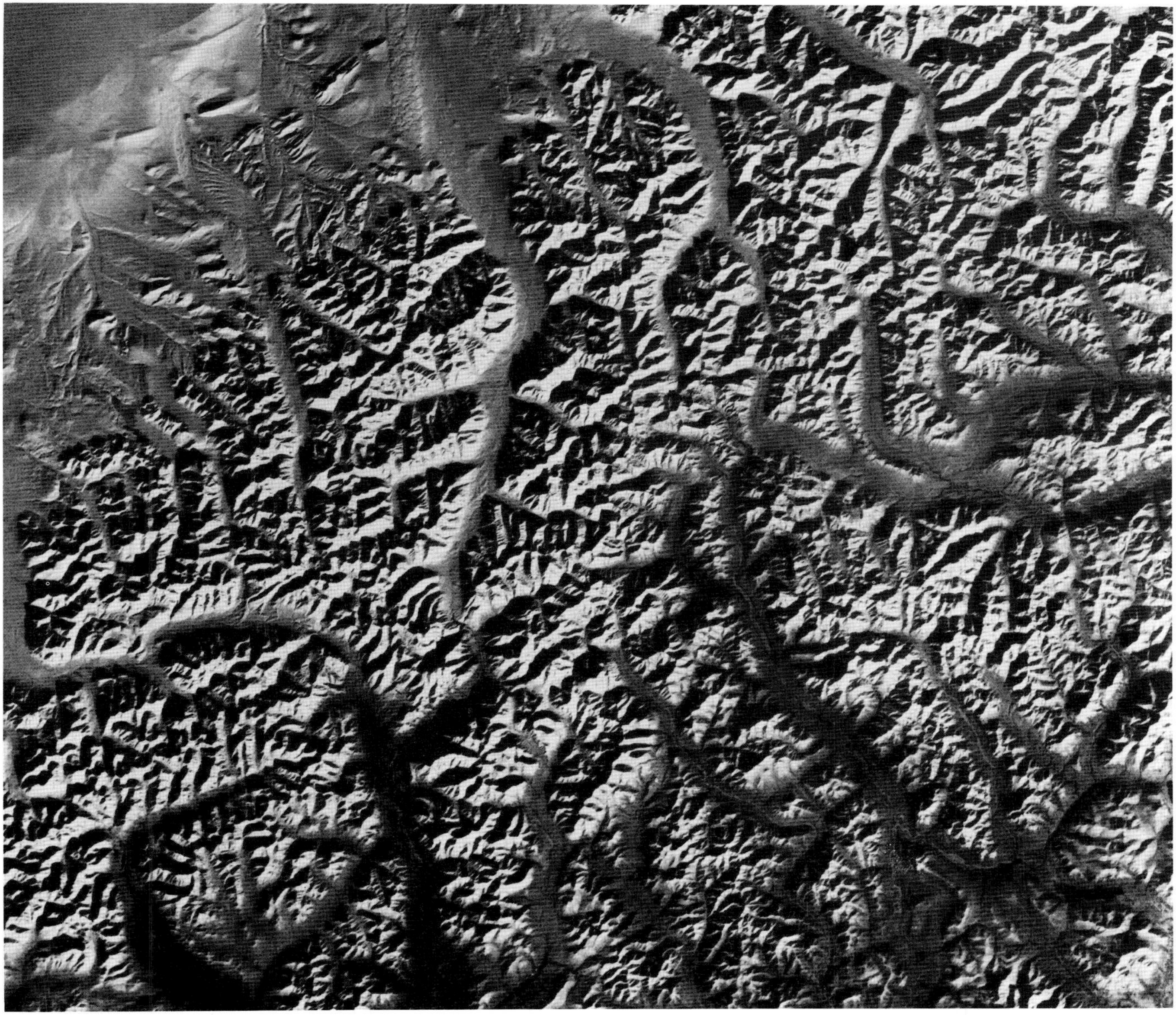

Abb. 162a Herbstaufnahme einer Landschaft der Brooks Range (Alaska), Kanal 6. Bildmaßstab: ca. 1:750 000. Auffallend sind lineare Tal- bzw. Flußabschnitte, die sich im Gebirgsbereich abzeichnen und teilweise bis in die jungen glazialen Ablagerungen (links oben im Bild) verfolgen lassen (NASA E-1072-21173).

a

Abb. 163a–c Sommer- (a) und Winteraufnahme (b) des etwa gleichen Geländebereiches in NE-Kanada (Labrador). In der Winteraufnahme sind vor allem die tektonischen Strukturen akzentuierter wiedergegeben (NASA, E-10925-14531 und E-20921-14341). c) ergänzt den Aufnahmebereich, typische Basement-Strukturen (NASA, E-1546-14592-7). Bildmaßstab: ca. 1:1 000 000.

Abb. 163b

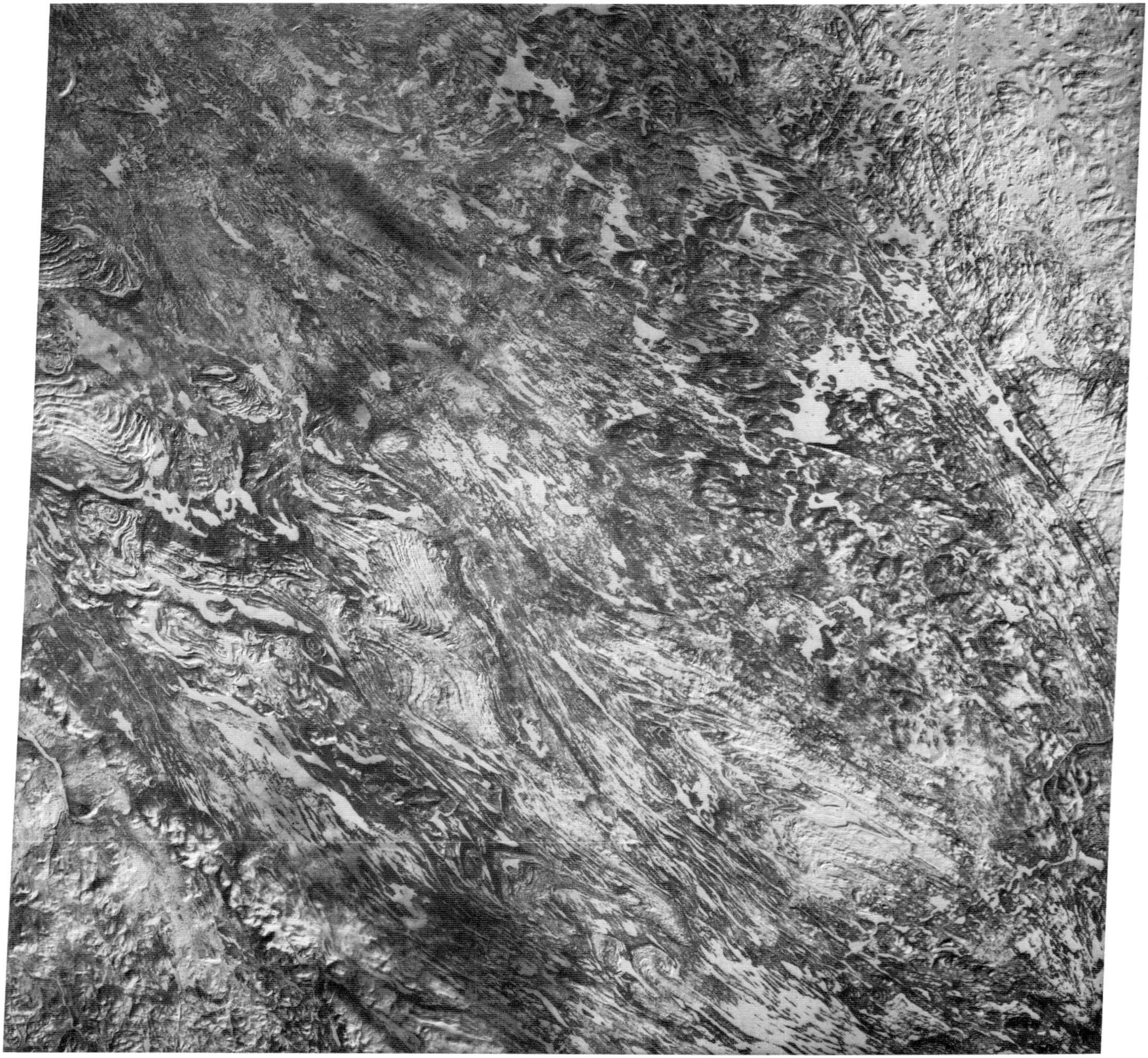

Abb. 163c

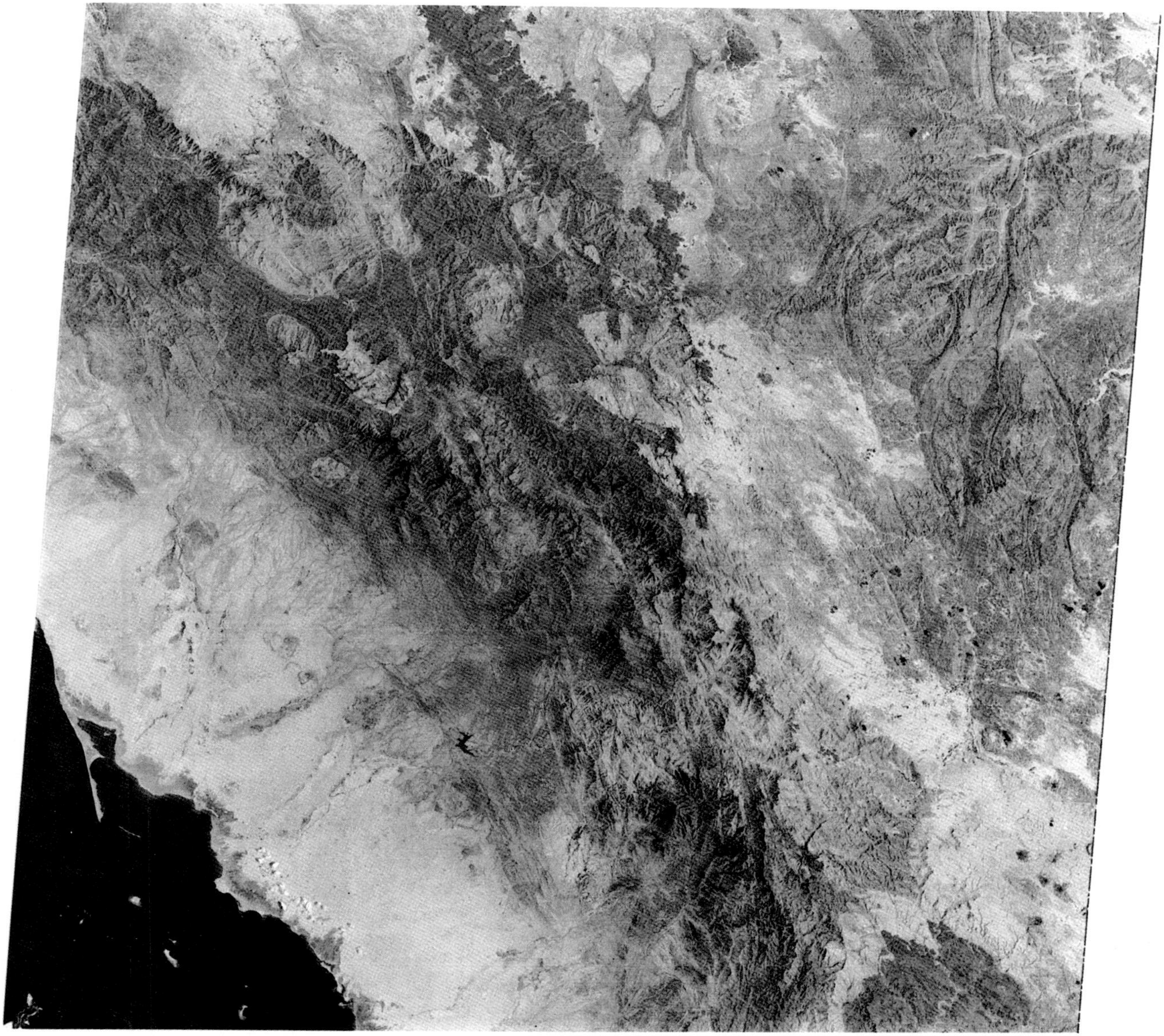

a

Abb. 164a–c Metamorphite und granitische Intrusiva (Rundstrukturen) im präkambrischen Grundgebirge Saudiarabiens und junge Sedimente an der Küste des Roten Meeres in der Standard-Landsat-Aufnahme von Kanal 5 (a), nach einer Hochpaßfilterung (b) und in einer Ratio-Darstellung (c). Bildverarbeitung R. HAYDN, ZGF, München. Bildmaßstab: ca. 1:1 000 000 (NASA, E-1424-06593).

Abb. 164b

Abb. 164c

Abb. 164a zeigt die photographische Standardkopie der in Kanal 5 aufgenommenen Landsat-Szene. In den intensiv verfalteten und von großen Störungen durchsetzten Gneisen und metamorphen Schiefern stecken mit diskordantem Kontakt zur Umgebung jüngere Intrusionen granitischer Gesteine, die sich mit hellerem Grauton und ovalem bis rundem Umriß gegen die Umgebung absetzen. Abb. 164b zeigt denselben Bereich nach einer Hochpaßfilterung der räumlichen Grautonänderungen in der Spektralaufnahme von Kanal 5. Das Bild wirkt kontrastreicher, Feinheiten und Unterschiede des Reliefs kommen besser heraus. Der strukturelle Bau des Grundgebirges und etwa parallel zur Küste verlaufende Bruchzonen sind besser kartierbar. Abb. 164c zeigt denselben Bereich in einer Ratio-Darstellung (MSS 4/MSS 5). Die Grautöne dieser Darstellung geben das Verhältnis der Helligkeiten der beiden Spektralkanäle wieder (vgl. Abschn. 5.3.11). Der Schatteneffekt der Landschaft ist unterdrückt. Im oberen Bildbereich setzen sich mehrere granitische Intrusionen kontrastreich ab, die in den beiden anderen Bilddarstellungen weniger auffällig bzw. nicht mit diesem Umriß oder gar nicht wahrnehmbar sind. Auch innerhalb der Grundgebirgseinheit sind lithofazielle Grenzen erkennbar, die in der Standardkopie nicht wahrnehmbar sind. Auffallend ist ferner die differenzierte Darstellung der jungen Sedimentgesteine im küstennahen Bereich, die in der Abb. 164a recht monoton wiedergegeben sind.

Abb. 165a (Kanal 5) zeigt einen Geländebereich am Westrand des Lut-Blockes im östlichen Iran. Der von NW in die Bildmitte streichende Gebirgszug, ein Teil der Shotori-Range, ist tektonisch kompliziert gebaut. Paläozoische und mesozoische Sedimentfolgen sind hier intensiv verfaltet und tektonisch zerschert, verschuppt. Der Gebirgszug ist, wie alle anderen Gebirgskomplexe hier, von breiten Gebirgsfußflächen umgeben, die mehr oder weniger mächtig von Abtragungsschutt und Schottern überdeckt sind (Pediment, Glacis). Die östliche Bildhälfte zeigt eine morphologisch stark aufgegliederte Gebirgslandschaft, die von mächtigen Folgen vulkanischer Gesteine aufgebaut, teils in sich verfaltet und durch viele größere und kleinere Störungen zerblockt ist. Basalte und Basalt-Tuffe setzen sich, wie auch der von ihnen stammende Verwitterungsschutt, mit schwarzer Tönung gegen die umgebenden Vulkanite ab: Andesit-Flows, Dazit-Laven und Ignimbrite, Quarzkeratophyre und Tuffe. Vulkanische Gänge sind häufig (nach der Geologischen Karte 1:250 000 Bl. Boshruyeh und der Geologischen Karte Iran 1:1 000 000). Der untere Bildbereich zeigt mesozoische Serien (Sandstein, Ton- und Mergelsteine, Kalke). Bildvorlage der Abb. 165a ist die photographische Aufzeichnung einer Bandabspielung (DFVLR-GSOC). Der von der Aufnahme erfaßte Geländebereich weist extreme Farb- bzw. Helligkeitsunterschiede auf (z.B. weiße Evaporite, heller Wüstensand und Basalt). Sie sind der Anlaß für die unzureichende Grautondifferenzierung in den sehr hellen und dunklen Teilbereichen der Szene. Hier wäre der Einsatz von Bildverarbeitungsmethoden angebracht, um eine ausgeglichenere Helligkeits- bzw. Grautonverteilung zu erreichen und die Kartierbarkeit des Bildes in den kritischen Bereichen zu verbessern.

Eine insgesamt ausgewogenere und differenziertere Darstellung der Geländeverhältnisse wurde über die I. Hauptachsentransformation erreicht (Abb. 165b). Sie verbessert die Kartierbarkeit der geologischen Gegebenheiten wesentlich. Die sich aus der 2. Hauptachsentransformation ergebende Bilddarstellung (Abb. 165c), in welche die Farbunterschiede der auftretenden lithofaziellen Einheiten des Aufnahmebereiches eingehen, wirkt zwar auf den ersten Blick etwas flauer. Bei näherer Betrachtung zeigt sich jedoch, daß durch die veränderte Grauwertdarstellung lithofazielle Einheiten und tektonische Strukturen in mehreren Teilbereichen kontrastreich wiedergegeben werden, die in der Standardkopie und im Bildprodukt der 1. Hauptachsentransformation überhaupt nicht zu erkennen sind oder unauffällig bleiben. Das gilt z.B. für mehrere Aufschlüsse gefalteter neogener Sedimentfolgen im SW-Hang der Shotori-Range (im Pediment), die sich in der Abb. 165c mit dunklen Grauton absetzen, in den Abb. 165a und b jedoch nur durch geringen Grautonkontrast angedeutet sind. Entsprechende Unterschiede sind auch in der Darstellung der geologischen Verhältnisse in der SW-Ecke des Aufnahmebereiches zu erkennen. Das Beispiel zeigt, wie durch Methoden der Bildverarbeitung bestimmte geologische Objekte oder Gegebenheiten in Teilbereichen einer Landsat-Szene kontrastreicher dargestellt und besser kartierbar wiedergegeben werden können. Solche Bildverbesserungen sind z.B. auch erwünscht, wenn es um die Erfassung der Ausstrichzonen bzw. -flächen spezieller lithologischer Einheiten, um die Erfassung und Abgrenzung von Alterationszonen in lagerstättenhöffigen Bereichen, um die Abgrenzung von Locker- und Festgesteinen oder um die Herausstellung tektonischer Strukturen geht.

Auch in den MSS 4/5- und MSS 5/6-Ratio-Darstellungen (Abb. 165d und e) der Landsat-Szene werden jeweils bestimmte geologische Gegebenheiten kontrastreicher wieder-

a

Abb. 165a–e E n Geländebereich am NW-Rand des Lut-Blockes im NE-Iran in der Standardversion einer Landsat-Aufnahme in Kanal 5 (a), nach der 1. Hauptachsentransformation (b), nach der 2. Hauptachsentransformation (c), in einer Ratio-Darstellung MSS 4/MSS 5 (d) und in einer Ratio-Darstellung MSS 5/MSS 6 (e). Bildverarbeitung R. HAYDN, ZGF, München. Bildmaßstab: ca. 1:1 000 000 (NASA, E-2125-06042).

Abb. 165b

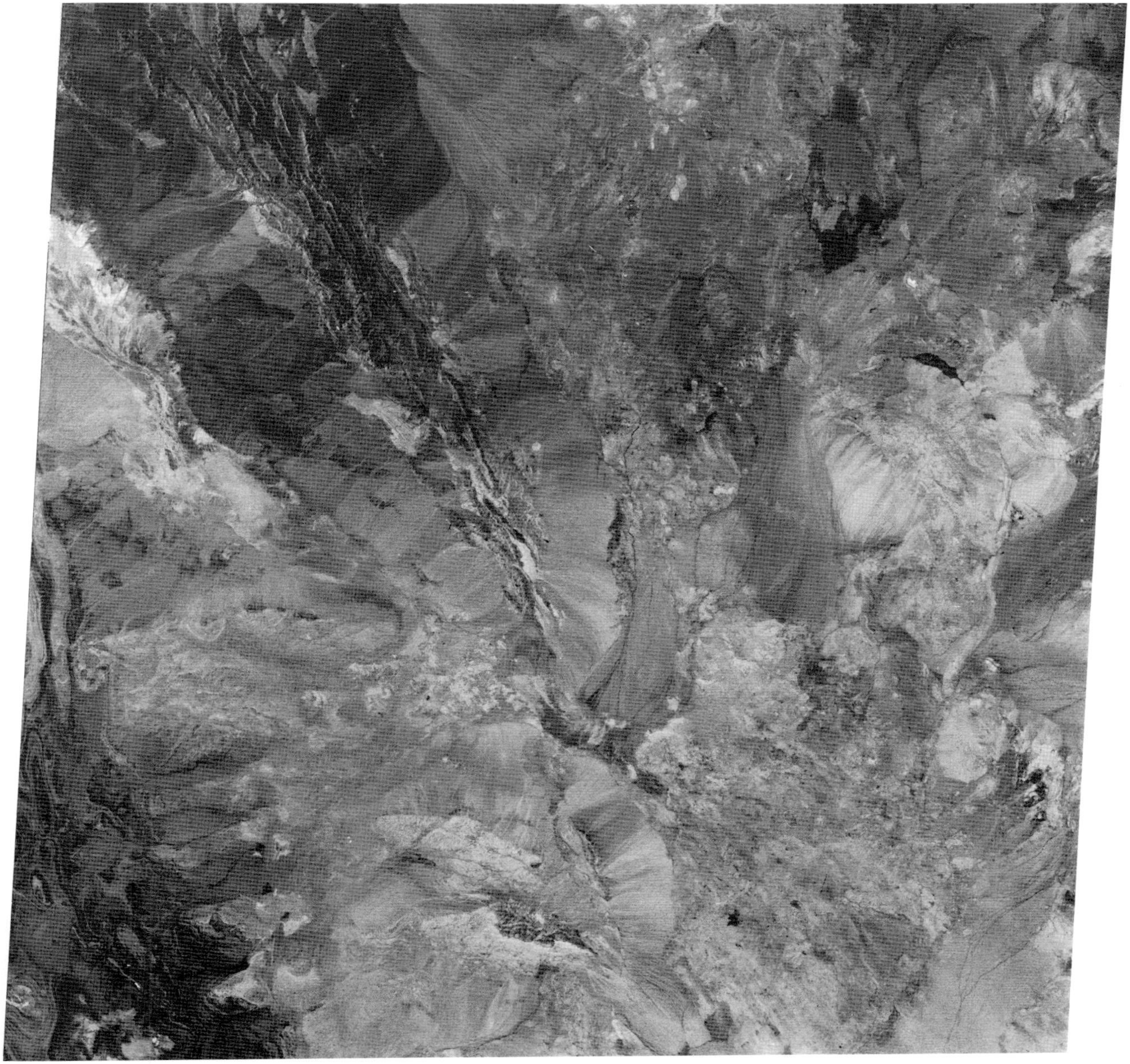

Abb. 165c

Abb. 165d

Abb. 165e

gegeben, die in den übrigen Bilddarstellungen unauffällig sind, während andere Bildinformationen, die in den übrigen Bilddarstellungen deutlich erkennbar sind, hier unterdrückt sind.

Recht unterschiedliche Informationen in bezug auf bestimmte Geländegegebenheiten des Aufnahmebereiches liefern auch die Abb. 166a bis d. Der aufgenommene Bereich, eine tropische Savannenlandschaft mit Grasbewuchs, Buschwerk und einzelnen Baumgruppen, liegt im Grenzbereich der Privinzen Mato Grosso und Goias (Zentralbrasilien). Für den Geologen interessant ist die Ringstruktur, die in den vier Bilddarstellungen (Maßstab ca. 1:500 000) mit unterschiedlichen Kontrasten und unterschiedlicher Auflösung oder Differenzierung wiedergegeben wird. Die Ringstruktur von Araguainha wurde als Syenitintrusion mesozoischen Alters interpretiert (NORTHLEEF et al. 1969). DIETZ, FRENCH & OLIVEIRA (1973) tippten nach Geländebegehungen und der Auswertung einer Landsat-Aufnahme auf eine Impaktstruktur, eine Interpretation, die auch durch die Untersuchungsergebnisse von THEILEN-WILLIGE (1980) bestätigt wurde. Es wurden Shatter Cones, schockmetamorphe Gesteine und Suevite gefunden. Die Einschlagsstruktur hat einen Durchmesser von ca. 40 km. Sie besteht aus einer zentralen Erhebung, die konzentrisch von ringförmigen Schichtkämmen und Talzonen bzw. -ebenen und terrassierten Hängen umgeben ist. Die zentrale Erhebung besteht aus präkambrischem Kristallin, konzentrisch umgeben von Folgen aus Sueviten und polymikten Breccien. Nach außen schließen aufgestellt, auch an konzentrischen Störungen verkippte Folgen und Schollen von Sandsteinen und Tonschiefern an. Die dunklen Bereiche in der Aufnahme von Kanal 5 (Abb. 166a) und im MMS 5/MSS 6-Ratiobild (Abb. 166b) stellen ringförmige Zonen mit dichterem oder speziellem Bewuchs dar. Diese folgen offenbar speziellen lithofaziellen Einheiten des Untergrundes. Die Bildbeispiele zeigen im übrigen, wie Unterschiede der Bodenbeschaffenheit und des Bewuchses und Einzelheiten des Entwässerungsnetzes durch Methoden der Bildverarbeitung kontrastreich hervorgehoben oder unterdrückt werden können. Welche Methoden oder welche Kombinationen von Methoden der Bildverarbeitung die im Rahmen einer Frage- oder Aufgabenstellung interessierenden Geländegegebenheiten besonders kontrastreich herausbringen, hängt sehr von den jeweiligen Geländeverhältnissen, oft auch von speziellen Geländegegebenheiten oder -phänomenen zur Zeit der Aufnahme ab. Die geeigneten Schritte der Bildverarbeitung werden entweder aufgrund von Erfahrungen oder (nicht selten) auch durch Probieren gefunden.

Ein Beispiel für eine andere Art der Aufbereitung von Bilddaten geben die Abb. 116a und b. Die Ausstrichzonen der am Aufbau der Tidikelt-Region (Algerien) beteiligten Sedimentfolgen und ihr relativ einfacher, wenn auch unregelmäßiger struktureller Bau werden im Bild durch Grautonunterschiede markiert. In der mit Hilfe der photographischen Bildverarbeitung erstellten Pseudorelief-Darstellung (Abb. 116b) wird der strukturelle Bau dagegen akzentuiert dargestellt. Pseudorelief-Darstellungen werden häufig auch benutzt, um lineare Strukturelemente einer Landschaft betont herauszubringen. Bei der Auswertung solcher Darstellungen auf Photolineationen ist jedoch Vorsicht geboten, da im Pseudorelief-Bild ohne Vergleich mit der Original-Bildvorlage nicht immer einwandfrei entschieden werden kann, ob auftretende lineare Strukturen geologische Ursachen haben, also auf die Ausstrichlinien oder -zonen steiler Störungen und Kluftzonen zurückgehen oder aber nicht-geologischen Ursprungs sind. Für die Kartierung steiler Störungen, Kluftzonen und Kluftsysteme liefern schon die kombinierte kritische Auswertung der Spektralaufnahmen des Landsat-MSS erfahrungsgemäß umfassende und zuverlässige Daten. In der Regel sind die schwarzweißen Papierabzüge, die man sich selbst von den vom EDC gelieferten Negativen herstellt, eine gute Kartierunterlage. Nicht immer bringen zusätzliche Schritte der Bildverarbeitung auch zusätzliche Informationen über das Bruchmuster im Aufnahmebereich einer Landsat-Szene. Allerdings können sich lineare, lang aushaltende Strukturen wie Störungszonen lineamentären Charakter in Landsat-Falschfarben-Color-Compositen oder in farbkodierten, vorher aufbereiteten Bilddarstellungen bisweilen besser abzeichnen als im schwarzweißen Standardbild.

Wie die Bildqualität von Landsat-Aufnahmen durch Filterungen verändert werden kann, zeigt die Abb. 167. Der linke Ausschnitt zeigt den Ausschnitt einer MSS-Aufnahme (Kanal 5) vor, der rechte Ausschnitt die Bildwiedergabe nach der Filterung.

6.3.2 Strukturkartierungen in Landsat-Aufnahmen

In der Regel liefert die Auswertung von Landsat-Aufnahmen wesentlich mehr Informationen über Lage, Ausrichtung und räumliches Auftreten steiler Bruchstrukturen als in einer geologischen Karte gleichen Maßstabes (1:1 000 000 oder 1:500 000) für den Aufnahmebereich einer Landsat-Szene enthalten sind. Abb. 168 zeigt die im Bereich des nördlichen Lut-Blockes und des westlich anschließenden Tabas-Blockes (NE-Iran) in der Geologischen Karte des Iran 1:1 000 000 eingetragenen Störungszonen (oben) und die in Landsat-Aufnahmen desselben Gebietes als Photolineationen kartierten Bruchstrukturen (unten). Zahl, Position und Verlauf der großen in den Landsat-Aufnahmen kartierten Störungszonen entsprechen weitgehend den entsprechenden tektonischen Daten der Geologischen Karte. Darüber hinaus zeigt die Landsat-Kartierung jedoch Strukturzonen, Bruchsysteme und Bruchmuster, die in der Geologischen Karte nicht wiedergegeben sind. Die Geologische Karte vermittelt den Eindruck der Existenz von größeren und kleineren Schollen oder Blöcken, die von großen Randstörungen begrenzt werden. In den Blöcken selbst finden sich lokale Störungen in isolierter Position. Die Landsat-Kartierung macht dagegen übergreifende (auch in den Blöcken auftretende) Bruchsysteme deutlich. Sie zeigt die Stellung lokaler Bruchsysteme im regionaltektonischen Rahmen. Hierin liegt ein wesentlicher neuartiger Informationsgewinn, der für verschiedene Fragestellungen z.B. im Rahmen der Lagerstättenprospektion, der Erdbebenforschung, aber auch der Ingenieurgeologie von entscheidender Bedeutung sein kann.

Durch die Möglichkeit, aus benachbarten Landsat-Aufnahmen ohne großen Aufwand große Bereiche überdeckende Landsat-Mosaiks zu erstellen, wurden der regionaltektonischen Forschung neue Möglichkeiten erschlossen. Auch kleine Arbeitsgruppen, selbst einzelne Bearbeiter haben heute die Möglichkeit, auf der Basis von Landsat-Mosaiks regionaltektonische Kartierungen und Analysen durchzuführen. Abb. 169 zeigt ein Landsat-Mosaik, das im Rahmen des DFG-Forschungsvorhabens „Geotraverse Iran“ im Maßstab 1:1 000 000 erstellt und vom Autor auf lineare und kurvilineare Photolineationen ausgewertet wurde (KRONBERG 1983 und 1984). In der Strukturkarte (Abb. 170) sind die großen Störungszonen und Störungssysteme wie z.B. die Randstörungen des Lut- und des Tabas-Blokkes, die Nain-Baft-Störung und die Große Kavir-Störung mit dickem Strich eingetragen, Position und Verlauf der Großstörungen markieren bedeutende Schollengrenzen sowie Grenzen regionalgeologischer Einheiten. Eine große Zahl der kartierten Bruchstrukturen läßt sich bevorzugten Richtungstrends zuordnen. Hierdurch werden übergreifende, parallelscharige Bruchsysteme deutlich, welche die verschiedenen regionalgeologischen Einheiten des Iran unabhängig von deren Alter, lithofaziellem Aufbau und tektonischem Baustil durchsetzen. Diese Systeme, die großräumige Bruchmuster der oberen Kruste reflektieren, waren vor der Auswertung des Landsat-Mosaiks nicht bekannt. Sie konnten auch nicht erfaßt werden, weil eine dem Landsat-Mosaik vergleichbare (flächendeckende und zugleich räumlich gut auflösende synoptische) Kartierunterlage für derartige Bestandsaufnahmen sehr großer Gebiete fehlte. Vergleichende Auswertungen der Landsat-Aufnahmen mit publizierten Daten und Geländebeobachtungen ergaben, daß die überregionalen Bruchsysteme bzw. das aus ihnen aufgebaute Bruchmuster der Kruste Einfluß auf die verschiedensten geologischen Prozesse und Ereignisse der Region hatte. Die Entwicklung regionaler und lokaler tektonischer Strukturen, Magmatismus, Vulkanismus und Lagerstättenbildung, Sedimentation und seismotektonische Aktivitäten zeigen an vielen Orten Bezug zu den im Landsat-Mosaik erkannten Bruchsystemen (vgl. auch HEINRICH 1980 und KRONBERG 1983). Einige der vermuteten Beziehungen sind in der Abb. 171 skizziert. Hier sind mit dünn ausgezogenen Strichen die im Landsat-Mosaik kartierten Bruchstrukturen der Haupttrends dargestellt. Mit gepunkteten Linien sind aus dem Gelände bekannte Störungen alpidischen Alters angegeben. Die dikken Striche markieren Störungszonen, die im Quartär seismisch aktiv waren. Dick punktierte Linien zeigen Lage und Verlauf rezenter, seismisch aktiver Störungszonen an (nach BERBERIAN 1976). Schließlich ist noch die Lage und Ausdehnung der größeren Ophiolit-Radiolarit-Komplexe in schwarzer Tönung dargestellt, die als Anzeichen für die Existenz von Paläo-Riftzonen angesehen werden. Da die aus dem oberen Mantel stammenden Magmen der Ophiolit-Komplexe über tiefreichende und lang aushaltende Bruchzonen der Kruste aufgestiegen sind, sollte die räumliche Ausdehnung, vor allem die Längserstreckung der heute beobachtbaren Ophiolit-Komplexe Beziehungen zur Orientierung bedeutender Bruchstrukturen der Kruste haben, auch wenn die Ophiolit-Komplexe später tektonisch ausgeprägt wurden und teils auch tektonisch transportiert wurden.

Während die hier vermuteten Zusammenhänge zwischen dem überregionalen Bruchmuster der Kruste und dem räumlichen Auftreten von Ophiolit-Komplexen zur Diskussion stehen, dürften Beziehungen zwischen Position und Richtungstrends alpidischer Störungen und der Mehrzahl der quartären und rezenten seismischen Störungszonen zum überregionalen Bruchmuster offenkundig sein (vgl. HEINRICH 1980 und KRONBERG 1983). Darüber hinaus sind möglicherweise auch zonare Komplikationen und strukturelle Anomalien

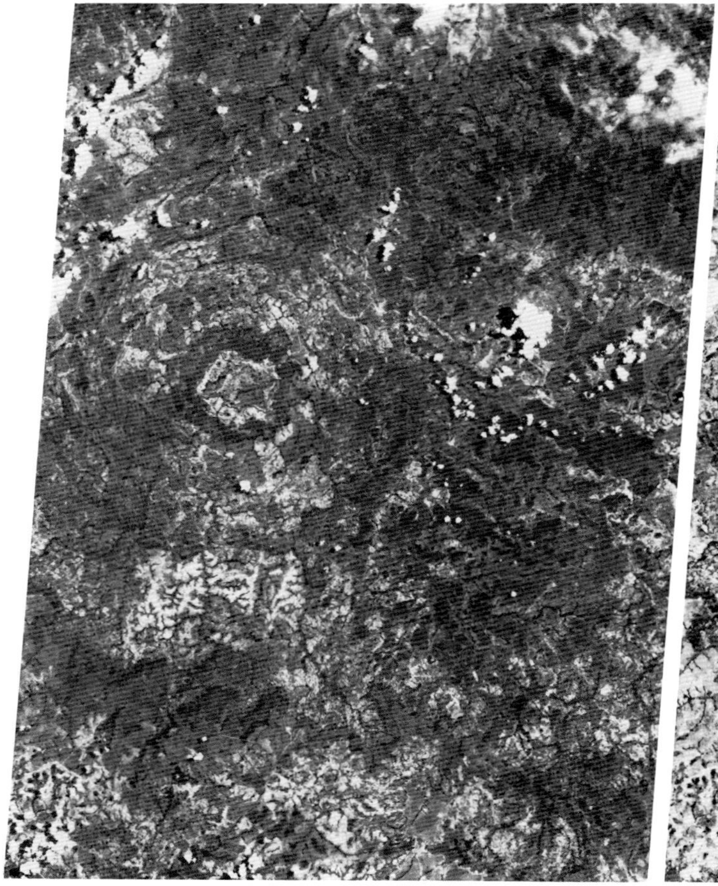

a

b

Abb. 166a—d Der Ausschnitt einer Landsat-Aufnahme zeigt die Ringstruktur von Araguainha (Zentralbrasilien) in einem kontrastverbesserten Spektralbild von Kanal 5 (a), in einer Ratio-Darstellung MSS 5/MSS 6 (b), in einem kontrastverbesserten Spektralbild von Kanal 7 (c) und in einer Ratio-Darstellung MSS 4/MSS 5 (d). Ein Vergleich der 4 Abbildungen zeigt, daß gleiche Geländegegebenheiten bzw. Objekte in den Abbildungen unterschiedlich wiedergegeben werden und daß manche Geländeobjekte nur in speziellen Bildwiedergaben erscheinen. Bildverarbeitung R. HAYDN, ZGF, München. Bildmaßstab: ca. 1:500 000 (NASA, E-1391-12374).

innerhalb regionaler Faltengebirgseinheiten des Iran im Zusammenhang mit Bruchsystemen des überregionalen Bruchmusters zu sehen. So zeigt die tektonische Auswertung des Landsat-Mosaiks, daß in regionalen Faltenzügen des mittleren und östlichen Iran Faltenstrukturen wiederholt in eine vom generellen Richtungstrend der B-Achse abweichende Richtung einbiegen, daß in Faltengebirgseinheiten auf richtungsmäßig bevorzugten Zonen Faltungsanomalien, Spezialfalten und Störungen auftreten, die sich nicht als normales Faltungsinventar der regionalen Faltung interpretieren lassen (s. Abb. 172). Ein lokales Beispiel dafür gibt die Abb. 173. Sie zeigt innerhalb einer Faltengebirgseinheit N von Kerman zwei gleichorientierte Zonen mit tektonischen Komplikationen (Umbiegen des Faltenbaues, Spezialfaltung, Störungen).

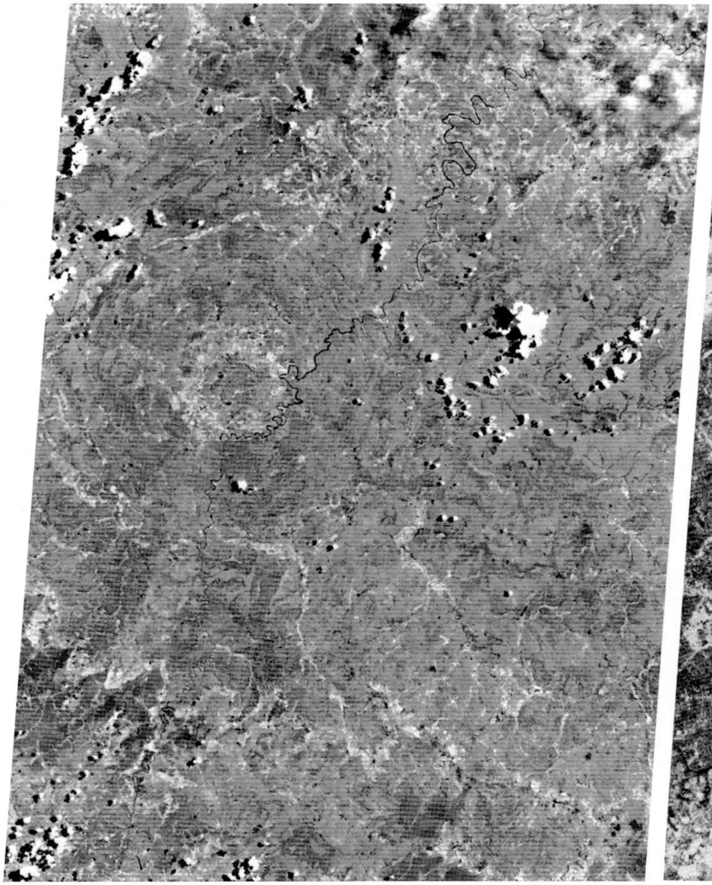

Abb. 166c

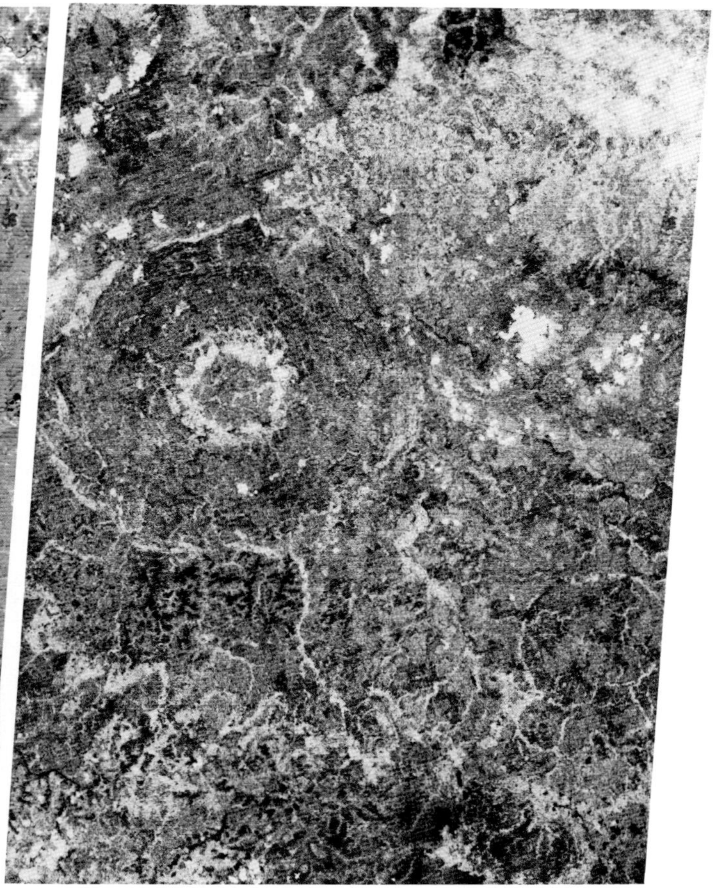

Abb. 166d

Im mittleren Bildbereich ist durch lineare Geländeelemente und Versatz im Faltenbau ein Störungssystem erkennbar, das parallel zu den anomalen tektonischen Zonen verläuft. Es wird am linken Bildrand von einer rezenten Störung abgeschnitten. Die anomalen Zonen ordnen sich dem Richtungstrend um 110° streichender überregionaler Bruchstrukturen zu. Diese repräsentieren einen der Haupttrends im überregionalen Bruchmuster der Kruste des Iran.

Es ist anzunehmen, daß das in der Abb. 172 gezeigte Umbiegen von regionalen Faltenzügen, das wiederholte Einbiegen von Teilabschnitten eines Faltengebirges in eine vom generellen Streichen der B-Achsen abweichende, aber klar definierte und sich in anomalen Zonen wiederholende Richtung durch Bruchsysteme des überregionalen Bruchmusters verursacht wird, durch vorgezeichnete Schwächezonen und Bewegungsbahnen der Kruste, die bereits vor Beginn der jeweiligen regionalen Faltung existierten und je nach Orientierung in bezug auf einen späten regionalen oder lokalen Verformungsplan in verschiedener Weise (mit verschiedener mechanischer Funktion) benutzt bzw. reaktiviert wurden. Solche Zusammenhänge zeigten Geländebeobachtungen von HEINRICH (1980) im NE-Iran. Entsprechende Beobachtungen wurden in Deutschland durch HEINRICH (1977), MOHR, GÜNTHER & KRONBERG (1977) und GÜNTHER (1977) gemacht.

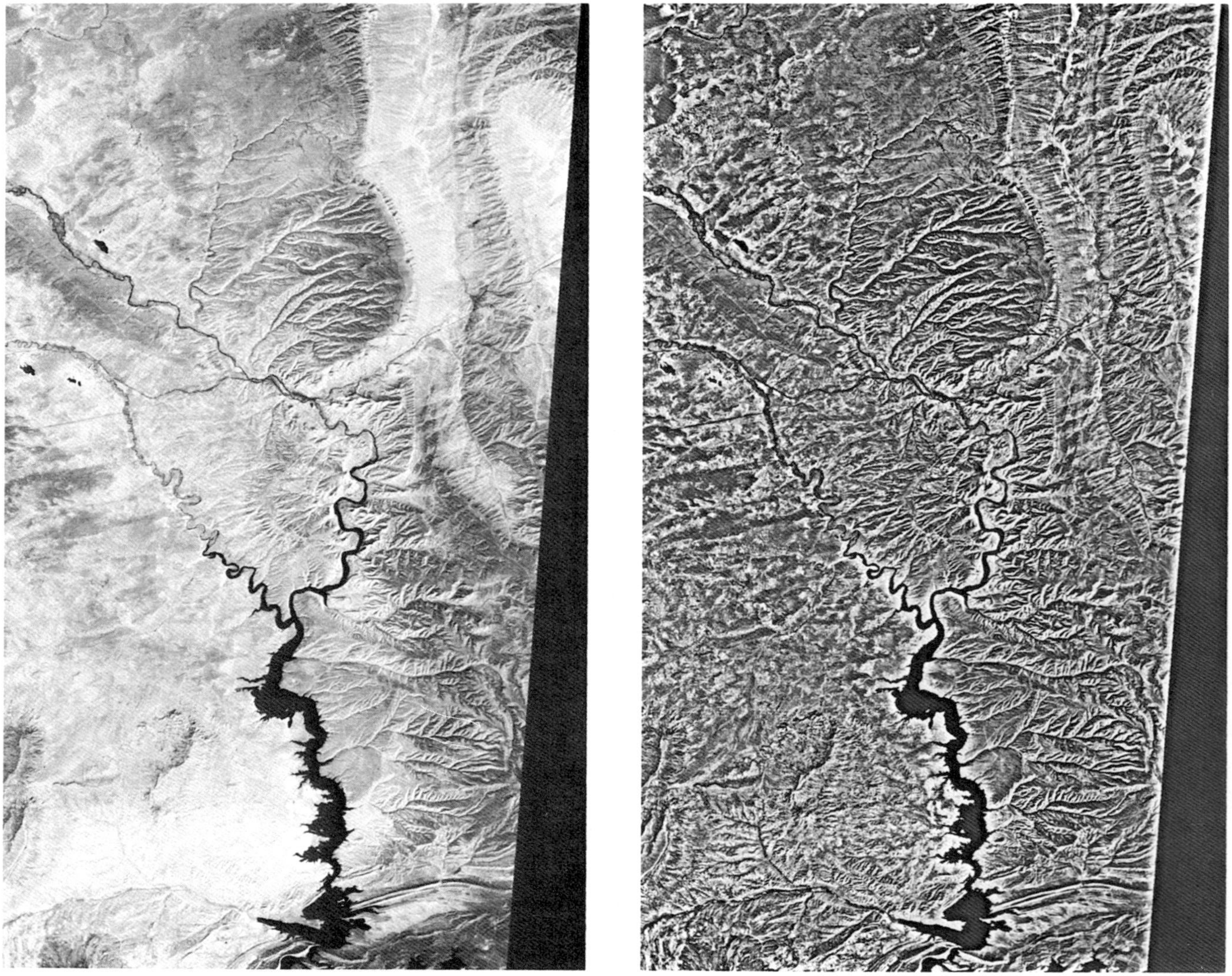

Abb. 167 Bildausschnitt einer Landsat-MSS-Aufnahme (Kanal 5) im Original und nach der digitalen Bildverarbeitung (edge enhancement). Die Bildverbesserung hat zu einer besseren Interpretierbarkeit der Aufnahme geführt (aus Prospekt Aero Service/Geoimages).

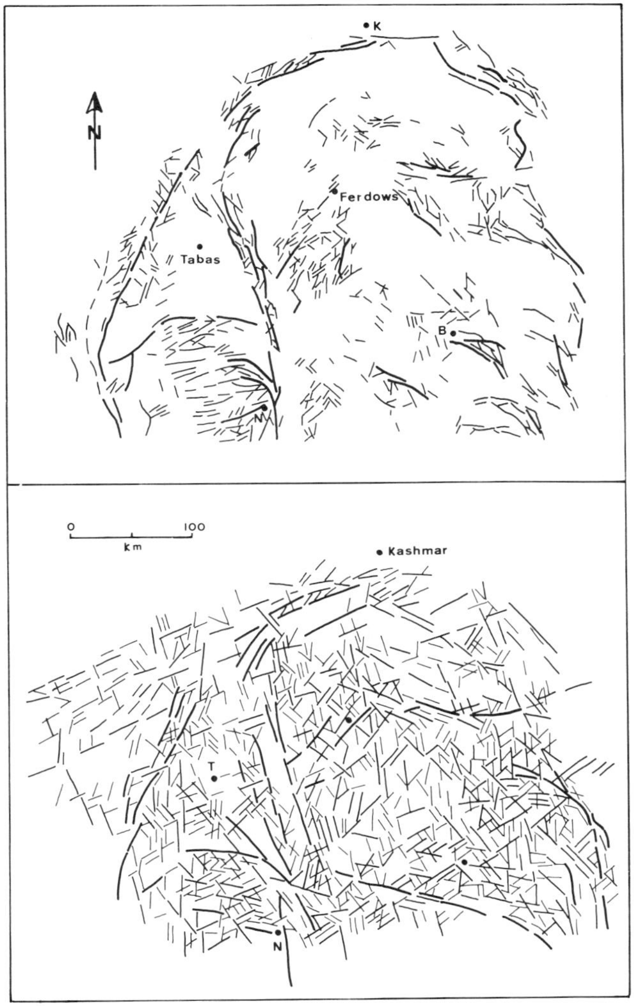

Abb. 168 In der Geologischen Karte des Iran (1:1 000 000) eingetragene Störungen und Störungszonen im Bereich des Tabas-Blockes und des nördlichen Lut-Blockes (NE-Iran) (oben) und die in Landsat-Aufnahmen desselben Bereiches im Maßstab 1:1 000 000 kartierbaren steilen Bruchstrukturen (Störungen, Störungszonen und Kluftzonen) (nach KRONBERG 1983).

Zahlreiche Beispiele für die Kartierung überregionaler Bruchstrukturen und überregionaler Bruchmuster der Kruste in Landsat-Aufnahmen der verschiedensten Länder und deren Rolle für regionale und lokale geologische Prozesse und Entwicklungen finden sich in den Publikationsbänden der 1. und 2. International Conference on Basement Tectonics (Salt Lake City 1974, Newark 1976).

In vielen Bereichen der Erde ermöglicht die synoptische Überdeckung sehr großer Geländebereiche ganzer Länder und Kontinente durch Landsat-Aufnahmen auch erstmals zusammenhängende Kartierungen regionaler Faltengebirgseinheiten. Die Abb. 174 zeigt einen Ausschnitt der südöstlichen Zagros-Faltenzone mit ausgeprägtem Sattel- und Muldenbau vorwiegend tertiärer Sedimentserien. Im Kern der Antiklinen sind lokal kretazische und jurassische Sedimentfolgen angeschnitten. Im mittleren östlichen Bildbereich setzen sich einige Salzstöcke (Kambrium) mit dunklem Grauton gegen den umgebenden Faltenbau ab (nach Geologischer Karte Iran 1:1 000 000). Die Abb. 174 und die folgenden Abbildungen zeigen einige Modellbeispiele für Variationen im Baustil von Faltengebirgseinheiten. Die teils beigefügten Strukturkarten sollen zeigen, welche Informationen tektonische Kartierungen von Landsat-Aufnahmen liefern können.

Abb. 175a (Kanal 6) zeigt Faltenstrukturen in einem Teilbereich der McDonnal Ranges in Zentral-Australien. Hier wurden Sedimente des Ordovizium, Devon und Karbon in variszischer Zeit verfaltet. Auffallend sind die breiten Mulden und die engen Sättel des Faltenbaues. Schichtstreichen, umlaufendes Streichen, Achsenabtauchen, Achsenkulminationen und Achsendepressionen lassen sich kartieren (Abb. 175b). Die im oberen Bildbereich im breiten Tal erkennbare Rundstruktur wird als Impaktstruktur gedeutet (Gosses Bluff astrobleme). Im Zentralteil der Ringstruktur läßt sich ein Ringwall aus aufgekippten Sandsteinen erkennen (nach SHORT et al. 1976).

Abb. 176a soll demonstrieren, welche großräumigen und welche lokalen geologischen Informationen Landsat-Aufnahmen gut aufgeschlossener Bereiche liefern können, wie regionale Einheiten im Landsat-Bild erkannt und abgegrenzt werden können, welche Stellung im bzw. Beziehungen zum regionalen Rahmen lokale geologische Verhältnisse haben können (Lithofazies, tektonische Strukturen). Die Abb. 176a zeigt einen Ausschnitt des südwestlichen Anti-Atlas (Marokko). In der linken unteren Bildhälfte, im Küstenbereich und am oberen Bildrand sind einige weitspannige, domartige Aufwölbungen mit flachem bis mittelsteilem Einfallen der beteiligten Schichtfolgen zu erkennen (hell-dunkel ge-

Abb. 169 Landsat-Mosaik für den Bereich der DFG-Geotraverse „Iraniden" und deren Umgebung (erstellt von GÜNTHER & ROSE, TU Clausthal). Links unten im Bild das Zagros-Gebirge, rechts in der Bildmitte der nördliche Teil des Lut-Blockes.

Abb. 170 Karte der im Landsat-Mosaik der Abb. 169 (im Maßstab 1:2 000 000) kartierten Störungen, Störungszonen und Störungssysteme (Bruchmuster) (nach KRONBERG 1983).

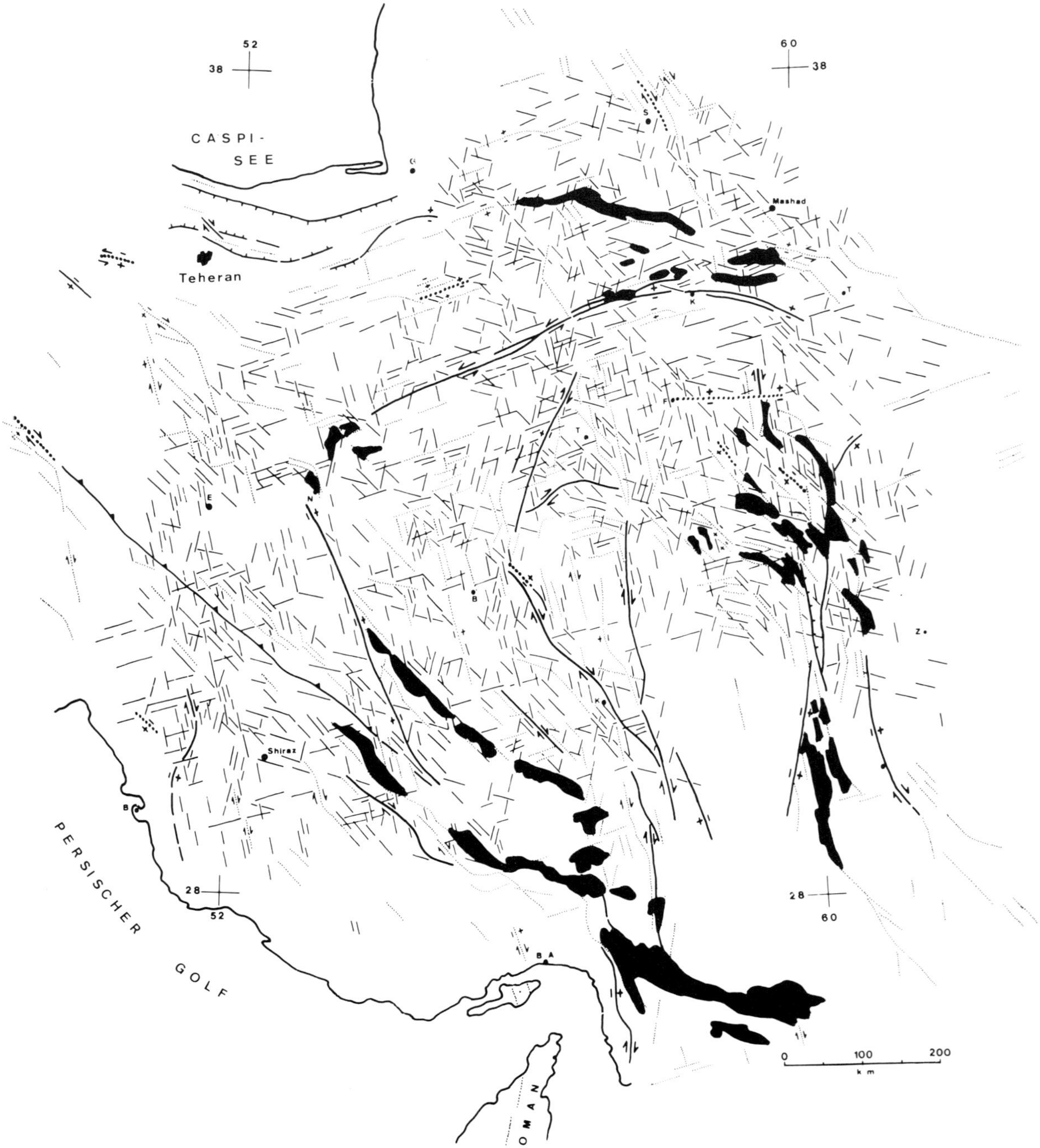

Abb. 171 Vermutete Beziehungen zwischen dem im Landsat-Mosaik kartierten Bruchmuster (in dünnen geraden Linien) und aus Geländebeobachtungen bekannten Störungen alpidischen Alters (dünne Punktlinien), im Quartär seismisch aktiven Störungszonen (dicke Striche) und rezenten, seismisch aktiven Störungen (dick gepunktete Linien). Die Verbreitung größerer Ophiolit-Komplexe ist mit schwarzen Flecken wiedergegeben (nach KRONBERG 1983).

Abb. 172 Mögliche Beziehungen zwischen den überregionalen Trends des im Landsat-Mosaik erfaßten Bruchmusters der Kruste und der Ausrichtung regionaler und lokaler Faltenzüge bzw. Faltenachsen. Von Bedeutung sind Richtungsänderungen von Faltenachsen in bestimmten Zonen. Schwarze Flecken geben die Lage von Salzstrukturen an (nach KRONBERG 1983).

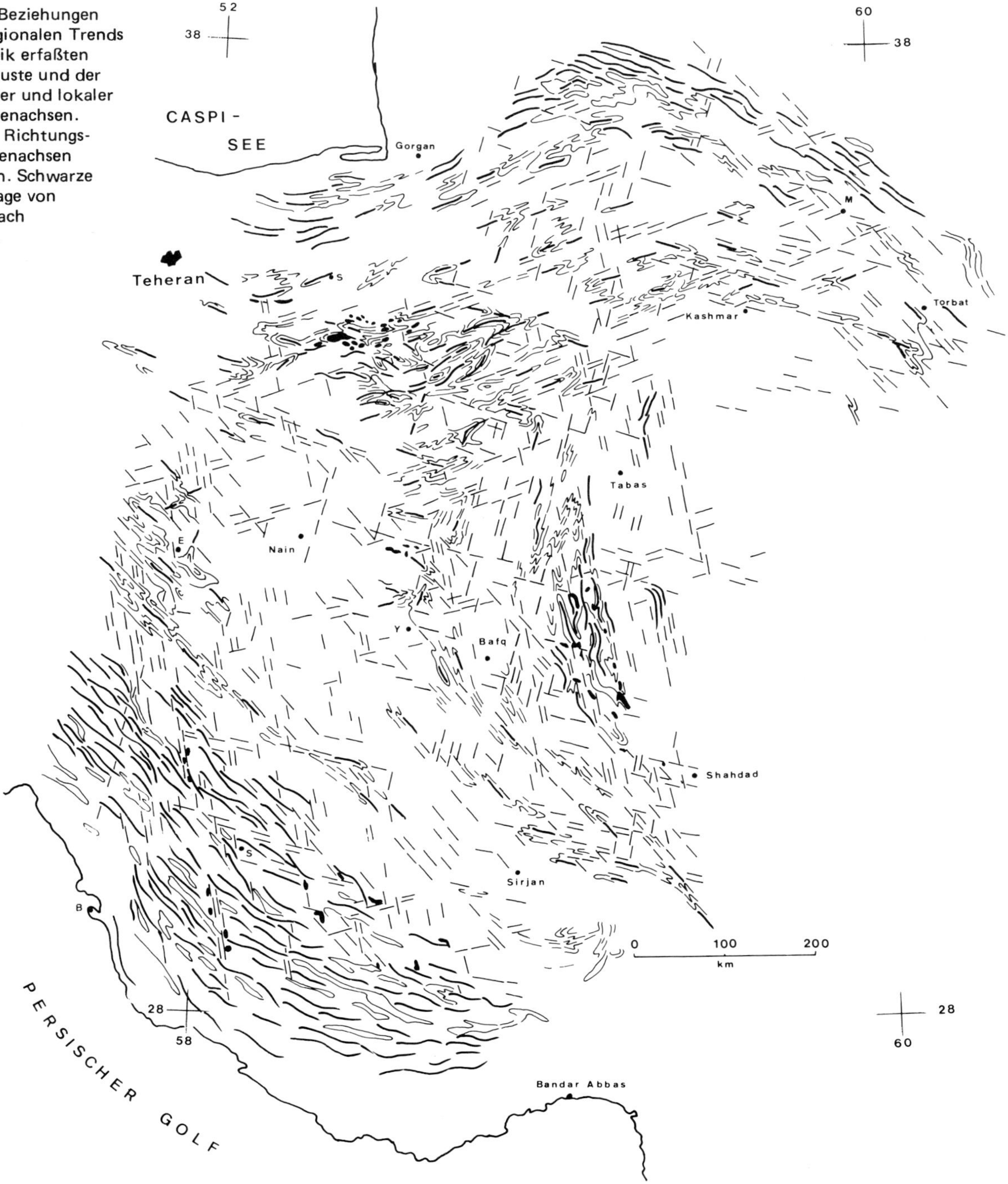

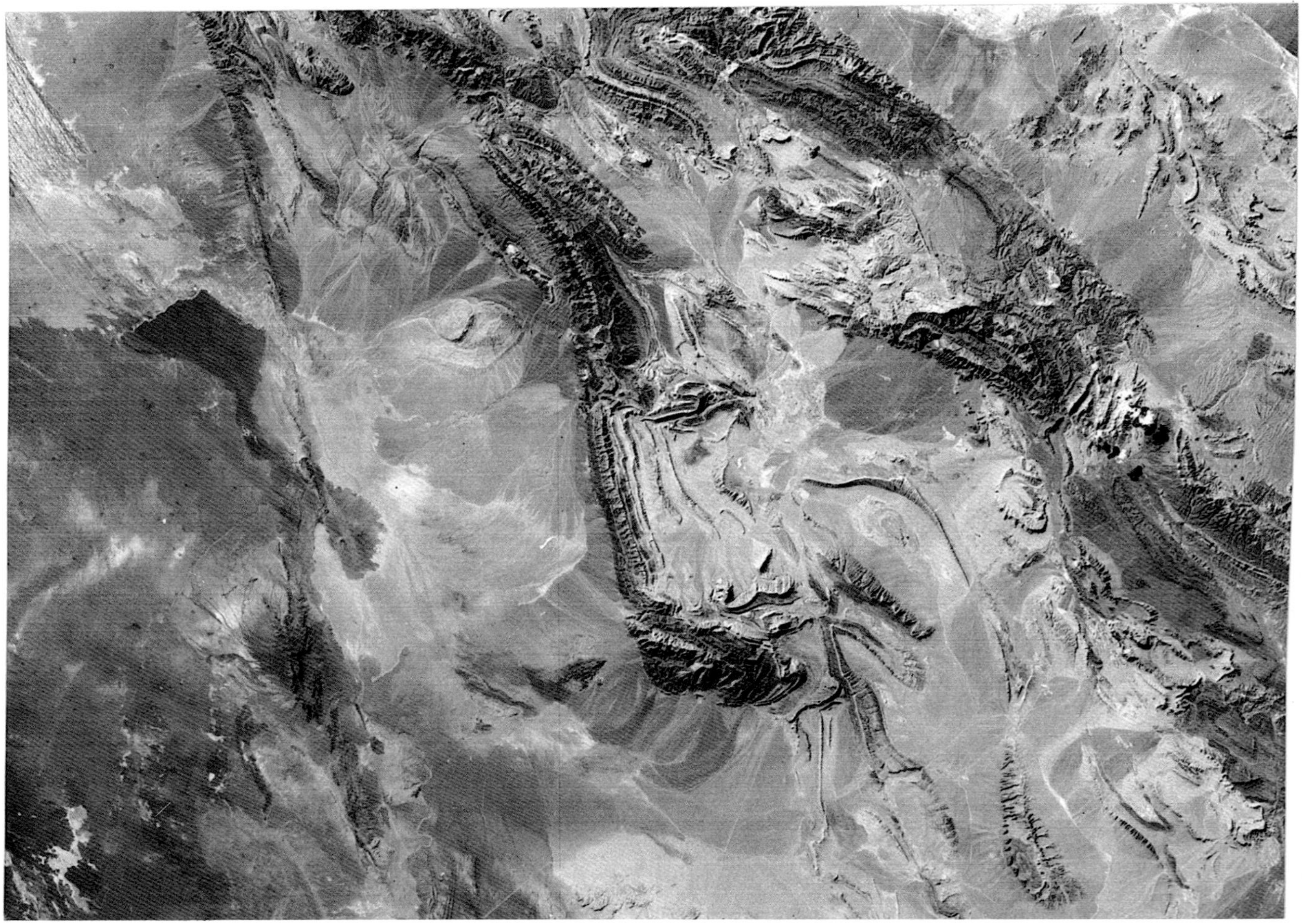

Abb. 173 Anomale (winklig zum generellen Trend der Faltenachsen orientierte) Strukturzonen im Faltenbau nördlich von Kerman (Iran). Bildmaßstab: ca. 1:1 000 000 (NASA, E-1093-06164).

gestreifte Schichtfolgen). Im Kern der Aufwölbungen treten nicht weiter differenzierbare kristalline Gesteine auf (Präkambrium). Um die alten Kerne legen sich Schicht für Schicht jüngere, vermutlich metamorphe Serien (präkambrisch?), die sich nach Grauton und Reliefverhalten gut gegeneinander abgrenzen und in Leithorizonten verfolgen lassen (Wellenraster in Abb. 176a). Einen ganz anderen Baustil weist die paläozoische Sedimentdecke auf: im mittleren Bildbereich noch relativ weit, nach Südosten zunehmend enger gefaltete Sättel und Mulden, deren Achsenabtauchen das Zickzack-Muster der Schichtkämme der dunkler getönten Sandsteinfolgen bedingen. Zwischenlagernde tonige Schichtfolgen sind durch Erosion weitgehend ausgeräumt. Weiter im S treten unmittelbar vor einem durchgehenden Schichtkamm aus mittelsteil SE-fallenden Sedimenten en echelon-Falten auf. Der in östlicher Richtung strei-

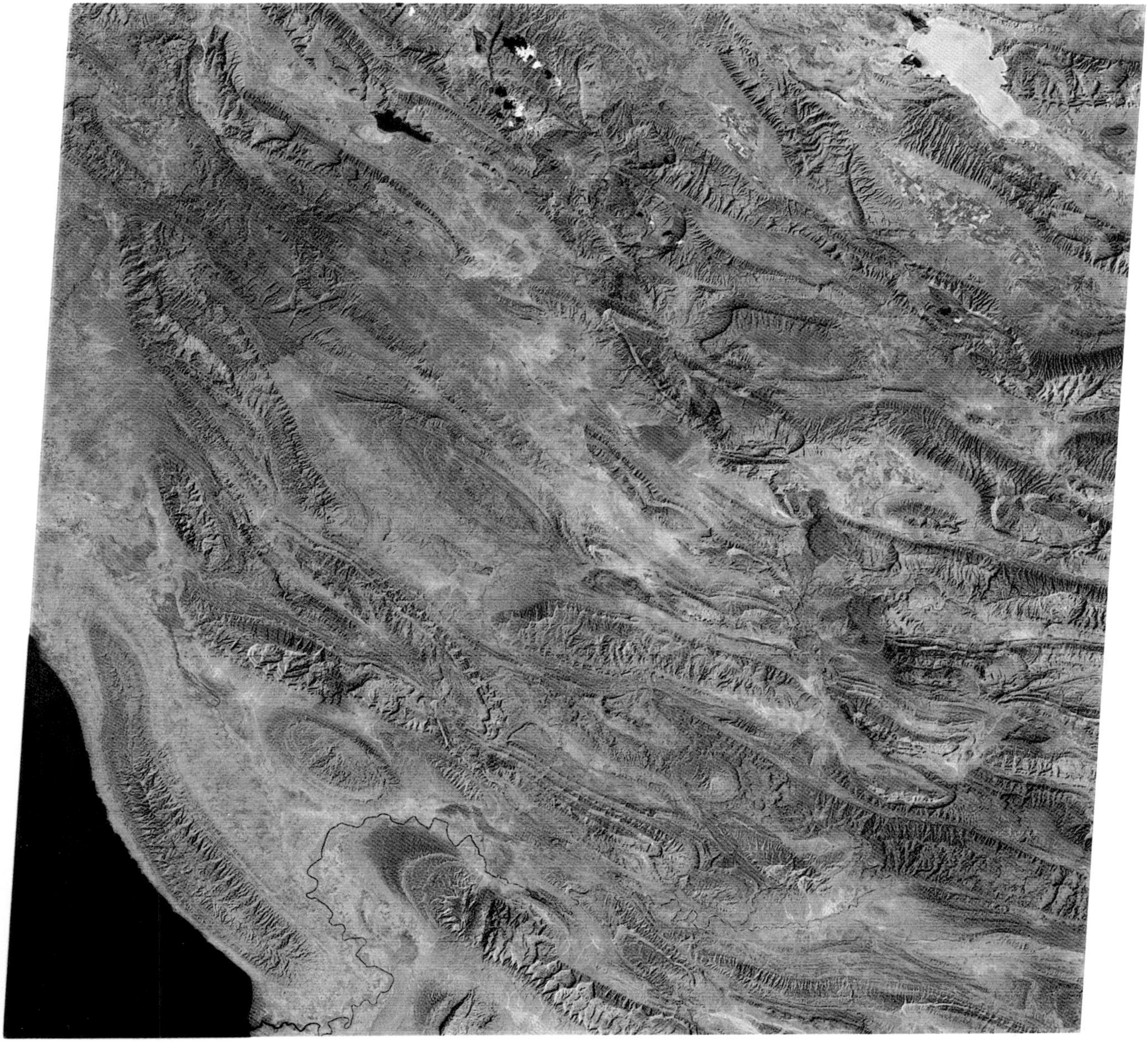

Abb. 174 Sattel- und Muldenbau in einem Teilbereich der südöstlichen Zagros-Faltenzone (Iran). Bildmaßstab: ca. 1:1 000 000 (NASA, E-1438-06330).

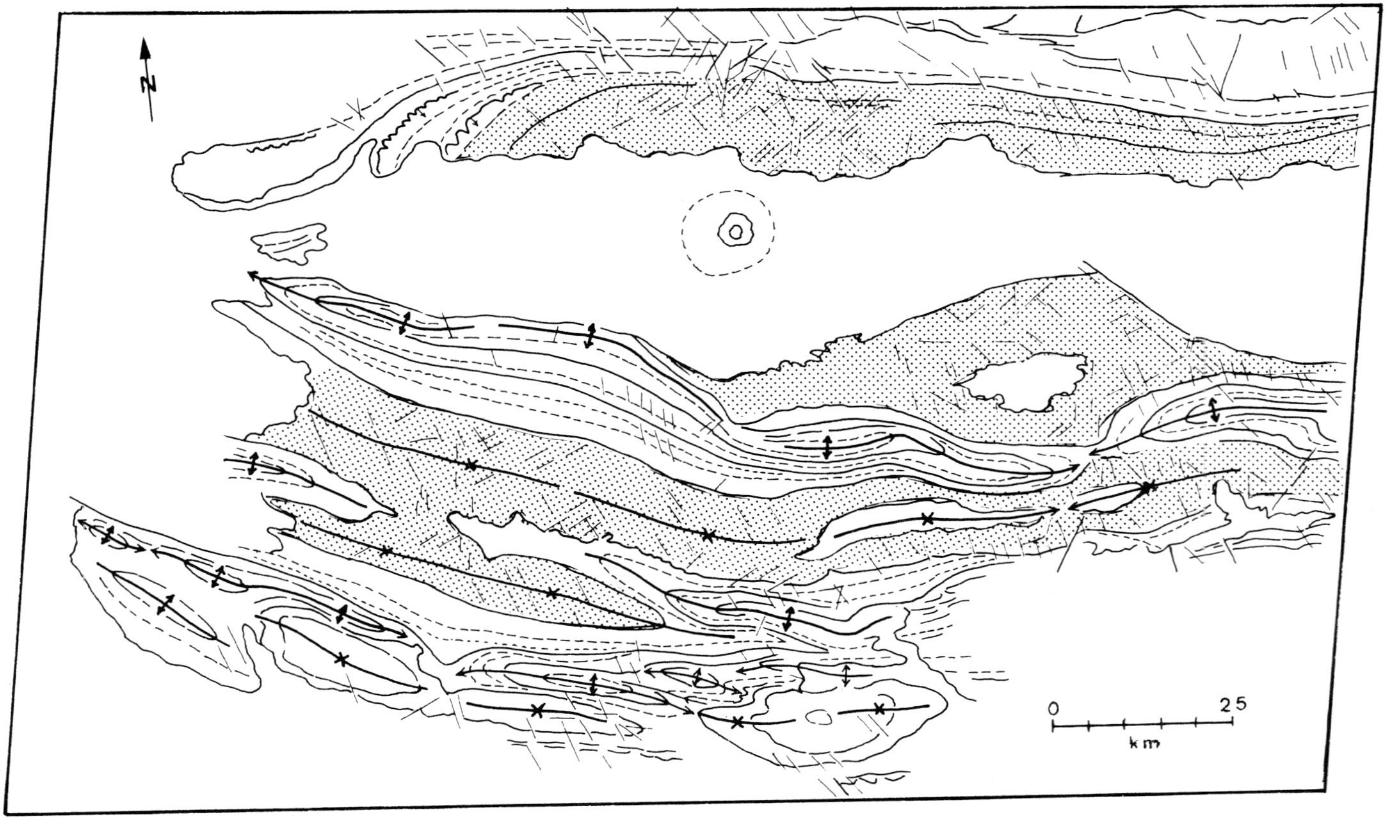

Abb. 175b Strukturkarte für den Bereich der Abb. 175a.

chende Schichtkamm am unteren Bildrand markiert den Nordrand des südlich anschließenden Tindouf-Beckens.

Unterschiedliche regionalgeologische Einheiten lassen sich auch in der nächsten Abbildung erkennen, die einen Geländebereich mit relativ dichtem Bewuchs, tiefer reichender Verwitterung und intensiver Landnutzung zeigt. Die von der Erosion herauspräparierten Sandstein-Kämme zeichnen den intensiven Faltenbau des Appalachen-Gebirges mit großen, im Streichen länger aushaltenden Groß-Sattel- und Muldenstrukturen und kompliziertem Spezialfaltenbau in lokalen Bereichen nach, hier im Staat Pennsylvania (Abb. 177a). Die zwischen den Schichtkämmen gelegenen engen oder breiteren Talbereiche kennzeichnen die Ausstrichzonen toniger Schichtfolgen, teils auch von Kalksteinen, die den Verwitterungsprozessen weniger Widerstand boten. Unterschiedliche Ausstrichbreiten der Leithorizonte lassen Unterschiede im Einfallen der generell NW-vergenten Faltenstrukturen erkennen. Zahlreiche Störungen durchsetzen den Groß- und Kleinfaltenbau (Abb. 177b). Lokal lassen sich im generellen Achsenstreichen verlaufende Aufschiebungen erkennen. Knapp unterhalb der Bildmitte scheint sich durch lineare Taleinschnitte und Aufreihung von Grautonanomalien eine lineamentäre Struktur des tieferen Untergrundes abzuzeichnen. Im Blue Ridge Antiklinorium (der dunkler getönte Gebirgszug im südöstlichen Bildbereich) ist in der Projektion der linearen Struktur eine offenbar linkslaterale Störung zu beobachten, die die präkambrischen Einheiten (Kristallin, Metamorphite)

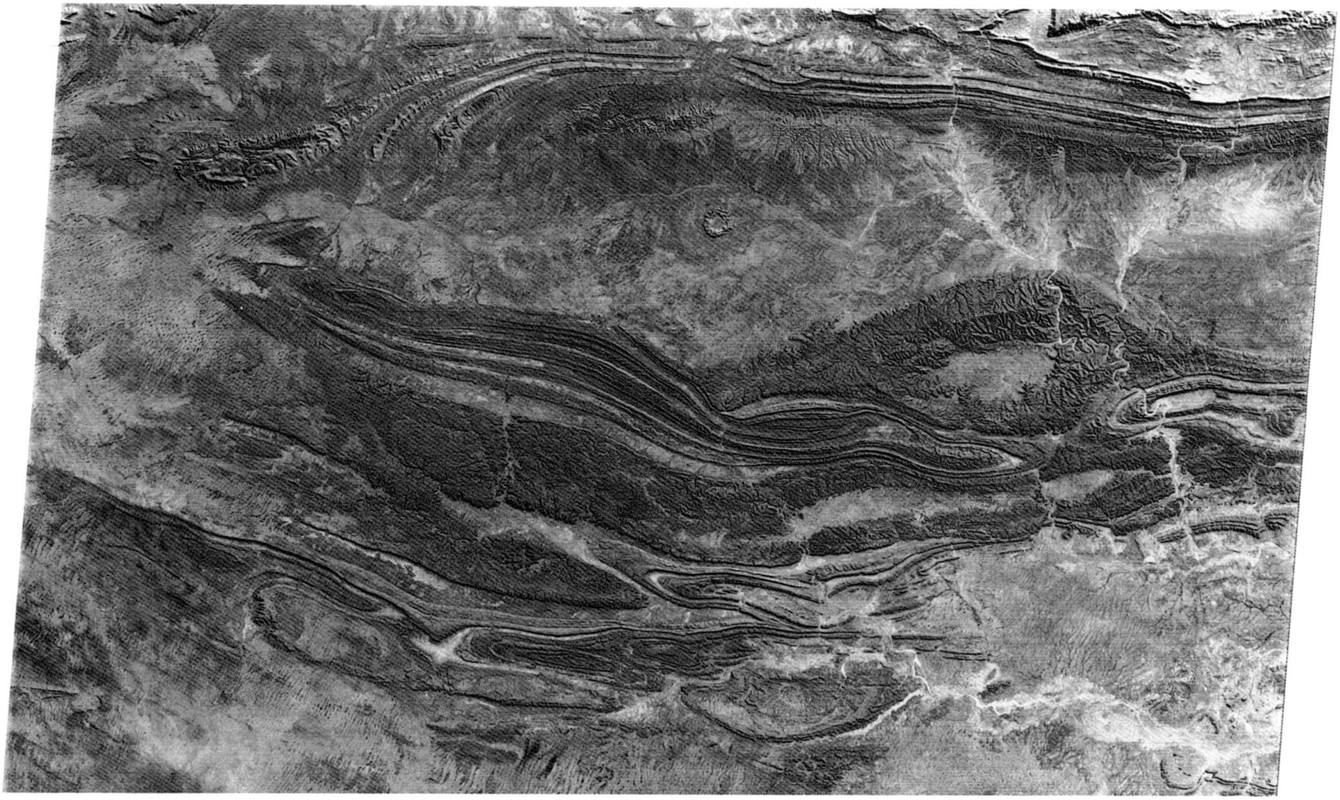

Abb. 175a Faltenstrukturen in einem Teilbereich der McDonnal Ranges (Zentral-Australien). Die im oberen mittleren Bild erkennbare Rundstruktur wird als Impaktstruktur gedeutet. Bildmaßstab: ca. 1:1 000 000 (NASA, E-1373-00364).

mit erkennbarem Versatz durchsetzt. Im Appalachen-Gebirge selbst sind keine größeren, der vermuteten Strukturzone zuordenbaren Störungen zu erkennen. Es treten jedoch Besonderheiten im Faltenbau auf (Achsendepressionen). Das Hochland im linken Bildbereich wird aus schwach gefalteten Sedimentserien des Allegheny Plateaus aufgebaut, das mit einer Steilstufe an die östlich anschließende „Valley and Ridge Province" genannte Landschaft grenzt. In den flacheren Geländebereichen im südöstlichen Bildbereich zeichnen sich durch das Kleinmuster der landwirtschaftlich genutzten Flächen Faltenstrukturen und einige größere Störungen ab.

Einen anderen Baustil als die Appalachen weisen die Ouchita Mountains in Oklahoma auf. Im Bildausschnitt der Abb. 178 herrschen im mittleren und östlichen Bereich weitspannige Muldenstrukturen vor. Dabei markiert auch hier der Verlauf der Sandstein-Kämme Teilstrukturen und Gesamtbau. Bei näherer Betrachtung erkennt man, daß einige der Muldenstrukturen und Faltungseinheiten durch im Generalstreichen verlaufende Störungen abgeschnitten werden (Aufschiebungen, Überschiebungen). Solche Störungen verlaufen z.B. unterhalb der Schichtstufen einiger Sandstein-Schichtkämme. Nach Norden hin stellt sich ruhigerer Faltenbau ein. Streichende Störungen fehlen hier. Der durch die tief stehende Sonne bedingte Schattenwurf akzentuiert Strukturen und Ausstrichzonen unterschiedlicher Gesteinseinheiten (Aufnahme Ende November). Nach Süden hin tauchen die paläozoischen Faltengebirgseinheiten unter

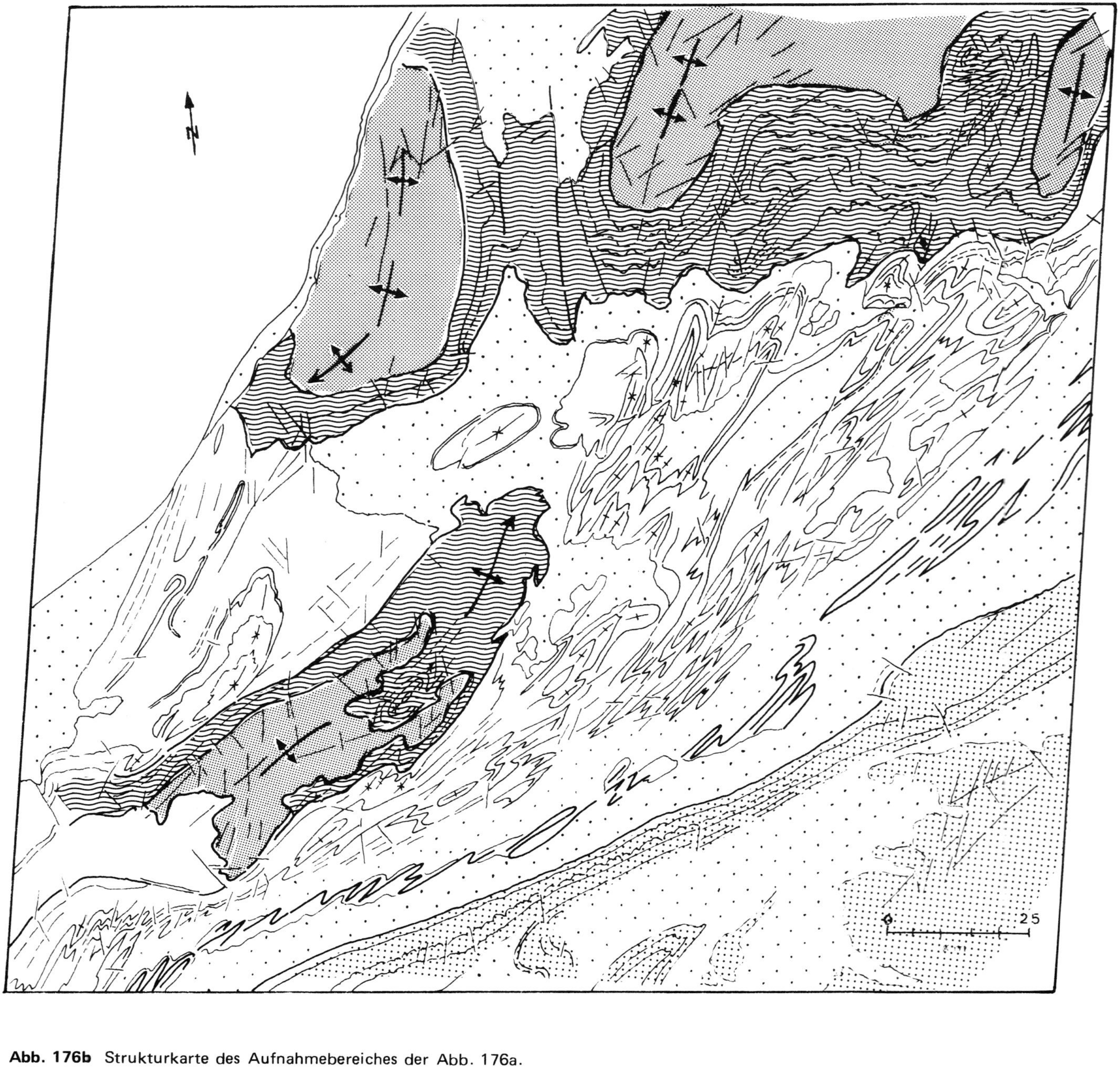

Abb. 176b Strukturkarte des Aufnahmebereiches der Abb. 176a.

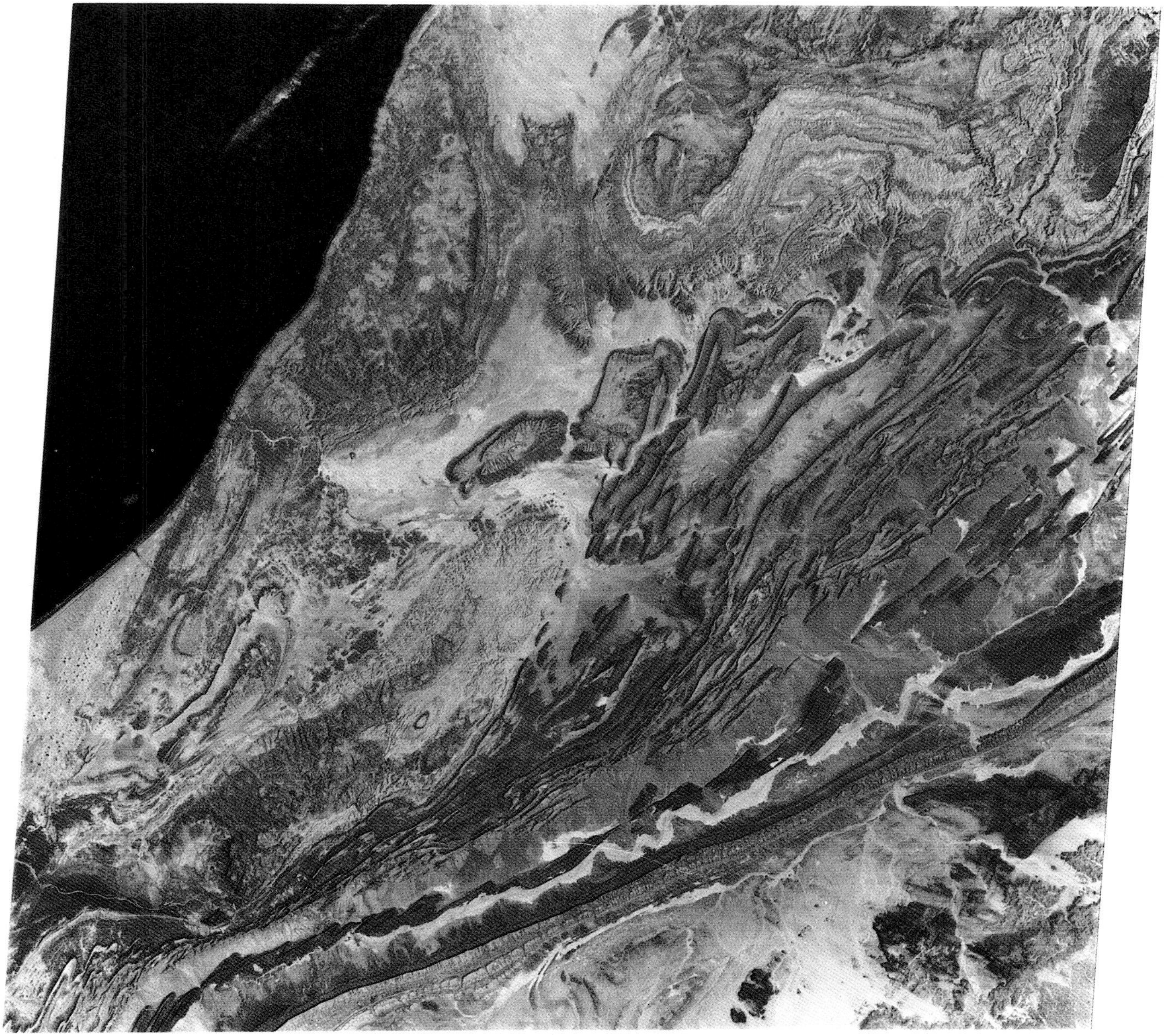

Abb. 176a Weitspannige Aufwölbungen und enger, komplizierter Faltenbau im südwestlichen Anti-Atlas (Marokko). Bildmaßstab: ca. 1:1 000 000 (NASA, E-1247-10420).

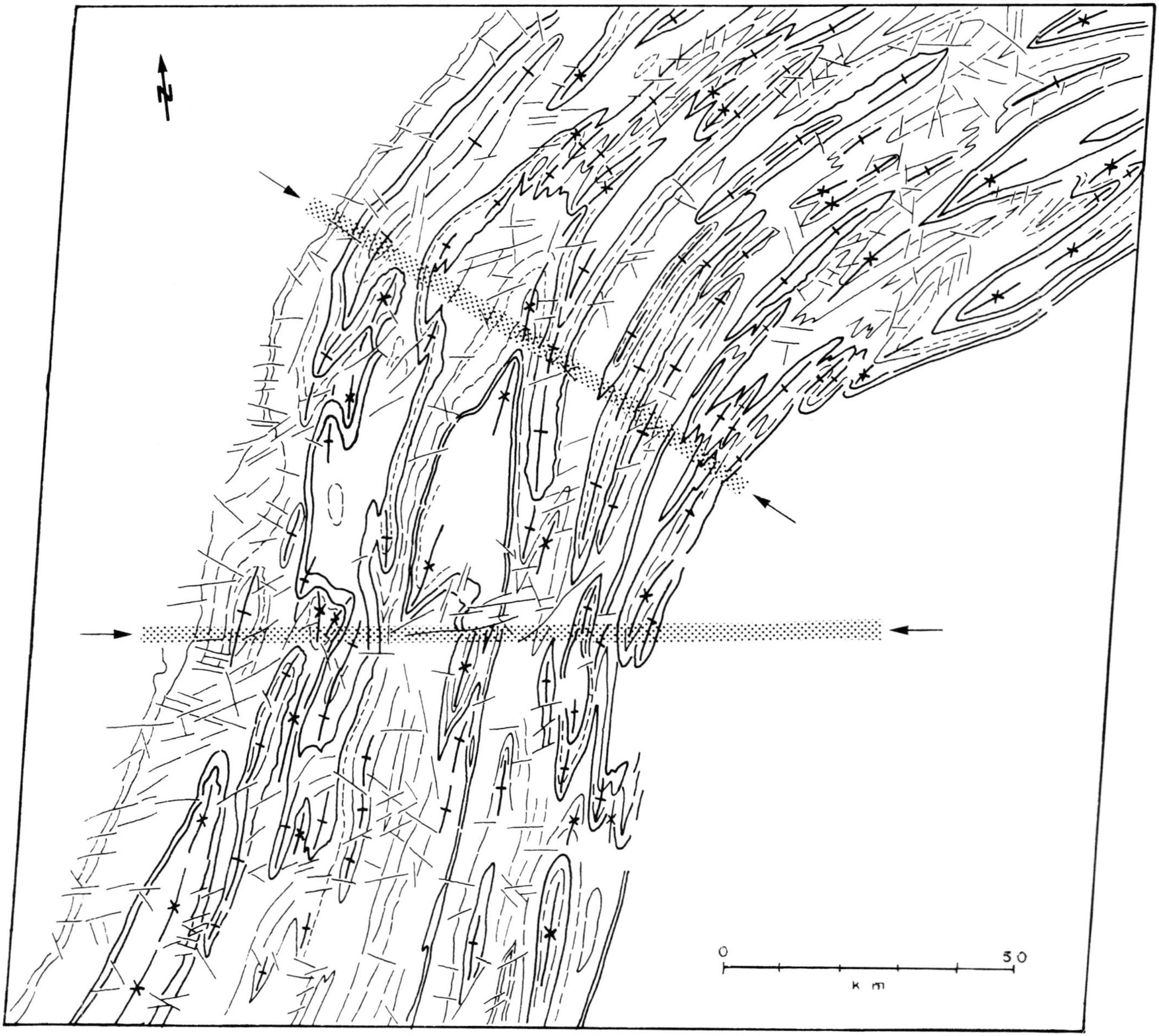

Abb. 177b Strukturkarte des in Abb. 177a erfaßten Bereiches. Zwischen den Pfeilen Anzeichen einer lineamentären Zone.

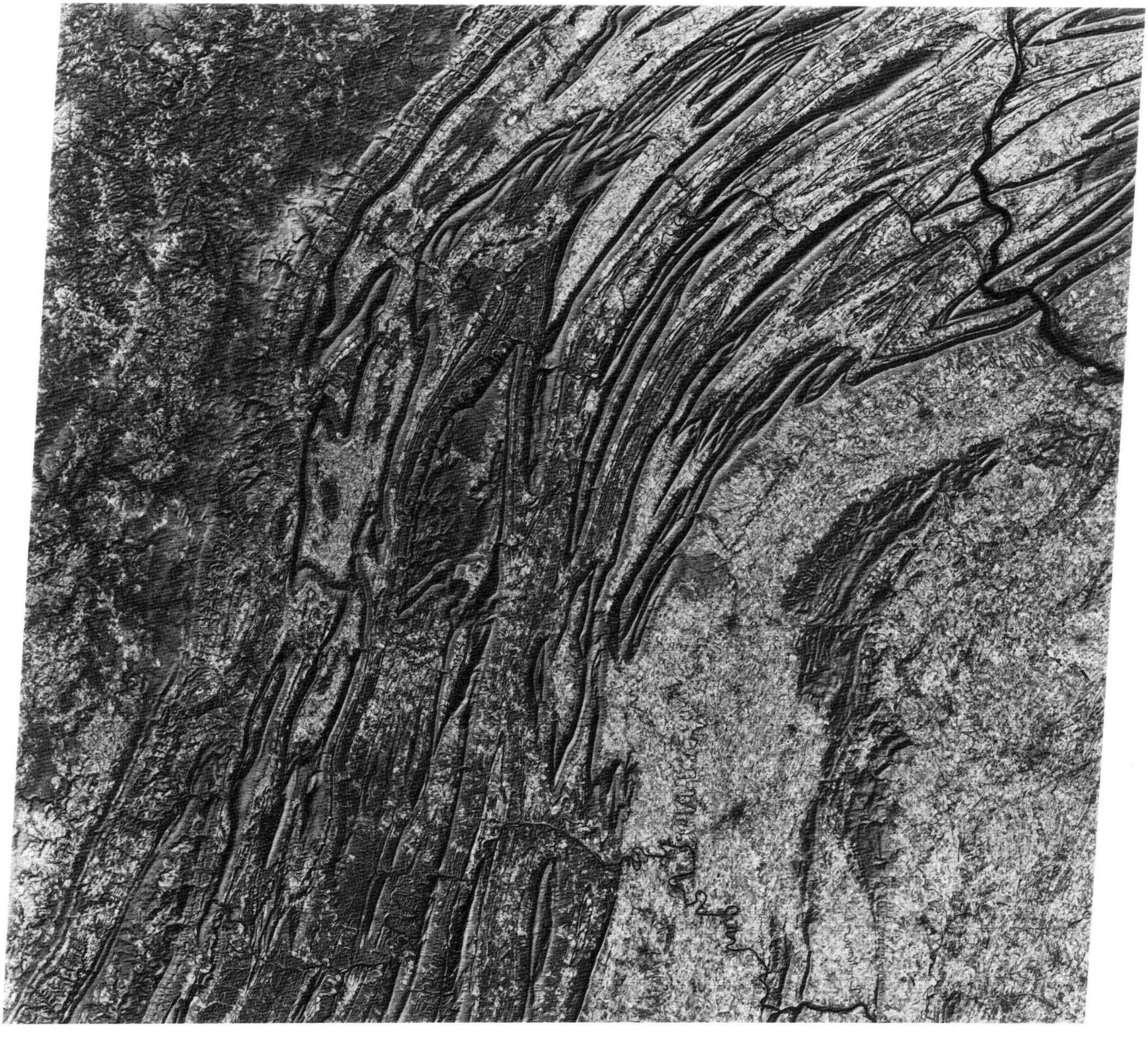

Abb. 177a Sättel und Mulden, Achsenkulminationen und -depressionen, Störungen und eine lineamentäre Zone in einer Landsat-Aufnahme der mittleren Appalachen (Valley and Ridge Province, Pennsylvania). Bildmaßstab: ca. 1:1 000 000 (NASA, E-1495-15222).

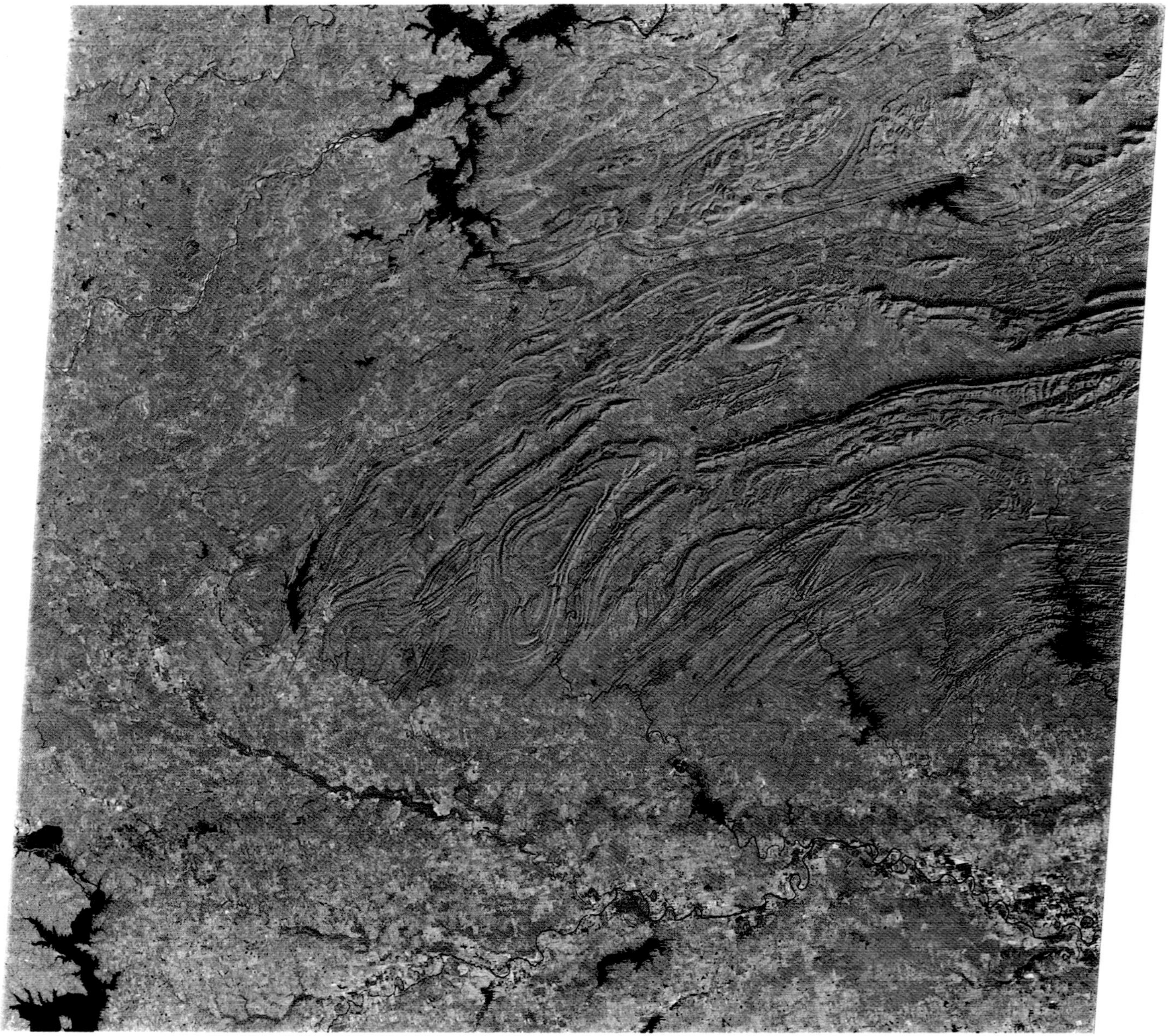

Abb. 178 Der strukturelle Bau der Ouchita Mountains (Oklahoma) in einer Landsat-Aufnahme. Nach Süden taucht die paläozoische Faltengebirgseinheit unter diskordant auflagernde kretazische Sedimente ab. Bildmaßstab: ca. 1:1 000 000 (NASA, E-1128-16300).

diskordant auflagernde kretazische Sedimente. Der Grenzbereich zwischen beiden Einheiten macht sich durch Unterschiede im Relief und durch Grautonunterschiede bemerkbar, die ihrerseits auf Unterschiede im Bewuchs bzw. in der Landnutzung zurückgehen. Die Faltengebirgsbereiche im Norden sind dicht bewaldet. Der von den flach auflagernden Sedimenten aufgebaute Bereich ist intensiv landwirtschaftlich genutzt. Er zeigt entsprechende Grauton-Kleinmuster. Der über den unteren Bildbereich verlaufende, dunkler getönte Streifen zeichnet eine waldbestandene Schichtstufe nach.

Die Winteraufnahme der Abb. 179a (Kanal 7, 6. Februar 1973) zeigt einen Ausschnitt des alpidischen Gebirgszuges im Grenzbereich Ostalpen, Südalpen, Dinariden, Abb. 179b eine Skizze der generellen tektonischen Situation des Bildbereiches (nach der Tektonischen Karte Europa 1:1 500 000). Die oberhalb der Bildmitte in genereller WNW/ESE-Richtung verlaufenden kurvilinearen großen Störungszonen liegen in der östlichen Fortsetzung der Puster- und Gailtal-Linie. Sie sind wie diese Teilzonen der sogenannten „alpino-dinarischen Linie“ (GWINNER 1971). Die nördlich dieser Störungszonen gelegenen Gebirgsbereiche der Gurktaler Alpen, der südlichen Saualpe, der Koralpe und des Bacher-Gebirges gehören zum Ostalpin. Sie werden aus paläozoischen Einheiten (Grauwackenzone) und Altkristallin (kristalliner Sockel) aufgebaut. Der Komplex der ostalpinen Einheiten ist tektonisch zerschert, unterschiedlich weit transportiert, aber noch relativ autochthon (nach GWINNER 1971). Die flacheren, sehr fein zertalten Geländebereiche im rechten oberen Bildbereich (nördlich, östlich und südlich von Maribor [M.]) gehören bereits zum Grazer Tertiärbecken. Das Klagenfurter Becken und die ebenfalls mit Tertiär aufgefüllte Störungszone des Lavant-Tales liegen unter einer Nebeldecke.

Südlich des Klagenfurter Beckens ist der E/W-streichende Gebirgszug der Karawanken zu erkennen. Hier charakterisieren Südvergenz, Aufschiebungen und Überschiebungen den strukturellen Bau der teils paläozoischen, vorwiegend jedoch mesozoischen Schichtfolgen. Zum Südalpin gehören die Schichtfolgen westlich und östlich von Lubljana (L.). Der Geländebereich der unteren Bildhälfte gehört bereits zu den Außenzonen der Dinariden, deren NW/SE-Trend deutlich zu erkennen ist. SW-Vergenz, Aufschiebungen und Überschiebungen kennzeichnen den Baustil der hier auftretenden jurassischen, kretazischen und tertiären Schichtfolgen (s. auch Geologische Karte Europa 1:1,5 Mill.).

Die Kartierung lithofazieller Einheiten in der Landsat-Szene der Abb. 179a ist ohne Geländekenntnis bzw. ergänzende Geländebegehungen nicht einfach, obgleich die flach einfallende Wintersonne Reliefunterschiede und Grenzen mancher petrographischer Einheiten akzentuiert. Wegen der Licht-/Schatten-Effekte und der Schneebedeckung fehlen differenzierte Grautonabstufungen, die in Frühjahrs- und Sommeraufnahmen dieses Gebietes sicher manchen Hinweis für die Unterscheidung und Abgrenzung unterschiedlicher Gesteinseinheiten geben könnten. Immerhin macht der Vergleich mit der Geologischen Karte des Gebietes (Abb. 180) einige größere lithofazielle (bzw. lithostratigraphische) Einheiten deutlich. Auch zeigt der Vergleich, daß die Angaben dieser Karte nicht überall korrekt sind. Die Auswertung multitemporaler Multispektraldaten des Gebietes würde in einigen Teilbereichen ergänzende Daten für eine zuverlässigere Grenzziehung, für eine bessere Darstellung der Geländeverhältnisse als in der Geologischen Karte 1:1,5 Mill. liefern.

Für strukturgeologische Kartierungen eignet sich die Winteraufnahme dagegen sehr, weil das flach einfallende Sonnenlicht morphologische Groß- und Kleinformen, vor allem auch das Entwässerungsnetz und die Zertalung betont darstellt. Vergleicht man die tektonischen Daten der Geologischen Karte 1:1,5 Mill. (Abb. 180) mit den Ergebnissen einer tektonischen Kartierung der Landsat-Szene (Abb. 179b), so werden regionale Störungs- und Bruchsysteme deutlich, die in der Geologischen Karte und in anderen bisher publizierten Karten der Region nicht zum Ausdruck kommen, z.B. die im gesamten Aufnahmebereich auftretenden und alle regionalen Einheiten durchsetzenden, um 100° streichenden Bruchstrukturen. Alter und Ursache der Entstehung dieses Systems sind bisher unbekannt. Darüber hinaus liefert die Landsat-Aufnahme auch neue Daten und Einblicke in die Störungs- und Bruchtektonik lokaler Bereiche, in Beziehungen zwischen lokaler Tektonik und regionalen Strukturmustern. Dies soll ein Hinweis darauf sein, daß sich auch in geologisch intensiv bearbeiteten und in der Literatur oft behandelten Regionen aus der Auswertung von Landsat-Aufnahmen neue tektonische Informationen gewinnen lassen, Strukturdaten großer Räume, die unter Aspekten der Intraplattentektonik, aber auch für die Lagerstättensuche von Bedeutung sein können.

Gerade bei Forschungsprojekten mit plattentektonischen Fragestellungen hat sich die geologische Auswertung von Landsat-Aufnahmen und Landsat-Mosaiks als sehr nützlich

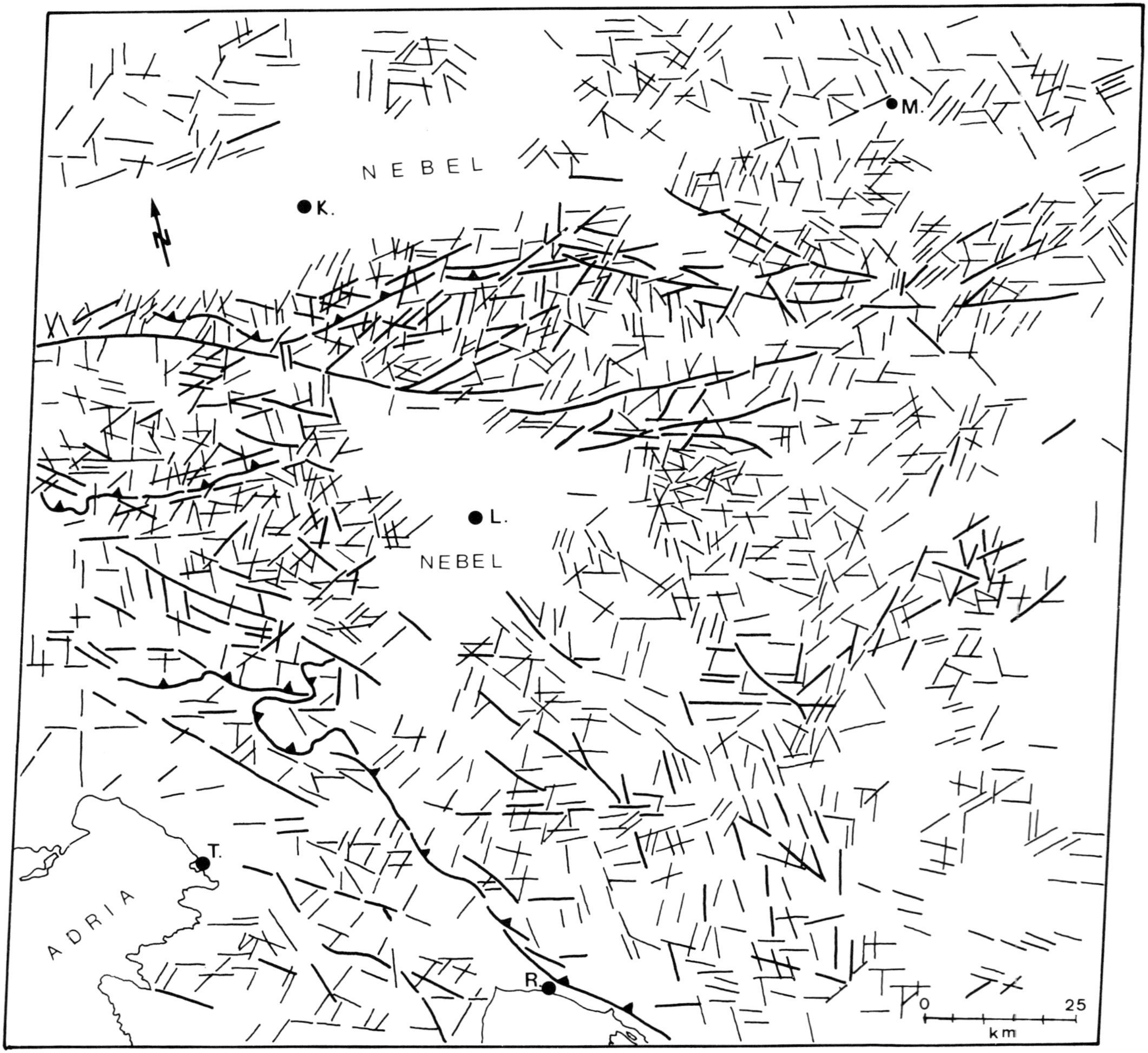

Abb. 179b In der Landsat-Aufnahme der Abb. 179a kartierte größere Störungszonen (dicke Linien) und andere Bruchstrukturen (steile Störungen, Störungssysteme, Kluftzonen).

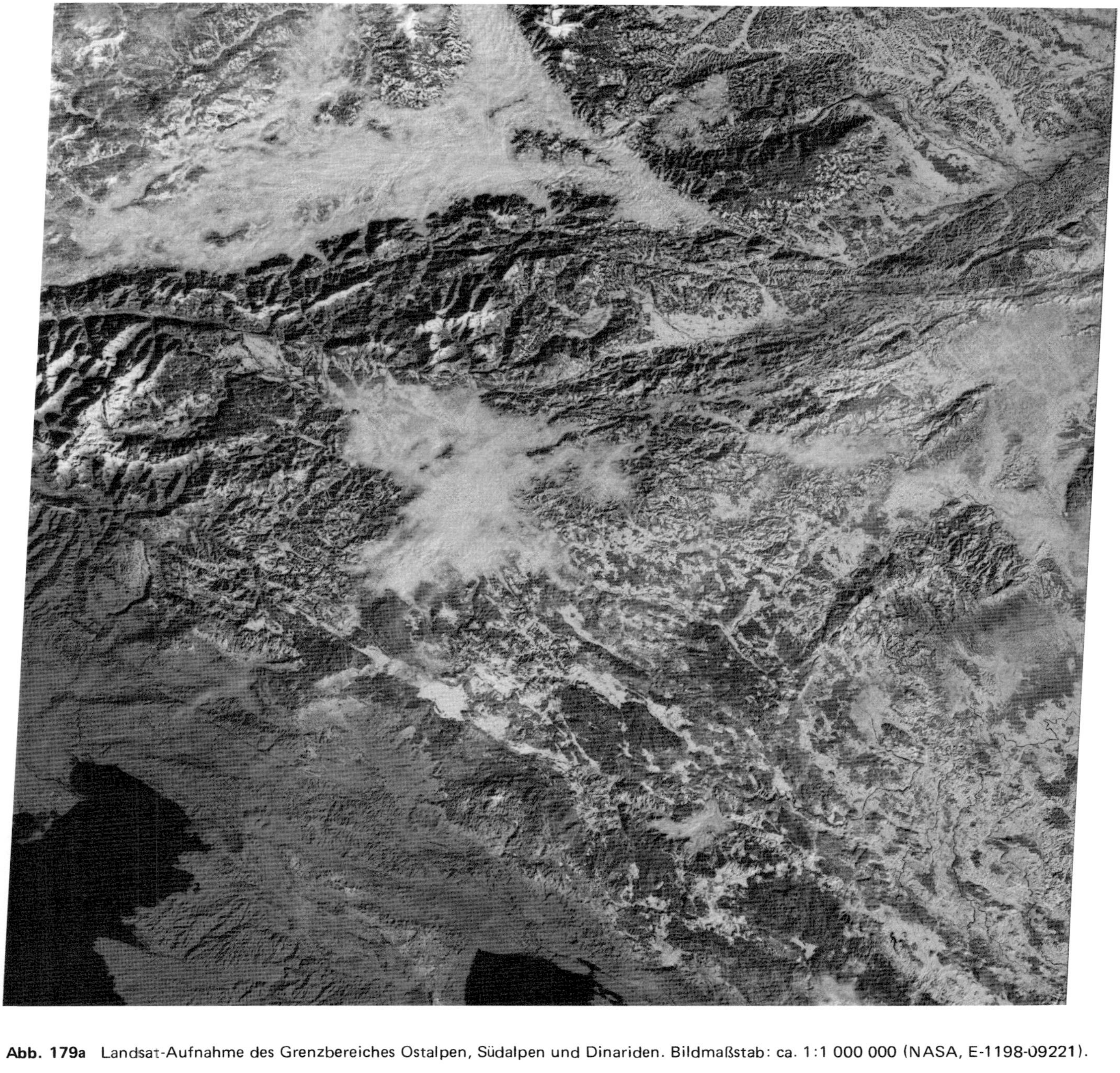

Abb. 179a Landsat-Aufnahme des Grenzbereiches Ostalpen, Südalpen und Dinariden. Bildmaßstab: ca. 1:1 000 000 (NASA, E-1198-09221).

Abb. 180 Der strukturelle Bau des Bereiches der Abb. 179a nach der Geologischen Karte von Europa 1:1 500 000 (BGR und UNESCO, Hannover 1972).

erwiesen, weil es hier in der Regel um großräumige Bestandsaufnahmen und vergleichende Interpretationen des räumlichen Auftretens bestimmter lithofazieller Einheiten und tektonischer Strukturen geht, um die Korrelation regionaler bis überregionaler und lokaler geologischer Phänomene.

Die Afar-Depression (vorwiegend in Äthiopien gelegen, Abb. 181) ist aus plattentektonischer Sicht eines der interessantesten Gebiete der Erde. Hier treffen die Riftstrukturen des Roten Meeres, des Golfs von Aden und der Ostafrikanischen Grabenzone in Form einer sogenannten „triple junction" aufeinander. Während die Prozesse des Crustal und Seafloor Spreading entlang des Roten Meeres und des Golfs von Aden zum Zerreißen der kontinentalen Kruste und zum Auseinanderdriften der Arabischen und der Afrikanischen Platte geführt haben und zur Bildung ozeanischer Kruste in der Zentralzone dieser Riftsysteme, ist die Entwicklung im Bereich der Afar lediglich durch Krustendehnung und Krustenausdünnung gekennzeichnet. Als deren Ergebnis ist die Kruste in zahlreiche Schollen und Leisten zerbrochen, die an einer Vielzahl von Störungen gegeneinander bewegt und verstellt wurden. Abschiebungen, Staffelbrüche sowie Horst- und Grabenstrukturen der verschiedensten Dimensionen kennzeichnen die Tektonik der Afar. Im Zusammenhang mit der Krustendehnung drangen im Tertiär und vor allem im Quartär über tiefreichende Störungen große Mengen basaltischer Magmen auf, die in mehrere tausend Meter mächtigen Lavadecken zusammen mit eingeschalteten Tuffen und Ignimbriten weite Bereiche der Afar aufbauen. Da die Prozesse der Krustendehnung auch nach dem Absatz der Lavadecken anhielten und bis heute wirksam sind, wurden die Basaltdecken an Bruchsystemen verschiedener Richtungen mosaikartig in eine Unzahl von Teilschollen zerlegt. Die mächtigen Basaltdecken der Afar sind durchsetzt von kleineren und großen Förderzentren rhyolitischer Magmen (Lavadome und -Flows, Ignimbrite, Tuffe). In der sogenannten vulkanischen Zentralzone der Danakil-Senke (nördliche Afar) liegen einige größere Komplexe im Quartär subaquatisch ausgeflossener Basalt-Flows an der Oberfläche, die ihrerseits an mehreren Stellen von jüngeren Basalten und intermediären Laven (Trachyten) durchsetzt sind bzw. überlagert werden (nach BARBERI et al.).

Die Afar bietet modellartig eine Reihe geologischer und geophysikalischer Phänomene, die aus plattentektonischen Prozessen resultieren bzw. an diese gebunden sind. Unser heutiges Wissen um die Geologie der Afar resultiert im wesentlichen aus den Ergebnissen geologischer, petrographischer, vulkanologischer und geophysikalischer Forschungen im Rahmen des Upper Mantle-Projektes (Ende der 60er, Anfang der 70er Jahre). Die Afar ist ein sehr unwirtliches, schwer zugängliches Gelände. Bis Ende der 60er Jahre lagen daher auch nur lokale geowissenschaftliche Beobachtungen und generalisierende Korrelationen von Beobachtungsdaten aus weit voneinander entfernt liegenden Gebieten vor. Über photogeologische Luftbildauswertungen von Teilbereichen und geologische Routenaufnahmen verbesserte sich der Kenntnisstand über die Geologie der Afar. Der Start von Landsat 1 im Jahre 1972 bot erstmals die Möglichkeit einer kompletten ökonomisch auswertbaren Bilddeckung der Afar und angrenzender Gebiete, des Äthiopischen Plateaus bzw. Hochlandes im Westen und des Somali-Plateaus im Süden. Aus etwa 30 Landsat-Szenen wurde ein Mosaik im Maßstab 1:1 000 000 erstellt, für einen Bereich, der flächenmäßig etwa so groß wie die Bundesrepublik Deutschland ist.

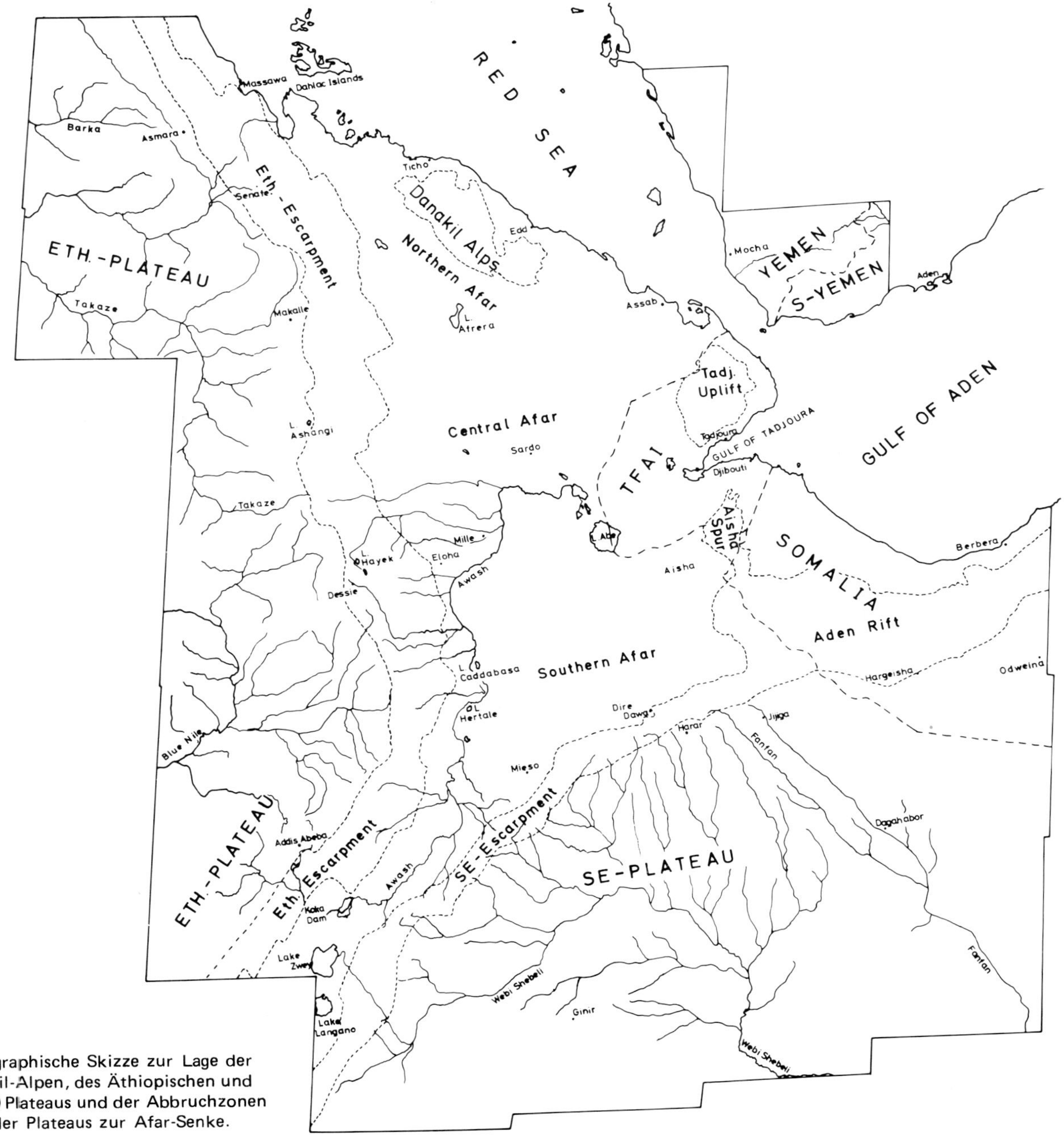

Abb. 181 Geographische Skizze zur Lage der Afar, der Danakil-Alpen, des Äthiopischen und des Somali-(SE-)Plateaus und der Abbruchzonen (Escarpments) der Plateaus zur Afar-Senke.

Abb. 182 Landsat-Mosaik der Afar und angrenzender Gebiete (Originalmaßstab 1:1 000 000, hier ca. 1:8 000 000).

Abb. 182 zeigt das Mosaik in einer stark verkleinerten Wiedergabe. Am linken Bildrand setzt sich mit eigener Oberflächengliederung der Ostrand des Äthiopischen Plateaus ab (gut entwickeltes Entwässerungsnetz), das über das Escarpment zur Afar hin abbricht. Durch deutlichen Wechsel der Landschaftsformen setzt sich mit einem Steilabfall auch der Nordrand des Somali-Plateaus gegen den Südrand der Afar hin ab. In der Südwestecke der Afar ist die Einmündung des Ostafrikanischen Grabensystems erkennbar. Abb. 181 gibt eine geographische Übersicht des Gebietes. Abb. 183 zeigt die aus der photogeologischen Kartierung der einzelnen (multispektralen) Landsat-Szenen resultierende Karte der lithofaziellen Einheiten der Afar und ihrer Umgebung, erstellt von der photogeologischen Arbeitsgruppe des Geologischen Institutes der TU Clausthal im Rahmen des NASA ERTS 1 Proposal SR 351. Die Kartierung der lithologischen Einheiten der Afar wurde durch Geländekenntnisse begünstigt, die Mitarbeiter des Clausthaler Geologischen Institutes während mehrjähriger Geländearbeiten vor allem in der südlichen Afar gewonnen hatten (PILGER et al. 1975, SCHÖNFELD 1975, CHRISTIANSEN et al. 1975, JUCH 1975, SCHÄFER 1975). Im Rahmen eines Forschungsvorhabens der NASA (ERTS 1, Sr. 351) wurden neben der lithologischen Kartierung auch Karten der tektonischen Oberflächenstrukturen und eine Karte der Oberflächenentwässerung der Afar und ihrer Umgebung erstellt (KRONBERG et al. 1974, 1975). Abb. 184 zeigt Position und Richtungstrends der größeren Bruchstrukturen der Afar, wie sie in Landsat-Aufnahmen kartiert wurden.

Abb. 185 gibt die Ergebnisse der geologischen Auswertung einer Landsat-Aufnahme aus dem Bereich der zentralen Afar um den Lake Abe wieder. Die in der Abb. 186 gezeigte Landsat-Szene deckt in etwa den Bereich der Karte von Abb. 185. Nördlich des Sees biegen die aus der Danakil-Senke kommenden, dort etwa parallel zum Roten Meer verlaufenden Hauptbruchstrukturen in südöstliche und dann östliche Richtungen ein. Streichen und Abbruchzonen der großen, mit Alluvium (Punktraster) gefüllten Gräben sind in der einzelnen Landsat-Szene und auch im Mosaik (Abb. 187) zu erkennen. Infolge regionaler Krustendehnung sind die mächtigen Abfolgen der (mittelgrau getönten) tertiären und quartären Basalte der Afar- und Aden-Serien in unendlich viele Teilschollen zergliedert, zerglitten. Abschiebungen, Horst- und Grabenstrukturen aller Größenordnungen bestimmen den Baustil der oberen Kruste. Mit deutlich hellerem Grauton setzen sich gegen die Basaltdecken Lavadome und Ignimbrite rhyolitischen Charakters ab (v-Signatur). Lokal fallen durch ihren dunklen Ton Förderstellen ganz junger Basalte auf, die den Fortgang der plattentektonischen Prozesse in der Afar (hier Krustendehnung und -ausdünnung) bis in unsere Zeit dokumentieren.

Abb. 188 zeigt einen Teilbereich der vulkanischen Zentralzone des südlichen Danakil-Grabens (Kanal 7). Hier setzen sich in der oberen Bildhälfte mit dunkleren Grautönen und annähernd ovalem Umriß drei große Ausflußbereiche basaltischer Laven ab. Die heute an der Oberfläche liegenden Lava-Flows flossen nach BARBERI & VARET (1972) im jüngeren Tertiär submarin aus. Offenbar wurden die Aufstiegswege dieser Laven auch in jüngerer Zeit wiederholt zur Förderung basaltischer Laven benutzt, deren Förderstollen sich mit schwarzer Tönung absetzen. Diese jungen (bis rezenten) Basalte treten zusammen mit Lava-Flows intermediären Typs vor allem im zentralen Bereich der älteren Basalt-Komplexe auf. Offensichtlich wurden hier unter dem Einfluß fortdauernder Krustendehnung neue Aufstiegswege auf alten strukturellen Richtungen und Zonen geöffnet. Abbruchkanten und mit jungem Abtragungsschutt gefüllte Gräben kennzeichnen in der unteren Bildhälfte den strukturellen Trend der Bruchtektonik, der parallel zur Riftzone des Roten Meeres verläuft und als Parallelstruktur verstanden wird. Zwischen Danakil-Graben und Rotem Meer befindet sich der Danakil-Horst (vgl. Abb. 187). Mit hellem Grauton zeichnet sich unterhalb der Bildmitte eine Austrittsstelle rhyolitischer Laven ab. Rechts oben im Bild ist mit mittelgrauer Tönung und typischen Landformen ein aus mehreren Vulkanen bestehendes großes Förderzentrum rhyolitischer Laven zu erkennen. Ein weiteres Förderzentrum von Rhyolit liegt im linken mittleren Bildbereich. Es liegt am westlichen Escarpment, am Abbruch des Äthiopischen Plateaus, welches hier von Metamorphiten und magmatischen Gesteinen aufgebaut wird. Zwischen Plateau und Danakil-Graben ist am linken oberen Bildrand die Ausstrichlinie einer großen Randstörung zu erkennen.

Abb. 189 (Kanal 5) zeigt das Escarpment, den Übergangsbereich vom Äthiopischen Plateau zum Roten Meer (westlich von Massawa). Abgesunkene Basement-Schollen werden hier von jungen Sedimenten, im Süden auch von pliozänen Basalten überlagert. Im Randbereich treten im präkambrischen Grundgebirge noch etliche, parallel zum Riftsystem des Roten Meeres verlaufende Bruchstaffeln auf. Die Landschaftsformen des übrigen Bildbereiches werden vom lithofaziellen Aufbau und von den tektonischen Strukturen des präkambrischen

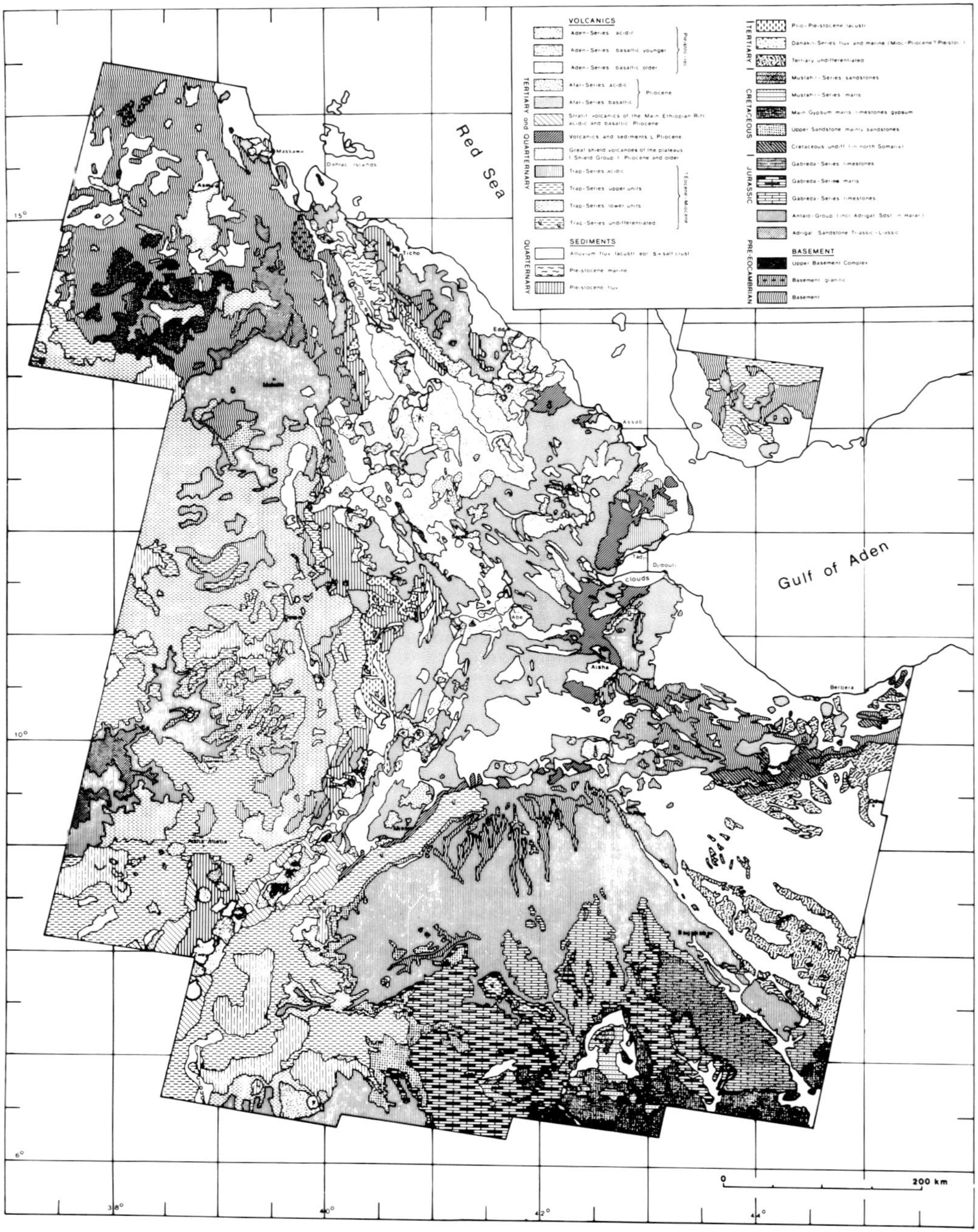

Abb. 183 Karte der lithofaziellen Einheiten der Afar und angrenzender Gebiete, kartiert in Landsat-Aufnahmen 1:1 000 000 (nach KRONBERG et al. 1975).

Abb. 184 Störungen und Störungszonen der Afar, kartiert in Landsat-Aufnahmen 1:1 000 000.

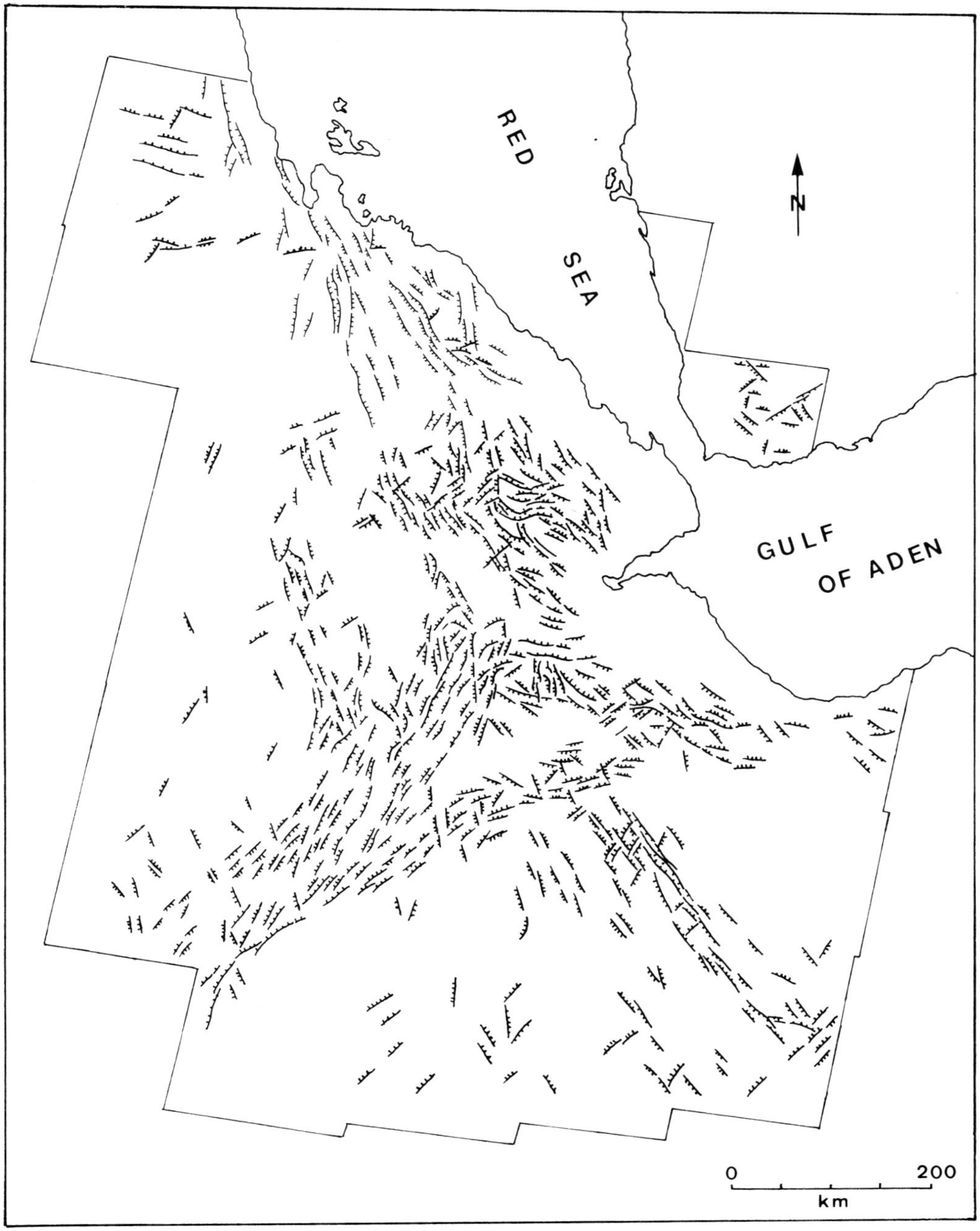

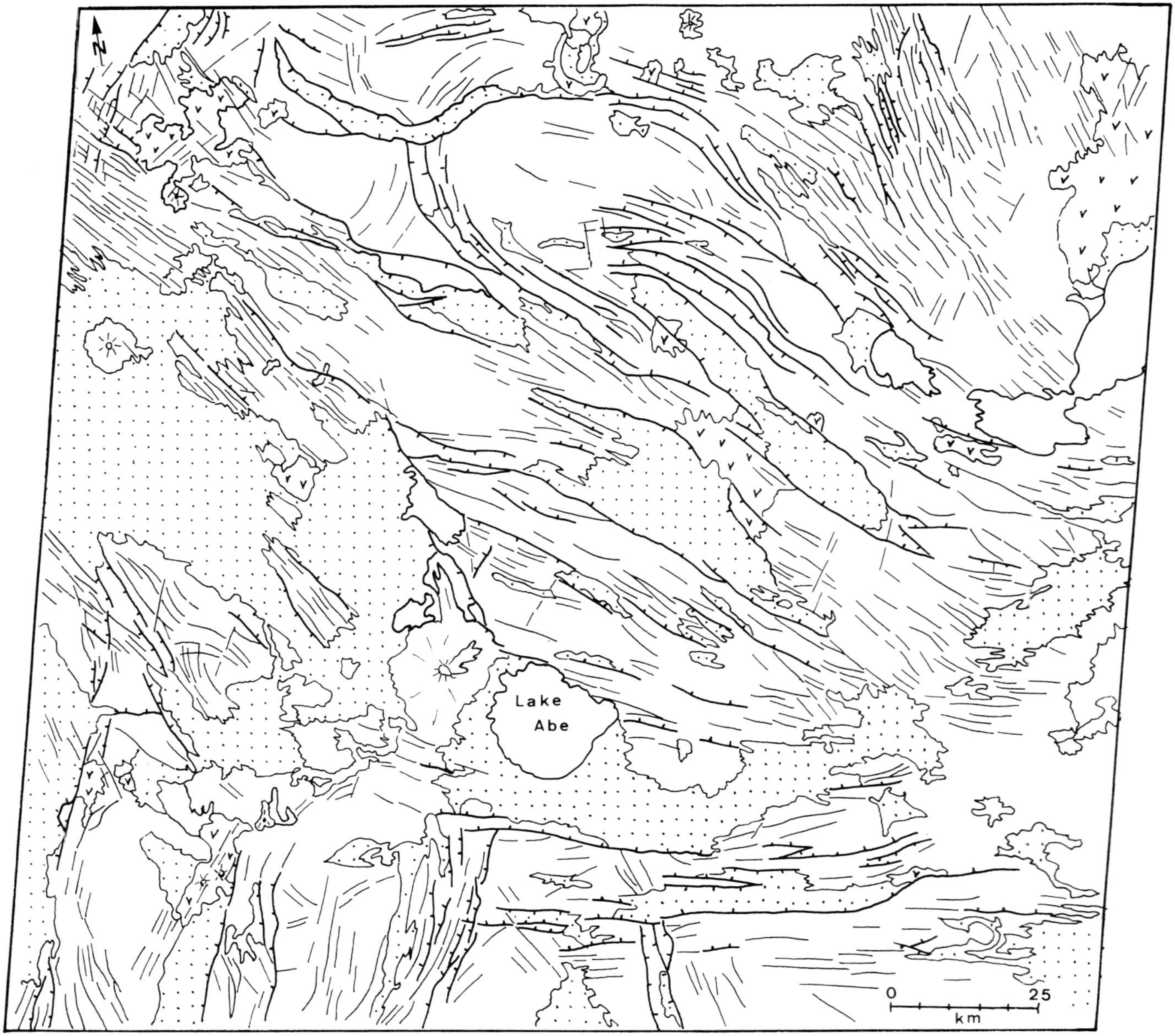

Abb. 185 Geologische Karte aus dem Bereich des Lake Abe (zentrale Afar) nach der photogeologischen Kartierung einer Landsat-Aufnahme im Maßstab 1:1 000 000.

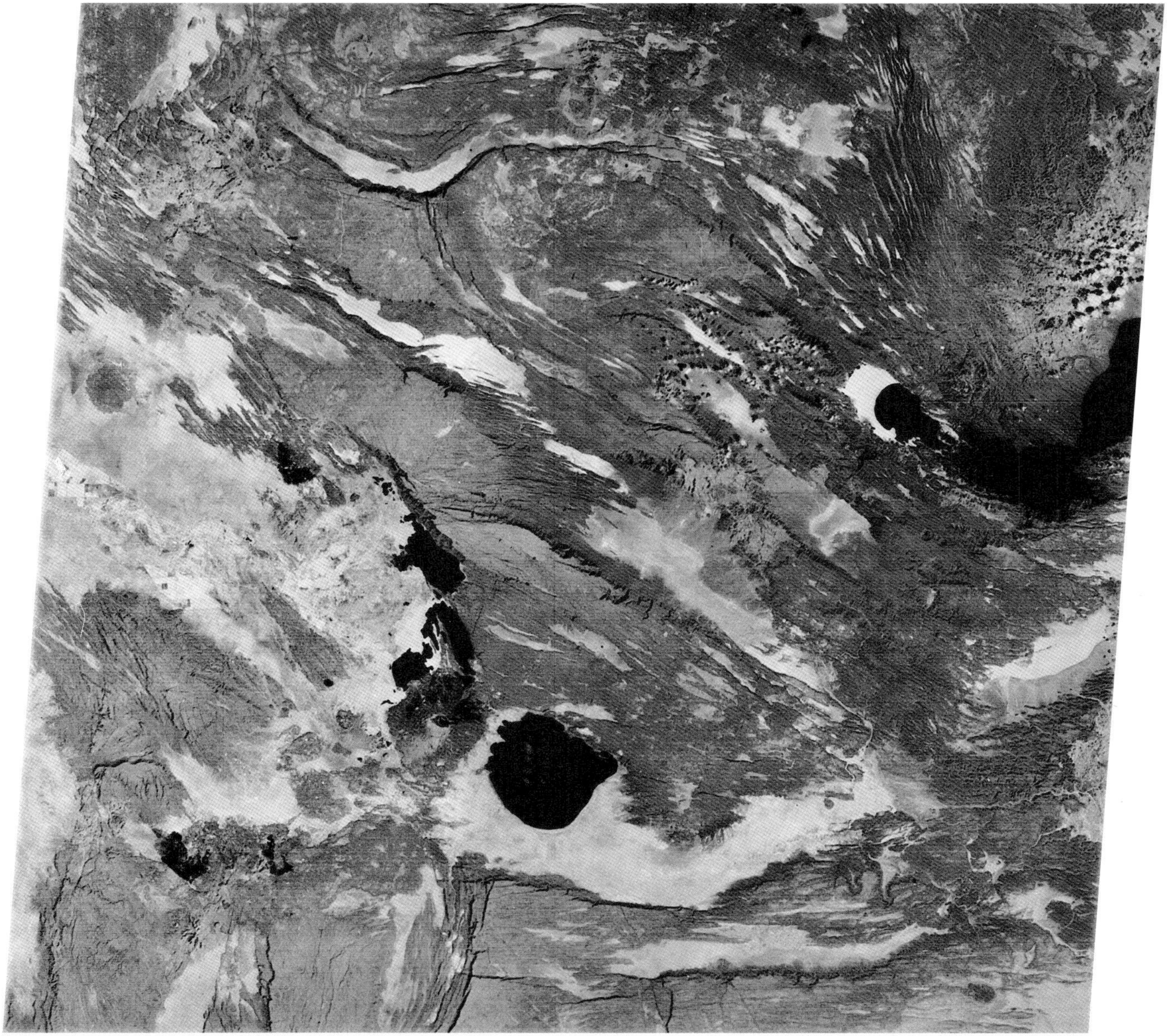

Abb. 186 Landsat-Aufnahme aus dem Bereich der Abb. 185 (leicht versetzt). Erläuterung im Text. Bildmaßstab: ca. 1:1 000 000 (NASA, E-1954-07025).

Kristallins bestimmt. Im südöstlichen Bereich wird das Grundgebirge von tertiären Trapp-Basalten überlagert, die sich mit Steil- bzw. Schichtstufen und plateauartiger Oberfläche sowie durch helle und dunklere Grautöne gegen das umgebende Basement absetzen.

Abb. 190 (Kanal 5) zeigt einen Teilbereich der Riftzone des Roten Meeres im Bereich des Golfs von Suez. Die Gebirgszüge beiderseits des Golfs werden von präkambrischen Gesteinseinheiten aufgebaut, aus hochmetamorphen Gneisen mit Intrusionen granitischer Gesteine, die sich als Rundstrukturen absetzen. Nach Norden zu wird das Grundgebirge transgressiv, diskordant von flach liegenden Sedimenten überlagert (vorwiegend Kreide und Alt-Tertiär, lokal auch paläozoische Schichten). Der Grenzbereich Basement/Sedimentdecke zeichnet sich durch Unterschiede im Grauton, in den Reliefformen und im Entwässerungsnetz ab. Der Golf von Suez markiert den Verlauf der Grabenzone im Basement-Komplex. Hier ist die Kruste durch Krustendehnung in mehreren Schollen eingebrochen. Gut erkennbar sind die Randstörungen der Grundgebirgskomplexe. Die randlichen Schollenstaffeln werden beiderseits des Golfes weitgehend von quartären Ablagerungen überdeckt. Auf der Nordost-Seite des Golfes ist ein durch grabenparallele Störungen begrenzter Horst erkennbar. Der dunkle Streifen nahe der Küste besteht aus einer Kristallin-Scholle, der heller getönte Hügelstreifen aus kretazischen und tertiären Ablagerungen, die noch von der Bruchschollentektonik betroffen wurde. Hier dokumentiert sich der mitteltertiäre Einbruch der Grabenzone. Schmale Hochschollen kristalliner Gesteine finden sich auch am gegenüberliegenden Ufer des Golfes (schmale, dunkler graue Zonen). Sie sind auch in einer Gemini-Aufnahme zu erkennen (Abb. 191), die einen guten Überblick über die geologische Situation am Nordende des Roten Meer-Riffs vermittelt.

Einen Blick auf die Riftzone des Roten Meeres bietet die Abb. 192. Abb. 193 zeigt in einer schematischen Skizze die plattentektonische Situation im Bereich des Roten Meeres und seiner Umgebung. Den Südteil des Roten Meeres und den Golf von Aden zeigt die Gemini-Aufnahme der Abb. 194. Solche Schrägaufnahmen vermitteln einen guten Geländeüberblick. Sie lassen auch viele geologisch interessante Einzelheiten erkennen. Für thematische Kartierungen sind Schrägaufnahmen jedoch weniger geeignet, wegen der schnellen Maßstabsänderungen und der abnehmenden räumlichen Auflösung vom Vorder- zum Hintergrund. Dagegen haben sich Landsat-Aufnahmen und Landsat-Mosaiks als sehr geeignet für tektonische Bestandsaufnahmen und vergleichende Auswertungen der Landgebiete beiderseits der Riftzone erwiesen.

Die Abb. 195 und 198 zeigen zwei Ausschnitte aus einer strukturgeologischen Karte der Region des Roten Meeres, die von der Clausthaler Arbeitsgruppe Photogeologie und Fernerkundung nach Kartierdaten aus Landsat-Aufnahmen im Maßstab 1:1 000 000 erstellt wurde.

Abb. 195 zeigt in Landsat-Aufnahmen kartierte tektonische Strukturen und strukturelle Trends am Nordende der Riftzone, die hier in die Strukturzonen des Golfs von Suez und des Golfs von Aqaba übergeht. Auffallend sind neben den riftparallelen Strukturen mehrere andere strukturelle Trends, die unter verschiedenem Winkel zum Haupt-Riftsystem in den Basement-Komplexen des Sinai, auf der westlichen Seite des Golfs von Suez und auf der saudiarabischen Seite des Golfs von Aquaba auftreten und interessanterweise ebenfalls im präkambrischen Grundgebirge des Sudan und Saudiarabiens vertreten sind.

In der Umgebung des Golfs von Aqaba treten verstärkt um N bzw. NNE streichende Bruchstrukturen auf. Sie markieren den Richtungstrend der großen, plattentektonisch aktivierten Strukturzone, die aus dem Golf von Aqaba durch die Riftzone des Jordan-Grabens und die Nordlibanon-Störungszone und in der Apollo-Aufnahme der Abb. 191, in den Abb. 196 und 197a dokomentiert ist. An der vermutlich präkambrisch angelegten, mit frühkambrischen Gängen besetzten Geosutur (LENZ et al. 1972) wurde linkslateraler Versatz um Zehner-Kilometer beobachtet, als Folge der NNE-Drift der Arabischen Platte im Zuge der tertiären Öffnung des Roten Meer-Rifts (vgl. Geologische Karte der Abb. 193). Auch hier wurden altangelegte Strukturen im Zuge der jungen Plattentektonik aktiviert.

Abb. 196 (Kanal 5) zeigt einen Teil des Jordan-Rifts im Wadi Aqaba (am Nordrand des Bildes ist gerade noch der Südrand vom Toten Meer zu sehen). Morphologisch ausgeprägt ist die Randstörung am östlichen Grabenrand. Hier ist vorwiegend präkambrisches Grundgebirge angeschnitten, dem nach Osten und Norden paläozoische und jüngere Sedimente auflagern. Riftparallele Störungszonen sind besonders in den Basement-Komplexen zu erkennen. Das Bild verdeutlicht, wie eine im Basement alt angelegte Strukturrichtung, die nach den Ergebnissen von LENZ et al. (1972) durch kambrische Erosionsformen des präkambrischen Basements sowie durch frükambrische basische, dem heutigen Rift parallel laufende intermediäre und saure Gänge in den prä-

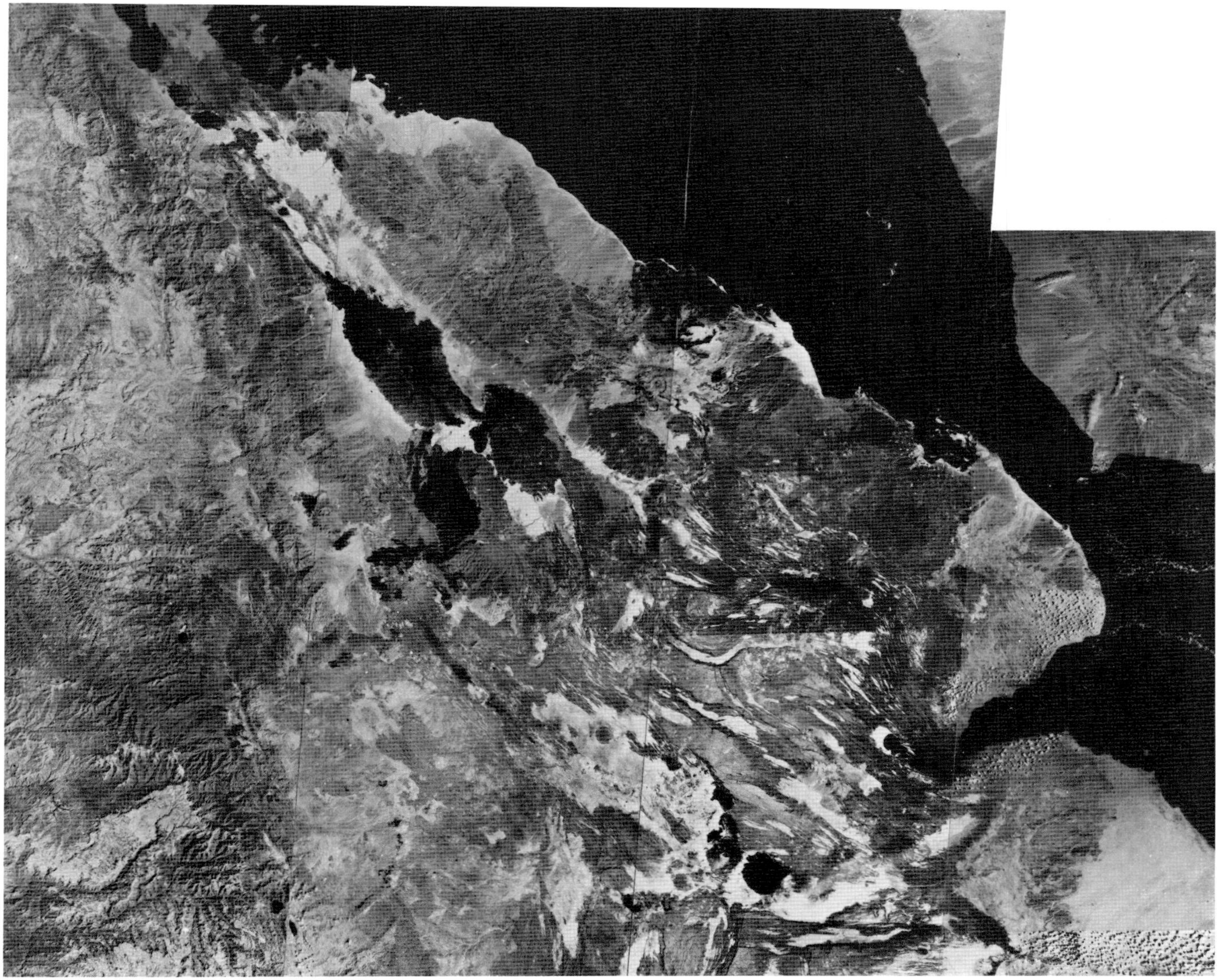

Abb. 187 Ausschnitt aus dem Landsat-Mosaik der Abb. 182 für den Bereich der zentralen Afar und des Danakil-Grabens. Erläuterung im Text. Bildmaßstab: ca. 1:3 000 000.

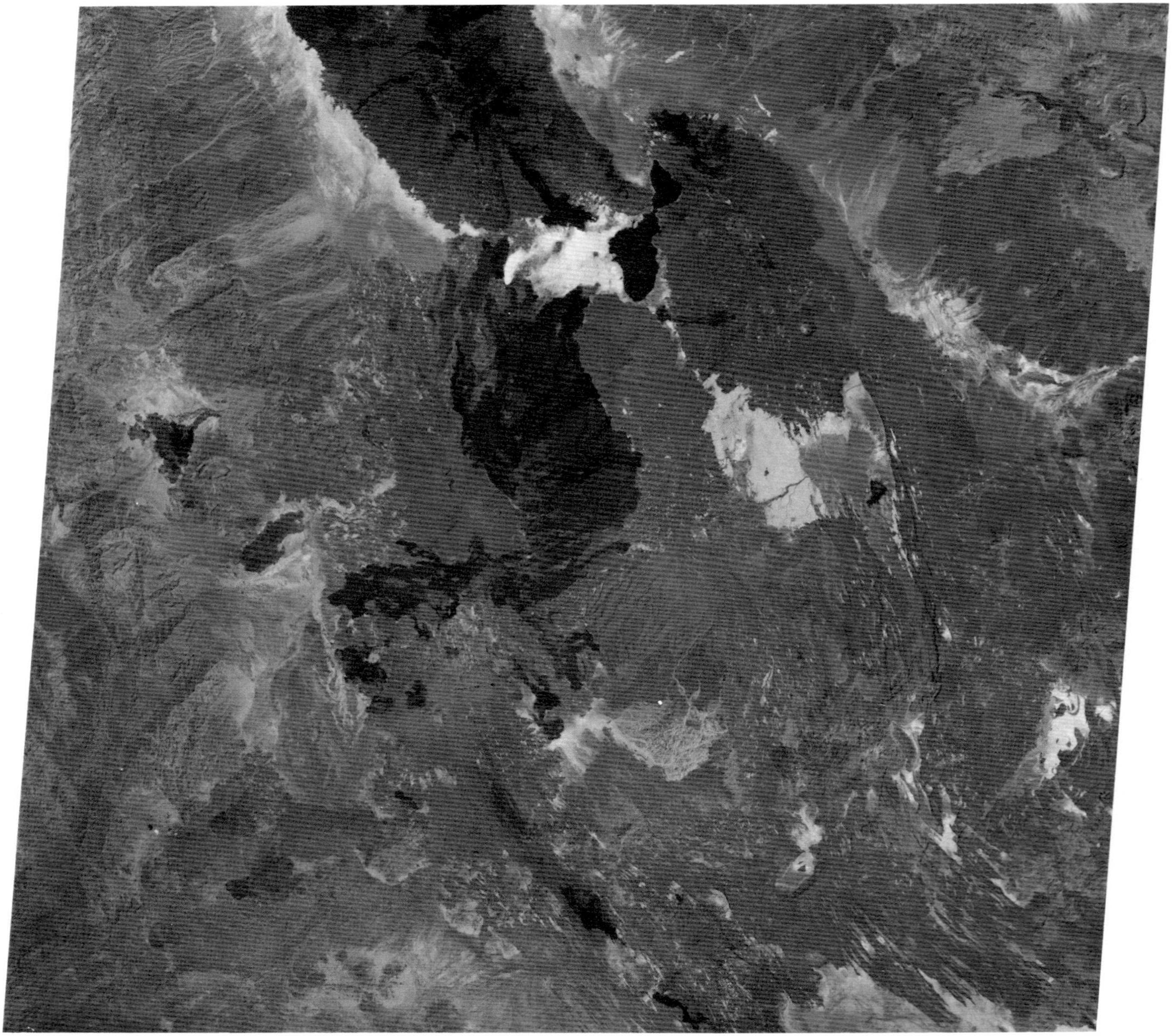

Abb. 188 Landsat-Aufnahme aus dem Bereich des Danakil-Grabens. Erläuterung im Text. Bildmaßstab: ca. 1:1 000 000 (NASA, E-1101-07080). Lage des Bildausschnittes: vgl. Abb. 187.

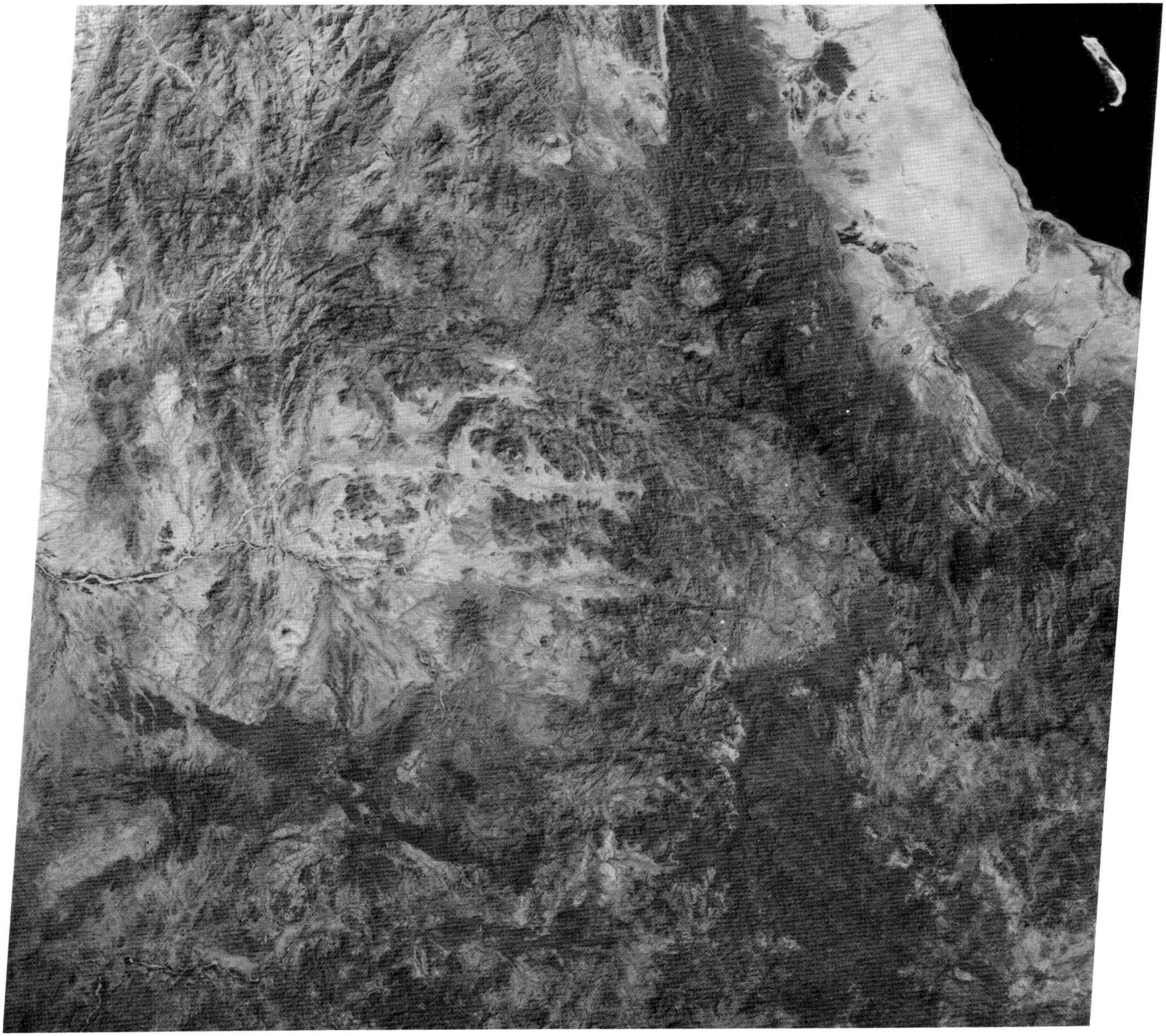

Abb. 189 Landsat-Aufnahme eines Teilbereiches des äthiopischen Hochlandes bei Asmara. Bildmaßstab: ca. 1:1 000 000. Erläuterung im Text (NASA, E-1103-07185).

Abb. 190 Landsat-Aufnahme aus dem Bereich des Golfes von Suez. Bildmaßstab: ca. 1:1 000 000. Erläuterung im Text (NASA, E-1109-07493). Lage des Bildbereiches: vgl. Abb. 191.

Abb. 191 Lithofazielle Einheiten und Großstrukturen im Bereich der Sinai-Halbinsel und ihrer Umgebung (NASA S-66-54893).

Abb. 192 Die Riftzone des Roten Meeres in einer Satellitenaufnahme (NASA).

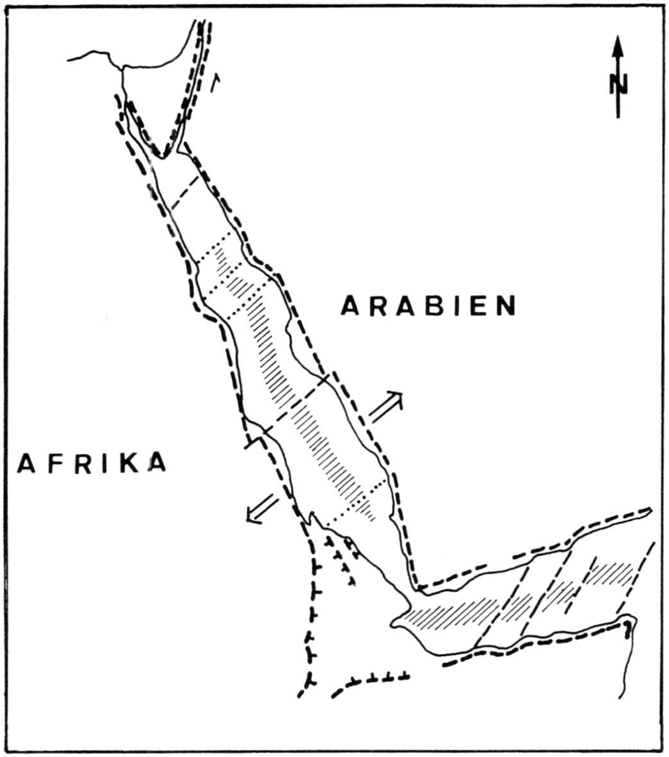

Abb. 193 Schematische Skizze der Plattentektonik im Bereich des Roten Meeres und seiner Umgebung (nach GIRDLER 1968).

kambrischen Einheiten dokumentiert ist, noch in jüngster Zeit aktiviert wurde: Die tertiäre und auch quartäre Sedimentfüllung wird von einer ausgeprägten Störungszone durchsetzt. Sie ist als Photolineation (lineare Grautonunterschiede) im Grabenbereich zu erkennen. Unterhalb der Bildmitte biegt diese junge Störung (die östliche Grabenscholle scheint abgesunken zu sein) in eine mehr südwestliche, spitzwinklig zur generellen Grabenrichtung verlaufenden Störungszone ein. Parallel zu dieser sehr jungen Störungszone verlaufen auch einige (altangelegte) Störungen im präkambrischen Grundgebirge östlich der Randstörung und Bruchstrukturen in den paläozoischen und mesozoischen sedimentären Deckschichten des Basements. Das zeigt die genaue Analyse der Ausrichtung der Oberflächenentwässerung in den Geländebereichen der rechten mittleren, vor allem aber unteren Bildhälfte. Zweifelsohne handelt es sich hier um Reaktivierung alter Bruchsysteme, um den Fortbau alter Strukturen des Basements in die jüngere Sedimentauflage.

Abb. 197a (Kanal 7) zeigt den nördlichen Teilabschnitt der Nordlibanon-Störungszone. Sie folgt in ihren unteren, mittleren und oberen Teilstrecken Strukturrichtungen, die im präkambrischen Basement östlich des Jordan-Grabens (unterer Bildbereich der Abb. 200) die Hauptstörungsrichtungen darstellen. Auch hier dürften altangelegte regionale strukturelle Trends im Rahmen jüngerer plattentektonischer Ereignisse aktiviert worden sein. Richtungsvergleiche und Korrelationen des räumlichen Auftretens und der Ausrichtung von Strukturmustern über größere Entfernungen (hier über 350 km) hinweg lassen sich auf der Basis von Landsat-Aufnahmen schnell und zuverlässig durchführen, zumal jede Landsat-Aufnahme am Rand Lagekoordinaten trägt.

Der niedrige Sonnenstand der Aufnahme (1. Januar 1973) akzentuiert den Verlauf der Libanon-Störungszone und Hinweise auf den strukturellen Bau der umgebenden Gebiete. Faltenstrukturen werden deutlich, Störungszonen verschiedener Richtungen und Dimensionen werden in allen Einheiten des Aufnahmebereiches kartierbar wiedergegeben.

Abb. 198 deckt einen küstennahen Geländestreifen etwa zwischen Ras Banas und Ras Abu Yabis (Sudan). Die Karte gibt ein typisches Bild des strukturellen Baues weiter Teile des präkambrischen Basements beiderseits des Roten Meeres. Sie läßt erkennen, daß im präkambrischen Grundgebirge einige bevorzugte strukturelle Trends auftreten, teils flächig, teils konzentriert auf schmale Zonen: parallel zum Richtungstrend des Roten Meeres verlaufende Strukturen, um N/S- und um W/E- bzw. WSW/ENE-streichende Strukturen. Diese Strukturrichtungen sind nach Geländebeobachtungen im präkambrischen Grundgebirge altangelegt und im Laufe späterer geologischer Entwicklungen und Ereignisse in der Region reaktiviert und genutzt worden (s. GARSON & KRS 1976, SCHÖNFELD 1977, SCHÖNFELD et al. 1977, VAIL 1977). Die alten Strukturmuster der kontinentalen Kruste haben ganz offensichtlich Einfluß auf die strukturelle Anlage und Ausrichtung der späteren Riftzone des Roten Meeres und auf den internen tektonischen Bau ihrer Teilbereiche gehabt, auch auf die tektonische Gliederung der ozeanischen Kruste im Bereich der Zentralzone des Roten Meeres (vgl. SCHÖNFELD et al. 1977). Abb. 199 zeigt die Lage und Ausrichtung einiger präkambrischer Scherzonen und Störungssysteme und parallel orientierter tertiärer Bruchstruk-

Abb. 194 Der Golf von Aden und das südliche Rote Meer in einer Satellitenaufnahme (NASA).

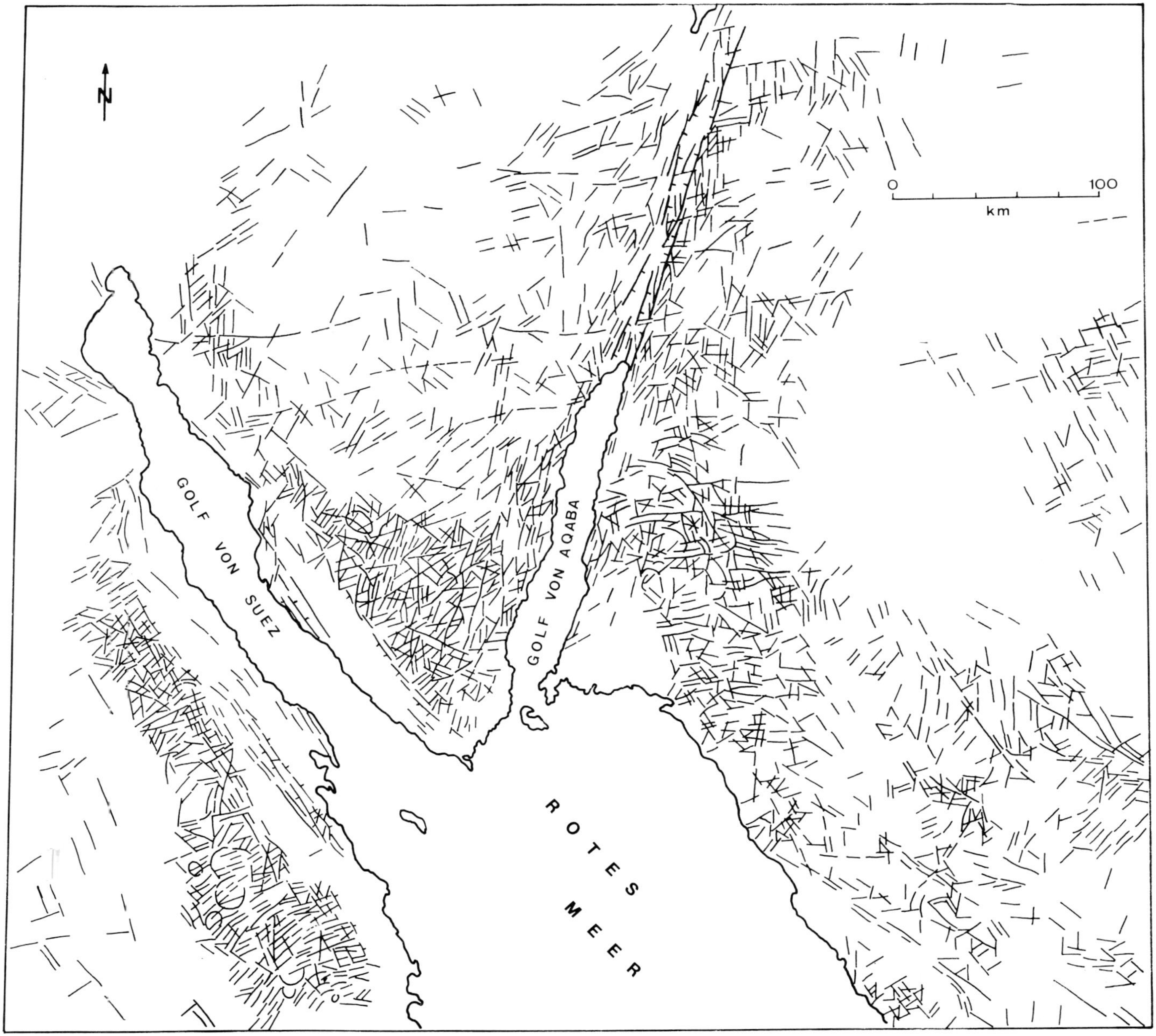

Abb. 195 In Landsat-Aufnahmen kartierte Bruchstrukturen im Bereich der Sinai-Halbinsel und angrenzender Gebiete (vgl. Abb. 191).

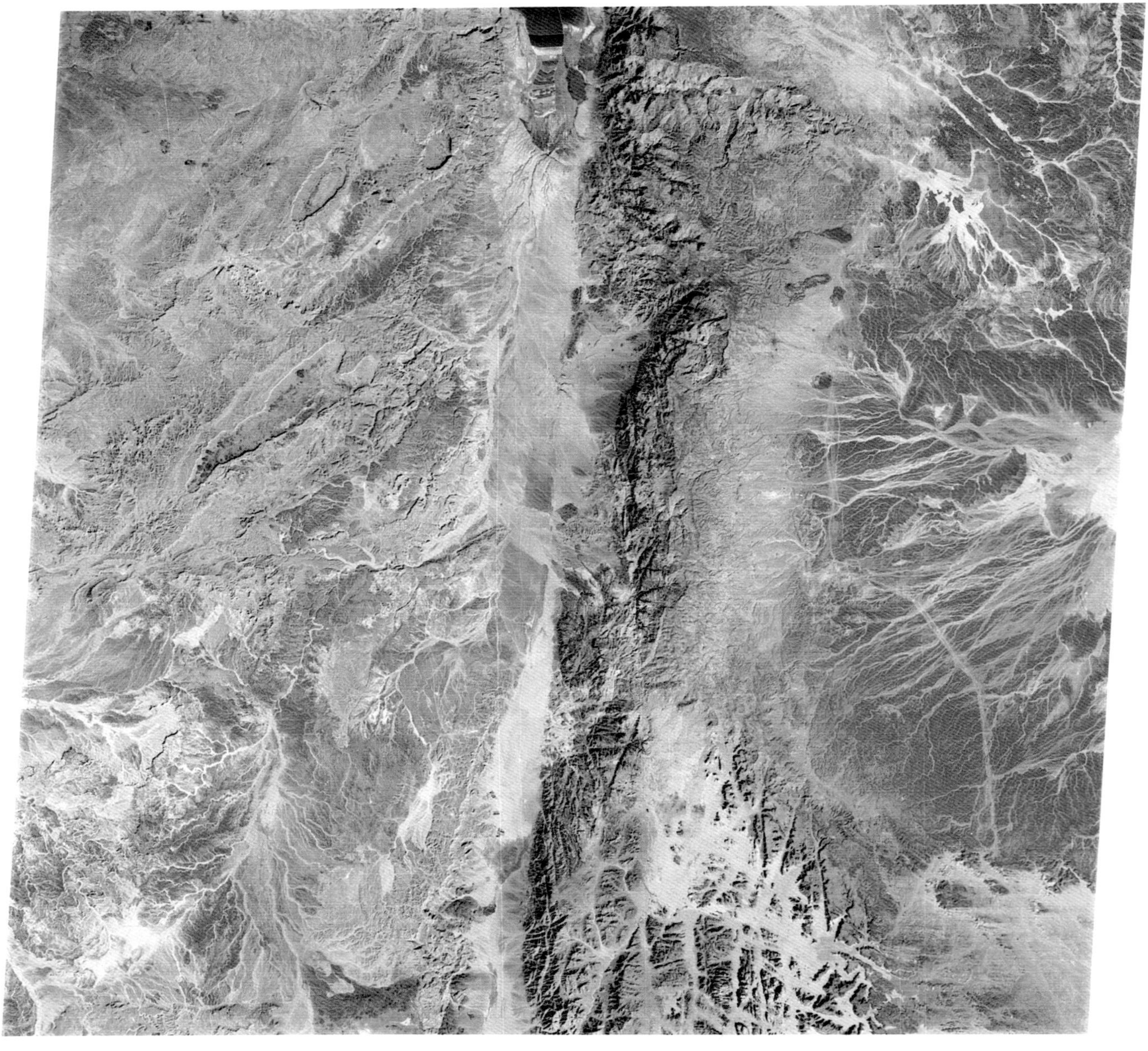

Abb. 196 Der Jordan-Graben und seine Umgebung in einer Landsat-Aufnahme. Erläuterung im Text. Bildmaßstab: ca. 1:1 000 000 (NASA E-1162-07431).

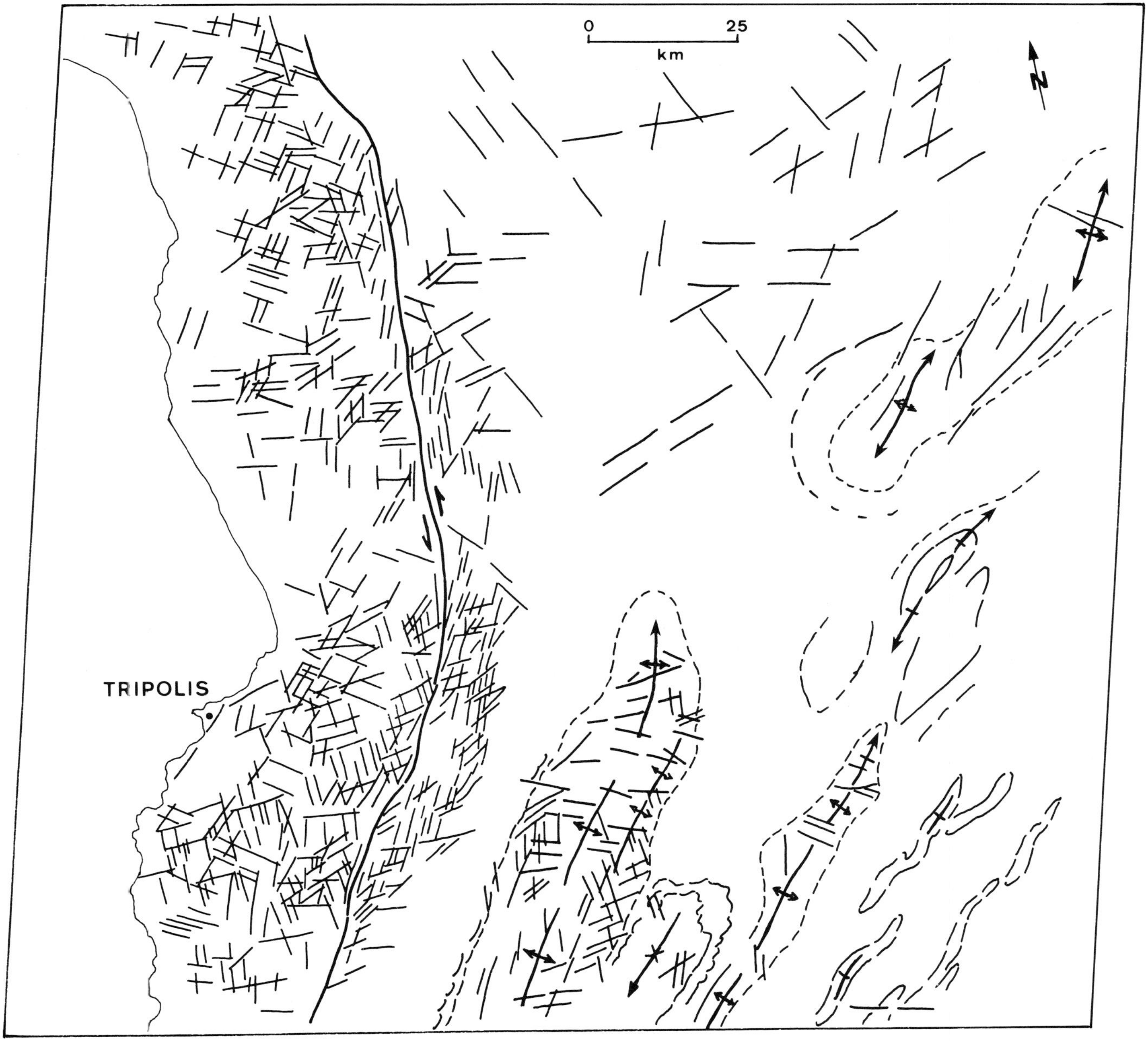

Abb. 197b Strukturskizze des Aufnahmebereiches der Abb. 197a.

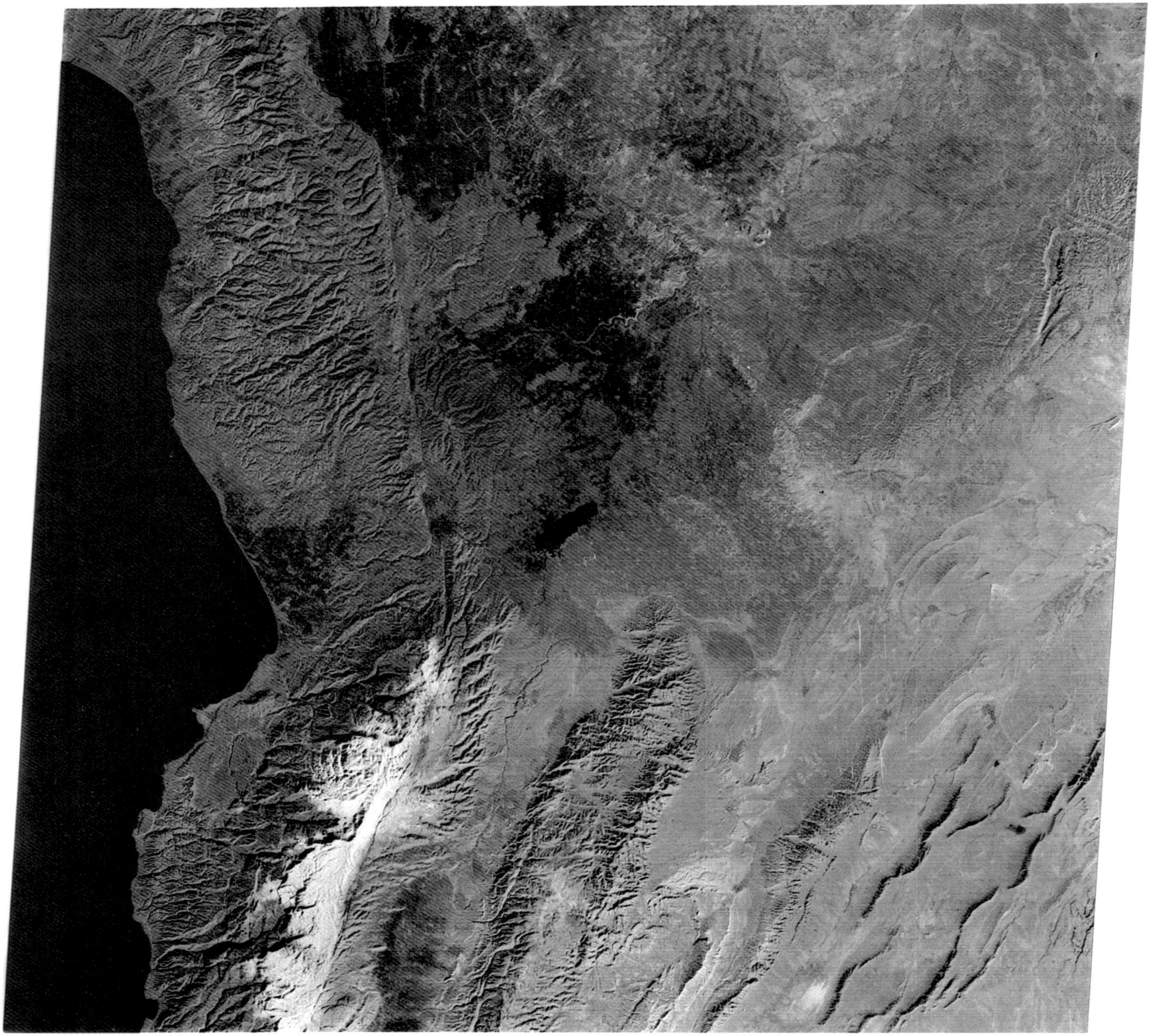

Abb. 197a Die Nordlibanon-Störung in einer Landsat-Aufnahme. Bildmaßstab: ca. 1:1 000 000 (NASA, E-1162-7420).

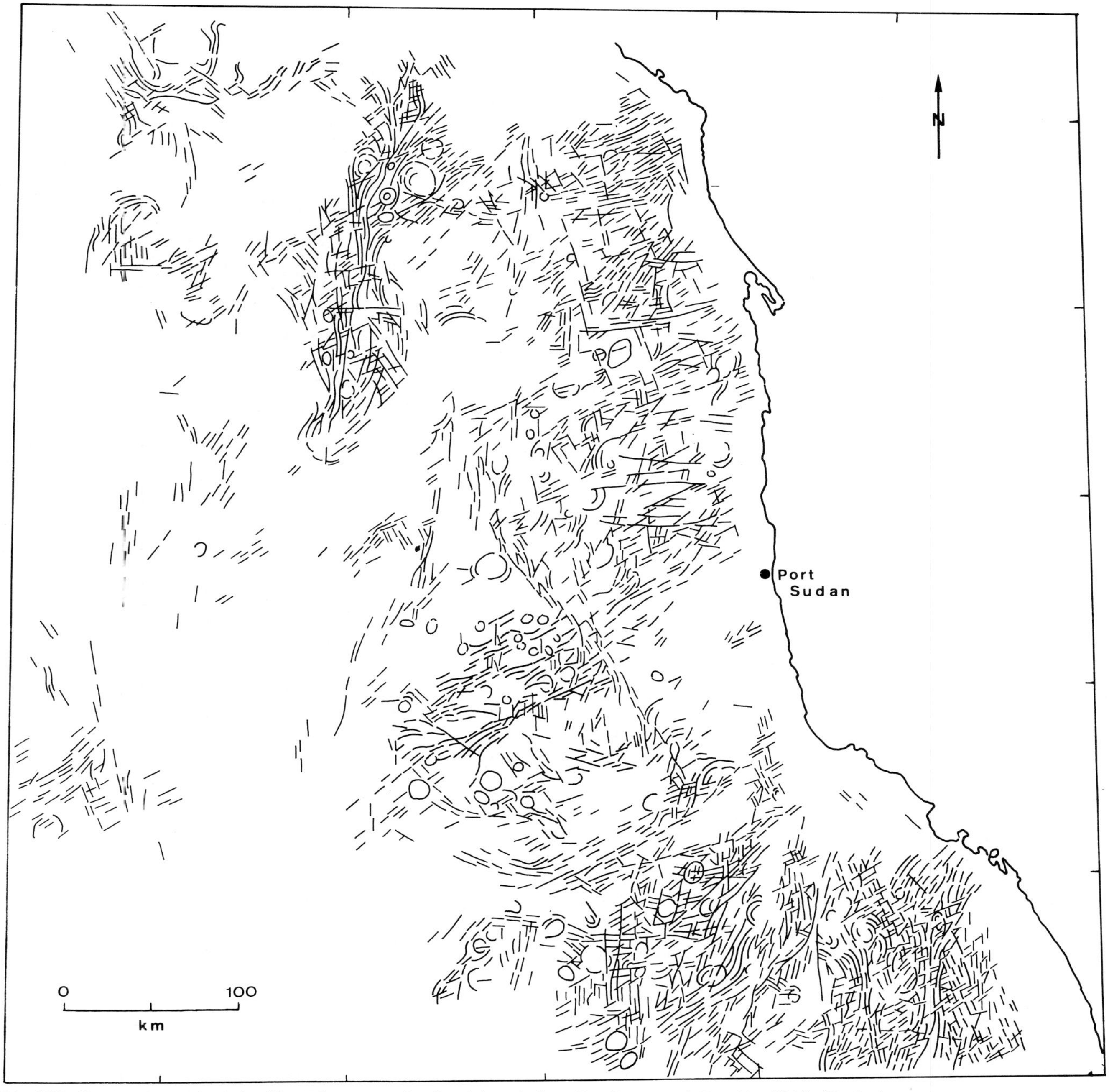

Abb. 198 Strukturkarte des kristallinen Basements im Bereich zwischen Ras Banas und Ras Abu Yabis (Sudan).

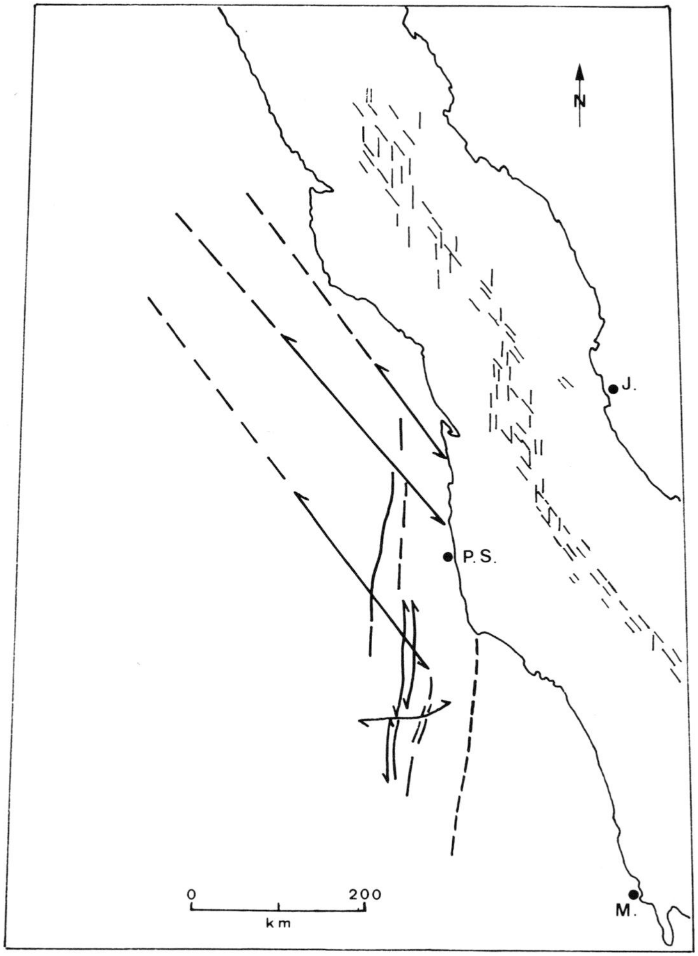

Abb. 199 Lage und Ausrichtung einiger präkambrischer Scherzonen und Störungssysteme im Grundgebirge des Sudan und parallel orientierte tertiäre Bruchstrukturen im Bereich des Zentralgrabens des Roten Meeres (nach SCHÖNFELD et al. 1977).

turen im Bereich des Zentralgrabens des Roten Meeres (kartiert in der bathymetrischen Karte des Zentralgrabens, veröffentlicht in BÄCKER et al. 1975) (vgl. auch SCHÖNFELD, GÜNTHER & KRONBERG 1977).

Abb. 200 zeigt die Lage und Ausrichtung der in einem Landsat-Mosaik 1:2 000 000 kartierten größeren Bruchstrukturen und -systeme der gesamten Region des Roten Meeres. Eine solche Kartierung kann durchaus von einem einzelnen Bearbeiter oder einer kleinen Arbeitsgruppe mit relativ geringem Aufwand an Geld und Zeit durchgeführt werden.

Die Landsat-Szene der Abb. 201a zeigt einen Teilbereich Kaliforniens, der wegen seiner speziellen plattentektonischen Situation und wiederholter Erdbebentätigkeit bis in jüngste Zeit Objekt zahlreicher geologischer und geophysikalischer Forschungsprojekte war und ist (s. ANDERSON 1976). Die untere Bildhälfte wird von Gebirgsbereichen der Küstenketten und der sogenannten Transverse Ranges aufgebaut. Das Stadtgebiet von Los Angeles ist im unteren rechten Bildbereich zu erkennen. Der Gebirgszug in der linken oberen Bildhälfte ist ein Ausläufer der Sierra Nevada. Er trennt die Mojave-Wüste vom San Joaquin Valley (links oben). Abb. 202 zeigt die wichtigsten Störungszonen und -systeme des Aufnahmegebietes und seiner Umgebung. Hauptstruktur ist die San Andreas Fault Zone, die Kalifornien in einer Länge von über 1000 km durchzieht. An ihr bewegt sich die Küstenscholle nach Geländebeobachtungen in nordwestlicher Richtung gegenüber der östlich der Störung gelegenen amerikanischen Platte. Die San Andreas Fault ist also eine rechtslaterale Störung, an der vorwiegend horizontale Bewegungen (strike slip) erfolgten und erfolgen. Dieser Bewegungssinn wird in Luftbildern der Region an einer entsprechenden Umbiegung der Entwässerungslinien im unmittelbaren Störungsbereich deutlich. Der San Andreas Fault parallel verlaufende Bruchstrukturen sind in der tektonischen Karte im Bereich der Küstenketten, der Mojave Desert und in den Ausläufern der Sierra Nevada zu erkennen. Wie die Abb. 202 zeigt, ändert die San Andreas Fault im Bereich nördlich von Los Angeles ihre Richtung. Sie schwenkt vom generellen NNW-Trend in die NW-Richtung ein. Zugleich trifft in diesem Bereich die Strukturzone der Garlock Fault auf die Hauptstörung. An der Garlock Fault, die sich in einige spitzgefiederte Teilabschnitte gliedert (vgl. Abb. 201a und b), wurde linkslateraler Versatz beobachtet. Außerdem treten in den Küstenbergen nördlich von Los Angeles östlich streichende Störungszonen und begleitende Bruchsysteme auf, die auch in der Mojave-Wüste kartiert werden konnten. Sie werden von verschiedenen Bearbeitern in Zusammenhang mit der Murray Fracture Zone, einer entsprechend orientierten Transformstruktur der Pazifischen Platte gebracht. Die sich kreuzenden Störungssysteme sind u.a. Ausdruck komplizierter Streß/Strain-Bedingungen im Umbiegungsbereich der San Andreas Fault, im Bereich zwischen der Garlock

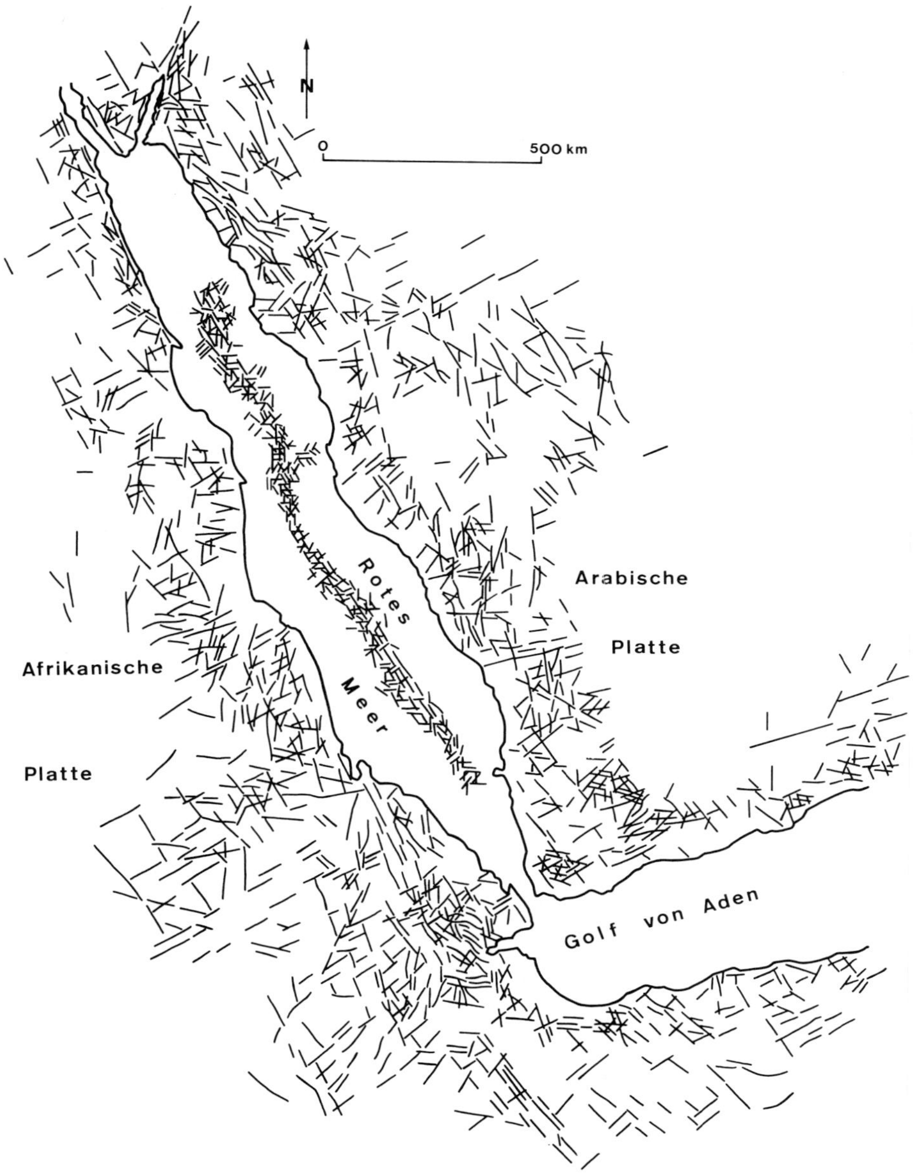

Abb. 200 Die größeren Bruchstrukturen der Region des Roten Meeres, kartiert in einem Landsat-Mosaik 1:2 000 000 (nach SCHÖNFELD et al. 1977).

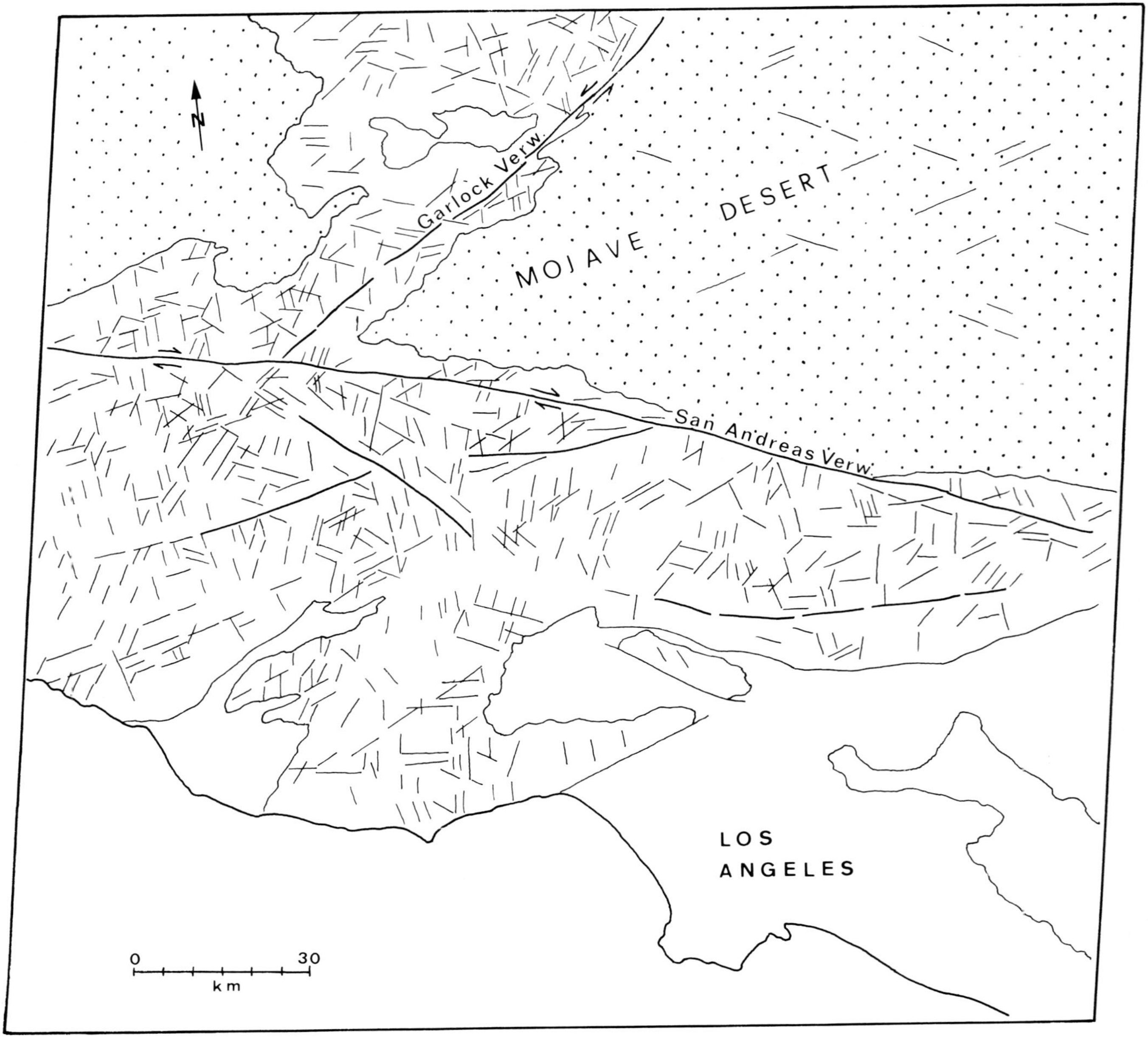

Abb. 201b In der Landsat-Aufnahme von Abb. 201a kartierte steile Bruchstrukturen.

Abb. 201a Landsat-Aufnahme eines Bereiches nördlich von Los Angeles: Teilabschnitte der San Andreas-Störung und der Garlock-Störung sind klar zu erkennen. Erläuterung im Text. Bildmaßstab: ca. 1:1 000 000 (NASA, E-1090-18012).

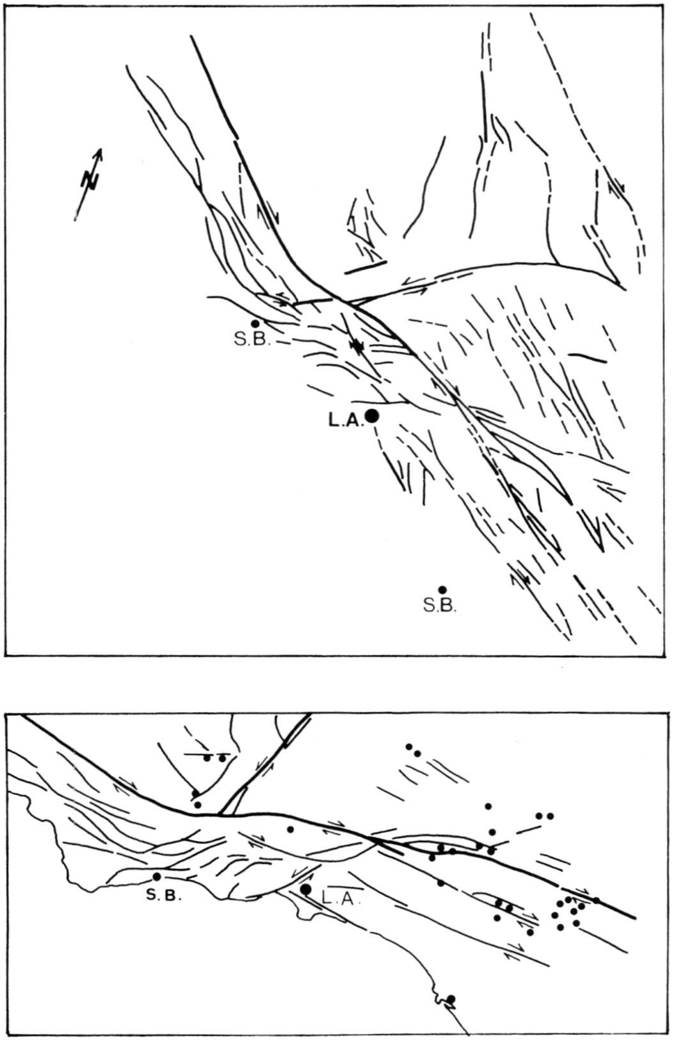

Abb. 202 Oben: Die dickeren Linien zeigen Störungen, an denen in der Zeit seit 1838 Erdbeben auftraten (vorwiegend mit einer Magnitude von 6–7). Unten: Die tektonische Situation im südlichen Kalifornien heute ist durch Kompression im Bogen der San Andreas-Störungszone NW Los Angeles gekennzeichnet. Die Lokationen der jüngsten Beben zeigen die kleinen Punkte. (Nach: „The San Andreas Fault" by D.L. ANDERSON, in: „Continents Adrift and Continents Aground", Scientific American, Copyright© 1976 by Scientific American, Inc., alle Rechte vorbehalten).

Fault im Norden und den San Bernardino Mountains im Süden. Hier tritt Kompression auf, die nach WILSON zu Einengungsstrukturen und zur Entstehung der sogenannten Transverse Ranges geführt hat. Die heutige tektonische Situation im Bildbereich und seiner Umgebung ist in der tektonischen Skizze der Abb. 202 unten dargestellt (nach ANDERSON 1976). Ein Vergleich der Daten der Abb. 201b und 202 zeigt, daß die Mehrzahl der in der Landsat-Szene kartierten Photolineationen den Trends der regional bestimmenden Störungssysteme zuordenbar ist.

6.3.3 Zur Arbeit mit Landsat-Aufnahmen und Landsat-Mosaiks bei geologischen Kartierprojekten

Wegen der großen Flächendeckung der einzelnen Landsat-Szene (185 x 185 km^2) genügen oft schon wenige aneinandergrenzende Landsat-Aufnahmen zur Überdeckung eines größeren Untersuchungsbereiches. Durch Zusammenstellung mehrerer oder vieler Landsat-Aufnahmen entsteht ein Landsat-Mosaik, das in synoptischer Darstellung die geologischen Gegebenheiten landes- bis kontinentweiter Gebiete zeigt. Die räumliche Auflösung und der Informationsgehalt eines Landsat-Mosaiks wird mit dessen jeweiligem Maßstab sowie mit der Auswahl des Spektralkanals, dessen Bilder zum Mosaik montiert wurden, variieren. Die zur Erstellung des Mosaiks verwendeten Aufnahmen sollten aus der gleichen Jahreszeit stammen und in den Grautönen einander angeglichen sein, um scharfe Grautonsprünge an den Bildkanten bzw. Bildübergängen zu vermeiden. Solche Grautonsprünge stören bei der thematischen Auswertung des Mosaiks. Häufig werden Landsat-Mosaiks aus Aufnahmen des MSS-Kanals 7 erstellt, weil sie eine bessere Bildschärfe, eine bessere Differenzierung des Bewuchses als z.B. die Aufnahmen von Kanal 4 oder 5 aufweisen und die Grenzen zwischen Wasser und Land scharf wiedergeben. In anderen Fällen sind Aufnahmen von Kanal 5 für die Erstellung des Mosaiks zu bevorzugen, weil sie Unterschiede der Gesteine und Böden einer Landschaft besonders kontrastreich wiedergeben. Sind genügend Mittel vorhanden, lohnt sich die Erstellung von Landsat-Mosaiks aus Color-Composite (Farbüberlagerungen aus Aufnahmen der Kanäle 4, 5 und 7), weil solche Falschfarbenmosaiks geologisch bedeutsame Geländegegebenheiten oft leichter lesbar wiedergeben als schwarzweiße Landsat-Mosaiks. Für die photogeologische Auswertung am geeignetsten sind Landsat-Mosaiks, die aus Aufnahmen im Originalmaßstab, also 1:1 000 000, erstellt werden. Bei der Bearbeitung sehr großer Bereiche empfiehlt es sich aus praktischen Gründen, das Mosaik in Teilstücken zunächst im Maßstab 1:1 000 000 zu erstellen, die Originalmontagen dann photographisch aufzunehmen und vor der endgültigen Montage der Mosaiks auf den gewünschten Maßstab zu verkleinern. Für die photogeologische Kartierung ist es von Vorteil, die erste Kartierung des Mosaiks auf den Teilstücken im Maßstab 1:1 000 000 durchzuführen, um genügend geologische Detailinformationen zu erfassen, da sich mit der Verkleinerung des Mosaiks die Auflösung vermindert und nur noch größere geologische Einheiten und Strukturen kartierbar sind.

Andererseits werden manchmal im verkleinerten Landsat-Mosaik (z.B. im Maßstab 1:2 500 000) tektonische Strukturen oder strukturelle Zusammenhänge deutlich, die in den Originalaufnahmen unauffällig blieben. Manche langaushaltende tektonische Strukturen (z.B. lineamentäre Zonen größeren Tiefganges) und großregionale Strukturmuster werden überhaupt erst bei der synoptischen Kartierung eines Landsat-Mosaiks deutlich.

Seit 1985 stehen für die Erstellung von Landsat-Mosaiks auch Multispektralaufnahmen des Thematic Mapper der Landsat-Satelliten 4 und 5 zur Verfügung. Er liefert pro Landsat-Szene Aufnahmen in 7 Spektralkanälen, wobei die Flächendeckung einer TM-Szene der einer MSS-Szene gleicht. Von Vorteil für thematische Auswertungen bzw. Kartierungen ist, daß die TM-Szene im Vergleich zur MSS-Szene eine mehr als zweimal bessere räumliche Auflösung aufweist. Von Vorteil ist auch, daß TM-Szenen als photographische Standardprodukte im Maßstab 1:1 000 000 (full scene) und als Viertelszene (quarter scene) im Maßstab 1:500 000 erhältlich sind. So hat der Bearbeiter mehr Flexibilität bei der Gestaltung seines Landsat-Mosaiks. Vor dessen Erstellung gilt es, denjenigen Spektralkanal auszuwählen, dessen Aufnahmen für die durchzuführenden thematischen Auswertungen am meisten Informationsgehalt erwarten lassen und den Bildmaßstab, der der Größe des darzustellenden bzw. zu bearbeitenden Gebietes am besten entspricht.

In Ergänzung zur Auswertung des Landsat-Mosaiks wird die differenziertere Kartierung lithologischer Einheiten und tektonischer Strukturen auf Spektralbildern der einzelnen Landsat-Szenen durchgeführt, wobei die teils sehr unterschiedlichen Dateninhalte von Aufnahmen der verschiedenen MSS- bzw. TM-Spektralkanäle zu berücksichtigen sind. Für die Bearbeitung spezieller Probleme in Teilbereichen eines Landsat-Mosaiks haben sich Vergrößerungen von Landsat MSS- oder TM Aufnahmen auf 1:500 000, bei günstigen Geländegegebenheiten auch Vergrößerungen auf 1:250 000 bewährt.

Für die Bearbeitung spezieller Fragen (z.B. im Rahmen der Lagerstättenprospektion, hydrologischer oder ingenieurgeologischer Projekte empfiehlt sich die ergänzende photogeologische Kartierung von kleinmaßstäblichen Luftbildern repräsentativer oder/und kritischer Teilbereiche des zu bearbeitenden Gebietes. Geländebegehungen zur Überprüfung und Ergänzung der photogeologischen Kartierungen von Landsat-Aufnahmen und Luftbildern, zur petrographischen und lithostratigraphischen Einstufung kartierter Einheiten, zur Probenahme und zur Ermittlung tektonischer Geländedaten bilden den letzten Teil der Kartierarbeit. Art und Umfang der Geländebeobachtungen werden sich nach den zur Verfügung stehenden Transportmitteln (Muli, Geländefahrzeug, Hubschrauber) und den Geländeverhältnissen richten. Entscheidend ist auch die zur Verfügung stehende Zeit. Jedenfalls empfiehlt sich die Kombination von flächendekkender Satellitenbildauswertung, photogeologischer Kartierung repräsentativer oder kritischer Teilbereiche und detaillierter Geländearbeit in ausgesuchten kritischen Geländebereichen als effektive Methodik der Bearbeitung großräumiger geologischer Probleme.

6.3.4 Zum Einsatz von Landsat-Aufnahmen bei sedimentologischen, hydrologischen und ökologischen Untersuchungen in Binnen- und Küstengewässern

Abschließend soll noch erwähnt werden, daß die synoptischen Landsat-Aufnahmen auch wertvolle Informationen für Studien aktuogeologischer Prozesse in größeren Binnengewässern und in Küstengewässern liefern können. Diese Feststellung bezieht sich vor allem auf die Erfassung und Überwachung dynamischer Prozesse wie Strömungsverhalten, Sedimenttransport und Sedimentabsatz in Oberflächenwässern. Mitgeführte Schwebstoffe verändern das Spektralverhalten von Wasser. An der Wasseroberfläche, aber auch noch bis zu einer gewissen Wassertiefe reflektieren Sedimentwolken und -fahnen einfallende Lichtstrahlung. Sedimentführende Wässer setzen sich daher in schwarzweißen Landsat-Aufnahmen immer mit helleren Grautönen gegen den dunklen Grauton sedimentfreien Wassers ab (vgl. Abschn. 3.5).

Von Vorteil bei der Nutzung von Landsat-Aufnahmen für Studien von Oberflächenwässern ist, daß der MSS der Landsat-Satelliten, wie auch der Thematic Mapper, Aufnahmen des gleichen Gewässer- oder Küstenbereiches in verschiedenen

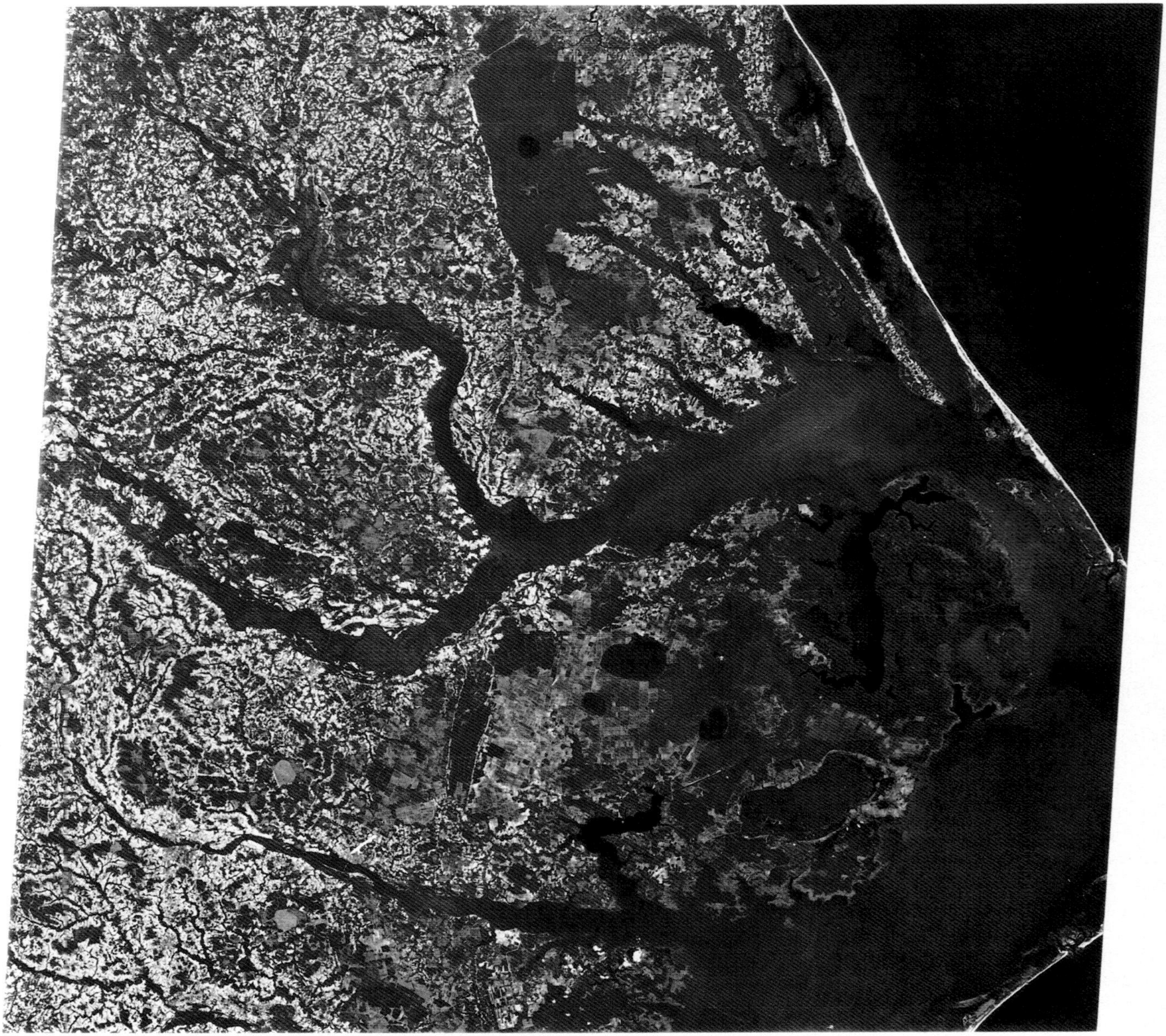

a

Abb. 203a und b Landsat-Aufnahme eines Küstenbereiches von North Carolina (Outer Banks) in Kanal 5 (a) und Kanal 7 (b). Erläuterung im Test. Bildmaßstab 1:1 000 000 (NASA, E-1637-15085).

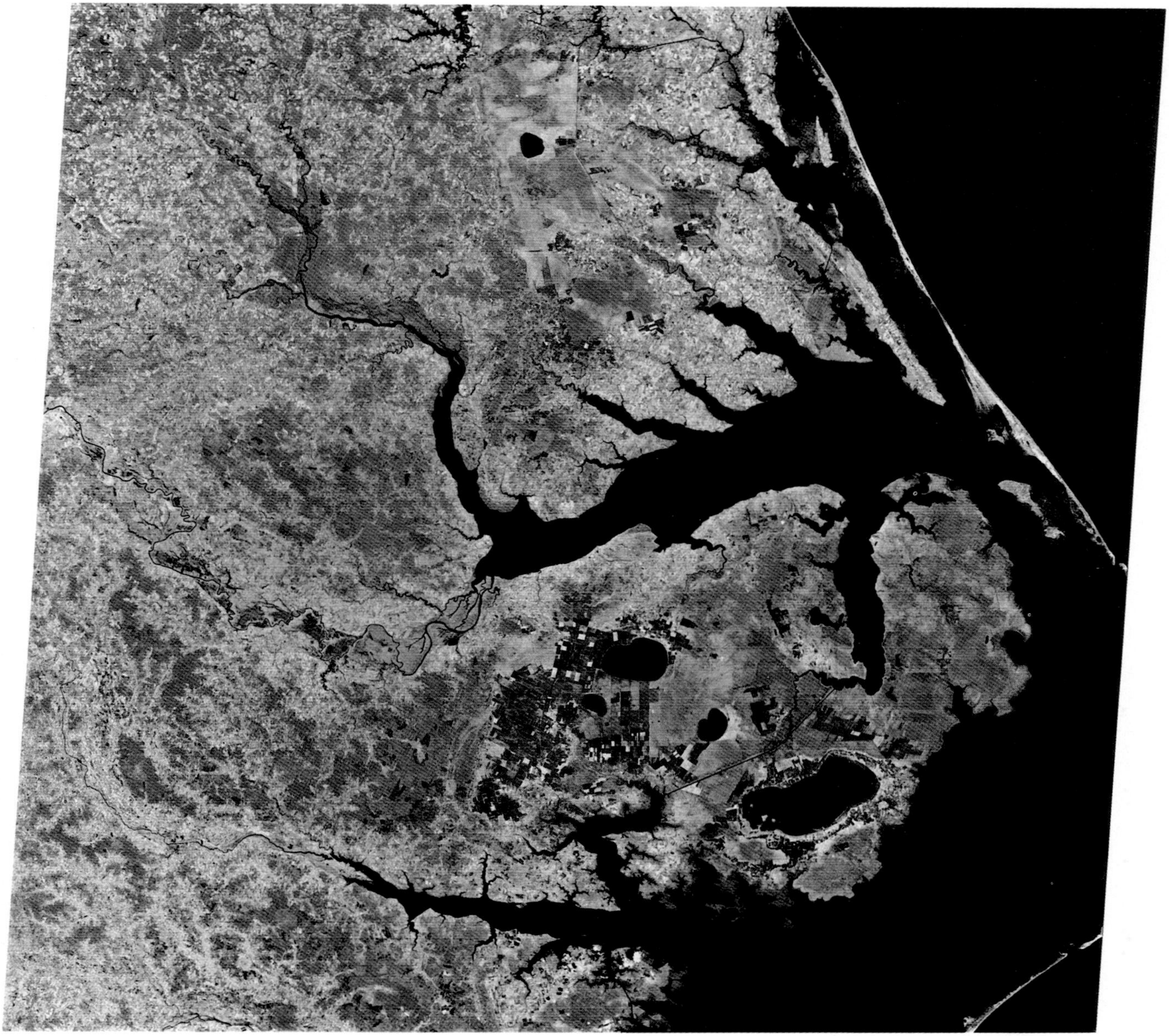

Abb. 203b

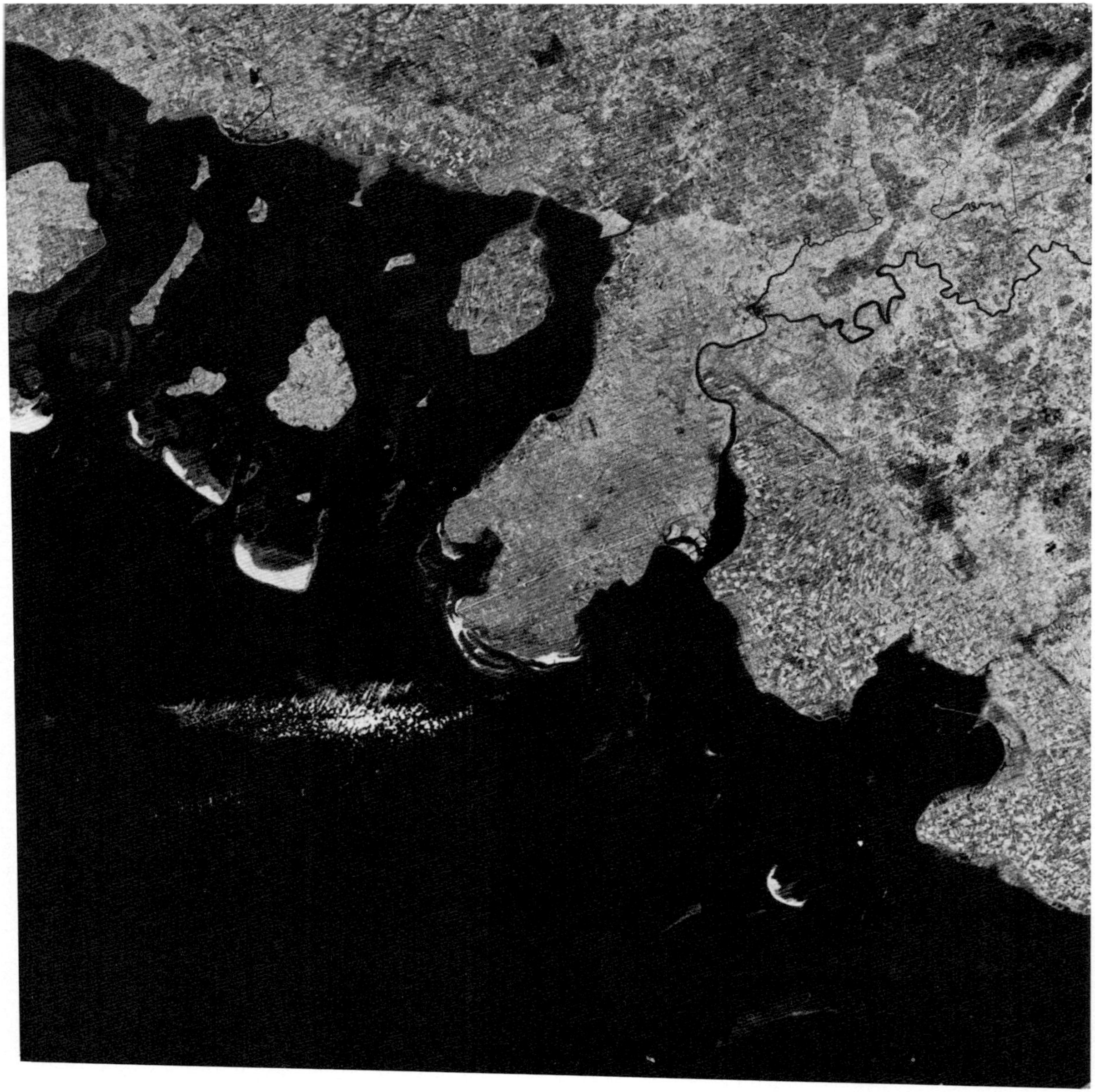

a

Abb. 204a und b Küstenformen und Küstensedimente im Gezeitenbereich der Westküste Schleswig-Holsteins in einer Landsat-Aufnahme von Kanal 6 (a) und Kanal 5 (b). Bildmaßstab 1:1 000 000 (NASA, E-2274-06323).

Abb. 204b

Spektralbereichen liefert. Wie bereits in Abschn. 3.5 dargestellt, kann Lichtstrahlung bis zu einer gewissen Tiefe in Wasser eindringen und von im Wasser befindlichen Schwebstoffen reflektiert werden. Im Wasser befindliche Sedimentkörper können daher in Aufnahmen von MSS-Kanal 4 und 5 erfaßt und in ihrer räumlichen Verteilung im Wasser registriert werden. Auftreffende Lichtstrahlung des Infrarot-Spektrums wird dagegen vom Wasser völlig absorbiert. In den Aufnahmen von Kanal 6 und 7 erscheint sedimentfreies Wasser daher in schwarzer Tönung. Nur sehr starke Sedimentkonzentrationen an der Wasseroberfläche mindern die Absorption und reflektieren auch IR-Strahlung in gewissem Umfang. Solche Bereiche erscheinen daher in der schwarzweißen Landsat-Aufnahme von Kanal 6 oder 7 mit etwas helleren Grautönen bzw. in der Color-Composite mit hellen bläulichen Tönen. Die Wasser/Land-Grenzen werden dagegen auch in Bereichen sehr geringer Wasserbedeckung sehr scharf wiedergegeben. Das wird bei der Betrachtung der Abb. 203a und b deutlich, die denselben Küstenbereich (Outer Banks, North Carolina) in einer Aufnahme der Kanäle 5 und 7 zeigen. In der Aufnahme von Kanal 5 werden Bereiche unterschiedlicher Wassertiefe, Strömungsrinnen und Bereiche unterschiedlicher Sedimentführung sichtbar. In der Aufnahme von Kanal 7 werden Wasser/Land-Grenzen kartierbar, die in der Aufnahme von Kanal 5 kaum oder gar nicht wahrnehmbar sind. Eine Kartierung nur der 5er-Aufnahme würde mit Sicherheit zu lokalen Fehlinterpretationen führen.

Im vergrößerten Bildausschnitt einer Landsat-Aufnahme der östlichen Deutschen Bucht (ca. 1:500 000) sind Küstenformen im Gezeitenbereich vor der Westküste Schleswig-Holsteins erfaßt. In der Aufnahme von Kanal 6 (Abb. 204a) sind Wasserbedeckung und Wasser/Land-Grenzen zur Zeit der Aufnahme (Niedrigwasser) dargestellt. Im gleichzeitig aufgenommenen Bild von Kanal 5 (Abb. 204b) werden die morphologischen Formen des Gezeitenbereiches sehr differenziert wiedergegeben. Hier setzen sich die Wasserwege der Seegatten und der Priele im Bereich des Wattenmeeres durch dunkleren Grauton gegen Flachwasserbereiche und über Wasser gelegene Bereiche ab. Südlich der Inseln Sylt und Amrum und westlich von Pellworm sind Sandablagerungen zu erkennen, die durch die Wechselwirkung von küstenparallelen Gezeitenströmen und Ebbeströmen entstanden. Auch sind an verschiedenen Küstenbereichen Sandriffe zu erkennen.

PRÖBER (1981) hat die Einsatzmöglichkeiten von Landsat-Aufnahmen für die Wattkartierung in dem von Abb. 204 überdeckten Gebiet untersucht und festgestellt, daß relativ gute Korrelationen zwischen der Grauwertverteilung im Gezeitenbereich und bestimmten Watt-Typen bestehen. Über Klassifizierungsprogramme ließ sich die räumliche Verteilung von trockenen Außensanden, Sandwatt, Schlicksand und Schlick kartenähnlich darstellen (Computer Printouts). Allerdings brachte der hohe Wassergehalt der Wattsedimente gewisse Probleme bei der Klassifizierung. In der Aufnahme von Kanal 5, die Einblicke in Flachwasserbereiche erlaubt, setzen sich mit dunkleren Grauton, vor allem in küstennahen Bereichen, Schlicksand-Gebiete ab. Die heller getönten Wattengebiete sind vorwiegend dem Sandwatt zuzuordnen, z.B. der Bereich nördlich und westlich der Insel Föhr. Im übrigen haben Untersuchungen von KONECNY (1980) gezeigt, daß die MSS-Kanäle 4 und 5 sowie 6 und 7 für Aufnahmen von Wattgebieten zu mehr als 90% korreliert sind. Eine Verarbeitung von mehr als 2 Landsat-Kanälen bringt also keinen zusätzlichen Informationsgewinn. Hier läßt sich Rechenzeit sparen. Über Erfahrungen bei Klassifizierungsversuchen von Küstengegebenheiten im Bereich der Deutschen Bucht berichtet auch KOLOUCH (1978).

Über die Ergebnisse von Versuchen zur automatischen Klassifizierung und Kartierung von größeren physiographischen Strukturen und Bodenbedeckungsvariationen im Bereich von Korallenriffen auf der Basis von Landsat-Daten berichten BINA et al. (1978) mit Beispielen aus der Inselwelt der Philippinen.

Auch für Studien der Strömungs- und Transportvorgänge sowie der Ablagerungsprozesse im Mündungsgebiet größerer Flüsse sind Landsat-Aufnahmen von Bedeutung. Darauf sollen die Abb. 205 und 206 hinweisen. Sie zeigen die Mündungsgebiete von Euphrat und Tigris im Persischen Golf (Kanal 5 und 7) und das Mississippi-Delta (ebenfalls Kanal 5 und 7).

Vor der Mississippi-Mündung setzen sich in der Aufnahme von Kanal 5 (Abb. 206a) mächtige Sedimentwolken (Schlamm und Silt) durch ihre sehr helle Grautönung ab. Form und Verteilung der Sedimente liefern Hinweise auf die Transportprozesse, die zum Fortbau des Deltas in die See hinein beitragen. Die Aufnahme des MSS-Kanals 7 (Abb. 206b), in der nur die oberflächennahen Sedimentkonzentrationen und oberflächennahe Absatzbereiche neu zugeführter Sedimente erfaßt werden, vermittelt ein noch differenzierteres Bild des eigentlichen Mündungsbereiches. Hier sind auch Inseln, Sandriffe und Barren an der Front des Deltabereiches deutlich erkennbar. Die Inselkette im rechten oberen

Bildbereich entstand durch Wiederaufbereitung älterer Deltaablagerungen durch Wellen und Strömungen. Die Küstenebene im Hinterland des heutigen „bird's foot"-Deltas wird aus alten Deltaabsätzen aufgebaut.

Auf die Möglichkeit, Strömungsvorgänge, Sedimenttransport und Sedimentabsatz in Küstenbereichen über die Auswertung von Landsat-Aufnahmen zu erfassen und zu überwachen, sollen die Abb. 207 und 208 aufmerksam machen. Die Abb. 207 zeigt einen Teilbereich der italienischen Adriaküste zwischen Pesaro und Pescara. Nach einer Zeit erhöhter Niederschläge und verstärkten Abflusses von Niederschlagswässern sind die aus dem Apennin kommenden Flüsse reich an Sedimenten. Deutlich sind die Einmündungen der Flüsse und die Strömungsvorgänge der sedimentführenden Wässer im Küstenbereich zu erkennen. Das Umbiegen der Sedimentfahnen in südöstliche Richtung zeigt entsprechend gerichtete küstenparallele Strömungen im oberflächennahen Küstenwasser an. In der Aufnahme von Kanal 5 (Abb. 207b) werden die Einmündungsstellen und die Bewegungs- bzw. Strömungsvorgänge der sedimentführenden Wasserkörper nahe der Wasseroberfläche recht differenziert wiedergegeben. Die Aufnahme von Kanal 4 (Abb. 207a) erlaubt Einblicke auch in Bereiche etwas größerer Wassertiefe. In dieser Aufnahme zeichnen sich unterschiedliche Strömungsvorgänge und Unterschiede in der Sedimentverteilung in den küstennahen und in den etwas küstenferneren, in flacheren und tieferen Küstengewässern ab. Insgesamt ist eine etwa 15–25 km breite küstenparallele, sediment- (bzw. schwebstoff-)führende Zone mit lokalen Ausbiegungen zu erkennen.

Die Abb. 208a bis d stellen eine Momentaufnahme der Strömungsverhältnisse und der Sedimentverteilung vor der albanischen Küste nördlich des Golfes von Vlonës dar (Aufnahmedatum 16. Oktober 1972). Die Infrarot-Aufnahmen der Kanäle 7 und 6 (0,8–1,1 μm bzw. 0,7–0,8 μm) geben die Einmündungsstellen sedimentführender Flüsse und die Sedimentverteilung an der Wasseroberfläche wieder, wobei Unterschiede in der Größe der in den beiden Aufnahmen erfaßten Sedimentwolken oder -fahnen auffällig sind. Sie sind durch wellenlängenabhängige Unterschiede des Reflexions- und Absorptionsverhaltens der sedimentführenden Wässer bedingt. In der Aufnahme von Kanal 6 deutet sich ein Umbiegen der sedimentführenden Strömungen aus der küstennahen südlichen in eine nordwestliche Richtung im küstenferneren Bereich an. Strömungsverhältnisse und Sedimenttransport bzw. Sedimentverteilung werden in der Aufnahme von Kanal 5 (0,6–0,7 μm) noch deutlicher. Hier ist durch die seewärtige Grautonänderung auch ein Abnehmen der Sedimentführung bzw. ein Absinken der Sedimente in größere Wassertiefe, nordwestlich des Golfes auch eine Schichtung der Sedimentführung zu erkennen. Die Aufnahme von Kanal 4 schließlich (0,5–0,6 μm), die die „tiefsten" Einblicke in die Küstengewässer erlaubt, liefert noch differenziertere Informationen über die Sedimentführung bis zu einer Entfernung von etwa 35 km vor der Küste. Die schon mit bloßem Auge in den schwarzweißen Standardkopien der Landsat-Szene erkennbaren Gegebenheiten könnten mit Methoden der Bildverarbeitung (z.B. Äquidensiten-Verfahren, Farbkodierung) noch differenzierter und zugleich kontrastreicher dargestellt werden. Ausführliche Darstellungen der Nutzungsmöglichkeiten von Landsat-Aufnahmen für Studien der Strömungsverhältnisse und des Sedimenttransportes in küstennahen Bereichen und Beschreibungen der Darstellungsmethoden finden sich u.a. bei GIERLOFF-EMDEN (1977), DEUTSCH, WIESNET & RANGO (eds., 1979), CRACKNELL (ed., 1981) und im Manual of Remote Sensing (1983).

6.4 Thermal-Scanner-Aufnahmen
Geologischer Bildinhalt, Auswertebeispiele

Thermal-Scanner-Befliegungen werden im Rahmen recht unterschiedlicher geologischer Fragestellungen durchgeführt: zur Erfassung geothermaler Anomalien, zur Kartierung unterschiedlicher lithofazieller Einheiten, bei Strukturkartierungen, bei Studien der Bodenbeschaffenheit und der geologischen Situation des oberflächennahen Untergrundes, zur Lokalisierung von Süßwasser-Austritten in Küstenbereichen, zum Studium von Strömungs- und Mischungsvorgängen in Binnengewässern.

Naheliegend ist der Einsatz von Thermal-Scannern in Bereichen erhöhter Boden- und Gesteinstemperaturen, wie sie z.B. in vulkanisch aktiven Gebieten auftreten. Hier ließen sich Lava-Austritte, Lava-Seen, Schlacken- und Aschenkegel, Dampfaustritte und Fumarolen neben anderen Phänomenen vulkanischer Aktivitäten schon immer beobachten. Auch wurden mit Radiometern lokale Messungen an Gesteinen, Laven und Dampfaustritten durchgeführt. Was fehlte, war die Möglichkeit zur synchronen flächenhaften oder räumlichen Erfassung der Oberflächentemperaturen eines Untersuchungsgebietes, die Möglichkeit wiederholter flächenhafter Temperaturkartierungen, die Änderungen des Temperatur-

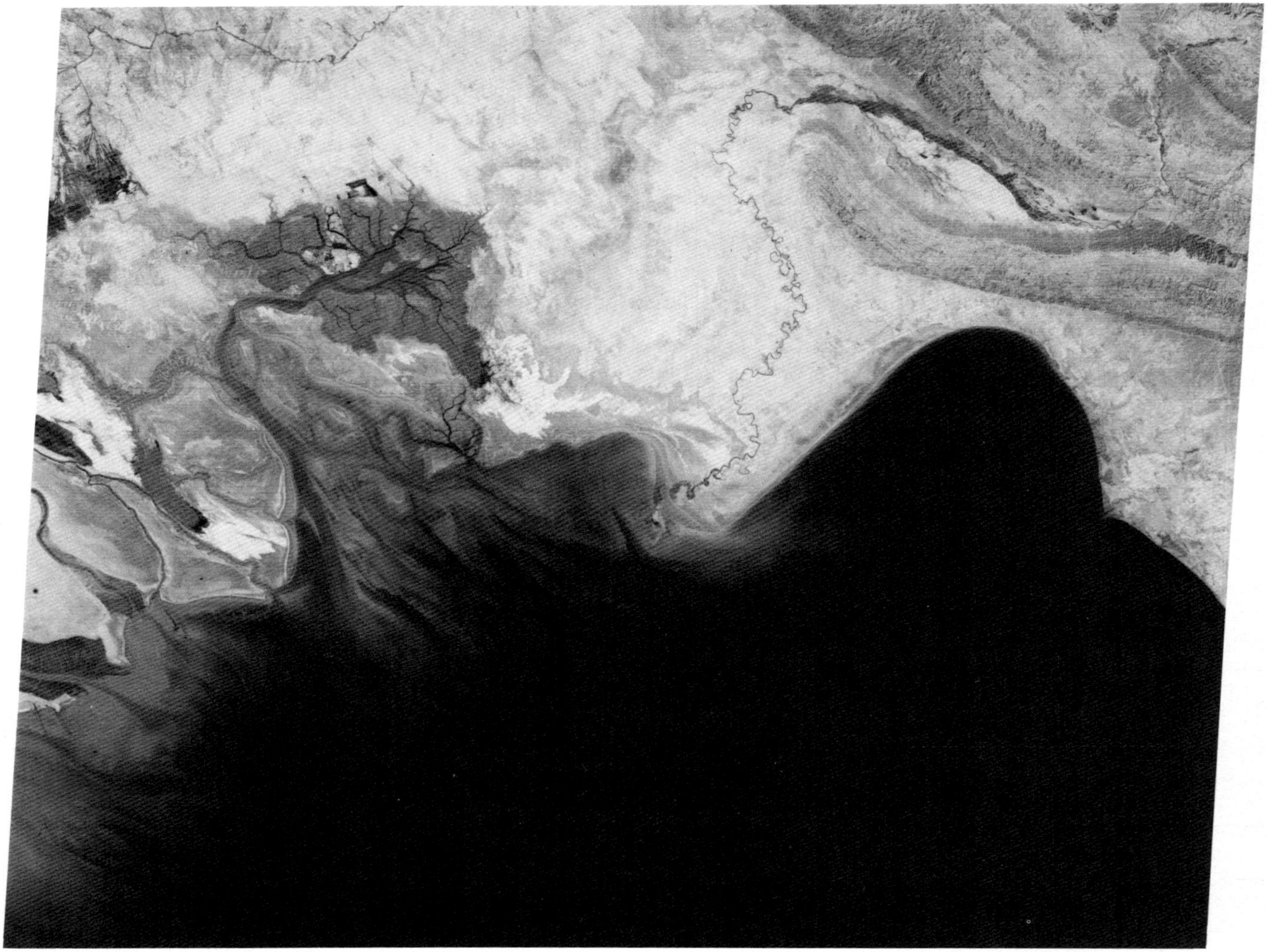

a

Abb. 205a und b Sedimentation und Küstenformen im Bereich der Mündungsgebiete von Euphrat und Tigris in einer Landsat-Aufnahme von Kanal 5 (a) und Kanal 7 (b). Bildmaßstab: ca. 1:1 000 000 (NASA, E-2274-16023).

regimes in Zeit und Raum erfassen und zusammen mit anderen geologischen und geophysikalischen Daten einen besseren Einblick in die ablaufenden Prozesse ermöglichen und eventuell für die Vorhersage von Vulkanausbrüchen von Bedeutung sind.

Die Abb. 209 zeigt oben eine panchromatische Luftbild-Aufnahme der Gipfelregion des Kilauea, eines der großen Schichtvulkane der Insel Hawaii, die einer Riftzone aufsitzen und Basalte fördern. Die Caldera hat einen Durchmesser von ca. 4 km. Der Boden der Caldera besteht

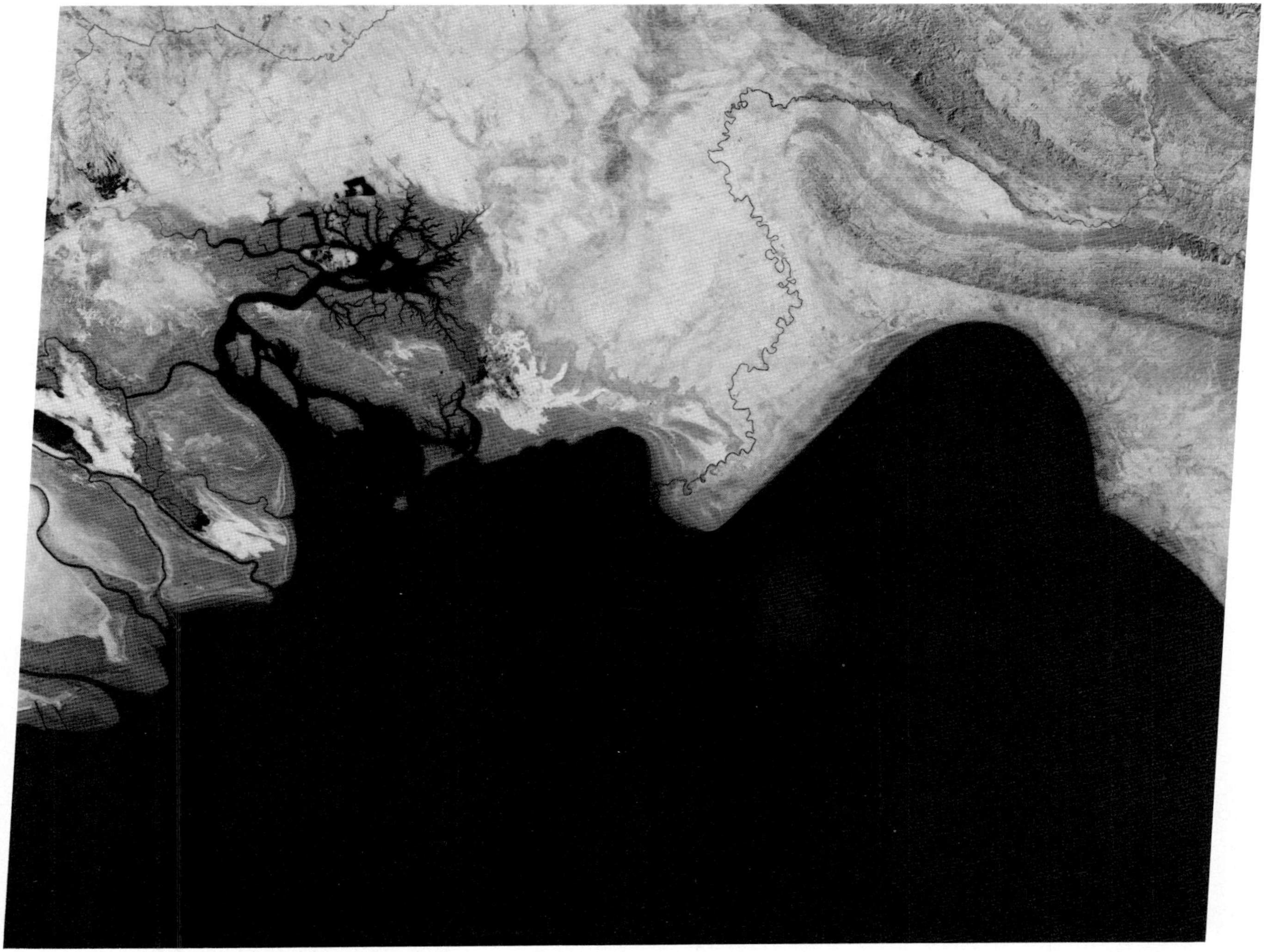

Abb. 205b

aus erstarrter Lava, die nach 1954 gefördert wurde. Das Luftbild stammt aus dem Jahr 1962. Im Kraterboden ist links an seiner kreisrunden Struktur der Krater des Halemaumau zu erkennen, der für etwa 20 Jahre aktiv war. Er war für viele Jahre mit flüssiger Lava gefüllt, die aber zur Zeit der Aufnahme, zumindest im oberen Bereich, erstarrt war. Im Krater sind ringförmige Einbruchstrukturen zu erkennen.

In der rechten unteren Ecke des Bildes ist der Kilauea Iki erfaßt, ein Vulkankrater, der während einer spektakulären Eruption im Jahre 1959 mit Lava gefüllt wurde. Am linken Kraterrand des Kilauea Iki sind parasitäre Krater zu erkennen: Aschen- und Schlackenkegel, teils mit pneumatolytischen Alterationen und Absätzen (helle Flecken am linken Kraterrand). Der Kilauea entstand während mehrerer Erup-

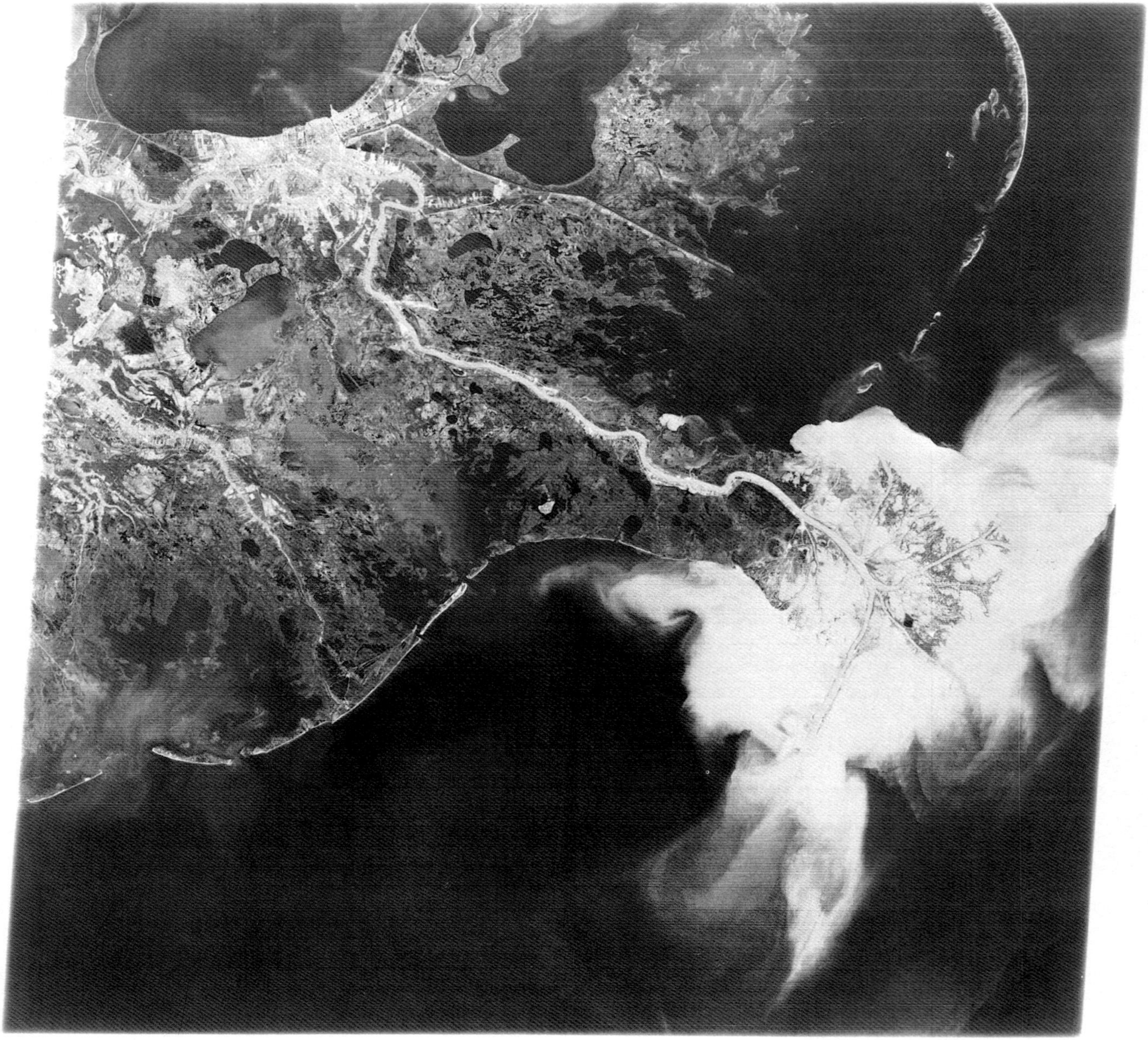

a

Abb. 206a und b Sedimentation im Bereich des Mississippi-Deltas in einer Landsat-Aufnahme von Kanal 5 (a) und Kanal 7 (b). Bildmaßstab: ca. 1:1 000 000 (NASA, E-1177-16023).

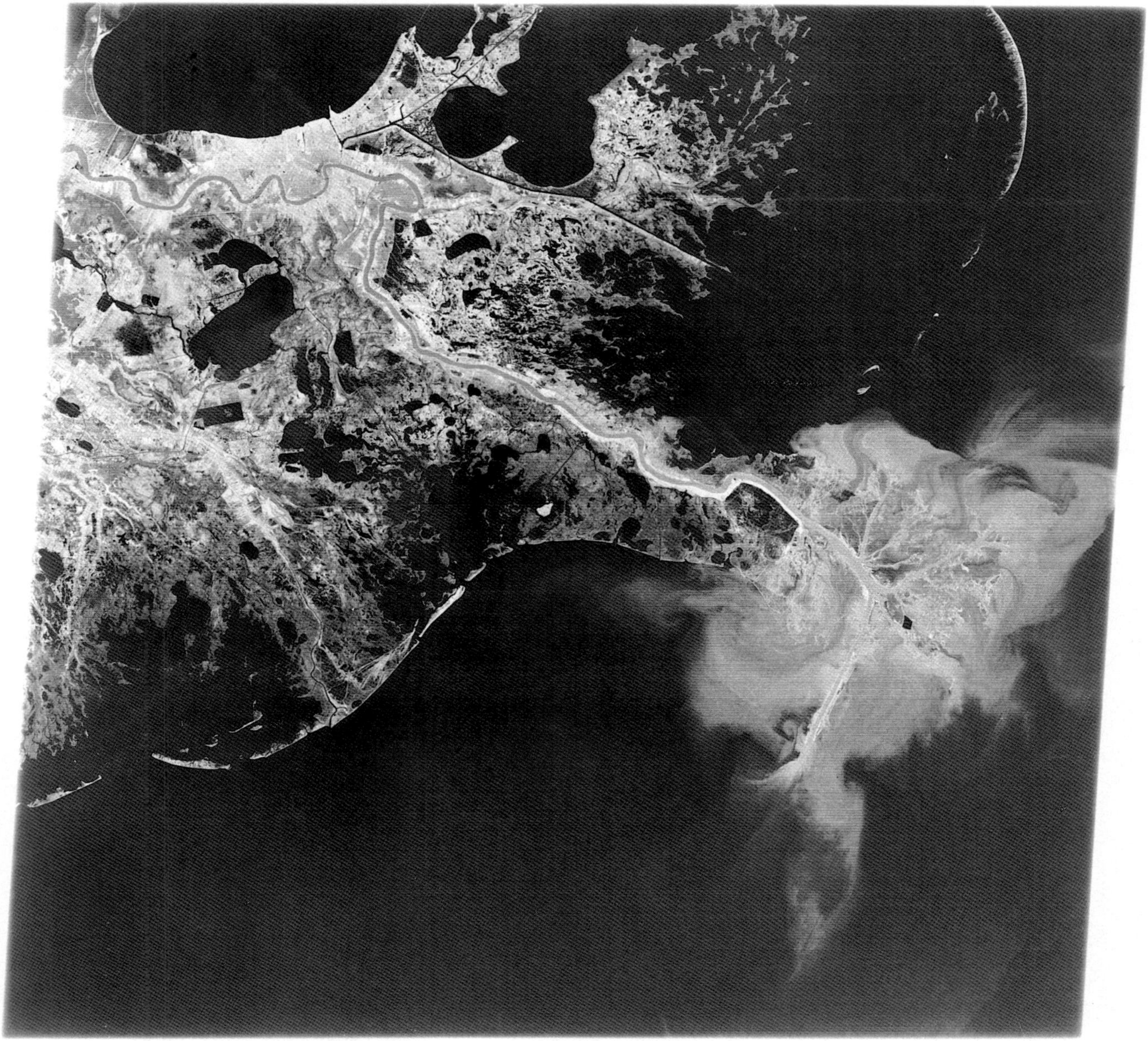

Abb. 206b

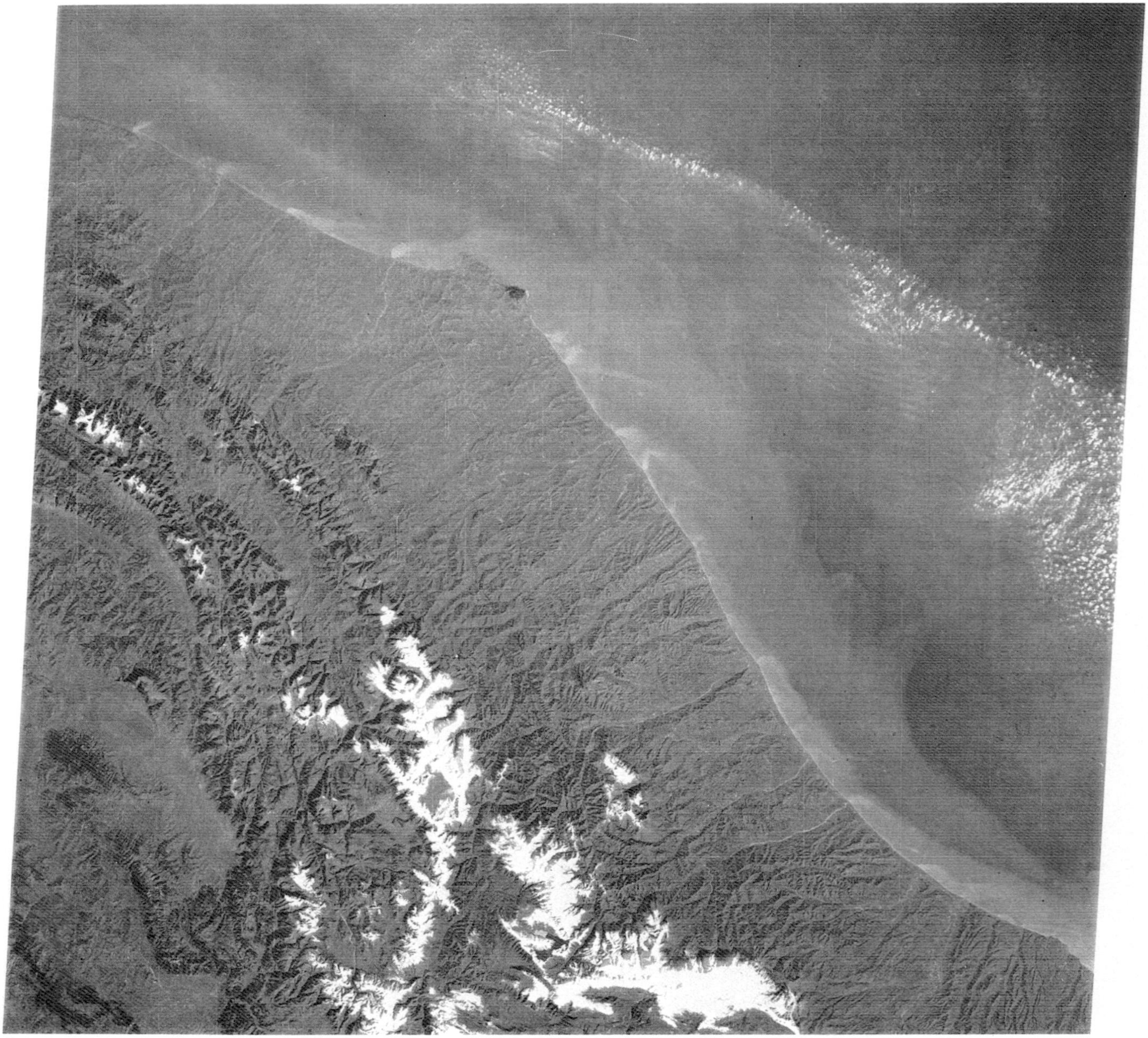

a

Abb. 207a und b Sedimenttransport und Sedimentabsatz in einem Streifen der italienischen Adria-Küste in einer Landsat-Aufnahme von Kanal 4 (a) und Kanal 5 (b). Bildmaßstab: ca. 1:1 000 000 (NASA, E-1198-09230).

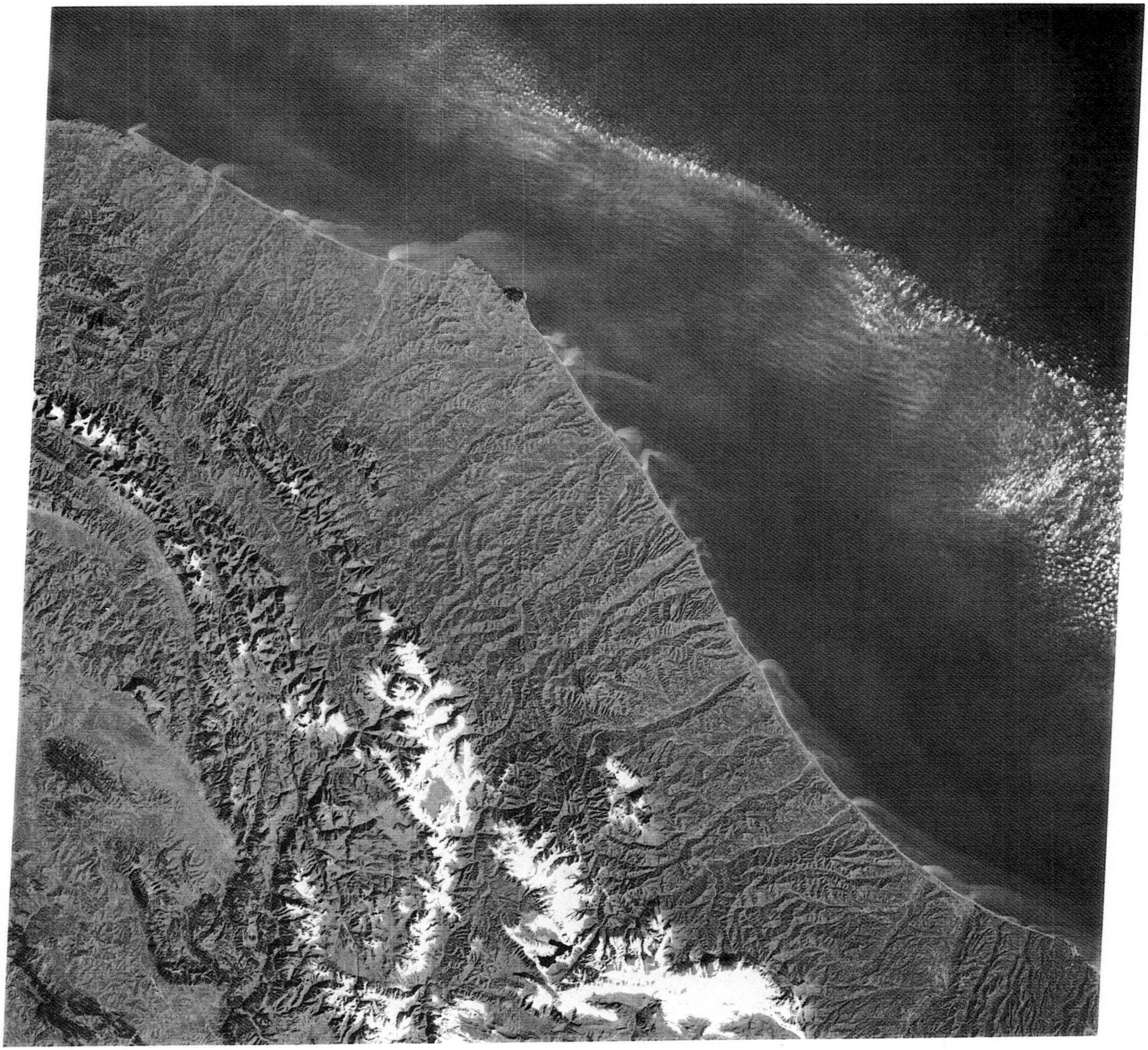

Abb. 207b

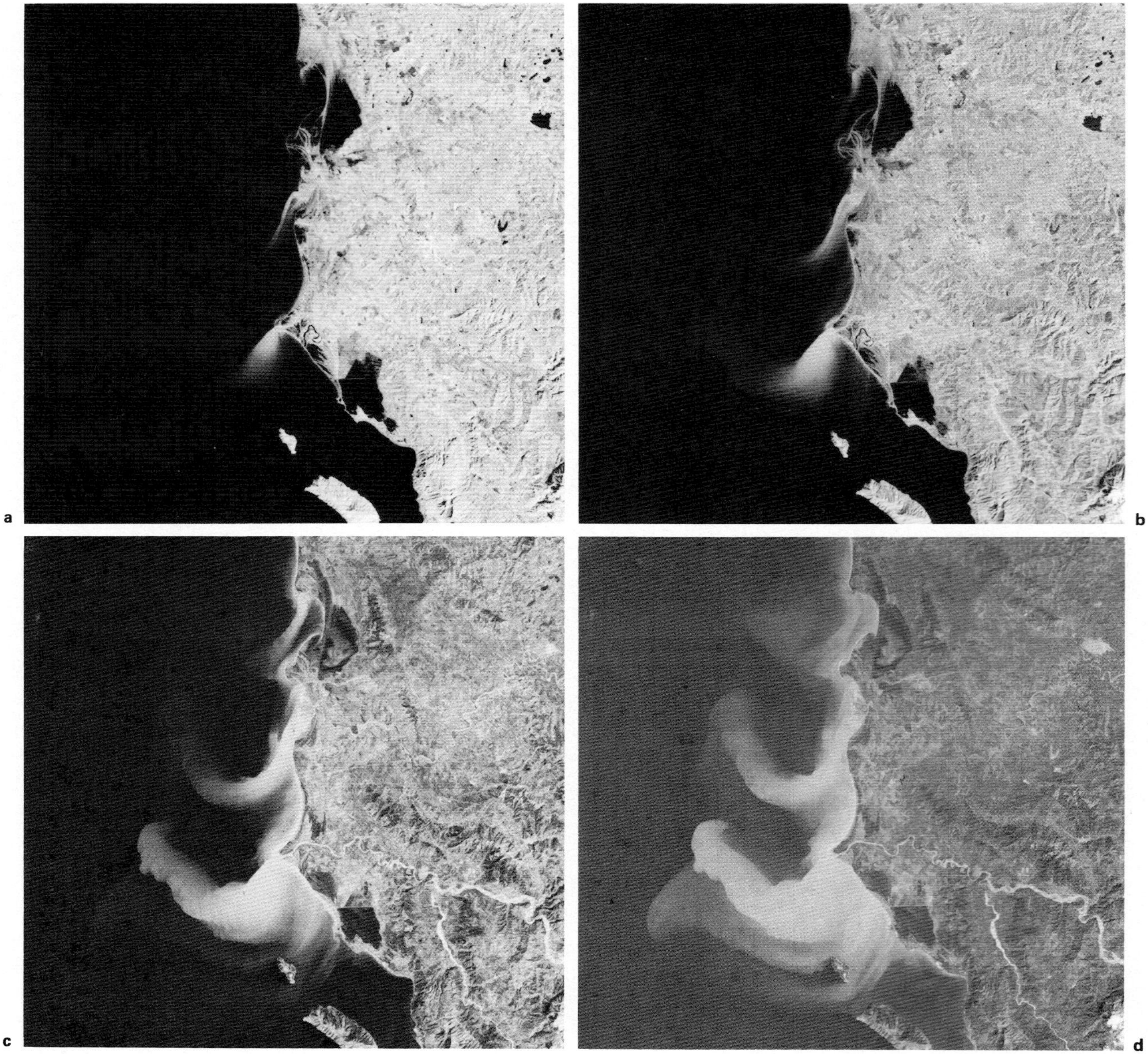

Abb. 208a–d Sedimenttransport an der albanischen Adria-Küste in 4 Spektralaufnahmen des Landsat MSS: in Kanal 7 (a), Kanal 6 (b), Kanal 5 (c) und in Kanal 4 (d). Bildmaßstab: ca. 1:1 000 000 (NASA, E-1085-08543).

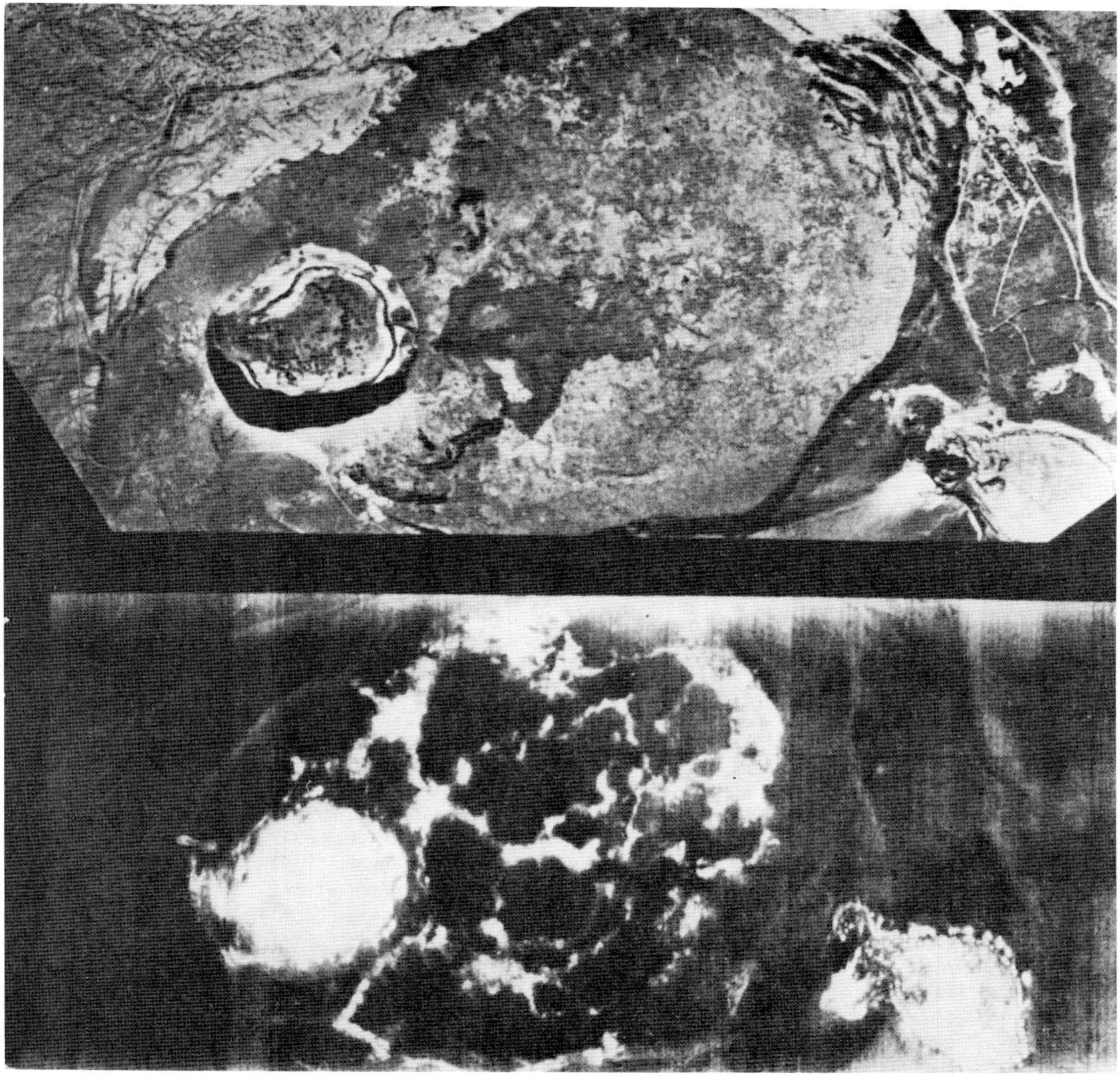

Abb. 209 Panchromatisches Luftbild der Gipfelregion des Kilauea (oben) und ein Thermalscanner-Bild desselben Gebietes (unten). Aufnahmespektrum des Thermalscanners 4,5–5,5 µm. Erläuterung im Text (nach FISCHER et al. 1964).

tionsphasen in den Jahren 1959/60. Der obere Teil des etwa 110 m tiefen Lavasees war zur Zeit der Aufnahme erstarrt (nach FISCHER et al. 1964).

Die Thermal-Scanner-Aufnahme der Zentralregion des Kilauea-Vulkans (Abb. 209 unten) stammt vom 28.1.1962. Sie wurde aus 1800 m Höhe um 7 Uhr Ortszeit (morgens) aufgenommen. Der Detektor des IR-Scanners erfaßte die vom Vulkangebiet emittierte Temperaturstrahlung im Wellenlängenintervall 4,5–5,5 μm. Hell getönte Bildbereiche zeigen Geländebereiche hoher Temperaturstrahlung. Dunkler getönte Bildbereichen zeigen Geländebereiche relativ niedriger Oberflächentemperaturen an. Es sei hier daran erinnert, daß im Bereich von 4,5–5,5 μm nur Strahlungsquellen sehr hoher Eigentemperatur erfaßt werden.

Bei der Betrachtung der Thermal-Scanner-Aufnahme fallen zuerst die hellen kreisrunden Flächen im Bereich der Krater Halemaumau und Kilauea Iki auf. Im Falle des Halemaumau korrespondiert die helle Fläche mit dem Schlotbereich einer Eruption im Juli 1961 (also etwa 6 Monate vor der Befliegung). Im IR-Scannerbild zeichnet sich im Kraterboden erstarrte, aber noch sehr heiße Lava ab. Nach FISCHER et al. (1964) wurde in etwa 1 m Höhe über dem Kraterboden 100 K gemessen. Über die Dicke der Lavakruste wird nichts berichtet. Die Eruption des Halemaumau erfolgte 1961 an einer Stelle, an der die SW-Riftzone von Hawaii den Kraterwall kreuzt. In der Thermal-Scanner-Aufnahme zeichnet sich unten durch den ovalen hellen Fleck im Kraterboden der Kilauea Iki ab, durch den ausgezackten hellen Fleck ein Aschenkegel aus einer Eruption von 1959. Die Lavakruste auf dem Lavasee des Kilauea Iki (die den Kraterboden bildet) war nach Beobachtungen von FISCHER et al. zur Zeit der Aufnahme (1962) ca. 15 m mächtig. Die geschmolzene Lava unter der Kruste hatte eine Temperatur von ca. 1065 K.

Im zentralen Bereich des Bildes zeichnen sich durch halbbogenförmige und subzirkulare helle Teilbereiche ältere Schlotbereiche und Lavabecken ab, die am Ende des vorigen Jahrhunderts entstanden waren. Die kurvilinearen und mehr oder weniger linearen hellen Flächen und Streifen der Scanneraufnahme markieren Austrittsstellen von Wasserdampf und heißen Gasen, die aus Geländebegehungen bekannt sind, aber nie in dieser Form kartierbar erfaßt werden konnten. Es sei erwähnt, daß die Originalkopie der Scanneraufnahme in ihrer Grautonabstufung weitaus differenzierter ist als die hier gezeigte Kopie. Das Originalbild vermittelt daher zusätzliche Informationen über die relativen Unterschiede der Oberflächentemperaturen im Kraterboden. Absolute Oberflächentemperaturen und deren Änderungen im Aufnahmebereich wären darstellbar, wenn bei der Befliegung die Daten von Eichstrahlern mitregistriert und am Boden Temperaturmessungen repräsentativer Teilbereiche durchgeführt worden wären.

Die Publikation von FISCHER et al. (1964), auf der die obigen Ausführungen basieren, enthält noch weitere Beispiele und Beobachtungen aus Thermal-Scanner-Befliegungen der Vulkane auf Hawaii. Sehr intensiv hat sich FRIEDMAN in mehreren Publikationen mit der Auswertung von Thermal-Scanner-Befliegungen in aktiven Vulkangebieten beschäftigt (u.a. Ätna, Surtsey, Mount St. Helens). FRIEDMAN und Mitarbeiter haben auch die Möglichkeiten der quantitativen Auswertung von Thermal-Scanner-Daten zur Berechnung des erhöhten Wärmeflusses in aktiven Vulkangebieten untersucht, zuletzt am Beispiel des Mount St. Helens (FRIEDMAN et al. 1970, FRIEDMAN 1968, FRIEDMAN et al. 1969, FRIEDMAN et al. 1980, FRIEDMAN et al. 1981). Abb. 210 zeigt die Gegenüberstellung eines Luftbildes und einer Thermal-Scanner-Aufnahme des Ätna (Aufnahme 19. Juni 1961, 14.57 Uhr, Flughöhe 8100 m).

Das Luftbild (Aufnahmespektrum 0,51–0,68 μm) zeigt die effusive Tätigkeit des Vulkans: Gasaustritte, frisch ausgeflossene und ausfließende Laven, die sich hangabwärts bewegen. Das Thermal-Scannerbild (Aufnahmespektrum 4,5 bis 5,5 μm) zeigt die thermale Emission der neuen Lavaströme, des Zentralkraters und eines Flankenkraters, der im Luftbild nicht erkennbar ist. Im Thermal-Scannerbild lassen sich aktive und inaktive Ströme unterscheiden. Die Oberfläche inaktiver Ströme ist verfestigt (Krustenbildung), so daß die thermale Emission vor allem über Spalten und Fumarolen erfolgt (nach FRIEDMAN & WILLIAMS 1968).

Austrittsstellen heißer Quellen und Gase, erwärmte Böden in der Umgebung der Austrittsstellen zeigt die Thermal-Scanner-Aufnahme der Abb. 211 aus dem Bereich des Yellowstone Parks in den nördlichen Rocky Mountains (Aufnahmezeit 2 Uhr morgens Ortszeit). Die thermalen Anomalien setzen sich mit hellen Grautönen gegen die kühleren Oberflächen der Umgebung ab. Auch das Wasser des kleinen Flusses ist wärmer als die umgebenden Landflächen, weil es sich ebenfalls mit hellem Grauton absetzt. In der Aufnahme im Spektrum von 8–14 μm überstrahlen die starken Anomalien die Umgebung. Doch werden sonst die kleineren Unterschiede der Wärmestrahlung erfaßt und wiedergegeben. In der Aufnahme im Spektrum von 4,5–5,5 μm

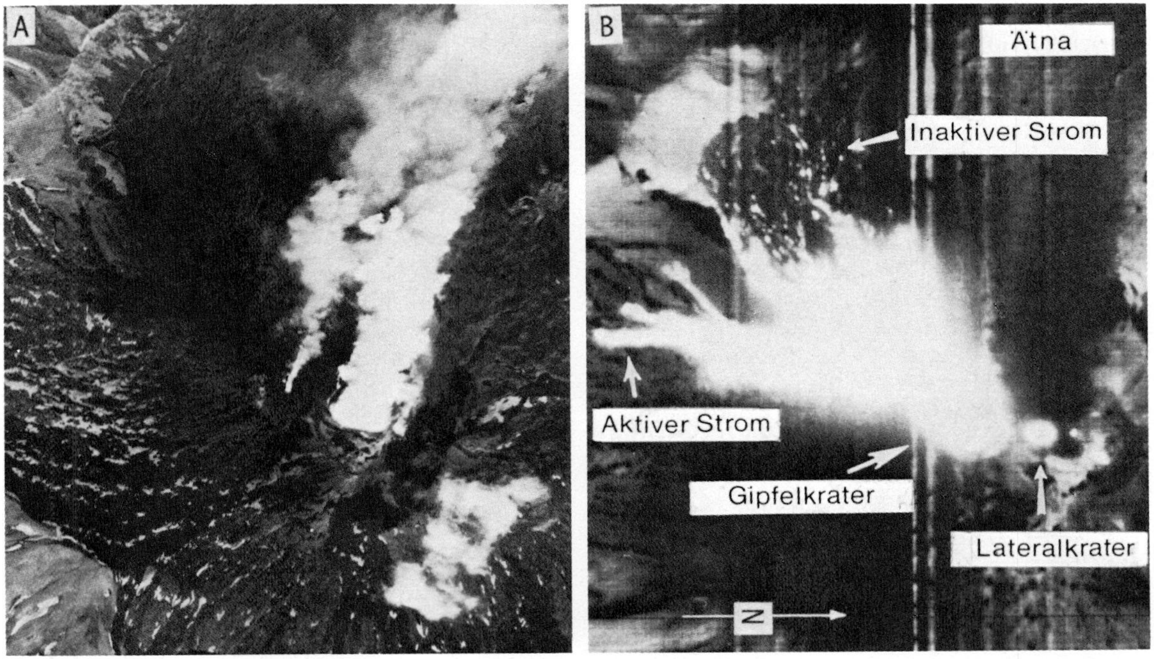

Abb. 210 Ein Luftbild und ein Thermal-Scannerbild des Ätna (Sizilien). Erläuterung im Text (nach FRIEDMAN & WILLIAMS 1968).

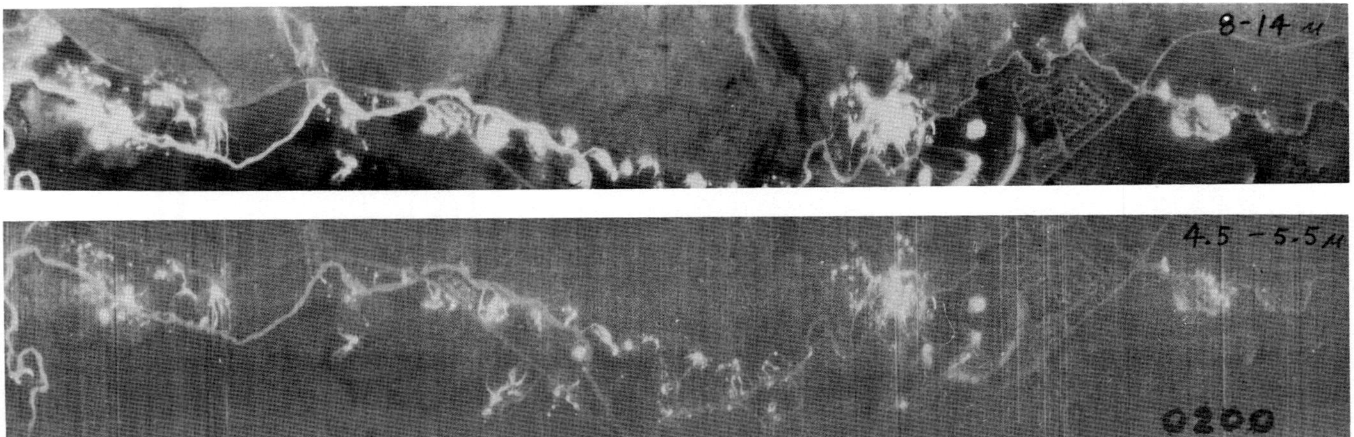

Abb. 211 Austrittsstellen heißer Wässer und Gase und erwärmte Böden in der Umgebung der Austrittsstellen im Yellowstone Park (USA) in Thermalscanner-Bildern. Die Aufnahme im Spektrum von 4,5–5,5 μm (unten) erfaßt bzw. zeigt nur Objekte oder Bereiche hoher Eigentemperatur. Man beachte die unterschiedliche Wiedergabe gleicher Geländebereiche in den Bildstreifen der beiden unterschiedlichen Teilspektren des Thermal-Infrarot. Weitere Erläuterungen im Text (Aufnahme USGS).

(Abb. 211 unten) sind die thermalen Anomalien wesentlich kleiner. Hier werden nur die eigentlichen Förderzentren hochtemperierter Thermalwässer und Dämpfe erfaßt. Wie schon in Abschn. 4.3.2 erwähnt, verschiebt sich der Strahlungs-Peak eines strahlenden Objektes (Schwarz- bzw. Graukörper) mit steigender Temperatur zu kürzeren Wellenlängen hin. Die multispektrale Aufnahmetechnik liefert also auch im Thermal-Infrarot in den einzelnen Wellenlängenbereichen unterschiedliche Aufnahmedaten und damit unterschiedliche Informationen. Im Bild des Kanals 4,5–5,5 μm werden nur Strahlungsquellen hoher Eigentemperatur erfaßt. In der Aufnahme des Kanals 8–14 μm (oben in Abb. 211) zeichnen sich dagegen auch geringere relative Unterschiede der Oberflächentemperaturen im Bereich der Thermalanomalien und in ihrer Umgebung ab. So sind in der Abb. 211 oben Bereiche niedrigerer Oberflächentemperatur (Eintalungen, tiefer gelegene Böden, auch feuchtere Bereiche) an mittleren und dunkleren Grautonabstufungen zu erkennen, die in der Abb. 211 unten gar nicht zum Ausdruck kommen. Bei der Planung von Thermalscanner-Befliegungen ist also zu berücksichtigen, daß Aufnahmen im Spektrum von 4,5 bis 5,5 μm und von 8–14 μm jeweils unterschiedliche Geländegegebenheiten bzw. Objekte unterschiedlicher Strahlungstemperatur erfassen und darstellen.

In letzter Zeit sind größere geothermale Anomalien wiederholt auf ihre Nutzbarkeit als Energiequelle untersucht worden. Im Zusammenhang mit diesen Untersuchungen sind in größerem Umfang auch Thermalscanner-Befliegungen durchgeführt worden. Unter günstigen Aufnahmebedingungen ließen sich einige wirtschaftlich interessante geothermale Anomalien im IR-Scannerbild fassen. Abb. 212 zeigt ein wirtschaftlich interessantes Thermalfeld in SW-Island, dort, wo die Zentralzone des Mittelatlantischen Rückens an Land sichtbar wird (FRIEDMAN & WILLIAMS 1968). Das Scanner-

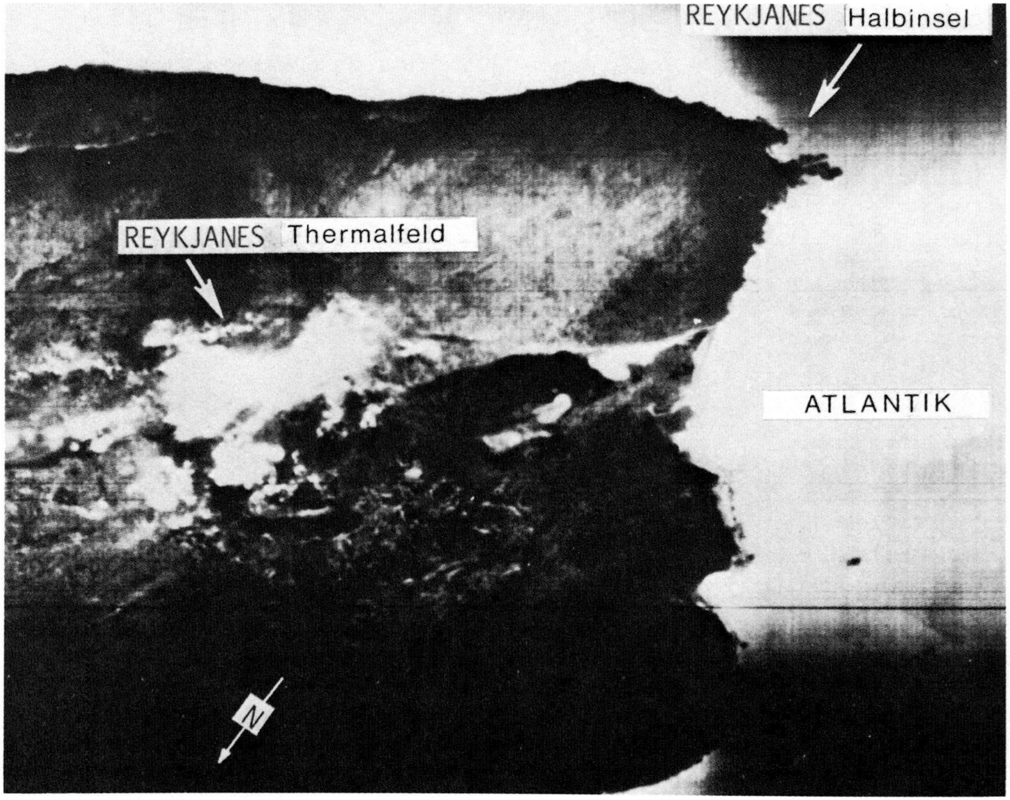

Abb. 212 Thermalscanner-Bild der Reykjanes Halbinsel (Island). Aufnahmespektrum 4,5–5,5 μm. Erläuterung im Text (nach FRIEDMAN & WILLIAMS 1968).

bild wurde am 20.8.1966 aus einer Flughöhe von ca. 3300 m im Spektrum von 4,5–5,5 μm aufgenommen. Starke Erdbeben und tektonische Bewegungen an Störungen (von denen eine sehr große Störungszone mit einer deutlichen thermalen Anomalie im Bild erkennbar ist) haben im gezeigten Gebiet im Jahre 1967 zu einer verstärkten Thermalaktivität an der Erdoberfläche geführt. Gerade in Island werden Thermalscanner-Befliegungen zur Kartierung und Untersuchung von Thermalfeldern eingesetzt. Flächenhafte Ausdehnung und Intensität einer thermalen Anomalie geben hier zusammen mit anderen geophysikalischen Daten Hinweise auf das zu erwartende Energiepotential. Auch lassen sich im IR-Scannerbild aus Lage und Umriß einer erfaßten geothermalen Anomalie Beziehungen zu tektonischen Strukturen an der Erdoberfläche erkennen oder ableiten. Solche Informationen sind für die Auswahl anzusetzender Explorationsbohrungen von großer Bedeutung.

Allerdings ist die Prospektion auf wirtschaftlich bedeutsame Thermalanomalien mit Hilfe von Thermal-Scanner-Aufnahmen häufig problematisch und nicht immer erfolgreich. Das zeigten z.B. Modelluntersuchungen im Bereich einer durch Explorationsbohrungen und Geländemessungen bekannten geothermalen Anomalie auf der Ägäis-Insel Lesvos (GÜNTHER et al. 1977). Im Zentrum der Anomalie südöstlich des Ortes Polichnitos betragen die Wassertemperaturen von Thermalquellen an der Oberfläche bis zu 87°C, in größerer Tiefe bis 91,5°C. Augenfällige Erscheinungen geothermaler Aktivität finden sich auf einer Fläche von etwa 150 x 150 m. Thermale Messungen in 26 Bohrlöchern mit Tiefen zwischen 50 m und 150 m deuten eine Ausdehnung der thermisch gestörten Zone von etwa 1 x 3 km an (HÄNEL 1973).

Abb. 213 zeigt den Originalbildstreifen der Thermal-Scanner-Befliegung, Abb. 214 einen vergrößerten Ausschnitt daraus. Die unterschiedlichen Oberflächentemperaturen der Geländeobjekte (Gewässer, Böden, Pflanzen, Gesteine, Wege, Steinmauern, Gebäude) zur Zeit der Befliegung werden im Scannerbild durch verschiedene Grautonstufen wiedergegeben.

Die Austrittsbereiche der Thermalwässer (links der Bildmitte nahe den dunklen Gebäuden) und der Bach, in dem die Thermalwässer abfließen, setzen sich mit fast weißer Tönung gegen ihre Umgebung ab. Dabei überstrahlen die Thermen im Scannerbild die nähere Umgebung, so daß die genaue Lage der Austrittsstellen der Thermen im Scannerbild nicht zu erkennen ist. Ein ähnlicher Effekt war bereits im Bildstreifen der Abb. 211 aus dem Yellowstone Park zu sehen. Dort konnten aber durch eine zusätzliche Befliegung im Spektrum von 4,5–5,5 μm die Positionen sehr hoher Oberflächentemperaturen getrennt erfaßt werden. Im Scannerbild der Abb. 213 bzw. 214 fällt auf, daß links unterhalb der Thermalquellen einige weitere, fast weiße Flecken auftreten, die unregelmäßig begrenzt sind, sich jedoch scharf gegen die Umgebung absetzen. Es sind Teiche, die fast die

Abb. 213 Originalbildstreifen einer Thermal-Scanner-Befliegung der geothermalen Anomalie von Polichnitos (Lesvos). Aufnahmespektrum 8–14 μm. Erläuterung im Text. Bildmaßstab: ca. 1:170 000 (Aufnahme I.G.N.).

Abb. 214 Vergrößerter Ausschnitt des Bildstreifens von Abb. 214. Bildmaßstab: ca. 1:55 000.

gleiche Tönung zeigen wie die Thermalquellen, obgleich ihre Wassertemperaturen zur Zeit der Befliegung bei 10°C und somit fast 70 K niedriger lagen als die Temperaturen der Thermalwässer. Die Ursache dieser wenig differenzierten Wiedergabe von Temperaturunterschieden liegt im begrenzten Dynamikbereich des zur Aufzeichnung der Strahlungsdaten verwendeten Films. Heute werden die vom Detektor des Thermal-Scanners erfaßten Strahlungsintensitäten fast nur noch auf Magnetband aufgezeichnet, um den vollen Dynamikbereich des Thermal-Scanners für die spätere Bilddarstellung und für die Auswertung des Scannerbildes optimal nutzen zu können (PALMASON et al. 1970). Wurden bei der Befliegung Eichdaten im Scanner und am Boden gemessen, werden quantitative Bestimmungen der auf Magnetband aufgezeichneten Oberflächentemperaturen von Geländeobjekten, im Falle ausgeprägter geothermaler Anomalien auch quantitative Ableitungen des Wärmeflusses möglich (FRIEDMAN & FRANU 1980).

Die helle Grautönung im Bereich der Thermen und zwischen der Gabelung der beiden Bäche ist auch auf die Aufheizung des Bodens von unten her zurückzuführen. Für den zentralen Bereich der Anomalie wurden durch Bodensonden- und IR-Strahlungsradiometer-Messungen an der Bodenoberfläche während verschiedener Meßperioden über eine Profillänge von 170—200 m immer erhöhte Bodentemperaturen im Vergleich zur Umgebung ermittelt (GÜNTHER et al. 1977). Etwa 7 m von einer Thermalquelle entfernt lag die Oberflächentemperatur des Bodens nach Radiometer-Messungen im Tagesdurchschnitt um 4 K höher als in den thermal ungestörten Bereichen der Umgebung. Das entspricht einer Erhöhung des Wärmestromes um den Faktor 530. Zu erwähnen ist, daß die Temperaturdifferenz, also der bei der Prospektion auf geothermale Anomalien gesuchte Temperaturkontrast der Bodenoberflächen zwischen thermisch gestörten und ungestörten Bereichen in der Meßperiode März 1973 über Tag und Nacht praktisch gleich groß blieb. Trotzdem war die Thermal-Scanner-Befliegung zur Nachtzeit (vor Sonnenaufgang) vorzuziehen, weil dann die aus der Sonneneinstrahlung resultierende Störung der Strahlungsmessungen am geringsten ist.

Die Befliegung des Untersuchungsgebietes von Polichnitos erfolgte am 22.3.1973 zwischen 5 und 6 Uhr morgens, vor Sonnenaufgang, auf N/S-Traversen unter günstigen Bedingungen. Der Himmel war klar. Es herrschte fast Windstille. In den Tagen vor der Befliegung hatte es kaum geregnet. Die Befliegung wurde mit einem Thermal-Scanner vom Typ Supercyklop im 8—14 μm-Kanal durchgeführt (Flugzeug und Scanner IGN). Eine Befliegung wurde in 600 m, eine wiederholte in 800 m Höhe durchgeführt. Die Scannerdaten wurden nicht geeicht, doch wurden während der Befliegung Radiometer-Messungen an repräsentativen Bodenpunkten durchgeführt, um den Grautonabstufungen des Scannerbildes Temperaturen zuordnen zu können.

Die Erfahrungen im Testgebiet Polichnitos zeigen, daß die durch die unterschiedlichen thermischen Eigenschaften der Oberflächenmaterialien und durch Umweltparameter (u.a. Bodenfeuchte, Vorhandensein oder Fehlen von Bewuchs, Art, Dichte und Höhe des Bewuchses, Hangneigung, topographische Position) bedingten Unterschiede der Oberflächentemperaturen im Aufnahmegebiet so groß sind, daß sie den Effekt des erhöhten Wärmestroms im Bereich der geothermalen Anomalie überdecken können.

Um die Effekte der unterschiedlichen thermischen Eigenschaften der verschiedenen Geländeobjekte und einiger Umweltparameter zu zeigen und um die Abbildung der Geländeverhältnisse im Thermal-Scannerbild zu demonstrieren, wird in den Abb. 214 und 215 das Thermal-Scannerbild einer panchromatischen photographischen Aufnahme des Anomalie-Gebietes und seiner Umgebung gegenübergestellt.

In der Abb. 215 sind unterhalb der Bildmitte die Badehäuser zu sehen, die sich im Scannerbild oberhalb der Thermalquellen erkennen lassen. Sie setzen sich im Thermal-Scannerbild mit dunklen Grauton ab, weil ihre Dächer zur Zeit der Überfliegung deutlich kühler waren als die Umgebung. Vor den Badehäusern läuft (in der Abb. 215 von links nach rechts) der Bach, in dem die Thermalwässer abfließen. Die vegetationsfreien hellen Bereiche links der Bachgabelung markieren die Quellaustritte und ihre Umgebung. Hinter dem Badehaus sind rechts neben einer Zypresse zwei große Kiefern zu erkennen, die im IR-Scannerbild wegen ihrer deutlich höheren Eigentemperatur als zwei helle runde Flecken rechts oberhalb der Thermen wiedergegeben sind. Die im Hintergrund erkennbaren Bäume (meist Olivenbäume) verursachen das helle Fleckenmuster im oberen Teil des Scannerbildes. Die im Talgrund und im benachbarten, flach ansteigenden Gelände liegenden Felder und Wiesen waren zur Zeit der Befliegung teils frei von Bewuchs, teils niedrig oder schütter bewachsen (Gras, Weizen u.a.). Die freien Böden hatten sich über Nacht stark abgekühlt. Sie werden mit sehr dunklen Grautönen im Scannerbild wiedergegeben. Die bewachsenen Flächen werden insgesamt mit etwas helleren Grautönen abgebildet, weil sie sich im Laufe der Nacht weniger stark abgekühlt haben. Die in der Abb. 215 erkennbaren aufgeschichteten Steinmauern haben sich durch Abstrahlung der tagsüber aufgenommenen Strahlungsenergie im Laufe der Nacht stark abgekühlt. Entsprechend erscheinen sie im Thermal-Scannerbild als sehr dunkel getönte Linien. Dagegen setzt sich das Wasser des in einer Eintalung fließenden Baches, das wärmer ist als Böden und Luft der Umgebung, mit sehr hellem Grauton ab.

Die unterhalb der Thermen bzw. unterhalb des durch die Bildmitte von Abb. 214 verlaufenden Baches gelegene mittelgrau getönte Fläche, in der mit linearen dunklen Grautönen Steinmauern zu erkennen sind, entspricht der Fläche im Vordergrund der Abb. 215. Diese Hangfläche ist mit ca. 50 cm hohem Dornengestrüpp bewachsen. In der mittelgrau getönten Fläche sind im Scannerbild mehrere unregelmäßig begrenzte dunkle Flecken zu erkennen. Es sind nach Geländebeobachtungen unbewachsene Bodenflächen. Sie erscheinen im Thermal-Scannerbild mit dunklem Grauton, weil sie im Laufe der Nacht mehr Wärme abstrahlen konnten als die mit Dornengestrüpp bewachsenen Bereiche der Hang-

Abb. 215 Photographische Aufnahme des Bereiches der geothermalen Anomalie von Polichnitos und ihrer Umgebung (Aufnahme GÜNTHER).

fläche. Die bewuchsfreien Bodenflächen kühlten daher im Laufe der Nacht stark ab, während das Dornengestrüpp die tagsüber aufgenommene Wärme in einem gewissen Umfang noch speichern konnte und die bewachsenen Bereiche vor Morgengrauen somit relativ wärmer waren als die freien Bodenflächen.

Nach den Erfahrungen im Testgebiet von Polichnitos ist die qualitative Interpretation von Thermal-Scanner-Daten ohne Kontrolldaten aus Messungen und Beobachtungen zur Zeit der Befliegung, gegebenenfalls auch davor, nicht möglich. Selbst dann wird die Interpretation von IR-Scannerbildern problematisch sein, weil die durch die variierende Oberflächenbeschaffenheit benachbarter Flächen (Bodenart, Bodenfeuchte, Oberflächenrauheit, Bewuchs) bedingten Temperaturschwankungen wie auch Unterschiede in der topographischen Position bzw. im Geländerelief die Effekte selbst eines relativ stark erhöhten Wärmestromes wie im Testgebiet stark überlagern und zu Fehlinterpretationen führen können. Es ist kein Problem, Thermalquellen exakt zu lokalisieren. Es ist dagegen sehr schwer, eine geothermale Anomalie flächenhaft als Temperaturanomalie der Geländeoberfläche im Thermal-Scannerbild zu erfassen, vor allem in Gelände mit Boden- und Vegetationsbedeckung. Die Brauchbarkeit von Thermal-Scanner-Befliegungen für die Prospektion auf geothermale Anomalien ist daher entgegen manchen anderen Meinungsäußerungen mit Vorsicht zu betrachten. Zuverlässige Daten über Vorhandensein und Ausdehnung einer geothermalen Anomalie liefern dagegen im Gelände über Traversen

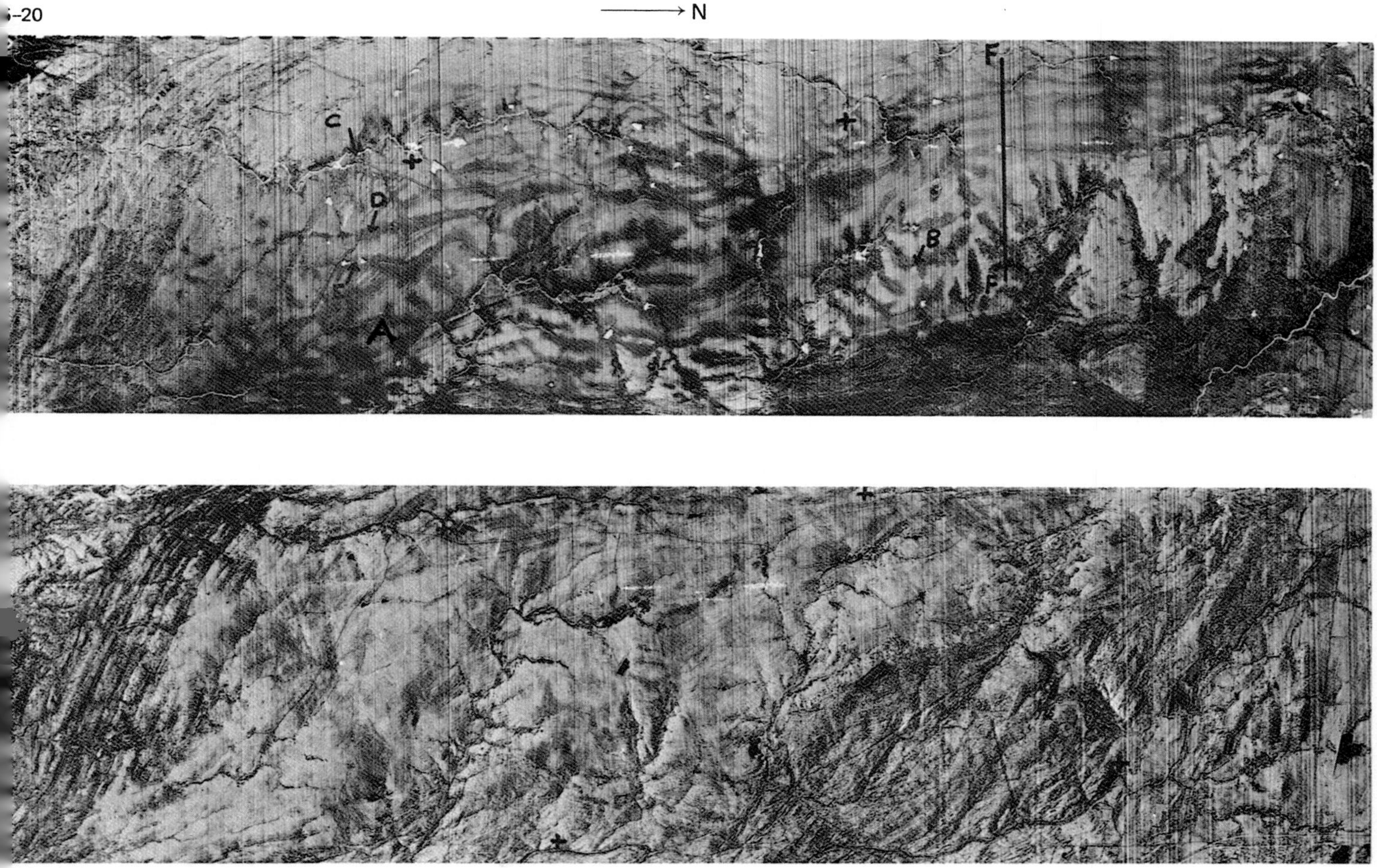

Abb. 216 Thermal-Scannerbild aus dem Bereich der Arbuckle Mountains (Oklahoma). Oben: Aufnahme vor Sonnenaufgang (6 Uhr Ortszeit). Bei A ist die Faziesgrenze zwischen Kalk (dunkler Grauton) und Dolomit (hellerer Grauton) zu erkennen. Unten: In der Vormittagsaufnahme (11 Uhr) sind Kalke und Dolomite nach Grautonunterschieden nicht mehr zu trennen. Weitere Erläuterung im Text (nach ROWAN et al. 1969).

und Raster durchgeführte Infrarot-Strahlungsradiometer-Messungen. Diese Messungen sind leicht und mit geringem finanziellen Aufwand durchzuführen. Sie liefern quantitative Daten, wie sie für Modellrechnungen benötigt werden (vgl. GÜNTHER et al. 1977). Über Erfahrungen mit dem kombinierten Einsatz von Luftbild- und Thermal-Scanner-Aufnahmen bei Untersuchungen geothermaler Phänomene in einem Anomalie-Feld Mexikos berichten auch VALLE et al. (1970).

Bei der Kartierung lithologischer Einheiten werden Thermal-Scanner-Befliegungen in der Regel nur zur Klärung spezieller lokaler Fragestellungen, weniger als Routine-Methode eingesetzt. Als Beispiel sei die Trennung von Dolomiten und Kalksteinen genannt, die in panchromatischen Luftbildern, auch in Multispektralaufnahmen im Sichtbaren nicht immer einfach, meistens unmöglich ist. ROWAN et al. (1969, 1970) haben bei Testbefliegungen der Arbuckle Mountains (Oklahoma) festgestellt, daß sich anstehende Dolomit- und Kalkeinheiten in IR-Scannerbildern, die vor Sonnenaufgang aufgenommen wurden, trennen lassen. Um diese Zeit waren die Dolomite im Untersuchungsgebiet etwas wärmer als die Kalksteine. Sie emittierten daher stärker und zeichneten sich im Scannerbild durch helle Grautöne ab (Abb. 216 oben). Die kühleren Kalkaufschlüsse sind dagegen mit dunkleren Grautönen wiedergegeben. Nach ROWAN et al. führen eine geringere Albedo (durch Verwitterung der Dolomitoberfläche) und eine höhere thermale Trägheit (aufgrund der Gesteinszusammensetzung) zur relativ höheren Oberflächentemperatur der Dolomitaufschlüsse im Verlauf der Nacht. In der Vormittagsaufnahme (11 Uhr Ortszeit) sind Dolomite und Kalksteine nicht mehr zu trennen (Abb. 216 unten). Am Tag wirken die beiden Parameter gegeneinander: Die höhere Thermalträgheit hält die Dolomit-Temperatur niedriger, die niedrigere Albedo bewirkt die Erhöhung der Dolomit-Temperatur im Tagesverlauf. Daher reichen die Temperaturdifferenzen zwischen Dolomiten und Kalksteinen am Tage nicht zur Unterscheidung der beiden Gesteinstypen aus. Nach ROWAN et al. ist ein maximaler Temperaturkontrast unterschiedlicher Gesteinstypen im IR-Scanner-Nachtbild zu erwarten, wenn diese eine Kombination maximaler Unterschiede von Albedo und Thermalträgheit aufweisen, vorausgesetzt, daß eine niedrigere Albedo mit einer höheren Thermalträgheit gepaart ist. Sind dagegen hohe (bzw. niedrige) Albedo und hohe (bzw. niedrige) Thermalträgheit gepaart, so ist ein maximaler Kontrast zweier Gesteinseinheiten in IR-Scannerbildern von Tagesbefliegungen zu erwarten. Voraussetzung ist hier allerdings, daß topographische Effekte nicht die Effekte des unterschiedlichen Temperaturverhaltens der Gesteine überlagern.

In Tagesaufnahmen, vor allem in solchen der Morgen- und Vormittagsstunden, tritt das topographische Relief betonter hervor, weil der Sonne zugeneigte und der Sonne abgewandte Oberflächen viel bzw. wenig Sonnenstrahlung erhalten und sich entsprechend unterschiedlich erwärmen. Entsprechend ihrer Oberflächentemperatur werden der Sonne zugewandte Hänge im Scannerbild mit hellen, der Sonne abgewandte mit dunklen Grautönen abgebildet (engl. thermal shading). Dieser reliefbetonende Effekt wird schon beim Vergleich der Thermal-Scanner-Aufnahmen der Abb. 217 deutlich, die eine flach-wellige Landschaft mit Höhenunterschieden von ca. 30 m zeigt. In der Vormittagsaufnahme werden Einzelheiten der Schichtung und des strukturellen Baues sichtbar, die in der Aufnahme vor Sonnenaufgang nicht oder nur angedeutet wiedergegeben werden. In Morgenaufnahmen von Landschaften mit sehr flachem Relief können Thermalschatten durch die Betonung auch geringer Reliefunterschiede Reliefeinheiten oder -strukturen deutlich machen, die in konventionellen Luftbildern oft nicht zu erkennen sind. OFFIELD (1975) berichtet über entsprechende Erfahrungen bei Strukturkartierungen von Morgenaufnahmen im Vorland der Rocky Mountains bei Denver.

Im Hinblick auf die Unterscheidbarkeit von Gesteinseinheiten in Thermal-Scanner-Aufnahmen eines Geländes mit mäßigem Relief (bis zu 60 m Höhenunterschied) zeigten Untersuchungen von ROWAN et al. (1970), daß in Tagesaufnahmen Einzelheiten der Schichtung in den der Sonne zugewandten Hängen akzentuiert wiedergegeben werden (vgl. Abb. 217). IR-Scannerbilder, die morgens und am frühen Nachmittag geflogen wurden, zeigen deutliche Unterschiede in der Wiedergabe topographischer und geologischer Kleinformen. Diese sind im Vormittagsbild (11 Uhr Ortszeit) deutlich erkennbar. Im Mittagsbild (14 Uhr Ortszeit) bestimmen dagegen eher die unterschiedlichen Oberflächentemperaturen der topographischen Großformen die Grautonverteilung, das thermal shading im IR-Scannerbild. Die topographischen Thermaleffekte sind also von der Tageszeit abhängig. Von der Tages- oder Aufnahmezeit abhängig ist übrigens auch die Wiedergabe steiler Klüfte und Störungen im Thermal-Scannerbild, vor allem, wenn die Ausstrichlinien der Bruchstrukturen durch Erosionseinschnitte in reliefreichem Gelände nachgezeichnet werden.

Interessant und für die geologische Praxis von großer Bedeutung ist die Erfahrung, daß sich in Thermal-Scanner-Aufnahmen flach-welliger oder mehr oder weniger ebener Landschaftsbereiche unter bestimmten Bedingungen Bruchzonen und Faltenstrukturen des oberflächennahen Untergrundes kartierbar abzeichnen, die an der Geländeoberfläche (bei Begehungen) oder im panchromatischen Luftbild kaum oder gar nicht wahrnehmbar sind. Abb. 218 zeigt ein Mosaik aus Thermal-Scanner-Aufnahmen eines Geländes in Transvaal (Südafrika), der von flach einfallenden Dolomit-Folgen unterlagert wird. Lithofazieller (stratigraphischer) Aufbau der Serien sowie deren Streich- und Einfallsrichtung sind klar erkennbar, auch eine größere Zahl von Störungen und Kluftzonen unterschiedlicher Länge und Breite. Die Ausstrichlinien bzw. -zonen der vorwiegend steilen Bruchstrukturen setzen sich mit fast schwarzem Grauton gegen die umgebenden Gesteine ab. Die dunkle Grautönung zeigt lineare bis

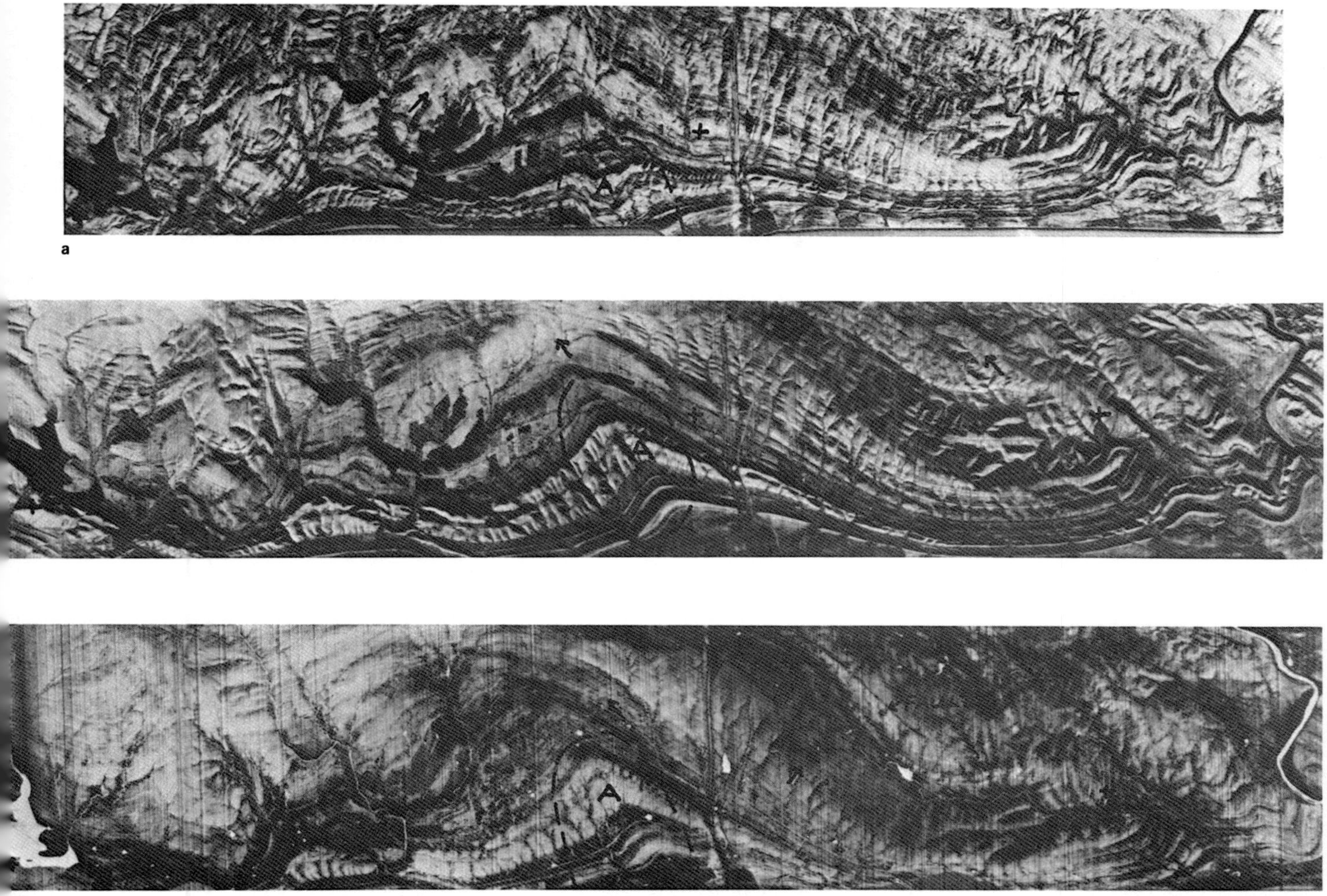

Abb. 217 Unterschiedliche Wiedergabe der Lithofazies und der Schichtlagerung in Thermal-Scanner-Aufnahmen verschiedener Tageszeiten. Oben: Befliegung 11 Uhr Ortszeit, Mitte: Befliegung 14 Uhr, unten: Befliegung 6 Uhr (vor Sonnenaufgang) (nach ROWAN et al. 1969).

kurvilineare Temperaturtiefs an, die Ausstrichzonen der Bruchstrukturen sind also merklich kühler als die angrenzenden Festgesteine, die ihrer höheren Temperatur entsprechend stärker emittieren (helle Grautöne). Höhere Bodenfeuchte entlang der Bruchzonen reduziert die Oberflächentemperatur. Verdunstung dürfte den Effekt verstärken. Die gebänderten Grautonunterschiede der Dolomit-Folgen (mit kalkigen, kieseligen und mergeligen Zwischenlagen) zeigen Temperaturkontraste zwischen den einzelnen Lagen und Bänken an, die durch die unterschiedlichen thermischen

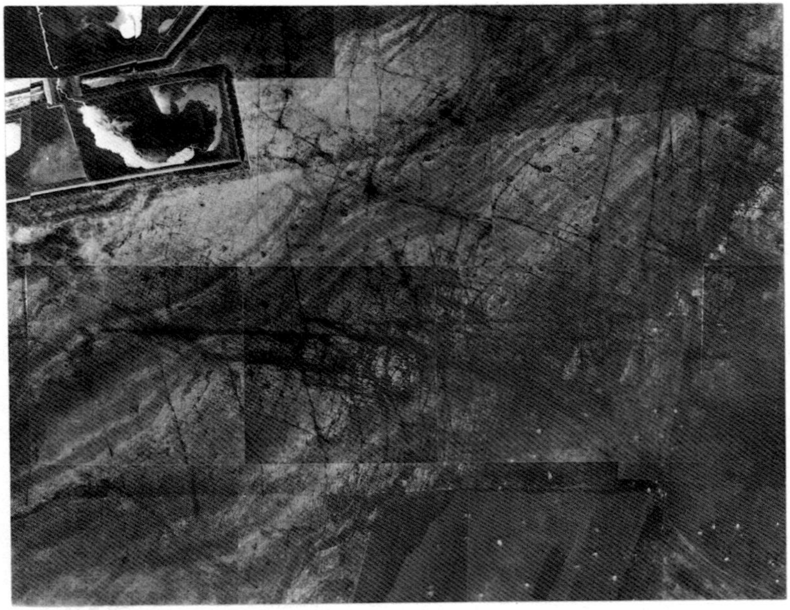

Abb. 218 Mosaik aus Thermal-Scannerbildern eines Geländebereiches in Transvaal (Südafrika). Befliegung vor Sonnenaufgang. Erläuterung im Text (nach BAKKER et al. 1978).

Eigenschaften der beteiligten Gesteine bedingt sind. Die rundlichen dunklen Flecken markieren die Position von Dolinen, die sich wegen höherer Bodenfeuchte und Eintiefung (kühle Luft) als kühle Anomalien gegen die umgebenden Festgesteine absetzen. Die hellen Punkte rechts unten im Bild sind Bäume, die positive Wärmeanomalien produzieren.

Abb. 219 zeigt ein Mosaik aus panchromatischen Luftbildern, das denselben Geländebereich wie Abb. 218 abdeckt. In den Luftbildern sind einige Phänomene der Landnutzung, auch Dolinen zu erkennen. Auch machen sich rechts im Bild mit helleren Grautönen einige flache Aufschlüsse von Festgesteinen bemerkbar. Der lithofazielle Aufbau, die Schichtlagerung und die Bruchstrukturen des oberflächennahen Untergrundes sind dagegen nicht zu erkennen (bzw. nur lokal in Andeutungen bemerkbar), weil eine lockere, dünne Bodendecke den Untergrund verdeckt. In dem vor Sonnenaufgang aufgenommenen Thermal-Scannerbild pausen sich die relativen Temperaturunterschiede der unter der Bodendecke auftretenden Gesteine und die Temperaturunterschiede zwischen feuchteren Bruchzonen und angrenzenden Festgesteinen durch die dünne Bodenbedeckung durch. BAKKER et al. (1978) berichten, daß lithofazielle und strukturelle Einzelheiten bzw. Variationen des oberflächennahen Untergrundes mit dem Thermal-Scanner noch durch eine Überdeckung von etwa 20 cm hindurch erfaßt werden können. Voraussetzung ist allerdings, daß es sich um trockenen, lockeren sandigen Boden handelt. In Bereichen mit feuchten tonigen oder lehmigen Böden liefern IR-Scannerbilder dagegen keinerlei

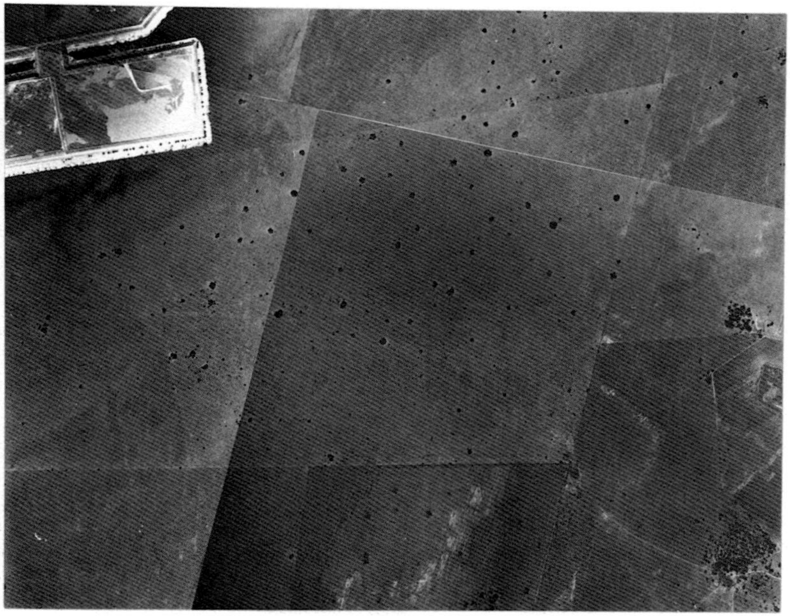

Abb. 219 Mosaik aus panchromatischen Luftbildern des Geländes von Abb. 218. Bildmaßstab: ca. 1:33 000 (nach BAKKER et al. 1978).

vergleichbare Informationen über die Untergrundverhältnisse. In S-Afrika (und in vergleichbaren Gebieten) ist die Trockenzeit am besten für Thermal-Scanner-Befliegungen geeignet. Die Böden sind dann trocken, und der ohnehin spärliche Bewuchs liefert keine Störeffekte.

Da in Südafrika weite Bereiche von lockeren Sanden und Schottern bedeckt sind, ist die Geologie des Untergrundes durch die Bodendecke maskiert. Die guten Erfahrungen mit dem Einsatz von Thermal-Scannern haben dazu geführt, daß Thermal-Scanner-Aufnahmen im Rahmen der regionalen Kartierung und vor allem im Rahmen der Lagerstättenprospektion zur Aufschlußsuche und zum Verfolgen besonders interessierender lithofazieller Einheiten oder Leithorizonte benutzt werden, vor allem in Gebieten mit stratiformen oder strukturgebundenen Erzkonzentrationen (siehe BAKKER et al. 1978). Gesteinsaufschlüsse setzen sich in IR-Scannerbildern von Nachtbefliegungen immer mit hellem Grauton gegen die umgebenden Böden ab, da die (nicht porösen) Festgesteine in der Regel bessere Wärmeleiter darstellen als unverfestigte Sande und Schotter. Die Thermal-Scanner-Befliegung erlaubt nach BAKKER et al. die schnelle Lokalisierung aller in einem sonst weithin von Böden und jungen Ablagerungen bedeckten Gelände befindlichen Aufschlüsse, die dann zur Identifizierung und zur Kartierung im Gelände aufgesucht werden. Auch lassen sich in Thermal-Scanner-Aufnahmen von Steppen- oder Halbwüstenbereichen jene Teilbereiche lokalisieren, in denen nur eine dünne Bodendecke den Festgesteinen des Untergrundes aufliegt, in denen bessere Beobachtungs- bzw. Erkundungsmöglichkeiten gegeben sind. Entsprechende Beobachtungen hat auch SABINS (1969) an einem spektakulären Beispiel aus Kalifornien gemacht. Die IR-Scanner-Aufnahme eines flachen Halbwüstenbereiches zeigt dort eine Muldenstruktur und eine größere Störung, die in Luftbildern des Gebietes nicht zu erkennen sind, weil eine dünne Bodendecke den Untergrund maskiert. Der Einsatz von Thermal-Scanner-Befliegungen kann in vergleichbarem Gelände zu wichtigen Informationen und zu erheblichen Einsparungen an Personal und Zeit führen. In den oben besprochenen Gebieten Südafrikas dürften die äußeren Bedingungen für den Einsatz des Thermal-Scanners bei geologischen Kartierungen und Erkundungsarbeiten besonders günstig sein. Nach BAKKER et al. können Thermal-Scanner-Aufnahmen sowohl für kleinmaßstäbliche (1:250 000 bis 1:50 000) als auch für großmaßstäbliche Kartierungen (1:1000) eingesetzt werden.

Von besonderem Wert kann der Einsatz des IR-Scanners bei ingenieurgeologischen Projekten sein, bei denen Informationen über die Geologie und Hydrologie des oberflächennahen Untergrundes von entscheidender Bedeutung sind. Die Dichte von Oberflächenmaterialien und der Feuchtigkeitsgehalt von oberflächennahen Materialien haben entscheidenden Einfluß auf die Emissionswerte und damit auf die Grautonabstufungen der Geländeoberfläche im IR-Scannerbild. Bei Berücksichtigung der im IR-Scannerbild und in Luftbildern erkennbaren übrigen Oberflächenphänomene (Änderungen im Bewuchs, Änderungen des Oberflächenreliefs, der Bodenbeschaffenheit und der Bodenfeuchte) lassen sich bei günstigen äußeren Bedingungen und genügender Erfahrung des Interpreten im entsprechenden Gebiet Festgesteinseinheiten und tektonische Strukturen des oberflächennahen Untergrundes im IR-Scannerbild kartieren, Bereiche geringer und mächtigerer Bodenbedeckung abgrenzen sowie gewisse Aussagen über Korngröße und Kompaktion der auflagernden Lockergesteine machen. BAKKER et al. (1975) geben in ihrer Publikation mehrere entsprechende Beispiele aus Südafrika. Die Autoren weisen übrigens auch auf den Nutzen der Stereo-Auswertung von IR-Scanner-Aufnahmen hin. Die Möglichkeit zur Stereobetrachtung ergibt sich, wenn benachbarte Bildstreifen mit etwa 60%iger seitlicher Überdeckung geflogen wurden.

In den Abb. 220a und b ist an einem weiteren Beispiel aus Südafrika der unterschiedliche Informationsgehalt von Thermal-Scanner-Aufnahmen und panchromatischen Luftbildern gegenübergestellt. Die dünne Bodenbedeckung im Aufnahmebereich reflektiert die auftreffende Lichtstrahlung. Das Luftbild (Abb. 220b) gibt die Bodendecke mit mehr oder weniger gleichmäßiger Grautönung wieder. Gewisse Änderungen des Bodenmaterials sind an Grautonvariationen zu erkennen. Informationen über die geologische Situation des Untergrundes liefert das panchromatische Luftbild nicht. Im IR-Scannerbild (Abb. 220a) sind dagegen die unter der dünnen Bodendecke anstehenden Gesteinseinheiten und die Bruchstrukturen in den Festgesteinen zu erkennen. Lineare Grautonunterschiede markieren große Störungszonen und auch das Kluftnetz der Dolomite. Bereiche mit relativ mächtiger Bodenbedeckung setzen sich mit dunklerem Grauton ab, der zusammen mit der topographischen Position auch auf höhere Feuchtigkeitsgehalte hinweist. Die Schnittpunkte größerer Störungen sind unter ingenieurgeologischen Aspekten im aufgenommenen Gebiet Problembereiche (Mächtigkeit von Lockergesteinen, Standfestigkeit, Entwässerung und Verkarstung etc.). Die Auswertung des Thermal-Scannerbildes erlaubt die Lokalisierung kritischer Bereiche, die noch

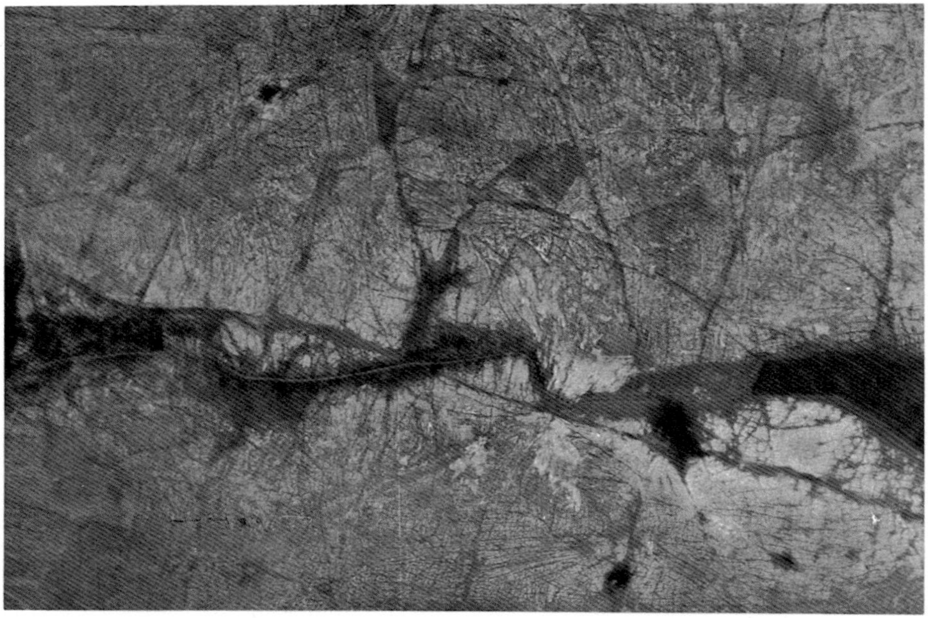

Abb. 220a Thermal-Scanner-Aufnahme des Geländes von Abb. 220b. Befliegung vor Sonnenaufgang. Bildmaßstab: ca. 1:20 000 (nach BAKKER et al. 1978).

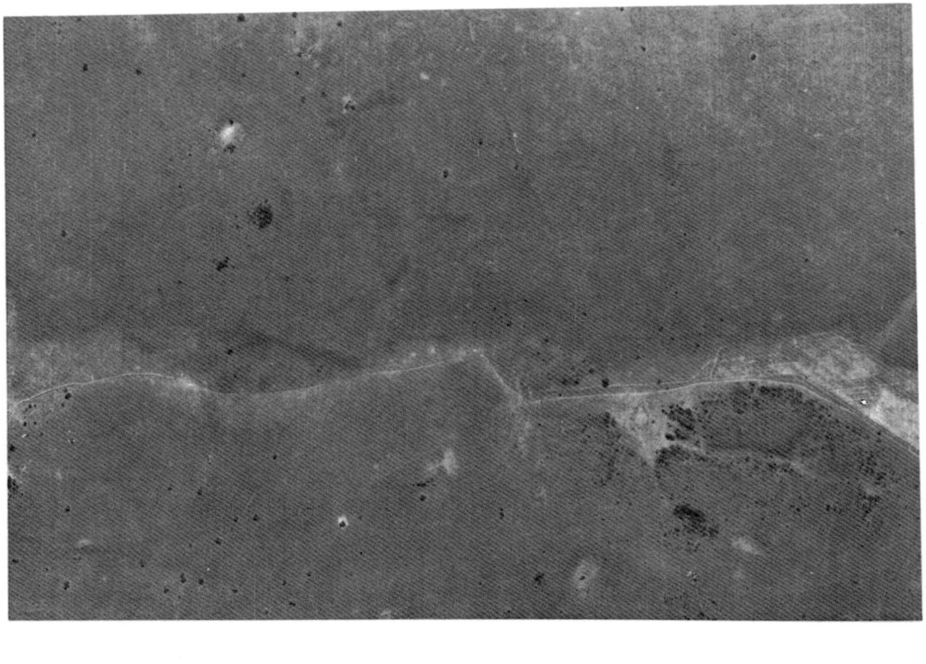

Abb. 220b Panchromatisches Luftbild eines Geländebereiches in Südafrika. Bildmaßstab: ca. 1:20 000 (nach BAKKER et al. 1978).

näher zu untersuchen sind. Das IR-Scannerbild liefert im zitierten Beispiel also Informationen, die im panchromatischen Luftbild überhaupt nicht enthalten sind. Gerade in Bereichen, in denen verkarstete Kalke und Dolomite im Untergrund anstehen, sind bei Bauvorhaben (Straßen, Gebäude, Rohrverlegungen) auch unter Aspekten der Umweltproblematik (Wasserentnahme, Abwasserbeseitigung) Informationen über die geologischen und hydrologischen Untergrundverhältnisse von entscheidender Bedeutung. Im IR-Scannerbild der Abb. 221 zeichnen sich verkarstungsbedingte Dolinen und lineare Karsteinbrüche klar ab. Die Positionen der Dolinen A–C stehen in einem eindeutigen Zusammenhang mit steilen Bruchstrukturen, die nach Angaben der Bearbeiter (Spectral Africa Ltd.) im panchromatischen Luftbild des korrespondierenden Gebietes nicht zu erkennen sind. Die hellen Grautöne in einigen Dolinen gehen auf stehendes Wasser im Dolinengrund zurück. Die dunklen Grautönungen der Dolinen deuten auf Feuchtigkeitskonzentrationen hin. Kollaps-Prozesse sind entlang und in Verlängerung der Bruchzonen (z.B. bei E und F) zu erwarten. Auch lassen sich Zonen potentieller Erweiterung von Dolinen erkennen (punktiert). Von Bedeutung für die Umweltproblematik und für die Siedlungsplanung im aufgenommenen Bereich ist, daß einige der verkarsteten Bruchstrukturen (H) bereits bis in die bebauten Zonen reichen.

Weil der Feuchtigkeitsgehalt von Lockergesteinen und Böden deren Thermalverhalten wesentlich beeinflußt (vgl. Abschn. 3.3.2), läßt sich aus dem Emissionsverhalten entsprechender Materialien bzw. aus ihrer Grautönung im IR-Scannerbild auf die Feuchtigkeitsverhältnisse des Untergrundes schließen. Daraus ergibt sich auch die Möglichkeit, in Thermal-Scanner-Aufnahmen jene Bereiche zu erkennen und zu kartieren, in denen durch höheren Wasserzufluß oder durch blockierten Abfluß Wasserstau auftritt. Die Abb. 222a zeigt eine solche Situation am Beispiel der San Andreas-Störung. In dem vor Sonnenaufgang aufgenommenen Bildstreifen quert die Störung den mittleren Bildbereich. Nach der Grautonverteilung im IR-Scannerbild fungiert die Störung im Aufnahmebereich als Grundwasser-Barriere. Aus dem oberen Bildbereich zufließendes Wasser wird an der Störung gestaut. Die Stauung verursacht erhöhte Bodenfeuchte auch im oberflächennahen Bereich. Diese wiederum reduziert die Oberflächentemperatur: dunkler Grauton im Scannerbild. In Bereichen mit ausgeprägten Niederschlags- und Trockenzeiten werden Grundwasserstand und Grundwasserbewegung innerhalb der Jahreszeit variieren. Diese Variationen der hydrologischen Verhältnisse des Untergrundes führen auch zu Änderungen der Oberflächenphänomene in den betreffenden Gebieten. Das ist bei Thermal-Scanner-Befliegungen zu berücksichtigen. Lokale Blockierungen der Wasserbewegung im oberflächennahen Untergrund treten bisweilen auch als (unvorgesehene) Folge von Bauvorhaben, z.B. des Straßenbaues, auf. Thermal-Scanner-Aufnahmen können in vielen Fällen (vor allem auch zusammen mit anderen Beobachtungsdaten) Informationen liefern, die zur Klärung entstandener oder zur Vermeidung zu erwartender Probleme beitragen können.

Abschließend muß noch erwähnt werden, daß auch Thermal-Scanner-Aufnahmen von Binnen- und Küstengewässern für den Geologen von Nutzen sein können. Wasserkörper unterschiedlicher Temperatur bzw. Wasseroberflächen unterschiedlicher Temperatur werden aufgrund ihrer unterschiedlichen Emission auf IR-Scannerbildern mit unterschiedlichen Grautönen dargestellt. Das zeigt die Abb. 223, in der sich das ins Meer einfließende Süßwasser aufgrund seiner geringeren Temperatur gegen das Meerwasser absetzt, das wärmer ist und daher hellere Grautönung zeigt.

Die Möglichkeit, mit Hilfe von Thermal-Scanner-Befliegungen Süßwasseraustritte in Küstenbereichen zu erfassen, erlaubt neuartige Einblicke in den Grundwasserhaushalt küstennaher Landbereiche. Größere Süßwasseraustritte lassen sich in Küsten- und küstennahen Bereichen oft schon optisch durch Farbunterschiede des Wassers beobachten, sind lokalen Anwohnern meist auch bekannt. Aber neben den wenigen großen submarinen Quellaustritten, z.B. entlang der Karst-Kalk-Küste des Mittelmeeres und der Ägäis, existiert eine Vielzahl bisher nicht erfaßter Süßwasseraustritte, deren Kenntnis für den hydrogeologischen Bearbeiter eines solchen Küstengebietes und seines Hinterlandes von großer Bedeutung sein kann, zumal sich aus der Fläche der erfaßten Quellbereiche (und aus zusätzlichen Messungen am Meer) Rückschlüsse auf die Menge des austretenden Süßwassers ziehen lassen. Die Kenntnis der ins Meer abfließenden Wassermengen muß bei der Abschätzung der in Küstenbereichen und im Hinterland verfügbaren Grundwassermengen berücksichtigt werden. Für solche quantitative Abschätzungen sollten allerdings wiederholte Thermal-Scanner-Befliegungen durchgeführt werden, um die periodischen, vor allem aber die jahreszeitlichen Schwankungen im Zufluß berücksichtigen zu können.

Wiederholte IR-Scanner-Befliegungen sind auch erforderlich, wenn Strömungs- und Mischungsvorgänge von Ober-

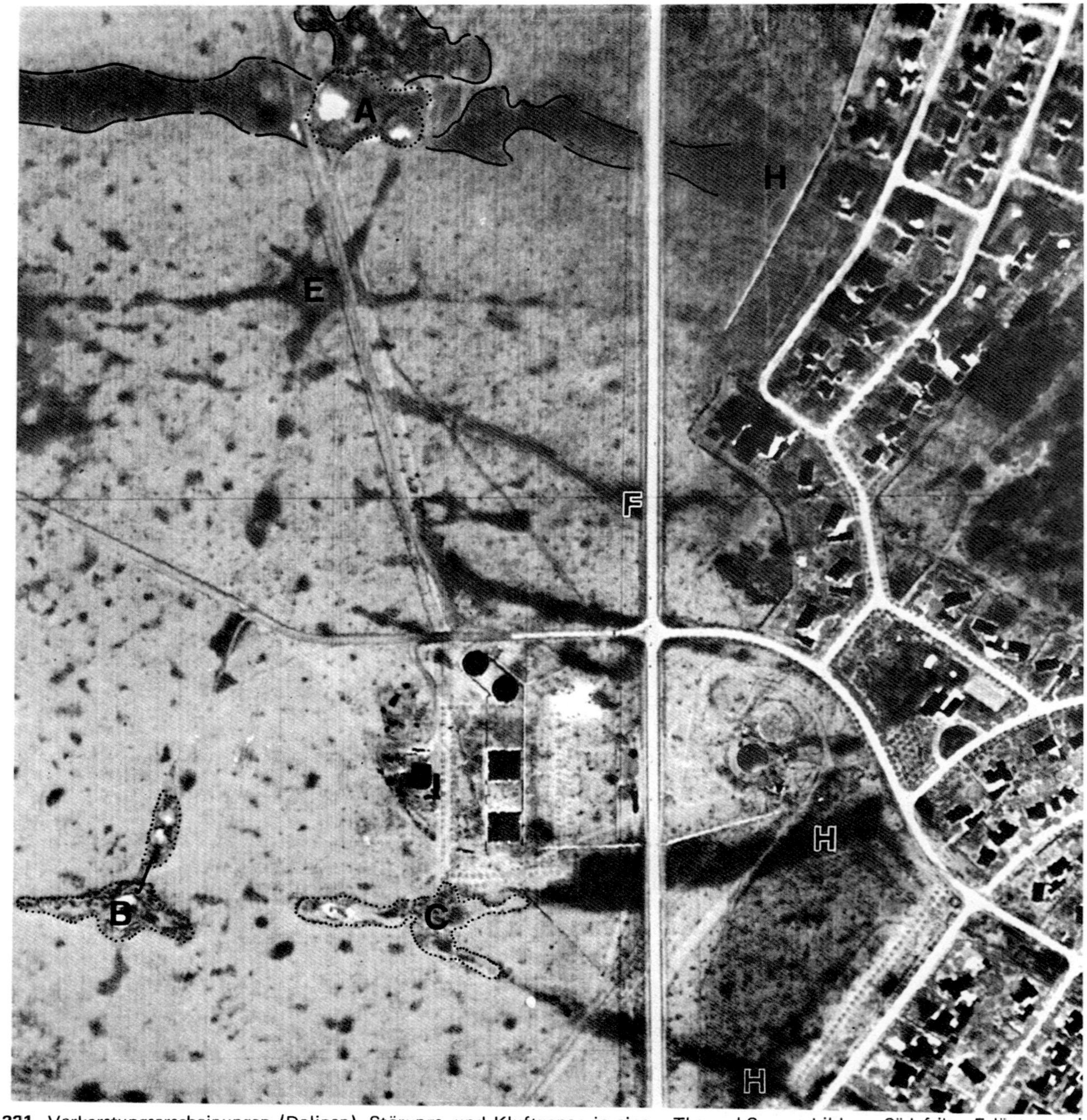

Abb. 221 Verkarstungserscheinungen (Dolinen), Störungs- und Kluftzonen in einem Thermal-Scannerbild aus Südafrika. Erläuterung im Text (nach BAKKER et al. 1978).

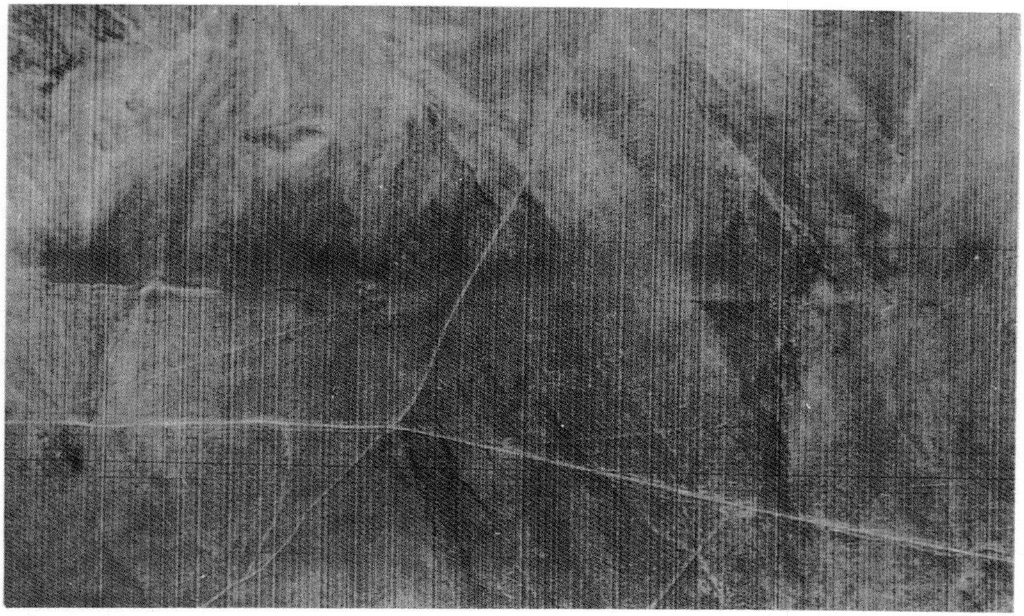

Abb. 222a Thermal-Scannerbild eines Teilstücks der San Andreas-Störung. Ein dunkler Grautonstreifen markiert Grundwasserstau entlang der Störung (nach WALLACE & MOXHAM 1967).

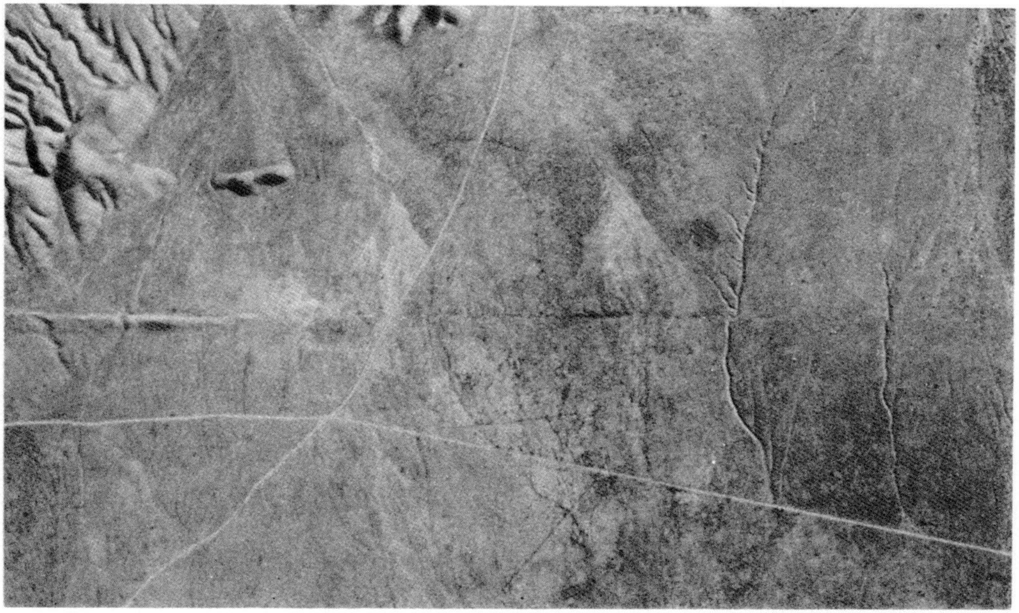

Abb. 222b Das panchromatische Luftbild zeigt Oberflächenspuren der San Andreas-Störung, gibt aber keinen Hinweis auf die Blockierung des Grundwassers entlang der Störung; vgl. Abb. 222a.

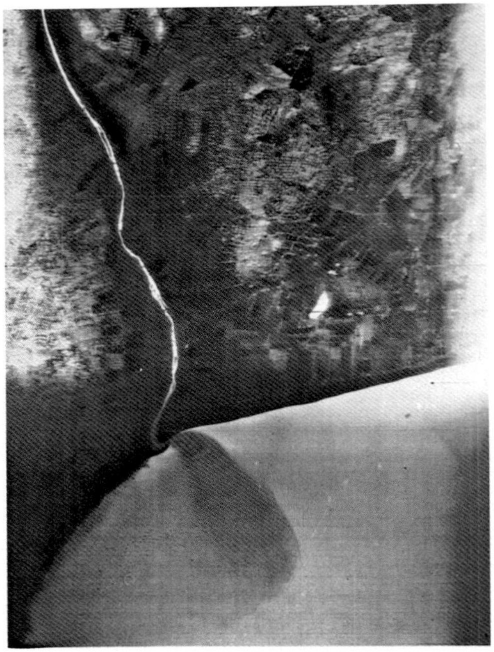

Abb. 223 In das (wärmere) Meer einfließendes Süßwasser setzt sich im Thermal-Scannerbild mit dunklerem Grauton ab. Befliegung vor Sonnenaufgang. Bildmaßstab: ca. 1:170 000 (Aufnahme I.G.N.).

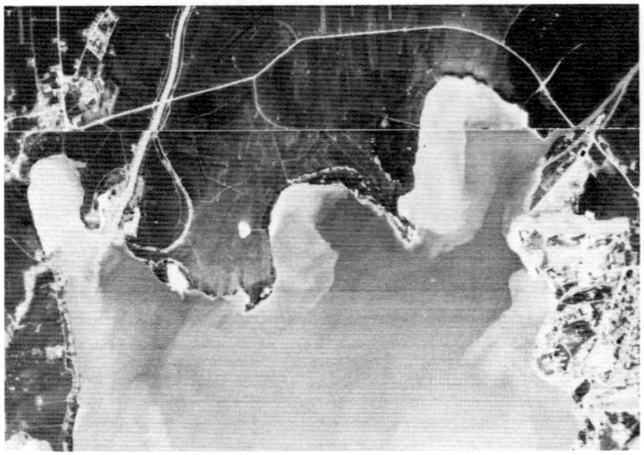

Abb. 224 Unterschiedliche Temperaturen von Wasserkörpern des Kochelsees sind mit unterschiedlichen Verteilungen in den beiden, an verschiedenen Tagen aufgenommenen Thermal-Scannerbildern an Grautonabstufungen zu erkennen. In den ufernahen Bereichen ist das Wasser wärmer: hellere Töne als im Einmündungsgebiet der Lorsach und im mittleren Seebereich (Kanal 11 Bendix M^2 S-Multispektral-Scanner), Aufnahmezeit 20.28 Uhr (oben) und 19.58 Uhr (unten). Man beachte auch die Temperaturkontraste von Feldern, Wegen, Gebäuden. Bildmaßstab: ca. 1:70 000 (FMP, DFVLR, Freig. d. Reg. Oberbay. Nr. GS 300/7271).

flächenwässern studiert werden sollen. Solche Studien sind unter hydrogeologischen und zunehmend auch unter ökologischen Aspekten von Interesse (Zuleitung von Abwässern und Kühlwässern).

6.5 Radar-Aufnahmen
Geologischer Bildinhalt, Auswertebeispiele

Wie die Abb. 225, 226 und 228 zeigen, wird der von einer SLAR-Befliegung erfaßte Geländestreifen im Radarbild reliefbetont wiedergegeben. Die dem Radarsystem zugewandten Hänge und Oberflächen erhalten mehr Signalenergie als die dem Sensor abgewandten Hänge und Oberflächen und erscheinen im Radarbild daher immer heller als die der Aufnahmeposition abgewandten Oberflächen. Die Intensität der von einer Gelände- oder Objektfläche reflektierten Signalenergie hängt vor allem vom Einfallswinkel der Radarstrahlen, von der Oberflächenrauheit, besonders vom Verhältnis der Wellenlänge der auftreffenden Strahlung zur Oberflächenrauheit und von der Dielektrizitätskonstante des bestrahlten Oberflächenmaterials ab (vgl. Abschn. 4.7.2.5.3 ff.). Die Grautonunterschiede des Radarbildes zeigen lediglich an, welche Oberflächen die auftreffende Signalenergie stärker oder schwächer reflektieren. Die Grautöne des Radarbildes sind nicht immer materialbezogen und selten materialspezifisch, weil u.a. die Reliefformen der aufgenommenen Landschaft einen entscheidenden Einfluß auf die Interaktionen zwischen auftreffender Strahlung und Gelände- bzw. Materialoberflächen haben. Die Grautönung einer Gelände- oder Materialoberfläche im Radarbild ist auch wellenlängenabhängig.

Der Umfang des für den Geologen im Rahmen von Kartierungs- und Erkundungsarbeiten, für lokale und regionale Bestandsaufnahmen und Analysen nutzbaren Informationsgehaltes von Radarbildern hängt davon ab, inwieweit sich die Geologie des Untergrundes durch die Reliefformen, durch Groß- und Kleinrelief einer Landschaft, durch Änderungen im Bewuchs, in der Bodenbeschaffenheit sowie der Bodenfeuchte erkennbar abzeichnen, durch Oberflächengegebenheiten also, die zu Grauton- und Texturunterschieden im Radarbild führen.

In den Abb. 225a und b werden die Geländeformen der erfaßten Landschaft im Südwesten der USA vor allem durch die unterschiedliche Verwitterungsbeständigkeit und durch die wechselnden Schichtlagerungsverhältnisse der auftretenden Sedimentfolgen bestimmt (Sandsteine, Kalke, Tone, Mergel). Helle Grautöne treten dort auf, wo die auftreffende Signalenergie optimal reflektiert wurde: auf Hangflächen, Schichtflächen und Schichtstufen, die zur Antenne hin orientiert waren. Der generell dichte, im Aufnahmebereich aber wechselnde Bewuchs hat wesentlichen Einfluß auf die Grautonverteilung im Bild. Vor allem in den Tälern und Ebenen gibt es deutliche vegetationsbedingte Grautonunterschiede durch Unterschiede im Bewuchs von Hangflächen, in der Ebene, entlang der Fluß- und Bachläufe und auf Feldern. Die petrographischen Unterschiede der auftretenden Gesteinseinheiten und die tektonischen Strukturen des erfaßten Geländebereiches werden im SLAR-Bild kartierbar wiedergegeben. Allerdings muß der petrographische Charakter und die stratigraphische Stellung der im Radarbild unterscheidbaren Sedimentserien durch Geländebegehungen und Probenahmen geklärt werden. Unter Aspekten der Strukturkartierung ist zu erwähnen, daß sich in der Ebene am oberen Bildrand der Kern einer Muldenstruktur erkennen läßt, die in diesem relativ flachen Bereich im Radarbild akzentuiert wiedergegeben wird.

Der Radar-Bildstreifen der Abb. 225 ist eine geometrisch nicht korrigierte slant range-Darstellung, in der Maßstabsunterschiede zwischen Nah- und Fernbereich und Stauchung am oberen (der Antenne zugewandten) Bildrand auftreten (vgl. Abschn. 4.7.2.2 ff.). Der Aufnahmestreifen ist ca. 70 km lang und 15 km breit. Die SLAR-Befliegung wurde im Ka-Band (λ = 0,86 cm) geflogen (Polarisation HH).

Die Abb. 226 zeigt in einer SLAR-Aufnahme (Ka-Band, HH) in slant range-Darstellung einen Teilbereich der Coast Ranges südöstlich von San Francisco. In der reliefbetonten Darstellung des Radarbildes zeichnet sich deutlich die längs durch den Bildbereich streichende San Andreas-Störung ab. Unterhalb der ziemlich geradlinig verlaufenden Störungszone sind mit kurvilinearem Verlauf zwei größere Störungszonen zu erkennen, die fast durch den ganzen Bildbereich verlaufende Pilarcitos-Störung und (im linken Bildbereich) die San Mateo-Störung. Die massigeren Bildformen im linken unteren Bildbereich zeigen die Ausstrichbereiche granitischer und granodioritischer Gesteine an. Die stärker zertalten Geländebereiche werden von Metasedimenten und Orthogneisen aufgebaut. Der insgesamt dunkler getönte, weitgehend ebene Küstenstreifen am oberen Bildrand wird von jungen, kaum verfestigten Sedimenten unterlagert. In den bergigen Bereichen (vor allem unterhalb der San Andreas-Störung) machen sich steile Bruchstrukturen verschiedener Richtungen durch lineare Taleinschnitte bemerkbar.

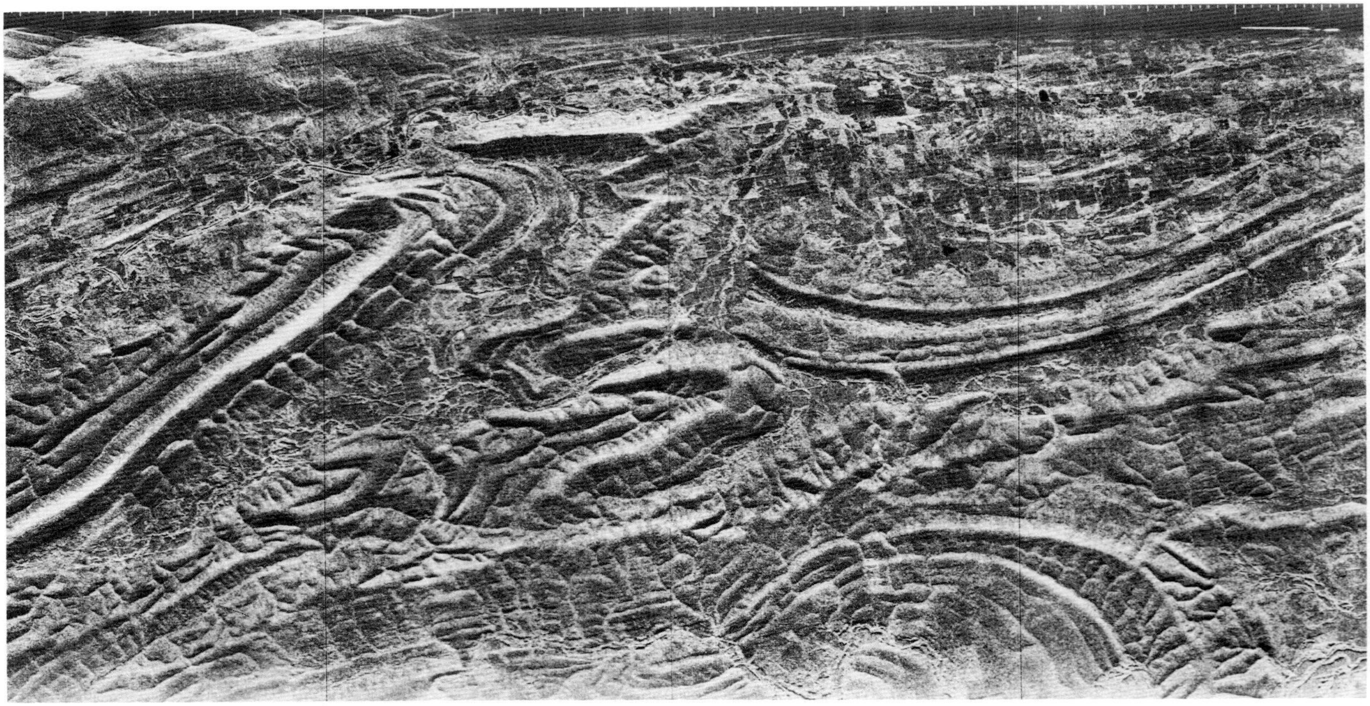

a

Abb. 225a und b Lithofazielle Einheiten und tektonische Strukturen einer Landschaft im SW der USA im Radarbild. Die Abb. 225b schließt nach rechts an die Abb. 225a an. Bildmaßstab: ca. 1:200 000 (Aufnahme USGS).

Abb. 227 zeigt einen Ausschnitt eines Bildstreifens aus Arizona (X-Band-Radar mit synthetischer Apertur [SAR], λ = 3 cm, gleich polarisiert HH, ground range-Darstellung). Radarstrahlen mit Wellenlängen um 3 cm und darunter haben für natürliche Oberflächen nur ein sehr begrenztes Eindring- und Durchdringungsvermögen. Sie werden an natürlichen Oberflächen mit recht unterschiedlicher Intensität reflektiert und absorbiert. Das zeigt die differenzierte Darstellung der einzelnen Felder in den Anbauflächen. Die Grautonunterschiede geben hier die Lage von bewachsenen und unbewachsenen Feldern, unterschiedliche Anbauarten, Unterschiede der Oberflächenbeschaffenheit sowie Feuchtigkeitsunterschiede des Bodens an. Alluviale Ablagerungen zeichnen sich durch ihre topographische Position in Tälern und in der Umgebung großer und kleiner Aufschlüsse metamorpher Gesteinseinheiten (Granitgneise) je nach Oberflächenrauheit (Korngröße) und Dielektrizitätskonstante mit helleren und dunkleren Grautönen ab. Die hellen Grautöne der Entwässerungsnetze im linken Bildbereich können Reliefeffekte sein (Talkanten). Sie können allerdings auch auf Vegetationsaufreihungen (Büsche) in Trockentälern zurückgehen. Die Reliefformen des Gebirgskomplexes am unteren Bildrand lassen steilstehende Schichtung (s-Flächen), das Schichtstreichen der Gneise sowie die Position steiler Bruchstrukturen (Störungen, Kluftzonen) erkennen.

Die reliefbetonte Wiedergabe von Landformen im Radarbild kommt besonders deutlich in der Abb. 228 zum Ausdruck, die einen Geländebereich einer Nachbarinsel von Bali zeigt (SAR, X-Band, HH). Neben einem großen Schichtvulkan sind links im Bild zahlreiche kleinere Vulkanbauten verschiedenen Typs zu erkennen. In der Umgebung einiger Vulkane zeichnen sich Lavaströme (Basalt) durch ihre typischen Reliefformen ab. Ältere Vulkanit-Formationen unterlagern den stark erodierten Gebirgsbereich im linken oberen Teil

Abb. 225b

der Insel. Im Gelände des linken unteren Bildbereiches fehlt die Oberflächenentwässerung. Hier versickern offensichtlich die Niederschläge in den permeablen Vulkanit-Folgen. Unterschiede im Bewuchs machen sich im Bildbereich durch Grauton-, besonders aber durch Texturunterschiede bemerkbar. Im Bild kommt sehr deutlich die Beleuchtungsrichtung bei der Befliegung zum Ausdruck.

Wie bereits erwähnt, können aus benachbarten, parallel geflogenen Radar-Bildstreifen Radar-Mosaiks erstellt werden (vgl. Abschn. 4.7.6). Für geologische und geophysikalische Erkundungs- und Kartierungsarbeiten in den von tropischer Vegetation (Regenwald) bedeckten, wenig zugänglichen und daher unzureichend erforschten, kartenmäßig nur grob oder gar nicht erfaßten Regionen der Erde bilden Radar-Mosaiks nicht selten die einzige Orientierungs- und Kartierungsunterlage.

Die Abb. 229 zeigt einen Ausschnitt eines Radar-Mosaiks aus Venezuela. Das Mosaik wurde im Maßstab 1:250 000 erstellt und in Blättern im Quadrangle-Format (1° x 1,5° weit) publiziert. Das Mosaik wurde bei der Zusammenstellung in ein weitmaschiges Netz von geodätischen Kontrollpunkten eingepaßt, kann in lokalen Teilbereichen also durchaus noch gewisse Lagefehler aufweisen (semi-controlled mosaic, X-Band, HH). Der hier gezeigte Bildausschnitt hat einen Maßstab von ca. 1:620 000. Die Reliefformen der bergigen Bereiche und topographische Details der Flachlandbereiche vermitteln eine Vielfalt an geologischen Informationen. Das Hochplateau im linken Bildbereich wird von proterozoischem Sandstein aufgebaut. Die Reliefunterschiede zur Umgebung betragen ungefähr ± 1000 m. Reste der (von der Erosion in den übrigen Gebieten entfernten) Sandstein-Folge sind auch noch in der rechten unteren Bildecke zu erkennen. Die bergigen Bereiche mittlerer und feiner Reliefgliederung (bzw. Zertalung) werden von archaischen Gneisen (grobe Textur) und Metasedimenten (feine Textur) unterlagert. Die ehemaligen

Abb. 226 Radarbild eines Bereiches in der Umgebung von San Francisco. Markant setzt sich die Oberflächenspur der San Andreas-Störungszone ab. Erläuterung im Text (Aufnahme USGS). Bildmaßstab: ca. 1:250 000.

Reliefformen des Basements wurden vor der Ablagerung der Sandsteine eingeebnet (peneplain). Lineare und kurvilineare Taleinschnitte unterschiedlicher Länge markieren die Ausstrichlinien steiler Bruchstrukturen (Störungen, Störungszonen, Kluftzonen). Grautonunterschiede der ebenen Bereiche zeigen Unterschiede im Bewuchs, lokal wohl auch Feuchtigkeitsunterschiede an.

Abb. 230 zeigt einen Geländebereich im Grenzgebiet zwischen Brasilien, Venezuela und Guiana (Blatt NB. 20 Roraima) mit Ausläufern des Monte Roraima im Norden und der Serra Saporá im Süden. Das Radar-Mosaik ist aus N/S-orientierten Bildstreifen zusammengesetzt. Die Radarschatten lassen erkennen, daß die „Beleuchtung" des Geländes bei der Befliegung westwärts gerichtet war. Kontraste der im Radarbild akzentuierten Reliefformen lassen den unterschiedlichen lithologischen und tektonischen Aufbau der erfaßten Landschaft erkennen. Im südlichen Teil des Bildbereiches setzen sich die Höhenzüge der Serra Saporá mit (Zinnstein-führenden) Granodioriten bis Graniten (γum) gegen das Gelände ab, das durch eine feiner zertalte Hügellandschaft mit insgesamt niedrigerem Relief über proterozoischen Tuffen, Ignimbriten und Laven rhyodazitischer bis dazitischer Zusammensetzung (Surumú-Formation: pϵs), teils durch Ebenen sandig-toniger Sedimente des Pleistozän (Qbv) und holozäner Alluvionen (Qa) gekennzeichnet ist. Im nördlichen Bildbereich lagern Sandsteine und Konglomerate der Roraima-Gruppe (pϵr) den älteren vulkano-plutonischen Serien transgressiv auf. Vor allem am nördlichen Bildrand

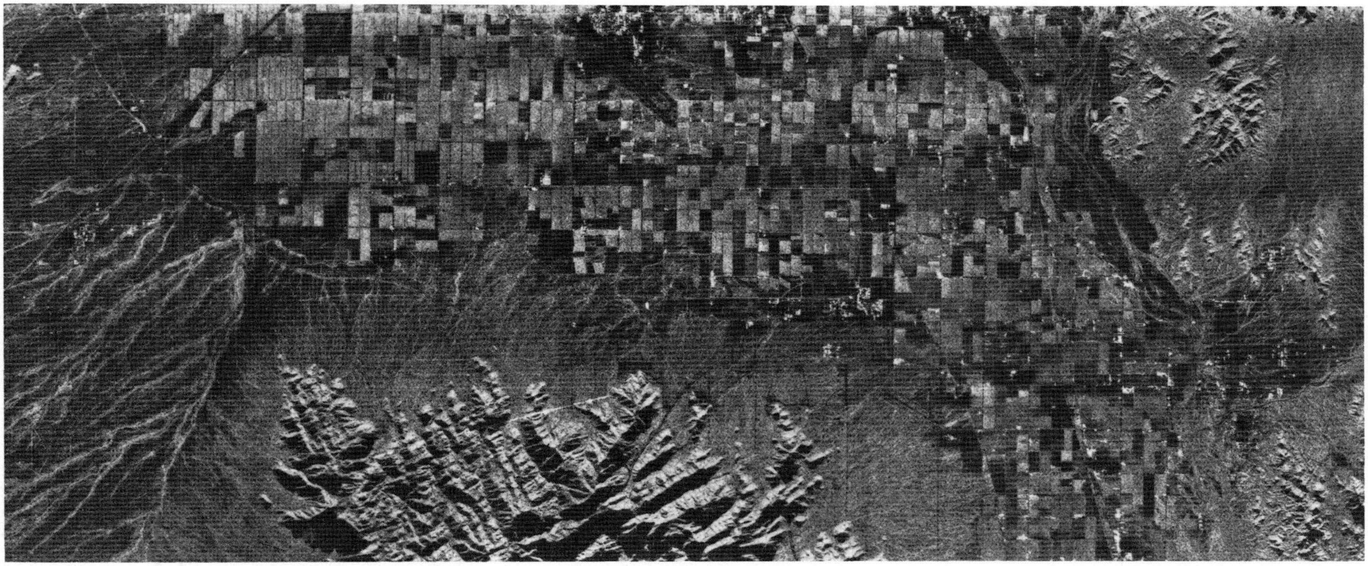

Abb. 227 Radarbild einer Landschaft in Arizona (nahe Phönix). Erläuterung im Text. Bildmaßstab: ca. 1:400 000.

sind am Monte Roraima Steilstufen der transgredierenden Serie zu erkennen. Tholeiitische Diabase durchsetzen in zwei mächtigen und weit aushaltenden Sills die Surumú-Formation und die Roraima-Gruppe (Diabásio Pedra Preta: pєpp, 1805 Mio. Jahre); besonders die Ausstrichzone des nördlichen, mächtigeren Sills zeichnet sich mit WNW/ESE-Streichen in den Reliefformen der Landschaft ab. Neben den Unterschieden der lithologischen Einheiten bestimmen große Störungen die Entwicklung der Landschaftsformen. Längere und kürzere lineare bis kurvilineare Taleinschnitte zeichnen Ausstrichzonen von Störungen nach. Im mittleren und südöstlichen Bildbereich sitzen Schwärme von jüngeren Diabasgängen (ca. 360 Mio. Jahre) NE/SW-streichenden Störungen auf (in Abb. 230b gestrichelt), mit mauerförmigen Verwitterungsformen.

Abb. 231 zeigt einen Geländebereich nördlich des Rio Amazonas (ca. 200 km NE von Manaus). Der Bildbereich umfaßt Teile der Serra do Ouro Preto und der Serra do Jatapú. Das Strukturbild wird beherrscht von weitläufigen Faltenstrukturen und großflächigen Granitkomplexen. Die ältesten Einheiten finden sich im NW des Bildbereiches; sie gehören zum Basement des Complexo Guianese (pєgn), der älter als 1910 Mio. Jahre ist und polymetamorph überprägt wurde. Darüber liegen nicht-metamorphe Tuffe, Ignimbrite und Laven rhyodazitischer bis andesitischer Zusammensetzung (Iricoumé-Formation: pєic, 1695 Mio. Jahre). Zu den magmatischen Produkten dieser Zeit gehören auch granodioritische bis granitische Intrusionen (Granito Mapuera: pєγm). Diesen Einheiten lagert transgressiv die aus nicht-metamorphen Konglomeraten, Sandsteinen und Schiefertonen bestehende Prosperança-Formation (pєp, mit basischen Intrusionen: pєsu) auf. Jüngere basische Intrusionen (δ) sind vermutlich jurassisch-kretazischen Alters (siehe Abb. 231b).

Der Bildbereich der Abb. 232 ist ein Ausschnitt des Blattes SD. 21 Cuiabá im brasilianischen Bundesstaat Mato Grosso do Norte, ca. 100 km nordwestlich von Cuiabá. Er wird zum größten Teil von gefalteten jungproterozoischen Serien der Grupo Cuiabá und der Grupo Corumbá aufgebaut. Im südöstlichen Teil (Baixada Cuiabana) streichen vorwiegend Phyllite, Quarzite, Grauwacken und Marmore großflächig aus (untere Grupo Cuiabá: pєcb), deren struktureller Trend sich mit einzelnen Faltenstrukturen im Geländerelief abzeichnet. Teilweise maskieren flächenhafte Einebnung und Reste einer jüngeren Sedimentdecke den Untergrund. Gut kartierbar setzen sich die Teilstrukturen

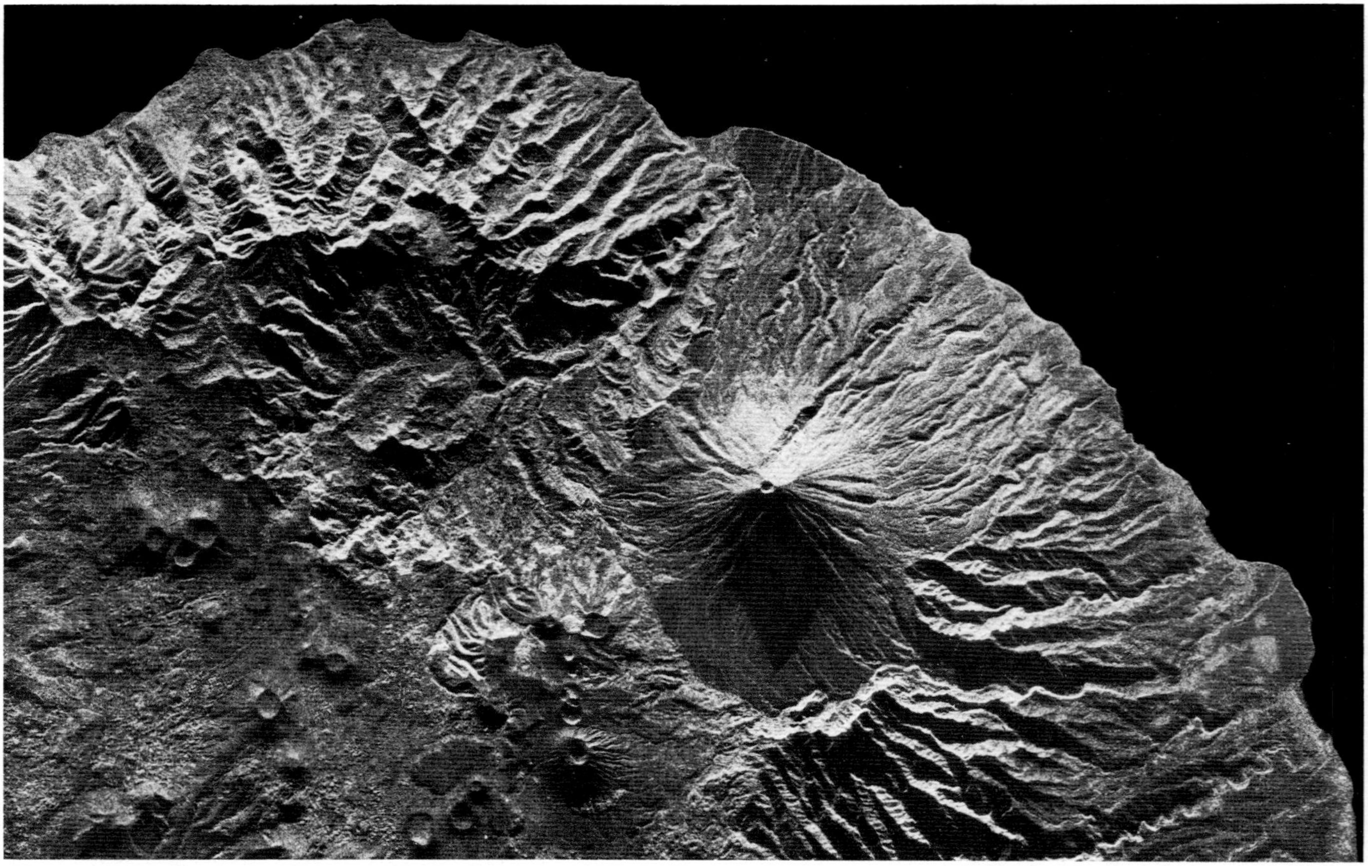

Abb. 228 Geländeformen einer Nachbarinsel von Bali. Erläuterung im Text (Good Year Aerospace/Aero Service Corp.).

des Faltenzuges ab, der den Bildbereich diagonal durchzieht (Serra do Tombador). Die décollement-Strukturen der Sattelzüge bestehen vor allem aus Areniten und Quarziten der Raizama-Formation (p∊Ar), die Muldenbereiche aus Siliten, Arkosen und Schiefertonen der Diamantino-Formation (p∊Ad), die die obere Grupo Corumbá ausmachen. In Einzelstrukturen treten Arkosen und Siltite der Bauxi-Formation (obere Grupo Cuiabá: p∊Ab) und Parakonglomerate der Puga-Formation (untere Grupo Corumbá: p∊Ap) zutage. Der Südosthang der Serra do Tombador wird von Karbonatgesteinen der Araras-Formation (mittlere Grupo Corumbá: p∊Aa) eingenommen. Die gefalteten und teilweise eingeebneten proterozoischen Schichtfolgen werden im Nordwesten des Bildbereiches von kretazischen Basalten (Kt), tertiären Lateritdecken (TQ) und quartären Pantanal-Sedimenten (Qp) bedeckt. Die Basaltdecken setzen mit einer gut erkennbaren Steilstufe ab (siehe Abb. 232b).

Die Möglichkeit, aus unterschiedlichen Positionen aufgenommene Radarbilder identischer Geländebereiche auch stereoskopisch betrachten zu können, wurde bereits in Abschn. 4.7.7 erwähnt. In der Abb. 233 überdecken die aus verschiedenen Positionen, aber aus der gleichen Richtung aufgenommenen beiden Radar-Bildstreifen denselben Geländebereich (unterschiedliche Breite der Radarschatten). Die

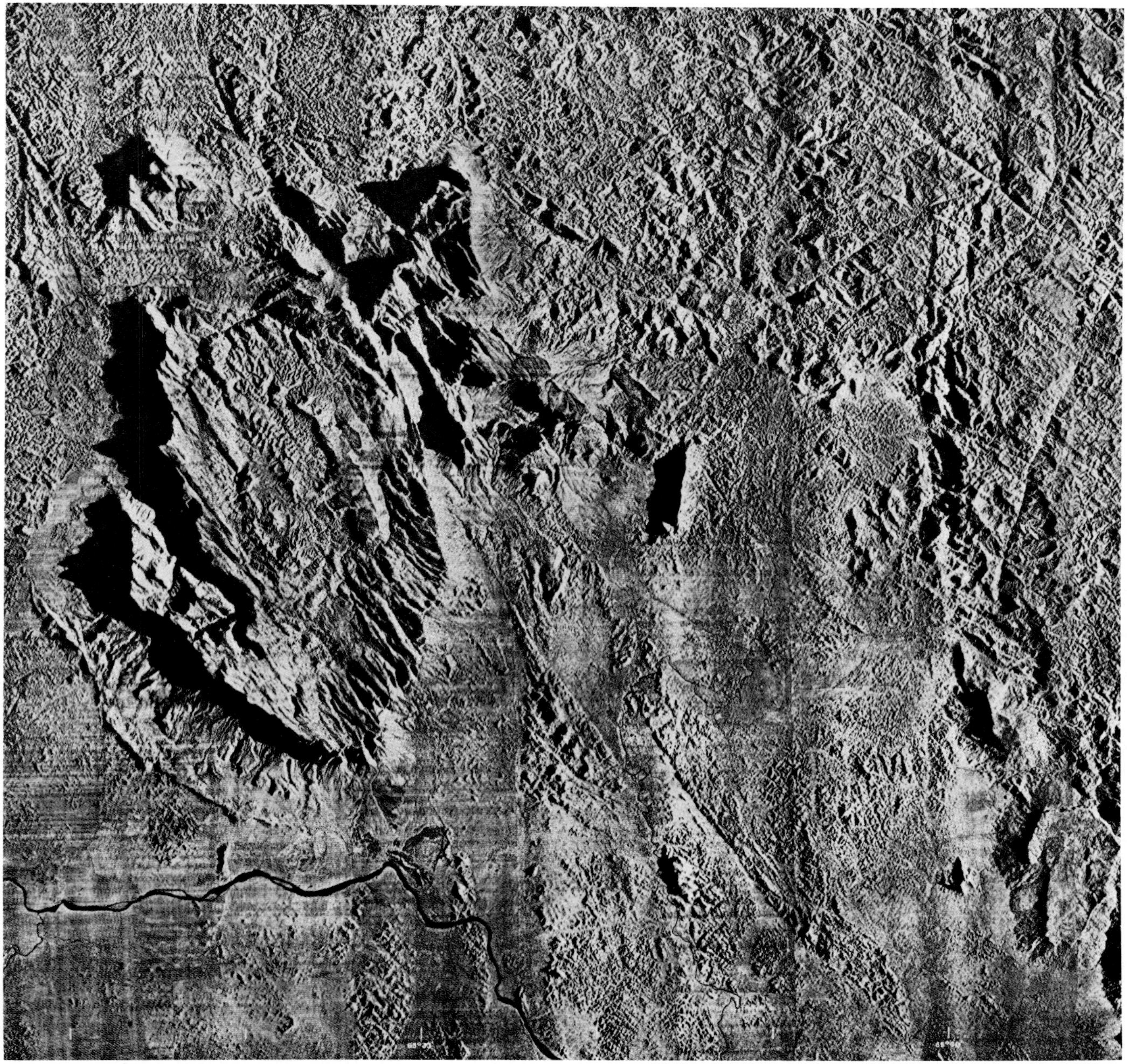

Abb. 229 Radar-Mosaik einer Landschaft in Venezuela. Erläuterung im Text. Bildmaßstab 1:620 000 (Good Year Aerospace/Aero Service Corp.).

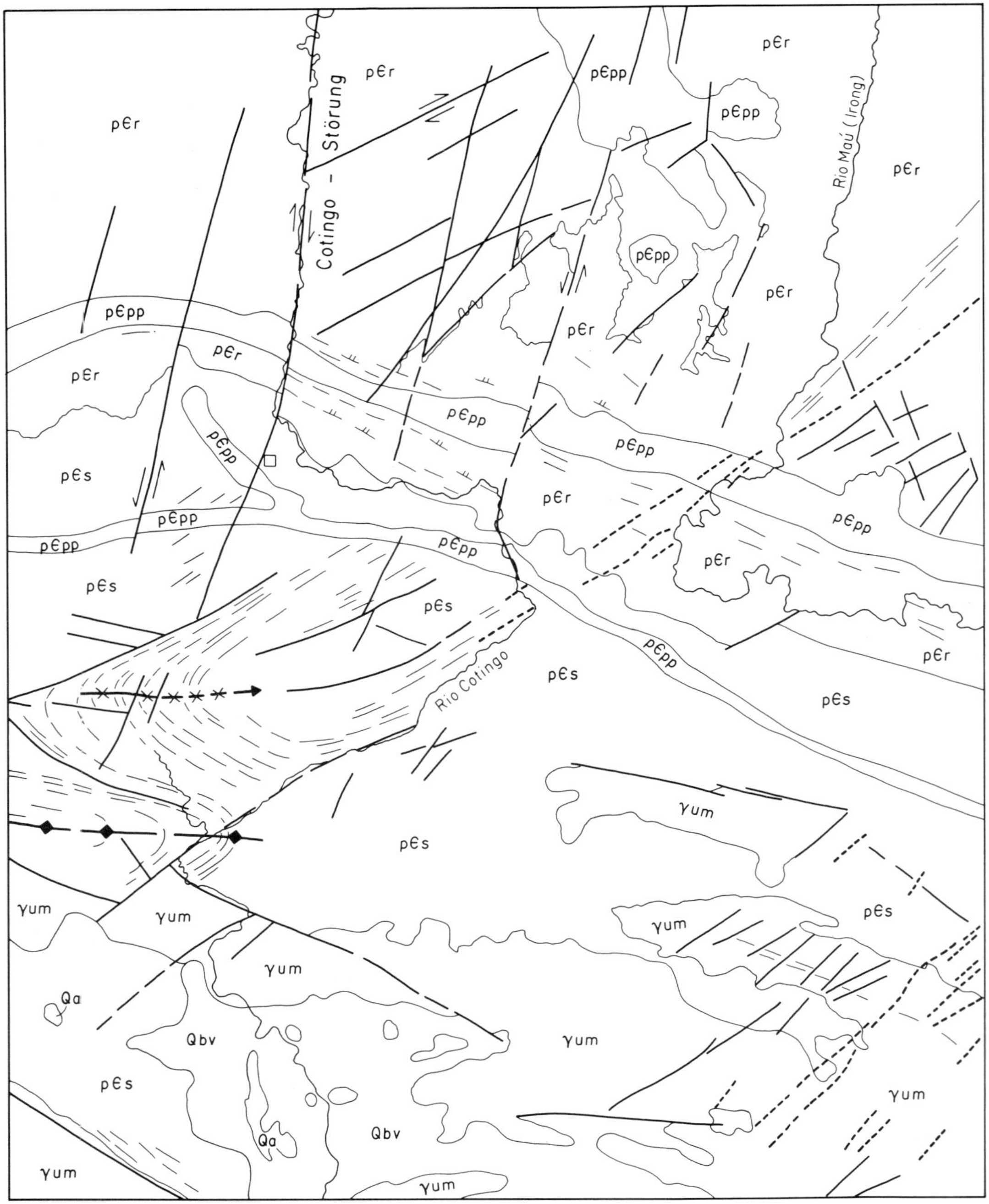

Abb. 230b Geologische Karte für den Bereich des Radar-Mosaiks von Abb. 230a (Kartierung H. QUADE, nach Projeto RADAMBRASIL, Vol. 8).

Abb. 230a Radar-Mosaik einer Landschaft im Grenzgebiet Brasilien, Venezuela und Guiana zwischen dem Monte Roraima und der Serra Saporá (RADAM-BRASIL-Projekt). Bildmaßstab 1:550 000. Erläuterung im Text.

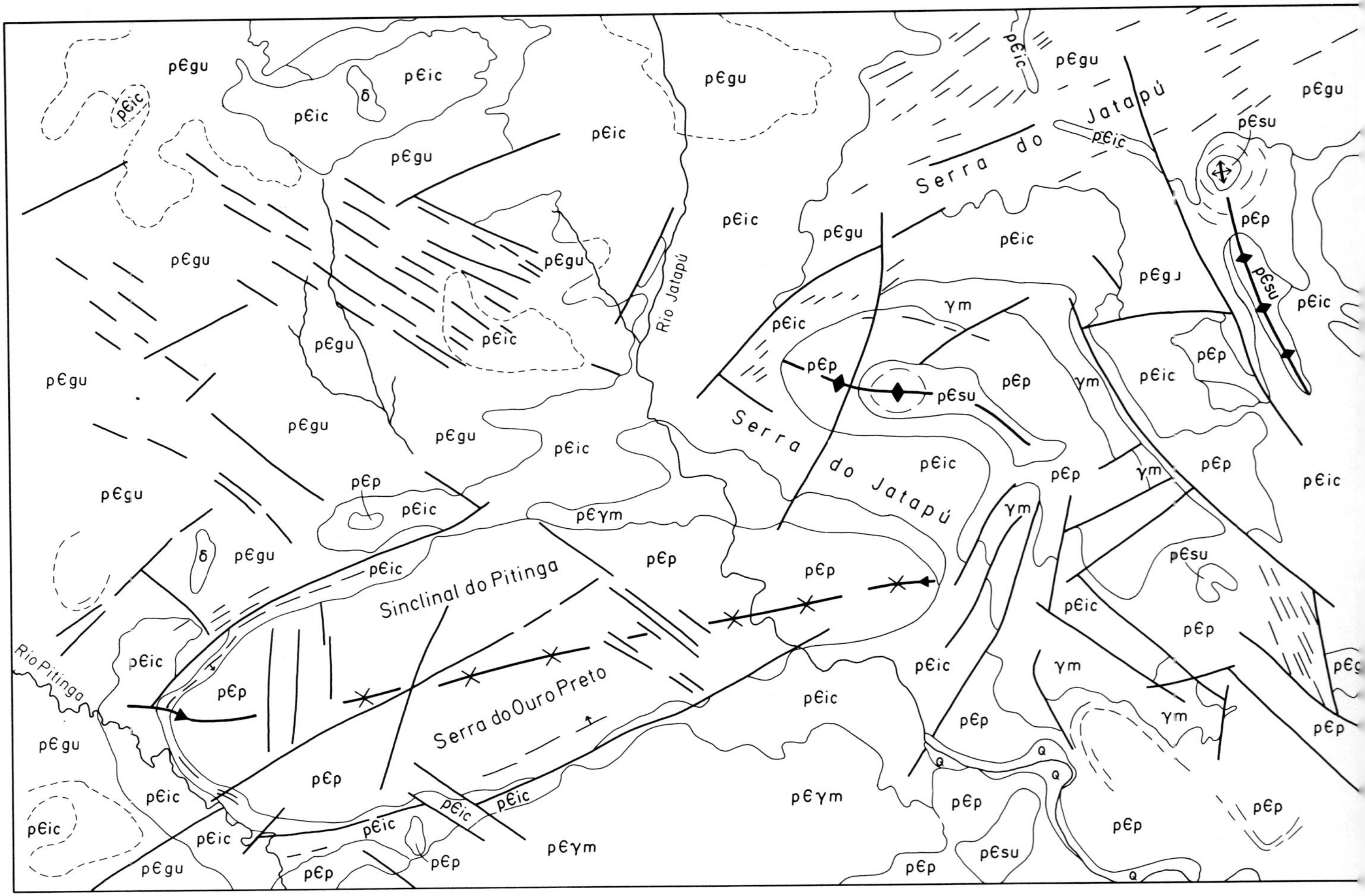

Abb. 231b Geologische Karte für den Bereich des Radar-Mosaiks von Abb. 231a (Kartierung H. QUADE, nach Projeto RADAMBRANSIL, Vol. 10).

stereoskopische Betrachtung des Bildbeispiels macht deutlich, daß in manchen Bereichen die stereoskopische Bildauswertung die Kartierung lithofazieller Einheiten und tektonischer Strukturen erleichtert, bisweilen auch zuverlässiger machen kann.

Es soll noch einmal daran erinnert werden, daß die Wiedergabe eines Geländes und damit der Informationsgehalt eines Radarbildes sehr von den jeweiligen Aufnahmenbedingungen bei der Radarbefliegung abhängt. Wichtig sind folgende Parameter: die Flughöhe, die Art des eingesetzten Radarsystems, die Abstrahlrichtung, vor allem der Abstrahlwinkel der Radarantenne, die Wellenlänge der ausgesandten Impulse, die räumliche Orientierung von Geländeobjekten und Geländeflächen in bezug auf die Position der Radarantenne (zu weiteren Parametern und Wechselwirkungen zwischen Radarstrahlung und natürlichen Oberflächen siehe Abschn. 4.7.2).

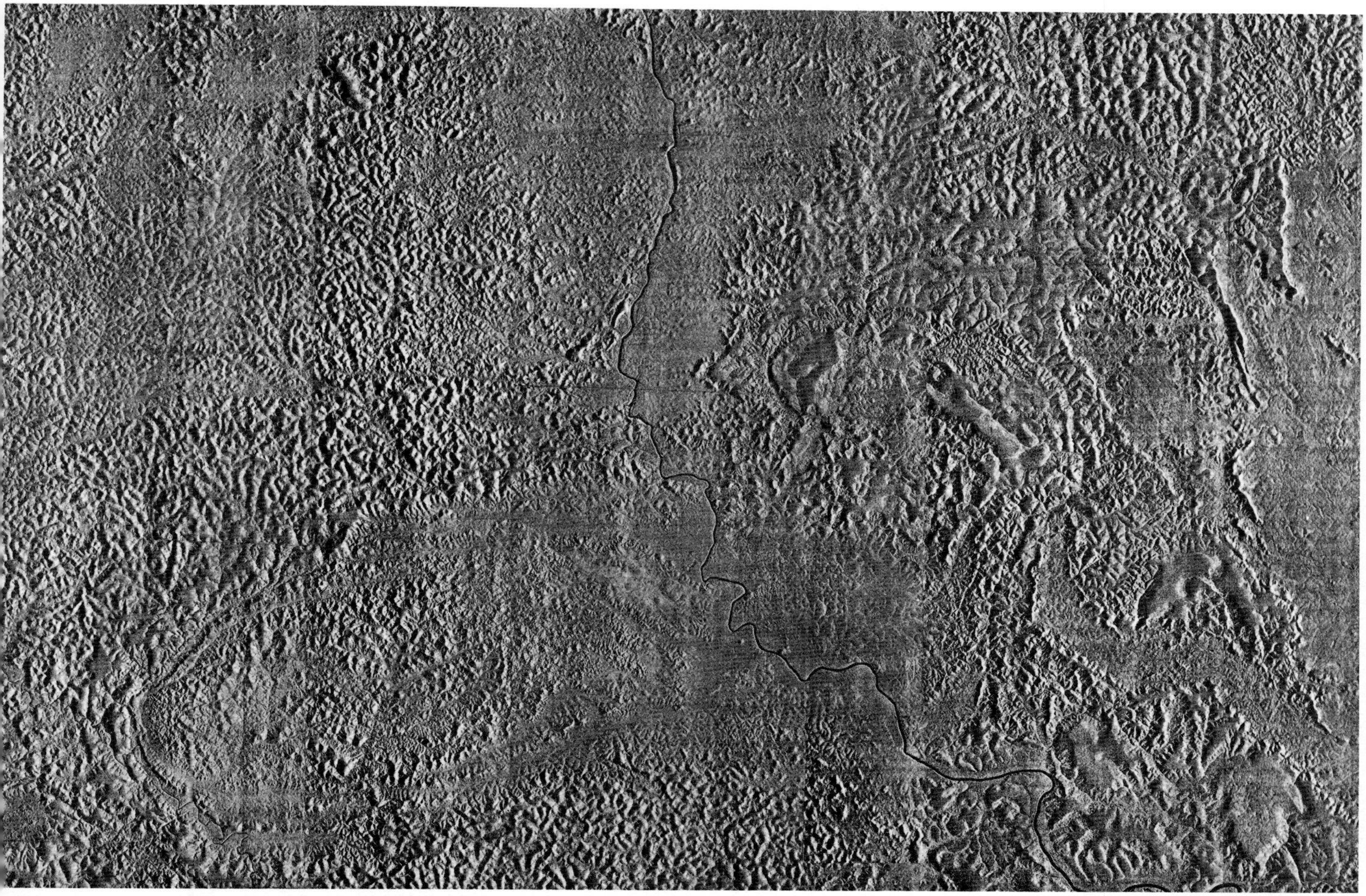

Abb. 231a Radar-Mosaik einer Landschaft unmittelbar nördlich des Rio Amazonas zwischen der Serra do Jatapú und der Serra do Ouro Preto (RADAMBRASIL-Projekt). Bildmaßstab: ca. 1:550 000. Erläuterung im Text.

Die Effekte der Oberflächengeometrie und des Oberflächenmaterials natürlicher Geländeobjekte auf die Rückstreuung von Radarsignalen als Funktion der Beleuchtungsgeometrie sind bisher noch kaum systematisch untersucht worden. Auch ist die optimale Beleuchtungsgeometrie bei Stereo-Radarbefliegungen für topographische Studien noch nicht geklärt.

Von einem bemannten Satelliten aus wurde ein Synthetic Aperture Radar-System (SAR) zum ersten Mal im November 1981 eingesetzt, an Bord des Space Shuttle Columbia (**S**huttle **I**maging **R**adar System, abgekürzt SIR). Aufgabe des ersten SIR-Experimentes war es, SAR-Daten repräsentativer Landschaften aus verschiedenen Klimazonen der Erde aufzunehmen, Landschaften mit unterschiedlichen Entstehungsbedingungen und unterschiedlichem geologischen Aufbau (Gesteine, tektonische Strukturen, Landschaftsformen) und das Nutzungspotential von SIR-Daten für die Erderkundung zu untersuchen.

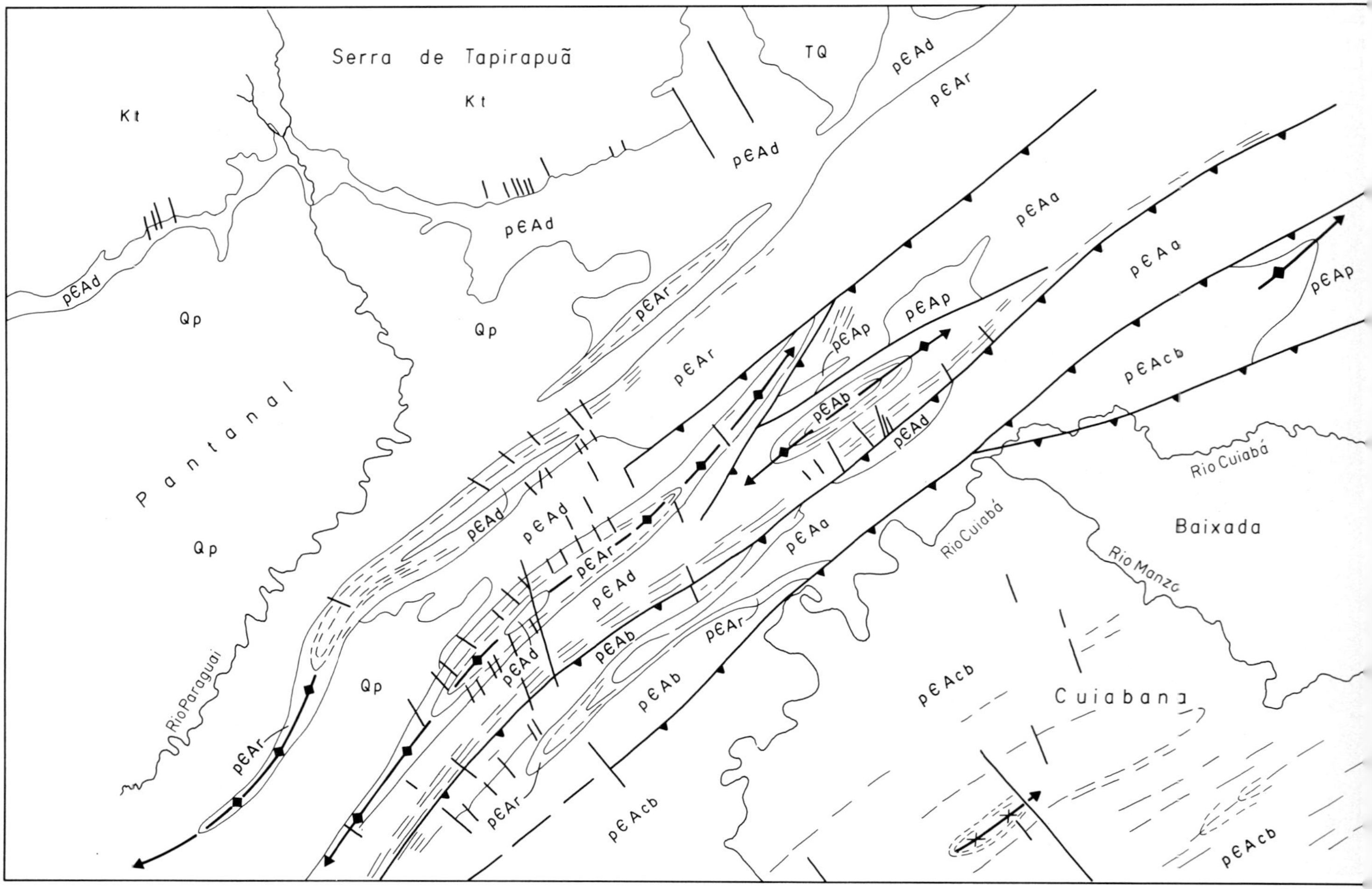

Abb. 232b Geologische Karte für den Bereich des Radar-Mosaiks von Abb. 232a (Kartierung H. QUADE, nach Carta Geológica do Brasil ao Milionésimo, Folha SD. 21 Cuiabá).

SIR-A-Daten wurden aus einer Umlaufbahn von 259 km Höhe aufgenommen. Das eingesetzte Radarsystem operierte im L-Band (λ = 23,5 cm). Die Bandbreite betrug 6 MHz, die Impulslänge 30,4 μs. Die Signale waren nach dem HH-Modus polarisiert. Der Einfallswinkel der Strahlung (incidence angle) lag bei 50° ± 3°. Die Breite der Aufnahmestreifen beträgt 50 km. Abb. 234 gibt eine Übersicht über die Lage der beim SIR-A-Experiment aufgenommenen Bildstreifen, die aufgrund der Bahnneigung von 38° in einem Gürtel zwischen 45° N und 30° S lagen. Die räumliche Auflösung der SIR-A-Bildstreifen beträgt 40 x 40 m. SIR-A-Daten sind erhältlich über das

National Space Science Data Center (NSSDC)
Code 601.4
Goddard Space Flight Center
Greenbelt, Maryland 20771 (USA)

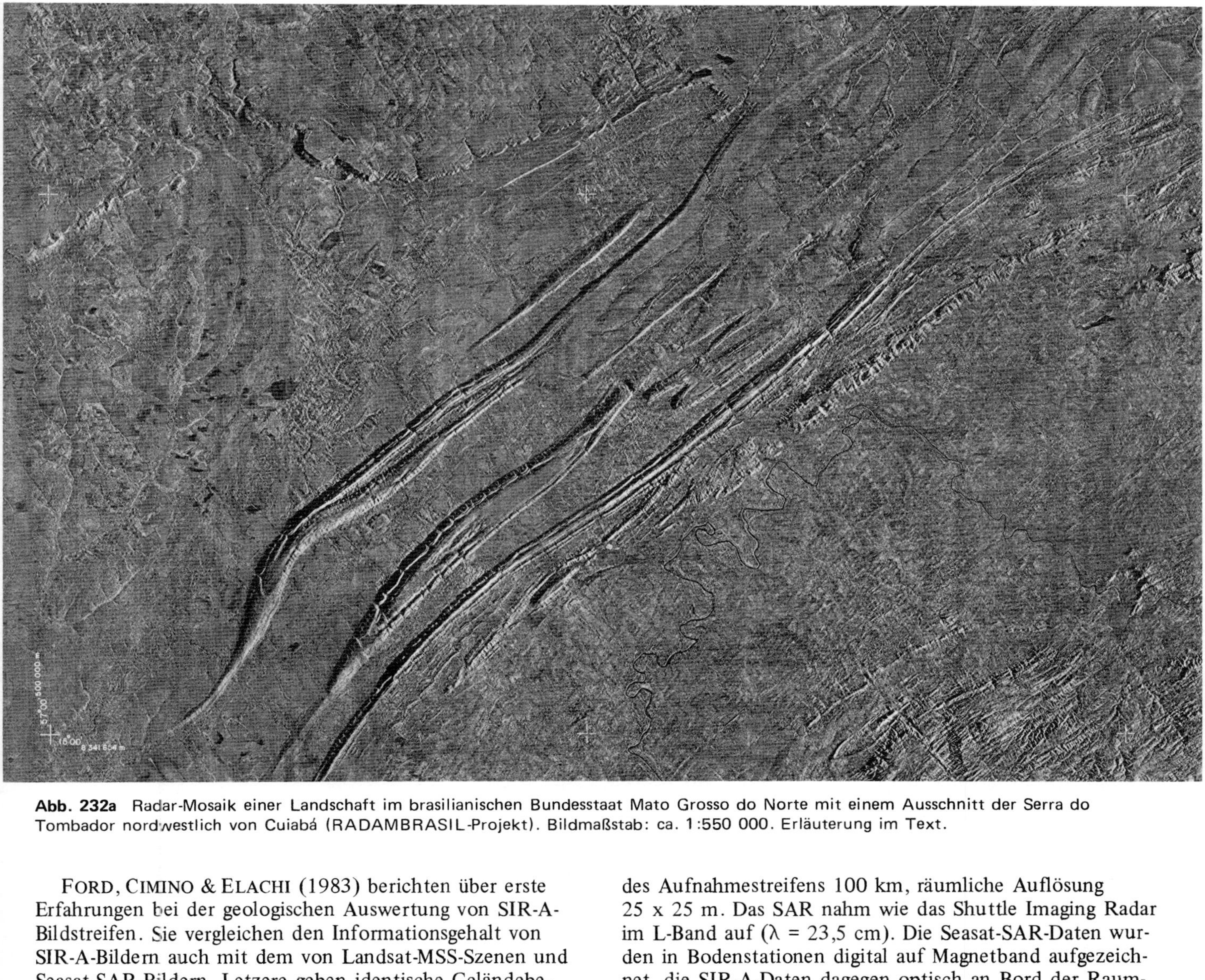

Abb. 232a Radar-Mosaik einer Landschaft im brasilianischen Bundesstaat Mato Grosso do Norte mit einem Ausschnitt der Serra do Tombador nordwestlich von Cuiabá (RADAMBRASIL-Projekt). Bildmaßstab: ca. 1:550 000. Erläuterung im Text.

FORD, CIMINO & ELACHI (1983) berichten über erste Erfahrungen bei der geologischen Auswertung von SIR-A-Bildstreifen. Sie vergleichen den Informationsgehalt von SIR-A-Bildern auch mit dem von Landsat-MSS-Szenen und Seasat-SAR-Bildern. Letzere geben identische Geländebereiche anders als die SIR-A-Bilder wieder, weil das Seasat-SAR unter anderen Bedingungen arbeitete: Flughöhe 795 km, Bahnneigung 108°, Bandbreite 19 MHz, Impulslänge 33,4 μs, Polarisation HH, Einfallswinkel 23°, Breite des Aufnahmestreifens 100 km, räumliche Auflösung 25 x 25 m. Das SAR nahm wie das Shuttle Imaging Radar im L-Band auf (λ = 23,5 cm). Die Seasat-SAR-Daten wurden in Bodenstationen digital auf Magnetband aufgezeichnet, die SIR-A-Daten dagegen optisch an Bord der Raumfähre.

Abb. 235 zeigt eine SIR-Aufnahme eines bergigen Geländes in Pakistan. Die der Antenne zugewandten Hänge sind generell hell getönt. Die großen petrographischen Einheiten

Abb. 233 Beispiel einer Radar-Stereo-Aufnahme aus SE-Venezuela. Bildmaßstab: ca. 1:500 000 (Good Year Aerospace/Aero Service Corp.).

setzen sich wie auch lokale Besonderheiten im Schichtaufbau durch Reliefunterschiede im SIR-A-Bild kartierbar ab. Reliefformen und Textur-Unterschiede verdeutlichen Unterschiede der Schichtlagerung. Bruchstrukturen verschiedener Richtungen (vorwiegend wohl Störungen) machen sich durch lineare und kurvilineare Taleinschnitte bemerkbar. Wie immer in Radaraufnahmen von Gebirgsbereichen treten im Bild der Abb. 235 Layover und Foreshortening, geometrische Verzerrungen des Radarbildes auf, die bei der Kartierung von Gebirgslandschaften mit starken Reliefunterschieden Schwierigkeiten bereiten können (siehe Abschn. 4.7.5.2 und 4.7.5.3).

Von besonderer Bedeutung für die geologische Erkundung und Kartierung sind Aufnahmen vom SIR-Typ vor allem in den feuchtheißen Tropengebieten der Erde, die weithin von Urwald bedeckt und daher weitgehend noch wenig bekannt oder unerforscht sind. Kartierungen werden in diesen Regionen auch dadurch erschwert, daß dort Luftbild- und Scanner-Befliegungen im sichtbaren Spektrum wegen fast ständiger Wolkenbedeckung nicht durchgeführt werden können. Auch Landsat-MSS-Szenen dieser Regionen sind meist nur in kleinen, wolkenfreien Gebieten auswertbar. Die langwellige Radarstrahlung des L-Bandes dagegen durchdringt die Wolkendecke. Radarsysteme stellen in den Tropen daher meist das einzige einsetzbare Erkundungsverfahren dar.

Abb. 236 zeigt einen Geländeausschnitt einer zu Irian Jaya gehörenden Insel (Indonesien), die weitgehend von tropischer Vegetation bedeckt ist. Die reliefbetonende Darstellung des Geländes im SIR-Bild liefert trotzdem regionale und lokale geologische Informationen über den lithofaziellen und

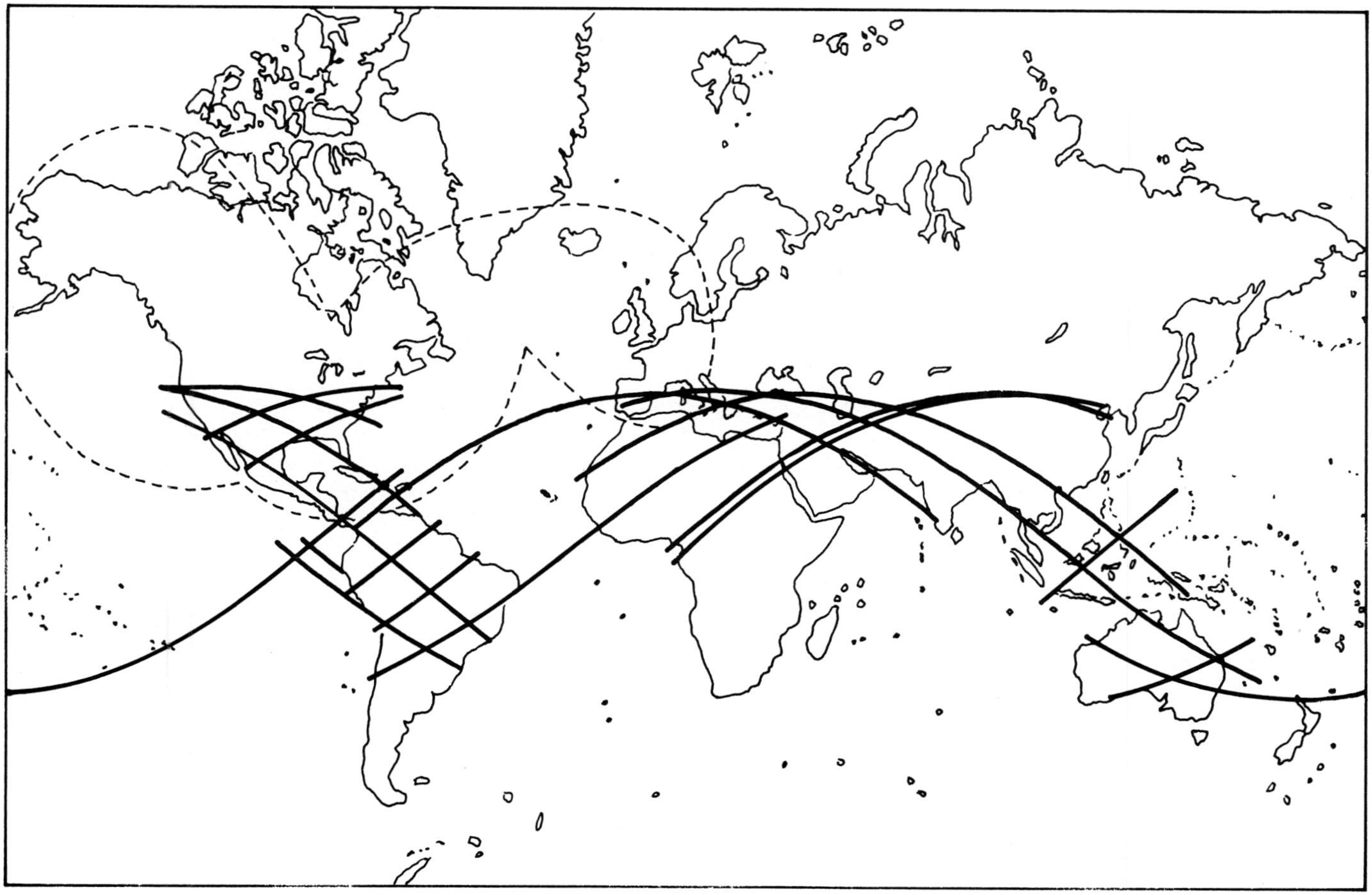

Abb. 234 Die Aufnahmestreifen des SIR-A-Experiments (ausgezogene Linien). Die Aufnahmebereiche mit Seasat-Überdeckung sind gestrichelt umrandet (nach FORD et al. 1983).

strukturellen Aufbau des Untergrundes. In der linken unteren Bildecke markiert der küstenparallele Verlauf eines Gebirgszuges (Lengguru-Fold Belt) das generelle Streichen der ihn aufbauenden, gefalteten Sedimentfolgen. Nordwestlich der von tropischem Regenwald bedeckten Ebene (gepunktet in Abb. 236b, mit jungen, vermutlich noch wenig verfestigten Sedimenten im Untergrund) zeigen die Reliefformen petrographische Unterschiede der dort auftretenden Sedimentfolgen an. Form und Verlauf von Schichtkämmen und Schichtstufen geben Hinweise auf die unterschiedlichen Lagerungsverhältnisse, auf die Richtung des Streichens und des Einfallens der Schichten, auf die Achsenlage enger und weiter Faltenstrukturen. Lineare und kurvilineare Taleinschnitte und Geländestufen zeigen die Ausstrichslinien steiler Bruchstrukturen. Der Plateau-Bereich (P) im unteren rechten Bildbereich wird offensichtlich von mächtigen, flach liegenden Kalken unterlagert. Dafür sprechen die im SIR-Bild erkennbaren Karsterscheinungen, die sich im Kleinrelief dokumentieren (Dolinenfelder). Die räumliche Auflösung des SIR-Bildes liegt bei 40 x 40 m.

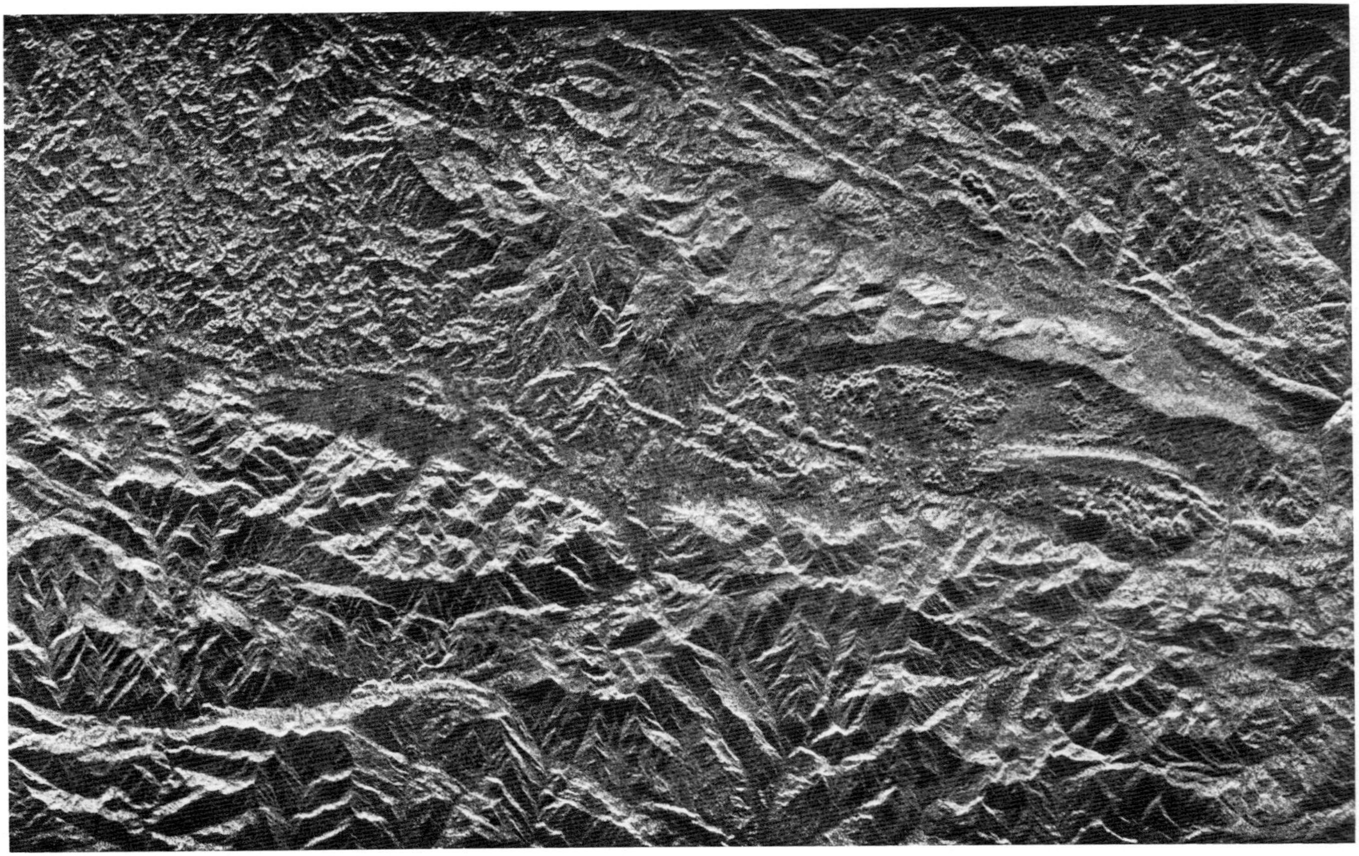

Abb. 235 SIR-A-Aufnahme eines Geländestreifens im Himalaya (Pakistan) (NASA/JPL). Bildmaßstab: ca. 1:500 000.

Einen tropischen Regenwald und Mangrovenwald bewachsenen Küstenstreifen der Insel Irian Jaya zeigt die Abb. 237. Wasserflächen werden im Radarbild schwarz wiedergegeben. Die etwas dunkler grau getönten Flächen der Küstenebene zeigen Mangrovenwald an, die hellen Töne etwas höher gelegene Geländebereiche mit tropischem Regenwald. Die durch Unterschiede im Bewuchs bedingte Grautonverteilung liefert so gewisse Informationen über die topographische Situation im Küstenbereich und im Hinterland (aufgenommene Streifenbreite 50 km). Geradlinige oder winklig umbiegende Flußabschnitte könnten auf strukturelle (tektonische) Trends des Untergrundes (Störungszonen) hinweisen, die für Erkundungsarbeiten auf Erdöl oder Erdgas von Bedeutung sein könnten. Daten einer aeromagnetischen Befliegung würden hier ergänzende bzw. kontrollierende Informationen über die Untergrundverhältnisse liefern. Nach FORD et al. (1983) gibt es für den aufgenommenen Bereich nur wenige Landsat-Szenen, von denen keine weniger als 70% Wolkenbedeckung aufweist. Regionale geologische Informationen sind hier also nur aus Radar-Aufnahmen zu beziehen (siehe auch SABINS 1983).

Erste Auswertungen von SIR-A-Aufnahmen arider und semiarider Gebiete haben gezeigt, daß Radaraufnahmen der Erdoberfläche, aus Raumfähren oder von operationellen Erderkundungs-Satelliten aus aufgenommen, auch in diesen relativ gut aufgeschlossenen Gebieten wichtige, die Bilddaten anderer Sensoren ergänzende Informationen liefern können.

Die Abb. 238 zeigt ein Gelände in SE-Oman. Schichtkämme und Schichtstufen verdeutlichen die petrographische Gliederung der anstehenden Sedimentfolgen. Unterschiede der Reliefformen und der Grautönung lassen zwei bis drei Festgesteinseinheiten erkennen. Ausstrichbreite, Schichtstreichen und Änderungen im Einfallen der gefalteten Serien sind deutlich erkennbar. Position und Verlauf einiger größerer Störungen sind aus den unterschiedlichen Lagerungsverhältnissen und Strukturformen von Teilbereichen ableitbar. In den Talebenen und in der Umrahmung des Gebirges bzw. einiger herausragender Bergkomplexe deuten helle, mittlere und dunkle Grautonabstufungen Unterschiede im Materialcharakter der anstehenden Lockergesteine an (Oberflächenrauheit, Korngröße). Da alle Flutäler zur Zeit der Befliegung trocken waren, dürfte der Feuchtigkeitsgehalt der Lockersedimente keinen Einfluß auf die Reflexionsprozesse gehabt haben. Bestimmend für die Interaktionen zwischen auftreffender Strahlung und Sedimentoberflächen war hier die Oberflächenrauheit (vgl. Abschn. 4.7.2.5.3 ff.). Grober Verwitterungsschutt, grobe Schotter und Kies dürften als diffuse Reflektoren gewirkt haben. Sand- und Siltablagerungen boten dagegen (bezogen auf die Wellenlänge des L-Bandes, $\lambda = 23$ cm) glatte Oberflächen, die vorwiegend spiegelnd (vom Sensor weg) reflektierten. Von den Oberflächen feinkörniger Lockersedimente kam daher weniger Signalenergie zum Sensor zurück. Daher zeigen die dunkel getönten Flächen der Abb. 238 feinkörnige, die heller bis hell getönten Flächen Bereiche grober Lockersedimente an. Grautonverteilung und Textur-Unterschiede der Teilbereiche zeigen also Materialunterschiede an. Sie markieren die zur Zeit der Aufnahme trocken liegenden Entwässerungslinien und machen die Richtung und Reichweite von Materialtransporten (Verwitterungsmaterial) deutlich. Hier muß erwähnt werden, daß die Oberflächen solcher mit Abtragungsschutt aufgefüllten Täler und intramontanen Becken auftreffende Lichtstrahlung in der Regel sehr stark reflektieren und in Landsat-MSS- oder RBV-Aufnahmen semiarider Gebiete daher oft mit sehr hellen, wenig differenzierten Grautönen abgebildet werden. Hier können Radarbilder ergänzende Informationen über Korngrößen bzw. Materialunterschiede und Verbreitung von Lockersedimenteinheiten liefern, die z.B. für hydrologische sowie für morphodynamische Untersuchungen von Bedeutung sein können.

In den Talbereichen sind an mehreren Stellen inmitten von Lockersedimenten von der Erosion weitgehend eingeebnete Festgesteinsaufschlüsse zu erkennen (z.B. unterhalb der Bildmitte und links unten). Strahlung im Wellenlängenbereich um 23 cm kann trockene, lockere Sande (z.B. Flugsandablagerungen oder Sheet Wash) bis zu einer Tiefe von einigen dm durchdringen. Dadurch können in einem L-Band-Radarbild auch noch oberflächennahe Festgesteinsoberflächen erfaßt werden. Die jeweilige Tiefenlage der Festgesteinsoberfläche unter der Sandüberdeckung muß allerdings durch ergänzende Geländebeobachtungen ermittelt werden. Das zeigt der Vergleich einer SIR-A-Aufnahme (Abb. 239a) und einer Landsat-Aufnahme (MSS-Kanal 7) desselben Geländebereiches im Adrar des Iforas-Gebietes in NE-Mali (Abb. 240). In der Landsat-Aufnahme erkennt man, daß weite Teilbereiche des aufgenommenen Gebietes durch Flugsandüberlagerungen überdeckt werden. Dabei lassen sich Bereiche erkennen, in denen die Flugsandablagerungen den Festgesteinen des Untergrundes nur wie ein dünner Schleier aufliegen und andere Bereiche, in denen die Flugsandüberdeckung offensichtlich mächtiger ist. Hier sind Täler mit Verwitterungsschutt und Abtragungsmaterial aufgefüllt. Mehrere kreisrunde Strukturen zeigen die Position granitischer Intrusivkörper an. Gegen die hell getönten Lockersedimente setzen sich Festgesteinsaufschlüsse mit dunklen Grautönen (Wüstenlack?), teils auch morphologisch ab. Das SIR-A-Bild zeigt dagegen in sehr differenzierter Wiedergabe Festgesteinsaufschlüsse und deren tektonische Strukturen auch in den Teilbereichen, die nach den Informationen aus der Landsat-Aufnahme mit Flugsand zugedeckt sind. Im Basement-Plateau markieren helle Grauton-Linien Position und Verlauf zahlreicher granitischer Gänge. Sie reflektieren als schmale Geländerippen die auftreffenden Radarsignale stärker als die umgebenden Gneise des präkambrischen Basements. Zahlreiche Störungen verschiedener Richtungen (die in den Landsat-Aufnahmen ebenfalls nicht zu erkennen sind) zeichnen sich im SIR-A-Bild durch lineare Grautonunterschiede ab: durch dunkle Linien dort, wo die Störungszonen erodiert und mit Flugsandablagerungen aufgefüllt sind, durch helle Grautonlinien dort, wo den Störungen Gänge aufsitzen, die im Gelände schmale Mauern bilden. Die Bereiche, in denen die Sandablagerungen zu mächtig sind, um noch von den Radarsignalen durchdrungen zu werden, werden im SIR-Bild mit dunklen Grautönen wiedergegeben. Ein Teil der auftreffenden Signalenergie wurde hier absorbiert, der größere Teil spiegelnd reflektiert. Die beiden Intrusivkomplexe am unteren Bildrand erheben sich nach FORD et al. (1983) etwa 200 m über das umgebende Plateau. Sie setzen

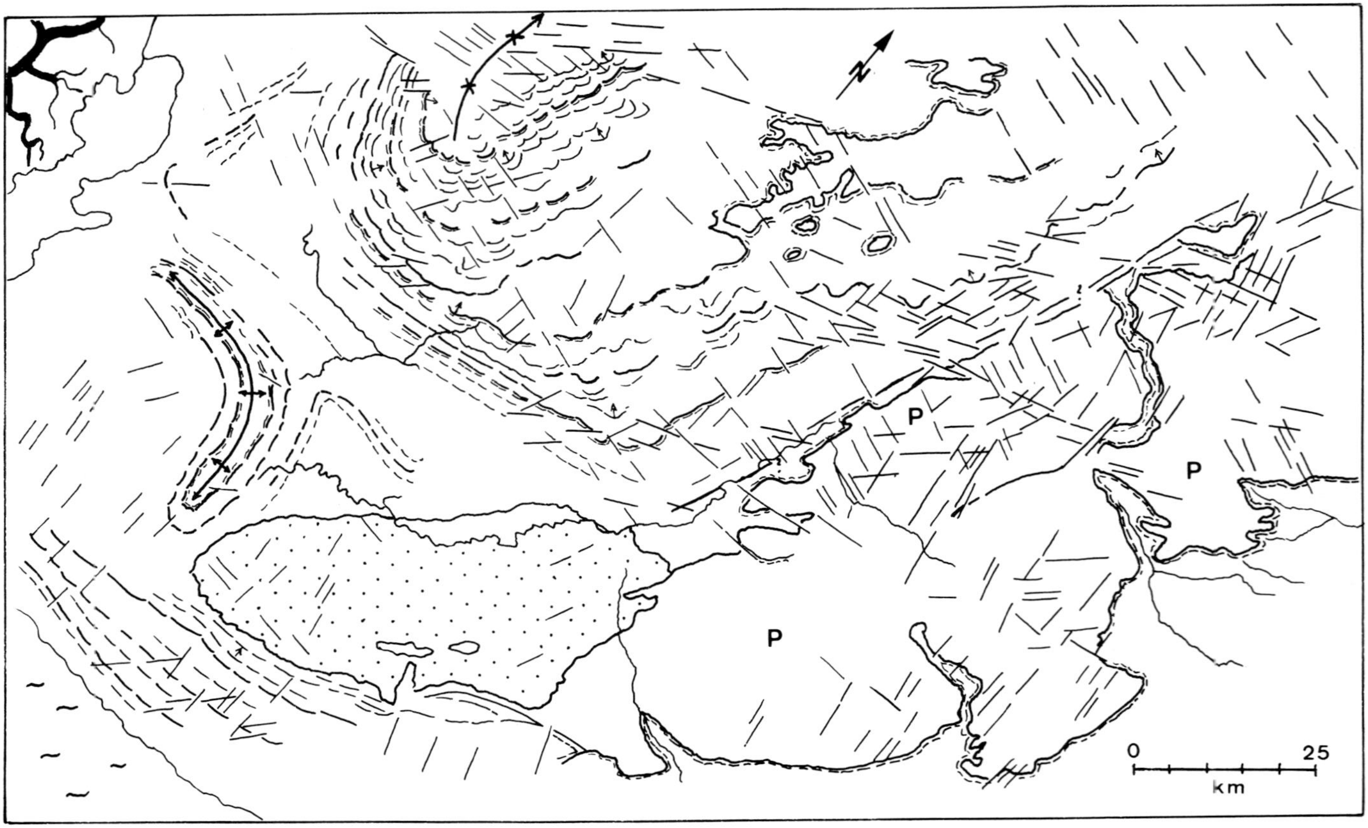

Abb. 236b Photogeologische Karte für den Bereich der Abb. 236a.

mit sehr heller Grautönung ab. Seine Oberfläche bildet ein lokales topographisches Tief, das mit Sandablagerungen bedeckt ist, die im SIR-Bild dunkle, in der Landsat-Aufnahme sehr helle Grautöne bedingen (vgl. Abb. 240).

Der Vergleich der Abb. 241 und 242a macht den Informationsgewinn von L-Band-Radaraufnahmen arider Gebiete besonders deutlich. Die Wiedergabe der erfaßten Landschaft in der Landsat-Szene (Abb. 241) beruht allein auf der spektralen Reflexion der einfallenden Lichtstrahlung an der Geländeoberfläche. Das MSS-Bild läßt erkennen, daß weite Bereiche der flachwelligen Landschaft von Lockersedimenten (Abtragungsschutt und vor allem Flugsand) bedeckt sind. Dabei zeichnen sich im rechten Bildbereich der strukturelle Trend und gewisse lithofazielle Unterschiede des Untergrundes durch eine offenbar dünne Flugsand- bzw. Bodendecke hindurch ab. Im mittleren und linken Bildbereich ist die Sandbedeckung offenbar mächtiger. Hier sind aus der Landsat-Aufnahme keine Informationen über die Geologie des Untergrundes zu gewinnen. Im Radarbild (Abb. 242a) zeichnen sich die Grenzen lithofazieller Einheiten, die Schichtlagerung und Bruchstrukturen des Untergrundes dagegen deutlich und kartierbar ab. Die langwellige Radarstrahlung vermochte offensichtlich die auflagernde Sanddecke zu durchdringen. Die einfallende Radarstrahlung wurde erst an der Kristallinoberfläche reflektiert. Über die Mächtigkeit der Sedimentüberdeckung ist nichts bekannt. Sie dürfte jedoch einige dm erreichen, vielleicht mehr als 1 m. Die Bereiche größerer Sedimentmächtigkeiten, in denen die Radar-

Abb. 236a SIR-A-Aufnahme eines Geländestreifens im NW der Insel Irian (Jaya) (Vogelkop Irian Jaya, Neuguinea. Bildmaßstab: ca. 1:500 000 (NASA/JPL). Erläuterung im Text.

strahlung die Kristallinoberfläche nicht mehr erreichte, sind in der Abb. 242b gerastert wiedergegeben. Die Karte läßt auch das Oberflächenrelief der von Sedimenten verdeckten Kristallinoberfläche erkennen. Über größere Flächen hinweg lassen sich Granite (G) an ihren charakteristischen Reliefformen erkennen, die in steilstehenden Folgen metamorpher Gesteine (g = Gneise, Quarzite, Amphibolite) stecken. Übergänge zwischen Graniten und Gneisen lassen vermuten, daß es sich bei den größeren Granitkomplexen um syntektonische Granite handelt, obgleich lokal auch diskordante Kontakte zu beobachten sind. Die zwei kleineren runden Granit-Intrusionen im oberen Bildbereich von Abb. 242a scheinen wegen ihres diskordanten Kontaktes jünger zu sein. Im rechten oberen Bildbereich setzt sich eine den metamorphen Serien transgressiv auflagernde Folge von Sedimenten (s und S) ab (vgl. Abb. 242b).

Abb. 243 zeigt an einem anderen Beispiel aus dem semiariden Bereich, wie differenziert lithofazielle Unterschiede und tektonische Strukturen im SIR-Bild erfaßt werden, wenn sie sich durch Unterschiede im Geländerelief sowie durch Unterschiede der Oberflächenbeschaffenheit an der Geländeoberfläche abzeichnen. Hier sind es Gneise und tektonische Strukturen des präkambrischen Basements, in denen diskordante (?) Intrusiva stecken (Rundstrukturen). Innerhalb der Gneiseinheiten, deren s-Gefüge und steile Lagerung deutlich zu erkennen sind, treten wiederholt flächen-

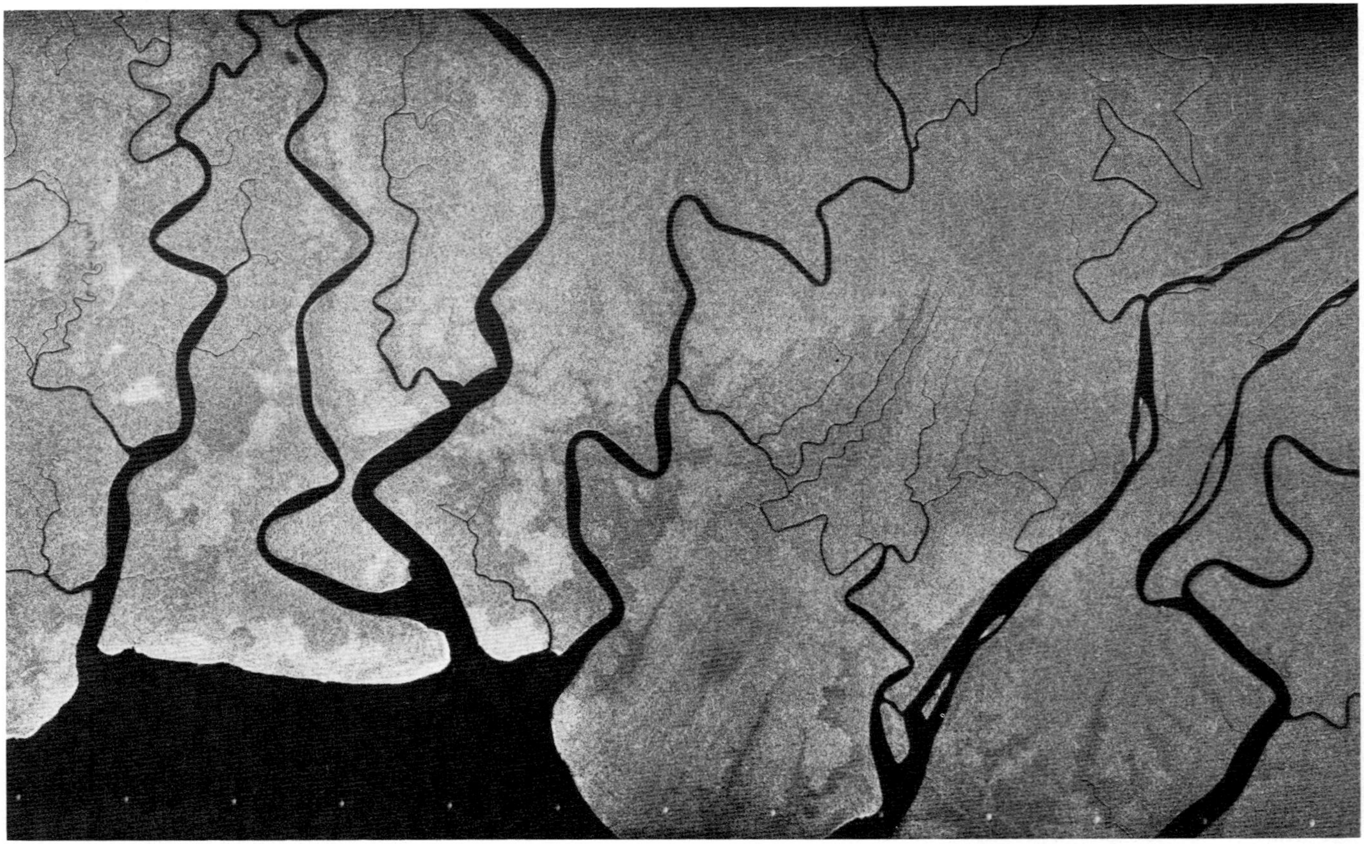

Abb. 237 SIR-A-Aufnahme eines Küstenbereiches im SW der Insel Irian (Neuguinea). Bildmaßstab: ca. 1:500 000 (NASA/JPL).

haft Granitkomplexe mit charakteristischem Oberflächenrelief und konkordanten Kontakten zur Umgebung auf. Diese sind offenbar tektonisch überprägt. Sie dürften syntektonischen Charakter haben. Lineare und kurvilineare Grautonunterschiede markieren Störungen. Dunkle Grautöne in den Flußtälern des grobdendritischen Talnetzes weisen auf Sand- und Siltablagerungen, helle Grautöne auf grobe Lockersedimente hin (Kies, Schotter), die L-Band-Strahlung diffus reflektieren.

Wie unterschiedlich das Entwässerungsnetz einer Landschaft in SIR-Aufnahmen wiedergegeben werden kann, zeigen die Abb. 244 und 245. In der Abb. 244 unten setzt sich der Fluß mit schwarzem Ton scharf gegen die Umgebung ab, ähnlich der Zufluß und einige kleinere stehende Gewässer. Zur Zeit der Aufnahme trocken liegende Täler setzen sich im Radarbild mit sehr hellen Grautönen ab, wenn Schotter und Kies im Flußbett auftreffende Radarsignale intensiv diffus reflektieren oder wenn die Trockentäler mit Buschvegetation bewachsen sind, die ebenfalls kräftig diffus reflektiert. In der Abb. 245 wird das Entwässerungsnetz durch sehr dunkle Grautöne abgebildet. Die Aufnahme stammt aus einem semiariden Gebiet im Grenzbereich zwischen Saudiarabien und Irak. Die Täler des alten Entwässerungsnetzes sind nach FORD et al. (1983) von mächtigen äolischen Ablagerungen bedeckt. Die in bezug auf die Wellenlänge der L-Band-Strahlung glatten Sand-

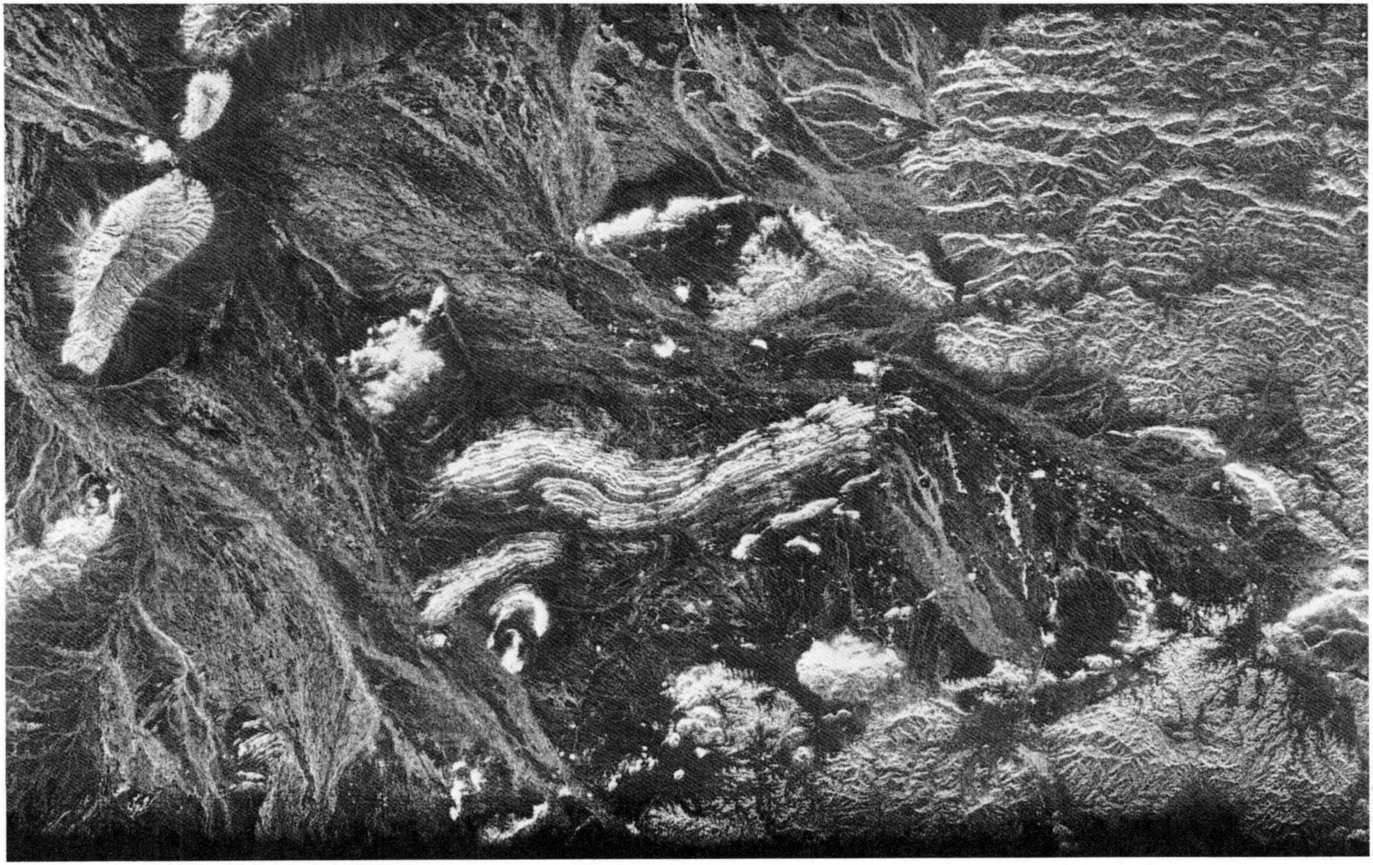

Abb. 238 SIR-A-Aufnahme eines Geländestreifens in SE-Oman. Bildmaßstab: ca. 1:500 000 (NASA/JPL).

und Siltoberflächen reflektieren nur wenig Signalenergie und werden deshalb im SIR-Bild mit dunklen Grautönen wiedergegeben. Bei näherer Betrachtung erkennt man im Originalbild in den breiteren Trockenfluß-Tälern auch hellere Grautöne, die grobes Erosions- und Transportmaterial im Flußbett anzeigen. Die umgebende Landschaft soll nach FORD et al. von Kalksteinen und Dolomiten unterlagert werden, deren rauhes Oberflächenrelief diffuse Reflexion der Radarsignale bewirkt und helle Grautöne im Radarbild zur Folge hat.

Das Entwässerungsnetz einer Landschaft im subtropisch semihumiden Klimabereich zeigt die Abb. 246a (Bundesstaat Minas Gerais, Brasilien). Die natürliche Vegetation ist durch Gras-, Busch- und niedrigen Baumbewuchs gekennzeichnet. Lokal sind begrenzte Flächen landwirtschaftlicher Nutzung zu erkennen. Der Untergrund ist tiefreichend verwittert. Im Gewässernetz der flachwelligen Rumpfflächen sind deutlich Unterschiede der Ausrichtung, der Aufgliederung und der Dichte zu erkennen, die auf lithofazielle Unterschiede und tektonische Strukturen des Untergrundes schließen lassen. Die gepunkteten Linien der Abb. 246b zeigen die ungefähren Grenzen der verschiedenen Entwässerungsnetze. Die gepunkteten Linien begrenzen zugleich auch Bereiche unterschiedlichen Mikroreliefs, unterschied-

Abb. 239a SIR-A-Aufnahme eines Geländebereiches in Mali (Adrar des Iforas). Bildmaßstab: ca. 1:625 000. Erläuterung im Text (NASA/JPL).

Abb. 239b Photogeologische Karte des Bereiches der Abb. 239a.

Abb. 240 Landsat-Aufnahme des Geländebereiches von Abb. 239 (MSS-Kanal 7). Bildmaßstab 1:625 000 (NASA, E-1112-09530).

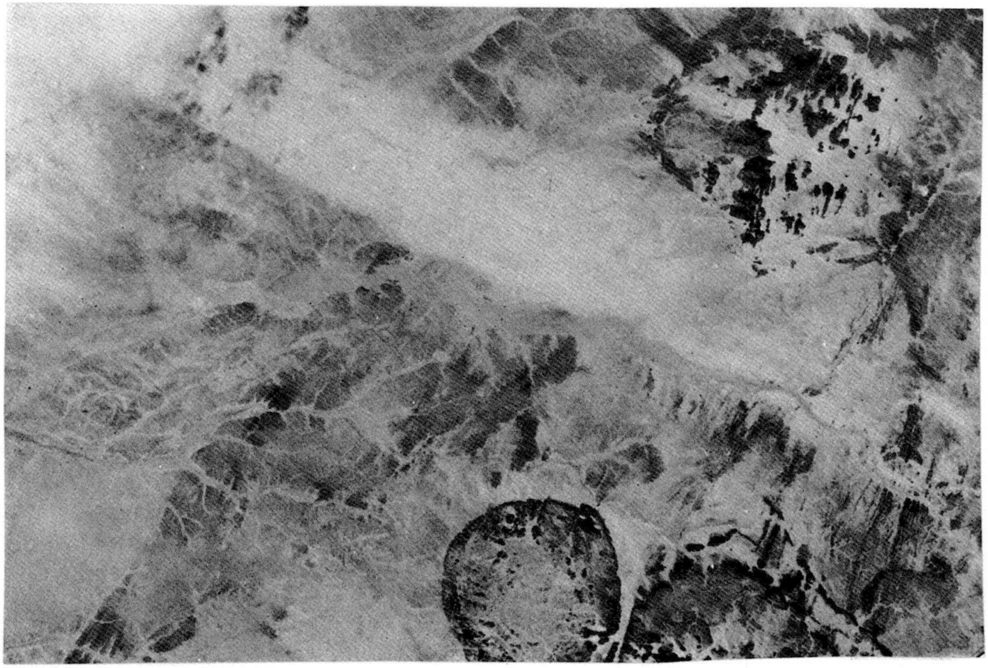

licher Textur. Auffallend ist der Unterschied zwischen dem relativ weitständigen Flußnetz im unteren mittleren Bereich der Abb. 246a, das auch auffallend geradlinige und winklig verspringende Flußabschnitte zeigt, und dem nach rechts anschließenden Bereich mit einem deutlich dichteren und feindendritisch gegliederten Entwässerungsnetz. Das weitständige Entwässerungsnetz entwickelt sich auf ebenen, mächtigen Lateritdecken, etwas dichtere Flußnetze auf Gneis-/Amphibolitserien und die dichteren Flußnetze auf metamorphen Schiefern. Durch lineare Grautonunterschiede, vor allem aber durch lineare Taleinschnitte, lineare und winklige Flußabschnitte zeichnen sich vor allem auch im Bereich der Lateritdecken in der SIR-A-Aufnahme steile Bruchstrukturen des Untergrundes kartierbar ab. Abb. 246b zeigt die Lage und Ausrichtung der auffälligen Strukturen. Im Bruchmuster sind bevorzugte Trends der Bruchtektonik zu erkennen, die nach den Ergebnissen aeromagnetischer Befliegungen teils strukturellen Trends des tieferen Untergrundes folgen (vgl. THEILEN-WILLIGE 1981). Über das Niveau der Rumpfflächen erheben sich im oberen mittleren Bildbereich als Inselberge die Ringstrukturen von Serra Negra und Salitre. Es sind Verwitterungsformen zweier großer Intrusivkomplexe aus Peridotit-Pyroxenit-Karbonatit-Gesteinen. Da an diese Intrusivkomplexe wirtschaftlich interessante Lagerstätten gebunden sind (Niob, Titan und Seltene Erden), ist von Bedeutung, daß sich im Bildbereich noch einige weitere Rundstrukturen erkennen lassen, die für die Erzprospektion von Interesse sind. Nach vergleichenden Untersuchungen von THEILEN-WILLIGE (1983) sind diese Rundstrukturen weder in Landsat-Aufnahmen noch in Luftbildern des Gebietes zu erkennen. Hier liefert daher die detaillierte Wiedergabe des Reliefs der erfaßten Landschaft im Radar-Satellitenbild wichtige ergänzende Informationen zu Daten, die sich aus anderen Fernerkundungsaufnahmen und bei der Geländearbeit gewinnen lassen.

Im Oktober 1984 wurde von der NASA ein zweites Shuttle Imaging Radar-Experiment (SIR-B) durchgeführt im Rahmen der STS-17-Mission. Die Bahnhöhe betrug 230 km, bei einer Neigung der Umlaufbahn von 57° gegen den Äquator. Wie bei SIR-A wurde im Space Shuttle ein SAR-System im L-Band (λ = 23,5 cm) eingesetzt. Neu

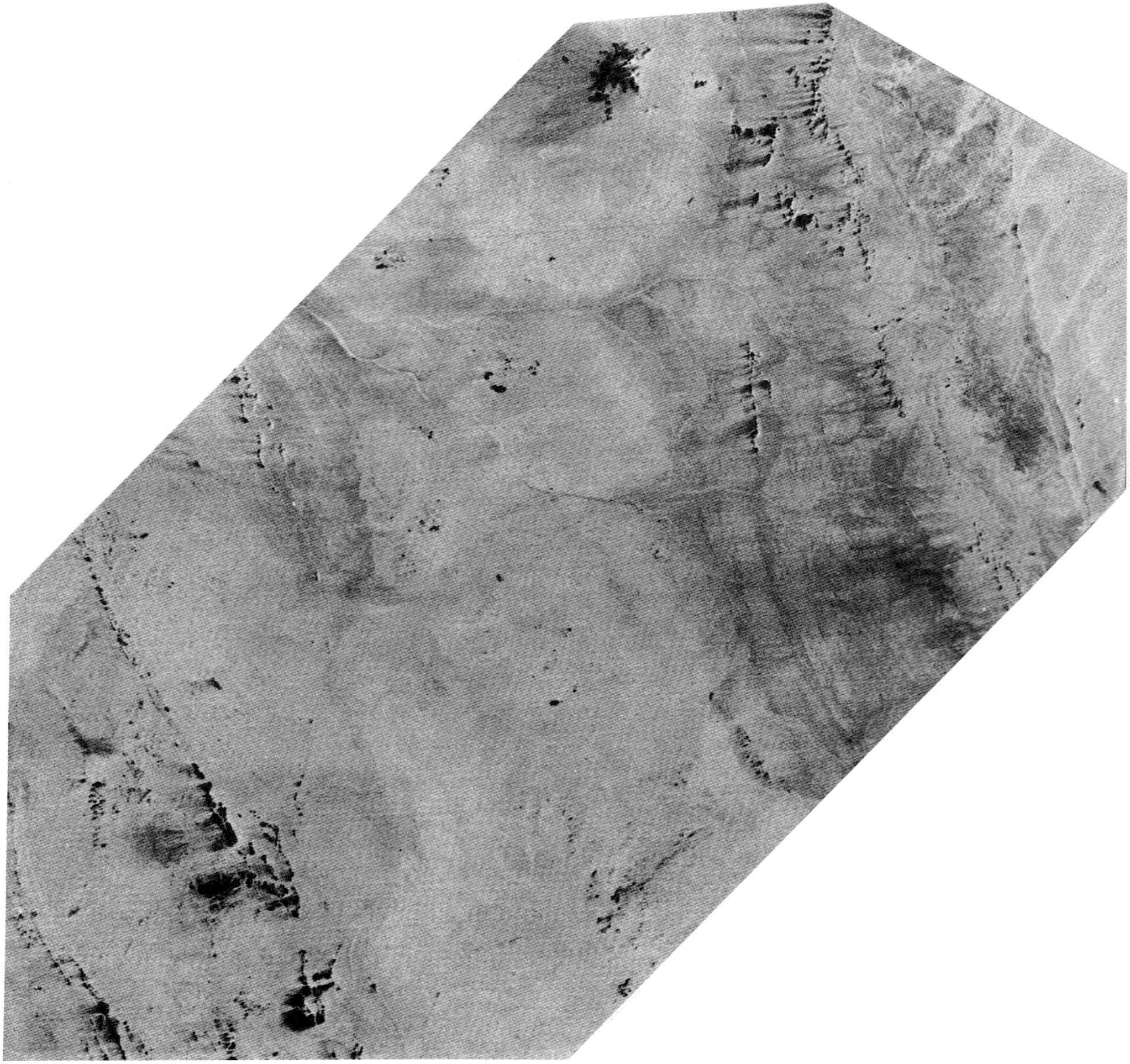

Abb. 241 Landsat-Aufnahme aus dem Bereich des Hoggar-Gebirges (Algerien). Bildmaßstab: ca. 1:500 000 (NASA, E-2376-09263).

Abb. 242a SIR-A-Aufnahme des Geländebereiches von Abb. 241. Erläuterung im Text. Bildmaßstab: ca. 1:500 000 (NASA/JPL).

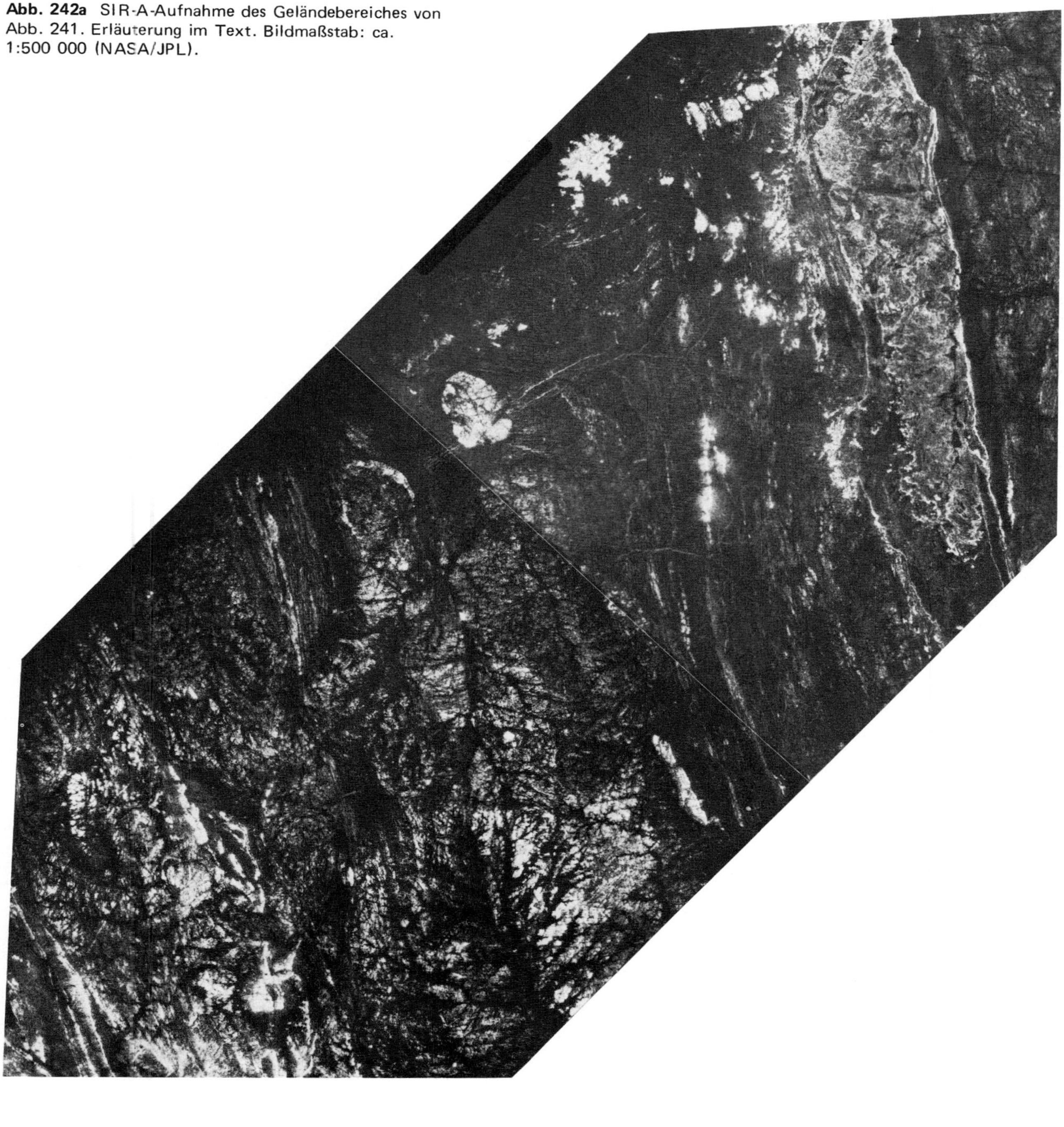

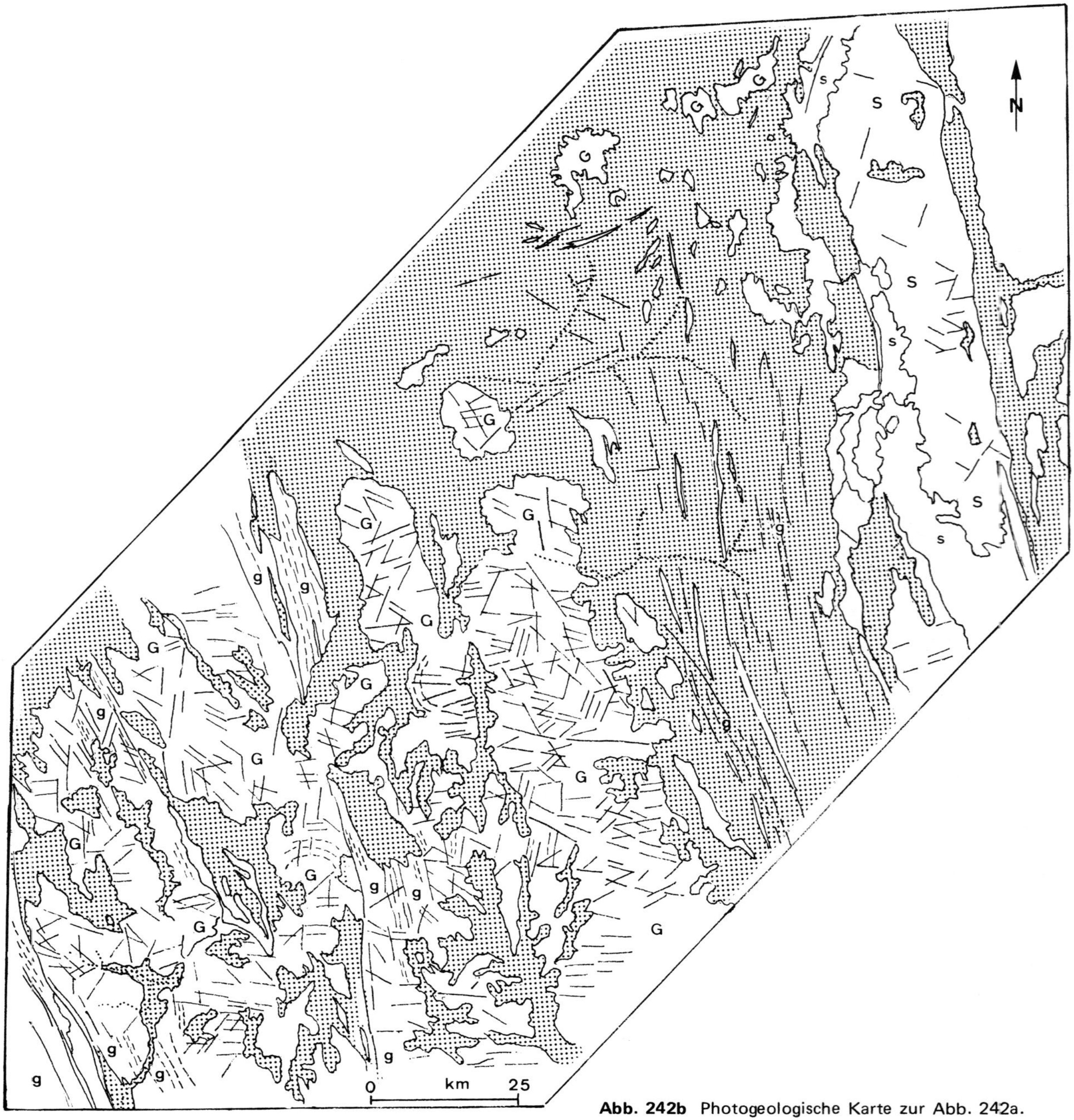

Abb. 242b Photogeologische Karte zur Abb. 242a.

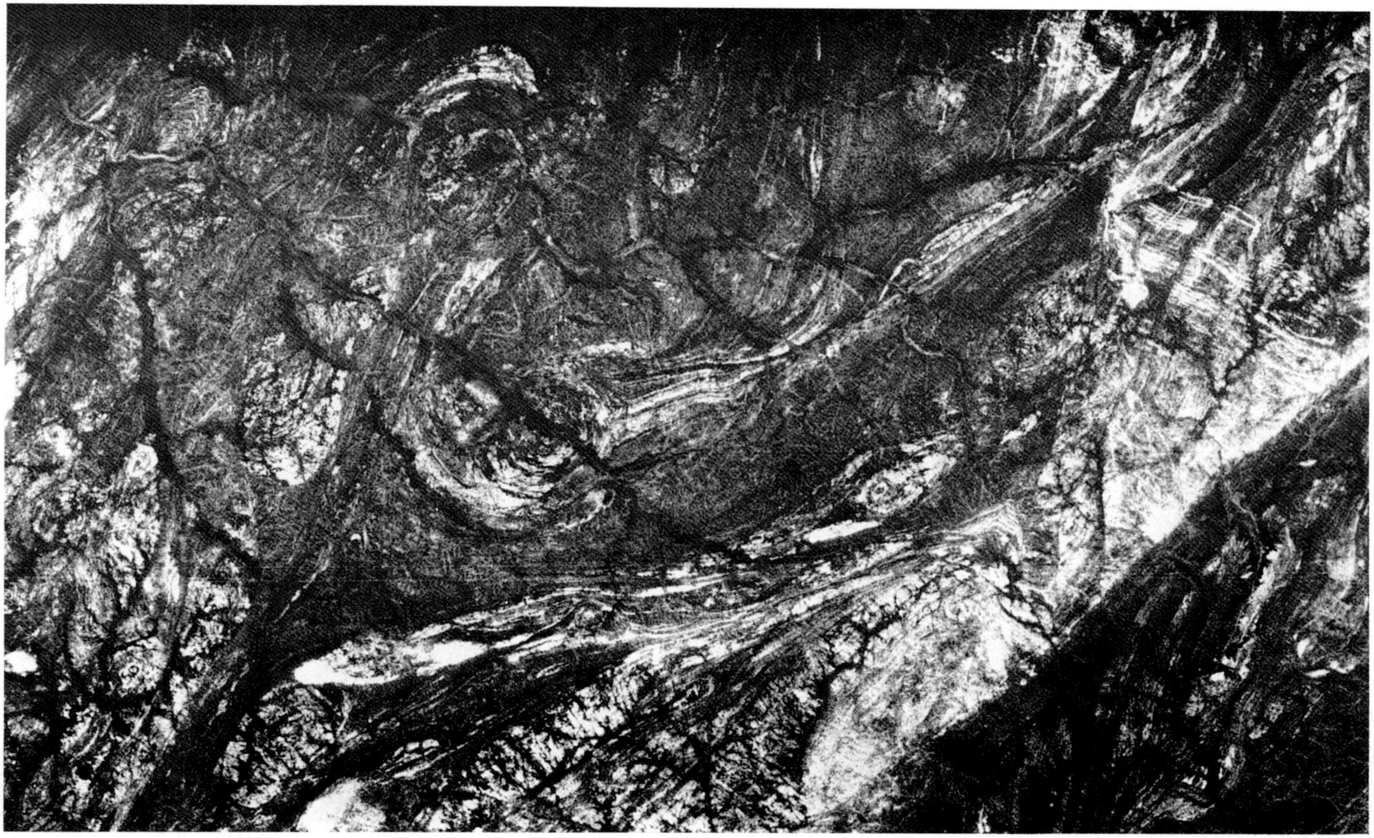

Abb. 243 SIR-A-Aufnahme eines Geländestreifens in Mali (Adrar des Iforas). Erläuterung im Text. Bildmaßstab: ca. 1:500 000 (NASA/JPL).

an diesem Experiment war, daß der Einfallswinkel bei der SAR-Befliegung durch mechanische Neigungsänderungen der Antenne verändert werden konnte, über einen Bereich von 15° bis 60°. Dadurch konnte z.B. ein ausgewählter Geländestreifen an 6 aufeinanderfolgenden Tagen unter 6 verschiedenen Einfallswinkeln aufgenommen werden, mit Änderungen des Aufnahmewinkels von Tag zu Tag. In entsprechenden Aufnahmestreifen können die Auswirkungen von Oberflächengeometrie und Oberflächenbeschaffenheit auf die Rückstreuung von Radarsignalen als Funktion der Beleuchtungsgeometrie untersucht werden. Zum ersten Mal wurden auch quantitative (kalibrierte) Mehrfachwinkel-Bilddaten digital aufgezeichnet. Hieraus ergeben sich neue Möglichkeiten der Verarbeitung, Darstellung und Auswertung von Satelliten-SAR-Bilddaten. Da bei der STS-17-Mission auch eine hochauflösende Kamera (Large Format Camera, LFC) an Bord war, werden vergleichende thematische Auswertungen von photographischen Bildprodukten (sichtbar, Infrarot) und SAR-Daten für wissenschaftliche und angewandte Studien möglich sein. Schließlich sollen die günstigsten Beleuchtungsgeometrien für die Erzeugung von Stereo-Radarbildern unterschiedlicher Landschaften ermittelt werden.

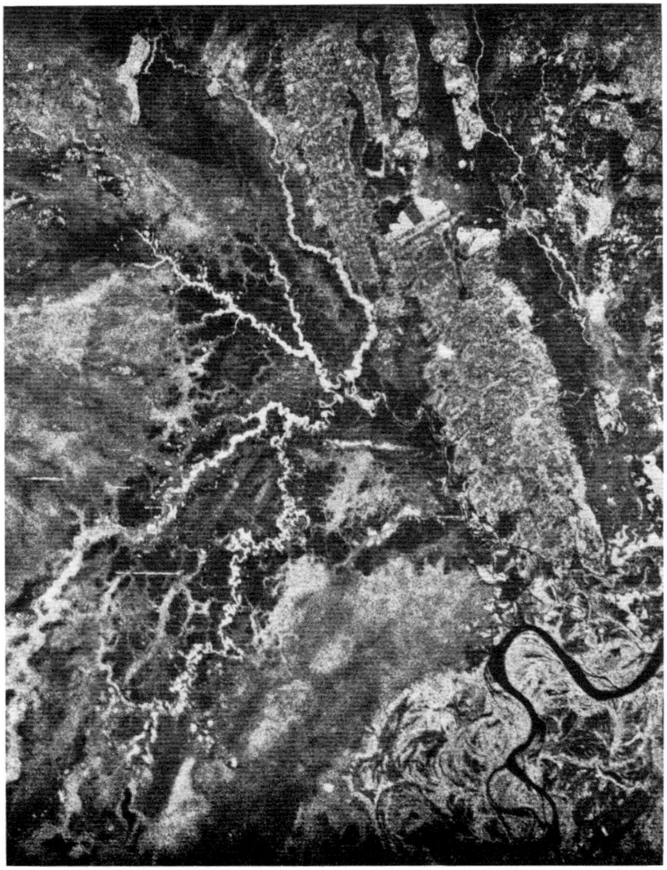

Abb. 244 SIR-A-Aufnahme eines Geländebereiches nahe Asuncion (Paraguay). Bildmaßstab: ca. 1:500 000 (NASA/JPL).

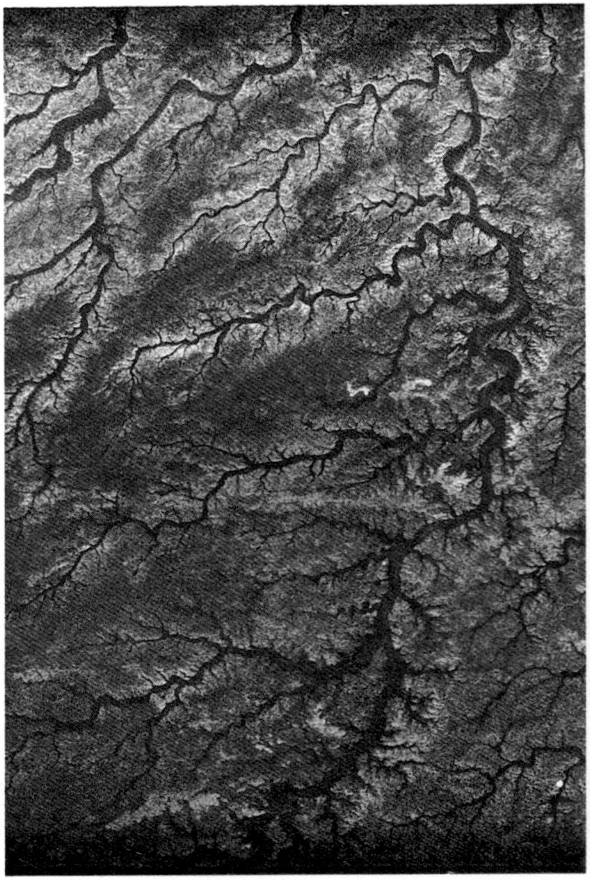

Abb. 245 SIR-A-Aufnahme eines Geländestreifens im Grenzgebiet Saudiarabien/Irak. Erläuterung im Text. Bildmaßstab: ca. 1:500 000 (NASA/JPL).

Die Breite der beim SIR-B-Experiment aufgenommenen Geländestreifen war unterschiedlich. Je nach Einfallswinkel betrug die Streifenbreite zwischen 35 und 50 km. Beim sog. Kartier-Modus wurden 250–300 km breite Geländestreifen aufgenommen. Aus angrenzenden Bildstreifen sollen Radar-Mosaiks erstellt werden.

Nach der digitalen Verarbeitung der Aufnahmedaten haben die SIR-B-Bildstreifen in der Aufnahmerichtung je nach Einfallswinkel bei der Aufnahme eine räumliche Auflösung zwischen 55 m (bei einem Einfallswinkel von 15°) und 17 m (bei einem Einfallswinkel von 60°). Die Azimut-Auflösung beträgt 25 m. Die Lagegenauigkeit der SIR-B-Bildstreifen (bzw. die maximale Abweichung von Bildpunkten von der Kartenposition) variiert ebenfalls mit dem Einfallswinkel. In der Azimut-Richtung (Flugrichtung) beträgt sie bei einem Einfallswinkel von 15° ca. 60 m, ca. 79 m bei einem Einfallswinkel von 60°. In der Aufnahmerichtung (Beleuchtungsrichtung) soll die Lagegenauigkeit bei ca. 212 m für einen Einfallswinkel von 15° und bei ca. 83 m bei einem Einfallswinkel von 60° liegen. SIR-B-Daten werden ab Mitte 1985 erhältlich sein.

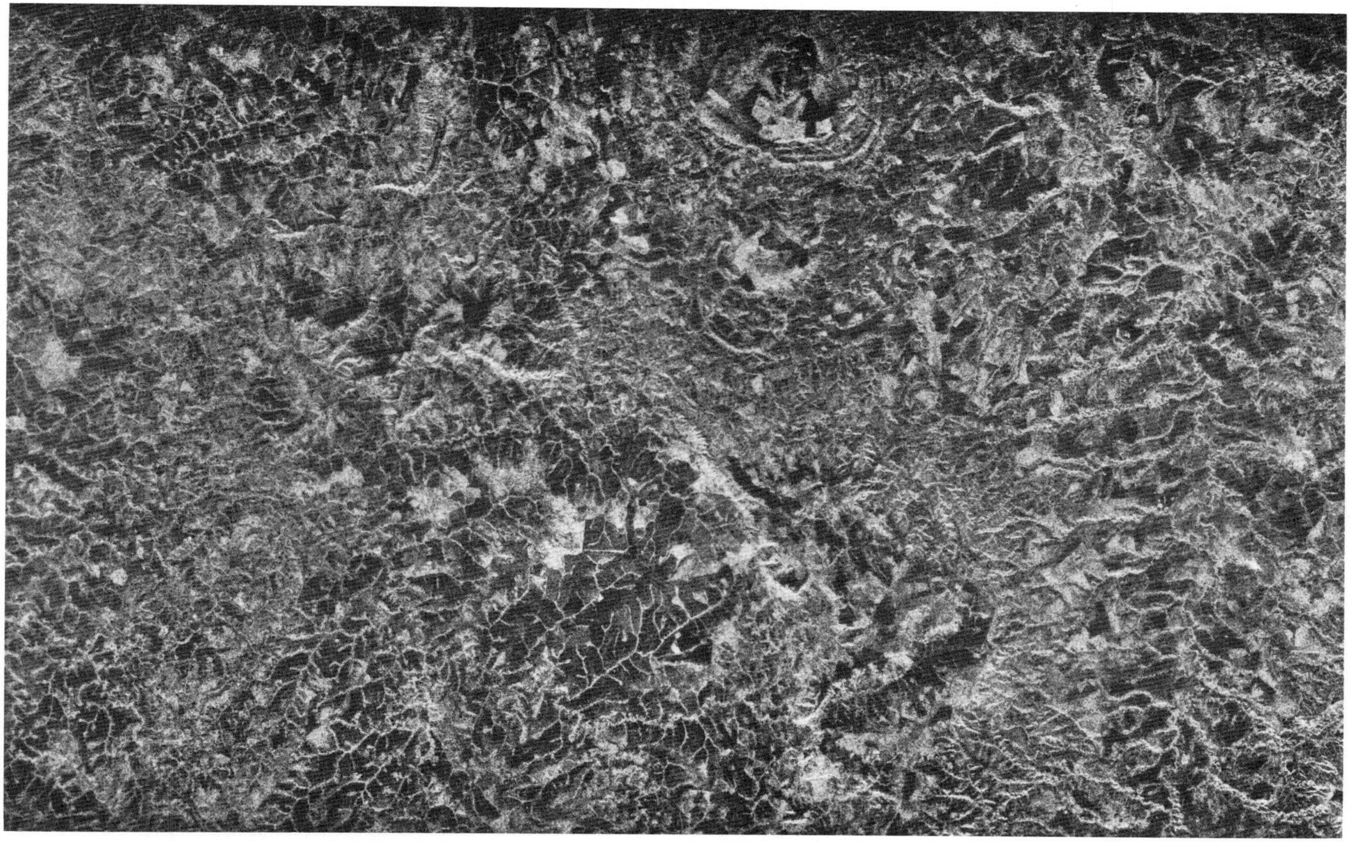

Abb. 246a SIR-A-Aufnahme eines Geländestreifens in Minas Gerais (Brasilien). Erläuterung im Text. Bildmaßstab: ca. 1:500 000 (NASA/JPL).

Für 1989 ist eine SIR-C-Mission geplant, bei der erstmalig ein multifrequentes Radarsystem vom Space Shuttle aus eingesetzt werden soll. Das geplante Radarsystem soll dasselbe Gelände gleichzeitig im L-Band (25 cm), im C-Band (6 cm) und im X-Band (3 cm) aufnehmen. Vorgesehen ist variable Polarisation der Radarsignale. Wie bei SIR-B werden die Aufnahmedaten digital aufgezeichnet und prozessiert. Die Kalibrierung der Teilsysteme wird quantitative Auswertungen von Aufnahmedaten ermöglichen. Durch den Einsatz des multifrequenten Systems sollen die Möglichkeiten zur Unterscheidung, Abgrenzung und Erkennung von Oberflächeneinheiten unterschiedlicher Beschaffenheit (Gesteine, Böden verschiedenen Typs und verschiedener Zustände, Vegetationseinheiten unterschiedlichen Typs) verbessert werden. Durch Aufnahmen desselben Geländes bei unterschiedlichen Beobachtungswinkeln (zwischen 15° und 60°) sollen optimale Einfallswinkel für Aufnahmen bestimmter Geländebereiche bzw. für Aufnahmen mit speziellen thematischen Fragestellungen ermittelt werden.

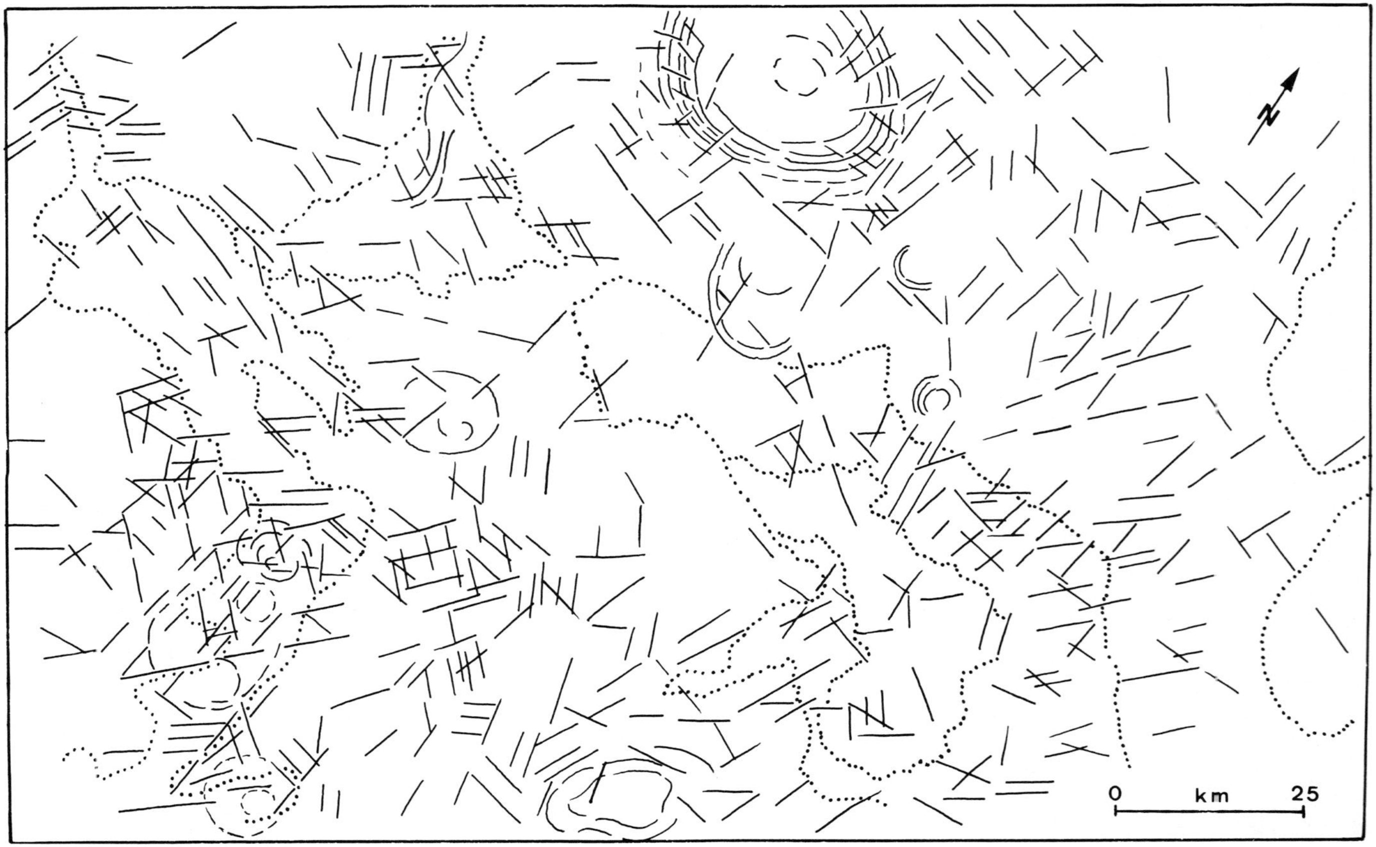

Abb. 246b Strukturgeologische Skizze zur Abb. 246a

7 Literatur

7.1 Lehrbücher, Handbücher, Symposienbände, Bildbände

BARRETT, E.C. & CURTIS, L.F. (1976): Introduction to environmental remote sensing. – New York (Wiley), 336 pp.

BODECHTEL, J., BECKEL, L. & HARFNER, H. (1978): Weltraumbild-Atlas – Deutschland, Österreich, Schweiz. – Braunschweig (Westermann), 88 S.

COLLINS, W.E. & GENDEREN, J.L. van (1978): Remote sensing applications in developing countries. – Reading, Engl. (The Remote Sensing Soc., Dept. of Geography, Univ. of Reading), 101 pp.

COLWELL, R.N. (ed.) (1983): Manual of Remote Sensing. Vol. I, Theory, Instruments and Techniques; Vol. II, Interpretation and Applications (2nd ed.). – Falls Church, Virginia (American Society of Photogrammetry), 2440 pp.

COSPAR (1982): Remote Sensing and Mineral Exploration, COSPAR Advances in Space Research. – New York (Pergamon)

CRACKNELL, A.P. (ed.) (1981): Remote sensing in meteorology, oceanography and hydrology. – New York (Wiley), 542 pp.

DEEPAK, A. (ed.) (1980): Remote sensing of atmospheres and oceans. – New York (Academic Press), 672 pp.

DEUTSCH, M., WIESNET, D.R. & RANGO, A. (eds.) (1979): Satellite hydrology. – Proceed. 5th Ann. William T. Pecora Memorial Symposium on Remote Sensing, Sioux Falls, S.D. – Minneapolis (Am. Water Resources Ass.), 730 pp.

DIERCKE: Weltraumbild-Atlas. – Braunschweig (Westermann), 176 S. mit Textband

DUDA, R.O. & HART, P.E. (1973): Pattern classification and scene analysis. – New York (Wiley), 482 pp.

ELACHI, C., BROWN, W.E., CIMINO, J.B., BREED, C., DELLWIG, L., DIXON, T., EVANS, D.L., ENGLAND, A., FORD, J.P., McCAULEY, J.F., MACDONALD, H., MARTIN-KAYE, P., MASURSKY, H., SABINS, F., SAUNDERS, R.S. & SCHABER, G. (1982): Shuttle imaging radar experiment. – Science, **218** (4576): 996–1003

ESTES, J.E. & SENGER, L.W. (1974): Techniques for environmental analysis. – Santa Barbara, Calif. (Hamilton), 339 pp.

FAGERLUND, E., KLEMAN, B., SELLIN, L. & SVENSSON, H. (1970): Physical studies of nature by thermal mapping. – Earth Science Rev., **6**: 169–180

FISCHER, J. (1983): Fernerkundung von Schwebstoffen im Ozean. – Hamburger Geophysik. Einzelschr., Reihe A, Wiss. Abh., **65**: 105 S.

FISCHER, W.A. & MOXHAM, R.M. (1964): Infrared surveys of Hawaian volcanoes. – Science, **164** (3645): 733–742

FONTANEL, A. & VOUTE, E. (1982): Remote sensing in geology. – Photogrammetria, **37** (3–5): 201 pp.

FORD, J.P. (1980): Seasat orbital radar imagery for geologic mapping: Tennessee–Kentucky–Virginia. – Bull. Am. Ass. Petrol. Geol., **64**: 2064–2094

FORD, J.P., BLOM, R.G., BRYAN, M.L., DAILY, M.I., DIXON, T.H., ELACHI, C. & XENOS, E.C. (1980): Seasat views North America, the Carribean, and Western Europe with imaging radar. – Pasadena, Calif. (NASA Jet Propulsion Lab., Calif. Inst. of Techn.), JPL-Publ. 80-67, 141 pp.

FORD, J.P., CIMINO, J.B. & ELACHI, C. (1983): Space shuttle Columbia views the world with imaging radar: The SIR-A experiment. – Pasadena, Calif. (NASA Jet Propulsion Lab., Calif. Inst. of Techn.), JPL-Publ. 82-95

FRAYSSE, G. (1980): Remote sensing application in agriculture and hydrology. – Rotterdam (Balkema), 510 pp.

GEIGER, R. (1961): Das Klima der bodennahen Luftschicht. – 4. Aufl. Braunschweig (Vieweg), 646 S.

GIERLOFF-EMDEN, H.G. (1977): Orbital Remote Sensing of coastal and offshore environments. – Berlin (Gruyter), 176 pp.

GOWER, J.F.R. (ed.) (1981): Oceanography from space. – New York (Plenum), 998 pp.

GUYOT, G. & VERBRUGGHE, M. (eds.) (1983): Spectral signatures of objects in remote sensing. – Bordeaux (Proc. Colloqu. ISP C 7 WG 3)

HODGSON, R.A., GAY, S.P. & BENJAMINS, J.Y. (eds.) (1974): Proc. 1st Int. Conf. on the New Basement Tectonics. – Utah Geol. Ass. Publ., **5**, Salt Lake City, 636 pp.

International Symposium on Remote Sensing of the Environment. – Environmental Research Institute of Michigan, Ann Arbor

International Geoscience and Remote Sensing Symposium (IGARSS). – IEEE Geoscience and Remote Sensing Society, Washington, D.C.

JERLOV, N.G. (1968): Optical oceanography. – Amsterdam (Elsevier), 194 pp.

JOHANNSEN, C.J. & SANDERS, J.S. (eds.) (1982): Remote sensing for resource management. – Ankeny, Iowa (Soil Conservation Society of America), 665 pp.

KAHLE, A.B., WEILL, G. & CARTER, W.D. (1981): Session on remote sensing. – COSPAR Advances in Space Research, **1** (10), 341 pp. – New York (Pergamon)

KRONBERG, P. (1984): Photogeologie. – Eine Einführung in die Grundlagen und Methoden der geologischen Auswertung von Luftbildern. – Stuttgart (Enke), 268 S.

LILLESAND, T.M. & KIEFER, R.W. (1979): Remote sensing and image interpretation. – New York (Wiley), 612 pp.

LYNN, D. & ALLAN, J.A. (compilers) (1981): Matching remote sensing technologies and their applications. – Proc. 9th Ann. Conf. Remote Sensing Society). – Reading, Engl. (Dept. of Geography, Univ. of Reading), 550 pp.

NASA (1977): Skylab explores the Earth. – NASA SP **380**. – Washington, D.C. (NASA), 517 pp.

OSTHEIDER, M. & STEINER, D. (1979): Glossar zur Fernerkundung. Beitrag zum IGU Fachwörterbuch, 2. Aufl. – Ber. u. Skripten zur quant. Geographie. – Zürich (Geogr. Inst. ETH Zürich), 66 S.

RICHARDSON, B.F. (ed.) (1978): Introduction to remote sensing of the environment. – Dubuque, Iowa (Kendall-Hunt), 496 pp.
SABINS, F.F. (1978): Remote sensing – principles and interpretation. – San Francisco (Freeman), 426 pp.
SABINS, F.F. (1981): Remote Sensing Laboratory Manual and Instructor's Key for Remote Sensing Laboratory Manual. With a 35 mm slide set. – La Habra, Calif. (Remote Sensing Enterprises) (Loose leaf note book)
Sat-Map Bundesrepublik Deutschland 1:500 000 (1981). – Braunschweig (Westermann)
SCHNEIDER, S. (1974): Luftbild und Luftbildinterpretation. – Bd. XI des Lb. d. Allg. Geographie. – Berlin, New York (Gruyter), 530 S.
SHORT, N. (1982): The Landsat tutorial workbook. – NASA Reference Publication **1078**. – Washington, D.C. (NASA), 553 pp.
SHORT, N.M., LOWMAN, P.D., FREDEN, S.C. & FINCH, W.A. (1976): Mission to earth: Landsat views the world. – NASA SP **360**. – Greenbelt, Maryland (Goddard Space Flight Center, NASA), 459 pp.
SIEGAL, B.S. & GILLESPIE, A.R. (eds.) (1980): Remote sensing in geology. – New York (Wiley), 702 pp.
SLANEY, V.R. (1981): Landsat images of Canada. – Geol. Surv. Canada, Paper **80** (15): 102 pp.
SLATER, P.N. (1980): Remote sensing, optics and optical systems. – Reading, Mass. (Addison-Wesley), 575 pp.
SMITH, W.L. (ed.) (1977): Remote sensing applications for mineral exploration. – Stroudsburg, Pennsylvania (Dowden, Hutchinson & Ross), 391 pp.
SWAIN, P.H. & DAVIS, S.M. (eds.) (1978): Remote sensing – the quantitative approach. – New York (McGraw-Hill), 396 pp.
TARANIK, J.V. & TRAUTWEIN, C.M. (1976): Integration of remote sensing techniques in subsurface analysis. – US Geol. Surv. Open-File Rep., **76-402:** 80 pp.
TOWNSHEND, J.R.G. (ed.) (1981): Terrain analysis and remote sensing. – Hemel Hempstead (Engl.) (George Allen & Unwin), 240 pp.
ULABY, F.T., MOORE, R.K. & FUNG, A.K. (1982): Radar remote sensing and surface scattering and emission theory. Vol. 2, Microwave Remote Sensing. – Reading, Engl. (Addison-Wesley), 628 pp.
VERSTAPPEN, H.T. (1977): Remote sensing in geomorphology. – New York (Elsevier Scientific Publ.), 214 pp.
WENDEROTH, S. & YOST, E. (1975): Multispectral photography for earth resources (2nd rev. Printing). – New York (Remote Sensing Information Center, Greenvale), 257 pp.
WILLIAMS, R.S. & CARTER, W.D. (eds.) (1976): ERTS-1: A new window on our planet. – US Geol. Surv., Prof. Paper, **929:** 362 pp.
WOLFE, W.L. & ZISSIS, G.J. (eds.) (1978): The infrared handbook. – Washington, D.C. (US Gvt. Printing Office)

7.2 Zeitschriften

Canadian Journal of Remote Sensing. – Canad. Remote Sensing Society
Landsat Data User Notes. – US Geol. Survey / NOAA / Sioux Falls, S.D.
Photogrammetria. – Intern. Soc. of Photogr. and Remote Sensing
Photogrammetric Engineering and Remote Sensing. – Am. Soc. of Photogrammetry
Remote Sensing of Environment. – Elsevier Scientific Publ. Co.
Soviet Journal of Remote Sensing. – Acad. of Sciences of the U.S.S.R.

7.3 Literatur-Referenzen

ABRAMS, M.J., BROWN, D., LEPLEY, L. & SADOWSKY, R. (1983): Remote sensing for porphyry coppers in Southern Arizona. – Econ. Geol., **78** (4): 591–604
ADLER, R.E. & KRONBERG, P. (1976): Vergleich von Satellitenbildern mit der Bruchtektonik unter Tage. – Glückauf Forschungsh., **37** (1)
AGFA (1970): AGFACONTOUR Professional. – Daten, Informationen (Prospekt)
AGFA-GEVAERT: AGFACONTOUR Professional in der Photographie. – Informationsschrift zur Anwendung des Äquidensiten-Verfahrens. Leverkusen (AGFA-GEVAERT AG), 44 S.
ALLEN, W.A. & RICHARDSON, A.J. (1968): Interaction of light with a plant canopy. – J. Amer. Optical Soc., **58:** 1023–1028
ANDERSON, D.L. (1976): The San Andreas Fault. – Hrsg. in: Continents adrift and continents aground (Readings from Scientific American). – San Francisco (Freeman), 87–102
ANDO, K.J. (1983): The NASA Multispectral Linear Array (MLA) Program. – Digest IGARSS, **83** (FA-5): 5.1–5.6
ASHLEY, R.P. & ABRAMS, M.J. (1980): Alteration mapping using multispectral images – Cuprite mining district, Esmaralda County, Nevada. – US Geol. Surv. Open-File Report, **80-367:** 1–17
AXELSSON, S.R.J. (1980): On the accuracy of thermal inertia mapping by infrared imagery. – Proc. 14th Int. Symp. Remote Sensing of Environment, **1:** 359–278
BÄCKER, H., LANGE, K. & RICHTER, H. (1975): Morphology of the Red Sea Central Graben between Subair Islands and Abul Kizaan. – Geol. Jb., **D 13:** 79–123
BAKKER, P., CHURCH, D.J., FEUCHTWANGER, T.F., GROOTENBOER, J., LEE, C.A., LONGSHAW, T.G. & VILJOEN, R.P. (1978): Some practical applications of thermal infrared linescanning. – Mining Mag., 398–413
BARBERI, F. & VARET, J. (1972): Geologic map of the Erta'Ale volcanic range, 1:100 000. – C.N.R.S. (France) and C.N.R. (Italy)
BARBERI, F., GIGLIA, G., MARINELLI, G., SANTACROCE, R., TAZIEFF, H. & VARET, J.: Geological map of the Danakil Depression, 1:500 000. – C.N.R.S. (France) and C.N.R. (Italy)
BARGEL, B. (1982): Automatische Klassifikation von Fernerkundungsdaten durch statistische und strukturelle Texturanalyse. – Diss. Fak. Elektrotechnik, Universität Karlsruhe, 220 S.
BARR, D. (1968): Use of side-looking airborne radar imagery for engineering soil studies. – Final Tech. Rept. Geogr. Sci. Div., US Army Eng. Topogr. Lab., Ft. Belvoir, Virginia

BATLIVALA, P.P. & ULABY, F.T. (1977): Estimation of soil moisture with radar remote sensing. – In: ERIM Proc. of the 11th Int. Symp. on Remote Sensing of Environment, **2:** 1557–1566

BAUMGARDNER, M.F., KRISTOF, S.J. & HENDERSON, J.A. (1973): Identification and mapping of soils, vegetation, and water resources of Lynn County, Texas, by computer analysis of ERTS MSS data – Symp. on Significant Results Obtained from ERTS-1. – NASA SP, **327** (1): 213–221

BAUMGARDNER, M.F., KRISTOF, S.J., JOHANNSEN, C.J. & ZACHARY, A.L. (1970): Effects of organic matter on the multispectral properties of soils. – Proc. of the Indiana Acad. of Science for 1969, **79:** 413–422

BAYER, H.-J. (1982): Bruchtektonische Bestandsaufnahmen der Schwäbischen Ostalb (Geländeuntersuchungen, Luftbild- und Satelliten-Bildauswertungen). – Diss. TU Clausthal, 235 S.

BERBERIAN, M. (1976): Seismotectonic map of Iran, 1:2 500 000. – Geological Survey of Iran, Report, **39**

BEST, R.G. & SMITH, J.R. (1978): Photographic contrast enhancement of Landsat imagery. – Photogr. Eng. and Rem. Sens., **44** (8): 1023–1026

BIJU-DUVAL, B., RIVEREAU, J.C., LAMPEREIN, C. & LOPEZ, N. (1976): Esquisse photogéologique du domaine mediterraenéen. Grands traits structuraux à partir des images du satellite Landsat-1. – Rev. Inst. Franç. Petrole, **31** (3): 365–400 (mit 2 Kartenblättern 1:1 000 000)

BINA, R.T., CARPENTER, K., ZACHER, W., JARA, R.S. & LIM, J.B.R. (1978): Coral reef mapping using landsat data: follow-up studies. – Nat. Res. Management Center, Philippines, NRMC Monograph, **3**, Series of 1978, 17 pp.

BLACK, R. & GIROD, M. (1970): Palaeozoic to recent igneous activity in West Africa. – In: CLIFFORD, T.N. & GASS, I.G., African Magmatism and Tectonics. – Edinburgh (Oliver & Boyd), pp. 185–210

BMFT/DFVLR (1983): Experiment Reihenmeßkammer in der Spacelab-1-Mission (STS 9). 23 S.

BODECHTEL, J. (1978): European key applications for satellite remote sensing experiments with present systems-requirements for operational application. – Proc. Int. Conf. on Earth Observ. from Space and Management of Planet. Res., Toulouse, ESA SP, **134:** 613–628

BODECHTEL, J. (1981): Satellite Remote Sensing in Europe. – J. Remote Sensing Soc. Japan. 1st Int. Symp. „Earth Resources and Space Age, pp. 95–120

BODECHTEL, J., & HAYDN, R. (1976): Analog and digital processing of multispectral data for geologic application. – In: PEEL, R.F., CURTIS, L.F. & BARRET, E.C. (eds.), Remote Sensing of the Terrestrial Environment. London (Butterworths), 159–168

BODECHTEL, J., HAYDN, R., KAUFMANN, H., YAMANI, S.A., ZILGER, J., BIRNER, W., HOFMANN, M., HOFMANN, O., KLEIN, G., LAUCHT, H., LISTMANN, H., MEISSNER, D., HILLER, K., SCHWARZ, U., SEIGE, P. (1983): MOMS – ein modularer optoelektronischer Multispektralscanner. Spezifikation und erste Ergebnisse der Mission auf STS 7. – Jb. Dt. Ges. f. Luft- und Raumfahrt, 14 S.

BOLLE, H.J. (1975): Physikalische Grundlagen der Fernerkundung. – Symp. Fernerkundung der DFVLR und DGP, Deutsche Ges. f. Luft- und Raumfahrt, Köln, S. 11–25

BOLLE, H.J. (1971): Einfluß der Atmosphäre auf die Erkundung von Erdoberflächen-Signaturen. In: Deutsche Ges. f. Luft- und Raumfahrt, DGLR-Symposium: Fernerkundung der Erdoberfläche. München 1971, DGLR-Mitt., **72-10:** 43–95

BORMANN, P. (1980): Erdfernerkundung. – Veröffentl. d. Zentralinst. f. Phys. der Erde, **65:** 127 S.

BOTTKE, H. & POLYSOS, N. (1982): Die Altenbürener Störungszone und der nördliche Teil der Briloner Scholle im tektonischen Photolineationsmuster des nördlichen Sauerlandes (Rhein. Schiefergebirge). – Geol. Hbh. Hessen, **82:** 50 S.

BOWERS, S.S. & HANKS, R.J. (1965): Reflection of radiant energy from soils. – Soil Science, **100:** 130–138

BUCHROITHNER, F. (1983/84): Karte der Landsat-Bildlineamente von Österreich, 1:500 000. – Inst. für Kartogr. Österr. Akad. der Wiss., Hrg. von der Geol. Bundesanstalt, Wien, in mehreren Tafeln

BUCHROITHNER, M.F. (1982): Computer-aided evaluation of the major fracture pattern in Austria derived from Landsat data. – Jb. Geol. Bundesanst., **125** (1–2): 219–271

BURGER, H. (1981): Untersuchungen zur Klassifizierung von Gesteinsoberflächen auf Landsat-Aufnahmen mit Hilfe von Signatur- und Texturparametern. – Berl. Geowiss. Abh., Reihe A, **35:** 102 S.

BURGER, H., DOBBRICK, K., HILT, E., KÖHLER, U., LIST, F.K., STEFAN, M. & WEIGELT, A. (1982): Information from spectral and textural features for geological interpretation of Landsat imagery of the Eastern Sahara. – In: Env. Res. Inst. Milligan, Ann Arbor, Mi.: Int. Symp. on Remote Sensing of Environment, 1st Thematic Conference: Remote sensing of arid and semi-arid lands, Cairo, Egypt: pp.1261–1267

BURKHARDT & POLYSOS, N. (1981): Photolineationen des Ruhrgebietes und der Niederrheinischen Bucht und ihre tektonische Interpretation. – Glückauf Forschungsh., **42:** 187–193

BROTHERS, G.L. & FISH, E.B. (1978): Image enhancement for vegetative pattern change analysis. – Photogr. Eng. and Remote Sensing, **44** (5): 607–616

CANNEY, F.C. (1975): Development and application of remote-sensing techniques in the search for deposits of copper and other metals in heavily vegetated areas. – Status Report June 1, 1975, USGS Project Report (IR) NC, **48:** p. 42

CANNEY, F.C., CANNON, H.L. CATHRALL, J.B. & ROBINSON, K. (1979): Autumn colors, insects, plant disease and prospecting. – Econ. Geol., **74:** 1673–1676

CARLÉ, Ch. (1982): Satellite mapping – geometric correction of remote sensing images. – Inst. for Landmaling og Fotogrammetrie, Danmarks Tkn. Hojskole, Medd., **12:** 128 pp.

Carta Geologica do Brasil ao milionésimo. Folha Cuiabá (1979). – Min. Minas e Energia, DNPM, Rio de Janeiro

CARTER, W.D. (1982): Remote sensing for exploration of precambrian mineral deposits. – In: The Development of Precambrian Mineral Deposits. – Natural Resources and Energy Division, U.N. Dept. of Techn. Coop. for Development. New York (Pergamon), 365–381

CHAFII, A. (1980): Die Geologie des westlichen Anteils des Brockenmassivs. – Clausth. Geol. Diss., **2:** 71 S.

CHAN, S.H. & COLLINS, W. (1983): Confirmation of the airborne biogeophysical mineral exploration technique using laboratory methods. – Econ. Geol., **78** (4): 723–736

CNES (1982): SPOT – satellite-based remote sensing system. – Toulouse (Centre National d'Etudes Spatiales), 16 pp.
CNES (1983): SPOT – un systeme spatial de télédétection de la Terre. – Toulouse (Centre National d'Etudes Spatiales), 4 p.
COLLINS, W., CHANG, S.H., RAINES, G., CANNEY, F. & ASHLEY, R. (1983): Airborne biogeophysical mapping of hidden mineral deposits. – Econ. Geol., **78:** 737–749
CONDIT, H.R. (1970): The spectral reflectance of American soils. – Photogr. Eng., **36** (9): 955–966
CONDIT, H.R. & GRUM, F. (1964): Spectral energy distribution of daylight. – J. Opt. Soc. Amer., **54:** 937–944
CONEL, J.E. & SOUTHARD, G. (1980): Application of remote sensing methods in uranium exploration, Copper Mountain, Wyoming, USA. – 26e Congr. Geol. Intern., Paris, Abstracts, **2,** Section 11: 817
CONEL, J.E., ABRAMS, M.J. & GOETZ, A.F.H. (1978): Study of alteration associated with uranium occurrences in sandstone and its detection by remote sensing methods. – JPL-Publ., **1:** 66–78
CORDSEN, E. (1981): Zur spektralen und thermalen Erkundung von Böden. – Dipl.-Arbeit, Inst. f. Pflanzenernährung und Bodenkunde, Univ. Kiel
DARCH, J.P. & BARBER, J. (1983): Multitemporal remote sensing of a geobotanical anomaly. – Econ. Geol., **78** (4): 770–782
DIETZ, R.S., FRENCH, B. & OLIVEIRA, M.A.M. (1973): Araguina Dome and Serra de Canghales (Goiás) – Probable astroblemes. – SGB, Nucl. da Bahia, XXVII Congr. Bras. Geol., Resumo des Comm., Sess. Téc., **1:** 102–103
DOERFFER, R. (1978): Zum Problem der Fernerkundung von Substanzen im Wasser mit dem Multispektralabtaster. – Bildmessung und Luftbildwesen, **4:** 133–138
DOERFFER, R. (1979): Untersuchungen über die Verteilung oberflächennaher Substanzen im Elbe-Ästuar mit Hilfe von Fernmeßverfahren. – Arch. Hydrobiol. Supp. **43** (Elbe-Ästuar 4) (2/3): 119–224
DFVLR (1979): Fernerkundung der Erde und Atmosphäre. – DFVLR, Forschungsbereich Nachrichtentechnik und Erkundung, Inst. f. Optoelektronik, Wiss. Bericht: 54–66
DOWIDEIT, G. (1977): Eine Blockausgleichung für Abbildungen des seitwärtsschauenden Radar (SLAR). – Wiss. Arbeiten der Lehrst. f. Geodäsie, Photogrammetrie u. Kartographie an der TH Hannover, **75:** 135 S.
DOYLE, F.J. (1979): A large format camera for shuttle. – Photogr. Eng. and Remote Sensing, **45** (1): 73–78
DUPLAN, M. (1973): Les grands linéaments de la France. – C.R. Acad. Sc., Paris, Sér. D, **276:** 2947–2949
ESTES, J.E. & SIMONEIT, D.S. (1975): Fundamentals of image interpretation. – In: REEVES, R.G. (ed.), Manual of Remote Sensing (1st ed.), Chapter 14. – Falls Church, Va. (Amer. Soc. of Photogrammetry)
FRASER, R.S. (1975): Interaction mechanisms within the atmosphere. – In: REEVES, R.G. (ed.), Manual of Remote Sensing (1st ed.), Chapter 12. – Falls Church, Va. (Amer. Soc. of Photogrammetry)
FRIEDMAN, J.D. (1968): Thermal anomalies and geologic features of the Mono Lake Area, California, as revealed by infrared imagery. – NASA Technical Letter, **82**
FRIEDMAN, J.D. & FRANK, D. (1980: Infrared surveys, radiant flux and total heat discharge at Mount Baker volcano, Washington, between 1970 and 1975. – US Geol. Surv., Prof. Paper, **1022-D**
FRIEDMAN, J.D., OLHOEFT, G.R., JOHNSON, G.R. & FRANK, D. (1981): Heat content and thermal energy of the June dacite dome in relation to total energy yield, May–October 1980. – In: The 1980 eruptions of Mount St. Helens, Washington. US Geol. Surv.: 557–567
FRIEDMAN, J.D., FRANK, D., KIEFER, H.H. & SAWATZKY, D.L. (1981): Thermal infrared surveys of the May 18 crater subsequent lava domes, and associated volcanic deposits. – In: The 1980 eruptions of Mount St. Helens, Washington. US Geol. Surv.: 279–293
FRIEDMAN, J.D. & WILLIAMS, R.S. (1968): Infrared sensing of active geologic processes. – In: Env. Res. Inst. Michigan, Proceedings of the Fifth Symposium on Remote Sensing of Environment, University of Michigan, Ann Arbor, Michigan, pp. 787–820
FÜRST, M. (1980): Die photogeologische Linearanalyse und ihre Anwendung bei der indirekten Erkundung von Kluftwasser. – Mainzer Geowiss. Mitt., **9:** 53–83
FÜRST, M., KRUPP, K. & MÜLLER, R. (1978): Die photogeologische Linearanalyse und ihre Anwendung bei der Uranprospektion in der Oberpfalz. – Erlanger Geol. Abh., **106:** 34 S.
GARSON, M.S. & KRS, M. (1976): Geophysical and geological evidence of the relationship of Red Sea transverse tectonics to ancient fractures. Bull. Geol. Soc. Amer., **87:** 169–181
GATES, D.M. (1970): Physical and physiological properties of plants. – In: Agric. Board, Nat. Res. Council, Remote sensing with special reference to agriculture and forestry. – Washinton (National Academy of Science), 224–252
GATES, D.M. et al. (1965): Spectral properties of plants. – Appl. Optics, **4:** 11–20
GAUSMAN, H.W. (1974): Leaf reflectance of near infrared. – Photogr. Eng., **40:** 183–191
GAUSMAN, H.W. (1977): Reflectance of leaf components. – Rem. Sens. of Env., **6** (1): 1–10
GAWARECKI, S.J., LYON, R.J.P. & NORDBERG, W. (1965): Infrared spectral returns and imagery of the earth from space and their applications to geologic problems. – Scientific Experiments for Manned Orbital Flight, **4,** Science and Technology Series, American Astronautical Society, pp. 13–33
GERLACH, C. (1977): Satellitenbildauswertung zur Feststellung von Trinkwasserreserven im Rheinischen Schiefergebirge. – Geol. Rdsch., **66:** 850–866
GIERLOFF-EMDEN, H.G. (1977): Orbital remote sensing of coastal and offshore environments – A manual of interpretation. – Berlin (Gruyter)
GIERLOFF-EMDEN, H.G. (1982): Remote sensing for coastal areas. – In: Int. Geosci. and Rem. Sens. Sympos. (IGARSS 82), München, WA, **8:** 1.1–1.8
GILLESPIE, A.R. (1980): Digital techniques of image enhancement. In: SIEGAL, B.S. & GILLESPIE, A.R. (eds.), Remote sensing in geology. – New York (Wiley), 139–226

GILLESPIE, A.R. & CRISS, R.E. (1983): Correlation of infrared reflectance ratios at 2.3 μm/1.6 μm and 1.1 μm/1.6 μm with δ^{18}o values delineating fossil hydrothermal systems in the Idaho batolith. – Digest IGARSS 83, Intern. Geoscience and Remote Sensing Symposium, **TA-4:** 4.1–4.6

GIRDLER, R.W. (1968): Drifting and rifting of Africa. – Nature, **217:** 1102–1105

GOETZ, A.F.H., ABRAMS, M.J., BILLINGSLEY, F.C., ELSTON, D.P., GILLESPIE, A.R., LUCCHITTA, I. & SQUIRES, R.L. (1975): Application of ERTS-images and image processing to regional geologic problems and geologic mapping in Northern Arizona. – NASA Technical Report, **32-1597.** – Pasadena, Calif. (JET Propulsion Laboratory, Calif. Inst. of Techn.), 188 pp.

GOETZ, A.F.H., ROCK, B.N. & ROWAN, L.C. (1983): Remote sensing for exploration: an overview. – Econ. Geol., **78:** 573–590

GOETZ, A.F.H. & ROWAN, L.C. (1981): Geologic remote sensing. – Science, **211** (4484): 781–791

GOETZ, A.F.H., ROWAN, L.C. & KINGSTON, M.J. (1982): Mineral identification from orbit: Initial results from the Shuttle multispectral infrared radiometer. – Science, **218** (4576): 1020–1024

GOETZ, A.F., SIEGAL, B.S. & ROWAN, L.C. (1975): Quantitative spectral techniques and computer image processing as applied to lithologic mapping. – Proc. of the 1975 IEEE Conference on Decision and Control: 412–413

GOODYEAR AEROSPACE: Developing national resources with synthetic aperture radar. – Litchfield Park, Arizona (Goodyear Aerospace Corp., Arizona Division), 63 pp.

GORDON, H.R. (1978): Atmospheric correction. – Appl. Optics, **17:** 1631–1636

GORDON, H.R. & McCLUNEY (1975): Estimation of the depth of sunlight penetration in the sea for remote sensing. – Appl. Optics, **14:** 413–419

GRAHAM, L.C. (1975): Flight planning for stereo radar mapping. – Photogr. Eng. and Remote Sensing, **41:** 1131–1138

GROOTENBOER, J. (1973): The influence of seasonal factors on the recognition of surface lithologies from ERTS imagery of the western Transvaal. – Third ERTS Symposium. – NASA Spec. Publ., **351** (1): 643–655

GÜNTHER, R. (1972): Remote Sensing in der Geologie. – BMBW-Forsch.-Bericht, **7228:** 212 S.

GÜNTHER, R. (1977): Großfotolineationen des mitteleuropäischen Raumes und ihre geologisch-tektonische Bedeutung. – Geotekt. Forsch., **53:** 42–67

GÜNTHER, R., KAPPELMEYER, O. & KRONBERG, P. (1977): Zur Prospektion auf geothermale Anomalien, Erfahrungen einer Modelluntersuchung in Polichnitos, Lesbos (Griechenland). – Geol. Rundsch., **66** (1): 10–33

GÜNTHER, R., KRONBERG, P. & SCHÖNFELD, M. (1975): Strukturgeologische Karte der Region des Roten Meeres und angrenzender Gebiete 1:2 000 000, erstellt aus Landsat-Kartierungen. – Geol. Inst. TU Clausthal (unveröff.)

GWINNER, M.P. (1971): Geologie der Alpen. – Stuttgart (Schweizerbart), 480 S.

HÄNEL, R. (1970): Report I and II on Geothermal Investigations in Greece. – Bundesanstalt f. Bodenforschung, Hannover

HALBOUTY, M.T. (1980): Geologic significance of Landsat data for 15 giant oil and gas fields. – AAPG, **64** (1): 8–36

HAPKE, B. & HORN, H. van (1963): Photometric studies of complex surfaces with application to the Moon. – J. Geophys. Res., **68:** 4545–4570

HAYDN, R. (1977): Digital processing of Landsat data for geological applications. – Proc. Int. Symp. on Image Processing, Interactions with Photogrammetry and Remote Sensing, Graz, pp. 89–92

HAYDN, R. (1982): Some aspects of the presentation of remote sensing data. – EARSEL-ESA Symposium, Igls, Austria, ESA SP, **175:** 77–80

HAYDN, R. (1983): A concept for the processing and display of Thematic Mapper Data. – First TM-Conf. at NASA Goddard Space Flight Center, Greenbelt, Md., 10 pp. – (NASA)

HAYDN, R., DALKE, G.W., HENKEL, J. & BARE, J.R. (1982): Application of IHS colour transform for processing of multispectral data and image enhancement. – Proc. Int. Symp. on Remote Sensing of Arid and Semi-Arid Lands, Cairo (Egypt). – (Env. Res. Inst. Michigan, Ann Arbor, Michigan)

HECHT, J. (1972): Geologische Karte 1:20 000 des Gebietes von Polichnitos, mit Erläuterungen. – Athen 1972

HEINRICH, R. (1977): Vergleichende tektonische Untersuchungen von Satellitenbild – Daten und Gelände – Daten im NW-Harz und im nordöstlichen Harzvorland. – Geotekt. Forsch., **53:** 83–87

HEINRICH, R. (1980): Tektonische Untersuchungen an Bruchstrukturen Nordostirans in Landsat-Aufnahmen, in Luftbildern und im Gelände. – Dissertation, Geol. Inst. TU Clausthal, 154 S.

HELBIG, H. (1973): Verarbeitung und Auswertung farbiger Luftbilder mit Hilfe eines Farbabtastgerätes. – Bildmessung u. Luftbildwesen, **4:** 123–128

HERDA, K. & MAREK, K.H. (1979): Anwendung der Multispektraltechnik mit den Geräteausrüstungen MFK-6 und MSP-4. – Jenaer Rundsch., **3:** 108–112

HIGHAM, A.D., WILKINSON, P.B., KAHN, D.A., FITZGERALD, E., EARL, Q.S. & TAYLOR, G. (1975): Multispectral scanning systems and their potential application to earth-resources surveys. – ESA/ASE Scientific & Techn. Review, **1:** 85–118 (1. Basic physics and sensing technology)

HILDEBRANDT, G. (1976): Die spektralen Reflexionseigenschaften der Vegetation. – In: Proc. Remote Sensing in Forestry, IUFRO, Oslo: 9–22

HODGSON, R.A. (1975): Regional linear analysis as a guide to mineral resource exploration using Landsat data. – US Geol. Surv., Prof. Paper, **1015:** 155–172

HOFFER, R.M. & JOHANNSEN, C.J. (1969): Ecological potential in spectral signature analysis. – In: Remote Sensing in Ecology. – Athens, Georgia (Univ. of Georgia Press), 1–16

HUNT, G.R. (1977): Spectral signatures of particular minerals in the visible and near-infrared. – Geophys., **42:** 501–513

HUNT, G.R. (1979): Near infrared (1.3–2.4 μm) spectra of alteration minerals: potential use in remote sensing. – Geophys., **44:** 1974–1986

HUNT, G.R. & ASHLEY, R.P. (1979): Spectra of altered rocks in the visible and near-infrared. – Econ. Geol., **74:** 1613–1629

HUNT, G.R. & SALISBURY, J.W. (1970): Visible and near-infrared spectra of rocks and minerals: I. Silicate minerals. – Modern Geol., **1:** 283–300
HUNT, G.R. & SALISBURY, J.W. (1971): Visible and near-infrared spectra of minerals and rocks: II. Carbonates. – Modern Geol., **2:** 23–30
HUNT, G.R. & SALISBURY, J.W. (1976): Visible and near-infrared spectra of minerals and rocks: XI. Sedimentary rocks. – Modern Geol., **5** (4): 211–217
HUNT, G.R. & SALISBURY, J.W. (1976): Visible and near-infrared spectra of minerals and rocks: XII. Metamorphic rocks. – Modern Geol., **5** (4): 219–228
HUNT, G.R., SALISBURY, J.W. & LENHOFF, C.J. (1971a): Visible and near-infrared spectra of minerals and rocks: III. Oxides and hydroxides. – Modern Geol., **2** (3): 195–206
HUNT, G.R., SALISBURY, J.W. & LENHOFF, C.J. (1971b): Visible and near-infrared spectra of minerals and rocks: IV. Sulphides and sulphates. – Modern Geol., **3:** 1–14
HUNT, G.R., SALISBURY, J.W. & LENHOFF, C.J. (1972): Visible and near-infrared spectra of minerals and rocks: V. Halides, phosphates, arsenates, vanadates and borates. – Modern Geol., **3:** 121–132
HUNT, G.R., SALISBURY, J.W. & LENHOFF, C.J. (1973): Visible and near-infrared spectra of minerals and rocks: VI. Additional silicates. – Modern Geol., **4:** 85–106
HUNT, G.R., SALISBURY, J.W. & LENHOFF, C.J. (1974a): Visible and infrared spectra of minerals and rocks: IX. Basic and ultrabasic rocks. – Modern Geol., **5:** 15–22
HUNT, G.R., SALISBURY, J.W. & LENHOFF, C.J. (1974b): Visible and infrared spectra of minerals and rocks: VIII. Intermediate rocks. – Modern Geol., **4:** 237–244
HUNT, G.R. & VINCENT, R.K. (1968): The behaviour of spectral features in the infrared emission from particulate surfaces of various grain sizes. – J. Geophys. Res., **73:** 6039–6046
INNES, R.B. (1968): An interpreter's perspective on modern airborne radar imagery. – Proc. Fifth Symp. on Remote Sensing of Environment, Univ. of Michigan, Ann Arbor, Michigan, pp. 107–122. – (Env. Res. Inst. Michigan)
JACOB, J., LAMP, J. & LEHNER, M. (1982): Computer aided soil evaluation in cultured landscapes. – Int. Arch. of ISPRS, **24** (VII/1): 397–405
JACOB, J., LAMP, J. & SCHROEDER, D. (1981): Möglichkeiten und Grenzen der Bodenfernerkundung in norddeutschen Kulturlandschaften. – Mitt. Dtsch. Bodenkdl. Ges., **32:** 731–744
JACOBI, J., KIRCHHOF, W. & LAMP, J. (1982): Qualitative and quantitative evaluation of airborne scanner imagery for pedological and agricultural purposes in North Germany. – Int. Geosci. and Remote Sens. Symp. (IGARS 82), **1** (WP 4.4): 1–6
JANZA, F.J. (1975): Interaction mechanisms. – In: REEVES, R.G. (ed.), Manual of Remote Sensing, Chapter 4. – Falls Church, Va. (American Society of Photogrammetry), 75–179
JERLOV, N.G. (1968): Optical Oceanography. – Amsterdam (Elsevier)
JONES, A.D. (1976): Photographic data extraction from Landsat images. – Photogr. Eng. and Remote Sensing, **42** (11): 1423–1426
KADRO, A. (1981): Untersuchung der spektralen Reflexionseigenschaften verschiedener Vegetationsbestände. – Diss. Forstwirtschaftl. Fakultät der Albert-Ludwigs-Univ., Freiburg, 215 S.
KADRO, A. & HILDEBRANDT, G. (1980): Beobachtungen über das spektrale Reflexionsverhalten von Kiefern- und Fichtenbeständen. – Int. Arch. of Photogrammetrie, Sect. B 7, **20:** 487–496
KAHLE, A.B. & ROWAN, L.C. (1980): Evaluation of multispectral middle infrared aircraft images for lithologic mapping in the East Tintic Mountains, Utah. – Geology, **8** (5): 234–239
KAHLE, A.B., GILLESPIE, A.R. & GOETZ, A.F.H. (1976): Thermal intertia imaging: A new geological mapping tool. – Geophys. Res. Lett., **3** (1): 26–28
KASTEN, F. & RASCHKE, R. (1972): Nomenklatur zur Beschreibung von Strahlungsmessungen und -rechnungen. – Veröff. Bereich Extraterrestr. Physik, Abt. Physik u. Astronomie, Ruhr-Univ. Bochum, 31 S.
KNIPLING, E.B. (1969): Leaf reflectance and image formation on color infrared film. – In: JOHNSON, P.O. (ed.), Remote Sensing in Ecology. – Athens, Georgia (Univ. of Georgia Press), 17–29
KNIPLING, E.B. (1970): Physical and physiological basis for the reflectance of visible and near-infrared radiation from vegetation. – Remote Sensing of Environment, **1** (3): 155–159
KÖHLER, U. (1982): Messung der richtungsabhängigen spektralen Reflexion von natürlichen Gesteinsoberflächen. – Berl. Geowiss. Abh., Reihe A, **41:** 167–252
KOLOUCH, D., DENNERT-MÖLLER, E., LOHMANN, P., EHLERS, M. & BÄHR, P. (1981): Digitale Verarbeitung von Fernerkundungsaufnahmen. – Zeitschr. f. Vermessenwes., **106:** 143–158
KONECNY, G. (1972): Geometrische Probleme der Fernerkundung. – Bildmessung u. Luftbildwesen, **40:** 162–172
KONECNY, G. (1981): Gutachten über die Anwendbarkeit von Landsat-Aufnahmen bei der Klassifizierung von Wattgebieten der deutschen Nordseeküste. – Geol. Ber. f. d. Planfestst.-Verf., Nordstrander Bucht, Ber. 2, Teilber. 2b
KONECNY, G., BÄHR, H.P., REIL, W. & SCHREIBER, H.C. (1979): Use of spaceborne metric cameras for cartographic applications. – Wiss. Arb. Inst. Photogr. Ingenieurwes., **4:** 165 pp.
KOOPMANS, B.N. (1973): Drainage analysis on radar images. – ITC Journal, **3:** 464–480
KOOPMANS, B.N. (1975): Variable flight parameters for SLAR. – Photogr. Eng. and Remote Sensing, **41:** 299–305
KREITZER, M.H. (1974): Direct additive printing. – Photogr. Eng. and Remote Sensing, **40:** 281–285
KREITZER, M.H. & GILBERTSON, B. (1974): Exposure for multispectral photos. – Photogr. Eng. and Remote Sensing, **40:** 551–557
KRITIKOS, G. (1975): DIBIAS-Datenverarbeitungssystem. – DFVLR, Sommerschule Alpbach, Erläuterungen zu Bildverarbeitungsverfahren
KRISTOF, S.J. (1971): Preliminary multispectral studies of soils. – J. Soil and Water Conserv., **26** (1): 15–18
KRISTOF, S.J. & ZACHARY, A.L. (1971): Mapping soil types from multispectral scanner data. – In: Env. Res. Inst. Michigan, Ann Arbor, Michigan. – Proc. 7th Int. Symp. on Remote Sensing of Environment, **3:** 2095–2108

KRISTOF, S.J. & ZACHARY, A.L. (1974): Mapping soil features from multispectral scanner data. – Photogr. Eng., **40** (12): 1427–1434

KRONBERG, P. (1974): Erfahrungen mit dem Erderkundungssatelliten ERTS-1. – Umschau Wiss. u. Techn., **74:** 469–481

KRONBERG, P. (1976): Bruchstrukturen des Rheinischen Schiefergebirges, des Münsterlandes und des Niederrheins – kartiert in Aufnahmen des Erderkundungssatelliten ERTS-1. – Geol. Jb., **33:** 37–48

KRONBERG, P. (1977): Die regionale und überregionale Bruchtektonik Mitteleuropas – Bestandsaufnahme und Interpretationen. – Geotekt. Forsch., **53:** 7–41

KRONBERG, P. (1978a): Surface traces of crustal fractures mapped as photolineations on Landsat-imagery (Greece and Western Turkey). – Map 1:1 000 000. – Geologisches Institut der TU Clausthal

KRONBERG, P. (1978b): Azimuth-frequency distribution of photolineations mapped on Landsat-imagery of Greece and Western Turkey (3° and 10° intervals). (Software for map compilation and data analysis by B. SURBORG & P. TSOMBOS). – Map 1:1 000 000. – Geologisches Institut der TU Clausthal

KRONBERG, P. (1982): Die Querzone von Lippstadt-Warstein-Ramsbeck im Satellitenbild: Tiefenstrukturen und oberflächennahe Bruchstrukturen. – Fortschr. Geol. Rheinld. u. Westf., **30:** 404–411

KRONBERG, P. (1983): Patterns and principles of crustal fracturing as deduced from a Landsat mosaic covering central and eastern Iran.— In: Geol. Survey of Iran, Geodynamic Project (Geotraverse) Iran – Final Report. – Geol. Survey of Iran Report, **51:** 37–50

KRONBERG, P. (1984): Faults and fracture patterns of central and eastern Iran as mapped on Landsat-imagery. – N. Jb. Geol. Pal., Abh., **168** (2/3): 208–214

KRONBERG, P. & GÜNTHER, R. (1977): Fracture patterns and principles of crustal fracturing in the Aegean Region. – In: KALLERGIS, G. (ed.), Proc. VI. Colloqu. on the Geology of the Aegean Region, Athens, **2:** 893–906

KRONBERG, P., SCHÖNFELD, M., GÜNTHER, R. & TSOMBOS, P. (1975): ERTS-1 data on the geology and tectonics of the Afar/Ethiopia and adjacent regions. – In: PILGER, A. & RÖSLER, A. (eds.), Afar Depression of Ethiopia. – Inter-Union Comm. on Geodynamics, Scient. Rep., **14.** – Stuttgart (Schweizerbart), 20–27

KRONBERG, P., TSOMBOS, P. & SURBORG, B. (1981): Karte der Häufigkeitsverteilung von Landsat-Lineationen im Bereich Griechenlands und der West-Türkei, 1:1 000 000. – Geologisches Institut TU Clausthal

KRUCK, W. (1976): Hydrogeological investigations in the Argentine Pampa using satellite imagery. – Geol. Jb., **33:** 145–159

LABOVITZ, M.L., MASUOKA, E.J., BELL, R., SIEGRIST, A.W. & NESLON, R.F. (1983): The application of remote sensing to geobotanical exploration for metal sulfides – results from the 1980 field season at Mineral, Va. – Econ. Geol., **78** (4): 750–760

LAMP, J., JACOB, J.A., WITTJE, V. (1980): Experiments on spectral signatures of soil samples. – Vortrag: AG Spectral Signatures in Hamburg, 3 pp.

LAUBSCHER, H. (1980): Die Entwicklung des Faltenjuras – Daten und Vorstellungen. – N. Jb. Geol. Pal., Abh., **160:** 289–320

LAWTON, D.L. & PALMER, D.F. (1978): Enhancement of linear features by rotational exposure. – Photogr. Eng. and Remote Sensing, **44** (9): 1185–1189

LEBERL, F. (1975): Radargrammetric point determination PRORADAM. – Bildmessung u. Luftbildwesen, **45** (1)

LEBERL, F. (1979): Accuracy analysis of stereo side-looking radar. – Photogr. Eng. and Remote Sensing, **45** (8): 1083–1096

LEBERL, F., JENSEN, H. & KAPLAN, J. (1976): Side-looking radar mosaicking experiment. – Photogr. Eng. and Remote Sensing, **42:** 1035–1042

LEE, K. & RAINES, G.L. (1974): An Evaluation of Multiband Photography for Rock Discrimination. – In: Proc. of the Third Conf. on Earth Resources Observation and Analysis Systems (Tullahoma, Tenn.), **3:** 361–396

LEE, K. & HUTCHINSON, R.M. (1974): Geologic and mineral and water resources investigations in Western Colorado, using Skylab EREP Data. – NASA CR, **138722**

LENZ, H. et al. (1972): The age of early tectonic events in the zone of the Jordan geosuture, based on radiometric data. – 24th Int. Geol. Congr., **3:** 371–379, Montreal

LEPLEY, L.K. (1968): Coastal water clarity from space photographs. – Photogr. Eng., **34:** 667–674

LEWIS, A.J. & McDONALD, H.C. (1970): Interpretive and mosaicking problems of SLAR. – Remote Sensing of Environment, **1:** 231–236

LIST, F.K., BURGER, H., KLITZSCH, E., MEISSNER, B., PÖHLMANN, G. & SCHMITZ, H.J. (1982): Application of visual interpretation and digital processing of Landsat-Data for the preparation of a geological interpretation map of Southwestern Egypt at a scale of 1:500 000. – Int. Symp. on Remote Sensing of Environment, 1st Thematic Conf.: Remote Sensing of Arid and Semi-arid Lands, Cairo, Egypt, pp. 849–858

LIST, F.K., HELMCKE, D., MEISSNER, B., PÖHLMANN, G. & ROLAND, N.W. (1978): Geologische Interpretation des Tibesti nach Aufnahmen von Landsat-1 (Republik Tschad). – Bildmessung u. Luftbildwesen, **4:** 139–145

LOHMANN, P. & PIEPEN, H. van der (1981): Evaluation of ocean bottom features from ocean color scanner imagery. – Photogrammetria, **36:** 81–89

LONGSHAW, T.G. & GILBERTSON, B. (1975): Multispectral aerial photography as exploration tool, II: An application in the Bushveld igenous complex, South Africa. – Remote Sensing of Environment, **4** (2): 147–164

LONGSHAW, T.G. & GILBERTSON, B. (1976): Multispectral aerial photography as exploration tool, III: Two applications in the Northwestern Cape Province, South Africa. – Remote Sensing of Environment, **15** (2): 79–92

LOWE, D.S. (1969): Optical Sensors. – In: Principles and applications to earth resources survey. – Paris (CNES and Univ. of Michigan), 73–136

LUNDIEN, J.R. (1971): Terrain analysis by electromagnetic means. – Technical Report No. 3-693, Report 5. – Vicksburg Mississippi (US Army Waterways Experiment Station)

LYON, R.J.P. (1965): Analysis of rocks by spectral infrared emission (8–25 microns). – Econ. Geol., **60**: 715–736
LYON, R.J.P. (1970): The multiband approach to geologic mapping from orbiting satellites: is it redundant or vital? – Remote Sensing of Environment, **1**: 237–244
LYON, R.J.P. (1972): Infrared spectral emittance in geological mapping – Airborne spectrometer data from Pisgah Crater, California. – Science, **175**: 983–986
LYON, R.J.P. (1975): A comparison of observed and model-predicted atmospheric perturbations on target radiances measured by ERTS. – In: Proc. IEEE Symp. on Appl. Remote Sensing. Digital Imagery to Mineral and Petroleum Exploration, Houston
LYON, R.J.P. & GREEN, A.A. (1975): Reflectance and emittance of terrain in the mid-infrared (6–25 μm) region. – In: Infrared and Raman Spectroscopy of Lunar and Terrestrial Minerals. – New York (Academic Press), 165–195
LYON, R.J.P. & LEE, K. (1970): Remote sensing in exploration for mineral deposits. – Econ. Geol., **65** (7): 785–800
LYON, R.J.P. & PATTERSON, J. (1966): Infrared spectral signatures – a field geological tool. – In: Proc. Fourth Symp. Remote Sensing of Environment. – Ann Arbor, Michigan (University of Michigan), 215–230
LYON, R.J.P. & PATTERSON, J. (1969): Airborne geological mapping using infrared emission spectra. – Proc. 6th Symp. on Remote Sensing of Environment. – Ann Arbor, Michigan (University of Michigan), 527–552
MACDONALD, H.C. (1969a): Geologic evaluation of radar imagery from Darien Province, Panama. – Modern Geol., **1** (1): 1–63
MACDONALD, H.C. (1969b): Effective radar look-directions for geologic interpretation. – NASA 2nd Ann. Earth Resources Aircraft Program, Status Revies, Vol. 1: Geology and Geography, **9**: 1–21
MACDONALD, H.C. (1980): Techniques and applications of imaging radars. – In: SIEGAL, B.S. & GILLESPIE, A.R. (eds.), Remote Sensing in Geology. – New York (Wiley), 297–336
MATHEWS, H.L., CUNNINGHAM, R.L., CIPRA, J.E. & WEST, T.R. (1971): Application of multispectral remote sensing to soil survey research in southeastern Pennsylvania. – Agron. Abstr.: 103
MAUL, G.A. & GORDON, H.R. (1975): On the use of the earth resources technology satellite (Landsat-1) in optical oceanography. – Remote Sensing of Environment, **4** (2): 95–128
MBB/ZGF (1983): MOMS – Modular Optoelectronic Multispectral Scanner. – Informationsblatt, München
McCLUNEY, W.R. (1976): Remote measurement of water color. – Remote Sensing of Environment, **5** (1): 3–34
MEIER, D. (1983): Zur Tektonik des schweizerischen Tafel- und Faltenjura (regionale und lokale Strukturen, Kluftgenese, Bruch- und Faltentektonik, Drucklösung). – Dissertation TU Clausthal, 184 S.
MEIER, R. (1981): Soil moisture detection with microwave- and thermal-infrared-sensors in the catchment area Rietholsbach (Switzerland). – Institut für Geographie, Univ. Zürich
MEISSNER, B. (1977): The fracture pattern of the Central Aegean Sea. – A comparative investigation of Landsat-images, airphotos, sea-maps and field observation. – In: KALLERGIS, G. (ed.), Proc. VI. Coll. on the Geology of the Aegean Region, Athens, **2**: 907–911
MEISSNER, D., BODECHTEL, J., HAYDN, R. & LAUCHT, H. (1983): Modular Optoelectronic Scanner (MOMS) for earth observation – first results of the STS-7 mission. – Sonderdruck, MBM/ZGF, München, 14 S.
MOHR, K. & PILGER, A. (1964): Über die Fortsetzung rheinisch streichender Schollengrenzen aus dem Harzvorland in den Harz. – Z. Dt. Geol. Ges., **116** (3): 731–756
MOHR, K., KRONBERG, P. & GÜNTHER, R. (1977): Die Bruchtektonik des Harzes im Satellitenbild. – Geotekt. Forsch., **53**: 68–82
MONTGOMERY, O.L., BAUMGARDNER, M.F. & WEISMILLER, R.A. (1976): An investigation of the relationship between spectral reflectance and the chemical, physical and genetic characteristics of soils. – LARS Techn. Rep., **082776**, Purdue Univ., Indiana
MÜHLFELD, R. (1976): Relationship between vegetation, soil, bedrock and other geologic features in moderate humid climates (Central Europe) as seen in ERTS-imagery. – Geol. Jb., Reihe A, **33**: 21–35
MYERS, V.I. (1975): Crops and soils. – In: REEVES, R. (ed.), Manual of Remote Sensing, Vol. 2. – Falls Church, Va. (Am. Soc. Photogr.), 1715–1814
NASA (1971): Data users handbook: NASA Earth Resources Technology Satellite. – Greenbelt, Maryland (Goddard Space Flight Center) (various revisions in 1972, 1976 and 1977)
NASA (1973a): Symposium on significant results obtained from the Earth Resources Technology Satellite-1. Vol. I, Technical Presentations, Sections A and B. – Washington, D.C., 1725 pp.
NASA (1973b): Third Earth Resources Technology Satellite-1 Symposium. Vol. I, Technical Presentations, Sections A and B. – Washington, D.C., 1994 pp.
NASA (1974): Skylab Earth Resources Data Catalog. Rep. No. JSC, **09016**. – Houston, Texas (NASA L.B. Johnson Space Center), 359 pp.
NASA (1978): Skylab EREP investigations summary. – NASA Spec. Publ., **399**: 1–386. – (Section 4: Geology and hydrology, pp. 119–188, Section 6: Data Analysis techniques, pp. 257–342)
National Iranian Oil Company (1975): Geological Map of Iran 1:1 000 000. – Sheet 1–6, Tehran
NEWTON, R.W. (1976): Microwave sensing and its application to soil moisture detection. – Techn. Rep. RSC, **81**. – College Station, Texas (Rem. Sens. Center, Texas, A & M University)
NEWTON, R.W. & ROUSE, J.W., Jr. (1980): Microwave radiometer measurements of soil moisture contents. – IEEE Trans. Antennas Propag., **AP, 28**: 680–686
NOAA: Landsat-Data Users Notes. – Sioux Falls, S.D. (Mundt Federal Building) (published quarterly)
NORTHFLEET, A.A., MEDEIROS, R.A. & MÜHLMANN, H. (1969): Revaliação dos dadaos geológicos da Bacia do Paraná. – Bol. Téc. Petrobrás, **12** (3): 291–346
OBUCHOV, A.I. & ORLOV, D.S. (1964): Spectral reflectivity of the major soil groups and possibility of using diffuse reflection in soil investigations. – Počvovedenie, **2**
OFFIELD, T.W. (1975): Thermal-infrared images as a basis for structure mapping, front range and adjacent plains in Colorado. – Bull. Geol. Soc. Amer., **86**: 495–502

OFFIELD, T.W. (1975a): Line-grating diffraction in image analysis: enhanced detection of linear structures in ERTS images, Colorado, Front Range. – Modern Geol., **5:** 101–107

ORLOV, D.S. (1966): Quantitative patterns of light reflection on soils: I. Influence of particle (aggregate) size on reflectivity. – Doklady Soil Sci., Suppl. **13**

PÁLMASON, G. (1968): Invited comments. – In: Proc. 5th Symp. on Remote Sensing of Environment, Ann Arbor, Michigan

PÁLMASON, G., FRIEDMAN, J.D., WILLIAMS, R.S., Jr., JONSSON, J. & SAEMUNDSSON, K. (1970): Aerial infrared surveys of Reykjanes and Torfajökull thermal areas, Iceland, with a section on costs of exploration surveys. – Geothermics, Special Issue, pp. 399–412

PARRY, J.T., WRIGHT, R.K. & THOMSON, K.P.B. (1980): Drainage on multiband radar imagery in the Laurentian Area, Quebec, Canada

PATOUREAUX, Y. (1979): Cartographie et l'inertie thermique des sols par télédétection multispectrale. – Diss. Univ. P. et M. Curie, Paris, 207 p.

PIECH, K.R. & WALKER, J.E. (1974): Interpretation of soils. – Photogr. Eng., **40:** 87–94

PIECH, K.R., SCHOTT, J.R. & STEWART, K.M. (1975): S 190 Interpretation techniques development and applications to New York State water resources. – NASA, Contract. Rep., **144499**

PILGER, A. & RÖSLER, A. (eds.) (1975): Afar Depression of Ethiopia. – Inter. Union Comm. on Geodynamics Scientific Report, **14.** – Stuttgart (Schweizerbart), 416 pp.

PODWYSOCKY, M.H., SEGAL, D.B. & ABRAMS, M.J. (1983): Use of multispectral scanner images for assessment of hydrothermal alteration in the Marysvale, Utah, mining area. – Econ. Geol., **78** (4): 675–687

POHN, H.A., OFFIELD, T.W. & WATSON, K. (1974): Thermal intertia mapping from satellite-discrimination of geological units in Oman. – J. Res. US Geol. Surv., **2** (2): 147–158

POLCYN, F.C., PIECH, K.R., SHAPIRO, A., YORK, L.B. & POTTER, A.E. (1978): Data analysis techniques. – In: Skylab – EREP investigations summary. – Houston, Texas (NASA, L.B. Johnson Space Center), 257–342

POLYSOS, N. (1981): Ergebnisse einer geologischen Auswertung von Landsat-Aufnahmen Mittelgriechenlands. – Z. Dt. Geol. Ges., **132:** 503–512

PRÖBER, C. (1981): Die Möglichkeiten der Fernerkundung in der Küstengeologie. – Diss. Geol. Inst. Christian-Albrechts-Univ. Kiel, 177 S.

Projeto Radambrasil (1975): Folha NA. 20 Boa Vista e parte das folhas NA. 21 Tumucumaque, NB. 20 Roraima e NB. 21, **8.** – DNPM, Rio de Janeiro (Min. Minas e Energia)

Projeto Radambrasil (1976): Folha SA 21 Santarem, **10.** – DNPM, Rio de Janeiro (Min. Minas e Energia)

Projeto Radambrasil (1978): **16.** – DNPM, Rio de Janeiro (Min. Minas e Energia)

PROST, G. (1983): Mineral exploration with Skylab photography in Central Idaho. – Econ. Geol., **78** (4): 633–640

QUADE, J.G., CHAPMAN, P.E., BRENNAN, P.A. & BLINN, J.C. (1970): Multispectral remote sensing of an exposed volcanic province. – NASA Techn. Memorandum, **33-453.** – Pasadena, Calif. (Jet Propulsion Laboratory, Calif. Inst. of Techn.), 33 pp.

QUENZEL, H. & KAESTNER, M. (1980): Optical properties of the atmosphere – Calculated variability and application to satellite remote sensing of phytoplankton. – Appl. Optics, **19:** 1338–1344

QUIEL, F. (1973): Zur Anwendung von Temperaturmessungen im Thermalinfrarot in der Hydrologie. – Diss. Geowiss. Fakultät Ludwig-Maximilians-Univ., München, 108 S.

QUIEL, F. (1975): Thermal IR in geology. – Photogr. Eng. and Remote Sensing, **41:** 341–346

RAINES, G. (1980): Remote sensing applied to regional sedimentary uranium exploration in the Powder River Basin, USA. – In: 26e Congr. Geol. Intern., Paris, Abstr., **II**, Sect. 11: 830

RAINES, G.L. & CANNEY, F.C. (1980): Vegetation and geology. – In: SIEGAL, B.S. & GILLESPIE, A.R. (eds.), Remote Sensing in Geology. – New York (Wiley), 365–380

RAINES, G.L., FRISKEN, J.G., KLEINKOPF, M.D. & FUENTE-D., M. de la (1980): The discovery of the Alcaparroso mineral deposit, Sonora, Mexico. – In: Official Program of 6th Ann. Pecora Symp. Integration of Remote Sensing into the Exploration Process. – Sioux Falls, S.D., 67–69

RAY, R.G. & FISCHER, W.A. (1960): Quantitative photography – A geologic research tool. – Photogr. Eng., **26** (1): 143–150

REEVES, R.G. (1968): Structural geologic interpretation from radar imagery. – NASA Technical Letter, **102:** 15 pp.

REEVES, R.G. (ed.) (1975): Manual of Remote Sensing. Vol. I, Theory, Instruments and Techniques; Vol. II, Interpretation and Applications. – Falls Church, Va. (American Society of Photogrammetry), 2144 pp.

REIFSNYDER, W.E. & HULL, H.W. (1965): Radiant energy in relation to forests. – US Dept. Agric. Techn. Bull., **1344:** 111 pp.

RIVEREAU, J.C. (1983): SPOT. – Proc. Remote Sensing, Alpbach, Summerschool. – ESA SP, **205:** 11–17

RIVEREAU, J.C. (1983): Typical SPOT data and products-potential applications. – Proc. Remote Sensing, Alpbach, Summerschool. – ESA SP, **205:** 19–23

RIVEREAU, J.C. (1977): Contribution of Landsat imagery to geological prospecting over the western mediterranean areas. – Third Pecora Conf., Sioux Falls, S.D., 18 pp.

ROSS, H.P., ALDER, J.E.M. & HUNT, G.R. (1969): A statistical analysis of the reflectance of igneous rocks from 0.2 to 2.65 microns. – Icarus, **11** (1): 46–54

ROWAN, L.C. & KAHLE, A.B. (1982): Evaluation of 0.46 to 2.36 μm multispectral scanner images of the East Tintic Mining District, Utah, for mapping hydrothermally altered rocks. – Econ. Geol., **77:** 441–452

ROWAN, L.C., OFFIELD, T.W., WATSON, K., CANNON, P.J. & WATSON, R.D. (1970): Thermal infrared investigations, Arbuckle Mountains, Oklahoma. – Geol. Soc. Amer. Bull., **81:** 3549–3562

ROWAN, L.C., OFFIELD, T.W., WATSON, K. & WATSON, R.D. (1969): Thermal infrared investigations Mill Creek Area, Oklahoma. – NASA 2nd Ann. Earth Resources Aircraft Program, Status Review, **1:** Geology and Geography. – Houston

ROWAN, L.C., WETLAUFER, P.H., GOETZ, A.F.H., BILLINGSLEY, F.C., STEWART, J.H. (1974): Discrimination of rock types and detection of hydrothermally altered areas in South-Central Nevada

SABINS, F.F. (1969): Thermal infrared imagery and its application to structural mapping in Southern California. – Geol. Soc. Amer. Bull., 80: 397–404

SAVIGEAR, R.A.G., HUNTLEY, D.A., McCULLOCK, J.S.G., NORMAN, J.W., PAINTER, R.B., ROBERTS, E.H., BANNERT, D., BECKETT, P.H.T., BICKMORE, D.P., CRIPPS, E., CURTIS, L.F., DOWNING, R., EDWARDSON, T.E., HAEFNER, H., HARDY, J.R. & LONGHURST, A.R. (1975): Multispectral scanning systems and their potential application to earth-resources surveys. – 2nd Earth-science applications. – ESA/ASE Scientific and Techn. Review, 1: 119–169

SCHABER, G.G., BERLIN, G.L. & BROWN, W.E. (1975): Selection of remote sensing techniques – surface roughness information from 3-cm wavelength SLAR images. – In: Proc. Ann. Meeting Amer. Soc. of Photogrammetry: 103–117

SCHABER, G.G., BERLIN, G.L. & BROWN, W.E. (1976): Variations in surface roughness within Death Valley, California: Geologic evaluation of 25-cm wavelength radar images. – Geol. Soc. Amer. Bull., 87: 29–41

SCHERZ, J.P. (ed.) (1977): Assessment of aquatic environment by remote sensing. – Madison (Inst. Env. Studies, Univ. Wisconsin), 235 pp.

SCHERZ, J.P. & STEVENS, A.R. (1970): An introduction to remote sensing for environmental monitoring. – Madison (The University of Wisconsin), 80 pp.

SCHERZ, J.P., SYDOR, M. & VAN DOMELEN, J.F. (1973): Aircraft and Satellite Monitoring of Water Quality in Lake Superior Near Duluth. Third ERTS-1 Symp., NASA Washington, pp. 1619–1636

SCHMUGGE, T.J. (1978a): Effect of texture on microwave emission from soils. – I.E.E.E. Transact. on Geoscience and Remote Sensing, GE, 18 (4): 353–361

SCHMUGGE, T. (1978b): Remote sensing of surface soil moisture. – J. of Appl. Meteor., 17: 1549–1557

SCHMUGGE, T.J. (1980): Microwave approaches in hydrology. – Photogr. Eng. and Remote Sensing, 46 (4): 495–507

SCHMUGGE, T.J., BLANCHARD, B., ANDERSON, A. & WANG, J. (1978): Soil moisture sensing with aircraft observations of the diurnal range of surface temperature. – Water Res. Bull., Am. Water Res. Ass., 14: 169–178

SCHMUGGE, T.J., JACKSON, T.J. & McKIM, H.L. (1980): Survey of methods for soil moisture determination. – Water Resources Res., 16: 961–979

SCHOELE, R. (1984): Das „Geowissenschaftliche Multibild Auswerte- und Prozessor-System“ GEOMAPS. – Berl. Geowiss. Abh. (A), 47: 39–47

SCHÖNFELD, M. (1977): Scherzonen im Kristallin der Red Sea Hills im nordöstlichen Sudan und ihre Bedeutung für die Entwicklung des Roten Meeres – erste Ergebnisse einer Auswertung von Landsat-Aufnahmen. – Geotekt. Forsch., 53: 107–121

SCHÖNFELD, M., GÜNTHER, R. & KRONBERG, P. (1977): Regionale Bruchtektonik und Riftentwicklung im Bereich des Roten Meeres – neue Daten und Interpretationen. – Geotekt. Forsch., 53: 122–133

SESÖREN, A. (1976): Lineament analysis from ERTS (Landsat) images of the Netherlands. – Geologie en Mijnbouw, 55 (1): 61–67

SETTLE, M. (1983): Current trends and research challenges in land remote sensing. Proc. Remote Sensing, ESA-DFVLR, Alpbach, Summerschool. – ESA SP, 205: 3–9

SIEBER, A. (1982): Beispiele für den Einsatz von Radar in der Satelliten-Fernerkundungs-Auswertung und Interpretation von Radarbilddaten-Signaturen unbewachsener Oberflächen. – Manuskript, Vortragsveranstaltung Carl-Cranz-Gesellschaft

SIEGAL, B.S. & GOETZ, A.F. (1977): Effect of vegetation on rock and soil type discrimination. – Photogr. Eng. and Remote Sensing, 43 (2): 191–196

SIEGRIST, A.W. & SCHNETZLER, C.C. (1980): Optimum spectral bands for rock discrimination. – Photogr. Eng. and Remote Sensing, 46 (9): 1207–1215

SHOCKLEY, W.G., KNIGHT, S.J. & LIPSCOMP, E.B. (1962): Identifying soil parameters with an infrared spectrometer. – In: Proc. of the Second Symp. on Remote Sensing of Environment. – Ann Arbor (University of Michigan Press)

SHORT, N.M., SMITH, A. & BAKER, R. (1976): Excepts from selected Landsat-1 final reports in geology. – NASA GSFC, X-923-76-74, 72 pp.

SMITH, J.T. (ed.) (1968): Manual of color aerial photography. – Falls Church, Va. (American Society of Photogrammetry), 550 pp.

STEINER, D. & GUTERMANN, T. (1966): Russian data on spectral reflectance of vegetation, soil, and rock types. – European Research Office, US Army, Contract DA-91-591-EUC-3863/OI-652-0106

STOIBER, R.E. & ROSE, W.I. (1975): An investigation of thermal anomalies in the central American volcanic chain and evaluation of the utility of thermal anomaly monitoring in the prediction of volcanic eruptions. – NASA CR, 144496

STONER, E.R. & BAUMGARDNER, M.F. (1980b): Physicochemical site and bidirectional reflectance factor characteristics of uniformly moist soils. – LARS Techn. Report, 111679

STONER, E.R. & HORVATH, E.H. (1971): The effect of cultural practices on multispectral response from surface soils. – In: Proc. 7th Int. Symp. on Remote Sensing of Environment, 2: 2109–2113

STONER, E.R. & BAUMGARDNER, M.F., BIEHL, L.L. & ROBINSON, B.F. (1980a): Atlas of soil reflectance properties. – Res. Bull., 962, Agric. Exp. Sta., Purdue University

SYDOR, M. (1976): Turbidity in Lake Superior. – In: ERTS-1 – a new window in our planet. – US Geol. Survey, Prof. Paper, 929: 153–156

TARANIK, J.V. (1978): Principles of computer processing of Landsat data for geological applications. – US Geol. Surv., Open-File Rep., 78-117: 98 pp.

THEILEN-WILLIGE, B. (1982): The Araguainha astrobleme/Central Brasil. – Geol. Rdsch., 71 (1): 318–327

THOMAS, J.R., WIEGAND, C.L. & MYERS, V.I. (1967): Factors affecting light reflectance of cotton. – In: Proc. 4th Symp. on Remote Sensing of Environment, Ann Arbor, Michigan: 305–312

TOLLMANN, A. (1977): Die Bruchtektonik Österreichs im Satellitenbild. – N. Jb. Mineral. Geol. Paläontol., Abh., Abt. A, 153: 1–27

TOMIYASU, K. (1982): Synthetic aperture radar imaging from an inclined geosynchronous orbit. – Int. Geosc. and Rem. Sens. Symp. (IGARSS 82), 1 (WP 9): 5.1–5.3

TURNER, R.E. & SPENCER, M.M. (1972): Atmospheric model for correction of spacecraft data. – Proc. 8th Int. Symp. on Remote Sensing of Environment, 1, Ann Arbor, Michigan

TSOMBOS, P. (1980): Vergleichende Untersuchungen zur Bruchtektonik Westgriechenlands im Satellitenbild, Luftbild und Gelände. – Clausthaler Geowiss. Diss., **4:** 101 S. – Geol. Inst. TU Clausthal

TSOMBOS, P. & SURBORG, B. (1981): Rechnergestützte Bearbeitung linearer Elemente in fotogeologischen Kartierungen. – Geol. Inst. TU Clausthal: 27 S.

ULABY, F.T., BATLIVALA, P.P. & DOBSON, M.C. (1978): Microwave backscatter dependence on surface roughness, soil moisture, and soil texture. – Part I: Bare Soil. – IEEE Trans. Geo. Electron., GE, **16:** 286–295

ULABY, F.T., BRADLEY, G.A. & DOBSON, M.C. (1979): Microwave backscatter dependence on surface roughness, soil moisture, and soil texture. – Part II: Vegetation-Covered Soil. – IEEE Trans. Geo. Electron., GE, **17:** 33–40

VAIL, J.R. & HUGHES, D. (1977): Tholeiite derivate dyke swarms near Erkowit, Red Sea Hills, Sudan. – Geol. Rdsch., **66:** 228–237

VALLE, G.R., FRIEDMAN, J.D., GAWARECKI, S.J. & BANWELL, G.J. (1970): Photogeologic and thermal infrared reconnaissance surveys of the Ios Negritos-Ixtlan de los Hervores geothermal area. – Geothermics, Special Issue, **2:** 381–398

VALLEY, S.L. (1965): Handbook of geophysics and space environments. – (Airforce Cambridge Research Laboratories, Office of Aerospace Research, USAF)

VAN ROESSEL, J.W. & GODOY, R.C. (1974): Slar mosaics for project RADAM. – Photogr. Eng., **40** (5): 583–595

VARGAS, F.C. (1975): Interpretacion Geologico-Fisiografica de una Fotografia Skylab Correspondiente al Area: Santa Cruz-Montero-Buena Vista. – Yacimientos Petroleferos Fiscales Bolivianos, Special Report

VINCENT, R.K. & THOMSON, F.J. (1972a): Recognition of exposed quartz sand and sandstone by two-channel infrared imagery. – J. Geophys. Res., 77 (14): 2473–2477

VINCENT, R.K. & THOMSON, F.J. (1972b): Rock-type discrimination from ratioed infra-red scanner images of Pisgah Crater, California. – Science, **175:** 986–988

VINCENT, R.K. & THOMAS, F. (1972c): Spectral compositional imaging of silicate rocks. – J. Geophys. Res., 77 (14): 2465–2472

VINOGRADOV, B.W. (1982): Remote sensing of the humus content of soils. – Soviet Soil Science: 103–113

VÖLGER, K. & GANS, W. (1973): Multispektrale Abtastverfahren in der Fernerkundung und ihre Anwendung auf Probleme des Umweltschutzes, der Hydrologie, Geologie, Mikroklimatologie und Regionalplanung. – Informationsschrift SWISSAIR/Metallgesellschaft, Frankfurt, 22 S.

VOGEL, M. (1972): Mikrowellenradiometrie und Side Looking Radar. – DGLR Mitt., 72, 10. Mai

WALLACE, R.E. & MOXHAM, R.M. (1967): Use of infrared imagery in study of the San Andreas Fault System, California. – US Geol. Surv., Prof. Paper, **575-D:** 147–156

WANG. J.R. & SCHMUGGE, T.J. (1980): An empirical model for the complex dielectric permittivity of soils as a function of water content. – IEEE Transact., Geosc. and Rem. Sens., **6 E-18:** 288–295

WANG, J.R., SHIUE, I.C. & McMURTREY, J.E. (1980): Microwave remote sensing of soil moisture content over bare and vegetated fields. – Geophys. Res. Letter, **7:** 801–804

WANG, J.R. & WILLIAMS, D. (1978): Dielectric constants of soils at microwave frequencies. – NASA Techn. Paper, **1238**

WATSON, R.D. (1972): Spectral reflectance and photometric properties of selected rocks. – Remote Sensing of Environment, **2:** 95–100

WATSON, K. (1975): Geologic application of thermal infrared images. – Proc. IEEE, **63:** 128–137

WATSON, K., O'LEARY, D. & POHN, H.A. (1975): A photogeologic comparison of Skylab and Landsat-images of southwestern Nevada and southeastern California. – NASA CR, **144642**

WELLER, R.N. (1970): Photo enhancement by film sandwiches. – Photogr. Eng.: 468–479

WEST, T.R. (1972): Engineering soils mapping from multispectral imagery using automatic classification techniques. – In: Proc. 51st Ann. Mtg. of Ind. Highway Res. Board

WESTIN, F.C. (1973): ERTS 1 MSS imagery: a tool for identifying soil associations. – COSPAR, **A 5.3:** 1–15

WESTERMANN (1981): Sat-Map Bundesrepublik Deutschland 1:500 000. – Braunschweig (Kartograph. Anst. G. Westermann)

WHITLOCK, C.H., WITTE, W.C. & USRY, E.A. (1978): Penetration depth at green wavelengths in turbid waters. – Photogr. Eng. and Remote Sensing, **44** (11): 1405–1410

WHITNEY, G., ABRANS, M.J. & GOETZ, A.F.H. (1983): Mineral discrimination using a portable ratio-determining radiometer. – Econ. Geol., 78 (4): 688–698

WICKLAND, D.E. (1982): Patterns of vegetation response to heavy metal stress. – Intern. Symp. Remote Sensing of Environment, Fort Worth, Abstr.: 126–127

WIECZOREK, U. (1972): Der Einsatz von Äquidensiten in der Luftbildinterpretation und bei der quantitativen Analyse von Texturen. – Münch. Geograph. Abh., **7:** 195 S.

WIJK, W.R. VAN (ed.) (1966): Physics of plant environment. 2nd ed. – Amsterdam (North Holland Publ. Company), 382 pp.

WIJK, W.R. VAN & DERKSEN, W.J. (1963): Sinusoidal temperature variation in a layered soil. In: WIJK, W.R. VAN (ed.), Physics of plant environment. 2nd ed. – Amsterdam (North Holland Publ. Company), 171–209

WITTJE, V. (1980): Zur spektralen Remission von Böden. – Dipl.-Arbeit, Inst. f. Pflanzenernährung und Bodenkunde, Univ. Kiel

WONG, K.W. (1975): Geometric and cartographic accuracy of ERTS-1 imagery. – Photogr. Eng. and Remote Sensing, **41:** 621–635

WONG, K.W., THORNBURN, T.H. & KHOURY, M.A. (1977): Automatic soil identification from remote sensing data. – Photogr. Eng. and Remote Sensing, **43** (1): 73–80

WOODSIDE, W. & MESSMER, J.J. (1961): Thermal conductivity of porous media I. – Unconsolidated sands. – J. Appl. Phys. (32): 1688–1699

WOODSIDE, W. & MESSMER, J.J. (1961): Thermal conductivity of porous media. – Consolidated rocks. – J. Appl. Phys. (32): 1699–1706

YARGER, H.L., McCAULEY, J.R., JAMES, G.W. & MAGNUSON, L.M. (1973): Quantitative water quality with ERTS-1. Third Earth Resources Technology Satellite-1 Symp., Section B, 1: 1637–1651

ZICKLER, A. (1980): Die Multispektralkamera MKF-6 M aus Jena. – Vermessungsinformation, **2**: 8–9

Nachtrag zur Literatur

COLWELL, J.E. (1974): Vegetation canopy reflectance. – Remote Sensing of Environment, **3**: 175–183

COLWELL, R.N., BREWER, W., LANDIS, G., LANGLEY, P., MORGAN, J., RINKER, J., ROBINSON, J.M. & SOREM, A.I. (1963): Basic matter and energy relationships involved in remote reconnaissance. – Report Subcomm. I, Photo Interpretation Comm., Am. Soc. of Photogrammetry, Falls Church, Va. In: Photogr. Eng., pp. 761–799

CRAIB, K.B. (1972): Synthetic aperture LSAR systems and their application for regional resources analysis. In: SHAROKHI (ed.): Remote Sensing of Earth Resources. – Univ. of Tennessee Space Institute, Tullahoma, Tenn., pp. 152–178

FREBOLD, G. (1938): Das Brockenmassiv. Ein Deutungsversuch seiner inneren Struktur und seiner Raumgewinnung. – Jb. Hallesche Verb. Erforschg. mitteldeutscher Bodenschätze und Verwertung, **16** (N.F.): 25–76

GÜNTHER, R. & KRONBERG, P. (1977): Thematisch-statistische Auswertung von Bruchstrukturen in Landsataufnahmen Mitteleuropas. – Abschlußbericht DFG-Projekt Kr 273/22, Geolog. Institut TU Clausthal, 23 S.

KRONBERG, P. & THEILEN-WILLIGE, B. (1985): Untersuchungen zur Nutzung von Satelliten-SAR-Aufnahmen für die Erderkundung (Vergleich von SIR-A-Bilddaten mit multispektralen Landsat-MSS- und TM- sowie Metric Camera-Aufnahmen). – Forschungsbericht BMFT (im Druck)

PÁLMASON, G., FRIEDMAN, J.D., WILLIAMS, R.S., JONSSON, J. & SAEMUNDSON, K. (1970): Aerial infrared surveys of Reykjanes and Torfajökull thermal areas, Iceland, with a section on cos of exploration surveys. – Geothermics, Special Issue, U.N. Symp. on the Devel. and Utiliz. of Geothermal Resources, Pisa 1970, Vol. 2, Part I, pp. 399–412

TELEKI, P. & WEBER, C. (eds.) (1984): Remote sensing for geological mapping. – Proc. IUGS/UNESCO/BRGM-Seminar Febr. 1984, Orléans, France. – BRGM Document no. 82 – IUGS Publication no. 18, Éditions du BRGM, Orléans

8 Sachverzeichnis

Absorption 9, 13, 16
Absorptionsbanden, Atmosphäre 4, 6, 7
– , Minerale 27–29
– , Vegetation 50, 51
– , Wasser 57
Absorptionsgrad 10
Absorptionsverhalten, spektrales (s. Reflexions-/Absorptionsverhalten)
Äquidensiten-Verfahren 174, 184 (s. Agfacontour-Verfahren)
Agfacontour-Verfahren 174 f.
Albedo 10, 35
Auflösung, räumliche, Flugzeugscanner 100 f.
– , – , Landsat MSS 113 f., 130
– , – , Landsat RBV 91, 92, 94
– , – , Landsat TM 130
– , – , Metric Camera 87
– , – , MOMS 138
– , – , Skylab S 190 85, 87
– , – , SPOT 139
– , – , Übersicht, Satellitenaufnahmesysteme 105, 106
Auflösung, spektrale, Scannersysteme 103 f.
Auflösungs- bzw. Bodenelement
– , Radar 156
– , RBV 91, 92
– , Scanner 95, 101, 102, 106, 118, 119, 130
Aufnahmeparameter, Allgemeines 13–15, 17
– , Böden 36, 37, 40, 42, 47, 48
– , Gesteine 19 f.
– , Vegetation 52–54, 56, 57, 60, 61, 63
– , Wasser 64, 72, 73
Aufnahmerichtung, Radar (s. Beobachtungswinkel)
Aufnahmespektren, Fernerkundung 58, 78, 85, 92, 104, 105, 106, 127, 129, 138, 139
Aufnahme-Verfahren (s. Verfahren, Fernerkundung)
Aufnahme-Verfahren, Satelliten- (Übersicht) 106
Auswertebeispiele, Fernerkundungsaufnahmen 220/221, 224/225, 226/227, 230/231, 246/250, 292–296, 296/298, 307, 309/310, 311, 314/315, 356/357, 358/359, 360/361, 366/367, 370/371, 372/374
Azimutauflösung, Radar, SAR 160
– , – , SLAR 158, 159
Azimutrichtung, Radar 145, 156

Bahnhöhe, Landsat 1–3 91
– , Landsat 4 und 5 130
– , Space Shuttle 87
Beobachtungswinkel, Radar 148 f., 156
Bildbeschaffung, Landsat MSS 118–129, 132, 137
– , Landsat RBV 94
– , Landsat TM 125, 128, 129, 132, 137
– , Metric Camera 87
– , SIR A 360
– , Skylab S 190 87–89
– , SPOT 144
Bildmaßstab, Landsat MSS 113
– , Landsat RBV 92, 94
– , Landsat TM 137
– , Metric Camera 90
– , Skylab S 190 A und B 87
Bildverarbeitung, Äquidensitenverfahren 174–178, 184, 185
– , Allgemeines 170 f.
– , analog und digital 179–181
– , Beispiele, Landsat MSS 259–261, 263–267, 270–272
– , Bildüberlagerungen 184 f.
– , elektronische 178–208
– , Farbauszüge 171 f., 184 f.
– , Filterungen 181 f.
– , Hauptachsentransformation 186 f.
– , Kantenverstärkung 171, 172–174, 184 f.
– , Klassifizierung 181, 187 f.
– , Kontrastverstärkung 171 f., 183 f.
– , Korrekturen 182, 183
– , photographische 171–178
– , Ratiodarstellungen 185 f.
Bildverarbeitungsprogramme, digitale 179–181
Bildverarbeitungssystem, digitales 178–181
– , hybrides 180
– , interaktives 180
Blickfeld, momentanes (s. Auflösungselement)
Bodenauflösung (s. Auflösung, räumliche)
Bodenelement (s. Auflösungselement)
Bodenentfernung, Radar 156, 157
Bodenfeuchte, Einfluß 36–41, 47, 48, 153 f., 155 f.
Böden, Emissionsverhalten, spektrales 30, 42–48, 323 f.
– , Reflexions-/Absorptionsverhalten, spektrales 15, 17, 35–42

Colorcompositen 112

Dämpfungstiefe 45, 46, 47
Datenformate, Landsat MSS 122
– , Landsat RBV 92, 94, 122
– , Landsat TM 122
– , Metric Camera 87
– , Skylab 89
Depressionswinkel, Radar 148, 151, 152, 161
Dichtetrennung (s. Äquidensiten-Verfahren)

Earth Terrain Camera, Skylab 85, 210, 212, 214, 218, 219
Eindringtiefe, Licht in Wasser 66–70, 72, 73, 318–321, 324–330

Eindringvermögen, Radar 154, 155 f., 365, 366, 370–372
Elektromagnetische Strahlung 4, 5
Elektromagnetisches Spektrum 4, 5
Emission 9, 11, 14, 16, 17
Emissionsgrad 11
Emissionskoeffizienten häufiger Materialien 34
Emissionsspektren (s. Emissionsverhalten, spektrales)
Emissionsverhalten, spektrales, Böden 30, 42–48, 323 f.
– , – , Gesteine 30–35, 323 f.
– , – , Vegetation 59, 60, 323 f.
– , – , Wasser 73–74, 345, 348
Emissionsvermögen 14
Empfindlichkeit, spektrale, Film 78
– , – , Scanner 104
Erdatmosphäre, Absorption 4, 6 f., 16, 17, 61 f.
– , Streuung 6 f., 16, 17, 61 f., 64
– , Transmission 6 f., 17, 61 f.

Falschfarbenbilder 112
Farbmischprojektor 77–79, 175
Fernerkundungssysteme, Aufnahmespektren 4, 106
Fernseh-Verfahren (s. Verfahren, Fernerkundung)
Filter 8, 75–78
Filter/Film-Kombinationen 8, 20, 21, 75–80, 85
Flächendeckung, Landsatszene, MSS 111, 112
– , – , RBV 91, 92, 94, 112
– , – , TM 130
– , Metric Camera 87
– , MOMS 138
– , SIR-A 361
– , Skylab S 190 A und B 85
– , SPOT 139, 142–144
Foreshortening, Radar 164
Frequenz 4

Gesteine, Emissionsverhalten, spektrales 30 f., 323 f.
– , Reflexions-/Absorptionsverhalten, spektrales 15, 17, 19 f.
Grauwertspreizung 183
Grauwertstatistik, Landsat MSS 193–197, 200, 201
ground range, Radar 156, 157

Hauptachsentransformation, Landsat MSS-Daten 262, 264, 265
Heat Capacity Mapping Mission 144–145
Himmelslicht 7, 8, 16, 64
Hochpaßfilterung, Landsat MSS 260, 262

IFOV (s. Auflösungs- bzw. Bodenelement)
Infrarot 4, 5

Klassifizierung, überwachte 188
– , unüberwachte 188
– , Bildbeispiel 191
– , Bilddaten 187 f.
Kontrast, spektraler 12
– , – , Bildbeispiele 76, 80, 86, 99, 114–117, 134, 135, 234, 242, 243, 270, 271

Korrekturen, geometrisch 113, 181–183
– , radiometrisch 9, 24, 42, 64, 74, 107, 108, 182, 183
Küstenbereiche, Bildbeispiele 62, 63, 219, 318–321, 324–330

Lambert-Reflektor 10
Landsat, Bildverarbeitung 178 f., 190, 191, 202, 259–267, 270, 272
– , Datenbeschaffung (MSS, RBV, TM) 118–129, 137
– , Datenformate 92, 112, 122, 124, 125
– , Datenzentren 121, 122
– , Indexkarten 123, 126, 131, 132
– , Mosaik, Beispiele 169, 292, 299
– , MSS, Multispektralscanner 111–127
– , Path/Row Nr. 123, 126, 131, 132
– , RBV, Return Beam Vidicon 91–94
– , TM, Thematic Mapper 127–137
Landsat 1–3, Sensoren und Datenaufnahme 109–118
Landsat 4 und 5, Sensoren und Datenaufnahme 127–137
Landsatszene, Kennzeichnung 118–120
Layover, Radar 163
Licht, sichtbares 4, 5

Merkmalsklassen, spektrale 187 f.
Metric Camera 87
– , Bildbeispiel 64
Mie-Streuung 7
Mikroklima, Einfluß 17, 18
Mikrowellen 4, 5
MOMS, Bildbeispiele 140, 141
– , Datenaufnahme 137–139
Multispektralaufnahmen, Bildbeispiele
– , – , Landsat MSS 114–116, 234, 242, 243, 246–249
– , – , Landsat TM 134, 135
– , – , Photographie 76, 80–84, 86
Multispektralkamera 75 f.
Multispektralphotographie 20, 21, 75 f.
Multispektralscanner 95 f., 111 f., 127 f.
Multitemporalaufnahmen, Bildbeispiele 246–250, 252, 256, 257

Nutzeranforderungen, Übersicht 105

Path/Row Nr., Landsat 1–3 123, 126
– , Landsat 4 und 5 131, 132
Pflanzenstreß, Einfluß bzw. Anzeichen 52–56, 59
Pixelgröße, Landsat MSS 118
– , Landsat TM 136
– , MOMS 137
– , SPOT 139
Photodetektoren 4
Photographie (s. Verfahren, Fernerkundung)
Photolineationen, Landsat, Auswertung 193 f., 204 f.
– , – , Bildbeispiele 225, 227, 229, 234, 237, 241, 248, 255, 256–258, 278, 285, 289, 298, 301, 302, 308, 309, 315
– , – , Richtungsverteilungsdarstellung 194 f., 197 f., 201 f., 203 f.
Phytoplankton, Wasser 66

Polarisation, Radar 147 f., 168
Pushbroom-Scanner 137 f.

Querauflösung, Radar, SAR 161
– , – , SLAR 158, 159
Querrichtung, Radar 145, 156

Radar, Bildbeispiele, Flugzeug 350–361
– , – , Satelliten 364, 367–377
– , Bildmaßstab 158, 159
– , Bodenauflösung 156, 158 f.
– , Eindringvermögen 154, 155, 365 f., 370–374
– , Meßparameter 147 f.
– mit realer Apertur 156 f.
– mit synthetischer Apertur 159 f.
– , Mosaik 158, 165 f.
– , Rückstreuung 148, 150–155
– , SIR A 359 f.
– , SIR B 371, 375
– , SIR C 377
Radarbild, Grautöne 168
– , Lagefehler 161, 163–165
– , räumliche Auflösung, SAR 160 f.
– , – , SLAR 157, 158 f.
– , Textur 169
Radarschatten 164, 165
Radar-Verfahren (s. Verfahren, Fernerkundung)
Radiometer 5
Räumliche Auflösung (s. Auflösung, räumliche)
Raleigh-Streuung 7
Ratiobilder, Bildbeispiele 191, 266, 267, 270, 271
Ratiodarstellungen 29, 33, 185 f.
RBV-System 91–93
Referenzdaten, spektrale 10, 22, 24, 30, 31
Referenzstrahlung, Scanner 97, 100, 107, 108, 129
Reflexion, Lichtstrahlung 9, 10, 12, 13, 16
Reflexionsgrad 10
Reflexions-/Absorptionsverhalten, spektrales, bewachsene Gesteinsoberflächen 22–27
– , – , Böden 15, 17, 35–42
– , – , Gesteine 15, 17, 19–30
– , – , Minerale 25–29
– , – , Vegetation 48–59
Reflexions-/Absorptions-/Streuverhalten, spektrales, Wasser 61–72
Reflexions-, Streuungs- und Absorptionsprozesse, Schema 16

SAR, Synthetic Aperture Radar 146, 159 f.
Satelliten-Aufnahmesysteme, Übersicht 106
Satellitenradar, SEASAT 161, 162
– , SIR A, B und C 359, 360 f., 371 f., 377
Scanner, optisch-mechanische, Flugzeug 4, 5, 95–108
– , – , Satelliten 111 f., 127 f.
– , optoelektronische 137 f.
Scanneraufnahmen, Bildgeometrie 101–103
Scanstreifen 95, 96, 111, 112, 129, 137
Scattergramme 193, 198, 199
Schrägentfernung, Radar 156, 157
Schwarzkörper 11
– , Strahlungskurven 4
Schwebstoffe in Wasser, Spektralverhalten 61–72
– , Bildbeispiele 62, 219, 326–330
Seitensichtradar, Aufnahmeprinzip 145, 146, 156, 160
Signaltiefe, Wasser 66
SIR A, Aufnahmebedingungen 359 f.
– , Aufnahmestreifen 363
– , Bildbeispiele 364, 367–378
SIR B 371 f.
SIR C 377
Skylab S 190 A und B, Experimente 78, 79, 85, 87, 209 f.
– , Bildbeispiele 86, 210, 212, 214–216, 218, 219
Skylight (s. Himmelslicht)
slant range, Radar 156, 157
SLAR, Side Looking Airborne Radar 145, 146, 156 f.
Solarstrahlung 4 f.
Speckle, Radarbild 151
Spektralbereiche, nutzbare 4, 5, 7, 12, 27–29, 41, 58–60, 66, 75, 77–79, 85, 91, 92, 103–107, 112, 127, 129, 136, 138, 139, 360, 371, 377
Spektralkanäle, Flugzeugscanner 104
– , Landsat MSS 112
– , Landsat RBV 91, 92
– , Landsat TM 127, 129
– , MOMS 138, 139
– , SPOT 139
Spektralkurven, Böden 38, 39, 41
– , Gesteine 20, 23, 26–28, 30, 32
– , Minerale 28
– , Vegetation 24, 26, 27, 50–53, 55–57
– , Wasser 65, 67–71, 73
Spektralsignal 12, 17, 19, 68, 75
Spektralsignatur 12
SPOT, Aufnahmeprinzip 139, 142–144
Standardkurven (s. Referenzdaten, spektrale)
Stereo-Radar 166
Strahlung, elektromagnetische 4, 5
Strahlungsfluß 10, 17, 42, 47
Strahlungskurve, Erde 4–6
– , Sonne 4–6
Strahlungsquellen, natürliche 4, 5
Streustrahlung 8, 16, 61, 65
Streuung, Radar 152 f.
Strukturkartierungen, Beispiele 236/237, 240/241, 254/255, 273, 274–277, 280/281, 282/283, 284/285, 288/289, 307, 309/310, 311

Temperaturauflösung, Thermalscanner 103 f.
Temperaturgang, täglicher 14, 15, 33, 35, 42, 45–47, 60
Temperaturkontrast, Böden 42 f., 335, 342, 344, 346, 347
– , Gesteine 30 f., 331, 333, 339, 341, 342, 344

– , Vegetation 59 f.
– , Wasser 72 f., 333, 348
Temperaturleitfähigkeit 14, 15, 34, 45–47
Temperaturstrahlung 11
Temperaturverhalten, Böden 14, 15, 17, 35 f.
– , Gesteine 14, 15, 17, 30 f.
– , Vegetation 14, 17, 59 f.
– , Wasser 14, 72
Thematic Mapper, Landsat 4 und 5, Aufnahmeprinzip 127 f.
– , – , Bildbeispiele 133–135
– , – , Datenbeschaffung 137
– , – , Datenprodukte 122
– , – , Spektralkanäle 127, 129
Thermalinfrarot 5
Thermalscanner 95 f.
– , Bildbeispiele 96, 331, 333–336, 339, 341, 342, 344, 346–348
Thermische Eigenschaften, Böden 42 f.
– , Gesteine 34, 42 f.
Transmission 9, 10
Trägheit, thermische 14, 15, 34, 35, 44, 46–48

Ultraviolett 4, 5

Vegetation, Emissionsverhalten, spektrales 59 f., 323 f.
– , Reflexions-/Absorptionsverhalten, spektrales 48 f.
Verfahren, Fernerkundung, aktive 5
– , – , Fernseh- 91 f.
– , – , passive 5
– , – , photographische 171 f.
– , – , Radar 145 f.
– , – , Scanner 94 f., 109 f., 127 f., 137 f.
Videosignal 91
Volumenstreuung, Radar 154

Wasser, Emissionsverhalten, spektrales 72 f., 345, 348
– , Reflexions-/Absorptions-/Streuverhalten 61 f.
Wärmehaushaltgleichung 18
Wärmekapazität, spezifische 14, 34, 43, 45, 47
Wärmeleitfähigkeit 14, 15, 34, 43, 44–47
Wärmestrahlung 5, 11, 14, 17
Wechselwirkungen, Solarstrahlung/Atmosphäre 4
– , Solarstrahlung/natürliche Oberflächen 9
– , Radarstrahlung/natürliche Oberflächen 150
Wellenlängen, sichtbares Licht 4, 5
– , nahes Infrarot 4, 5
– , mittleres Infrarot 4, 5
– , Thermalinfrarot 4, 5
– , Mikrowellen 4, 5

Kronberg

Fernerkundung der Erde

ISBN 3-432-94601-5

Ihre Meinung über dieses Buch ist für uns von großem Interesse. Bitte beantworten Sie uns deshalb ein paar Fragen.

Bitte trennen Sie dieses Blatt heraus und senden Sie es im Kuvert an:

Ferdinand Enke Verlag
Postfach 1304
D-7000 Stuttgart 1

Besten Dank für Ihre Bemühungen!

Qualität des Inhalts

1. Wie ist das Thema behandelt?

☐ zu ausführlich
☐ zu kurz
☐ angemessen
☐ ____________________

2. Wie ist der Stoff dargestellt?

☐ schwer verständlich
☐ gut verständlich
☐ weitschweifig
☐ ____________________
☐ unübersichtlich
☐ anschaulich
☐ didaktisch gut gegliedert
☐ ____________________

3. Welche zusätzlichen Forderungen sähen Sie gern erfüllt?

☐ Text ausführlicher
☐ mehr Tabellen und Grafiken
☐ mehr Abbildungen
☐ straffere Gliederung
☐ stichwortartige Zusammenfassungen
☐ ____________________

Sachregister
☐ nicht ausreichend
☐ ausreichend

Literaturverzeichnis
☐ zu lange
☐ ausreichend
☐ zu kurz

bitte wenden!

Qualität der Ausstattung

	sehr gut	gut	ge-nügend	unge-nügend
Druck				
Papier				
Abbildungen				
Tabellen, graf. Darstellungen				
Gliederung				
Einband				

Bemerkungen:

Wir nehmen Sie gern in unsere Informationskartei auf.
Bitte machen Sie uns dazu ein paar Angaben:

Name, Vorname

Adresse

Beruf (Studienfachrichtung)

Semesterzahl